U0308323

云南芒果种质资源 DNA 指纹数据库

牛迎凤　柳　觐　毛常丽　等　著

中国农业科学技术出版社

图书在版编目（CIP）数据

云南芒果种质资源 DNA 指纹数据库 / 牛迎凤等著. --北京：中国农业科学技术出版社，2024.4

ISBN 978-7-5116-6801-1

Ⅰ.①云…　Ⅱ.①牛…　Ⅲ.①芒果–种质资源–脱氧核糖核酸–鉴定–数据库–云南　Ⅳ.①S667.724

中国国家版本馆 CIP 数据核字（2024）第 086190 号

责任编辑　崔改泵
责任校对　李向荣
责任印制　姜义伟　王思文

出 版 者　中国农业科学技术出版社
　　　　　北京市中关村南大街 12 号　　邮编：100081
电　　话　（010）82109194（编辑室）　　（010）82106624（发行部）
　　　　　（010）82109709（读者服务部）
网　　址　https://castp.caas.cn
经 销 者　各地新华书店
印 刷 者　北京建宏印刷有限公司
开　　本　210 mm×285 mm　1/16
印　　张　50
字　　数　960 千字
版　　次　2024 年 4 月第 1 版　2024 年 4 月第 1 次印刷
定　　价　268.00 元

《云南芒果种质资源 DNA 指纹数据库》
著者委员会

主　著：牛迎凤　　柳　觐　　毛常丽

副主著：穆洪军　　张国辉　　赵兴东　　刘紫艳

　　　　李开雄　　孟开开

著　者：黄国弟　　龙青姨　　郑　诚　　刘　妮

　　　　李陈万里　吴　裕　　李国华　　曾建生

　　　　李小立　　廖苑君　　张兴梅　　白亚东

　　　　陈　萍　　田林坤　　张华军　　刘世红

前　言

芒果（*Mangifera indica* L.）学名杧果，是漆树科（Anacardiaceae）杧果属（*Mangifera*）的常绿高大乔木，广泛分布于南纬30°至北纬30°间的热带、亚热带地区。芒果在世界各地都有种植，尤其是在亚洲、拉丁美洲和非洲的热带地区，在许多国家都成为了重要的经济作物。芒果树喜欢温暖湿润的环境，适宜生长的温度为20~35℃，对土壤要求不高，但需要良好的灌溉及排水系统。

芒果作为代表性的热带水果，果实形状多样，有椭圆形、卵形、象牙形等，果皮颜色从绿色到黄色、橙色甚至红色，成熟时通常带有淡淡的香气。果肉的颜色从乳白、乳黄到橙红不等，质地柔软多汁，味道甜中带酸，非常可口，因其独特的风味和营养价值而受到消费者的青睐，在全球市场上有很高的需求。芒果不仅是一种美味的水果，还可以用于制作各种美食，在许多热带和亚热带国家，芒果被用来制作果汁、果酱、罐头、蜜饯、腌渍果品、酸辣泡菜及芒果奶粉等。

芒果品种繁多，全球各地都有各自的特色品种，如印度的阿方索（Alphonsos）、秋芒（Neelum），菲律宾的吕宋（Carabao），缅甸的马切苏（Macheso）、圣德隆（Seintalon），美国的海顿（Haden）、凯特（Keitt），泰国的四季芒（Choke Anand）、白象牙芒（Nan Klang Wan），中国的三年芒等。

品种鉴定是芒果遗传育种的基础，然而，芒果品种鉴定工作却面临着诸多挑战，主要表现在以下方面：一是品种多样性。芒果品种数量众多，且不同品种间在外观、风味、成熟期等方面存在细微差异，这增加了准确鉴定的难度。二是形态特征的相似性。许多芒果品种在外观上具有相似性，如果实大小、形状和颜色，这使得仅凭肉眼观察难以区分。三是遗传背景的复杂性。芒果的遗传背景复杂，不同品种间可能存在杂交和变异，导致品种间界限模糊。四是环境影响。环境因素如气候、土壤条件等对芒果的生长和果实品质有很大影响，这可能导致同一品种在不同环境下表现出差异，增加了鉴定的不确定性。五是标准化和规范化的缺乏。目前品种鉴定标准尚不统一，导致鉴定结果的不一致性和可比性差。六是鉴定人员的专业性。品种鉴定需要专业知识和丰富的经验，缺乏专业训练的鉴定人员可能难以准确识别品种。

DNA指纹图谱的研究是近年来植物遗传学研究的重要方向之一，是鉴别不同品种、不同品系和无性系、不同基因型个体，以及辨别子代与亲本遗传相关等方面的有力工具。对于芒果品种鉴定而言，DNA指纹图谱可以反映出不同芒果品种之间的遗传差异，从而为品种鉴定提供依据。同时，通过对芒果品种的遗传关系进行分析和研究，也可以更好地了解芒果品种的特点和优势，为品种选择和育种提供指导。

分子标记是继形态标记、细胞标记、生化标记之后发展起来的新技术，是指以生物大分子的多态性为基础的遗传标记，即可遗传的并可检测的 DNA 序列或蛋白质。这种技术能够直接揭示 DNA 序列的差异，且其检测不受基因表达水平、季节变化或环境条件的干扰，具有操作简便、快速高效的特点，并且易于实现自动化。因此，在构建 DNA 指纹图谱方面，分子标记技术已经取得了显著的进展。

在短暂的几十年间，科学家已经研发出多种成熟可靠的分子标记，包括限制性长度片段多态性（RFLP）、随机扩增多态性 DNA（RAPD）、扩增片段长度多态性（AFLP）、简单重复序列（SSR）、内部简单重复序列（ISSR）、单核苷酸多态性（SNP）等，这些方法各有优缺点。

RFLP 是以 Southern 杂交为核心的第一代分子标记，RFLP 是最早发展起来的分子标记方法，在很长时期内占有绝对统治地位，但由于其分析过程比较繁琐和花费昂贵、费时费力、灵敏度低等原因逐渐被摒弃。

RAPD 是基于 PCR 的第二代分子标记，它可以对整个未知序列的基因组进行多态性分析。这项技术具有技术简单、检测快，DNA 用量少，一套引物可用于不同生物分析等优点，但是实验稳定性重复性差，显性标记、不能鉴别纯合和杂合，不能区分大小相同但碱基序列不同的 DNA 片段，使其应用受到限制。

AFLP 也是基于 PCR 的第二代分子标记，它结合了 RFLP 和 RAPD 两种标记优点，被认为是多态性最为丰富的一项技术，具有样品量少、可靠性好和多态性高等特点，但是分析步骤多、流程长，对操作人员的素质要求较高。

SSR 又称微卫星 DNA，同样是基于 PCR 的第二代分子标记。SSR 标记呈共显性、可鉴别杂合和纯合，DNA 用量少，但须知道重复序列两端的保守序列信息、引物开发困难，因而其开发有一定的困难，费用也很高。

ISSR 是针对 SSR 标记引物开发困难的缺点而发明的一种新型分子标记技术。ISSR 的引物具有通用性，不同物种间都可使用，且具有多态性丰富、重复性好、稳定性高、操作简单、安全性高的优点，但需要摸索每条引物的退火温度，且不能鉴别显性纯合和杂合基因型。

SNP 是基于高通量测序和 DNA 芯片技术的第三代分子标记。SNP 标记数量多、分布广、检测快，易实现自动化、标准化操作，数据易整合，但是操作技能要求及检测成本高，易发生假阳性。由于测序技术的飞速发展和基因组序列信息的日益充实，SNP 标记已成为植物 DNA 指纹图谱构建的主要手段。

MNP 是指在一定长度 DNA 片段内存在多个 SNP 位点，即簇状分布的 SNP 组合。MNP 提高了单分子标记的多态性，利用扩增子测序方法在提高测序深度的同时又降低测序成本，实现了准确性和效益的双赢。

本书使用 MNP（多核苷酸多态性）分子标记技术，构建了 70 份芒果种质的 DNA 指纹数据库。每份种质采用了 542 个位点（见附表 1）制作指纹图谱，每一个位点扩增序列占一段，每一段开始为扩增位点名称，其后为该位点的碱基序列，仅列出了该位点碱基序列中与参考基因组不同的碱基，与参考基因组相同的碱基未列出。以引物开始扩增的第一个位点为数字"1"，第二个位点为数字"2"，其余数字的意思按此类推。列出的碱基情况有两种：第一种为一个碱基，代表该位点为纯合位点，只有一个等位基因型；第二种为两个碱基，中间用"／"隔开，代表该位点为杂合体，有两种基因型。本书中用到的 542 个位点的参考基因组序列见附表 2，参考基因组由江汉大学提供。本书希望能为芒果的品种鉴定、育种实践、品种审定及知识产权保护等提供参考依据，同时为芒果品种的 DUS（特异性、一致性和稳定性）测试和品种真实性鉴定提供基础数据。

本书研究内容得到了国家自然科学基金项目（32160396）、云南省技术创新人才项目（202305AD160023）、农业农村部热带作物种质资源保护项目、云南省省级热带作物版纳种质资源圃项目、云南省热带作物科技创新体系建设项目等项目（课题）的支持；本书实验所用引物，参考了中华人民共和国农业行业标准《芒果品种鉴定 MNP 标记法》（NY/T 4234—2022）；本书采集指纹数据库的实验技术来自江汉大学系统生物学研究院。在此一并表示诚挚的感谢。

在本书编写过程中，来自云南省热带作物科学研究所、华坪县芒果产业发展中心、元江哈尼族彝族傣族自治县农业技术推广服务中心、广西壮族自治区亚热带作物研究所的主著、副主著和著者共同负责了样品采集、测序分析、数据统计和书稿编写。

本书所有著者均秉持实事求是、认真负责的态度编写本书，然而受限于研究水平，书中可能存在疏漏之处。我们期待并欢迎广大读者对书中存在的疏漏和不足提出宝贵意见，以便我们进一步改进和提高。

著　者
2024 年 3 月

目　录

'811'

YITCMG001 *   53,A/G;78,G;85,A**

YITCMG003   29,T/C;67,T/G;119,A/T

YITCMG004   27,T/C

YITCMG006   13,T/G;27,T/C;91,T/C;95,G

YITCMG007   62,T/C;65,T;96,G;105,A/G

YITCMG008   50,T/C;53,T/C;79,A/G;94,T/C

YITCMG009   75,C;76,T

YITCMG010   40,T/C;49,A/C;79,A/G

YITCMG012   75,T;78,A

YITCMG013   16,C;56,A;69,T

YITCMG014   126,A/G;130,T/C

YITCMG015   127,A;129,A/C;174,A/C

YITCMG018   30,A/G

YITCMG019   36,A;47,C

YITCMG020   70,A/C;100,C/G;139,A/G

YITCMG022   3,T/A;11,T/A;99,T/C;131,C/G;140,A/G

YITCMG023   142,A/T;143,T/C;152,A/T

YITCMG024   68,A;109,C

YITCMG025   8,A/T;123,T/C

YITCMG027   19,T/C;30,A/C;31,A/G;62,T/G;119,A/G;121,A/G;131,A/G;138,A/G;153,T/G;163,T/A

YITCMG028   45,A;110,T/G;133,T/G;147,A/G;167,A/G

YITCMG029   114,A/C

YITCMG031   48,C;84,G;96,A

YITCMG032   91,A/G;93,A/G;94,T/A;117,C/G;160,A/G

YITCMG033   73,A/G;85,A/G;145,A/G

YITCMG034   122,A/G

YITCMG036   23,C/G;99,C/G;110,T/C;132,A/C

YITCMG038   155,A/G;168,C/G;171,A/G

YITCMG039   1,G;61,A/G;71,T/C;104,T/C;105,G;151,T/G

YITCMG040   40,T/C;50,T/C

YITCMG041   24,C;25,A;68,T

YITCMG042   42,A/G

YITCMG043   34,T

YITCMG044   7,T;22,C;103,T/C;189,T

YITCMG045   92,T;107,T

YITCMG046   55,A/C;130,A/G;137,A/C;141,A/G

---

　* 该列为扩增位点名称,下同

　** 该列为该位点的碱基序列,以引物开始扩增的第一个位点为数字"1",第二个位点为数字"2",其余数字的意思按此类推,下同

YITCMG047　60,T/G;65,T/G

YITCMG048　142,C;163,G;186,A

YITCMG049　79,A/C;115,C;172,A/G

YITCMG050　44,A/G

YITCMG051　15,C;16,A

YITCMG053　23,A/G

YITCMG054　36,T;72,A;73,G;84,C;170,C

YITCMG056　34,T/C;104,T/C;117,T/C;178,T/G;204,A/C

YITCMG057　98,T;99,G;134,T

YITCMG058　67,T;78,A

YITCMG059　12,A/T;84,A;95,T/A;100,T;137,A/G;152,T/A;203,T/A

YITCMG060　156,T/G

YITCMG061　107,A/C;128,A/G

YITCMG063　86,A/G;107,A/C

YITCMG066　10,A/C;64,A/G;141,T/G

YITCMG067　1,T/C;51,C;76,A/G;130,A/C

YITCMG068　49,T;91,A/G;157,A/G

YITCMG069　37,G;47,A;100,G

YITCMG070　5,T/C;6,C/G;13,A/G;73,A/C

YITCMG071　142,C;143,C

YITCMG072　75,A/G;104,T/C;105,A;134,T/C

YITCMG073　15,A;49,G

YITCMG075　125,T/C;168,A/C;185,T/C

YITCMG076　129,T;162,C;163,A;171,T

YITCMG077　10,C;27,T;97,T;114,A;128,A;140,T

YITCMG078　33,A;95,T;147,T;165,A

YITCMG079　3,G;8,T;10,A;110,C;122,A;125,A

YITCMG082　43,A/C;58,T/C;97,A/G

YITCMG083　123,T/G;169,C/G

YITCMG084　118,A/G;136,A/T

YITCMG085　6,A/C;21,T/C;24,C;33,T/C;206,T/C;212,T/C

YITCMG086　111,A/G;182,A/T

YITCMG087　19,T/C;78,A/G

YITCMG088　17,A/G;31,T/G;33,A;98,T/C

YITCMG089　92,C;103,C;151,C;161,C

YITCMG092　22,G;110,C;145,A

YITCMG093　10,A/G;35,A/G

YITCMG094　124,T/A;144,A/T

YITCMG095　51,C;78,C;184,A

YITCMG096　24,C;57,A;66,T

YITCMG097　105,T/A;117,T/C

YITCMG098　48,A/G;51,T/C;180,T/C

YITCMG100　155,T/G

YITCMG101　53,T/G;92,T/G

YITCMG102 6,T/C;129,A/G

YITCMG103 42,T;61,C

YITCMG106 29,A;32,C;59,C;65,G;137,C;183,C

YITCMG107 143,C;160,G;164,C

YITCMG108 34,A;64,C

YITCMG109 17,T/C;29,A/C;136,T/A

YITCMG110 30,T;32,A/G;57,T/C;67,C/G;96,T/C

YITCMG111 39,T/G;62,A/G;67,A/G

YITCMG112 101,C;110,G

YITCMG113 5,C/G;71,A/G;85,G;104,A/G

YITCMG114 42,T/A;46,A/G;66,T/A;75,A/C;81,A/C

YITCMG115 32,C;33,A;87,C;129,T

YITCMG117 115,T/C;120,A/G

YITCMG118 2,A/C;13,A/G;19,A/G;81,T/C

YITCMG120 133,T/C

YITCMG121 32,T;72,G;149,G

YITCMG122 45,A/G;185,A/G;195,A/G

YITCMG123 87,A/G;130,T/G

YITCMG124 75,T/C;99,T/C;119,A/T

YITCMG126 82,A/T;142,A/G

YITCMG127 17,A/T;146,A/G;155,T/A;156,A

YITCMG128 40,A/G;106,T/C;107,C/G;131,T/C;160,T/C

YITCMG129 90,T;104,T/C

YITCMG130 31,C/G;108,G

YITCMG132 43,C/G;91,T/C;100,T/C;169,T

YITCMG134 23,C;98,T;128,A;139,T

YITCMG135 173,T

YITCMG137 16,A/G;24,A/G;25,A/T;52,A/T

YITCMG139 7,G

YITCMG141 71,T;184,C

YITCMG144 61,T/C;81,T/C;143,A/G;164,A/G

YITCMG145 7,A/G;26,A/G;78,T/G

YITCMG146 116,A/G

YITCMG147 36,A/G;62,T;66,T

YITCMG148 35,A/G;87,T/C

YITCMG149 25,A;30,A;138,A/G;174,T/C

YITCMG150 8,T/G;100,A/T;101,A/G;116,T/G;123,C/G;128,T/A

YITCMG152 83,A

YITCMG153 97,C;101,G;119,A

YITCMG154 5,T/C;47,A/C;77,T/C;141,T/C

YITCMG155 35,A/G

YITCMG156 28,T/A;36,T/G;44,C/G

YITCMG157 18,A/G

YITCMG158 67,T/C;96,A;117,G

YITCMG159 84,T/C;89,A/C;92,A/C;137,T

YITCMG160 55,A/G;75,T/C;92,A/G;158,T/C

YITCMG161 71,A;74,C

YITCMG163 96,A/T;114,T/C;115,A/G;118,T/G

YITCMG164 150,A

YITCMG165 121,T/C;174,T/C

YITCMG166 87,G

YITCMG167 120,A/G;150,A/G;163,C/G

YITCMG168 40,A/G

YITCMG169 107,C

YITCMG170 139,C/G;142,A/G;145,C;150,T/A;151,T/C;157,A;164,A/G

YITCMG171 11,A

YITCMG172 164,A;168,G;186,G;187,G

YITCMG173 11,C/G;17,A/C;20,T/C;32,A/T;144,C;161,A;162,T

YITCMG174 9,T/C;10,A/C;84,A/G

YITCMG175 62,A/C

YITCMG176 44,A/G;107,A/G

YITCMG177 104,A/G

YITCMG178 99,T;107,G

YITCMG180 23,C;72,C

YITCMG181 134,A/G

YITCMG182 59,T/C;66,A/T

YITCMG183 24,T;28,A/G;75,T/C;93,T/C

YITCMG184 45,A/T;60,A/C;97,C/G

YITCMG187 23,C;39,A;42,C;105,T;106,G

YITCMG188 16,T/C;66,A/G;101,A/T

YITCMG189 23,T/C;51,A/G;125,A/G;138,T/A;168,T/C;170,T/C

YITCMG190 40,T/G;66,T/C;117,T;162,G

YITCMG191 44,A/G;66,T/C;108,A/G

YITCMG192 89,T/C;119,T/G

YITCMG193 153,T/C

YITCMG194 1,A;32,T;55,A/G;130,T/G;165,T/C

YITCMG195 45,A/T;87,T;128,G;133,A

YITCMG196 19,A;85,C;114,T

YITCMG197 18,C;35,G;103,T/C;120,A/C;134,T/C;144,C/G;178,A/C;195,T/C

YITCMG198 100,A/C

YITCMG199 3,A/T;56,T/A;173,T/C;175,C/G

YITCMG200 38,T/C;53,A/G

YITCMG202 16,T/C;121,T/G

YITCMG204 76,C/G;85,A/G;133,C/G

YITCMG209 27,C

YITCMG212 118,A/G

YITCMG215 52,A/G;58,A/T

YITCMG216 69,A/G;135,C;177,A/G

YITCMG217   164,T;185,T
YITCMG218   31,T/C;59,T/C;72,T/C;108,T/G
YITCMG219   89,C;125,C
YITCMG220   64,A/C;67,C/G;126,A/G
YITCMG221   8,C;76,A/G;106,T/A;110,A/G;131,A;134,A
YITCMG222   1,A/G;15,C;70,G
YITCMG223   23,T;29,T;41,T/C;47,A/G;48,T/C;77,A/G
YITCMG224   83,T/A;120,A/G
YITCMG225   61,A/G;67,T/C
YITCMG226   51,T/C;72,A;117,T
YITCMG227   6,A/G;26,T/C
YITCMG228   72,C;81,C;82,T
YITCMG229   56,T/C;58,T/C;65,T/C;66,T/C
YITCMG230   65,C;103,A
YITCMG232   1,T/C;64,T/C;76,A/C;80,G;152,C;169,T/C;170,G
YITCMG233   130,A/C;132,A/G;159,T/C;162,A/G
YITCMG234   54,T/A;103,A/G
YITCMG235   128,C/G
YITCMG236   94,A/G;109,A/T
YITCMG237   24,A/T;39,G;71,C/G;76,T/C;105,A/G
YITCMG238   49,C;68,C
YITCMG239   46,C;59,C;72,A
YITCMG241   23,G;32,C;42,T;46,G
YITCMG242   70,T;91,T/C;94,A/G
YITCMG243   64,T/A;120,T/C
YITCMG244   71,C
YITCMG246   51,T/C;70,T/C;75,A/G
YITCMG247   40,A;123,T
YITCMG249   22,C;167,C;195,G;199,A
YITCMG250   92,T/C;98,T;99,G
YITCMG253   32,T/C;53,A/G;70,A/C;182,A/G;188,T/G;198,T/G
YITCMG254   48,C;106,G
YITCMG256   19,T/A;47,A/C;66,A/G
YITCMG258   2,C;101,T;172,C
YITCMG259   24,T;180,T;182,A
YITCMG261   38,T/G;106,T/A;109,T/C
YITCMG263   42,T/C;77,T/G
YITCMG264   14,T/G;65,T
YITCMG265   138,T/C;142,C/G
YITCMG266   5,G;31,G;62,T
YITCMG267   39,A/G;92,T/G;108,A/T;134,T/G
YITCMG268   23,T/G;30,T/G
YITCMG269   43,A/T;91,T/C;115,T/A
YITCMG270   10,A;52,G;69,C;122,C;130,T;134,T;143,C;162,C;168,A;191,A

YITCMG271　100,G;119,T

YITCMG275　106,C/G;131,A/C;154,A/G

YITCMG276　41,T/G;59,A/G

YITCMG280　62,T/C;85,C/G;104,T/A;113,C/G;121,A/G;144,T/G;159,C

YITCMG281　92,T/C;96,A

YITCMG282　46,A;64,C

YITCMG283　67,T/G;112,A/G;177,A/G

YITCMG284　55,T;94,T

YITCMG285　85,A/G;122,C/G

YITCMG286　119,A/G;141,A/C

YITCMG287　2,C;38,T

YITCMG289　50,T/C;60,T/A;75,A/G

YITCMG290　21,T;66,C

YITCMG291　28,A/C;38,A/G;55,T/G;86,A/G

YITCMG293　46,T/C;61,T/C;170,A/T;207,A/G

YITCMG294　99,T/G;108,T/A

YITCMG295　15,G;19,A/G;71,A;130,A/G

YITCMG296　90,A;93,T;105,A

YITCMG297　128,T/C;147,A/C;170,T/C

YITCMG298　44,A/G;82,A/G;113,A/G

YITCMG299　22,C/G;29,A;145,A/G

YITCMG300　32,A/C;68,T/C;118,T/C;199,C/G

YITCMG301　108,C

YITCMG302　11,T;40,A;96,T

YITCMG305　68,C

YITCMG306　16,T/C

YITCMG307　37,A/G

YITCMG308　158,A/G

YITCMG309　23,A/T;77,A/G;85,C/G

YITCMG311　83,C;101,C;155,A

YITCMG314　31,A/G;53,A/C

YITCMG316　102,C

YITCMG317　38,T/G;151,T/C

YITCMG319　33,A/G;147,T/C

YITCMG320　4,G;87,T

YITCMG321　16,G

YITCMG323　5,T/C;49,C;73,T;108,C/G

YITCMG325　22,C;130,C;139,C

YITCMG326　177,A/G

YITCMG327　115,T/C;121,A/G

YITCMG328　15,C;47,C;86,C

YITCMG329　78,C;175,A/G;195,A/C

YITCMG330　28,C/G;52,A/G;129,T/G;130,A/G

YITCMG331　24,A;51,A/G;154,A/G

YITCMG332   60,T/C;63,G
YITCMG333   132,T;176,A/C
YITCMG334   43,G;104,A
YITCMG336   28,T/C;56,A/T;140,T/C
YITCMG338   71,T/C;126,A/G;159,T/C;165,T/C;179,C/G
YITCMG340   68,A/G;75,A/G;107,A/C
YITCMG341   59,T/A;83,T;124,G;146,A/G;210,T/G
YITCMG342   156,A/G;162,A/T;169,T/C;177,T/C
YITCMG343   3,A/G;39,T/C
YITCMG344   8,T/C;14,T/C;47,A/G;108,T/C
YITCMG345   31,A/T;34,A;39,T
YITCMG346   7,A/T
YITCMG347   19,T;29,G;108,A
YITCMG348   65,T;69,T/C;73,A;124,A
YITCMG349   62,A;136,G
YITCMG351   11,G;106,A/T;109,C;139,C
YITCMG352   108,C;138,T
YITCMG353   75,T/A;85,T/C;138,T/C
YITCMG354   66,G;81,A
YITCMG355   34,A;64,C;96,A
YITCMG356   45,T/A;47,A/C;72,T/A;168,A/G
YITCMG357   29,A/C;51,T/G;76,T/A
YITCMG359   60,T/G;128,T/C
YITCMG360   64,A;87,G;92,C
YITCMG362   12,T;62,T;77,A
YITCMG363   57,T;96,T
YITCMG364   7,G;29,A;96,T
YITCMG369   76,A/C;82,T/C;83,T/C;84,T/G;85,C/G;86,A/C;87,T/A;104,A/G;141,A/G
YITCMG371   27,A;36,T/C;60,T/C
YITCMG372   85,C
YITCMG374   102,A/C;135,T/C;137,T/A;138,A/G
YITCMG377   3,A;42,C
YITCMG378   49,T/C
YITCMG379   61,T;71,T/C;80,T/C
YITCMG380   40,A
YITCMG382   62,A;72,C;73,C
YITCMG383   53,C;55,A
YITCMG384   52,T/G;106,G;128,C;195,C
YITCMG385   24,A/G;57,A/T;61,T/C;79,T/C
YITCMG386   13,C;65,G;67,T
YITCMG387   24,A/G;99,T/C;111,C/G;114,A/G
YITCMG388   15,A/C;17,T/C;121,A/G;147,T/C
YITCMG389   3,T/G;9,A;69,A;101,A/G;159,C
YITCMG390   9,C;82,T/G;95,T/A

YITCMG391   23,A/G;116,C/G;117,A/C

YITCMG392   78,A;109,C;114,C

YITCMG393   41,A/T;66,G;99,C;153,A/C;189,A/G

YITCMG394   9,T/C;38,G;62,A

YITCMG395   40,A/T;49,T/C

YITCMG396   51,A/G;110,T/C;141,T/A

YITCMG397   89,C/G;92,G;97,G;136,A/T

YITCMG398   131,T/C;132,A/C;133,A/T;159,T/C;160,A/G;181,T/G

YITCMG399   7,A/T;41,A/C

YITCMG400   34,T;41,T;44,T;53,T/C;62,T;71,C;72,A;90,A

YITCMG401   43,T/C;72,T/G;123,A/G

YITCMG402   137,T/C;155,A/G

YITCMG405   155,C;157,C

YITCMG406   73,A/G;115,T/C

YITCMG407   13,C;26,G;65,A/C;97,G;99,A/G

YITCMG408   88,T

YITCMG409   82,C/G;116,T/C

YITCMG410   2,T;4,A;20,C;40,G

YITCMG411   2,T/C;81,A;84,A

YITCMG412   4,T/A;61,T/C;79,A/G;154,A/G

YITCMG413   55,A/G;56,C/G;82,T/C

YITCMG414   11,A/T;37,A/G;51,T/C;62,C/G

YITCMG415   7,A/G;84,A/G;87,A/G;109,T/G;113,A/G;114,A/G

YITCMG416   80,A/G;84,A/G;112,A/G;117,A/T

YITCMG417   35,C/G;55,A/G;86,T/C;131,A/G

YITCMG418   26,C/G;93,T/C

YITCMG419   73,A/T;81,T/A;168,A/G

YITCMG423   39,T/G;117,G;130,C/G

YITCMG424   36,T/C;69,T;73,G;76,C;89,T

YITCMG425   57,A

YITCMG426   59,T/C;91,C/G

YITCMG427   103,C;113,C

YITCMG428   18,A;24,C

YITCMG429   61,T;152,A

YITCMG430   31,T/C;53,T/C;69,T/C;75,A/C

YITCMG432   14,T/G;69,T;85,C

YITCMG434   27,A/G;37,A/G

YITCMG435   28,T;43,C;103,G;106,A;115,A

YITCMG437   36,T/C;39,T/A;44,A/G;92,C/G;98,T/C

YITCMG438   2,T;6,T;155,T

YITCMG439   75,A/C;87,C;113,A

YITCMG440   13,A/C;64,A;68,G;70,T;78,T/C;103,A/G;113,T/C

YITCMG441   12,A;74,G;81,C;90,T/C

YITCMG442   2,T/A;68,T/C;127,A/G;162,A/G;170,T/C;171,T/G

YITCMG443   28,T/A;104,T/A;106,T/G;107,A/T;166,A/G
YITCMG444   118,A;141,G
YITCMG445   72,G
YITCMG446   13,T/C;51,T/C;88,T/C
YITCMG448   91,G;112,C/G;145,G
YITCMG449   114,G
YITCMG450   156,T/G
YITCMG451   26,A/G;33,A/C;69,T/C;74,A/G;115,C/G
YITCMG452   89,A/G;151,T/C
YITCMG454   90,A;92,T;95,T/A;121,T/C
YITCMG456   32,A/G;48,A/G
YITCMG457   124,G
YITCMG459   95,T;157,C;203,A
YITCMG460   41,T/C;45,T;68,A/T;69,A/G;74,A/G;136,A/C;144,T/C
YITCMG461   131,A/G
YITCMG462   1,A/G;22,C/G;24,C;26,A;36,T/C;49,A/C
YITCMG463   190,C
YITCMG464   78,A/G;101,T/A
YITCMG467   9,A/G;11,A/G;86,A/T
YITCMG470   72,T/C;75,A/G
YITCMG471   8,A;65,A/G;82,T/G;88,T/C;159,C
YITCMG472   51,A/G
YITCMG473   65,T;91,T
YITCMG475   84,A/G;102,T/C;105,C/G;106,A/C
YITCMG477   3,T/G;7,T;91,C;150,T
YITCMG478   42,T/C
YITCMG479   38,T/C;103,T/A
YITCMG481   21,A;83,T/C;98,T/C;160,A/G
YITCMG482   65,T/C;106,A/G;142,T/G
YITCMG483   113,A/G;147,A/G
YITCMG484   23,A/G;78,A/G;79,A/G
YITCMG486   109,T/G;148,T/G
YITCMG487   140,C/G
YITCMG488   51,C/G;76,A/G;127,T/C
YITCMG490   57,C;93,T/C;120,A/G;121,A/C;132,T/G;135,A;165,T/A
YITCMG491   163,A
YITCMG492   55,A/G
YITCMG493   6,T/G;8,A/G;30,T/C;48,A/G;82,A/G
YITCMG494   3,A/C;43,T/C;52,A/G;98,A/G;125,T/C;161,T/G;180,A/G
YITCMG495   65,T;73,G
YITCMG496   5,T/C;25,T/A;26,G;60,A;134,T/C
YITCMG499   45,A/C
YITCMG500   30,A/G;86,T/A;87,T/C;108,T/A
YITCMG501   15,A/T;93,A/G;144,A;173,C;176,C/G

YITCMG502　　4,A;130,A;135,A;140,T
YITCMG503　　70,A/G;85,A/C;99,T/C
YITCMG505　　54,A
YITCMG506　　47,A/G;54,A/C
YITCMG507　　3,T/C;24,A/G;63,A/G
YITCMG508　　140,A/G
YITCMG510　　1,A;95,G;98,A
YITCMG514　　45,A/C
YITCMG515　　41,T/C;44,T/G
YITCMG516　　29,T
YITCMG517　　6,T/G;33,T/C;84,A;86,A;163,T
YITCMG519　　129,T/C;131,T/G
YITCMG520　　35,A/G;65,A/G;83,A/G;136,T/C;157,A/C
YITCMG521　　21,G;163,T/G
YITCMG522　　136,T;137,G;138,C
YITCMG523　　111,T/G;116,A/G;133,A/C;175,T/C;186,T/A
YITCMG524　　19,G;100,G
YITCMG527　　115,A/G
YITCMG528　　1,T/C;79,A/G;107,A/G
YITCMG529　　144,A/C;174,T/C
YITCMG530　　55,T/A;62,A/G;76,C;81,A;113,T/C
YITCMG531　　11,T;49,T
YITCMG532　　17,A/C
YITCMG533　　85,A/C;183,C;188,A/G
YITCMG534　　40,T/A;122,C/G;123,T/C
YITCMG535　　36,A/G;72,A/G
YITCMG537　　118,A/G;135,T/C
YITCMG539　　54,C;82,T/C;152,A/C
YITCMG540　　17,T/A;70,A/G;73,T/C;142,A/G
YITCMG541　　70,C
YITCMG542　　3,A;69,T/C;79,T/C

'905'

YITCMG001　72,T/C;78,A/G;85,A
YITCMG002　55,T/C;102,T/G;103,C/G
YITCMG003　29,C
YITCMG004　27,T/C
YITCMG005　56,A;74,T/C;100,A
YITCMG007　65,T/C;96,A/G
YITCMG008　50,T/C;53,T/C;79,A/G;94,T/C
YITCMG010　40,T/C;49,A/C;79,A/G
YITCMG011　166,A/G
YITCMG012　75,T;78,A
YITCMG013　69,T/C
YITCMG014　126,A/G;130,T/C
YITCMG015　44,A;127,A;129,C;174,A
YITCMG017　98,C/G
YITCMG018　30,A
YITCMG019　36,A/G;47,T/C;66,C/G
YITCMG020　70,A/C;100,C/G;139,A/G
YITCMG022　3,A;11,A/T;92,T/G;94,T/G;99,T/C;118,C/G;131,C/G;140,A/G
YITCMG024　68,A;109,C;115,A/G
YITCMG026　15,T/C;69,A/G
YITCMG027　138,A/G
YITCMG028　45,A/G;110,T/G;133,T/G;147,A/G;167,A/G
YITCMG029　72,T/C
YITCMG030　55,A
YITCMG032　117,C/G
YITCMG033　73,A/G
YITCMG036　99,C/G;110,T/C;132,A/C
YITCMG039　93,T/C
YITCMG042　5,A/G;92,T/A
YITCMG044　42,T/G;167,A/G
YITCMG048　209,A/C
YITCMG049　172,G
YITCMG050　44,A/G
YITCMG051　15,C;16,A
YITCMG052　63,T/C;70,T/C
YITCMG053　86,A/G;167,A/G;184,T/A
YITCMG054　34,A/G;36,T/C;70,A/G;151,A/G
YITCMG056　34,T/C;178,T/G;204,A/C
YITCMG058　67,T;78,A
YITCMG059　84,A/G;95,T/A;100,T/G;137,A/G;152,T/A;203,T/A
YITCMG060　10,A/C;54,T/C;125,T/C;129,A/G;156,T/G

YITCMG062　79,T/C;122,T/C

YITCMG063　86,A/G;107,A/C

YITCMG065　136,T/C

YITCMG067　1,T/C;51,C;76,A/G;130,A/C

YITCMG070　6,C/G

YITCMG072　54,A/C

YITCMG073　103,A/T

YITCMG074　46,T/C;58,C/G;180,T/A

YITCMG078　95,T/C

YITCMG079　3,A/G;8,T/C;10,A/G;110,T/C;122,A/T;125,A/C

YITCMG081　91,G

YITCMG082　48,C/G

YITCMG085　6,A/C;21,T/C;24,A/C;33,T;106,T/C;157,T/C;206,T/C;212,T/C

YITCMG086　142,C/G;180,A/C

YITCMG088　33,A

YITCMG089　92,A/C;103,T/C;151,C/G;161,T/C

YITCMG092　22,A/G;110,T/C;145,A/G

YITCMG093　10,A/G;35,A/G

YITCMG095　51,T/C;78,T/C;184,A/T

YITCMG096　24,C;57,A;66,T

YITCMG098　48,A;51,T/C;180,T/C

YITCMG100　124,C;141,C;155,T

YITCMG101　53,T;92,T

YITCMG102　6,C;129,A

YITCMG104　79,A/G

YITCMG105　31,A/C;69,A/G

YITCMG106　29,A;32,C;59,C;65,G;137,C

YITCMG107　23,A/G;160,A/G;164,C/G;165,T/A

YITCMG108　34,A;64,C

YITCMG110　30,T/C;32,A/G;57,T/C;67,C/G;96,T/C

YITCMG111　39,T/G;62,A/G;67,A/G

YITCMG112　101,C/G;110,A/G

YITCMG113　85,T/G

YITCMG114　75,A/C

YITCMG120　133,T/C

YITCMG130　31,C/G;108,A/G

YITCMG131　27,T/C;107,C/G;126,T/A

YITCMG132　43,C/G;91,T/C;100,T/C;169,T/C

YITCMG134　23,C;98,T;128,A;139,T

YITCMG137　1,T/C;24,A/G;48,A/G;52,T;172,A/G

YITCMG139　7,G

YITCMG141　71,T;184,C

YITCMG142　67,T/C;70,A/G

YITCMG143　73,A

YITCMG147 62,T/C;66,T/C

YITCMG148 32,A/G;75,T/C;101,T/G

YITCMG149 25,A/C;30,A/G;138,A/G

YITCMG151 155,A;156,C

YITCMG154 5,T/C;47,A/C;77,T/C;141,T/C

YITCMG156 36,T/G

YITCMG162 26,T/A

YITCMG164 150,A/G

YITCMG165 121,T/C;174,T/C

YITCMG166 87,G

YITCMG167 120,A/G;150,A/G

YITCMG168 39,T/C;60,A/G

YITCMG169 107,C

YITCMG170 139,C;142,G;145,C;150,A;151,T;157,A;164,A

YITCMG171 9,T/G;11,A/G;61,T/C;76,T/C;98,A/G

YITCMG172 164,A/C;168,A/G;186,A/G;187,A/G

YITCMG173 32,A/T;144,T/C;161,A/G;162,T/C

YITCMG174 9,T/C;10,A/C;84,A/G

YITCMG175 32,T/G;62,A/C

YITCMG177 104,A/G

YITCMG178 111,A

YITCMG180 23,T/C;72,T/C;75,C/G

YITCMG182 3,A/G;77,T/C;105,T/C

YITCMG184 45,T/A;60,A/C;97,C/G;127,T/G

YITCMG185 68,A;130,T

YITCMG188 16,T/C;66,A/G;101,A/T

YITCMG190 48,A/G;54,T/C;117,T;162,G

YITCMG191 80,A/G

YITCMG193 3,A/G;9,A/T;30,T/C;39,A/G;121,T/G;129,A/C;153,T/C

YITCMG194 1,A/T;32,T/A;130,T/G

YITCMG198 100,C

YITCMG199 131,A

YITCMG203 90,T/A

YITCMG204 76,C;85,A;133,G

YITCMG206 177,A/G

YITCMG209 27,A/C

YITCMG212 17,A/G;111,A/G

YITCMG214 5,T/A

YITCMG216 69,G;135,C;177,A

YITCMG217 11,A/G;19,T/A;154,A/G;164,T/C;185,T/C

YITCMG218 31,T/C;59,T/C;72,T/C;108,T/G

YITCMG219 89,T/C;125,T/C

YITCMG220 126,A/G

YITCMG221 8,T/C;76,A/G;110,A/G;131,A/G;134,A/G

YITCMG222   1,T/A;15,T/C;70,C/G

YITCMG228   72,A/C

YITCMG231   87,T/C;108,T/C

YITCMG237   24,A;28,A/G;39,G;71,C/G;76,T/C

YITCMG238   49,T/C;68,T/C

YITCMG239   46,C;59,C;72,A

YITCMG242   70,T

YITCMG244   71,C;76,A/G

YITCMG249   22,T/C;83,C/G;167,T/C

YITCMG252   26,G;78,G;82,T

YITCMG253   13,T/C

YITCMG254   48,C/G;106,T/G

YITCMG256   19,G;47,C;66,G;83,A

YITCMG257   58,C;89,T

YITCMG258   2,T/C;101,A/T;108,A/C;170,A/G;172,C

YITCMG259   24,T;180,T;182,A

YITCMG260   63,A;154,A;159,A

YITCMG261   38,G;106,A;109,T

YITCMG262   47,T/G;89,T/C

YITCMG266   5,A/G;31,A/G;62,T/G

YITCMG268   23,T/G;30,T/G

YITCMG273   41,C/G;67,A/G

YITCMG275   154,A/G

YITCMG279   94,A/G;113,A/G;115,T/C

YITCMG280   159,C

YITCMG281   18,G;22,G;92,C;96,A

YITCMG282   46,A;64,C

YITCMG283   67,T/G;112,A/G;177,A/G

YITCMG284   55,A/T;94,T/C

YITCMG285   85,A;122,C

YITCMG287   2,T/C;38,T/C

YITCMG288   37,A;38,A

YITCMG289   12,T/G;15,C/G;50,T

YITCMG291   28,A/C;38,A/G;55,T/G;86,A/G

YITCMG293   11,A/G;170,T

YITCMG295   15,A/G;19,A/G;71,T/A;130,A/G

YITCMG296   90,A/C;93,T/C;105,A/T

YITCMG299   29,A/G

YITCMG300   191,A/G

YITCMG301   108,C

YITCMG305   68,C

YITCMG314   53,C

YITCMG316   102,C

YITCMG317   38,T/G;151,T/C

YITCMG321 16,G

YITCMG322 72,T/C

YITCMG325 22,T/C;38,A/C;57,A/C;130,T/C;139,C/G

YITCMG326 169,T;177,G

YITCMG327 105,T/C;181,T

YITCMG328 105,G

YITCMG329 48,T/C;78,C/G;109,A/T

YITCMG331 51,A/G

YITCMG332 60,T/C;63,A/G

YITCMG337 1,A/G;88,T/C

YITCMG338 159,T/C;165,T/C;172,A/T;179,C/G

YITCMG340 68,A/G;75,A/G;107,A/C

YITCMG341 83,T/A;124,T/G

YITCMG345 34,A;39,T

YITCMG346 7,T/A

YITCMG347 19,A/T;29,A/G;108,A/C

YITCMG348 65,T/C;69,T/C;73,A/G;124,A/C;131,A/G;141,T/A

YITCMG349 62,A/G;136,C/G

YITCMG351 11,T/G;109,T/C;139,C/G

YITCMG353 75,T/A;85,T/C

YITCMG354 62,C;134,C

YITCMG355 34,A/T;64,A/C;96,A/G;107,A/C;148,A/G

YITCMG356 45,T/A;47,A/C;72,T/A

YITCMG357 29,A

YITCMG359 143,A/G

YITCMG360 64,A;87,G;92,C

YITCMG361 3,T/A;102,T/C;178,A/C

YITCMG363 57,T;96,T

YITCMG364 7,G;29,A;96,T

YITCMG365 23,T/C;45,T/C;94,T/A

YITCMG366 59,T/A;83,T/A;121,A/T

YITCMG368 117,A/C;156,T/A

YITCMG372 199,T

YITCMG373 74,A/G;78,A/C

YITCMG374 102,A/C;135,C;137,T/A;138,G

YITCMG377 198,T/C

YITCMG378 49,T/C

YITCMG387 99,T/C

YITCMG388 17,T/C

YITCMG389 3,T/G;9,A/T;69,A/G;101,A/G;159,A/C;171,C/G;177,T/C

YITCMG390 9,T/C

YITCMG392 78,A/G;109,T/C;114,A/C

YITCMG393 66,A/G;99,A/C

YITCMG395 40,T/A;49,T/C

YITCMG396   110,C;134,A/C;141,A

YITCMG397   92,G;97,G;136,T/C

YITCMG398   131,T/C;132,A/C;133,A/T;159,T/C;160,A/G;181,T/G

YITCMG400   71,C;72,A

YITCMG401   72,T/G;123,G;131,A/C

YITCMG402   6,A/T;137,T/C;155,A/G

YITCMG405   155,C;157,C

YITCMG406   73,G;115,T

YITCMG408   88,T/C;137,G

YITCMG410   2,T;4,A;20,C;40,G

YITCMG411   81,A/C;84,A/G

YITCMG412   79,A/G;154,G

YITCMG416   80,A/G;84,A/G;112,A/G;117,T/A

YITCMG417   86,T/C;131,A/G

YITCMG418   150,A/C

YITCMG419   73,A/T;81,T/A;168,A/G

YITCMG420   6,A/G;35,T/C;36,A/G

YITCMG422   19,A/G

YITCMG423   39,T/G;41,T/C;117,G;130,C/G

YITCMG425   57,A/G;66,T/C

YITCMG426   59,T/C;91,C/G

YITCMG428   18,A/G;24,T/C

YITCMG429   61,T;152,A/G;194,A/G

YITCMG434   27,A/G;37,A/T;40,A/G

YITCMG435   28,T;43,C;103,G;106,A;115,A

YITCMG436   2,A/G;25,A/G;49,A/G;56,A/T

YITCMG437   36,T/C;44,A/G;92,C/G;98,T/C;151,T/C

YITCMG438   155,T/G

YITCMG439   87,T/C;113,A/G

YITCMG440   64,A/C;68,A/G;70,T/C;78,T/C

YITCMG441   12,A/G;74,C/G;81,C/G

YITCMG442   2,A/T;68,T/C;127,A/G;162,A/G;170,T/C;171,T/G

YITCMG443   28,T;104,T/A;106,T/G;107,A/T;166,A/G

YITCMG447   202,A/G

YITCMG450   156,T/G

YITCMG451   26,A/G;33,A/C;69,T/C;74,A/G;115,C/G

YITCMG452   96,C/G

YITCMG453   87,A/G;156,T/C

YITCMG454   90,A/G;92,T/G;121,T/C

YITCMG457   124,A/G

YITCMG459   95,T/C;120,A/C;141,A/G;157,T/C;203,A/G

YITCMG460   45,T/C;132,A/G

YITCMG461   89,T/C;140,A/G

YITCMG462   24,C;26,A;36,C;49,A/C

YITCMG467　9,A/G;11,A/G;86,T/A
YITCMG474　87,T/A;94,A/G;104,T/C;119,A/G
YITCMG475　84,A/G;102,T/C;105,C/G
YITCMG476　22,A;54,T
YITCMG477　3,T/G;7,T/C;91,T/C;150,T/C
YITCMG479　103,A
YITCMG480　29,G;64,A
YITCMG481　21,A;101,A/C;108,A/G;192,T/G
YITCMG482　65,T/C;114,T/C;142,T/G
YITCMG483　113,A/G;143,T/C;147,A/G
YITCMG485　116,C;125,T
YITCMG486　109,T;148,T
YITCMG487　140,C/G
YITCMG489　51,C
YITCMG490　57,T/C;135,A/T;165,A/T
YITCMG491　156,G
YITCMG492　55,A/G;83,T/C;113,C/G
YITCMG493　5,T/C;6,T/G;30,T/C;48,A/G;82,A/G
YITCMG494　43,T/C;52,A/G;98,A/G
YITCMG495　13,T/C;65,T/G;73,A/G
YITCMG496　7,A/G;26,A/G;59,A/G;134,T/C
YITCMG499　82,T/A;94,T/C
YITCMG501　144,A/G
YITCMG503　70,A/G;85,A/C;99,T/C
YITCMG505　54,A/G;99,T/C
YITCMG506　47,A/G;54,A/C
YITCMG507　3,T/C;24,A/G;63,A/G
YITCMG508　140,A/G
YITCMG510　1,A;95,G;98,A
YITCMG513　75,T/G;86,A/T;104,A;123,T
YITCMG514　45,C
YITCMG515　41,T/C;44,T/G
YITCMG516　53,C;120,T
YITCMG517　84,A/T;86,A/G;163,T/C
YITCMG518　60,A/G;77,T/G
YITCMG519　129,T/C;131,T/G
YITCMG521　8,T/G;21,C/G;30,A/G
YITCMG522　72,T/A;127,T/A;137,A/G;138,A/C;139,A/G
YITCMG523　36,A/G;92,A/G;111,T/G;116,A/G;133,A/G
YITCMG524　10,G
YITCMG525　33,T/G;61,T/C
YITCMG526　51,G;78,T
YITCMG527　108,T/G;115,A/G;118,A/C
YITCMG529　129,T/C;144,A/C;174,T/C

YITCMG530   76,A/C;81,A/G;113,T/C
YITCMG531   11,T/C;49,T/G
YITCMG532   123,A/C
YITCMG534   40,T;122,C;123,C
YITCMG537   118,A;135,T
YITCMG538   168,A/G
YITCMG539   27,T/G;54,T/C;82,T/C;152,A/T
YITCMG540   17,T/A;73,T/C;142,A/G
YITCMG541   70,A/C

'90-15'

YITCMG001   53,A/G;72,T/C;78,A/G;85,A

YITCMG002   55,T/C;102,T/G;103,C/G

YITCMG003   29,T/C;67,T/G;119,A/T

YITCMG004   27,T

YITCMG005   56,A/G;74,T/C;100,A/G

YITCMG006   13,T/G;27,T/C;91,T/C;95,C/G

YITCMG007   62,T/C;65,T/C;96,A/G;105,A/G

YITCMG008   50,T/C;53,T/C;79,A/G;94,T/C

YITCMG010   40,T/C;49,A/C;79,A/G

YITCMG011   166,G

YITCMG012   75,T;78,A

YITCMG013   16,T/C;56,A/C;69,T

YITCMG014   126,A;130,T;162,C/G;200,A/G

YITCMG015   127,A/G;129,A/C;174,A/C

YITCMG017   15,T/A;39,A;87,G;98,C

YITCMG018   30,A

YITCMG019   36,A/G;47,T/C

YITCMG020   49,T/C

YITCMG022   3,A/T;11,A/T;99,T/C;131,C/G

YITCMG023   142,T;143,C

YITCMG024   68,A/G;109,T/C

YITCMG025   108,T/C

YITCMG027   138,G

YITCMG028   45,A;110,T/G;113,T/A;133,T/G;147,A;167,G;191,A/G

YITCMG030   55,A

YITCMG031   48,T/C;84,A/G;96,A/G

YITCMG032   14,A/T;117,C/G;160,A/G

YITCMG033   73,G;85,A/G;145,A/G

YITCMG034   97,T/C

YITCMG035   102,C;126,G

YITCMG039   1,G;19,G;105,G

YITCMG041   24,T/A;25,A/G;68,T/C

YITCMG044   7,T/C;22,T/C;167,A/G;189,A/T

YITCMG045   92,T/C;107,T/C

YITCMG048   209,A

YITCMG049   115,A/C;172,A/G

YITCMG050   44,A/C

YITCMG051   15,C;16,A

YITCMG052   63,T;70,C

YITCMG053   86,A;167,A;184,T

YITCMG054   34,G;36,T;70,G

YITCMG058   67,T;78,A

YITCMG059   84,A/G;100,T/G

YITCMG060   10,A/C;54,T/C;125,T/C;129,A/G;156,T/G

YITCMG062   79,T/C;122,T/C

YITCMG063   86,A/G;107,A/C

YITCMG064   2,A;27,G

YITCMG065   136,T/C

YITCMG067   1,T/C;51,C;76,A/G;130,A/C

YITCMG068   49,T/G;91,A/G

YITCMG070   6,C

YITCMG071   142,C;143,C

YITCMG072   54,A/C;75,A/G;105,A/G

YITCMG073   15,A/G;49,A/G;103,A/T

YITCMG075   168,A/C

YITCMG078   33,A/G;95,T/C;147,T/C;165,A/G

YITCMG079   3,A/G;8,T/C;10,A/G;110,T/C;122,A/T;125,A/C

YITCMG081   91,C/G

YITCMG082   43,A/C;58,T/C;97,A/G

YITCMG083   96,A/G;123,T/G;131,T/C;169,C/G

YITCMG084   93,T/C;165,A/G

YITCMG085   6,A;21,C;33,T;157,C;206,C

YITCMG086   111,A/G;142,C/G;182,T/A

YITCMG087   66,A/C;76,A/G

YITCMG088   33,A

YITCMG089   92,A/C;103,T/C;151,C/G;161,T/C

YITCMG090   17,T/C;46,A/G;75,T/C

YITCMG091   33,G;59,A

YITCMG092   22,A/G;110,T/C;145,A/G

YITCMG093   10,A/G;35,A/G

YITCMG096   24,C;57,A;66,T

YITCMG098   48,A/G

YITCMG099   53,A/T;83,A/G;119,A/G;122,A/C

YITCMG100   124,C;141,C;155,T

YITCMG101   53,T/G;92,T/G

YITCMG102   6,C;129,A

YITCMG103   42,T/C;61,T/C

YITCMG104   79,A/G;87,A/G

YITCMG105   31,A/C;69,A/G

YITCMG106   29,A;32,C;59,C;137,C;198,A

YITCMG107   160,A/G;164,C/G;169,T/A

YITCMG108   34,A;64,C

YITCMG110   30,T/C;57,T/C

YITCMG113   5,C/G;71,A/G;85,G;104,A/G

YITCMG114   75,A/C;81,A/C

YITCMG115   32,T/C;33,A/T;87,T/C;129,T/A
YITCMG116   54,A
YITCMG117   115,T/C;120,A/G
YITCMG118   19,A/G;150,T/A
YITCMG119   73,A/C;150,T/C;162,A/G
YITCMG120   38,A/T;133,T/C
YITCMG121   32,T/A;72,T/G;149,T/A
YITCMG124   75,T/C;119,A/T
YITCMG126   142,A/G
YITCMG127   146,A/G;155,A/T;156,A/G
YITCMG129   3,A/T;90,T/C;104,T/C;105,C/G
YITCMG130   31,G;108,G
YITCMG131   27,T/C;107,C/G;126,T/A
YITCMG132   43,C/G;91,T/C;100,T/C;169,T
YITCMG133   31,T/G;76,T;83,A/G;86,T;122,A/T;209,T
YITCMG134   23,C;98,T;128,A;139,T
YITCMG135   34,T/C;63,T/C;173,T/C
YITCMG137   24,A;52,T
YITCMG138   16,T/G
YITCMG139   7,G
YITCMG140   6,T;103,C;104,A
YITCMG141   71,T/G;184,C
YITCMG142   67,T/C;70,A/G
YITCMG143   73,A/G
YITCMG147   62,T;66,T
YITCMG148   32,A/G
YITCMG149   25,A/C;30,A/G;138,A/G
YITCMG150   8,T/G;100,A/T;101,A/G;116,T/G;123,C/G;128,T/A
YITCMG151   155,A;156,C
YITCMG152   83,A/T
YITCMG153   97,A/C;101,A/G;119,A/G
YITCMG157   5,A/G;83,T/C;89,T/C;140,A/G
YITCMG160   92,A/G;107,T/G;158,T/C
YITCMG162   26,A/T
YITCMG163   96,T/A;114,T/C;115,A/G;118,T/G
YITCMG164   150,A/G
YITCMG165   121,T/C;174,T/C
YITCMG166   13,T/C;87,G
YITCMG168   171,C/G
YITCMG169   51,T/C;78,A/C;99,T/C;107,T/C
YITCMG170   139,C/G;142,A/G;145,C/G;150,A/G;151,T/C;157,A/G;164,A/G
YITCMG171   9,T/G;11,A/G;61,T/C;76,T/C;98,A/G
YITCMG172   116,T/C
YITCMG175   42,T/C;55,T/C;62,A/C;98,T/C

YITCMG176   44,A/G;107,A/G

YITCMG177   7,A/G;44,A/C;124,C/G

YITCMG178   99,T/C;107,T/G;119,T/C

YITCMG180   23,T/C;72,T/C

YITCMG182   3,A/G;77,T/C;105,T/C

YITCMG184   45,T/A;60,A/C;97,C/G;127,T/G

YITCMG185   68,A/T;130,T/C

YITCMG188   16,T/C;66,A/G;101,A/T

YITCMG189   125,A/G;170,T/C

YITCMG190   10,T/C;48,A/G;54,T/C;117,T;162,G

YITCMG191   44,A/G;66,T/C;80,A/G;108,A/G

YITCMG192   89,T/C;119,T/G

YITCMG193   3,A/G;9,A/T;30,T/C;39,A/G;121,T/G;129,A/C;145,T/C;153,T/C

YITCMG194   1,T/A;32,A/T;130,T/G

YITCMG195   45,T/A;87,T/C;128,A/G;133,A/G

YITCMG196   55,T/C;91,T/C;190,A/G

YITCMG198   100,A/C

YITCMG199   80,A/T;131,A/C;137,C/G

YITCMG204   76,C;85,A;133,G

YITCMG206   177,G

YITCMG209   27,C

YITCMG212   17,G;111,G

YITCMG213   55,A/G;109,T/C

YITCMG216   69,A/G;135,C;177,A/G

YITCMG217   58,A/G;164,T;181,T/C;185,T;196,A/G;197,A/G

YITCMG218   5,A;31,C;59,T;72,C

YITCMG219   121,G

YITCMG221   8,C;76,G;131,A;134,A

YITCMG222   1,G;15,C;31,G;46,A;70,G

YITCMG223   23,T;29,T;41,T;47,G;48,C

YITCMG226   72,A/G;117,T/C

YITCMG230   65,A/C;103,A/C

YITCMG231   87,T/C;108,T/C

YITCMG232   80,C/G;152,C/G;170,A/G

YITCMG234   54,A/T;55,T/C;103,A/G;122,T/G;183,T/A

YITCMG235   128,C/G

YITCMG236   94,A/G;109,T/A

YITCMG237   24,A/T;28,A/G;39,G

YITCMG238   49,C;68,C

YITCMG239   46,T/C;59,T/C;72,A

YITCMG241   23,A/G;32,T/C;42,T/G;46,A/G;77,A/C

YITCMG242   70,T

YITCMG243   64,A/T;120,T/C

YITCMG244   71,T/C

YITCMG247   40,A/G;123,T/C

YITCMG248   31,A/G;60,T/G

YITCMG249   22,C;83,C/G;130,A/G;142,T/C;167,C

YITCMG252   26,A/G;78,C/G;82,A/T

YITCMG253   13,T/C;70,A/C;198,T/G

YITCMG255   6,A/G;13,T/G;18,T/A;56,A/C;67,T/G;155,C/G;163,A/G;166,T/C

YITCMG256   19,T/G;47,C;66,G;83,T/A

YITCMG257   58,C;77,T/C;89,T

YITCMG258   108,C;170,A;172,C

YITCMG259   23,C/G;24,T/A;180,T;182,A

YITCMG260   63,A/G;154,T/A;159,A/C

YITCMG261   17,T/C;20,A/G;29,A/G;38,G;106,A;109,T

YITCMG262   47,T/G;89,T/C

YITCMG263   91,A/G

YITCMG264   14,T/G;65,T/C

YITCMG266   5,G;31,G;62,T

YITCMG267   39,A/G;108,A/T;134,T/G

YITCMG270   10,A/G;48,T/C;130,T/C

YITCMG271   100,C/G;119,A/T

YITCMG274   141,A/G;150,T/C

YITCMG275   106,C/G;131,A/C;154,A/G

YITCMG278   1,A/G;10,A/G;12,A/C

YITCMG280   120,T/C;159,C

YITCMG281   18,A/G;22,A/G;92,C;96,A

YITCMG282   46,A/G;64,T/C

YITCMG283   67,T/G;112,A/G;177,A/G

YITCMG284   18,A/G

YITCMG285   85,A;122,C

YITCMG289   12,T/G;15,C/G;50,T;60,A/T;75,A/G

YITCMG290   21,T/G;66,C/G;72,T/C

YITCMG291   28,A/C;38,A/G;55,T/G;86,A/G

YITCMG292   85,T/C;99,T/A;114,T/C;126,A/C

YITCMG293   46,T/C;61,T/C;170,A/T;207,A/G

YITCMG296   90,A/C;93,T/C;105,A/T

YITCMG297   128,C;147,A

YITCMG298   44,A/G;82,A/G;113,A/G

YITCMG299   29,A/G;38,T/C;48,A/G;53,C/G;134,T/G

YITCMG300   15,T/C;32,A/C;68,T/C;199,C/G

YITCMG301   76,C/G;98,A/G;108,C;111,T/C;128,T/G

YITCMG302   96,T/C

YITCMG304   35,A;42,G;116,G

YITCMG305   50,A/C;67,T/G;68,C

YITCMG314   53,C

YITCMG316   98,T/C;102,T/C

YITCMG317　38,T/G;151,T/C

YITCMG318　61,T/C;73,A/C

YITCMG319　33,A/G

YITCMG321　16,G

YITCMG325　22,T/C;38,A/C;57,A/C;130,T/C;139,C/G

YITCMG326　11,T/C;41,T/A;91,T/C;169,T/G;177,G

YITCMG327　105,T/C;115,T/C;121,A/G;181,T/C

YITCMG328　15,C;47,T/C;86,T/C

YITCMG329　48,T/C;78,C/G;109,A/T

YITCMG330　52,A;129,G;130,A

YITCMG332　63,G

YITCMG334　43,C/G;104,A/C

YITCMG335　114,T/G

YITCMG336　28,C;56,A;140,T

YITCMG337　55,T/C;61,T/C

YITCMG338　71,T/C;126,A/G;159,T/C;165,T/C;179,C/G

YITCMG339　48,T/C;81,T/C

YITCMG340　68,A/G;75,A/G;107,A/C;110,T/C;111,A/G

YITCMG341　83,T;124,G

YITCMG342　162,A;169,T

YITCMG343　3,A/G;39,T/C

YITCMG344　14,T/C;29,T/G;47,A/G;85,A/G

YITCMG345　34,T/A;39,T/G

YITCMG347　19,T/A;21,A/G;29,A/G;108,A/C

YITCMG348　65,T;69,T/C;73,A;124,A

YITCMG349　62,A;136,G

YITCMG350　17,A/G;23,T/C;37,A/T;101,T/A;104,T/C

YITCMG351　11,T/G

YITCMG352　108,T/C;138,A/T

YITCMG354　62,A/C;66,A/G;81,A/C;134,A/C

YITCMG355　34,A;64,C;96,A

YITCMG356　45,A;47,A;72,A

YITCMG357　20,A/G;29,A

YITCMG359　143,A/G

YITCMG360　64,A;87,G;92,C

YITCMG361　3,A/T;102,T/C;178,A/C

YITCMG362　12,T/C;62,A/T;77,A/G

YITCMG363　57,T;96,T

YITCMG364　7,G;29,A;96,T

YITCMG370　18,A/G;117,T/C;134,T/A

YITCMG371　27,A/G;60,T/C

YITCMG372　199,T

YITCMG373　74,A;78,C

YITCMG374　102,A/C;135,C;137,A/T;138,A/G

YITCMG375   17,A/C;107,A/T
YITCMG376   74,G;75,C
YITCMG377   198,T/C
YITCMG378   77,T/C;142,A/C
YITCMG379   61,T;71,T/C;80,T/C
YITCMG380   40,A/G
YITCMG381   30,C/G;64,T/G;124,T/C
YITCMG382   62,A/G;72,A/C;73,C/G
YITCMG383   53,T/C;55,A/G
YITCMG384   106,A/G;128,T/C;195,T/C
YITCMG385   57,A
YITCMG386   65,G
YITCMG388   17,T;153,A/G
YITCMG389   9,A/T;69,A/G;159,A/C;171,C/G;177,T/C
YITCMG390   9,T/C;82,T/G;95,A/T
YITCMG391   98,C/G
YITCMG393   66,G;99,C
YITCMG394   48,T/G
YITCMG395   45,T
YITCMG396   110,C;141,A
YITCMG397   89,C/G;92,T/G;97,G;136,A/C
YITCMG398   100,A;131,C;132,A;133,A;160,G;181,T
YITCMG401   43,T/C;72,T/G;123,A/G
YITCMG402   71,T/A;137,T/C;155,A/G
YITCMG403   36,T/C;49,A;58,C/G;173,C
YITCMG404   8,A/G;32,T/C
YITCMG405   155,C;157,C
YITCMG406   73,G;115,T
YITCMG407   13,C;26,G;97,G
YITCMG408   137,G
YITCMG410   2,T/C;4,T/A;40,C/G
YITCMG412   4,A/T;61,T/C;79,A/G;154,A/G
YITCMG413   55,A/G;57,T/C;82,T/C
YITCMG414   11,T/A
YITCMG416   84,A/G;112,A/G
YITCMG418   15,T/C;34,A/G
YITCMG423   39,G;117,G;130,C
YITCMG424   69,T;73,G;76,C;89,T
YITCMG425   57,A
YITCMG426   59,T/C;91,C/G
YITCMG427   103,T/C;113,A/C
YITCMG428   18,A/G;24,T/C;73,A/G;135,A/G
YITCMG429   61,T;152,A/G;194,G;195,A/T
YITCMG430   31,T;53,T;69,C;75,A

YITCMG432 69,T/G;85,T/C;97,T/A

YITCMG434 27,G;37,T;40,A

YITCMG435 28,T;43,C;103,G;106,A;115,A

YITCMG437 36,C

YITCMG438 155,T/G

YITCMG440 64,A;68,G;70,T;78,T/C

YITCMG441 12,A/G;74,C/G;81,C/G

YITCMG442 131,C/G;170,T/C

YITCMG443 28,T/A

YITCMG446 13,T/C;51,T/C

YITCMG447 94,A/G;97,A/G;139,A/G;202,A/G

YITCMG448 22,A/C;37,T/C;91,T/G;95,A/C;112,C/G;126,T/C;145,T/G

YITCMG451 26,A/G;33,A/C;69,T/C;74,A/G;115,C/G

YITCMG452 89,A/G;151,C

YITCMG454 90,A;92,T;121,C

YITCMG455 2,T/C;5,A/G;20,T/C;22,A/G;98,T/C;128,T/C;129,A/G;143,A/T

YITCMG456 32,A/G;48,A/G

YITCMG457 77,T/A;124,G;156,C/G

YITCMG459 120,A;146,A;192,T

YITCMG460 45,T/C

YITCMG461 89,T;140,G

YITCMG462 24,C;26,A;36,C;49,C

YITCMG463 190,C/G

YITCMG464 161,T/C

YITCMG465 117,T/G;147,A/G

YITCMG466 75,T/A;99,C/G

YITCMG467 9,A/G;11,A/G;86,T/A

YITCMG471 8,A/C;65,A/G;88,T/C;159,A/C

YITCMG472 51,A/G

YITCMG473 65,T;70,A;91,T

YITCMG475 82,A/G;84,A/G;102,T/C;106,A/C

YITCMG476 22,A/G;54,T/A

YITCMG477 2,T/C;7,T/C;91,C;150,T

YITCMG478 42,T/C

YITCMG479 103,A/T

YITCMG480 29,C/G;64,A/G

YITCMG481 21,A;101,A/C;108,G;192,G

YITCMG482 65,T/C;114,T/C;142,T/G

YITCMG485 19,T

YITCMG487 140,C

YITCMG488 51,C/G;76,A/G;127,T/C

YITCMG491 156,A/G;163,A/G

YITCMG492 55,A/G;83,T/C;113,C/G

YITCMG493 30,T/C

YITCMG494   43,T/C
YITCMG497   33,C/G;77,C/G
YITCMG499   121,A/G
YITCMG502   12,T/C
YITCMG505   54,A/G;99,T/C
YITCMG508   96,T/C;109,A/G;115,T/G
YITCMG509   65,T/C;126,A/G
YITCMG510   1,A;95,A/G;98,A/G
YITCMG511   39,T/C;67,A/G;186,A/G
YITCMG512   25,A;54,G;63,G
YITCMG514   45,A/C
YITCMG516   29,T/G;53,A/C;120,T/G
YITCMG517   84,A/T;86,A/G;163,T
YITCMG518   60,A/G;77,T/G
YITCMG519   97,T/C;129,T/C;131,T/G
YITCMG521   8,T;21,G;30,G
YITCMG522   127,T
YITCMG524   10,A/G;19,A/G;100,A/G
YITCMG526   51,A/G;78,T/C
YITCMG527   115,A/G
YITCMG528   79,A/G;107,A/G
YITCMG529   129,T/C;144,A/C;174,T/C
YITCMG530   76,A/C;81,A/G;113,T/C
YITCMG531   11,T/C;49,T/G
YITCMG532   17,A/C
YITCMG533   85,A;183,C;188,G
YITCMG534   40,A/T;122,C/G;123,T/C
YITCMG535   36,A/G;72,A/G
YITCMG537   118,A/G;135,T/C
YITCMG538   168,A/G
YITCMG539   27,T/G;54,T/C;152,T/C
YITCMG540   17,T/A;73,T/C;142,A/G
YITCMG541   70,A/C;130,T/G;176,T/C
YITCMG542   3,A

矮 芒

YITCMG001 53,A/G;78,A/G;85,A

YITCMG003 29,T/C

YITCMG004 27,T/C;83,T/C

YITCMG005 56,A/G;74,T/C;100,A/G

YITCMG006 13,T;27,T/C;48,A/G;91,C;95,C/G

YITCMG007 62,T/C;65,T;96,G;105,A/G

YITCMG008 50,T/C;53,T/C;79,A/G

YITCMG010 40,T/C;49,A/C;79,A/G

YITCMG011 36,A/C;114,A/C;166,A/G

YITCMG013 16,C;56,A;69,T

YITCMG014 126,A;130,T;162,C/G

YITCMG015 44,A/G;127,A;129,C;174,A

YITCMG017 17,T/G;24,T/C;98,C/G;121,T/G

YITCMG018 30,A

YITCMG019 36,A/G;47,T/C;98,T/A

YITCMG020 49,T/C;70,A/C;100,C/G;139,A/G

YITCMG022 3,A

YITCMG023 142,T;143,C;152,A/T

YITCMG025 8,A/T;108,T/C;123,T/C

YITCMG026 16,A/G;81,T/C

YITCMG027 19,T/C;30,A/C;31,A/G;62,T/G;119,A/G;121,A/G;131,A/G;138,A/G;153,T/G;
163,T/A

YITCMG030 55,A;73,T/G;82,T/A

YITCMG031 48,T/C;84,A/G;96,A/G

YITCMG032 14,A/T;117,C/G;160,A/G

YITCMG033 73,G;85,G;145,G

YITCMG034 122,A/G

YITCMG035 102,T/C;126,T/G

YITCMG037 12,T/C;39,T/G

YITCMG038 155,A/G;168,C/G;171,A/G

YITCMG039 1,G;19,A/G;61,A/G;71,T/C;104,T/C;105,G;151,T/G

YITCMG040 14,T/C

YITCMG041 24,T/A;25,A/G;68,T/C

YITCMG042 5,A/G;48,A/T;92,A/T

YITCMG044 7,T/C;22,T/C;167,A/G;189,T/A

YITCMG045 92,T/C;107,T/C

YITCMG046 55,A/C;130,A/G;137,A/C;141,A/G

YITCMG047 37,A/T;60,T/G;65,T/G

YITCMG049 115,C

YITCMG050 30,T/C;44,A/G

YITCMG051 15,C;16,A

YITCMG052   63,T/C;70,T/C;139,T/C
YITCMG053   167,A/G
YITCMG054   34,A/G;36,T;70,A/G;72,A/C;73,A/G;84,A/C;170,T/C
YITCMG056   34,T;72,T/C
YITCMG057   98,T;99,G;105,A/G;129,T/C;134,T
YITCMG058   67,T/G;78,A/G
YITCMG059   84,A;95,T;100,T;137,A;152,T;203,G
YITCMG060   156,T/G
YITCMG061   107,A/C;128,A/G
YITCMG064   2,A/G;27,T/G
YITCMG065   136,T/C
YITCMG067   1,C;51,C;76,G;130,C
YITCMG068   49,T;91,A;157,A/G
YITCMG069   37,G;47,A;100,G
YITCMG071   142,C;143,C
YITCMG072   75,A/G;104,T/C;105,A/G
YITCMG073   15,A/G;19,A/G;28,A/C;49,A/G;106,T/C
YITCMG075   125,T/C;168,A/C;169,A/G;185,T/C
YITCMG076   129,T/C;162,A/C;163,A/G;171,T/C
YITCMG078   15,A/T;33,A/G;93,A/C;95,T;147,T/C;165,A/G
YITCMG079   3,G;8,T;10,A;110,C;122,A;125,A
YITCMG081   91,C/G;115,T/A
YITCMG082   97,A/G
YITCMG083   169,C/G
YITCMG084   118,A/G;136,A/T;153,A/C
YITCMG085   6,A;21,C;33,T;157,C;206,C
YITCMG086   111,A/G;182,A/T;186,A/T
YITCMG088   17,A/G;33,A;98,T/C;143,A/G;189,T/G
YITCMG089   92,A/C;103,T/C;151,C/G;161,T/C
YITCMG090   48,C/G;113,T/C
YITCMG091   33,G;59,A
YITCMG092   22,A/G;110,T/C;145,A/G
YITCMG094   124,T/A;144,A/T;146,T/G
YITCMG095   51,T/C;78,T/C;184,T/A
YITCMG096   24,T/C;57,A;63,T/C;66,T/C
YITCMG098   48,A/G;51,T/C;180,T/C
YITCMG099   67,T/G;83,A/G;119,A/G;122,A/C
YITCMG100   74,A/G;118,C/G;155,T
YITCMG101   93,T/C
YITCMG102   20,A/G
YITCMG103   41,G;43,A
YITCMG104   79,G
YITCMG105   31,A/C;69,A/G
YITCMG106   29,A;32,C;59,C;65,G;137,C;183,T/C

YITCMG107　143,A/C;160,G;164,C;169,T/A

YITCMG108　34,A;64,C

YITCMG110　30,T;32,A/G;57,C;67,C/G;96,T/C

YITCMG111　39,T;62,G;67,A

YITCMG112　101,C/G;110,A/G

YITCMG113　71,A/G;85,T/G;104,A/G;108,T/C;131,A/G

YITCMG114　42,T/A;46,A/G;66,T/A

YITCMG115　32,T/C;33,A/T;87,C;129,T/A

YITCMG116　54,A

YITCMG117　115,T/C;120,A/G

YITCMG118　2,T/C;19,A/G

YITCMG120　121,A/G;130,C/G;133,C

YITCMG121　32,T/A;72,G;91,C/G;138,A/G;149,T/A

YITCMG122　40,A/G;45,G;185,G;195,A

YITCMG123　46,A/G;88,T/C;94,T/C

YITCMG124　75,C;99,T/C;119,T

YITCMG125　123,C/G

YITCMG127　156,A/G

YITCMG128　163,A/G

YITCMG129　90,T;104,C;105,C

YITCMG130　31,G;83,T/C;108,G

YITCMG131　27,T/C;107,C/G

YITCMG132　43,C/G;91,T/C;100,T/C;169,T/C

YITCMG133　76,T/G;86,T/G;200,A/G;209,T/A

YITCMG134　23,C;116,T/A;128,A/G;139,T;146,C/G

YITCMG135　173,T/C

YITCMG137　24,A/G;52,A/T

YITCMG138　44,C/G

YITCMG139　7,G

YITCMG140　6,T

YITCMG141　71,T/G;184,T/C

YITCMG144　4,A/G;61,T/C;81,T/C;143,A/G;164,A/G

YITCMG145　7,A/G;26,A/G;78,T/G

YITCMG146　27,T/C;69,A/G;88,T/G;111,A/T

YITCMG147　36,A/G;62,T;66,T

YITCMG148　35,A/G;87,T/C

YITCMG149　25,A;30,A;138,A/G;174,T/C

YITCMG150　8,T/G;99,T/C;100,T/A;101,G;116,G;123,C/G;128,A/T

YITCMG152　25,A/G;83,T/A;132,A/G

YITCMG153　97,A/C;101,A/G;119,A

YITCMG154　5,T/C;26,T/G;47,A/C;60,A/G;77,C;130,A/C;141,T/C

YITCMG155　31,T/G;51,T/C

YITCMG157　18,A/G;83,C;143,T/G

YITCMG159　6,T/C;92,A/C;137,T/C

YITCMG160   92,A/G;107,T/G;158,T/C
YITCMG161   71,A/G;74,T/C
YITCMG162   26,T
YITCMG163   43,T/C;96,A/T;114,T/C;115,A/G;118,T/G
YITCMG164   57,T/C;114,A/G
YITCMG165   121,T/C;174,T/C
YITCMG166   13,T/C;87,G
YITCMG167   103,A/G;120,A/G;150,A/G
YITCMG168   171,C/G
YITCMG170   31,T/G;145,C/G;150,T/G;157,A/G
YITCMG171   9,T/G;11,A/G;61,T/C;76,T/C;98,A/G
YITCMG172   164,A/C;168,A/G;186,A/G;187,A/G
YITCMG173   11,C/G;17,A/C;20,C;144,C;161,A/G;162,T/C;163,T/G
YITCMG174   9,T/C;10,A/C;31,A/G;84,A/G
YITCMG175   42,T/C;55,T/C;62,C;98,T/C
YITCMG176   44,A/G;107,A/G
YITCMG178   111,A/C
YITCMG180   23,C;72,C
YITCMG181   134,A/G
YITCMG182   3,A/G;77,T/C
YITCMG183   24,T;28,A/G;75,T/C;76,A/G;93,T/C
YITCMG184   45,A;60,C;97,C/G
YITCMG185   5,T/A;62,A/G;68,A;80,A/G;130,T/A;139,A/G
YITCMG187   105,T;106,G
YITCMG189   23,T/C;51,A/G;125,A/G;138,T/A;168,T/C;170,T/C
YITCMG190   48,G;54,C;117,T;162,G
YITCMG191   34,A/G;36,A/G;108,A/G
YITCMG193   3,A/G;9,A/T;30,T/C;39,A/G;99,T/C;120,T/G;121,G;129,A/C;153,T
YITCMG194   1,A/T;32,T/A;55,A/G;165,T/C
YITCMG195   71,T/A
YITCMG196   197,A
YITCMG197   18,C;35,G;144,C/G;178,A;195,T
YITCMG198   70,A/G;71,A/G;100,A/C
YITCMG199   3,T/A;56,A/T;62,C/G;173,T/C;175,C/G
YITCMG200   38,T/C;53,A/G
YITCMG202   16,T/C;112,A/C;121,T/G
YITCMG203   28,A/G;42,A/T;130,C/G
YITCMG204   76,C/G;85,A/G;133,C/G
YITCMG206   66,A/G;83,A/G;132,A/G;155,A/G;177,A/G
YITCMG207   156,T/C
YITCMG208   86,T/A;101,A/T
YITCMG209   24,T/C;27,C;72,T/C
YITCMG210   6,T/C;21,A/G;96,T/C;179,T/A
YITCMG211   11,A/C;133,A/C;139,A/G

YITCMG212   17,G;111,G;129,T/C

YITCMG213   55,A;102,T/C;109,C

YITCMG216   69,A/G;135,T/C;177,A/G

YITCMG217   11,A/G;19,T/A;156,T/C;164,T/C;181,T/C;185,T/C;196,A/G;197,A/G

YITCMG218   5,A/C;31,C;59,T;72,C;108,T/G

YITCMG219   89,T/C;121,C/G;125,T/C

YITCMG220   64,A/C;67,C/G

YITCMG221   8,C;76,A/G;110,A/G;131,A;134,A

YITCMG222   1,T/G;15,T/C;31,A/G;46,A/G;70,C/G

YITCMG223   23,T;29,T;41,T/C;47,A/G;48,T/C

YITCMG225   61,A/G;67,T/C

YITCMG226   72,A;117,T

YITCMG227   6,A/G;26,T/C

YITCMG229   40,A/G;56,T/C;58,T/C;65,T/C;66,T/C

YITCMG230   17,A/C;65,C;103,A;155,G

YITCMG231   12,T/C;87,T/C;108,T/C

YITCMG232   1,C;64,T/C;76,A/G;80,G;152,C;169,T;170,G

YITCMG233   130,A;132,G;159,T;162,A

YITCMG234   54,T/A;103,A/G;183,A/T;188,A/G

YITCMG235   128,C/G

YITCMG236   94,A;109,A

YITCMG237   24,T/A;39,G;71,C/G;76,T/C;105,A/G

YITCMG238   49,C;68,C

YITCMG239   46,T/C;59,T/C;72,A

YITCMG240   21,A/G;96,A/G

YITCMG241   42,T/G

YITCMG242   61,A/C;70,T;85,T/C;94,A/G

YITCMG244   71,T/C

YITCMG247   19,A/C;40,A/G;123,T/C

YITCMG248   31,A/G;35,A/G;60,T/G

YITCMG249   22,C;130,A/G;142,T/C;167,T/C

YITCMG250   98,T;99,G

YITCMG251   151,T/C;170,T/C;171,T/C

YITCMG252   26,G;69,T/C;78,C/G;82,T

YITCMG253   70,A/C;198,T/G

YITCMG254   48,C;82,T/C;106,G

YITCMG255   6,A/G;8,A/G;13,T/G;18,T/A;67,T/G;155,C/G;163,A/G;166,T/C

YITCMG256   19,G;47,C;66,G;83,T/A

YITCMG257   58,C;77,T/C;89,T

YITCMG258   170,A;172,C

YITCMG259   23,C/G;180,T;182,A

YITCMG260   63,A/G;154,T/A;159,A/C

YITCMG261   17,T/C;20,A/G;38,T/G;106,A/T;109,T/C

YITCMG262   47,T/G

YITCMG263　42,T;77,G

YITCMG266　5,G;24,T/G;31,G;62,T/C;91,A/G

YITCMG267　39,G;108,A;134,T

YITCMG268　23,T/G;30,T/G;68,T/C

YITCMG270　10,A;52,G;69,C;122,C;130,T;134,T;143,C;162,C;168,A;191,A

YITCMG271　100,C/G;119,A/T

YITCMG272　43,G;74,T;87,C;110,T

YITCMG274　90,A/G;141,A/G;150,T/C;175,T/G

YITCMG275　106,C/G;131,A/C;154,A/G

YITCMG276　41,T;59,A

YITCMG277　24,T

YITCMG278　1,A/G;10,A/G;12,A/C

YITCMG280　62,T/C;85,C/G;104,T/A;113,C/G;121,A/G;144,T/G;159,C

YITCMG281　18,A/G;22,A/G;92,T/C;96,A/C

YITCMG282　34,T/C;46,A;64,C;70,T/G;98,T/C;116,A/G;119,C/G

YITCMG283　67,T/G;112,A/G;177,A/G

YITCMG284　55,T;94,T

YITCMG285　85,A;122,C

YITCMG286　119,A/G;141,A/C

YITCMG287　2,C;38,T

YITCMG289　12,T/G;15,C/G;50,T

YITCMG290　13,A/G;21,T;66,C;128,A/T;133,A/C

YITCMG293　170,T;174,T/C;184,T/G

YITCMG294　7,A/G;82,A/T;99,T;108,T

YITCMG295　15,A/G;71,T/A

YITCMG297　128,T/C;147,A/C

YITCMG298　44,A/G;82,A/G;113,A/G

YITCMG299　22,C/G;29,A;34,A/G;103,A/G

YITCMG300　15,T/C;32,A/C;68,T/C;199,C/G

YITCMG301　76,C/G;98,A/G;108,C;111,T/C;128,T/G

YITCMG302　96,T/C

YITCMG304　30,T/G;35,A;42,G;116,G

YITCMG305　15,A/G;68,C

YITCMG306　16,T/C;69,A/C

YITCMG307　37,G

YITCMG308　34,A/G;35,C/G;45,A/T

YITCMG309　5,A/C;23,T;77,G;85,G;162,A/G

YITCMG310　98,G;107,T;108,T

YITCMG311　83,T/C;101,T/C;155,A

YITCMG312　42,A/T;104,T/A

YITCMG314　27,C/G;31,A/G;42,A/G;53,A/C

YITCMG315　58,A/G;80,A/G;89,T/C

YITCMG316　102,C

YITCMG317　38,T/G;151,T/C

YITCMG318　61,T;73,A;139,C

YITCMG319　147,T/C

YITCMG321　16,G

YITCMG322　72,T/C;100,T/C

YITCMG323　49,A/C;73,T/C;108,C/G

YITCMG324　55,T;56,G;74,G;195,A

YITCMG325　22,T/C;38,A/C;57,A/C;130,T/C;139,C/G

YITCMG326　169,T/G;177,G

YITCMG328　15,C;47,T/C;86,T/C

YITCMG329　48,T/C;78,C/G;109,A/T;175,A/G;195,A/C

YITCMG330　52,A;129,G;130,A

YITCMG331　24,A;51,A/G;154,A/G

YITCMG332　42,A/G;51,C/G;62,C/G;63,G;93,A/C

YITCMG333　132,T;176,A/C

YITCMG335　2,A/G;114,T/G

YITCMG336　28,T/C;56,A/T;140,T

YITCMG337　55,T/C;61,T/C

YITCMG338　71,T/C;126,A/G;159,T/C;165,T/C;179,C/G

YITCMG339　48,C;81,C

YITCMG340　68,A/G;75,A/G;89,A/G;107,A/C

YITCMG341　2,T/C;59,A/T;83,T;124,G;146,A/G;210,T/G

YITCMG342　21,T;145,G;156,G;177,C

YITCMG343　3,A;39,T/C;127,A/G;138,T/A;171,T/C;187,T/C

YITCMG344　8,T/C;14,T/C;47,A/G;108,T/C

YITCMG345　31,A/T;34,A;39,T

YITCMG346　7,A/T

YITCMG347　19,A/T;21,A/G;29,A/G;108,A/C

YITCMG348　65,T;69,T/C;73,A;124,A/C;131,A/G

YITCMG349　62,A/G;136,C/G

YITCMG350　17,A

YITCMG351　11,T/G;79,T/G;109,T/C;139,C/G

YITCMG352　108,C;109,A/G;138,T;145,T/A

YITCMG353　75,T/A;85,T/C

YITCMG354　62,A/C;66,G;81,A;134,A/C

YITCMG355　34,A;64,A/C;94,A/G;96,A/G;125,A/C;148,A/G

YITCMG356　45,A/T;47,A/C;72,A/T;168,A/G

YITCMG357　20,A/G;29,A;81,T/C

YITCMG359　143,A/G

YITCMG360　64,A/G;87,A/G;92,T/C

YITCMG362　12,T/C;62,T/A;77,A/G

YITCMG363　57,T/C;96,T/C

YITCMG364　7,G;29,A;96,T

YITCMG370　18,A/G;117,T/C;134,A/T

YITCMG371　27,A;36,T/C;60,T/C

YITCMG372　61,T/C

YITCMG373　74,A/G;78,A/C

YITCMG374　135,T/C

YITCMG376　5,A/C;74,A/G;75,A/C;103,C/G;112,A/G

YITCMG377　3,A/G;77,T/G

YITCMG378　49,T/C

YITCMG379　61,T;71,T;80,C

YITCMG380　40,A

YITCMG381　64,T/G;113,T/C;124,T/C

YITCMG382　62,A;72,C;73,C

YITCMG383　53,T/C;55,A;110,C/G

YITCMG384　106,A/G;128,T/C;195,T/C

YITCMG385　57,A/T;61,T/C;79,T/C

YITCMG386　65,G

YITCMG387　111,C/G;114,A/G

YITCMG388　17,T/C

YITCMG389　9,A/T;69,A/G;159,A/C;171,C/G;177,T/C

YITCMG390　9,C

YITCMG393　66,G;99,C;189,A/G

YITCMG394　9,T/C;38,G;62,A

YITCMG395　45,T/C

YITCMG396　110,T/C;141,A/T

YITCMG397　89,C/G;92,G;97,G;136,A/C

YITCMG398　100,A/C;131,C;132,A;133,A;159,T/C;160,G;181,T

YITCMG399　7,A/T;41,A/C

YITCMG400　34,T/C;41,T/C;44,T/C;53,T/C;62,T/C;71,C;72,A;90,A/C

YITCMG401　43,T/C;123,A/G

YITCMG402　6,A/T;137,T;155,G

YITCMG403　36,T/C;49,A/T;173,C/G

YITCMG404　8,G;32,T;165,A/G

YITCMG405　41,T/C;62,T/C;155,T/C;157,T/C;161,T/G

YITCMG406　3,A/T;73,G;115,T

YITCMG407　13,C;26,G;65,A/C;97,G

YITCMG408　137,G

YITCMG409　82,G;116,T

YITCMG410　2,T/C;4,A/T;20,T/C;40,C/G;155,A/C

YITCMG411　2,T/C;81,A;84,A

YITCMG412　79,A;154,G

YITCMG416　80,A/G;84,A;112,A;117,T/A

YITCMG419　73,T/A;81,A/T

YITCMG420　35,C;36,A

YITCMG421　9,A/C;67,T/C;97,A/G

YITCMG422　97,A

YITCMG423　39,T/G;117,G;130,C/G

YITCMG424　69,T;73,G;76,C;89,T

YITCMG425　57,A

YITCMG426　59,T/C;91,C/G

YITCMG427　103,T/C;113,A/C

YITCMG428　18,A;24,C

YITCMG429　61,A/T;152,A/G;194,A/G;195,T/A

YITCMG430　31,T/C;53,T/C;69,T/C;75,A/C

YITCMG432　44,A/G;69,T;85,C

YITCMG434　27,A/G;37,A/G;86,T/C

YITCMG435　106,A

YITCMG436　25,A/G;56,T/A

YITCMG437　39,T/A;44,A/G;92,C/G;98,T/C

YITCMG438　2,T/A;3,T/C;6,T/A;155,T

YITCMG439　75,A/C;87,T/C;113,A/G

YITCMG440　64,A;68,G;70,T;78,C

YITCMG441　12,A/G;74,C/G;81,C/G;90,T/C;96,A/G

YITCMG443　28,T;178,A/G;205,C/G

YITCMG444　118,T/A;141,A/G

YITCMG447　94,G;97,A/G;139,G;202,G

YITCMG448　91,T/G;112,C/G;145,T/G

YITCMG449　105,G;114,G

YITCMG450　156,T/G

YITCMG451　26,A/G;33,A/C;69,T/C;74,A/G;115,C/G

YITCMG452　151,T/C

YITCMG454　90,A;92,T;121,C

YITCMG455　2,T/C;5,A/G;20,T/C;22,A/G;98,T/C;128,T/C;129,A/G;143,A/T

YITCMG456　32,A;48,G

YITCMG457　77,T/A;89,T/C;98,T/C;101,A/G;119,A/G;124,G;156,C/G

YITCMG458　37,C/G;43,T/C

YITCMG459　120,A;141,A

YITCMG460　45,T/C

YITCMG461　89,T/C;131,A/G;140,A/G

YITCMG462　24,C;26,A;36,C;49,C

YITCMG463　190,C/G

YITCMG464　77,A/C

YITCMG465　117,T/G;147,A/G

YITCMG466　75,A/T;95,A/T;99,C/G;103,T/C

YITCMG467　9,A/G;11,A/G;86,T/A

YITCMG470　72,T/C;75,A/G

YITCMG471　8,A/C;65,A/G;88,T/C;159,A/C

YITCMG472　51,A/G

YITCMG473　65,T/A;91,T/C

YITCMG475　2,T/C;82,A/G;84,A;102,C;105,C/G

YITCMG476　22,A/G;54,A/T

YITCMG477   2,T/C;3,T/G;7,T/C;91,C;150,T
YITCMG478   112,A/G;117,T/C;122,T/C
YITCMG479   103,A/T
YITCMG480   5,A/G;45,A/G;61,C/G;64,A/G
YITCMG481   21,A/G;108,A/G;192,T/G
YITCMG483   113,A/G;147,A/G
YITCMG484   23,A/G;78,A/G;79,A/G
YITCMG485   19,T/C;116,C/G;125,T/C
YITCMG486   40,A/G;96,C/G;109,T;148,T
YITCMG487   140,C/G
YITCMG490   57,C;93,T/C;135,A;165,A/T
YITCMG491   156,A/G;163,A/G
YITCMG492   55,A;70,T/C
YITCMG493   6,T/G;23,A/C;30,T;48,A/G;82,A/G
YITCMG494   43,T/C;52,A/G;84,A/G;98,A/G;154,T/C;188,T/C
YITCMG495   65,T/G;73,A/G;82,A/G;86,A/G;89,A/G
YITCMG496   26,A/G;134,T/C;179,T/C
YITCMG497   22,A/G;31,T/C;33,C/G;62,T/C;77,T/G;78,T/C;94,T/C;120,A/G
YITCMG499   82,T/A;94,T/C
YITCMG500   30,A/G;86,T;87,C;108,T/A
YITCMG501   15,A/T;93,A/G;144,A;173,C
YITCMG502   12,T/C;127,T/C
YITCMG503   70,A/G;85,A/C;99,T/C
YITCMG504   11,A/C;17,A/G
YITCMG505   54,A/G;99,T/C
YITCMG506   47,A/G;54,A/C
YITCMG507   24,A/G
YITCMG508   13,A/G;96,T/C;115,G
YITCMG509   40,T/C
YITCMG510   1,A;95,A/G;98,A/G;110,A/G
YITCMG511   39,T/C;67,A/G;168,A/G;186,A/G
YITCMG513   104,A/T;123,T/C
YITCMG514   45,C
YITCMG515   41,T/C;44,T/G;112,A/T
YITCMG516   29,T/G;53,A/C;120,T/G
YITCMG517   74,A/T;163,T
YITCMG518   18,T/C;60,A/G;77,T/G
YITCMG519   97,T/C;129,T;131,T
YITCMG520   65,A/G;83,A/G;136,T/C;157,A/C
YITCMG521   8,T/G;21,G;30,A/G
YITCMG522   72,T/A;136,T/A;137,G;138,C
YITCMG524   19,A/G;100,A/G
YITCMG526   51,A/G;78,T/C
YITCMG527   35,A/G

YITCMG529   15,A/C;165,C/G;174,T/C
YITCMG530   76,C;81,A;113,T/C
YITCMG531   11,T;49,T
YITCMG532   17,A/C;85,T/C;111,A/G;131,A/C
YITCMG533   183,A/C
YITCMG535   36,A/G;72,A/G
YITCMG537   118,A/G;121,T/G;135,T/C
YITCMG538   3,T;4,C
YITCMG539   27,T/G;54,T/C;75,T/A
YITCMG540   17,T;73,T;142,A/G
YITCMG541   18,A/C;66,C/G;70,A/C;176,T/C
YITCMG542   18,T/G;69,T;79,C

爱 文

YITCMG001　53,A/G;72,T/C;78,A/G;85,A

YITCMG002　28,G;55,T;102,G;103,C;147,G

YITCMG003　82,G;88,G;104,G

YITCMG004　27,T/C;73,A/G

YITCMG005　56,A;100,A;105,A/T;170,T/C

YITCMG006　13,T;27,T/C;48,A/G;91,C;95,C/G

YITCMG007　65,T;96,G

YITCMG008　94,T/C

YITCMG011　166,G

YITCMG013　69,T/C

YITCMG014　126,A/G;130,T/C

YITCMG015　142,T/C

YITCMG018　30,A/G

YITCMG019　36,A/G;47,T/C;66,C/G

YITCMG020　70,C;100,C;139,G

YITCMG021　104,A;110,T

YITCMG023　142,A/T;143,T/C;152,A/T

YITCMG027　138,A/G

YITCMG028　45,A/G;110,T/G;133,T/G;147,A/G;167,A/G

YITCMG030　55,A/G

YITCMG031　48,T/C;84,A/G;96,A/G

YITCMG032　117,C/G

YITCMG037　12,T/C;13,A/G;39,T/G

YITCMG039　1,G;61,A;71,T;104,T;105,G;151,T

YITCMG042　5,A/G;92,A/T

YITCMG043　56,T/C;61,A/T;67,T/C

YITCMG044　167,G

YITCMG046　55,C;130,A;137,A;141,A

YITCMG047　37,T;60,T;65,G

YITCMG049　11,G;13,T;16,T;76,C;115,C;172,G

YITCMG050　44,C

YITCMG051　15,C;16,A

YITCMG052　63,T;70,C

YITCMG053　86,A/G;167,A/G;184,A/T

YITCMG054　151,G

YITCMG056　34,T;178,G;204,A

YITCMG058　67,T;78,A

YITCMG059　84,A;95,T;100,T;137,A;152,T;203,T

YITCMG060　10,A/C;54,T/C;125,T/C;129,A/G;156,T/G

YITCMG061　107,A/C;128,A/G

YITCMG063　86,A;107,C

YITCMG064 2,A;27,G

YITCMG066 10,C;64,G;141,G

YITCMG067 1,T/C;51,C;53,A/G;71,A/C;76,A/G;77,A/T;130,A/C

YITCMG068 49,T/G;91,A/G

YITCMG070 5,T/C;6,C/G;13,A/G;73,A/C

YITCMG071 142,C;143,C

YITCMG074 46,T;58,C;180,T

YITCMG075 168,A

YITCMG076 129,T;162,C;163,A;171,T

YITCMG077 10,C;27,T/C;30,T/C;97,T/C;114,A;128,A;140,T/C

YITCMG078 15,A/T;33,A/G;93,A/C;95,T;147,T/C;165,A/G;177,A/G

YITCMG079 3,A/G;8,T/C;10,A/G;110,T/C;122,A/T;125,A/C

YITCMG081 91,C/G

YITCMG084 118,G;136,T;153,A/C

YITCMG085 6,A/C;21,T/C;24,A/C;33,T/C;157,T/C;206,T/C;212,T/C

YITCMG086 142,G

YITCMG088 33,A/G

YITCMG089 92,A/C;103,T/C;151,C/G;161,T/C

YITCMG090 46,G;75,T

YITCMG093 72,A

YITCMG094 124,A;144,T

YITCMG096 24,C;57,A;66,T

YITCMG099 53,A;83,A;119,A;122,A

YITCMG100 124,C;141,C;155,T

YITCMG102 6,C;129,A

YITCMG103 42,T;61,C

YITCMG104 79,G;87,G

YITCMG106 29,A;32,C;59,C;65,G;137,C

YITCMG108 34,A;61,A/C;64,C

YITCMG109 17,T/C;29,A/C;136,A/T

YITCMG110 30,T;32,A;57,C;67,C;96,C

YITCMG111 23,A/T

YITCMG112 101,C/G;110,A/G

YITCMG113 5,C/G;71,A;85,G;104,G;108,T/C

YITCMG114 75,A/C

YITCMG115 32,T/C;33,T/A;87,T/C;129,A/T

YITCMG116 91,T

YITCMG118 2,A;13,G;19,A;81,C

YITCMG119 16,A/G;73,A/C;150,T/C;162,A/G

YITCMG120 106,T/C;133,C

YITCMG121 32,T/A;72,T/G;149,A/G

YITCMG123 87,A/G;130,T/G

YITCMG126 82,T;142,A

YITCMG127 146,G;155,T;156,A

YITCMG129   90,T/C;104,T/C

YITCMG130   31,C/G;70,A/C;108,A/G

YITCMG132   43,C/G;91,T/C;100,T/C;169,T

YITCMG133   76,T/G;83,A/G;86,T/G;209,A/T

YITCMG134   23,C;116,T;128,A;139,T;146,G

YITCMG135   34,T/C;63,T/C;173,T/C

YITCMG137   24,A;52,T

YITCMG139   7,G

YITCMG141   71,T;184,C

YITCMG144   61,C;81,C;143,A;164,G

YITCMG145   7,A;26,G;78,G

YITCMG146   27,C;69,G;88,G;111,A

YITCMG148   35,G;87,C

YITCMG149   25,A;30,A;138,G

YITCMG150   8,T;100,A;101,G;116,G;123,G;128,T

YITCMG151   155,A;156,C

YITCMG153   97,A/C;101,A/G;119,A

YITCMG154   5,T/C;47,A/C;77,T/C;141,T/C

YITCMG157   5,A/G;83,T/C;89,T/C;140,A/G

YITCMG158   67,T/C;96,A/G;117,A/G

YITCMG159   84,T/C;89,A/C;92,A/C;137,T/C

YITCMG161   71,A/G;74,T/C

YITCMG163   115,A/G

YITCMG164   57,T/C;114,A/G

YITCMG165   121,T/C;174,T/C

YITCMG166   87,G

YITCMG167   120,A/G;150,A/G;163,C/G

YITCMG168   79,T/C;89,C/G;96,A/G

YITCMG169   51,T/C;78,A/C;99,T/C

YITCMG170   31,G;145,C;150,T;157,A

YITCMG171   9,T;61,C;76,C;98,A

YITCMG173   20,C;144,C;163,T

YITCMG174   9,T/C;10,A/C;84,A/G

YITCMG175   42,T/C;55,T/C;62,C;98,T/C

YITCMG176   44,A;107,A

YITCMG177   104,A/G

YITCMG178   99,T/C;107,T/G;119,T/C

YITCMG180   23,C;72,C

YITCMG181   134,G

YITCMG183   24,T;28,A;75,C;76,A;93,C

YITCMG184   45,A;60,C;97,C

YITCMG185   62,A;68,A;80,G;130,A;139,G

YITCMG187   105,T;106,G

YITCMG189   23,C;51,G;138,T;168,C

YITCMG190   48,G;54,C;117,T;162,G
YITCMG191   34,A/G;36,A/G;108,A/G
YITCMG192   89,T/C;95,C/G;119,T/G
YITCMG193   3,A/G;9,T/A;30,C;39,A/G;121,G;129,C;153,T
YITCMG194   1,A;32,T;55,A/G;130,T/G;165,T/C
YITCMG195   45,A/T;87,T;122,T/C;128,G;133,A
YITCMG196   55,T/C;91,T/C;190,A/G
YITCMG197   18,A/C;35,T/G;144,C/G;178,A/C;195,T/C
YITCMG198   100,C
YITCMG199   3,A/C;131,A/C
YITCMG202   16,T/C;121,T/G
YITCMG204   76,C;85,A;133,G
YITCMG207   73,T/C
YITCMG209   27,A/C
YITCMG216   135,C
YITCMG217   11,A;19,A;154,G;164,C
YITCMG221   8,C;76,G;131,A;134,A
YITCMG222   1,A;15,C;70,G
YITCMG228   72,C;81,C;82,T
YITCMG229   56,T/C;58,T/C;65,T/C;66,T/C
YITCMG230   65,C;103,A
YITCMG231   87,T/C;108,T/C
YITCMG232   1,T/C;64,T/C;76,A/C;80,G;152,C;169,T/C;170,G
YITCMG233   130,A;132,G;159,T;162,A
YITCMG234   54,A/T;55,T/C;103,A/G;122,T/G;183,T/A
YITCMG235   128,C/G
YITCMG237   24,A;28,A;39,G
YITCMG238   68,C
YITCMG239   72,A
YITCMG241   23,G;32,C;42,T;46,G;54,A/T;75,T/C;77,A/C
YITCMG242   70,T;128,T/C
YITCMG243   64,T/A;120,T/C
YITCMG244   71,C
YITCMG247   123,T/C
YITCMG248   31,A/G;60,T/G
YITCMG249   22,T/C;167,T/C;195,A/G;199,A/G
YITCMG251   151,T/C
YITCMG252   26,G;78,G;82,T
YITCMG253   70,C;198,T
YITCMG254   48,C;106,G
YITCMG255   6,A/G;13,T/G;18,T/A;67,T/G;163,A/G;166,T/C
YITCMG256   19,T/A;32,T/C;47,A/C;52,C/G;66,A/G;81,A/G
YITCMG258   2,T/C;101,T/A;172,C
YITCMG259   127,A/G;180,T/A;182,A/G

YITCMG261	17,T;20,A;29,G;38,G;106,A;109,T
YITCMG262	45,C/G;47,T/G
YITCMG263	42,T/C;77,T/G
YITCMG266	5,G;31,G;62,T
YITCMG271	100,G;119,T
YITCMG272	43,G;74,T;87,C;110,T
YITCMG273	41,C/G;67,A/G
YITCMG274	90,A/G;141,G;150,T;175,T/G
YITCMG275	154,A
YITCMG276	41,T/G;59,A/G
YITCMG278	1,A;10,G;12,C
YITCMG281	92,C;96,A
YITCMG282	46,A;64,C
YITCMG284	18,A/G
YITCMG285	85,A;122,C
YITCMG286	119,A;141,C
YITCMG289	50,T;60,T;75,A
YITCMG290	13,A;21,T;66,C;128,A;133,A
YITCMG293	170,T;174,C;184,T
YITCMG294	82,C;99,T;108,T;111,C
YITCMG295	15,G;71,A
YITCMG297	128,C;147,A
YITCMG299	29,A;34,G;103,A
YITCMG300	191,A/G
YITCMG301	76,C/G;98,A/G;108,C;111,T/C;128,T/G
YITCMG302	96,T/C
YITCMG305	15,A/G;68,C/G
YITCMG306	16,T/C;71,A/T
YITCMG310	98,A/G
YITCMG311	155,A/G
YITCMG314	31,A/G;42,A/G;53,A/C
YITCMG315	58,A;80,G;89,C
YITCMG316	102,C
YITCMG318	61,T;73,A
YITCMG321	16,T/G
YITCMG323	6,T/A;49,A/C;73,T/C
YITCMG325	22,C;38,A/C;130,C;139,C
YITCMG326	11,T/C;41,A/T;91,T/C;177,A/G
YITCMG328	15,C;47,T/C;86,T/C
YITCMG329	48,T/C;78,C/G;109,A/T
YITCMG330	52,A;129,G;130,A
YITCMG332	42,G;51,G;63,G
YITCMG335	48,A;50,T;114,G
YITCMG336	28,C;56,A;140,T

YITCMG337	55,C;61,C
YITCMG342	156,G;177,C
YITCMG343	3,A/G;39,T/C
YITCMG344	14,T/C;47,A/G;108,T/C
YITCMG345	34,T/A;39,T/G
YITCMG346	7,A/T
YITCMG347	21,A
YITCMG348	65,T;69,C;73,A;124,A
YITCMG350	17,A/G;23,T/C;37,A/T;101,T/A;104,T/C
YITCMG352	108,C;109,A;138,T;159,G
YITCMG353	75,T;85,C
YITCMG354	62,C;134,C
YITCMG355	34,A;64,C;96,A
YITCMG356	45,A;47,A;72,A
YITCMG357	51,G;76,T;88,G
YITCMG359	60,T/G;128,T/C;143,A/G
YITCMG360	54,T/G;64,A;82,T/C;87,G;92,C
YITCMG361	3,T/A;102,T/C
YITCMG362	12,T/C;62,T/A;77,A/G
YITCMG363	39,A/G;56,A/G;57,T/C;96,T/C
YITCMG365	23,T/C;79,T/C;152,C/G
YITCMG366	36,T/C;83,T/A;110,T/C;121,A
YITCMG367	21,T/C;145,C/G;164,T/C;174,C/G
YITCMG368	116,T/C;117,A/G;156,A/T
YITCMG369	99,T/C
YITCMG372	199,T
YITCMG375	17,C;107,T/A
YITCMG376	5,A/C;74,A/G;75,A/C;103,C/G;112,A/G
YITCMG377	3,A/G;42,A/C;198,T/C
YITCMG378	49,T/C
YITCMG379	61,T/C
YITCMG384	106,G;128,C;195,C
YITCMG385	57,T/A
YITCMG386	65,C/G
YITCMG387	99,T/C
YITCMG388	17,T
YITCMG389	3,T/G;9,A/T;69,A/G;101,A/G;159,A/C;171,C/G;177,T/C
YITCMG390	9,C
YITCMG391	23,A/G;117,A/C
YITCMG392	78,A/G;109,T/C;114,A/C
YITCMG395	40,A;49,T
YITCMG396	110,C;141,A
YITCMG397	97,G
YITCMG398	100,A;131,C;132,A;133,A;160,G;181,T

YITCMG401　123,G

YITCMG403　49,T/A;58,C/G;156,T/A;173,C/G

YITCMG404　8,A/G;32,T/C;165,A/G

YITCMG406　73,G;115,T

YITCMG407　13,C;26,G;97,G

YITCMG408　137,G

YITCMG410　2,T/C;4,T/A;20,T/C;40,C/G;155,A/C

YITCMG411　84,A

YITCMG412　4,T/A;61,T/C;79,A/G;154,A/G

YITCMG413　55,G;56,C;82,T

YITCMG414　11,T/A;37,A/G;58,A/G;62,C/G

YITCMG415　11,A/G;84,A;114,G

YITCMG416　80,A/G;84,A;94,C/G;112,A

YITCMG417　35,C/G;55,A/G;86,T/C;131,A/G

YITCMG423　41,T;117,G

YITCMG424　69,T/G;73,A/G;76,C/G;89,T/A

YITCMG425　57,A/G;66,T/C

YITCMG428　18,A/G;24,T/C

YITCMG429　61,T;152,A;194,A/G

YITCMG431　69,A;97,G

YITCMG432　69,T;85,C

YITCMG435　28,T;43,C;103,G;106,A;115,A

YITCMG437　36,T/C;39,T/A;44,A/G;92,C/G;98,T/C

YITCMG438　2,T/A;3,T/C;6,T/A;155,T/G

YITCMG439　87,T/C;113,A/G

YITCMG440　64,A;68,G;70,T;78,C

YITCMG441　12,A;74,G;81,C

YITCMG442　2,A/T;68,T/C;127,A/G;132,T/A;162,A/G;170,T/C;171,T/G

YITCMG443　28,T;104,T;106,T;107,A;166,G

YITCMG444　118,A;141,G

YITCMG445　72,G

YITCMG446　13,T;51,T;88,T

YITCMG447　202,A/G

YITCMG448　91,G;112,G;145,G

YITCMG449　12,T

YITCMG450　156,T/G

YITCMG452　96,C/G

YITCMG453　87,A;130,A/C;156,C

YITCMG456　32,A/G;48,A/G

YITCMG457　77,A/T;89,T/C;98,T/C;113,T/C;124,G;156,C/G

YITCMG459　120,A;141,A/G;146,A/G;192,T/C

YITCMG460　41,T/C;45,T;68,A/T;69,A/G;74,A/G

YITCMG461　89,T/C;131,A/G;140,A/G

YITCMG462　1,A/G;22,C/G;24,C;26,A;36,T/C;49,A/C

YITCMG463   190,C/G

YITCMG464   78,A;101,T

YITCMG467   9,G;11,A;86,A

YITCMG472   51,A/G

YITCMG473   65,T;91,T

YITCMG475   82,A/G;84,A/G;102,T/C;106,A/C

YITCMG477   3,T/G;7,T;91,C;150,T

YITCMG478   42,T/C

YITCMG480   5,A/G;45,A/G;61,C/G;64,A/G

YITCMG481   21,A;108,A/G;160,A/G;192,T/G

YITCMG482   65,T;139,C

YITCMG485   34,A/G;116,C/G;125,T/C

YITCMG487   140,C

YITCMG488   51,G;76,G;127,C

YITCMG489   51,C

YITCMG490   57,T/C;93,T/C;135,A/T;165,A/T

YITCMG491   156,A/G;163,A/G

YITCMG492   55,A

YITCMG495   65,T/G;73,A/G

YITCMG496   5,T/C;26,A/G;60,A/G

YITCMG497   22,G;33,G;62,T;77,T

YITCMG499   82,A/T;94,T/C

YITCMG502   127,C

YITCMG503   70,A/G;85,A/C;99,T/C

YITCMG505   54,A/G;99,T/C

YITCMG507   3,T/C;24,A/G;63,A/G

YITCMG508   140,A

YITCMG510   1,A;95,A/G;98,A/G

YITCMG511   39,T/C;67,A/G

YITCMG512   25,A;63,G

YITCMG513   75,T/G;86,T/A;104,A/T;123,T/C

YITCMG514   45,C;51,T/C;57,T/C;58,T/G

YITCMG515   41,T/C;44,T/G

YITCMG516   29,T

YITCMG517   163,T/C

YITCMG519   129,T;131,T

YITCMG522   127,T/A;137,A/G;138,A/C

YITCMG523   111,T/G;116,A/G;133,A/C;175,T/C;186,A/T

YITCMG524   19,G;100,G

YITCMG525   33,T;61,C

YITCMG526   51,G;78,T

YITCMG527   115,A/G

YITCMG529   15,A/C;165,C/G;174,T/C

YITCMG530   76,C;81,A;113,T

YITCMG531 11,T/C;49,T/G

YITCMG532 17,A/C;131,A/C

YITCMG533 85,A/C;183,A/C;188,A/G

YITCMG534 40,A/T;122,C/G;123,T/C

YITCMG535 36,A/G;72,A/G

YITCMG539 27,G;75,A/T

YITCMG540 17,T;70,A/G;73,T;142,A/G

YITCMG541 70,A/C;130,T/G;176,C

YITCMG542 69,T;79,C

安宁红芒

YITCMG001　72,T/C;85,A/G

YITCMG002　55,T;102,G;103,C

YITCMG003　82,A/G;88,A/G;104,A/G

YITCMG004　27,T/C

YITCMG005　56,A/G;100,A/G

YITCMG006　95,G

YITCMG007　65,T/C;96,A/G

YITCMG008　50,T/C;53,T/C;79,A/G;94,T/C

YITCMG009　75,C;76,T

YITCMG011　166,G

YITCMG012　75,T;78,A

YITCMG013　16,C;56,A;69,T

YITCMG014　126,A;130,T;162,C/G;200,A/G;203,A/G

YITCMG015　127,A;129,C;174,A

YITCMG017　17,T/G;39,A/G;98,C/G

YITCMG018　10,A/G;30,A;95,A/G;97,A/T;104,T/A

YITCMG019　36,A/G;47,T/C

YITCMG020　70,A/C;100,C/G;139,A/G

YITCMG021　129,C

YITCMG022　41,C;99,C;129,G;131,C

YITCMG023　142,T;143,C;152,A/C

YITCMG024　68,A;109,C

YITCMG025　108,T/C

YITCMG026　16,A/G;81,T/C

YITCMG027　19,T/C;31,A/G;62,T/G;119,A/G;121,A/G;131,A/G;138,A/G;153,T/G;163,T/A

YITCMG028　45,A/G;113,A/T;147,A/G;167,A/G;174,T/C;191,A/G

YITCMG029　37,T/C;44,A/G;114,A/C

YITCMG030　55,A;73,T;82,A

YITCMG032　117,C/G

YITCMG033　73,G;85,A/G;145,A/G

YITCMG034　122,G

YITCMG035　102,C;126,G

YITCMG036　23,C/G;32,T/G;99,C/G;110,T/C;132,A/C

YITCMG037　12,C;39,T

YITCMG038　155,A/G;168,C/G;171,A/G

YITCMG039　1,G;19,A/G;61,A/G;71,T/C;104,T/C;105,G;151,T/G

YITCMG041　24,C;25,A;68,T

YITCMG042　5,G;48,A/T;92,A

YITCMG043　56,T;67,C

YITCMG044　42,T/G;167,A/G

YITCMG045　92,T/C;107,T/C

YITCMG049   115,C;123,A/C;172,A/G
YITCMG050   44,A/G
YITCMG051   15,C;16,A
YITCMG052   63,T;70,C
YITCMG053   85,A/C;86,A/G;167,A;184,T/A
YITCMG054   34,A/G;36,T;70,A/G;87,T/C;168,T/C
YITCMG057   98,T/C;99,A/G;134,T/C
YITCMG058   67,T;78,A
YITCMG059   12,T/A;84,A;95,A/T;100,T;137,A/G;152,A/T;203,A/G
YITCMG060   156,T/G
YITCMG061   107,A/C;128,A/G
YITCMG063   122,A/G
YITCMG064   2,A/G;27,T/G;74,C/G;106,A/G;109,A/T
YITCMG066   10,A/C;64,A/G;126,T/G;141,T/G
YITCMG067   1,T/C;51,C;53,A/G;71,A/C;76,A/G;77,T/A;130,A/C
YITCMG068   49,T;91,A
YITCMG069   37,A/G;47,A/T;100,A/G
YITCMG070   5,T;6,C;13,G;73,C
YITCMG071   142,C;143,C
YITCMG072   54,A/C;75,A/G;105,A/G
YITCMG073   19,A/G;28,C;99,A/G;106,C
YITCMG075   2,T/G;27,T/C;125,T/C;168,A/C;185,T/C
YITCMG078   33,A/G;95,T/C;147,T/C;165,A/G
YITCMG079   3,A/G;8,T/C;10,A/G;110,T/C;122,A/T;125,A/C
YITCMG081   91,C/G;115,A/T
YITCMG082   43,A/C;58,T/C;97,G
YITCMG083   123,A/G;161,A/C;169,C/G
YITCMG084   118,A/G;136,T/A
YITCMG085   6,A/C;21,T/C;24,C;33,T;206,T/C;212,T/C
YITCMG086   180,A/C
YITCMG087   19,T/C;78,A/G
YITCMG088   17,A/G;33,A;143,A/G;189,T/G
YITCMG089   92,A/C;103,T/C;151,C/G;161,T/C
YITCMG090   17,T/C;46,G;75,T
YITCMG091   33,G;59,A
YITCMG092   22,G;110,C;145,A
YITCMG093   72,A/G
YITCMG094   146,T/G
YITCMG095   51,T/C;78,T/C;184,A/T
YITCMG096   57,A/G;63,T/C;84,A/G
YITCMG098   48,A/G;51,T/C;180,T/C
YITCMG100   124,T/C;141,C/G;155,T
YITCMG101   53,T/G;92,T/G
YITCMG102   116,A/G

YITCMG105 31,A/C;69,A/G

YITCMG106 29,A;32,C;65,G;130,A;137,C

YITCMG107 23,G;160,G;164,C;165,A

YITCMG108 34,A;64,C

YITCMG113 85,G

YITCMG114 42,A/T;46,A/G;66,A/T

YITCMG115 87,T/C

YITCMG116 54,A/G;91,T/C

YITCMG117 115,T/C;120,A/G

YITCMG118 2,A/C;13,A/G;19,A/G;81,T/C

YITCMG119 73,C;150,T;162,G

YITCMG120 106,T/C;121,A/G;130,C/G;133,C

YITCMG121 32,A/T;72,G;91,C/G;138,A/G;149,A/T

YITCMG122 40,A/G;45,G;185,G;195,A

YITCMG123 87,A/G;130,T/G

YITCMG124 75,C;119,T

YITCMG126 142,A/G

YITCMG127 156,A/G

YITCMG128 163,A/G

YITCMG130 31,C/G;83,T/C;108,A/G

YITCMG131 27,C;107,C

YITCMG132 43,C;91,T;100,T;169,T

YITCMG133 76,T/G;86,T/G;200,A/G;209,T/A

YITCMG134 23,C;116,T/A;128,A/G;139,T;146,C/G

YITCMG135 34,T/C;63,T/C;173,T/C

YITCMG136 169,A/G

YITCMG137 1,T/C;24,A/G;48,A/G;52,T;62,A/T

YITCMG138 6,A/T;16,T/G

YITCMG139 7,G;33,A/G;35,A/G;152,T/C;165,A/C;167,A/G

YITCMG140 6,T;21,T/C

YITCMG141 71,T/G;184,C

YITCMG143 73,A/G

YITCMG144 61,T/C;81,T/C;143,A/G;164,A/G

YITCMG145 7,A/G;26,A/G;78,T/G

YITCMG146 27,T/C;69,A/G;88,T/G;111,A/T

YITCMG147 62,T/C;66,T/C

YITCMG148 35,A/G;87,T/C;160,A/T;165,A/G;173,T/C

YITCMG149 25,A;30,A;138,A/G;174,T/C

YITCMG150 8,T/G;100,A/T;101,G;116,G;123,C/G;128,T/A

YITCMG152 83,T/A

YITCMG153 97,A/C;101,A/G;119,A/G

YITCMG154 5,T;26,T/G;47,C;60,A/G;77,C;130,A/C;141,C

YITCMG155 31,T/G;51,T/C

YITCMG156 36,T

YITCMG158 96,A/G;117,A/G

YITCMG159 84,T/C;89,A/C;92,A/C;137,T

YITCMG160 55,A/G;75,T/C;92,G;107,T/G;158,C

YITCMG161 71,A/G;74,T/C

YITCMG163 96,T/A;114,T/C;115,G;118,T/G

YITCMG164 57,T/C;114,A/G

YITCMG165 32,A/G;154,A/G;174,C;176,C/G;177,A/G

YITCMG166 13,T;87,G

YITCMG167 103,A/G;120,A;150,A;163,C/G

YITCMG168 79,C;89,C;96,A;118,T/G

YITCMG169 36,A/G;51,C;78,A/C;99,T;153,T/A

YITCMG170 31,T/G;145,C/G;150,T/G;157,A/G

YITCMG171 9,T/G;11,A/G;61,T/C;76,T/C;98,A/G

YITCMG173 11,C/G;17,A/C;20,C;80,T/C;144,C;161,A/G;162,T/C;163,T/G;165,A/G

YITCMG174 9,T;10,A;31,A/G;84,A

YITCMG175 32,T/G;62,A/C

YITCMG176 44,A;101,T/C;107,A

YITCMG178 44,A/G;99,T/C;107,T/G

YITCMG180 23,C;72,C

YITCMG181 134,A/G

YITCMG182 59,T/C;66,A/T

YITCMG183 24,T;28,A;75,C;93,T/C

YITCMG184 43,A/G;45,A;60,C;97,C

YITCMG185 62,A/G;68,A;80,A/G;130,T/A;139,A/G

YITCMG187 105,T;106,G

YITCMG188 16,T/C;66,A/G;101,T/A

YITCMG189 23,T/C;51,A/G;138,A/T;168,T/C

YITCMG190 10,T/C;48,A/G;54,T/C;117,T;162,G

YITCMG191 34,A/G;36,A/G;108,A/G

YITCMG193 3,A/G;9,A/T;30,T/C;39,A/G;99,T/C;120,T/G;121,G;129,A/C;153,T

YITCMG194 1,A/T;32,T/A;55,A/G;165,T/C

YITCMG195 71,T/A

YITCMG196 197,A

YITCMG197 18,C;35,G;178,A;195,T

YITCMG198 70,A/G;71,A/G;100,A/C

YITCMG199 3,T/C;56,T/A;62,C/G;131,A/C;155,A/C;173,T/C;175,C/G

YITCMG200 38,T/C;53,A/G

YITCMG201 113,A/C;120,T/G;179,A/T;185,T/G;194,T/C

YITCMG202 16,T/C;37,A/C;121,T/G

YITCMG204 76,C;85,A;133,G

YITCMG206 177,A/G

YITCMG207 82,A/G;156,T/C

YITCMG209 27,C

YITCMG212 17,A/G;111,A/G

YITCMG213   55,A;102,T/C;109,C

YITCMG214   5,T/A

YITCMG215   52,A/G;58,A/T

YITCMG216   69,G;135,C;177,A

YITCMG217   11,A/G;19,T/A;154,A/G;164,T/C;185,T/C

YITCMG218   5,A/C;15,T/C;31,C;59,T;72,C

YITCMG219   89,T/C

YITCMG220   64,A/C;67,C/G;151,T/C

YITCMG221   8,C;76,A/G;110,A/G;131,A;134,A

YITCMG222   1,T/A;15,T/C;70,C/G

YITCMG223   23,T/C;29,T/G

YITCMG224   62,A/G;120,A/G

YITCMG225   61,A/G;67,T/C

YITCMG226   72,A;117,T

YITCMG227   6,A/G;26,T/C

YITCMG228   72,C;81,C;82,T

YITCMG230   65,C;103,A

YITCMG232   1,T/C;76,C/G;80,G;152,C;169,T/C;170,G

YITCMG233   130,A;132,G;159,T;162,A

YITCMG234   54,T;55,T/C;103,A;122,T/G;183,A;188,A/G

YITCMG235   128,C/G

YITCMG236   94,A;109,A

YITCMG237   24,A;28,A/G;39,G

YITCMG238   49,T/C;61,A/C;68,C

YITCMG239   46,C;59,C;72,A

YITCMG242   70,T

YITCMG244   71,T/C

YITCMG246   51,T/C;75,C/G;124,A/G

YITCMG247   123,T/C

YITCMG248   31,A/G;35,A/G;60,T/G

YITCMG249   22,T/C

YITCMG250   98,T;99,G

YITCMG252   26,G;69,T/C;78,C/G;82,T

YITCMG253   70,A/C;198,T/G

YITCMG254   48,C;82,T/C;106,G

YITCMG255   6,A/G;8,A/G;13,T/G;18,T/A;67,T/G;155,C/G;163,A/G;166,T/C

YITCMG256   19,G;47,C;66,G;83,A/T

YITCMG257   58,C;77,T/C;89,T

YITCMG259   23,C/G;24,T/A;180,T;182,A

YITCMG260   63,A/G;154,A/T;159,A/C;172,T/C

YITCMG261   17,T/C;38,G;106,A;109,T

YITCMG262   47,T/G

YITCMG263   42,T;77,G

YITCMG266   5,G;24,T/G;31,G;62,T/C;91,A/G

YITCMG267   39,A/G;108,T/A;134,T/G

YITCMG268   23,T/G;30,T/G;68,T/C;152,T/G

YITCMG270   10,A;48,T/C;52,A/G;69,A/C;122,T/C;130,T;134,T/C;143,T/C;162,T/C;168,A/G;
191,A/G

YITCMG271   100,G;119,T

YITCMG272   43,T/G;74,T/C;87,T/C;110,T/C

YITCMG274   90,A/G;141,G;150,T

YITCMG275   106,C;131,A

YITCMG276   41,T;59,A

YITCMG277   24,T/C

YITCMG279   94,G;113,G;115,T

YITCMG280   62,T/C;85,C/G;121,A/G;144,T/G;159,C

YITCMG281   18,A/G;22,A/G;92,T/C;96,A;127,A/G

YITCMG282   46,A;64,C

YITCMG284   55,A/T;94,T/C

YITCMG285   85,A/G;122,C/G

YITCMG287   2,T/C;38,T/C

YITCMG288   79,T/C

YITCMG289   50,T;60,T/A;75,A/G

YITCMG290   13,A/G;21,T;66,C;128,T/A;133,A/C

YITCMG291   28,A/C;38,A/G;55,T/G;86,A/G;96,T/G

YITCMG293   46,T/C;170,A/T;174,T/C;184,T/G;207,A/G

YITCMG294   99,T;108,T

YITCMG295   15,G;19,A/G;71,A;130,A/G

YITCMG296   90,A/C;93,T/C;105,T/A

YITCMG297   128,C;147,A

YITCMG298   44,A/G;82,A/G;113,A/C

YITCMG299   22,C/G;29,A;145,A/G

YITCMG300   191,A

YITCMG301   76,C/G;98,A/G;108,C;111,T/C;128,T/G

YITCMG302   11,T/G;40,A/G;96,T

YITCMG305   15,A/G;68,C

YITCMG306   16,T/C;69,A/C;85,T/G;92,C/G

YITCMG307   11,C;25,A;37,G

YITCMG309   5,A/C;23,A/T;77,A/G;85,C/G;162,A/G

YITCMG310   98,G

YITCMG311   83,T/C;101,T/C;155,A

YITCMG314   53,C

YITCMG316   98,T/C;102,T/C;191,T/C

YITCMG319   33,A/G;147,T/C

YITCMG320   4,G;87,T

YITCMG321   2,T/C;16,G;83,T/C;167,A/G

YITCMG323   6,A;49,C;73,T;75,G

YITCMG325   22,T/C;57,A/C;130,T/C;139,C/G

YITCMG326　11,A/T;41,T;161,T;177,G;179,A

YITCMG328　15,C;47,T/C;86,T/C

YITCMG329　48,T/C;78,C/G;109,A/T;175,A/G;195,A/C

YITCMG330　52,A;129,G;130,A

YITCMG331　24,A;51,A/G;154,A/G

YITCMG332　42,A/G;51,C/G;62,C/G;63,G;93,A/C

YITCMG335　114,T/G

YITCMG336　28,C;56,A;75,A/G;140,T

YITCMG338　159,T/C;165,T/C;179,C/G

YITCMG339　48,C;81,C

YITCMG341　83,T/A;124,T/G

YITCMG342　162,A;169,T

YITCMG343　3,A;39,T

YITCMG344　8,T/C;14,T;35,T/G;47,G;85,A/G;108,T/C

YITCMG345　31,T;34,T/A;39,T

YITCMG346　67,T/C;82,A/G

YITCMG347　21,A;149,C

YITCMG348　65,T/C;73,A/G;124,A/C;131,A/G;141,T/A

YITCMG349　62,A/G;136,C/G

YITCMG350　17,A/G

YITCMG351　11,G;109,C;139,C

YITCMG352　108,C;138,T

YITCMG353　75,T;85,C

YITCMG354　62,C;134,C

YITCMG355　34,A;64,C;96,A

YITCMG356　45,T/A;47,A/C;72,T/A

YITCMG357　51,G;76,A/T

YITCMG358　146,C/G;147,A/G;149,A/T;151,T/G;152,A/G;154,A/C;155,T/C;157,T/A;158,A/T;160,T/A;161,A/.

YITCMG359　60,T/G;128,T/C;131,A/T

YITCMG360　54,T/G;64,A;82,T/C;87,G;92,C

YITCMG361　3,T;102,C

YITCMG362　12,T/C;62,T/A;77,A/G;137,A/T

YITCMG363　39,A/G;56,G

YITCMG364　7,G;28,T/C;29,A/G;96,T/C

YITCMG366　83,T/A;121,A/T

YITCMG367　21,T/C;145,C/G;174,C/G

YITCMG368　23,C/G;117,A/C

YITCMG369　76,C;82,T;83,C;84,T;85,G;86,C;87,A;99,C/G;104,G;141,G

YITCMG370　18,G;117,T;134,A

YITCMG371　27,A;36,T/C;60,T/C

YITCMG372　199,T

YITCMG373　72,A/G;74,A/G;78,A/C

YITCMG374　135,T/C;137,A/T;138,A/G

YITCMG375　17,C;107,T/A
YITCMG376　5,A/C;74,A/G;75,A/C;103,C/G;112,A/G
YITCMG377　3,A;42,A/C;77,T/G
YITCMG378　49,T/C
YITCMG379　61,T;71,T/C;80,T/C
YITCMG380　40,A
YITCMG381　64,T/G;113,T/C;124,T/C
YITCMG382　62,A;72,C;73,C
YITCMG383　53,T/C;55,A;110,C/G
YITCMG384　106,A/G;128,T/C;195,T/C
YITCMG385　57,A/T;61,T/C;79,T/C
YITCMG386　65,C/G
YITCMG387　111,C/G;114,A/G
YITCMG388　17,T/C;121,A/G;147,T/C
YITCMG389　3,T/G;9,T/A;69,A/G;101,A/G;159,A/C;171,C/G;177,T/C
YITCMG390　9,T/C
YITCMG391　116,C/G
YITCMG392　109,C;114,C;133,C/G
YITCMG393　66,A/G;99,A/C
YITCMG394　9,T/C;38,G;62,A
YITCMG395　45,T/C
YITCMG396　110,T/C;141,T/A
YITCMG397　92,G;97,T/G;136,T/C
YITCMG398　100,A/C;131,C;132,A;133,A;159,T/C;160,G;181,T
YITCMG399　7,T/A;41,A/C
YITCMG401　43,T
YITCMG402　137,T/C;155,A/G
YITCMG403　36,T/C;49,A/T;173,C/G
YITCMG404　8,A/G;32,T/C;165,A/G
YITCMG405　155,C;157,C
YITCMG406　3,A/T;73,G;115,T
YITCMG407　13,C;26,G;65,A/C;97,G
YITCMG408　137,G
YITCMG409　82,C/G;116,T/C
YITCMG410　2,T;4,A;20,C;40,G
YITCMG411　2,T/C;81,A;84,A
YITCMG412　79,A;154,G
YITCMG416　80,A/G;84,A/G;112,A/G;117,T/A
YITCMG419　73,A/T;81,T/A
YITCMG421　9,A/C;67,T/C;97,A/G
YITCMG423　39,T/G;41,T/C;117,G;130,C/G
YITCMG424　69,T/G;73,A/G;76,C/G;89,A/T
YITCMG425　57,A/G;66,T/C
YITCMG428　18,A;24,C

YITCMG429 61,A/T;194,G;195,T

YITCMG430 31,T/C;53,T;69,C;75,A/C;80,A/C

YITCMG432 69,T/G;85,T/C;97,A/T

YITCMG434 27,G;37,T;40,A;43,C/G

YITCMG435 28,T;43,C;103,G;106,A;115,A

YITCMG436 25,A/G;56,T/A

YITCMG437 36,T/C

YITCMG438 155,T/G

YITCMG440 13,C;64,A;68,G;70,T;103,A;113,T

YITCMG441 12,A;74,G;81,C;90,T/C

YITCMG442 2,A/T;68,T/C;127,A/G;162,A/G;170,T/C;171,T/G

YITCMG443 28,A/T

YITCMG445 72,G

YITCMG446 13,T/C;51,T/C

YITCMG447 94,A/G;97,A/G;139,A/G;202,A/G

YITCMG448 22,A/C;37,T/C;91,G;95,A/C;112,G;126,T/C;145,G

YITCMG451 26,G;33,A;69,C;74,G;115,C

YITCMG452 96,C/G

YITCMG453 87,A;156,C

YITCMG455 2,T/C;5,A/G;20,T/C;22,A/G;98,T/C;128,T/C;129,A/G;143,A/T

YITCMG456 32,A;48,G

YITCMG457 77,A;89,C;98,T;101,A/G;113,T/C;119,A/G;124,G;156,G

YITCMG458 37,C;43,C;71,T/A

YITCMG459 120,A;141,A

YITCMG460 45,T

YITCMG461 89,T/C;131,A/G;140,A/G

YITCMG462 24,C;26,A;36,C;49,C

YITCMG463 190,C/G

YITCMG464 161,T/C

YITCMG465 117,G;147,G

YITCMG466 75,A/T;99,C/G

YITCMG467 9,A/G;11,A;14,A/G;161,A;179,T

YITCMG469 12,T;69,T/G;70,C/G;71,A/T

YITCMG470 3,T/C;72,T/C;75,A/G

YITCMG471 8,A/C;65,A/G;88,T/C;159,A/C

YITCMG472 51,A/G

YITCMG473 65,T/A;91,T/C

YITCMG474 94,A/G;104,T/C;119,A/G

YITCMG475 2,T/C;82,A/G;84,A/G;102,T/C

YITCMG476 22,A;54,T

YITCMG477 7,T;14,T/G;91,C;150,T

YITCMG478 112,A/G;117,T/C

YITCMG481 21,A;83,T/C;98,T/C;108,A/G;192,T/G

YITCMG482 65,T/C;87,A/G;114,T/C;142,T/G

YITCMG483 113,G;143,T/C;147,A
YITCMG484 47,T/A
YITCMG485 34,A/G;86,A/G;116,C;125,T
YITCMG487 140,C/G
YITCMG488 51,C/G;76,A/G;127,T/C
YITCMG489 51,C
YITCMG490 57,T/C;93,T/C;135,T/A;165,T/A
YITCMG491 156,G
YITCMG492 55,A/G;83,T/C;113,C/G
YITCMG493 4,T/C;5,T/C;6,G;30,T;48,A/G;82,A/G
YITCMG494 43,T/C;52,A/G;98,A/G
YITCMG495 13,T/C;65,T/G;73,A/G
YITCMG496 7,A/G;26,A/G;59,A/G;134,T/C
YITCMG497 22,G;31,T/C;33,G;62,T;77,T;78,T/C;94,T/C;120,A/G
YITCMG501 15,T/A;93,A/G;144,A/G;173,T/C
YITCMG502 4,A/G;12,T/C;130,A/T;135,A/G;140,T/C
YITCMG503 70,G;85,C;99,C
YITCMG504 11,A/C;17,A/G
YITCMG505 99,T;158,T/C;198,A/C
YITCMG507 3,T/C;24,G;63,A/G
YITCMG508 13,A/G;96,T/C;115,G
YITCMG510 1,A;95,G;98,A
YITCMG511 39,T/C;67,A/G;186,A/G
YITCMG512 25,A/G;63,A/G
YITCMG514 35,T/C;45,A/C;83,T/G
YITCMG515 41,T/C;44,T/G;112,A/T
YITCMG516 29,T
YITCMG517 84,A/T;86,A/G;163,T
YITCMG518 60,G;77,T;84,T/G;89,T/C
YITCMG519 129,T;131,T
YITCMG520 65,A/G;83,A/G;136,T/C;157,A/C
YITCMG521 8,T/G;21,C/G;30,A/G
YITCMG522 72,T/A;127,T/A;137,A/G;138,A/C
YITCMG523 37,A/C
YITCMG524 10,A/G
YITCMG525 33,T/G;61,T/C
YITCMG527 35,A/G;108,T/G;118,A/C
YITCMG529 144,A/C;174,T/C
YITCMG530 76,C;81,A;113,T
YITCMG531 11,T/C;49,T/G
YITCMG532 17,A/C;85,T/C;111,A/G;123,A/C;131,A/C
YITCMG533 183,A/C
YITCMG534 40,A/T;122,C/G;123,T/C
YITCMG535 36,A/G;72,A/G

YITCMG537   118,A/G;121,T/G;135,T/C
YITCMG538   168,A/G
YITCMG539   27,G;75,T/A
YITCMG540   17,T;73,T;142,A/G
YITCMG541   18,A;176,C
YITCMG542   69,T/C;79,T/C

白象牙

YITCMG001　53,A/G;78,A/G;85,A;94,A/C

YITCMG003　29,T/C;67,T/G;119,T/A

YITCMG004　27,T/C

YITCMG006　13,T/G;27,T/C;91,T/C;95,C/G

YITCMG007　62,T;65,T;96,G;105,A

YITCMG008　50,C;53,C;79,A

YITCMG009　75,C;76,T

YITCMG010　40,T;49,A;79,A

YITCMG011　36,A/C;114,A/C;166,A/G

YITCMG012　75,T;78,A

YITCMG013　16,C;21,T/C;41,T/C;56,A;69,T

YITCMG014　126,A/G;130,T/C;162,C/G;200,A/G

YITCMG015　127,A/G;129,A/C;174,A/C

YITCMG017　17,T/G;39,A/G;98,C/G

YITCMG018　30,A

YITCMG019　115,A/G

YITCMG022　3,A;11,A;92,T/G;94,T/G;99,C;118,C/G;131,C;140,A/G

YITCMG023　142,T/A;143,T/C;152,T/A

YITCMG024　68,A/G;109,T/C

YITCMG025　69,A/G;108,T/C

YITCMG026　16,A;81,T

YITCMG027　19,T/C;31,A/G;62,T/G;119,A/G;121,A/G;131,A/G;153,T/G;163,T/A

YITCMG028　174,C

YITCMG029　37,T/C;44,A/G

YITCMG030　55,A;73,T/G;82,T/A

YITCMG031　178,T/C

YITCMG032　34,T/C;91,A/G;93,A/G;94,A/T;160,G

YITCMG033　73,G;85,A/G;145,A/G

YITCMG034　97,T/C;122,A/G

YITCMG036　23,C/G;99,C/G;110,T/C;132,A/C

YITCMG037　12,C;13,A;39,T

YITCMG038　155,G;168,G

YITCMG039　1,A/G;93,T/C;105,A/G

YITCMG040　40,C;50,C

YITCMG041　24,T/A;25,A/G;68,T/C

YITCMG042　5,A/G;92,T/A

YITCMG044　7,T/C;22,T/C;167,A/G;189,T/A

YITCMG045　92,T;107,T;162,A/G

YITCMG046　38,A/C;55,A/C;130,A/G;137,A/C;141,A/G

YITCMG047　60,T/G;65,T/G

YITCMG048　142,C/G;163,A/G;186,A/C

YITCMG049   11,A/G;16,T/C;76,A/C;115,A/C;172,G;190,A/T

YITCMG050   44,A/G

YITCMG051   15,C;16,A

YITCMG053   23,A/G;86,A/G;167,A/G;184,A/T

YITCMG054   34,C/G;36,T;70,A/G;73,A/G;84,A/C;170,T/C

YITCMG056   34,T/C;117,T/C;178,T/G;204,A/C

YITCMG057   98,T;99,G;134,T

YITCMG059   84,A;95,T;100,T;137,A;152,T;203,T

YITCMG060   10,A/C;54,T/C;125,T/C;129,A/G;156,T/G

YITCMG061   107,A;128,G

YITCMG062   79,T/C;122,T/C

YITCMG063   86,A/G;107,A/C

YITCMG065   37,T;56,T

YITCMG066   10,A/C;64,A/G;141,T/G

YITCMG067   1,C;51,C;76,G;130,C

YITCMG068   49,T/G;91,A/G;157,A/G;178,A/C

YITCMG069   37,A/G;47,T/A;100,A/G

YITCMG070   6,C

YITCMG071   40,A/G;107,A/T;142,C;143,C

YITCMG072   75,A/G;104,T/C;105,A/G

YITCMG073   19,A;28,C;106,C

YITCMG074   46,T/C;58,C/G;77,A/G;180,T/A

YITCMG075   125,T/C;168,A/C;185,T/C

YITCMG076   162,C;171,T

YITCMG079   3,G;8,T;10,A;110,C;122,A;125,A

YITCMG080   43,C;55,C

YITCMG081   91,G;115,A

YITCMG082   43,A/C;58,T/C;97,G

YITCMG083   96,A/G;123,T/G;131,T/C;169,C/G

YITCMG084   118,A/G;136,T/A

YITCMG085   6,A;21,C;24,A/C;33,T;157,T/C;206,C

YITCMG086   111,A/G;182,T/A

YITCMG087   19,T/C;60,T/C;129,T/A

YITCMG088   17,A;31,T;33,A;98,C

YITCMG089   92,C;103,C;151,C;161,C

YITCMG090   48,G;113,C

YITCMG091   33,G;59,A

YITCMG092   22,G;110,C;145,A

YITCMG093   10,G;35,G

YITCMG094   124,A;144,T

YITCMG095   51,C;78,C;184,A

YITCMG096   24,C;57,A;66,T

YITCMG099   53,T/A;83,A/G;119,A/G;122,A/C

YITCMG100   155,T

YITCMG104   79,G;87,A/G
YITCMG105   31,C;69,A
YITCMG106   29,A;32,C;59,C;137,C;198,A
YITCMG107   23,A/G;160,G;164,C;165,A/T
YITCMG108   34,A/G;64,C/G
YITCMG109   17,T/C;29,A/C;136,T/A
YITCMG112   101,C/G;110,A/G
YITCMG113   85,G
YITCMG114   42,T;46,A;66,T
YITCMG115   32,T/C;33,T/A;87,C;129,A/T
YITCMG117   115,T/C;120,A/G
YITCMG118   19,A/G
YITCMG120   106,C;133,C
YITCMG121   32,T/A;72,G;91,C/G;138,A/G;149,G
YITCMG122   40,A/G;45,G;185,G;195,A
YITCMG123   87,A/G;130,T/G
YITCMG124   75,C;99,T/C;119,T
YITCMG125   159,A/C
YITCMG126   82,A/T;142,A/G
YITCMG127   17,T/A;156,A
YITCMG128   40,G;106,T;107,G;131,T;160,C
YITCMG129   90,T/C;104,T/C;105,C/G;108,A/G
YITCMG130   31,C/G;39,A/C;83,T/C;108,A/G
YITCMG131   27,T/C;107,C/G
YITCMG132   43,C;91,T;100,T;169,T
YITCMG133   31,T/G;76,T;86,T;122,A/T;200,A/G;209,T
YITCMG134   23,C;116,T;128,A;139,T;146,G
YITCMG135   34,T;63,C;173,T
YITCMG137   1,C;48,G;52,T;62,T/A;172,A/G
YITCMG138   6,T/A;16,T/G
YITCMG139   7,G;33,A/G;35,A/G;152,T/C;165,A/C;167,A/G
YITCMG141   71,T;184,C
YITCMG142   67,T;70,A
YITCMG143   73,A
YITCMG152   83,T/A
YITCMG153   97,A/C;101,A/G;119,A
YITCMG154   5,T/C;26,T/G;47,A/C;60,A/G;77,T/C;130,A/C;141,T/C
YITCMG155   31,T/G;51,T/C
YITCMG156   36,T
YITCMG157   5,A/G;83,T/C;89,T/C;140,A/G
YITCMG158   49,T/C;67,T/C;96,A;97,A/T;117,G
YITCMG159   84,T;89,A;92,C;137,T
YITCMG160   55,A/G;75,T/C;92,A/G;107,T/G;158,T/C
YITCMG161   71,A;74,C

YITCMG162   26,T

YITCMG163   96,T/A;114,T/C;115,A/G;118,T/G

YITCMG164   57,T/C;114,A/G

YITCMG165   174,C

YITCMG166   13,T/C;87,G

YITCMG167   120,A/G;150,A/G

YITCMG169   51,T/C;78,A/C;99,T/C;107,T/C

YITCMG170   145,C/G;150,T/G;157,A/G

YITCMG171   11,A

YITCMG172   164,A/C;168,A/G;186,G;187,G

YITCMG173   11,G;17,A;20,C;144,C;161,A;162,T

YITCMG174   9,T/C;10,A/C;84,A/G

YITCMG175   42,T/C;55,T/C;62,A/C;98,T/C

YITCMG178   86,A/C;111,A/C

YITCMG180   23,C;72,C;75,C;117,A/G

YITCMG182   3,G;77,T

YITCMG183   24,A/T

YITCMG184   43,A/G;45,A;60,C;64,C/G;97,C;127,T/G

YITCMG187   23,T/C;39,A/G;42,A/C;105,T/A;106,C/G

YITCMG189   125,G;170,T

YITCMG190   117,T;162,G

YITCMG191   44,A/G;66,T/C;108,A/G

YITCMG193   3,A/G;9,T/A;30,T/C;39,A/G;121,T/G;129,A/C;145,T/C;153,T

YITCMG195   45,T/A;87,T/C;128,A/G;133,A/G

YITCMG196   19,A/G;85,A/C;114,T/G;197,A/T

YITCMG197   18,A/C;35,T/G;178,A/C;195,T/C

YITCMG198   70,A/G;71,A/G;100,A/C

YITCMG199   3,T;56,A;62,G;173,C;175,G

YITCMG200   38,C;53,G

YITCMG201   113,A/C;179,T/A;185,T/G;194,T/C

YITCMG202   16,T/C;121,T/G

YITCMG203   90,T/A

YITCMG204   76,C/G;85,A/G;133,C/G

YITCMG206   66,A/G;83,A/G;132,A/G;155,A/G

YITCMG207   73,T/C;156,T/C

YITCMG208   86,T/A;101,A/T

YITCMG209   24,T/C;27,C;72,T/C

YITCMG212   118,G

YITCMG217   11,A/G;19,T/A;154,A/G;164,T/C;185,T/C

YITCMG218   31,T/C;59,T/C;72,T/C

YITCMG219   89,C;125,T/C

YITCMG221   8,C;76,A/G;110,A/G;131,A;134,A

YITCMG223   23,T;29,T;77,A/G

YITCMG224   120,A/G

YITCMG225   61,G;67,T
YITCMG226   72,A;117,T
YITCMG227   6,G;26,T
YITCMG228   72,C
YITCMG229   56,T;58,C;65,T;66,T
YITCMG230   65,C;103,A
YITCMG232   1,C;76,G;80,G;152,C;169,T;170,G
YITCMG233   130,A;132,G;159,T;162,A
YITCMG235   128,G
YITCMG236   94,A/G;109,T/A
YITCMG237   24,A/T;39,G;71,C/G;76,T/C;105,A/G
YITCMG238   49,T/C;68,T/C
YITCMG239   46,C;59,C;72,A
YITCMG240   21,A;96,A
YITCMG242   70,T
YITCMG243   73,C;147,C
YITCMG244   71,C;109,T;113,C
YITCMG246   51,T;70,T;75,A
YITCMG247   19,A;30,A/C;40,A;46,G;105,A/C;113,T/G;123,T;184,C/G
YITCMG248   31,A/G;60,T/G
YITCMG249   22,C;83,C/G;130,A/G;142,T/C;162,T/C;167,C
YITCMG250   98,T;99,G
YITCMG252   26,G;69,T;82,T
YITCMG253   70,C;71,G
YITCMG254   48,C/G;64,T/C;82,T/C;106,T/G
YITCMG256   19,A/G;47,A/C;66,A/G;83,A/T
YITCMG261   38,G;77,T;106,A;109,T
YITCMG262   47,T
YITCMG263   91,A
YITCMG264   14,T/G;65,T/C
YITCMG265   138,T/C;142,C/G
YITCMG266   5,A/G;24,T/G;31,A/G;62,C/G;91,A/G
YITCMG267   39,G;108,A;134,T
YITCMG268   150,A
YITCMG269   43,A/T;91,T/C
YITCMG270   10,A/G;52,A/G;69,A/C;122,T/C;130,T/C;134,T/C;143,T/C;162,T/C;168,A/G;
             191,A/G
YITCMG272   43,G;74,T;87,C;110,T
YITCMG273   41,C;67,G
YITCMG274   141,A/G;150,T/C
YITCMG275   106,C;131,A
YITCMG276   41,T;59,A
YITCMG279   94,A/G;113,A/G;115,T/C
YITCMG280   62,C;85,C;121,A;144,T;159,C

YITCMG281 18,A/G;22,A/G;92,T/C;96,A
YITCMG282 46,A/G;64,T/C
YITCMG283 67,T;112,A;177,G
YITCMG284 55,T/A;94,T/C
YITCMG285 85,A/G;122,C/G
YITCMG286 119,A;141,C
YITCMG287 2,C;38,T;117,A/G;170,A/C
YITCMG289 50,T;60,A/T;75,A/G
YITCMG290 13,A;21,T;66,C;128,A;133,A
YITCMG291 28,A;38,A;55,G;86,A
YITCMG292 85,C;99,A;114,T;124,T/C;126,C
YITCMG293 207,A
YITCMG294 99,T/G;108,A/T
YITCMG295 15,A/G;71,A/T;149,A/C
YITCMG296 90,A;93,T;105,A/T
YITCMG298 44,A/G;82,A/G;113,A/G
YITCMG299 29,A/G;117,C/G
YITCMG300 32,A/C;68,T/C;118,T/C;191,A/G
YITCMG301 108,C
YITCMG302 11,T/G;40,A/G;96,T/C
YITCMG303 10,T/A;21,A/G;54,T/G
YITCMG304 6,A;35,A;42,G;45,A;116,G;121,C
YITCMG305 50,C;67,G;68,C
YITCMG306 16,T/C;69,A/C;85,T/G;92,C/G
YITCMG307 11,T/C;23,T/C;25,A/C;37,A/G
YITCMG309 23,T;77,G;85,G
YITCMG310 98,G
YITCMG311 83,C;101,C;155,A
YITCMG313 125,A/T
YITCMG314 31,A/G;53,A/C
YITCMG315 16,T/C
YITCMG316 98,T/C;102,T/C;191,T/C
YITCMG317 98,A/G
YITCMG318 61,T/C;73,A/C
YITCMG319 33,A/G
YITCMG320 4,G;87,T
YITCMG321 2,T/C;16,G;83,T;167,A/G
YITCMG322 2,T/G;69,T/C;72,C;77,T/C;91,T/A;102,T/C
YITCMG323 49,A/C;73,T/C;108,C/G
YITCMG324 140,T/C
YITCMG325 22,C;130,C;139,C
YITCMG326 169,T;177,G
YITCMG327 115,T/C;121,A/G;181,T/C
YITCMG328 15,C;47,C;86,C

YITCMG329　48,T/C;78,C/G;109,T/A;111,T/C
YITCMG330　22,A/G
YITCMG331　51,A/G
YITCMG332　62,G;63,G;93,A
YITCMG333　132,T/C;176,A/C
YITCMG334　43,C/G;104,A/C
YITCMG335　48,A/G;50,T/C;114,G
YITCMG336　28,T/C;56,A/T;140,T/C
YITCMG337　1,A/G;88,T/C
YITCMG338　159,T/C;165,T/C;172,T/A;179,C/G
YITCMG340　68,A/G;75,A/G;107,A/C
YITCMG341　59,A/T;83,T;124,G;146,A/G;210,T/G
YITCMG342　156,A/G;162,T/A;169,T/C;177,T/C
YITCMG343　3,A;39,T/C;127,A/G;138,A/T;171,T/C;187,T/C
YITCMG344　14,T/C;47,A/G;108,T/C
YITCMG345　25,C/G;31,T/A;39,T/G
YITCMG346　20,A/G;67,C;82,G
YITCMG348　65,T;69,T/C;73,A;124,A/C;131,A/G
YITCMG350　17,A
YITCMG351　11,G;109,C;139,C
YITCMG352　108,T/C;138,T/A
YITCMG353　75,T;85,C
YITCMG354　66,G;81,A
YITCMG355　34,A;64,C;96,A
YITCMG356　45,T/A;47,A/C;72,T/A
YITCMG357　29,A;142,A/T
YITCMG360　64,A/G;87,A/G;92,T/C
YITCMG362　12,T/C;62,T/A;77,A/G
YITCMG363　57,T/C;96,T/C
YITCMG364　7,G;28,T/C;29,A/G;96,T/C
YITCMG366　83,A/T;121,T/A
YITCMG367　21,T/C;145,C/G;174,C/G
YITCMG368　23,C/G;117,A/C
YITCMG369　76,A/C;82,T/C;83,T/C;84,T/G;85,C/G;86,A/C;87,T/A;99,C/G;104,A/G;141,A/G
YITCMG370　18,G;117,T;134,A
YITCMG371　27,A/G;60,T/C
YITCMG374　3,A/G;59,C/G;102,A/C;135,C;137,A/T;138,G;206,A/G
YITCMG375　17,C
YITCMG377　3,A/G;42,A/C
YITCMG378　49,T/C
YITCMG379　61,T;71,T/C;80,T/C
YITCMG384　106,A/G;128,T/C;195,T/C
YITCMG385　57,A/T;61,T/C;79,T/C
YITCMG386　13,C;65,G;67,T

YITCMG387	24,A/G;111,C;114,G
YITCMG388	121,A;147,T
YITCMG389	9,A;69,A;159,C
YITCMG390	9,C;82,T/G;95,T/A
YITCMG391	23,G;117,C
YITCMG392	78,A/G;109,T/C;114,A/C
YITCMG393	66,A/G;99,A/C
YITCMG394	38,A/G;62,A/G
YITCMG395	40,T/A;45,T/C;49,T/C
YITCMG397	92,T/G;97,G;136,T/C
YITCMG398	131,T/C;132,A/C;133,A/T;159,T/C;160,A/G;181,T/G
YITCMG399	7,T/A;41,A/C
YITCMG400	34,T;41,T;44,T;53,C;62,T;71,C;72,A;90,A
YITCMG401	43,T
YITCMG402	137,T/C;155,A/G
YITCMG403	49,A;58,C;156,A;173,C
YITCMG405	155,C;157,C
YITCMG407	13,T/C;26,T/G;65,A/C;97,T/G
YITCMG408	88,T
YITCMG409	82,G;116,T
YITCMG410	2,T;4,A;20,C;40,G
YITCMG411	2,T/C;81,A/C;84,A
YITCMG412	4,A/T;61,T/C;154,A/G
YITCMG413	55,A/G;56,C/G;82,T/C
YITCMG414	11,T/A;37,A/G;51,T/C;62,C/G
YITCMG415	7,A/G;84,A/G;87,A/G;109,T/G;113,A/G;114,A/G
YITCMG416	80,A/G;84,A/G;112,A/G;117,A/T
YITCMG417	35,C/G;55,A/G;86,T/C;131,A/G
YITCMG418	15,T/C;34,A/G
YITCMG419	73,T/A;81,A/T;168,A/G
YITCMG421	9,C;67,T;87,A;97,A
YITCMG422	97,A
YITCMG423	39,T/G;117,T/G;130,C/G
YITCMG424	69,T;73,A/G;76,C/G;89,A/T
YITCMG425	26,C/G;57,A/G;66,T/C
YITCMG426	59,T/C;91,C/G
YITCMG427	103,C;113,C
YITCMG428	73,A;135,A
YITCMG429	194,G;195,T
YITCMG430	31,T;53,T;69,C;75,A
YITCMG432	69,T;85,C
YITCMG433	14,C;151,T
YITCMG435	28,T;43,C;103,G;106,A;115,A
YITCMG436	56,A/T

YITCMG437　44,G;92,G;98,T;151,T

YITCMG438　2,A/T;6,A/T;155,T

YITCMG440　64,A;68,G;70,T;78,C

YITCMG443　28,T;180,A

YITCMG447　65,A/G;94,G;97,A;139,G;202,G

YITCMG448　22,A;37,C;91,G;95,C;112,G;126,T;145,G

YITCMG449　23,C;105,G;114,G

YITCMG450　100,A/G;146,T/A

YITCMG451　26,G;33,A;69,C;74,G;115,C

YITCMG452　89,A/G;121,A/G;145,A/G;151,T/C

YITCMG454　90,A/G;92,T/G;121,T/C

YITCMG455　120,G

YITCMG456　32,A/G;48,A/G

YITCMG457　77,A;124,G;156,G

YITCMG459　95,T;157,C;203,A

YITCMG460　41,T;45,T;68,A;69,G;74,G

YITCMG461　131,A

YITCMG462　1,A;22,C;24,C;26,A

YITCMG464　78,A/G;101,A/T

YITCMG465　117,G;147,G

YITCMG466　75,T;99,G

YITCMG467　11,A;14,G;161,A;179,T

YITCMG469　12,T;70,G;71,A

YITCMG470　3,T/C;72,T/C;75,A/G

YITCMG471　8,A;65,A;88,C;159,C

YITCMG472　51,G

YITCMG475　82,A;84,A;102,C

YITCMG476　22,A;54,T

YITCMG477　7,T/C

YITCMG478　112,A/G;117,T/C

YITCMG479　103,T/A

YITCMG481　21,A;108,A/G;160,A/G;192,T/G

YITCMG482　65,T;87,A;114,T;142,G

YITCMG484　23,G;78,G;79,G

YITCMG485　116,C/G;125,T/C

YITCMG486　109,T/G;148,T/G

YITCMG487　140,C/G

YITCMG488　59,T/C;122,T/G

YITCMG490　57,T/C;135,T/A

YITCMG491　163,A

YITCMG492　55,A/G;70,T/C

YITCMG493　6,T/G;23,A/C;30,T;48,A/G;82,A/G

YITCMG494　43,T/C;52,A/G;84,A/G;98,A/G;154,T/C;188,T/C

YITCMG495　65,T/G;73,A/G

YITCMG496   5,T/C;26,A/G;60,A/G

YITCMG499   45,A/C

YITCMG500   30,A/G;86,T/A;87,T/C;108,T/A

YITCMG501   144,A;173,C;176,C/G

YITCMG502   4,A;9,A/G;130,A;135,A;140,T

YITCMG503   70,A/G;85,A/C;99,T/C

YITCMG504   11,A;17,G

YITCMG505   54,A/G;99,T/C;158,T/C;198,A/C

YITCMG506   47,A/G;54,A/C

YITCMG507   3,T/C;24,A/G;63,A/G

YITCMG508   96,T/C;115,T/G

YITCMG509   65,T/C;126,A/G

YITCMG510   1,A/G;95,A/G;98,A/G

YITCMG512   25,A;63,G;91,A/G;99,T/C

YITCMG514   45,C;51,T/C;57,T/C;58,T/G

YITCMG515   41,C;44,T

YITCMG516   29,T

YITCMG517   84,T/A;86,A/G;163,T

YITCMG518   60,A/G;77,T/G;84,T/G;89,T/C

YITCMG519   129,T/C;131,T/G

YITCMG520   35,A/G;65,A/G;83,A/G;136,T/C;157,A/C

YITCMG521   8,T/G;21,C/G;30,A/G

YITCMG522   72,T/A;127,T/A;137,A/G;138,A/C

YITCMG523   36,A/G;92,A/G;111,T/G;116,A/G;133,A/G

YITCMG524   10,A/G;81,A/G

YITCMG525   33,T/G;61,T/C

YITCMG527   108,T/G;115,A/G;118,A/C

YITCMG529   144,A;174,T

YITCMG531   11,T;49,T

YITCMG532   17,C;85,C;111,G;131,A

YITCMG533   183,C

YITCMG534   40,A/T;122,C/G;123,T/C

YITCMG535   36,A/G;72,A/G

YITCMG537   118,A/G;123,A/C;135,T/C

YITCMG538   3,T/C;4,C/G;168,A/G

YITCMG539   27,T/G;54,T/C;75,A/T;152,T/C

YITCMG540   17,T;70,A/G;73,T;142,A

YITCMG541   18,A;145,A

YITCMG542   3,A;69,T;79,C

白　玉

YITCMG001　85,A
YITCMG002　28,A/G;55,T;102,G;103,C;147,T/G
YITCMG003　29,C
YITCMG005　56,A;100,A
YITCMG006　13,T;27,T;91,C;95,G
YITCMG007　62,T/C;65,T;96,G;105,A/G
YITCMG008　50,T/C;53,T/C;79,A/G
YITCMG010　40,T/C;49,A/C;79,A/G
YITCMG011　36,A/C;114,A/C;166,A/G
YITCMG012　75,T/A;78,A/G
YITCMG013　16,T/C;41,T/C;56,A/C;69,T
YITCMG015　127,A/G
YITCMG018　30,A
YITCMG019　115,A/G
YITCMG020　49,T
YITCMG021　104,A;110,T
YITCMG022　3,A;11,A;92,G;94,T;99,C;118,G;131,C;140,G
YITCMG023　142,T/A;143,T/C;152,T/A
YITCMG024　68,A/G;109,T/C
YITCMG025　108,T/C
YITCMG027　138,G
YITCMG028　45,A/G;113,A/T;147,A/G;167,A/G;191,A/G
YITCMG029　114,A/C
YITCMG030　55,A;73,T;82,A
YITCMG032　117,C
YITCMG033　73,G;85,A/G;145,A/G
YITCMG034　6,C/G;97,T
YITCMG035　102,T/C;126,T/G
YITCMG036　23,C/G;32,T/G;99,C/G;110,T/C;132,A/C
YITCMG038　155,A/G;168,C/G;171,A/G
YITCMG039　1,G;61,A;71,T;104,T;105,G;151,T
YITCMG040　40,T/C;50,T/C
YITCMG041　24,C;25,A;68,T
YITCMG042　5,A/G;92,T/A
YITCMG043　56,T;67,C;99,C
YITCMG044　7,T/C;22,T/C;167,A/G;189,A/T
YITCMG045　92,T;107,T
YITCMG046　38,A/C;55,C;130,A;137,A;141,A
YITCMG047　60,T/A;65,G
YITCMG048　142,C;163,G;186,A
YITCMG049　172,G;190,T

YITCMG050   44,A

YITCMG051   15,C;16,A

YITCMG053   86,A/G;167,A;184,A/T

YITCMG054   34,G;36,T;70,G

YITCMG056   34,T/C;178,T/G;204,A/C

YITCMG057   98,T;99,G;134,T

YITCMG058   67,T;78,A

YITCMG059   12,T/A;84,A/G;100,T/G

YITCMG060   156,T/G

YITCMG061   107,A/C;128,A/G

YITCMG063   86,A;107,C

YITCMG064   2,A;27,G;74,C;106,A/G;109,T

YITCMG065   37,T/G;56,T/C

YITCMG067   1,C;51,C;76,G;130,C

YITCMG071   102,A/T;142,C;143,C

YITCMG072   75,A;105,A

YITCMG073   19,A/G;28,C;99,A/G;106,C

YITCMG074   46,T/C;58,C/G;77,A/G;180,A/T

YITCMG075   168,A/C

YITCMG076   129,T/C;162,C;163,A/G;171,T

YITCMG077   10,C;30,T/C;114,A;128,A

YITCMG078   15,T/A;33,A/G;93,A/C;95,T;147,T/C;165,A/G

YITCMG079   3,A/G;8,T/C;10,A/G;110,T/C;122,A/T;125,A/C

YITCMG080   43,A/C;55,T/C

YITCMG081   91,C/G;115,T/A

YITCMG082   43,A/C;58,T/C;97,G

YITCMG083   123,T;131,T/C;169,G

YITCMG084   118,A/G;136,T/A

YITCMG085   6,A;21,C;33,T;157,C;206,C

YITCMG086   111,A/G;142,C/G;182,A/T

YITCMG087   66,A/C;76,A/G

YITCMG088   33,A/G

YITCMG089   92,A/C;103,T/C;151,C/G;161,T/C

YITCMG090   17,T/C;46,G;75,T

YITCMG091   24,C;84,G;121,A;187,C

YITCMG093   10,A/G;35,A/G

YITCMG094   124,A;144,T

YITCMG096   24,C;57,A;66,T

YITCMG098   48,A/G;51,T/C;180,T/C

YITCMG099   67,T/G;72,A/G;83,A/G;119,A/G;122,T/A

YITCMG100   124,T/C;141,C/G;155,T/G

YITCMG102   20,A/G;129,A/G

YITCMG104   79,G;87,A/G

YITCMG105   31,A/C;69,A/G

YITCMG106　29,A/G;32,T/C;59,T/C;65,A/G;137,T/C
YITCMG107　23,A/G;160,A/G;164,C/G;165,A/T
YITCMG108　34,A;64,C
YITCMG110　30,T/C;57,T/C
YITCMG111　39,T;62,G;67,A
YITCMG112　101,C/G;110,A/G
YITCMG113　85,G
YITCMG114　42,T/A;46,A/G;66,T/A
YITCMG115　32,C;33,A;87,C;129,T
YITCMG116　54,A
YITCMG117　115,T;120,A
YITCMG118　2,T/C;19,A
YITCMG119　73,A/C;150,T/C;162,A/G
YITCMG120　38,A/T;133,T/C
YITCMG121　32,T/A;72,G;91,C/G;138,A/G;149,A/G
YITCMG122　40,A/G;45,A/G;185,A/G;195,A/G
YITCMG123　46,A/G;87,A/G;130,T/G
YITCMG124　75,T/C;99,T/C;119,A/T
YITCMG126　82,T;142,A
YITCMG127　146,A/G;155,A/T;156,A;160,T/A
YITCMG129　3,T/A;90,T/C;104,T/C;105,C/G
YITCMG130　31,G;70,A/C;108,G
YITCMG132　43,C/G;91,T/C;100,T/C;169,T
YITCMG133　31,T/G;76,T/G;86,T/G;122,T/A;209,A/T
YITCMG134　23,C;98,T/C;128,A/G;139,T
YITCMG137　1,T/C;24,A/G;48,A/G;52,T;172,A/G
YITCMG138　16,T/G
YITCMG139　7,G
YITCMG140　6,T
YITCMG141　71,T/G;184,C
YITCMG142　67,T/C;70,A/G
YITCMG143　73,A/G
YITCMG144　61,C;81,C;143,A;164,G
YITCMG145　7,A/G;26,A/G;78,T/G
YITCMG146　27,T/C;69,A/G;88,T/G;111,A/T
YITCMG147　36,A/G;62,T;66,T
YITCMG148　35,A/G;87,T/C
YITCMG149　25,A/C;30,A/G;138,A/G
YITCMG150　101,G;116,G
YITCMG152　83,T/A
YITCMG153　97,A/C;101,A/G;119,A/G
YITCMG154　5,T/C;47,A/C;77,T/C;141,T/C
YITCMG155　35,A/G
YITCMG156　36,T

YITCMG157   5,A/G;83,T/C;89,T/C;140,A/G
YITCMG158   49,T/C;67,T/C;96,A;97,A/T;117,G
YITCMG159   84,T/C;89,A/C;92,A/C;137,T/C
YITCMG161   71,A/G;74,T/C
YITCMG162   26,T
YITCMG164   57,T/C;114,A/G
YITCMG165   32,A/G;45,T/C;154,A/G;174,C;176,C/G;177,A/G
YITCMG166   13,T/C;87,G
YITCMG167   120,A/G;150,A/G;163,C/G
YITCMG168   39,T/C;60,A/G;79,T/C;89,C/G;96,A/G
YITCMG169   51,T/C;78,A/C;99,T/C
YITCMG170   31,T/G;145,C;150,T;157,A
YITCMG171   9,T;61,C;76,C;98,A
YITCMG172   164,A/C;168,A/G;186,A/G;187,A/G
YITCMG173   11,G;17,A;20,C;144,C;161,A;162,T
YITCMG175   62,A/C
YITCMG176   44,A;107,A
YITCMG177   7,A/G;44,A/C;124,C/G
YITCMG178   99,T/C;107,T/G;119,T/C
YITCMG180   23,C;72,C
YITCMG181   134,A/G
YITCMG183   24,T;28,A/G;75,T/C;76,A/G;93,T/C
YITCMG184   45,A;60,C;64,C/G;97,C;127,T/G
YITCMG185   62,A;68,A;80,G;130,A;139,G
YITCMG187   23,T/C;39,A/G;42,A/C;105,T;106,G
YITCMG189   23,T/C;51,A/G;138,A/T;168,T/C
YITCMG190   48,G;54,C;117,T;162,G
YITCMG191   34,G;36,A;108,A
YITCMG193   75,A/G;153,T
YITCMG194   1,T/A;32,A/T;55,A/G;165,T/C
YITCMG195   45,A/T;87,T/C;128,A/G;133,A/G
YITCMG196   19,A/G;85,C;114,T
YITCMG197   185,A/G
YITCMG198   100,A/C
YITCMG199   131,A/C
YITCMG200   38,T/C;53,A/G
YITCMG202   16,C;121,T
YITCMG203   28,A/G;42,A/T;130,C/G
YITCMG206   66,G;83,G;132,G;155,G
YITCMG207   82,A/G;156,T
YITCMG208   86,A;101,T
YITCMG209   24,T;27,C;72,C
YITCMG210   6,T/C;21,A/G;96,T/C;179,T/A
YITCMG211   133,A/C;139,A/G;188,T/C

YITCMG212   118,A/G

YITCMG213   55,A/G;102,T/C;109,T/C

YITCMG215   52,A/G;58,A/T

YITCMG216   69,A/G;135,C;177,A/G

YITCMG217   11,A/G;19,T/A;154,A/G;164,T/C;185,T/C

YITCMG218   5,A/C;31,C;59,T;72,C;108,T/G

YITCMG219   89,T/C;121,C/G;125,T/C

YITCMG220   126,A/G

YITCMG221   8,C;76,A/G;110,A/G;131,A;134,A

YITCMG222   1,T/G;15,T/C;31,A/G;46,A/G;70,C/G

YITCMG223   23,T/C;29,T/G;41,T/C;47,A/G;48,T/C

YITCMG226   51,T/C;72,A;117,T

YITCMG228   72,C;81,C;82,T

YITCMG229   56,T/C;58,T/C;65,T/C;66,T/C

YITCMG230   65,C;103,A

YITCMG231   87,T/C;108,T/C

YITCMG232   80,G;152,C;170,G

YITCMG233   130,A;132,G;159,T;162,A

YITCMG235   128,G

YITCMG236   94,A/G;109,T/A

YITCMG237   24,A;28,A/G;39,G;71,C/G;76,T/C

YITCMG238   49,C;68,C

YITCMG239   46,C;59,C;72,A

YITCMG240   21,A;96,A

YITCMG241   23,G;32,C;42,T;46,G;54,A;75,C

YITCMG242   70,T

YITCMG243   64,A/T;120,T/C;139,T/C

YITCMG244   71,C;109,T/G;113,T/C

YITCMG246   51,T/C;70,T/C;75,A/G

YITCMG247   19,A/C;40,A/G;46,T/G;123,T/C

YITCMG248   31,A/G;60,T/G

YITCMG249   22,C;83,C/G;130,A/G;142,T/C;162,T/C;167,C

YITCMG251   128,T/C;151,T/C

YITCMG252   26,A/G;78,C/G;82,T/A

YITCMG253   13,T/C;38,A/G;70,A/C;78,T/C;147,T/C;150,T/C;182,A/G;198,T/G

YITCMG254   64,T/C

YITCMG255   30,A/G;31,A/C;163,A/G

YITCMG256   19,T;32,C;47,C;52,C;66,G;81,G

YITCMG257   58,T/C;89,T/C

YITCMG258   2,C;101,T;172,C

YITCMG259   20,A/G;24,A/T;127,A/G;180,T;182,A

YITCMG260   11,C/G;63,A/G;154,A;159,A

YITCMG261   17,T/C;38,G;106,A;109,T

YITCMG262   45,C/G;47,T/G

YITCMG264   14,T;65,T

YITCMG265   138,T/C;142,C/G

YITCMG266   5,A/G;24,T/G;31,A/G;62,C/G;91,A/G

YITCMG267   39,A/G

YITCMG268   23,T;30,T;68,T;101,T/G

YITCMG269   43,A;91,T;115,T/A

YITCMG270   10,A;52,G;69,C;122,C;130,T;134,T;143,C;162,C;168,A;191,A

YITCMG271   100,G;119,T

YITCMG272   43,G;74,T;87,C;110,T

YITCMG273   41,C;67,G

YITCMG274   90,A/G;141,G;150,T

YITCMG275   154,A

YITCMG278   1,A/G;10,A/G;12,A/C

YITCMG279   94,A/G;113,A/G;115,T/C

YITCMG280   104,A/T;113,C/G;120,T/C;159,C

YITCMG281   18,A/G;22,A/G;92,C;96,A

YITCMG282   46,A;64,C

YITCMG283   67,T;112,A;177,G

YITCMG286   119,A;141,C

YITCMG287   2,T/C;38,T/C;170,A/C

YITCMG289   50,T

YITCMG290   13,A/G;21,T;66,C/G;128,T/A;133,A/C;170,T/A

YITCMG292   85,T/C;99,T/A;114,T/C;126,A/C

YITCMG293   170,T

YITCMG294   32,C/G;82,A/C;99,T/G;108,A/T

YITCMG295   15,G;71,A

YITCMG296   90,A/C;93,T/C;105,A/T

YITCMG297   128,T/C;147,A/C

YITCMG299   29,A;34,G;103,A

YITCMG300   191,A/G;199,C/G

YITCMG301   98,A/G;108,C;128,T/G;140,A/G

YITCMG304   35,A;42,G;116,G

YITCMG305   15,A/G;68,C

YITCMG306   16,C

YITCMG307   37,A/G

YITCMG308   34,A/G;35,A/G;154,C/G

YITCMG310   98,G

YITCMG311   155,A

YITCMG314   31,G

YITCMG315   16,T/C;58,A/G;80,A/G;89,T/C

YITCMG316   98,T/C;102,T/C

YITCMG317   38,T/G;151,T/C

YITCMG318   61,T/C;73,A/C

YITCMG320   4,A/G;87,T/C

YITCMG321 2,T/C;16,G;83,T/C;167,A/G
YITCMG323 6,A/T;49,C;73,T;108,C/G
YITCMG325 22,C;130,C;139,C
YITCMG326 11,T/C;41,A/T;91,T/C;169,T/G;177,G
YITCMG327 115,T/C;121,A/G
YITCMG328 15,C;47,T/C;86,T/C
YITCMG329 48,T/C;78,C/G;109,A/T;195,A/C
YITCMG330 52,A/G;129,T/G;130,A/G
YITCMG332 42,A/G;51,C/G;62,C/G;63,G;93,A/C
YITCMG335 48,A;50,T;114,G
YITCMG336 28,T/C;56,A/T;140,T/C
YITCMG338 71,T/C;126,A/G;159,C;165,T;179,G
YITCMG339 48,T/C;81,T/C
YITCMG340 110,C;111,A
YITCMG341 83,T;124,G
YITCMG342 21,T/G;145,T/G;156,G;177,C
YITCMG343 3,A;39,T/C;127,A/G;138,A/T;171,T/C;187,T/C
YITCMG346 20,G;67,C;82,G
YITCMG347 21,A
YITCMG348 65,T;69,C;73,A;124,A
YITCMG349 62,A;136,G
YITCMG350 17,A;37,T/A;101,A/T;104,T/C;170,A/T
YITCMG351 11,G;109,T/C;139,C/G
YITCMG352 108,C;109,A;138,T
YITCMG353 75,T;85,C
YITCMG354 62,C;134,C
YITCMG355 34,A;64,C;96,A
YITCMG356 45,T/A;47,A/C;72,T/A
YITCMG357 29,A/C;51,T/G;76,A/T;142,A/T
YITCMG359 60,T/G;128,T/C
YITCMG360 54,G;64,A;82,T;87,G;92,C
YITCMG361 3,T/A;102,T/C;113,A/C
YITCMG362 12,T/C;62,A/T;77,A/G
YITCMG363 39,A/G;56,A/G
YITCMG364 7,G;29,A;96,T
YITCMG369 99,T/C
YITCMG370 18,A/G;117,T/C;134,T/A
YITCMG371 27,A/G;36,T/C
YITCMG372 199,T
YITCMG373 74,A/G;78,A/C
YITCMG374 135,T/C
YITCMG375 17,A/C;28,T/C
YITCMG376 74,G;75,C
YITCMG377 3,A/G;42,A/C

YITCMG378 49,T

YITCMG379 61,T;71,T;80,C

YITCMG380 40,A

YITCMG381 30,G;64,T;124,T

YITCMG382 62,A;72,C;73,C

YITCMG385 61,T/C;79,T/C

YITCMG386 13,T/C;65,G;67,T/C

YITCMG387 111,C/G;114,A/G

YITCMG388 121,A/G;147,T/C

YITCMG389 9,T/A;69,A/G;159,A/C;171,C/G;177,T/C

YITCMG390 9,T/C

YITCMG391 23,G;117,C

YITCMG392 109,T/C;114,A/C;133,C/G

YITCMG393 66,G;99,C;189,A/G

YITCMG394 9,T/C;38,A/G;62,A/G

YITCMG395 45,T

YITCMG396 110,T/C;141,T/A

YITCMG397 89,C/G;92,G;97,T/G;136,A/C

YITCMG398 131,C;132,A;133,A;159,C;160,G;181,T

YITCMG399 7,A;41,A

YITCMG400 71,C;72,A

YITCMG401 43,T/C;72,T/G;123,A/G

YITCMG402 137,T/C;155,A/G

YITCMG403 49,T/A;173,C/G

YITCMG405 155,T/C;157,T/C

YITCMG406 73,A/G;115,T/C

YITCMG407 13,T/C;26,T/G;97,T/G;99,A/G

YITCMG408 88,T/C;137,A/G

YITCMG410 2,T;4,A;20,C;40,G;155,A/C

YITCMG411 84,A

YITCMG412 79,A/G;154,G

YITCMG416 84,A/G;112,A/G

YITCMG417 86,T/C;131,A/G

YITCMG419 73,T/A;81,A/T;168,A/G

YITCMG421 9,A/C;67,T/C;87,A/G;97,A/G

YITCMG423 39,T/G;117,G;130,C/G

YITCMG424 69,T;73,G;76,C;89,T

YITCMG425 57,A/G;66,T/C

YITCMG427 50,T/C;103,T/C;113,A/C

YITCMG428 18,A/G;24,T/C;73,A/G;135,A/G

YITCMG429 61,T/A;152,A/G;194,A/G;195,A/T

YITCMG430 31,T/C;53,T/C;69,T/C;75,A/C

YITCMG431 69,A/G;97,C/G

YITCMG432 69,T;85,C

YITCMG434 27,G;37,T;40,A
YITCMG435 28,T/C;43,T/C;103,A/G;106,A;115,T/A
YITCMG436 2,A/G;25,A;49,A/G;56,A
YITCMG437 39,T/A;44,G;92,G;98,T;151,T/C
YITCMG438 2,A/T;6,A/T;155,T
YITCMG439 75,A/C;87,C;113,A
YITCMG440 13,C;64,A;68,G;70,T;103,A;113,T
YITCMG441 12,A;74,G;81,C;90,T
YITCMG443 28,T;178,A/G;205,C/G
YITCMG444 118,A/T;141,A/G
YITCMG446 13,T/C;51,T/C
YITCMG447 65,A/G;94,G;97,A/G;139,G;202,G
YITCMG448 22,A;37,C;91,G;95,C;112,G;126,T;145,G
YITCMG450 100,A/G;146,A/T
YITCMG451 26,A/G;33,A/C;69,T/C;74,A/G;115,C/G
YITCMG452 96,C/G
YITCMG453 87,A;130,A/C;156,C
YITCMG456 32,A/G;48,A/G
YITCMG457 124,A/G
YITCMG460 41,T/C;45,T;68,A/T;69,A/G;74,A/G
YITCMG461 131,A/G;158,A/G
YITCMG462 1,A/G;22,C/G;24,C;26,A;36,T/C;49,A/C
YITCMG464 52,A/G
YITCMG465 117,T/G;147,A/G
YITCMG466 75,T/A;83,A/G;99,C/G
YITCMG468 43,G
YITCMG470 3,T/C;72,T/C;75,A/G
YITCMG471 8,A/C;65,A/G;88,T/C;159,A/C
YITCMG472 51,G
YITCMG473 65,A/T;70,A/G;91,T/C
YITCMG475 115,A/C
YITCMG476 22,A/G;54,A/T
YITCMG477 7,T/C;14,T/G;91,T/C;150,T/C
YITCMG478 112,A/G;117,T/C;122,T/C
YITCMG479 38,T/C;103,A/T
YITCMG480 5,A/G;45,A/G;61,C/G;64,A/G
YITCMG481 21,A;108,A/G;160,A/G;192,T/G
YITCMG482 65,T;87,A/G;114,T/C;142,T/G
YITCMG484 23,A/G;78,A/G;79,A/G
YITCMG485 116,C/G;125,T/C
YITCMG486 109,T/G;148,T/G
YITCMG487 140,C/G
YITCMG488 51,C/G;59,T/C;76,A/G;122,T/G;127,T/C
YITCMG490 57,C;135,A;165,T/A

YITCMG491   163,A
YITCMG492   55,A;70,T/C;83,T/C;113,C/G
YITCMG493   5,T/C;6,G;23,A/C;30,T;48,G;82,G
YITCMG494   43,C;52,A;84,A/G;98,G;154,T/C;188,T/C
YITCMG495   13,T/C;65,T;73,G
YITCMG496   5,T/C;7,A/G;26,G;59,A/G;60,A/G;134,T/C
YITCMG497   22,G;31,T/C;33,G;62,T;77,T;78,T/C;94,T/C;120,A/G
YITCMG499   45,A/C
YITCMG500   30,G;86,T;87,C;108,T
YITCMG501   15,T/A;93,A/G;117,A/G;144,A;173,T/C
YITCMG502   4,A/G;130,T/A;135,A/G;140,T/C
YITCMG503   70,A/G;85,A/C;99,T/C
YITCMG504   11,A;17,G
YITCMG505   54,A/G;99,T/C;196,T/G
YITCMG506   47,A/G;54,A/C
YITCMG507   3,T/C;24,G;63,A/G
YITCMG508   13,A/G;96,T/C;115,G
YITCMG510   1,A;95,A/G;98,A/G;110,A/G
YITCMG511   39,T/C;67,A/G;168,A/G;186,A/G
YITCMG512   63,A/G
YITCMG514   45,A/C;51,T/C;57,T/C;58,T/G
YITCMG516   29,T/G;53,A/C
YITCMG517   72,T/G;84,A/T;86,A/G;163,T
YITCMG518   60,A/G;77,T/G
YITCMG519   129,T;131,T
YITCMG520   35,A/G;65,A/G;83,A/G;136,T/C;157,A/C
YITCMG521   21,G
YITCMG522   127,T
YITCMG524   10,A/G;19,A/G;100,A/G
YITCMG527   35,A/G;108,T/G;118,A/C
YITCMG528   1,T/C;79,A/G;107,A/G;135,A/G
YITCMG529   15,A/C;165,C/G;174,T/C
YITCMG530   76,C;81,A;113,T
YITCMG531   6,T/C;11,T/C;49,T/G
YITCMG532   17,A/C;123,A/C
YITCMG533   85,A/C;183,C;188,A/G
YITCMG534   40,T;122,C;123,C
YITCMG537   118,A/G;121,T/G;135,T/C
YITCMG538   3,T;4,C
YITCMG539   27,T/G;54,T/C;75,T/A
YITCMG540   17,T;73,T;142,A/G
YITCMG541   18,A/C;130,T/G;176,C
YITCMG542   18,T/G;69,T;79,C

大白玉

YITCMG001 78,A/G;85,A;94,A/C

YITCMG003 67,T;119,A

YITCMG004 27,T/C

YITCMG007 62,T;65,T;96,G;105,A

YITCMG008 50,C;53,C;79,A

YITCMG009 75,C;76,T

YITCMG010 40,T;49,A;79,A

YITCMG011 36,A/C;114,A/C

YITCMG012 75,T;78,A

YITCMG013 16,T/C;21,T/C;56,A/C;69,T

YITCMG014 126,A/G;130,T/C

YITCMG015 44,A/G;127,A/G;129,A/C;174,A/C

YITCMG017 17,G;98,C

YITCMG018 30,A

YITCMG019 36,A/G;47,T/C;115,A/G

YITCMG022 3,A;11,A;92,G;94,T;99,C;118,G;131,C;140,G

YITCMG023 142,T;143,C;152,T

YITCMG024 68,A;109,C

YITCMG025 108,T

YITCMG026 16,A/G;81,T/C

YITCMG027 19,T/C;31,A/G;62,T/G;119,A/G;121,A/G;131,A/G;138,A/G;153,T/G;163,A/T

YITCMG028 174,T/C

YITCMG030 55,A;73,T/G;82,A/T

YITCMG031 48,T/C;84,A/G;96,A/G;178,T/C

YITCMG032 91,A/G;93,A/G;94,T/A;160,A/G

YITCMG033 73,G;85,G;145,G

YITCMG035 85,A/C;102,T/C;126,T/G

YITCMG036 23,C/G;99,C/G;110,T/C;132,A/C

YITCMG037 12,T/C;13,A/G;39,T/G

YITCMG038 155,A/G;168,C/G;171,A/G

YITCMG039 1,G;61,A/G;71,T/C;104,T/C;105,G;120,A/G;151,T/G

YITCMG040 40,T/C;50,T/C

YITCMG041 24,T/A;25,A/G;68,T/C

YITCMG042 5,A/G;9,A/G;92,T/A

YITCMG044 7,T/C;22,T/C;99,T/C;167,A/G;189,A/T

YITCMG045 92,T;107,T

YITCMG046 38,A/C;55,A/C;130,A/G;137,A/C;141,A/G

YITCMG047 60,T;65,G

YITCMG048 142,C;163,G;186,A

YITCMG049 11,A/G;16,T/C;76,A/C;115,A/C;172,G;190,T/A

YITCMG050 30,T/C;44,A/G

YITCMG051   15,C;16,A

YITCMG052   63,T/C;70,T/C

YITCMG053   86,A;167,A;184,T

YITCMG054   34,A/G;36,T/C;70,A/G;151,A/G

YITCMG056   34,T/C;117,T/C

YITCMG057   98,T;99,G;134,T

YITCMG059   84,A;95,T;100,T;137,A;152,T;203,T/G

YITCMG060   10,A;54,T;125,T;129,A

YITCMG061   107,A;128,G

YITCMG062   79,T/C;122,T/C

YITCMG063   86,A;107,C

YITCMG064   2,A/G;27,T/G

YITCMG065   37,T/G;56,T/C;136,T/C

YITCMG066   10,A/C;64,A/G;141,T/G

YITCMG067   1,C;51,C;76,G;130,C

YITCMG071   40,A/G;107,A/T;142,C;143,C

YITCMG073   15,A/G;19,A/G;28,A/C;49,A/G;106,T/C

YITCMG074   46,T/C;58,C/G;77,A/G;180,A/T

YITCMG076   162,C;171,T

YITCMG077   10,C;114,A;128,A

YITCMG078   15,T/A;93,A/C;95,T

YITCMG079   26,T/C;125,A/C;155,T/C

YITCMG080   43,C;55,C

YITCMG081   91,G;115,A

YITCMG082   43,A/C;58,T/C;97,A/G

YITCMG083   96,A/G;123,T;131,T/C;169,G

YITCMG084   118,G;136,T

YITCMG085   6,A;21,C;24,C;33,T;206,C

YITCMG086   111,A;182,T;186,T

YITCMG088   17,A/G;31,T/G;33,A/G;98,T/C

YITCMG089   92,C;103,C;151,C;161,C

YITCMG090   48,C/G;113,T/C

YITCMG092   22,G;110,C;145,A

YITCMG093   10,G;35,G

YITCMG094   124,A;144,T

YITCMG096   24,C;57,A;66,T

YITCMG097   185,T/G;202,T/C

YITCMG099   53,T/A;83,A/G;119,A/G;122,A/C

YITCMG100   155,T

YITCMG104   79,G;87,G

YITCMG105   31,C;69,A

YITCMG106   29,A;32,C;59,C;65,G;137,C;183,C

YITCMG107   160,G;164,C

YITCMG108   34,A/G;64,C/G

YITCMG109   17,T/C;29,A/C;136,A/T

YITCMG112   101,C/G;110,A/G

YITCMG113   85,G

YITCMG114   42,T;46,A;66,T

YITCMG115   32,C;33,A;87,C;129,T

YITCMG116   54,A

YITCMG117   115,T;120,A

YITCMG118   13,A/G;19,A/G;81,T/C

YITCMG120   106,T/C;133,C

YITCMG121   32,T;72,G;149,T/G

YITCMG122   40,A/G;45,G;185,G;195,A

YITCMG123   88,C;94,C

YITCMG124   75,C;99,T/C;119,T

YITCMG125   102,T/G;124,A/C;171,A/C

YITCMG126   82,T/A;142,A/G;166,T/C

YITCMG127   156,A;160,A/T

YITCMG129   90,T/C;104,T/C;105,C/G;108,A/G

YITCMG130   31,C/G;70,A/C;108,A/G

YITCMG131   27,T/C;107,C/G;126,A/T

YITCMG132   43,C/G;91,T/C;100,T/C;169,T

YITCMG133   31,T/G;76,T;86,T;122,A/T;200,A/G;209,T

YITCMG134   23,C;116,T/A;128,A/G;139,T;146,C/G

YITCMG135   34,T;63,C;173,T

YITCMG137   1,T/C;16,A/G;25,T/A;48,A/G;52,T/A;172,A/G

YITCMG139   7,G

YITCMG141   71,T;184,C

YITCMG142   67,T;70,A

YITCMG143   73,A

YITCMG147   62,T;66,T

YITCMG151   155,A;156,C

YITCMG152   83,A

YITCMG153   97,A/C;101,A/G;119,A

YITCMG154   5,T/C;26,T/G;47,A/C;60,A/G;77,C;130,A/C;141,T/C

YITCMG155   31,T/G;51,T/C

YITCMG156   36,T/G

YITCMG157   5,G;83,C;89,T;140,A

YITCMG158   67,T/C;96,A;117,G

YITCMG159   84,T;89,A;92,C;137,T

YITCMG160   92,A/G;107,T/G;158,T/C

YITCMG161   71,A;74,C

YITCMG162   26,T

YITCMG163   96,A/T;114,T/C;115,A/G;118,T/G

YITCMG164   57,T/C;87,A/G;114,A/G

YITCMG165   121,T/C;174,T/C

YITCMG166   13,T;87,G

YITCMG167   150,C/G

YITCMG169   51,T/C;78,A/C;99,T/C;107,T/C

YITCMG170   139,C/G;142,A/G;145,C;150,A/T;151,T/C;157,A;164,A/G

YITCMG171   9,T;61,C;76,C;98,A

YITCMG172   164,A;168,G;186,G;187,G

YITCMG173   11,G;17,A;20,C;144,C;161,A;162,T

YITCMG174   9,T;10,A;84,A

YITCMG175   32,T/G;42,T/C;55,T/C;62,A/C;98,T/C

YITCMG176   44,A;107,A;127,A/C

YITCMG177   20,T/C

YITCMG178   44,A/G;99,T;107,G

YITCMG180   23,C;72,C;75,C/G

YITCMG182   3,A/G;54,T/C;77,T/C

YITCMG183   24,T

YITCMG184   45,T/A;60,A/C;64,C/G;97,C/G;127,T/G

YITCMG187   23,T/C;39,A/G;42,A/C;105,T/A;106,C/G

YITCMG188   16,T/C;66,A/G;101,T/A

YITCMG190   48,A/G;54,T/C;117,T;162,G

YITCMG191   44,A/G;66,T/C;108,A/G

YITCMG192   89,T/C;119,T/G

YITCMG193   3,A/G;9,A/T;30,T/C;39,A/G;121,T/G;129,A/C;145,T/C;153,T

YITCMG195   45,A;87,T;128,G;133,A

YITCMG196   55,T/C;91,T/C;190,A/G;197,T/A

YITCMG197   18,A/C;35,T/G;178,A/C;195,T/C

YITCMG198   70,A/G;71,A/G;100,A/C

YITCMG199   3,T/C;56,T/A;62,C/G;173,T/C;175,C/G

YITCMG200   38,C;53,G

YITCMG201   113,A/C;120,T/G;179,A/T;185,T/G;194,T/C

YITCMG202   16,C;37,A/C;121,T

YITCMG204   76,C/G;85,A/G;133,C/G

YITCMG206   66,A/G;83,A/G;132,A/G;155,A/G;177,A/G

YITCMG207   73,T/C;156,T/C

YITCMG208   86,A/T;101,T/A

YITCMG209   24,T/C;27,A/C;72,T/C

YITCMG212   118,A/G

YITCMG213   55,A/G;102,T/C;109,T/C

YITCMG214   5,T/A

YITCMG217   11,A;19,A;154,G;164,C

YITCMG218   31,C;59,T;72,C

YITCMG219   89,T/C;125,T/C

YITCMG220   64,A/C;67,C/G

YITCMG221   8,C;106,A/T;110,G;131,A;134,A

YITCMG222   1,T/G;15,T/C;70,C/G

YITCMG223　23,T;29,T;77,A

YITCMG225　61,G;67,T

YITCMG226　72,A;117,T

YITCMG227　6,A/G;26,T/C

YITCMG228　72,C

YITCMG229　56,T;58,C;65,T;66,T

YITCMG230　65,C;103,A

YITCMG231　87,T/C;108,T/C

YITCMG232　1,T/C;76,C/G;80,G;152,C;169,T/C;170,G

YITCMG233　130,A;132,G;159,T;162,A

YITCMG235　128,G

YITCMG236　94,A;109,A

YITCMG237　24,A;39,G;71,C/G;76,T/C

YITCMG238　49,T/C;68,T/C

YITCMG239　46,C;59,C;72,A

YITCMG240　21,A;96,A

YITCMG241　23,G;32,C;42,T;46,G;54,A;75,C

YITCMG242　61,A/C;70,T;85,T/C;94,A/G

YITCMG243　73,C;147,C

YITCMG244　25,A/C;71,C;109,T;113,C

YITCMG246　51,T;70,T;75,A

YITCMG247　19,A;30,A/C;40,A;46,G;105,A/C;113,T/G;123,T;184,C/G

YITCMG248　31,A/G;60,T/G

YITCMG249　22,C;83,C/G;130,A/G;142,T/C;162,T/C;167,C

YITCMG250　98,T;99,G

YITCMG252　26,A/G;69,T/C;82,T/A

YITCMG253　32,C;53,A;182,A;188,T

YITCMG254　48,C;106,G

YITCMG256　19,G;47,C;66,G

YITCMG257　58,T/C;77,T/C;89,T/C

YITCMG259　24,T/A;180,T;182,A

YITCMG260　63,A/G;154,A/T;159,A/C

YITCMG261　38,T/G;106,T/A;109,T/C

YITCMG262　28,T/C;47,T;89,T/C

YITCMG263　42,T;77,G

YITCMG264　14,T;65,T

YITCMG265　138,T;142,G

YITCMG266　5,A/G;24,T/G;31,A/G;62,C/G;91,A/G

YITCMG267　39,A/G;108,T/A;134,T/G

YITCMG268　150,A/G

YITCMG269　43,A/T;91,T/C;115,T/A

YITCMG270　10,A/G;52,A/G;69,A/C;122,T/C;130,T/C;134,T/C;143,T/C;162,T/C;168,A/G;187,A/G;191,A/G

YITCMG271　100,C/G;119,A/T

YITCMG272   43,G;74,T;87,C;110,T

YITCMG273   41,C;67,G

YITCMG274   90,A/G;141,A/G;150,T/C

YITCMG275   106,C;131,A

YITCMG276   41,T;59,A

YITCMG278   1,A/G;10,A/G;12,A/C

YITCMG280   62,C;85,C;121,A;144,T;159,C

YITCMG281   96,A

YITCMG282   46,A;64,C

YITCMG283   67,T/G;112,A/G;177,A/G

YITCMG284   55,T;94,T

YITCMG285   85,A/G;122,C/G

YITCMG286   119,A;141,C

YITCMG287   2,C;38,T;170,A/C

YITCMG288   79,T/C

YITCMG289   50,T;60,T/A;75,A/G

YITCMG290   13,A/G;21,T;66,C;128,A/T;133,A/C

YITCMG292   85,C;99,A;114,T;126,C

YITCMG293   207,A

YITCMG294   32,C/G

YITCMG296   90,A;93,T;105,T/A

YITCMG297   128,T/C;147,A/C

YITCMG298   44,A;82,A;113,A/G

YITCMG299   29,A;38,T/C;48,A/G;53,C/G;117,C/G;134,T/G

YITCMG300   32,C;68,T;118,C

YITCMG301   98,A/T;108,C;128,T/G

YITCMG302   11,T;16,T/A;39,C/G;40,A/G;96,T

YITCMG303   10,T/A;21,A/G;54,T/G

YITCMG304   6,A/G;30,T/G;35,A;42,G;45,A/C;116,G;121,A/C

YITCMG305   50,C;67,G;68,C

YITCMG306   16,C;69,A;85,T;92,C

YITCMG307   11,C;23,T/C;25,A;37,G

YITCMG308   34,G;35,C;36,G

YITCMG309   5,A/C;23,T;77,G;85,G;162,A/G

YITCMG310   98,G

YITCMG311   83,C;86,T/C;101,C;155,A

YITCMG312   42,T/A;104,A/T

YITCMG314   31,A/G;53,A/C

YITCMG315   16,T/C

YITCMG316   98,T/C;102,T/C;191,T/C

YITCMG317   38,T/G;98,A/G;151,T/C

YITCMG318   61,T/C;73,A/C

YITCMG319   33,A/G

YITCMG320   4,G;87,T

YITCMG321   2,T/C;16,G;83,T;167,A/G
YITCMG322   2,T/G;69,T/C;72,C;77,T/C;91,A/T;102,T/C
YITCMG323   6,T/A;49,A/C;73,T/C
YITCMG324   55,T/C;56,C/G;74,A/G;140,T/C;195,A/G
YITCMG325   22,C;130,C;139,C
YITCMG326   169,T/G;177,A/G
YITCMG327   115,T/C;121,A/G;181,T/C
YITCMG328   15,C;47,C;86,C
YITCMG329   48,T;92,C/G;109,T
YITCMG330   52,A;129,G;130,A
YITCMG332   62,G;63,G;93,A
YITCMG334   12,T/G;43,C/G;56,T/C;104,A/C
YITCMG335   48,A;50,T;114,G
YITCMG336   28,C;56,A;140,T
YITCMG337   1,A/G;88,T/C
YITCMG338   127,A/G;159,C;165,T;172,A/T;179,G
YITCMG339   48,C;81,C
YITCMG341   83,A/T;124,T/G
YITCMG342   145,T/G;156,G;177,C
YITCMG343   3,A;39,T
YITCMG344   14,T/C;47,A/G;108,T/C
YITCMG346   7,T/A;67,T/C;82,A/G
YITCMG347   21,A;157,G
YITCMG348   131,A;141,T
YITCMG350   17,A
YITCMG351   11,G;109,C;139,C
YITCMG352   108,T/C;138,A/T;145,A/T
YITCMG353   75,T;85,C
YITCMG354   62,A/C;66,A/G;81,A/C;134,A/C
YITCMG355   34,A;64,C;96,A
YITCMG357   5,C/G;29,A/C;51,T/G
YITCMG358   155,T/C
YITCMG360   64,A/G;87,A/G;92,T/C
YITCMG362   12,T;62,T;77,A
YITCMG363   57,T/C;96,T/C
YITCMG364   7,G;28,T/C;29,A/G;96,T/C
YITCMG366   83,A/T;121,T/A
YITCMG367   21,T/C;145,C/G;174,C/G
YITCMG368   23,C/G;117,A/C
YITCMG369   76,A/C;82,T/C;83,T/C;84,T/G;85,C/G;86,A/C;87,T/A;99,C/G;104,A/G;141,A/G
YITCMG370   18,G;117,T;134,A
YITCMG371   27,A/G;60,T/C
YITCMG374   102,A;135,C;137,A;138,G
YITCMG375   17,C

YITCMG377　3,A/G;30,T/C;42,A/C

YITCMG378　49,T/C

YITCMG379　61,T/C;71,T/C;80,T/C

YITCMG385　57,A/T;61,T/C;79,T/C

YITCMG386　13,T/C;65,G;67,T/C

YITCMG387　111,C;114,G

YITCMG388　121,A;147,T

YITCMG389　9,A;69,A;159,C

YITCMG390　9,C

YITCMG392　78,A/G;109,T/C;114,A/C

YITCMG393　66,A/G;99,A/C

YITCMG394　38,A/G;62,A/G

YITCMG395　40,A/T;45,T/C;49,T/C

YITCMG397　92,T/G;97,G;136,T/C

YITCMG398　131,T/C;132,A/C;133,T/A;159,T/C;160,A/G;181,T/G

YITCMG399　7,T/A;41,A/C

YITCMG400　34,T;41,T;44,T;53,C;62,T;71,C;72,A;90,A

YITCMG401　43,T

YITCMG402　137,T/C;155,A/G

YITCMG403　49,A/T;58,C/G;173,C/G

YITCMG404　8,A/G;32,T/C;165,A/G

YITCMG405　155,C;157,C

YITCMG406　3,T/A;73,A/G;115,T/C

YITCMG407　13,T/C;26,T/G;65,A/C;97,T/G

YITCMG408　88,T

YITCMG409　82,G;116,T

YITCMG410　2,T;4,A;20,C;40,G;155,A/C

YITCMG411　84,A

YITCMG412　79,A/G;154,G

YITCMG413　55,A/G;56,C/G;82,T/C

YITCMG414　11,T/A;37,A/G;51,T/C;62,C/G

YITCMG415　7,A/G;84,A/G;87,A/G;109,T/G;113,A/G;114,A/G

YITCMG416　80,A/G;84,A/G;94,C/G;112,A/G

YITCMG417　35,C/G;55,A/G;86,T/C;131,A/G

YITCMG418　15,C;34,A

YITCMG419　73,T;81,A;168,G

YITCMG420　35,C;36,A

YITCMG421　9,A/C;67,T/C;87,A/G;97,A/G

YITCMG422　97,A

YITCMG423　39,G;117,G;130,C

YITCMG424　69,T;73,G;76,C;89,T

YITCMG425　66,C

YITCMG426　59,C;91,C

YITCMG427　103,C;113,C

YITCMG428　73,A;135,A
YITCMG429　61,T/A;152,A/G;194,G;195,A/T
YITCMG430　31,T/C;53,T/C;69,T/C;75,A/C
YITCMG432　69,T;85,C
YITCMG435　28,T/C;43,T/C;103,A/G;106,A;115,T/A
YITCMG436　56,A
YITCMG437　44,G;92,G;98,T;151,T
YITCMG438　2,T;6,T;155,T
YITCMG439　87,T/C;113,A/G
YITCMG440　64,A;68,G;70,T;78,C
YITCMG442　2,A/T;67,A/C;68,T/C;127,A/G;139,T/A;162,A/G;170,T/C;171,T/G
YITCMG443　28,T/A
YITCMG447　94,G;97,A/G;99,A/G;139,G;202,G
YITCMG448　22,A/C;37,T/C;91,G;95,C;112,G;126,T;145,G;161,C/G
YITCMG450　100,A;146,T
YITCMG451　26,A/G;33,A/C;69,T/C;74,A/G;115,C/G
YITCMG452　89,A/G;121,A/G;145,A/G;151,T/C
YITCMG454　90,A/G;92,T/G;121,T/C
YITCMG455　2,T/C;5,A/G;20,T/C;22,A/G;98,T/C;120,A/G;128,T/C;129,A/G;143,A/T
YITCMG457　124,A/G
YITCMG459　120,A;141,A
YITCMG460　45,T/C;132,A/G
YITCMG461　131,A/G
YITCMG462　24,C/G;26,A/T;36,T/C;49,A/C
YITCMG463　190,C/G
YITCMG465　117,G;147,G
YITCMG466　75,A/T;99,C/G
YITCMG467　9,A/G;11,A;14,A/G;86,A/T;161,A/G;179,A/T
YITCMG470　72,T/C;75,A/G
YITCMG471　8,A;65,A;88,C;159,C
YITCMG472　51,G
YITCMG474　87,A/T;94,A/G;104,T/C;119,A/G
YITCMG475　82,A/G;84,A/G;102,T/C
YITCMG476　22,A;54,T
YITCMG477　7,T/C;91,T/C;140,T/A;150,T/C;153,A/G
YITCMG478　112,A/G;117,T/C
YITCMG479　38,C;103,A
YITCMG481　21,A;108,G;192,G
YITCMG482　65,T;87,A;114,T;142,G
YITCMG484　23,G;78,G;79,G
YITCMG485　34,A/G;116,C;125,T
YITCMG486　109,T;148,T
YITCMG487　140,C
YITCMG489　51,C;113,A;119,C

YITCMG490   57,T/C;135,A/T;165,A/T

YITCMG491   156,A/G;163,A/G

YITCMG492   55,A

YITCMG493   6,T/G;23,A/C;30,T/C;48,A/G;82,A/G

YITCMG494   43,T/C;52,A/G;84,A/G;98,A/G;154,T/C;188,T/C

YITCMG495   65,T/G;73,A/G

YITCMG496   5,T/C;26,A/G;60,A/G

YITCMG497   22,G;33,G;62,T;77,T

YITCMG499   45,A/C

YITCMG500   30,A/G;86,T;87,C;108,A/T

YITCMG501   15,A/T;93,A/G;144,A;173,C;176,C/G

YITCMG502   4,A/G;12,T/C;130,A/T;135,A/G;140,T/C

YITCMG503   70,G;85,C;99,C

YITCMG505   54,A

YITCMG506   47,G;54,A

YITCMG507   24,A/G

YITCMG508   96,T;115,G

YITCMG509   65,T/C;126,A/G

YITCMG511   39,T/C;67,A/G;168,A/G;186,A/G

YITCMG512   25,A;63,G

YITCMG513   75,T/G;86,T/A;104,A/T;123,T/C

YITCMG514   35,T;45,C

YITCMG515   41,C;44,T;112,A

YITCMG516   29,T/G;53,A/C

YITCMG517   84,T/A;86,A/G;163,T

YITCMG520   65,G;83,A;136,C;157,C

YITCMG521   8,T/G;21,G;30,A/G

YITCMG522   72,T/A;127,T/A;137,A/G;138,A/C

YITCMG523   36,A;92,A;111,T;116,G;133,G

YITCMG524   81,G

YITCMG525   33,T;61,C

YITCMG527   108,T/G;115,A/G;118,A/C

YITCMG529   144,A;174,T

YITCMG531   11,T;49,T

YITCMG532   17,C;85,C;111,G;131,A

YITCMG533   183,C

YITCMG537   118,A/G;123,A/C;135,T/C

YITCMG538   168,A

YITCMG539   27,T/G;54,T/C;75,T/A;82,T/C;152,T/A

YITCMG540   17,T;70,A/G;73,T;142,A

YITCMG541   18,A/C;70,A/C;145,A/G

YITCMG542   18,T/G;69,T;79,C

大果秋芒

YITCMG001 72,C;85,A

YITCMG002 28,A/G;55,T/C;102,T/G;103,C/G;147,T/G

YITCMG003 82,G;88,G;104,G

YITCMG004 27,T;73,A

YITCMG005 56,A;100,A;105,A;170,C

YITCMG006 13,T/G;48,A/G;91,T/C

YITCMG007 65,T;96,G

YITCMG011 166,G

YITCMG012 75,T/A;78,A/G

YITCMG013 16,T/C;56,A/C;69,T

YITCMG014 126,A;130,T

YITCMG015 44,A/G;127,A;129,C;174,A

YITCMG018 30,A

YITCMG020 70,C;100,C;139,G

YITCMG022 3,A;11,A;99,C;131,C

YITCMG024 68,A/G;109,T/C

YITCMG025 72,A/C;108,T/C

YITCMG027 19,T/C;30,A/C;31,A/G;62,T/G;119,A/G;121,A/G;131,A/G;138,A/G;153,T/G;
163,T/A

YITCMG028 45,A;110,T/G;113,A/T;133,T/G;147,A;167,G;191,A/G

YITCMG029 72,T/C

YITCMG030 55,A/G;73,T/G;82,A/T

YITCMG031 48,T/C;84,A/G;96,A/G

YITCMG032 14,T/A;160,A/G

YITCMG033 73,A/G

YITCMG036 23,C/G;32,T/G;99,C/G;110,T/C;132,A/C

YITCMG037 12,C;39,T

YITCMG039 1,G;61,A;71,T;104,T;105,G;151,T

YITCMG041 24,A/C;25,A/G;68,T/C

YITCMG043 56,T/C;67,T/C

YITCMG044 167,G

YITCMG045 92,T/C;107,T/C

YITCMG046 55,A/C;130,A/G;137,A/C;141,A/G

YITCMG047 60,T/G;65,T/G;113,T/G

YITCMG049 115,A/C;172,A/G;190,T/A

YITCMG050 44,A/G

YITCMG051 15,C;16,A

YITCMG052 63,T;70,C

YITCMG053 86,A;167,A;184,T

YITCMG054 34,G;36,T;70,G

YITCMG056 34,T/C;74,A/T

YITCMG058　67,T;78,A

YITCMG059　12,A/T;84,A;95,T/A;100,T;137,A/G;152,T/A;203,T/A

YITCMG061　107,A/C;128,A/G

YITCMG064　2,A;27,G;74,C/G;106,A/G;109,A/T

YITCMG067　1,T/C;51,C;76,A/G;130,A/C

YITCMG069　37,A/G;47,T/A;100,A/G

YITCMG070　5,T/C;6,C/G;13,A/G;73,A/C

YITCMG071　142,C;143,C

YITCMG072　75,A;105,A

YITCMG073　15,A/G;28,A/C;49,A/G;99,A/G;106,T/C

YITCMG075　168,A

YITCMG076　129,T;162,C;163,A;171,T

YITCMG077　10,C;27,T;97,T;114,A;128,A;140,T

YITCMG078　33,A/G;95,T/C;147,T/C;165,A/G

YITCMG079　3,G;8,T;10,A;110,C;122,A;125,A

YITCMG082　43,A/C;58,T/C;97,G

YITCMG083　169,C/G

YITCMG084　118,G;136,T

YITCMG085　6,A/C;21,T/C;24,C;33,T/C;206,T/C;212,T/C

YITCMG088　33,A

YITCMG089　92,C;103,C;151,C;161,C

YITCMG090　17,C;46,G;75,T

YITCMG091　24,T/C;59,A/C;84,G;121,A;187,C

YITCMG092　22,A/G;24,T/C;110,T/C;145,A/G

YITCMG093　51,A/G

YITCMG094　124,A/T;144,T/A

YITCMG095　48,T/C;51,T/C;78,T/C;184,T/A

YITCMG096　24,C;57,A;66,T

YITCMG098　48,A/G;51,T/C;180,T/C

YITCMG099　67,T/G;83,A/G;119,A/G;122,A/C

YITCMG100　155,T/G

YITCMG101　53,T/G;92,T/G;93,T/C

YITCMG102　6,T/C;20,A/G;129,A/G

YITCMG104　79,G;87,G

YITCMG106　29,A;32,C;59,T/C;65,G;130,A/G;137,C;183,T/C

YITCMG107　160,A/G;164,C/G;169,T/A

YITCMG108　34,A;61,A/C;64,C

YITCMG109　17,T/C;29,A/C;136,T/A

YITCMG110　30,T;32,A;57,C;67,C;96,C

YITCMG111　39,T/G;62,A/G;67,A/G

YITCMG112　101,C/G;110,A/G

YITCMG113　71,A;85,G;104,G;108,C

YITCMG115　32,C;33,A;87,C;129,T

YITCMG116　91,T

YITCMG117 115,T/C;120,A/G

YITCMG118 19,A/G

YITCMG119 73,A/C;150,T/C;162,A/G

YITCMG120 133,C

YITCMG121 32,A/T;72,T/G;149,A/G

YITCMG122 45,A/G;185,A/G;195,A/G

YITCMG123 87,G;130,T

YITCMG124 75,T/C;119,T/A

YITCMG125 123,C/G

YITCMG126 82,T;142,A

YITCMG127 146,G;155,T;156,A

YITCMG129 90,T/C;104,T/C

YITCMG130 31,C/G;108,A/G

YITCMG131 27,T/C;107,C/G

YITCMG132 43,C;91,T;100,T;169,T

YITCMG133 65,A/C;76,T;83,A/G;86,T/G;191,A/G;209,T

YITCMG134 23,C;98,T/C;99,T/C;128,A/G;139,T

YITCMG136 169,A/G;198,T/C

YITCMG137 24,A;52,T

YITCMG139 7,G

YITCMG140 6,T

YITCMG141 184,T/C

YITCMG144 61,C;81,C;143,A;164,G

YITCMG145 7,A;26,G;78,G

YITCMG146 27,C;69,G;111,A

YITCMG147 36,G;62,T;66,T

YITCMG148 75,C;101,G

YITCMG149 25,A/C;30,A/G;143,T/C;175,A/G

YITCMG150 8,T/G;100,T/A;101,G;116,G;123,C/G;128,A/T

YITCMG153 97,C;101,G;119,A

YITCMG154 5,T;47,A/C;77,C;141,C

YITCMG155 1,A/C;31,T;51,C;155,G

YITCMG156 28,A/T;44,C/G

YITCMG157 18,A/G;83,T/C

YITCMG158 67,C;96,A;117,G

YITCMG159 137,T/C

YITCMG161 71,A;74,C

YITCMG162 26,A/T

YITCMG164 57,T/C;114,A/G

YITCMG165 32,A/G;154,A/G;174,C;176,C/G;177,A/G

YITCMG166 13,T;87,G

YITCMG167 120,A;150,A;163,C/G

YITCMG168 79,C;89,C;96,A

YITCMG169 36,G;51,C;153,T

YITCMG170　31,T/G;139,C/G;142,A/G;145,C;150,A/T;151,T/C;157,A;164,A/G
YITCMG171　11,A/G;61,T/C;76,T/C
YITCMG173　20,T/C;80,T/C;144,C;161,A/G;162,T/C;163,T/G;165,A/G
YITCMG174　9,T/C;10,A/C;84,A/G
YITCMG175　42,T;55,T;62,C;98,C
YITCMG176　44,A/G;107,A/G
YITCMG178　111,A/C;119,T/C
YITCMG180　23,C;72,C
YITCMG181　134,G
YITCMG182　3,A/G;77,T/C
YITCMG183　24,T;28,A;75,C;76,A;93,C
YITCMG184　45,A;60,C;64,C/G;97,C;127,T/G
YITCMG185　62,A/G;68,A/T;80,A/G;130,A/C;139,A/G
YITCMG187　33,T/C;105,T;106,G
YITCMG188　16,T/C;66,A/G;101,T/A
YITCMG189　23,T/C;51,A/G;138,A/T;168,T/C
YITCMG190　117,T;162,G
YITCMG191　34,A/G;36,A/G;108,A/G
YITCMG192　89,T/C;95,C/G;119,T/G
YITCMG193　30,T/C;75,A/G;121,T/G;129,A/C;153,T
YITCMG194　1,A;32,T;55,A;165,C
YITCMG195　71,A
YITCMG196　19,A;91,T;190,G;191,C
YITCMG197　18,C;35,G;144,C;178,A;195,T
YITCMG198　100,C
YITCMG199　131,A/C;155,A/C
YITCMG202　16,C;121,T
YITCMG203　90,A
YITCMG204　76,C/G;85,A;133,C/G
YITCMG209　27,C
YITCMG212　17,A/G;111,A/G
YITCMG213　55,A/G;68,T/C;109,T/C
YITCMG214　5,T/A
YITCMG216　69,A/G;135,C;177,A/G
YITCMG217　11,A;19,A;154,A/G;164,C
YITCMG218　5,A;31,C;59,T;72,C
YITCMG219　89,T/C;121,C/G;125,T/C
YITCMG220　126,A/G
YITCMG221　8,C;76,A/G;110,A/G;131,A;134,A
YITCMG222　1,G;15,C;31,G;46,A;70,G
YITCMG223　23,T;29,T;41,T;47,G;48,C
YITCMG224　62,A/G;83,T/A;120,G
YITCMG226　72,A;117,T
YITCMG228　72,C;81,C;82,T

YITCMG230   65,C;87,T;103,A;155,G

YITCMG231   87,T;108,T

YITCMG232   1,T/C;64,T/C;76,A/C;80,G;152,C;169,T/C;170,G

YITCMG233   130,A/C;132,A/G;159,T/C;162,A/G

YITCMG234   54,A/T;55,T/C;103,A/G;122,T/G;183,T/A

YITCMG236   94,A;109,A

YITCMG237   24,A;39,G;71,G;76,C

YITCMG238   49,C;68,C

YITCMG239   46,C;59,C;72,A

YITCMG242   61,A/C;70,T;85,T/C;94,A/G

YITCMG243   64,A/T;120,T/C

YITCMG244   71,C;109,T/G;113,T/C

YITCMG246   51,T/C;75,C/G;124,A/G

YITCMG247   19,A/C;40,A/G;46,T/G;123,T

YITCMG250   92,T/C;98,T;99,G

YITCMG253   70,C;198,T

YITCMG254   48,C/G;106,T/G

YITCMG255   163,A/G

YITCMG256   19,T/A;32,T/C;47,A/C;52,C/G;66,A/G;81,A/G

YITCMG258   2,T/C;101,T/A;170,A/G;172,C

YITCMG259   20,A/G;24,T;180,T;182,A

YITCMG260   54,A/G;63,A;154,A;159,A

YITCMG261   17,T/C;38,G;106,A;109,T

YITCMG266   5,G;31,G;62,T

YITCMG267   39,G;92,T;108,A;134,T

YITCMG268   23,T/G;30,T/G;68,T/C

YITCMG270   10,A;48,T/C;52,A/G;69,A/C;122,T/C;130,T;134,T/C;143,T/C;162,T/C;168,A/G;191,A/G

YITCMG271   100,G;119,T

YITCMG272   43,T/G;74,T/C;87,T/C;110,T/C

YITCMG274   90,A/G;141,G;150,T;175,T/G

YITCMG275   106,C/G;131,A/C;154,A/G

YITCMG278   1,A/G;10,A/G;12,A/C

YITCMG280   104,A;113,C;159,C

YITCMG281   18,A/G;22,A/G;92,T/C;96,A/C

YITCMG282   46,A/G;64,T/C

YITCMG284   18,A

YITCMG287   2,C;38,T;171,A

YITCMG289   50,T

YITCMG290   21,T;170,T

YITCMG291   96,T

YITCMG293   39,T/G;170,T;174,C;184,T

YITCMG294   99,T/G;108,T/A

YITCMG295   15,A/G;71,A/T

YITCMG296   90,A/C;93,T/C;105,T/A
YITCMG297   128,C;147,A
YITCMG299   29,A;34,G;103,A
YITCMG300   15,T/C;32,A/C;68,T/C;191,A/G
YITCMG301   76,C/G;98,G;108,C;111,T/C;128,G;140,A/G
YITCMG302   96,T
YITCMG304   35,A;42,G;116,G
YITCMG305   15,G;68,C
YITCMG306   16,C;71,T/A
YITCMG307   37,A/G
YITCMG308   34,G;35,A/C;45,A/T
YITCMG309   23,T/A;77,A/G;85,C/G
YITCMG310   98,G
YITCMG311   83,T/C;101,T/C;155,A
YITCMG312   42,A/T;104,T/A
YITCMG314   31,G;42,A/G
YITCMG316   98,T/C;102,T/C
YITCMG317   38,G;151,C
YITCMG319   147,C
YITCMG321   16,G
YITCMG322   2,T/G;69,T/C;72,T/C;77,T/C;91,T/A;102,T/C
YITCMG323   6,T/A;49,A/C;73,T/C;75,A/G
YITCMG324   55,T/C;56,C/G;74,A/G;195,A/G
YITCMG325   57,C
YITCMG326   11,T/C;41,A/T;161,T/C;177,G;179,A/G
YITCMG328   15,C;47,C;86,C
YITCMG329   48,T/C;78,C/G;109,T/A;195,A/C
YITCMG330   52,A;129,G;130,A
YITCMG331   24,A
YITCMG332   63,A/G
YITCMG333   132,T;176,A/C
YITCMG334   43,G;104,A
YITCMG335   48,A;50,T;114,G
YITCMG337   55,C;61,C
YITCMG338   71,T/C;126,A/G;159,C;165,T;172,A/T;179,G
YITCMG339   48,T/C;81,T/C
YITCMG340   51,T/C;110,T/C;111,A/G
YITCMG341   59,T/A;83,T;124,G;146,A/G;210,T/G
YITCMG342   162,A;169,T
YITCMG343   3,A;39,T
YITCMG344   8,T/C;14,T;29,T/G;47,G;85,A/G;108,T/C
YITCMG347   19,T/A;21,A/G;29,A/G;108,A/C
YITCMG348   28,T/C;65,T;73,A;124,A
YITCMG349   52,C/G;62,A;74,A/T;136,G

YITCMG350   17,A/G;23,T/C;37,A/T;101,T/A;104,T/C

YITCMG351   11,T/G;109,T/C;139,C/G

YITCMG353   75,T;85,C

YITCMG354   62,C;66,A/G;81,A/C;134,C

YITCMG355   34,A;64,C;94,G;96,A

YITCMG356   45,A;47,A;72,A

YITCMG357   51,G;76,T

YITCMG359   60,T;128,T

YITCMG360   54,G;64,A;82,T;87,G;92,C

YITCMG361   3,T;102,C

YITCMG363   39,A/G;56,A/G;57,T/C;96,T/C

YITCMG365   23,T;79,T;152,C

YITCMG366   36,T;83,T;110,C;121,A

YITCMG367   21,T;145,C;165,A;174,C

YITCMG368   116,T;117,G

YITCMG369   99,T

YITCMG370   105,A

YITCMG371   27,A;36,C

YITCMG372   85,C

YITCMG373   72,A/G;74,A;78,C

YITCMG374   108,A/G;135,C;137,A;138,G;198,T/C

YITCMG375   17,C;107,A

YITCMG376   5,A;74,G;75,C;103,C;112,A

YITCMG377   3,A;77,T

YITCMG379   61,T

YITCMG380   40,A

YITCMG382   62,A;72,C;73,C

YITCMG384   106,G;128,C;195,C

YITCMG385   57,A

YITCMG386   65,G

YITCMG388   17,T;121,A/G;147,T/C

YITCMG389   171,G;177,C

YITCMG390   9,C

YITCMG391   23,A/G;117,A/C

YITCMG394   9,C;38,G;62,A

YITCMG395   40,T/A;49,T/C

YITCMG396   110,C;141,A

YITCMG397   97,G

YITCMG398   100,A/C;131,C;132,A;133,A;159,T/C;160,G;181,T

YITCMG399   7,A/T;41,A/C

YITCMG401   72,T/G;123,G

YITCMG402   6,A/T;71,A/T;137,T;155,G

YITCMG405   155,C;157,C

YITCMG406   73,G;115,T

YITCMG407　13,C;26,G;97,G

YITCMG408　88,T/C;137,A/G

YITCMG411　84,A/G

YITCMG412　79,A;154,G

YITCMG417　86,T/C;131,A/G

YITCMG420　35,C;36,A

YITCMG423　41,T/C;117,G

YITCMG424　69,T;73,G;76,C;89,T

YITCMG425　57,A

YITCMG426　59,C;91,C

YITCMG427　103,T/C;113,A/C

YITCMG428　18,A;24,C

YITCMG429　61,A/T;152,A/G;194,G;195,T/A

YITCMG431　69,A/G;97,C/G

YITCMG432　69,T;85,C

YITCMG434　27,A/G;37,A/G

YITCMG435　28,T/C;43,T/C;103,A/G;106,A/G;115,T/A

YITCMG436　25,A/G;56,A

YITCMG437　36,C

YITCMG438　2,A/T;3,T/C;6,A/T;155,T

YITCMG440　64,A;68,G;70,T;78,C

YITCMG441　96,A/G

YITCMG442　2,T/A;68,T/C;127,A/G;162,A/G;170,T/C;171,T/G

YITCMG443　28,T/A;104,T/A;106,T/G;107,A/T;166,A/G

YITCMG444　118,A/T;141,A/G

YITCMG446　13,T/C;51,T/C

YITCMG447　94,A/G;97,A/G;139,A/G;202,A/G

YITCMG448　91,G;145,G

YITCMG449　114,G

YITCMG450　156,T/G

YITCMG451　26,G;33,A;69,C;74,G;115,C

YITCMG452　96,C

YITCMG453　87,A;156,C

YITCMG454　90,A;92,T;95,A

YITCMG456　32,A/G;48,A/G

YITCMG457　77,T/A;89,T/C;98,T/C;101,A/G;119,A/G;124,G;156,C/G

YITCMG458　35,T/C;37,C;43,C

YITCMG459　120,A;141,A/G;146,A/G;192,T/C

YITCMG460　45,T/C

YITCMG461　89,T/C;140,A/G;158,A/G

YITCMG462　1,A/G;22,C/G;24,C;26,A;36,T/C;49,A/C

YITCMG463　190,C

YITCMG464　78,A/G;101,A/T

YITCMG468　132,C

YITCMG469   12,T/G
YITCMG470   78,C/G
YITCMG471   8,A/C;159,A/C
YITCMG472   51,A/G
YITCMG473   65,A/T;91,T/C
YITCMG475   115,C
YITCMG477   2,T/C;3,T/G;7,T/C;91,C;150,T
YITCMG478   42,T
YITCMG479   103,A
YITCMG480   5,A;45,G;61,G;64,A
YITCMG481   21,A/G;160,A/G
YITCMG482   65,T/C;139,C/G
YITCMG483   113,G;147,A
YITCMG486   109,T;140,G;148,T
YITCMG488   51,G;76,G;127,C
YITCMG489   51,C/G
YITCMG490   57,C;93,T/C;135,A;165,A
YITCMG492   55,A;83,C;113,C
YITCMG493   5,T;6,G;30,T;48,G;82,G
YITCMG494   43,C;52,A;98,G
YITCMG495   13,C;65,T;73,G
YITCMG496   7,A;26,G;59,A;134,C
YITCMG497   22,A/G;31,T/C;33,C/G;62,T/C;77,T/G;78,T/C;94,T/C;120,A/G
YITCMG500   30,A/G;86,T;87,C;108,T/A
YITCMG501   15,A;93,G;144,A;173,C
YITCMG502   4,A;130,A;135,A;140,T
YITCMG504   11,A/C;17,A/G
YITCMG505   14,C;99,T
YITCMG507   3,C;24,G;63,A;87,C/G
YITCMG508   140,A
YITCMG509   40,T/C
YITCMG510   1,A;95,A/G;98,A/G
YITCMG513   75,T/G;86,A/T;104,T/A;123,T/C
YITCMG515   41,T/C;44,T/G
YITCMG516   29,T
YITCMG517   69,T/A;72,G;84,A;86,A;163,T
YITCMG521   8,T;21,G;30,G
YITCMG522   127,T/A;137,A/G;138,A/C
YITCMG523   111,T/G;116,A/G;133,A/C;175,T/C;186,T/A
YITCMG524   19,G;100,G
YITCMG525   33,T/G;61,T/C
YITCMG527   35,A/G
YITCMG528   1,C;79,G;107,G
YITCMG529   129,T/C;144,A/C;174,T/C

YITCMG530   76,C;81,A;113,T
YITCMG532   17,A/C
YITCMG533   183,C
YITCMG534   40,T/A;120,A/G;122,C/G;123,T/C
YITCMG535   36,A;72,G
YITCMG537   118,A/G;135,T/C
YITCMG539   27,G;75,T
YITCMG540   17,T;70,A/G;73,T;142,A
YITCMG541   70,A/C;130,T/G;176,T/C
YITCMG542   18,T/G;69,T;79,C

大三年

YITCMG001　53,A/G;78,G;85,A

YITCMG003　29,T/C;43,A/G

YITCMG004　27,T

YITCMG005　56,A/G;100,A/G

YITCMG006　13,T/G;27,T/C;91,T/C;95,C/G

YITCMG007　62,T;65,T;96,G;105,A

YITCMG008　50,T/C;53,T/C;79,A/G;94,T/C

YITCMG011　166,A/G

YITCMG012　75,T;78,A

YITCMG013　16,C;21,T/C;56,A;69,T

YITCMG014　126,A/G;130,T/C

YITCMG015　44,A;127,A;129,C;174,A

YITCMG017　17,G;24,T/C;39,A/G;98,C;121,T/G

YITCMG018　30,A

YITCMG019　36,A;47,C;66,C/G;98,A/T

YITCMG020　70,A/C;100,C/G;139,A/G

YITCMG021　104,A;110,T

YITCMG022　3,T/A

YITCMG023　142,T/A;143,T/C;152,T/A

YITCMG024　68,A/G;109,T/C

YITCMG025　108,T/C

YITCMG026　16,A/G;81,T/C

YITCMG027　19,T/C;31,A/G;62,T/G;119,A/G;121,A/G;131,A/G;138,A/G;153,T/G;163,A/T

YITCMG028　45,A/G;110,T/G;133,T/G;147,A/G;167,A/G;174,T/C

YITCMG029　37,T/C;44,A/G;72,T/C

YITCMG030　55,A/G;73,T/G;82,T/A

YITCMG032　117,C/G

YITCMG033　73,A/G

YITCMG034　97,T/C

YITCMG036　99,C/G;110,T/C;132,A/C

YITCMG037　12,C;13,A;39,T

YITCMG038　155,A/G;168,C/G

YITCMG039　1,G;19,A/G;105,G

YITCMG040　14,T/C;40,T/C;50,T/C

YITCMG041　24,T;25,A;68,T

YITCMG042　5,G;48,T/A;92,A

YITCMG043　56,T;61,A;67,C

YITCMG044　7,T;22,C;103,T/C;189,T

YITCMG045　92,T;107,T

YITCMG047　60,T/G;65,T/G

YITCMG048　142,C;163,G;186,A

YITCMG049	115,A/C;172,A/G
YITCMG052	63,T;70,C
YITCMG053	85,A/C;167,A
YITCMG054	36,T;72,A/C;73,A/G;84,A/C;87,T/C;168,T/C;170,T/C
YITCMG057	98,T/C;99,A/G;134,T/C
YITCMG058	67,T;78,A
YITCMG059	84,A;95,T;100,T;137,A;152,T;203,T/G
YITCMG060	156,T/G
YITCMG062	79,T/C;122,T/C
YITCMG063	86,A/G;107,A/C
YITCMG065	136,T/C
YITCMG067	1,T/C;51,C;76,A/G;130,A/C
YITCMG068	49,T;91,A;157,G
YITCMG069	37,G;47,A;100,G
YITCMG070	6,C/G
YITCMG071	142,C;143,C
YITCMG072	54,A/C
YITCMG073	19,A/G;28,A/C;106,T/C
YITCMG074	46,T/C;58,C/G;180,A/T
YITCMG075	2,T/G;27,T/C;125,T/C;185,T/C
YITCMG076	162,A/C;171,T/C
YITCMG078	15,A/T;93,A/C;95,T/C
YITCMG079	3,A/G;8,T/C;10,A/G;26,T/C;110,T/C;122,A/T;125,A;155,T/C
YITCMG081	91,G;98,T/G;115,T/A
YITCMG082	43,A/C;58,T/C;97,A/G
YITCMG083	169,G
YITCMG084	118,G;136,T;153,A/C
YITCMG085	6,A;21,C;33,T;157,C;206,C
YITCMG086	111,A/G;142,C/G;182,A/T;186,A/T
YITCMG088	33,A;98,T/C
YITCMG089	92,C;103,C;151,C;161,C
YITCMG090	48,C/G;113,T/C
YITCMG092	22,G;110,C;145,A
YITCMG094	124,A/T;144,T/A
YITCMG095	51,T/C;78,T/C;184,T/A
YITCMG096	57,A/G;63,T/C
YITCMG100	124,T/C;141,C/G;155,T
YITCMG103	42,T;61,C
YITCMG104	79,G
YITCMG105	31,A/C;69,A/G
YITCMG106	29,A;32,C;59,C;65,G;137,C
YITCMG107	143,A/C;160,A/G;164,C/G
YITCMG108	34,A;64,C
YITCMG109	17,C;29,C;136,A

YITCMG110   30,T/C;32,A/G;57,T/C;67,C/G;96,T/C

YITCMG111   39,T/G;62,A/G;67,A/G

YITCMG113   5,C/G;71,A;85,G;104,G;108,T/C;131,A/G

YITCMG114   42,T/A;46,A/G;66,T/A;75,A/C;81,A/C

YITCMG115   32,T/C;33,T/A;87,C;129,A/T

YITCMG117   35,T/C;68,T/C;115,T/C;120,A/G;175,T/C

YITCMG118   19,A/G

YITCMG119   72,C/G;73,A/C;150,T/C;162,A/G

YITCMG120   106,T/C;121,A/G;130,C/G;133,C

YITCMG121   32,T;72,G;149,T

YITCMG122   45,G;185,G;195,A

YITCMG123   88,T/C;94,T/C

YITCMG128   163,A/G

YITCMG129   90,T;104,C;105,C;108,A/G

YITCMG130   31,C/G;83,T/C;108,A/G

YITCMG131   27,T/C;107,C/G

YITCMG132   43,C/G;91,T/C;100,T/C;169,T

YITCMG133   76,T;83,A/G;86,T;200,A/G;209,T

YITCMG134   23,C;98,T/C;128,A/G;139,T

YITCMG135   173,T/C

YITCMG137   1,T/C;24,A/G;48,A/G;52,T

YITCMG138   16,T/G;43,T/A

YITCMG139   7,G

YITCMG140   6,T;103,C;104,A

YITCMG141   71,T;184,C

YITCMG143   73,A/G

YITCMG144   4,G

YITCMG147   62,T;66,T

YITCMG148   75,T/C;101,T/G

YITCMG149   25,A/C;30,A/G;174,T/C

YITCMG150   99,T/C;101,A/G;116,T/G

YITCMG151   155,A;156,C

YITCMG152   25,A/G;83,A

YITCMG153   119,A/G

YITCMG154   5,T/C;26,T/G;47,A/C;60,A/G;77,C;130,A/C;141,T/C

YITCMG155   31,T/G;51,T/C

YITCMG157   5,A/G;83,C;89,T/C;140,A/G

YITCMG158   67,C;96,A;117,G;119,A

YITCMG159   6,T/C;84,T/C;89,A/C;92,C;137,T

YITCMG160   92,A/G;107,T/G;158,C

YITCMG161   71,A;74,C

YITCMG162   26,T/A

YITCMG163   43,T/C;96,T/A;114,T/C;115,A/G;118,T/G

YITCMG164   150,A/G

YITCMG165   121,T/C;174,T/C
YITCMG166   87,A/G
YITCMG167   103,A/G;120,A/G;150,A/G
YITCMG168   39,T/C;60,A/G;171,C/G
YITCMG169   107,T/C
YITCMG170   145,C/G;150,T/G;157,A/G
YITCMG171   9,T/G;11,A/G;61,T/C;76,T/C;98,A/G
YITCMG172   164,A/C;168,A/G;186,A/G;187,A/G
YITCMG173   11,C/G;17,A/C;20,T/C;32,T/A;144,C;161,A;162,T
YITCMG174   9,T/C;10,A/C;31,A/G;84,A/G
YITCMG175   42,T/C;55,T/C;62,A/C;98,T/C
YITCMG176   44,A/G;107,A/G
YITCMG178   99,T/C;107,T/G;111,A/C
YITCMG180   23,C;72,C;75,C/G
YITCMG182   3,A/G;77,T/C
YITCMG183   24,T
YITCMG184   45,A;60,C;97,C/G
YITCMG185   68,A;130,T
YITCMG189   125,A/G;170,T/C
YITCMG190   48,A/G;54,T/C;117,T;162,G
YITCMG192   89,T/C;119,T/G
YITCMG193   3,A/G;9,T/A;30,T/C;39,A/G;99,T/C;120,T/G;121,G;129,A/C;153,T
YITCMG196   197,A/T
YITCMG197   18,C;35,G;103,T/C;120,A/C;134,T/C;178,A/C;195,T/C
YITCMG198   70,A;71,G
YITCMG199   3,T/C;56,A/T;62,C/G;173,T/C;175,C/G
YITCMG200   38,C;53,G
YITCMG202   16,T/C;112,A/C;121,T/G
YITCMG203   28,A/G;42,T/A;130,C/G
YITCMG204   76,C/G;85,A/G;133,C/G
YITCMG206   66,A/G;83,A/G;132,A/G;155,A/G;177,A/G
YITCMG207   156,T/C
YITCMG208   86,T/A;101,A/T
YITCMG209   24,T/C;27,C;72,T/C
YITCMG210   6,T/C;21,A/G;96,T/C;179,T/A
YITCMG211   11,A/C;133,A;139,A
YITCMG212   17,A/G;111,A/G;129,T/C
YITCMG213   55,A/G;102,T/C;109,T/C
YITCMG217   164,T;185,T
YITCMG218   16,A/G;31,C;59,T;72,C;108,T
YITCMG219   89,C;93,T/C
YITCMG220   126,G
YITCMG221   8,C;76,A/G;110,G;131,A;134,A
YITCMG222   1,G;15,C;70,G

YITCMG223　23,T;29,T;77,A/G

YITCMG226　51,T/C;72,A/G;117,T/C

YITCMG227　6,A/G;26,T/C;99,A/G

YITCMG228　72,C;81,C;82,T

YITCMG229　56,T/C;58,T/C;65,T/C;66,T/C

YITCMG230　65,A/C;103,A/C

YITCMG232　1,C;76,G;80,G;152,C;169,T;170,G

YITCMG233　130,A;132,G;159,T;162,A

YITCMG234　54,T/A;103,A/G;183,A/T;188,G

YITCMG235　128,C/G

YITCMG236　94,A;109,A

YITCMG237　24,A/T;39,A/G

YITCMG238　49,T/C;61,A/C;68,C

YITCMG239　46,C;59,C;72,A

YITCMG241　23,G;32,C;42,T;46,G;54,A;75,C

YITCMG242　70,T

YITCMG244　71,C;109,T/G;113,T/C

YITCMG246　51,T/C;70,T/C;75,A/G

YITCMG248　31,A;35,A/G;60,G

YITCMG249　22,C;130,A/G;142,T/C;167,T/C

YITCMG250　98,T;99,G

YITCMG252　26,A/G;69,T/C;82,T/A

YITCMG253　13,T/C;38,A/G;70,A/C;78,T/C;147,T/C;150,T/C;182,A/G;198,T/G

YITCMG254　48,C/G;64,T/C;82,T/C;106,T/G

YITCMG255　6,A/G;8,A/G;13,T/G;18,T/A;67,T/G;155,C/G;163,A/G;166,T/C

YITCMG256　19,G;47,C;66,G;83,T/A

YITCMG257　58,C;77,T/C;89,T

YITCMG258　108,C;170,A;172,C

YITCMG259　23,C/G;180,T/A;182,A/G

YITCMG260　63,A/G;154,T/A;159,A/C;172,T/C

YITCMG261　38,T/G;106,A/T;109,T/C

YITCMG262　47,T/G

YITCMG263　42,T;77,G

YITCMG265　138,T/C;142,C/G

YITCMG266　5,G;24,T/G;31,G;62,T/C;91,A/G

YITCMG267　39,A/G;108,T/A;134,T/G

YITCMG268　150,A/G

YITCMG269　43,A/T;91,T/C

YITCMG270　10,A;48,T/C;52,A/G;69,A/C;122,T/C;130,T;134,T/C;143,T/C;162,T/C;168,A/G;
191,A/G

YITCMG271　100,C/G;119,T/A

YITCMG272　43,T/G;74,T/C;87,T/C;110,T/C

YITCMG274　90,A/G;141,A/G;150,T/C

YITCMG275　106,C/G;131,A/C

YITCMG276   41,T/G;59,A/G

YITCMG277   24,T/C

YITCMG279   94,A/G;113,A/G;115,T/C

YITCMG280   62,T/C;85,C/G;104,T/A;113,C/G;121,A/G;144,T/G;159,C

YITCMG281   18,A/G;22,A/G;92,T/C;96,A

YITCMG282   46,A/G;64,T/C;98,T/C

YITCMG283   67,T;112,A;177,G

YITCMG284   55,A/T;94,T/C

YITCMG285   85,A/G;122,C/G

YITCMG286   119,A;141,C

YITCMG287   2,T/C;38,T/C

YITCMG289   27,A/C;50,T

YITCMG290   13,A/G;21,T;66,C;128,T/A;133,A/C

YITCMG293   170,T

YITCMG294   32,C/G

YITCMG296   90,A;93,T;105,A

YITCMG297   147,A/C

YITCMG298   44,A;82,A;113,A/G

YITCMG299   29,A/G;38,T/C;48,A/G;53,C/G;134,T/G

YITCMG300   199,G

YITCMG301   98,G;108,C;128,G;140,A/G

YITCMG302   11,T/G;40,A/G;96,T/C

YITCMG303   10,A/T;21,A/G;54,T/G

YITCMG304   35,A;42,G;116,G

YITCMG305   68,C/G

YITCMG306   16,T/C;69,A/C

YITCMG307   37,G;139,C/G

YITCMG309   5,A/C;23,T/A;77,A/G;85,C/G;162,A/G

YITCMG310   98,A/G

YITCMG311   83,C;86,T/C;101,C;155,A

YITCMG313   125,A/T

YITCMG314   27,C/G;53,C

YITCMG316   98,T/C;102,T/C

YITCMG317   38,G;151,C

YITCMG318   61,T;73,A;139,T/C

YITCMG319   33,A/G;147,T/C

YITCMG321   16,G

YITCMG323   49,A/C;73,T/C;108,C/G

YITCMG324   55,T/C;56,C/G;74,A/G;140,T/C;195,A/G

YITCMG325   22,T/C;38,A/C;57,A/C;130,T/C;139,C/G

YITCMG326   11,T;34,A/G;41,T;72,T/C;161,T;177,G;179,A

YITCMG328   15,C

YITCMG329   48,T/C;78,C/G;109,A/T

YITCMG330   52,A/G;129,T/G;130,A/G

YITCMG331   24,A/G;51,G;154,A/G
YITCMG332   62,C/G;63,A/G;93,A/C
YITCMG333   132,T;176,A
YITCMG334   12,T/G;43,C/G;56,T/C;104,A/C
YITCMG336   28,T/C;56,T/A;140,T/C
YITCMG337   1,A/G;88,T/C
YITCMG338   159,T/C;165,T/C;172,A/T;179,C/G
YITCMG339   48,C;81,C
YITCMG340   68,A;75,A;107,C
YITCMG341   2,T/C;59,T/A;83,T/A;124,T/G;146,A/G;210,T/G
YITCMG342   145,G;156,G;177,C
YITCMG343   3,A;39,T
YITCMG345   34,A;39,T
YITCMG346   7,T/A
YITCMG347   19,T/A;29,A/G;108,A/C
YITCMG348   65,T;73,A;131,A
YITCMG349   52,C/G;62,A/G;74,T/A;136,C/G
YITCMG350   17,A/G
YITCMG351   11,T/G;79,T/G;109,T/C;139,C/G
YITCMG352   108,C;138,T;145,T/A
YITCMG354   66,G;81,A
YITCMG355   34,A;64,A/C;96,A/G;125,A/C;148,A/G
YITCMG356   45,T/A;47,A/C;72,T/A;168,A/G
YITCMG357   20,T/G;29,A/C;51,T/G;76,A/T;81,T/C
YITCMG359   143,A/G
YITCMG360   64,A;87,G;92,C
YITCMG362   12,T/C;62,T/A;77,A/G
YITCMG363   57,T/C;96,T/C
YITCMG364   7,G;29,A;96,T
YITCMG369   76,A/C;82,T/C;83,T/C;84,T/G;85,C/G;86,A/C;87,T/A;99,C/G;104,A/G;141,A/G
YITCMG370   18,A/G;117,T/C;134,T/A
YITCMG374   3,A/G;102,A/C;135,C;137,T/A;138,G;206,A/G
YITCMG375   17,C;28,T/C
YITCMG376   74,A/G;75,A/C;98,T/A
YITCMG377   3,A;30,T/C;42,C
YITCMG378   49,T/C
YITCMG379   61,T;71,T;80,C
YITCMG381   125,A/G
YITCMG382   62,A/G;72,A/C;73,C/G
YITCMG384   106,A/G;195,T/C
YITCMG385   61,C;79,C;123,A/G
YITCMG386   33,T/C;65,C/G
YITCMG387   111,C;114,G
YITCMG388   17,T;121,A/G;147,T/C

YITCMG389　3,T/G;9,A;69,A;101,A/G;159,C

YITCMG390　9,C

YITCMG391　116,C/G

YITCMG392　109,T/C;114,A/C

YITCMG393　66,G;99,C

YITCMG394　38,A/G;62,A/G

YITCMG395　40,T/A;45,T/C;49,T/C

YITCMG396　110,T/C;141,A/T

YITCMG397　92,T/G;97,T/G

YITCMG398　131,T/C;132,A/C;133,T/A;159,T/C;160,A/G;181,T/G

YITCMG399　7,A;41,A

YITCMG400　34,T/C;41,T/C;44,T/C;53,T/C;62,T/C;71,C/G;72,T/A;90,A/C

YITCMG401　43,T/C;123,A/G

YITCMG402　137,T;155,G

YITCMG403　36,T/C;49,T/A;173,C/G

YITCMG404　8,A/G;32,T/C;165,A/G

YITCMG405　76,A/G;155,C;157,C

YITCMG406　73,G;115,T

YITCMG407　13,T/C;26,T/G;97,T/G;99,A/G

YITCMG408　88,T/C;137,G

YITCMG409　82,G;116,T

YITCMG410　2,T;4,A;20,C;40,G;155,A/C

YITCMG411　81,A;84,A

YITCMG412　79,A;154,G

YITCMG413　55,G;56,C;82,T

YITCMG414　11,T;37,G;51,T;62,G

YITCMG415　7,A;84,A;87,A;109,T;113,A;114,G

YITCMG418　15,T/C;34,A/G

YITCMG421　9,A/C;67,T/C;97,A/G

YITCMG423　39,T/G;41,T/C;117,G;130,C/G

YITCMG424　69,T;73,G;76,C;89,T

YITCMG425　57,A

YITCMG427　103,C;113,C

YITCMG428　18,A/G;24,T/C;73,A/G;135,A/G

YITCMG429　61,T/A;152,A/G;194,G;195,A/T

YITCMG430　53,T/C;69,T/C;80,A/C

YITCMG432　69,T;85,C

YITCMG434　86,T/C

YITCMG435　28,T/C;43,T/C;103,A/G;106,A;115,T/A

YITCMG436　2,A/G;25,A/G;49,A/G;56,T/A

YITCMG437　44,G;92,G;98,T;151,T

YITCMG438　155,T

YITCMG439　87,T/C;113,A/G

YITCMG440　64,A;68,G;70,T;78,T/C

YITCMG442　2,A/T;67,A/C;68,T/C;127,A/G;139,T/A;162,A/G;170,T/C;171,T/G

YITCMG443　28,T/A;180,A/G

YITCMG447　94,A/G;97,A/G;139,A/G;202,A/G

YITCMG448　22,A/C;37,T/C;91,G;95,A/C;112,C/G;126,T/C;145,G

YITCMG450　100,A/G;146,T/A

YITCMG451　26,A/G;33,A/C;69,T/C;74,A/G;115,C/G

YITCMG452　96,C

YITCMG453　87,A;156,C

YITCMG454　90,A;92,T;121,C

YITCMG455　2,T/C;5,A/G;20,T/C;22,A/G;98,T/C;128,T/C;129,A/G;143,T/A

YITCMG457　77,A;89,C;98,T;101,A;119,A;124,G;156,G

YITCMG459　120,A;141,A

YITCMG460　45,T

YITCMG461　131,A

YITCMG462　24,C/G;26,A/T;36,T/C;49,A/C

YITCMG463　190,C/G

YITCMG464　52,A/G;57,T/G

YITCMG465　117,G;147,G

YITCMG466　75,A/T;99,C/G

YITCMG467　11,A/G;14,A/G;161,A/G;179,T/A

YITCMG469　12,T;71,A

YITCMG470　72,T/C;75,A/G

YITCMG471　8,A/C;65,A/G;88,T/C;159,A/C

YITCMG472　51,G

YITCMG474　94,A/G;104,T/C;119,A/G

YITCMG475　2,T/C;82,A;84,A;102,C

YITCMG476　22,A/G;54,A/T

YITCMG477　3,G;7,T;91,C;150,T

YITCMG478　112,A/G;117,T/C

YITCMG479　38,T/C;103,T/A

YITCMG481　21,A/G;160,A/G

YITCMG482　65,T/C;87,A/G;114,T/C;142,T/G

YITCMG483　113,A/G;143,T/C;147,A/G

YITCMG484　47,A/T

YITCMG485　86,A/G;116,C;125,T

YITCMG487　140,C

YITCMG488　51,C/G;76,A/G;127,T/C

YITCMG490　57,T/C;135,T/A

YITCMG491　156,A/G;163,A/G

YITCMG492　55,A/G;70,T/C

YITCMG493　4,T/C;6,G;23,A/C;30,T;48,A/G;82,A/G

YITCMG494　43,T/C;52,A/G;84,A/G;98,A/G;154,T/C;188,T/C

YITCMG495　65,T/G;73,A/G;82,A/G;86,A/G;89,A/G

YITCMG496　26,A/G;134,T/C;179,T/C

YITCMG499　95,T/C
YITCMG500　86,T;87,C
YITCMG501　144,A/G;173,T/C
YITCMG502　12,T/C;127,T/C
YITCMG503　70,A/G;85,A/C;99,T/C
YITCMG504　11,A;13,C;14,G;17,G
YITCMG505　54,A
YITCMG506　47,A/G;54,A/C
YITCMG507　3,T/C;24,G;63,A/G;87,C/G
YITCMG508　96,T/C;115,T/G;140,A/G
YITCMG509　65,T/C;126,A/G
YITCMG510　1,A;95,A/G;98,A/G;110,A/G
YITCMG511　39,T/C;67,A/G;168,A/G;186,A/G
YITCMG514　45,C;51,T/C;57,T/C;58,T/G
YITCMG515　41,C;44,T
YITCMG516　29,T
YITCMG517　84,A/T;86,A/G;163,T
YITCMG519　129,T;131,T
YITCMG521　8,T/G;21,G;30,A/G
YITCMG522　137,G;138,C
YITCMG523　36,A/G;92,A/G;111,T/G;116,A/G;133,A/G
YITCMG524　10,A/G
YITCMG526　51,A/G;78,T/C
YITCMG527　108,T/G;118,A/C
YITCMG529　15,A/C;144,A/C;165,C/G;174,T
YITCMG530　76,A/C;81,A/G
YITCMG531　11,T/C;49,T/G
YITCMG532　17,A/C;85,T/C;111,A/G;131,A/C
YITCMG533　85,A/C;183,C;188,A/G
YITCMG535　36,A/G;72,A/G
YITCMG537　118,A/G;135,T/C
YITCMG539　27,T/G;54,T/C;75,A/T
YITCMG540　17,A/T;73,T/C
YITCMG541　18,A/C;66,C/G;176,T/C
YITCMG542　18,T/G;69,T/C;79,T/C

大象牙

YITCMG001　53,G;78,G;85,A

YITCMG003　29,T/C

YITCMG004　27,T;83,T/C

YITCMG006　13,T;27,T;91,C;95,G

YITCMG007　62,T;65,T;96,G;105,A

YITCMG008　50,C;53,C;79,A

YITCMG010　40,T/C;49,A/C;79,A/G

YITCMG011　36,A/C;114,A/C

YITCMG012　75,T/A;78,A/G

YITCMG013　16,C;56,A;69,T

YITCMG014　126,A;130,T;203,A/G

YITCMG015　44,A/G;127,A;129,C;174,A

YITCMG017　17,G;24,T/C;39,A/G;98,C;121,T/G

YITCMG018　10,A/G;30,A;95,A/G;97,A/T;104,T/A

YITCMG019　36,A;47,C;98,A/T

YITCMG020　70,A/C;100,C/G;139,A/G

YITCMG021　129,C

YITCMG022　3,A/T;41,T/C;99,T/C;129,A/G;131,C/G

YITCMG023　142,T;143,C;152,T/C

YITCMG024　68,A;109,C

YITCMG025　108,T/C

YITCMG026　16,A;81,T

YITCMG027　19,C;30,A;31,G;62,G;119,G;121,A;131,G;153,G;163,T

YITCMG028　174,T/C

YITCMG029　37,T/C;44,A/G

YITCMG030　55,A;73,T/G;82,T/A

YITCMG032　117,C/G

YITCMG033　73,G;85,A/G;145,A/G

YITCMG034　97,T/C;122,A/G

YITCMG035　102,T/C;126,T/G

YITCMG036　99,C/G;110,T/C;132,A/C

YITCMG038　155,A/G;168,C/G

YITCMG039　1,G;19,G;105,G

YITCMG040　40,T/C;50,T/C

YITCMG041　24,T;25,A;68,T

YITCMG042　5,A/G;48,A/T;92,A/T

YITCMG043　56,T;61,A;67,C

YITCMG044　7,T/C;22,T/C;42,T/G;189,A/T

YITCMG045　92,T;107,T

YITCMG049　115,C

YITCMG051　15,C;16,A

YITCMG052　63,T;70,C;139,T/C
YITCMG053　85,A/C;167,A/G
YITCMG054　36,T;72,A/C;73,A/G;84,A/C;87,T/C;168,T/C;170,T/C
YITCMG056　34,T/C
YITCMG057　98,T;99,G;134,T
YITCMG058　67,T/G;78,A/G
YITCMG059　84,A;95,T;100,T;137,A;152,T;203,G
YITCMG060　10,A/C;54,T/C;125,T/C;129,A/G;156,T/G
YITCMG061　107,A/C;128,A/G
YITCMG062　79,T/C;122,T/C
YITCMG063　86,A/G;107,A/C
YITCMG064　2,A/G;27,T/G
YITCMG065　136,T/C
YITCMG067　1,C;51,C;76,G;130,C
YITCMG068　49,T/G;91,A/G;157,A/G
YITCMG069　37,A/G;47,T/A;100,A/G
YITCMG071　142,C;143,C
YITCMG072　54,A/C
YITCMG073　19,A;28,C;106,C
YITCMG075　2,T/G;27,T/C;125,C;169,A/G;185,T
YITCMG076　162,A/C;171,T/C
YITCMG078　15,A;93,C;95,T
YITCMG079　3,A/G;8,T/C;10,A/G;110,T/C;122,T/A;125,A/C
YITCMG081　91,G;115,A
YITCMG082　43,A/C;58,T/C;97,A/G
YITCMG083　169,G
YITCMG084　118,G;136,T;153,A/C
YITCMG085　6,A/C;21,T/C;24,A/C;33,T;157,T/C;206,T/C;212,T/C
YITCMG086　111,A/G;180,A/C;182,T/A;186,T/A
YITCMG087　19,T/C;78,A/G
YITCMG088　33,A;98,T/C
YITCMG089　92,C;103,C;151,C;161,C
YITCMG090　46,A/G;48,C/G;75,T/C;113,T/C
YITCMG091　33,G;59,A
YITCMG092　22,G;110,C;145,A
YITCMG094　124,T/A;144,A/T
YITCMG095　51,T/C;78,T/C;184,T/A
YITCMG096　24,T/C;57,A;63,T/C;66,T/C
YITCMG098　48,A/G;51,T/C;180,T/C
YITCMG100　124,T/C;141,C/G;155,T
YITCMG102　20,A/G;135,T/C
YITCMG105　31,C;69,A
YITCMG106　29,A;32,C;59,T/C;65,G;130,A/G;137,C
YITCMG107　143,C;160,G;164,C

YITCMG108   34,A;64,C
YITCMG109   17,T/C;29,A/C;136,A/T
YITCMG110   30,T/C;32,A/G;57,T/C;67,C/G;96,T/C
YITCMG111   39,T/G;62,A/G;67,A/G
YITCMG113   71,A/G;85,G;104,A/G;108,T/C;131,A/G
YITCMG114   42,T/A;46,A/G;66,T/A;75,A/C
YITCMG115   87,C
YITCMG116   54,A
YITCMG117   115,T/C;120,A/G
YITCMG119   72,C/G;73,A/C;150,T/C;162,A/G
YITCMG120   106,T/C;121,A/G;130,C/G;133,C
YITCMG121   32,T;72,G;149,T
YITCMG122   45,A/G;185,A/G;195,A/G
YITCMG123   88,T/C;94,T/C
YITCMG124   75,C;119,T
YITCMG127   146,A/G;155,A/T;156,A
YITCMG128   163,A/G
YITCMG129   90,T;104,C;105,C;108,A/G
YITCMG130   31,G;70,A/C;83,T/C;108,G
YITCMG131   27,T/C;107,C/G
YITCMG132   43,C;91,T;100,T;169,T
YITCMG133   76,T;83,A/G;86,T;200,A/G;209,T
YITCMG134   23,C;116,T/A;128,A/G;139,T;146,C/G
YITCMG135   173,T
YITCMG136   169,A/G
YITCMG137   1,T/C;24,A/G;48,A/G;52,T;62,A/T
YITCMG138   6,A/T;16,T/G;36,A/C
YITCMG139   7,G;33,A/G;35,A/G;152,T/C;165,A/C;167,A/G
YITCMG141   71,T/G;184,T/C
YITCMG143   73,A/G
YITCMG144   4,A/G
YITCMG147   62,T;66,T
YITCMG149   25,A;30,A;174,T
YITCMG150   99,T/C;101,G;116,G
YITCMG152   25,A/G;83,A
YITCMG153   97,A/C;101,A/G;119,A
YITCMG154   5,T;26,T;47,C;60,G;77,C;130,C;141,C
YITCMG155   31,T;51,C;123,T/C;155,A/G
YITCMG156   28,A/T;44,C/G
YITCMG157   83,C
YITCMG158   67,C;96,A;117,G
YITCMG159   6,T/C;92,A/C;137,T
YITCMG160   55,A/G;75,T/C;92,G;107,T;158,C
YITCMG161   71,A;74,C

YITCMG162　26,T

YITCMG163　43,T/C;96,T;114,T;115,G;118,T

YITCMG165　121,T/C;174,T/C

YITCMG166　13,T/C;87,G

YITCMG167　103,A/G;120,A/G;150,A/G

YITCMG168　171,G

YITCMG169　51,T/C;78,A/C;99,T/C

YITCMG171　11,A/G;61,T/C;76,T/C

YITCMG172　164,A;168,G;186,G;187,G

YITCMG173　11,G;17,A;20,C;144,C;161,A;162,T

YITCMG174　5,T/G;9,T/C;10,A/C;31,A/G;84,A

YITCMG175　42,T/C;55,T/C;62,C;98,T/C

YITCMG176　44,A/G;107,A/G

YITCMG178　44,A/G;99,T/C;107,T/G;111,A/C

YITCMG180　23,C;72,C

YITCMG182　3,A/G;59,T/C;66,A/T;77,T/C

YITCMG183　24,T;28,A/G;75,T/C

YITCMG184　43,A/G;45,A;60,C;97,C/G

YITCMG185　68,A;130,T

YITCMG187　105,T;106,G

YITCMG188　16,T/C;66,A/G;101,T/A

YITCMG189　23,T/C;51,A/G;125,A/G;138,T/A;168,T/C;170,T/C

YITCMG190　48,A/G;54,T/C;117,T;162,G

YITCMG193　3,A/G;9,T/A;30,T/C;39,A/G;99,T/C;120,T/G;121,G;129,A/C;153,T

YITCMG194　1,T/A;32,A/T

YITCMG195　87,T/C;128,A/G;133,A/G

YITCMG196　91,C/G;197,A

YITCMG197　18,C;35,G;178,A;195,T

YITCMG199　3,T;56,A;62,C/G;173,C;175,G

YITCMG200　38,C;53,G

YITCMG201　113,A/C;120,T/G;179,T/A;185,T/G;194,T/C

YITCMG202　16,C;112,A;121,T

YITCMG203　28,G;42,T;130,C

YITCMG206　66,G;83,G;132,G;155,G

YITCMG207　82,A/G;156,T

YITCMG208　86,A;101,T

YITCMG209　24,T;27,C;72,C

YITCMG210　6,C;21,A;96,T;179,T

YITCMG211　11,A/C;133,A;139,A

YITCMG212　17,G;111,G;129,C

YITCMG213　55,A;102,T;109,C

YITCMG214　5,T/A

YITCMG217　164,T;181,T/C;185,T;196,A/G;197,A/G

YITCMG218　31,C;59,T;72,C;108,T

YITCMG219　89,C;125,T/C

YITCMG220　64,A/C;67,C/G;126,A/G

YITCMG221　8,C;110,G;131,A;134,A

YITCMG222　1,T/G;15,T/C;70,C/G

YITCMG223　23,T;29,T;77,A/G

YITCMG225　61,A/G;67,T/C

YITCMG226　51,T/C;72,A;117,T

YITCMG227　6,G;26,T;99,A/G

YITCMG228　72,C

YITCMG229　56,T/C;58,T/C;65,T/C;66,T/C

YITCMG230　17,A/C;65,C;103,A;155,A/G

YITCMG231　12,T/C

YITCMG232　1,C;76,G;80,G;152,C;169,T;170,G

YITCMG233　130,A;132,G;159,T;162,A

YITCMG234　54,T;103,A;183,A;188,G

YITCMG235　128,C/G

YITCMG236　94,A;109,A

YITCMG237　24,A/T;39,G;105,A/G

YITCMG238　49,T/C;61,A/C;68,C

YITCMG239　46,T/C;59,T/C;72,A

YITCMG240　21,A/G;96,A/G

YITCMG241　23,A/G;32,T/C;42,T/G;46,A/G;54,T/A;75,T/C

YITCMG242　70,T

YITCMG244　71,T/C;109,T/G;113,T/C

YITCMG246　51,T/C;70,T/C;75,A/G

YITCMG247　19,A/C;30,A/C;40,A/G;46,T/G;113,T/G;123,T/C;184,C/G

YITCMG248　31,A;35,G;60,G

YITCMG249　22,C;142,T/C;167,T/C;195,A/G;199,A/G

YITCMG250　92,T/C;98,T;99,G

YITCMG251　170,T;171,T

YITCMG252　26,A/G;69,T/C;82,A/T

YITCMG253　70,A/C;198,T/G

YITCMG254　48,C;82,T;106,G

YITCMG255　6,A/G;8,A/G;13,T/G;18,T/A;67,T;155,C;163,G;166,T

YITCMG256　19,G;47,C;66,G

YITCMG257　58,T/C;77,T/C;89,T/C

YITCMG258　170,A;172,C

YITCMG259　23,C/G;24,T/A;180,T;182,A

YITCMG260　63,A/G;154,T/A;159,A/C;172,T/C

YITCMG261　38,T/G;106,A/T;109,T/C

YITCMG262　47,T/G

YITCMG263　91,A

YITCMG264　14,T/G;47,A/G;59,T/C;65,T/C

YITCMG266　5,A/G;24,T/G;31,A/G;62,C/G;91,A/G

YITCMG267   39,G;108,A;134,T

YITCMG269   43,A/T;91,T/C

YITCMG270   10,A;48,T/C;52,A/G;69,A/C;122,T/C;130,T;134,T/C;143,T/C;162,T/C;168,A/G;191,A/G

YITCMG271   100,C/G;119,T/A

YITCMG272   43,G;74,T;87,C;110,T

YITCMG274   90,A/G;141,A/G;150,T/C

YITCMG275   106,C;131,A

YITCMG276   41,T;59,A

YITCMG277   24,T

YITCMG279   94,A/G;113,A/G;115,T/C

YITCMG280   62,C;85,C;121,A;144,T;159,C

YITCMG281   18,G;22,G;92,C;96,A

YITCMG282   34,T/C;46,A/G;64,T/C;70,T/G;98,T/C;116,A/G;119,C/G

YITCMG283   67,T;112,A;177,G

YITCMG284   55,A/T;94,T/C

YITCMG285   85,A/G;122,C/G

YITCMG286   119,A/G;141,A/C

YITCMG287   2,C;38,T

YITCMG289   50,T

YITCMG290   21,T/G;66,C/G

YITCMG293   69,T/A;170,T;207,A/G

YITCMG294   7,A/G;32,C/G;82,A/T;99,T/G;108,A/T

YITCMG295   15,A/G;71,A/T

YITCMG296   90,A/C;93,T/C;105,T/A

YITCMG297   147,A/C

YITCMG298   44,A;82,A;113,A/G

YITCMG299   22,C/G;29,A;38,T/C;48,A/G;53,C/G;134,T/G

YITCMG300   199,G

YITCMG301   98,A/G;108,C;128,T/G

YITCMG302   11,T/G;40,A/G;96,T/C

YITCMG304   30,T/G;35,A;42,G;116,G

YITCMG305   68,C/G

YITCMG306   16,T/C;69,A/C

YITCMG307   37,A/G

YITCMG309   5,A/C;23,A/T;77,A/G;85,C/G;162,A/G

YITCMG310   98,G

YITCMG311   83,C;101,C;155,A

YITCMG312   42,A/T;104,T/A

YITCMG314   27,C/G;53,C

YITCMG316   98,T/C;102,T/C;191,T/C

YITCMG317   38,T/G;98,A/G;151,T/C

YITCMG318   61,T;73,A;139,T/C

YITCMG319   147,T/C

YITCMG320　4,A/G;87,T/C

YITCMG321　16,G;83,T/C

YITCMG322　72,T/C;77,T/C;91,A/T;102,T/C

YITCMG323　6,A/T;49,C;73,T;108,C/G

YITCMG324　55,T;56,G;74,G;195,A

YITCMG325　22,C;38,A;130,C;139,C

YITCMG326　11,T/C;34,A/G;41,A/T;72,T/C;161,T/C;169,T/G;177,G;179,A/G

YITCMG328　15,C;47,T/C;86,T/C

YITCMG329　48,T;109,T

YITCMG330　52,A;129,G;130,A

YITCMG331　24,A/G;51,A/G;154,A/G

YITCMG332　62,G;63,G;93,A

YITCMG333　132,T/C;176,A/C

YITCMG336　28,C;56,A;140,T

YITCMG339　48,C;81,C

YITCMG340　68,A/G;75,A/G;107,A/C

YITCMG341　2,T/C;59,A/T;83,T;124,G;146,A/G;210,T/G

YITCMG342　162,A;169,T

YITCMG343　3,A;39,T

YITCMG344　14,T/C;35,T/G;47,A/G;85,A/G

YITCMG345　31,A/T;34,A/T;39,T

YITCMG346　7,T/A

YITCMG347　19,A/T;21,A/G;29,A/G;108,A/C;149,T/C

YITCMG348　65,T/C;73,A/G;131,A;141,A/T

YITCMG350　17,A

YITCMG351　11,G;79,T/G;109,C;139,C

YITCMG352　108,C;138,T;145,A/T

YITCMG353　75,A/T;85,T/C

YITCMG354　62,A/C;66,A/G;81,A/C;134,A/C

YITCMG355　34,A;64,A/C;96,A/G;125,A/C;148,A/G

YITCMG356　45,T/A;47,A/C;72,T/A;168,A/G

YITCMG357　29,A/C;51,T/G;81,T/C

YITCMG359　131,T/A;143,A/G

YITCMG360　64,A;87,G;92,C

YITCMG361　3,T/A;102,T/C

YITCMG362　137,A/T

YITCMG363　56,A/G;57,T/C;96,T/C

YITCMG364　7,G;28,T/C;29,A/G;96,T/C

YITCMG366　83,T/A;121,A/T

YITCMG367　21,T/C;145,C/G;174,C/G

YITCMG368　23,C/G;117,A/C

YITCMG369　76,A/C;82,T/C;83,T/C;84,T/G;85,C/G;86,A/C;87,T/A;99,C/G;104,A/G;141,A/G

YITCMG370　18,G;117,T;134,A

YITCMG371　27,A/G;60,T/C

YITCMG372   61,C

YITCMG374   3,A/G;135,T/C;138,A/G;206,A/G

YITCMG375   17,A/C

YITCMG376   74,A/G;75,A/C;98,A/T

YITCMG377   3,A/G;42,A/C

YITCMG378   49,T/C

YITCMG379   61,T;71,T;80,C

YITCMG380   40,A/G

YITCMG381   64,T/G;113,T/C;124,T/C;125,A/G

YITCMG382   62,A;72,C;73,C

YITCMG383   55,A;110,C

YITCMG384   106,A/G;195,T/C

YITCMG385   61,C;79,C;123,A/G

YITCMG386   33,T/C;65,G

YITCMG387   111,C;114,G

YITCMG388   17,T;121,A/G;147,T/C

YITCMG389   3,T/G;9,A;69,A;101,A/G;159,C

YITCMG390   9,C

YITCMG391   116,C/G

YITCMG392   109,T/C;114,A/C

YITCMG393   66,G;99,C

YITCMG394   38,G;62,A

YITCMG395   45,T

YITCMG397   92,G;97,T/G

YITCMG398   131,C;132,A;133,A;159,C;160,G;181,T

YITCMG399   7,A;41,A

YITCMG400   34,T/C;41,T/C;44,T/C;53,T/C;62,T/C;71,C/G;72,T/A;90,A/C

YITCMG401   43,T

YITCMG402   137,T;155,G

YITCMG403   36,T/C;49,T/A;173,C/G

YITCMG404   8,A/G;32,T/C;165,A/G

YITCMG405   155,C;157,C

YITCMG406   3,A/T;73,G;115,T

YITCMG407   13,T/C;26,T/G;65,A/C;97,T/G

YITCMG408   137,G

YITCMG409   82,G;116,T

YITCMG410   2,T;4,A;20,C;40,G;155,C

YITCMG411   2,T;81,A;84,A

YITCMG412   79,A;154,G

YITCMG413   55,A/G;56,C/G;82,T/C

YITCMG414   11,A/T;37,A/G;51,T/C;62,C/G

YITCMG415   7,A/G;84,A/G;87,A/G;109,T/G;113,A/G;114,A/G

YITCMG416   80,A/G;84,A/G;112,A/G;117,T/A

YITCMG419   73,T/A;81,A/T

YITCMG420   35,C;36,A
YITCMG421   9,C;67,T;97,A
YITCMG422   97,A
YITCMG423   39,T/G;41,T/C;117,G;130,C/G
YITCMG424   69,T/G;73,A/G;76,C/G;89,T/A
YITCMG425   57,A/G;66,T/C
YITCMG427   103,T/C;113,A/C
YITCMG428   18,A;24,C;135,A/G
YITCMG429   194,G;195,T
YITCMG432   69,T;85,C
YITCMG434   27,A/G;37,A/T;40,A/G;43,C/G;86,T/C
YITCMG435   28,T/C;43,T/C;103,A/G;106,A;115,A/T
YITCMG436   2,A/G;25,A;49,A/G;56,A
YITCMG437   44,A/G;92,C/G;98,T/C;151,T/C
YITCMG438   155,T
YITCMG439   87,T/C;113,A/G
YITCMG440   64,A;68,G;70,T;78,T/C
YITCMG441   96,A/G
YITCMG442   2,A/T;67,A/C;68,T/C;127,A/G;139,T/A;162,A/G;170,T/C;171,T/G
YITCMG443   28,T/A
YITCMG447   94,A/G;97,A/G;139,A/G;202,A/G
YITCMG448   22,A/C;37,T/C;91,T/G;95,A/C;112,C/G;126,T/C;145,T/G
YITCMG450   100,A/G;146,A/T
YITCMG451   26,A/G;33,A/C;69,T/C;74,A/G;115,C/G
YITCMG452   96,C/G;151,T/C
YITCMG453   87,A/G;156,T/C
YITCMG454   90,A;92,T;121,C
YITCMG456   32,A/G;48,A/G
YITCMG457   77,T/A;89,T/C;98,T/C;101,A/G;119,A/G;124,G;156,C/G
YITCMG459   120,A;141,A
YITCMG460   45,T
YITCMG461   131,A/G
YITCMG462   1,A/G;22,C/G;24,C;26,A;36,T/C;49,A/C
YITCMG463   78,T/C;134,A/G;190,C
YITCMG464   52,A/G;57,T/G
YITCMG465   117,G;147,G
YITCMG466   75,T/A;99,C/G
YITCMG467   9,A/G;11,A;14,A/G;86,T/A;161,A/G;179,T/A
YITCMG469   12,T;71,A
YITCMG470   72,T;75,A
YITCMG471   8,A;65,A;88,C;159,C
YITCMG472   51,G
YITCMG474   94,A;104,T;119,A
YITCMG475   2,T/C;82,A/G;84,A;102,C;105,C/G

YITCMG476   22,A/G;54,T/A

YITCMG477   3,T/G;7,T;14,T/G;91,C;150,T

YITCMG478   112,A/G;117,T/C

YITCMG480   29,C/G;64,A/G

YITCMG481   21,A/G;108,A/G;192,T/G

YITCMG482   65,T/C;87,A/G;114,T/C;142,T/G

YITCMG483   113,A/G;143,T/C;147,A/G

YITCMG484   23,A/G;47,A/T;78,A/G;79,A/G

YITCMG485   86,A/G;116,C;125,T

YITCMG487   140,C

YITCMG488   51,C/G;76,A/G;127,T/C

YITCMG490   57,T/C;135,T/A

YITCMG491   156,A/G;163,A/G

YITCMG492   55,A/G;70,T/C

YITCMG493   4,T/C;6,G;23,A/C;30,T;48,A/G;82,A/G

YITCMG494   43,T/C;52,A/G;84,A/G;98,A/G;154,T/C;188,T/C

YITCMG495   65,T/G;73,A/G;82,A/G;86,A/G;89,A/G

YITCMG496   26,A/G;134,T/C;179,T/C

YITCMG497   22,A/G;33,C/G;62,T/C;77,T/G

YITCMG500   86,T;87,C

YITCMG501   15,T/A;93,A/G;144,A;173,C

YITCMG502   4,A/G;127,T/C;130,T/A;135,A/G;140,T/C

YITCMG503   70,G;85,C;99,C

YITCMG504   11,A;17,G

YITCMG505   54,A/G;99,T/C;158,T/C;198,A/C

YITCMG506   47,A/G;54,A/C

YITCMG507   24,G

YITCMG508   96,T;115,G

YITCMG509   65,T/C;126,A/G

YITCMG510   1,A;110,A

YITCMG511   39,T;67,A;168,G;186,A

YITCMG512   25,A;63,G

YITCMG514   35,T/C;45,C

YITCMG515   41,C;44,T;112,T/A

YITCMG516   29,T

YITCMG517   74,T/A;84,T/A;86,A/G;163,T

YITCMG518   18,T/C;60,A/G;77,T/G

YITCMG519   129,T;131,T

YITCMG520   65,A/G;83,A/G;136,T/C;157,A/C

YITCMG521   8,T/G;21,G;30,A/G

YITCMG522   72,T/A;137,G;138,C

YITCMG524   19,A/G;100,A/G

YITCMG526   51,A/G;78,T/C

YITCMG527   108,T/G;118,A/C

YITCMG528   1,C;79,G;107,G

YITCMG529   15,A/C;129,T/C;144,A/C;165,C/G;174,T

YITCMG530   55,T/A;62,A/G;76,C;81,A

YITCMG531   11,T;49,T

YITCMG532   17,A/C;85,T/C;111,A/G;123,A/C;131,A/C

YITCMG533   85,A/C;183,C;188,A/G

YITCMG534   40,T/A;122,C/G;123,T/C

YITCMG535   36,A;72,G

YITCMG537   34,C/G;118,A/G;135,T/C;143,A/G

YITCMG538   3,T;4,C

YITCMG539   27,T/G;54,T/C;75,T/A

YITCMG540   17,A/T;73,T/C

YITCMG541   18,A/C;66,C/G;70,A/C;176,T/C

YITCMG542   18,T;69,T;79,C

东镇红芒

YITCMG001 53,A/G;78,A/G;85,A;94,A/C
YITCMG002 28,A/G;55,T/C;102,T/G;103,C/G;147,T/G
YITCMG003 67,T/G;82,A/G;88,A/G;104,A/G;119,T/A
YITCMG004 27,T/C
YITCMG005 56,A/G;100,A/G
YITCMG006 13,T/G;27,T/C;91,T/C;95,C/G
YITCMG007 62,T/C;65,T;96,G;105,A/G
YITCMG008 50,T/C;53,T/C;79,A/G
YITCMG010 40,T/C;49,A/C;79,A/G
YITCMG011 36,A/C;114,A/C;166,A/G
YITCMG012 75,A/T;78,A/G
YITCMG013 16,T/C;21,T/C;56,A/C;69,T
YITCMG014 126,A/G;130,T/C
YITCMG015 127,A/G;129,A/C;142,T/C;174,A/C
YITCMG018 30,A/G
YITCMG019 36,A/G;47,T/C;66,C/G;115,A/G
YITCMG020 70,A/C;100,C/G;139,A/G
YITCMG021 104,A;110,T
YITCMG022 3,T/A;11,T/A;92,T/G;94,T/G;99,T/C;118,C/G;131,C/G;140,A/G
YITCMG023 142,T;143,C;152,T
YITCMG024 68,A/G;109,T/C
YITCMG025 108,T/C
YITCMG026 16,A/G;81,T/C
YITCMG027 19,T/C;31,A/G;62,T/G;119,A/G;121,A/G;131,A/G;153,T/G;163,A/T
YITCMG028 174,T/C
YITCMG030 55,A
YITCMG031 48,T/C;84,A/G;96,A/G;178,T/C
YITCMG032 91,A/G;93,A/G;94,T/A;160,A/G
YITCMG033 73,A/G;85,A/G;145,A/G
YITCMG034 122,A/G
YITCMG037 12,C;13,A;39,T
YITCMG038 155,A/G;168,C/G
YITCMG039 1,G;61,A/G;71,T/C;104,T/C;105,G;151,T/G
YITCMG040 40,T/C;50,T/C
YITCMG041 24,A/T;25,A/G;68,T/C
YITCMG042 5,A/G;92,T/A
YITCMG044 167,G
YITCMG046 38,A/C;55,C;130,A;137,A;141,A
YITCMG047 37,T/A;60,T;65,G
YITCMG048 142,C/G;163,A/G;186,A/C
YITCMG049 11,G;13,T/C;16,T;76,C;115,C;172,G

YITCMG050　44,C/G
YITCMG051　15,C;16,A
YITCMG052　63,T/C;70,T/C
YITCMG053　86,A;167,A;184,T
YITCMG054　34,A/G;36,T/C;70,A/G;151,A/G
YITCMG056　34,T/C;117,T/C;178,T/G;204,A/C
YITCMG057　98,T/C;99,A/G;134,T/C
YITCMG058　67,T/G;78,A/G
YITCMG059　84,A;95,T;100,T;137,A;152,T;203,T
YITCMG060　10,A/C;54,T/C;125,T/C;129,A/G;156,T/G
YITCMG061　107,A;128,G
YITCMG063　86,A/G;107,A/C
YITCMG064　2,A/G;27,T/G
YITCMG065　37,T/G;56,T/C
YITCMG066　10,C;64,G;141,G
YITCMG067　1,C;51,C;76,G;130,C
YITCMG070　5,T;6,C;13,G;73,C
YITCMG071　142,C;143,C
YITCMG072　75,A;105,A
YITCMG073　19,A/G;28,A/C;106,T/C
YITCMG074　46,T;58,C;77,A/G;180,T
YITCMG075　168,A/C
YITCMG076　129,T/C;162,C;163,A/G;171,T
YITCMG077　10,C;30,T/C;114,A;128,A
YITCMG078　15,A;93,C;95,T;177,A/G
YITCMG079　3,A/G;8,T/C;10,A/G;110,T/C;122,A/T;125,A/C
YITCMG080　43,A/C;55,T/C
YITCMG081　91,C/G;115,A/T
YITCMG083　123,T/G;169,C/G
YITCMG084　118,G;136,T;153,A/C
YITCMG085　6,A;21,C;24,A/C;33,T;157,T/C;206,C
YITCMG086　111,A/G;142,C/G;182,T/A;186,T/A
YITCMG088　17,A/G;31,T/G;33,A/G;98,T/C
YITCMG089　92,A/C;103,T/C;151,C/G;161,T/C
YITCMG090　46,A/G;48,C/G;75,T/C;113,T/C
YITCMG092　22,A/G;110,T/C;145,A/G
YITCMG093　10,A/G;35,A/G;72,A/G
YITCMG094　124,A;144,T
YITCMG095　51,T/C;78,T/C;184,T/A
YITCMG096　24,C;57,A;66,T
YITCMG097　185,T/G;202,T/C
YITCMG099　53,A;83,A;119,A;122,A
YITCMG100　124,T/C;141,C/G;155,T
YITCMG102　6,T/C;129,A/G

YITCMG103   42,T;61,C

YITCMG104   79,G;87,G

YITCMG105   31,A/C;69,A/G

YITCMG106   29,A/G;32,T/C;59,T/C;65,A/G;137,T/C

YITCMG108   34,A/G;64,C/G

YITCMG109   17,C;29,C;136,A

YITCMG110   30,T/C;32,A/G;57,T/C;67,C/G;96,T/C

YITCMG111   23,A/T

YITCMG112   101,C/G;110,A/G

YITCMG113   5,C/G;71,A/G;85,G;104,A/G

YITCMG114   42,T/A;46,A/G;66,T/A;75,A/C

YITCMG115   32,T/C;33,T/A;87,T/C;129,A/T

YITCMG116   54,A/G;91,T/C

YITCMG117   115,T/C;120,A/G

YITCMG118   2,A/C;13,G;19,A;81,C

YITCMG119   16,A/G;73,A/C;150,T/C;162,A/G

YITCMG120   106,T/C;133,C

YITCMG121   32,T;72,G;149,G

YITCMG122   40,A/G;45,A/G;185,A/G;195,A/G

YITCMG123   88,T/C;94,T/C

YITCMG124   75,T/C;119,A/T

YITCMG125   159,A/C

YITCMG126   82,T;142,A

YITCMG127   146,A/G;155,A/T;156,A

YITCMG128   40,A/G;106,T/C;107,C/G;131,T/C;160,T/C

YITCMG129   90,T/C;104,T/C;105,C/G;108,A/G

YITCMG132   43,C/G;91,T/C;100,T/C;169,T

YITCMG133   31,T/G;76,T/G;86,T/G;122,A/T;209,T/A

YITCMG134   23,C;116,T;128,A;139,T;146,G

YITCMG135   34,T/C;63,T/C;173,T/C

YITCMG137   1,T/C;24,A/G;48,A/G;52,T;62,A/T

YITCMG139   7,G

YITCMG141   71,T;184,C

YITCMG142   67,T/C;70,A/G

YITCMG143   73,A/G

YITCMG144   61,T/C;81,T/C;143,A/G;164,A/G

YITCMG145   7,A/G;26,A/G;78,T/G

YITCMG146   27,T/C;69,A/G;88,T/G;111,A/T

YITCMG147   62,T/C;66,T/C

YITCMG148   35,A/G;87,T/C

YITCMG149   25,A/C;30,A/G;138,A/G

YITCMG150   8,T/G;100,A/T;101,A/G;116,T/G;123,C/G;128,T/A

YITCMG151   155,A;156,C

YITCMG153   97,A/C;101,A/G;119,A

YITCMG158   67,T/C;96,A/G;117,A/G
YITCMG159   84,T/C;89,A/C;92,A/C;137,T/C
YITCMG163   96,T/A;114,T/C;115,A/G;118,T/G
YITCMG164   57,T/C;114,A/G
YITCMG165   174,C
YITCMG166   13,T/C;87,G
YITCMG169   51,C;78,C;99,T
YITCMG170   31,T/G;139,C/G;142,A/G;145,C;150,A/T;151,T/C;157,A;164,A/G
YITCMG171   9,T;61,C;76,C;98,A
YITCMG172   164,A/C;168,A/G;186,A/G;187,A/G
YITCMG173   11,C/G;17,A/C;20,C;144,C;161,A/G;162,T/C;163,T/G
YITCMG174   9,T;10,A;84,A
YITCMG175   42,T/C;55,T/C;62,C;98,T/C
YITCMG176   44,A;107,A;127,A/C
YITCMG177   20,T/C;104,A/G
YITCMG178   99,T;107,G
YITCMG180   23,C;72,C;75,C/G
YITCMG181   134,A/G
YITCMG182   3,A/G;77,T/C
YITCMG183   24,T;28,A/G;75,T/C;76,A/G;93,T/C
YITCMG184   45,A;60,C;64,C/G;97,C;127,T/G
YITCMG185   62,A/G;68,T/A;80,A/G;130,A/C;139,A/G
YITCMG189   23,T/C;51,A/G;138,A/T;168,T/C
YITCMG192   89,T/C;95,C/G;119,T/G
YITCMG193   3,A/G;9,A/T;30,C;39,A/G;121,G;129,C;153,T
YITCMG194   1,T/A;32,A/T;130,T/G
YITCMG195   45,A;87,T;128,G;133,A
YITCMG196   55,T/C;91,T/C;190,A/G;197,A/T
YITCMG197   18,A/C;35,T/G;178,A/C;195,T/C
YITCMG198   70,A/G;71,A/G;100,A/C
YITCMG199   3,T/C;56,T/A;62,C/G;131,A/C;173,T/C;175,C/G
YITCMG200   38,T/C;53,A/G
YITCMG202   16,C;121,T
YITCMG204   76,C/G;85,A/G;133,C/G
YITCMG206   66,A/G;83,A/G;132,A/G;155,A/G
YITCMG207   73,T/C;156,T/C
YITCMG209   24,T/C;27,C;72,T/C
YITCMG212   118,A/G
YITCMG216   135,T/C
YITCMG217   11,A;19,A;154,G;164,C
YITCMG218   31,C;59,T;72,C
YITCMG219   89,T/C;125,T/C
YITCMG221   8,C;76,A/G;110,A/G;131,A;134,A
YITCMG222   1,T/A;15,T/C;70,C/G

YITCMG223 23,T/C;29,T/G;77,A/G
YITCMG225 61,A/G;67,T/C
YITCMG226 72,A/G;117,T/C
YITCMG227 6,A/G;26,T/C
YITCMG228 72,C;81,C;82,T
YITCMG229 56,T;58,C;65,T;66,T
YITCMG230 65,C;103,A
YITCMG232 1,T/C;64,T/C;76,A/C;80,G;152,C;169,T/C;170,G
YITCMG234 54,T/A;55,T/C;103,A/G;122,T/G;183,A/T
YITCMG236 94,A/G;109,A/T
YITCMG237 24,A;28,A/G;39,G;71,C/G;76,T/C
YITCMG238 68,T/C
YITCMG239 46,T/C;59,T/C;72,A
YITCMG240 21,A/G;96,A/G
YITCMG241 23,G;32,C;42,T;46,G;77,A
YITCMG242 70,T;128,T/C
YITCMG243 73,T/C;147,T/C
YITCMG244 71,C;109,T/G;113,T/C
YITCMG246 51,T/C;70,T/C;75,A/G
YITCMG247 19,A/C;40,A/G;46,T/G;123,T/C
YITCMG248 31,A;60,G
YITCMG249 22,C;130,A/G;142,T/C;162,T/C;167,C;195,A/G;199,A/G
YITCMG251 151,T/C
YITCMG252 26,G;69,T/C;78,C/G;82,T
YITCMG253 32,T/C;53,A/G;70,A/C;182,A/G;188,T/G;198,T/G
YITCMG254 48,C;106,G
YITCMG255 6,A/G;13,T/G;18,A/T;67,T/G;163,A/G;166,T/C
YITCMG256 19,A/G;47,A/C;66,A/G
YITCMG258 2,C;101,T;172,C
YITCMG261 17,T/C;20,A/G;29,A/G;38,G;77,A/T;106,A;109,T
YITCMG262 28,T/C;47,T/G;89,T/C
YITCMG263 42,T;77,G
YITCMG265 138,T/C;142,C/G
YITCMG266 5,G;24,T/G;31,G;62,T/C;91,A/G
YITCMG267 39,A/G;108,A/T;134,T/G
YITCMG268 150,A/G
YITCMG269 43,A/T;91,T/C
YITCMG270 10,A/G;52,A/G;69,A/C;122,T/C;130,T/C;134,T/C;143,T/C;162,T/C;168,A/G;191,A/G
YITCMG271 100,C/G;119,A/T
YITCMG272 43,G;74,T;87,C;110,T
YITCMG273 41,C;67,G
YITCMG274 90,A/G;141,A/G;150,T/C;175,T/G
YITCMG275 106,C/G;131,A/C;154,A/G

YITCMG276	41,T/G;59,A/G
YITCMG278	1,A/G;10,A/G;12,A/C
YITCMG280	62,T/C;85,C/G;121,A/G;144,T/G;159,T/C
YITCMG281	92,T/C;96,A
YITCMG282	46,A;64,C
YITCMG283	67,T/G;112,A/G;177,A/G
YITCMG284	18,A/G;55,A/T;94,T/C
YITCMG285	85,A;122,C
YITCMG286	119,A;141,C
YITCMG287	2,T/C;38,T/C;117,A/G
YITCMG289	50,T;60,T;75,A
YITCMG290	13,A;21,T;66,C;128,A;133,A
YITCMG291	28,A/C;38,A/G;55,T/G;86,A/G
YITCMG292	85,T/C;99,T/A;114,T/C;124,T/C;126,A/C
YITCMG293	170,A/T;174,T/C;184,T/G;207,A/G
YITCMG294	32,C/G;82,A/C;99,T/G;108,A/T;111,T/C
YITCMG295	15,A/G;71,A/T
YITCMG296	90,A/C;93,T/C;105,A/T
YITCMG297	128,C;147,A
YITCMG298	44,A/G;82,A/G;113,A/G
YITCMG299	22,C/G;29,A;34,A/G;103,A/G;145,A/G
YITCMG300	32,A/C;68,T/C;198,A/G
YITCMG301	98,T/A;108,C;128,T/G
YITCMG305	50,A/C;67,T/G;68,C/G
YITCMG306	16,T/C;69,A/C;85,T/G;92,C/G
YITCMG307	11,T/C;23,T/C;25,A/C;37,A/G
YITCMG309	23,A/T;77,A/G;85,C/G
YITCMG310	98,A/G
YITCMG311	83,T/C;101,T/C;155,A/G
YITCMG314	53,C
YITCMG315	16,T/C;58,A/G;80,A/G;89,T/C
YITCMG316	98,T/C;102,T/C;191,T/C
YITCMG317	98,A/G
YITCMG318	61,T/C;73,A/C
YITCMG320	4,A/G;87,T/C
YITCMG321	16,G;83,T/C
YITCMG322	72,T/C;77,T/C;91,A/T;102,T/C
YITCMG323	6,A;49,C;73,T
YITCMG324	55,T/C;56,C/G;74,A/G;195,A/G
YITCMG325	22,C;130,C;139,C
YITCMG326	11,T/C;41,T/A;91,T/C;169,T/G;177,G
YITCMG327	181,T/C
YITCMG328	15,C;47,C;86,C
YITCMG329	48,T;109,T;111,T/C

YITCMG330　52,A/G;129,T/G;130,A/G

YITCMG331　51,A/G

YITCMG332　42,A/G;51,C/G;62,C/G;63,G;93,A/C

YITCMG333　132,T/C;176,A/C

YITCMG334　43,C/G;104,A/C

YITCMG335　48,A/G;50,T/C;114,G

YITCMG336　28,C;56,A;140,T

YITCMG337　55,T/C;61,T/C

YITCMG342　145,G;156,G;177,C

YITCMG343　3,A/G;39,T/C

YITCMG344　14,T/C;47,A/G;108,T/C

YITCMG346　67,T/C;82,A/G

YITCMG347　21,A;157,A/G

YITCMG348　65,T/C;69,T/C;73,A/G;124,A/C;131,A/G;141,T/A

YITCMG350　17,A;23,T/C;37,A/T;101,T/A;104,T/C

YITCMG351　11,T/G;109,T/C;139,C/G

YITCMG352　108,C;109,A/G;138,T;145,A/T;159,A/G

YITCMG353　75,A/T;85,T/C

YITCMG354　62,A/C;66,A/G;81,A/C;134,A/C

YITCMG355　34,A;64,C;96,A

YITCMG356　45,T/A;47,A/C;72,T/A

YITCMG357　29,A/C;51,T/G;76,A/T;88,A/G

YITCMG358　155,T/C

YITCMG359　143,A/G

YITCMG360　64,A/G;87,A/G;92,T/C

YITCMG361　3,A/T;102,T/C

YITCMG362　12,T/C;62,A/T;77,A/G

YITCMG363　39,A/G;56,A/G;57,T/C;96,T/C

YITCMG364　7,G;29,A;96,T

YITCMG365　23,T/C;79,T/C;152,C/G

YITCMG366　36,T/C;83,A/T;110,T/C;121,T/A

YITCMG367　21,T/C;145,C/G;164,T/C;174,C/G

YITCMG368　116,T/C;117,C/G

YITCMG369　99,T/C

YITCMG370　18,A/G;117,T/C;134,A/T

YITCMG371　27,A/G;60,T/C

YITCMG372　199,T

YITCMG374　102,A/C;135,T/C;137,T/A;138,A/G

YITCMG375　17,C;107,A/T

YITCMG376　5,A/C;74,A/G;75,A/C;103,C/G;112,A/G

YITCMG377　198,T/C

YITCMG378　49,T/C

YITCMG379　61,T;71,T/C;80,T/C

YITCMG383　53,T/C;55,A/G

YITCMG384	106,A/G;128,T/C;195,T/C
YITCMG385	61,T/C;79,T/C
YITCMG386	13,T/C;65,C/G;67,T/C
YITCMG387	24,A/G;99,T/C;111,C/G;114,A/G
YITCMG388	17,T/C;121,A/G;147,T/C
YITCMG389	3,T/G;9,A;69,A;101,A/G;159,C
YITCMG390	9,C;82,T/G;95,T/A
YITCMG391	23,A/G;117,A/C
YITCMG395	40,A;49,T
YITCMG396	110,T/C;141,T/A
YITCMG397	97,G
YITCMG398	100,A/C;131,C;132,A;133,A;159,T/C;160,G;181,T
YITCMG399	7,T/A;41,A/C
YITCMG400	34,T/C;41,T/C;44,T/C;53,T/C;62,T/C;71,C/G;72,A/T;90,A/C
YITCMG401	43,T/C;123,A/G
YITCMG402	137,T/C;155,A/G
YITCMG405	155,T/C;157,T/C
YITCMG406	73,A/G;115,T/C
YITCMG407	13,T/C;26,T/G;97,T/G
YITCMG408	88,T/C;137,A/G
YITCMG409	82,G;116,T
YITCMG410	2,T;4,A;20,C;40,G;155,A/C
YITCMG411	84,A
YITCMG412	4,T/A;61,T/C;154,A/G
YITCMG413	55,A/G;56,C/G;82,T/C
YITCMG414	11,A/T;37,A/G;58,A/G;62,C/G
YITCMG415	84,A/G;114,A/G
YITCMG416	80,A/G;84,A/G;94,C/G;112,A/G
YITCMG417	35,C/G;55,A/G;86,T/C;131,A/G
YITCMG418	15,T/C;34,A/G
YITCMG419	73,T/A;81,A/T;168,A/G
YITCMG421	9,A/C;67,T/C;87,A/G;97,A/G
YITCMG423	41,T/C;117,T/G
YITCMG424	69,T;73,G;76,C;89,T
YITCMG425	26,C/G;57,A
YITCMG426	59,T/C;91,C/G
YITCMG428	18,A/G;24,T/C;73,A/G;135,A/G
YITCMG429	61,T;152,A;194,A/G
YITCMG431	69,A/G;97,C/G
YITCMG432	69,T;85,C
YITCMG435	28,T/C;43,T/C;103,A/G;106,A;115,A/T
YITCMG436	56,A/T
YITCMG437	36,T/C;44,A/G;92,C/G;98,T/C;151,T/C
YITCMG438	2,T/A;6,T/A;155,T/G

YITCMG440   64,A;68,G;70,T;78,C
YITCMG441   12,A/G;74,C/G;81,C/G;82,A/G
YITCMG442   2,A/T;68,T/C;127,A/G;132,T/A;162,A/G;170,T/C;171,T/G
YITCMG443   28,T;104,A/T;106,T/G;107,T/A;166,A/G
YITCMG444   118,A/T;141,A/G
YITCMG445   72,G
YITCMG446   13,T/C;51,T/C;88,T/C
YITCMG447   94,A/G;139,A/G;202,A/G
YITCMG448   22,A/C;37,T/C;91,G;95,A/C;112,G;126,T/C;145,G
YITCMG450   100,A/G;146,T/A
YITCMG451   26,A/G;33,A/C;69,T/C;74,A/G;115,C/G
YITCMG452   89,A/G;96,C/G;151,T/C
YITCMG453   87,A/G;156,T/C
YITCMG454   90,A/G;92,T/G;121,T/C
YITCMG455   120,A/G
YITCMG457   77,A/T;124,G;156,C/G
YITCMG459   120,A;141,A
YITCMG460   41,T;45,T;68,A;69,G;74,G
YITCMG461   131,A
YITCMG462   1,A;22,C;24,C;26,A
YITCMG464   78,A;101,T
YITCMG465   117,T/G;147,A/G
YITCMG466   75,A/T;99,C/G
YITCMG467   9,A/G;11,A;14,A/G;86,A/T;161,A/G;179,A/T
YITCMG471   8,A/C;65,A/G;88,T/C;159,A/C
YITCMG472   51,G
YITCMG473   65,A/T;91,T/C
YITCMG474   87,A/T;94,A/G;104,T/C;119,A/G
YITCMG475   82,A/G;84,A/G;102,T/C;106,A/C
YITCMG476   22,A/G;54,T/A
YITCMG477   7,T;91,C;140,T/A;150,T;153,A/G
YITCMG478   42,T/C
YITCMG480   5,A/G;29,C/G;45,A/G;61,C/G;64,A
YITCMG481   21,A;108,A/G;160,A/G;192,T/G
YITCMG482   65,T;87,A/G;114,T/C;139,C/G;142,T/G
YITCMG484   23,A/G;78,A/G;79,A/G
YITCMG485   116,C/G;125,T/C
YITCMG487   140,C
YITCMG488   51,C/G;76,A/G;127,T/C
YITCMG489   51,C;113,A;119,C
YITCMG490   57,C;93,T/C;135,A;165,T/A
YITCMG491   163,A
YITCMG492   55,A;70,T/C
YITCMG493   6,T/G;23,A/C;30,T/C;48,A/G;82,A/G

YITCMG494 43,T/C;52,A/G;84,A/G;98,A/G;154,T/C;188,T/C
YITCMG495 65,T;73,G
YITCMG496 5,T;26,G;60,A
YITCMG497 22,A/G;33,C/G;62,T/C;77,T/G
YITCMG500 30,A/G;86,A/T;87,T/C;108,A/T
YITCMG501 15,A/T;93,A/G;144,A/G;173,T/C
YITCMG502 4,A/G;127,T/C;130,A/T;135,A/G;140,T/C
YITCMG503 70,A/G;85,A/C;99,T/C
YITCMG504 11,A/C;17,A/G
YITCMG505 54,A
YITCMG507 3,T/C;24,A/G;63,A/G
YITCMG508 140,A/G
YITCMG510 1,A/G
YITCMG511 39,T/C;67,A/G;168,A/G;186,A/G
YITCMG512 25,A;63,G
YITCMG513 75,T;86,T;104,A;123,T
YITCMG514 35,T/C;45,C
YITCMG515 41,T/C;44,T/G;112,T/A
YITCMG516 29,T/G;53,A/C
YITCMG517 163,T
YITCMG519 129,T/C;131,T/G
YITCMG520 65,A/G;83,A/G;136,T/C;157,A/C
YITCMG521 21,C/G
YITCMG522 72,T/A;127,T/A;137,A/G;138,A/C
YITCMG523 36,A/G;92,A/G;111,T/G;116,A/G;133,A/G
YITCMG524 19,A/G;81,A/G;100,A/G
YITCMG525 33,T;61,C
YITCMG526 51,A/G;78,T/C
YITCMG527 108,T/G;115,A/G;118,A/C
YITCMG529 144,A/C;174,T/C
YITCMG530 76,A/C;81,A/G;113,T/C
YITCMG531 11,T/C;49,T/G
YITCMG532 17,C;85,T/C;111,A/G;131,A
YITCMG533 183,A/C
YITCMG535 36,A;72,G
YITCMG537 118,A/G;123,A/C;135,T/C
YITCMG538 168,A/G
YITCMG539 27,T/G;54,T/C;152,T/C
YITCMG540 17,T;70,A/G;73,T;142,A/G
YITCMG541 18,A/C;70,A/C;145,A/G;176,T/C
YITCMG542 3,A/C;69,T;79,C

冬 芒

YITCMG001 85,A;94,A
YITCMG002 55,T;84,A/G;102,G;103,C
YITCMG004 27,T;28,C
YITCMG005 56,A;100,A
YITCMG007 62,T/C;65,T;70,T/C;96,G;105,A/G;134,T/C
YITCMG009 75,C;76,T
YITCMG010 40,T/C;79,A/G
YITCMG011 166,A/G
YITCMG013 16,C;56,A;69,T
YITCMG014 126,A;130,T
YITCMG015 127,A;129,C;174,A
YITCMG017 17,G;24,T/C;98,C
YITCMG018 10,A;30,A;95,A;97,T
YITCMG019 36,A;47,C;98,T;111,T/G
YITCMG020 22,A/G;70,C;100,C;139,G
YITCMG022 3,A;99,C;131,C;176,C/G
YITCMG023 142,T;143,C
YITCMG024 68,A;109,C
YITCMG027 19,T/C;30,C/G;31,A/G;62,T/G;119,A/G;121,A/G;131,A/G;138,A/G;145,A/G;
153,T/G;163,A/T
YITCMG028 15,T/C;45,A;47,A/G;113,T/A;147,A/G;167,A/G
YITCMG029 10,A/C;29,A/G;37,C;44,G
YITCMG030 55,A;73,T/G;82,T/A
YITCMG031 2,A/G
YITCMG032 93,G;94,A;104,A/G;160,G
YITCMG033 73,G
YITCMG034 22,T/C
YITCMG035 109,G
YITCMG036 23,C;99,G;110,T;132,C
YITCMG037 12,C;13,A/G;39,T;130,T/C
YITCMG038 155,G;168,G
YITCMG039 1,A/G;61,A;105,G
YITCMG040 40,C;50,T/C
YITCMG041 24,T;25,A;28,A/C;68,T
YITCMG042 51,C/G;63,T/C;79,T/C
YITCMG043 56,T;67,C
YITCMG044 7,T;22,C;101,T/C;189,T
YITCMG045 92,T;107,T
YITCMG046 55,A/C;130,A/G;137,A/C;141,A/G
YITCMG047 60,T;65,G
YITCMG048 142,C/G;163,A/G;186,A

YITCMG049 11,A/G;16,T/C;76,A/C;115,C;172,G;190,A/C
YITCMG050 44,A/G
YITCMG051 15,C;16,A;158,C
YITCMG052 63,T;70,C;128,T
YITCMG053 5,T/C;167,A
YITCMG054 36,T;168,C
YITCMG056 34,T;183,T/G
YITCMG057 134,T
YITCMG058 30,A/G;67,T;71,T/C;78,A
YITCMG059 84,A;95,T/A;100,T;137,A/G;203,A/G
YITCMG060 10,A;31,T/G;54,T;125,T/C;129,A
YITCMG062 10,G;29,A/G;79,C;122,C
YITCMG063 33,A/C
YITCMG064 2,A;27,G
YITCMG065 136,T
YITCMG066 49,A/G;121,C/G
YITCMG068 49,T;61,C;91,A
YITCMG069 37,G;47,A;100,G
YITCMG070 6,C;13,G;87,T
YITCMG071 67,A/C;142,C;143,C
YITCMG072 105,A
YITCMG073 19,A;28,C;106,C
YITCMG074 46,T;58,C/G;62,A/T;77,A/G;180,A/T
YITCMG075 125,T/C;145,C/G;185,T/C
YITCMG076 171,T
YITCMG079 8,T/C;122,T/A;125,A
YITCMG080 55,C
YITCMG081 91,G
YITCMG082 97,G
YITCMG083 123,A;169,G
YITCMG085 6,A;21,C;24,C;33,T;206,C
YITCMG086 112,T
YITCMG087 87,T/C
YITCMG088 17,A;31,T;33,A;98,C
YITCMG089 161,C
YITCMG090 46,G;75,T;81,T/C;114,T/C
YITCMG092 45,A/T;110,C
YITCMG094 144,T;189,T/C
YITCMG095 51,C;78,C;184,A
YITCMG096 57,A;63,T/C
YITCMG097 105,T;117,T
YITCMG098 48,A
YITCMG100 155,T
YITCMG102 20,A/G;136,C/G

YITCMG104   79,A/G;80,A/G;87,G
YITCMG105   31,C;54,A/G;55,T/C;69,A
YITCMG106   32,C;59,C;137,C
YITCMG107   143,G;160,G;164,C
YITCMG108   72,A/T
YITCMG109   17,C;29,C;136,A
YITCMG110   30,T;57,C
YITCMG111   20,T/A;39,T;62,G;67,A/G
YITCMG112   101,C/G;110,G
YITCMG113   85,G
YITCMG114   51,A/G
YITCMG115   32,C;33,A;87,C;129,T
YITCMG116   54,A
YITCMG117   115,T;120,A
YITCMG118   19,A
YITCMG119   13,A/T;73,C;150,T;162,G
YITCMG120   133,C
YITCMG121   32,T;72,G;149,G
YITCMG122   40,A/G;45,G;78,T/C;185,G;195,A
YITCMG123   87,A/G;111,T/C;130,T/G
YITCMG124   75,C;119,T
YITCMG125   53,C;102,T;124,T;171,C
YITCMG126   72,A;76,A
YITCMG127   156,A
YITCMG128   144,T/C
YITCMG129   3,A;90,T;104,C;105,C
YITCMG130   31,G;83,T;108,G
YITCMG131   27,C;107,C
YITCMG132   91,T;100,T;167,G;169,T
YITCMG133   76,T/G;83,A/G;86,T/G;209,T/A
YITCMG134   23,C;116,T;128,A;139,T;146,G
YITCMG135   34,T/C;63,T/C;69,C/G;173,T
YITCMG136   169,A/G;198,T/C
YITCMG137   1,C;25,T/C;48,G;52,T;61,T/C
YITCMG138   13,A;16,T;45,T
YITCMG140   6,T
YITCMG141   71,T;184,C
YITCMG145   26,G;78,G
YITCMG146   27,T/C;69,A/G
YITCMG147   62,T;66,T;154,T/A
YITCMG149   25,A;30,A;174,T/C;175,A/G
YITCMG150   101,G;116,G
YITCMG152   83,A;103,A/G
YITCMG154   5,T;62,C;77,C;141,C

YITCMG155   31,T;51,C;155,A/G
YITCMG156   36,T
YITCMG157   18,G;70,A/C;83,C
YITCMG158   67,T/C;96,A/G;117,G
YITCMG159   92,C;137,T
YITCMG160   55,A/G;67,T/G;75,T/C;92,G;107,T/G;158,C
YITCMG161   71,A;74,C
YITCMG162   26,T
YITCMG165   174,C;193,T/C
YITCMG166   87,G
YITCMG167   120,A;124,T/G;150,A
YITCMG168   79,C;89,C;96,A
YITCMG169   40,C/G;51,C;78,C;99,T
YITCMG170   50,T/C;145,C;150,T;157,A
YITCMG171   58,T/C;61,C;76,C
YITCMG172   186,G;187,G
YITCMG173   20,C;144,C
YITCMG174   9,T;10,A;84,A
YITCMG175   42,T;55,T;62,C;98,C
YITCMG176   44,A;86,T/C;101,T/C;107,A
YITCMG177   7,A;36,A/G;44,A;124,C
YITCMG180   22,C/G;23,C;28,A/G;72,C;75,T/G
YITCMG181   134,G
YITCMG183   17,C/G;24,T
YITCMG184   45,A;60,C;97,C
YITCMG185   68,A;130,T
YITCMG187   105,T;106,G
YITCMG188   16,T;47,C/G;66,G;101,T
YITCMG190   40,T/G;66,T/C;117,T;162,G
YITCMG191   44,A;66,T;108,A
YITCMG192   89,T;119,G
YITCMG193   30,T/C;39,A/G;121,G;129,A/C;153,T
YITCMG194   1,A;32,T
YITCMG196   19,A;70,A/C;85,C;114,T
YITCMG197   18,C;35,G;92,G;176,C
YITCMG199   16,A/G;46,T/A
YITCMG200   23,C/G;38,C;115,A/C
YITCMG201   28,T;78,A;84,C/G;167,A/T;194,T
YITCMG202   16,C;55,G;121,T
YITCMG203   48,A;85,A/C;130,C
YITCMG204   85,A
YITCMG206   66,G;83,G;132,G;155,G
YITCMG207   82,A;156,T
YITCMG210   6,C;21,A/G

YITCMG211　133,A;139,A;164,A/C;188,T

YITCMG212　15,A;17,G;63,T;111,G;129,C

YITCMG213　5,A/G;55,A;109,C

YITCMG214　5,A

YITCMG215　19,A/G;52,G;58,T

YITCMG216　69,G;135,C

YITCMG217　31,A/G;164,T;181,T;185,T;196,A;197,G

YITCMG218　31,C;59,T;72,C;78,A

YITCMG221　8,T/C;76,A/G;110,A/G;131,A;134,A

YITCMG222　1,G;15,C;31,A/G;46,A/G;70,G

YITCMG223　23,T;29,T;41,T/C;47,A/G;48,T/C

YITCMG226　72,A;117,T

YITCMG227　6,G;26,T

YITCMG228　72,C

YITCMG229　56,T/C;58,T/C;65,T/C;66,T/C

YITCMG230　65,C;103,A

YITCMG231　42,A/G

YITCMG232　80,G;152,C;170,A/G

YITCMG233　159,T;170,T/C

YITCMG234　54,T;95,T/C;103,A

YITCMG235　128,G

YITCMG236　71,T/A;94,A;109,A

YITCMG237　39,G

YITCMG238　49,C;68,C

YITCMG239　72,A

YITCMG240　102,C/G

YITCMG241　23,G;32,C;42,T/G;46,A/G

YITCMG242　70,T;94,A/G

YITCMG243　184,T/A

YITCMG244　71,C;109,T;113,C

YITCMG246　51,T;70,T/C;75,A/G

YITCMG247　19,A;40,A;46,G;123,T;184,C/G

YITCMG248　31,A/G;60,T/G

YITCMG249　22,C

YITCMG250　98,T;99,G

YITCMG251　170,T;171,T

YITCMG252　26,G;75,T/A;82,T

YITCMG254　47,A

YITCMG255　6,A;13,T;18,A;67,T;155,C;163,G;166,T

YITCMG256　19,A/G;47,C;54,A/G;66,G

YITCMG257　58,C;77,C;89,T

YITCMG258　30,T/C;33,T;46,A;172,C

YITCMG259　23,C;38,C/G;144,T/G;180,T;182,A

YITCMG260　154,A;159,A

YITCMG261   38,G;106,A;109,T
YITCMG262   47,T
YITCMG263   35,T;42,T;77,G
YITCMG264   14,T;65,T
YITCMG265   16,A
YITCMG266   5,G;24,T/G;31,G;62,T/C
YITCMG267   39,G;134,T
YITCMG269   43,A;91,T;115,T/A
YITCMG270   10,A;52,G;122,C;130,T;143,C;162,C;192,G
YITCMG271   100,G;119,T;122,A
YITCMG272   43,T/G;74,T/C;110,T/C
YITCMG273   18,A/G;41,C/G;67,A/G
YITCMG274   90,G;141,G;150,T
YITCMG275   75,A/T;106,C;131,A
YITCMG276   41,T;57,A/G;59,A
YITCMG278   105,A/G
YITCMG280   159,C
YITCMG281   18,A/G;22,A/G;92,T/C;96,A
YITCMG282   46,A;50,A/G;64,C;98,C;99,T/G
YITCMG283   112,A;172,T
YITCMG284   55,T;94,T
YITCMG285   65,A/G;76,T/C;85,A;122,C
YITCMG287   2,C;19,C/G;38,T;47,T/C
YITCMG288   15,T/C;32,T;37,T;67,T
YITCMG289   50,T;60,T;75,A
YITCMG291   28,A/C;38,A/G;55,T/G;86,A/G
YITCMG293   170,T/A;174,T/C;207,A/G
YITCMG294   82,T/C;99,T;108,T;111,T/C
YITCMG295   15,G;71,A
YITCMG296   90,A;93,T;105,A/T
YITCMG297   111,A/G;118,T/C;123,A/G
YITCMG298   44,A;55,A/C;80,T/A;82,A;85,T/C;113,A/G
YITCMG299   29,A
YITCMG300   95,A/G
YITCMG301   108,C
YITCMG302   11,T;96,T
YITCMG303   77,T/C;184,A/G
YITCMG304   35,A;42,G;116,G
YITCMG305   68,C
YITCMG306   16,C;69,A;85,T/G;92,C/G
YITCMG307   11,T/C;37,G
YITCMG308   34,G;35,C
YITCMG309   23,T;77,G;85,G
YITCMG311   53,A/G;83,C;101,C;155,A

YITCMG312　42,T;73,A/G;104,A

YITCMG313　55,T/C;125,T

YITCMG314　31,G;42,A/G

YITCMG316　42,A/G;98,T/C;102,C

YITCMG318　56,A/G;61,T;73,A

YITCMG320　4,G;87,T

YITCMG321　16,G;83,T

YITCMG322　72,C;77,T/C;91,T/A;102,T/C

YITCMG323　6,A;49,C;73,T

YITCMG324　55,T;56,G;74,G;195,A

YITCMG325　22,C;130,C;139,C

YITCMG326　29,T/C;140,A/C;169,T/G;177,G

YITCMG327　115,T;121,A

YITCMG328　15,C;47,T/C;79,A/G

YITCMG329　48,T;78,C;110,A/G

YITCMG330　52,A;129,G;130,A

YITCMG331　24,A;40,A/C;51,G

YITCMG332　57,T/C;63,G

YITCMG333　132,T/C

YITCMG334　12,G;43,G;56,T;104,A

YITCMG335　35,T/G;48,A;50,T;114,G

YITCMG336　140,T

YITCMG337　77,C/G;88,C

YITCMG338　165,T;179,G

YITCMG341　83,T;124,G

YITCMG342　20,A/G

YITCMG343　127,G;171,T;187,T

YITCMG344　14,T;47,G;108,C

YITCMG345　31,T/A;39,T/G

YITCMG348　65,T;73,A;131,A

YITCMG349　52,C;62,A;74,A;136,G

YITCMG350　17,A;101,T;104,T

YITCMG351　11,G;16,G;109,C;139,C

YITCMG352　108,C;138,T

YITCMG354　62,C;66,G;134,C

YITCMG355　34,A;64,A/C;96,A

YITCMG356　45,A;47,A;72,A

YITCMG357　51,G;76,T;144,G

YITCMG359　60,T

YITCMG360　64,A;87,G;92,C

YITCMG361　3,T;61,A/G;102,C

YITCMG363　56,G;100,A

YITCMG366　83,T;121,A

YITCMG367　21,T;165,A;174,C

YITCMG368　117,A
YITCMG369　76,C;104,G;135,C/G
YITCMG370　18,G;117,T;134,A
YITCMG371　66,G
YITCMG372　80,T
YITCMG373　39,T/C;74,A;78,C
YITCMG374　3,G;135,C;138,G;206,G
YITCMG375　17,C;29,T;55,T
YITCMG376　5,A;74,G;75,C;103,C;112,A
YITCMG377　99,A/G
YITCMG378　49,T
YITCMG379　35,A/C;61,T;71,T;80,C
YITCMG380　40,A
YITCMG381　30,G;64,T;124,T;126,A/C
YITCMG382　62,A;72,C;73,C
YITCMG385　57,A
YITCMG386　65,G;67,T;120,T
YITCMG387　36,T/C;81,A/C
YITCMG388　17,T
YITCMG389　69,A;171,G
YITCMG390　9,C;82,T;95,A;118,T/C
YITCMG391　15,C;17,G;23,G;116,T
YITCMG392　109,C;114,C
YITCMG393　66,G;99,C
YITCMG394　38,G;62,A
YITCMG395　40,A;49,T
YITCMG396　141,A
YITCMG397　92,G;97,G;136,T
YITCMG398　26,G;38,T;132,A;133,A;160,G;181,T
YITCMG399　7,A;41,A
YITCMG400　34,T;41,T;44,T/C;62,T;71,C;72,A;90,A
YITCMG401　123,G
YITCMG402　155,G
YITCMG403　3,G;49,A;173,C
YITCMG404　8,G;32,T;159,T/C
YITCMG405　161,G
YITCMG406　73,G;115,T;142,A
YITCMG407　13,C;97,G;108,A/G;113,C
YITCMG408　137,G
YITCMG409　82,G;116,T
YITCMG410　65,A/C
YITCMG411　73,A;76,T;84,A
YITCMG412　4,A/T;61,T/C;154,A/G;167,T/G
YITCMG414　11,T/A;37,A/G;62,C/G;132,C/G

YITCMG415　4,T;7,A;84,A;114,G

YITCMG416　80,A;84,A;112,T

YITCMG417　86,C;131,G

YITCMG418　93,T

YITCMG419　57,A/G;73,T;81,A;122,T/C

YITCMG420　35,C;36,A;53,A/G;117,C/G

YITCMG421　9,C;67,T;97,A

YITCMG422　97,A

YITCMG423　39,G;45,G;117,G

YITCMG425　57,A

YITCMG426　8,A/G

YITCMG427　103,C;113,C

YITCMG428　24,C;130,T/G;135,A/G

YITCMG429　61,T;194,G;195,T

YITCMG433　12,C;14,C;25,A;86,C;131,C;151,T

YITCMG434　27,G;37,T/G;40,A/G;50,T/C

YITCMG435　106,A

YITCMG436　25,A;50,T/C;56,A

YITCMG438　2,T/A;6,T/A;114,T/C;155,T

YITCMG439　87,C;113,A

YITCMG440　64,A;68,G;70,T;113,T

YITCMG441　12,A;74,G;81,C

YITCMG442　2,T;68,C;127,G;139,T/A;162,A;170,C;171,T

YITCMG443　28,T;166,A/G;184,T/C

YITCMG444　159,T/G

YITCMG446　122,A/C

YITCMG447　94,G;139,G;202,G

YITCMG448　91,G;95,C;112,G;126,T;145,G

YITCMG450　124,T/C

YITCMG451　26,G;33,A;69,C;74,A/G;115,C/G

YITCMG453　90,A;110,A;156,C

YITCMG454　17,T/C;90,A/G;92,T/G;101,T/C;118,A/T

YITCMG455　2,T/C;5,A/G;6,T/C;20,T/C;22,A/G;98,T/C;128,T/C;129,A/G;143,A/T

YITCMG456　32,A;48,G

YITCMG457　77,A;89,T/C;98,T/C;101,A;124,G;156,C/G

YITCMG458　48,T;72,G

YITCMG460　29,A/G;45,T;158,T/C

YITCMG462　24,C/G;26,A/T;117,T/G

YITCMG463　134,A/G;190,C

YITCMG464　52,A/G;89,A/G

YITCMG465　34,A/G;159,T/C

YITCMG466　69,G;75,T;99,G

YITCMG467　11,A;14,G;161,A;179,T

YITCMG469　12,T;71,A

YITCMG471   8,A;65,A;88,C;159,C

YITCMG473   65,T;75,C;91,T

YITCMG474   73,T

YITCMG475   107,A;115,C

YITCMG476   22,A;54,T

YITCMG477   7,T

YITCMG479   103,A

YITCMG481   19,T/C;21,A/G;83,T/C

YITCMG482   65,T;82,A/G;114,T/C;142,G

YITCMG483   110,A/G;113,G;147,A

YITCMG484   23,G;78,G;79,G;89,T/C

YITCMG485   116,C;125,T

YITCMG487   140,C

YITCMG488   51,C/G;76,A/G;127,T/C

YITCMG489   51,C

YITCMG490   57,C;123,T/C;135,A;168,T/G

YITCMG491   162,T;163,A

YITCMG492   55,A;112,A/T

YITCMG493   6,G;30,T

YITCMG494   43,C;52,A;98,G;159,C

YITCMG495   65,T;73,G;86,A/G

YITCMG496   26,G;134,C

YITCMG497   22,G;33,G;62,T;77,T

YITCMG499   45,A/C

YITCMG500   46,T/C;64,A/G

YITCMG501   144,A/G

YITCMG502   4,A/G;113,A/T;130,A/T;135,A/G;140,T/C

YITCMG503   70,A/G;85,A/C;99,T/C

YITCMG504   11,A/C;17,A/G;66,T/C

YITCMG505   46,T/C;99,T

YITCMG506   47,G;54,A/C

YITCMG507   24,G;27,A/G;63,A/G

YITCMG508   96,T;108,T/A;115,G

YITCMG510   1,A;40,T/A;98,T;99,G

YITCMG511   39,T;67,A;186,A

YITCMG512   25,A;63,G

YITCMG513   33,A/G;69,C/G;86,A/C;111,T/A;126,A/G;141,A/T;159,A/C

YITCMG514   45,C;58,A/G

YITCMG515   41,C;44,T;61,T/C

YITCMG516   53,C;137,T/G

YITCMG517   163,T

YITCMG519   129,T;131,T

YITCMG521   21,G

YITCMG522   127,T;137,G;138,C

YITCMG523   111,T/G;116,A/G;128,T/C;133,A/G;175,T/C
YITCMG526   35,T/G;42,T;126,T/G
YITCMG527   102,C/G
YITCMG528   1,T/C;79,A/G;107,A/G;166,A/G
YITCMG529   27,C/G;146,T/C
YITCMG530   55,T;62,A;76,C;81,A;148,T/C
YITCMG531   68,C;92,T
YITCMG532   17,C;85,T/C;111,A/G;131,A
YITCMG533   85,A/C;183,C
YITCMG534   40,T;122,C;123,C
YITCMG535   36,A;72,G
YITCMG537   46,A/G
YITCMG538   3,T;4,C
YITCMG540   17,T;73,T;142,A
YITCMG541   18,A/C;56,T/C;176,C
YITCMG542   85,A/G

广农研究 2 号

YITCMG001 53,A/G;72,T/C;78,A/G;85,A

YITCMG002 28,A/G;55,T/C;102,T/G;103,C/G;147,T/G

YITCMG003 29,T/C;82,A/G;88,A/G;104,A/G

YITCMG004 27,T/C;73,A/G

YITCMG005 56,A/G;100,A/G;105,T/A;170,T/C

YITCMG006 13,T/G;27,T/C;91,T/C;95,C/G

YITCMG007 62,T/C;65,T;96,G;105,A/G

YITCMG008 50,T/C;53,T/C;79,A/G

YITCMG010 40,T/C;49,A/C;79,A/G

YITCMG011 166,A/G

YITCMG012 75,T;78,A

YITCMG013 69,T

YITCMG014 126,A;130,T;162,C/G

YITCMG015 127,A;129,A/C;174,A/C

YITCMG018 10,A/G;30,A;95,A/G;97,T/A;104,A/T

YITCMG019 36,A/G;47,T/C

YITCMG020 70,A/C;100,C/G;139,A/G

YITCMG021 104,A;110,T

YITCMG023 142,T;143,C

YITCMG024 68,A;109,C

YITCMG025 72,A/C

YITCMG027 19,T/C;30,A/C;31,A/G;62,T/G;119,A/G;121,A/G;131,A/G;138,A/G;153,T/G;163,T/A

YITCMG028 45,A;113,A/T;147,A/G;167,A/G;191,A/G

YITCMG029 72,T/C

YITCMG030 55,A/G;73,T/G;82,T/A

YITCMG031 48,T/C;84,A/G;96,A/G

YITCMG032 117,C/G

YITCMG036 23,C/G;32,T/G;99,C/G;110,T/C;132,A/C

YITCMG037 12,C;39,T

YITCMG038 155,A/G;168,C/G

YITCMG039 1,G;61,A/G;71,T/C;104,T/C;105,G;151,T/G

YITCMG040 40,T/C;50,T/C

YITCMG041 24,C;25,A;68,T

YITCMG042 9,A/G

YITCMG043 56,T/C;67,T/C

YITCMG044 7,T/C;22,T/C;167,A/G;189,A/T

YITCMG045 92,T/C;107,T/C

YITCMG046 55,C;130,A;137,A;141,A

YITCMG047 60,T;65,G;113,T/G

YITCMG048 142,C/G;163,A/G;186,A/C

YITCMG049　115,A/C;172,A/G;190,T/A

YITCMG050　44,A/G

YITCMG051　15,C;16,A

YITCMG052　63,T;70,C

YITCMG053　85,A/C;86,A/G;126,A/G;167,A;184,T/A

YITCMG054　34,A/G;36,T;70,A/G;72,A/C;73,A/G;84,A/C;170,T/C

YITCMG056　34,T/C;74,T/A;104,T/C;117,T/C

YITCMG058　67,T/G;78,A/G

YITCMG059　12,T/A;84,A;95,A/T;100,T;137,A/G;152,A/T;203,A/T

YITCMG061　107,A/C;128,A/G

YITCMG064　2,A/G;27,T/G;74,C/G;106,A/G;109,T/A

YITCMG067　1,C;51,C;76,G;130,C

YITCMG068　49,T/G;91,A/G;157,A/G;178,A/C

YITCMG069　37,A/G;47,T/A;100,A/G

YITCMG071　102,A/T;142,C;143,C

YITCMG072　75,A;105,A

YITCMG073　15,A/G;28,A/C;49,A/G;99,A/G;106,T/C

YITCMG075　125,T/C;168,A/C;185,T/C

YITCMG076　129,T;162,C;163,A;171,T

YITCMG077　10,C;27,T;97,T;114,A;128,A;140,T

YITCMG078　33,A;95,T;147,T;165,A

YITCMG079　3,A/G;8,T/C;10,A/G;26,T/C;110,T/C;122,T/A;125,A;155,T/C

YITCMG081　91,C/G;98,T/G

YITCMG082　43,A;58,C;97,G

YITCMG083　123,T/G;169,C/G

YITCMG084　118,G;136,T

YITCMG085　6,A/C;21,T/C;24,C;33,T/C;206,T/C;212,T/C

YITCMG086　111,A/G;182,T/A

YITCMG087　19,T/C;78,A/G

YITCMG088　17,A/G;31,T/G;33,A;98,T/C

YITCMG089　92,C;103,C;151,C;161,C

YITCMG090　17,T/C;46,A/G;75,T/C

YITCMG091　24,C;84,G;121,A;187,C

YITCMG092　22,A/G;110,T/C;145,A/G

YITCMG093　10,A/G;35,A/G

YITCMG094　124,A;144,T

YITCMG095　51,T/C;78,T/C;184,A/T

YITCMG096　24,C;57,A;66,T

YITCMG098　48,A;51,C;180,T

YITCMG099　67,T/G;83,A/G;119,A/G;122,A/C

YITCMG100　155,T

YITCMG101　93,T/C

YITCMG102　20,A/G

YITCMG104　79,G;87,A/G

YITCMG105　31,A/C;69,A/G

YITCMG106　29,A;32,C;59,T/C;65,A/G;130,A/G;137,C;198,A/G

YITCMG107　23,A/G;160,A/G;164,C/G;165,A/T

YITCMG108　34,A;61,A/C;64,C

YITCMG110　30,T/C;32,A/G;57,T/C;67,C/G;96,T/C

YITCMG111　39,T/G;62,A/G;67,A/G

YITCMG112　101,C/G;110,A/G

YITCMG113　71,A/G;85,G;104,A/G;108,T/C

YITCMG114　42,T/A;46,A/G;66,T/A

YITCMG115　32,C;33,A;87,C;129,T

YITCMG116　54,A/G;91,T/C

YITCMG117　115,T;120,A

YITCMG119　73,C;150,T;162,G

YITCMG120　18,C;53,G

YITCMG121　32,T;72,G;149,G

YITCMG122　45,A/G;185,A/G;195,A/G

YITCMG123　87,A/G;130,T/G

YITCMG124　75,C;119,T

YITCMG125　123,C/G

YITCMG126　82,T/A;142,A/G

YITCMG127　146,A/G;155,A/T;156,A/G

YITCMG129　90,T/C;104,T/C;105,C/G;108,A/G

YITCMG130　31,C/G;39,A/C;83,T/C;108,A/G

YITCMG131　27,T/C;107,C/G

YITCMG132　43,C;91,T;100,T;169,T

YITCMG133　65,A/C;76,T;86,T/G;191,A/G;200,A/G;209,T

YITCMG134　23,C;98,T/C;128,A/G;139,T

YITCMG135　34,T/C;63,T/C;173,T/C

YITCMG136　169,A/G;198,T/C

YITCMG137　1,T/C;24,A/G;48,A/G;52,T;172,A/G

YITCMG139　7,G

YITCMG140　6,T

YITCMG141　71,T/G;184,C

YITCMG142　67,T/C;70,A/G

YITCMG143　73,A/G

YITCMG144　61,T/C;81,T/C;143,A/G;164,A/G

YITCMG145　7,A/G;12,T/C;26,A/G;78,T/G

YITCMG146　27,T/C;69,A/G;111,T/A

YITCMG147　36,A/G;62,T;66,T

YITCMG148　75,T/C;101,T/G;160,A/T;165,A/G;173,T/C

YITCMG149　25,A;30,A;143,T/C;174,T/C;175,A/G

YITCMG150　101,G;116,G

YITCMG152　83,T/A

YITCMG153　97,C;101,G;119,A

YITCMG154　5,T/C;47,A/C;77,T/C;141,T/C

YITCMG155　1,A/C;31,T/G;51,T/C;155,A/G

YITCMG156　28,T/A;36,T/G;44,C/G

YITCMG157　18,A/G;83,T/C

YITCMG158　67,C;96,A;117,G

YITCMG159　84,T/C;89,A/C;92,A/C;137,T/C

YITCMG161　71,A;74,C

YITCMG163　96,T/A;114,T/C;115,A/G;118,T/G

YITCMG164　150,A/G

YITCMG165　32,A/G;154,A/G;174,C;176,C/G;177,A/G

YITCMG166　13,T;87,G

YITCMG167　120,A/G;150,A/G

YITCMG168　79,T/C;89,C/G;96,A/G

YITCMG169　36,A/G;51,T/C;107,T/C;153,T/A

YITCMG170　31,T/G;139,C/G;142,A/G;145,C;150,A/T;151,T/C;157,A;164,A/G

YITCMG171　9,T/G;11,A/G;61,T/C;76,T/C;98,A/G

YITCMG173　11,C/G;17,A/C;20,T/C;144,C;161,A;162,T

YITCMG175　42,T/C;55,T/C;62,C;98,T/C

YITCMG177　7,A/G;44,A/C;124,C/G

YITCMG178　99,T/C;107,T/G;111,A/C

YITCMG180　23,C;72,C

YITCMG181　134,A/G

YITCMG182　59,T/C;66,T/A

YITCMG183　24,T;28,A;75,C;76,A/G;93,T/C

YITCMG184　43,A/G;45,A;60,C;64,C/G;97,C;127,T/G

YITCMG187　23,T/C;33,T/C;39,A/G;42,A/C;105,T;106,G

YITCMG188　16,T/C;66,A/G;101,A/T

YITCMG189　125,A/G;170,T/C

YITCMG190　117,T;162,G

YITCMG191　44,A/G;66,T/C;108,A/G

YITCMG192　89,T;95,C/G;119,G

YITCMG193　30,T/C;121,T/G;129,A/C;153,T

YITCMG194　1,T/A;32,A/T;55,A/G;165,T/C

YITCMG195　71,T/A

YITCMG196　19,A/G;85,A/C;91,T/C;114,T/G;190,A/G;191,T/C

YITCMG197　18,A/C;35,T/G;144,C/G;178,A/C;195,T/C

YITCMG198　100,A/C

YITCMG199　3,T/C;56,T/A;62,C/G;131,A/C;155,A/C;173,T/C;175,C/G

YITCMG202　16,C;121,T

YITCMG203　90,A/T

YITCMG204　76,C/G;85,A;133,C/G

YITCMG207　73,T/C

YITCMG209　27,C

YITCMG215　52,A/G;58,T/A

YITCMG216 40,A/G;69,A/G;135,C
YITCMG217 11,A/G;19,A/T;154,A/G;164,T/C;185,T/C
YITCMG218 5,A;31,C;59,T;72,C
YITCMG219 121,C/G
YITCMG220 126,A/G
YITCMG221 8,C;110,A/G;131,A;134,A
YITCMG222 1,A/G;15,C;31,A/G;46,A/G;70,G
YITCMG223 23,T;29,T;41,T/C;47,A/G;48,T/C
YITCMG225 61,A/G;67,T/C
YITCMG226 51,T/C;72,A;117,T
YITCMG228 72,C;81,C;82,T
YITCMG229 56,T/C;58,T/C;65,T/C;66,T/C
YITCMG230 65,C;87,A/T;103,A;155,A/G
YITCMG231 87,T/C;108,T/C
YITCMG232 1,T/C;64,T/C;76,A/C;80,G;152,C;169,T/C;170,G
YITCMG233 130,A;132,G;159,T;162,A
YITCMG234 54,T;55,T/C;103,A;122,T/G;183,A/T
YITCMG235 128,C/G
YITCMG236 94,A;109,A
YITCMG237 24,T/A;39,A/G;71,C/G;76,T/C
YITCMG238 49,C;68,C
YITCMG239 46,C;59,C;72,A
YITCMG242 61,A/C;70,T;85,T/C;94,A/G
YITCMG244 71,C;109,T/G;113,T/C
YITCMG247 19,A/C;40,A/G;46,T/G;123,T/C
YITCMG249 22,T/C;83,C/G;167,T/C
YITCMG250 92,T/C;98,T/A;99,T/G
YITCMG251 151,T/C
YITCMG252 26,A/G;78,C/G;82,A/T
YITCMG253 32,T/C;53,A/G;70,A/C;182,A/G;188,T/G;198,T/G
YITCMG254 48,C;106,G
YITCMG255 163,A/G
YITCMG258 2,T/C;101,A/T;170,A/G;172,C
YITCMG259 20,A/G;24,T;180,T;182,A
YITCMG260 63,A/G;154,A/T;159,A/C
YITCMG261 17,T/C;38,G;106,A;109,T
YITCMG263 42,T/C;77,T/G
YITCMG264 14,T/G;65,T/C
YITCMG265 138,T;142,G
YITCMG266 5,G;24,T/G;31,G;62,T/C;91,A/G
YITCMG267 39,G;92,T/G;108,A;134,T
YITCMG268 23,T/G;30,T/G;68,T/C
YITCMG269 43,A/T;91,T/C;115,T/A
YITCMG270 10,A;48,T/C;52,A/G;69,A/C;122,T/C;130,T;134,T/C;143,T/C;162,T/C;168,A/G;

191,A/G

YITCMG271 100,G;119,T

YITCMG272 43,G;74,T;87,C;110,T

YITCMG274 141,G;150,T

YITCMG275 106,C/G;131,A/C;154,A/G

YITCMG276 41,T/G;59,A/G

YITCMG280 104,A;113,C;159,C

YITCMG281 18,A/G;22,A/G;92,T/C;96,A/C

YITCMG282 46,A/G;64,T/C

YITCMG283 67,T/G;112,A/G;177,A/G

YITCMG284 18,A/G

YITCMG286 119,A/G;141,A/C

YITCMG287 2,C;38,T;171,A/T

YITCMG289 50,T;60,T/A;75,A/G

YITCMG290 13,A/G;21,T;66,C/G;128,T/A;133,A/C;170,T/A

YITCMG291 96,T

YITCMG292 85,T/C;99,T/A;114,T/C;126,A/C

YITCMG293 39,T/G;170,T;174,T/C;184,T/G

YITCMG295 15,G;19,A/G;71,A;130,A/G

YITCMG296 90,A;93,T;105,A

YITCMG297 128,C;147,A

YITCMG298 44,A/G;82,A/G;113,A/G

YITCMG299 22,C/G;29,A;34,A/G;103,A/G;145,A/G

YITCMG300 15,T/C;32,C;68,T;198,A/G

YITCMG301 76,C/G;98,T/G;108,C;111,T/C;128,G

YITCMG302 11,T/G;16,T/A;39,C/G;96,T

YITCMG303 10,T/A;21,A/G;54,T/G

YITCMG305 15,A/G;68,C

YITCMG306 16,C;69,A/C;71,A/T;85,T/G;92,C/G

YITCMG307 11,T/C;23,T/C;25,A/C;37,A/G

YITCMG308 34,A/G;35,C/G;45,A/T

YITCMG309 23,A/T;77,A/G;85,C/G

YITCMG310 98,G

YITCMG311 83,T/C;101,T/C;155,A

YITCMG312 42,T/A;104,A/T

YITCMG314 31,A/G;53,A/C

YITCMG316 102,C

YITCMG317 38,T/G;151,T/C

YITCMG319 33,A/G;147,T/C

YITCMG320 4,A/G;87,T/C

YITCMG321 16,G

YITCMG322 2,G;69,C;72,C;77,C;91,A;102,C

YITCMG323 6,A/T;49,A/C;73,T/C

YITCMG324 55,T/C;56,C/G;74,A/G;195,A/G

YITCMG325 22,T/C;57,A/C;130,T/C;139,C/G

YITCMG326 11,T;41,T;91,T/C;161,T/C;177,G;179,A/G

YITCMG327 115,T/C;121,A/G

YITCMG328 15,C;47,C;86,C

YITCMG329 78,C;195,A/C

YITCMG330 52,A/G;129,T/G;130,A/G

YITCMG331 24,A/G;51,A/G

YITCMG332 62,C/G;63,A/G;93,A/C

YITCMG333 132,T;176,A

YITCMG334 43,G;104,A

YITCMG335 48,A;50,T;114,G

YITCMG336 28,T/C;56,A/T;140,T/C

YITCMG337 55,T/C;61,T/C

YITCMG338 71,C;126,G;159,C;165,T;179,G

YITCMG339 48,T/C;81,T/C

YITCMG340 68,A/G;75,A/G;107,A/C;110,T/C;111,A/G

YITCMG341 59,A/T;83,T;124,G;146,A/G;210,T/G

YITCMG342 145,T/G;156,A/G;162,T/A;169,T/C;177,T/C

YITCMG343 3,A;39,T/C;127,A/G;138,T/A;171,T/C;187,T/C

YITCMG344 14,T;29,T/G;47,G;85,A/G;108,T/C

YITCMG345 31,T/A;34,A/T;39,T/G

YITCMG346 20,A/G;67,T/C;82,A/G

YITCMG347 21,A

YITCMG348 65,T;69,T/C;73,A;124,A

YITCMG349 62,A;136,G

YITCMG351 11,G;106,A/T;109,C;139,C

YITCMG352 108,T/C;138,T/A

YITCMG353 75,A/T;85,T/C;138,T/C

YITCMG354 62,A/C;66,A/G;81,A/C;134,A/C

YITCMG355 34,A;64,C;96,A

YITCMG356 45,A/T;47,A/C;72,A/T;168,A/G

YITCMG357 51,G;76,T/A

YITCMG358 155,T/C

YITCMG359 60,T/G;128,T/C

YITCMG360 54,T/G;64,A;82,T/C;87,G;92,C

YITCMG361 3,T/A;102,T/C

YITCMG363 57,T;96,T

YITCMG364 7,G;29,A;96,T

YITCMG365 23,T/C;79,T/C;152,C/G

YITCMG366 36,T/C;83,T/A;110,T/C;121,A/T

YITCMG367 21,T/C;145,C/G;165,A/G;174,C/G

YITCMG368 116,T/C;117,C/G

YITCMG369 99,T/C

YITCMG370 105,T/A

YITCMG371   27,A;36,T/C;60,T/C

YITCMG372   85,C

YITCMG373   74,A/G;78,A/C

YITCMG374   102,A/C;135,C;137,A;138,G

YITCMG375   17,C;107,T/A

YITCMG376   5,A/C;74,G;75,T/C;103,C/G;112,A/G

YITCMG377   3,A;42,A/C;77,T/G

YITCMG378   49,T/C

YITCMG379   61,T;71,T/C;80,T/C

YITCMG380   40,A

YITCMG382   62,A;72,C;73,C

YITCMG383   53,C;55,A

YITCMG384   52,T/G;106,G;128,C;195,C

YITCMG385   24,A/G;57,T/A;61,T/C;79,T/C

YITCMG386   13,T/C;65,G;67,T/C

YITCMG387   24,A/G;111,C/G;114,A/G

YITCMG388   17,T/C;121,A;147,T

YITCMG389   9,T/A;69,A/G;159,A/C;171,C/G;177,T/C

YITCMG390   9,C;82,T/G;95,T/A

YITCMG391   23,A/G;117,A/C

YITCMG392   78,A/G;109,T/C;114,A/C

YITCMG394   9,T/C;38,G;62,A

YITCMG395   40,A;49,T

YITCMG396   51,A/G;110,T/C;141,T/A

YITCMG397   92,T/G;97,G;136,T/C;151,A/T

YITCMG398   100,A/C;131,T/C;132,A/C;133,T/A;160,A/G;181,T/G

YITCMG399   7,A;41,A

YITCMG400   34,T/C;41,T/C;44,T/C;62,T/C;71,C/G;72,A/T;90,A/C

YITCMG401   123,G

YITCMG402   71,T/A;137,T;155,G

YITCMG403   49,A/T;58,C/G;156,A/T;173,C/G

YITCMG404   8,A/G;32,T/C

YITCMG405   155,C;157,C

YITCMG406   3,A/T;73,G;115,T

YITCMG407   13,C;26,G;97,G;99,A/G

YITCMG408   88,T/C;137,A/G

YITCMG409   82,C/G;116,T/C

YITCMG410   2,T/C;4,A/T;20,T/C;40,C/G;155,A/C

YITCMG411   2,T;81,A;84,A

YITCMG412   4,T/A;61,T/C;79,A/G;154,A/G

YITCMG413   55,A/G;56,C/G;82,T/C

YITCMG414   11,T/A;37,A/G;51,T/C;62,C/G

YITCMG415   7,A/G;84,A/G;87,A/G;109,T/G;113,A/G;114,A/G

YITCMG417   86,T/C;131,A/G

YITCMG418　15,T/C;34,A/G

YITCMG421　9,A/C;67,T/C;87,A/G;97,A/G

YITCMG423　39,T/G;41,T/C;117,G;130,C/G

YITCMG424　69,T;73,A/G;76,C/G;89,A/T

YITCMG425　26,C/G;57,A

YITCMG426　59,C;91,C

YITCMG428　18,A;24,C

YITCMG429　61,T/A;152,A/G;194,G;195,A/T

YITCMG432　69,T;85,C

YITCMG434　27,A/G;37,A/G

YITCMG435　106,A/G

YITCMG436　56,A/T

YITCMG437　36,C

YITCMG438　155,T

YITCMG439　87,T/C;113,A/G

YITCMG440　64,A;68,G;70,T;78,C

YITCMG443　28,A/T

YITCMG447　65,A/G;94,G;97,A;139,G;202,G

YITCMG448　22,A/C;37,T/C;91,G;95,A/C;112,C/G;126,T/C;145,G

YITCMG449　114,G

YITCMG451　26,G;33,A;69,C;74,G;115,C

YITCMG452　89,A/G;96,C/G;151,T/C

YITCMG453　87,A/G;156,T/C

YITCMG454　90,A;92,T;95,A/T

YITCMG455　2,T/C;5,A/G;20,T/C;22,A/G;98,T/C;128,T/C;129,A/G;143,A/T

YITCMG457　77,A;89,C;98,T;101,A;119,A;124,G;156,G

YITCMG458　35,T/C;37,C/G;43,T/C

YITCMG459　120,A;141,A

YITCMG460　45,T;136,A/C;144,T/C

YITCMG461　158,A/G

YITCMG462　1,A/G;22,C/G;24,C;26,A;36,T/C;49,A/C

YITCMG463　78,T/C;120,A/G;134,A/G;190,C

YITCMG464　78,A;101,T

YITCMG465　117,T/G;147,A/G

YITCMG466　75,T/A;99,C/G

YITCMG467　9,A/G;11,A/G;86,T/A

YITCMG469　12,T

YITCMG471　8,A/C;159,A/C

YITCMG472　51,G

YITCMG474　87,A/T;94,A/G;104,T/C;119,A/G

YITCMG475　82,A/G;84,A/G;102,T/C;115,A/C

YITCMG476　22,A/G;54,A/T

YITCMG477　3,T/G;7,T/C;91,T/C;150,T/C

YITCMG478　42,T/C;112,A/G;117,T/C

YITCMG479   38,T/C;103,A
YITCMG480   5,A/G;45,A/G;61,C/G;64,A/G
YITCMG481   21,A/G;108,A/G;192,T/G
YITCMG482   65,T/C
YITCMG483   113,G;147,A
YITCMG485   19,T/C
YITCMG486   109,T;148,T
YITCMG488   51,C/G;59,T/C;76,A/G;122,T/G;127,T/C
YITCMG490   57,C;93,T/C;135,A;165,A
YITCMG491   163,A
YITCMG492   55,A;83,T/C;113,C/G
YITCMG493   5,T/C;6,G;30,T;48,A/G;82,A/G
YITCMG494   43,C;52,A;98,G;152,A/G;154,T/C;188,T/C;192,T/C
YITCMG495   13,T/C;65,T;73,G;82,A/G;86,A/G;89,A/G
YITCMG496   7,A/G;26,G;59,A/G;134,C;179,T/C
YITCMG497   22,G;31,T/C;33,G;62,T;77,T;78,T/C;94,T/C;120,A/G
YITCMG500   86,T;87,C
YITCMG501   15,A/T;93,A/G;144,A/G;173,T/C
YITCMG502   4,A/G;12,T/C;130,T/A;135,A/G;140,T/C
YITCMG505   14,T/C;54,A/G;99,T/C
YITCMG506   47,A/G;54,A/C
YITCMG507   3,C;24,G;63,A
YITCMG508   96,T/C;109,A/G;115,T/G;140,A/G
YITCMG509   40,T/C;65,T/C;126,A/G
YITCMG510   1,A;95,G;98,A
YITCMG512   25,A/G;63,A/G
YITCMG514   45,A/C
YITCMG515   41,T/C;44,T/G
YITCMG516   29,T
YITCMG517   72,T/G;84,T/A;86,A/G;163,T
YITCMG520   65,A/G;83,A/G;136,T/C;157,A/C
YITCMG521   8,T/G;21,G;30,A/G;163,T/G
YITCMG522   127,T/A;137,A/G;138,A/C
YITCMG524   19,A/G;100,A/G
YITCMG525   33,T/G;61,T/C
YITCMG530   76,C;81,A;113,T
YITCMG531   11,T/C;49,T/G
YITCMG532   17,C
YITCMG533   183,C
YITCMG534   40,T;120,A/G;122,C;123,C
YITCMG535   36,A/G;72,A/G
YITCMG537   118,A/G;135,T/C
YITCMG538   168,A/G
YITCMG539   27,T/G;54,T/C;75,T/A;82,T/C;152,T/A

YITCMG540   17,T;70,A/G;73,T;142,A
YITCMG541   70,C
YITCMG542   3,A/C;69,T;79,C

高州吕宋

YITCMG001　72,T/C;85,A;94,A/C

YITCMG002　28,A/G;55,T/C;102,T/G;103,C/G;147,T/G

YITCMG003　67,T/G;82,A/G;88,A/G;104,A/G;119,T/A

YITCMG004　27,T;73,A/G

YITCMG005　56,A/G;100,A/G;105,A/T;170,T/C

YITCMG006　13,T/G;48,A/G;91,T/C

YITCMG007　62,T/C;65,T;96,G;105,A/G

YITCMG008　50,T/C;53,T/C;79,A/G

YITCMG010　40,T/C;49,A/C;79,A/G

YITCMG011　36,A/C;114,A/C;166,A/G

YITCMG013　16,C;56,A;69,T

YITCMG014　126,A;130,T

YITCMG015　44,A;127,A;129,C;174,A

YITCMG017　17,T/G;98,C/G

YITCMG018　30,A

YITCMG019　115,A/G

YITCMG020　70,A/C;100,C/G;139,A/G

YITCMG022　3,A;11,A;92,G;94,T;99,C;118,G;131,C;140,G

YITCMG023　142,T;143,C;152,A/T

YITCMG024　68,A;109,C

YITCMG025　72,A/C;108,T/C

YITCMG026　16,A/G;81,T/C

YITCMG027　19,T/C;31,A/G;62,T/G;119,A/G;121,A/G;131,A/G;138,A/G;153,T/G;163,A/T

YITCMG028　45,A/G;113,T/A;147,A/G;167,A/G;174,T/C;191,A/G

YITCMG029　72,T/C

YITCMG030　55,A;73,T/G;82,A/T

YITCMG031　48,C;84,G;96,A

YITCMG032　14,A/T;160,A/G

YITCMG033　73,G;85,A/G;145,A/G

YITCMG034　122,A/G

YITCMG035　102,T/C;126,T/G

YITCMG037　12,C;13,A;39,T

YITCMG038　155,A/G;168,C/G

YITCMG039　1,G;19,A/G;61,A/G;71,T/C;104,T/C;105,G;151,T/G

YITCMG040　40,T/C;50,T/C

YITCMG041　24,A/T;25,A/G;68,T/C

YITCMG042　5,A/G;48,A/T;92,A/T

YITCMG044　7,T/C;22,T/C;167,A/G;189,T/A

YITCMG045　92,T;107,T

YITCMG046　38,A/C;55,A/C;130,A/G;137,A/C;141,A/G

YITCMG047　60,T/G;65,T/G

YITCMG048　142,C/G;163,A/G;186,A/C

YITCMG049　115,C

YITCMG051　15,C;16,A

YITCMG052　63,T;70,C;139,T/C

YITCMG053　86,A/G;167,A/G;184,A/T

YITCMG054　34,A/G;36,T;70,A/G;72,A/C;73,A/G;84,A/C;170,T/C

YITCMG056　34,T;74,A/T

YITCMG057　98,T/C;99,A/G;134,T/C

YITCMG058　67,T;78,A

YITCMG059　84,A;95,T;100,T;137,A;152,T;203,T

YITCMG060　10,A/C;54,T/C;125,T/C;129,A/G

YITCMG061　107,A/C;128,A/G

YITCMG063　86,A/G;107,A/C

YITCMG064　2,A/G;27,T/G;74,C/G;106,A/G;109,A/T

YITCMG065　37,T/G;56,T/C

YITCMG066　10,A/C;64,A/G;141,T/G

YITCMG067　1,C;51,C;76,G;130,C

YITCMG071　142,C;143,C

YITCMG072　75,A/G;105,A/G

YITCMG073　15,A/G;19,A/G;28,A/C;49,A/G;106,T/C

YITCMG075　125,T/C;168,A/C;169,A/G;185,T/C

YITCMG076　129,T/C;162,A/C;163,A/G;171,T/C

YITCMG078　15,A/T;33,A/G;93,A/C;95,T;147,T/C;165,A/G

YITCMG079　3,A/G;8,T/C;10,A/G;110,T/C;122,T/A;125,A/C

YITCMG080　43,A/C;55,T/C

YITCMG081　91,C/G;115,T/A

YITCMG082　43,A;58,C;97,G

YITCMG083　169,C/G

YITCMG084　118,G;136,T

YITCMG085　6,A/C;21,T/C;24,C;33,T;206,T/C;212,T/C

YITCMG086　180,A/C

YITCMG087　19,T/C;78,A/G

YITCMG088　33,A

YITCMG089　92,C;103,C;151,C;161,C

YITCMG090　17,T/C;46,G;75,T

YITCMG091　24,T/C;33,C/G;59,A/C;84,T/G;121,A/G;187,A/C

YITCMG092　22,A/G;110,T/C;145,A/G

YITCMG094　124,A;144,T

YITCMG095　51,T/C;78,T/C;184,T/A

YITCMG096　24,T/C;57,A;63,T/C;66,T/C

YITCMG098　48,A/G;51,T/C;180,T/C

YITCMG099　67,T/G;83,A/G;119,A/G;122,A/C

YITCMG100　124,T/C;141,C/G;155,T

YITCMG101　93,T/C

YITCMG102　20,A;135,T/C

YITCMG104　79,G;87,G

YITCMG105　31,A/C;69,A/G

YITCMG106　29,A;32,C;65,G;130,A;137,C

YITCMG107　143,A/C;160,A/G;164,C/G

YITCMG108　34,A;61,A/C;64,C

YITCMG109　17,T/C;29,A/C;136,A/T

YITCMG110　30,T/C;32,A/G;57,T/C;67,C/G;96,T/C

YITCMG111　39,T/G;62,A/G;67,A/G

YITCMG112　101,C/G;110,A/G

YITCMG113　71,A;85,G;104,G;108,C;131,A/G

YITCMG114　42,A/T;46,A/G;66,A/T

YITCMG115　32,T/C;33,A/T;87,C;129,T/A

YITCMG116　54,A/G;91,T/C

YITCMG117　115,T/C;120,A/G

YITCMG119　72,C;73,C;150,T;162,G

YITCMG120　121,G;130,C;133,C

YITCMG121　32,T;72,G;149,T/G

YITCMG122　45,G;185,G;195,A

YITCMG123　87,G;130,T

YITCMG124　75,C;119,T

YITCMG125　123,C/G

YITCMG126　82,T/A;142,A/G

YITCMG127　146,A/G;155,T/A;156,A

YITCMG128　163,A/G

YITCMG129　90,T/C;104,T/C;105,C/G

YITCMG130　31,C/G;83,T/C;108,A/G

YITCMG131　27,T/C;107,C/G

YITCMG132　43,C;91,T;100,T;169,T

YITCMG133　65,A/C;76,T;86,T/G;191,A/G;200,A/G;209,T

YITCMG134　23,C;99,T/C;116,T/A;128,A/G;139,T;146,C/G

YITCMG135　173,T/C

YITCMG137　24,A;52,T

YITCMG139　7,G

YITCMG140　6,T

YITCMG141　71,T/G;184,C

YITCMG144　4,A/G;61,T/C;81,T/C;143,A/G;164,A/G

YITCMG145　7,A/G;26,A/G;78,T/G

YITCMG146　27,T/C;69,A/G;111,T/A

YITCMG147　36,A/G;62,T;66,T

YITCMG148　75,T/C;101,T/G

YITCMG149　25,A/C;30,A/G;174,T/C

YITCMG150　8,T/G;99,T/C;100,A/T;101,G;116,G;123,C/G;128,T/A

YITCMG152　83,T/A

YITCMG153   97,A/C;101,A/G;119,A

YITCMG154   5,T;26,T/G;47,A/C;60,A/G;77,C;130,A/C;141,C

YITCMG155   31,T;51,C;155,A/G

YITCMG156   36,T/G

YITCMG157   83,T/C

YITCMG158   67,C;96,A;117,G

YITCMG159   137,T/C

YITCMG160   55,A/G;75,T/C;92,A/G;107,T/G;158,T/C

YITCMG161   71,A;74,C

YITCMG163   96,A/T;114,T/C;115,A/G;118,T/G

YITCMG164   57,T/C;114,A/G

YITCMG165   174,C

YITCMG166   13,T;87,G

YITCMG167   120,A/G;150,A/G;163,C/G

YITCMG168   79,T/C;89,C/G;96,A/G;171,C/G

YITCMG169   36,A/G;51,C;78,A/C;99,T/C;153,A/T

YITCMG170   139,C;142,G;145,C;150,A;151,T;157,A;164,A

YITCMG171   9,T/G;11,A/G;61,T/C;76,T/C;98,A/G

YITCMG172   164,A/C;168,A/G;186,A/G;187,A/G

YITCMG173   11,C/G;17,A/C;20,T/C;144,C;161,A;162,T

YITCMG174   9,T/C;10,A/C;84,A/G

YITCMG175   32,T/G;42,T/C;55,T/C;62,A/C;98,T/C

YITCMG176   44,A/G;107,A/G;127,A/C

YITCMG177   20,T/C

YITCMG178   99,T/C;107,T/G;111,A/C

YITCMG180   23,C;72,C;75,C/G

YITCMG181   134,A/G

YITCMG182   3,A/G;77,T/C

YITCMG183   24,T;28,A/G;75,T/C;76,A/G;93,T/C

YITCMG184   45,A;60,C;64,C/G;97,C;127,T/G

YITCMG185   62,A/G;68,A/T;80,A/G;130,A/C;139,A/G

YITCMG188   16,T/C;66,A/G;101,T/A

YITCMG189   23,T/C;51,A/G;138,T/A;168,T/C

YITCMG190   117,T;162,G

YITCMG192   89,T/C;95,C/G;119,T/G

YITCMG193   3,A/G;9,T/A;30,C;39,A/G;121,G;129,C;153,T

YITCMG194   1,T/A;32,A/T;55,A/G;165,T/C

YITCMG195   45,A/T;71,T/A;87,T/C;128,A/G;133,A/G

YITCMG196   19,A/G;91,T/C;190,A/G;191,T/C;197,T/A

YITCMG197   18,C;35,G;144,C/G;178,A;195,T

YITCMG198   70,A/G;71,A/G;100,A/C

YITCMG199   3,T/C;56,T/A;62,C/G;131,A/C;155,A/C;173,T/C;175,C/G

YITCMG200   38,T/C;53,A/G

YITCMG202   16,C;121,T

YITCMG203　90,A/T

YITCMG204　85,A/G

YITCMG206　66,G;83,G;132,G;155,G

YITCMG207　156,T/C

YITCMG208　86,T/A;101,A/T

YITCMG209　24,T/C;27,C;72,T/C

YITCMG212　118,A/G

YITCMG216　69,A/G;135,T/C;177,A/G

YITCMG217　11,A;19,A;154,G;164,C

YITCMG218　5,A/C;31,C;59,T;72,C

YITCMG219　89,T/C;121,C/G;125,T/C

YITCMG221　8,C;110,A/G;131,A;134,A

YITCMG222　1,T/G;15,T/C;31,A/G;46,A/G;70,C/G

YITCMG223　23,T;29,T;41,T/C;47,A/G;48,T/C;77,A/G

YITCMG225　61,A/G;67,T/C

YITCMG226　72,A;117,T

YITCMG227　6,A/G;26,T/C

YITCMG229　56,T/C;58,T/C;65,T/C;66,T/C

YITCMG230　17,A/C;65,C;87,A/T;103,A;155,G

YITCMG231　12,T/C;87,T/C;108,T/C

YITCMG232　1,T/C;76,C/G;80,G;152,C;169,T/C;170,G

YITCMG234　54,T/A;103,A/G;183,A/T;188,A/G

YITCMG235　128,C/G

YITCMG236　94,A;109,A

YITCMG237　24,T/A;39,G;71,C/G;76,T/C;105,A/G

YITCMG238　49,C;68,C

YITCMG239　46,T/C;59,T/C;72,A

YITCMG240　21,A/G;96,A/G

YITCMG242　61,A/C;70,T;85,T/C;94,A/G

YITCMG244　71,T/C;109,T/G;113,T/C

YITCMG247　123,T/C

YITCMG248　31,A/G;35,A/G;60,T/G

YITCMG249　22,T/C;142,T/C;167,T/C;195,A/G;199,A/G

YITCMG250　92,T/C;98,T;99,G

YITCMG253　70,A/C;198,T/G

YITCMG254　48,C/G;82,T/C;106,T/G

YITCMG255　67,T/G;155,C/G;163,A/G;166,T/C

YITCMG256　19,A/G;47,A/C;66,A/G

YITCMG258　170,A;172,C

YITCMG259　20,A/G;24,T;180,T;182,A

YITCMG260　63,A/G;154,T/A;159,A/C

YITCMG261　17,T/C;38,T/G;106,T/A;109,T/C

YITCMG262　47,T/G

YITCMG266　5,G;24,T/G;31,G;62,T/C;91,A/G

YITCMG267　39,G;92,T/G;108,A;134,T

YITCMG270　10,A;48,T/C;52,A/G;69,A/C;122,T/C;130,T;134,T/C;143,T/C;162,T/C;168,A/G;191,A/G

YITCMG271　100,C/G;119,A/T

YITCMG272　43,G;74,T;87,C;110,T

YITCMG274　141,A/G;150,T/C

YITCMG275　106,C;131,A

YITCMG276　41,T/G;59,A/G

YITCMG278　1,A/G;10,A/G;12,A/C

YITCMG280　62,T/C;85,C/G;104,T/A;113,C/G;121,A/G;144,T/G;159,C

YITCMG281　18,A/G;22,A/G;92,T/C;96,A

YITCMG282　46,A;64,C

YITCMG283　67,T/G;112,A/G;177,A/G

YITCMG284　18,A/G;55,A/T;94,T/C

YITCMG285　85,A/G;122,C/G

YITCMG286　119,A/G;141,A/C

YITCMG287　2,C;38,T;170,A/C;171,A/T

YITCMG288　79,T/C

YITCMG289　50,T;60,T/A;75,A/G

YITCMG290　21,T;66,C/G;170,A/T

YITCMG291　96,T

YITCMG292　85,T/C;99,T/A;114,T/C;126,A/C

YITCMG293　39,T/G;170,T/A;174,T/C;184,T/G;207,A/G

YITCMG295　15,A/G;71,A/T

YITCMG296　90,A;93,T;105,A

YITCMG297　128,T/C;147,A/C

YITCMG298　44,A/G;82,A/G;113,A/G

YITCMG299　29,A;34,A/G;103,A/G;117,C/G

YITCMG300　15,T/C;32,C;68,T;118,T/C

YITCMG301　76,C/G;98,A/G;108,C;111,T/C;128,T/G

YITCMG302　11,T/G;40,A/G;96,T

YITCMG303　10,T/A;21,A/G;54,T/G

YITCMG304　6,A/G;35,A;42,G;45,A/C;116,G;121,A/C

YITCMG305　15,A/G;50,A/C;67,T/G;68,C

YITCMG306　16,C;69,A/C;71,T/A;85,T/G;92,C/G

YITCMG307　11,T/C;23,T/C;25,A/C;37,A/G

YITCMG308　34,A/G;35,C/G;45,T/A

YITCMG309　5,A/C;23,T/A;77,A/G;85,C/G;162,A/G

YITCMG310　98,G

YITCMG311　83,T/C;101,T/C;155,A

YITCMG312　42,A/T;104,T/A

YITCMG314　27,C/G;31,A/G;42,A/G;53,A/C

YITCMG316　98,T/C;102,T/C

YITCMG317　38,G;151,C

YITCMG318   61,T/C;73,A/C;139,T/C

YITCMG319   147,T/C

YITCMG320   4,A/G;87,T/C

YITCMG321   16,G;83,T/C

YITCMG322   72,T/C

YITCMG323   6,A;49,C;73,T;75,A/G

YITCMG324   55,T/C;56,C/G;74,A/G;195,A/G

YITCMG325   57,C

YITCMG326   11,T/C;41,T/A;161,T/C;177,A/G;179,A/G

YITCMG327   115,T/C;121,A/G

YITCMG328   15,C;47,C;86,C

YITCMG329   48,T/C;78,C/G;109,T/A;195,A/C

YITCMG330   52,A;129,G;130,A

YITCMG331   24,A;51,A/G;154,A/G

YITCMG332   62,C/G;63,A/G;93,A/C

YITCMG333   132,T;176,A

YITCMG334   43,C/G;104,A/C

YITCMG335   48,A/G;50,T/C;114,G

YITCMG336   28,T/C;56,T/A;140,T/C

YITCMG337   55,T/C;61,T/C

YITCMG338   159,T/C;165,T/C;172,T/A;179,C/G

YITCMG340   51,T/C

YITCMG341   83,T;124,G

YITCMG342   156,A/G;162,A/T;169,T/C;177,T/C

YITCMG343   3,A;39,T

YITCMG344   8,T/C;14,T;35,T/G;47,G;85,A/G;108,T/C

YITCMG345   31,T/A;39,T/G

YITCMG347   19,T/A;21,A/G;29,A/G;108,A/C;149,T/C

YITCMG348   28,T/C;65,T/C;73,A/G;124,A/C;131,A/G;141,T/A

YITCMG349   62,A/G;136,C/G

YITCMG350   17,A;23,T/C;37,A/T;101,T/A;104,T/C

YITCMG351   11,T/G;109,T/C;139,C/G

YITCMG353   75,T;85,C

YITCMG354   62,A/C;66,A/G;81,A/C;134,A/C

YITCMG355   34,A;64,C;96,A

YITCMG356   45,T/A;47,A/C;72,T/A

YITCMG357   29,A/C;51,T/G;76,A/T

YITCMG358   155,T/C

YITCMG359   60,T/G;128,T/C

YITCMG360   54,T/G;64,A/G;82,T/C;87,A/G;92,T/C

YITCMG361   3,A/T;102,T/C

YITCMG362   12,T/C;62,T/A;77,A/G

YITCMG363   57,T;96,T

YITCMG364   7,G;29,A;96,T

YITCMG365　23,T/C;79,T/C;152,C/G

YITCMG366　36,T/C;83,A/T;110,T/C;121,T/A

YITCMG367　21,T/C;145,C/G;165,A/G;174,C/G

YITCMG368　116,T/C;117,C/G

YITCMG369　99,T/C

YITCMG370　18,A/G;105,T/A;117,T/C;134,A/T

YITCMG371　27,A;36,T/C;60,T/C

YITCMG372　85,C

YITCMG373　72,A/G;74,A/G;78,A/C

YITCMG374　108,A/G;135,T/C;137,T/A;138,A/G;198,T/C

YITCMG375　17,A/C;107,T/A

YITCMG376　5,A/C;74,A/G;75,A/C;103,C/G;112,A/G

YITCMG377　3,A/G;77,T/G

YITCMG378　49,T/C

YITCMG379　61,T;71,T/C;80,T/C

YITCMG380　40,A

YITCMG381　64,T/G;113,T/C;124,T/C

YITCMG383　53,T/C;55,A;110,C/G

YITCMG384　106,A/G;128,T/C;195,T/C

YITCMG385　57,A/T;61,T/C;79,T/C

YITCMG386　65,G

YITCMG387　111,C/G;114,A/G

YITCMG388　17,T;121,A;147,T

YITCMG389　3,T/G;9,T/A;69,A/G;101,A/G;159,A/C;171,C/G;177,T/C

YITCMG390　9,C

YITCMG391　23,A/G;116,C/G;117,A/C

YITCMG392　109,T/C;114,A/C

YITCMG393　66,A/G;99,A/C

YITCMG394　9,T/C;38,G;62,A

YITCMG395　40,A/T;45,T/C;49,T/C

YITCMG396　110,T/C;141,A/T

YITCMG397　92,T/G;97,G

YITCMG398　100,A/C;131,C;132,A;133,A;159,T/C;160,G;181,T

YITCMG399　7,A;41,A

YITCMG400　34,T/C;41,T/C;44,T/C;53,T/C;62,T/C;71,C/G;72,A/T;90,A/C

YITCMG401　43,T/C;123,A/G

YITCMG402　71,A/T;137,T;155,G

YITCMG405　155,C;157,C

YITCMG406　73,G;115,T

YITCMG407　13,T/C;26,T/G;97,T/G

YITCMG408　88,T/C;137,A/G

YITCMG410　2,T/C;4,A/T;20,T/C;40,C/G

YITCMG411　2,T/C;81,A/C;84,A/G

YITCMG412　79,A;154,G

YITCMG413   55,A/G;56,C/G;82,T/C
YITCMG414   11,A/T;37,A/G;51,T/C;62,C/G
YITCMG415   7,A/G;84,A/G;87,A/G;109,T/G;113,A/G;114,A/G
YITCMG416   80,A/G;84,A/G;112,A/G;117,A/T
YITCMG417   35,C/G;55,A/G;86,C;131,G
YITCMG418   15,T/C;34,A/G
YITCMG419   73,T/A;81,A/T;168,A/G
YITCMG421   9,A/C;67,T/C;97,A/G
YITCMG422   97,A
YITCMG423   41,T;117,G
YITCMG424   69,T/G;73,A/G;76,C/G;89,A/T
YITCMG425   57,A/G;66,T/C
YITCMG426   59,T/C;91,C/G
YITCMG428   18,A;24,C;135,A/G
YITCMG429   194,G;195,T
YITCMG432   69,T;85,C
YITCMG434   27,G;37,T/G;40,A/G;43,C/G
YITCMG435   28,T;43,C;103,G;106,A;115,A
YITCMG436   25,A;56,A
YITCMG437   36,T/C
YITCMG438   155,T
YITCMG440   64,A;68,G;70,T;78,C
YITCMG441   96,A/G
YITCMG442   2,A/T;68,T/C;127,A/G;162,A/G;170,T/C;171,T/G
YITCMG443   28,T;104,A/T;106,T/G;107,T/A;166,A/G
YITCMG444   118,T/A;141,A/G
YITCMG446   13,T/C;51,T/C
YITCMG447   94,G;97,A/G;139,G;202,G
YITCMG448   22,A/C;37,T/C;91,G;95,A/C;112,C/G;126,T/C;145,G
YITCMG449   114,G
YITCMG450   100,A/G;146,T/A
YITCMG451   26,G;33,A;69,C;74,G;115,C
YITCMG452   89,A/G;96,C/G;151,T/C
YITCMG453   87,A/G;156,T/C
YITCMG454   90,A;92,T;95,T/A;121,T/C
YITCMG455   120,A/G
YITCMG457   77,A/T;89,T/C;98,T/C;101,A/G;119,A/G;124,G;156,C/G
YITCMG458   37,C/G;43,T/C
YITCMG459   120,A;146,A;192,T
YITCMG460   45,T/C
YITCMG461   89,T/C;131,A/G;140,A/G
YITCMG462   1,A/G;22,C/G;24,C;26,A;36,T/C;49,A/C
YITCMG463   190,C
YITCMG465   156,A/T

YITCMG466 75,T/A;83,A/G;99,C/G

YITCMG467 9,A/G;11,A/G;161,A/G;162,C/G;179,T/A

YITCMG468 132,C

YITCMG470 78,C/G

YITCMG471 8,A;65,A/G;88,T/C;159,C

YITCMG472 51,G

YITCMG474 87,T/A;94,A/G;104,T/C;119,A/G

YITCMG475 82,A/G;84,A/G;102,T/C;115,A/C

YITCMG476 22,A/G;54,T/A

YITCMG477 3,T/G;7,T;91,C;140,A/T;150,T;153,A/G

YITCMG478 42,T/C

YITCMG479 103,A

YITCMG480 5,A/G;45,A/G;61,C/G;64,A/G

YITCMG481 21,A;108,A/G;160,A/G;192,T/G

YITCMG482 65,T;87,A/G;114,T/C;139,C/G;142,T/G

YITCMG483 113,A/G;147,A/G

YITCMG484 23,A/G;78,A/G;79,A/G

YITCMG487 140,C/G

YITCMG488 51,G;76,G;127,C

YITCMG490 57,T/C;93,T/C;135,T/A;165,T/A

YITCMG491 156,G

YITCMG492 55,A/G;83,T/C;113,C/G

YITCMG493 4,T/C;5,T/C;6,G;30,T;48,A/G;82,A/G

YITCMG494 43,T/C;52,A/G;98,A/G

YITCMG495 13,T/C;65,T/G;73,A/G

YITCMG496 7,A/G;26,A/G;59,A/G;134,T/C

YITCMG497 22,G;31,T/C;33,G;62,T;77,T;78,T/C;94,T/C;120,A/G

YITCMG501 15,A;93,G;144,A;173,C

YITCMG502 4,A;130,A;135,A;140,T

YITCMG503 70,A/G;85,A/C;99,T/C

YITCMG504 11,A/C;17,A/G

YITCMG505 14,T/C;54,A/G;99,T/C

YITCMG507 3,T/C;24,G;63,A/G

YITCMG508 140,A/G

YITCMG509 40,T/C

YITCMG510 1,A/G;95,A/G;98,A/G

YITCMG512 25,A/G;63,A/G

YITCMG514 45,A/C;51,T/C;57,T/C;58,T/G

YITCMG515 41,T/C;44,T/G;112,T/A

YITCMG516 29,T/G;53,A/C

YITCMG517 72,T/G;84,A/T;86,A/G;163,T

YITCMG520 65,A/G;83,A/G;136,T/C;157,A/C

YITCMG521 8,T/G;21,G;30,A/G

YITCMG522 72,A/T;127,A/T;137,A/G;138,A/C

YITCMG524　19,G;100,G

YITCMG525　33,T/G;61,T/C

YITCMG527　35,A/G;108,T/G;118,A/C

YITCMG528　1,C;79,G;107,G

YITCMG529　129,T;144,A;174,T

YITCMG530　55,T/A;62,A/G;76,C;81,A;113,T/C

YITCMG532　123,A/C

YITCMG533　85,A/C;183,C;188,A/G

YITCMG534　40,A/T;122,C/G;123,T/C

YITCMG535　36,A;72,G

YITCMG537　34,C/G;118,A/G;135,T/C;143,A/G

YITCMG539　27,G;75,T

YITCMG540　17,A/T;70,A/G;73,T/C;142,A/G

YITCMG541　70,A/C;130,T/G;176,T/C

YITCMG542　18,T;69,T;79,C

古巴 4 号

YITCMG001   72,T/C;85,A/G

YITCMG002   28,A/G;55,T/C;102,T/G;103,C/G;147,T/G

YITCMG003   82,A/G;88,A/G;104,A/G

YITCMG004   27,T;73,A/G

YITCMG005   56,A/G;100,A/G;105,A/T;170,T/C

YITCMG006   13,T/G;48,A/G;91,T/C

YITCMG007   65,T/C;96,A/G

YITCMG008   94,T/C

YITCMG009   75,C;76,T

YITCMG011   166,G

YITCMG013   16,T/C;56,A/C;69,T/C

YITCMG015   127,A/G;129,A/C;142,T/C;174,A/C

YITCMG017   15,A/T;39,A/G;87,T/G;98,C/G

YITCMG018   30,A

YITCMG020   49,T/C;70,A/C;100,C/G;139,A/G

YITCMG024   68,A/G;109,T/C

YITCMG026   15,T/C;69,A/G

YITCMG027   138,G

YITCMG028   45,A/G;110,T/G;133,T/G;147,A/G;167,A/G

YITCMG029   72,T/C

YITCMG030   55,A

YITCMG031   48,T/C;84,A/G;96,A/G

YITCMG034   122,A/G

YITCMG036   99,C/G;110,T/C;132,A/C

YITCMG037   12,C;13,A;39,T

YITCMG039   1,G;19,A/G;61,A/G;71,T/C;104,T/C;105,G;151,T/G

YITCMG044   167,G

YITCMG045   92,T/C;107,T/C

YITCMG046   55,A/C;130,A/G;137,A/C;141,A/G

YITCMG047   60,T/G;65,T/G;113,T/G

YITCMG049   115,A/C;172,A/G

YITCMG051   15,C;16,A

YITCMG053   86,A/G;167,A/G;184,A/T

YITCMG054   34,A/G;36,T/C;70,A/G;151,A/G

YITCMG058   67,T/G;78,A/G

YITCMG059   84,A/G;95,T/A;100,T/G;137,A/G;152,T/A;203,T/A

YITCMG060   156,T/G

YITCMG061   107,A/C;128,A/G

YITCMG063   86,A/G;107,A/C

YITCMG064   2,A/G;27,T/G

YITCMG066   10,A/C;64,A/G;141,T/G

YITCMG067 1,T/C;51,T/C;76,A/G;130,A/C

YITCMG068 49,T/G;91,A/G

YITCMG070 5,T/C;6,C/G;13,A/G;73,A/C

YITCMG073 15,A/G;49,A/G

YITCMG075 168,A/C

YITCMG076 129,T/C;162,A/C;163,A/G;171,T/C

YITCMG077 10,C/G;30,T/C;114,A/C;128,T/A

YITCMG078 93,A/C;95,T/C

YITCMG079 3,A/G;8,T/C;10,A/G;110,T/C;122,A/T;125,A/C

YITCMG081 91,C/G

YITCMG082 97,A/G

YITCMG083 123,A/G;161,A/C;169,C/G

YITCMG084 80,T/C;118,A/G;136,A/T

YITCMG085 6,A/C;21,T/C;24,A/C;33,T/C;157,T/C;206,T/C;212,T/C

YITCMG086 142,C/G

YITCMG088 17,A/G;33,A/G;143,A/G;189,T/G

YITCMG090 17,T/C;46,A/G;75,T/C

YITCMG091 59,A;84,G;121,A;126,C/G;187,C

YITCMG092 22,A/G;110,T/C;145,A/G

YITCMG093 72,A/G

YITCMG094 124,T/A;144,A/T;146,T/G

YITCMG096 24,C;57,A;66,T

YITCMG098 48,A/G;51,T/C;180,T/C

YITCMG099 67,T/G;83,A/G;119,A/G;122,A/C

YITCMG100 124,T/C;141,C/G;155,T

YITCMG101 53,T/G;92,T/G;93,T/C

YITCMG102 20,A/G

YITCMG104 79,A/G;87,A/G

YITCMG106 29,A;32,C;59,C;65,G;137,C

YITCMG107 23,A/G;143,A/C;160,G;164,C;165,A/T

YITCMG108 34,A;64,C

YITCMG110 30,T/C;57,T/C

YITCMG111 39,T/G;62,A/G;67,A/G

YITCMG113 5,C/G;71,A/G;85,G;104,A/G

YITCMG114 75,A/C;81,A/C

YITCMG115 32,C;33,A;87,C;129,T

YITCMG117 115,T/C;120,A/G

YITCMG120 133,T/C

YITCMG121 32,A/T;72,T/G;149,A/G

YITCMG122 45,A/G;185,A/G;195,A/G

YITCMG123 87,A/G;130,T/G

YITCMG126 82,A/T;142,A

YITCMG127 146,A/G;155,A/T;156,A/G

YITCMG129 90,T/C;104,T/C

YITCMG130   31,G;70,A/C;108,G
YITCMG132   43,C;91,T;100,T;169,T
YITCMG133   65,A/C;76,T/G;191,A/G;209,A/T
YITCMG134   23,C;99,T/C;116,A/T;128,A/G;139,T;146,C/G
YITCMG137   24,A;52,T
YITCMG139   7,G
YITCMG141   71,T;184,C
YITCMG144   61,C;81,C;143,A;164,G
YITCMG145   5,T/C;7,A;26,G;78,G
YITCMG146   27,T/C;69,A/G;111,T/A
YITCMG147   36,A/G;62,T/C;66,T/C
YITCMG148   35,G;87,C
YITCMG149   25,A;30,A;138,G
YITCMG150   8,T/G;100,T/A;101,G;116,G;123,C/G;128,A/T
YITCMG151   155,A;156,C
YITCMG152   132,A/G
YITCMG154   5,T/C;47,A/C;77,T/C;141,T/C
YITCMG155   35,A/G
YITCMG156   20,T/A;28,T/A;44,C/G
YITCMG157   18,A/G;83,T/C
YITCMG158   67,T/C;96,A/G;117,A/G
YITCMG159   137,T/C
YITCMG161   71,A/G;74,T/C
YITCMG162   26,A/T
YITCMG163   96,T/A;114,T/C;115,G;118,T/G
YITCMG164   57,T/C;114,A/G;150,A/G
YITCMG165   121,T/C;174,T/C
YITCMG166   87,G
YITCMG167   120,A/G;150,A/G
YITCMG169   51,T/C;78,A/C;99,T/C
YITCMG170   31,T/G;145,C/G;150,T/G;157,A/G
YITCMG171   9,T/G;61,C;76,C;98,A/G;106,A/G
YITCMG173   20,T/C;144,T/C;163,T/G
YITCMG174   9,T/C;10,A/C;84,A/G
YITCMG175   32,T/G
YITCMG176   44,A/G;107,A/G
YITCMG177   18,T/A
YITCMG178   111,A
YITCMG181   134,A/G
YITCMG182   3,A/G;77,T/C
YITCMG183   24,T/A
YITCMG184   45,A/T;60,A/C;64,C/G;97,C/G;127,T/G
YITCMG185   68,A/T;130,T/C
YITCMG189   23,T/C;51,A/G;138,A/T;168,T/C

YITCMG190　48,A/G;54,T/C;117,T;162,A/G

YITCMG191　34,A/G;36,A/G;80,A/G;108,A/G

YITCMG193　3,A/G;9,A/T;30,T/C;39,A/G;121,T/G;129,A/C;153,T/C

YITCMG194　1,A/T;32,T/A;55,A/G;165,T/C

YITCMG195　87,T/C;122,T/C;128,A/G;133,A/G

YITCMG196　19,A/G;85,A/C;114,T/G

YITCMG197　18,C;35,G;103,T/C;120,A/C;134,T/C;144,C/G;178,A/C;195,T/C

YITCMG198　100,A/C

YITCMG199　3,A/C;16,A/G;80,A/T

YITCMG202　16,T/C;121,T/G

YITCMG204　76,C/G;85,A/G;133,C/G

YITCMG207　73,T/C

YITCMG209　27,C

YITCMG217　58,A/G;164,T;185,T

YITCMG218　5,A;31,C;59,T;72,C

YITCMG219　121,G

YITCMG221　8,C;76,G;131,A;134,A

YITCMG222　1,G;15,C;31,G;46,A;70,G

YITCMG223　23,T;29,T;41,T;47,G;48,C

YITCMG226　72,A/G;117,T/C

YITCMG230　65,A/C;103,A/C

YITCMG231　87,T/C;108,T/C

YITCMG232　80,C/G;152,C/G;170,A/G

YITCMG233　130,A/C;132,A/G;159,T/C;162,A/G

YITCMG234　54,A/T;55,T/C;103,A/G;122,T/G;183,T/A

YITCMG236　94,A/G;109,A/T

YITCMG237　24,A;28,A;39,G

YITCMG238　49,T/C;68,C

YITCMG239　46,T/C;59,T/C;72,A

YITCMG241　23,A/G;32,T/C;42,T/G

YITCMG242　61,A/C;70,T;85,T/C;94,A/G;128,T/C

YITCMG244　71,C

YITCMG247　19,A/C;30,A/C;40,A/G;46,T/G;105,A/C;113,T/G;123,T;184,C/G

YITCMG249　22,T/C;167,T/C

YITCMG251　151,T/C

YITCMG252　26,A/G;78,C/G;82,T/A

YITCMG253　70,A/C;198,T/G

YITCMG254　64,T/C

YITCMG255　6,A/G;13,T/G;18,T/A;56,A/C;67,T/G;87,T/C;155,C/G;163,G;166,T/C

YITCMG256　19,T;32,C;47,C;52,C;66,G;81,G

YITCMG257　58,T/C;89,T/C

YITCMG258　2,T/C;101,T/A;172,T/C

YITCMG261　17,T/C;20,A/G;29,A/G;38,G;106,A;109,T

YITCMG263　91,A

YITCMG266   5,G;31,G;62,T
YITCMG267   39,G;108,A;134,T
YITCMG268   23,T/G;30,T/G;68,T/C
YITCMG270   10,A/G;48,T/C;130,T/C
YITCMG271   79,T/C;100,C/G;119,A/T
YITCMG274   141,A/G;150,T/C
YITCMG275   106,C/G;131,A/C;154,A/G
YITCMG276   41,T/G;59,A/G
YITCMG279   94,A/G;113,A/G;115,T/C
YITCMG280   159,T/C
YITCMG281   96,A;127,A/G
YITCMG282   46,A/G;64,T/C
YITCMG283   67,T/G;112,A/G;177,A/G
YITCMG284   18,A
YITCMG285   85,A;122,C
YITCMG287   2,C;38,T;171,A/T
YITCMG288   32,T/C;37,T/C
YITCMG289   50,T;60,A/T;75,A/G
YITCMG290   13,A/G;21,T;66,C/G;128,A/T;133,A/C;170,A/T
YITCMG293   11,A/G;170,T
YITCMG296   90,A/C;93,T/C;105,T/A
YITCMG298   44,A/G;56,A/G;82,A/G;113,A/G
YITCMG299   29,A/G;34,A/G;103,A/G
YITCMG300   191,A/G;199,C/G
YITCMG301   76,C/G;98,A/G;108,C/G;111,T/C;128,T/G
YITCMG302   96,T/C
YITCMG305   15,A/G;68,C/G
YITCMG306   16,T/C;71,A/T
YITCMG309   23,A/T;77,A/G;85,C/G
YITCMG311   155,A/G
YITCMG314   53,C
YITCMG315   58,A/G;80,A/G;89,T/C
YITCMG316   102,C
YITCMG317   38,G;151,C
YITCMG318   61,T/C;73,A/C
YITCMG321   16,G
YITCMG322   2,T/G;69,T/C;72,T/C;77,T/C;91,A/T;102,T/C
YITCMG323   6,A/T;49,A/C;73,T/C;75,A/G
YITCMG326   169,T/G;177,G
YITCMG328   15,C;47,T/C;86,T/C
YITCMG329   48,T;109,T
YITCMG330   52,A/G;129,T/G;130,A/G
YITCMG331   51,A/G
YITCMG332   60,T/C;63,A/G

YITCMG333   132,T/C;176,A/C

YITCMG334   43,C/G;104,A/C

YITCMG335   48,A/G;50,T/C;114,T/G

YITCMG336   28,T/C;56,A/T;140,T/C

YITCMG337   55,T/C;61,T/C

YITCMG338   159,T/C;165,T/C;172,T/A;179,C/G

YITCMG342   162,T/A;169,T/C

YITCMG345   34,T/A;39,T/G

YITCMG346   7,A/T

YITCMG347   19,T;29,G;108,A

YITCMG348   65,T;69,T/C;73,A;124,A

YITCMG349   52,C;62,A;74,A;136,G

YITCMG350   17,A/G;37,T/A;101,A/T;104,T/C;170,A/T

YITCMG351   11,T/G;109,T/C;139,C/G

YITCMG352   27,A/G;108,C;109,A;138,T;159,A/G

YITCMG353   75,T;85,C

YITCMG354   62,C;134,C

YITCMG355   34,A;64,C;96,A

YITCMG356   45,A;47,A;72,A

YITCMG357   51,G;76,T;88,G

YITCMG359   60,T/G;128,T/C;143,A/G

YITCMG360   54,T/G;64,A;82,T/C;87,G;92,C

YITCMG361   3,T/A;102,T/C

YITCMG362   12,T/C;62,T/A;77,A/G

YITCMG363   39,A/G;56,A/G;57,T/C;96,T/C

YITCMG364   7,A/G;29,A/G;96,T/C

YITCMG366   121,T/A

YITCMG368   117,A/C;156,T/A

YITCMG372   199,T

YITCMG373   74,A/G;78,A/C

YITCMG374   135,T/C;138,A/G

YITCMG375   17,A/C

YITCMG376   5,A/C;74,A/G;75,A/C;103,C/G;112,A/G

YITCMG377   3,A/G;77,T/G

YITCMG378   49,T/C

YITCMG379   61,T/C

YITCMG380   40,A/G

YITCMG382   62,A/G;72,A/C;73,C/G

YITCMG384   52,T/G;106,A/G;128,T/C;195,T/C

YITCMG385   57,T/A

YITCMG386   65,C/G

YITCMG387   99,T/C

YITCMG388   17,T/C

YITCMG389   3,T/G;9,T/A;69,A/G;101,A/G;159,A/C;171,C/G;177,T/C

YITCMG390   9,T/C

YITCMG392   78,A/G;109,T/C;114,A/C

YITCMG394   9,T/C;38,A/G;62,A/G

YITCMG395   45,T/C

YITCMG396   110,C;141,A

YITCMG397   92,T/G;97,G;136,T/C

YITCMG398   100,A/C;131,C;132,A;133,A;159,T/C;160,G;181,T

YITCMG400   71,C;72,A

YITCMG401   123,G

YITCMG402   6,A/T;137,T/C;155,A/G

YITCMG404   8,A/G;32,T/C

YITCMG405   41,T/C;62,T/C;161,T/G

YITCMG406   73,A/G;115,T/C

YITCMG407   13,T/C;97,T/G;108,A/G;113,C/G

YITCMG408   88,T/C;137,A/G

YITCMG410   2,T;4,A;20,C;40,G

YITCMG411   84,A

YITCMG412   79,A;154,G

YITCMG413   55,A/G;56,C/G;82,T/C

YITCMG415   11,A/G;84,A/G;114,A/G

YITCMG416   84,A/G;112,A/G

YITCMG419   73,A/T;81,T/A;195,A/G

YITCMG423   41,T/C;117,G

YITCMG424   69,T;73,G;76,C;89,T

YITCMG425   57,A

YITCMG426   59,T/C;91,C/G

YITCMG428   18,A/G;24,T/C

YITCMG429   49,T/A;61,T;152,A;194,A/G

YITCMG430   31,T/C;53,T/C;69,T/C;75,A/C

YITCMG431   69,A/G;97,C/G

YITCMG432   69,T/G;85,T/C

YITCMG434   27,A/G;37,A/T;40,A/G

YITCMG435   28,T/C;43,T/C;103,A/G;106,A/G;115,A/T

YITCMG437   36,C

YITCMG439   87,T/C;113,A/G

YITCMG440   64,A/C;68,A/G;70,T/C;78,T/C

YITCMG441   12,A/G;74,C/G;81,C/G;82,A/G

YITCMG442   131,C/G;170,T/C

YITCMG445   72,G

YITCMG446   13,T/C;51,T/C

YITCMG447   65,A/G;94,A/G;97,A/G;139,A/G;202,A/G

YITCMG448   22,A/C;37,T/C;91,G;95,A/C;112,G;126,T/C;145,G

YITCMG451   26,G;33,A;69,C;74,G;115,C

YITCMG452   89,A/G;96,C/G;151,T/C

YITCMG453 87,A/G;156,T/C

YITCMG454 90,A/G;92,T/G

YITCMG455 2,T/C;5,A/G;20,T/C;22,A/G;98,T/C;128,T/C;129,A/G;143,A/T

YITCMG456 32,A/G;48,A/G

YITCMG457 124,G

YITCMG459 28,A/G;95,T/C;120,A/C;127,A/G;146,A/G;157,T/C;192,T/C;203,A/G

YITCMG460 41,T/C;45,T;68,T/A;69,A/G;74,A/G

YITCMG461 89,T/C;131,A/G;140,A/G

YITCMG462 1,A/G;22,C/G;24,C;26,A;36,T/C;49,A/C

YITCMG465 117,T/G;147,A/G

YITCMG473 65,T/A;91,T/C

YITCMG475 82,A/G;84,A/G;102,T/C

YITCMG477 3,T/G;7,T/C;91,T/C;150,T/C

YITCMG480 29,C/G;64,A/G

YITCMG481 21,A;108,A/G;160,A/G;192,T/G

YITCMG482 65,T;139,C

YITCMG483 113,A/G;147,A/G

YITCMG487 140,C

YITCMG488 51,C/G;76,A/G;127,T/C

YITCMG490 57,T/C;93,T/C;135,T/A;165,T/A

YITCMG491 156,A/G;163,A/G

YITCMG492 55,A/G

YITCMG495 65,T/G;73,A/G

YITCMG496 5,T/C;26,A/G;60,A/G

YITCMG497 22,A/G;33,C/G;62,T/C;77,T/G

YITCMG500 86,T;87,C

YITCMG502 12,T/C;127,T/C

YITCMG503 70,A/G;85,A/C;99,T/C

YITCMG505 99,T;196,T/G

YITCMG506 47,A/G;54,A/C

YITCMG507 3,T/C;24,G;63,A/G

YITCMG508 13,A/G;115,T/G;140,A/G

YITCMG510 1,A;95,G;98,A

YITCMG511 39,T/C;67,A/G

YITCMG513 75,T;86,T;104,A;123,T

YITCMG514 45,C

YITCMG516 29,T/G;53,A/C;120,T/G

YITCMG517 163,T

YITCMG519 129,T/C;131,T/G

YITCMG521 8,T/G;21,C/G;30,A/G

YITCMG524 10,A/G;81,A/G

YITCMG527 108,T;118,A

YITCMG529 129,T/C;144,A/C;174,T/C

YITCMG530 76,C;81,A;113,T

YITCMG531   11,T/C;49,T/G
YITCMG532   17,A/C
YITCMG533   183,A/C
YITCMG537   118,A;135,T
YITCMG539   27,T/G;54,T/C;75,T/A;82,T/C;152,T/A
YITCMG540   17,T/A;70,A/G;73,T/C;142,A/G
YITCMG541   130,T/G;176,T/C
YITCMG542   69,T/C;79,T/C

贵 妃

YITCMG001　53,G;78,G;85,A

YITCMG002　28,A/G;55,T/C;102,T/G;103,C/G;147,T/G

YITCMG003　29,T/C;82,A/G;88,A/G;104,A/G

YITCMG005　56,A/G;100,A/G

YITCMG006　13,T;27,T;91,C;95,G

YITCMG007　62,T/C;65,T;96,G;105,A/G

YITCMG008　50,T/C;53,T/C;79,A/G

YITCMG010　40,T/C;49,A/C;79,A/G

YITCMG011　36,A/C;114,A/C;166,A/G

YITCMG012　75,T/A;78,A/G

YITCMG013　16,T/C;56,A/C;69,T

YITCMG014　126,A/G;130,T/C

YITCMG015　127,A/G;129,A/C;142,T/C;174,A/C

YITCMG018　30,A

YITCMG019　115,A/G

YITCMG020　70,A/C;100,C/G;139,A/G

YITCMG021　104,A;110,T

YITCMG022　41,T/C;99,T/C;131,C/G;140,A/G

YITCMG023　142,A/T;143,T/C;152,A/T

YITCMG024　68,A/G;109,T/C

YITCMG025　108,T/C

YITCMG026　16,A/G;81,T/C

YITCMG027　19,T/C;31,A/G;62,T/G;119,A/G;121,A/G;131,A/G;138,A/G;153,T/G;163,A/T

YITCMG028　45,A/G;110,T/G;133,T/G;147,A/G;167,A/G;174,T/C

YITCMG030　55,A;73,T/G;82,T/A

YITCMG031　48,T/C;84,A/G;96,A/G;178,T/C

YITCMG032　91,A/G;93,A/G;94,A/T;160,A/G

YITCMG033　73,A/G;85,A/G;145,A/G

YITCMG034　122,A/G

YITCMG035　85,A/C

YITCMG036　23,C/G;99,C/G;110,T/C;132,A/C

YITCMG037　12,C;13,A;39,T

YITCMG038　155,A/G;168,C/G;171,A/G

YITCMG039　1,G;61,A/G;71,T/C;104,T/C;105,G;120,A/G;151,T/G

YITCMG040　40,T/C;50,T/C

YITCMG041　24,T/A;25,A/G;68,T/C

YITCMG043　56,T;61,A;67,C

YITCMG044　7,T/C;22,T/C;167,A/G;189,A/T

YITCMG046　38,A/C;55,C;130,A;137,A;141,A

YITCMG047　37,A/T;60,T;65,G

YITCMG048　142,C/G;163,A/G;186,A/C

YITCMG049　11,G;13,T/C;16,T;76,C;115,C;172,G

YITCMG050　44,C/G

YITCMG051　15,C;16,A

YITCMG052　63,T/C;70,T/C

YITCMG053　86,A;167,A;184,T

YITCMG054　34,A/G;36,T/C;70,A/G;151,A/G

YITCMG056　34,T/C;117,T/C;178,T/G;204,A/C

YITCMG057　98,T/C;99,A/G;134,T/C

YITCMG058　67,T/G;78,A/G

YITCMG059　84,A;95,T;100,T;137,A;152,T;203,T

YITCMG060　10,A;54,T;125,T;129,A

YITCMG061　107,A/C;128,A/G

YITCMG063　86,A/G;107,A/C

YITCMG064　2,A/G;27,T/G

YITCMG065　37,T/G;56,T/C

YITCMG066　10,C;64,G;141,G

YITCMG067　1,T/C;51,C;53,A/G;71,A/C;76,A/G;77,A/T;130,A/C

YITCMG068　49,T/G;91,A/G

YITCMG070　5,T;6,C;13,G;73,C

YITCMG071　142,C;143,C

YITCMG072　75,A/G;105,A/G

YITCMG073　19,A/G;28,A/C;106,T/C

YITCMG074　46,T;58,C;77,A/G;180,T

YITCMG075　168,A/C

YITCMG076　129,T/C;162,C;163,A/G;171,T

YITCMG077　10,C;27,T/C;97,T/C;114,A;128,A;140,T/C

YITCMG078　15,T/A;33,A/G;93,A/C;95,T;147,T/C;165,A/G

YITCMG079　3,A/G;8,T/C;10,A/G;110,T/C;122,A/T;125,A/C

YITCMG080　43,A/C;55,T/C

YITCMG081　91,C/G;115,A/T

YITCMG083　123,T/G;169,C/G

YITCMG084　118,G;136,T;153,A/C

YITCMG085　6,A;21,C;24,A/C;33,T;157,T/C;206,C

YITCMG086　111,A/G;142,C/G;182,T/A;186,T/A

YITCMG088　17,A/G;31,T/G;33,A/G;98,T/C

YITCMG089　92,A/C;103,T/C;151,C/G;161,T/C

YITCMG090　46,A/G;48,C/G;75,T/C;113,T/C

YITCMG092　22,A/G;110,T/C;145,A/G

YITCMG093　10,A/G;35,A/G;72,A/G

YITCMG094　124,A;144,T

YITCMG096　24,C;57,A;66,T

YITCMG097　185,T/G;202,T/C

YITCMG099　53,A;83,A;119,A;122,A

YITCMG102　6,T/C;116,A/G;129,A/G

YITCMG103　42,T/C;61,T/C;167,A/G

YITCMG104　79,G;87,G

YITCMG105　31,A/C;69,A/G

YITCMG106　29,A/G;32,T/C;59,T/C;65,A/G;137,T/C

YITCMG108　34,A/G;61,A/C;64,C/G

YITCMG109　17,T/C;29,A/C;136,T/A

YITCMG110　30,T/C;32,A/G;57,T/C;67,C/G;96,T/C

YITCMG113　5,C/G;71,A/G;85,G;104,A/G

YITCMG114　42,A/T;46,A/G;66,A/T;75,A/C

YITCMG115　87,T/C

YITCMG117　115,T/C;120,A/G

YITCMG118　2,A/C;13,A/G;19,A/G;81,T/C

YITCMG119　16,A/G;73,A/C;150,T/C;162,A/G

YITCMG120　106,C;133,C

YITCMG121　32,A/T;72,G;91,C/G;138,A/G;149,G

YITCMG122　45,A/G;185,A/G;195,A/G

YITCMG123　87,A/G;130,T/G

YITCMG124　75,T/C;119,A/T

YITCMG125　159,A/C

YITCMG126　82,T;142,A

YITCMG128　40,A/G;106,T/C;107,C/G;131,T/C;160,T/C

YITCMG129　90,T/C;104,T/C;105,C/G;108,A/G

YITCMG132　43,C/G;91,T/C;100,T/C;169,T

YITCMG133　76,T/G;86,T/G;200,A/G;209,A/T

YITCMG134　23,C;116,T;128,A;139,T;146,G

YITCMG135　34,T/C;63,T/C;173,T/C

YITCMG137　1,T/C;24,A/G;48,A/G;52,T;172,A/G

YITCMG139　7,G

YITCMG141　71,T;184,C

YITCMG142　67,T/C;70,A/G

YITCMG143　73,A/G

YITCMG144　61,T/C;81,T/C;143,A/G;164,A/G

YITCMG145　7,A/G;26,A/G;78,T/G

YITCMG146　27,T/C;69,A/G;88,T/G;111,T/A

YITCMG147　62,T/C;66,T/C

YITCMG148　35,A/G;87,T/C

YITCMG149　25,A;30,A;138,A/G;174,T/C

YITCMG150　8,T/G;100,T/A;101,A/G;116,T/G;123,C/G;128,A/T

YITCMG152　83,A/T

YITCMG153　97,A/C;101,A/G;119,A

YITCMG154　5,T;26,T/G;47,C;60,A/G;77,C;130,A/C;141,C

YITCMG155　31,T/G;51,T/C

YITCMG156　36,T/G

YITCMG157　5,G;83,C;89,T;140,A

YITCMG158　67,C;96,A;117,G

YITCMG159　84,T;89,A;92,C;137,T

YITCMG161　71,A;74,C

YITCMG163　115,A/G

YITCMG164　57,T;87,A/G;114,G

YITCMG165　121,T/C;174,T/C

YITCMG166　13,T/C;87,G

YITCMG167　120,A/G;150,A/C;163,C/G

YITCMG168　79,T/C;89,C/G;96,A/G

YITCMG170　31,T/G;145,C/G;150,T/G;157,A/G

YITCMG171　9,T/G;11,A/G;61,T/C;76,T/C;98,A/G

YITCMG172　186,G;187,G

YITCMG173　11,C/G;17,A/C;20,C;144,C;161,A/G;162,T/C;163,T/G

YITCMG175　42,T/C;55,T/C;62,C;98,T/C

YITCMG176　44,A/G;107,A/G

YITCMG177　104,A/G

YITCMG178　99,T/C;107,T/G;111,A/C

YITCMG180　23,C;72,C;75,C/G

YITCMG181　134,A/G

YITCMG182　3,A/G;77,T/C

YITCMG183　24,T;28,A/G;75,T/C;76,A/G;93,T/C

YITCMG184　45,A;60,C;64,C/G;97,C;127,T/G

YITCMG185　62,A/G;68,A/T;80,A/G;130,A/C;139,A/G

YITCMG189　23,T/C;51,A/G;138,T/A;168,T/C

YITCMG190　48,A/G;54,T/C;117,T;162,G

YITCMG191　34,A/G;36,A/G;108,A/G

YITCMG193　3,A/G;9,A/T;30,C;39,A/G;121,G;129,C;153,T

YITCMG194　1,A/T;32,T/A;55,A/G;165,T/C

YITCMG195　45,A/T;87,T;122,T/C;128,G;133,A

YITCMG196　197,A/T

YITCMG197　18,C;35,G;144,C/G;178,A;195,T

YITCMG198　70,A/G;71,A/G;100,A/C

YITCMG199　3,T/A;56,A/T;62,C/G;173,T/C;175,C/G

YITCMG200　38,T/C;53,A/G

YITCMG202　16,T/C;121,T/G

YITCMG204　76,C;85,A;133,G

YITCMG207　73,T

YITCMG209　27,C

YITCMG212　118,A/G

YITCMG215　52,A/G;58,A/T

YITCMG216　69,A/G;135,C;177,A/G

YITCMG217　11,A/G;19,A/T;154,A/G;164,T/C;185,T/C

YITCMG218　31,C;59,T;72,C;108,T

YITCMG219　89,T/C;125,T/C

YITCMG220　64,A/C;67,C/G

YITCMG221　8,C;76,G;131,A;134,A

YITCMG222　1,A;15,C;70,G

YITCMG226　72,A/G;117,T/C

YITCMG228　72,C;81,T/C;82,T/C;103,A/G

YITCMG230　65,A/C;103,A/C

YITCMG231　87,T/C;108,T/C

YITCMG232　80,G;152,C;170,G

YITCMG233　130,A;132,G;159,T;162,A

YITCMG235　128,C/G

YITCMG236　94,A/G;109,T/A

YITCMG237　24,A;28,A/G;39,G;71,C/G;76,T/C

YITCMG238　68,T/C

YITCMG239　46,T/C;59,T/C;72,A

YITCMG240　21,A/G;96,A/G

YITCMG241　23,A/G;32,T/C;42,T/G;46,A/G;54,A/T;75,T/C

YITCMG242　70,T

YITCMG243　64,T/A;73,T/C;120,T/C;147,T/C

YITCMG244　71,C;109,T/G;113,T/C

YITCMG246　51,T/C;70,T/C;75,A/G

YITCMG247　19,A/C;30,A/C;40,A/G;46,T/G;105,A/C;113,T/G;123,T/C;184,C/G

YITCMG248　31,A/G;60,T/G

YITCMG249　22,C;83,C/G;167,C;195,A/G;199,A/G

YITCMG251　151,T/C

YITCMG252　26,G;69,T/C;78,C/G;82,T

YITCMG253　70,C;71,A/G;198,T/G

YITCMG254　48,C/G;64,T/C;106,T/G

YITCMG255　6,A/G;13,T/G;18,A/T;67,T/G;163,A/G;166,T/C

YITCMG256　19,A/G;47,A/C;66,A/G;83,T/A

YITCMG258　2,C;101,T;172,C

YITCMG261　17,T/C;20,A/G;29,A/G;38,G;77,T/A;106,A;109,T

YITCMG262　28,T/C;47,T/G;89,T/C

YITCMG263　42,T;77,G

YITCMG264　14,T/G;65,T/C

YITCMG265　138,T/C;142,C/G

YITCMG266　5,A/G;31,A/G;62,T/G

YITCMG268　150,A/G

YITCMG271　100,C/G;119,A/T

YITCMG272　43,G;74,T;87,C;110,T

YITCMG273　41,C;67,G

YITCMG274　90,A/G;141,A/G;150,T/C;175,T/G

YITCMG275　106,C/G;131,A/C;154,A/G

YITCMG276　41,T/G;59,A/G

YITCMG278　1,A;10,G;12,C

YITCMG280　62,T/C;85,C/G;121,A/G;144,T/G;159,T/C

YITCMG281　92,T/C;96,A

YITCMG282　46,A;64,C

YITCMG283　67,T/G;112,A/G;177,A/G

YITCMG284　18,A/G;55,T/A;94,T/C

YITCMG285　85,A;122,C

YITCMG286　119,A;141,C

YITCMG287　2,T/C;38,T/C;117,A/G

YITCMG289　50,T;60,T;75,A

YITCMG290　13,A;21,T;66,C;128,A;133,A

YITCMG291　28,A/C;38,A/G;55,T/G;86,A/G

YITCMG292　85,T/C;99,A/T;114,T/C;124,T/C;126,A/C

YITCMG293　170,T/A;174,T/C;184,T/G;207,A/G

YITCMG294　82,A/C;99,T/G;108,T/A;111,T/C

YITCMG295　15,A/G;71,T/A

YITCMG296　90,A/C;93,T/C;105,T/A

YITCMG297　128,C;147,A

YITCMG298　44,A/G;82,A/G;113,A/G

YITCMG299　22,C/G;29,A;34,A/G;103,A/G;145,A/G

YITCMG300　32,A/C;68,T/C;191,A/G;198,A/G

YITCMG301　76,C/G;98,T/G;108,C;111,T/C;128,G

YITCMG302　96,T/C

YITCMG305　15,A/G;50,A/C;67,T/G;68,C

YITCMG306　16,C;69,A/C;71,T/A;85,T/G;92,C/G

YITCMG307　11,T/C;23,T/C;25,A/C;37,A/G

YITCMG309　23,T/A;77,A/G;85,C/G

YITCMG310　98,G

YITCMG311　83,T/C;101,T/C;155,A

YITCMG313　125,A/T

YITCMG314　31,G;42,A/G

YITCMG315　16,T/C;58,A/G;80,A/G;89,T/C

YITCMG316　98,T/C;102,T/C;191,T/C

YITCMG317　98,A/G

YITCMG318　61,T/C;73,A/C

YITCMG320　4,A/G;87,T/C

YITCMG321　16,T/G;83,T/C

YITCMG322　72,T/C

YITCMG323　6,A;49,C;73,T

YITCMG324　55,T/C;56,C/G;74,A/G;195,A/G

YITCMG325　22,C;130,C;139,C

YITCMG326　11,T/C;41,T/A;91,T/C;177,A/G

YITCMG327　115,T/C;121,A/G

YITCMG328　15,C;47,C;86,C

YITCMG329　48,T;92,C/G;109,T

YITCMG330   52,A;129,G;130,A

YITCMG332   42,A/G;51,C/G;62,C/G;63,G;93,A/C

YITCMG334   12,T/G;43,C/G;56,T/C;104,A/C

YITCMG335   48,A;50,T;114,G

YITCMG336   28,C;56,A;140,T

YITCMG337   1,A/G;55,T/C;61,T/C;88,T/C

YITCMG341   83,T/A;124,T/G

YITCMG342   156,G;177,C

YITCMG343   3,A;39,T

YITCMG344   14,T/C;47,A/G;108,T/C

YITCMG345   34,T/A;39,T/G

YITCMG346   7,T/A;20,A/G;67,T/C;82,A/G

YITCMG347   21,A

YITCMG348   65,T/C;69,T/C;73,A/G;124,A/C;131,A/G;141,A/T

YITCMG349   52,C;62,A;74,A;136,G

YITCMG350   17,A/G

YITCMG351   11,T/G;109,T/C;139,C/G

YITCMG352   108,C;109,A/G;138,T;145,A/T;159,A/G

YITCMG353   75,T/A;85,T/C

YITCMG355   34,A;64,A/C;96,A/G;125,A/C;148,A/G

YITCMG356   45,A/T;47,A/C;72,A/T;168,A/G

YITCMG357   5,C/G;51,G;76,T/A;88,A/G

YITCMG359   143,A/G

YITCMG360   64,A;87,G;92,C

YITCMG361   3,A/T;102,T/C

YITCMG362   12,T/C;62,T/A;77,A/G

YITCMG363   39,A/G;56,A/G;57,T/C;96,T/C

YITCMG364   7,G;29,A;96,T

YITCMG365   23,T/C;79,T/C;152,C/G

YITCMG366   36,T/C;83,T/A;110,T/C;121,A/T

YITCMG367   21,T/C;145,C/G;164,T/C;174,C/G

YITCMG368   116,T/C;117,C/G

YITCMG369   99,T/C

YITCMG370   18,A/G;117,T/C;134,A/T

YITCMG371   27,A/G;60,T/C

YITCMG372   199,T

YITCMG374   3,A/G;135,T/C;138,A/G;206,A/G

YITCMG375   17,C

YITCMG377   3,A;42,C

YITCMG378   77,T/C;142,A/C

YITCMG379   61,T/C;71,T/C;80,T/C

YITCMG380   40,A/G

YITCMG381   30,C/G;64,T/G;124,T/C

YITCMG382   62,A/G;72,A/C;73,C/G

YITCMG383　53,T/C;55,A/G

YITCMG384　106,A/G;128,T/C;195,T/C

YITCMG385　57,T/A;61,T/C;79,T/C

YITCMG386　13,T/C;65,G;67,T/C

YITCMG387　24,A/G;111,C/G;114,A/G

YITCMG388　17,T/C;121,A/G;147,T/C

YITCMG389　9,T/A;69,A/G;159,A/C;171,C/G;177,T/C

YITCMG390　9,C

YITCMG392　78,A/G;109,T/C;114,A/C

YITCMG395　40,A;49,T

YITCMG396　110,T/C;141,T/A

YITCMG397　97,G

YITCMG398　100,A/C;131,C;132,A;133,A;159,T/C;160,G;181,T

YITCMG399　7,A/T;41,A/C

YITCMG400　34,T/C;41,T/C;44,T/C;53,T/C;62,T/C;71,C/G;72,A/T;90,A/C

YITCMG401　43,T/C;123,A/G

YITCMG402　137,T/C;155,A/G

YITCMG405　155,T/C;157,T/C

YITCMG406　73,A/G;115,T/C

YITCMG407　13,C;26,G;65,A/C;97,G

YITCMG408　88,T/C;137,A/G

YITCMG409　82,G;116,T

YITCMG410　2,T;4,A;20,C;40,G;155,C

YITCMG411　84,A

YITCMG412　4,A;61,T

YITCMG413　55,G;56,C;82,T

YITCMG414　11,T;37,G;51,T/C;58,A/G;62,G

YITCMG415　84,A;114,G

YITCMG416　80,A;84,A;94,C/G;112,A;117,T/A

YITCMG417　35,C;55,A;86,C;131,G

YITCMG421　9,A/C;67,T/C;87,A/G;97,A/G

YITCMG423　41,T/C;117,T/G

YITCMG424　69,T;73,G;76,C;89,T

YITCMG425　26,C/G;57,A

YITCMG426　59,T/C;91,C/G

YITCMG428　18,A/G;24,T/C;73,A/G;135,A/G

YITCMG429　61,T/A;152,A/G;194,A/G;195,A/T

YITCMG430　31,T/C;53,T/C;69,T/C;75,A/C

YITCMG431　69,A/G;97,C/G

YITCMG432　69,T;85,C

YITCMG435　28,T/C;43,T/C;103,A/G;106,A;115,A/T

YITCMG436　56,T/A

YITCMG437　36,T/C;44,A/G;92,C/G;98,T/C;151,T/C

YITCMG438　2,A/T;6,A/T;155,T/G

YITCMG440   64,A;68,G;70,T;78,T/C
YITCMG441   12,A/G;74,C/G;81,C/G
YITCMG443   28,T;104,T/A;106,T/G;107,A/T;166,A/G
YITCMG444   118,T/A;141,A/G
YITCMG445   72,G
YITCMG446   13,T/C;51,T/C;88,T/C
YITCMG447   94,A/G;139,A/G;202,G
YITCMG448   22,A/C;37,T/C;91,G;95,A/C;112,G;126,T/C;145,G
YITCMG449   12,T
YITCMG450   100,A/G;146,A/T;156,T/G
YITCMG451   26,A/G;33,A/C;69,T/C;74,A/G;115,C/G
YITCMG452   89,A/G;151,T/C
YITCMG453   87,A/G;130,A/C;156,T/C
YITCMG454   90,A/G;92,T/G;121,T/C
YITCMG455   120,A/G
YITCMG456   32,A/G;48,A/G
YITCMG457   77,A;89,T/C;98,T/C;113,T/C;124,G;156,G
YITCMG459   95,T/C;120,A/C;146,A/G;157,T/C;192,T/C;203,A/G
YITCMG460   41,T/C;45,T;68,A/T;69,A/G;74,A/G
YITCMG461   89,T/C;131,A/G;140,A/G
YITCMG462   1,A;22,C;24,C;26,A
YITCMG464   78,A;101,T
YITCMG465   156,A/T
YITCMG466   75,T/A;83,A/G;99,C/G
YITCMG467   9,G;11,A;86,T/A;161,A/G;162,C/G;179,T/A
YITCMG469   12,T;70,G;71,A
YITCMG470   3,T/C;72,T/C;75,A/G
YITCMG471   8,A/C;65,A/G;88,T/C;159,A/C
YITCMG472   51,G
YITCMG473   65,T/A;91,T/C
YITCMG475   82,A/G;84,A/G;102,T/C;106,A/C
YITCMG476   22,A/G;54,T/A
YITCMG477   7,T;91,T/C;150,T/C
YITCMG478   42,T/C
YITCMG480   29,C/G;64,A/G
YITCMG481   21,A;108,A/G;160,A/G;192,T/G
YITCMG482   65,T;87,A/G;114,T/C;139,C/G;142,T/G
YITCMG484   23,A/G;78,A/G;79,A/G
YITCMG485   34,A/G;116,C;125,T
YITCMG486   109,T/G;148,T/G
YITCMG487   140,C
YITCMG488   51,C/G;76,A/G;127,T/C
YITCMG489   51,C;113,A;119,C
YITCMG490   57,T/C;135,T/A;165,T/A

YITCMG491　156,G

YITCMG492　55,A

YITCMG497　22,G;33,G;62,T;77,T

YITCMG499　82,T/A;94,T/C

YITCMG500　30,A/G;86,T/A;87,T/C;108,T/A

YITCMG501　15,T/A;93,A/G;144,A/G;173,T/C

YITCMG502　4,A/G;127,T/C;130,T/A;135,A/G;140,T/C

YITCMG503　70,G;85,C;99,C

YITCMG504　11,A/C;17,A/G

YITCMG505　54,A

YITCMG507　24,A/G

YITCMG508　96,T/C;115,T/G;140,A/G

YITCMG510　1,A;95,A/G;98,A/G;110,A/G

YITCMG511　39,T;67,A;168,A/G;186,A/G

YITCMG512　25,A;63,G

YITCMG513　75,T/G;86,T/A;104,A/T;123,T/C

YITCMG514　45,C;51,T/C;57,T/C;58,T/G

YITCMG515　41,T/C;44,T/G

YITCMG516　29,T

YITCMG517　84,A/T;86,A/G;163,T

YITCMG518　60,A/G;77,T/G;84,T/G;89,T/C

YITCMG519　129,T/C;131,T/G

YITCMG520　65,A/G;83,A/G;136,T/C;157,A/C

YITCMG521　8,T/G;21,C/G;30,A/G

YITCMG522　127,T

YITCMG523　36,A/G;92,A/G;111,T/G;116,A/G;133,A/G

YITCMG524　19,A/G;81,A/G;100,A/G

YITCMG525　33,T;61,C

YITCMG526　51,A/G;78,T/C

YITCMG527　108,T/G;115,A/G;118,A/C

YITCMG529　144,A/C;174,T/C

YITCMG530　76,A/C;81,A/G;113,T/C

YITCMG531　11,T/C;49,T/G

YITCMG532　17,C;85,T/C;111,A/G;131,A

YITCMG533　183,A/C

YITCMG535　36,A/G;72,A/G

YITCMG537　118,A/G;123,A/C;135,T/C

YITCMG539　27,T/G;54,T/C;75,A/T;152,T/C

YITCMG540　17,T;70,G;73,T;142,A

YITCMG541　18,A/C;130,T/G;145,A/G;176,T/C

YITCMG542　3,A/C;69,T;79,C

桂七芒

YITCMG001　72,T/C;85,A;94,A/C

YITCMG003　67,T/G;82,A/G;88,A/G;104,A/G;119,T/A

YITCMG004　27,T;73,A/G

YITCMG005　56,A/G;100,A/G;105,A/T;170,T/C

YITCMG006　13,T/G;27,T/C;91,T/C;95,C/G

YITCMG007　62,T/C;65,T;96,G;105,A/G

YITCMG008　50,T/C;53,T/C;79,A/G

YITCMG010　40,T/C;49,A/C;79,A/G

YITCMG011　36,A/C;114,A/C;166,A/G

YITCMG012　75,A/T;78,A/G

YITCMG013　16,C;56,A;69,T

YITCMG014　126,A;130,T;203,A/G

YITCMG015　44,A/G;127,A;129,C;174,A

YITCMG017　17,T/G;24,T/C;98,C/G;121,T/G

YITCMG018　30,A

YITCMG019　36,A/G;47,T/C;98,T/A

YITCMG020　70,C;100,C;139,G

YITCMG022　3,A;11,T/A;99,T/C;131,C/G

YITCMG023　142,A/T;143,T/C;152,A/T

YITCMG025　108,T

YITCMG026　16,A/G;81,T/C

YITCMG027　19,C;30,A;31,G;62,G;119,G;121,A;131,G;153,G;163,T

YITCMG028　45,A/G;110,T/G;133,T/G;147,A/G;167,A/G

YITCMG030　55,A/G

YITCMG031　48,C;84,G;96,A

YITCMG032　14,A/T;160,A/G

YITCMG033　73,G;85,A/G;145,A/G

YITCMG035　85,A/C

YITCMG036　23,C/G;99,C/G;110,T/C;132,A/C

YITCMG038　155,A/G;168,C/G;171,A/G

YITCMG039　1,G;61,A/G;71,T/C;104,T/C;105,G;120,A/G;151,T/G

YITCMG040　40,T/C;50,T/C

YITCMG041　24,A/T;25,A/G;68,T/C

YITCMG042　5,A/G;48,A/T;92,A/T

YITCMG043　56,T/C;61,A/T;67,T/C

YITCMG044　7,T/C;22,T/C;167,A/G;189,A/T

YITCMG045　92,T;107,T

YITCMG049　115,C

YITCMG051　15,C;16,A

YITCMG052　63,T;70,C

YITCMG053　86,A;167,A;184,T

YITCMG054   34,G;36,T;70,G
YITCMG056   34,T/C;74,A/T;117,T/C
YITCMG057   98,T/C;99,A/G;134,T/C
YITCMG058   67,T/G;78,A/G
YITCMG059   12,T/A;84,A;95,A/T;100,T;137,A/G;152,A/T;203,A/T
YITCMG060   156,T/G
YITCMG063   86,A/G;107,A/C
YITCMG064   2,A/G;27,T/G;74,C/G;106,A/G;109,T/A
YITCMG065   37,T/G;56,T/C
YITCMG066   10,A/C;64,A/G;141,T/G
YITCMG067   1,C;51,C;76,G;130,C
YITCMG069   37,A/G;47,A/T;100,A/G
YITCMG070   5,T;6,C;13,G;73,C
YITCMG071   142,C;143,C
YITCMG072   75,A/G;105,A/G
YITCMG073   19,A/G;28,C;99,A/G;106,C
YITCMG075   125,T/C;168,A/C;169,A/G;185,T/C
YITCMG076   129,T/C;162,A/C;163,A/G;171,T/C
YITCMG078   15,A/T;33,A/G;93,A/C;95,T;147,T/C;165,A/G
YITCMG079   3,A/G;8,T/C;10,A/G;110,T/C;122,A/T;125,A/C
YITCMG080   43,A/C;55,T/C
YITCMG081   91,C/G;115,A/T
YITCMG082   43,A;58,C;97,G
YITCMG083   169,C/G
YITCMG084   118,G;136,T
YITCMG085   6,A/C;21,T/C;24,C;33,T;206,T/C;212,T/C
YITCMG086   180,A/C
YITCMG087   19,T/C;78,A/G
YITCMG088   33,A
YITCMG089   92,C;103,C;151,C;161,C
YITCMG090   17,T/C;46,G;75,T
YITCMG091   33,C/G;59,A;84,T/G;121,A/G;187,A/C
YITCMG092   22,G;24,T/C;110,C;145,A
YITCMG093   51,A/G
YITCMG094   124,T/A;144,A/T
YITCMG095   48,T/C;51,C;78,C;184,A
YITCMG096   24,T/C;57,A;63,T/C;66,T/C
YITCMG099   53,T/A;83,A/G;119,A/G;122,A/C
YITCMG100   155,T/G
YITCMG101   53,T/G;92,T/G
YITCMG102   6,T/C;129,A/G
YITCMG104   79,G;87,G
YITCMG105   31,A/C;69,A/G
YITCMG106   29,A;32,C;59,C;65,G;137,C;183,C

YITCMG107   160,G;164,C;169,A/T

YITCMG108   34,A/G;64,C/G

YITCMG109   17,C;29,C;136,A

YITCMG110   30,T/C;32,A/G;57,T/C;67,C/G;96,T/C

YITCMG112   101,C/G;110,A/G

YITCMG113   71,A/G;85,G;104,A/G;108,T/C

YITCMG114   42,A/T;46,A/G;66,A/T

YITCMG115   32,T/C;33,T/A;87,C;129,A/T

YITCMG118   19,A/G

YITCMG119   72,C/G;73,A/C;150,T/C;162,A/G

YITCMG120   121,A/G;130,C/G;133,C

YITCMG121   32,T/A;72,T/G;149,T/A

YITCMG122   45,A/G;185,A/G;195,A/G

YITCMG123   87,A/G;88,T/C;94,T/C;130,T/G

YITCMG124   75,T/C;119,A/T

YITCMG126   82,T;142,A

YITCMG127   146,A/G;155,A/T;156,A

YITCMG128   40,G;106,T;107,G;131,T;160,C

YITCMG129   90,T;104,C;105,C/G;108,A/G

YITCMG130   31,C/G;108,A/G

YITCMG131   27,T/C;107,C/G

YITCMG132   43,C;91,T;100,T;169,T

YITCMG133   76,T;83,A/G;86,T;200,A/G;209,T

YITCMG134   23,C;99,T/C;116,A/T;128,A/G;139,T;146,C/G

YITCMG135   34,T/C;63,T/C;173,T/C

YITCMG136   169,A/G;198,T/C

YITCMG137   1,T/C;24,A/G;48,A/G;52,T;62,A/T

YITCMG138   6,A/T;16,T/G

YITCMG139   7,G;33,A/G;35,A/G;152,T/C;165,A/C;167,A/G

YITCMG141   71,T/G;184,T/C

YITCMG142   67,T/C;70,A/G

YITCMG144   61,T/C;81,T/C;143,A/G;164,A/G

YITCMG145   7,A/G;26,A/G;78,T/G

YITCMG146   27,T/C;69,A/G;111,T/A

YITCMG147   36,A/G;62,T/C;66,T/C

YITCMG148   75,T/C;101,T/G

YITCMG150   8,T/G;100,T/A;101,A/G;116,T/G;123,C/G;128,A/T

YITCMG152   83,A/T

YITCMG153   97,C;101,G;119,A

YITCMG154   5,T;47,C;77,C;141,C

YITCMG155   1,A/C;31,T;51,C;123,T/C;155,G

YITCMG156   28,T;44,C

YITCMG157   83,T/C

YITCMG158   67,C;96,A;117,G

YITCMG159　137,T

YITCMG160　55,A/G;75,T/C;92,A/G;107,T/G;158,T/C

YITCMG161　71,A;74,C

YITCMG162　26,T

YITCMG163　96,A/T;114,T/C;115,A/G;118,T/G

YITCMG165　32,A/G;154,A/G;174,C;176,C/G;177,A/G

YITCMG166　13,T;87,G

YITCMG167　120,A/G;150,A/G

YITCMG168　79,T/C;89,C/G;96,A/G

YITCMG169　36,A/G;51,C;78,A/C;99,T/C;153,T/A

YITCMG170　31,T/G;139,C/G;142,A/G;145,C;150,A/T;151,T/C;157,A;164,A/G

YITCMG171　9,T/G;61,C;76,C;98,A/G

YITCMG172　164,A/C;168,A/G;186,A/G;187,A/G

YITCMG173　11,C/G;17,A/C;20,C;80,T/C;144,C;161,A/G;162,T/C;163,T/G;165,A/G

YITCMG174　9,T;10,A;84,A

YITCMG175　42,T;55,T;62,C;98,C

YITCMG176　44,A/G;107,A/G

YITCMG178　44,A/G;99,T/C;107,T/G;111,A/C

YITCMG180　23,C;72,C

YITCMG181　134,A/G

YITCMG182　3,A/G;77,T/C

YITCMG183　24,T;28,A/G;75,T/C;76,A/G;93,T/C

YITCMG184　45,A;60,C;64,G;97,C;127,T

YITCMG187　33,T/C;105,A/T;106,C/G

YITCMG190　117,T;162,G

YITCMG192　89,T/C;95,C/G;119,T/G

YITCMG193　3,A/G;9,T/A;30,C;39,A/G;121,G;129,C;153,T

YITCMG194　1,A/T;32,T/A;55,A/G;165,T/C

YITCMG195　45,A/T;71,T/A;87,T/C;128,A/G;133,A/G

YITCMG196　19,A/G;91,T/C;190,A/G;191,T/C;197,A/T

YITCMG197　18,C;35,G;144,C/G;178,A;195,T

YITCMG198　70,A/G;71,A/G;100,A/C

YITCMG199　3,T/C;56,A/T;62,C/G;131,A/C;155,A/C;173,T/C;175,C/G

YITCMG200　38,T/C;53,A/G

YITCMG202　16,C;121,T

YITCMG203　90,T/A

YITCMG204　85,A/G

YITCMG206　66,G;83,G;132,G;155,G

YITCMG207　156,T/C

YITCMG208　86,A/T;101,T/A

YITCMG209　24,T/C;27,C;72,T/C

YITCMG212　118,A/G

YITCMG216　69,A/G;135,T/C;177,A/G

YITCMG217　11,A/G;19,A/T;164,T/C;181,T/C;185,T/C;196,A/G;197,A/G

YITCMG218 5,A/C;31,C;59,T;72,C;108,T/G

YITCMG219 89,C;125,C

YITCMG220 64,A/C;67,C/G;126,A/G

YITCMG221 8,C;76,A/G;110,G;131,A;134,A

YITCMG222 1,T/G;15,T/C;31,A/G;46,A/G;70,C/G

YITCMG223 23,T;29,T;41,T/C;47,A/G;48,T/C

YITCMG225 61,A/G;67,T/C

YITCMG226 72,A;117,T

YITCMG227 6,A/G;26,T/C

YITCMG228 72,C;81,C;82,T

YITCMG230 65,A/C;87,A/T;103,A/C;155,A/G

YITCMG231 87,T/C;108,T/C

YITCMG232 1,T/C;64,T/C;76,A/C;80,G;152,C;169,T/C;170,G

YITCMG233 130,A;132,G;159,T;162,A

YITCMG234 54,T/A;55,T/C;103,A/G;122,T/G;183,A/T

YITCMG236 94,A;109,A

YITCMG237 24,A/T;39,G;71,C/G;76,T/C;105,A/G

YITCMG238 49,C;68,C

YITCMG239 46,T/C;59,T/C;72,A

YITCMG240 21,A/G;96,A/G

YITCMG242 61,A/C;70,T;85,T/C;94,A/G

YITCMG244 71,T/C;109,T/G;113,T/C

YITCMG247 19,A/C;40,A/G;46,T/G;123,T/C

YITCMG248 31,A/G;35,A/G;60,T/G

YITCMG249 22,T/C;142,T/C;167,T/C;195,A/G;199,A/G

YITCMG250 92,C;98,T;99,G

YITCMG253 70,A/C;198,T/G

YITCMG254 48,C;82,T/C;106,G

YITCMG255 67,T/G;155,C/G;163,G;166,T/C

YITCMG256 19,T/G;32,T/C;47,C;52,C/G;66,G;81,A/G

YITCMG258 2,T/C;101,A/T;170,A/G;172,C

YITCMG259 24,T;180,T;182,A

YITCMG260 54,A/G;63,A;154,A;159,A

YITCMG261 38,G;106,A;109,T

YITCMG262 47,T/G

YITCMG265 138,T;142,G

YITCMG266 5,G;24,T/G;31,G;62,T/C;91,A/G

YITCMG267 39,G;92,T/G;108,A;134,T

YITCMG268 23,T/G;30,T/G;68,T/C;150,A/G

YITCMG269 43,T/A;91,T/C

YITCMG270 10,A;48,T/C;52,A/G;69,A/C;122,T/C;130,T;134,T/C;143,T/C;162,T/C;168,A/G;191,A/G

YITCMG271 100,C/G;119,T/A

YITCMG272 43,G;74,T;87,C;110,T

YITCMG274　90,A/G;141,A/G;150,T/C;175,T/G
YITCMG275　106,C/G;131,A/C;154,A/G
YITCMG276　41,T/G;59,A/G
YITCMG278　1,A/G;10,A/G;12,A/C
YITCMG280　62,T/C;85,C/G;104,T/A;113,C/G;121,A/G;144,T/G;159,C
YITCMG281　18,A/G;22,A/G;92,T/C;96,A
YITCMG282　46,A;64,C
YITCMG283　67,T/G;112,A/G;177,A/G
YITCMG284　18,A/G;55,A/T;94,T/C
YITCMG285　85,A/G;122,C/G
YITCMG286　119,A/G;141,A/C
YITCMG287　2,C;38,T;170,A/C;171,A/T
YITCMG288　79,T/C
YITCMG289　50,T;60,T/A;75,A/G
YITCMG290　21,T;66,C/G;170,T/A
YITCMG291　96,T
YITCMG292　85,T/C;99,T/A;114,T/C;126,A/C
YITCMG293　39,T/G;170,A/T;174,T/C;184,T/G;207,A/G
YITCMG296　90,A/C;93,T/C;105,T/A
YITCMG297　128,T/C;147,A/C
YITCMG298　44,A/G;82,A/G;113,A/G
YITCMG299　22,C/G;29,A;34,A/G;103,A/G
YITCMG300　191,A/G;199,C/G
YITCMG301　98,A/G;108,C;128,T/G;140,A/G
YITCMG302　96,T/C
YITCMG304　30,T/G;35,A;42,G;116,G
YITCMG305　15,A/G;68,C
YITCMG306　16,C;69,A/C
YITCMG307　37,G
YITCMG309　5,A/C;23,T;77,G;85,G;162,A/G
YITCMG310　98,G
YITCMG311　83,C;101,C;155,A
YITCMG314　27,C/G;31,A/G;42,A/G;53,A/C
YITCMG316　102,C
YITCMG317　38,G;151,C
YITCMG318　61,T/C;73,A/C;139,T/C
YITCMG319　147,T/C
YITCMG320　4,A/G;87,T/C
YITCMG321　16,G;83,T/C
YITCMG322　2,T/G;69,T/C;72,C;77,T/C;91,T/A;102,T/C
YITCMG323　6,A/T;49,A/C;73,T/C
YITCMG324　55,T;56,G;74,G;195,A
YITCMG325　57,C
YITCMG326　11,T/C;41,A/T;161,T/C;177,A/G;179,A/G

YITCMG327　115,T/C;121,A/G
YITCMG328　15,C;47,C;86,C
YITCMG329　48,T/C;78,C/G;109,A/T;111,T/C;195,A/C
YITCMG330　52,A/G;129,T/G;130,A/G
YITCMG331　24,A/G;51,A/G
YITCMG332　62,C/G;63,A/G;93,A/C
YITCMG333　132,T;176,A
YITCMG334　43,G;104,A
YITCMG335　48,A/G;50,T/C;114,G
YITCMG336　28,T/C;56,T/A;140,T/C
YITCMG337　55,T/C;61,T/C
YITCMG338　159,T/C;165,T/C;172,T/A;179,C/G
YITCMG340　51,T/C
YITCMG341　83,T;124,G
YITCMG342　156,A/G;162,T/A;169,T/C;177,T/C
YITCMG343　3,A;39,T
YITCMG344　8,T/C;14,T/C;47,A/G;108,T/C
YITCMG346　20,A/G;67,T/C;82,A/G
YITCMG347　19,T/A;21,A/G;29,A/G;108,A/C
YITCMG348　28,T/C;65,T;69,T/C;73,A;124,A
YITCMG349　62,A/G;136,C/G
YITCMG350　17,A;23,T/C;37,T/A;101,A/T;104,T/C
YITCMG351　11,T/G;79,T/G;109,T/C;139,C/G
YITCMG352　108,T/C;138,A/T
YITCMG353　75,T;85,C
YITCMG354　62,C;66,A/G;81,A/C;134,C
YITCMG355　34,A;64,C;94,G;96,A
YITCMG356　45,A;47,A;72,A
YITCMG357　51,G;76,T/A
YITCMG359　60,T/G;128,T/C;131,T/A
YITCMG360　54,T/G;64,A;82,T/C;87,G;92,C
YITCMG361　3,T;102,C
YITCMG362　137,T/A
YITCMG363　39,A/G;56,G
YITCMG364　7,G;28,T
YITCMG365　23,T;79,T;152,C
YITCMG366　36,T/C;83,T;110,T/C;121,A
YITCMG367　21,T;145,C;165,A/G;174,C
YITCMG368　23,C/G;116,T/C;117,A/G
YITCMG369　76,A/C;82,T/C;83,T/C;84,T/G;85,C/G;86,A/C;87,T/A;99,T/G;104,A/G;141,A/G
YITCMG370　18,A/G;105,T/A;117,T/C;134,A/T
YITCMG371　27,A;36,T/C;60,T/C
YITCMG372　61,T/C;85,T/C
YITCMG373　72,A/G;74,A/G;78,A/C

YITCMG374 102,A/C;108,A/G;135,C;137,A;138,G;198,T/C
YITCMG375 17,C;107,T/A
YITCMG376 5,A/C;74,A/G;75,A/C;103,C/G;112,A/G
YITCMG377 3,A;42,A/C;77,T/G
YITCMG378 77,T/C;142,A/C
YITCMG379 61,T;71,T/C;80,T/C
YITCMG380 40,A
YITCMG381 30,C/G;64,T/G;124,T/C
YITCMG383 53,T/C;55,A/G
YITCMG384 106,A/G;128,T/C;195,T/C
YITCMG385 57,T/A;61,T/C;79,T/C
YITCMG386 13,T/C;65,G;67,T/C
YITCMG387 24,A/G;111,C/G;114,A/G
YITCMG388 17,T/C;121,A;147,T
YITCMG389 9,T/A;69,A/G;159,A/C;171,C/G;177,T/C
YITCMG390 9,C;82,T/G;95,T/A
YITCMG391 23,G;117,C
YITCMG394 9,T/C;38,G;62,A
YITCMG395 45,T/C
YITCMG396 110,T/C;141,T/A
YITCMG397 92,T/G;97,G
YITCMG398 131,C;132,A;133,A;159,C;160,G;181,T
YITCMG399 7,T/A;41,A/C
YITCMG400 34,T/C;41,T/C;44,T/C;53,T/C;62,T/C;71,C;72,A;90,A/C
YITCMG401 43,T/C;72,T/G;123,A/G
YITCMG402 6,A/T;137,T;155,G
YITCMG405 155,C;157,C
YITCMG406 73,A/G;115,T/C
YITCMG407 13,T/C;26,T/G;97,T/G
YITCMG408 88,T/C;137,A/G
YITCMG409 82,C/G;116,T/C
YITCMG410 2,T/C;4,A/T;20,T/C;40,C/G
YITCMG411 2,T/C;81,A/C;84,A/G
YITCMG412 79,A;154,G
YITCMG416 80,A/G;84,A/G;112,A/G;117,A/T
YITCMG419 73,T/A;81,A/T
YITCMG420 35,C;36,A
YITCMG421 9,A/C;67,T/C;97,A/G
YITCMG422 97,A
YITCMG423 41,T;117,G
YITCMG424 69,T/G;73,A/G;76,C/G;89,A/T
YITCMG425 57,A/G;66,T/C
YITCMG426 59,T/C;91,C/G
YITCMG428 18,A;24,C;135,A/G

YITCMG429 194,G;195,T

YITCMG431 69,A/G;97,C/G

YITCMG432 69,T;85,C

YITCMG434 27,A/G;37,T/A;40,A/G;43,C/G

YITCMG435 28,T;43,C;103,G;106,A;115,A

YITCMG436 25,A;56,A

YITCMG437 36,T/C

YITCMG438 2,T/A;3,T/C;6,T/A;155,T

YITCMG440 64,A;68,G;70,T;78,C

YITCMG441 96,G

YITCMG442 2,T/A;68,T/C;127,A/G;162,A/G;170,T/C;171,T/G

YITCMG443 28,T;104,T/A;106,T/G;107,A/T;166,A/G

YITCMG444 118,A/T;141,A/G

YITCMG446 13,T/C;51,T/C

YITCMG447 94,G;97,A/G;139,G;202,G

YITCMG448 22,A/C;37,T/C;91,G;95,A/C;112,C/G;126,T/C;145,G

YITCMG449 114,G

YITCMG450 100,A/G;146,A/T

YITCMG451 26,G;33,A;69,C;74,G;115,C

YITCMG452 89,A/G;96,C/G;151,T/C

YITCMG453 87,A/G;156,T/C

YITCMG454 90,A;92,T;95,T/A;121,T/C

YITCMG455 120,A/G

YITCMG456 32,A/G;48,A/G

YITCMG457 77,A/T;89,T/C;98,T/C;101,A/G;119,A/G;124,G;156,C/G

YITCMG458 37,C/G;43,T/C

YITCMG459 120,A;146,A;192,T

YITCMG460 45,T/C

YITCMG461 89,T/C;131,A/G;140,A/G

YITCMG462 1,A/G;22,C/G;24,C;26,A;36,T/C;49,A/C

YITCMG463 190,C

YITCMG465 156,A/T

YITCMG466 75,A/T;83,A/G;99,C/G

YITCMG467 9,A/G;11,A/G;161,A/G;162,C/G;179,T/A

YITCMG468 132,C

YITCMG470 78,C/G

YITCMG471 8,A;65,A/G;88,T/C;159,C

YITCMG472 51,G

YITCMG474 87,T/A;94,A/G;104,T/C;119,A/G

YITCMG475 84,A/G;102,T/C;105,C/G;115,A/C

YITCMG477 3,T/G;7,T;14,T/G;91,C;150,T

YITCMG478 42,T/C

YITCMG479 103,T/A

YITCMG480 5,A/G;29,C/G;45,A/G;61,C/G;64,A

YITCMG482　65,T/C;87,A/G;114,T/C;142,T/G

YITCMG483　113,G;143,T/C;147,A

YITCMG484　23,A/G;78,A/G;79,A/G

YITCMG485　116,C/G;125,T/C

YITCMG487　140,C/G

YITCMG488　51,G;76,G;127,C

YITCMG490　57,T/C;93,T/C;135,T/A;165,T/A

YITCMG491　156,G

YITCMG492　55,A/G;83,T/C;113,C/G

YITCMG493　4,T/C;5,T/C;6,G;30,T;48,A/G;82,A/G

YITCMG494　43,T/C;52,A/G;98,A/G

YITCMG495　13,T/C;65,T/G;73,A/G

YITCMG496　7,A/G;26,A/G;59,A/G;134,T/C

YITCMG497　22,G;31,T/C;33,G;62,T;77,T;78,T/C;94,T/C;120,A/G

YITCMG501　15,A;93,G;144,A;173,C

YITCMG502　4,A;130,A;135,A;140,T

YITCMG503　70,A/G;85,A/C;99,T/C

YITCMG504　11,A;17,G

YITCMG505　14,T/C;99,T;158,T/C;198,A/C

YITCMG507　3,T/C;24,G;63,A/G;87,C/G

YITCMG508　96,T/C;115,T/G;140,A/G

YITCMG510　1,A;110,A/G

YITCMG511　39,T/C;67,A/G;168,A/G;186,A/G

YITCMG512　25,A;63,G

YITCMG513　75,T/G;86,T/A;104,A/T;123,T/C

YITCMG514　45,A/C;51,T/C;57,T/C;58,T/G

YITCMG515　41,C;44,T;112,A/T

YITCMG516　29,T

YITCMG517　69,T/A;72,T/G;74,A/T;84,A/T;86,A/G;163,T

YITCMG518　18,T/C;60,A/G;77,T/G

YITCMG519　129,T/C;131,T/G

YITCMG520　65,A/G;83,A/G;136,T/C;157,A/C

YITCMG521　8,T/G;21,G;30,A/G

YITCMG522　72,T/A;137,G;138,C

YITCMG523　111,T/G;116,A/G;133,A/C;175,T/C;186,T/A

YITCMG524　19,G;100,G

YITCMG525　33,T/G;61,T/C

YITCMG527　108,T/G;118,A/C

YITCMG528　1,C;79,G;107,G

YITCMG529　129,T/C;144,A/C;174,T/C

YITCMG530　55,T/A;62,A/G;76,C;81,A;113,T/C

YITCMG532　17,A/C;123,A/C

YITCMG533　85,A/C;183,C;188,A/G

YITCMG534　40,T;120,A/G;122,C;123,C

YITCMG535　36,A;72,G

YITCMG537　34,C/G;118,A;135,T;143,A/G

YITCMG538　168,A/G

YITCMG539　27,G;75,T

YITCMG540　17,T;73,T;142,A

YITCMG541　18,A/C;70,A/C;145,A/G

YITCMG542　69,T;79,C

桂热 3 号

YITCMG001   72,T/C;85,A;94,A/C

YITCMG002   28,A/G;55,T/C;102,T/G;103,C/G;147,T/G

YITCMG003   67,T/G;82,A/G;88,A/G;104,A/G;119,T/A

YITCMG004   27,T;73,A/G

YITCMG005   56,A/G;100,A/G;105,A/T;170,T/C

YITCMG006   13,T/G;48,A/G;91,T/C

YITCMG007   62,T/C;65,T;96,G;105,A/G

YITCMG008   50,T/C;53,T/C;79,A/G

YITCMG010   40,T/C;49,A/C;79,A/G

YITCMG011   36,A/C;114,A/C;166,A/G

YITCMG013   16,C;56,A;69,T

YITCMG014   126,A;130,T

YITCMG015   44,A;127,A;129,C;174,A

YITCMG017   17,T/G;98,C/G

YITCMG018   30,A

YITCMG019   115,A/G

YITCMG020   70,A/C;100,C/G;139,A/G

YITCMG022   3,A;11,A;92,G;94,T;99,C;118,G;131,C;140,G

YITCMG023   142,T;143,C;152,A/T

YITCMG024   68,A;109,C

YITCMG025   72,A/C;108,T/C

YITCMG026   16,A/G;81,T/C

YITCMG027   19,T/C;31,A/G;62,T/G;119,A/G;121,A/G;131,A/G;138,A/G;153,T/G;163,T/A

YITCMG028   45,A/G;113,A/T;147,A/G;167,A/G;174,T/C;191,A/G

YITCMG029   72,T/C

YITCMG030   55,A;73,T/G;82,A/T

YITCMG031   48,C;84,G;96,A

YITCMG032   14,T/A;160,A/G

YITCMG033   73,G;85,A/G;145,A/G

YITCMG034   122,A/G

YITCMG035   102,T/C;126,T/G

YITCMG037   12,C;13,A;39,T

YITCMG038   155,A/G;168,C/G

YITCMG039   1,G;19,A/G;61,A/G;71,T/C;104,T/C;105,G;151,T/G

YITCMG040   40,T/C;50,T/C

YITCMG041   24,A/T;25,A/G;68,T/C

YITCMG042   5,A/G;48,T/A;92,T/A

YITCMG044   7,T/C;22,T/C;167,A/G;189,A/T

YITCMG045   92,T;107,T

YITCMG046   38,A/C;55,A/C;130,A/G;137,A/C;141,A/G

YITCMG047   60,T/G;65,T/G

YITCMG048	142,C/G;163,A/G;186,A/C
YITCMG049	115,C
YITCMG051	15,C;16,A
YITCMG052	63,T;70,C;139,T/C
YITCMG053	86,A/G;167,A/G;184,A/T
YITCMG054	34,A/G;36,T;70,A/G;72,A/C;73,A/G;84,A/C;170,T/C
YITCMG056	34,T;74,T/A
YITCMG057	98,T/C;99,A/G;134,T/C
YITCMG058	67,T;78,A
YITCMG059	84,A;95,T;100,T;137,A;152,T;203,T
YITCMG060	10,A/C;54,T/C;125,T/C;129,A/G
YITCMG061	107,A/C;128,A/G
YITCMG063	86,A/G;107,A/C
YITCMG064	2,A/G;27,T/G;74,C/G;106,A/G;109,T/A
YITCMG065	37,T/G;56,T/C
YITCMG066	10,A/C;64,A/G;141,T/G
YITCMG067	1,C;51,C;76,G;130,C
YITCMG071	142,C;143,C
YITCMG072	75,A/G;105,A/G
YITCMG073	15,A/G;19,A/G;28,A/C;49,A/G;106,T/C
YITCMG075	125,T/C;168,A/C;169,A/G;185,T/C
YITCMG076	129,T/C;162,A/C;163,A/G;171,T/C
YITCMG078	15,T/A;33,A/G;93,A/C;95,T;147,T/C;165,A/G
YITCMG079	3,A/G;8,T/C;10,A/G;110,T/C;122,A/T;125,A/C
YITCMG080	43,A/C;55,T/C
YITCMG081	91,C/G;115,A/T
YITCMG082	43,A;58,C;97,G
YITCMG083	169,C/G
YITCMG084	118,G;136,T
YITCMG085	6,A/C;21,T/C;24,C;33,T;206,T/C;212,T/C
YITCMG086	180,A/C
YITCMG087	19,T/C;78,A/G
YITCMG088	33,A
YITCMG089	92,C;103,C;151,C;161,C
YITCMG090	17,T/C;46,G;75,T
YITCMG091	24,T/C;33,C/G;59,A/C;84,T/G;121,A/G;187,A/C
YITCMG092	22,A/G;110,T/C;145,A/G
YITCMG094	124,A;144,T
YITCMG095	51,T/C;78,T/C;184,A/T
YITCMG096	24,T/C;57,A;63,T/C;66,T/C
YITCMG098	48,A/G;51,T/C;180,T/C
YITCMG099	67,T/G;83,A/G;119,A/G;122,A/C
YITCMG100	124,T/C;141,C/G;155,T
YITCMG101	93,T/C

YITCMG102 20,A;135,T/C
YITCMG104 79,G;87,G
YITCMG105 31,A/C;69,A/G
YITCMG106 29,A;32,C;65,G;130,A;137,C
YITCMG107 143,A/C;160,A/G;164,C/G
YITCMG108 34,A;61,A/C;64,C
YITCMG109 17,T/C;29,A/C;136,T/A
YITCMG110 30,T/C;32,A/G;57,T/C;67,C/G;96,T/C
YITCMG111 39,T/G;62,A/G;67,A/G
YITCMG112 101,C/G;110,A/G
YITCMG113 71,A;85,G;104,G;108,C;131,A/G
YITCMG114 42,A/T;46,A/G;66,A/T
YITCMG115 32,T/C;33,T/A;87,C;129,A/T
YITCMG116 54,A/G;91,T/C
YITCMG117 115,T/C;120,A/G
YITCMG120 121,G;130,C;133,C
YITCMG121 32,T;72,G;149,T/G
YITCMG122 45,G;185,G;195,A
YITCMG123 87,G;130,T
YITCMG124 75,C;119,T
YITCMG125 123,C/G
YITCMG126 82,T/A;142,A/G
YITCMG127 146,A/G;155,A/T;156,A
YITCMG128 163,A/G
YITCMG129 90,T/C;104,T/C;105,C/G
YITCMG130 31,C/G;83,T/C;108,A/G
YITCMG131 27,T/C;107,C/G
YITCMG132 43,C;91,T;100,T;169,T
YITCMG133 65,A/C;76,T;86,T/G;191,A/G;200,A/G;209,T
YITCMG134 23,C;99,T/C;116,T/A;128,A/G;139,T;146,C/G
YITCMG135 173,T/C
YITCMG137 24,A;52,T
YITCMG139 7,G
YITCMG140 6,T
YITCMG141 71,T/G;184,C
YITCMG144 4,A/G;61,T/C;81,T/C;143,A/G;164,A/G
YITCMG145 7,A/G;26,A/G;78,T/G
YITCMG146 27,T/C;69,A/G;111,A/T
YITCMG147 36,A/G;62,T;66,T
YITCMG148 75,T/C;101,T/G
YITCMG149 25,A/C;30,A/G;174,T/C
YITCMG150 8,T/G;99,T/C;100,A/T;101,G;116,G;123,C/G;128,T/A
YITCMG152 83,A/T
YITCMG153 97,A/C;101,A/G;119,A

YITCMG154　5,T;26,T/G;47,A/C;60,A/G;77,C;130,A/C;141,C

YITCMG155　31,T;51,C;155,A/G

YITCMG156　36,T/G

YITCMG157　83,T/C

YITCMG158　67,C;96,A;117,G

YITCMG159　137,T/C

YITCMG160　55,A/G;75,T/C;92,A/G;107,T/G;158,T/C

YITCMG161　71,A;74,C

YITCMG163　96,T/A;114,T/C;115,A/G;118,T/G

YITCMG164　57,T/C;114,A/G

YITCMG165　174,C

YITCMG166　13,T;87,G

YITCMG167　120,A/G;150,A/G;163,C/G

YITCMG168　79,T/C;89,C/G;96,A/G;171,C/G

YITCMG169　36,A/G;51,C;78,A/C;99,T/C;153,T/A

YITCMG170　139,C;142,G;145,C;150,A;151,T;157,A;164,A

YITCMG171　9,T/G;11,A/G;61,T/C;76,T/C;98,A/G

YITCMG172　164,A/C;168,A/G;186,A/G;187,A/G

YITCMG173　11,C/G;17,A/C;20,T/C;144,C;161,A;162,T

YITCMG174　9,T/C;10,A/C;84,A/G

YITCMG175　32,T/G;42,T/C;55,T/C;62,A/C;98,T/C

YITCMG176　44,A/G;107,A/G;127,A/C

YITCMG177　20,T/C

YITCMG178　99,T/C;107,T/G;111,A/C

YITCMG180　23,C;72,C;75,C/G

YITCMG181　134,A/G

YITCMG182　3,A/G;77,T/C

YITCMG183　24,T;28,A/G;75,T/C;76,A/G;93,T/C

YITCMG184　45,A;60,C;64,C/G;97,C;127,T/G

YITCMG185　62,A/G;68,T/A;80,A/G;130,A/C;139,A/G

YITCMG188　16,T/C;66,A/G;101,T/A

YITCMG189　23,T/C;51,A/G;138,T/A;168,T/C

YITCMG190　117,T;162,G

YITCMG192　89,T/C;95,C/G;119,T/G

YITCMG193　3,A/G;9,A/T;30,C;39,A/G;121,G;129,C;153,T

YITCMG194　1,A/T;32,T/A;55,A/G;165,T/C

YITCMG195　45,T/A;71,A/T;87,T/C;128,A/G;133,A/G

YITCMG196　19,A/G;91,T/C;190,A/G;191,T/C;197,A/T

YITCMG197　18,C;35,G;144,C/G;178,A;195,T

YITCMG198　70,A/G;71,A/G;100,A/C

YITCMG199　3,T/C;56,T/A;62,C/G;131,A/C;155,A/C;173,T/C;175,C/G

YITCMG200　38,T/C;53,A/G

YITCMG202　16,C;121,T

YITCMG203　90,T/A

YITCMG204 85,A/G
YITCMG206 66,G;83,G;132,G;155,G
YITCMG207 156,T/C
YITCMG208 86,T/A;101,A/T
YITCMG209 24,T/C;27,C;72,T/C
YITCMG212 118,A/G
YITCMG216 69,A/G;135,T/C;177,A/G
YITCMG217 11,A;19,A;154,G;164,C
YITCMG218 5,A/C;31,C;59,T;72,C
YITCMG219 89,T/C;121,C/G;125,T/C
YITCMG221 8,C;110,A/G;131,A;134,A
YITCMG222 1,T/G;15,T/C;31,A/G;46,A/G;70,C/G
YITCMG223 23,T;29,T;41,T/C;47,A/G;48,T/C;77,A/G
YITCMG225 61,A/G;67,T/C
YITCMG226 72,A;117,T
YITCMG227 6,A/G;26,T/C
YITCMG228 72,C;81,C;82,T
YITCMG229 56,T/C;58,T/C;65,T/C;66,T/C
YITCMG230 17,A/C;65,C;87,A/T;103,A;155,G
YITCMG231 12,T/C;87,T/C;108,T/C
YITCMG232 1,T/C;76,C/G;80,G;152,C;169,T/C;170,G
YITCMG233 130,A/C;132,A/G;159,T/C;162,A/G
YITCMG234 54,A/T;103,A/G;183,T/A;188,A/G
YITCMG235 128,C/G
YITCMG236 94,A;109,A
YITCMG237 24,A/T;39,G;71,C/G;76,T/C;105,A/G
YITCMG238 49,C;68,C
YITCMG239 46,T/C;59,T/C;72,A
YITCMG240 21,A/G;96,A/G
YITCMG242 61,A/C;70,T;85,T/C;94,A/G
YITCMG244 71,T/C;109,T/G;113,T/C
YITCMG247 123,T/C
YITCMG248 31,A/G;35,A/G;60,T/G
YITCMG249 22,T/C;142,T/C;167,T/C;195,A/G;199,A/G
YITCMG250 92,T/C;98,T;99,G
YITCMG253 70,A/C;198,T/G
YITCMG254 48,C/G;82,T/C;106,T/G
YITCMG255 67,T/G;155,C/G;163,A/G;166,T/C
YITCMG256 19,A/G;47,A/C;66,A/G
YITCMG258 170,A;172,C
YITCMG259 20,A/G;24,T;180,T;182,A
YITCMG260 63,A/G;154,T/A;159,A/C
YITCMG261 17,T/C;38,T/G;106,T/A;109,T/C
YITCMG262 47,T/G

YITCMG266   5,G;24,T/G;31,G;62,T/C;91,A/G

YITCMG267   39,G;92,T/G;108,A;134,T

YITCMG270   10,A;48,T/C;52,A/G;69,A/C;122,T/C;130,T;134,T/C;143,T/C;162,T/C;168,A/G; 191,A/G

YITCMG271   100,C/G;119,A/T

YITCMG272   43,G;74,T;87,C;110,T

YITCMG274   141,A/G;150,T/C

YITCMG275   106,C;131,A

YITCMG276   41,T/G;59,A/G

YITCMG278   1,A/G;10,A/G;12,A/C

YITCMG280   62,T/C;85,C/G;104,A/T;113,C/G;121,A/G;144,T/G;159,C

YITCMG281   18,A/G;22,A/G;92,T/C;96,A

YITCMG282   46,A;64,C

YITCMG283   67,T/G;112,A/G;177,A/G

YITCMG284   18,A/G;55,A/T;94,T/C

YITCMG285   85,A/G;122,C/G

YITCMG286   119,A/G;141,A/C

YITCMG287   2,C;38,T;170,A/C;171,A/T

YITCMG288   79,T/C

YITCMG289   50,T;60,T/A;75,A/G

YITCMG290   21,T;66,C/G;170,A/T

YITCMG291   96,T

YITCMG292   85,T/C;99,A/T;114,T/C;126,A/C

YITCMG293   39,T/G;170,A/T;174,T/C;184,T/G;207,A/G

YITCMG295   15,A/G;71,A/T

YITCMG296   90,A;93,T;105,A

YITCMG297   128,T/C;147,A/C

YITCMG298   44,A/G;82,A/G;113,A/G

YITCMG299   29,A;34,A/G;103,A/G;117,C/G

YITCMG300   15,T/C;32,C;68,T;118,T/C

YITCMG301   76,C/G;98,A/G;108,C;111,T/C;128,T/G

YITCMG302   11,T/G;40,A/G;96,T

YITCMG303   10,A/T;21,A/G;54,T/G

YITCMG304   6,A/G;35,A;42,G;45,A/C;116,G;121,A/C

YITCMG305   15,A/G;50,A/C;67,T/G;68,C

YITCMG306   16,C;69,A/C;71,T/A;85,T/G;92,C/G

YITCMG307   11,T/C;23,T/C;25,A/C;37,A/G

YITCMG308   34,A/G;35,C/G;45,T/A

YITCMG309   5,A/C;23,A/T;77,A/G;85,C/G;162,A/G

YITCMG310   98,G

YITCMG311   83,T/C;101,T/C;155,A

YITCMG312   42,T/A;104,A/T

YITCMG314   27,C/G;31,A/G;42,A/G;53,A/C

YITCMG316   98,T/C;102,T/C

YITCMG317　38,G;151,C

YITCMG318　61,T/C;73,A/C;139,T/C

YITCMG319　147,T/C

YITCMG320　4,A/G;87,T/C

YITCMG321　16,G;83,T/C

YITCMG322　72,T/C

YITCMG323　6,A;49,C;73,T;75,A/G

YITCMG324　55,T/C;56,C/G;74,A/G;195,A/G

YITCMG325　57,C

YITCMG326　11,T/C;41,A/T;161,T/C;177,A/G;179,A/G

YITCMG327　115,T/C;121,A/G

YITCMG328　15,C;47,C;86,C

YITCMG329　48,T/C;78,C/G;109,T/A;195,A/C

YITCMG330　52,A;129,G;130,A

YITCMG331　24,A;51,A/G;154,A/G

YITCMG332　62,C/G;63,A/G;93,A/C

YITCMG333　132,T;176,A

YITCMG334　43,C/G;104,A/C

YITCMG335　48,A/G;50,T/C;114,G

YITCMG336　28,T/C;56,T/A;140,T/C

YITCMG337　55,T/C;61,T/C

YITCMG338　159,T/C;165,T/C;172,A/T;179,C/G

YITCMG340　51,T/C

YITCMG341　83,T;124,G

YITCMG342　156,A/G;162,T/A;169,T/C;177,T/C

YITCMG343　3,A;39,T

YITCMG344　8,T/C;14,T;35,T/G;47,G;85,A/G;108,T/C

YITCMG345　31,T/A;39,T/G

YITCMG347　19,A/T;21,A/G;29,A/G;108,A/C;149,T/C

YITCMG348　28,T/C;65,T/C;73,A/G;124,A/C;131,A/G;141,T/A

YITCMG349　62,A/G;136,C/G

YITCMG350　17,A;23,T/C;37,T/A;101,A/T;104,T/C

YITCMG351　11,T/G;109,T/C;139,C/G

YITCMG353　75,T;85,C

YITCMG354　62,A/C;66,A/G;81,A/C;134,A/C

YITCMG355　34,A;64,C;96,A

YITCMG356　45,T/A;47,A/C;72,T/A

YITCMG357　29,A/C;51,T/G;76,T/A

YITCMG358　155,T/C

YITCMG359　60,T/G;128,T/C

YITCMG360　54,T/G;64,A/G;82,T/C;87,A/G;92,T/C

YITCMG361　3,T/A;102,T/C

YITCMG362　12,T/C;62,A/T;77,A/G

YITCMG363　57,T;96,T

YITCMG364　　7,G;29,A;96,T

YITCMG365　　23,T/C;79,T/C;152,C/G

YITCMG366　　36,T/C;83,T/A;110,T/C;121,A/T

YITCMG367　　21,T/C;145,C/G;165,A/G;174,C/G

YITCMG368　　116,T/C;117,C/G

YITCMG369　　99,T/C

YITCMG370　　18,A/G;105,T/A;117,T/C;134,A/T

YITCMG371　　27,A;36,T/C;60,T/C

YITCMG372　　85,C

YITCMG373　　72,A/G;74,A/G;78,A/C

YITCMG374　　108,A/G;135,T/C;137,T/A;138,A/G;198,T/C

YITCMG375　　17,A/C;107,T/A

YITCMG376　　5,A/C;74,A/G;75,A/C;103,C/G;112,A/G

YITCMG377　　3,A/G;77,T/G

YITCMG378　　49,T/C

YITCMG379　　61,T;71,T/C;80,T/C

YITCMG380　　40,A

YITCMG381　　64,T/G;113,T/C;124,T/C

YITCMG382　　62,A;72,C;73,C

YITCMG383　　53,T/C;55,A;110,C/G

YITCMG384　　106,A/G;128,T/C;195,T/C

YITCMG385　　57,T/A;61,T/C;79,T/C

YITCMG386　　65,G

YITCMG387　　111,C/G;114,A/G

YITCMG388　　17,T;121,A;147,T

YITCMG389　　3,T/G;9,T/A;69,A/G;101,A/G;159,A/C;171,C/G;177,T/C

YITCMG390　　9,C

YITCMG391　　23,A/G;116,C/G;117,A/C

YITCMG392　　109,T/C;114,A/C

YITCMG393　　66,A/G;99,A/C

YITCMG394　　9,T/C;38,G;62,A

YITCMG395　　40,T/A;45,T/C;49,T/C

YITCMG396　　110,T/C;141,T/A

YITCMG397　　92,T/G;97,G

YITCMG398　　100,A/C;131,C;132,A;133,A;159,T/C;160,G;181,T

YITCMG399　　7,A;41,A

YITCMG400　　34,T/C;41,T/C;44,T/C;53,T/C;62,T/C;71,C/G;72,T/A;90,A/C

YITCMG401　　43,T/C;123,A/G

YITCMG402　　71,A/T;137,T;155,G

YITCMG405　　155,C;157,C

YITCMG406　　73,G;115,T

YITCMG407　　13,T/C;26,T/G;97,T/G

YITCMG408　　88,T/C;137,A/G

YITCMG410　　2,T/C;4,A/T;20,T/C;40,C/G

YITCMG411 2,T/C;81,A/C;84,A/G
YITCMG412 79,A;154,G
YITCMG413 55,A/G;56,C/G;82,T/C
YITCMG414 11,T/A;37,A/G;51,T/C;62,C/G
YITCMG415 7,A/G;84,A/G;87,A/G;109,T/G;113,A/G;114,A/G
YITCMG416 80,A/G;84,A/G;112,A/G;117,T/A
YITCMG417 35,C/G;55,A/G;86,C;131,G
YITCMG418 15,T/C;34,A/G
YITCMG419 73,A/T;81,T/A;168,A/G
YITCMG421 9,A/C;67,T/C;97,A/G
YITCMG422 97,A
YITCMG423 41,T;117,G
YITCMG424 69,T/G;73,A/G;76,C/G;89,T/A
YITCMG425 57,A/G;66,T/C
YITCMG426 59,T/C;91,C/G
YITCMG428 18,A;24,C;135,A/G
YITCMG429 194,G;195,T
YITCMG432 69,T;85,C
YITCMG434 27,G;37,T/G;40,A/G;43,C/G
YITCMG435 28,T;43,C;103,G;106,A;115,A
YITCMG436 25,A;56,A
YITCMG437 36,T/C
YITCMG438 155,T
YITCMG440 64,A;68,G;70,T;78,C
YITCMG441 96,A/G
YITCMG442 2,A/T;68,T/C;127,A/G;162,A/G;170,T/C;171,T/G
YITCMG443 28,T;104,A/T;106,T/G;107,T/A;166,A/G
YITCMG444 118,T/A;141,A/G
YITCMG446 13,T/C;51,T/C
YITCMG447 94,G;97,A/G;139,G;202,G
YITCMG448 22,A/C;37,T/C;91,G;95,A/C;112,C/G;126,T/C;145,G
YITCMG449 114,G
YITCMG450 100,A/G;146,A/T
YITCMG451 26,G;33,A;69,C;74,G;115,C
YITCMG452 89,A/G;96,C/G;151,T/C
YITCMG453 87,A/G;156,T/C
YITCMG454 90,A;92,T;95,T/A;121,T/C
YITCMG455 120,A/G
YITCMG457 77,A/T;89,T/C;98,T/C;101,A/G;119,A/G;124,G;156,C/G
YITCMG458 37,C/G;43,T/C
YITCMG459 120,A;146,A;192,T
YITCMG460 45,T/C
YITCMG461 89,T/C;131,A/G;140,A/G
YITCMG462 1,A/G;22,C/G;24,C;26,A;36,T/C;49,A/C

YITCMG463　190,C

YITCMG465　156,A/T

YITCMG466　75,T/A;83,A/G;99,C/G

YITCMG467　9,A/G;11,A/G;161,A/G;162,C/G;179,T/A

YITCMG468　132,C

YITCMG470　78,C/G

YITCMG471　8,A;65,A/G;88,T/C;159,C

YITCMG472　51,G

YITCMG474　87,T/A;94,A/G;104,T/C;119,A/G

YITCMG475　82,A/G;84,A/G;102,T/C;115,A/C

YITCMG476　22,A/G;54,A/T

YITCMG477　3,T/G;7,T;91,C;140,A/T;150,T;153,A/G

YITCMG478　42,T/C

YITCMG479　103,A

YITCMG480　5,A/G;45,A/G;61,C/G;64,A/G

YITCMG481　21,A;108,A/G;160,A/G;192,T/G

YITCMG482　65,T;87,A/G;114,T/C;139,C/G;142,T/G

YITCMG483　113,A/G;147,A/G

YITCMG484　23,A/G;78,A/G;79,A/G

YITCMG487　140,C/G

YITCMG488　51,G;76,G;127,C

YITCMG490　57,T/C;93,T/C;135,T/A;165,T/A

YITCMG491　156,G

YITCMG492　55,A/G;83,T/C;113,C/G

YITCMG493　4,T/C;5,T/C;6,G;30,T;48,A/G;82,A/G

YITCMG494　43,T/C;52,A/G;98,A/G

YITCMG495　13,T/C;65,T/G;73,A/G

YITCMG496　7,A/G;26,A/G;59,A/G;134,T/C

YITCMG497　22,G;31,T/C;33,G;62,T;77,T;78,T/C;94,T/C;120,A/G

YITCMG501　15,A;93,G;144,A;173,C

YITCMG502　4,A;130,A;135,A;140,T

YITCMG503　70,A/G;85,A/C;99,T/C

YITCMG504　11,A/C;17,A/G

YITCMG505　14,T/C;54,A/G;99,T/C

YITCMG507　3,T/C;24,G;63,A/G

YITCMG508　140,A/G

YITCMG509　40,T/C

YITCMG510　1,A/G;95,A/G;98,A/G

YITCMG512　25,A/G;63,A/G

YITCMG514　45,A/C;51,T/C;57,T/C;58,T/G

YITCMG515　41,T/C;44,T/G;112,A/T

YITCMG516　29,T/G;53,A/C

YITCMG517　72,T/G;84,T/A;86,A/G;163,T

YITCMG520　65,A/G;83,A/G;136,T/C;157,A/C

YITCMG521　8,T/G;21,G;30,A/G

YITCMG522　72,T/A;127,T/A;137,A/G;138,A/C

YITCMG524　19,G;100,G

YITCMG525　33,T/G;61,T/C

YITCMG527　35,A/G;108,T/G;118,A/C

YITCMG528　1,C;79,G;107,G

YITCMG529　129,T;144,A;174,T

YITCMG530　55,T/A;62,A/G;76,C;81,A;113,T/C

YITCMG532　123,A/C

YITCMG533　85,A/C;183,C;188,A/G

YITCMG534　40,T/A;122,C/G;123,T/C

YITCMG535　36,A;72,G

YITCMG537　34,C/G;118,A/G;135,T/C;143,A/G

YITCMG539　27,G;75,T

YITCMG540　17,A/T;70,A/G;73,T/C;142,A/G

YITCMG541　70,A/C;130,T/G;176,T/C

YITCMG542　18,T;69,T;79,C

桂热 10 号

YITCMG001 53,A/G;72,T/C;78,A/G;85,A

YITCMG003 82,A/G;88,A/G;104,A/G

YITCMG004 27,T;73,A/G;83,T/C

YITCMG005 56,A/G;100,A/G;105,T/A;170,T/C

YITCMG006 13,T/G;27,T/C;91,T/C;95,C/G

YITCMG007 62,T/C;65,T;96,G;105,A/G

YITCMG008 50,T/C;53,T/C;79,A/G

YITCMG010 40,T/C;49,A/C;79,A/G

YITCMG011 36,A/C;114,A/C;166,A/G

YITCMG012 75,A/T;78,A/G

YITCMG013 16,T/C;56,A/C;69,T

YITCMG014 126,A;130,T

YITCMG015 44,A/G;127,A;129,C;174,A

YITCMG017 17,T/G;98,C/G

YITCMG018 30,A

YITCMG019 115,A/G

YITCMG020 70,A/C;100,C/G;139,A/G

YITCMG022 3,A;11,A;92,G;94,T;99,C;118,G;131,C;140,G

YITCMG023 142,T;143,C;152,T/A

YITCMG024 68,A;109,C

YITCMG025 72,A/C;108,T/C

YITCMG026 16,A/G;81,T/C

YITCMG027 19,T/C;31,A/G;62,T/G;119,A/G;121,A/G;131,A/G;138,A/G;153,T/G;163,T/A

YITCMG028 45,A/G;113,A/T;147,A/G;167,A/G;174,T/C;191,A/G

YITCMG029 72,T/C

YITCMG030 55,A;73,T/G;82,A/T

YITCMG032 117,C/G

YITCMG033 73,A/G;85,A/G;145,A/G

YITCMG034 122,A/G

YITCMG035 102,T/C;126,T/G

YITCMG037 12,C;39,T

YITCMG038 155,A/G;168,C/G

YITCMG039 1,G;19,A/G;61,A/G;71,T/C;104,T/C;105,G;151,T/G

YITCMG040 40,T/C;50,T/C

YITCMG041 24,T/A;25,A/G;68,T/C

YITCMG042 5,A/G;48,A/T;92,A/T

YITCMG043 56,T/C;61,A/T;67,T/C

YITCMG044 7,T/C;22,T/C;167,A/G;189,A/T

YITCMG045 92,T;107,T

YITCMG046 38,A/C;55,A/C;130,A/G;137,A/C;141,A/G

YITCMG047 60,T/G;65,T/G

YITCMG048   142,C/G;163,A/G;186,A/C
YITCMG049   115,A/C;172,A/G;190,T/A
YITCMG050   44,A/G
YITCMG051   15,C;16,A
YITCMG052   63,T;70,C
YITCMG053   86,A;167,A;184,T
YITCMG054   34,G;36,T;70,G
YITCMG056   117,T/C
YITCMG057   98,T/C;99,A/G;134,T/C
YITCMG058   67,T;78,A
YITCMG059   12,A/T;84,A;95,T/A;100,T;137,A/G;152,T/A;203,A/G
YITCMG060   156,T/G
YITCMG064   2,A/G;27,T/G
YITCMG065   136,T/C
YITCMG067   1,T/C;51,C;76,A/G;130,A/C
YITCMG069   37,A/G;47,T/A;100,A/G
YITCMG070   5,T;6,C;13,G;73,C
YITCMG071   40,A/G;107,T/A;142,C;143,C
YITCMG072   75,A/G;105,A/G
YITCMG073   19,A/G;28,C;99,A/G;106,C
YITCMG074   46,T/C;58,C/G;77,A/G;180,T/A
YITCMG075   125,T/C;168,A/C;169,A/G;185,T/C
YITCMG076   129,T/C;162,A/C;163,A/G;171,T/C
YITCMG077   10,C/G;27,T/C;97,T/C;114,A/C;128,T/A;140,T/C
YITCMG078   15,A/T;33,A/G;93,A/C;95,T;147,T/C;165,A/G
YITCMG079   3,A/G;8,T/C;10,A/G;110,T/C;122,T/A;125,A/C
YITCMG080   43,A/C;55,T/C
YITCMG081   91,C/G;115,A/T
YITCMG082   43,A;58,C;97,G
YITCMG083   169,C/G
YITCMG084   118,G;136,T
YITCMG085   6,A/C;21,T/C;24,C;33,T;206,T/C;212,T/C
YITCMG086   180,A/C
YITCMG087   19,T/C;78,A/G
YITCMG088   33,A
YITCMG089   92,C;103,C;151,C;161,C
YITCMG090   17,T/C;46,G;75,T
YITCMG091   24,T/C;33,C/G;59,A/C;84,T/G;121,A/G;187,A/C
YITCMG092   22,A/G;110,T/C;145,A/G
YITCMG093   10,A/G;35,A/G
YITCMG094   124,A;144,T
YITCMG095   51,C;78,C;184,A
YITCMG096   24,C;57,A;66,T
YITCMG099   67,T/G;83,A/G;119,A/G;122,A/C

YITCMG100   124,T/C;141,C/G;155,T

YITCMG101   93,T/C

YITCMG102   20,A;135,T/C

YITCMG104   79,G;87,G

YITCMG105   31,A/C;69,A/G

YITCMG106   29,A;32,C;59,C;65,G;137,C;183,C

YITCMG107   160,G;164,C;169,T/A

YITCMG108   34,A/G;64,C/G

YITCMG109   17,C;29,C;136,A

YITCMG110   30,T/C;32,A/G;57,T/C;67,C/G;96,T/C

YITCMG113   71,A;85,G;104,G;108,C;131,A/G

YITCMG114   42,A/T;46,A/G;66,A/T

YITCMG115   32,T/C;33,A/T;87,C;129,T/A

YITCMG116   54,A/G;91,T/C

YITCMG117   115,T/C;120,A/G

YITCMG119   72,C;73,C;150,T;162,G

YITCMG120   121,G;130,C;133,C

YITCMG121   32,T;72,G;149,T/G

YITCMG122   45,G;185,G;195,A

YITCMG123   87,A/G;88,T/C;94,T/C;130,T/G

YITCMG124   75,C;119,T

YITCMG125   123,C/G

YITCMG126   82,A/T;142,A/G

YITCMG127   146,A/G;155,A/T;156,A

YITCMG128   163,A/G

YITCMG129   90,T/C;104,T/C;105,C/G

YITCMG130   31,C/G;83,T/C;108,A/G

YITCMG131   27,T/C;107,C/G

YITCMG132   43,C;91,T;100,T;169,T

YITCMG133   65,A/C;76,T;86,T/G;191,A/G;200,A/G;209,T

YITCMG134   23,C;98,T/C;116,T/A;128,A;139,T;146,C/G

YITCMG135   173,T/C

YITCMG136   169,A/G;198,T/C

YITCMG137   24,A;52,T

YITCMG139   7,G

YITCMG141   71,T/G;184,T/C

YITCMG144   4,A/G;61,T/C;81,T/C;143,A/G;164,A/G

YITCMG145   7,A/G;26,A/G;78,T/G

YITCMG146   27,T/C;69,A/G;111,T/A

YITCMG147   36,A/G;62,T;66,T

YITCMG148   75,T/C;101,T/G

YITCMG149   25,A;30,A;143,T/C;174,T/C;175,A/G

YITCMG150   99,T/C;101,G;116,G

YITCMG152   83,T/A

YITCMG153	97,A/C;101,A/G;119,A
YITCMG154	5,T;26,T/G;47,A/C;60,A/G;77,C;130,A/C;141,C
YITCMG155	31,T;51,C;155,A/G
YITCMG156	36,T/G
YITCMG158	67,C;96,A;117,G
YITCMG159	84,T/C;89,A/C;92,A/C;137,T
YITCMG161	71,A/G;74,T/C
YITCMG163	96,A/T;114,T/C;115,A/G;118,T/G
YITCMG164	57,T/C;114,A/G
YITCMG165	174,C
YITCMG166	13,T;87,G
YITCMG167	120,A/G;150,A/G;163,C/G
YITCMG168	79,T/C;89,C/G;96,A/G
YITCMG169	36,A/G;51,C;78,A/C;99,T/C;153,T/A
YITCMG170	139,C;142,G;145,C;150,A;151,T;157,A;164,A
YITCMG171	9,T/G;11,A/G;61,T/C;76,T/C;98,A/G
YITCMG172	164,A/C;168,A/G;186,A/G;187,A/G
YITCMG173	11,C/G;17,A/C;20,T/C;144,C;161,A;162,T
YITCMG174	9,T/C;10,A/C;84,A/G
YITCMG175	32,T/G;42,T/C;55,T/C;62,A/C;98,T/C
YITCMG176	44,A/G;107,A/G;127,A/C
YITCMG177	20,T/C
YITCMG178	99,T/C;107,T/G;111,A/C
YITCMG180	23,C;72,C;75,C/G
YITCMG181	134,A/G
YITCMG182	3,A/G;77,T/C
YITCMG183	24,T;28,A/G;75,T/C;76,A/G;93,T/C
YITCMG184	45,A;60,C;64,G;97,C;127,T
YITCMG187	33,T/C;105,T;106,G
YITCMG188	16,T/C;66,A/G;101,A/T
YITCMG189	23,T/C;51,A/G;138,A/T;168,T/C
YITCMG190	117,T;162,G
YITCMG192	89,T/C;95,C/G;119,T/G
YITCMG193	3,A/G;9,T/A;30,C;39,A/G;121,G;129,C;153,T
YITCMG194	1,T/A;32,A/T;55,A/G;165,T/C
YITCMG195	45,A/T;71,T/A;87,T/C;128,A/G;133,A/G
YITCMG196	19,A/G;91,T/C;190,A/G;191,T/C;197,T/A
YITCMG197	18,C;35,G;144,C/G;178,A;195,T
YITCMG198	70,A/G;71,A/G;100,A/C
YITCMG199	3,T/C;56,T/A;62,C/G;131,A/C;155,A/C;173,T/C;175,C/G
YITCMG200	38,T/C;53,A/G
YITCMG202	16,C;112,A/C;121,T
YITCMG203	28,A/G;42,T/A;90,T/A;130,C/G
YITCMG204	85,A/G

YITCMG206 66,G;83,G;132,G;155,G

YITCMG207 156,T/C

YITCMG208 86,T/A;101,A/T

YITCMG209 24,T/C;27,C;72,T/C

YITCMG210 6,T/C;21,A/G;96,T/C;179,A/T

YITCMG211 11,A/C;133,A/C;139,A/G

YITCMG212 17,A/G;111,A/G;129,T/C

YITCMG213 55,A/G;102,T/C;109,T/C

YITCMG216 135,T/C

YITCMG217 11,A;19,A;154,G;164,C

YITCMG218 5,A/C;31,C;59,T;72,C

YITCMG219 89,T/C;121,C/G;125,T/C

YITCMG221 8,C;110,A/G;131,A;134,A

YITCMG222 1,T/G;15,T/C;31,A/G;46,A/G;70,C/G

YITCMG223 23,T;29,T;41,T/C;47,A/G;48,T/C;77,A/G

YITCMG225 61,A/G;67,T/C

YITCMG226 72,A;117,T

YITCMG228 72,C;81,T/C;82,T/C;103,A/G

YITCMG230 65,A/C;87,T/A;103,A/C;155,A/G

YITCMG231 87,T/C;108,T/C

YITCMG232 1,C;64,T/C;76,A/G;80,G;152,C;169,T;170,G

YITCMG233 130,A;132,G;159,T;162,A

YITCMG234 54,T;55,T/C;103,A;122,T/G;183,A;188,A/G

YITCMG235 128,C/G

YITCMG236 94,A;109,A

YITCMG237 24,A/T;39,G;71,C/G;76,T/C;105,A/G

YITCMG238 49,C;68,C

YITCMG239 46,T/C;59,T/C;72,A

YITCMG240 21,A/G;96,A/G

YITCMG242 61,A/C;70,T;85,T/C;94,A/G

YITCMG244 71,T/C;109,T/G;113,T/C

YITCMG247 19,A/C;40,A/G;46,T/G;123,T/C

YITCMG248 31,A/G;35,A/G;60,T/G

YITCMG249 22,T/C;142,T/C;167,T/C;195,A/G;199,A/G

YITCMG250 92,T/C;98,T;99,G

YITCMG252 26,A/G;69,T/C;82,A/T

YITCMG253 32,T/C;53,A/G;70,A/C;182,A/G;188,T/G;198,T/G

YITCMG254 48,C/G;106,T/G

YITCMG256 19,A/G;47,A/C;66,A/G

YITCMG257 58,T/C;77,T/C;89,T/C

YITCMG258 170,A;172,C

YITCMG259 20,A/G;24,T;180,T;182,A

YITCMG260 63,A/G;154,T/A;159,A/C

YITCMG261 17,T/C;38,T/G;106,T/A;109,T/C

YITCMG262　47,T/G

YITCMG265　138,T/C;142,C/G

YITCMG266　5,G;24,T/G;31,G;62,T/C;91,A/G

YITCMG267　39,G;92,T/G;108,A;134,T

YITCMG268　150,A/G

YITCMG269　43,T/A;91,T/C

YITCMG270　10,A;52,G;69,C;122,C;130,T;134,T;143,C;162,C;168,A;191,A

YITCMG271　100,C/G;119,T/A

YITCMG272　43,T/G;74,T/C;87,T/C;110,T/C

YITCMG273　41,C/G;67,A/G

YITCMG274　90,A/G;141,A/G;150,T/C;175,T/G

YITCMG275　106,C/G;131,A/C;154,A/G

YITCMG276　41,T/G;59,A/G

YITCMG278　1,A/G;10,A/G;12,A/C

YITCMG279　94,A/G;113,A/G;115,T/C

YITCMG280　62,T/C;85,C/G;104,T/A;113,C/G;121,A/G;144,T/G;159,C

YITCMG281　18,G;22,G;92,C;96,A

YITCMG282　46,A/G;64,T/C

YITCMG283　67,T/G;112,A/G;177,A/G

YITCMG284　18,A/G

YITCMG287　2,C;38,T;171,T/A

YITCMG289　50,T

YITCMG290　21,T/G;170,T/A

YITCMG291　96,T/G

YITCMG293　39,T/G;69,A/T;170,T;174,T/C;184,T/G;207,A/G

YITCMG294　7,A/G;82,T/A;99,T/G;108,T/A

YITCMG295　15,G;71,A

YITCMG296　90,A/C;93,T/C;105,T/A

YITCMG297　128,T/C;147,A/C

YITCMG298　44,A/G;82,A/G;113,A/G

YITCMG299　22,C/G;29,A;34,A/G;103,A/G

YITCMG300　191,A/G;199,C/G

YITCMG301　98,A/G;108,C;128,T/G;140,A/G

YITCMG302　96,T/C

YITCMG304　30,T/G;35,A;42,G;116,G

YITCMG305　15,A/G;68,C

YITCMG306　16,C;69,A/C

YITCMG307　37,G

YITCMG308　34,A/G;35,C/G;45,T/A

YITCMG309　5,A/C;23,T/A;77,A/G;85,C/G;162,A/G

YITCMG310　98,G

YITCMG311　83,T/C;101,T/C;155,A

YITCMG312　42,A/T;104,T/A

YITCMG314　27,C/G;31,A/G;42,A/G;53,A/C

YITCMG315   16,T/C

YITCMG316   98,C;191,T/C

YITCMG317   38,T/G;98,A/G;151,T/C

YITCMG319   147,T/C

YITCMG320   4,A/G;87,T/C

YITCMG321   16,G;83,T/C

YITCMG322   72,T/C;77,T/C;91,A/T;102,T/C

YITCMG323   6,A;49,C;73,T;75,A/G

YITCMG324   55,T/C;56,C/G;74,A/G;195,A/G

YITCMG325   57,C

YITCMG326   11,T/C;34,A/G;41,A/T;72,T/C;161,T/C;177,G;179,A/G

YITCMG328   15,C;47,T/C;86,T/C

YITCMG329   48,T;109,T;111,T/C

YITCMG330   52,A;129,G;130,A

YITCMG331   24,A;51,A/G;154,A/G

YITCMG332   62,C/G;63,G;93,A/C

YITCMG333   132,T;176,A/C

YITCMG334   43,C/G;104,A/C

YITCMG335   48,A/G;50,T/C;114,T/G

YITCMG336   28,T/C;56,A/T;140,T/C

YITCMG337   55,T/C;61,T/C

YITCMG338   71,T/C;126,A/G;159,T/C;165,T/C;179,C/G

YITCMG339   48,C;81,C

YITCMG340   110,C;111,A

YITCMG341   59,A/T;83,T;124,G;146,A/G;210,T/G

YITCMG342   156,A/G;162,T/A;169,T/C;177,T/C

YITCMG343   3,A;39,T

YITCMG344   14,T/C;29,T/G;47,A/G;85,A/G

YITCMG346   20,A/G;67,T/C;82,A/G

YITCMG347   21,A

YITCMG348   65,T;69,T/C;73,A;124,A

YITCMG350   17,A/G

YITCMG351   11,G;109,C;139,C

YITCMG353   75,T;85,C

YITCMG354   62,A/C;66,A/G;81,A/C;134,A/C

YITCMG355   34,A;64,C;96,A

YITCMG356   45,A/T;47,A/C;72,A/T

YITCMG357   29,A/C;51,T/G;76,A/T

YITCMG358   155,T/C

YITCMG359   60,T/G;128,T/C

YITCMG360   54,T/G;64,A/G;82,T/C;87,A/G;92,T/C

YITCMG361   3,A/T;102,T/C

YITCMG362   12,T/C;62,A/T;77,A/G

YITCMG363   57,T;96,T

YITCMG364   7,G;29,A;96,T
YITCMG365   23,T/C;79,T/C;152,C/G
YITCMG366   36,T/C;83,T/A;110,T/C;121,A/T
YITCMG367   21,T/C;145,C/G;165,A/G;174,C/G
YITCMG368   116,T/C;117,C/G
YITCMG369   99,T/C
YITCMG370   18,A/G;105,A/T;117,T/C;134,T/A
YITCMG371   27,A;36,T/C;60,T/C
YITCMG372   85,C
YITCMG373   74,A/G;78,A/C
YITCMG374   135,T/C;137,A/T;138,A/G
YITCMG375   17,C;107,A/T
YITCMG376   5,A/C;74,A/G;75,A/C;103,C/G;112,A/G
YITCMG377   3,A;42,A/C;77,T/G
YITCMG378   77,T/C;142,A/C
YITCMG379   61,T;71,T/C;80,T/C
YITCMG380   40,A
YITCMG381   30,C/G;64,T/G;124,T/C
YITCMG382   62,A;72,C;73,C
YITCMG383   53,T/C;55,A/G
YITCMG384   106,A/G;128,T/C;195,T/C
YITCMG385   57,T/A;61,T/C;79,T/C
YITCMG386   13,T/C;65,G;67,T/C
YITCMG387   24,A/G;111,C/G;114,A/G
YITCMG388   17,T/C;121,A/G;147,T/C
YITCMG389   9,A/T;69,A/G;159,A/C;171,C/G;177,T/C
YITCMG390   9,C;82,T/G;95,A/T
YITCMG391   23,A/G;117,A/C
YITCMG394   9,T/C;38,A/G;62,A/G
YITCMG395   40,T/A;49,T/C
YITCMG396   110,T/C;141,A/T
YITCMG397   97,G
YITCMG398   100,A/C;131,C;132,A;133,A;159,T/C;160,G;181,T
YITCMG399   7,A;41,A
YITCMG400   34,T/C;41,T/C;44,T/C;53,T/C;62,T/C;71,C/G;72,A/T;90,A/C
YITCMG401   43,T/C;123,A/G
YITCMG402   71,T/A;137,T;155,G
YITCMG405   155,C;157,C
YITCMG406   73,A/G;115,T/C
YITCMG407   13,T/C;26,T/G;97,T/G
YITCMG408   88,T
YITCMG409   82,C/G;116,T/C
YITCMG410   2,T/C;4,T/A;20,T/C;40,C/G
YITCMG411   2,T;81,A;84,A

YITCMG412   79,A;154,G

YITCMG416   80,A/G;84,A/G;112,A/G;117,A/T

YITCMG419   73,T/A;81,A/T;168,A/G

YITCMG420   35,C;36,A

YITCMG421   9,A/C;67,T/C;87,A/G;97,A/G

YITCMG423   39,T/G;41,T/C;117,G;130,C/G

YITCMG424   69,T;73,G;76,C;89,T

YITCMG425   57,A/G;66,T/C

YITCMG426   59,C;91,C

YITCMG427   103,T/C;113,A/C

YITCMG428   18,A/G;24,T/C;73,A/G;135,A/G

YITCMG429   61,A/T;152,A/G;194,G;195,T/A

YITCMG432   69,T;85,C

YITCMG434   27,G;37,T/G;40,A/G;43,C/G

YITCMG435   28,T/C;43,T/C;103,A/G;106,A/G;115,A/T

YITCMG436   25,A/G;56,A

YITCMG437   36,T/C

YITCMG438   155,T

YITCMG440   64,A;68,G;70,T;78,C

YITCMG441   96,G

YITCMG442   2,A/T;68,T/C;127,A/G;162,A/G;170,T/C;171,T/G

YITCMG443   28,T;104,T/A;106,T/G;107,A/T;166,A/G

YITCMG444   118,A/T;141,A/G

YITCMG446   13,T/C;51,T/C

YITCMG447   94,G;97,A;139,G;202,G

YITCMG448   91,T/G;145,T/G

YITCMG449   114,G

YITCMG451   26,G;33,A;69,C;74,G;115,C

YITCMG452   96,C/G;151,T/C

YITCMG453   87,A/G;156,T/C

YITCMG454   90,A;92,T;95,A/T;121,T/C

YITCMG456   32,A;48,G

YITCMG457   77,A;89,C;98,T;101,A;119,A;124,G;156,G

YITCMG458   35,T/C;37,C/G;43,T/C

YITCMG459   120,A;141,A

YITCMG460   45,T

YITCMG461   131,A/G;158,A/G

YITCMG462   24,C;26,A;36,C;49,C

YITCMG463   190,C

YITCMG464   78,A/G;101,A/T

YITCMG465   117,T/G;147,A/G

YITCMG467   9,A/G;11,A/G;86,T/A

YITCMG469   12,T;71,A/T

YITCMG470   72,T/C;75,A/G

YITCMG471 8,A/C;65,A/G;88,T/C;159,A/C
YITCMG472 51,A/G
YITCMG473 65,T/A;91,T/C
YITCMG475 84,A/G;102,T/C;105,C/G;115,A/C
YITCMG477 3,T/G;7,T;14,T/G;91,C;150,T
YITCMG478 42,T/C
YITCMG479 103,A/T
YITCMG480 5,A/G;29,C/G;45,A/G;61,C/G;64,A
YITCMG482 65,T/C;87,A/G;114,T/C;142,T/G
YITCMG483 113,A/G;147,A/G
YITCMG484 23,A/G;78,A/G;79,A/G
YITCMG486 109,T/G;140,A/G;148,T/G
YITCMG487 140,C/G
YITCMG488 51,G;76,G;127,C
YITCMG490 57,T/C;93,T/C;135,A/T;165,A/T
YITCMG491 156,G
YITCMG492 55,A/G;83,T/C;113,C/G
YITCMG493 4,T/C;5,T/C;6,G;30,T;48,A/G;82,A/G
YITCMG494 43,T/C;52,A/G;98,A/G
YITCMG495 13,T/C;65,T/G;73,A/G
YITCMG496 7,A/G;26,A/G;59,A/G;134,T/C
YITCMG497 22,G;31,T/C;33,G;62,T;77,T;78,T/C;94,T/C;120,A/G
YITCMG500 30,A/G;86,T;87,C;108,T/A
YITCMG501 15,A;93,G;144,A;173,C
YITCMG502 4,A;130,A;135,A;140,T
YITCMG503 70,A/G;85,A/C;99,T/C
YITCMG504 11,A/C;17,A/G
YITCMG505 14,T/C;54,A/G;99,T/C
YITCMG507 3,T/C;24,G;63,A/G;87,C/G
YITCMG508 140,A/G
YITCMG510 1,A/G
YITCMG513 75,T/G;86,T/A;104,A/T;123,T/C
YITCMG514 45,A/C
YITCMG515 41,C;44,T;112,T/A
YITCMG516 29,T
YITCMG517 69,A/T;72,T/G;74,T/A;84,T/A;86,A/G;163,T
YITCMG518 18,T/C;60,A/G;77,T/G
YITCMG519 129,T/C;131,T/G
YITCMG520 65,A/G;83,A/G;136,T/C;157,A/C
YITCMG521 8,T/G;21,G;30,A/G
YITCMG522 72,A/T;137,G;138,C
YITCMG523 36,A/G;92,A/G;111,T;116,G;133,C/G;175,T/C;186,A/T
YITCMG524 19,A/G;81,A/G;100,A/G
YITCMG525 33,T/G;61,T/C

YITCMG527   35,A/G;108,T/G;118,A/C
YITCMG529   129,T/C;144,A;174,T
YITCMG530   76,A/C;81,A/G;113,T/C
YITCMG531   11,T/C;49,T/G
YITCMG532   17,A/C;85,T/C;111,A/G;131,A/C
YITCMG533   183,C
YITCMG535   36,A;72,G
YITCMG537   34,C/G;118,A/G;135,T/C;143,A/G
YITCMG539   27,G;75,T
YITCMG540   17,A/T;70,A/G;73,T/C;142,A/G
YITCMG541   70,A/C;130,T/G;176,T/C
YITCMG542   18,T;69,T;79,C

海 顿

YITCMG001 72,C;85,A
YITCMG002 28,G;55,T;102,G;103,C;147,T/G
YITCMG003 82,G;88,G;104,G
YITCMG004 27,T;73,A
YITCMG005 56,A;100,A;105,A;170,C
YITCMG006 13,T;48,G;91,C
YITCMG007 65,T;96,G
YITCMG008 94,T/C
YITCMG011 166,G
YITCMG012 75,A/T;78,A/G
YITCMG013 16,T/C;56,A/C;69,T/C
YITCMG014 126,A/G;130,T/C
YITCMG015 127,A/G
YITCMG017 15,A/T;39,A/G;87,T/G;98,C/G
YITCMG018 30,A/G
YITCMG019 36,A/G;47,T/C
YITCMG020 70,A/C;100,C/G;139,A/G
YITCMG021 104,A;110,T
YITCMG022 3,A/T;11,A/T;99,T/C;131,C/G
YITCMG025 72,A/C
YITCMG026 15,T/C;69,A/G
YITCMG027 138,G
YITCMG028 45,A;110,T/G;113,T/A;133,T/G;147,A;167,G;191,A/G
YITCMG029 114,A/C
YITCMG030 55,A;82,T/A;108,T/C
YITCMG031 48,C;84,G;96,A
YITCMG032 14,A/T;160,A/G
YITCMG033 73,A/G;85,A/G;145,A/G
YITCMG035 102,T/C;126,T/G
YITCMG036 23,C/G;99,C/G;110,T/C;132,A/C;139,T/C
YITCMG037 12,T/C;13,A/G;39,T/G
YITCMG039 1,G;61,A;71,T;104,T;105,G;151,T
YITCMG042 5,A/G;92,T/A
YITCMG043 56,T/C;61,T/A;67,T/C
YITCMG044 167,G
YITCMG046 55,C;130,A;137,A;141,A
YITCMG047 37,T;60,T;65,G
YITCMG049 11,A/G;13,T/C;16,T/C;76,A/C;115,A/C;172,G
YITCMG050 44,C/G
YITCMG051 15,C;16,A
YITCMG052 63,T/C;70,T/C

YITCMG053   86,A;167,A;184,T

YITCMG054   34,A/G;36,T/C;70,A/G;151,A/G

YITCMG056   34,T;178,G;204,A

YITCMG057   98,T/C;99,A/G;134,T/C

YITCMG058   67,T/G;78,A/G

YITCMG059   84,A;95,T;100,T;137,A;152,T;203,T

YITCMG060   10,A/C;54,T/C;125,T/C;129,A/G;156,T/G

YITCMG061   107,A/C;128,A/G

YITCMG063   86,A;107,C

YITCMG064   2,A;27,G;74,C/G;109,T/A

YITCMG066   10,A/C;64,A/G;141,T/G

YITCMG067   1,C;51,C;76,G;130,C

YITCMG068   49,T/G;91,A/G

YITCMG070   5,T/C;6,C/G;13,A/G;73,A/C

YITCMG071   142,C;143,C

YITCMG073   15,A/G;49,A/G

YITCMG074   46,T/C;58,C/G;180,A/T

YITCMG075   125,T/C;168,A/C;185,T/C

YITCMG076   129,T/C;162,C;163,A/G;171,T

YITCMG077   10,C;27,T/C;30,T/C;97,T/C;114,A;128,A;140,T/C

YITCMG078   15,A/T;33,A/G;93,A/C;95,T;147,T/C;165,A/G;177,A/G

YITCMG079   3,A/G;8,T/C;10,A/G;110,T/C;122,A/T;125,A/C

YITCMG081   91,C/G

YITCMG084   118,G;136,T;153,A/C

YITCMG085   6,A/C;21,T/C;24,A/C;33,T/C;157,T/C;206,T/C;212,T/C

YITCMG086   142,G

YITCMG088   33,A/G

YITCMG089   92,A/C;103,T/C;151,C/G;161,T/C

YITCMG090   17,T/C;46,G;75,T

YITCMG091   24,T/C;59,A/C;84,G;121,A;187,C

YITCMG092   22,A/G;110,T/C;145,A/G

YITCMG093   72,A/G

YITCMG094   124,A/T;144,T/A

YITCMG095   189,T/C

YITCMG096   24,T/C;57,A/G;66,T/C

YITCMG098   48,A/G;51,T/C;180,T/C

YITCMG099   53,T/A;83,A/G;119,A/G;122,A/C

YITCMG100   124,C;141,C;155,T

YITCMG101   53,T/G;92,T/G

YITCMG102   6,C;129,A

YITCMG103   42,T/C;61,T/C

YITCMG104   79,A/G;87,A/G

YITCMG106   29,A;32,C;59,C;65,G;137,C

YITCMG108   34,A;61,A/C;64,C

YITCMG109　17,T/C;29,A/C;136,A/T
YITCMG110　30,T;32,A;57,C;67,C;96,C
YITCMG111　23,T/A
YITCMG112　101,C/G;110,A/G
YITCMG113　5,C/G;71,A;85,G;104,G;108,T/C
YITCMG114　75,A/C
YITCMG115　32,T/C;33,T/A;87,T/C;129,A/T
YITCMG116　91,T/C
YITCMG117　115,T/C;120,A/G
YITCMG118　2,A/C;13,A/G;19,A;81,T/C;150,A/T
YITCMG119　16,A/G;73,A/C;150,T/C;162,A/G
YITCMG120　106,T/C;133,C
YITCMG121　32,T/A;72,T/G;149,A/G
YITCMG123　87,A/G;111,T/C;130,T/G
YITCMG126　82,T;142,A
YITCMG127　146,G;155,T;156,A
YITCMG129　90,T/C;104,T/C
YITCMG130　31,C/G;70,A/C;108,A/G
YITCMG132　43,C/G;91,T/C;100,T/C;169,T
YITCMG133　76,T/G;83,A/G;86,T/G;209,A/T
YITCMG134　23,C;116,T;128,A;139,T;146,G
YITCMG135　34,T/C;63,T/C;173,T/C
YITCMG137　24,A/G;52,T/A
YITCMG138　44,C/G
YITCMG139　7,G
YITCMG140　6,T;103,C;104,A
YITCMG141　71,T/G;184,C
YITCMG143　73,A/G
YITCMG144　61,T/C;81,T/C;143,A/G;164,A/G
YITCMG145　7,A/G;26,A/G;78,T/G
YITCMG146　27,T/C;69,A/G;88,T/G;111,T/A
YITCMG148　35,A/G;87,T/C
YITCMG149　25,A/C;30,A/G;138,A/G
YITCMG150　8,T/G;100,T/A;101,G;116,G;123,C/G;128,A/T
YITCMG151　155,A;156,C
YITCMG153　97,A/C;101,A/G;119,A
YITCMG154　5,T;26,T/G;47,C;60,A/G;77,C;130,A/C;141,C
YITCMG155　31,T/G;51,T/C
YITCMG156　36,T/G
YITCMG157　5,A/G;18,A/G;83,C;89,T/C;140,A/G
YITCMG158　67,C;96,A;117,G
YITCMG159　84,T/C;89,A/C;92,A/C;137,T
YITCMG161　71,A/G;74,T/C
YITCMG163　115,A/G

YITCMG164   57,T/C;114,A/G

YITCMG165   174,C

YITCMG166   87,G

YITCMG167   120,A/G;150,A/G

YITCMG169   51,T/C;78,A/C;99,T/C;107,T/C

YITCMG170   31,T/G;145,C;150,T;157,A

YITCMG171   9,T;61,C;76,C;98,A

YITCMG172   164,A/C;168,A/G;186,A/G;187,A/G

YITCMG173   20,T/C;144,T/C;163,T/G

YITCMG174   9,T/C;10,A/C;84,A/G

YITCMG175   42,T/C;55,T/C;62,C;98,T/C

YITCMG176   44,A/G;107,A/G

YITCMG177   7,A/G;44,A/C;104,A/G;124,C/G

YITCMG178   99,T/C;107,T/G;111,A/C

YITCMG180   23,T/C;72,T/C

YITCMG181   134,G

YITCMG182   3,A/G;77,T/C

YITCMG183   24,A/T;28,A/G;75,T/C;76,A/G;93,T/C

YITCMG184   45,A;60,C;64,C/G;97,C;127,T/G

YITCMG185   62,A/G;68,A;80,A/G;130,T/A;139,A/G

YITCMG188   16,T/C;66,A/G;101,T/A

YITCMG189   23,T/C;51,A/G;138,A/T;168,T/C

YITCMG190   48,G;54,C;117,T;162,G

YITCMG191   34,A/G;36,A/G;108,A/G

YITCMG192   89,T/C;95,C/G;119,T/G

YITCMG193   3,A/G;9,T/A;30,C;39,A/G;121,G;129,C;153,T

YITCMG194   1,A;32,T;55,A/G;130,T/G;165,T/C

YITCMG195   45,A/T;87,T;122,T/C;128,G;133,A

YITCMG196   55,T/C;91,T/C;190,A/G

YITCMG197   18,A/C;35,T/G;144,C/G;178,A/C;195,T/C

YITCMG198   100,C

YITCMG199   3,A/C;131,A/C

YITCMG202   16,T/C;121,T/G

YITCMG204   76,C;85,A;133,G

YITCMG207   73,T/C

YITCMG209   27,A/C

YITCMG216   135,T/C

YITCMG217   11,A/G;19,T/A;154,A/G;164,T/C;185,T/C

YITCMG218   5,A;31,C;59,T;72,C

YITCMG219   121,C/G

YITCMG221   8,C;76,G;131,A;134,A

YITCMG222   1,A/G;15,C;31,A/G;46,A/G;70,G

YITCMG223   23,T/C;29,T/G;41,T/C;47,A/G;48,T/C

YITCMG224   83,A/T;120,A/G

YITCMG226　72,A/G;117,T/C

YITCMG228　72,C;81,C;82,T

YITCMG229　56,T/C;58,T/C;65,T/C;66,T/C

YITCMG230　65,C;103,A

YITCMG231　87,T/C;108,T/C

YITCMG232　1,T/C;64,T/C;76,A/C;80,G;152,C;169,T/C;170,G

YITCMG233　130,A;132,G;159,T;162,A

YITCMG234　54,T/A;55,T/C;103,A/G;122,T/G;183,A/T

YITCMG237　24,A;28,A/G;39,G;71,C/G;76,T/C

YITCMG238　49,T/C;68,C

YITCMG239　72,A

YITCMG241　23,A/G;32,T/C;42,T/G;46,A/G;54,T/A;75,T/C

YITCMG242　70,T

YITCMG243　64,A/T;120,T/C

YITCMG244　71,T/C

YITCMG248　31,A/G;60,T/G

YITCMG249　22,C;83,C/G;167,C;195,A/G;199,A/G

YITCMG251　151,T/C

YITCMG252　26,A/G;78,C/G;82,A/T

YITCMG253　70,C;198,T

YITCMG254　48,C/G;64,T/C;106,T/G

YITCMG255　6,A/G;13,T/G;18,T/A;67,T/G;87,T/C;163,A/G;166,T/C

YITCMG256　19,A/T;32,T/C;47,A/C;52,C/G;66,A/G;81,A/G

YITCMG257　58,T/C;89,T/C

YITCMG258　2,C;101,T;172,C

YITCMG259　127,A/G;180,T/A;182,A/G

YITCMG260　11,C/G;154,T/A;159,A/C

YITCMG261　17,T;20,A/G;29,A/G;38,G;106,A;109,T

YITCMG262　45,C/G;47,T;89,T/C

YITCMG266　5,G;31,G;62,T

YITCMG267　39,A/G;108,T/A;134,T/G

YITCMG268　23,T/G;30,T/G;68,T/C;152,T/G

YITCMG270　10,A/G;48,T/C;130,T/C

YITCMG271　100,G;119,T

YITCMG272　43,T/G;74,T/C;87,T/C;110,T/C

YITCMG273　41,C;67,G

YITCMG274　90,A/G;141,G;150,T;175,T/G

YITCMG275　154,A

YITCMG276　41,T/G;59,A/G

YITCMG278　1,A;10,G;12,C

YITCMG281　92,C;96,A

YITCMG282　46,A;64,C

YITCMG284　18,A/G

YITCMG285　85,A;122,C

YITCMG286   119,A;141,C

YITCMG287   2,T/C;38,T/C

YITCMG289   50,T;60,A/T;75,A/G

YITCMG290   13,A/G;21,T;66,C;128,T/A;133,A/C

YITCMG293   11,A/G;170,T;174,T/C;184,T/G

YITCMG294   82,A/C;99,T/G;108,T/A;111,T/C

YITCMG295   15,A/G;71,T/A

YITCMG297   128,T/C;147,A/C

YITCMG298   44,A/G;56,A/G;82,A/G;113,A/G

YITCMG299   29,A;34,G;103,A

YITCMG300   191,A/G

YITCMG301   76,C/G;98,A/G;108,C;111,T/C;128,T/G

YITCMG302   96,T/C

YITCMG305   15,A/G;68,C

YITCMG306   16,T/C;71,T/A

YITCMG310   98,A/G

YITCMG311   155,A/G

YITCMG314   31,G;42,G

YITCMG315   16,T/C;58,A/G;80,A/G;89,T/C

YITCMG316   98,T/C;102,T/C

YITCMG317   38,T/G;151,T/C

YITCMG318   61,T;73,A

YITCMG321   16,G

YITCMG323   6,T/A;49,A/C;73,T/C

YITCMG325   22,T/C;57,A/C;130,T/C;139,C/G

YITCMG326   11,T/C;41,T/A;91,T/C;169,T/G;177,G

YITCMG328   15,C;47,T/C;86,T/C

YITCMG329   48,T/C;78,C/G;109,A/T

YITCMG330   52,A/G;129,T/G;130,A/G

YITCMG332   42,A/G;51,C/G;63,G

YITCMG335   48,A;50,T;114,G

YITCMG336   28,C;56,A;140,T

YITCMG337   1,A/G;55,T/C;61,T/C;88,T/C

YITCMG338   165,T/C;179,C/G

YITCMG341   83,A/T;124,T/G

YITCMG342   156,A/G;162,T/A;169,T/C;177,T/C

YITCMG343   3,A/G;39,T/C

YITCMG344   14,T/C;47,A/G;108,T/C

YITCMG345   34,A;39,T

YITCMG346   7,T

YITCMG347   21,A

YITCMG348   65,T;69,T/C;73,A;124,A

YITCMG350   17,A/G;23,T/C;37,A/T;101,T/A;104,T/C

YITCMG351   11,T/G;109,T/C;139,C/G

YITCMG352　108,T/C;109,A/G;138,A/T;159,A/G
YITCMG353　75,T;85,C
YITCMG354　62,C;134,C
YITCMG355　34,A;64,C;96,A
YITCMG356　45,A;47,A;72,A
YITCMG357　51,G;76,T;88,G
YITCMG359　60,T/G;128,T/C;143,A/G
YITCMG360　54,T/G;64,A;82,T/C;87,G;92,C
YITCMG361　3,A/T;102,T/C
YITCMG362　12,T/C;62,A/T;77,A/G
YITCMG363　39,A/G;56,A/G;57,T/C;96,T/C
YITCMG365　23,T/C;79,T/C;152,C/G
YITCMG366　36,T/C;83,A/T;110,T/C;121,A
YITCMG367　21,T/C;145,C/G;164,T/C;174,C/G
YITCMG368　116,T/C;117,A/G;156,A/T
YITCMG369　99,T/C
YITCMG372　199,T
YITCMG373　74,A/G;78,A/C
YITCMG374　135,T/C
YITCMG375　17,C
YITCMG376　5,A/C;74,A/G;75,A/C;103,C/G;112,A/G
YITCMG377　3,A;42,A/C;77,T/G
YITCMG380　40,A/G
YITCMG382　62,A/G;72,A/C;73,C/G
YITCMG383　53,C;55,A
YITCMG384　52,T/G;106,G;128,C;195,C
YITCMG385　57,A
YITCMG386　65,G
YITCMG388　17,T;121,A/G;147,T/C
YITCMG389　3,T/G;9,T/A;69,A/G;101,A/G;159,A/C;171,C/G;177,T/C
YITCMG390　9,C;82,T/G;95,T/A
YITCMG391　23,G;117,C
YITCMG392　14,A/G;78,A/G;109,C;114,C
YITCMG394　48,T/G
YITCMG395　40,A/T;45,T/C;49,T/C
YITCMG396　110,C;141,A
YITCMG397　89,C/G;92,T/G;97,G;136,A/C
YITCMG398　100,A/C;131,C;132,A;133,A;159,T/C;160,G;181,T
YITCMG401　123,G
YITCMG403　49,T/A;58,C/G;156,T/A;173,C/G
YITCMG404　8,A/G;32,T/C;165,A/G
YITCMG405　155,T/C;157,T/C
YITCMG406　73,G;115,T
YITCMG407　13,T/C;26,T/G;97,T/G

YITCMG408 137,G

YITCMG409 82,G;116,T

YITCMG410 2,T/C;4,T/A;20,T/C;40,C/G

YITCMG411 84,A

YITCMG412 4,A/T;61,T/C;79,A/G;154,A/G

YITCMG413 55,G;56,C;82,T

YITCMG414 11,T/A;37,A/G;58,A/G;62,C/G

YITCMG415 11,A/G;84,A;114,G

YITCMG416 80,A/G;84,A;94,C/G;112,A

YITCMG417 35,C/G;55,A/G;86,T/C;131,A/G

YITCMG419 73,T/A;81,A/T;195,A/G

YITCMG423 41,T;117,G

YITCMG424 69,T;73,G;76,C;89,T

YITCMG425 57,A

YITCMG428 18,A;24,C

YITCMG429 49,A/T;61,T;152,A;194,A/G

YITCMG430 31,T/C;53,T/C;69,T/C;75,A/C

YITCMG431 69,A;97,G

YITCMG432 69,T;85,C

YITCMG434 27,A/G;37,A/T;40,A/G

YITCMG435 28,T;43,C;103,G;106,A;115,A

YITCMG436 56,A/T

YITCMG437 36,T/C;39,A/T;44,A/G;92,C/G;98,T/C

YITCMG438 2,T/A;3,T/C;6,T/A;155,T/G

YITCMG439 87,T/C;113,A/G

YITCMG440 64,A;68,G;70,T;78,C

YITCMG441 12,A;74,G;81,C

YITCMG442 2,T/A;68,T/C;127,A/G;132,A/T;162,A/G;170,T/C;171,T/G

YITCMG443 28,A/T;104,A/T;106,T/G;107,T/A;166,A/G

YITCMG444 118,T/A;141,A/G

YITCMG445 72,G

YITCMG446 13,T/C;51,T/C;88,T/C

YITCMG447 202,G

YITCMG448 22,A/C;37,T/C;91,G;95,A/C;112,G;126,T/C;145,G

YITCMG449 12,T/C;114,C/G

YITCMG450 156,T/G

YITCMG452 96,C/G

YITCMG453 87,A;130,A/C;156,C

YITCMG454 90,A/G;92,T/G;121,T/C

YITCMG456 32,A/G;48,A/G

YITCMG457 77,A;89,T/C;98,T/C;113,T/C;124,G;156,G

YITCMG459 95,T/C;120,A/C;141,A/G;146,A/G;157,T/C;192,T/C;203,A/G

YITCMG460 45,T

YITCMG461 89,T;140,G

YITCMG462　24,C;26,A;36,C;49,C
YITCMG463　190,C/G
YITCMG464　78,A/G;101,A/T
YITCMG465　117,T/G;147,A/G
YITCMG467　9,A/G;11,A/G;86,A/T
YITCMG472　51,A/G
YITCMG473　65,T;91,T
YITCMG475　82,A/G;84,A/G;102,T/C;106,A/C
YITCMG477　3,T/G;7,T;91,C;150,T
YITCMG478　42,T/C
YITCMG481　21,A;108,G;192,G
YITCMG482　65,T/C;139,C/G
YITCMG483　113,A/G;143,T/C;147,A/G
YITCMG485　116,C/G;125,T/C
YITCMG487　140,C/G
YITCMG488　51,G;76,G;127,C
YITCMG489　51,C;119,C
YITCMG490　57,T/C;93,T/C;135,T/A;165,T/A
YITCMG491　156,A/G;163,A/G
YITCMG492　55,A
YITCMG495　65,T/G;73,A/G
YITCMG496　5,T/C;26,A/G;60,A/G
YITCMG497　22,G;33,G;62,T;77,T
YITCMG499　82,T/A;94,T/C
YITCMG502　4,A/G;127,T/C;130,T/A;135,A/G;140,T/C
YITCMG503　70,A/G;85,A/C;99,T/C
YITCMG505　54,A/G;99,T/C
YITCMG507　3,T/C;24,A/G;63,A/G
YITCMG508　140,A
YITCMG510　1,A;95,A/G;98,A/G
YITCMG511　39,T/C;67,A/G
YITCMG512　25,A;63,G
YITCMG513　75,T/G;86,T/A;104,A/T;123,T/C
YITCMG514　45,C;51,T/C;57,T/C;58,T/G
YITCMG515　41,T/C;44,T/G
YITCMG516　29,T/G;53,A/C;120,T/G
YITCMG517　163,T
YITCMG519　129,T;131,T
YITCMG521　8,T/G;21,C/G;30,A/G
YITCMG522　127,A/T;136,T/A;137,A/G;138,A/C
YITCMG523　111,T/G;116,A/G;133,A/C;175,T/C;186,T/A
YITCMG524　19,G;100,G
YITCMG525　33,T/G;61,T/C
YITCMG526　51,G;78,T

YITCMG527　115,A/G
YITCMG529　15,A/C;165,C/G;174,T/C
YITCMG530　76,C;81,A;113,T
YITCMG531　11,T/C;49,T/G
YITCMG532　17,A/C;131,A/C
YITCMG533　85,A/C;183,A/C;188,A/G
YITCMG534　40,A/T;122,C/G;123,T/C
YITCMG535　36,A/G;72,A/G
YITCMG539　27,G;75,T/A
YITCMG540　17,T;70,A/G;73,T;142,A/G
YITCMG541　70,A/C;130,T/G;176,C
YITCMG542　69,T;79,C

红象牙

YITCMG001 53,A/G;72,T/C;78,A/G;85,A
YITCMG003 67,T/G;82,A/G;88,A/G;104,A/G;119,T/A
YITCMG004 27,T
YITCMG005 56,A/G;100,A/G
YITCMG006 13,T;27,T;91,C;95,G
YITCMG007 62,T/C;65,T;96,G;105,A/G
YITCMG008 94,T/C
YITCMG010 40,T/C;49,A/C;79,A/G
YITCMG011 36,A/C;114,A/C;166,A/G
YITCMG012 75,T;78,A
YITCMG013 16,C;21,T/C;56,A;69,T
YITCMG014 126,A/G;130,T/C;162,C/G;200,A/G
YITCMG015 127,A;129,A/C;174,A/C
YITCMG017 15,T/A;39,A/G;87,T/G;98,C/G
YITCMG018 30,A/G
YITCMG019 115,A/G
YITCMG020 49,T/C
YITCMG022 41,T/C;99,T/C;131,C/G;140,A/G
YITCMG023 142,A/T;143,T/C;152,A/T
YITCMG024 68,A/G;109,T/C
YITCMG025 108,T/C
YITCMG027 138,G
YITCMG028 45,A;110,T/G;113,T/A;133,T/G;147,A;167,G;191,A/G
YITCMG029 114,A
YITCMG030 55,A/G;73,T/G;82,T/A
YITCMG031 48,T/C;84,A/G;96,A/G
YITCMG032 117,C/G
YITCMG033 73,G;85,A/G;145,A/G
YITCMG034 6,C/G;97,T/C;122,A/G
YITCMG035 102,T/C;126,T/G
YITCMG036 99,C/G;110,T/C;132,A/C
YITCMG038 155,A/G;168,C/G
YITCMG039 1,G;61,A/G;71,T/C;104,T/C;105,G;151,T/G
YITCMG040 40,T/C;50,T/C
YITCMG041 24,C;25,A;68,T
YITCMG042 5,A/G;92,A/T
YITCMG043 56,T/C;67,T/C
YITCMG044 167,G
YITCMG045 92,T/C;107,T/C
YITCMG046 55,A/C;130,A/G;137,A/C;141,A/G
YITCMG047 60,T/G;65,T/G

YITCMG049 11,A/G;16,T/C;76,A/C;115,C;172,A/G

YITCMG050 44,C/G

YITCMG051 15,C;16,A

YITCMG052 63,T/C;70,T/C

YITCMG053 86,A;167,A;184,T

YITCMG054 34,G;36,T;70,G

YITCMG056 117,C

YITCMG057 98,T/C;99,A/G;134,T/C

YITCMG058 67,T/G;78,A/G

YITCMG059 84,A;95,A/T;100,T;137,A/G;152,A/T;203,A/T

YITCMG060 10,A/C;54,T/C;125,T/C;129,A/G

YITCMG061 107,A;128,G

YITCMG064 2,A/G;27,T/G

YITCMG065 37,T/G;56,T/C

YITCMG067 1,C;51,C;76,G;130,C

YITCMG068 49,T/G;91,A/G

YITCMG069 37,A/G;47,T/A;100,A/G

YITCMG071 142,C;143,C

YITCMG072 75,A;105,A

YITCMG073 15,A/G;19,A/G;28,A/C;49,A/G;106,T/C

YITCMG074 46,T/C;58,C/G;77,A/G;180,T/A

YITCMG075 125,T/C;168,A/C;185,T/C

YITCMG076 162,A/C;171,T/C

YITCMG078 33,A/G;95,T;147,T/C;165,A/G

YITCMG079 3,A/G;8,T/C;10,A/G;26,T/C;110,T/C;122,A/T;125,A;155,T/C

YITCMG080 43,A/C;55,T/C

YITCMG081 91,C/G;115,T/A

YITCMG082 97,A/G

YITCMG083 123,A/T;161,A/C;169,G

YITCMG084 80,T/C;118,G;136,T

YITCMG085 24,C;212,C

YITCMG086 111,A/G;182,T/A

YITCMG087 66,A/C;76,A/G

YITCMG088 33,A

YITCMG089 92,A/C;103,T/C;151,C/G;161,T/C

YITCMG090 17,T/C;46,G;75,T

YITCMG093 10,A/G;35,A/G

YITCMG094 124,T/A;144,A/T;146,T/G

YITCMG095 51,C;78,C;184,A

YITCMG096 24,T/C;57,A/G;66,T/C

YITCMG097 185,T/G;202,T/C

YITCMG099 53,T/A;67,T/G;83,A;119,A;122,A

YITCMG100 155,T

YITCMG101 53,T/G;92,T/G

YITCMG102   6,T/C;116,A/G;129,A/G
YITCMG103   41,A/G;43,A/G;167,A/G
YITCMG104   79,G;87,G
YITCMG106   29,A;32,C;59,C;65,G;137,C;183,C
YITCMG107   143,A/C;160,G;164,C;169,T/A
YITCMG108   34,A;64,C
YITCMG109   17,T/C;29,A/C;136,T/A
YITCMG110   30,T;32,A/G;57,C;67,C/G;96,T/C
YITCMG111   39,T/G;62,A/G;67,A/G
YITCMG113   85,T/G
YITCMG114   42,A/T;46,A/G;66,A/T
YITCMG116   54,A
YITCMG117   115,T/C;120,A/G
YITCMG118   19,A/G
YITCMG120   133,T/C
YITCMG121   32,T;72,G;149,G
YITCMG122   45,A/G;185,A/G;195,A/G
YITCMG123   87,A/G;130,T/G
YITCMG124   75,T/C;119,T/A
YITCMG126   82,T/A;142,A/G
YITCMG127   146,A/G;155,T/A;156,A
YITCMG128   40,A/G;106,T/C;107,C/G;131,T/C;160,T/C
YITCMG129   3,T/A;90,T;104,C;105,C;108,A/G
YITCMG130   31,C/G;108,A/G
YITCMG132   43,C/G;91,T/C;100,T/C;169,T
YITCMG133   76,T;86,T;200,G;209,T
YITCMG134   23,C;116,T;128,A;139,T;146,G
YITCMG135   34,T/C;63,T/C;173,T/C
YITCMG137   1,T/C;24,A/G;48,A/G;52,T;172,A/G
YITCMG139   7,G
YITCMG140   6,T
YITCMG141   71,T/G;184,C
YITCMG142   67,T/C;70,A/G
YITCMG143   73,A/G
YITCMG144   61,T/C;81,T/C;143,A/G;164,A/G
YITCMG145   7,A/G;26,A/G;78,T/G
YITCMG146   27,T/C;69,A/G;88,T/G;111,A/T
YITCMG147   62,T/C;66,T/C
YITCMG148   35,A/G;87,T/C
YITCMG150   8,T/G;100,A/T;101,A/G;116,T/G;123,C/G;128,T/A
YITCMG151   155,A;156,C
YITCMG153   97,A/C;101,A/G;119,A/G
YITCMG154   5,T/C;47,A/C;77,T/C;141,T/C
YITCMG155   35,A/G

YITCMG157　　18,A/G;83,T/C

YITCMG158　　67,C;96,A;117,G

YITCMG159　　92,A/C;121,T/G;137,T/C

YITCMG160　　92,G;107,T/G;158,C

YITCMG161　　71,A;74,C

YITCMG162　　26,T/A

YITCMG163　　115,A/G

YITCMG164　　150,A/G

YITCMG165　　32,A/G;154,A/G;174,C;176,C/G;177,A/G

YITCMG166　　13,T/C;87,G

YITCMG167　　120,A/G;150,A/G;163,C/G

YITCMG168　　40,A/G;79,T/C;89,C/G;96,A/G

YITCMG169　　36,A/G;51,T/C;107,T/C;153,A/T

YITCMG170　　139,C/G;142,A/G;145,C;150,A/T;151,T/C;157,A;164,A/G

YITCMG171　　9,T;61,C;76,C;98,A

YITCMG172　　17,T/C;164,A/C;168,A/G;186,A/G;187,A/G

YITCMG173　　11,C/G;17,A/C;20,C;80,T/C;144,C;161,A/G;162,T/C;163,T/G;165,A/G

YITCMG175　　32,T/G;42,T/C;55,T/C;62,A/C;98,T/C

YITCMG176　　44,A/G;107,A/G

YITCMG177　　7,A/G;44,A/C;124,C/G

YITCMG178　　99,T/C;107,T/G

YITCMG180　　23,C;72,C

YITCMG181　　134,A/G

YITCMG182　　59,T/C;66,T/A

YITCMG183　　24,A/T

YITCMG184　　45,A;60,C;64,C/G;97,C;127,T/G

YITCMG185　　62,A;68,A;80,G;130,A;139,G

YITCMG189　　23,T/C;51,A/G;138,A/T;168,T/C

YITCMG190　　48,A/G;54,T/C;117,T;162,G

YITCMG192　　89,T/C;119,T/G

YITCMG193　　3,A/G;9,A/T;30,C;39,A/G;121,G;129,C;153,T

YITCMG195　　45,A/T;87,T/C;128,A/G;133,A/G

YITCMG196　　197,A

YITCMG197　　1,A/G;18,C;35,G;176,T/C;178,A/C;195,T/C

YITCMG198　　70,A/G;71,A/G;100,A/C

YITCMG199　　3,T/A;56,A/T;62,C/G;173,T/C;175,C/G

YITCMG200　　38,T/C;53,A/G

YITCMG202　　16,T/C;37,A/C;121,T/G

YITCMG203　　90,T/A

YITCMG204　　76,C/G;85,A;133,C/G

YITCMG206　　19,T/A

YITCMG207　　73,T/C;82,A/G;156,T/C

YITCMG209　　27,C

YITCMG212　　17,A/G;111,A/G;118,A/G

YITCMG213　55,A/G;109,T/C

YITCMG216　135,T/C

YITCMG217　11,A;19,A;154,G;164,C

YITCMG218　5,A/C;31,C;59,T;72,C

YITCMG219　89,T/C;121,C/G;125,T/C

YITCMG221　8,C;76,A/G;110,A/G;131,A;134,A

YITCMG222　1,T/G;15,T/C;31,A/G;46,A/G;70,C/G

YITCMG223　23,T;29,T;41,T/C;47,A/G;48,T/C;77,A/G

YITCMG226　72,A;117,T

YITCMG227　6,A/G;26,T/C

YITCMG228　72,C;81,T/C;82,T/C;103,A/G

YITCMG229　56,T/C;58,T/C;65,T/C;66,T/C

YITCMG230　65,A/C;103,A/C

YITCMG231　87,T/C;108,T/C

YITCMG232　80,G;152,C;170,G

YITCMG233　127,G;130,A;132,G;159,T;162,A

YITCMG235　128,C/G

YITCMG236　94,A;109,A

YITCMG237　24,A;39,G;71,G;76,C

YITCMG238　49,C;68,C

YITCMG239　46,C;59,C;72,A

YITCMG241　23,G;32,C;42,T;46,G;54,T/A;75,T/C;77,A/C

YITCMG242　70,T

YITCMG244　71,C;76,A/G;109,T/G;113,T/C

YITCMG247　40,A/G;123,T

YITCMG248　31,A/G;60,T/G

YITCMG249　22,T/C;130,A/G;142,T/C;167,T/C

YITCMG253　32,T/C;53,A/G;182,A/G;188,T/G

YITCMG254　48,C/G;106,T/G

YITCMG255　6,A/G;13,T/G;18,A/T;56,A/C;67,T/G;155,C/G;163,A/G;166,T/C

YITCMG258　172,C

YITCMG259　127,A/G;180,T;182,A

YITCMG260　63,A/G;154,A/T;159,A/C;186,A/G

YITCMG261　17,T;20,A;29,G;38,G;106,A;109,T

YITCMG263　42,T/C;77,T/G

YITCMG265　138,T;142,G

YITCMG266　5,G;31,G;62,T

YITCMG268　23,T/G;30,T/G;68,T/C;150,A/G;152,T/G

YITCMG270　10,A/G;48,T/C;130,T/C

YITCMG271　100,C/G;119,T/A

YITCMG272　43,T/G;74,T/C;87,T/C;110,T/C

YITCMG273　41,C/G;67,A/G

YITCMG274　141,G;150,T

YITCMG275　106,C/G;131,A/C;154,A/G

YITCMG276   41,T/G;59,A/G

YITCMG279   94,A/G;113,A/G;115,T/C

YITCMG280   62,T/C;85,C/G;121,A/G;144,T/G;159,C

YITCMG281   96,A;127,A/G

YITCMG282   46,A;64,C

YITCMG283   67,T/G;112,A/G;177,A/G

YITCMG284   55,T;94,T

YITCMG285   85,A/G;122,C/G

YITCMG286   119,A/G;141,A/C

YITCMG287   2,T/C;38,T/C;117,A/G

YITCMG289   12,T/G;15,C/G;50,T;60,T/A;75,A/G

YITCMG290   13,A/G;21,T;66,C;72,T/C;128,T/A;133,A/C

YITCMG291   28,A;38,A;55,G;86,A

YITCMG292   85,T/C;99,A/T;114,T/C;124,T/C;126,A/C

YITCMG293   170,T/A;207,A/G

YITCMG294   82,A/C;99,T/G;108,T/A;111,T/C

YITCMG295   15,A/G;71,A/T

YITCMG296   90,A;93,T;105,A

YITCMG298   44,A/G;82,A/G;113,A/G

YITCMG299   29,A;117,C/G

YITCMG300   32,A/C;68,T/C;191,A/G

YITCMG301   76,C/G;98,A/G;108,C;111,T/C;128,T/G

YITCMG304   35,A;42,G;116,G

YITCMG305   68,C

YITCMG306   16,T/C

YITCMG307   11,T/C;20,T/G;26,A/G;37,G

YITCMG309   23,T/A;77,A/G;85,C/G

YITCMG310   98,A/G;107,T/C;108,T/C

YITCMG311   83,T/C;101,T/C;155,A

YITCMG312   42,T/A

YITCMG314   53,C

YITCMG315   16,T/C;58,A/G;80,A/G;89,T/C

YITCMG316   98,T/C;102,T/C;191,T/C

YITCMG317   38,T/G;98,A/G;151,T/C

YITCMG318   61,T;73,A

YITCMG320   4,A/G;87,T/C

YITCMG321   16,G;83,T/C

YITCMG322   72,T/C

YITCMG323   6,T/A;49,A/C;73,T/C

YITCMG324   55,T/C;56,C/G;74,A/G;195,A/G

YITCMG326   11,T/A;41,T;91,T/C;161,T/C;177,G;179,A/G

YITCMG328   15,C;47,T/C;86,T/C

YITCMG329   48,T;109,T;111,T/C

YITCMG330   52,A/G;129,T/G;130,A/G

YITCMG331　51,G

YITCMG332　62,C/G;63,A/G;93,A/C

YITCMG333　132,T;176,A

YITCMG334　43,G;104,A

YITCMG335　48,A/G;50,T/C;114,G

YITCMG336　28,C;56,A;140,T

YITCMG338　71,T/C;126,A/G;159,T/C;165,T/C;179,C/G

YITCMG341　83,T;124,G

YITCMG342　21,T/G;145,T/G;156,A/G;162,A/T;169,T/C;177,T/C

YITCMG343　3,A;39,T

YITCMG344　14,T;29,T/G;47,G;85,G

YITCMG345　31,A/T;34,T/A;39,T/G

YITCMG347　19,T;29,G;108,A

YITCMG348　65,T;69,T/C;73,A;124,A

YITCMG349　62,A;136,G

YITCMG350　17,A/G;23,T/C;37,A/T;101,T/A;104,T/C

YITCMG351　11,G;109,T/C;139,C/G

YITCMG352　108,C;138,T

YITCMG353　145,A/G

YITCMG354　62,A/C;66,A/G;81,A/C;134,A/C

YITCMG355　34,A;64,C;96,A

YITCMG356　45,A/T;47,A/C;72,A/T

YITCMG357　20,A/G;29,A/C;51,T/G;76,T/A

YITCMG359　60,T/G;128,T/C

YITCMG360　54,G;64,A;82,T;87,G;92,C

YITCMG361　3,T;102,C

YITCMG362　12,T/C;62,T/A;77,A/G

YITCMG363　39,A/G;56,A/G;57,T/C;96,T/C

YITCMG364　7,G;29,A;96,T

YITCMG369　76,A/C;82,T/C;83,T/C;84,T/G;85,C/G;86,A/C;87,T/A;104,A/G;141,A/G

YITCMG370　18,A/G;105,A/T;117,T/C;134,T/A

YITCMG371　27,A;36,T/C;60,T/C

YITCMG372　199,T

YITCMG373　74,A/G;78,A/C

YITCMG374　3,A/G;135,C;138,A/G;206,A/G

YITCMG375　17,C;107,T/A

YITCMG376　5,A/C;74,A/G;75,A/C;103,C/G;112,A/G

YITCMG377　3,A/G;42,A/C;198,T/C

YITCMG378　49,T/C;77,T/C;142,A/C

YITCMG379　61,T;71,T/C;80,T/C

YITCMG383　53,T/C;55,A/G

YITCMG384　52,T/G;106,A/G;128,T/C;195,T/C

YITCMG385　57,A

YITCMG386　65,G

YITCMG387 99,T/C;111,C/G;114,A/G

YITCMG388 17,T/C;121,A/G;147,T/C

YITCMG389 3,T/G;9,A;69,A;101,A/G;159,C

YITCMG390 9,C;82,T/G;95,A/T

YITCMG391 23,A/G;117,A/C

YITCMG395 40,T/A;45,T/C;49,T/C

YITCMG396 110,T/C;141,A/T

YITCMG397 89,C/G;92,T/G;97,G;136,A/C

YITCMG398 131,C;132,A;133,A;159,C;160,G;181,T

YITCMG399 7,A;41,A

YITCMG400 34,T/C;41,T/C;44,T/C;53,T/C;62,T/C;71,C;72,A;90,A/C

YITCMG401 43,T/C;72,T/G;123,A/G

YITCMG402 137,T;155,G

YITCMG405 155,C;157,C

YITCMG406 73,A/G;115,T/C

YITCMG407 13,C;26,G;65,A/C;97,G;99,A/G

YITCMG408 88,T/C;137,A/G

YITCMG410 2,T/C;4,A/T;20,T/C;40,C/G;155,A/C

YITCMG411 84,A

YITCMG412 79,A/G;154,G

YITCMG413 55,A/G;56,C/G;82,T/C

YITCMG414 11,A/T;37,A/G;58,A/G;62,C/G

YITCMG415 84,A/G;114,A/G

YITCMG417 86,T/C;131,A/G

YITCMG418 15,T/C;34,A/G

YITCMG419 81,A/T

YITCMG421 9,A/C;67,T/C;87,A/G;97,A/G

YITCMG423 39,T/G;117,T/G;130,C/G

YITCMG424 69,T;73,G;76,C;89,T

YITCMG425 26,C/G;57,A

YITCMG426 59,T/C;91,C/G

YITCMG428 18,A/G;24,T/C;73,A/G;135,A/G

YITCMG429 61,A/T;194,G;195,T

YITCMG430 31,T;53,T;69,C;75,A

YITCMG432 69,T/G;85,T/C;97,T/A

YITCMG433 14,C;151,T

YITCMG434 27,A/G;37,T/A;40,A/G

YITCMG435 28,T;43,C;103,G;106,A;115,A

YITCMG436 2,A/G;25,A/G;49,A/G;56,T/A

YITCMG437 39,A/T;44,G;92,G;98,T;151,T/C

YITCMG438 2,A/T;6,A/T;155,T

YITCMG439 75,A/C;87,T/C;113,A/G

YITCMG440 64,A;68,G;70,T;78,T/C

YITCMG441 12,A/G;74,C/G;81,C/G

YITCMG442   2,T/A;68,T/C;127,A/G;131,C/G;132,A/T;162,A/G;170,C;171,T/G

YITCMG443   28,T;104,T/A;106,T/G;107,A/T;166,A/G

YITCMG444   118,T/A;141,A/G

YITCMG445   72,G

YITCMG446   13,T/C;51,T/C

YITCMG447   94,A/G;139,A/G;202,A/G

YITCMG448   22,A/C;37,T/C;91,G;95,A/C;112,G;126,T/C;145,G

YITCMG449   13,A;114,G

YITCMG450   100,A/G;146,A/T;156,T/G

YITCMG451   26,A/G;33,A/C;69,T/C;74,A/G;115,C/G

YITCMG452   89,A/G;151,T/C

YITCMG454   90,A;92,T;121,C

YITCMG455   2,T;5,A;20,T;22,G;98,C;128,T;129,A;143,A

YITCMG457   124,G

YITCMG459   120,A;141,A/G;146,A/G;192,T/C

YITCMG460   132,A/G

YITCMG461   89,T/C;131,A/G;140,A/G

YITCMG462   24,C;26,A;36,C;49,C

YITCMG463   190,C/G

YITCMG464   161,T/C

YITCMG465   117,G;147,G

YITCMG466   75,A/T;99,C/G

YITCMG467   9,A/G;11,A;14,A/G;86,A/T;161,A/G;179,A/T

YITCMG469   12,T;69,G

YITCMG471   8,A/C;65,A/G;88,T/C;159,A/C

YITCMG472   51,G

YITCMG473   65,T;91,T

YITCMG474   87,A/T;94,A/G;104,T/C;119,A/G

YITCMG475   82,A;84,A;102,C

YITCMG476   22,A;54,T

YITCMG477   7,T/C;91,T/C;150,T/C

YITCMG478   112,A/G;117,T/C

YITCMG479   38,T/C;103,A/T

YITCMG481   21,A;108,G;192,G

YITCMG482   65,T/C;87,A/G;114,T/C;142,T/G

YITCMG484   23,A/G;78,A/G;79,A/G

YITCMG485   34,A/G;116,C/G;125,T/C

YITCMG487   140,C/G

YITCMG488   51,C/G;76,A/G;127,T/C

YITCMG490   57,T/C;135,T/A;165,T/A

YITCMG491   156,A/G;163,A/G

YITCMG492   55,A;83,T/C;113,C/G

YITCMG493   30,T/C

YITCMG494   43,T/C

YITCMG497   22,A/G;33,G;62,T/C;77,T/C
YITCMG500   30,A/G;86,T;87,C;108,T/A
YITCMG501   144,A/G;173,T/C;176,C/G
YITCMG502   4,A/G;9,A/G;127,T/C;130,A/T;135,A/G;140,T/C
YITCMG504   11,A/C;17,A/G
YITCMG505   54,A/G;99,T/C
YITCMG507   3,C;24,G;63,A
YITCMG508   13,A/G;115,T/G
YITCMG510   1,A/G;95,A/G;98,A/G
YITCMG512   25,A;54,A/G;63,G
YITCMG513   75,T/G;86,T/A;104,A/T;123,T/C
YITCMG514   35,T/C;45,A/C
YITCMG515   41,T/C;44,T/G;112,T/A
YITCMG516   29,T/G;53,A/C
YITCMG517   163,T
YITCMG518   60,A/G;77,T/G
YITCMG520   65,A/G;83,A/G;136,T/C;157,A/C
YITCMG521   8,T/G;21,G;30,A/G
YITCMG522   72,T/A;127,T/A;137,A/G;138,A/C
YITCMG523   36,A/G;92,A/G;111,T/G;116,A/G;133,A/G
YITCMG524   19,A/G;81,A/G;100,A/G
YITCMG525   33,T/G;61,T/C
YITCMG527   108,T/G;118,A/C
YITCMG529   129,T/C;144,A;174,T
YITCMG530   76,A/C;81,A/G;113,T/C
YITCMG531   11,T;49,T
YITCMG532   17,C;85,T/C;111,A/G;131,A/C
YITCMG533   183,C
YITCMG537   118,A;123,A/C;135,T
YITCMG539   27,G;75,T
YITCMG540   17,T;70,A/G;73,T;142,A
YITCMG541   70,A/C;130,T/G;176,T/C
YITCMG542   3,A

红鹰芒

YITCMG001 72,C;85,A
YITCMG002 28,G;55,T;102,G;103,C;147,G
YITCMG003 82,G;88,G;104,G
YITCMG004 27,T
YITCMG005 56,A;100,A
YITCMG006 13,T/G;27,T/C;91,T/C;95,G
YITCMG007 65,T;96,G
YITCMG008 94,T/C
YITCMG011 166,A/G
YITCMG012 75,T/A;78,A/G
YITCMG013 16,T/C;56,A/C;69,T/C
YITCMG014 39,T/C;126,A;130,T;162,C/G;178,C/G;200,A/G;210,A/T
YITCMG015 44,A/G;127,A;129,C;174,A
YITCMG018 10,A/G;30,A;95,A/G;97,T/A
YITCMG020 49,T/C;70,A/C;100,C/G;139,A/G
YITCMG024 68,A/G;109,T/C
YITCMG025 108,T/C
YITCMG027 138,G
YITCMG028 45,A;113,T;147,A;167,G;191,G
YITCMG029 114,A/C
YITCMG030 55,A;73,T;82,A
YITCMG031 48,T/C;84,A/G;96,A/G
YITCMG032 14,T/A;117,C/G;160,A/G
YITCMG033 73,G;85,A/G;145,A/G
YITCMG034 97,T/C;122,A/G
YITCMG035 102,C;126,G
YITCMG036 23,C/G;32,T/G;99,G;110,T;132,C
YITCMG037 12,T/C;39,T/G
YITCMG038 155,A/G;168,C/G;171,A/G
YITCMG039 1,G;61,A;71,T;104,T;105,G;151,T
YITCMG041 24,C;25,A;68,T
YITCMG042 5,A/G;92,T/A
YITCMG043 56,T;67,C
YITCMG044 167,G
YITCMG047 60,T/G;65,T/G
YITCMG049 115,C;123,A/C;172,A/G
YITCMG050 44,A/C
YITCMG051 15,C;16,A
YITCMG052 63,T;70,C
YITCMG053 86,A;167,A;184,T
YITCMG054 34,G;36,T;70,G

YITCMG058	67,T;78,A
YITCMG059	12,A/T;84,A;100,T
YITCMG061	107,A/C;128,A/G
YITCMG064	2,A;27,G;74,C/G;109,T/A
YITCMG066	10,A/C;64,A/G;141,T/G
YITCMG067	1,C;51,C;76,G;130,C
YITCMG068	20,T/C;49,T/G;91,A/G
YITCMG069	37,A/G;47,A/T;100,A/G
YITCMG072	75,A;104,C;105,A
YITCMG073	15,A;49,G
YITCMG075	168,A
YITCMG076	129,T/C;162,A/C;163,A/G;171,T/C
YITCMG077	10,C;27,T/C;30,T/C;97,T/C;114,A;128,A;140,T/C
YITCMG078	33,A/G;93,A/C;95,T;147,T/C;165,A/G
YITCMG079	3,G;8,T;10,A;110,C;122,A;125,A
YITCMG082	97,A/G
YITCMG083	123,A/G;161,A/C;169,C/G
YITCMG084	80,T/C;118,A/G;136,T/A
YITCMG085	6,A/C;21,T/C;24,C;33,T/C;206,T/C;212,T/C
YITCMG088	17,A/G;33,A;143,A/G;189,T/G
YITCMG090	17,C;46,G;75,T
YITCMG091	33,C/G;59,A;84,T/G;121,A/G;187,A/C
YITCMG092	22,A/G;110,T/C;145,A/G
YITCMG094	124,A/T;144,T/A;146,T/G
YITCMG095	51,T/C;78,T/C;184,A/T
YITCMG096	57,A/G;63,T/C;84,A/G
YITCMG098	48,A/G;51,T/C;180,T/C
YITCMG099	67,T/G;83,A/G;119,A/G;122,A/C
YITCMG100	124,T/C;141,C/G;155,T
YITCMG101	53,T;92,T
YITCMG102	6,T/C;129,A/G
YITCMG103	41,A/G;43,A/G
YITCMG104	79,A/G;87,A/G
YITCMG107	23,A/G;160,G;164,C;165,A/T;169,T/A
YITCMG108	34,A;64,C
YITCMG110	30,T/C;57,T/C
YITCMG111	39,T/G;62,A/G;67,A/G
YITCMG113	5,C/G;71,A/G;85,T/G;104,A/G
YITCMG114	75,A/C;81,A/C
YITCMG115	32,T/C;33,A/T;87,T/C;129,T/A
YITCMG116	54,A
YITCMG117	115,T;120,A
YITCMG118	19,A/G;150,T/A
YITCMG119	73,A/C;150,T/C;162,A/G

YITCMG120　133,C

YITCMG121　32,A/T;72,G;91,C/G;138,A/G;149,A/G

YITCMG122　40,A/G;45,G;185,G;195,A

YITCMG123　87,A/G;130,T/G

YITCMG124　75,T/C;119,T/A

YITCMG126　82,A/T;142,A

YITCMG127　146,A/G;155,A/T;156,A/G

YITCMG129　3,T/A;90,T;104,C;105,C/G

YITCMG130　31,C/G;108,A/G

YITCMG131　27,T/C;107,C/G

YITCMG132　43,C/G;91,T/C;100,T/C;169,T

YITCMG133　65,A/C;76,T;86,T/G;191,A/G;200,A/G;209,T

YITCMG134　23,C;116,T/A;128,A/G;139,T;146,C/G

YITCMG135　173,T/C

YITCMG136　169,A/G;198,T/C

YITCMG137　24,A/G;52,T

YITCMG138　44,C/G

YITCMG139　7,G

YITCMG140　6,T

YITCMG141　184,T/C

YITCMG144　61,C;81,C;143,A;164,G

YITCMG145　7,A;26,G;78,G

YITCMG146　27,C;69,G;88,T/G;111,A

YITCMG147　36,A/G;62,T/C;66,T/C

YITCMG148　35,G;87,C

YITCMG149　25,A/C;30,A/G;138,A/G

YITCMG150　8,T/G;100,T/A;101,G;116,G;123,C/G;128,A/T

YITCMG152　132,A/G

YITCMG154　5,T;47,C;77,C;141,C

YITCMG155　35,G

YITCMG156　20,T;28,T;44,C

YITCMG157　5,A/G;18,A/G;83,C;89,T/C;140,A/G

YITCMG158　67,T/C;96,A;117,G

YITCMG159　137,T/C

YITCMG160　55,A/G;75,T/C;92,G;107,T/G;158,C

YITCMG161　71,A;74,C

YITCMG163　115,A/G

YITCMG164　57,T/C;114,A/G

YITCMG165　32,A;154,G;174,C;176,C;177,A

YITCMG166　13,T;87,G

YITCMG167　120,A;150,A;163,G

YITCMG168　79,C;89,C;96,A

YITCMG169　36,G;51,C;99,T/C;153,T

YITCMG170　31,T/G;139,C/G;142,A/G;145,C;150,A/T;151,T/C;157,A;164,A/G

YITCMG171 9,T;61,C;76,C;98,A

YITCMG172 17,T/C;164,A/C;168,A/G;186,A/G;187,A/G

YITCMG173 20,C;80,T/C;144,C;163,T;165,A/G

YITCMG175 32,T/G;42,T/C;55,T/C;62,A/C;98,T/C

YITCMG176 44,A;107,A

YITCMG177 18,T/A

YITCMG178 119,T/C

YITCMG180 23,C;72,C

YITCMG181 134,G

YITCMG182 3,A/G;77,T/C

YITCMG183 24,A/T;28,A/G;75,T/C;76,A/G;93,T/C

YITCMG184 45,A;60,C;97,C

YITCMG185 62,A;68,A;80,G;130,A;139,G

YITCMG188 16,T/C;66,A/G;101,A/T

YITCMG189 23,T/C;51,A/G;138,T/A;168,T/C

YITCMG190 40,T/G;48,A/G;54,T/C;66,T/C;117,T;162,G

YITCMG191 108,A/G

YITCMG192 89,T/C;119,T/G

YITCMG193 3,A/G;9,A/T;30,C;39,A/G;121,G;129,C;153,T

YITCMG194 1,T/A;32,A/T;55,A/G;165,T/C

YITCMG195 71,T/A

YITCMG196 19,A/G;91,T/C;190,A/G;191,T/C;197,A/T

YITCMG197 1,A/G;18,C;35,G;144,C/G;176,T/C;178,A/C;195,T/C

YITCMG198 100,C

YITCMG199 3,A

YITCMG202 16,T/C;37,A/C;121,T/G

YITCMG203 90,T/A

YITCMG204 76,C/G;85,A;133,C/G

YITCMG206 19,A/T;177,A/G

YITCMG207 82,A/G;156,T/C

YITCMG209 27,C

YITCMG212 17,G;111,G

YITCMG213 55,A;109,C

YITCMG216 135,C

YITCMG217 11,A;19,A;154,G;164,C

YITCMG218 5,A;15,T/C;31,C;59,T;72,C

YITCMG219 121,C/G

YITCMG220 151,T/C

YITCMG221 8,C;76,G;131,A;134,A

YITCMG222 1,A/G;15,C;31,A/G;46,A/G;70,G

YITCMG223 23,T/C;29,T/G;41,T/C;47,A/G;48,T/C

YITCMG226 72,A/G;117,T/C

YITCMG229 56,T/C;58,T/C;65,T/C;66,T/C

YITCMG230 65,C;103,A

YITCMG232   1,T/C;12,C/G;76,C/G;80,G;152,C;169,T/C;170,G

YITCMG233   127,A/G;130,A;132,G;159,T;162,A

YITCMG234   54,T/A;55,T/C;103,A/G;122,T/G;183,A/T

YITCMG235   128,G

YITCMG236   94,A;109,A

YITCMG237   24,A;28,A/G;39,G;71,C/G;76,T/C

YITCMG238   49,C;68,C

YITCMG239   46,C;59,C;72,A

YITCMG241   23,G;32,C;42,T;46,A/G;77,A/C

YITCMG242   70,T;128,T/C

YITCMG244   71,C;76,A/G

YITCMG247   123,T

YITCMG252   26,A/G;78,C/G;82,A/T

YITCMG253   32,T/C;53,A/G;70,A/C;182,A/G;188,T/G;198,T/G

YITCMG254   48,C/G;106,T/G

YITCMG255   6,A/G;13,T/G;18,T/A;56,A/C;67,T/G;155,C/G;163,A/G;166,T/C

YITCMG258   2,T/C;101,T/A;172,C

YITCMG259   24,T/A;127,A/G;180,T;182,A

YITCMG260   54,A/G;63,A/G;154,T/A;159,A/C

YITCMG261   17,T/C;20,A/G;29,A/G;38,G;106,A;109,T

YITCMG263   42,T/C;77,T/G;91,A/G

YITCMG266   5,G;31,G;62,T

YITCMG267   39,A/G;108,T/A;134,T/G

YITCMG268   23,T/G;30,T/G;68,T/C;152,T/G

YITCMG270   10,A;48,T;130,T

YITCMG271   100,G;119,T

YITCMG274   141,G;150,T

YITCMG275   106,C/G;131,A/C;154,A/G

YITCMG276   41,T;59,A

YITCMG278   1,A/G;10,A/G;12,A/C

YITCMG279   94,A/G;113,A/G;115,T/C

YITCMG280   120,T/C;159,C

YITCMG281   92,T/C;96,A;127,A/G

YITCMG282   46,A/G;64,T/C

YITCMG283   67,T/G;112,A/G;177,A/G

YITCMG284   18,A/G;55,T/A;94,T/C

YITCMG285   85,A/G;122,C/G

YITCMG289   12,T/G;15,C/G;50,T

YITCMG290   13,A/G;21,T;66,C;72,T/C;128,T/A;133,A/C

YITCMG291   28,A/C;38,A/G;55,T/G;86,A/G;96,T/G

YITCMG292   2,A/G

YITCMG293   11,A/G;170,T

YITCMG294   82,A/C;99,T/G;108,T/A;111,T/C

YITCMG295   15,A/G;71,A/T

YITCMG296   90,A;93,T;105,A

YITCMG298   44,A/G;82,A/G;113,A/G

YITCMG299   29,A;34,A/G;103,A/G

YITCMG300   32,A/C;68,T/C;191,A/G

YITCMG301   76,C;98,G;108,C;111,C;128,G

YITCMG302   96,T/C

YITCMG304   35,A;42,G;116,G

YITCMG305   15,A/G;68,C

YITCMG306   16,T/C

YITCMG307   37,A/G

YITCMG308   34,G;35,A/C;45,A/T

YITCMG309   23,T;77,G;85,G

YITCMG311   83,T/C;101,T/C;155,A

YITCMG314   53,C

YITCMG315   58,A/G;80,A/G;89,T/C

YITCMG316   102,C

YITCMG317   38,T/G;151,T/C

YITCMG318   61,T/C;73,A/C

YITCMG319   147,T/C

YITCMG320   4,A/G;87,T/C

YITCMG321   16,G

YITCMG323   6,A/T;49,A/C;73,T/C;75,A/G

YITCMG325   57,C

YITCMG326   11,A;41,T;161,T;177,G;179,A

YITCMG328   15,C;47,C;86,C

YITCMG329   48,T/C;78,C/G;109,A/T;175,A/G;195,A/C

YITCMG330   52,A/G;129,T/G;130,A/G

YITCMG331   51,A/G

YITCMG332   63,A/G

YITCMG333   132,T/C;176,A/C

YITCMG334   43,G;104,A

YITCMG335   48,A/G;50,T/C;114,G

YITCMG336   28,C;56,A;140,T

YITCMG338   71,C;126,G;159,C;165,T;179,G

YITCMG339   48,T/C;81,T/C

YITCMG341   83,T;124,G

YITCMG342   162,A;169,T

YITCMG343   3,A;39,T

YITCMG344   14,T;29,G;47,G;85,G

YITCMG345   31,A/T;34,T/A;39,T/G

YITCMG347   21,A

YITCMG348   28,T/C;65,T;73,A;124,A

YITCMG349   62,A/G;136,C/G

YITCMG350   17,A;23,T/C;37,A;101,T;104,T

YITCMG351   11,T/G
YITCMG352   108,C;109,A/G;138,T;159,A/G
YITCMG353   75,T/A;85,T/C
YITCMG354   62,A/C;66,A/G;81,A/C;134,A/C
YITCMG355   34,A;64,C;96,A
YITCMG356   45,A;47,A;72,A
YITCMG357   20,A/G;29,A/C;51,T/G;76,T/A
YITCMG359   60,T;128,T
YITCMG360   54,G;64,A;82,T;87,G;92,C
YITCMG361   3,T;102,C
YITCMG362   12,T/C;62,T/A;77,A/G
YITCMG363   39,A;56,G
YITCMG364   7,G;29,A;96,T
YITCMG365   23,T/C;79,T/C;152,C/G
YITCMG366   36,T/C;83,T/A;110,T/C;121,A/T
YITCMG367   21,T/C;145,C/G;165,A/G;174,C/G
YITCMG369   76,A/C;82,T/C;83,T/C;84,T/G;85,C/G;86,A/C;87,T/A;99,T/C;104,A/G;141,A/G
YITCMG370   18,A/G;105,T/A;117,T/C;134,A/T
YITCMG371   27,A;36,C
YITCMG372   199,A/T
YITCMG373   74,A;78,C
YITCMG374   135,T/C
YITCMG375   17,C;107,A/T
YITCMG376   5,A;74,G;75,C;103,C;112,A
YITCMG377   3,A/G;77,T/G;198,T/C
YITCMG378   49,T/C
YITCMG379   61,T
YITCMG380   40,A/G
YITCMG382   62,A/G;72,A/C;73,C/G
YITCMG383   53,T/C;55,A/G
YITCMG384   52,G;106,G;128,C;195,C
YITCMG385   57,A
YITCMG386   65,G
YITCMG387   99,T/C
YITCMG388   17,T/C
YITCMG389   3,T/G;9,A/T;69,A/G;101,A/G;159,A/C;171,C/G;177,T/C
YITCMG390   9,T/C
YITCMG391   23,A/G;117,A/C
YITCMG392   109,T/C;114,A/C;133,C/G
YITCMG393   66,A/G;99,A/C
YITCMG394   9,T/C;38,A/G;62,A/G
YITCMG395   45,T/C
YITCMG396   110,C;141,A
YITCMG397   89,C/G;92,T/G;97,G;136,A/C

YITCMG398　131,C;132,A;133,A;159,C;160,G;181,T

YITCMG399　7,T/A;41,A/C

YITCMG400　71,C;72,A

YITCMG401　72,G;123,G

YITCMG402　6,A/T;137,T;155,G

YITCMG404　8,A/G;32,T/C

YITCMG405　41,T/C;62,T/C;155,T/C;157,T/C;161,T/G

YITCMG406　73,G;115,T

YITCMG407　13,C;26,T/G;97,G;99,A/G;108,A/G;113,C/G

YITCMG408　137,G

YITCMG411　81,A;84,A

YITCMG412　79,A/G;154,G

YITCMG416　84,A/G;112,A/G

YITCMG417　35,C/G;55,A/G;86,T/C;131,A/G

YITCMG423　39,T/G;117,G;130,C/G

YITCMG424　69,T;73,G;76,C;89,T

YITCMG425　57,A

YITCMG428　18,A;24,C

YITCMG429　61,T/A;194,G;195,T

YITCMG430　31,T/C;53,T/C;69,T/C;75,A/C

YITCMG431　69,A/G;97,C/G

YITCMG432　69,T/G;85,T/C;97,A/T

YITCMG434　27,G;37,T/G;40,A/G

YITCMG435　28,T;43,C;103,G;106,A;115,A

YITCMG437　36,T/C;39,T/A;44,A/G;92,C/G;98,T/C

YITCMG438　155,T/G

YITCMG439　75,A/C;87,T/C;113,A/G

YITCMG440　13,A/C;64,A;68,G;70,T;78,T/C;103,A/G;113,T/C

YITCMG441　12,A;74,G;81,C;90,T/C

YITCMG442　2,T/A;68,T/C;127,A/G;132,A/T;162,A/G;170,T/C;171,T/G

YITCMG443　28,T/A;104,T/A;106,T/G;107,A/T;166,A/G

YITCMG444　118,A/T;141,A/G

YITCMG445　72,G

YITCMG446　13,T;51,T

YITCMG448　91,G;112,G;145,G

YITCMG449　13,A;114,G

YITCMG450　156,T/G

YITCMG451　26,A/G;33,A/C;69,T/C;74,A/G;115,C/G

YITCMG452　96,C/G

YITCMG453　87,A;156,C

YITCMG454　90,A/G;92,T/G;121,T/C

YITCMG455　2,T/C;5,A/G;20,T/C;22,A/G;98,T/C;128,T/C;129,A/G;143,A/T

YITCMG456　32,A/G;48,A/G

YITCMG457　77,A/T;89,T/C;98,T/C;101,A/G;119,A/G;124,G;156,C/G

YITCMG458   37,C/G;43,T/C
YITCMG459   120,A;141,A/G;146,A/G;192,T/C
YITCMG460   45,T/C
YITCMG461   89,T;140,G
YITCMG462   24,C;26,A;36,C;49,C
YITCMG463   190,C/G
YITCMG464   78,A/G;101,T/A;161,T/C
YITCMG465   117,T/G;147,A/G
YITCMG466   60,A/G;75,T/A;99,C/G
YITCMG467   11,A/G;14,A/G;161,A/G;179,A/T
YITCMG469   12,T;69,T/G
YITCMG470   78,C/G
YITCMG471   8,A/C;65,A/G;88,T/C;159,A/C
YITCMG472   51,A/G
YITCMG473   65,T;91,T
YITCMG475   82,A/G;84,A/G;102,T/C
YITCMG476   22,A/G;54,A/T
YITCMG477   2,T/C;7,T/C;91,C;150,T
YITCMG478   42,T/C
YITCMG479   103,A/T
YITCMG480   5,A/G;45,A/G;61,C/G;64,A/G
YITCMG481   21,A;108,A/G;160,A/G;192,T/G
YITCMG482   65,T/C;139,C/G
YITCMG483   113,A/G;147,A/G
YITCMG485   34,G;116,C;125,T
YITCMG487   140,C/G
YITCMG488   51,G;76,G;127,C
YITCMG491   156,A/G;163,A/G
YITCMG492   55,A/G;83,T/C;113,C/G
YITCMG493   30,T
YITCMG494   43,T/C
YITCMG497   33,C/G;77,C/G
YITCMG499   121,A/G
YITCMG500   86,T;87,C
YITCMG502   12,T/C;127,T/C
YITCMG504   11,A/C;17,A/G
YITCMG505   99,T
YITCMG507   3,C;24,G;63,A
YITCMG508   13,A/G;96,T/C;115,G
YITCMG510   1,A;95,G;98,A
YITCMG512   25,A;54,G;63,G
YITCMG513   75,T/G;86,T/A;104,A/T;123,T/C
YITCMG516   29,T
YITCMG517   72,T/G;84,T/A;86,A/G;163,T

YITCMG518　60,A/G;77,T/G

YITCMG519　129,T/C;131,T/G

YITCMG520　35,A/G

YITCMG521　8,T/G;21,G;30,A/G

YITCMG522　127,T

YITCMG524　10,A/G;19,A/G;100,A/G

YITCMG527　108,T/G;118,A/C

YITCMG529　129,T/C;144,A/C;174,T/C

YITCMG530　76,C;81,A;113,T

YITCMG531　11,T/C;49,T/G;99,T/A

YITCMG532　17,A/C

YITCMG533　85,A/C;183,C;188,A/G

YITCMG537　118,A;135,T

YITCMG539　27,G;75,A/T

YITCMG540　17,T;70,A/G;73,T;142,A

YITCMG541　130,G;176,C

YITCMG542　3,A/C;69,T/C;79,T/C

红 云

YITCMG001 72,T/C;78,A/G;85,A

YITCMG003 29,T/C;82,A/G;88,A/G;104,A/G

YITCMG004 27,T/C;73,A/G

YITCMG005 56,A;100,A;105,A/T;170,T/C

YITCMG007 65,T;96,G

YITCMG008 50,T/C;53,T/C;79,A/G

YITCMG011 166,A/G

YITCMG012 75,T;78,A

YITCMG013 69,T/C

YITCMG014 126,A/G;130,T/C

YITCMG015 44,A/G;127,A;129,C;174,A

YITCMG017 98,C/G

YITCMG018 30,A

YITCMG019 36,A/G;47,T/C;66,C/G

YITCMG020 70,C;100,C;139,G

YITCMG022 3,A;11,A;92,G;94,T;99,C;118,G;131,C;140,G

YITCMG024 68,A;109,C

YITCMG025 72,A/C

YITCMG027 138,A/G

YITCMG028 45,A/G;113,A/T;147,A/G;167,A/G;191,A/G

YITCMG029 72,C

YITCMG030 55,A;73,T/G;82,A/T

YITCMG033 73,A/G

YITCMG036 23,C/G;32,T/G;99,C/G;110,T/C;132,A/C

YITCMG037 12,T/C;39,T/G

YITCMG039 1,A/G;61,A/G;71,T/C;104,T/C;105,A/G;151,T/G

YITCMG041 24,A/C;25,A/G;68,T/C

YITCMG043 56,T/C;67,T/C

YITCMG044 42,T/G;167,A/G

YITCMG046 55,A/C;130,A/G;137,A/C;141,A/G

YITCMG047 60,T/G;65,T/G;113,T/G

YITCMG049 115,A/C;172,A/G

YITCMG050 44,A/G

YITCMG051 15,C;16,A

YITCMG052 63,T;70,C

YITCMG053 86,A;167,A;184,T

YITCMG054 34,G;36,T;70,G

YITCMG056 34,T/C;74,T/A

YITCMG058 67,T;78,A

YITCMG059 84,A/G;95,A/T;100,T/G;137,A/G;152,A/T;203,A/T

YITCMG060 10,A/C;54,T/C;125,T/C;129,A/G

YITCMG061　107,A/C;128,A/G

YITCMG064　2,A/G;27,T/G;74,C/G;106,A/G;109,T/A

YITCMG065　136,T/C

YITCMG067　1,T/C;51,C;76,A/G;130,A/C

YITCMG071　142,C;143,C

YITCMG072　75,A/G;105,A/G

YITCMG073　15,A/G;49,A/G

YITCMG074　46,T/C;58,C/G;180,A/T

YITCMG075　168,A/C

YITCMG076　129,T/C;162,A/C;163,A/G;171,T/C

YITCMG078　95,T/C

YITCMG079　3,G;8,T;10,A;110,C;122,A;125,A

YITCMG081　91,C/G

YITCMG082　48,C/G;97,A/G

YITCMG083　169,C/G

YITCMG084　118,A/G;136,A/T

YITCMG085　24,C;33,T/C;106,T/C;212,C

YITCMG086　180,A/C

YITCMG088　33,A

YITCMG089　92,C;103,C;151,C;161,C

YITCMG090　17,T/C;46,A/G;75,T/C

YITCMG091　24,T/C;59,A/C;84,G;121,A;187,C

YITCMG092　22,G;24,T/C;110,C;145,A

YITCMG093　10,A/G;35,A/G;51,A/G

YITCMG096　24,C;57,A;66,T

YITCMG098　48,A;51,T/C;180,T/C

YITCMG099　67,T/G;83,A/G;119,A/G;122,A/C

YITCMG100　124,T/C;141,C/G;155,T

YITCMG101　53,T/G;92,T/G;93,T/C

YITCMG102　6,T/C;20,A/G;129,A/G

YITCMG104　79,A/G;87,A/G

YITCMG105　31,A/C;69,A/G

YITCMG106　29,A;32,C;65,G;130,A;137,C

YITCMG107　23,A/G;160,A/G;164,C/G;165,A/T

YITCMG108　34,A;61,A/C;64,C

YITCMG110　30,T;32,A;57,C;67,C;96,C

YITCMG111　39,T;62,G;67,A

YITCMG112　101,C;110,G

YITCMG113　71,A/G;85,T/G;104,A/G;108,T/C

YITCMG114　75,A/C

YITCMG115　32,T/C;33,T/A;87,T/C;129,A/T

YITCMG116　91,T

YITCMG117　115,T/C;120,A/G

YITCMG119　73,A/C;150,T/C;162,A/G

YITCMG120　　13,T/C;106,T/C;133,T/C
YITCMG121　　32,T/A;72,T/G;149,A/G
YITCMG122　　45,A/G;185,A/G;195,A/G
YITCMG123　　87,A/G;130,T/G
YITCMG126　　82,A/T;142,A/G
YITCMG127　　146,A/G;155,A/T;156,A/G
YITCMG129　　90,T/C;104,T/C
YITCMG130　　31,C/G;108,A/G
YITCMG131　　27,T/C;107,C/G
YITCMG132　　43,C/G;91,T/C;100,T/C;169,T/C
YITCMG133　　76,T/G;83,A/G;86,T/G;209,A/T
YITCMG134　　23,C;98,T/C;99,T/C;128,A/G;139,T
YITCMG137　　24,A;52,T
YITCMG139　　7,G
YITCMG141　　71,T/G;184,T/C
YITCMG143　　73,A/G
YITCMG144　　61,C;81,C;143,A;164,G
YITCMG145　　7,A/G;26,A/G;78,T/G
YITCMG146　　27,T/C;69,A/G;111,A/T
YITCMG147　　36,A/G;62,T;66,T
YITCMG148　　32,A/G;75,T/C;101,T/G
YITCMG149　　25,A/C;30,A/G;138,A/G
YITCMG150　　8,T/G;100,T/A;101,A/G;116,T/G;123,C/G;128,A/T
YITCMG151　　155,A;156,C
YITCMG153　　97,A/C;101,A/G;119,A/G
YITCMG154　　5,T/C;77,T/C;141,T/C
YITCMG155　　31,T/G;51,T/C;155,A/G
YITCMG158　　67,T/C;96,A/G;117,A/G
YITCMG159　　137,T/C
YITCMG161　　71,A/G;74,T/C
YITCMG162　　26,A/T
YITCMG165　　32,A/G;121,T/C;154,A/G;174,T/C;176,C/G;177,A/G
YITCMG166　　13,T/C;87,G
YITCMG167　　120,A/G;150,A/G
YITCMG168　　79,T/C;89,C/G;96,A/G
YITCMG169　　36,A/G;51,T/C;107,T/C;153,A/T
YITCMG170　　31,T/G;139,C/G;142,A/G;145,C;150,T/A;151,T/C;157,A;164,A/G
YITCMG171　　9,T/G;61,C;76,C;98,A/G
YITCMG172　　164,A/C;168,A/G;186,A/G;187,A/G
YITCMG173　　20,T/C;32,A/T;80,T/C;144,C;161,A/G;162,T/C;163,T/G;165,A/G
YITCMG174　　9,T;10,A;84,A
YITCMG175　　32,T/G;42,T/C;55,T/C;62,A/C;98,T/C
YITCMG178　　111,A
YITCMG180　　23,C;72,C;75,C/G

YITCMG181   134,A/G

YITCMG182   3,A/G;77,T/C

YITCMG183   24,T/A;28,A/G;75,T/C;76,A/G;93,T/C

YITCMG184   45,A;60,C;64,C/G;97,C;127,T

YITCMG185   68,T/A;130,T/C

YITCMG187   33,T/C;105,A/T;106,C/G

YITCMG190   48,A/G;54,T/C;117,T;162,G

YITCMG191   80,A/G

YITCMG192   89,T/C;95,C/G;119,T/G

YITCMG193   3,A/G;9,A/T;30,T/C;39,A/G;121,T/G;129,A/C;153,T/C

YITCMG194   1,A;32,T;55,A/G;130,T/G;165,T/C

YITCMG195   71,A/T

YITCMG196   19,A/G;91,T/C;190,A/G;191,T/C

YITCMG197   18,A/C;35,T/G;144,C/G;178,A/C;195,T/C

YITCMG198   100,C

YITCMG199   131,A/C

YITCMG202   16,T/C;121,T/G

YITCMG203   90,A

YITCMG204   76,C/G;85,A;133,C/G

YITCMG209   27,A/C

YITCMG214   5,T/A

YITCMG216   69,G;135,C;177,A

YITCMG217   11,A;19,A;154,A/G;164,C

YITCMG218   5,A/C;31,C;59,T;72,C;108,T/G

YITCMG219   89,C;125,C

YITCMG220   126,G

YITCMG221   8,C;76,G;110,G;131,A;134,A

YITCMG222   1,A/G;15,C;31,A/G;46,A/G;70,G

YITCMG223   23,T/C;29,T/G;41,T/C;47,A/G;48,T/C

YITCMG226   72,A/G;117,T/C

YITCMG228   72,A/C;81,T/C;82,T/C

YITCMG230   65,A/C;87,A/T;103,A/C;155,A/G

YITCMG231   87,T/C;108,T/C

YITCMG232   80,C/G;152,C/G;170,A/G

YITCMG236   94,A/G;109,T/A

YITCMG237   24,A;39,G;71,G;76,C

YITCMG238   49,C;68,C

YITCMG239   46,C;59,C;72,A

YITCMG242   61,A/C;70,T;85,T/C;94,A/G

YITCMG244   71,C;109,T/G;113,T/C

YITCMG247   19,A/C;40,A/G;46,T/G;123,T/C

YITCMG249   22,T/C;83,C/G;167,T/C

YITCMG252   26,A/G;78,C/G;82,T/A

YITCMG253   13,T/C;70,A/C;198,T/G

YITCMG256　19,A/G;47,A/C;66,A/G;83,T/A

YITCMG257　58,T/C;89,T/C

YITCMG258　2,T/C;101,T/A;170,A/G;172,C

YITCMG259　20,A/G;24,T;180,T;182,A

YITCMG260　63,A;154,A;159,A

YITCMG261　17,T/C;38,G;106,A;109,T

YITCMG266　5,G;31,G;62,T

YITCMG267　39,A/G;92,T/G;108,T/A;134,T/G

YITCMG268　23,T/G;30,T/G;68,T/C

YITCMG270　10,A/G;52,A/G;69,A/C;122,T/C;130,T/C;134,T/C;143,T/C;162,T/C;168,A/G; 191,A/G

YITCMG271　100,C/G;119,T/A

YITCMG274　90,A/G;141,A/G;150,T/C;175,T/G

YITCMG275　154,A/G

YITCMG278　1,A/G;10,A/G;12,A/C

YITCMG279　94,A/G;113,A/G;115,T/C

YITCMG280　104,T/A;113,C/G;159,C

YITCMG281　18,G;22,G;92,C;96,A

YITCMG282　46,A;64,C

YITCMG283　67,T/G;112,A/G;177,A/G

YITCMG284　18,A/G;55,T/A;94,T/C

YITCMG285　85,A/G;122,C/G

YITCMG287　2,C;38,T;171,T/A

YITCMG289　50,T

YITCMG290　21,T/G;170,T/A

YITCMG291　28,A/C;38,A/G;55,T/G;86,A/G;96,T/G

YITCMG293　11,A/G;170,T;174,T/C;184,T/G

YITCMG294　99,T/G;108,A/T

YITCMG297　128,T/C;147,A/C

YITCMG299　29,A;34,A/G;103,A/G

YITCMG300　191,A/G

YITCMG301　98,A/G;108,C;128,T/G;140,A/G

YITCMG302　96,T/C

YITCMG305　15,A/G;68,C

YITCMG306　16,T/C

YITCMG307　37,A/G

YITCMG311　155,A/G

YITCMG312　42,A/T;104,T/A

YITCMG314　31,A/G;42,A/G;53,A/C

YITCMG316　98,T/C;102,T/C

YITCMG317　38,G;151,C

YITCMG319　147,T/C

YITCMG321　16,G

YITCMG323　6,A/T;49,A/C;73,T/C;75,A/G

YITCMG325   57,C

YITCMG326   169,T/G;177,G

YITCMG327   181,T/C

YITCMG328   15,T/C;47,T/C;86,T/C;105,C/G

YITCMG329   48,T/C;78,C/G;109,A/T

YITCMG330   52,A/G;129,T/G;130,A/G

YITCMG331   24,A/G;51,A/G

YITCMG332   60,T/C;63,G

YITCMG333   132,T/C;176,A/C

YITCMG334   43,C/G;104,A/C

YITCMG335   48,A/G;50,T/C;114,T/G

YITCMG337   55,T/C;61,T/C

YITCMG338   159,C;165,T;172,T;179,G

YITCMG340   51,T/C

YITCMG341   83,A/T;124,T/G

YITCMG342   162,T/A;169,T/C

YITCMG343   3,A/G;39,T/C

YITCMG344   8,T/C;14,T/C;47,A/G;108,T/C

YITCMG345   34,A/T;39,T/G

YITCMG346   7,A/T

YITCMG347   19,A/T;29,A/G;108,A/C

YITCMG348   28,T/C;65,T/C;73,A/G;124,A/C;131,A/G;141,T/A

YITCMG349   62,A;136,G

YITCMG350   17,A/G;23,T/C;37,T/A;101,A/T;104,T/C

YITCMG351   11,T/G;109,T/C;139,C/G

YITCMG353   75,T;85,C

YITCMG354   62,C;66,A/G;81,A/C;134,C

YITCMG355   34,T/A;64,A/C;94,A/G;96,A/G;107,A/C;148,A/G

YITCMG356   45,A/T;47,A/C;72,A/T

YITCMG357   29,A/C;51,T/G;76,T/A

YITCMG359   60,T/G;128,T/C

YITCMG360   54,T/G;64,A;82,T/C;87,G;92,C

YITCMG361   3,T/A;102,T/C

YITCMG363   57,T;96,T

YITCMG365   23,T;45,T/C;79,T/C;94,T/A;152,C/G

YITCMG366   36,T/C;59,A/T;83,T;110,T/C;121,A

YITCMG367   21,T/C;145,C/G;165,A/G;174,C/G

YITCMG368   116,T/C;117,A/G;156,A/T

YITCMG369   99,T/C

YITCMG370   105,A/T

YITCMG371   27,A/G;36,T/C

YITCMG372   85,T/C;199,A/T

YITCMG373   74,A;78,C

YITCMG374   102,A/C;135,C;137,A;138,G

YITCMG375　17,A/C;107,A/T

YITCMG376　5,A/C;74,A/G;75,A/C;103,C/G;112,A/G

YITCMG377　3,A/G;77,T/G

YITCMG379　61,T/C

YITCMG380　40,A/G

YITCMG382　62,A/G;72,A/C;73,C/G

YITCMG383　53,T/C;55,A/G

YITCMG384　106,A/G;128,T/C;195,T/C

YITCMG385　57,T/A

YITCMG386　65,C/G

YITCMG388　17,T/C;121,A/G;147,T/C

YITCMG389　171,G;177,C

YITCMG390　9,T/C

YITCMG391　23,A/G;117,A/C

YITCMG392　78,A/G;109,T/C;114,A/C

YITCMG394　9,T/C;38,A/G;62,A/G

YITCMG395　40,T/A;49,T/C

YITCMG396　110,C;134,A/C;141,A

YITCMG397　92,T/G;97,G;136,T/C

YITCMG398　100,A/C;131,C;132,A;133,A;159,T/C;160,G;181,T

YITCMG399　7,T/A;41,A/C

YITCMG401　123,G

YITCMG402　71,A/T;137,T/C;155,A/G

YITCMG405　155,C;157,C

YITCMG406　73,G;115,T

YITCMG407　13,T/C;26,T/G;97,T/G

YITCMG408　88,T;137,A/G

YITCMG410　2,T/C;4,T/A;20,T/C;40,C/G

YITCMG412　79,A/G;154,G

YITCMG418　150,A/C

YITCMG419　73,A/T;81,T/A;168,A/G

YITCMG420　6,A/G;35,C;36,A

YITCMG423　41,T/C;117,G

YITCMG424　69,T/G;73,A/G;76,C/G;89,T/A

YITCMG425　57,A/G;66,T/C

YITCMG426　59,T/C;91,C/G

YITCMG427　103,T/C;113,A/C

YITCMG428　18,A/G;24,T/C

YITCMG429　61,T;152,A;194,A/G

YITCMG431　69,A/G;97,C/G

YITCMG432　69,T/G;85,T/C

YITCMG435　28,T;43,C;103,G;106,A;115,A

YITCMG436　25,A/G;56,T/A

YITCMG437　36,T/C;44,A/G;92,C/G;98,T/C;151,T/C

YITCMG438 155,T

YITCMG440 64,A;68,G;70,T;78,C

YITCMG441 12,A/G;74,C/G;81,C/G

YITCMG442 2,T/A;68,T/C;127,A/G;162,A/G;170,T/C;171,T/G

YITCMG443 28,A/T;104,A/T;106,T/G;107,T/A;166,A/G

YITCMG447 202,A/G

YITCMG448 91,T/G;145,T/G

YITCMG450 156,T/G

YITCMG451 26,G;33,A;69,C;74,G;115,C

YITCMG452 96,C

YITCMG453 87,A;156,C

YITCMG454 90,A;92,T;95,A/T;121,T/C

YITCMG456 32,A/G;48,A/G

YITCMG457 77,A/T;89,T/C;98,T/C;101,A/G;119,A/G;124,A/G;156,C/G

YITCMG458 35,T/C;37,C/G;43,T/C

YITCMG459 120,A;141,A

YITCMG460 45,T/C;132,A/G

YITCMG461 89,T/C;140,A/G;158,A/G

YITCMG462 24,C;26,A;36,C;49,C

YITCMG463 190,C/G

YITCMG464 78,A/G;101,T/A

YITCMG468 132,C/G

YITCMG470 78,C/G

YITCMG471 8,A/C;159,A/C

YITCMG472 51,A/G

YITCMG475 84,A/G;102,T/C;105,C/G;115,A/C

YITCMG476 22,A/G;54,T/A

YITCMG477 3,G;7,T;91,C;150,T

YITCMG478 42,T/C

YITCMG479 103,A

YITCMG480 5,A/G;29,C/G;45,A/G;61,C/G;64,A

YITCMG481 21,A/G;101,A/C;108,A/G;192,T/G

YITCMG482 65,T/C;114,T/C;142,T/G

YITCMG483 113,A/G;147,A/G

YITCMG485 116,C/G;125,T/C

YITCMG486 109,T;140,A/G;148,T

YITCMG487 140,C/G

YITCMG488 51,C/G;76,A/G;127,T/C

YITCMG489 51,C

YITCMG490 57,C;135,A;165,A

YITCMG492 55,A;83,C;113,C

YITCMG493 5,T;6,G;30,T;48,G;82,G

YITCMG494 43,C;52,A;98,G

YITCMG495 13,C;65,T;73,G

YITCMG496　7,A;26,G;59,A;134,C
YITCMG500　30,A/G;86,T/A;87,T/C;108,T/A
YITCMG501　15,T/A;93,A/G;144,A;173,T/C
YITCMG502　4,A/G;130,T/A;135,A/G;140,T/C
YITCMG503　70,A/G;85,A/C;99,T/C
YITCMG504　11,A/C;17,A/G
YITCMG505　14,T/C;54,A/G;99,T/C
YITCMG506　47,A/G;54,A/C
YITCMG507　3,C;24,G;63,A;87,C/G
YITCMG508　140,A
YITCMG510　1,A;95,A/G;98,A/G
YITCMG513　75,T/G;86,T/A;104,A;123,T
YITCMG514　45,A/C
YITCMG515　41,T/C;44,T/G
YITCMG516　29,T/G;53,A/C;120,T/G
YITCMG517　69,T/A;72,T/G;84,A;86,A;163,T
YITCMG518　60,A/G;77,T/G
YITCMG521　8,T/G;21,C/G;30,A/G
YITCMG522　72,A/T;137,G;138,C
YITCMG523　36,A/G;92,A/G;111,T;116,G;133,C/G;175,T/C;186,T/A
YITCMG524　10,A/G;19,A/G;100,A/G
YITCMG526　51,A/G;78,T/C
YITCMG527　35,A/G;108,T/G;118,A/C
YITCMG529　129,T/C;144,A/C;174,T/C
YITCMG530　76,C;81,A;113,T
YITCMG531　11,T/C;49,T/G
YITCMG532　123,A/C
YITCMG533　183,A/C
YITCMG534　40,A/T;122,C/G;123,T/C
YITCMG535　36,A/G;72,A/G
YITCMG537　118,A/G;135,T/C
YITCMG538　168,A/G
YITCMG539　27,T/G;54,T/C;75,A/T;82,T/C;152,A/T
YITCMG540　17,T/A;70,A/G;73,T/C;142,A/G
YITCMG541　130,T/G;176,T/C
YITCMG542　18,T/G;69,T/C;79,T/C

红云 5 号

YITCMG001 72,T/C;78,A/G;85,A

YITCMG003 29,T/C;82,A/G;88,A/G;104,A/G

YITCMG004 27,T/C;73,A/G

YITCMG005 56,A;100,A;105,A/T;170,T/C

YITCMG007 65,T;96,G

YITCMG008 50,T/C;53,T/C;79,A/G

YITCMG011 166,A/G

YITCMG012 75,T;78,A

YITCMG013 69,T/C

YITCMG014 126,A/G;130,T/C

YITCMG015 44,A/G;127,A;129,C;174,A

YITCMG017 98,C/G

YITCMG018 30,A

YITCMG019 36,A/G;47,T/C;66,C/G

YITCMG020 70,C;100,C;139,G

YITCMG022 3,A;11,A;92,G;94,T;99,C;118,G;131,C;140,G

YITCMG023 142,T;143,C

YITCMG024 68,A;109,C

YITCMG025 72,A/C

YITCMG027 138,A/G

YITCMG028 45,A/G;113,T/A;147,A/G;167,A/G;191,A/G

YITCMG029 72,C

YITCMG030 55,A;73,T/G;82,T/A

YITCMG033 73,A/G

YITCMG036 23,C/G;32,T/G;99,C/G;110,T/C;132,A/C

YITCMG037 12,T/C;39,T/G

YITCMG039 1,A/G;61,A/G;71,T/C;104,T/C;105,A/G;151,T/G

YITCMG041 24,A/C;25,A/G;68,T/C

YITCMG043 56,T/C;67,T/C

YITCMG044 42,T/G;167,A/G

YITCMG046 55,A/C;130,A/G;137,A/C;141,A/G

YITCMG047 60,T/G;65,T/G;113,T/G

YITCMG049 115,A/C;172,A/G

YITCMG050 44,A/G

YITCMG051 15,C;16,A

YITCMG052 63,T;70,C

YITCMG053 86,A;167,A;184,T

YITCMG054 34,G;36,T;70,G

YITCMG056 34,T/C;74,A/T

YITCMG058 67,T;78,A

YITCMG059 84,A/G;95,T/A;100,T/G;137,A/G;152,T/A;203,T/A

YITCMG060	10,A/C;54,T/C;125,T/C;129,A/G
YITCMG061	107,A/C;128,A/G
YITCMG064	2,A/G;27,T/G;74,C/G;106,A/G;109,A/T
YITCMG065	136,T/C
YITCMG067	1,T/C;51,C;76,A/G;130,A/C
YITCMG071	142,C;143,C
YITCMG072	75,A/G;105,A/G
YITCMG073	15,A/G;49,A/G
YITCMG074	46,T/C;58,C/G;180,T/A
YITCMG075	168,A/C
YITCMG076	129,T/C;162,A/C;163,A/G;171,T/C
YITCMG078	95,T/C
YITCMG079	3,G;8,T;10,A;110,C;122,A;125,A
YITCMG081	91,C/G
YITCMG082	48,C/G;97,A/G
YITCMG083	169,C/G
YITCMG084	118,A/G;136,A/T
YITCMG085	24,C;33,T/C;106,T/C;212,C
YITCMG086	180,A/C
YITCMG088	33,A
YITCMG089	92,C;103,C;151,C;161,C
YITCMG090	17,T/C;46,A/G;75,T/C
YITCMG092	22,G;24,T/C;110,C;145,A
YITCMG093	10,A/G;35,A/G;51,A/G
YITCMG096	24,C;57,A;66,T
YITCMG098	48,A;51,T/C;180,T/C
YITCMG099	67,T/G;83,A/G;119,A/G;122,A/C
YITCMG100	124,T/C;141,C/G;155,T
YITCMG101	53,T/G;92,T/G;93,T/C
YITCMG102	6,T/C;20,A/G;129,A/G
YITCMG104	79,A/G;87,A/G
YITCMG105	31,A/C;69,A/G
YITCMG106	29,A;32,C;65,G;130,A;137,C
YITCMG107	23,A/G;160,A/G;164,C/G;165,A/T
YITCMG108	34,A;61,A/C;64,C
YITCMG110	30,T;32,A;57,C;67,C;96,C
YITCMG111	39,T;62,G;67,A
YITCMG112	101,C;110,G
YITCMG113	71,A/G;85,T/G;104,A/G;108,T/C
YITCMG114	75,A/C
YITCMG115	32,T/C;33,A/T;87,T/C;129,T/A
YITCMG117	115,T/C;120,A/G
YITCMG119	73,A/C;150,T/C;162,A/G
YITCMG121	32,T/A;72,T/G;149,A/G

YITCMG122   45,A/G;185,A/G;195,A/G

YITCMG123   87,A/G;130,T/G

YITCMG126   82,T/A;142,A/G

YITCMG127   146,A/G;155,A/T;156,A/G

YITCMG129   90,T/C;104,T/C

YITCMG130   31,C/G;108,A/G

YITCMG131   27,T/C;107,C/G

YITCMG132   43,C/G;91,T/C;100,T/C;169,T/C

YITCMG133   76,T/G;83,A/G;86,T/G;209,A/T

YITCMG134   23,C;98,T/C;99,T/C;128,A/G;139,T

YITCMG137   24,A;52,T

YITCMG139   7,G

YITCMG141   71,T/G;184,T/C

YITCMG143   73,A/G

YITCMG144   61,C;81,C;143,A;164,G

YITCMG145   7,A/G;26,A/G;78,T/G

YITCMG146   27,T/C;69,A/G;111,T/A

YITCMG147   36,A/G;62,T;66,T

YITCMG148   32,A/G;75,T/C;101,T/G

YITCMG149   25,A/C;30,A/G;138,A/G

YITCMG150   8,T/G;100,A/T;101,A/G;116,T/G;123,C/G;128,T/A

YITCMG151   155,A;156,C

YITCMG153   97,A/C;101,A/G;119,A/G

YITCMG154   5,T/C;77,T/C;141,T/C

YITCMG155   31,T/G;51,T/C;155,A/G

YITCMG158   67,T/C;96,A/G;117,A/G

YITCMG159   137,T/C

YITCMG161   71,A/G;74,T/C

YITCMG162   26,T/A

YITCMG165   32,A/G;121,T/C;154,A/G;174,T/C;176,C/G;177,A/G

YITCMG166   13,T/C;87,G

YITCMG167   120,A/G;150,A/G

YITCMG168   79,T/C;89,C/G;96,A/G

YITCMG169   36,A/G;51,T/C;107,T/C;153,T/A

YITCMG170   31,T/G;139,C/G;142,A/G;145,C;150,T/A;151,T/C;157,A;164,A/G

YITCMG171   9,T/G;61,C;76,C;98,A/G

YITCMG172   164,A/C;168,A/G;186,A/G;187,A/G

YITCMG173   20,T/C;32,T/A;80,T/C;144,C;161,A/G;162,T/C;163,T/G;165,A/G

YITCMG174   9,T;10,A;84,A

YITCMG175   32,T/G;42,T/C;55,T/C;62,A/C;98,T/C

YITCMG178   111,A

YITCMG180   23,C;72,C;75,C/G

YITCMG181   134,A/G

YITCMG182   3,A/G;77,T/C

YITCMG183　24,T/A;28,A/G;75,T/C;76,A/G;93,T/C
YITCMG184　45,A;60,C;64,C/G;97,C;127,T
YITCMG185　68,T/A;130,T/C
YITCMG187　33,T/C;105,A/T;106,C/G
YITCMG190　48,A/G;54,T/C;117,T;162,G
YITCMG191　80,A/G
YITCMG192　89,T/C;95,C/G;119,T/G
YITCMG193　3,A/G;9,A/T;30,T/C;39,A/G;121,T/G;129,A/C;153,T/C
YITCMG194　1,A;32,T;55,A/G;130,T/G;165,T/C
YITCMG195　71,T/A
YITCMG196　19,A/G;91,T/C;190,A/G;191,T/C
YITCMG197　18,A/C;35,T/G;144,C/G;178,A/C;195,T/C
YITCMG198　100,C
YITCMG199　131,A/C
YITCMG202　16,T/C;121,T/G
YITCMG203　90,A
YITCMG204　76,C/G;85,A;133,C/G
YITCMG209　27,A/C
YITCMG214　5,A/T
YITCMG216　69,G;135,C;177,A
YITCMG217　11,A;19,A;154,A/G;164,C
YITCMG218　5,A/C;31,C;59,T;72,C;108,T/G
YITCMG219　89,C;125,C
YITCMG220　126,G
YITCMG221　8,C;76,G;110,G;131,A;134,A
YITCMG222　1,A/G;15,C;31,A/G;46,A/G;70,G
YITCMG223　23,T/C;29,T/G;41,T/C;47,A/G;48,T/C
YITCMG226　72,A/G;117,T/C
YITCMG228　72,A/C;81,T/C;82,T/C
YITCMG230　65,A/C;87,A/T;103,A/C;155,A/G
YITCMG231　87,T/C;108,T/C
YITCMG232　80,C/G;152,C/G;170,A/G
YITCMG236　94,A/G;109,A/T
YITCMG237　24,A;39,G;71,G;76,C
YITCMG238　49,C;68,C
YITCMG239　46,C;59,C;72,A
YITCMG242　61,A/C;70,T;85,T/C;94,A/G
YITCMG244　71,C;109,T/G;113,T/C
YITCMG247　19,A/C;40,A/G;46,T/G;123,T/C
YITCMG249　22,T/C;83,C/G;167,T/C
YITCMG252　26,A/G;78,C/G;82,A/T
YITCMG253　13,T/C;70,A/C;198,T/G
YITCMG256　19,A/G;47,A/C;66,A/G;83,A/T
YITCMG257　58,T/C;89,T/C

YITCMG258 2,T/C;101,T/A;170,A/G;172,C

YITCMG259 20,A/G;24,T;180,T;182,A

YITCMG260 63,A;154,A;159,A

YITCMG261 17,T/C;38,G;106,A;109,T

YITCMG266 5,G;31,G;62,T

YITCMG267 39,A/G;92,T/G;108,T/A;134,T/G

YITCMG268 23,T/G;30,T/G;68,T/C

YITCMG270 10,A/G;52,A/G;69,A/C;122,T/C;130,T/C;134,T/C;143,T/C;162,T/C;168,A/G;191,A/G

YITCMG271 100,C/G;119,T/A

YITCMG274 90,A/G;141,A/G;150,T/C;175,T/G

YITCMG275 154,A/G

YITCMG278 1,A/G;10,A/G;12,A/C

YITCMG279 94,A/G;113,A/G;115,T/C

YITCMG280 104,T/A;113,C/G;159,C

YITCMG281 18,G;22,G;92,C;96,A

YITCMG282 46,A;64,C

YITCMG283 67,T/G;112,A/G;177,A/G

YITCMG284 18,A/G;55,A/T;94,T/C

YITCMG285 85,A/G;122,C/G

YITCMG287 2,C;38,T;171,T/A

YITCMG289 50,T

YITCMG290 21,T/G;170,A/T

YITCMG291 28,A/C;38,A/G;55,T/G;86,A/G;96,T/G

YITCMG293 11,A/G;170,T;174,T/C;184,T/G

YITCMG294 99,T/G;108,A/T

YITCMG297 128,T/C;147,A/C

YITCMG299 29,A;34,A/G;103,A/G

YITCMG300 191,A/G

YITCMG301 98,A/G;108,C;128,T/G;140,A/G

YITCMG302 96,T/C

YITCMG305 15,A/G;68,C

YITCMG306 16,T/C

YITCMG307 37,A/G

YITCMG311 155,A/G

YITCMG312 42,T/A;104,A/T

YITCMG314 31,A/G;42,A/G;53,A/C

YITCMG316 98,T/C;102,T/C

YITCMG317 38,G;151,C

YITCMG319 147,T/C

YITCMG321 16,G

YITCMG323 6,A/T;49,A/C;73,T/C;75,A/G

YITCMG325 57,C

YITCMG326 169,T/G;177,G

YITCMG327 181,T/C

YITCMG328 15,T/C;47,T/C;86,T/C;105,C/G

YITCMG329 48,T/C;78,C/G;109,T/A

YITCMG330 52,A/G;129,T/G;130,A/G

YITCMG331 24,A/G;51,A/G

YITCMG332 60,T/C;63,G

YITCMG333 132,T/C;176,A/C

YITCMG334 43,C/G;104,A/C

YITCMG335 48,A/G;50,T/C;114,T/G

YITCMG337 55,T/C;61,T/C

YITCMG338 159,C;165,T;172,T;179,G

YITCMG340 51,T/C

YITCMG341 83,T/A;124,T/G

YITCMG342 162,A/T;169,T/C

YITCMG343 3,A/G;39,T/C

YITCMG344 8,T/C;14,T/C;47,A/G;108,T/C

YITCMG345 34,A/T;39,T/G

YITCMG346 7,T/A

YITCMG347 19,T/A;29,A/G;108,A/C

YITCMG348 28,T/C;65,T/C;73,A/G;124,A/C;131,A/G;141,T/A

YITCMG349 62,A;136,G

YITCMG350 17,A/G;23,T/C;37,A/T;101,T/A;104,T/C

YITCMG351 11,T/G;109,T/C;139,C/G

YITCMG353 75,T;85,C

YITCMG354 62,C;66,A/G;81,A/C;134,C

YITCMG355 34,A/T;64,A/C;94,A/G;96,A/G;107,A/C;148,A/G

YITCMG356 45,T/A;47,A/C;72,T/A

YITCMG357 29,A/C;51,T/G;76,A/T

YITCMG359 60,T/G;128,T/C

YITCMG360 54,T/G;64,A;82,T/C;87,G;92,C

YITCMG361 3,A/T;102,T/C

YITCMG362 41,T;42,T

YITCMG363 57,T;96,T

YITCMG365 23,T;45,T/C;79,T/C;94,A/T;152,C/G

YITCMG366 36,T/C;59,T/A;83,T;110,T/C;121,A

YITCMG367 21,T/C;145,C/G;165,A/G;174,C/G

YITCMG368 116,T/C;117,A/G;156,T/A

YITCMG369 99,T/C

YITCMG370 105,T/A

YITCMG371 27,A/G;36,T/C

YITCMG372 85,T/C;199,A/T

YITCMG373 74,A;78,C

YITCMG374 102,A/C;135,C;137,A;138,G

YITCMG375 17,A/C;107,T/A

YITCMG376   5,A/C;74,A/G;75,A/C;103,C/G;112,A/G
YITCMG377   3,A/G;77,T/G
YITCMG379   61,T/C
YITCMG380   40,A/G
YITCMG382   62,A/G;72,A/C;73,C/G
YITCMG383   53,T/C;55,A/G
YITCMG384   106,A/G;128,T/C;195,T/C
YITCMG385   57,T/A
YITCMG386   65,C/G
YITCMG388   17,T/C;121,A/G;147,T/C
YITCMG389   171,G;177,C
YITCMG390   9,T/C
YITCMG391   23,A/G;117,A/C
YITCMG392   78,A/G;109,T/C;114,A/C
YITCMG394   9,T/C;38,A/G;62,A/G
YITCMG395   40,T/A;49,T/C
YITCMG396   110,C;134,A/C;141,A
YITCMG397   92,T/G;97,G;136,T/C
YITCMG398   100,A/C;131,C;132,A;133,A;159,T/C;160,G;181,T
YITCMG399   7,T/A;41,A/C
YITCMG401   123,G
YITCMG402   71,A/T;137,T/C;155,A/G
YITCMG405   155,C;157,C
YITCMG406   73,G;115,T
YITCMG407   13,T/C;26,T/G;97,T/G
YITCMG408   88,T;137,A/G
YITCMG410   2,T/C;4,A/T;20,T/C;40,C/G
YITCMG412   79,A/G;154,G
YITCMG418   150,A/C
YITCMG419   73,A/T;81,T/A;168,A/G
YITCMG420   6,A/G;35,C;36,A
YITCMG423   41,T/C;117,G
YITCMG424   69,T/G;73,A/G;76,C/G;89,A/T
YITCMG425   57,A/G;66,T/C
YITCMG426   59,T/C;91,C/G
YITCMG427   103,T/C;113,A/C
YITCMG428   18,A/G;24,T/C
YITCMG429   61,T;152,A;194,A/G
YITCMG431   69,A/G;97,C/G
YITCMG432   69,T/G;85,T/C
YITCMG435   28,T;43,C;103,G;106,A;115,A
YITCMG436   25,A/G;56,T/A
YITCMG437   36,T/C;44,A/G;92,C/G;98,T/C;151,T/C
YITCMG438   155,T

YITCMG440   64,A;68,G;70,T;78,C

YITCMG441   12,A/G;74,C/G;81,C/G

YITCMG442   2,A/T;68,T/C;127,A/G;162,A/G;170,T/C;171,T/G

YITCMG443   28,A/T;104,A/T;106,T/G;107,T/A;166,A/G

YITCMG447   202,A/G

YITCMG448   91,T/G;145,T/G

YITCMG450   156,T/G

YITCMG451   26,G;33,A;69,C;74,G;115,C

YITCMG452   96,C

YITCMG453   87,A;156,C

YITCMG454   90,A;92,T;95,A/T;121,T/C

YITCMG456   32,A/G;48,A/G

YITCMG457   77,T/A;89,T/C;98,T/C;101,A/G;119,A/G;124,A/G;156,C/G

YITCMG458   35,T/C;37,C/G;43,T/C

YITCMG459   120,A;141,A

YITCMG460   45,T/C;132,A/G

YITCMG461   89,T/C;140,A/G;158,A/G

YITCMG462   24,C;26,A;36,C;49,C

YITCMG463   190,C/G

YITCMG464   78,A/G;101,T/A

YITCMG470   78,C/G

YITCMG471   8,A/C;159,A/C

YITCMG472   51,A/G

YITCMG475   84,A/G;102,T/C;105,C/G;115,A/C

YITCMG476   22,A/G;54,T/A

YITCMG477   3,G;7,T;91,C;150,T

YITCMG478   42,T/C

YITCMG479   103,A

YITCMG480   5,A/G;29,C/G;45,A/G;61,C/G;64,A

YITCMG481   21,A/G;101,A/C;108,A/G;192,T/G

YITCMG482   65,T/C;114,T/C;142,T/G

YITCMG483   113,A/G;147,A/G

YITCMG486   109,T;140,A/G;148,T

YITCMG487   140,C/G

YITCMG488   51,C/G;76,A/G;127,T/C

YITCMG489   51,C

YITCMG490   57,C;135,A;165,A

YITCMG492   55,A;83,C;113,C

YITCMG493   5,T;6,G;30,T;48,G;82,G

YITCMG494   43,C;52,A;98,G

YITCMG495   13,C;65,T;73,G

YITCMG496   7,A;26,G;59,A;134,C

YITCMG500   30,A/G;86,T/A;87,T/C;108,T/A

YITCMG501   15,T/A;93,A/G;144,A;173,T/C

YITCMG502　4,A/G;130,A/T;135,A/G;140,T/C

YITCMG503　70,A/G;85,A/C;99,T/C

YITCMG504　11,A/C;17,A/G

YITCMG505　14,T/C;54,A/G;99,T/C

YITCMG506　47,A/G;54,A/C

YITCMG507　3,C;24,G;63,A;87,C/G

YITCMG508　140,A

YITCMG510　1,A;95,A/G;98,A/G

YITCMG513　75,T/G;86,A/T;104,A;123,T

YITCMG514　45,A/C

YITCMG515　41,T/C;44,T/G

YITCMG516　29,T/G;53,A/C;120,T/G

YITCMG517　69,T/A;72,T/G;84,A;86,A;163,T

YITCMG518　60,A/G;77,T/G

YITCMG521　8,T/G;21,C/G;30,A/G

YITCMG522　72,A/T;137,G;138,C

YITCMG523　36,A/G;92,A/G;111,T;116,G;133,C/G;175,T/C;186,T/A

YITCMG524　10,A/G;19,A/G;100,A/G

YITCMG526　51,A/G;78,T/C

YITCMG527　35,A/G;108,T/G;118,A/C

YITCMG529　129,T/C;144,A/C;174,T/C

YITCMG530　76,C;81,A;113,T

YITCMG531　11,T/C;49,T/G

YITCMG532　123,A/C

YITCMG533　183,A/C

YITCMG534　40,T/A;122,C/G;123,T/C

YITCMG535　36,A/G;72,A/G

YITCMG537　118,A/G;135,T/C

YITCMG538　168,A/G

YITCMG539　27,T/G;54,T/C;75,T/A;82,T/C;152,T/A

YITCMG540　17,A/T;70,A/G;73,T/C;142,A/G

YITCMG541　130,T/G;176,T/C

YITCMG542　18,T/G;69,T/C;79,T/C

虎豹牙

YITCMG001   72,T/C;78,A/G;85,A

YITCMG002   28,A/G;55,T/C;102,T/G;103,C/G;147,T/G

YITCMG003   29,T/C;82,A/G;88,A/G;104,A/G

YITCMG005   56,A;74,T/C;100,A;105,A/T;170,T/C

YITCMG006   13,T;48,A/G;91,C

YITCMG007   65,T;96,G

YITCMG008   50,T/C;53,T/C;79,A/G

YITCMG009   75,C;76,T

YITCMG011   166,G

YITCMG012   75,A/T;78,A/G

YITCMG013   16,C;56,A;69,T

YITCMG014   39,T/C;98,A/G;126,A;130,T;157,C/G;178,C/G;210,A/T

YITCMG015   44,A;127,A;129,C;174,A

YITCMG017   15,T/A;39,A/G;87,T/G;98,C/G

YITCMG018   30,A

YITCMG020   70,C;100,C;139,G

YITCMG024   68,A;109,C

YITCMG025   8,A/T;123,T/C

YITCMG026   15,T/C;69,A/G

YITCMG027   138,G

YITCMG028   45,A/G;113,T/A;147,A/G;167,A/G;191,A/G

YITCMG029   114,A/C

YITCMG030   55,A;73,T/G;82,A/T

YITCMG031   48,T/C;84,A/G;96,A/G

YITCMG032   14,A/T;160,A/G

YITCMG033   73,G;85,G;145,G

YITCMG035   102,T/C;126,T/G

YITCMG036   99,G;110,T;132,C

YITCMG037   12,C;39,T

YITCMG038   155,A/G;168,C/G;171,A/G

YITCMG039   1,G;19,A/G;61,A/G;71,T/C;104,T/C;105,G;151,T/G

YITCMG041   24,A/C;25,A/G;68,T/C

YITCMG043   56,T/C;67,T/C;106,T/C

YITCMG044   167,G

YITCMG046   55,A/C;130,A/G;137,A/C;141,A/G

YITCMG047   60,T;65,G;113,T

YITCMG049   172,G;190,T

YITCMG050   44,A/G

YITCMG051   15,C;16,A

YITCMG052   63,T/C;70,T/C

YITCMG053   167,A/G

YITCMG054   34,A/G;36,T;70,A/G;168,T/C

YITCMG056   34,T/C;72,T/C

YITCMG058   67,T;78,A

YITCMG059   12,A/T;84,A;95,T/A;100,T;137,A/G;152,T/A;203,T/A

YITCMG063   36,A/G;86,A/G;107,A/C

YITCMG064   2,A;27,G;74,C;109,T

YITCMG067   1,C;51,C;76,G;130,C

YITCMG070   5,T;6,C;13,G;73,C

YITCMG071   142,C;143,C

YITCMG073   15,A/G;49,A/G

YITCMG075   168,A

YITCMG076   129,T/C;162,C;163,A/G;171,T

YITCMG077   10,C;27,T/C;30,T/C;97,T/C;114,A;128,A;140,T/C

YITCMG078   33,A;95,T;147,T;165,A

YITCMG079   3,G;8,T;10,A;110,C;122,A;125,A

YITCMG080   43,A/C;55,T/C

YITCMG081   91,C/G;115,A/T

YITCMG082   97,G

YITCMG083   123,T;169,G

YITCMG085   6,A;21,C;24,C;33,T;206,C

YITCMG087   66,A/C;76,A/G

YITCMG088   17,A/G;33,A;143,A/G;189,T/G

YITCMG089   92,A/C;103,T/C;151,C/G;161,T/C

YITCMG090   46,A/G;75,T/C

YITCMG091   33,C/G;59,A;84,T/G;121,A/G;126,C/G;187,A/C

YITCMG092   22,G;110,C;145,A

YITCMG094   124,A/T;144,T/A

YITCMG095   189,T/C

YITCMG096   24,C;57,A;66,T

YITCMG097   57,T/C

YITCMG098   48,A/G;51,T/C;180,T/C

YITCMG099   67,T/G;83,A;119,A;122,A

YITCMG100   74,A/G;118,C/G;155,T

YITCMG101   93,T/C

YITCMG102   6,T/C;20,A/G;129,A/G

YITCMG103   42,T;61,C

YITCMG104   79,G;87,A/G

YITCMG106   29,A;32,C;59,C;65,G;137,C;183,T/C

YITCMG107   143,C;160,G;164,C

YITCMG108   34,A;64,C

YITCMG109   17,T/C;29,A/C;136,A/T

YITCMG110   30,T;57,C

YITCMG111   39,T;62,G;67,A

YITCMG113   5,C/G;71,A/G;85,G;104,A/G

YITCMG114   75,A;81,A
YITCMG115   32,T/C;33,T/A;87,T/C;129,A/T
YITCMG116   66,A/G
YITCMG117   115,T;120,A
YITCMG118   19,A;150,A/T
YITCMG119   73,C;150,T;162,G
YITCMG120   121,A/G;130,C/G;133,C
YITCMG121   72,G;91,C;138,A
YITCMG122   40,G;45,G;185,G;195,A
YITCMG123   87,G;130,T
YITCMG124   75,C;119,T
YITCMG125   123,G
YITCMG126   82,A/T;142,A/G
YITCMG127   146,A/G;155,T/A;156,A/G
YITCMG129   90,T;104,C
YITCMG130   31,G;108,G
YITCMG131   27,C;107,C
YITCMG132   43,C;91,T;100,T;169,T
YITCMG134   23,C;99,T/C;139,T
YITCMG135   63,T/C;69,C/G;173,T
YITCMG136   169,A/G;198,T/C
YITCMG137   24,A/G;52,A/T
YITCMG138   44,C/G
YITCMG139   7,G
YITCMG140   6,T
YITCMG141   71,T/G;184,C
YITCMG142   67,T/C;70,A/G
YITCMG144   61,C;81,C;143,A;164,G
YITCMG145   7,A;26,G;78,G
YITCMG146   27,T/C;69,A/G;88,T/G;111,T/A
YITCMG147   36,A/G;62,T/C;66,T/C
YITCMG148   75,T/C;101,T/G
YITCMG149   25,A/C;30,A/G;138,A/G
YITCMG150   101,A/G;116,T/G
YITCMG151   155,A;156,C
YITCMG154   5,T/C;47,A/C;77,C;141,T/C
YITCMG155   1,A/C;31,T/G;51,T/C;155,A/G
YITCMG157   18,A/G;83,T/C
YITCMG158   96,A/G;117,A/G
YITCMG159   137,T/C
YITCMG161   71,A/G;74,T/C
YITCMG162   26,T
YITCMG164   57,T/C;114,A/G
YITCMG165   121,T

YITCMG166　87,G

YITCMG167　120,A;150,A;163,G

YITCMG169　36,A/G;51,T/C;153,A/T

YITCMG170　31,G;145,C;150,T;157,A

YITCMG171　9,T;61,C;76,C;98,A

YITCMG173　11,C/G;17,A/C;20,T/C;144,C;161,A;162,T

YITCMG174　9,T/C;10,A/C;84,A/G

YITCMG175　42,T/C;55,T/C;62,C;98,T/C

YITCMG177　18,T/A

YITCMG178　111,A

YITCMG180　23,C;72,C

YITCMG181　134,G

YITCMG182　120,A/T

YITCMG183　24,T;28,A/G;75,T/C;93,T/C

YITCMG184　45,A;60,C;64,C/G;97,C;127,T/G

YITCMG185　62,A;68,A;80,G;130,A;139,G

YITCMG189　23,T/C;51,A/G;138,A/T;168,T/C

YITCMG190　48,G;54,C;117,T;162,G

YITCMG191　34,G;36,A/G;108,A

YITCMG193　30,T/C;75,A/G;121,T/G;129,A/C;153,T

YITCMG194　1,A/T;32,T/A

YITCMG195　45,A/T;71,T/A;87,T/C;128,A/G;133,A/G

YITCMG196　197,A

YITCMG197　18,C;35,G;144,C;178,A;195,T

YITCMG198　70,A/G;71,A/G;100,A/C

YITCMG199　131,A/C;152,A/C;154,T/A;155,A/C

YITCMG202　16,C;121,T

YITCMG203　90,A

YITCMG204　85,A

YITCMG207　82,A;156,T

YITCMG210　3,A;6,C;21,A;96,T;135,G;138,G;179,T

YITCMG212　17,G;111,G

YITCMG213　55,A;68,T/C;109,C

YITCMG216　69,A/G;135,T/C;177,A/G

YITCMG217　11,A/G;19,T/A;156,T/C;164,T/C;181,T/C;185,T/C;196,A/G;197,A/G

YITCMG218　5,A;15,T/C;31,C;59,T;72,C

YITCMG219　121,C/G

YITCMG220　151,T/C

YITCMG221　8,C;76,A/G;131,A;134,A

YITCMG222　1,G;15,C;31,G;46,A;70,G

YITCMG223　23,T;29,T;41,T;47,G;48,C

YITCMG224　83,T;120,G

YITCMG226　72,A/G;117,T/C

YITCMG228　72,C;81,C;82,T

YITCMG229　56,T/C;58,T/C;65,T/C;66,T/C
YITCMG230　65,C;87,T/A;103,A;155,A/G
YITCMG231　87,T/C;108,T/C
YITCMG232　1,T/C;64,T/C;76,A/C;80,C/G;152,C/G;169,T/C;170,A/G
YITCMG233　130,A;132,G;159,T;162,A
YITCMG234　54,T/A;55,T/C;103,A/G;122,T/G;183,A/T
YITCMG236　94,A/G;109,T/A
YITCMG237　24,A;28,A;39,G
YITCMG238　49,C;68,C
YITCMG239　46,C;59,C;72,A
YITCMG241　23,A/G;32,T/C;42,T/G;46,A/G
YITCMG242　70,T;91,T/C;94,A/G
YITCMG243　64,A;120,C
YITCMG244　71,C
YITCMG246　51,T;75,C;124,A
YITCMG247　40,A/G;123,T
YITCMG249　22,T/C;83,C/G;167,T/C
YITCMG252　26,G;78,G;82,T
YITCMG253　32,T/C;53,A/G;182,A/G;188,T/G
YITCMG256　19,T/G;32,T/C;47,C;52,C/G;66,G;81,A/G
YITCMG257　58,C;77,T/C;89,T
YITCMG258　2,C;101,T;172,C
YITCMG259　12,T/G;23,C/G;24,A/T;33,C/G;180,T;182,A
YITCMG260　63,A;154,A;159,A
YITCMG261　17,T;20,A/G;38,G;106,A;109,T
YITCMG263　91,A/G
YITCMG264　14,T;65,T
YITCMG266　5,G;31,G;62,T
YITCMG267　39,A/G;108,A/T;134,T/G
YITCMG268　23,T/G;30,T/G;68,T/C
YITCMG270　10,A/G;48,T/C;130,T/C
YITCMG271　79,T/C;100,C/G;119,T/A
YITCMG274　90,A/G;141,A/G;150,T/C;175,T/G
YITCMG275　106,C/G;131,A/C;154,A/G
YITCMG280　120,T/C;159,T/C
YITCMG281　92,C;96,A
YITCMG282　46,A/G;64,T/C
YITCMG284　18,A/G;94,T/C;124,A/T
YITCMG285　85,A;122,C
YITCMG286　119,A/G;141,A/C
YITCMG287　2,T/C;38,T/C;171,T/A
YITCMG289　12,T/G;15,C/G;50,T
YITCMG290　13,A/G;21,T/G;66,C/G;128,T/A;133,A/C
YITCMG293　207,A

YITCMG294   82,C;99,T;108,T;111,T/C
YITCMG295   15,G;71,A
YITCMG297   128,C;147,A
YITCMG299   29,A/G;34,A/G;103,A/G
YITCMG300   15,T/C;32,C;68,T
YITCMG301   76,C;98,G;108,C;111,C;128,G
YITCMG302   96,T
YITCMG305   15,G;68,C
YITCMG306   16,C;71,A
YITCMG307   37,A/G
YITCMG310   98,G
YITCMG311   83,T/C;101,T/C;155,A
YITCMG313   174,A/G
YITCMG314   31,A/G;53,A/C
YITCMG315   27,C
YITCMG316   98,C
YITCMG317   38,G;151,C
YITCMG318   61,T/C;73,A/C
YITCMG319   147,C
YITCMG320   4,A/G;87,T/C
YITCMG321   16,G
YITCMG322   2,G;69,C;72,C;77,C;91,A;102,C
YITCMG324   55,T;56,G;74,G;195,A
YITCMG325   57,C
YITCMG326   169,T/G;177,G
YITCMG328   15,C;47,T/C;86,T/C
YITCMG329   48,T/C;78,C/G;109,T/A;175,A/G;195,A/C
YITCMG330   52,A/G;129,T/G;130,A/G
YITCMG332   63,G
YITCMG333   132,T
YITCMG334   43,G;104,A
YITCMG335   2,A/G;114,T/G
YITCMG336   28,T/C;56,A/T;75,A/G;140,T
YITCMG337   23,T/C
YITCMG338   159,C;165,T;179,G
YITCMG339   48,T/C;81,T/C
YITCMG341   59,A/T;83,T;124,G;146,A/G;210,T/G
YITCMG342   162,A;169,T
YITCMG343   3,A;39,T
YITCMG344   8,C;14,T;47,G;108,C
YITCMG345   31,T;34,A;39,T
YITCMG346   67,C;82,G
YITCMG347   19,A/T;21,A/G;29,A/G;108,A/C
YITCMG348   19,A/C;65,T;73,A;124,A

YITCMG349   62,A;136,G
YITCMG350   17,A;23,C;37,A;101,T;104,T
YITCMG351   11,T/G;20,A/G;85,T/C
YITCMG352   108,C;109,A;138,T;159,A/G
YITCMG353   75,T;85,C
YITCMG354   62,C;134,C
YITCMG355   34,A;58,T/A;64,C;94,A/G;96,A
YITCMG356   45,A;47,A;72,A
YITCMG357   51,G;76,T;158,A/G
YITCMG359   60,T/G;128,T/C;143,A/G
YITCMG360   64,A;87,G;92,C
YITCMG361   3,A/T;102,T/C
YITCMG362   12,T;62,T;77,A
YITCMG363   39,A/G;56,A/G
YITCMG364   7,G;96,T;103,T;117,C
YITCMG365   23,T;79,T;86,T/C;105,C/G;152,C/G
YITCMG366   36,T;83,T;110,C;121,A
YITCMG367   21,T;145,C;165,A;174,C
YITCMG368   116,T;117,G
YITCMG369   99,T
YITCMG370   105,A
YITCMG371   27,A;36,C
YITCMG372   85,C
YITCMG373   74,A;78,C
YITCMG374   135,T/C
YITCMG375   17,A/C
YITCMG376   5,A;74,G;75,C;103,C;112,A
YITCMG377   3,A;77,T
YITCMG378   49,T/C
YITCMG379   61,T/C
YITCMG380   40,A
YITCMG382   62,A;72,C;73,C
YITCMG383   53,C;55,A
YITCMG384   106,G;128,C;195,C
YITCMG385   57,A/T;61,T/C;79,T/C
YITCMG386   65,G
YITCMG387   99,T/C
YITCMG388   17,T/C
YITCMG389   171,G;177,C
YITCMG392   78,A;109,C;114,C
YITCMG393   66,A/G;99,A/C
YITCMG394   9,T/C;38,A/G;48,T/G;62,A/G
YITCMG395   45,T/C
YITCMG396   110,C;134,A/C;141,A

YITCMG397   89,C;92,G;97,G;136,A

YITCMG398   131,C;132,A;133,A;159,C;160,G;181,T

YITCMG399   7,T/A;41,A/C

YITCMG400   34,T/C;41,T/C;44,T/C;62,T/C;71,C;72,A;90,A/C

YITCMG401   43,T/C;72,T/G;123,A/G

YITCMG402   6,A/T;71,A/T;137,T;155,G

YITCMG403   49,T/A;58,C/G;173,C/G

YITCMG404   8,A/G;32,T/C

YITCMG405   41,T/C;62,T/C;128,T/C;161,T/G

YITCMG406   73,G;115,T

YITCMG407   13,C;26,G;97,G

YITCMG408   137,G

YITCMG412   4,T/A;61,T/C;79,A/G;154,A/G

YITCMG416   84,A/G;112,A/G

YITCMG417   86,T/C;131,A/G

YITCMG423   117,G

YITCMG424   69,T;73,G;76,C;89,T

YITCMG425   57,A

YITCMG426   59,C;91,C

YITCMG428   18,A;24,C

YITCMG429   61,T;152,A;194,G

YITCMG432   44,A;69,T;85,C

YITCMG434   27,G;37,G

YITCMG435   28,T;43,C;103,G;106,A;115,A

YITCMG436   25,A/G;56,A/T

YITCMG437   36,C

YITCMG438   155,T

YITCMG440   13,A/C;64,A;68,G;70,T;78,T/C;103,A/G;113,T/C

YITCMG441   12,A;74,G;81,C;82,A/G;90,T/C

YITCMG443   28,T;104,T;106,T;107,A;166,G

YITCMG444   118,A;141,G

YITCMG445   72,A/G

YITCMG446   13,T/C;51,T/C;88,T/C

YITCMG448   91,G;112,G;145,G

YITCMG450   156,G

YITCMG453   87,A;130,C;156,C

YITCMG455   2,T/C;5,A/G;20,T/C;22,A/G;98,T/C;128,T/C;129,A/G;143,A/T

YITCMG456   32,A;48,G

YITCMG457   77,A/T;89,T/C;98,T/C;113,T/C;124,A/G;156,C/G

YITCMG459   95,T/C;120,A/C;146,A/G;157,T/C;192,T/C;203,A/G

YITCMG460   45,T/C

YITCMG461   89,T;140,G

YITCMG462   24,C;26,A;36,C;49,C

YITCMG463   190,C/G

YITCMG465   117,T/G;147,A/G
YITCMG466   60,A/G;75,A/T;99,C/G
YITCMG469   12,T
YITCMG470   78,C/G
YITCMG471   8,A/C;134,T/C;159,A/C
YITCMG472   51,A/G
YITCMG473   58,T/G
YITCMG475   84,A/G;102,T/C;105,C/G;115,A/C
YITCMG477   2,T/C;3,T/G;7,T/C;91,C;150,T
YITCMG478   122,T/C
YITCMG479   103,A
YITCMG480   5,A;45,G;61,G;64,A
YITCMG481   21,A;160,G
YITCMG482   65,T/C;87,A/G;114,T/C;142,T/G
YITCMG483   113,G;147,A
YITCMG486   109,T;148,T
YITCMG487   140,C
YITCMG488   51,C/G;76,A/G;127,T/C
YITCMG490   57,C;135,A;165,A
YITCMG492   55,A;83,C;113,C
YITCMG493   5,T;6,G;30,T;48,G;82,G
YITCMG494   43,C;52,A;98,G
YITCMG495   13,C;65,T;73,G
YITCMG496   7,A;26,G;59,A;134,C
YITCMG497   22,G;31,C;33,G;62,T;77,T;78,T;94,C;120,A
YITCMG501   15,A/T;93,A/G;117,A/G;144,A;173,T/C
YITCMG502   4,A;127,A/T;130,A;135,A;140,T;181,A/C
YITCMG503   70,A/G;85,A/C;99,T/C
YITCMG504   11,A/C;17,A/G
YITCMG505   54,A/G;99,T/C;196,T/G
YITCMG507   3,T/C;24,G;63,A/G;87,C/G
YITCMG508   13,A/G;96,T/C;115,G
YITCMG510   1,A;95,G;98,A
YITCMG511   39,T/C;67,A/G
YITCMG512   25,A;54,A/G;63,G;78,A/C
YITCMG513   75,T/G;86,T/A;104,A/T;123,T/C
YITCMG514   45,C
YITCMG515   41,C;44,T
YITCMG516   29,T
YITCMG517   72,G;84,A;86,A;163,T
YITCMG518   60,A/G;77,T/G
YITCMG519   129,T;131,T
YITCMG520   35,A/G
YITCMG521   8,T/G;21,G;30,A/G

YITCMG522　72,A/T;136,A/T;137,G;138,C

YITCMG523　111,T;116,G;133,C;175,C;186,A

YITCMG524　19,G;100,G

YITCMG527　35,A/G;115,A/G

YITCMG528　1,C;79,G;107,G;135,A/G

YITCMG529　15,A/C;129,T/C;144,A/C;165,C/G;174,T

YITCMG530　76,C;81,A;113,T

YITCMG531　11,T;49,T

YITCMG532　17,C

YITCMG533　183,C

YITCMG535　36,A/G;72,A/G

YITCMG537　118,A;121,T/G;135,T

YITCMG539　27,G;75,T

YITCMG540　17,T;70,G;73,T;142,A

YITCMG541　130,T/G;176,C

YITCMG542　3,A

金白花

YITCMG001   53,G;78,G;85,A
YITCMG003   29,C
YITCMG006   13,T;27,T;91,C;95,G
YITCMG007   62,T;65,T;96,G;105,A
YITCMG008   50,C;53,C;79,A
YITCMG009   75,C;76,T
YITCMG010   40,T;49,A;79,A
YITCMG011   36,A/C;114,A/C
YITCMG012   75,T;78,A
YITCMG013   16,C;21,T/C;41,T/C;56,A;69,T
YITCMG014   126,A/G;130,T/C;162,C/G;200,A/G
YITCMG015   44,A/G;127,A;129,C;174,A
YITCMG018   30,A
YITCMG019   115,G
YITCMG020   49,T/C
YITCMG022   3,A;11,A;92,G;94,T;99,C;118,G;131,C;140,G
YITCMG023   142,T/A;143,T/C;152,A/C
YITCMG024   68,A/G;109,T/C
YITCMG025   108,T
YITCMG026   16,A/G;81,T/C
YITCMG027   138,A/G
YITCMG028   45,A/G;110,T/G;133,T/G;147,A/G;167,A/G
YITCMG030   55,A;73,T/G;82,A/T
YITCMG032   117,C
YITCMG033   73,G;85,G;145,G
YITCMG034   6,C/G;97,T/C;122,A/G
YITCMG035   102,T/C;126,T/G
YITCMG038   155,A/G;168,C/G;171,A/G
YITCMG039   1,G;19,A/G;105,G
YITCMG040   40,C;50,C
YITCMG041   24,T;25,A;68,T
YITCMG042   5,G;92,A
YITCMG044   7,T/C;22,T/C;167,A/G;189,A/T
YITCMG045   92,T;107,T
YITCMG046   38,A/C;55,A/C;130,A/G;137,A/C;141,A/G
YITCMG047   60,T;65,G
YITCMG048   142,C;163,G;186,A
YITCMG049   11,G;16,T;76,C;115,C;172,G
YITCMG050   44,A/C
YITCMG051   15,C;16,A
YITCMG052   63,T;70,C

YITCMG053 85,A/C;86,A/G;167,A;184,T/A

YITCMG054 34,A/G;36,T/C;70,A/G;151,A/G

YITCMG057 98,T;99,G;134,T

YITCMG059 84,A;95,T;100,T;137,A;152,T;203,T

YITCMG060 10,A/C;54,T/C;125,T/C;129,A/G;156,T/G

YITCMG061 107,A/C;128,A/G

YITCMG062 79,T/C;122,T/C

YITCMG063 86,A;107,C

YITCMG065 37,T;56,T

YITCMG066 10,C;64,G;141,G

YITCMG067 1,C;51,C;76,G;130,C

YITCMG068 49,T/G;91,A/G

YITCMG069 37,A/G;47,A/T;100,A/G

YITCMG071 40,G;107,T;142,C;143,C

YITCMG073 19,A;28,C;106,C

YITCMG074 46,T;58,C;77,A;180,T

YITCMG075 168,A/C

YITCMG076 162,C;171,T

YITCMG079 5,T/C;26,T/C;125,A/C;155,T/C

YITCMG080 43,C;55,C

YITCMG081 91,G;115,A

YITCMG082 43,A;58,C;97,G

YITCMG083 67,A/G

YITCMG084 118,A/G;136,A/T;153,A/C

YITCMG085 6,A;21,C;33,T;157,C;206,C

YITCMG086 111,A/G;182,T/A

YITCMG087 19,T/C;60,T/C;129,A/T

YITCMG088 17,A;31,T;33,A;98,C

YITCMG089 92,C;103,C;151,C;161,C

YITCMG090 48,G;113,C

YITCMG091 24,C;84,G;121,A;187,C

YITCMG093 10,G;35,G

YITCMG094 124,A/T;144,T/A

YITCMG096 24,C;57,A;66,T

YITCMG099 53,A/T;83,A/G;119,A/G;122,A/C

YITCMG100 155,T

YITCMG102 116,A/G

YITCMG103 167,A

YITCMG104 79,G

YITCMG105 31,C;69,A

YITCMG107 143,A/T;160,A/G;164,C/G

YITCMG109 17,T/C;29,A/C;136,A/T

YITCMG113 71,A/G;85,G;104,A/G;108,T/C;131,A/G

YITCMG114 42,T;46,A;66,T

YITCMG115 32,C;33,A;87,C;129,T
YITCMG116 54,A
YITCMG117 35,T/C;68,T/C;115,T;120,A;175,T/C
YITCMG118 2,A/C;13,G;19,A;81,C
YITCMG120 121,A/G;130,C/G;133,C
YITCMG121 32,T;72,G;149,T/G
YITCMG122 40,A/G;45,G;185,G;195,A
YITCMG123 88,C;94,C
YITCMG124 75,C;99,T/C;119,T
YITCMG125 159,A/C
YITCMG126 82,A/T;142,A/G
YITCMG128 40,A/G;106,T/C;107,C/G;131,T/C;160,T/C
YITCMG129 90,T/C;104,T/C;105,C/G;108,A/G
YITCMG130 31,C/G;70,A/C;108,A/G
YITCMG132 169,T
YITCMG133 31,T/G;76,T/G;86,T/G;122,A/T;209,T/A
YITCMG134 23,C;98,T/C;116,T/A;128,A;139,T;146,C/G
YITCMG136 169,A/G;198,T/C
YITCMG137 1,C;48,G;52,T;62,T/A;172,A/G
YITCMG138 6,A/T;16,T/G
YITCMG139 7,G;33,A/G;35,A/G;152,T/C;165,A/C;167,A/G
YITCMG141 71,T/G;184,C
YITCMG142 67,T/C;70,A/G
YITCMG143 73,A
YITCMG147 62,T/C;66,T/C
YITCMG149 25,A/C;30,A/G;174,T/C
YITCMG152 83,A
YITCMG153 97,A/C;101,A/G;119,A
YITCMG154 5,T/C;26,T/G;47,A/C;60,A/G;77,T/C;130,A/C;141,T/C
YITCMG155 31,T/G;51,T/C
YITCMG156 36,T
YITCMG157 5,G;83,C;89,T;140,A
YITCMG158 67,C;96,A;117,G
YITCMG159 84,T;89,A;92,C;137,T
YITCMG161 71,A;74,C
YITCMG163 96,T/A;114,T/C;115,A/G;118,T/G
YITCMG164 57,T/C;87,A/G;114,A/G;150,A/G
YITCMG165 121,T/C;174,T/C
YITCMG166 13,T;87,G
YITCMG167 150,C/G
YITCMG169 107,T/C
YITCMG170 139,C/G;142,A/G;145,C/G;150,A/G;151,T/C;157,A/G;164,A/G
YITCMG171 11,A
YITCMG172 164,A/C;168,A/G;186,G;187,G

YITCMG173   11,G;17,A;20,C;144,C;161,A;162,T

YITCMG175   32,T/G

YITCMG176   44,A;107,A;127,A

YITCMG177   20,T/C

YITCMG178   86,A/C;111,A/C

YITCMG180   23,C;72,C;75,C;117,A

YITCMG182   59,C;66,A

YITCMG183   24,T/A

YITCMG184   45,A;60,C;64,C/G;97,C;127,T/G

YITCMG185   62,A/G;68,T/A;80,A/G;130,A/C;139,A/G

YITCMG187   23,T/C;39,A/G;42,A/C;105,T;106,G

YITCMG188   3,A;4,T;16,T;66,G;101,T

YITCMG189   125,A/G;170,T/C

YITCMG190   117,T;162,G

YITCMG191   44,A/G;66,T/C;108,A/G

YITCMG193   3,A/G;9,A/T;30,T/C;39,A/G;121,T/G;129,A/C;145,T/C;153,T

YITCMG194   1,T/A;32,A/T;55,A/G;165,T/C

YITCMG195   45,A;87,T;128,G;133,A

YITCMG196   55,T/C;91,T/C;190,A/G;197,T/A

YITCMG197   18,A/C;35,T/G;178,A/C;195,T/C

YITCMG198   70,A/G;71,A/G;100,A/C

YITCMG199   3,T;56,A;62,G;173,C;175,G

YITCMG200   38,C;53,G

YITCMG201   120,T/G

YITCMG202   16,T/C;121,T/G

YITCMG204   76,C/G;85,A/G;133,C/G

YITCMG206   66,A/G;83,A/G;132,A/G;155,A/G

YITCMG207   73,T/C;156,T/C

YITCMG208   86,T/A;101,A/T

YITCMG209   24,T/C;27,C;72,T/C

YITCMG212   118,G

YITCMG215   52,A/G;58,T/A

YITCMG216   69,A/G;135,T/C;177,A/G

YITCMG217   164,T;185,T

YITCMG218   31,C;59,T;72,C;108,T

YITCMG219   89,T/C;125,T/C

YITCMG220   64,A/C;67,C/G;126,A/G

YITCMG221   8,C;76,G;131,A;134,A

YITCMG222   1,A/G;15,C;70,G

YITCMG223   23,T/C;29,T/G;77,A/G

YITCMG224   120,A/G

YITCMG225   61,G;67,T

YITCMG226   51,T/C;72,A;117,T

YITCMG227   6,A/G;26,T/C

YITCMG228 72,A/C;73,A/C;103,A/G

YITCMG232 80,G;152,C;170,G

YITCMG233 130,A;132,G;159,T;162,A

YITCMG235 128,G

YITCMG237 24,A/T;39,G;71,C/G;76,T/C;105,A/G

YITCMG238 49,T/C;68,T/C

YITCMG239 46,C;59,C;72,A

YITCMG240 21,A;96,A

YITCMG242 70,T

YITCMG243 73,C;147,C

YITCMG244 71,C;109,T;113,C

YITCMG246 51,T;70,T;75,A

YITCMG247 19,A;40,A;46,G;123,T

YITCMG248 31,A;35,A/G;60,G

YITCMG249 22,C;130,G;142,T;162,T;167,C

YITCMG250 98,T;99,G

YITCMG252 26,G;69,T;82,T

YITCMG253 70,C;71,G

YITCMG254 48,C/G;64,T/C;82,T/C;106,T/G

YITCMG256 19,A/G;47,A/C;66,A/G;83,A/T

YITCMG257 58,T/C;77,T/C;89,T/C

YITCMG261 38,G;77,A/T;106,A;109,T

YITCMG262 28,T/C;47,T;89,T/C

YITCMG263 42,T;77,G

YITCMG264 14,T/G;65,T/C

YITCMG265 138,T/C;142,C/G

YITCMG266 5,A/G;24,T/G;31,A/G;62,C/G;91,A/G

YITCMG267 39,G;108,A;134,T

YITCMG268 150,A/G

YITCMG269 43,A;91,T;115,T/A

YITCMG270 10,A;52,G;69,C;122,C;130,T;134,T;143,C;162,C;168,A;187,A/G;191,A

YITCMG271 100,C/G;119,A/T

YITCMG272 43,G;74,T;87,C;110,T

YITCMG274 75,A/G;90,G;141,G;150,T

YITCMG275 106,C;131,A;154,A/G

YITCMG276 41,T;59,A

YITCMG279 94,G;113,G;115,T

YITCMG280 62,C;85,C;121,A;144,T;159,C

YITCMG281 18,G;22,G;92,C;96,A

YITCMG283 67,T;112,A;177,G

YITCMG285 85,A;122,C

YITCMG286 119,A;141,C

YITCMG287 2,C;38,T;170,A/C

YITCMG288 79,T/C

YITCMG289   50,T;60,A/T;75,A/G

YITCMG290   21,T/G;66,C/G

YITCMG291   28,A;38,A;55,G;86,A

YITCMG293   46,T/C;61,T/C;207,A

YITCMG294   32,C/G

YITCMG296   90,A;93,T;105,A

YITCMG298   44,A;82,A;113,G

YITCMG299   22,C/G;29,A/G;145,A/G

YITCMG300   32,A/C;68,T/C;118,T/C;191,A/G

YITCMG301   98,T/A;108,C;128,T/G

YITCMG302   11,T/G;16,T/A;39,C/G;96,T/C

YITCMG303   10,A/T;21,A/G;54,T/G

YITCMG304   6,A;35,A;42,G;45,A;116,G;121,C

YITCMG305   50,C;67,G;68,C

YITCMG306   16,C;69,A;85,T;92,C

YITCMG307   11,C;23,T/C;25,A;37,G

YITCMG309   23,T/A;77,A/G;85,C/G

YITCMG310   98,G

YITCMG311   83,C;101,C;155,A

YITCMG312   42,T;104,A

YITCMG313   125,T

YITCMG314   31,A/G;53,A/C

YITCMG315   16,T/C

YITCMG316   98,T/C;102,T/C;191,T/C

YITCMG317   38,T/G;98,A/G

YITCMG318   61,T/C;73,A/C

YITCMG319   33,A/G

YITCMG320   4,G;87,T

YITCMG321   2,T/C;16,G;83,T;167,A/G

YITCMG322   2,T/G;69,T/C;72,C;77,T/C;91,A/T;102,T/C

YITCMG323   6,T/A;49,C;73,T;108,C/G

YITCMG324   55,T/C;56,C/G;74,A/G;195,A/G

YITCMG325   22,C;130,C;139,C

YITCMG326   169,T/G;177,A/G

YITCMG327   115,T/C;121,A/G;181,T/C

YITCMG328   15,C;47,C;86,C

YITCMG329   48,T;92,G;109,T

YITCMG330   28,C/G;52,A/G;129,T/G;130,A/G

YITCMG331   51,A/G

YITCMG332   14,T/C;62,C/G;63,A/G;93,A/C

YITCMG334   12,T/G;43,C/G;56,T/C;104,A/C

YITCMG335   48,A;50,T;114,G

YITCMG337   1,G;88,C

YITCMG338   159,T/C;165,T;172,T/A;179,G

YITCMG339　113,A/G

YITCMG340　68,A/G;75,A/G;107,A/C;110,T/C;111,A/G

YITCMG341　59,T/A;83,T;124,G;146,A/G;210,T/G

YITCMG342　156,G;177,C

YITCMG343　3,A;39,T

YITCMG344　14,T/C;47,A/G;108,T/C

YITCMG346　67,C;82,G

YITCMG347　21,A;149,C

YITCMG348　65,T/C;73,A/G;131,A;141,A/T

YITCMG350　17,A;68,T/A;101,A/T;104,T/C

YITCMG351　11,G;109,C;139,C

YITCMG352　108,C;138,T;145,A/T

YITCMG353　138,T/C

YITCMG354　62,C;134,C

YITCMG355　34,A;64,C;96,A

YITCMG356　168,A/G

YITCMG357　29,A

YITCMG358　155,T/C

YITCMG360　64,A/G;87,A/G;92,T/C

YITCMG362　12,T;62,T;77,A

YITCMG363　57,T;96,T

YITCMG364　7,G;29,A;96,T

YITCMG370　18,G;117,T;134,A

YITCMG371　27,A/G;60,T/C

YITCMG374　102,A/C;135,C;137,A/T;138,A/G

YITCMG375　17,C;28,T/C

YITCMG378　49,T

YITCMG379　61,T;71,T/C;80,T/C

YITCMG380　40,A/G

YITCMG381　30,C/G;64,T;113,T/C;124,T

YITCMG382　29,T/C;62,A;72,C;73,C

YITCMG385　61,C;79,C

YITCMG386　13,C;65,G;67,T

YITCMG387　111,C/G;114,A/G

YITCMG388　17,T/C;121,A/G;147,T/C

YITCMG389　9,A;69,A;159,C

YITCMG390　9,C

YITCMG391　23,G;117,C

YITCMG394　38,A/G;62,A/G

YITCMG395　40,A/T;45,T/C;49,T/C

YITCMG396　110,T/C;141,A/T

YITCMG397　97,G

YITCMG398　131,T/C;132,A/C;133,T/A;159,T/C;160,A/G;181,T/G

YITCMG399　7,A;41,A

YITCMG400　34,T;41,T;44,T;53,C;62,T;71,C;72,A;90,A

YITCMG401　43,T

YITCMG402　137,T/C;155,A/G

YITCMG403　49,A;58,C;156,T/A;173,C

YITCMG404　8,A/G;32,T/C;165,A/G

YITCMG405　155,C;157,C

YITCMG406　3,T/A;73,A/G;115,T/C

YITCMG407　13,C;26,G;65,A/C;97,G

YITCMG408　88,T

YITCMG409　82,G;116,T

YITCMG410　2,T;4,A;20,C;40,G;155,A/C

YITCMG411　2,T;81,A;84,A

YITCMG412　4,A;61,T

YITCMG413　55,G;56,C;82,T

YITCMG414　11,T;37,G;51,T;62,G

YITCMG415　7,A;84,A;87,A;109,T;113,A;114,G

YITCMG416　80,A/G;84,A/G;112,A/G;117,A/T

YITCMG417　35,C/G;55,A/G;86,T/C;131,A/G

YITCMG419　73,T;81,A;168,G

YITCMG420　35,C;36,A

YITCMG421　9,C;67,T;87,A;97,A

YITCMG422　97,A

YITCMG423　39,G;117,G;130,C

YITCMG424　69,T/G

YITCMG425　66,C

YITCMG426　59,T/C;91,C/G

YITCMG427　103,C;113,C

YITCMG428　18,A;24,C

YITCMG429　194,G;195,T

YITCMG430　31,T/C;53,T/C;69,T/C;75,A/C

YITCMG432　69,T;85,C

YITCMG433　14,C;151,T

YITCMG434　27,A/G;37,A/T;40,A/G

YITCMG435　28,T/C;43,T/C;103,A/G;106,A;115,A/T

YITCMG436　2,A/G;25,A/G;49,A/G;56,A/T

YITCMG437　44,G;92,G;98,T;151,T

YITCMG438　2,T/A;6,T/A;155,T

YITCMG440　64,A;68,G;70,T;78,T/C

YITCMG442　131,C/G;170,T/C

YITCMG443　28,A/T;180,A/G

YITCMG447　94,G;97,A/G;139,G;202,G

YITCMG448　22,A;37,C;91,G;95,C;112,G;126,T;145,G

YITCMG449　23,C;105,G;114,G

YITCMG450　100,A;146,T

YITCMG451   26,G;33,A;69,C;74,G;115,C
YITCMG452   89,A;151,C
YITCMG454   90,A;92,T;121,C
YITCMG455   2,T/C;5,A/G;20,T/C;22,A/G;98,T/C;128,T/C;129,A/G;143,T/A
YITCMG457   124,G
YITCMG459   120,A;141,A
YITCMG460   45,T
YITCMG461   21,T/G;89,T/C;131,A/G;140,A/G
YITCMG462   24,C;26,A;36,C;49,C
YITCMG463   78,T/C;134,A/G;190,C
YITCMG465   117,G;147,G
YITCMG466   75,T;99,G
YITCMG467   9,A/G;11,A;14,A/G;161,A;179,T
YITCMG469   12,T;70,G;71,A
YITCMG470   3,T/C;72,T;75,A
YITCMG471   8,A/G;65,A;88,C;159,C
YITCMG472   51,G
YITCMG473   65,A/T;75,T/C;91,T/C
YITCMG475   82,A;84,A;102,C
YITCMG476   22,A;54,T
YITCMG477   7,T/C
YITCMG478   112,A/G;117,T/C
YITCMG480   29,C/G;64,A/G
YITCMG481   21,A;108,G;192,G
YITCMG482   65,T;87,A;114,T;142,G
YITCMG484   23,G;78,G;79,G
YITCMG485   116,C/G;125,T/C
YITCMG487   140,C
YITCMG489   51,C/G;113,A/G;119,T/C
YITCMG490   57,C;135,A;165,A
YITCMG491   156,G
YITCMG492   55,A
YITCMG497   22,G;33,G;62,T;77,T
YITCMG499   45,C
YITCMG500   30,A/G;86,T/A;87,T/C;108,T/A
YITCMG501   15,T/A;93,A/G;144,A;173,C
YITCMG502   4,A;10,T/G;130,A;135,A;140,T
YITCMG503   70,G;85,C;99,C
YITCMG504   11,A;17,G
YITCMG505   54,A
YITCMG506   47,A/G;54,A/C
YITCMG508   96,T/C;115,T/G;140,A/G
YITCMG509   65,T/C;126,A/G
YITCMG510   1,A/G;95,A/G;98,A/G

YITCMG511 5,T/A;39,T;67,A;168,A/G;186,A
YITCMG512 63,G
YITCMG514 45,C;51,C;57,T;58,T
YITCMG516 53,C;120,T/G
YITCMG517 163,T
YITCMG518 60,G;77,T;84,G;89,C
YITCMG520 35,A/G;65,A/G;83,A/G;136,T/C;157,A/C
YITCMG521 8,T/G;21,G;30,A/G
YITCMG522 127,T
YITCMG523 36,A;92,A;111,T;116,G;133,G
YITCMG524 81,G
YITCMG525 33,T;61,C
YITCMG527 108,T/G;115,A/G;118,A/C
YITCMG529 129,T/C;144,A;174,T
YITCMG530 76,A/C;81,A/G;113,T/C
YITCMG531 11,T;49,T
YITCMG532 17,C;85,C;111,G;131,A
YITCMG533 85,A/C;183,C;188,A/G
YITCMG535 36,A/G;72,A/G
YITCMG537 118,A;123,A/C;135,T
YITCMG538 3,T/C;4,C/G;168,A/G
YITCMG539 27,T/G;54,T/C;75,A/T
YITCMG540 17,T;73,T;142,A/G
YITCMG541 18,A;145,A/G;176,T/C
YITCMG542 3,A/C;18,T/G;69,T;79,C

金 煌

YITCMG001　53,A/G;72,T/C;78,A/G;85,A

YITCMG002　28,A/G;55,T/C;102,T/G;103,C/G;147,T/G

YITCMG003　29,T/C;82,A/G;88,A/G;104,A/G

YITCMG004　27,T/C;73,A/G

YITCMG005　56,A/G;100,A/G;105,A/T;170,T/C

YITCMG006　13,T;27,T/C;48,A/G;91,C;95,C/G

YITCMG007　62,T/C;65,T;96,G;105,A/G

YITCMG008　50,T/C;53,T/C;79,A/G

YITCMG010　40,T/C;49,A/C;79,A/G

YITCMG011　36,A/C;114,A/C;166,A/G

YITCMG012　75,T;78,A

YITCMG013　16,C;21,T/C;56,A;69,T

YITCMG014　126,A/G;130,T/C;162,C/G;200,A/G

YITCMG015　127,A/G;129,A/C;174,A/C

YITCMG018　30,A

YITCMG019　36,A/G;47,T/C;66,C/G;115,A/G

YITCMG020　70,A/C;100,C/G;139,A/G

YITCMG022　3,A;11,A;92,G;94,T;99,C;118,G;131,C;140,G

YITCMG023　142,T/A;143,T/C;152,T/A

YITCMG024　68,A/G;109,T/C

YITCMG025　108,T/C

YITCMG026　16,A/G;81,T/C

YITCMG027　19,T/C;31,A/G;62,T/G;119,A/G;121,A/G;131,A/G;138,A/G;153,T/G;163,T/A

YITCMG028　45,A/G;110,T/G;133,T/G;147,A/G;167,A/G;174,T/C

YITCMG030　55,A

YITCMG031　48,T/C;84,A/G;96,A/G;178,T/C

YITCMG032　91,A/G;93,A/G;94,T/A;160,A/G

YITCMG033　73,A/G;85,A/G;145,A/G

YITCMG035　85,A/C

YITCMG036　23,C/G;99,C/G;110,T/C;132,A/C

YITCMG037　12,T/C;13,A/G;39,T/G

YITCMG038　155,A/G;168,C/G;171,A/G

YITCMG039　1,G;61,A/G;71,T/C;104,T/C;105,G;120,A/G;151,T/G

YITCMG040　40,T/C;50,T/C

YITCMG041　24,T/A;25,A/G;68,T/C

YITCMG042　5,A/G;92,T/A

YITCMG044　7,T/C;22,T/C;167,A/G;189,A/T

YITCMG045　92,T/C;107,T/C

YITCMG046　38,A/C;55,C;130,A;137,A;141,A

YITCMG047　37,T/A;60,T;65,G

YITCMG048　142,C/G;163,A/G;186,A/C

YITCMG049   11,G;13,T/C;16,T;76,C;115,C;172,G

YITCMG050   44,C/G

YITCMG051   15,C;16,A

YITCMG052   63,T/C;70,T/C

YITCMG053   86,A;167,A;184,T

YITCMG054   34,G;36,T;70,G

YITCMG056   117,C

YITCMG057   98,T/C;99,A/G;134,T/C

YITCMG058   67,T/G;78,A/G

YITCMG059   84,A;95,A/T;100,T;137,A/G;152,A/T;203,A/T

YITCMG060   10,A/C;54,T/C;125,T/C;129,A/G;156,T/G

YITCMG061   107,A/C;128,A/G

YITCMG064   2,A/G;27,T/G

YITCMG065   37,T/G;56,T/C;136,T/C

YITCMG066   10,C;64,G;141,G

YITCMG067   1,C;51,C;76,G;130,C

YITCMG071   40,A/G;107,T/A;142,C;143,C

YITCMG073   19,A/G;28,A/C;106,T/C

YITCMG074   46,T;58,C;77,A/G;180,T

YITCMG075   168,A

YITCMG076   129,T/C;162,C;163,A/G;171,T

YITCMG078   33,A/G;95,T/C;147,T/C;165,A/G

YITCMG079   3,G;8,T;10,A;110,C;122,A;125,A

YITCMG081   91,C/G;115,T/A

YITCMG082   43,A/C;58,T/C;97,A/G

YITCMG084   118,A/G;136,A/T;153,A/C

YITCMG085   6,A;21,C;33,T;157,C;206,C

YITCMG086   111,A/G;142,C/G;182,A/T

YITCMG088   17,A/G;31,T/G;33,A;98,T/C

YITCMG089   92,C;103,C;151,C;161,C

YITCMG090   17,T/C;46,A/G;48,C/G;75,T/C;113,T/C

YITCMG091   24,C;84,G;121,A;187,C

YITCMG092   22,G;110,C;145,A

YITCMG093   10,A/G;35,A/G

YITCMG094   124,T/A;144,A/T

YITCMG096   24,C;57,A;66,T

YITCMG097   185,T/G;202,T/C

YITCMG098   48,A/G;51,T/C;180,T/C

YITCMG099   53,T/A;83,A/G;119,A/G;122,A/C

YITCMG100   124,T/C;141,C/G;155,T

YITCMG101   53,T/G;92,T/G

YITCMG102   6,T/C;116,A/G;129,A/G

YITCMG103   167,A/G

YITCMG105   31,A/C;69,A/G

YITCMG106 29,A/G;32,T/C;59,T/C;137,T/C;198,A/G
YITCMG107 23,A/G;160,A/G;164,C/G;165,A/T
YITCMG109 17,T/C;29,A/C;136,T/A
YITCMG110 30,T/C;32,A/G;57,T/C;67,C/G;96,T/C
YITCMG112 101,C/G;110,A/G
YITCMG113 5,C/G;71,A/G;85,G;104,A/G
YITCMG114 42,A/T;46,A/G;66,A/T;75,A/C
YITCMG115 32,T/C;33,T/A;87,T/C;129,A/T
YITCMG116 54,A/G
YITCMG117 115,T;120,A
YITCMG118 2,A/C;13,G;19,A;81,C
YITCMG120 133,C
YITCMG121 32,T;72,G;149,G
YITCMG122 40,A/G;45,G;185,G;195,A
YITCMG123 87,A/G;88,T/C;94,T/C;130,T/G
YITCMG124 75,T/C;119,T/A
YITCMG125 159,A/C
YITCMG126 82,T;142,A
YITCMG127 146,A/G;155,T/A;156,A
YITCMG128 40,A/G;106,T/C;107,C/G;131,T/C;160,T/C
YITCMG129 90,T/C;104,T/C;105,C/G;108,A/G
YITCMG132 43,C;91,T;100,T;169,T
YITCMG133 76,T;83,A/G;86,T;200,A/G;209,T
YITCMG134 23,C;116,T;128,A;139,T;146,G
YITCMG137 1,T/C;24,A/G;48,A/G;52,T;172,A/G
YITCMG139 7,G
YITCMG141 71,T;184,C
YITCMG142 67,T/C;70,A/G
YITCMG143 73,A
YITCMG145 7,A/G;26,A/G;43,A/C;78,T/G
YITCMG147 62,T/C;66,T/C
YITCMG149 25,A/C;30,A/G;174,T/C
YITCMG150 101,A/G;116,T/G
YITCMG152 83,A/T
YITCMG153 119,A
YITCMG154 5,T/C;26,T/G;47,A/C;60,A/G;77,T/C;130,A/C;141,T/C
YITCMG155 31,T/G;51,T/C
YITCMG156 36,T/G
YITCMG158 67,T/C;96,A/G;117,A/G
YITCMG159 84,T/C;89,A/C;92,A/C;137,T/C
YITCMG162 26,T
YITCMG163 96,A/T;114,T/C;115,A/G;118,T/G
YITCMG164 150,A/G
YITCMG165 121,T/C;174,T/C

YITCMG166   13,T/C;87,G

YITCMG169   51,T/C;78,A/C;99,T/C

YITCMG170   139,C;142,G;145,C;150,A;151,T;157,A;164,A

YITCMG171   9,T;61,C;76,C;98,A

YITCMG172   164,A;168,G;186,G;187,G

YITCMG173   11,G;17,A;20,C;144,C;161,A;162,T

YITCMG174   9,T;10,T;84,A

YITCMG175   32,T/G;62,A/C

YITCMG176   44,A/G;107,A/G

YITCMG177   7,A/G;44,A/C;124,C/G

YITCMG178   99,T/C;107,T/G;111,A/C

YITCMG180   23,C;72,C;75,C/G

YITCMG181   134,A/G

YITCMG182   3,A/G;77,T/C

YITCMG183   24,T;28,A/G;75,T/C;76,A/G;93,T/C

YITCMG184   45,A;60,C;64,C/G;97,C;127,T/G

YITCMG185   62,A/G;68,A/T;80,A/G;130,A/C;139,A/G

YITCMG189   23,T/C;51,A/G;138,T/A;168,T/C

YITCMG190   48,A/G;54,T/C;117,T;162,G

YITCMG191   34,A/G;36,A/G;108,A/G

YITCMG193   3,A/G;9,A/T;30,C;39,A/G;121,G;129,C;153,T

YITCMG194   1,A/T;32,T/A;55,A/G;165,T/C

YITCMG195   45,T/A;87,T;122,T/C;128,G;133,A

YITCMG196   197,A/T

YITCMG197   18,C;35,G;144,C/G;178,A;195,T

YITCMG198   70,A;71,G

YITCMG199   3,T/C;56,T/A;62,C/G;173,T/C;175,C/G

YITCMG200   38,T/C;53,A/G

YITCMG202   16,T/C;121,T/G

YITCMG204   76,C/G;85,A/G;133,C/G

YITCMG206   66,A/G;83,A/G;132,A/G;155,A/G

YITCMG207   156,T/C

YITCMG208   86,T/A;101,A/T

YITCMG209   24,T/C;27,C;72,T/C

YITCMG212   118,A/G

YITCMG215   52,A/G;58,T/A

YITCMG216   69,A/G;135,C;177,A/G

YITCMG217   164,T;185,T;191,T/C

YITCMG218   5,A/C;31,C;59,T;72,C;108,T/G

YITCMG219   89,T/C;121,C/G;125,T/C

YITCMG220   64,A/C;67,C/G

YITCMG221   8,C;76,G;131,A;134,A

YITCMG222   1,T/A;15,T/C;70,C/G

YITCMG223   23,T/C;29,T/G

YITCMG226　51,T/C;72,A;117,T

YITCMG227　6,A/G;26,T/C

YITCMG228　72,C;81,T/C;82,T/C;103,A/G

YITCMG229　56,T/C;58,T/C;65,T/C;66,T/C

YITCMG230　65,A/C;103,A/C

YITCMG231　87,T/C;108,T/C

YITCMG232　1,T/C;12,C/G;76,C/G;80,G;152,C;169,T/C;170,G

YITCMG235　128,G

YITCMG236　94,A/G;109,T/A

YITCMG237　24,A;28,A/G;39,G;71,C/G;76,T/C

YITCMG238　68,T/C

YITCMG239　46,T/C;59,T/C;72,A

YITCMG240　21,A/G;96,A/G

YITCMG242　70,T

YITCMG243　73,T/C;147,T/C

YITCMG244　71,T/C;109,T/G;113,T/C

YITCMG246　51,T/C;70,T/C;75,A/G

YITCMG247　19,A;30,A/C;40,A;46,G;105,A/C;113,T/G;123,T;184,C/G

YITCMG249　22,C;83,C;167,C

YITCMG252　26,A/G;69,T/C;82,A/T

YITCMG253　32,T/C;53,A/G;70,A/C;71,A/G;182,A/G;188,T/G

YITCMG254　64,C

YITCMG256　19,A/G;47,A/C;66,A/G;83,A/T

YITCMG259　24,A/T;180,A/T;182,A/G

YITCMG260　63,A/G;154,A/T;159,A/C

YITCMG261　38,T/G;77,T/A;106,A/T;109,T/C

YITCMG262　47,T/G

YITCMG263　91,A

YITCMG265　138,T/C;142,C/G

YITCMG266　5,G;24,T/G;31,G;62,T/C;91,A/G

YITCMG267　39,A/G;108,T/A;134,T/G

YITCMG268　23,T/G;30,T/G;68,T/C;150,A/G;152,T/G

YITCMG269　43,A/T;91,T/C

YITCMG270　10,A;48,T/C;52,A/G;69,A/C;122,T/C;130,T;134,T/C;143,T/C;162,T/C;168,A/G;
191,A/G

YITCMG271　100,C/G;119,A/T

YITCMG272　43,T/G;74,T/C;87,T/C;110,T/C

YITCMG273　41,C/G;67,A/G

YITCMG274　141,A/G;150,T/C

YITCMG275　106,C/G;131,A/C;154,A/G

YITCMG276　41,T;59,A

YITCMG278　1,A/G;10,A/G;12,A/C

YITCMG280　62,C;85,C;121,A;144,T;159,C

YITCMG281　18,G;22,G;92,C;96,A

YITCMG282   46,A/G;64,T/C;98,T/C

YITCMG283   67,T;112,A;177,G

YITCMG284   55,T/A;94,T/C

YITCMG285   85,A/G;122,C/G

YITCMG286   119,A;141,C

YITCMG287   2,T/C;38,T/C;170,A/C

YITCMG288   79,T/C

YITCMG289   27,A/C;50,T;60,T/A;75,A/G

YITCMG290   21,T;66,C

YITCMG292   85,T/C;99,T/A;114,T/C;126,A/C

YITCMG293   170,T/A;207,A/G

YITCMG294   82,A/C;99,T/G;108,T/A;111,T/C

YITCMG295   15,A/G;71,A/T

YITCMG296   90,A/C;93,T/C;105,A/T

YITCMG297   128,T/C;147,A/C

YITCMG298   44,A/G;82,A/G;113,A/G

YITCMG299   29,A;34,A/G;103,A/G;117,C/G

YITCMG300   32,A/C;68,T/C;118,T/C;191,A/G

YITCMG301   108,C

YITCMG302   11,T/G;40,A/G;96,T/C

YITCMG303   10,T;21,A;54,T

YITCMG304   6,A/G;35,A;42,G;45,A/C;116,G;121,A/C

YITCMG305   50,A/C;67,T/G;68,C/G

YITCMG306   16,T/C;69,A/C;85,T/G;92,C/G

YITCMG307   11,T/C;23,T/C;25,A/C;37,A/G

YITCMG309   23,T/A;77,A/G;85,C/G

YITCMG310   98,A/G

YITCMG311   83,T/C;101,T/C;155,A/G

YITCMG312   42,A/T;104,T/A

YITCMG314   31,A/G;42,A/G;53,A/C

YITCMG315   16,T/C

YITCMG316   98,T/C;102,T/C;191,T/C

YITCMG317   38,T/G;98,A/G;151,T/C

YITCMG318   61,T/C;73,A/C

YITCMG319   147,T/C

YITCMG320   4,G;87,T

YITCMG321   16,G;83,T/C

YITCMG322   72,T/C;77,T/C;91,A/T;102,T/C

YITCMG323   6,A;49,C;73,T;75,A/G

YITCMG324   55,T/C;56,C/G;74,A/G;195,A/G

YITCMG325   57,C

YITCMG326   11,A/C;41,T/A;161,T/C;177,A/G;179,A/G

YITCMG327   115,T/C;121,A/G

YITCMG328   15,C;47,C;86,C

YITCMG329　48,T;92,C/G;109,T

YITCMG330　52,A;129,G;130,A

YITCMG332　42,A/G;51,C/G;62,C/G;63,G;93,A/C

YITCMG334　12,T/G;43,C/G;56,T/C;104,A/C

YITCMG335　48,A;50,T;114,G

YITCMG336　28,C;56,A;140,T

YITCMG337　1,A/G;55,T/C;61,T/C;88,T/C

YITCMG338　127,A/G;159,T/C;165,T;172,A/T;179,G

YITCMG339　48,T/C;81,T/C

YITCMG342　145,T/G;156,G;177,C

YITCMG343　3,A;39,T

YITCMG344　14,T/C;47,A/G;108,T/C

YITCMG345　25,C/G;31,A/T;39,T/G

YITCMG346　67,T/C;82,A/G

YITCMG347　21,A;157,G

YITCMG348　65,T/C;69,T/C;73,A/G;124,A/C;131,A/G;141,A/T

YITCMG350　17,A

YITCMG351　11,T/G;109,T/C;139,C/G

YITCMG352　108,T/C;138,A/T;145,A/T

YITCMG354　62,A/C;66,G;81,A;134,A/C

YITCMG355　34,A;64,A/C;96,A/G;125,A/C;148,A/G

YITCMG356　45,T/A;47,A/C;72,T/A;168,A/G

YITCMG357　5,C/G;51,G;76,A/T

YITCMG359　60,T/G;128,T/C

YITCMG360　64,A;87,G;92,C

YITCMG362　12,T;62,T;77,A

YITCMG363　57,T/C;96,T/C

YITCMG364　7,G;29,A;96,T

YITCMG369　76,A/C;82,T/C;83,T/C;84,T/G;85,C/G;86,A/C;87,T/A;104,A/G;141,A/G

YITCMG370　18,G;117,T;134,A

YITCMG372　199,T

YITCMG373　74,A/G;78,A/C

YITCMG374　102,A/C;135,C;137,A;138,G

YITCMG375　17,A/C

YITCMG377　3,A/G;42,A/C

YITCMG378　49,T/C;77,T/C;142,A/C

YITCMG379　61,T;71,T/C;80,T/C

YITCMG380　40,A/G

YITCMG381　30,C/G;64,T/G;124,T/C

YITCMG382　62,A/G;72,A/C;73,C/G

YITCMG385　61,C;79,C

YITCMG386　13,T/C;65,C/G;67,T/C

YITCMG387　24,A/G;111,C;114,G

YITCMG388　17,T/C;121,A/G;147,T/C

YITCMG389   3,T/G;9,A;69,A;101,A/G;159,C

YITCMG390   9,C;82,T/G;95,A/T

YITCMG391   23,A/G;117,A/C

YITCMG392   78,A/G;109,C;114,C;116,T/A

YITCMG394   48,T/G

YITCMG395   40,T/A;45,T/C;49,T/C

YITCMG396   110,T/C;141,A/T

YITCMG397   89,C/G;92,T/G;97,G;136,A/C

YITCMG398   131,C;132,A;133,A;159,C;160,G;181,T

YITCMG399   7,T/A;41,A/C

YITCMG400   34,T/C;41,T/C;44,T/C;53,T/C;62,T/C;71,C/G;72,A/T;90,A/C

YITCMG401   43,T/C;123,A/G

YITCMG403   49,T/A;58,C/G;156,T/A;173,C/G

YITCMG405   155,C;157,C

YITCMG406   73,A/G;115,T/C

YITCMG407   13,T/C;26,T/G;65,A/C;97,T/G

YITCMG408   88,T/C;137,A/G

YITCMG409   82,G;116,T

YITCMG410   2,T/C;4,T/A;20,T/C;40,C/G;155,A/C

YITCMG411   84,A

YITCMG412   4,A;61,T

YITCMG413   55,G;56,C;82,T

YITCMG414   11,T;37,G;51,T/C;58,A/G;62,G

YITCMG415   7,A/G;84,A;87,A/G;109,T/G;113,A/G;114,G

YITCMG416   80,A;84,A;94,C/G;112,A;117,A/T

YITCMG417   35,C;55,A;86,C;131,G

YITCMG419   73,T;81,A;168,A/G;195,A/G

YITCMG420   35,C;36,A

YITCMG421   9,A/C;67,T/C;87,A/G;97,A/G

YITCMG423   39,T/G;117,T/G;130,C/G

YITCMG424   69,T/G;73,A/G;76,C/G;89,A/T

YITCMG425   66,C

YITCMG426   59,C;91,C

YITCMG427   103,C;113,C

YITCMG428   73,A/G;135,A/G

YITCMG429   61,A/T;152,A/G;194,A/G;195,T/A

YITCMG430   31,T/C;53,T/C;69,T/C;75,A/C

YITCMG431   69,A/G;97,C/G

YITCMG432   69,T;85,C

YITCMG433   14,C;151,T

YITCMG435   28,T/C;43,T/C;103,A/G;106,A;115,A/T

YITCMG436   56,A/T

YITCMG437   39,T/A;44,G;92,G;98,T;151,T/C

YITCMG438   2,T;3,C;6,T;155,T

YITCMG439　87,T/C;113,A/G

YITCMG440　64,A;68,G;70,T;78,T/C

YITCMG441　12,A/G;74,C/G;81,C/G

YITCMG442　2,T/A;68,T/C;127,A/G;132,A/T;162,A/G;170,T/C;171,T/G

YITCMG443　28,T;104,T/A;106,T/G;107,A/T;166,A/G;180,A/G

YITCMG444　118,T/A;141,A/G

YITCMG445　72,G

YITCMG446　13,T/C;51,T/C

YITCMG447　94,A/G;97,A/G;139,A/G;202,A/G

YITCMG448　22,A/C;37,T/C;91,G;95,A/C;112,G;126,T/C;145,G

YITCMG449　13,A/G;23,T/C;105,A/G;114,G

YITCMG450　100,A/G;146,T/A;156,T/G

YITCMG451　26,A/G;33,A/C;69,T/C;74,A/G;115,C/G

YITCMG452　89,A/G;151,T/C

YITCMG454　90,A;92,T;121,C

YITCMG455　2,T;5,A;20,T;22,G;98,C;128,T;129,A;143,A

YITCMG457　124,G

YITCMG459　120,A;141,A/G;146,A/G;192,T/C

YITCMG460　45,T/C;132,A/G

YITCMG461　89,T/C;131,A/G;140,A/G

YITCMG462　24,C;26,A;36,C;49,C

YITCMG463　190,C

YITCMG464　78,A/G;101,A/T

YITCMG465　117,T/G;147,A/G;156,T/A

YITCMG466　75,A/T;83,A/G;99,C/G

YITCMG467　9,A/G;11,A;14,A/G;161,A;162,C/G;179,T

YITCMG469　12,T/G;70,C/G;71,T/A

YITCMG470　3,T/C;72,T;75,A

YITCMG471　8,A/C;65,A/G;88,T/C;159,A/C

YITCMG472　51,A/G

YITCMG473　65,T/A;91,T/C

YITCMG475　82,A/G;84,A/G;102,T/C

YITCMG476　22,A/G;54,A/T

YITCMG477　7,T;14,T/G;91,C;140,A/T;150,T;153,A/G

YITCMG480　29,C/G;64,A/G

YITCMG481　21,A;108,G;192,G

YITCMG482　65,T/C;87,A/G;114,T/C;142,T/G

YITCMG483　113,A/G;143,T/C;147,A/G

YITCMG484　23,A/G;78,A/G;79,A/G

YITCMG485　86,A/G;116,C/G;125,T/C

YITCMG487　140,C/G

YITCMG488　51,C/G;76,A/G;127,T/C

YITCMG490　57,T/C;135,A/T

YITCMG491　156,G

YITCMG492　55,A

YITCMG497　22,G;33,G;62,T;77,T

YITCMG499　82,T/A;94,T/C

YITCMG500　30,A/G;86,A/T;87,T/C;108,A/T

YITCMG501　144,A/G;173,T/C;176,C/G

YITCMG502　4,A/G;9,A/G;127,T/C;130,A/T;135,A/G;140,T/C

YITCMG503　70,A/G;85,A/C;99,T/C

YITCMG504　11,A/C;17,A/G

YITCMG505　54,A

YITCMG507　3,C;24,G;63,A

YITCMG508　96,T/C;115,T/G

YITCMG510　1,A/G;95,A/G;98,A/G

YITCMG512　25,A;63,G

YITCMG513　75,T;86,T;104,A;123,T

YITCMG514　35,T/C;45,C

YITCMG515　41,C;44,T;112,T/A

YITCMG516　29,T/G;53,A/C

YITCMG517　163,T

YITCMG519　129,T/C;131,T/G

YITCMG520　65,A/G;83,A/G;136,T/C;157,A/C

YITCMG521　21,C/G

YITCMG522　72,T/A;127,T/A;137,A/G;138,A/C

YITCMG523　36,A/G;92,A/G;111,T/G;116,A/G;133,A/G

YITCMG524　19,A/G;81,A/G;100,A/G

YITCMG525　33,T/G;61,T/C

YITCMG526　51,A/G;78,T/C

YITCMG527　115,A

YITCMG529　144,A/C;174,T/C

YITCMG530　76,A/C;81,A/G;113,T/C

YITCMG531　11,T/C;49,T/G

YITCMG532　17,A/C;85,T/C;111,A/G;131,A/C

YITCMG533　85,A/C;183,C;188,A/G

YITCMG534　40,T/A;122,C/G;123,T/C

YITCMG537　118,A/G;123,A/C;135,T/C

YITCMG538　168,A/G

YITCMG539　27,T/G;54,T/C;75,T/A;152,T/C

YITCMG540　17,T;70,G;73,T;142,A

YITCMG541　18,A/C;130,T/G;145,A/G;176,T/C

YITCMG542　3,A/C;69,T;79,C

金　龙

YITCMG001　53,A/G;72,T/C;78,A/G;85,A

YITCMG002　28,A/G;55,T/C;102,T/G;103,C/G;147,T/G

YITCMG003　67,T/G;82,A/G;88,A/G;104,A/G;119,A/T

YITCMG004　27,T

YITCMG005　56,A;100,A

YITCMG006　13,T;27,T/C;48,A/G;91,C;95,C/G

YITCMG007　65,T/C;96,A/G

YITCMG008　50,T/C;53,T/C;79,A/G

YITCMG011　166,A/G

YITCMG012　75,T/A;78,A/G

YITCMG013　16,C;56,A;69,T

YITCMG014　98,A/G;126,A;130,T

YITCMG015　44,A;127,A;129,C;174,A

YITCMG017　17,T/G;24,T/C;98,C/G

YITCMG018　30,A

YITCMG019　36,A/G;47,T/C;66,C/G

YITCMG020　70,A/C;100,C/G;139,A/G

YITCMG021　104,A;110,T

YITCMG022　3,A/T;11,A/T;99,T/C;131,C/G

YITCMG024　68,A;109,C;112,A/C

YITCMG025　8,A/T;69,C/G;123,T/C

YITCMG027　138,G

YITCMG028　45,A/G;70,T/G

YITCMG030　55,A

YITCMG032　117,C/G

YITCMG033　73,A/G;85,A/G;145,A/G

YITCMG034　6,C/G;97,T

YITCMG035　100,A/G

YITCMG036　99,C/G;110,T/C;132,A/C

YITCMG037　12,T/C;13,A/G;39,T/G;118,T/G

YITCMG038　155,A/G;168,C/G

YITCMG039　1,G;61,A/G;71,T/C;104,T/C;105,G;151,T/G

YITCMG042　5,A/G;92,T/A

YITCMG044　7,T/C;22,T/C;167,A/G;189,T/A

YITCMG045　92,T;107,T

YITCMG046　55,C;130,A;137,A;141,A

YITCMG047　60,A/G;65,T/G

YITCMG048　142,C/G;163,A/G;186,A/C

YITCMG049　11,A/G;13,T/C;16,T/C;76,A/C;115,C;172,A/G

YITCMG050　44,C/G

YITCMG051　15,C;16,A

YITCMG052 63,T/C;70,T/C

YITCMG053 86,A;167,A;184,T

YITCMG054 34,A/G;36,T/C;70,A/G;151,A/G

YITCMG058 67,T;78,A

YITCMG059 84,A;95,T;100,T;137,A;152,T;203,T

YITCMG060 10,A/C;36,A/G;54,T/C;125,T/C;129,A/G

YITCMG062 79,T/C;122,T/C

YITCMG063 86,A/G;107,A/C

YITCMG064 2,A/G;27,T/G

YITCMG065 136,T/C

YITCMG066 10,A/C;64,A/G;141,T/G

YITCMG067 1,C;51,C;76,G;130,C

YITCMG068 49,T/G;91,A/G

YITCMG071 102,T/A;142,C;143,C

YITCMG072 75,A/G;104,T/C;105,A/G

YITCMG073 15,A/G;19,A/G;28,A/C;49,A/G;106,T/C

YITCMG075 125,C;185,T

YITCMG076 162,C;171,T

YITCMG077 10,C;30,T/C;114,A;128,A

YITCMG078 15,T/A;93,A/C;95,T;177,A/G

YITCMG079 5,T/C;26,T/C;125,A/C;155,T/C

YITCMG080 43,A/C;55,T/C

YITCMG081 91,G;115,A/T

YITCMG082 43,A/C;58,T/C;97,A/G

YITCMG083 96,A/G;123,T/G;131,T/C;169,C/G

YITCMG084 93,T/C;118,A/G;136,A/T;165,A/G

YITCMG085 24,C;212,C

YITCMG086 111,A/G;142,C/G;182,T/A

YITCMG088 33,A/G

YITCMG089 92,C;103,C;151,C;161,C

YITCMG090 17,C;46,G;75,T

YITCMG093 72,A/G

YITCMG094 124,A/T;144,T/A;146,T/G

YITCMG096 24,C;57,A;66,T

YITCMG097 57,T/C

YITCMG099 67,T/G;83,A;119,A;122,A

YITCMG100 74,A/G;118,C/G;124,T/C;141,C/G;155,T

YITCMG101 93,T/C

YITCMG102 20,A/G

YITCMG103 42,T;61,C

YITCMG104 79,G;87,G

YITCMG105 31,A/C;69,T/G

YITCMG106 29,A;32,C;59,C;65,G;137,C

YITCMG107 160,A/G;164,C/G

YITCMG108　　34,A/G;64,C/G
YITCMG109　　17,T/C;29,A/C;136,A/T
YITCMG110　　30,T/C;32,A/G;57,T/C;67,C/G;96,T/C
YITCMG112　　101,C/G
YITCMG113　　5,C/G;71,A/G;85,T/G;104,A/G
YITCMG114　　75,A
YITCMG115　　32,T/C;33,T/A;87,C;129,A/T
YITCMG116　　54,A/G;91,T/C
YITCMG117　　115,T/C;120,A/G
YITCMG118　　2,A/C;13,A/G;19,A;81,T/C
YITCMG119　　73,A/C;150,T/C;162,A/G
YITCMG120　　38,A
YITCMG121　　32,T/A;72,T/G;149,A/G
YITCMG124　　75,C;99,T/C;119,T
YITCMG125　　102,T/G;123,C/G;171,A/C
YITCMG127　　156,A/G
YITCMG128　　40,A/G;106,T/C;107,C/G;131,T/C;160,T/C
YITCMG129　　3,T/A;13,A/G;19,T/C;27,A/G;90,T;104,C;105,C/G;126,T/C
YITCMG130　　31,C/G;41,A/G;108,A/G
YITCMG131　　27,T/C;107,C/G;126,A/T
YITCMG132　　43,C/G;91,T/C;100,T/C;169,T/C
YITCMG134　　23,C;98,T/C;128,A/G;139,T
YITCMG135　　34,T;63,C;173,T
YITCMG137　　1,T/C;48,A/G;52,A/T
YITCMG138　　44,C/G
YITCMG139　　7,G
YITCMG140　　6,T;103,C;104,A
YITCMG141　　71,T;184,C
YITCMG142　　67,T/C;70,A/G
YITCMG144　　61,C;81,C;143,A;164,G
YITCMG145　　7,A/G;26,A/G;78,T/G
YITCMG146　　27,T/C;69,A/G;111,T/A
YITCMG147　　36,A/G;62,T;66,T
YITCMG148　　35,A/G;87,T/C
YITCMG149　　25,A/C;30,A/G;138,A/G
YITCMG150　　8,T/G;100,A/T;101,G;116,G;123,C/G;128,T/A
YITCMG151　　155,A;156,C
YITCMG152　　132,A/G
YITCMG153　　119,A
YITCMG154　　5,T/C;47,A/C;77,C;141,T/C
YITCMG155　　1,A/C;31,T/G;51,T/C;155,A/G
YITCMG156　　28,A/T;44,C/G
YITCMG157　　18,A/G;83,T/C;143,T/G
YITCMG158　　67,C;96,A;117,G

YITCMG159 84,T/C;89,A/C;92,C;137,T
YITCMG160 92,A/G;158,T/C
YITCMG161 71,A;74,C
YITCMG162 26,A/T
YITCMG163 115,A/G
YITCMG165 121,T
YITCMG166 13,T/C;87,G
YITCMG167 120,A/G;150,A/G;159,A/C;163,C/G
YITCMG168 40,A/G;79,T/C;89,C/G;96,A/G
YITCMG169 107,C
YITCMG170 31,G;145,C;150,T;157,A
YITCMG171 9,T;61,C;76,C;98,A
YITCMG172 17,T/C;164,A/C;168,A/G;186,A/G;187,A/G
YITCMG173 20,C;80,T/C;144,C;163,T;165,A/G
YITCMG174 9,T/C;10,A/C;84,A/G
YITCMG175 42,T/C;55,T/C;62,A/C;98,T/C
YITCMG176 44,A/G;107,A/G;127,A/C
YITCMG177 7,A/G;44,A/C;104,A/G;124,C/G
YITCMG178 44,A/G;99,T/C;107,T/G
YITCMG180 23,T/C;72,T/C
YITCMG181 134,A/G
YITCMG183 24,T
YITCMG184 45,A;60,C;64,C/G;97,C/G;127,T/G
YITCMG187 105,T/A;106,C/G;114,A/C;193,C/G
YITCMG188 16,T/C;66,A/G;101,T/A
YITCMG190 48,A/G;54,T/C;117,T;162,G
YITCMG191 34,A/G;108,A/G
YITCMG192 89,T/C;95,C/G;119,T/G
YITCMG193 3,A/G;9,A/T;30,T/C;39,A/G;75,A/G;80,C/G;121,T/G;129,A/C;153,T
YITCMG196 19,A;85,C;114,T
YITCMG197 18,C;35,G;103,T/C;120,A/C;134,T/C;178,A/C;195,T/C
YITCMG198 70,A/G;71,A/G;100,A/C
YITCMG199 3,T/C;56,T/A;62,C/G;80,T/A;173,T/C;175,C/G
YITCMG202 16,C;37,A;121,T
YITCMG204 76,C/G;85,A/G;133,C/G
YITCMG206 177,A/G
YITCMG209 27,C
YITCMG210 6,T/C;21,A/G;96,T/C
YITCMG213 55,A/G;102,T/C;109,T/C
YITCMG215 52,A/G;58,T/A
YITCMG216 69,A/G;135,C;177,A/G
YITCMG217 58,A/G;164,T;181,T/C;185,T;196,A/G;197,A/G
YITCMG218 5,A;31,C;59,T;72,C
YITCMG219 121,G

YITCMG221　8,C;76,A/G;131,A;134,A

YITCMG222　1,A/G;15,C;31,A/G;46,A/G;70,G

YITCMG223　23,T;29,T;41,T;47,G;48,C

YITCMG226　72,A;117,T

YITCMG227　6,G;26,T

YITCMG228　72,C;103,A/G

YITCMG229　56,T/C;58,T/C;65,T/C;66,T/C

YITCMG230　65,A/C;87,A/T;103,A/C;155,A/G

YITCMG231　87,T/C;108,T/C

YITCMG232　1,T/C;76,C/G;80,G;152,C;169,T/C;170,G

YITCMG233　127,A/G;130,A;132,G;159,T;162,A

YITCMG234　188,A/G

YITCMG236　94,A/G;109,A/T

YITCMG237　24,A;39,G;71,G;76,C

YITCMG238　49,T/C;68,C

YITCMG239　46,C;59,C;72,A

YITCMG242　70,T

YITCMG243　73,T/C;147,T/C

YITCMG244　71,C;109,T;113,C

YITCMG246　51,T/C;70,T/C;75,A/G

YITCMG247　19,A/C;30,A/C;40,A/G;46,T/G;105,A/C;113,T/G;123,T/C;184,C/G

YITCMG249　22,T/C;167,T/C

YITCMG252　26,A/G;78,C/G;82,A/T

YITCMG253　32,T/C;53,A/G;70,A/C;182,A/G;188,T/G;198,T/G

YITCMG254　48,C/G;64,T/C;106,T/G

YITCMG255　6,A/G;13,T/G;18,A/T;67,T/G;155,C/G;163,A/G;166,T/C

YITCMG256　19,A/G;47,A/C;66,A/G;83,A/T

YITCMG257　58,T/C;89,T/C

YITCMG258　2,C;101,T;172,C

YITCMG259　12,T/G;23,C/G;24,A/T;33,C/G;180,T;182,A

YITCMG260　63,A/G;154,A/T;159,A/C

YITCMG261　17,T;20,A/G;29,A/G;38,G;106,A;109,T

YITCMG263　91,A/G

YITCMG264　14,T/G;65,T/C

YITCMG265　75,A/T;151,T/A

YITCMG266　5,G;24,T/G;31,G;62,T/C;91,A/G

YITCMG267　39,A/G;108,A/T;134,T/G

YITCMG268　23,T;30,T;68,T;152,G

YITCMG269　43,T/A;91,T/C

YITCMG270　10,A/G;48,T/C;130,T/C

YITCMG271　100,G;119,T

YITCMG272　43,T/G;74,T/C;87,T/C;110,T/C

YITCMG274　90,A/G;141,G;150,T

YITCMG275　106,C/G;131,A/C;154,A

YITCMG276   41,T/G;59,A/G
YITCMG278   1,A/G;10,A/G;12,A/C
YITCMG279   94,A/G;113,A/G;115,T/C
YITCMG280   62,T/C;85,C/G;104,T/A;113,C/G;121,A/G;144,T/G;159,C
YITCMG281   92,T/C;96,A;127,A/G
YITCMG282   46,A;64,C;98,T/C
YITCMG284   18,A/G;55,A/T;94,T/C
YITCMG285   85,A/G;122,C/G
YITCMG289   50,T;60,T/A;75,A/G
YITCMG290   13,A/G;21,T;66,C/G;128,A/T;133,A/C;170,A/T
YITCMG293   11,A/G;69,T/A;170,T;207,A/G
YITCMG294   82,C;99,T;108,T;111,T/C
YITCMG295   15,A/G;71,T/A
YITCMG296   90,A/C;93,T/C;105,T/A
YITCMG297   128,T/C;147,A/C
YITCMG298   44,A/G;56,A/G;82,A/G;113,A/G
YITCMG299   29,A;34,G;103,A
YITCMG300   32,A/C;68,T/C;118,T/C;191,A/G
YITCMG301   98,G;108,C;128,G;140,G
YITCMG302   96,T/C
YITCMG304   35,A;42,G;116,G
YITCMG305   15,A/G;68,C
YITCMG306   16,T/C;71,T/A
YITCMG307   37,A/G
YITCMG310   98,A/G
YITCMG311   83,T/C;101,T/C;155,A
YITCMG312   42,T/A;104,A/T
YITCMG314   53,C
YITCMG316   98,T/C;102,T/C
YITCMG317   38,T/G;151,T/C
YITCMG318   61,T/C;73,A/C
YITCMG320   4,A/G;87,T/C
YITCMG321   16,G
YITCMG322   72,C
YITCMG323   49,C;73,T
YITCMG324   55,T;56,T;74,G;142,G;195,A
YITCMG325   22,C;45,A/G;130,C;139,C
YITCMG326   169,T/G;177,G
YITCMG328   15,C;47,C;86,C
YITCMG329   48,T/C;78,C/G;109,A/T
YITCMG330   52,A/G;129,T/G;130,A/G
YITCMG331   51,A/G
YITCMG332   62,G;63,G;93,A
YITCMG333   132,T/C;176,A/C

YITCMG335   48,A/G;50,T/C;114,T/G

YITCMG336   28,T/C;56,A/T;140,T/C

YITCMG338   127,A/G;159,T/C;165,T/C;172,A/T;179,C/G

YITCMG340   68,A/G;75,A/G;107,A/C

YITCMG341   59,T/A;83,T/A;108,T/C;124,T/G;146,A/G;210,T/G

YITCMG342   156,G;177,C

YITCMG343   3,A;39,T

YITCMG344   14,T;29,T/G;47,G;85,A/G;108,T/C

YITCMG345   31,T/A;34,A;39,T

YITCMG346   67,T/C;82,A/G

YITCMG347   19,T;29,G;108,A

YITCMG348   65,T/C;73,A/G;124,A/C;131,A/G;141,T/A

YITCMG349   62,A;136,G

YITCMG350   17,A;23,T/C;37,A/T;101,T/A;104,T/C

YITCMG352   27,A/G;108,T/C;109,A/G;138,A/T

YITCMG353   75,T;85,C

YITCMG354   62,A/C;66,A/G;81,A/C;134,A/C

YITCMG355   34,A;64,C;96,A

YITCMG356   45,A/T;47,A/C;72,A/T;168,A/G

YITCMG357   51,G;76,T

YITCMG359   60,T/G;128,T/C

YITCMG360   54,T/G;64,A;82,T/C;87,G;92,C

YITCMG361   3,T;102,C

YITCMG363   57,T/C;96,T/C

YITCMG364   7,G;29,A;96,T

YITCMG365   23,T/C;79,T/C;86,T/C;105,C/G

YITCMG366   36,T/C;83,A/T;110,T/C;121,T/A

YITCMG367   21,T/C;145,C/G;165,A/G;174,C/G

YITCMG368   116,T/C;117,C/G

YITCMG369   99,T/C

YITCMG370   18,A/G;105,T/A;117,T/C;134,A/T

YITCMG371   27,A/G;36,T/C

YITCMG372   85,C

YITCMG373   74,A/G;78,A/C

YITCMG374   102,A/C;135,C;137,T/A;138,A/G

YITCMG375   17,C

YITCMG376   5,A/C;74,G;75,C;103,C/G;112,A/G

YITCMG377   3,A;42,A/C;77,T/G

YITCMG379   61,T

YITCMG380   40,A

YITCMG382   62,A/G;72,A/C;73,C/G

YITCMG383   53,C;55,A

YITCMG384   52,T/G;106,G;128,C;195,C

YITCMG385   57,A

YITCMG386 65,C/G

YITCMG387 111,C/G;114,A/G

YITCMG388 17,T

YITCMG389 69,A/G;171,G;177,T/C

YITCMG390 9,T/C;82,T/G;95,A/T

YITCMG391 23,G;117,C

YITCMG392 14,A/G;78,A/G;109,C;114,C

YITCMG394 48,T/G

YITCMG395 40,A/T;45,T/C;49,T/C

YITCMG396 110,T/C;141,T/A

YITCMG397 88,T/A;89,C/G;92,G;97,G;136,T/A;151,T/A

YITCMG398 131,T/C;132,A/C;133,A/T;159,T/C;160,A/G;181,T/G

YITCMG399 7,T/A;41,A/C

YITCMG401 123,G

YITCMG402 137,T/C;155,A/G

YITCMG403 49,A/T;58,C/G;156,A/T;173,C/G

YITCMG404 8,G;32,T;165,A/G

YITCMG405 41,T/C;62,T/C;155,T/C;157,T/C;161,T/G

YITCMG406 3,A/T;73,G;115,T

YITCMG407 13,C;26,G;97,G

YITCMG408 137,A/G;144,C/G;172,A/G

YITCMG409 82,C/G;116,T/C

YITCMG410 2,T/C;4,A/T;20,T/C;40,C/G;155,A/C

YITCMG411 81,A/C;84,A

YITCMG412 4,A/T;61,T/C;79,A/G;154,A/G

YITCMG413 55,A/G;56,C/G;82,T/C

YITCMG414 11,A/T;37,A/G;58,A/G;62,C/G

YITCMG415 84,A/G;114,A/G

YITCMG416 84,A/G;112,A/G

YITCMG423 41,T/C;117,G

YITCMG424 69,T;73,G;76,C;89,T

YITCMG425 57,A

YITCMG426 59,T/C;91,C/G

YITCMG428 18,A/G;24,T/C;73,A/G;135,A/G

YITCMG429 61,T/A;152,A/G;194,A/G;195,A/T

YITCMG430 31,T/C;53,T/C;69,T/C;75,A/C

YITCMG431 69,A/G;97,C/G

YITCMG432 69,T;85,C

YITCMG434 27,A/G;37,T/A;40,A/G

YITCMG435 28,T/C;43,T/C;103,A/G;106,A;115,T/A

YITCMG436 56,A/T

YITCMG437 36,T/C;44,A/G;92,C/G;98,T/C;151,T/C

YITCMG438 155,T/G

YITCMG440 64,A;68,G;70,T;78,T/C

YITCMG441 12,A/G;74,C/G;81,C/G;82,A/G

YITCMG442 131,C/G;170,T/C

YITCMG443 28,T/A;104,T/A;106,T/G;107,A/T;166,A/G

YITCMG444 118,T/A;141,A/G

YITCMG445 72,G

YITCMG446 13,T/C;51,T/C;88,T/C

YITCMG447 65,A/G;94,A/G;97,A/G;139,A/G;202,A/G

YITCMG448 22,A/C;37,T/C;91,G;95,A/C;112,G;126,T/C;145,G

YITCMG450 156,T/G

YITCMG452 96,C/G;121,A/G;145,A/G

YITCMG453 87,A;156,C

YITCMG454 90,A;92,T;121,C

YITCMG455 2,T/C;5,A/G;20,T/C;22,A/G;98,T/C;128,T/C;129,A/G;143,A/T

YITCMG456 32,A;48,G

YITCMG457 77,T/A;89,T/C;98,T/C;113,T/C;124,G;156,C/G

YITCMG458 54,A/G

YITCMG459 120,A

YITCMG460 45,T/C

YITCMG461 21,T/G;89,T;140,G

YITCMG462 1,A/G;22,C/G;24,C;26,A

YITCMG463 78,T/C;134,A/G;151,A/T;190,C

YITCMG464 52,A/G

YITCMG466 60,A/G;75,A/T;99,C/G

YITCMG469 12,T;13,A/C;14,T/C;71,T/A

YITCMG471 8,A/C;65,A/G;88,T/C;159,A/C

YITCMG472 51,A/G

YITCMG473 65,T/A;91,T/C

YITCMG474 87,A/T;94,A/G;104,T/C;119,A/G

YITCMG475 82,A/G;84,A;102,C;105,C/G

YITCMG477 7,T;14,G;91,C;150,T

YITCMG478 122,T/C

YITCMG481 21,A/G

YITCMG482 65,T;87,A/G;114,T/C;139,C/G;142,T/G

YITCMG483 113,A/G;143,T/C;147,A/G

YITCMG485 116,C;125,T

YITCMG487 65,T/G;68,T/G;140,C

YITCMG488 51,G;76,G;127,C

YITCMG489 51,A/C;53,A/G;119,T/C

YITCMG491 156,G

YITCMG492 55,A

YITCMG493 5,T/C;6,T/G;30,T/C;48,A/G;82,A/G

YITCMG494 43,T/C;52,A/G;98,A/G

YITCMG497 22,A/G;33,C/G;62,T/C;77,T/G

YITCMG499 82,T/A;94,T/C

YITCMG502   12,T/C;127,T/C
YITCMG503   70,A/G;85,A/C;99,T/C
YITCMG505   54,A
YITCMG508   96,T/C;109,A/G;115,T/G;140,A/G
YITCMG509   65,T/C;126,A/G
YITCMG510   1,A;95,A/G;98,A/G
YITCMG511   39,T/C;67,A/G;186,A/G
YITCMG512   25,A;63,G
YITCMG514   45,A/C;51,T/C;57,T/C;58,T/G
YITCMG515   41,C;44,T
YITCMG516   29,T
YITCMG517   72,T/G;84,A/T;86,A/G;163,T
YITCMG518   60,A/G;77,T/G
YITCMG519   129,T;131,T
YITCMG520   35,A/G;65,A/G;83,A/G;136,T/C;157,A/C
YITCMG521   21,G
YITCMG522   127,T/A;136,A/T;137,A/G;138,A/C
YITCMG523   111,T/G;116,A/G;133,A/C;175,T/C;186,A/T
YITCMG524   10,A/G;19,A/G;100,A/G
YITCMG527   35,A/G
YITCMG529   129,T/C;144,A/C;174,T/C
YITCMG530   76,C;81,A;113,T
YITCMG531   11,T/C;49,T/G
YITCMG532   17,C;85,T/C;111,A/G;131,A/C
YITCMG533   81,A/G;183,A/C
YITCMG534   40,A/T;122,C/G;123,T/C
YITCMG537   118,A/G;121,T/G;135,T/C
YITCMG538   168,A/G
YITCMG539   27,G;75,T
YITCMG540   17,T;70,A/G;73,T;142,A/G
YITCMG541   18,A/C;130,T/G;176,C
YITCMG542   3,A/C;69,T/C;79,T/C

金　穗

YITCMG001　53,A/G;72,T/C;78,A/G;85,A

YITCMG003　67,T/G;82,A/G;88,A/G;104,A/G;119,A/T

YITCMG004　27,T;73,A/G

YITCMG005　56,A/G;100,A/G;105,A/T;170,T/C

YITCMG006　13,T/G;27,T/C;91,T/C;95,C/G

YITCMG007　62,T/C;65,T;96,G;105,A/G

YITCMG008　94,T/C

YITCMG010　40,T/C;49,A/C;79,A/G

YITCMG011　166,A/G

YITCMG012　75,T/A;78,A/G

YITCMG013　16,C;56,A;69,T

YITCMG014　126,A/G;130,T/C

YITCMG015　44,A/G;127,A;129,A/C;174,A/C

YITCMG017　15,T/A;39,A/G;87,T/G;98,C/G

YITCMG018　30,A

YITCMG019　115,A/G

YITCMG020　70,A/C;100,C/G;139,A/G

YITCMG022　3,T/A;11,T/A;41,T/C;99,C;131,C;140,A/G

YITCMG023　142,T/A;143,T/C;152,T/A

YITCMG024　68,A/G;109,T/C

YITCMG025　108,T

YITCMG026　16,A/G;81,T/C

YITCMG027　19,C;31,G;62,G;119,G;121,A;131,G;153,G;163,T

YITCMG028　45,A/G;110,T/G;133,T/G;147,A/G;167,A/G;174,T/C

YITCMG030　55,A/G

YITCMG031　48,T/C;84,A/G;96,A/G;178,T/C

YITCMG032　14,T/A;91,A/G;93,A/G;94,A/T;160,G

YITCMG033　73,G;85,A/G;145,A/G

YITCMG034　122,A/G

YITCMG037　12,T/C;39,T/G

YITCMG039　1,A/G;61,A/G;71,T/C;93,T/C;104,T/C;105,A/G;151,T/G

YITCMG040　40,T/C;50,T/C

YITCMG041　24,T/A;25,A/G;68,T/C

YITCMG044　167,G

YITCMG045　92,T;107,T

YITCMG046　38,A/C;55,A/C;130,A/G;137,A/C;141,A/G

YITCMG047　60,T/G;65,T/G

YITCMG048　142,C/G;163,A/G;186,A/C

YITCMG049　11,A/G;16,T/C;76,A/C;115,A/C;172,G;190,A/T

YITCMG050　44,A/G

YITCMG051　15,C;16,A

YITCMG052   63,T/C;70,T/C

YITCMG053   86,A;167,A;184,T

YITCMG054   34,G;36,T;70,G

YITCMG056   117,T/C

YITCMG057   98,T/C;99,A/G;134,T/C

YITCMG058   67,T/G;78,A/G

YITCMG059   12,T/A;84,A;95,A/T;100,T;137,A/G;152,A/T;203,A/T

YITCMG060   10,A/C;54,T/C;125,T/C;129,A/G

YITCMG062   79,T/C;122,T/C

YITCMG064   2,A/G;27,T/G

YITCMG065   37,T/G;56,T/C

YITCMG067   1,T/C;51,C;76,A/G;130,A/C

YITCMG069   37,A/G;47,T/A;100,A/G

YITCMG070   5,T;6,C;13,G;73,C

YITCMG071   142,C;143,C

YITCMG072   75,A;105,A

YITCMG073   19,A/G;28,C;99,A/G;106,C

YITCMG074   46,T/C;58,C/G;77,A/G;180,A/T

YITCMG075   168,A/C

YITCMG076   129,T/C;162,C;163,A/G;171,T

YITCMG077   10,C;27,T/C;97,T/C;114,A;128,A;140,T/C

YITCMG078   15,A/T;33,A/G;93,A/C;95,T;147,T/C;165,A/G

YITCMG079   3,A/G;8,T/C;10,A/G;110,T/C;122,T/A;125,A/C

YITCMG080   43,A/C;55,T/C

YITCMG081   91,C/G;115,T/A

YITCMG082   97,A/G

YITCMG083   123,T/G;169,G

YITCMG084   118,G;136,T

YITCMG085   6,A/C;21,T/C;24,C;33,T/C;206,T/C;212,T/C

YITCMG086   111,A/G;182,A/T;186,A/T

YITCMG088   33,A

YITCMG089   92,C;103,C;151,C;161,C

YITCMG090   17,T/C;46,G;75,T

YITCMG092   22,A/G;24,T/C;110,T/C;145,A/G

YITCMG093   51,A/G

YITCMG094   124,A/T;144,T/A

YITCMG095   48,T/C;51,T/C;78,T/C;184,A/T

YITCMG096   24,C;57,A;66,T

YITCMG099   53,A/T;83,A/G;119,A/G;122,A/C

YITCMG100   155,T/G

YITCMG101   53,T/G;92,T/G

YITCMG102   6,T/C;116,A/G;129,A/G

YITCMG103   167,A/G

YITCMG104   79,G;87,G

YITCMG105　31,A/C;69,A/G

YITCMG106　29,A/G;32,T/C;65,A/G;130,A/G;137,T/C

YITCMG108　34,A/G;61,A/C;64,C/G

YITCMG109　17,T/C;29,A/C;136,A/T

YITCMG110　30,T/C;32,A/G;57,T/C;67,C/G;96,T/C

YITCMG111　39,T/G;62,A/G;67,A/G

YITCMG112　101,C/G;110,A/G

YITCMG113　71,A/G;85,G;104,A/G;108,T/C

YITCMG114　42,T/A;46,A/G;66,T/A

YITCMG115　32,C;33,A;87,C;129,T

YITCMG116　54,A/G;91,T/C

YITCMG117　115,T;120,A

YITCMG119　73,A/C;150,T/C;162,A/G

YITCMG120　13,T/C;106,C;133,C

YITCMG121　32,A/T;72,G;91,C/G;138,A/G;149,G

YITCMG122　45,A/G;185,A/G;195,A/G

YITCMG123　87,G;130,T

YITCMG124　75,T/C;119,A/T

YITCMG126　82,T/A;142,A/G

YITCMG129　90,T/C;104,T/C

YITCMG130　31,G;70,A/C;108,G

YITCMG131　27,C;107,C;126,T/A

YITCMG132　43,C/G;91,T/C;100,T/C;169,T

YITCMG133　65,A/C;76,T;86,T/G;191,A/G;200,A/G;209,T

YITCMG134　23,C;98,T/C;116,A/T;128,A;139,T;146,C/G

YITCMG135　34,T/C;63,T/C;173,T/C

YITCMG136　169,A/G;198,T/C

YITCMG137　1,T/C;24,A/G;48,A/G;52,T;172,A/G

YITCMG139　7,G

YITCMG141　71,T/G;184,T/C

YITCMG142　67,T/C;70,A/G

YITCMG143　73,A/G

YITCMG144　61,T/C;81,T/C;143,A/G;164,A/G

YITCMG145　7,A/G;26,A/G;78,T/G

YITCMG146　27,T/C;69,A/G;111,T/A

YITCMG147　36,A/G;62,T;66,T

YITCMG148　75,T/C;101,T/G

YITCMG149　25,A/C;30,A/G;143,T/C;175,A/G

YITCMG150　101,A/G;116,T/G

YITCMG154　5,T;47,C;77,C;141,C

YITCMG155　1,A/C;31,T/G;35,A/G;51,T/C;155,A/G

YITCMG156　28,T/A;44,C/G

YITCMG157　18,A/G;83,T/C

YITCMG158　67,C;96,A;117,G

YITCMG159   92,A/C;121,T/G;137,T/C

YITCMG160   92,A/G;158,T/C

YITCMG161   71,A;74,C

YITCMG162   26,T/A

YITCMG164   57,T/C;114,A/G;150,A/G

YITCMG165   174,C

YITCMG166   13,T/C;87,G

YITCMG167   120,A/G;150,A/G;163,C/G

YITCMG168   40,A/G;79,T/C;89,C/G;96,A/G

YITCMG169   36,A/G;51,T/C;107,T/C;153,A/T

YITCMG170   139,C/G;142,A/G;145,C;150,T/A;151,T/C;157,A;164,A/G

YITCMG171   9,T/G;11,A/G;61,T/C;76,T/C;98,A/G

YITCMG173   11,C/G;17,A/C;20,T/C;144,C;161,A;162,T

YITCMG175   32,T/G;42,T/C;55,T/C;62,A/C;98,T/C

YITCMG176   44,A/G;107,A/G;127,A/C

YITCMG177   20,T/C

YITCMG178   99,T/C;107,T/G;111,A/C

YITCMG180   23,C;72,C;75,C/G

YITCMG181   134,A/G

YITCMG182   3,A/G;77,T/C

YITCMG183   24,T;28,A/G;75,T/C;76,A/G;93,T/C

YITCMG184   45,A/T;60,A/C;97,C/G

YITCMG185   62,A/G;68,T/A;80,A/G;130,A/C;139,A/G

YITCMG187   23,T/C;39,A/G;42,A/C;105,T;106,G

YITCMG188   16,T;66,G;101,T

YITCMG189   23,T/C;51,A/G;125,A/G;138,T/A;168,T/C;170,T/C

YITCMG190   117,T;162,G

YITCMG191   44,A/G;66,T/C;108,A/G

YITCMG192   89,T;95,C/G;119,G

YITCMG193   30,T/C;121,T/G;129,A/C;153,T

YITCMG194   1,T/A;32,A/T;55,A/G;165,T/C

YITCMG195   71,A/T

YITCMG196   19,A;85,A/C;91,T/C;114,T/G;190,A/G;191,T/C

YITCMG197   18,A/C;35,T/G;144,C/G;178,A/C;195,T/C

YITCMG198   100,A/C

YITCMG199   3,T/C;56,A/T;62,C/G;173,T/C;175,C/G

YITCMG202   16,C;121,T

YITCMG203   90,T/A

YITCMG204   76,C;85,A;133,G

YITCMG207   73,T/C

YITCMG209   27,C

YITCMG212   17,A/G;111,A/G

YITCMG213   55,A/G;68,T/C;109,T/C

YITCMG216   69,A/G;135,C;177,A/G

YITCMG217　11,A/G;19,T/A;58,A/G;164,T/C;185,T/C

YITCMG218　5,A;31,C;59,T;72,C

YITCMG219　89,T/C;121,C/G;125,T/C

YITCMG220　126,A/G

YITCMG221　8,C;76,G;110,A/G;131,A;134,A

YITCMG222　1,G;15,C;31,G;46,A;70,G

YITCMG223　23,T;29,T;41,T;47,G;48,C

YITCMG224　83,T;120,G

YITCMG226　72,A;117,T

YITCMG227　6,A/G;26,T/C

YITCMG228　72,C;81,T/C;82,T/C;103,A/G

YITCMG229　56,T/C;58,T/C;65,T/C;66,T/C

YITCMG230　65,A/C;87,A/T;103,A/C;155,A/G

YITCMG231　87,T;108,T

YITCMG232　1,T/C;64,T/C;76,A/C;80,G;152,C;169,T/C;170,G

YITCMG233　127,A/G;130,A;132,G;159,T;162,A

YITCMG234　54,T/A;55,T/C;103,A/G;122,T/G;183,A/T

YITCMG236　94,A;109,A

YITCMG237　24,A;39,G;71,G;76,C

YITCMG238　49,C;68,C

YITCMG239　46,C;59,C;72,A

YITCMG241　23,G;32,C;42,T;46,G;54,A;75,C

YITCMG242　61,A/C;70,T;85,T/C;94,A/G

YITCMG244　71,C;109,T;113,C

YITCMG247　19,A/C;40,A;46,T/G;123,T

YITCMG248　31,A/G;60,T/G

YITCMG249　22,T/C;130,A/G;142,T/C;167,T/C

YITCMG250　92,T/C;98,A/T;99,T/G

YITCMG253　70,A/C;198,T/G

YITCMG254　48,C/G;106,T/G

YITCMG255　6,A/G;13,T/G;18,A/T;56,A/C;67,T/G;155,C/G;163,G;166,T/C

YITCMG256　19,A/T;32,T/C;47,A/C;52,C/G;66,A/G;81,A/G

YITCMG258　2,C;101,T;172,C

YITCMG259　24,A/T;180,T;182,A

YITCMG260　54,A/G;63,A;154,A;159,A;186,A/G

YITCMG261　17,T/C;20,A/G;29,A/G;38,G;106,A;109,T

YITCMG264　14,T/G;65,T/C

YITCMG265　138,T/C;142,C/G

YITCMG266　5,G;31,G;62,T

YITCMG267　39,A/G;92,T/G;108,A/T;134,T/G

YITCMG268　23,T;30,T;68,T/C

YITCMG270　10,A/G;48,T/C;130,T/C

YITCMG271　100,G;119,T

YITCMG272　43,T/G;74,T/C;87,T/C;110,T/C

YITCMG274	141,G;150,T
YITCMG275	106,C;131,A
YITCMG279	94,A/G;113,A/G;115,T/C
YITCMG280	104,A;113,C;159,C
YITCMG281	96,A/C
YITCMG282	46,A/G;64,T/C
YITCMG284	18,A/G;55,A/T;94,T/C
YITCMG286	119,A/G;141,A/C
YITCMG287	2,C;38,T;171,A/T
YITCMG289	50,T;60,T/A;75,A/G
YITCMG290	13,A/G;21,T;66,C/G;128,A/T;133,A/C;170,A/T
YITCMG291	96,T
YITCMG292	85,T/C;99,T/A;114,T/C;126,A/C
YITCMG293	39,T/G;170,T;174,T/C;184,T/G
YITCMG295	15,G;71,A;179,T/C
YITCMG296	90,A;93,T;105,A
YITCMG297	128,C;147,A
YITCMG298	44,A/G;82,A/G;113,A/G
YITCMG299	29,A;34,A/G;38,T/C;48,A/G;53,C/G;103,A/G;134,T/G
YITCMG300	191,A
YITCMG301	98,A/G;108,C;128,T/G;140,A/G
YITCMG302	96,T/C
YITCMG304	35,A;42,G;116,G
YITCMG305	15,A/G;68,C
YITCMG306	16,T/C;71,A/T
YITCMG307	11,T/C;20,T/G;26,A/G;37,A/G
YITCMG308	34,G;35,C;45,A/T
YITCMG310	98,G;107,T;108,T
YITCMG311	155,A
YITCMG312	42,T;104,A/T
YITCMG313	125,A/T
YITCMG314	31,A/G;42,A/G;53,A/C
YITCMG316	98,C
YITCMG317	38,G;151,C
YITCMG318	61,T/C;73,A/C
YITCMG319	33,A/G;147,T/C
YITCMG321	16,G
YITCMG322	2,T/G;69,T/C;72,T/C;77,T/C;91,T/A;102,T/C
YITCMG323	6,A;49,C;73,T;75,A/G
YITCMG325	22,T/C;57,A/C;130,T/C;139,C/G
YITCMG326	11,T/C;41,T/A;91,T/C;177,G
YITCMG328	15,C;47,T/C;86,T/C
YITCMG329	48,T;109,T;111,T/C
YITCMG330	52,A/G;129,T/G;130,A/G

YITCMG331 24,A/G;51,A/G

YITCMG332 62,C/G;63,G;93,A/C

YITCMG333 132,T;176,A/C

YITCMG334 43,G;104,A

YITCMG335 48,A/G;50,T/C;114,G

YITCMG336 28,T/C;56,A/T;140,T/C

YITCMG337 55,T/C;61,T/C

YITCMG338 71,T/C;126,A/G;159,T/C;165,T/C;179,C/G

YITCMG339 48,T/C;81,T/C

YITCMG340 110,C;111,A

YITCMG341 59,A/T;83,T;124,G;146,A/G;210,T/G

YITCMG342 21,T/G;145,T/G;156,A/G;162,T/A;169,T/C;177,T/C

YITCMG343 3,A;39,T

YITCMG344 14,T;29,T/G;47,G;85,G

YITCMG347 19,T/A;21,A/G;29,A/G;108,A/C

YITCMG348 65,T;69,T/C;73,A;124,A

YITCMG349 52,C/G;62,A;74,T/A;136,G

YITCMG351 11,G;109,C;139,C

YITCMG352 108,T/C;109,A/G;138,A/T

YITCMG353 75,A/T;85,T/C;145,A/G

YITCMG354 62,C;134,C

YITCMG355 34,A;64,C;96,A

YITCMG356 45,T/A;47,A/C;72,T/A

YITCMG357 51,G;76,T

YITCMG359 60,T/G;128,T/C

YITCMG360 54,G;64,A;82,T;87,G;92,C

YITCMG361 3,T;102,C

YITCMG362 12,T/C;62,A/T;77,A/G

YITCMG363 57,T;96,T

YITCMG364 7,G;29,A;96,T

YITCMG365 23,T/C;79,T/C;152,C/G

YITCMG366 36,T/C;83,A/T;110,T/C;121,T/A

YITCMG367 21,T/C;145,C/G;165,A/G;174,C/G

YITCMG368 116,T/C;117,C/G

YITCMG369 99,T/C

YITCMG370 18,A/G;105,A/T;117,T/C;134,T/A

YITCMG371 27,A/G;36,T/C

YITCMG372 85,C

YITCMG373 74,A/G;78,A/C

YITCMG374 3,A/G;135,C;137,T/A;138,G;206,A/G

YITCMG375 17,C;107,T/A

YITCMG376 5,A/C;74,A/G;75,A/C;103,C/G;112,A/G

YITCMG377 3,A;42,A/C;77,T/G

YITCMG378 77,T/C;142,A/C

YITCMG379　61,T;71,T/C;80,T/C

YITCMG380　40,A/G

YITCMG382　62,A/G;72,A/C;73,C/G

YITCMG383　53,T/C;55,A/G

YITCMG384　106,A/G;128,T/C;195,T/C

YITCMG385　57,A

YITCMG386　65,G

YITCMG387　111,C/G;114,A/G

YITCMG388　17,T/C;121,A/G;147,T/C

YITCMG389　9,A/T;69,A/G;159,A/C;171,C/G;177,T/C

YITCMG390　9,C;82,T/G;95,A/T

YITCMG391　23,A/G;117,A/C

YITCMG394　9,T/C;38,A/G;62,A/G

YITCMG395　40,A/T;49,T/C

YITCMG396　110,T/C;141,A/T

YITCMG397　97,G

YITCMG398　131,C;132,A;133,A;159,C;160,G;181,T

YITCMG399　7,T/A;41,A/C

YITCMG400　34,T/C;41,T/C;44,T/C;53,T/C;62,T/C;71,C;72,A;90,A/C

YITCMG401　43,T/C;72,T/G;123,A/G

YITCMG402　6,A/T;137,T;155,G

YITCMG405　155,C;157,C

YITCMG406　73,A/G;115,T/C

YITCMG407　13,C;26,G;65,A/C;97,G

YITCMG408　88,T/C;137,A/G

YITCMG409　82,C/G;116,T/C

YITCMG410　2,T/C;4,T/A;20,T/C;40,C/G;155,A/C

YITCMG412　79,A;154,G

YITCMG413　55,A/G;56,C/G;82,T/C

YITCMG414　11,T/A;37,A/G;58,A/G;62,C/G

YITCMG415　84,A/G;114,A/G

YITCMG417　86,C;131,G

YITCMG418　15,T/C;34,A/G

YITCMG419　81,T/A

YITCMG420　35,C;36,A

YITCMG421　9,A/C;67,T/C;87,A/G;97,A/G

YITCMG423　39,T/G;117,G;130,C/G

YITCMG424　69,T;73,G;76,C;89,T

YITCMG425　26,C/G;57,A

YITCMG426　59,C;91,C

YITCMG427　103,T/C;113,A/C

YITCMG428　18,A/G;24,T/C;73,A/G;135,A/G

YITCMG429　61,T;152,A;194,G

YITCMG430　31,T/C;53,T/C;69,T/C;75,A/C

YITCMG431 69,A/G;97,C/G

YITCMG432 69,T;85,C

YITCMG433 14,C;151,T

YITCMG435 28,T;43,C;103,G;106,A;115,A

YITCMG436 2,A/G;25,A;49,A/G;56,A

YITCMG437 36,T/C;44,A/G;92,C/G;98,T/C;151,T/C

YITCMG438 2,A/T;6,A/T;155,T

YITCMG440 64,A;68,G;70,T;78,C

YITCMG441 96,A/G

YITCMG443 28,A/T

YITCMG447 94,A/G;139,A/G;202,A/G

YITCMG448 22,A/C;37,T/C;91,G;95,A/C;112,C/G;126,T/C;145,G

YITCMG450 100,A/G;146,T/A;156,T/G

YITCMG451 26,G;33,A;69,C;74,G;115,C

YITCMG452 89,A/G;96,C/G;151,T/C

YITCMG453 87,A/G;156,T/C

YITCMG454 90,A;92,T;95,T/A;121,T/C

YITCMG455 2,T/C;5,A/G;20,T/C;22,A/G;98,T/C;128,T/C;129,A/G;143,T/A

YITCMG457 124,G

YITCMG458 37,C/G;43,T/C

YITCMG459 120,A;146,A;192,T

YITCMG460 41,T/C;45,T/C;68,A/T;69,A/G;74,A/G

YITCMG461 89,T/C;131,A/G;140,A/G

YITCMG462 1,A;22,C;24,C;26,A

YITCMG463 190,C/G

YITCMG464 78,A/G;101,T/A

YITCMG465 156,T/A

YITCMG466 75,A/T;83,A/G;99,C/G

YITCMG467 9,A/G;11,A/G;161,A/G;162,C/G;179,A/T

YITCMG468 132,C

YITCMG469 12,T/G;70,C/G;71,A/T

YITCMG470 3,T/C;72,T/C;75,A/G;78,C/G

YITCMG471 8,A;65,A/G;88,T/C;159,C

YITCMG472 51,A/G

YITCMG473 65,A/T;91,T/C

YITCMG474 87,A/T;94,A/G;104,T/C;119,A/G

YITCMG475 82,A/G;84,A/G;102,T/C;115,A/C

YITCMG476 22,A/G;54,A/T

YITCMG477 2,T/C;7,T/C;91,C;140,T/A;150,T;153,A/G

YITCMG478 42,T/C

YITCMG479 103,A

YITCMG480 5,A/G;45,A/G;61,C/G;64,A/G

YITCMG481 21,A/G;108,A/G;192,T/G

YITCMG482 65,T/C;87,A/G;114,T/C;142,T/G

YITCMG483   113,A/G;147,A/G

YITCMG484   23,A/G;78,A/G;79,A/G

YITCMG486   40,A/G;109,T;140,A/G;148,T

YITCMG488   51,C/G;76,A/G;127,T/C

YITCMG490   57,C;93,T/C;135,A;165,A

YITCMG492   55,A;83,C;113,C

YITCMG493   5,T;6,G;30,T;48,G;82,G

YITCMG494   43,C;52,A;98,G

YITCMG495   13,C;65,T;73,G

YITCMG496   7,A;26,G;59,A;134,C

YITCMG497   22,G;31,C;33,G;62,T;77,T;78,T;94,C;120,A

YITCMG499   82,T/A;94,T/C

YITCMG500   86,T;87,C

YITCMG501   15,A/T;93,A/G;144,A/G;173,T/C

YITCMG502   4,A/G;127,T/C;130,A/T;135,A/G;140,T/C

YITCMG503   70,A/G;85,A/C;99,T/C

YITCMG504   11,A/C;17,A/G

YITCMG505   14,T/C;54,A/G;99,T/C

YITCMG506   47,A/G;54,A/C

YITCMG507   3,C;24,G;63,A

YITCMG508   96,T/C;115,T/G;140,A/G

YITCMG509   40,T/C;65,T/C;126,A/G

YITCMG510   1,A;95,G;98,A

YITCMG513   86,A/T;104,T/A;123,T/C

YITCMG515   41,T/C;44,T/G

YITCMG516   29,T

YITCMG517   69,A/T;72,T/G;84,A;86,A;163,T

YITCMG518   60,A/G;77,T/G;84,T/G;89,T/C

YITCMG520   65,A/G;83,A/G;136,T/C;157,A/C

YITCMG521   8,T/G;21,G;30,A/G

YITCMG522   72,T/A;137,G;138,C

YITCMG523   36,A/G;92,A/G;111,T;116,G;133,C/G;175,T/C;186,T/A

YITCMG524   19,A/G;81,A/G;100,A/G

YITCMG525   33,T/G;61,T/C

YITCMG527   35,A/G;108,T/G;118,A/C

YITCMG529   129,T/C;144,A;174,T

YITCMG530   76,A/C;81,A/G;113,T/C

YITCMG531   11,T/C;49,T/G

YITCMG532   17,A/C;85,T/C;111,A/G;131,A/C

YITCMG533   183,C

YITCMG535   36,A/G;72,A/G

YITCMG537   118,A/G;123,A/C;135,T/C

YITCMG539　27,T/G;54,T/C;75,A/T;152,T/C

YITCMG540　17,A/T;70,A/G;73,T/C;142,A/G

YITCMG541　70,A/C;130,T/G;176,T/C

YITCMG542　3,A/C;18,T/G;69,T/C;79,T/C

凯　特

YITCMG001　72,C;85,A

YITCMG002　28,G;55,T;102,G;103,C;147,G

YITCMG003　82,G;88,G;104,G

YITCMG004　27,T;73,A/G

YITCMG005　56,A;100,A;105,T/A;170,T/C

YITCMG006　13,T;27,T/C;48,A/G;91,C;95,C/G

YITCMG007　65,T;96,G

YITCMG011　166,A/G

YITCMG012　75,A/T;78,A/G

YITCMG013　16,T/C;56,A/C;69,T/C

YITCMG014　39,T/C;126,A/G;130,T/C;178,C/G;210,A/T

YITCMG015　44,A/G;127,A;129,A/C;174,A/C

YITCMG017　15,T/A;39,A/G;87,T/G;98,C/G

YITCMG018　10,A/G;30,A/G;95,A/G;97,T/A

YITCMG019　36,A;47,C;66,C/G

YITCMG020　70,A/C;100,C/G;139,A/G

YITCMG021　104,A/C;110,T/C

YITCMG022　3,A/T;11,A/T;92,T/G;94,T/G;99,T/C;118,C/G;131,C/G;140,A/G

YITCMG025　72,A/C

YITCMG026　15,T/C;69,A/G

YITCMG027　138,G

YITCMG028　45,A;110,T/G;113,A/T;133,T/G;147,A;167,G;191,A/G

YITCMG029　114,A/C

YITCMG031　48,T/C;84,A/G;96,A/G

YITCMG032　14,A/T;117,C/G;160,A/G

YITCMG033　73,G;85,A/G;145,A/G

YITCMG034　122,A/G

YITCMG035　102,C;126,G

YITCMG036　23,C/G;99,G;110,T;132,C;139,T/C

YITCMG039　1,G;61,A;71,T;104,T;105,G;151,T

YITCMG041　24,A/C;25,A/G;68,T/C

YITCMG042　5,A/G;92,A/T

YITCMG043　56,T;61,A/T;67,C

YITCMG044　167,G

YITCMG046　55,A/C;130,A/G;137,A/C;141,A/G

YITCMG047　37,A/T;60,T/G;65,T/G

YITCMG049　115,A/C;172,A/G

YITCMG050　44,C/G

YITCMG051　15,C;16,A

YITCMG052　63,T/C;70,T/C

YITCMG053　86,A;167,A;184,T

YITCMG054　　34,G;36,T;70,G
YITCMG058　　67,T;78,A
YITCMG059　　84,A;95,A/T;100,T;137,A/G;152,A/T;203,A/T
YITCMG060　　156,T/G
YITCMG061　　107,A/C;128,A/G
YITCMG063　　86,A/G;107,A/C
YITCMG064　　2,A;27,G;74,C/G;109,A/T
YITCMG066　　10,C;64,G;141,G
YITCMG067　　1,C;51,C;76,G;130,C
YITCMG068　　20,T/C
YITCMG072　　75,A/G;104,T/C;105,A/G
YITCMG073　　15,A/G;49,A/G
YITCMG074　　46,T/C;58,C/G;180,T/A
YITCMG075　　168,A
YITCMG076　　129,T/C;162,A/C;163,A/G;171,T/C
YITCMG077　　10,C;27,T;97,T;114,A;128,A;140,T
YITCMG078　　33,A;95,T;147,T;165,A
YITCMG079　　3,G;8,T;10,A;110,C;122,A;125,A
YITCMG080　　43,A/C;55,T/C
YITCMG081　　91,C/G;98,T/G
YITCMG084　　118,A/G;136,A/T;153,A/C
YITCMG085　　6,A;21,C;33,T;157,C;206,C
YITCMG086　　142,C/G;180,A/C
YITCMG088　　33,A
YITCMG089　　92,C;103,C;151,C;161,C
YITCMG090　　17,T/C;46,G;75,T
YITCMG092　　22,A/G;110,T/C;145,A/G
YITCMG093　　72,A/G
YITCMG094　　124,A;144,T
YITCMG096　　24,T/C;57,A/G;66,T/C
YITCMG098　　48,A;51,C;180,T
YITCMG099　　53,A/T;83,A/G;119,A/G;122,A/C
YITCMG100　　124,C;141,C;155,T
YITCMG101　　53,T/G;92,T/G
YITCMG102　　6,C;129,A
YITCMG103　　42,T/C;61,T/C
YITCMG104　　79,G;87,G
YITCMG106　　29,A;32,C;59,C;65,A/G;137,C;198,A/G
YITCMG107　　23,A/G;160,A/G;164,C/G;165,A/T
YITCMG108　　34,A/G;64,C/G
YITCMG109　　17,T/C;29,A/C;136,T/A
YITCMG110　　30,T;32,A;57,C;67,C;96,C
YITCMG111　　23,A/T
YITCMG112　　101,C;110,G

YITCMG113　5,C/G;71,A;85,G;104,G;108,T/C

YITCMG114　75,A/C

YITCMG115　32,T/C;33,T/A;87,T/C;129,A/T

YITCMG117　115,T;120,A

YITCMG118　19,A/G;150,T/A

YITCMG119　16,A/G;73,A/C;150,T/C;162,A/G

YITCMG120　106,T/C;133,C

YITCMG121　32,T;72,G;149,G

YITCMG122　45,A/G;185,A/G;195,A/G

YITCMG123　87,G;130,T

YITCMG124　75,T/C;119,T/A

YITCMG125　123,C/G

YITCMG126　82,T;142,A

YITCMG127　146,G;155,T;156,A

YITCMG129　3,A/T;90,T;104,C;105,C/G

YITCMG130　31,G;70,A/C;108,G

YITCMG131　27,T/C;107,C/G

YITCMG132　43,C;91,T;100,T;169,T

YITCMG133　76,T;83,A/G;86,T;200,A/G;209,T

YITCMG134　23,C;116,T;128,A;139,T;146,G

YITCMG135　34,T/C;63,T/C;173,T/C

YITCMG137　24,A;52,T

YITCMG139　7,G

YITCMG140　6,T

YITCMG141　71,T/G;184,C

YITCMG144　61,C;81,C;143,A;164,G

YITCMG145　7,A;26,G;78,G

YITCMG146　27,T/C;69,A/G;88,T/G;111,T/A

YITCMG148　35,A/G;87,T/C

YITCMG149　25,A/C;30,A/G;138,A/G

YITCMG150　8,T/G;100,A/T;101,G;116,G;123,C/G;128,T/A

YITCMG152　132,A/G

YITCMG153　97,A/C;101,A/G;119,A/G

YITCMG154　5,T;47,C;77,C;141,C

YITCMG155　35,A/G

YITCMG156　20,T/A;28,T/A;44,C/G

YITCMG157　5,A/G;18,A/G;83,C;89,T/C;140,A/G

YITCMG158　67,T/C;96,A;117,G

YITCMG159　137,T

YITCMG160　55,A/G;75,T/C;92,A/G;158,T/C

YITCMG162　26,T/A

YITCMG163　115,A/G

YITCMG164　57,T/C;114,A/G;150,A/G

YITCMG165　121,T/C;174,T/C

YITCMG166　87,G
YITCMG169　51,T/C;78,A/C;99,T/C
YITCMG170　31,G;145,C;150,T;157,A
YITCMG171　9,T;61,C;76,C;98,A
YITCMG173　20,C;144,C;163,T
YITCMG174　9,T/C;10,A/C;84,A/G
YITCMG175　62,A/C
YITCMG176　44,A/G;107,A/G
YITCMG177　7,A/G;44,A/C;124,C/G
YITCMG178　99,T/C;107,T/G;111,A/C
YITCMG180　23,T/C;72,T/C
YITCMG181　134,G
YITCMG182　3,A/G;77,T/C
YITCMG183　24,T;28,A;75,C;76,A;93,C
YITCMG184　45,A;60,C;97,C
YITCMG185　62,A;68,A;80,G;130,A;139,G
YITCMG187　105,T;106,G
YITCMG188　16,T/C;66,A/G;101,A/T
YITCMG189　23,C;51,G;138,T;168,C
YITCMG190　48,G;54,C;117,T;162,G
YITCMG191　34,A/G;36,A/G;108,A/G
YITCMG193　30,T/C;121,T/G;129,A/C;153,T/C
YITCMG194　1,A;32,T;55,A/G;130,T/G;165,T/C
YITCMG195　87,T;122,T/C;128,G;133,A
YITCMG196　19,A/G;91,T/C;190,A/G
YITCMG197　18,C;35,G;144,C/G;178,A;195,T
YITCMG198　70,A/G;71,A/G;100,A/C
YITCMG199　3,A/C
YITCMG202　16,T/C;121,T/G
YITCMG204　76,C;85,A;133,G
YITCMG206　177,A/G
YITCMG207　73,T/C
YITCMG209　27,C
YITCMG216　135,C
YITCMG217　11,A;19,A;154,G;164,C
YITCMG218　5,A;15,T;31,C;59,T;72,C
YITCMG220　151,T/C
YITCMG221　8,C;76,G;131,A;134,A
YITCMG222　1,A;15,C;70,G
YITCMG224　62,A/G;83,A/T;120,G
YITCMG228　72,C;81,C;82,T
YITCMG229　56,T/C;58,T/C;65,T/C;66,T/C
YITCMG230　65,C;103,A
YITCMG231　87,T;108,T

YITCMG232   1,T/C;12,C/G;76,C/G;80,G;152,C;169,T/C;170,G

YITCMG233   127,A/G;130,A;132,G;159,T;162,A

YITCMG235   128,C/G

YITCMG237   24,A;39,G;71,G;76,C

YITCMG238   49,C;68,C

YITCMG239   72,A/G

YITCMG241   23,A/G;32,T/C;42,T/G;46,A/G;54,T/A;75,T/C

YITCMG242   70,T

YITCMG243   64,A/T;120,T/C

YITCMG244   71,C

YITCMG247   19,A/C;40,A/G;46,T/G;123,T/C

YITCMG248   31,A/G;60,T/G

YITCMG249   22,C;83,C/G;167,C;195,A/G;199,A/G

YITCMG251   151,T/C

YITCMG252   26,A/G;78,C/G;82,A/T

YITCMG253   32,T/C;53,A/G;70,A/C;182,A/G;188,T/G;198,T/G

YITCMG254   48,C/G;64,T/C;106,T/G

YITCMG255   87,T/C;163,A/G

YITCMG258   2,T/C;101,A/T;172,C

YITCMG259   127,A/G;180,T/A;182,A/G

YITCMG261   17,T;20,A;29,G;38,G;106,A;109,T

YITCMG262   45,C/G;47,T/G

YITCMG263   42,T/C;77,T/G

YITCMG266   5,G;31,G;62,T

YITCMG267   39,G;108,A;134,T

YITCMG268   23,T/G;30,T/G;68,T/C;152,T/G

YITCMG270   10,A/G;48,T/C;130,T/C

YITCMG271   100,C/G;119,T/A

YITCMG272   43,T/G;74,T/C;87,T/C;110,T/C

YITCMG273   41,C;67,G

YITCMG274   90,A/G;141,G;150,T;175,T/G

YITCMG275   154,A

YITCMG276   41,T;59,A

YITCMG278   1,A;10,G;12,C

YITCMG280   120,T/C;159,T/C

YITCMG281   92,C;96,A

YITCMG282   46,A/G;64,T/C

YITCMG283   67,T/G;112,A/G;177,A/G

YITCMG284   18,A/G

YITCMG285   85,A;122,C

YITCMG286   119,A/G;141,A/C

YITCMG287   2,T/C;38,T/C

YITCMG289   50,T

YITCMG290   13,A/G;21,T;66,C;128,A/T;133,A/C

YITCMG291　96,T/G

YITCMG292　2,A/G

YITCMG293　11,G;170,T

YITCMG296　90,A/C;93,T/C;105,A/T

YITCMG298　44,A;56,A/G;82,A;113,G

YITCMG299　29,A;34,G;103,A

YITCMG300　32,A/C;68,T/C;191,A/G

YITCMG301　76,C;98,G;108,C;111,C;128,G

YITCMG302　96,T

YITCMG305　15,G;68,C

YITCMG306　16,T/C;71,T/A

YITCMG308　34,A/G;35,C/G;45,A/T

YITCMG309　23,T/A;77,A/G;85,C/G

YITCMG310　98,A/G

YITCMG311　155,A/G

YITCMG314　31,G;42,G

YITCMG315　16,T/C;58,A/G;80,A/G;89,T/C

YITCMG316　98,T/C;102,T/C

YITCMG317　38,T/G;151,T/C

YITCMG318　61,T;73,A

YITCMG321　16,G

YITCMG323　6,A;49,C;73,T;75,A/G

YITCMG325　22,C;130,C;139,C

YITCMG326　11,T/C;41,T/A;91,T/C;169,T/G;177,G

YITCMG327　181,T/C

YITCMG328　15,C;47,T/C;86,T/C

YITCMG329　48,T;109,T

YITCMG330　52,A/G;129,T/G;130,A/G

YITCMG332　42,A/G;51,C/G;63,G

YITCMG335　48,A/G;50,T/C;114,G

YITCMG336　28,T/C;56,T/A;140,T/C

YITCMG337　1,A/G;55,T/C;61,T/C;88,T/C

YITCMG340　111,T/G

YITCMG341　83,A/T;124,T/G

YITCMG342　21,T/G;145,T/G;156,G;177,C

YITCMG343　3,A;39,T

YITCMG344　14,T/C;47,A/G;108,T/C

YITCMG345　34,A/T;39,T/G

YITCMG346　7,A/T

YITCMG347　21,A

YITCMG348　28,T/C;65,T;69,T/C;73,A;124,A

YITCMG350　17,A/G;37,A/T;101,T/A;104,T/C

YITCMG351　11,T/G;109,T/C;139,C/G

YITCMG352　108,T/C;109,A/G;138,A/T;159,A/G

YITCMG353   75,T;85,C

YITCMG354   62,C;134,C

YITCMG355   34,A;64,C;96,A

YITCMG356   45,A;47,A;72,A

YITCMG357   51,G;76,T;88,A/G

YITCMG359   60,T;128,T

YITCMG360   54,G;64,A;82,T;87,G;92,C

YITCMG361   3,T/A;102,T/C

YITCMG362   12,T;62,T;77,A

YITCMG363   39,A/G;56,A/G;57,T/C;96,T/C

YITCMG365   23,T/C;79,T/C;152,C/G

YITCMG366   36,T/C;83,T/A;110,T/C;121,A

YITCMG367   21,T/C;145,C/G;165,A/G;174,C/G

YITCMG368   116,T/C;117,A/G;156,A/T

YITCMG369   99,T/C

YITCMG370   105,A/T

YITCMG371   27,A/G;36,T/C

YITCMG372   199,T/A

YITCMG373   74,A/G;78,A/C

YITCMG374   135,T/C;137,T/A;138,A/G

YITCMG375   17,A/C

YITCMG377   3,A;42,C

YITCMG378   49,T/C

YITCMG379   61,T/C

YITCMG383   53,T/C;55,A/G

YITCMG384   106,A/G;128,T/C;195,T/C

YITCMG385   57,A

YITCMG386   65,C/G

YITCMG387   111,C/G;114,A/G

YITCMG388   17,T

YITCMG389   3,T/G;9,T/A;69,A/G;101,A/G;159,A/C;171,C/G;177,T/C

YITCMG390   9,C;82,T/G;95,A/T

YITCMG391   23,G;117,C

YITCMG392   78,A/G;109,C;114,C;116,A/T

YITCMG394   38,A/G;62,A/G

YITCMG395   40,T/A;49,T/C

YITCMG396   110,C;141,A

YITCMG397   89,C/G;92,T/G;97,G;136,A/C

YITCMG398   100,A/C;131,C;132,A;133,A;159,T/C;160,G;181,T

YITCMG401   123,G

YITCMG405   155,C;157,C

YITCMG406   73,G;115,T

YITCMG408   137,G

YITCMG409   82,G;116,T

YITCMG411　81,A/C;84,A

YITCMG412　4,A/T;61,T/C;79,A/G;154,A/G

YITCMG413　55,G;56,C;82,T

YITCMG414　11,T;37,G;58,G;62,G

YITCMG415　84,A;114,G

YITCMG416　80,A/G;84,A/G;94,C/G;112,A/G

YITCMG417　35,C/G;55,A/G;86,T/C;131,A/G

YITCMG418　150,A/C

YITCMG423　41,T/C;117,T/G

YITCMG424　69,T;73,G;76,C;89,T

YITCMG425　57,A

YITCMG428　18,A;24,C

YITCMG429　61,T/A;152,A/G;194,A/G;195,A/T

YITCMG431　69,A;97,G

YITCMG432　69,T;85,C

YITCMG434　27,G;37,T/G;40,A/G

YITCMG435　28,T;43,C;103,G;106,A;115,A

YITCMG436　56,A/T

YITCMG437　36,C

YITCMG439　75,A/C;87,T/C;113,A/G

YITCMG440　64,A;68,G;70,T;78,C

YITCMG441　12,A;74,G;81,C

YITCMG442　2,A/T;68,T/C;127,A/G;132,T/A;162,A/G;170,T/C;171,T/G

YITCMG443　28,A/T;104,A/T;106,T/G;107,T/A;166,A/G

YITCMG444　118,T/A;141,A/G

YITCMG445　72,G

YITCMG446　13,T/C;51,T/C

YITCMG447　202,A/G

YITCMG448　22,A/C;37,T/C;91,G;95,A/C;112,G;126,T/C;145,G

YITCMG449　13,A/G;114,G

YITCMG450　156,T/G

YITCMG452　96,C/G

YITCMG453　87,A;156,C

YITCMG454　90,A;92,T;121,C

YITCMG455　2,T/C;5,A/G;20,T/C;22,A/G;98,T/C;128,T/C;129,A/G;143,A/T

YITCMG457　77,T/A;124,G;156,C/G

YITCMG459　28,A/G;95,T/C;120,A/C;141,A/G;146,A/G;157,T/C;192,T/C;203,A/G

YITCMG460　45,T

YITCMG461　89,T;140,G

YITCMG462　24,C;26,A;36,C;49,C

YITCMG463　190,C/G

YITCMG464　78,A;101,T

YITCMG465　117,T/G;147,A/G

YITCMG467　9,A/G;11,A;14,A/G;86,T/A;161,A/G;179,T/A

YITCMG469　12,T

YITCMG470　78,C/G

YITCMG472　51,A/G

YITCMG473　65,T;91,T

YITCMG475　106,A/C

YITCMG477　2,T/C;7,T/C;91,C;150,T

YITCMG478　42,T

YITCMG479　103,T/A

YITCMG480　5,A/G;45,A/G;61,C/G;64,A/G

YITCMG481　21,A;108,G;192,G

YITCMG483　113,A/G;143,T/C;147,A/G

YITCMG485　34,A/G;116,C/G;125,T/C

YITCMG487　140,C

YITCMG488　51,G;76,G;127,C

YITCMG490　57,T/C;93,T/C;135,A/T;165,A/T

YITCMG491　156,A/G;163,A/G

YITCMG492　55,A/G

YITCMG493　30,T/C

YITCMG495　65,T/G;73,A/G

YITCMG496　5,T/C;26,A/G;60,A/G

YITCMG497　22,G;33,G;62,T;77,T

YITCMG500　86,T;87,C

YITCMG502　4,A/G;12,T/C;130,A/T;135,A/G;140,T/C

YITCMG503　70,A/G;85,A/C;99,T/C

YITCMG504　11,A/C;13,A/G;14,C/G;17,A/G;60,A/G

YITCMG505　54,A/G;99,T/C

YITCMG507　3,T/C;24,A/G;63,A/G

YITCMG508　140,A

YITCMG510　1,A;95,A/G;98,A/G

YITCMG511　39,T;67,A;186,A/G

YITCMG512　25,A;54,A/G;63,G

YITCMG513　75,T/G;86,T/A;104,A/T;123,T/C

YITCMG514　45,A/C

YITCMG516　29,T/G;53,A/C;120,T/G

YITCMG517　163,T

YITCMG518　60,A/G;77,T/G

YITCMG519　129,T/C;131,T/G

YITCMG521　8,T;21,G;30,G

YITCMG522　136,T;137,G;138,C

YITCMG524　19,G;100,G

YITCMG526　51,G;78,T

YITCMG527　115,A

YITCMG530　76,C;81,A;113,T

YITCMG531　11,T/C;49,T/G

YITCMG533　　85,A;183,C;188,G

YITCMG534　　40,A/T;122,C/G;123,T/C

YITCMG537　　118,A/G;135,T/C

YITCMG539　　27,T/G;54,T/C;75,A/T;152,T/C

YITCMG540　　17,T/A;70,A/G;73,T/C;142,A/G

YITCMG541　　130,G;176,C

YITCMG542　　69,T;79,C

肯　特

YITCMG001　72,C;85,A

YITCMG002　28,G;55,T;102,G;103,C;147,G

YITCMG003　82,G;88,G;104,G

YITCMG004　27,T;73,A/G

YITCMG005　56,A;100,A;105,A/T;170,T/C

YITCMG006　13,T;27,T/C;48,A/G;91,C;95,C/G

YITCMG007　65,T;96,G

YITCMG011　166,A/G

YITCMG012　75,A/T;78,A/G

YITCMG013　16,T/C;56,A/C;69,T/C

YITCMG014　39,T/C;126,A/G;130,T/C;178,C/G;210,A/T

YITCMG015　44,A/G;127,A/G;129,A/C;174,A/C

YITCMG018　30,A

YITCMG019　36,A/G;47,T/C;66,C/G

YITCMG020　70,C;100,C;139,G

YITCMG021　104,A/C;110,T/C

YITCMG022　3,A;11,A;92,T/G;94,T/G;99,C;118,C/G;131,C;140,A/G

YITCMG027　138,G

YITCMG028　45,A;110,G;133,T;147,A;167,G

YITCMG030　55,A/G

YITCMG031　48,T/C;84,A/G;96,A/G

YITCMG032　117,C/G

YITCMG033　73,A/G;85,A/G;145,A/G

YITCMG037　12,T/C;13,A/G;39,T/G

YITCMG039　1,G;61,A;71,T;104,T;105,G;151,T

YITCMG042　5,A/G;92,T/A

YITCMG043　56,T/C;61,T/A;67,T/C

YITCMG044　167,G

YITCMG046　55,A/C;130,A/G;137,A/C;141,A/G

YITCMG047　37,T/A;60,T;65,G

YITCMG048　199,A/C

YITCMG049　11,A/G;13,T/C;16,T/C;76,A/C;115,C;172,A/G

YITCMG050　44,C

YITCMG051　15,C;16,A

YITCMG052　63,T;70,C

YITCMG053　86,A;167,A;184,T

YITCMG054　34,A/G;36,T/C;70,A/G;151,A/G

YITCMG056　34,T;178,G;204,A

YITCMG057　98,T/C;99,A/G;134,T/C

YITCMG058　67,T/G;78,A/G

YITCMG059　84,A;95,A/T;100,T;137,A/G;152,A/T;203,A/T

YITCMG060　156,T

YITCMG061　107,A/C;128,A/G

YITCMG063　86,A;107,C

YITCMG064　2,A;27,G

YITCMG065　136,T/C

YITCMG066　10,C;64,G;141,G

YITCMG067　1,C;51,C;76,G;130,C

YITCMG072　75,A/G;104,T/C;105,A/G

YITCMG073　15,A/G;49,A/G

YITCMG074　46,T/C;58,C/G;180,T/A

YITCMG075　168,A

YITCMG076　129,T;162,C;163,A;171,T

YITCMG077　10,C;27,T;97,T;114,A;128,A;140,T

YITCMG078　33,A;95,T;147,T;165,A

YITCMG079　3,G;8,T;10,A;110,C;122,A;125,A

YITCMG082　97,A/G

YITCMG083　123,A/G;161,A/C;169,C/G

YITCMG084　118,G;136,T;153,A

YITCMG085　6,A/C;21,T/C;24,A/C;33,T/C;157,T/C;206,T/C;212,T/C

YITCMG086　142,C/G

YITCMG088　33,A

YITCMG089　92,A/C;103,T/C;151,C/G;161,T/C

YITCMG090　17,C;46,G;75,T

YITCMG092　22,A/G;110,T/C;145,A/G

YITCMG095　189,T/C

YITCMG096　24,T/C;57,A/G;66,T/C

YITCMG098　48,A;51,C;180,T

YITCMG100　124,C;141,C;155,T

YITCMG101　53,T;92,T

YITCMG102　6,C;129,A

YITCMG106　29,A;32,C;59,C;137,C;198,A

YITCMG107　23,A/G;160,A/G;164,C/G;165,A/T

YITCMG108　34,A/G;61,A/C;64,C/G

YITCMG110　30,T;32,A;57,C;67,C;96,C

YITCMG112　101,C/G;110,A/G

YITCMG113　5,G;71,A;85,G;104,G

YITCMG114　75,A

YITCMG116　91,T/C

YITCMG117　115,T/C;120,A/G

YITCMG118　2,A;13,G;19,A;81,C

YITCMG120　133,C

YITCMG121　32,T/A;72,T/G;149,A/G

YITCMG122　45,A/G;185,A/G;195,A/G

YITCMG123　87,A/G;111,T/C;130,T/G

YITCMG126　82,T;142,A

YITCMG127　146,G;155,T;156,A

YITCMG129　3,A/T;90,T/C;104,T/C;105,C/G

YITCMG130　31,C/G;108,A/G

YITCMG132　43,C/G;91,T/C;100,T/C;169,T

YITCMG133　76,T/G;83,A/G;86,T/G;209,A/T

YITCMG134　23,C;98,T/C;116,T/A;128,A;139,T;146,C/G

YITCMG135　34,T/C;63,C;69,C/G;173,T

YITCMG137　24,A;52,T

YITCMG139　7,G

YITCMG141　71,T/G;184,C

YITCMG143　73,A

YITCMG145　7,A/G;26,A/G;43,A/C;78,T/G

YITCMG150　101,G;116,G

YITCMG153　97,A/C;101,A/G;119,A

YITCMG154　5,T/C;47,A/C;77,T/C;141,T/C

YITCMG157　18,A/G;83,T/C

YITCMG158　67,T/C;96,A/G;117,A/G

YITCMG159　137,T/C

YITCMG161　71,A/G;74,T/C

YITCMG162　26,A/T

YITCMG163　115,A/G

YITCMG164　57,T/C;114,A/G;150,A/G

YITCMG165　121,T/C;174,T/C

YITCMG166　87,G

YITCMG169　51,T/C;78,A/C;99,T/C

YITCMG170　139,C/G;142,A/G;145,C;150,A/T;151,T/C;157,A;164,A/G

YITCMG171　9,T;61,C;76,C;98,A

YITCMG172　164,A;168,G;186,G;187,G

YITCMG173　11,C/G;17,A/C;20,T/C;144,T/C;161,A/G;162,T/C

YITCMG174　9,T/C;10,T/C;84,A/G

YITCMG175　62,A/C

YITCMG176　44,A/G;107,A/G

YITCMG177　7,A/G;44,A/C;124,C/G

YITCMG178　99,T/C;107,T/G;111,A/C

YITCMG180　23,T/C;72,T/C

YITCMG181　134,G

YITCMG183　24,A/T;28,A/G;75,T/C;76,A/G;93,T/C

YITCMG184　45,T/A;60,A/C;97,C/G

YITCMG185　62,A/G;68,A/T;80,A/G;130,A/C;139,A/G

YITCMG187　33,T;105,T;106,G

YITCMG189　23,T/C;51,A/G;125,A/G;138,T/A;168,T/C;170,T/C

YITCMG190　48,G;54,C;117,T;162,G

YITCMG191　34,A/G;36,A/G;108,A/G

YITCMG193　　30,C;121,G;129,C;153,T

YITCMG194　　1,A;32,T;55,A;165,C

YITCMG195　　71,T/A;87,T/C;122,T/C;128,A/G;133,A/G

YITCMG196　　19,A/G;91,T/C;190,A/G;191,T/C

YITCMG197　　18,C;35,G;144,C;178,A;195,T

YITCMG198　　70,A/G;71,A/G;100,A/C

YITCMG199　　131,A/C

YITCMG204　　76,C;85,A;133,G

YITCMG209　　27,A/C

YITCMG216　　135,T/C

YITCMG217　　164,T;185,T;191,T/C

YITCMG218　　5,A;31,C;59,T;72,C

YITCMG219　　121,G

YITCMG221　　8,C;76,G;131,A;134,A

YITCMG222　　1,T/G;15,T/C;31,A/G;46,A/G;70,C/G

YITCMG223　　23,T;29,T;41,T/C;47,A/G;48,T/C

YITCMG226　　51,T/C;72,A;117,T

YITCMG227　　6,A/G;26,T/C

YITCMG228　　72,C;81,C;82,T

YITCMG229　　56,T;58,C;65,T;66,T

YITCMG230　　65,C;103,A

YITCMG231　　87,T/C;108,T/C

YITCMG232　　1,C;12,C/G;64,T/C;76,A/G;80,G;152,C;169,T;170,G

YITCMG234　　54,T/A;55,T/C;103,A/G;122,T/G;183,A/T

YITCMG235　　128,C/G

YITCMG237　　24,A;28,A/G;39,G;71,C/G;76,T/C

YITCMG238　　49,T/C;68,C

YITCMG239　　72,A/G

YITCMG242　　70,T

YITCMG244　　71,T/C

YITCMG247　　19,A/C;40,A/G;46,T/G;123,T/C

YITCMG248　　31,A/G;60,T/G

YITCMG249　　22,C;83,C/G;167,C;195,A/G;199,A/G

YITCMG251　　151,T/C

YITCMG252　　26,A/G;78,C/G;82,T/A

YITCMG253　　32,T/C;53,A/G;70,A/C;182,A/G;188,T/G;198,T/G

YITCMG254　　48,C/G;64,T/C;106,T/G

YITCMG256　　19,T/A;32,T/C;47,A/C;52,C/G;66,A/G;81,A/G

YITCMG257　　58,T/C;89,T/C

YITCMG258　　2,C;101,T;172,C

YITCMG259　　24,T/A;127,A/G;180,T;182,A

YITCMG260　　11,C/G;63,A/G;154,A;159,A

YITCMG261　　17,T/C;38,T/G;106,A/T;109,T/C

YITCMG262　　47,T/G;89,T/C

YITCMG263　91,A/G

YITCMG266　5,G;31,G;62,T

YITCMG268　23,T/G;30,T/G;68,T/C;152,T/G

YITCMG270　10,A/G;48,T/C;130,T/C

YITCMG271　100,G;119,T

YITCMG272　43,T/G;74,T/C;87,T/C;110,T/C

YITCMG273　41,C/G;67,A/G

YITCMG274　90,A/G;141,G;150,T;175,T/G

YITCMG275　154,A

YITCMG276　41,T;59,A

YITCMG278　1,A/G;10,A/G;12,A/C

YITCMG280　62,T/C;85,C/G;121,A/G;144,T/G;159,T/C

YITCMG281　18,A/G;22,A/G;92,C;96,A

YITCMG282　46,A;64,C;98,T/C

YITCMG283　67,T/G;112,A/G;177,A/G

YITCMG285　85,A/G;122,C/G

YITCMG286　119,A;141,C

YITCMG289　27,A/C;50,T;60,A/T;75,A/G

YITCMG290　13,A/G;21,T;66,C;128,A/T;133,A/C

YITCMG293　170,T;174,T/C;184,T/G

YITCMG294　82,A/C;99,T/G;108,T/A;111,T/C

YITCMG295　15,A/G;71,T/A

YITCMG296　90,A/C;93,T/C;105,A/T

YITCMG297　128,T/C;147,A/C

YITCMG298　44,A/G;82,A/G;113,A/G

YITCMG299　29,A;34,A/G;103,A/G

YITCMG300　191,A

YITCMG301　76,C/G;98,A/G;108,C;111,T/C;128,T/G

YITCMG302　96,T/C

YITCMG303　10,A/T;21,A/G;54,T/G

YITCMG305　15,A/G;68,C/G

YITCMG306　16,T/C;71,T/A

YITCMG310　98,A/G

YITCMG311　155,A/G

YITCMG314　31,G;42,G

YITCMG315　16,T/C

YITCMG316　98,T/C;102,T/C

YITCMG317　38,G;151,C

YITCMG318　61,T;73,A

YITCMG319　147,T/C

YITCMG320　4,A/G;87,T/C

YITCMG321　16,G

YITCMG323　6,A/T;49,A/C;73,T/C;75,A/G

YITCMG325　57,C

YITCMG326　11,A/C;41,T/A;161,T/C;169,T/G;177,G;179,A/G

YITCMG328　15,C;47,T/C;86,T/C

YITCMG329　48,T;109,T

YITCMG330　52,A/G;129,T/G;130,A/G

YITCMG332　42,A/G;51,C/G;63,G

YITCMG335　48,A/G;50,T/C;114,G

YITCMG336　28,T/C;56,A/T;140,T/C

YITCMG337　55,C;61,C

YITCMG338　165,T;179,G

YITCMG340　111,T/G

YITCMG341　83,A/T;124,T/G

YITCMG342　21,T/G;145,T/G;156,G;177,C

YITCMG343　3,A;39,T

YITCMG344　14,T/C;47,A/G;108,T/C

YITCMG345　25,C/G;31,T/A;34,T/A;39,T

YITCMG346　7,A/T

YITCMG347　19,A/T;21,A/G;29,A/G;108,A/C

YITCMG348　65,T;69,C;73,A;124,A

YITCMG349　52,C;62,A;74,A;136,G

YITCMG350　17,A/G

YITCMG351　11,T/G;109,T/C;139,C/G

YITCMG353　75,T/A;85,T/C

YITCMG354　62,C;66,A/G;81,A/C;134,C

YITCMG355　34,A;64,C;96,A

YITCMG356　45,A;47,A;72,A

YITCMG357　51,G;76,T;88,A/G

YITCMG359　60,T;128,T

YITCMG360　54,T/G;64,A;82,T/C;87,G;92,C

YITCMG362　12,T;62,T;77,A

YITCMG363　57,T/C;96,T/C

YITCMG364　7,A/G;29,A/G;96,T/C

YITCMG366　121,T/A

YITCMG368　117,A/C;156,A/T

YITCMG369　76,A/C;82,T/C;83,T/C;84,T/G;85,C/G;86,A/C;87,A/T;104,A/G;141,A/G

YITCMG370　18,A/G;117,T/C;134,T/A

YITCMG372　199,T

YITCMG373　74,A/G;78,A/C

YITCMG374　135,C;137,A;138,G

YITCMG375　17,A/C

YITCMG376　5,A/C;74,G;75,C;103,C/G;112,A/G

YITCMG377　3,A;42,A/C;77,T/G

YITCMG378　49,T/C

YITCMG379　61,T/C

YITCMG380　40,A/G

YITCMG382 62,A/G;72,A/C;73,C/G

YITCMG383 53,T/C;55,A/G

YITCMG384 52,T/G;106,A/G;128,T/C;195,T/C

YITCMG385 57,A

YITCMG386 65,C/G

YITCMG387 111,C/G;114,A/G

YITCMG388 17,T;121,A/G;147,T/C

YITCMG389 3,T;9,A;69,A;101,A;159,C

YITCMG390 9,C;82,T;95,A

YITCMG391 23,G;117,C

YITCMG392 14,A/G;109,C;114,C;116,T/A

YITCMG394 38,A/G;48,T/G;62,A/G

YITCMG395 45,T/C

YITCMG396 110,C;141,A

YITCMG397 89,C;92,G;97,G;136,A

YITCMG398 131,C;132,A;133,A;159,C;160,G;181,T

YITCMG401 123,G

YITCMG405 155,C;157,C

YITCMG406 73,G;115,T

YITCMG408 137,G

YITCMG409 82,G;116,T

YITCMG410 2,T/C;4,A/T;20,T/C;40,C/G

YITCMG411 81,A/C;84,A

YITCMG412 4,A/T;61,T/C;79,A/G;154,A/G

YITCMG413 55,G;56,C;82,T

YITCMG414 11,T;37,G;58,G;62,G

YITCMG415 84,A;114,G

YITCMG416 80,A/G;84,A/G;94,C/G;112,A/G

YITCMG417 35,C/G;55,A/G;86,T/C;131,A/G

YITCMG418 150,A/C

YITCMG419 73,T/A;81,A/T;195,A/G

YITCMG423 41,T/C;117,T/G

YITCMG424 69,T/G;73,A/G;76,C/G;89,T/A

YITCMG425 57,A/G;66,T/C

YITCMG426 59,T/C;91,C/G

YITCMG427 103,T/C;113,A/C

YITCMG428 18,A/G;24,T/C

YITCMG429 61,T;152,A

YITCMG430 31,T/C;53,T/C;69,T/C;75,A/C

YITCMG431 69,A;97,G

YITCMG432 69,T;85,C

YITCMG435 28,T/C;43,T/C;103,A/G;106,A/G;115,A/T

YITCMG436 56,T/A

YITCMG437 36,T/C;39,A/T;44,A/G;92,C/G;98,T/C

YITCMG438 2,A/T;3,T/C;6,A/T;155,T/G

YITCMG439 87,T/C;113,A/G

YITCMG440 64,A;68,G;70,T;78,C

YITCMG441 12,A;74,G;81,C

YITCMG442 2,A/T;68,T/C;127,A/G;132,T/A;162,A/G;170,T/C;171,T/G

YITCMG443 28,T;104,T;106,T;107,A;166,G

YITCMG444 118,A;141,G

YITCMG445 72,G

YITCMG446 13,T;51,T;88,T/C

YITCMG447 202,A/G

YITCMG448 91,G;112,G;145,G

YITCMG449 12,T/C;13,A/G;114,C/G

YITCMG450 156,G

YITCMG453 87,A;130,C;156,C

YITCMG455 2,T/C;5,A/G;20,T/C;22,A/G;98,T/C;128,T/C;129,A/G;143,T/A

YITCMG456 32,A/G;48,A/G

YITCMG457 77,T/A;89,T/C;98,T/C;113,T/C;124,G;156,C/G

YITCMG459 120,A;146,A;192,T

YITCMG460 45,T

YITCMG461 89,T;140,G

YITCMG462 24,C;26,A;36,C;49,C

YITCMG463 190,C/G

YITCMG464 78,A/G;101,T/A

YITCMG465 117,T/G;147,A/G

YITCMG467 9,A/G;11,A;14,A/G;86,T/A;161,A/G;179,T/A

YITCMG470 72,T/C;75,A/G

YITCMG473 65,T;91,T

YITCMG475 82,A/G;84,A/G;102,T/C

YITCMG477 3,T/G;7,T;14,T/G;91,C;150,T

YITCMG481 21,A;108,G;192,G

YITCMG483 113,G;143,C;147,A

YITCMG485 86,A/G;116,C/G;125,T/C

YITCMG487 140,C

YITCMG488 51,G;76,G;127,C

YITCMG491 156,G

YITCMG492 55,A/G

YITCMG493 30,T/C

YITCMG497 22,A/G;33,C/G;62,T/C;77,T/G

YITCMG499 82,T/A;94,T/C;121,A/G

YITCMG502 12,T/C;127,T/C

YITCMG503 70,A/G;85,A/C;99,T/C

YITCMG504 11,A/C;17,A/G

YITCMG505 54,A/G;99,T/C

YITCMG507 3,T/C;24,A/G;63,A/G

YITCMG508 96,T/C;115,T/G;140,A/G
YITCMG510 1,A;95,A/G;98,A/G
YITCMG513 75,T/G;86,A/T;104,T/A;123,T/C
YITCMG514 45,C
YITCMG515 41,T/C;44,T/G
YITCMG516 29,T
YITCMG517 163,T
YITCMG518 60,A/G;77,T/G
YITCMG519 129,T/C;131,T/G
YITCMG521 8,T/G;21,C/G;30,A/G
YITCMG522 127,T
YITCMG524 19,G;100,G
YITCMG526 51,A/G;78,T/C
YITCMG527 115,A/G
YITCMG530 76,C;81,A;113,T
YITCMG531 99,T/A
YITCMG533 85,A;183,C;188,G
YITCMG534 40,A/T;122,C/G;123,T/C
YITCMG537 118,A/G;135,T/C
YITCMG539 27,G;75,A/T
YITCMG540 17,T;70,A/G;73,T;142,A
YITCMG541 130,G;176,C
YITCMG542 69,T;79,C

镰刀芒

YITCMG001　53,G;78,G;85,A

YITCMG003　29,T/C

YITCMG004　27,T;83,T/C

YITCMG006　13,T;27,T;91,C;95,G

YITCMG007　62,T;65,T;96,G;105,A

YITCMG008　50,C;53,C;79,A

YITCMG010　40,T/C;49,A/C;79,A/G

YITCMG011　36,A/C;114,A/C

YITCMG012　75,T/A;78,A/G

YITCMG013　16,C;56,A;69,T

YITCMG014　126,A;130,T;203,A/G

YITCMG015　127,A;129,C;174,A

YITCMG017　17,G;24,T/C;39,A/G;98,C;121,T/G

YITCMG018　10,A/G;30,A;95,A/G;97,A/T;104,T/A

YITCMG019　36,A;47,C;98,T/A

YITCMG020　70,A/C;100,C/G;139,A/G

YITCMG021　129,C

YITCMG022　3,A/T;41,T/C;99,T/C;129,A/G;131,C/G

YITCMG023　142,T;143,C;152,T/C

YITCMG024　68,A;109,C

YITCMG025　108,T/C

YITCMG026　16,A;81,T

YITCMG027　19,C;30,A;31,G;62,G;119,G;121,A;131,G;153,G;163,T

YITCMG030　55,A

YITCMG032　117,C

YITCMG033　73,G;85,G;145,G

YITCMG034　122,G

YITCMG035　102,C;126,G

YITCMG036　99,C/G;110,T/C;132,A/C

YITCMG037　12,C;13,A;39,T

YITCMG038　155,G;168,G

YITCMG039　1,G;19,G;105,G

YITCMG040　40,C;50,C

YITCMG041　24,T;25,A;68,T

YITCMG042　5,A/G;92,T/A

YITCMG043　56,T;61,A;67,C

YITCMG044　7,T;22,C;189,T

YITCMG045　92,T;107,T

YITCMG049　115,C

YITCMG051　15,C;16,A

YITCMG052　63,T;70,C;139,T/C

YITCMG053   85,A/C;167,A/G

YITCMG054   36,T;72,A/C;73,A/G;84,A/C;87,T/C;168,T/C;170,T/C

YITCMG056   34,T/C

YITCMG057   98,T;99,G;134,T

YITCMG058   67,T;78,A

YITCMG059   84,A;95,T;100,T;137,A;152,T;203,G

YITCMG060   156,T

YITCMG061   107,A/C;128,A/G

YITCMG063   86,A/G;107,A/C

YITCMG065   37,T/G;56,T/C;136,T/C

YITCMG066   10,A/C;64,A/G;141,T/G

YITCMG067   1,C;51,C;76,G;130,C

YITCMG068   49,T/G;91,A/G;157,A/G

YITCMG069   37,A/G;47,A/T;100,A/G

YITCMG071   142,C;143,C

YITCMG072   54,A/C

YITCMG073   19,A;28,C;106,C

YITCMG075   2,T/G;27,T/C;125,C;169,A/G;185,T

YITCMG076   162,A/C;171,T/C

YITCMG078   15,A/T;93,A/C;95,T/C

YITCMG079   3,G;8,T;10,A;110,C;122,A;125,A

YITCMG080   43,A/C;55,T/C

YITCMG081   91,G;115,A

YITCMG082   43,A/C;58,T/C;97,A/G

YITCMG083   123,T/G;169,G

YITCMG084   118,G;136,T;153,A/C

YITCMG085   6,A;21,C;24,A/C;33,T;157,T/C;206,C

YITCMG086   111,A;182,T;186,T

YITCMG088   17,A/G;31,T/G;33,A;98,C

YITCMG089   92,C;103,C;151,C;161,C

YITCMG090   48,G;113,C

YITCMG091   33,G;59,A

YITCMG092   22,G;110,C;145,A

YITCMG094   124,A;144,T

YITCMG095   51,C;78,C;184,A

YITCMG096   57,A;63,C

YITCMG098   48,A/G;51,T/C;180,T/C

YITCMG100   124,C;141,C;155,T

YITCMG102   20,A;135,C

YITCMG105   31,C;69,A

YITCMG106   29,A;32,C;65,G;130,A;137,C

YITCMG107   143,C;160,G;164,C

YITCMG108   34,A;64,C

YITCMG109   17,C;29,C;136,A

YITCMG112   101,C/G;110,A/G
YITCMG113   71,A/G;85,G;104,A/G;108,T/C;131,A/G
YITCMG114   42,T;46,A;66,T
YITCMG115   87,C
YITCMG117   115,T/C;120,A/G
YITCMG119   72,C/G;73,A/C;150,T/C;162,A/G
YITCMG120   106,T/C;121,A/G;130,C/G;133,C
YITCMG121   32,T/A;72,G;91,C/G;138,A/G;149,T/G
YITCMG122   45,G;185,G;195,A
YITCMG123   87,A/G;88,T/C;94,T/C;130,T/G
YITCMG124   75,C;119,T
YITCMG127   156,A
YITCMG128   163,A
YITCMG129   90,T;104,C;105,C
YITCMG130   31,G;83,T;108,G
YITCMG131   27,C;107,C
YITCMG132   43,C;91,T;100,T;169,T
YITCMG133   76,T;86,T;200,G;209,T
YITCMG134   23,C;116,T;128,A;139,T;146,G
YITCMG135   173,T
YITCMG136   169,A/G
YITCMG137   1,T/C;24,A/G;48,A/G;52,T;62,A/T
YITCMG138   6,T/A;16,T/G;36,A/C
YITCMG139   7,G;33,A/G;35,A/G;152,T/C;165,A/C;167,A/G
YITCMG141   71,T;184,C
YITCMG144   4,G
YITCMG147   62,T;66,T
YITCMG149   25,A/C;30,A/G;174,T/C
YITCMG150   99,T/C;101,A/G;116,T/G
YITCMG152   83,A
YITCMG153   97,A/C;101,A/G;119,A
YITCMG154   5,T;26,T;47,C;60,G;77,C;130,C;141,C
YITCMG155   31,T;51,C;123,T/C;155,A/G
YITCMG156   28,A/T;36,T/G;44,C/G
YITCMG157   83,T/C
YITCMG158   67,C;96,A;117,G
YITCMG159   84,T/C;89,A/C;92,A/C;137,T
YITCMG160   55,A/G;75,T/C;92,A/G;107,T/G;158,T/C
YITCMG161   71,A/G;74,T/C
YITCMG163   96,T;114,T;115,G;118,T
YITCMG165   174,C
YITCMG166   13,T;87,G
YITCMG168   171,G
YITCMG169   51,C;78,C;99,T

YITCMG171   11,A/G;61,T/C;76,T/C

YITCMG172   164,A;168,G;186,G;187,G

YITCMG173   11,G;17,A;20,C;144,C;161,A;162,T

YITCMG174   5,T/G;9,T/C;10,A/C;31,A/G;84,A

YITCMG175   32,T/G;62,A/C

YITCMG176   44,A/G;107,A/G;127,A/C

YITCMG177   20,T/C

YITCMG178   44,A/G;99,T;107,G

YITCMG180   23,C;72,C;75,C/G

YITCMG182   3,A/G;59,T/C;66,A/T;77,T/C

YITCMG183   24,T;28,A/G;75,T/C

YITCMG184   43,A/G;45,A;60,C;64,C/G;97,C;127,T/G

YITCMG185   68,T/A;130,T/C

YITCMG187   105,T;106,G

YITCMG188   16,T/C;66,A/G;101,T/A

YITCMG189   23,T/C;51,A/G;138,A/T;168,T/C

YITCMG190   117,T;162,G

YITCMG193   3,A/G;9,A/T;30,T/C;39,A/G;99,T/C;120,T/G;121,G;129,A/C;153,T

YITCMG194   1,T/A;32,A/T

YITCMG195   87,T/C;128,A/G;133,A/G

YITCMG196   91,C/G;197,A

YITCMG197   18,C;35,G;178,A;195,T

YITCMG199   3,T;56,A;62,C/G;173,C;175,G

YITCMG200   38,C;53,G

YITCMG201   113,A/C;120,T/G;179,T/A;185,T/G;194,T/C

YITCMG202   16,C;112,A;121,T

YITCMG203   28,G;42,T;130,C

YITCMG206   66,G;83,G;132,G;155,G

YITCMG207   82,A/G;156,T

YITCMG208   86,A;101,T

YITCMG209   24,T;27,C;72,C

YITCMG210   6,C;21,A;96,T;179,T

YITCMG211   11,A/C;133,A;139,A

YITCMG212   17,G;111,G;129,C

YITCMG213   55,A;102,T;109,C

YITCMG214   5,A/T

YITCMG217   164,T;181,T/C;185,T;196,A/G;197,A/G

YITCMG218   31,C;59,T;72,C;108,T

YITCMG219   89,C;125,T/C

YITCMG220   64,A/C;67,C/G;126,A/G

YITCMG221   8,C;110,G;131,A;134,A

YITCMG222   1,T/G;15,T/C;70,C/G

YITCMG223   23,T;29,T;77,A/G

YITCMG225   61,A/G;67,T/C

YITCMG226   51,T/C;72,A;117,T

YITCMG227   6,G;26,T;99,A/G

YITCMG229   56,T/C;58,T/C;65,T/C;66,T/C

YITCMG230   17,A/C;65,C;103,A;155,A/G

YITCMG231   12,T/C

YITCMG232   1,C;76,G;80,G;152,C;169,T;170,G

YITCMG233   130,A;132,G;159,T;162,A

YITCMG234   54,T;103,A;183,A;188,G

YITCMG235   128,G

YITCMG236   94,A;109,A

YITCMG237   24,T/A;39,G;105,A/G

YITCMG238   49,T/C;61,A/C;68,C

YITCMG239   46,T/C;59,T/C;72,A

YITCMG240   21,A/G;96,A/G

YITCMG241   23,A/G;32,T/C;42,T/G;46,A/G;54,A/T;75,T/C

YITCMG242   70,T

YITCMG244   71,T/C;109,T/G;113,T/C

YITCMG246   51,T/C;70,T/C;75,A/G

YITCMG247   19,A/C;30,A/C;40,A/G;46,T/G;113,T/G;123,T/C;184,C/G

YITCMG248   31,A;35,G;60,G

YITCMG249   22,C;142,T;167,C;195,G;199,A

YITCMG250   92,C;98,T;99,G

YITCMG252   26,A/G;69,T/C;82,A/T

YITCMG253   32,T/C;53,A/G;182,A/G;188,T/G

YITCMG254   48,C;82,T/C;106,G

YITCMG255   67,T/G;155,C/G;163,A/G;166,T/C

YITCMG256   19,G;47,C;66,G

YITCMG257   58,T/C;77,T/C;89,T/C

YITCMG258   170,A;172,C

YITCMG259   24,T;180,T;182,A

YITCMG260   63,A/G;154,T/A;159,A/C

YITCMG261   38,T/G;106,A/T;109,T/C

YITCMG262   47,T

YITCMG263   91,A

YITCMG264   14,T/G;47,A/G;59,T/C;65,T/C

YITCMG265   138,T/C;142,C/G

YITCMG266   5,A/G;24,T/G;31,A/G;62,C/G;91,A/G

YITCMG267   39,G;108,A;134,T

YITCMG268   150,A/G

YITCMG269   43,A;91,T

YITCMG270   10,A;48,T/C;52,A/G;69,A/C;122,T/C;130,T;134,T/C;143,T/C;162,T/C;168,A/G;
191,A/G

YITCMG271   100,C/G;119,T/A

YITCMG272   43,G;74,T;87,C;110,T

YITCMG273   41,C/G;67,A/G

YITCMG274   90,A/G;141,A/G;150,T/C

YITCMG275   106,C;131,A

YITCMG276   41,T;59,A

YITCMG277   24,T/C

YITCMG279   94,A/G;113,A/G;115,T/C

YITCMG280   62,C;85,C;121,A;144,T;159,C

YITCMG281   18,G;22,G;92,C;96,A

YITCMG282   34,T/C;46,A/G;64,T/C;70,T/G;98,T/C;116,A/G;119,C/G

YITCMG283   67,T;112,A;177,G

YITCMG284   55,T;94,T

YITCMG285   85,A/G;122,C/G

YITCMG286   119,A/G;141,A/C

YITCMG287   2,C;38,T;170,A/C

YITCMG288   79,T/C

YITCMG289   50,T;60,T/A;75,A/G

YITCMG290   21,T/G;66,C/G

YITCMG292   85,T/C;99,T/A;114,T/C;126,A/C

YITCMG293   69,T/A;170,A/T;207,A

YITCMG294   7,A/G;32,C/G;82,T/A;99,T/G;108,T/A

YITCMG295   15,A/G;71,T/A

YITCMG296   90,A/C;93,T/C;105,T/A

YITCMG298   44,A;82,A;113,G

YITCMG299   22,C/G;29,A;117,C/G

YITCMG300   32,A/C;68,T/C;118,T/C;199,C/G

YITCMG301   108,C

YITCMG302   11,T/G;40,A/G;96,T/C

YITCMG303   10,T/A;21,A/G;54,T/G

YITCMG304   6,A/G;30,T/G;35,A;42,G;45,A/C;116,G;121,A/C

YITCMG305   50,A/C;67,T/G;68,C

YITCMG306   16,C;69,A;85,T/G;92,C/G

YITCMG307   11,T/C;23,T/C;25,A/C;37,G

YITCMG309   23,T/A;77,A/G;85,C/G

YITCMG310   98,G

YITCMG311   83,C;101,C;155,A

YITCMG312   42,T;104,A

YITCMG313   125,T

YITCMG314   53,C

YITCMG316   98,T/C;102,T/C;191,T/C

YITCMG317   38,T/G;98,A/G;151,T/C

YITCMG318   61,T;73,A;139,T/C

YITCMG319   147,T/C

YITCMG320   4,A/G;87,T/C

YITCMG321   16,G;83,T/C

YITCMG322 72,T/C;77,T/C;91,T/A;102,T/C
YITCMG323 6,T/A;49,C;73,T;108,C/G
YITCMG324 55,T;56,G;74,G;195,A
YITCMG325 22,C;38,A;130,C;139,C
YITCMG326 169,T/G;177,A/G
YITCMG327 115,T/C;121,A/G
YITCMG328 15,C;47,C;86,C
YITCMG329 48,T;109,T
YITCMG330 52,A;129,G;130,A
YITCMG331 24,A/G;51,A/G;154,A/G
YITCMG332 62,G;63,G;93,A
YITCMG333 132,T/C;176,A/C
YITCMG336 28,C;56,A;140,T
YITCMG339 48,T/C;81,T/C
YITCMG341 83,T;124,G
YITCMG342 156,A/G;162,T/A;169,T/C;177,T/C
YITCMG343 3,A;39,T
YITCMG344 14,T/C;35,T/G;47,A/G;85,A/G
YITCMG345 31,A/T;39,T/G
YITCMG346 20,A/G;67,T/C;82,A/G
YITCMG347 21,A;149,T/C
YITCMG348 65,T/C;69,T/C;73,A/G;124,A/C;131,A/G;141,A/T
YITCMG350 17,A
YITCMG351 11,G;109,C;139,C
YITCMG352 108,T/C;138,T/A
YITCMG353 75,T;85,C
YITCMG355 34,A;64,C;96,A
YITCMG356 45,T/A;47,A/C;72,T/A
YITCMG357 29,A/C;51,T/G
YITCMG358 155,T/C
YITCMG359 131,A/T
YITCMG360 64,A/G;87,A/G;92,T/C
YITCMG361 3,T/A;102,T/C
YITCMG362 12,T/C;62,T/A;77,A/G;137,A/T
YITCMG363 56,A/G;57,T/C;96,T/C
YITCMG364 7,G;28,T/C;29,A/G;96,T/C
YITCMG366 83,A/T;121,T/A
YITCMG367 21,T/C;145,C/G;174,C/G
YITCMG368 23,C/G;117,A/C
YITCMG369 76,A/C;82,T/C;83,T/C;84,T/G;85,C/G;86,A/C;87,T/A;99,C/G;104,A/G;141,A/G
YITCMG370 18,G;117,T;134,A
YITCMG371 27,A;60,T
YITCMG372 61,C
YITCMG374 3,A/G;135,T/C;138,A/G;206,A/G

YITCMG375　17,A/C

YITCMG376　74,A/G;75,A/C;98,A/T

YITCMG377　3,A;42,C

YITCMG378　77,T/C;142,A/C

YITCMG379　61,T;71,T;80,C

YITCMG380　40,A

YITCMG381　30,C/G;64,T;113,T/C;124,T

YITCMG382　62,A;72,C;73,C

YITCMG383　55,A/G;110,C/G

YITCMG385　61,C;79,C

YITCMG386　13,T/C;65,G;67,T/C

YITCMG387　24,A/G;111,C;114,G

YITCMG388　17,T/C;121,A/G;147,T/C

YITCMG389　9,A;69,A;159,C

YITCMG390　9,C;82,T/G;95,T/A

YITCMG391　23,A/G;117,A/C

YITCMG393　66,A/G;99,A/C

YITCMG394　38,G;62,A

YITCMG395　45,T

YITCMG397　92,G;97,G

YITCMG398　131,C;132,A;133,A;159,C;160,G;181,T

YITCMG399　7,A;41,A

YITCMG400　34,T;41,T;44,T;53,C;62,T;71,C;72,A;90,A

YITCMG401　43,T

YITCMG402　137,T;155,G

YITCMG405　155,C;157,C

YITCMG406　73,G;115,T

YITCMG408　137,G

YITCMG410　2,T;4,A;20,C;40,G;155,C

YITCMG411　2,T;81,A;84,A

YITCMG412　4,T/A;61,T/C;79,A/G;154,A/G

YITCMG413　55,A/G;56,C/G;82,T/C

YITCMG414　11,A/T;37,A/G;51,T/C;62,C/G

YITCMG415　7,A/G;84,A/G;87,A/G;109,T/G;113,A/G;114,A/G

YITCMG416　80,A;84,A;112,A;117,T

YITCMG417　35,C/G;55,A/G;86,T/C;131,A/G

YITCMG418　15,T/C;34,A/G;90,T/C

YITCMG419　73,T;81,A;168,A/G

YITCMG420　35,C;36,A

YITCMG421　9,C;67,T;87,A/G;97,A

YITCMG422　97,A

YITCMG423　39,T/G;41,T/C;117,G;130,C/G

YITCMG424　69,T/G;73,A/G;76,C/G;89,A/T

YITCMG425　57,A/G;66,T/C

YITCMG427   103,T/C;113,A/C

YITCMG428   18,A;24,C;135,A/G

YITCMG429   194,G;195,T

YITCMG432   69,T;85,C

YITCMG434   27,A/G;37,A/T;40,A/G;43,C/G;86,T/C

YITCMG435   28,T/C;43,T/C;103,A/G;106,A;115,A/T

YITCMG436   2,A/G;25,A;49,A/G;56,A

YITCMG438   155,T

YITCMG440   64,A;68,G;70,T;78,C

YITCMG441   96,A/G

YITCMG443   28,T

YITCMG447   94,G;97,A/G;139,G;202,G

YITCMG448   22,A/C;37,T/C;91,T/G;95,A/C;112,C/G;126,T/C;145,T/G

YITCMG450   100,A;146,T

YITCMG451   26,A/G;33,A/C;69,T/C;74,A/G;115,C/G

YITCMG452   89,A/G;96,C/G;151,T/C

YITCMG453   87,A/G;156,T/C

YITCMG454   90,A;92,T;121,C

YITCMG455   120,A/G

YITCMG457   77,A/T;124,G;156,C/G

YITCMG459   120,A;141,A

YITCMG460   45,T/C;132,A/G

YITCMG461   131,A/G

YITCMG462   1,A/G;22,C/G;24,C;26,A;36,T/C;49,A/C

YITCMG463   78,T/C;134,A/G;190,C

YITCMG464   52,A/G;57,T/G

YITCMG465   117,T/G;147,A/G;156,T/A

YITCMG466   75,T;83,A/G;99,G

YITCMG467   9,A/G;11,A;14,A/G;161,A;162,C/G;179,T

YITCMG469   12,T;71,A

YITCMG470   72,T/C;75,A/G

YITCMG471   8,A;65,A;88,C;159,C

YITCMG472   51,G

YITCMG474   87,A/T;94,A;104,T;119,A

YITCMG475   82,A/G;84,A;102,C;105,C/G

YITCMG476   22,A/G;54,T/A

YITCMG477   7,T;14,T/G;91,C;140,A/T;150,T;153,A/G

YITCMG479   103,A/T

YITCMG480   29,C/G;64,A/G

YITCMG481   21,A;108,G;192,G

YITCMG482   65,T/C;87,A/G;114,T/C;142,T/G

YITCMG484   23,G;78,G;79,G

YITCMG485   116,C/G;125,T/C

YITCMG486   109,T/G;148,T/G

YITCMG487   140,C

YITCMG488   51,C/G;76,A/G;127,T/C

YITCMG489   51,C/G;113,A/G;119,T/C

YITCMG490   57,C;135,A;165,T/A

YITCMG491   163,A

YITCMG492   55,A;70,T

YITCMG493   6,G;23,C;30,T;48,G;82,G

YITCMG494   43,C;52,A;84,A;98,G;154,C;188,T

YITCMG495   65,T;73,G;82,A/G;86,A/G;89,A/G

YITCMG496   5,T/C;26,G;60,A/G;134,T/C;179,T/C

YITCMG500   30,A/G;86,T/A;87,T/C;108,T/A

YITCMG501   15,A;93,G;144,A;173,C

YITCMG502   4,A;130,A;135,A;140,T

YITCMG503   70,G;85,C;99,C

YITCMG504   11,A;17,G

YITCMG505   54,A/G;99,T/C;158,T/C;198,A/C

YITCMG506   47,A/G;54,A/C

YITCMG507   24,G

YITCMG508   96,T;115,G

YITCMG510   1,A;110,A

YITCMG511   39,T;67,A;168,G;186,A

YITCMG512   25,A;63,G

YITCMG514   35,T/C;45,C;51,T/C;57,T/C;58,T/G

YITCMG515   41,C;44,T;112,A/T

YITCMG516   29,T/G;53,A/C

YITCMG517   84,A/T;86,A/G;163,T

YITCMG519   129,T/C;131,T/G

YITCMG520   65,A/G;83,A/G;136,T/C;157,A/C

YITCMG521   8,T/G;21,G;30,A/G

YITCMG522   72,A/T;137,G;138,C

YITCMG523   36,A/G;92,A/G;111,T/G;116,A/G;133,A/G

YITCMG524   19,A/G;100,A/G

YITCMG526   51,A/G;78,T/C

YITCMG527   108,T/G;118,A/C

YITCMG528   1,C;79,G;107,G

YITCMG529   15,A/C;129,T/C;144,A/C;165,C/G;174,T

YITCMG530   55,T/A;62,A/G;76,C;81,A

YITCMG531   11,T;49,T

YITCMG532   17,A/C;85,T/C;111,A/G;123,A/C;131,A/G

YITCMG533   85,A/C;183,C;188,A/G

YITCMG534   40,A/T;122,C/G;123,T/C

YITCMG535   36,A;72,G

YITCMG537   34,C/G;118,A/G;135,T/C;143,A/G

YITCMG538   3,T;4,C

YITCMG539   27,T/G;54,T/C;75,A/T
YITCMG540   17,T;73,T;142,A/G
YITCMG541   18,A;66,C/G;145,A/G;176,T/C
YITCMG542   18,T/G;69,T;79,C

留香芒

YITCMG001   53,G;78,G;85,A

YITCMG003   29,T/C;67,T/G;119,T/A

YITCMG004   27,T/C

YITCMG006   13,T/G;27,T/C;91,T/C;95,C/G

YITCMG007   62,T/C;65,T/C;96,A/G;105,A/G

YITCMG008   50,C;53,C;79,A

YITCMG009   75,C;76,T

YITCMG010   40,T;49,A;79,A

YITCMG012   75,T;78,A

YITCMG013   16,C;56,A;69,T

YITCMG014   126,A/G;130,T/C

YITCMG015   127,A

YITCMG017   15,T/A;39,A/G;87,T/G;98,C/G

YITCMG018   30,A/G

YITCMG019   36,A;47,C

YITCMG023   142,T/A;143,T/C;152,T/A

YITCMG024   68,A;109,C

YITCMG027   19,T/C;30,A/C;31,A/G;62,T/G;119,A/G;121,A/G;131,A/G;138,A/G;153,T/G;163,T/A

YITCMG028   45,A/G

YITCMG030   55,A/G

YITCMG031   48,T/C;84,A/G;96,A/G

YITCMG032   117,C

YITCMG036   23,C;99,G;110,T;132,C

YITCMG037   12,T/C;13,A/G;39,T/G

YITCMG038   155,A/G;168,C/G

YITCMG039   1,A/G;93,T/C;105,A/G

YITCMG040   40,C;50,C

YITCMG041   24,T/A;25,A/G;68,T/C

YITCMG042   9,A/G

YITCMG043   34,T

YITCMG044   7,T/C;22,T/C;167,A/G;189,A/T

YITCMG045   92,T;107,T;162,A/G

YITCMG046   38,A/C;55,C;130,A;137,A;141,A

YITCMG047   60,T;65,G

YITCMG048   142,C/G;163,A/G;186,A/C

YITCMG049   115,A/C;172,A/G

YITCMG051   15,C;16,A

YITCMG052   63,T/C;70,T/C

YITCMG053   23,A/G;86,A/G;167,A/G;184,T/A

YITCMG054   34,A/G;36,T;70,A/G;72,A/C;73,A/G;84,A/C;170,T/C

YITCMG056   34,T/C;104,T/C;117,T/C;178,T/G;204,A/C

YITCMG058   67,T/G;78,A/G

YITCMG059   12,A/T;84,A;95,T/A;100,T;137,A/G;152,T/A;203,T/A

YITCMG060   156,T/G

YITCMG061   107,A;128,G

YITCMG062   79,T/C;122,T/C

YITCMG063   86,A/G;107,A/C

YITCMG065   136,T/C

YITCMG066   10,A/C;64,A/G;141,T/G

YITCMG067   1,T/C;51,C;76,A/G;130,A/C

YITCMG068   49,T;91,A/G;157,A/G

YITCMG069   37,G;47,A;100,G

YITCMG070   5,T/C;6,C/G;13,A/G;73,A/C

YITCMG071   102,A/T;142,C;143,C

YITCMG072   75,A/G;104,T/C;105,A;134,T/C

YITCMG073   15,A/G;19,A/G;28,A/C;49,A/G;106,T/C

YITCMG075   125,C;169,A/G;185,T

YITCMG076   129,T/C;162,C;163,A/G;171,T

YITCMG077   105,A

YITCMG078   33,A/G;95,T;147,T/C;165,A/G;177,A/G

YITCMG079   3,A/G;8,T/C;10,A/G;110,T/C;122,T/A;125,A/C

YITCMG080   43,A/C;55,T/C

YITCMG081   91,C/G

YITCMG082   43,A/C;58,T/C;97,A/G

YITCMG083   123,T/G;169,C/G

YITCMG084   118,A/G;136,T/A

YITCMG085   6,A/C;21,T/C;24,A/C;33,T/C;157,T/C;206,T/C;212,T/C

YITCMG086   111,A;182,T

YITCMG087   19,T/C;66,A/C;76,A/G;78,A/G

YITCMG088   17,A/G;31,T/G;33,A;98,T/C

YITCMG089   92,C;103,C;151,C;161,C

YITCMG090   46,A/G;75,T/C

YITCMG091   33,G;59,A

YITCMG092   22,G;24,T/C;110,C;145,A

YITCMG093   10,A/G;35,A/G

YITCMG094   124,A;144,T

YITCMG095   51,T/C;78,T/C;184,A/T

YITCMG096   24,C;57,A;66,T

YITCMG097   105,A/T;117,T/C

YITCMG099   53,T/A;83,A/G;119,A/G;122,A/C

YITCMG100   124,T/C;141,C/G;155,T/G

YITCMG101   53,T/G;92,T/G

YITCMG102   20,A/G

YITCMG103   42,T;61,C

YITCMG104   79,G

YITCMG105   31,A/C;69,A/G

YITCMG106   29,A;32,C;59,C;65,A/G;137,C;183,T/C;198,A/G

YITCMG107   23,A/G;143,A/C;160,G;164,C;165,A/T

YITCMG108   34,A;64,C

YITCMG109   17,T/C;29,A/C;136,A/T

YITCMG110   30,T/C;32,A/G;57,T/C;67,C/G;96,T/C

YITCMG112   101,C/G;110,A/G

YITCMG113   5,C/G;71,A/G;85,G;104,A/G

YITCMG114   42,A/T;46,A/G;66,A/T;75,A/C;81,A/C

YITCMG115   32,C;33,A;87,C;129,T

YITCMG116   54,A/G

YITCMG117   115,T/C;120,A/G

YITCMG119   73,A/C;150,T/C;162,A/G

YITCMG120   18,C/G;53,A/G

YITCMG121   32,T;39,A/G;72,G;138,A/G;149,G

YITCMG124   75,C;99,T/C;119,T

YITCMG127   17,A/T;156,A/G

YITCMG128   40,A/G;106,T/C;107,C/G;131,T/C;160,T/C

YITCMG129   90,T;104,T/C;105,C/G;108,A/G

YITCMG130   31,C/G;39,A/C;83,T/C;108,G

YITCMG131   27,T/C;107,C/G

YITCMG132   43,C/G;91,T/C;100,T/C;169,T

YITCMG133   76,T/G;86,T/G;200,A/G;209,A/T

YITCMG134   23,C;98,T/C;128,A/G;139,T

YITCMG135   34,T/C;63,T/C;173,T

YITCMG137   1,T/C;16,A/G;25,A/T;48,A/G;52,A/T;172,A/G

YITCMG139   7,G

YITCMG141   71,T;184,C

YITCMG142   67,T/C;70,A/G

YITCMG143   73,A/G

YITCMG145   12,T/C

YITCMG147   62,T;66,T

YITCMG148   160,T/A;165,A/G;173,T/C

YITCMG149   25,A;30,A;174,T

YITCMG150   101,A/G;116,T/G

YITCMG152   83,A/T

YITCMG153   97,C;101,G;119,A

YITCMG156   36,T

YITCMG158   67,C;96,A;117,G

YITCMG159   84,T;89,A;92,C;137,T

YITCMG160   92,A/G;158,T/C

YITCMG161   71,A;74,C

YITCMG162   26,T

YITCMG163　96,A/T;114,T/C;115,A/G;118,T/G

YITCMG164　57,T/C;114,A/G;150,A/G

YITCMG165　174,C

YITCMG166　13,T/C;87,G

YITCMG168　40,A/G

YITCMG169　107,C

YITCMG170　139,C/G;142,A/G;145,C;150,A/T;151,T/C;157,A;164,A/G

YITCMG171　9,T/G;11,A/G;61,T/C;76,T/C;98,A/G

YITCMG172　164,A/C;168,A/G;186,A/G;187,A/G

YITCMG173　11,G;17,A;20,C;144,C;161,A;162,T

YITCMG174　9,T/C;10,A/C;84,A/G

YITCMG175　62,C

YITCMG177　7,A/G;44,A/C;124,C/G

YITCMG178　44,A/G;99,T;107,G

YITCMG180　23,C;72,C

YITCMG182　3,A/G;59,T/C;66,A/T;77,T/C

YITCMG183　24,A/T

YITCMG184　45,A/T;60,A/C;97,C/G;127,T/G

YITCMG187　23,T/C;39,A/G;42,A/C;105,A/T;106,C/G

YITCMG188　16,T;66,G;101,T

YITCMG189　125,A/G;170,T/C

YITCMG190　48,A/G;54,T/C;117,T;162,G

YITCMG191　44,A/G;66,T/C;80,A/G;108,A/G

YITCMG192　89,T;119,G

YITCMG193　145,T/C;153,T

YITCMG194　1,A/T;32,T/A;55,A/G;165,T/C

YITCMG195　87,T/C;128,A/G;133,A/G

YITCMG196　19,A;85,C;114,T

YITCMG197　18,A/C;35,T/G;103,T/C;120,A/C;134,T/C

YITCMG199　3,T;56,A/T;173,T/C;175,C/G

YITCMG200　38,T/C;53,A/G

YITCMG202　16,T/C;37,A/C;121,T/G

YITCMG203　90,A/T

YITCMG204　85,A/G

YITCMG206　177,A/G

YITCMG207　73,T/C

YITCMG209　27,C

YITCMG212　17,A/G;111,A/G;118,A/G

YITCMG213　55,A/G;109,T/C

YITCMG215　52,A/G;58,A/T

YITCMG216　69,G;135,C;177,A

YITCMG217　164,T;185,T

YITCMG218　31,C;59,T;72,C;108,T

YITCMG219　89,T/C;125,T/C

YITCMG220   64,A/C;67,C/G

YITCMG221   8,C;76,A/G;106,A/T;110,A/G;131,A;134,A

YITCMG222   1,G;15,C;31,A/G;46,A/G;70,G

YITCMG223   23,T;29,T;41,T/C;47,A/G;48,T/C;77,A/G

YITCMG224   83,A/T;120,A/G

YITCMG225   61,A/G;67,T/C

YITCMG226   51,T/C;72,A;117,T

YITCMG227   6,A/G;26,T/C

YITCMG228   72,C;81,T/C;82,T/C;103,A/G

YITCMG229   56,T;58,C;65,T;66,T

YITCMG230   65,A/C;103,A/C

YITCMG231   87,T/C;108,T/C

YITCMG232   80,G;152,C;170,G

YITCMG233   127,A/G;130,A;132,G;159,T;162,A

YITCMG234   54,A/T;103,A/G

YITCMG235   128,G

YITCMG236   94,A/G;109,T/A

YITCMG237   24,T/A;39,G;71,C/G;76,T/C;105,A/G

YITCMG238   49,T/C;68,T/C

YITCMG239   46,C;59,C;72,A

YITCMG241   23,A/G;32,T/C;42,T/G;46,A/G

YITCMG242   70,T

YITCMG243   64,A/T;120,T/C

YITCMG244   71,C;109,T/G;113,T/C

YITCMG246   51,T/C;70,T/C;75,A/G

YITCMG247   19,A/C;40,A;46,T/G;123,T

YITCMG248   31,A/G;60,T/G

YITCMG249   22,C;130,A/G;142,T/C;162,T/C;167,C;195,A/G;199,A/G

YITCMG250   98,T;99,G

YITCMG253   32,C;53,A;182,A;188,T

YITCMG254   48,C/G;64,T/C;106,T/G

YITCMG258   2,C;101,T;172,C

YITCMG259   24,A/T;180,T;182,A

YITCMG260   63,A/G;154,T/A;159,A/C;186,A/G

YITCMG261   17,T/C;20,A/G;29,A/G;38,G;106,A;109,T

YITCMG263   42,T;77,G

YITCMG264   14,T;65,T

YITCMG265   138,T;142,G

YITCMG266   5,G;24,T/G;31,G;62,T/C;91,A/G

YITCMG268   23,T/G;30,T/G

YITCMG270   10,A;52,G;69,C;122,C;130,T;134,T;143,C;162,C;168,A;191,A

YITCMG271   100,G;119,T

YITCMG272   43,T/G;74,T/C;87,T/C;110,T/C

YITCMG273   41,C/G;67,A/G

YITCMG274   141,A/G;150,T/C
YITCMG275   106,C/G;131,A/C;154,A/G
YITCMG276   41,T/G;59,A/G
YITCMG280   62,T/C;85,C/G;104,T/A;113,C/G;121,A/G;144,T/G;159,C
YITCMG281   18,A/G;22,A/G;92,T/C;96,A
YITCMG282   46,A;64,C
YITCMG283   67,T/G;112,A/G;177,A/G
YITCMG284   55,T;94,T
YITCMG285   85,A/G;122,C/G
YITCMG286   119,A/G;141,A/C
YITCMG287   2,T/C;38,T/C
YITCMG289   50,T;60,A/T;75,A/G
YITCMG290   13,A/G;21,T;66,C;128,T/A;133,A/C
YITCMG291   28,A;38,A;55,G;86,A
YITCMG292   85,T/C;99,T/A;114,T/C;126,A/C
YITCMG293   170,T
YITCMG295   15,A/G;19,A/G;71,T/A;130,A/G
YITCMG296   90,A;93,T;105,A
YITCMG297   128,C;147,A
YITCMG299   22,G;29,A;145,A
YITCMG300   32,C;68,T;118,T/C;198,A/G
YITCMG301   98,T/A;108,C;128,T/G
YITCMG302   11,T;16,T/A;39,C/G;40,A/G;96,T
YITCMG303   10,T/A;21,A/G;54,T/G
YITCMG305   68,C
YITCMG306   16,T/C;69,A/C;85,T/G;92,C/G
YITCMG307   11,T/C;23,T/C;25,A/C;37,A/G
YITCMG309   23,A/T;77,A/G;85,C/G
YITCMG310   98,G
YITCMG311   83,C;101,C;155,A
YITCMG314   53,C
YITCMG316   98,T/C;102,T/C
YITCMG317   38,T/G;151,T/C
YITCMG318   61,T/C;73,A/C
YITCMG319   33,G
YITCMG320   4,A/G;87,T/C
YITCMG321   16,G
YITCMG322   2,T/G;69,T/C;72,T/C;77,T/C;91,A/T;102,T/C
YITCMG323   6,T/A;49,C;73,T;108,C/G
YITCMG325   22,C;130,C;139,C
YITCMG326   11,T/C;41,A/T;91,T/C;177,A/G
YITCMG327   115,T/C;121,A/G
YITCMG328   15,C;47,T/C;86,T/C
YITCMG329   48,T/C;78,C/G;109,A/T

YITCMG330 28,C/G

YITCMG331 24,A;51,G;154,A

YITCMG332 60,T/C;63,G

YITCMG333 132,T;176,A

YITCMG334 43,C/G;104,A/C

YITCMG335 114,T/G

YITCMG336 28,T/C;56,A/T;140,T

YITCMG338 71,T/C;126,A/G;159,C;165,T;172,A/T;179,G

YITCMG340 68,A;75,A;107,C

YITCMG341 59,T/A;83,T;124,G;146,A/G;210,T/G

YITCMG342 156,A/G;162,T/A;169,T/C;177,T/C

YITCMG343 3,A/G;127,A/G;138,T/A;171,T/C;187,T/C

YITCMG344 14,T/C;47,A/G;108,T/C

YITCMG345 25,C/G;31,A/T;34,A/T;39,T

YITCMG346 7,A/T;67,T/C;82,A/G

YITCMG347 21,A

YITCMG348 65,T;69,T/C;73,A;124,A/C;131,A/G

YITCMG349 62,A/G;136,C/G

YITCMG350 17,A/G

YITCMG351 11,G;106,A/T;109,C;139,C

YITCMG352 108,T/C;138,T/A

YITCMG353 75,T/A;85,T/C;138,T/C

YITCMG354 62,A/C;66,A/G;81,A/C;134,A/C

YITCMG355 34,A;64,C;96,A

YITCMG356 168,A/G

YITCMG357 29,A/C;51,T/G

YITCMG358 155,T/C

YITCMG360 64,A;87,G;92,C

YITCMG362 12,T/C;62,T/A;77,A/G

YITCMG363 57,T;96,T

YITCMG364 7,G;28,T/C;29,A/G;96,T/C;101,T/C

YITCMG366 83,T/A;121,A/T

YITCMG367 21,T/C;145,C/G;174,C/G

YITCMG368 23,C/G;117,A/C;118,A/G

YITCMG369 76,A/C;82,T/C;83,T/C;84,T/G;85,C/G;86,A/C;87,A/T;104,A/G

YITCMG370 18,A/G;117,T/C;134,T/A

YITCMG371 27,A;60,T

YITCMG372 46,T;199,T

YITCMG374 102,A;135,C;137,A;138,G

YITCMG375 17,A/C

YITCMG377 3,A;42,C

YITCMG378 49,T/C

YITCMG379 61,T/C;71,T/C;80,T/C

YITCMG380 40,A/G

YITCMG382 62,A/G;72,A/C;73,C/G

YITCMG384 52,T/G;106,A/G;128,T/C;195,T/C

YITCMG385 24,A/G;57,A/T;61,T/C;79,T/C

YITCMG386 13,T/C;65,G;67,T/C

YITCMG387 24,A/G;111,C/G;114,A/G

YITCMG388 15,A/C;17,T/C;121,A;147,T

YITCMG389 9,A;69,A;159,C

YITCMG390 9,C;82,T;95,A

YITCMG391 23,A/G;116,C/G;117,A/C

YITCMG392 78,A;109,C;114,C

YITCMG393 41,T/A;66,A/G;99,A/C;153,A/C

YITCMG394 38,A/G;62,A/G

YITCMG395 40,T/A;45,T/C;49,T/C

YITCMG396 51,A/G;110,T/C;141,A/T

YITCMG397 92,T/G;97,G;136,T/C

YITCMG398 131,T/C;132,A/C;133,A/T;159,T/C;160,A/G;181,T/G

YITCMG399 7,A;41,A

YITCMG400 34,T;41,T;44,T;53,T/C;62,T;71,C;72,A;90,A

YITCMG401 43,T

YITCMG402 137,T/C;155,A/G

YITCMG405 155,C;157,C

YITCMG406 73,G;115,T

YITCMG407 13,C;26,G;65,A/C;97,G

YITCMG408 88,T;137,A/G

YITCMG409 82,G;116,T

YITCMG410 2,T;4,A;20,C;40,G

YITCMG411 2,T;81,A;84,A

YITCMG412 4,A/T;61,T/C;79,A/G;154,A/G

YITCMG413 55,G;56,C;82,T

YITCMG414 11,T;37,G;51,T;62,G

YITCMG415 7,A;84,A;87,A;109,T;113,A;114,G

YITCMG416 80,A;84,A;112,A;117,T

YITCMG417 35,C/G;55,A/G;86,C;131,G

YITCMG418 26,C/G;93,T/C;150,A/C

YITCMG421 9,A/C;67,T/C;87,A/G;97,A/G

YITCMG422 97,A

YITCMG423 39,T/G;117,T/G;130,C/G

YITCMG424 69,T;73,A/G;76,C/G;89,A/T

YITCMG425 57,A

YITCMG426 59,T/C;91,C/G

YITCMG427 103,T/C;113,A/C

YITCMG428 18,A;24,C

YITCMG429 61,T/A;152,A/G;194,A/G;195,A/T

YITCMG430 31,T;53,T;69,C;75,A

YITCMG432   14,T/G;69,T/G;85,T/C

YITCMG433   151,T

YITCMG434   27,A/G;37,A/G

YITCMG435   28,T/C;43,T/C;103,A/G;106,A;115,A/T

YITCMG436   2,A/G;25,A/G;49,A/G;56,A/T

YITCMG437   36,T/C;44,A/G;92,C/G;98,T/C;151,T/C

YITCMG438   2,T;6,T;155,T

YITCMG439   87,C;113,A

YITCMG440   64,A;68,G;70,T;78,C

YITCMG441   12,A/G;74,C/G;81,C/G

YITCMG442   2,A/T;68,T/C;127,A/G;162,A/G;170,T/C;171,T/G

YITCMG443   28,T;104,A/T;106,T/G;107,T/A;166,A/G

YITCMG444   118,T/A;141,A/G

YITCMG445   72,G

YITCMG447   94,A/G;139,A/G;202,A/G

YITCMG448   22,A/C;37,T/C;91,G;95,A/C;112,G;126,T/C;145,G

YITCMG449   114,G

YITCMG450   156,T/G

YITCMG451   26,A/G;33,A/C;69,T/C;74,A/G;115,C/G

YITCMG452   89,A/G;121,A/G;145,A/G;151,T/C

YITCMG453   87,A/G;156,T/C

YITCMG454   90,A/G;92,T/G;121,T/C

YITCMG455   2,T/C;5,A/G;20,T/C;22,A/G;98,T/C;128,T/C;129,A/G;143,T/A

YITCMG456   32,A;48,G

YITCMG457   77,T/A;89,T/C;98,T/C;101,A/G;119,A/G;124,G;156,C/G

YITCMG460   41,T/C;45,T;68,T/A;69,A/G;74,A/G;136,A/C;144,T/C

YITCMG461   131,A/G

YITCMG462   1,A/G;22,C/G;24,C;26,A;36,T/C;49,A/C

YITCMG463   78,T/C;120,A/G;134,A/G;190,C

YITCMG464   52,A/G;57,T/G;78,A/G;101,T/A

YITCMG465   156,T/A

YITCMG466   75,T/A;83,A/G;99,C/G

YITCMG467   9,A/G;11,A/G;86,A/T

YITCMG469   12,T;70,G;71,A

YITCMG470   3,T/C;72,T/C;75,A/G

YITCMG471   8,A;65,A;82,T/G;88,C;159,C

YITCMG472   51,G

YITCMG473   65,A/T;91,T/C

YITCMG474   87,T/A;94,A/G;104,T/C;119,A/G

YITCMG475   82,A/G;84,A/G;102,T/C;106,A/C

YITCMG477   7,T;91,C;140,T/A;150,T;153,A/G

YITCMG478   42,T/C

YITCMG479   38,T/C;103,A

YITCMG480   29,C/G;64,A/G

YITCMG481   21,A;83,T/C;98,T/C;108,A/G;192,T/G

YITCMG482   65,T;106,A/G;142,T/G

YITCMG483   113,G;147,A

YITCMG484   23,A/G;78,A/G;79,A/G

YITCMG485   19,T/C

YITCMG486   109,T/G;148,T/G

YITCMG487   140,C

YITCMG488   2,A/G

YITCMG490   57,T/C;93,T/C;135,A/T;165,A/T

YITCMG491   163,A

YITCMG492   55,A/G

YITCMG493   6,T/G;30,T/C

YITCMG494   43,T/C;52,A/G;98,A/G;152,A/G;154,T/C;188,T/C;192,T/C

YITCMG495   65,T;73,A/G

YITCMG496   5,T/C;26,A/G;60,A/G

YITCMG497   22,A/G;33,C/G;62,T/C;77,T/G

YITCMG499   45,A/C

YITCMG500   86,T;87,C

YITCMG501   15,A/T;93,A/G;144,A/G;173,T/C

YITCMG502   4,A/G;12,T/C;130,T/A;135,A/G;140,T/C

YITCMG503   70,A/G;85,A/C;99,T/C

YITCMG504   11,A/C;13,C/G;14,C/G;17,A/G

YITCMG505   54,A

YITCMG507   3,T/C;24,A/G;63,A/G

YITCMG508   13,A/G;115,T/G

YITCMG509   65,T/C;126,A/G

YITCMG510   1,A;95,G;98,A

YITCMG512   25,A;63,G

YITCMG513   133,A/G

YITCMG514   45,A/C

YITCMG515   41,C;44,T

YITCMG516   29,T

YITCMG517   6,T/G;33,T/C;84,A;86,A;163,T

YITCMG518   60,A/G;77,T/G;84,T/G;89,T/C

YITCMG519   75,A/G

YITCMG520   65,G;83,A;136,C;157,C

YITCMG521   21,G;163,T/G

YITCMG522   137,G;138,C

YITCMG523   36,A/G;92,A/G;111,T/G;116,A/G;133,A/G

YITCMG524   19,A/G;100,A/G

YITCMG529   144,A/C;174,T/C

YITCMG530   76,A/C;81,A/G;113,T/C

YITCMG531   11,T/C;49,T/G

YITCMG532   17,A/C

YITCMG533   85,A/C;183,C;188,A/G
YITCMG534   40,T;122,C;123,C
YITCMG538   168,A/G
YITCMG539   54,C;82,T/C;152,A/C
YITCMG540   17,T/A;70,A/G;73,T/C;142,A/G
YITCMG541   70,A/C
YITCMG542   3,A;69,T/C;79,T/C

柳州吕宋

YITCMG001 85,A

YITCMG002 55,T;102,G;103,C

YITCMG003 67,T;119,A

YITCMG005 56,A;100,A

YITCMG006 13,T/G;27,T/C;91,T/C;95,C/G

YITCMG008 50,C;53,C;79,A

YITCMG011 36,A/C;114,A/C

YITCMG012 75,T;78,A

YITCMG013 16,C;56,A;69,T

YITCMG014 126,A;130,T

YITCMG015 44,A/G;127,A/G;129,A/C;174,A/C

YITCMG017 15,T/A;17,T/G;24,T/C;39,A/G;87,T/G;98,C

YITCMG018 10,A/G;30,A;95,A/G;97,T/A

YITCMG019 36,A;47,C;66,C/G

YITCMG021 104,A;110,T

YITCMG022 3,A/T;11,A/T;99,T/C;131,C/G;140,A/G

YITCMG024 68,A/G;109,T/C;112,A/C

YITCMG025 69,C/G

YITCMG027 19,T/C;30,A/C;31,A/G;62,T/G;119,A/G;121,A/G;131,A/G;138,A/G;153,T/G;
163,A/T

YITCMG028 45,A;70,T/G;110,T/G;133,T/G;147,A/G;167,A/G

YITCMG029 72,T/C

YITCMG030 55,A/G

YITCMG031 48,T/C;84,A/G;96,A/G;172,T/C

YITCMG032 117,C/G

YITCMG033 73,A/G;85,A/G;145,A/G

YITCMG034 97,T/C

YITCMG035 100,A/G

YITCMG036 99,C/G;110,T/C;132,A/C

YITCMG037 118,G

YITCMG038 155,A/G;168,C/G

YITCMG039 1,G;19,A/G;105,G

YITCMG041 24,T/A;25,A/G;28,A/C;68,T/C;98,T/C

YITCMG042 5,A/G;92,T/A

YITCMG044 7,T/C;22,T/C;167,A/G;189,A/T

YITCMG045 92,T;107,T

YITCMG046 55,A/C;130,A/G;137,A/C;141,A/G

YITCMG049 115,C

YITCMG051 15,C;16,A

YITCMG053 86,A;167,A;184,T

YITCMG054 34,G;36,T;59,A/G;70,G

YITCMG058   67,T;78,A

YITCMG059   84,A;95,T;100,T;137,A;152,T;203,T

YITCMG060   10,A/C;54,T/C;125,T/C;129,A/G

YITCMG062   79,T/C;122,T/C

YITCMG063   86,A;107,C

YITCMG064   2,A/G;27,T/G

YITCMG065   136,T/C

YITCMG066   10,A/C;64,A/G;141,T/G

YITCMG067   1,C;51,C;76,G;130,C

YITCMG068   49,T/G;91,A/G

YITCMG069   37,A/G;47,T/A;100,A/G

YITCMG070   6,C/G

YITCMG071   142,C;143,C

YITCMG072   54,A/C

YITCMG073   15,A/G

YITCMG074   46,T/C;58,C/G

YITCMG075   125,T/C;169,A/G;185,T/C

YITCMG077   105,A/G

YITCMG078   15,A/T;93,A/C;95,T;177,G

YITCMG079   3,A/G;8,T/C;10,A/G;110,T/C;122,T/A;125,A/C

YITCMG081   91,G

YITCMG082   43,A;58,C;97,G

YITCMG083   123,T/G;169,G

YITCMG084   118,A/G;136,A/T

YITCMG085   6,A/C;21,T/C;24,C;33,T/C;206,T/C;212,T/C

YITCMG086   111,A;182,T

YITCMG089   92,C;103,C;151,C;161,C

YITCMG090   17,T/C;46,G;75,T

YITCMG092   22,A/G;110,T/C;145,A/G

YITCMG093   10,A/G;35,A/G

YITCMG094   124,A/T;144,T/A

YITCMG096   24,C;57,A;66,T

YITCMG100   124,C;141,C;155,T

YITCMG102   20,A/G;135,T/C

YITCMG103   42,T;61,C

YITCMG104   79,G;87,G

YITCMG105   31,A/C;69,T/G

YITCMG106   29,A;32,C;59,C;65,G;137,C

YITCMG107   143,A/C;160,G;164,C

YITCMG108   34,A/G;64,C/G

YITCMG109   17,T/C;29,A/C;136,T/A

YITCMG112   101,C;110,A/G

YITCMG113   5,C/G;71,A/G;85,G;104,A/G

YITCMG114   75,A

YITCMG115 32,T/C;33,T/A;87,C;129,A/T
YITCMG117 115,T/C;120,A/G
YITCMG118 2,A;13,G;19,A;81,C
YITCMG119 72,C/G;73,A/C;150,T/C;162,A/G
YITCMG120 38,A/T;106,T/C;133,T/C
YITCMG121 32,T;72,G;149,T
YITCMG122 45,A/G;185,A/G;195,A/G
YITCMG124 75,C;99,T/C;119,T
YITCMG125 102,T/G;171,A/C
YITCMG126 82,T/A;142,A/G
YITCMG128 40,A/G;106,T/C;107,C/G;131,T/C;160,T/C
YITCMG129 3,T/A;13,A/G;19,T/C;27,A/G;90,T/C;104,T/C;105,C/G;126,T/C
YITCMG132 169,T/C
YITCMG133 31,T/G;76,T/G;86,T/G;122,T/A;209,A/T
YITCMG134 23,C;98,T/C;128,A/G;139,T
YITCMG135 34,T/C;63,T/C;173,T
YITCMG137 1,C;48,G;52,T;172,A/G
YITCMG138 16,T/G
YITCMG139 2,C/G;7,G;27,T/C;142,T/C;167,A/G
YITCMG141 71,T/G;184,T/C
YITCMG142 67,T/C;70,A/G
YITCMG143 73,A/G
YITCMG147 62,T;66,T
YITCMG150 101,A/G;116,T/G
YITCMG151 155,A;156,C
YITCMG152 83,A;103,A/G
YITCMG153 97,A/C;101,A/G;119,A/G
YITCMG154 77,T/C
YITCMG156 36,T/G
YITCMG157 5,A/G;18,A/G;83,C;89,T/C;140,A/G;143,T/G
YITCMG158 49,T/C;96,A/G;97,T/A;117,A/G
YITCMG159 92,A/C;137,T/C
YITCMG160 92,G;107,T;158,C
YITCMG161 71,A/G;74,T/C
YITCMG162 26,T
YITCMG163 96,T/A;114,T/C;115,A/G;118,T/G
YITCMG164 150,A/G
YITCMG165 47,T/C;174,C
YITCMG166 13,T/C;87,G
YITCMG168 171,C/G
YITCMG169 51,C;78,C;99,T
YITCMG170 139,C/G;142,A/G;145,C/G;150,A/G;151,T/C;157,A/G;164,A/G
YITCMG171 9,T/G;11,A/G;61,T/C;76,T/C;98,A/G
YITCMG172 116,T/C;164,A/C;168,A/G;186,A/G;187,A/G

YITCMG173　11,C/G;17,A/C;20,T/C;144,T/C;161,A/G;162,T/C
YITCMG176　44,A/G;107,A/G;127,A/C
YITCMG177　7,A/G;44,A/C;124,C/G
YITCMG178　111,A/C;182,A/G
YITCMG179　149,A/G
YITCMG180　23,C;72,C;75,C/G
YITCMG181　134,A/G
YITCMG183　24,T;28,A/G;60,A/T;75,T/C
YITCMG187　105,T;106,G
YITCMG189　125,A/G;170,T/C
YITCMG190　48,A/G;54,T/C;117,T/C;158,A/G;162,G
YITCMG191　44,A;66,T;108,A
YITCMG192　89,T;119,G
YITCMG193　145,T;153,T
YITCMG195　45,T/A;87,T/C;128,A/G;133,A/G
YITCMG196　55,C;91,T;190,G
YITCMG197　18,A/C;35,T/G;103,T/C;120,A/C;134,T/C
YITCMG198　70,A;71,G
YITCMG199　80,A/T;131,A/C;137,C/G
YITCMG200　38,C;53,G
YITCMG202　16,C;112,A/C;121,T
YITCMG204　76,C;85,A;133,G
YITCMG209　27,C
YITCMG210　6,T/C;21,A/G;96,T/C
YITCMG213　55,A/G;102,T/C;109,T/C
YITCMG215　52,A/G;58,T/A
YITCMG216　69,G;116,A/G;135,C;177,A/G
YITCMG217　10,T/C;11,A/G;19,A/T;164,T/C;185,T/C;187,C/G
YITCMG218　16,A;31,C;59,T;72,C;108,T
YITCMG219　89,T/C;93,T/C
YITCMG220　64,A/C;67,C/G;126,A/G
YITCMG221　8,C;76,A/G;110,G;131,A;134,A
YITCMG222　1,A/T;15,T/C;70,C/G
YITCMG223　23,T/C;29,T/G;41,T/C;47,A/G;48,T/C
YITCMG226　51,T/C;72,A/G;117,T/C
YITCMG227　6,G;26,T
YITCMG228　72,A/C;103,A/G
YITCMG229　56,T/C;58,T/C;65,T/C;66,T/C
YITCMG230　65,C;103,A
YITCMG232　80,G;152,C;170,G
YITCMG233　127,G;130,A;132,G;159,T;162,A
YITCMG236　94,A/G;109,T/A
YITCMG237　24,A;39,G;71,G;76,C
YITCMG238　68,T/C

YITCMG239　46,C;59,C;72,A

YITCMG240　21,A/G;96,A/G

YITCMG241　23,A/G;32,T/C;42,T/G;46,A/G;54,T/A;75,T/C

YITCMG242　70,T

YITCMG244　71,C;76,A/G;109,T/G;113,T/C

YITCMG246　51,T;70,T;75,A

YITCMG247　19,A;30,A;40,A;46,G;105,C;113,T;123,T;184,G

YITCMG248　31,A/G;60,T/G

YITCMG249　22,C;130,A/G;142,T/C;167,C

YITCMG250　92,T/C;98,T;99,G

YITCMG253　32,T/C;53,A/G;70,A/C;182,A/G;188,T/G

YITCMG254　64,T/C

YITCMG255　6,A/G;13,T/G;18,A/T;67,T/G;155,C/G;163,A/G;166,T/C

YITCMG256　19,A/G;47,A/C;66,A/G;83,T/A

YITCMG257　58,C;77,T/C;89,T

YITCMG259　24,T/A;180,T;182,A

YITCMG260　63,A/G;154,T/A;159,A/C

YITCMG261　17,T/C;20,A/G;29,A/G;38,T/G;106,A/T;109,T/C

YITCMG262　28,T/C;47,T

YITCMG264　14,T/G;65,T/C

YITCMG265　2,G;138,T;142,G

YITCMG266　5,G;24,T/G;31,G;62,T/C

YITCMG267　39,A/G;108,A/T;134,T/G

YITCMG268　150,A/G

YITCMG269　43,A/T;91,T/C

YITCMG270　10,A;48,T/C;52,A/G;69,A/C;122,T/C;130,T;134,T/C;143,T/C;162,T/C;168,A/G;191,A/G

YITCMG271　100,C/G;119,A/T

YITCMG272　43,T/G;74,T/C;87,T/C;110,T/C

YITCMG273　41,C/G;67,A/G

YITCMG274　90,A/G;141,A/G;150,T/C

YITCMG275　154,A/G

YITCMG276　41,T/G;59,A/G

YITCMG280　62,T/C;85,C/G;121,A;144,T/G;159,C

YITCMG281　96,A/C

YITCMG282　34,T/C;46,A;64,C;70,T/G;98,C;116,A/G;119,C/G;184,T/C

YITCMG283　67,T/G;112,A/G;177,A/G

YITCMG284　55,T/A;94,T/C

YITCMG285　85,A/G;122,C/G

YITCMG287　2,C;38,T

YITCMG289　50,T/C

YITCMG290　13,A/G;21,T/G;66,C/G;128,A/T;133,A/C

YITCMG293　46,T/C;61,T/C;207,A

YITCMG294　99,T/G;108,A/T

YITCMG296   93,T/C

YITCMG298   44,A/G;82,A/G;113,A/G

YITCMG300   32,A/C;68,T/C;198,A/G;199,C/G

YITCMG301   108,C

YITCMG304   35,A;42,G;116,G

YITCMG305   50,A/C;67,T/G;68,C

YITCMG307   37,A/G

YITCMG311   83,T/C;101,T/C;155,A/G

YITCMG312   42,T/A;104,A/T

YITCMG313   125,T/A

YITCMG314   53,C

YITCMG315   58,A/G;80,A/G;89,T/C

YITCMG316   98,T/C;102,T/C

YITCMG317   38,G;151,C

YITCMG320   4,A/G;87,T/C

YITCMG321   16,G

YITCMG322   2,T/G;69,T/C;72,T/C;77,T/C;91,T/A;102,T/C

YITCMG323   49,A/C;73,T/C;108,C/G

YITCMG325   57,C

YITCMG326   169,T/G;177,A/G

YITCMG328   15,C;47,T/C;86,T/C

YITCMG329   48,T/C;78,C/G;109,A/T

YITCMG330   52,A/G;129,T/G;130,A/G

YITCMG331   24,A/G;51,A/G

YITCMG332   14,T/C;62,C/G;63,A/G;93,A/C

YITCMG334   12,T/G;43,C/G;56,T/C;104,A/C

YITCMG335   3,A/T;48,A/G;50,T/C;114,G

YITCMG336   28,T/C;56,A/T;140,T/C

YITCMG338   127,A/G;159,T/C;165,T/C;172,A/T;179,C/G

YITCMG340   68,A/G;75,A/G;107,A/C

YITCMG341   59,A/T;83,T;108,T/C;124,G;146,A/G;210,T/G

YITCMG342   162,A;169,T

YITCMG343   3,A;39,T/C;127,A/G;138,A/T;171,T/C;187,T/C

YITCMG344   14,T/C;29,T/G;47,A/G;85,A/G

YITCMG345   34,T/A;39,T/G

YITCMG347   19,T/A;21,A/G;29,A/G;108,A/C;157,A/G

YITCMG348   131,A;141,T

YITCMG349   62,A/G;136,C/G

YITCMG350   17,A/G

YITCMG351   11,T/G;79,T/G;109,T/C;139,C/G

YITCMG353   75,A/T;85,T/C

YITCMG355   34,A/T;64,A/C;96,A/G;107,A/C;148,A/G

YITCMG356   168,A/G

YITCMG357   51,G;76,T;88,A/G

YITCMG360   64,A/G;87,A/G;92,T/C

YITCMG361   3,T/A;102,T/C

YITCMG363   57,T/C;96,T/C

YITCMG364   2,T/C;7,G;29,A/G;96,T/C

YITCMG366   59,A/T;83,A/T;121,T/A

YITCMG370   18,A/G;117,T/C;134,A/T

YITCMG371   27,A/G;60,T/C

YITCMG372   199,T

YITCMG373   74,A/G;78,A/C

YITCMG374   102,A/C;135,C;137,T/A;138,G

YITCMG375   17,C

YITCMG376   74,G;75,C

YITCMG377   3,A/G;30,T/C;42,A/C

YITCMG379   61,T/C

YITCMG380   40,A

YITCMG381   30,G;64,T;124,T

YITCMG382   62,A;72,C;73,C

YITCMG386   13,T/C;65,C/G;67,T/C

YITCMG387   99,T/C;111,C/G;114,A/G

YITCMG388   17,T;121,A/G;147,T/C

YITCMG389   9,A/T;69,A;159,A/C;171,C/G

YITCMG390   9,C;82,T/G;95,T/A

YITCMG391   23,A/G;117,A/C

YITCMG392   78,A/G;109,C;114,C

YITCMG394   38,A/G;62,A/G

YITCMG395   40,A;49,T

YITCMG396   110,T/C;141,A

YITCMG397   97,G

YITCMG398   131,C;132,A;133,A;159,C;160,G;181,T

YITCMG399   7,A;41,A

YITCMG400   34,T/C;41,T/C;44,T/C;53,T/C;62,T/C;71,C/G;72,T/A;90,A/C

YITCMG401   43,T

YITCMG402   137,T/C;155,A/G

YITCMG403   36,T/C;49,T/A;173,C/G

YITCMG404   8,A/G;32,T/C;165,A/G

YITCMG405   155,C;157,C

YITCMG406   73,G;115,T

YITCMG407   13,T/C;26,T/G;97,T/G

YITCMG408   88,T/C;137,A/G

YITCMG410   2,T;4,A;20,T/C;40,G;155,A/C

YITCMG411   81,A;84,A

YITCMG412   4,A/T;61,T/C;79,A/G;154,A/G

YITCMG413   55,A/G;56,C/G;82,T/C

YITCMG414   11,A/T;37,A/G;58,A/G;62,C/G

YITCMG415   84,A/G;114,A/G

YITCMG416   84,A;112,A

YITCMG418   150,A/C

YITCMG419   73,T/A;81,A/T;168,A/G

YITCMG423   41,T/C;117,T/G

YITCMG424   69,T;73,G;76,C;89,T

YITCMG425   57,A

YITCMG426   59,C;91,C

YITCMG428   18,A/G;24,T/C;73,A/G;135,A/G

YITCMG429   61,T/A;152,A/G;194,G;195,A/T

YITCMG430   53,T/C;69,T/C

YITCMG432   69,T;85,C

YITCMG434   27,A/G;37,T/A;40,A/G;116,A/G

YITCMG435   28,T/C;43,T/C;103,A/G;106,A/G;115,T/A

YITCMG436   56,A/T;178,T/A

YITCMG437   44,A/G;92,C/G;98,T/C;151,T/C

YITCMG438   155,T

YITCMG439   87,T/C;113,A/G

YITCMG440   64,A;68,G;70,T;78,C;135,A/G

YITCMG443   28,A/T

YITCMG445   72,G

YITCMG447   202,A/G

YITCMG448   15,A/C;91,T/G;145,T/G

YITCMG449   23,T/C;105,A/G;114,C/G

YITCMG450   100,A/G;146,T/A

YITCMG452   121,G;145,G

YITCMG453   87,A;156,C;179,A

YITCMG454   90,A;92,T;121,C

YITCMG455   128,T/C

YITCMG456   32,A;48,G

YITCMG457   124,A/G

YITCMG459   120,A;141,A/G

YITCMG460   45,T

YITCMG461   21,T/G;89,T/C;140,A/G;158,A/G

YITCMG462   1,A/G;22,C/G;24,C;26,A;36,T/C;49,A/C

YITCMG463   78,T/C;134,A/G;190,C/G

YITCMG464   52,A/G

YITCMG469   12,T;13,C;14,C;71,A

YITCMG470   72,T/C;75,A/G

YITCMG471   8,A;65,A;88,C;159,C

YITCMG472   51,A/G

YITCMG473   65,A/T;91,T/C

YITCMG474   87,A/T;94,A/G;104,T/C;119,A/G

YITCMG475   82,A/G;84,A/G;102,T/C

YITCMG477　3,T/G;7,T;14,T/G;91,C;150,T
YITCMG481　21,A/G
YITCMG482　65,T/C;87,A/G;114,T/C;142,T/G
YITCMG483　113,A/G;147,A/G
YITCMG485　116,C/G;125,T/C
YITCMG486　40,A/G;109,T/G;148,T/G
YITCMG487　140,C
YITCMG488　51,G;76,G;127,C
YITCMG489　51,A/G
YITCMG490　57,T/C;135,T/A;165,T/A
YITCMG491　156,G
YITCMG492　55,A/G
YITCMG493　5,T/C;6,T/G;30,T/C;48,A/G;82,A/G
YITCMG494　43,C;52,A;83,T/C;98,G;152,A/G;154,T/C;188,T/C;192,T/C
YITCMG495　65,T/G;73,A/G
YITCMG496　26,A/G;60,A/G
YITCMG500　14,T/C;30,A/G;86,T/A;87,T/C;108,T/A
YITCMG502　4,A/G;12,T/C;130,A/T;135,A/G;140,T/C
YITCMG503　10,A/T
YITCMG504　11,A/C;17,A/G
YITCMG505　54,A/G;99,T/C
YITCMG508　96,T;109,G;115,G
YITCMG509　65,T;126,G
YITCMG510　1,A;95,A/G;98,A/G
YITCMG511　39,T/C;67,A/G;186,A/G
YITCMG512　25,A/G;63,A/G;91,A/G;99,T/C
YITCMG513　133,A/G
YITCMG514　45,C
YITCMG515　41,T/C;44,T/G
YITCMG516　29,T
YITCMG517　6,T/G;33,T/C;84,A/T;86,A/G;163,T
YITCMG519　129,T;131,T
YITCMG520　65,A/G;83,A/G;136,T/C;157,A/C
YITCMG521　8,T/G;21,G;30,A/G
YITCMG522　127,T
YITCMG523　36,A/G;92,A/G;111,T/G;116,A/G;133,A/G
YITCMG524　10,A/G;19,A/G;100,A/G
YITCMG527　108,T/G;118,A/C
YITCMG529　15,A/C;129,T/C;144,A/C;165,C/G;174,T
YITCMG530　76,C;81,A;113,T
YITCMG531　11,T;49,T
YITCMG532　17,A/C;85,T/C;111,A/G;131,A/C
YITCMG533　81,A/G;85,A/C;183,A/C;188,A/G
YITCMG534　40,T;122,C;123,C

YITCMG538   168,A/G
YITCMG539   27,G;75,T
YITCMG540   17,T/A;73,T/C
YITCMG541   70,C
YITCMG542   69,T/C;79,T/C

龙　井

YITCMG001	72,C;85,A
YITCMG002	28,G;55,T;102,G;103,C
YITCMG003	82,G;88,G;104,G
YITCMG004	27,T;73,A/G
YITCMG005	56,A;100,A;105,A/T;170,T/C
YITCMG006	13,T;27,T/C;48,A/G;91,C;95,C/G
YITCMG007	65,T;96,G
YITCMG010	112,T/G
YITCMG011	166,A/G
YITCMG013	69,T/C
YITCMG014	39,T/C;126,A;130,T;162,C/G;178,C/G;200,A/G;210,A/T
YITCMG015	44,A/G;127,A/G;129,A/C;174,A/C
YITCMG018	10,A/G;30,A;95,A/G;97,A/T
YITCMG019	115,A/G
YITCMG020	70,A/C;100,C/G;139,A/G
YITCMG022	3,A;11,A;99,C;131,C
YITCMG023	142,T;143,C
YITCMG024	68,A;109,C
YITCMG025	108,T
YITCMG027	138,G
YITCMG028	45,A;110,T/G;113,A/T;133,T/G;147,A;167,G;191,A/G
YITCMG029	114,A/C
YITCMG030	55,A;73,T/G;82,A/T
YITCMG032	117,C
YITCMG033	73,G
YITCMG034	122,A/G
YITCMG035	102,T/C;126,T/G
YITCMG036	23,C/G;32,T/G;99,C/G;110,T/C;132,A/C
YITCMG037	12,T/C;39,T/G;118,T/G
YITCMG038	155,G;168,G;171,A
YITCMG039	1,A/G;61,A/G;71,T/C;104,T/C;105,A/G;151,T/G
YITCMG041	24,C;25,A;68,T
YITCMG042	5,A/G;92,A/T
YITCMG043	56,T;61,T/A;67,C
YITCMG044	167,G
YITCMG046	55,A/C;130,A/G;137,A/C;141,A/G
YITCMG047	60,T/G;65,T/G
YITCMG048	209,A
YITCMG049	115,A/C;172,A/G
YITCMG050	44,A/C
YITCMG051	15,C;16,A

YITCMG052   63,T/C;70,T/C
YITCMG053   86,A;167,A;184,T
YITCMG054   34,G;36,T;70,G
YITCMG058   67,T;78,A
YITCMG059   84,A/G;100,T/G
YITCMG060   156,T/G
YITCMG061   107,A/C;128,A/G
YITCMG064   2,A;27,G
YITCMG066   10,A/C;64,A/G;141,T/G
YITCMG067   1,C;51,C;76,G;130,C
YITCMG068   49,T/G;91,A/G
YITCMG069   37,A/G;47,T/A;100,A/G
YITCMG072   54,A/C;75,A/G;105,A/G
YITCMG073   15,A;49,G
YITCMG075   168,A/C
YITCMG078   33,A/G;95,T/C;147,T/C;165,A/G
YITCMG079   3,G;8,T;10,A;110,C;122,A;125,A
YITCMG081   91,C/G
YITCMG085   6,A/C;21,T/C;24,C;33,T;106,T/C;206,T/C;212,T/C
YITCMG086   142,C/G
YITCMG088   17,A/G;33,A;143,A/G;189,T/G
YITCMG090   17,C;46,G;75,T
YITCMG091   33,C/G;59,A;84,T/G;121,A/G;187,A/C
YITCMG094   124,T/A;144,A/T
YITCMG096   24,T/C;57,A;63,T/C;66,T/C;84,A/G
YITCMG098   48,A;51,C;180,T
YITCMG099   67,T/G;83,A/G;119,A/G;122,A/C
YITCMG100   155,T
YITCMG101   53,T;92,T
YITCMG102   6,C;129,A
YITCMG103   41,A/G;42,T/C;43,A/G;61,T/C
YITCMG104   79,G;87,G
YITCMG107   160,A/G;164,C/G;169,A/T
YITCMG108   34,A/G;64,C/G
YITCMG109   17,T/C;29,A/C;136,T/A
YITCMG110   30,T;32,A/G;57,C;67,C/G;96,T/C
YITCMG111   39,T/G;62,A/G;67,A/G
YITCMG112   101,C/G;110,A/G
YITCMG113   85,T/G
YITCMG114   51,A/G;75,A/C;81,A/C
YITCMG115   32,T/C;33,A/T;87,T/C;129,T/A
YITCMG117   115,T;120,A
YITCMG118   19,A;150,T/A
YITCMG119   73,C;150,T;162,G

YITCMG120　121,A/G;130,C/G;133,C

YITCMG121　32,T/A;72,G;91,C/G;138,A/G;149,A/G

YITCMG122　40,A/G;45,A/G;77,T/G;185,A/G;195,A/G

YITCMG123　87,A/G;130,T/G

YITCMG124　75,T/C;119,A/T

YITCMG126　142,A/G;159,T/C

YITCMG127　146,A/G;155,T/A;156,A/G

YITCMG129　90,T/C;104,T/C

YITCMG130　31,C/G;108,A/G

YITCMG131　27,T/C;107,C/G

YITCMG132　43,C/G;91,T/C;100,T/C;169,T

YITCMG133　65,A/C;76,T;86,T/G;191,A/G;200,A/G;209,T

YITCMG134　23,C;99,T/C;116,A/T;128,A/G;139,T;146,C/G

YITCMG136　169,A/G;198,T/C

YITCMG137　24,A/G;52,A/T

YITCMG138　44,C/G

YITCMG139　7,G

YITCMG140　6,T

YITCMG141　71,T/G;184,C

YITCMG144　61,C;81,C;143,A;164,G

YITCMG145　7,A;26,G;78,G

YITCMG146　27,T/C;69,A/G;88,T/G;111,A/T;116,A/G

YITCMG148　35,A/G;75,T/C;87,T/C;101,T/G

YITCMG150　8,T/G;100,T/A;101,A/G;116,T/G;123,C/G;128,A/T

YITCMG152　83,T/A;103,A/G

YITCMG153　97,A/C;101,A/G;119,A/G

YITCMG154　5,T;47,C;77,C;141,C

YITCMG155　1,A/C;31,T/G;35,A/G;51,T/C;155,A/G

YITCMG156　28,T;44,C

YITCMG157　18,A/G;83,T/C

YITCMG158　67,T/C;96,A;117,G

YITCMG159　137,T/C

YITCMG160　92,G;107,T/G;158,C

YITCMG161　71,A;74,C

YITCMG162　26,A/C

YITCMG163　115,A/G

YITCMG164　57,T;114,G

YITCMG165　32,A/G;154,A/G;174,C;176,C/G;177,A/G

YITCMG166　13,T;87,G

YITCMG167　120,A/G;150,A/G;163,C/G

YITCMG168　79,T/C;89,C/G;96,A/G

YITCMG169　36,A/G;51,C;78,A/C;99,T/C;153,A/T

YITCMG170　139,C/G;142,A/G;145,C;150,T/A;151,T/C;157,A;164,A/G

YITCMG171　9,T;61,C;76,C;98,A

YITCMG172   17,T/C;164,A;168,G;186,G;187,G

YITCMG173   20,T/C;80,T/C;144,T/C;163,T/G;165,A/G

YITCMG175   42,T;55,T;62,C;98,C

YITCMG176   44,A;107,A

YITCMG178   119,T

YITCMG180   23,T/C;72,T/C

YITCMG181   134,G

YITCMG183   24,A/T;28,A/G;75,T/C

YITCMG184   45,A;60,C;97,C

YITCMG185   62,A;68,A;80,G;130,A;139,G

YITCMG187   105,T;106,G

YITCMG189   23,T/C;51,A/G;125,A/G;138,T/A;168,T/C;170,T/C

YITCMG190   10,T/C;48,A/G;54,T/C;117,T;162,G

YITCMG191   108,A/G

YITCMG192   89,T/C;119,T/G

YITCMG193   30,T/C;121,T/G;129,A/C;145,T/C;153,T

YITCMG194   1,A;32,T;55,A/G;130,T/G;165,T/C

YITCMG195   71,A/T

YITCMG196   19,A/G;91,T/C;190,A/G;191,T/C

YITCMG197   18,C;35,G;103,T/C;120,A/C;134,T/C;144,C/G;178,A/C;195,T/C

YITCMG198   100,C

YITCMG199   3,A/C;80,T/A

YITCMG202   16,C;37,A/C;121,T

YITCMG203   90,A

YITCMG204   85,A

YITCMG206   19,T

YITCMG207   82,A;156,T

YITCMG212   17,G;111,G

YITCMG213   55,A;109,C

YITCMG216   69,A/G;135,C;177,A/G

YITCMG217   11,A/G;19,A/T;154,A/G;164,T/C;185,T/C

YITCMG218   5,A;15,T;31,C;59,T;72,C

YITCMG220   151,C

YITCMG221   8,C;76,G;110,A/G;131,A;134,A

YITCMG222   1,A/G;15,C;31,A/G;46,A/G;70,G

YITCMG223   23,T/C;29,T/G;41,T/C;47,A/G;48,T/C

YITCMG226   72,A/G;117,T/C

YITCMG228   72,C

YITCMG229   56,T/C;58,T/C;65,T/C;66,T/C

YITCMG230   65,C;103,A;155,A/G

YITCMG231   87,T/C;108,T/C

YITCMG232   1,C;12,C/G;64,T/C;76,A/G;80,G;152,C;169,T;170,G

YITCMG233   127,A/G;130,A;132,G;159,T;162,A

YITCMG235   128,C/G

YITCMG236   94,A;109,A
YITCMG237   24,A;28,A/G;39,G;71,C/G;76,T/C
YITCMG238   49,C;68,C
YITCMG239   46,C;59,C;72,A
YITCMG241   23,A/G;32,T/C;42,T/G
YITCMG242   61,A/C;70,T;85,T/C;94,A/G;128,T/C
YITCMG244   71,C
YITCMG247   123,T/C
YITCMG249   22,T/C;130,A/G;142,T/C;167,T/C
YITCMG250   92,T/C;98,T/A;99,T/G
YITCMG253   32,C;53,A;182,A;188,T
YITCMG254   48,C/G;106,T/G
YITCMG255   6,A/G;13,T/G;18,T/A;56,A/C;67,T/G;155,C/G;163,A/G;166,T/C
YITCMG256   19,A/G;47,A/C;66,A/G
YITCMG258   2,C;101,T;172,C
YITCMG259   24,T;180,T;182,A
YITCMG260   54,A/G;63,A/G;154,A/T;159,A/C
YITCMG261   38,G;106,A;109,T
YITCMG263   42,T/C;60,T/C;77,T/G;91,A/G
YITCMG264   14,T/G;65,T/C
YITCMG266   5,G;31,G;62,T
YITCMG268   23,T/G;30,T/G;68,T/C;152,T/G
YITCMG270   10,A/G;48,T/C;130,T/C
YITCMG271   100,C/G;119,T/A
YITCMG274   141,A/G;150,T/C
YITCMG275   154,A
YITCMG276   41,T/G;59,A/G
YITCMG278   1,A/G;10,A/G;12,A/C
YITCMG279   94,A/G;113,A/G;115,T/C
YITCMG280   159,T/C
YITCMG281   96,A;107,A/C;127,A/G
YITCMG282   46,A/G;64,T/C
YITCMG284   18,A/G;55,A/T;94,T/C
YITCMG287   2,T/C;38,T/C;171,A/T
YITCMG288   37,A;38,A
YITCMG289   12,T/G;15,C/G;50,T
YITCMG290   21,T/G;66,C/G;72,T/C
YITCMG291   28,A/C;38,A/G;55,T/G;86,A/G
YITCMG293   46,T/C;61,T/C;170,A/T;207,A/G
YITCMG294   82,A/C;99,T/G;108,T/A;111,T/C
YITCMG295   15,A/G;71,T/A
YITCMG296   90,A/C;93,T/C;105,T/A
YITCMG297   128,T/C;147,A/C
YITCMG299   29,A;38,T/C;48,A/G;53,C/G;134,T/G

YITCMG300   15,T/C;32,A/C;68,T/C;191,A/G

YITCMG301   76,C;98,G;108,C;111,C;128,G

YITCMG302   96,T

YITCMG304   35,A;42,G;116,G

YITCMG305   15,G;68,C

YITCMG308   34,A/G;35,C/G;45,T/A

YITCMG309   23,T/A;77,A/G;85,C/G

YITCMG310   98,G;107,T;108,T

YITCMG311   155,A

YITCMG314   31,A/G;53,A/C

YITCMG315   58,A;80,G;89,C

YITCMG316   102,C

YITCMG317   38,G;151,C

YITCMG318   61,T;73,A;139,T/C

YITCMG321   16,G

YITCMG322   72,T/C;100,T/C

YITCMG323   6,T/A;49,A/C;73,T/C;75,A/G

YITCMG325   57,C

YITCMG326   11,A/C;41,T/A;161,T/C;177,G;179,A/G

YITCMG328   15,C;47,C;86,C

YITCMG329   48,T/C;78,C/G;109,A/T;175,A/G;195,A/C

YITCMG332   63,G

YITCMG334   43,C/G;104,A/C

YITCMG335   48,A/G;50,T/C;114,G

YITCMG336   28,C;56,A;140,T

YITCMG338   71,T/C;126,A/G;159,T/C;165,T/C;179,C/G

YITCMG339   48,T/C;81,T/C

YITCMG340   51,T/C;110,T/C;111,A/G

YITCMG341   83,T/A;124,T/G

YITCMG342   156,A/G;162,A/T;169,T/C;177,T/C

YITCMG343   3,A;39,T

YITCMG344   14,T;29,G;47,G;85,G

YITCMG345   34,A/T;39,T/G

YITCMG346   67,T/C;82,A/G

YITCMG347   21,A

YITCMG348   28,T/C;65,T;69,T/C;73,A;124,A

YITCMG350   17,A;37,T/A;101,A/T;104,T/C

YITCMG352   108,C;109,A;138,T;159,A/G

YITCMG353   75,T;85,C

YITCMG354   62,C;66,A/G;81,A/C;134,C

YITCMG355   34,A;64,C;96,A

YITCMG356   45,A/T;47,A/C;72,A/T

YITCMG357   29,A/C;51,T/G;76,A/T;142,A/T

YITCMG359   60,T/G;128,T/C;143,A/G

YITCMG360 54,T/G;64,A;82,T/C;87,G;92,C

YITCMG361 3,A/T;102,T/C

YITCMG362 12,T/C;62,A/T;77,A/G

YITCMG363 39,A/G;56,A/G

YITCMG364 7,G;29,A;96,T

YITCMG365 23,T/C;79,T/C;152,C/G

YITCMG366 36,T/C;83,T/A;110,T/C;121,A/T

YITCMG367 21,T/C;145,C/G;165,A/G;174,C/G

YITCMG369 99,T/C

YITCMG370 105,T/A

YITCMG371 27,A/G;36,T/C

YITCMG372 199,T/A

YITCMG373 74,A;78,C

YITCMG374 135,T/C

YITCMG375 17,C;107,T/A

YITCMG376 5,A;74,G;75,C;103,C;112,A

YITCMG377 3,A;77,T

YITCMG379 61,T

YITCMG380 40,A/G

YITCMG382 62,A/G;72,A/C;73,C/G

YITCMG383 53,T/C;55,A/G

YITCMG384 52,T/G;106,G;128,C;195,C

YITCMG385 57,A

YITCMG386 65,G

YITCMG387 99,T/C

YITCMG388 17,T;153,A/G

YITCMG389 3,T/G;9,A/T;69,A;101,A/G;159,A/C;171,C/G

YITCMG390 9,C

YITCMG394 48,T/G

YITCMG395 45,T/C

YITCMG396 110,C;141,A

YITCMG397 89,C/G;92,T/G;97,G;136,A/C

YITCMG398 100,A/C;131,C;132,A;133,A;159,T/C;160,G;181,T

YITCMG401 43,T/C;72,T/G;123,A/G

YITCMG402 6,A/T;137,T;155,G

YITCMG403 49,A/T;58,C/G;173,C/G

YITCMG404 8,G;32,T

YITCMG405 41,T;62,C;161,G

YITCMG406 73,G;115,T

YITCMG407 13,C;97,G;108,A;113,C

YITCMG408 137,G

YITCMG412 4,A/T;61,T/C;154,A/G

YITCMG413 55,A/G;57,T/C;82,T/C

YITCMG414 11,T/A

YITCMG416   84,A/G;112,A/G

YITCMG423   39,T/G;117,G;130,C/G

YITCMG424   69,T;73,G;76,C;89,T

YITCMG425   57,A

YITCMG426   59,T/C;91,C/G

YITCMG427   103,T/C;113,A/C

YITCMG428   18,A/G;24,T/C;73,A/G;135,A/G

YITCMG429   61,A/T;152,A/G;194,G;195,T/A

YITCMG430   31,T/C;53,T/C;69,T/C;75,A/C

YITCMG431   69,A/G;97,C/G

YITCMG432   69,T;85,C

YITCMG434   27,G;37,T/G;40,A/G

YITCMG435   28,T;43,C;103,G;106,A;115,A

YITCMG437   36,T/C;39,T/A;44,A/G;92,C/G;98,T/C

YITCMG438   155,T

YITCMG439   75,A/C;87,T/C;113,A/G

YITCMG440   13,A/C;64,A;68,G;70,T;78,T/C;103,A/G;113,T/C

YITCMG441   12,A;74,G;81,C;90,T/C

YITCMG443   28,T/A

YITCMG444   118,T/A;141,A/G

YITCMG445   72,A/G

YITCMG446   13,T;51,T

YITCMG448   91,T/G;112,C/G;145,T/G

YITCMG449   13,A/G;114,C/G

YITCMG450   156,T/G

YITCMG452   151,T/C

YITCMG454   90,A;92,T;121,C

YITCMG455   2,T/C;5,A/G;20,T/C;22,A/G;98,T/C;128,T/C;129,A/G;143,A/T

YITCMG456   32,A/G;48,A/G

YITCMG457   77,A/T;124,G;156,C/G

YITCMG459   120,A;146,A;192,T

YITCMG460   45,T/C

YITCMG461   89,T;140,G

YITCMG462   24,C;26,A;36,C;49,C

YITCMG463   190,C/G

YITCMG464   161,T/C

YITCMG465   117,T/G;147,A/G

YITCMG467   9,A/G;11,A;14,A/G;86,A/T;161,A/G;179,A/T

YITCMG469   12,T/G;69,T/G

YITCMG471   8,A/C;65,A/G;88,T/C;159,A/C

YITCMG472   51,A/G

YITCMG473   65,T;91,T

YITCMG475   106,A/C

YITCMG477   2,T;91,C;150,T

YITCMG478　42,T
YITCMG479　103,A
YITCMG480　5,A/G;45,A/G;61,C/G;64,A/G
YITCMG481　21,A/G;160,A/G
YITCMG482　65,T/C;139,C/G
YITCMG483　113,G;147,A
YITCMG485　19,T/C;34,A/G;116,C/G;125,T/C
YITCMG487　140,C/G
YITCMG488　51,G;76,G;127,C
YITCMG490　57,T/C;135,A/T;165,A/T
YITCMG491　156,G
YITCMG492　55,A/G;83,T/C;113,C/G
YITCMG493　5,T/C;6,T/G;30,T;48,A/G;82,A/G
YITCMG494　43,T/C;52,A/G;98,A/G
YITCMG495　13,T/C;65,T/G;73,A/G
YITCMG496　7,A/G;26,A/G;59,A/G;134,T/C
YITCMG497　22,A/G;31,T/C;33,C/G;62,T/C;77,T/G;78,T/C;94,T/C;120,A/G
YITCMG499　121,A
YITCMG500　86,T;87,C
YITCMG502　12,T/C;127,T/C
YITCMG505　99,T
YITCMG507　3,C;24,G;63,A;87,C/G
YITCMG508　13,A/G;115,T/G;140,A/G
YITCMG510　1,A;95,G;98,A
YITCMG513　75,T/G;86,A/T;104,T/A;123,T/C
YITCMG516　29,T/G;53,A/C;120,T/G
YITCMG517　163,T
YITCMG518　60,G;77,T
YITCMG519　129,T/C;131,T/G
YITCMG521　8,T;21,G;30,G
YITCMG522　72,T/A;127,T/A;137,A/G;138,A/C
YITCMG524　19,G;100,G
YITCMG527　108,T;118,A
YITCMG529　129,T/C;144,A/C;174,T/C
YITCMG530　76,C;81,A;113,T
YITCMG531　11,T;49,T
YITCMG532　17,A/C
YITCMG533　183,A/C
YITCMG537　118,A;135,T
YITCMG539　27,G;75,A/T
YITCMG540　17,T;70,A/G;73,T;142,A
YITCMG541　70,A/C;130,T/G;176,T/C
YITCMG542　3,A/C

龙　芒

YITCMG001　72,T/C;85,A;94,A/C
YITCMG002　28,A/G;55,T/C;102,T/G;103,C/G;147,T/G
YITCMG003　67,T/G;82,A/G;88,A/G;104,A/G;119,A/T
YITCMG004　27,T
YITCMG005　56,A;100,A
YITCMG006　95,C/G
YITCMG007　62,T/C;65,T;96,G;105,A/G
YITCMG008　50,T/C;53,T/C;79,A/G;94,T/C
YITCMG009　75,C;76,T
YITCMG011　166,A/G
YITCMG012　75,T/A;78,A/G
YITCMG013　16,T/C;56,A/C;69,T/C
YITCMG014　39,T/C;126,A;130,T;178,C/G;203,A/G;210,T/A
YITCMG015　44,A/G;127,A/G;129,A/C;174,A/C
YITCMG017　17,T/G;24,T/C;26,A/G;98,C/G
YITCMG018　10,A/G;30,A;95,A/G;97,T/A
YITCMG019　36,A;47,C;66,G
YITCMG020　70,C;100,C/G;139,G
YITCMG021　104,A/C;110,T/C
YITCMG025　72,A/C
YITCMG027　138,G
YITCMG030　55,A/G
YITCMG031　48,T/C;84,A/G;96,A/G
YITCMG032　117,C/G
YITCMG033　73,G;85,G;145,G
YITCMG034　97,T/C
YITCMG037　12,C;39,T
YITCMG038　155,A/G;168,C/G;171,A/G
YITCMG039　1,G;61,A/G;71,T/C;104,T/C;105,G;151,T/G
YITCMG040　40,T/C;50,T/C;100,A/C
YITCMG041　24,T/A;25,A/G;68,T/C
YITCMG042　5,A/G;92,T/A
YITCMG043　56,T;61,A;67,C
YITCMG044　167,G
YITCMG045　92,T/C;107,T/C
YITCMG047　60,T/A;65,G
YITCMG048　42,T;142,C;163,G;186,A
YITCMG049　115,C
YITCMG050　44,C/G
YITCMG051　15,C;16,A
YITCMG052　63,T;70,C

YITCMG053　85,A/C;86,A/G;167,A;184,T/A

YITCMG054　34,A/G;36,T;70,A/G;87,T/C;168,T/C

YITCMG056　34,T/C;78,A/G

YITCMG058　67,T/G;78,A/G

YITCMG059　12,A/T;84,A;95,T/A;100,T;137,A/G;152,T/A;203,A/G

YITCMG061　107,A/C;128,A/G

YITCMG062　79,T/C;122,T/C

YITCMG064　2,A/G;27,T/G;74,C/G;109,A/T

YITCMG065　75,T/C;136,T/C

YITCMG066　10,A/C;64,A/G;141,T/G

YITCMG067　1,C;51,C;76,G;130,C

YITCMG068　20,T/C;49,T/G;91,A/G

YITCMG069　37,A/G;47,A/T;100,A/G

YITCMG072　75,A;105,A

YITCMG073　72,T/C;73,T/A;103,T/A

YITCMG074　46,T/C;58,C/G;180,T/A

YITCMG075　125,T/C;168,A/C;169,A/G;185,T/C

YITCMG078　15,A/T;33,A/G;93,A/C;95,T;147,T/C;165,A/G

YITCMG079　3,A/G;8,T/C;10,A/G;110,T/C;122,A/T;125,A/C

YITCMG081　91,C/G;115,T/A

YITCMG082　43,A/C;58,T/C;97,A/G

YITCMG083　123,T;169,G

YITCMG084　118,A/G;136,A/T;153,A/C

YITCMG085　6,A/C;21,T/C;24,C;33,T;106,T/C;206,T/C;212,T/C

YITCMG086　111,A/G;182,A/T;186,A/T

YITCMG088　17,A/G;33,A/G;143,A/G;189,T/G

YITCMG089　92,A/C;103,T/C;151,C/G;161,T/C

YITCMG090　17,T/C;46,A/G;75,T/C

YITCMG092　22,A/G;110,T/C;145,A/G

YITCMG094　124,T/A;144,A/T

YITCMG096　24,T/C;57,A;63,T/C;66,T/C;84,A/G

YITCMG098　48,A/G;180,T/C

YITCMG099　166,A/G

YITCMG100　124,T/C;141,C/G;155,T

YITCMG101　53,T/G;92,T/G

YITCMG102　116,A/G

YITCMG105　31,A/C;69,A/G

YITCMG107　23,A/G;143,A/G;160,G;164,C;165,T/A

YITCMG108　34,A/G;64,C/G

YITCMG109　29,A/C;89,A/G;136,T/A;190,A/G

YITCMG110　30,T/C

YITCMG112　101,C/G;110,A/G

YITCMG113　5,C/G;71,A;85,G;104,G;108,T/C;131,A/G

YITCMG114　75,A/C;81,A/C

YITCMG115   32,T/C;33,T/A;87,C;129,A/T

YITCMG117   115,T;120,A

YITCMG118   19,A/G;150,A/T

YITCMG119   73,C;129,A/G;150,T;162,G

YITCMG120   133,C

YITCMG121   32,T;72,G;149,T/G

YITCMG122   45,G;185,G;195,A

YITCMG123   87,A/G;130,T/G

YITCMG124   75,C;99,T/C;119,T

YITCMG125   159,A/C

YITCMG126   82,T/A;142,A

YITCMG127   146,A/G;155,A/T;156,A

YITCMG128   40,A/G;106,T/C;107,C/G;131,T/C;160,T/C

YITCMG129   90,T/C;104,T/C;105,C/G;108,A/G

YITCMG130   3,A/G;31,G;70,A/C;108,G

YITCMG132   43,C/G;91,T/C;100,T/C;169,T

YITCMG133   31,T/G;65,A/C;76,T;86,T/G;122,A/T;191,A/G;209,T

YITCMG134   23,C;139,T

YITCMG135   173,T

YITCMG136   169,A/G;198,T/C

YITCMG137   24,A/G;52,T

YITCMG138   44,C/G

YITCMG139   7,G

YITCMG141   71,T/G;184,T/C

YITCMG142   67,T/C;70,A/G

YITCMG144   61,T/C;81,T/C;143,A/G;164,A/G

YITCMG145   7,A/G;26,A/G;78,T/G

YITCMG146   116,A/G

YITCMG147   36,A/G;62,T;66,T

YITCMG148   35,A/G;87,T/C;160,A/T;165,A/G;173,T/C

YITCMG149   25,A;30,A;138,A/G;174,T/C

YITCMG150   8,T/G;100,A/T;101,G;116,G;123,C/G;128,T/A

YITCMG152   25,A/G;83,A/T;132,A/G

YITCMG153   119,A/G

YITCMG154   5,T;26,T/G;47,C;60,A/G;77,C;130,A/C;141,C

YITCMG155   31,T/G;35,A/G;51,T/C

YITCMG156   20,T/A;28,T/A;44,C/G

YITCMG157   5,G;83,C;89,T;140,A

YITCMG158   49,T/C;96,A;97,T/A;117,G

YITCMG159   6,T/C;92,A/C;137,T

YITCMG160   55,A;75,T;92,G;107,T/G;158,C

YITCMG161   71,A;74,C

YITCMG163   96,T/A;114,T/C;115,G;118,T/G

YITCMG164   57,T/C;114,A/G

YITCMG165   32,A/G;121,T/C;154,A/G;174,T/C;176,C/G;177,A/G
YITCMG166   13,T;87,G
YITCMG167   120,A/G;150,A/G;163,C/G
YITCMG168   79,T/C;89,C/G;96,A/G
YITCMG169   36,A/G;51,T/C;99,T/C;107,T/C;153,A/T
YITCMG170   31,T/G;145,C/G;150,T/G;157,A/G
YITCMG171   9,T/G;11,A/G;61,T/C;76,T/C;98,A/G
YITCMG172   186,G;187,G
YITCMG173   11,C/G;17,A/C;20,C;144,C;161,A/G;162,T/C;163,T/G
YITCMG175   32,T/G;62,A/C
YITCMG176   44,A;107,A
YITCMG177   20,T/C
YITCMG178   99,T/C;107,T/G;119,T/C
YITCMG180   23,C;72,C
YITCMG181   134,A/G
YITCMG182   59,T/C;66,A/T
YITCMG183   24,T/A;28,A/G;75,T/C
YITCMG184   45,A;60,C;97,C
YITCMG185   62,A/G;68,A;80,A/G;130,T/A;139,A/G
YITCMG187   105,T;106,G
YITCMG189   23,T/C;51,A/G;138,T/A;168,T/C
YITCMG190   48,A/G;54,T/C;117,T;162,G
YITCMG192   89,T/C;95,C/G;119,T/G
YITCMG193   30,T/C;121,T/G;129,A/C;145,T/C;153,T
YITCMG194   1,A/T;32,T/A;130,T/G
YITCMG195   45,A/T;87,T/C;128,A/G;133,A/G
YITCMG196   19,A/G;85,C;114,T
YITCMG197   18,A/C;35,T/G;103,T/C;120,A/C;134,T/C;185,A/G
YITCMG198   70,A/G;71,A/G;100,A/C
YITCMG199   3,T/C;16,A/G;56,T/A;80,T/A;173,T/C;175,C/G
YITCMG204   76,C/G;85,A/G;133,C/G
YITCMG206   177,A/G
YITCMG209   27,C
YITCMG212   17,A/G;111,A/G
YITCMG213   55,A/G;109,T/C
YITCMG216   69,G;135,C;177,A/G
YITCMG217   11,A/G;19,T/A;154,A/G;164,T/C;181,T/C;185,T/C;196,A/G;197,A/G
YITCMG218   5,A/C;31,C;59,T;72,C;108,T/G
YITCMG219   89,T/C;121,C/G;125,T/C
YITCMG220   64,A/C;67,C/G
YITCMG221   8,C;76,A/G;110,A/G;131,A;134,A
YITCMG222   1,T/G;15,T/C;31,A/G;46,A/G;70,C/G
YITCMG223   23,T;29,T;41,T/C;47,A/G;48,T/C
YITCMG226   51,T/C;72,A/G;117,T/C

YITCMG228   72,A/C;103,A/G

YITCMG230   65,C;103,A

YITCMG232   1,T/C;76,C/G;80,G;152,C;169,T/C;170,G

YITCMG233   127,A/G;130,A;132,G;159,T;162,A

YITCMG234   54,A/T;103,A/G;183,T/A;188,A/G

YITCMG235   128,C/G

YITCMG236   43,T/C;94,A;109,A

YITCMG237   24,A/T;39,G;71,C/G;76,T/C;105,A/G

YITCMG238   49,C;68,C;142,T/C;161,T/A

YITCMG239   46,T/C;59,T/C;72,A

YITCMG240   21,A/G;96,A/G

YITCMG241   23,G;32,C;42,T;46,G;54,T/A;75,T/C;77,A/C

YITCMG242   70,T

YITCMG243   147,T/C;184,T/A

YITCMG244   71,C;76,A/G;109,T/G;113,T/C

YITCMG246   51,T/C;124,A/G

YITCMG247   19,A/C;40,A/G;46,T/G;123,T/C

YITCMG248   31,A/G;60,T/G

YITCMG249   22,C;83,C/G;167,C

YITCMG251   151,T/C;170,T/C;171,T/C

YITCMG252   26,A/G;69,T/C;82,A/T

YITCMG253   13,T/C

YITCMG254   48,C;82,T/C;106,G

YITCMG255   6,A/G;13,T/G;18,T/A;56,A/C;67,T/G;87,T/C;155,C/G;163,G;166,T/C

YITCMG256   19,T/A;47,A/C;66,A/G

YITCMG257   58,T/C;89,T/C

YITCMG258   2,C;101,T;172,C

YITCMG260   63,A;154,A;159,A

YITCMG261   38,T/G;106,A/T;109,T/C

YITCMG262   47,T/G

YITCMG263   91,A

YITCMG264   14,T/G;65,T/C

YITCMG265   138,T;142,G

YITCMG266   5,G;24,T/G;31,G;62,T/C

YITCMG267   39,A/G;108,T/A;134,T/G

YITCMG268   23,T/G;30,T/G;68,T/C;152,T/G

YITCMG270   10,A/G;48,T/C;130,T/C

YITCMG271   100,G;119,T

YITCMG272   43,T/G;74,T/C;87,T/C;110,T/C;129,T/C

YITCMG274   75,A/G;90,A/G;141,G;150,T

YITCMG275   106,C/G;131,A/C

YITCMG276   41,T;59,A

YITCMG277   24,T/C

YITCMG278   1,A/G;10,A/G;12,A/C

YITCMG279 94,G;113,G;115,T

YITCMG280 62,T/C;85,C/G;121,A/G;144,T/G;159,C

YITCMG281 18,A/G;22,A/G;92,C;96,A

YITCMG282 46,A/G;64,T/C

YITCMG283 67,T;112,A;177,G

YITCMG285 85,A;122,C

YITCMG286 119,A;141,C

YITCMG287 2,C;38,T

YITCMG289 50,T;60,A/T;75,A/G

YITCMG290 21,T/G;66,C/G;72,T/C;136,A/G

YITCMG291 28,A/C;38,A/G;55,T/G;86,A/G

YITCMG293 46,T/C;61,T/C;170,T/A;207,A/G

YITCMG295 15,A/G;71,A/T

YITCMG296 90,A/C;93,T/C

YITCMG297 128,C;147,A

YITCMG298 44,A/G;55,A/C;82,A/G;113,A/G

YITCMG299 29,A/G;38,T/C;48,A/G;53,C/G;134,T/G

YITCMG300 32,A/C;68,T/C;191,A/G;198,A/G

YITCMG301 76,C/G;98,T/G;108,C;111,T/C;128,G

YITCMG302 96,T/C

YITCMG303 10,T/A;21,A/G;54,T/G

YITCMG304 35,A;42,G;116,G

YITCMG305 50,A/C;67,T/G;68,C/G

YITCMG306 16,C;69,A/C;85,T/G;89,A/C;92,C/G

YITCMG307 37,A/G

YITCMG308 34,G;35,C

YITCMG309 23,T/A;77,A/G;85,C/G

YITCMG311 83,C;101,C;155,A

YITCMG312 42,A/T;104,T/A

YITCMG314 31,A/G;53,A/C

YITCMG315 58,A/G;80,A/G;89,T/C

YITCMG316 98,T/C;102,T/C

YITCMG317 38,T/G;151,T/C

YITCMG318 61,T/C;73,A/C

YITCMG321 16,G;83,T/C

YITCMG322 44,T/C;72,T/C;77,T/C;91,T/A;105,T/C

YITCMG323 6,T/A;49,A/C;73,T/C

YITCMG324 55,T/C;56,C/G;74,A/G;195,A/G

YITCMG326 11,A/C;41,T/A;50,A/T;161,T/C;177,G;179,A/G

YITCMG328 15,C;47,C;86,C

YITCMG329 48,T/C;78,C;102,A/G;175,A/G;195,A/C

YITCMG330 28,C/G

YITCMG331 24,A/G;51,A/G;154,A/G

YITCMG332 62,C/G;63,G;93,A/C

YITCMG333　132,T/C;176,A/C
YITCMG334　43,G;104,A
YITCMG335　48,A/G;50,T/C;114,G
YITCMG336　19,T/C;28,C;56,A;140,T
YITCMG337　1,A/G;88,T/C
YITCMG338　71,T/C;126,A/G;146,T/G;159,C;165,T;172,A/T;179,G
YITCMG339　113,A/G
YITCMG340　68,A;75,A;107,C
YITCMG341　83,T;124,G
YITCMG342　156,G;177,C
YITCMG343　3,A/G;39,T/C
YITCMG344　14,T/C;47,A/G;85,A/G
YITCMG345　34,A/T;39,T/G
YITCMG346　7,A/T;67,T/C;82,A/G
YITCMG348　28,T/C;65,T/C;73,A/G;124,A/C;131,A/G;141,A/T
YITCMG349　62,A/G;136,C/G
YITCMG350　17,A;37,A/T;68,T/A;101,T;104,T
YITCMG351　11,T/G;109,T/C;139,C/G
YITCMG352　108,C;109,A/G;138,T;159,A/G
YITCMG353　75,A/T;85,T/C;138,T/C
YITCMG355　34,A;64,C;94,G;96,A
YITCMG356　45,A;47,A;72,A
YITCMG357　20,A/G;29,A
YITCMG358　155,T/C
YITCMG359　60,T/G;128,T/C
YITCMG360　64,A;87,G;92,C
YITCMG361　3,A/T;102,T/C;178,A/C
YITCMG362　12,T;62,T;77,A
YITCMG363　57,T;96,T
YITCMG364　7,G;29,A;96,T
YITCMG371　27,A;36,T/C;60,T/C
YITCMG372　85,C
YITCMG373　74,A;78,C
YITCMG374　135,T/C
YITCMG375　17,C
YITCMG377　198,T/C
YITCMG378　49,T
YITCMG379　61,T/C;71,T/C;80,T/C
YITCMG380　40,A/G
YITCMG381　30,C/G;64,T/G;124,T/C
YITCMG382　62,A/G;72,A/C;73,C/G
YITCMG386　13,T/C;65,C/G;67,T/C
YITCMG388　17,T/C;120,T/C
YITCMG389　9,A/T;69,A/G;159,A/C;171,C/G;177,T/C

YITCMG390　9，C
YITCMG391　23，A/G；117，A/C
YITCMG392　78，A/G；109，T/C；114，A/C
YITCMG393　66，A/G；99，A/C；189，A/G
YITCMG394　9，T/C；38，A/G；62，A/G
YITCMG395　45，T/C
YITCMG396　110，T/C；134，A/C；141，A
YITCMG397　92，G；97，G；136，T
YITCMG398　100，A/C；131，T/C；132，A/C；133，T/A；160，A/G；181，T/G
YITCMG401　72，T/G；123，G
YITCMG402　137，T；155，G
YITCMG404　8，A/G；32，T/C；165，A/G
YITCMG405　155，C；157，C
YITCMG406　73，G；115，T
YITCMG407　13，T/C；50，T/C；97，T/G；108，A/G；113，C/G
YITCMG408　137，G
YITCMG409　82，C/G；116，T/C
YITCMG410　2，T/C；4，A/T；20，T/C；40，C/G；155，A/C
YITCMG412　79，A/G；154，G；167，T/G
YITCMG413　55，A/G；56，C/G；82，T/C
YITCMG414　11，A/T；37，A/G；51，T/C；62，C/G
YITCMG415　7，A/G；84，A/G；87，A/G；109，T/G；113，A/G；114，A/G
YITCMG416　80，A/G；84，A/G；112，A/G；117，T/A
YITCMG417　86，T/C；131，A/G
YITCMG418　150，C
YITCMG419　73，A/T；81，T/A；168，A/G
YITCMG420　35，C；36，A
YITCMG421　9，A/C；67，T/C；97，A/G
YITCMG422　97，A
YITCMG423　117，T/G
YITCMG424　69，T/G；73，A/G；76，C/G；89，A/T
YITCMG425　57，A/G；66，T/C
YITCMG426　59，T/C；91，C/G
YITCMG427　103，C；113，C
YITCMG428　18，A/G；24，T/C；73，A/G；135，A/G
YITCMG429　61，T；152，A/G；194，A/G
YITCMG430　31，T/C；53，T/C；69，T/C；75，A/C
YITCMG431　69，A/G；97，C/G
YITCMG432　69，T；85，C
YITCMG434　27，A/G；37，A/T；40，A/G
YITCMG435　28，T；43，C；103，G；106，A；115，A
YITCMG436　56，T/A
YITCMG437　36，T/C；44，A/G；92，C/G；98，T/C；151，T/C
YITCMG438　2，T/A；3，T/C；6，T/A；131，C/G；155，T

YITCMG440 64,A;68,G;70,T;78,C

YITCMG441 12,A;74,G;81,C

YITCMG442 2,A/T;68,T/C;127,A/G;132,T/A;162,A/G;170,T/C;171,T/G

YITCMG443 28,A/T;104,A/T;106,T/G;107,T/A;166,A/G

YITCMG444 118,A/T;141,A/G

YITCMG445 72,G

YITCMG446 13,T/C;51,T/C

YITCMG447 202,A/G

YITCMG448 91,G;95,A/C;112,G;120,T/C;126,T/C;145,G

YITCMG449 13,A;114,G

YITCMG450 156,T/G

YITCMG451 26,A/G;33,A/C;69,T/C;74,A/G;115,C/G

YITCMG452 89,A/G;151,T/C

YITCMG454 90,A;92,T;121,T/C

YITCMG455 2,T/C;5,A/G;20,T/C;22,A/G;98,T/C;128,T/C;129,A/G;143,T/A

YITCMG456 32,A/G;48,A/G

YITCMG457 77,T/A;124,G;156,C/G

YITCMG459 120,A;146,A;192,T

YITCMG460 45,T/C

YITCMG461 89,T/C;140,A/G

YITCMG462 24,C;26,A;36,C

YITCMG463 78,T/C;134,A/G;190,C/G

YITCMG464 52,A/G;57,T/G

YITCMG465 117,T/G;147,A/G

YITCMG466 75,T;83,A/G;99,G

YITCMG467 9,A/G;11,A/G;86,T/A

YITCMG469 12,T

YITCMG470 78,C/G

YITCMG471 8,A/G;65,A;88,C;159,C

YITCMG472 51,G

YITCMG473 65,A/T;91,T/C

YITCMG474 94,A/G;104,T/C;119,A/G

YITCMG475 82,A/G;84,A/G;102,T/C

YITCMG476 22,A;54,T

YITCMG477 3,T/G;7,T;91,C;150,T

YITCMG479 103,A/T

YITCMG480 61,C/G;64,A/G

YITCMG481 21,A;108,G;170,A/G;192,G

YITCMG483 113,A/G;147,A/G

YITCMG484 23,A/G;78,A/G;79,A/G

YITCMG485 34,A/G;116,C;125,T

YITCMG487 140,C/G

YITCMG488 51,C/G;76,A/G;127,T/C

YITCMG490 57,T/C;93,T/C;135,A/T;165,A/T

YITCMG491   156,A/G;163,A/G

YITCMG493   30,T

YITCMG500   14,T/C;30,A/G;86,T;87,C;108,T/A

YITCMG501   15,A/T;93,A/G;144,A/G;173,T/C

YITCMG502   4,A/G;127,T/C;130,A/T;135,A/G;140,T/C

YITCMG503   70,G;85,C;99,C

YITCMG504   11,A;13,A/G;14,C/G;17,G;60,A/G

YITCMG505   99,T;158,T/C;198,A/C

YITCMG506   47,A/G;54,A/C

YITCMG507   3,T/C;24,A/G;63,A/G

YITCMG508   96,T/C;115,T/G;140,A/G

YITCMG510   1,A;95,A/G;98,T/A;99,A/C

YITCMG512   25,A/G;63,A/G

YITCMG514   45,A/C

YITCMG515   41,T/C;44,T/G

YITCMG516   29,T/G;53,A/C;120,T/G

YITCMG517   163,T

YITCMG519   97,T/C;129,T;131,T

YITCMG520   35,A/G;65,A/G;83,A/G;136,T/C;157,A/C

YITCMG521   8,T/G;21,G;30,A/G

YITCMG522   127,T;139,A/G

YITCMG524   19,G;100,G

YITCMG526   84,A/C

YITCMG527   115,A/G

YITCMG528   1,T/C;79,G;107,G

YITCMG529   129,T/C;144,A/C;174,T/C

YITCMG530   76,A/C;81,A/G;113,T/C

YITCMG531   99,A/T

YITCMG532   17,A/C;85,T/C;111,A/G;131,A/C

YITCMG533   85,A/C;183,C;188,A/G

YITCMG535   36,A;72,G

YITCMG537   118,A;123,A/C;135,T

YITCMG539   27,G;75,T/A

YITCMG540   17,T;70,A/G;73,T;142,A

YITCMG541   18,A/C;66,C/G;130,T/G;176,C

YITCMG542   69,T;79,C

龙眼香芒

YITCMG001　53,A/G;78,A/G;85,A

YITCMG002　55,T/C;102,T/G;103,C/G

YITCMG003　67,T;119,A

YITCMG004　27,T/C

YITCMG005　56,A;100,A

YITCMG006　13,T/G;27,T/C;91,T/C;95,C/G

YITCMG007　62,T/C;65,T/C;96,A/G;105,A/G

YITCMG008　50,C;53,C;79,A

YITCMG010　40,T/C;49,A/C;79,A/G

YITCMG012　75,T;78,A

YITCMG013　16,C;56,A;69,T

YITCMG014　126,A/G;130,T/C

YITCMG015　44,A/G;127,A;129,C;174,A

YITCMG017　17,G;24,T/C;39,A/G;98,C

YITCMG018　30,A

YITCMG019　36,A;47,C;66,C/G

YITCMG021　104,A;110,T

YITCMG024　68,A/G;109,T/C;112,A/C

YITCMG025　69,C/G;108,T/C

YITCMG027　138,G

YITCMG028　45,A;70,T/G;110,T/G;133,T/G;147,A/G;167,A/G

YITCMG029　114,A/C

YITCMG030　55,A

YITCMG031　48,T/C;84,A/G;96,A/G

YITCMG032　14,A/T;160,A/G

YITCMG033　73,A/G

YITCMG034　97,T/C

YITCMG035　100,A/G;102,T/C;126,T/G

YITCMG036　23,C/G;32,T/G;99,G;110,T;132,C

YITCMG037　118,T/G

YITCMG038　155,G;168,G;171,A/G

YITCMG039　1,A/G;105,A/G

YITCMG041　24,A/C;25,A/G;68,T/C

YITCMG042　5,A/G;92,A/T

YITCMG044　7,T;22,C;189,T

YITCMG045　92,T;107,T

YITCMG046　55,C;130,A;137,A;141,A

YITCMG047　60,A/G;65,T/G

YITCMG048　142,C/G;163,A/G;186,A/C

YITCMG049　115,A/C;172,A/G

YITCMG050　44,C/G

YITCMG051   15,C;16,A
YITCMG053   85,A/C;86,A/G;167,A;184,A/T
YITCMG054   34,A/G;36,T/C;70,A/G;151,A/G
YITCMG056   34,T/C;178,T/G;204,A/C
YITCMG057   98,T/C;99,A/G;134,T/C
YITCMG058   67,T/G;78,A/G
YITCMG059   84,A;95,T;100,T;137,A;152,T;203,T
YITCMG060   10,A;54,T;125,T;129,A
YITCMG062   79,T/C;122,T/C
YITCMG063   86,A;107,C
YITCMG065   136,T
YITCMG066   10,A/C;64,A/G;141,T/G
YITCMG067   1,C;51,C;76,G;130,C
YITCMG068   49,T/G;91,A/G
YITCMG070   6,C/G
YITCMG071   102,A/T;142,T/C;143,A/C
YITCMG072   54,A/C;75,A/G;104,T/C;105,A/G
YITCMG073   15,A/G;19,A/G;28,A/C;106,T/C
YITCMG074   46,T/C;58,C/G
YITCMG075   125,T/C;185,T/C
YITCMG076   162,A/C;171,T/C
YITCMG077   105,A
YITCMG078   15,A/T;93,A/C;95,T;177,A/G
YITCMG079   3,A/G;5,T/C;8,T/C;10,A/G;26,T/C;110,T/C;122,A/T;125,A;155,T/C
YITCMG081   91,G;115,T/A
YITCMG082   43,A;58,C;97,G
YITCMG083   96,A/G;123,T;131,T/C;169,G
YITCMG084   93,T/C;118,A/G;136,T/A;165,A/G
YITCMG085   6,A/C;21,T/C;24,A/C;33,T/C;157,T/C;206,T/C;212,T/C
YITCMG086   111,A;182,T
YITCMG087   66,A/C;76,A/G
YITCMG088   33,A/G
YITCMG089   92,C;103,C;151,C;161,C
YITCMG090   17,C;46,G;75,T
YITCMG091   33,G;59,A
YITCMG093   72,A/G
YITCMG094   124,A;144,T
YITCMG096   24,C;57,A;66,T
YITCMG099   83,A/G;119,A/G;122,A/C
YITCMG100   124,C;141,C;155,T
YITCMG103   42,T;61,C
YITCMG104   79,G
YITCMG105   31,A/C;69,T/G
YITCMG106   29,A;32,C;59,C;65,G;137,C

YITCMG107	143,A/C;160,G;164,C
YITCMG108	34,A/G;64,C/G
YITCMG109	17,T/C;29,A/C;136,T/A
YITCMG110	30,T/C;32,A/G;57,T/C;67,C/G;96,T/C
YITCMG111	23,T/A
YITCMG112	101,C;110,A/G
YITCMG113	5,G;71,A;85,G;104,G
YITCMG114	75,A;81,A/C
YITCMG115	32,T/C;33,T/A;87,C;129,A/T
YITCMG116	54,A/G
YITCMG118	2,A/C;13,A/G;19,A/G;81,T/C
YITCMG120	38,T/A;106,T/C;133,T/C
YITCMG121	32,T;72,G;149,T/G
YITCMG122	45,A/G;185,A/G;195,A/G
YITCMG124	75,C;119,T
YITCMG125	102,T/G;171,A/C
YITCMG127	156,A/G
YITCMG128	40,A/G;106,T/C;107,C/G;131,T/C;160,T/C
YITCMG129	3,A;13,G;19,T;27,A;90,T;104,C;105,C;126,T
YITCMG130	31,C/G;70,A/C;108,A/G
YITCMG133	31,T/G;76,T/G;86,T/G;122,T/A;209,A/T
YITCMG134	23,C;98,T;128,A;139,T
YITCMG135	34,T/C;63,T/C;173,T/C
YITCMG137	1,T/C;48,A/G;52,T/A
YITCMG138	44,C/G
YITCMG139	7,G
YITCMG140	6,T
YITCMG141	71,T;184,C
YITCMG142	67,T/C;70,A/G
YITCMG144	61,C;81,C;143,A;164,G
YITCMG147	62,T/C;66,T/C
YITCMG149	25,A/C;30,A/G;174,T/C
YITCMG150	101,A/G;116,T/G
YITCMG151	155,A;156,C
YITCMG152	83,T/A
YITCMG153	97,A/C;101,A/G;119,A
YITCMG154	77,T/C
YITCMG157	5,A/G;83,T/C;89,T/C;140,A/G
YITCMG158	67,T/C;96,A/G;117,A/G
YITCMG159	92,C;137,T
YITCMG160	92,G;107,T/G;158,C
YITCMG161	71,A;74,C
YITCMG162	26,T
YITCMG163	96,T/A;114,T/C;115,A/G;118,T/G

YITCMG164   150,A/G
YITCMG165   121,T/C;174,T/C
YITCMG166   13,T;87,G
YITCMG168   40,A/G
YITCMG169   51,T/C;78,A/C;99,T/C;107,T/C
YITCMG170   31,T/G;139,C/G;142,A/G;145,C;150,T/A;151,T/C;157,A;164,A/G
YITCMG171   9,T/G;11,A/G;61,T/C;76,T/C;98,A/G
YITCMG172   17,T/C;164,A;168,G;186,G;187,G
YITCMG173   20,C;80,T;144,C;163,T;165,G
YITCMG175   62,A/C
YITCMG176   44,A;107,A;127,A/C
YITCMG177   7,A;44,A;124,C
YITCMG178   111,A/C
YITCMG180   23,T/C;72,T/C
YITCMG183   24,T
YITCMG184   45,T/A;60,A/C
YITCMG191   44,A/G;66,T/C;108,A/G
YITCMG192   89,T;95,C/G;119,G
YITCMG193   145,T/C;153,T
YITCMG196   19,A/G;55,T/C;85,A/C;91,T/C;114,T/G;190,A/G
YITCMG197   18,C;35,G;103,T/C;120,A/C;134,T/C;178,A/C;195,T/C
YITCMG198   70,A;71,G
YITCMG199   3,T/C;56,T/A;62,C/G;131,A/C;173,T/C;175,C/G
YITCMG200   38,T/C;53,A/G
YITCMG202   16,C;121,T
YITCMG204   76,C;85,A;133,G
YITCMG207   73,T/C
YITCMG209   27,C
YITCMG210   6,T/C;21,A/G;96,T/C
YITCMG213   55,A/G;102,T/C;109,T/C
YITCMG215   52,A/G;58,A/T
YITCMG216   69,G;116,A/G;135,C;177,A/G
YITCMG217   11,A/G;19,T/A;58,A/G;164,T/C;185,T/C
YITCMG218   5,A;31,C;59,T;72,C
YITCMG219   121,C/G
YITCMG220   64,A/C;67,C/G
YITCMG221   8,C;76,A/G;110,A/G;131,A;134,A
YITCMG222   1,A/G;15,C;31,A/G;46,A/G;70,G
YITCMG223   23,T;29,T;41,T;47,G;48,C
YITCMG226   72,A/G;117,T/C
YITCMG227   6,G;26,T
YITCMG228   72,A/C;103,A/G
YITCMG229   56,T;58,C;65,T;66,T
YITCMG230   65,A/C;103,A/C

YITCMG231 87,T/C;108,T/C

YITCMG232 80,G;152,C;170,G

YITCMG234 188,A/G

YITCMG237 24,A/T;39,G;71,C/G;76,T/C;105,A/G

YITCMG238 49,T/C;68,C

YITCMG239 37,T/G;46,T/C;59,T/C;72,A

YITCMG240 21,A/G;96,A/G

YITCMG241 23,A/G;32,T/C;42,T/G;46,A/G;54,T/A;75,T/C

YITCMG242 70,T

YITCMG244 71,C;109,T/G;113,T/C

YITCMG246 51,T/C;70,T/C;75,A/G

YITCMG247 19,A/C;30,A/C;40,A/G;46,T/G;105,A/C;113,T/G;123,T/C;184,C/G

YITCMG249 22,C;83,C/G;167,C

YITCMG251 151,T/C

YITCMG252 26,A/G;78,C/G;82,A/T

YITCMG253 13,T/C;32,T/C;38,A/G;53,A/G;78,T/C;147,T/C;150,T/C;182,A;188,T/G

YITCMG254 64,C

YITCMG255 6,A/G;13,T/G;18,A/T;56,A/C;67,T;155,C/G;163,G;166,T

YITCMG256 19,T/G;47,C;66,G;83,T/A

YITCMG257 58,C;77,T/C;89,T

YITCMG259 23,C/G;24,A/T;180,T;182,A

YITCMG260 154,T/A;159,A/C

YITCMG261 17,T/C;20,A/G;29,A/G;38,G;106,A;109,T

YITCMG262 28,T/C;47,T/G

YITCMG264 14,T;65,T

YITCMG266 5,G;24,T;31,G;62,C;91,A/G

YITCMG268 23,T/G;30,T/G;68,T/C;150,A/G;152,T/G

YITCMG269 43,A/T;91,T/C

YITCMG270 10,A;48,T/C;52,A/G;69,A/C;122,T/C;130,T;134,T/C;143,T/C;162,T/C;168,A/G;
191,A/G

YITCMG271 100,C/G;119,T/A

YITCMG272 43,T/G;74,T/C;87,T/C;110,T/C

YITCMG273 41,C/G;67,A/G

YITCMG274 90,G;141,G;150,T

YITCMG275 106,C/G;131,A/C;154,A

YITCMG276 36,A/C;41,T/G;59,A/G

YITCMG279 94,A/G;113,A/G;115,T/C

YITCMG280 62,T/C;85,C/G;104,T/A;113,C/G;121,A/G;144,T/G;159,C

YITCMG281 96,A;127,A/G

YITCMG282 34,T/C;46,A;64,C;70,T/G;98,C;116,A/G;119,C/G

YITCMG283 67,T/G;112,A/G;177,A/G

YITCMG284 55,T;94,T

YITCMG285 85,A/G;122,C/G

YITCMG287 2,T/C;38,T/C

YITCMG289   50,T;60,A/T;75,A/G
YITCMG290   13,A;21,T;66,C;128,A;133,A
YITCMG293   46,T/C;61,T/C;69,T/A;170,A/T;207,A
YITCMG294   82,A/C;99,T/G;108,A/T;111,T/C
YITCMG296   93,T/C
YITCMG297   128,T/C;147,A/C
YITCMG298   44,A/G;82,A/G;113,A/G
YITCMG299   29,A/G;34,A/G;103,A/G
YITCMG300   32,C;68,T;118,T/C;198,A/G
YITCMG301   98,A/G;108,C;128,T/G;140,A/G
YITCMG305   68,C
YITCMG307   37,A/G
YITCMG311   83,C;101,C;155,A
YITCMG312   42,A/T;104,T/A
YITCMG314   27,C/G;53,C
YITCMG315   58,A/G;80,A/G;89,T/C
YITCMG316   102,C
YITCMG317   38,G;151,C
YITCMG318   61,T/C;73,A/C
YITCMG321   16,G
YITCMG322   2,T/G;69,T/C;72,C;77,T/C;91,T/A;102,T/C
YITCMG323   49,A/C;73,T/C
YITCMG325   22,T/C;57,A/C;130,T/C;139,C/G
YITCMG326   169,T/G;177,A/G
YITCMG328   15,C;47,C;86,C
YITCMG329   78,C
YITCMG330   28,C/G;52,A/G;129,T/G;130,A/G
YITCMG331   24,A/G;51,A/G;154,A/G
YITCMG332   62,G;63,G;93,A
YITCMG333   132,T/C;176,A/C
YITCMG335   48,A/G;50,T/C;114,G
YITCMG336   28,T/C;56,A/T;140,T
YITCMG338   127,A/G;159,T/C;165,T/C;172,T/A;179,C/G
YITCMG339   48,T/C;81,T/C
YITCMG340   68,A;75,A;107,C
YITCMG341   59,T;83,T;108,T/C;124,G;146,G;210,T
YITCMG342   156,G;177,C
YITCMG343   3,A/G;39,T/C
YITCMG344   14,T/C;29,T/G;47,A/G;85,A/G
YITCMG345   34,A;39,T
YITCMG346   7,T/A
YITCMG347   21,A;157,G
YITCMG348   131,A;141,T
YITCMG350   17,A

YITCMG351   11,T/G;109,T/C;139,C/G

YITCMG352   108,T/C;138,T/A

YITCMG353   75,T/A;85,T/C;138,T/C

YITCMG354   66,G;81,A

YITCMG355   34,A;64,C;96,A

YITCMG356   168,G

YITCMG357   29,A/C;51,T/G;76,A/T

YITCMG358   155,T/C

YITCMG359   60,T/G;128,T/C

YITCMG360   64,A;87,G;92,C

YITCMG361   3,T;10,T/C;102,C

YITCMG362   137,T/A

YITCMG363   56,A/G

YITCMG364   7,G;29,A;96,T

YITCMG370   18,G;117,T;134,A

YITCMG371   27,A/G;60,T/C

YITCMG373   74,A/G;78,A/C

YITCMG374   102,A/C;135,C;137,T/A;138,G

YITCMG375   17,C

YITCMG376   74,G;75,C

YITCMG377   3,A/G;42,A/C

YITCMG379   61,T

YITCMG380   40,A

YITCMG381   30,C/G;64,T/G;124,T/C

YITCMG382   62,A;72,C;73,C

YITCMG383   53,C;55,A

YITCMG384   106,A/G;128,T/C;195,T/C

YITCMG385   57,A/T

YITCMG386   13,T/C;65,G;67,T/C

YITCMG387   111,C/G;114,A/G

YITCMG388   17,T;121,A/G;147,T/C

YITCMG389   69,A/G;171,G;177,T/C

YITCMG390   9,T/C;82,T/G;95,T/A

YITCMG391   23,G;117,C

YITCMG392   78,A;109,C;114,C

YITCMG395   40,A;49,T

YITCMG396   110,T/C;141,T/A

YITCMG397   88,A/T;92,T/G;97,G;136,T/C;151,A/T

YITCMG398   131,T/C;132,A/C;133,T/A;159,T/C;160,A/G;181,T/G

YITCMG399   7,A;41,A

YITCMG400   34,T/C;41,T/C;44,T/C;53,T/C;62,T/C;71,C/G;72,T/A;90,A/C

YITCMG401   43,T/C;123,A/G

YITCMG402   137,T;155,G

YITCMG403   49,A/T;58,C/G;156,A/T;173,C/G

YITCMG404　8,A/G;32,T/C;165,A/G
YITCMG405　155,C;157,C
YITCMG406　3,A/T;73,G;115,T
YITCMG407　13,C;26,G;97,G
YITCMG408　137,A/G;144,C/G;172,A/G
YITCMG409　82,C/G;116,T/C
YITCMG410　2,T;4,A;20,C;40,G;155,C
YITCMG411　2,T/C;81,A;84,A
YITCMG412　4,T/A;61,T/C;79,A/G;154,A/G
YITCMG413　55,G;56,C;82,T
YITCMG414　11,T;37,G;58,G;62,G
YITCMG415　84,A;114,G
YITCMG416　80,A/G;84,A;94,C/G;112,A
YITCMG417　35,C/G;55,A/G;86,T/C;131,A/G
YITCMG419　73,T/A;81,A/T;195,A/G
YITCMG420　35,C;36,A
YITCMG421　9,A/C;67,T/C;87,A/G;97,A/G
YITCMG422　97,A
YITCMG423　39,T/G;41,T/C;117,G;130,C/G
YITCMG424　69,T;73,G;76,C;89,T
YITCMG425　26,C/G;57,A
YITCMG426　59,C;91,C
YITCMG428　73,A;135,A
YITCMG429　61,T/A;152,A/G;194,G;195,A/T
YITCMG432　69,T/G;85,T/C
YITCMG434　27,A/G;37,T/A;40,A/G
YITCMG435　28,T/C;43,T/C;103,A/G;106,A;115,A/T
YITCMG436　2,A/G;25,A/G;49,A/G;56,A
YITCMG437　44,G;92,G;98,T;151,T
YITCMG438　155,T
YITCMG440　64,A;68,G;70,T;78,T/C;135,A/G
YITCMG442　131,C/G;170,T/C
YITCMG443　28,A/T
YITCMG447　65,A/G;94,A/G;97,A/G;139,A/G;202,G
YITCMG448　15,A/C;22,A/C;37,T/C;91,G;95,A/C;112,C/G;126,T/C;145,G
YITCMG449　23,C;105,G;114,G
YITCMG452　121,G;145,G
YITCMG453　87,A;156,C
YITCMG454　90,A;92,T;121,C
YITCMG456　32,A;48,G
YITCMG457　77,T/A;124,G;156,C/G
YITCMG459　120,A
YITCMG460　41,T/C;45,T;68,A/T;69,A/G;74,A/G
YITCMG461　21,T/G;89,T/C;140,A/G

YITCMG462   1,A/G;22,C/G;24,C;26,A;36,T/C

YITCMG463   78,T/C;134,A/G;190,C

YITCMG465   117,T/G;147,A/G

YITCMG466   75,T/A;99,C/G

YITCMG467   9,A/G;11,A/G;86,T/A

YITCMG469   12,T;13,C;14,C;71,A

YITCMG470   72,T/C;75,A/G

YITCMG471   8,A;65,A;88,C;159,C

YITCMG472   51,G

YITCMG473   65,T/A;91,T/C

YITCMG474   87,T;94,A;104,T;119,A

YITCMG475   82,A;84,A;102,C

YITCMG476   22,A;54,T

YITCMG477   7,T/C;14,T/G;91,T/C;150,T/C

YITCMG478   112,A/G;117,T/C

YITCMG479   38,C;103,A

YITCMG481   21,A/G;160,A/G

YITCMG482   65,T/C;87,A/G;114,T/C;142,T/G

YITCMG483   113,A/G;143,T/C;147,A/G

YITCMG485   116,C;125,T

YITCMG487   140,C

YITCMG488   51,G;76,G;127,C

YITCMG489   51,A

YITCMG490   57,T/C;135,A/T

YITCMG491   156,A/G;163,A/G

YITCMG492   55,A;70,T/C

YITCMG493   5,T/C;6,G;23,A/C;30,T;48,G;82,G

YITCMG494   43,C;52,A;84,A/G;98,G;154,T/C;188,T/C

YITCMG495   65,T/G;73,A/G

YITCMG496   5,T/C;26,A/G;60,A/G

YITCMG497   22,A/G;33,C/G;62,T/C;77,T/G

YITCMG500   14,T/C;30,A/G;86,A/T;87,T/C;108,A/T

YITCMG501   144,A/G;173,T/C;176,C/G

YITCMG502   12,T/C;127,T/C

YITCMG504   11,A/C;13,C/G;14,C/G;17,A/G

YITCMG505   54,A

YITCMG507   3,T/C;24,A/G;63,A/G

YITCMG508   96,T;109,A/G;115,G

YITCMG509   65,T;126,G

YITCMG510   1,A;110,A/G

YITCMG511   39,T/C;67,A/G;186,A/G

YITCMG512   25,A;63,G;91,A/G;99,T/C

YITCMG514   45,C;51,T/C;57,T/C;58,T/G

YITCMG515   41,C;44,T

YITCMG516　29,T

YITCMG517　163,T

YITCMG519　129,T;131,T

YITCMG520　65,G;83,A;136,C;157,C

YITCMG521　8,T/G;21,G;30,A/G

YITCMG522　127,T

YITCMG523　37,A/C

YITCMG524　10,G

YITCMG527　108,T/G;118,A/C

YITCMG529　129,T/C;144,A;174,T

YITCMG530　76,A/C;81,A/G;113,T/C

YITCMG531　11,T;49,T

YITCMG532　17,C;85,C;111,G;131,A

YITCMG533　81,A/G;183,A/C

YITCMG534　40,T;122,C;123,C;125,T/A

YITCMG537　118,A/G;123,A/C;135,T/C

YITCMG538　168,A/G

YITCMG539　27,T/G;54,T/C;75,A/T;152,T/C

YITCMG540　17,T;73,T;142,A/G

YITCMG541　18,A/C;70,A/C;176,T/C

YITCMG542　69,T;79,C

吕 宋

YITCMG001 53,G;78,G;85,A
YITCMG003 29,C
YITCMG006 13,T;27,T;91,C;95,G
YITCMG007 62,T;65,T;96,G;105,A
YITCMG008 50,C;53,C;79,A
YITCMG009 75,C;76,T
YITCMG010 40,T;49,A;79,A
YITCMG011 36,C;63,C/G;114,A
YITCMG012 75,T;78,A
YITCMG013 16,C;41,T/C;56,A;69,T
YITCMG014 126,A/G;130,T/C
YITCMG015 44,A/G;127,A/G;129,A/C;174,A/C
YITCMG017 17,T/G;24,T/C;98,C/G;121,T/G
YITCMG018 30,A
YITCMG019 115,G
YITCMG020 49,T/C;70,A/C;139,A/G
YITCMG021 104,A;110,T
YITCMG022 3,A/T;11,A/T;41,T/C;92,T/G;94,T/G;99,C;118,C/G;131,C;140,G
YITCMG023 142,T;143,C;152,T
YITCMG024 68,A;109,C
YITCMG025 108,T/C
YITCMG026 16,A/G;81,T/C
YITCMG027 19,T/C;31,A/G;62,T/G;119,A/G;121,A/G;131,A/G;138,A/G;153,T/G;163,T/A
YITCMG028 45,A/G;113,A/T;147,A/G;167,A/G
YITCMG030 55,A;73,T/G;82,A/T
YITCMG031 178,T/C
YITCMG032 91,A/G;93,A/G;94,T/A;117,C/G;160,A/G
YITCMG033 73,G;85,G;145,G
YITCMG034 6,C/G;97,T/C;122,A/G
YITCMG035 102,T/C;126,T/G
YITCMG037 12,T/C;13,A/G;39,T/G
YITCMG039 1,G;19,A/G;61,A/G;71,T/C;104,T/C;105,G;151,T/G
YITCMG040 40,C;50,C
YITCMG041 24,T;25,A;68,T
YITCMG042 5,G;92,A
YITCMG043 34,T/G;48,T/C;56,T/C;67,T/C;99,T/C;103,T/C;106,T/C
YITCMG044 7,T;22,C;99,T/C;189,T
YITCMG045 92,T;107,T
YITCMG046 38,A/C;55,A/C;130,A/G;137,A/C;141,A/G
YITCMG047 60,T;65,G
YITCMG048 142,C;163,G;186,A

YITCMG049　　11,G;16,T;76,C;115,C;172,G

YITCMG050　　44,A

YITCMG051　　15,C;16,A

YITCMG052　　63,T/C;70,T/C

YITCMG053　　85,A/C;86,A/G;167,A;184,T/A

YITCMG054　　34,A/G;36,T;70,A/G;73,A/G;84,A/C;170,T/C

YITCMG056　　117,C

YITCMG057　　98,T;99,G;134,T

YITCMG059　　84,A;95,T;100,T;137,A;152,T;203,T

YITCMG060　　10,A;54,T;125,T;129,A

YITCMG061　　107,A;128,G

YITCMG063　　86,A/G;107,A/C

YITCMG064　　2,A/G;27,T/G

YITCMG065　　37,T;56,T

YITCMG067　　1,C;51,C;76,G;130,C

YITCMG069　　37,A/G;47,T/A;100,A/G

YITCMG071　　40,A/G;107,T/A;142,C;143,C

YITCMG072　　75,A/G;105,A;134,T/C

YITCMG073　　15,A/G;19,A/G;28,A/C;49,A/G;106,T/C

YITCMG074　　46,T/C;58,C/G;77,A/G;180,T/A

YITCMG076　　162,C;171,T

YITCMG078　　15,T/A;93,A/C;95,T/C

YITCMG079　　5,T/C;26,T/C;125,A/C;155,T/C

YITCMG080　　43,C;55,C

YITCMG081　　91,G;115,A

YITCMG082　　43,A/C;58,T/C;97,A/G

YITCMG083　　67,A/G;123,T/G;169,C/G

YITCMG084　　118,A/G;136,A/T;153,A/C

YITCMG085　　6,A;21,C;33,T;157,C;206,C

YITCMG086　　180,A/C

YITCMG088　　17,A;31,T;33,A;98,C

YITCMG089　　92,C;103,C;151,C;161,C

YITCMG090　　48,G;113,C

YITCMG092　　22,G;110,C;145,A

YITCMG093　　10,G;35,G

YITCMG094　　124,A;144,T

YITCMG096　　24,C;57,A;66,T

YITCMG098　　159,T/C

YITCMG099　　72,A/G;122,T/C

YITCMG100　　155,T/G

YITCMG102　　129,A/G

YITCMG104　　79,G

YITCMG105　　31,C;69,A

YITCMG107　　143,A/G;160,A/G;164,C/G

YITCMG108   34,A/G;64,C/G
YITCMG109   17,T/C;29,A/C;136,A/T
YITCMG112   20,A/C
YITCMG113   71,A;85,G;104,G;108,C;131,A
YITCMG114   42,T;46,A;66,T
YITCMG115   87,C
YITCMG116   54,A/G
YITCMG117   115,T/C;120,A/G
YITCMG118   13,A/G;19,A;81,T/C
YITCMG119   73,A/C;89,A/G;150,T/C;162,A/G
YITCMG120   18,C/G;53,A/G;106,T/C;133,T/C
YITCMG121   32,T;72,G;149,T/G
YITCMG122   45,A/G;185,A/G;195,A/G
YITCMG124   75,C;99,C;119,T
YITCMG126   82,T/A;142,A/G
YITCMG127   156,A;160,A/T
YITCMG129   90,T/C;104,T/C;105,C/G;108,A/G
YITCMG130   31,C/G;70,A/C;108,A/G
YITCMG131   27,T/C;107,C/G;126,A/T
YITCMG132   43,C;91,T;100,T;169,T
YITCMG133   31,T/G;76,T;86,T;122,A/T;200,A/G;209,T
YITCMG134   23,C;116,A/T;128,A/G;139,T;146,C/G
YITCMG136   169,A/G;198,T/C
YITCMG137   1,C;48,G;52,T;62,T
YITCMG138   6,A;16,T
YITCMG139   7,G;33,G;35,A;152,T;165,A;167,G
YITCMG141   71,T;184,C
YITCMG142   67,T;70,A
YITCMG143   73,A
YITCMG147   62,T/C;66,T/C
YITCMG150   101,G;116,G
YITCMG152   83,A
YITCMG153   97,C;101,G;119,A
YITCMG154   77,T/C
YITCMG156   36,T/G
YITCMG157   5,A/G;83,T/C;89,T/C;140,A/G
YITCMG158   67,C;96,A;117,G
YITCMG159   84,T;89,A;92,C;137,T
YITCMG161   71,A;74,C
YITCMG164   57,T/C;114,A/G
YITCMG165   121,T/C;174,T/C
YITCMG166   13,T;87,G
YITCMG167   150,C/G
YITCMG168   39,T/C;60,A/G

YITCMG169　51,T/C;78,A/C;99,T/C;107,T/C

YITCMG170　145,C;150,T;157,A

YITCMG171　9,T/G;11,A/G;61,T/C;76,T/C;98,A/G

YITCMG172　164,A/C;168,A/G;186,G;187,G

YITCMG173　11,G;17,A;20,C;144,C;161,A;162,T

YITCMG174　5,T/G;84,A/G

YITCMG175　42,T/C;55,T/C;62,A/C;98,T/C

YITCMG176　44,A;107,A;127,A/C

YITCMG178　86,A/C;111,A/C

YITCMG180　23,C;72,C;75,C/G;117,A/G

YITCMG182　59,C;66,A

YITCMG183　24,T;28,A/G;75,T/C

YITCMG184　43,A/G;45,A;60,C;64,C/G;97,C;127,T/G

YITCMG187　23,T/C;39,A/G;42,A/C;105,T;106,G

YITCMG188　3,A/G;4,T/C;16,T/C;66,A/G;101,T/A

YITCMG189　23,T/C;51,A/G;138,A/T;168,T/C

YITCMG190　48,A/G;54,T/C;117,T;162,G

YITCMG191　44,A;66,T;108,A

YITCMG192　89,T/C;119,T/G

YITCMG193　145,T;153,T

YITCMG194　1,T/A;32,A/T;55,A/G;165,T/C

YITCMG195　45,A;87,T;128,G;133,A

YITCMG196　55,T/C;85,A/C;91,T/C;114,T/G;190,A/G

YITCMG197　185,A/G

YITCMG198　100,A/C

YITCMG199　131,A/C

YITCMG200　38,T/C;53,A/G

YITCMG202　16,C;112,A/C;121,T

YITCMG203　28,A/G;42,T/A;130,C/G

YITCMG206　66,G;83,G;132,G;155,A/G

YITCMG207　82,A/G;156,T

YITCMG208　86,A;101,T

YITCMG209　24,T;27,C;72,C

YITCMG210　6,T/C;21,A/G;96,T/C;179,A/T

YITCMG211　133,A/C;139,A/G

YITCMG212　17,A/G;111,A/G;118,A/G;129,T/C

YITCMG213　55,A/G;102,T/C;109,T/C

YITCMG214　5,T/A

YITCMG215　52,A/G;58,A/T

YITCMG216　69,A/G;135,T/C;177,A/G

YITCMG217　11,A/G;19,A/T;154,A/G;164,T/C;185,T/C

YITCMG218　31,C;59,T;72,C;108,T

YITCMG219　89,T/C;125,T/C

YITCMG220　64,A/C;67,C/G;126,A/G

YITCMG221　8,C;106,T/A;110,G;131,A;134,A

YITCMG222　1,T/G;15,T/C;70,C/G

YITCMG223　23,T/C;29,T/G;77,A/G

YITCMG225　61,G;67,T

YITCMG226　51,T/C;72,A;117,T

YITCMG227　6,A/G;26,T/C

YITCMG228　72,C;81,C;82,T

YITCMG229　56,T;58,C;65,T;66,T

YITCMG230　65,A/C;103,A/C

YITCMG231　87,T/C;108,T/C

YITCMG232　80,G;152,C;170,G

YITCMG233　130,A;132,G;159,T;162,A

YITCMG235　128,G

YITCMG237　24,A/T;28,A/G;39,G;105,A/G

YITCMG238　49,C;68,C

YITCMG239　46,C;59,C;72,A

YITCMG240　21,A/G;96,A/G

YITCMG241　23,G;32,C;42,T;46,G;54,A;75,C

YITCMG242　61,A/C;70,T;85,T/C;94,A/G

YITCMG243　73,T/C;139,T/C;147,T/C

YITCMG244　71,C;109,T;113,C

YITCMG246　51,T;70,T;75,A

YITCMG247　19,A;30,A/C;40,A;46,G;105,A/C;113,T/G;123,T;184,C/G

YITCMG248　31,A/G;60,T/G

YITCMG249　22,C;83,C/G;130,A/G;142,T/C;162,T/C;167,C

YITCMG250　98,T;99,G

YITCMG252　26,G;69,T;82,T

YITCMG253　32,T/C;53,A/G;70,A/C;71,A/G;182,A/G;188,T/G

YITCMG254　48,C;82,T/C;106,G

YITCMG256　19,A/G;47,A/C;66,A/G

YITCMG257　58,T/C;77,T/C;89,T/C

YITCMG259　180,A/T;182,A/G

YITCMG261　38,T/G;106,T/A;109,T/C

YITCMG262　28,T/C;47,T;89,T/C

YITCMG264　14,T/G;65,T/C

YITCMG265　138,T/C;142,C/G

YITCMG266　5,A/G;24,T/G;31,A/G;62,C/G;91,A/G

YITCMG267　39,G;108,A/T;134,T/G

YITCMG268　23,T/G;30,T/G;68,T/C;101,T/G;150,A/G

YITCMG269　43,A;91,T

YITCMG270　10,A;52,G;69,C;122,C;130,T;134,T;143,C;162,C;168,A;191,A

YITCMG271　100,C/G;119,T/A

YITCMG272　43,G;74,T;87,C;110,T

YITCMG273　41,C;67,G

YITCMG274　90,A/G;141,A/G;150,T/C

YITCMG275　106,C/G;131,A/C;154,A/G

YITCMG276　41,T/G;59,A/G

YITCMG279　94,G;113,G;115,T

YITCMG280　62,T/C;85,C/G;104,A/T;113,C/G;121,A/G;144,T/G;159,C

YITCMG281　18,G;22,G;92,C;96,A

YITCMG282　46,A/G;64,T/C

YITCMG283　67,T;112,A;177,G

YITCMG285　85,A/G;122,C/G

YITCMG286　119,A;141,C

YITCMG287　2,C;38,T;170,A/C

YITCMG289　50,T

YITCMG290　13,A/G;21,T/G;66,C/G;128,A/T;133,A/C

YITCMG291　28,A;38,A;55,G;86,A

YITCMG292　85,T/C;99,A/T;114,T/C;126,A/C

YITCMG293　207,A

YITCMG294　32,C/G;99,T/G;108,A/T

YITCMG295　15,G;19,A/G;71,A;130,A/G;149,A/C

YITCMG299　29,A/G

YITCMG300　191,A

YITCMG301　98,T/A;108,C;128,T/G

YITCMG302　11,T;16,T/A;39,C/G;40,A/G;96,T

YITCMG303　10,A/T;21,A/G;54,T/G

YITCMG304　6,A/G;30,T/G;35,A;42,G;45,A/C;116,G;121,A/C

YITCMG305　50,C;67,G;68,C

YITCMG306　16,C;69,A;85,T;92,C

YITCMG307　11,C;23,T/C;25,A;37,G

YITCMG308　34,G;35,C;36,G

YITCMG309　5,A/C;23,T;77,G;85,G;162,A/G

YITCMG310　98,G

YITCMG311　83,C;101,C;155,A

YITCMG312　42,T/A;104,A/T

YITCMG313　125,T

YITCMG314　31,A/G;53,A/C

YITCMG315　16,T/C

YITCMG316　98,C;191,T/C

YITCMG317　38,G;151,C

YITCMG318　61,T/C;73,A/C

YITCMG319　33,A/G

YITCMG320　4,G;87,T

YITCMG321　2,T/C;16,G;83,T;167,A/G

YITCMG322　72,T/C;77,T/C;91,T/A;102,T/C

YITCMG323　49,A/C;73,T/C;108,C/G

YITCMG324　140,T/C

YITCMG325   22,C;130,C;139,C

YITCMG326   169,T;177,G

YITCMG327   115,T/C;121,A/G;181,T/C

YITCMG328   15,C;47,T/C;86,T/C

YITCMG329   48,T;92,C/G;109,T

YITCMG330   28,C/G

YITCMG331   51,A/G

YITCMG332   14,T/C;62,C/G;63,A/G;93,A/C

YITCMG333   132,T/C;176,A/C

YITCMG334   43,C/G;104,A/C

YITCMG335   48,A/G;50,T/C;114,G

YITCMG336   19,T/C;28,C;56,A;140,T

YITCMG338   71,T/C;126,A/G;159,C;165,T;179,G

YITCMG339   48,T/C;81,T/C

YITCMG340   51,T/C

YITCMG341   83,T/A;124,T/G

YITCMG342   145,T/G;156,G;177,C

YITCMG343   3,A;39,T/C;127,A/G;138,A/T;171,T/C;187,T/C

YITCMG346   20,A/G;67,C;82,G

YITCMG347   21,A

YITCMG348   65,T;69,T/C;73,A;124,A/C;131,A/G

YITCMG350   17,A

YITCMG351   11,G;109,C;139,C

YITCMG352   108,T/C;138,T/A

YITCMG353   75,A/T;85,T/C

YITCMG354   62,A/C;66,A/G;81,A/C;134,A/C

YITCMG355   34,A;64,A/C;96,A/G;125,A/C;148,A/G

YITCMG356   45,A/T;47,A/C;72,A/T;168,A/G

YITCMG357   5,C/G;29,A/C;51,T/G;142,A/T

YITCMG360   64,A;87,G;92,C

YITCMG362   12,T/C;62,A/T;77,A/G

YITCMG363   57,T/C;96,T/C

YITCMG364   7,G;28,T/C;29,A/G;96,T/C

YITCMG366   83,A/T;121,T/A

YITCMG367   21,T/C;145,C/G;174,C/G

YITCMG368   23,C/G;117,A/C

YITCMG369   76,A/C;82,T/C;83,T/C;84,T/G;85,C/G;86,A/C;87,A/T;99,C/G;104,A/G;141, A/G

YITCMG370   18,A/G;117,T/C;134,A/T

YITCMG371   27,A;60,T

YITCMG374   102,A/C;135,C;137,T/A;138,A/G

YITCMG375   17,A/C;28,T/C

YITCMG377   3,A/G;30,T/C;42,A/C

YITCMG378   49,T

YITCMG379   61,T/C;71,T/C;80,T/C

YITCMG380   40,A/G

YITCMG381   30,C/G;64,T/G;124,T/C

YITCMG382   62,A/G;72,A/C;73,C/G

YITCMG385   61,C;79,C

YITCMG386   13,T/C;65,G;67,T/C

YITCMG387   111,C;114,G

YITCMG388   121,A;147,T

YITCMG389   9,A;69,A;159,C

YITCMG390   9,C

YITCMG391   23,G;117,C

YITCMG393   66,A/G;99,A/C

YITCMG394   38,A/G;62,A/G

YITCMG395   40,T/A;45,T/C;49,T/C

YITCMG397   92,T/G;97,G;136,T/C

YITCMG398   131,T/C;132,A/C;133,T/A;159,T/C;160,A/G;181,T/G

YITCMG399   7,A;41,A

YITCMG400   34,T/C;41,T/C;44,T/C;53,T/C;62,T/C;71,C/G;72,A/T;90,A/C

YITCMG401   43,T

YITCMG402   137,T;155,G

YITCMG403   49,A/T;58,C/G;173,C/G

YITCMG404   8,G;32,T;165,G

YITCMG405   155,T/C;157,T/C

YITCMG407   13,T/C;26,T/G;65,A/C;97,T/G

YITCMG408   88,T/C;137,A/G

YITCMG409   82,G;116,T

YITCMG410   2,T;4,A;20,C;40,G

YITCMG412   4,A;61,T

YITCMG413   55,G;56,C;82,T

YITCMG414   11,T;37,G;51,T;62,G

YITCMG415   7,A;84,A;87,A;109,T;113,A;114,G

YITCMG416   80,A/G;84,A/G;112,A/G;117,A/T

YITCMG417   86,T/C;131,A/G

YITCMG418   15,T/C;34,A/G

YITCMG419   73,T;81,A;168,G

YITCMG421   9,A/C;67,T/C;87,A/G;97,A/G

YITCMG422   97,A

YITCMG423   39,G;117,G;130,C

YITCMG424   69,T;73,G;76,C;89,T

YITCMG425   66,C

YITCMG426   59,T/C;91,C/G

YITCMG427   50,T/C;103,C;113,C

YITCMG428   73,A;135,A

YITCMG429   194,G;195,T

YITCMG430　31,T;53,T;69,C;75,A

YITCMG432　69,T;85,C

YITCMG434　27,A/G;37,A/T;40,A/G

YITCMG435　28,T/C;43,T/C;103,A/G;106,A;115,T/A

YITCMG436　2,A/G;25,A/G;49,A/G;56,A

YITCMG437　44,G;92,G;98,T;151,T

YITCMG438　2,T/A;6,T/A;155,T

YITCMG439　87,T/C;113,A/G

YITCMG440　64,A;68,G;70,T;78,T/C

YITCMG441　12,A/G;74,C/G;81,C/G

YITCMG442　131,C/G;170,T/C

YITCMG443　28,A/T

YITCMG447　65,A/G;94,G;97,A/G;139,G;202,G

YITCMG448　22,A/C;37,T/C;91,T/G;95,C;112,G;126,T;145,G;161,C/G

YITCMG450　100,A/G;146,A/T

YITCMG451　26,G;33,A;69,C;74,G;115,C

YITCMG452　89,A/G;121,A/G;145,A/G;151,T/C

YITCMG454　90,A/G;92,T/G;121,T/C

YITCMG455　120,A/G

YITCMG456　32,A/G;48,A/G

YITCMG457　77,A/T;124,G;156,C/G

YITCMG459　120,A;141,A

YITCMG460　41,T/C;45,T;68,A/T;69,A/G;74,A/G

YITCMG461　131,A/G;158,A/G

YITCMG462　24,C/G;26,A/T;36,T/C;49,A/C

YITCMG463　190,C/G

YITCMG464　78,A/G;101,A/T

YITCMG465　117,G;147,G

YITCMG466　75,T;83,A/G;99,G

YITCMG467　11,A/G;14,A/G;161,A/G;179,T/A

YITCMG470　3,T/C;72,T/C;75,A/G

YITCMG471　8,A/G;65,A;88,C;159,C

YITCMG472　51,G

YITCMG473　65,A/T;75,T/C;91,T/C

YITCMG475　82,A/G;84,A/G;102,T/C

YITCMG476　22,A;54,T

YITCMG478　112,G;117,C

YITCMG479　38,T/C;103,T/A

YITCMG481　21,A;108,G;192,G

YITCMG482　65,T;87,A;114,T;142,G

YITCMG483　113,A/G;147,A/G

YITCMG484　23,G;78,G;79,G

YITCMG485　34,A/G;116,C;125,T

YITCMG486　40,A/G;109,T;148,T

YITCMG487　140,C/G

YITCMG490　57,C;135,A;165,A

YITCMG491　163,A

YITCMG492　55,A;70,T

YITCMG493　6,G;23,C;30,T;48,G;82,G

YITCMG494　43,C;52,A;83,T/C;84,A/G;98,G;152,A/G;154,C;188,T;192,T/C

YITCMG495　65,T;73,G;82,A/G;86,A/G;89,A/G

YITCMG496　26,G;134,C;179,T/C

YITCMG497　22,G;33,G;62,T;77,T

YITCMG499　45,A/C;82,A/T;94,T/C

YITCMG500　30,A/G;86,T;87,C;108,T/A

YITCMG501　15,A/T;93,A/G;144,A;173,C;176,C/G

YITCMG502　4,A/G;12,T/C;130,A/T;135,A/G;140,T/C

YITCMG503　70,G;85,C;99,C

YITCMG504　11,A;17,G

YITCMG505　54,A

YITCMG506　47,G;54,A

YITCMG507　24,A/G

YITCMG508　96,T;115,G

YITCMG509　65,T/C;126,A/G

YITCMG510　1,A/G;110,A/G

YITCMG511　39,T;67,A;168,G;186,A

YITCMG512　25,A/G;63,G;91,A/G;99,T/C

YITCMG514　45,C;51,T/C;57,T/C;58,T/G

YITCMG516　53,C;120,T/G

YITCMG517　163,T

YITCMG518　60,G;77,T;84,T/G;89,T/C

YITCMG519　129,T/C;131,T/G

YITCMG520　65,G;83,A;136,C;157,C

YITCMG521　8,T/G;21,G;30,A/G

YITCMG522　72,T/A;127,T/A;137,A/G;138,A/C

YITCMG523　36,A/G;37,A/C;92,A/G;111,T/G;116,A/G;133,A/G

YITCMG524　10,A/G;81,A/G

YITCMG525　33,T/G;61,T/C

YITCMG527　108,T/G;115,A/G;118,A/C

YITCMG529　129,T/C;144,A;174,T

YITCMG530　76,A/C;81,A/G;113,T/C

YITCMG531　11,T/C;49,T/G

YITCMG532　17,A/C;85,T/C;111,A/G;131,A/C

YITCMG533　85,A/C;183,C;188,A/G

YITCMG534　40,T/A;122,C/G;123,T/C

YITCMG535　36,A/G;72,A/G

YITCMG537　118,A/G;123,A/C;135,T/C

YITCMG539　54,C;82,T/C;152,T/A
YITCMG540　17,T;70,A/G;73,T;142,A/G
YITCMG541　70,C;176,T/C
YITCMG542　3,A;69,T;79,C

马切苏

YITCMG001　72,T/C;85,A

YITCMG002　28,A/G;55,T/C;102,T/G;103,C/G;147,T/G

YITCMG003　82,A/G;88,A/G;104,A/G

YITCMG004　27,T;73,A/G

YITCMG005　56,A;74,T/C;100,A;105,T/A;170,T/C

YITCMG006　13,T/G;48,A/G;91,T/C

YITCMG007　62,T/C;65,T;96,G;105,A/G

YITCMG008　50,T/C;53,T/C;79,A/G;94,T/C

YITCMG009　75,C;76,T

YITCMG011　166,G

YITCMG012　75,T;78,A

YITCMG013　16,T/C;56,A/C;69,T/C

YITCMG014　126,A/G;130,T/C

YITCMG015　44,A/G;127,A;129,A/C;174,A/C

YITCMG017　15,T;39,A;87,G;98,C

YITCMG018　30,A

YITCMG019　36,A/G;47,T/C;66,C/G

YITCMG020　70,A/C;100,C/G;139,A/G

YITCMG021　104,A;110,T

YITCMG022　3,A;11,A;99,C;131,C

YITCMG023　142,T/A;143,T/C;152,T/A

YITCMG024　68,A/G;109,T/C

YITCMG027　138,G

YITCMG028　45,A;110,G;133,T;147,A;167,G

YITCMG030　55,A

YITCMG031　48,C;84,G;96,A

YITCMG033　73,A/G;85,A/G;145,A/G

YITCMG037　12,T/C;13,A/G;39,T/G

YITCMG039　1,G;19,G;105,G

YITCMG040　14,T/C;40,T/C;50,T/C

YITCMG041　24,A/T;25,A/G;68,T/C

YITCMG043　34,T;48,C;103,C;106,C

YITCMG044　7,T/C;22,T/C;99,T/C;167,A/G;189,A/T

YITCMG045　92,T;107,T

YITCMG047　60,T;65,G

YITCMG048　142,C/G;163,A/G;186,A/C

YITCMG049　172,G;190,A/T

YITCMG050　44,A/G

YITCMG051　15,C;16,A

YITCMG052　63,T/C;70,T/C

YITCMG053　86,A/G;167,A/G;184,A/T

YITCMG054   36,T/C;151,G

YITCMG056   34,T/C;178,T/G;204,A/C

YITCMG058   67,T;78,A

YITCMG059   84,A;95,T;100,T;137,A;152,T;203,T

YITCMG060   10,A/C;54,T/C;125,T/C;129,A/G;156,T/G

YITCMG062   79,T/C;122,T/C

YITCMG063   86,A;107,C

YITCMG064   2,A/G;27,T/G;74,C/G;109,T/A

YITCMG065   136,T/C

YITCMG066   10,A/C;64,A/G;141,T/G

YITCMG067   1,C;51,C;76,G;130,C

YITCMG068   49,T/G;91,A/G

YITCMG070   5,T/C;6,C;13,A/G;73,A/C

YITCMG072   54,A/C

YITCMG073   103,T/A

YITCMG078   15,T/A;93,A/C;95,T/C

YITCMG079   3,A/G;8,T/C;10,A/G;110,T/C;122,A/T;125,A/C

YITCMG081   91,G;115,A

YITCMG082   43,A/C;58,T/C;97,A/G

YITCMG083   67,A/G

YITCMG084   118,G;136,T;153,A

YITCMG085   6,A/C;21,T/C;24,A/C;33,T/C;157,T/C;206,T/C;212,T/C

YITCMG086   180,A/C

YITCMG088   17,A/G;31,T/G;33,A;98,T/C

YITCMG089   92,C;103,C;151,C;161,C

YITCMG090   46,A/G;48,C/G;75,T/C;113,T/C

YITCMG093   10,A/G;35,A/G

YITCMG094   124,A/T;144,T/A

YITCMG096   24,C;57,A;66,T

YITCMG098   48,A/G;51,T/C;180,T/C

YITCMG100   124,C;141,C;155,T

YITCMG101   53,T;92,T

YITCMG102   6,T/C;20,A/G;129,A/G

YITCMG104   79,G;87,A/G

YITCMG105   31,A/C;69,A/G

YITCMG107   143,A/C;160,A/G;164,C/G

YITCMG108   34,A;64,C

YITCMG109   17,T/C;29,A/C;136,A/T

YITCMG110   30,T/C;32,A/G;57,T/C;67,C/G;96,T/C

YITCMG112   101,C/G;110,A/G

YITCMG113   5,C/G;71,A;85,G;104,G;108,T/C;131,A/G

YITCMG114   42,T/A;46,A/G;51,A/G;66,T/A;75,A/C;81,A/C

YITCMG115   32,T/C;33,A/T;87,C;129,T/A

YITCMG116   54,A/G

YITCMG117   115,T;120,A
YITCMG118   13,A/G;19,A;81,T/C
YITCMG119   73,A/C;89,A/G;150,T/C;162,A/G
YITCMG120   18,C/G;38,A/T;53,A/G
YITCMG121   32,T;72,G;149,T/G
YITCMG122   45,G;185,G;195,A
YITCMG124   75,C;99,T/C;119,T
YITCMG126   82,T/A;142,A/G
YITCMG127   156,A/G;160,T/A
YITCMG129   90,T/C
YITCMG130   31,C/G;99,T/C;108,A/G
YITCMG132   169,T/C
YITCMG133   76,T/G;86,T/G;200,A/G;209,T/A
YITCMG134   23,C;98,T/C;116,A/T;128,A;139,T;146,C/G
YITCMG137   24,A;52,T
YITCMG139   7,G
YITCMG141   71,T/G;184,C
YITCMG142   67,T/C;70,A/G
YITCMG143   73,A/G
YITCMG147   62,T/C;66,T/C
YITCMG150   101,A/G;116,T/G
YITCMG151   155,A;156,C
YITCMG152   83,T/A
YITCMG153   119,A
YITCMG154   5,T;26,T/G;47,C;60,A/G;77,C;130,A/C;141,C
YITCMG155   31,T/G;51,T/C
YITCMG156   36,T/G
YITCMG157   18,A/G;83,T/C;143,T/G
YITCMG158   67,C;96,A;117,G
YITCMG159   84,T/C;89,A/C;92,A/C;137,T
YITCMG161   71,A;74,C
YITCMG165   121,T/C;174,T/C
YITCMG166   87,G
YITCMG167   150,C/G
YITCMG169   107,C
YITCMG170   145,C;150,T;157,A
YITCMG171   9,T/G;11,A/G;61,T/C;76,T/C;98,A/G
YITCMG172   186,G;187,G
YITCMG174   5,T/G;9,T/C;10,A/C;31,A/G;84,A
YITCMG175   62,A/C
YITCMG176   44,A/G;107,A/G
YITCMG177   104,G
YITCMG178   99,T/C;107,T/G;111,A/C
YITCMG180   23,T/C;72,T/C

YITCMG182   105,T/C
YITCMG183   24,T/A;28,A/G;60,A/T;75,T/C
YITCMG185   68,A;130,T
YITCMG187   33,T/C;105,T;106,G
YITCMG189   23,T/C;51,A/G;138,A/T;168,T/C
YITCMG190   48,G;54,C;117,T;162,G
YITCMG191   34,A/G;36,A/G;80,A/G;108,A/G
YITCMG193   30,C;121,G;129,C;153,T
YITCMG194   1,A/T;32,T/A;55,A/G;165,T/C
YITCMG195   45,A/T;87,T/C;128,A/G;133,A/G
YITCMG196   19,A/G;55,T/C;85,A/C;91,T/C;114,T/G;190,A/G
YITCMG198   100,A/C
YITCMG199   131,A
YITCMG204   76,C;85,A;133,G
YITCMG209   27,A/C
YITCMG212   118,A/G
YITCMG213   55,A/G;102,T/C;109,T/C
YITCMG217   164,T;185,T
YITCMG220   64,A/C;67,C/G
YITCMG221   8,T/C;76,A/G;131,A/G;134,A/G
YITCMG223   23,T/C;29,T/G;41,T/C;47,A/G;48,T/C
YITCMG225   151,A/C
YITCMG226   51,T/C;72,A;117,T
YITCMG227   6,A/G;26,T/C
YITCMG228   72,C;81,T/C;82,T/C;103,A/G
YITCMG229   56,T;58,C;65,T;66,T
YITCMG230   65,A/C;103,A/C
YITCMG231   87,T;108,T
YITCMG232   1,T/C;12,C/G;76,C/G;80,G;152,C;169,T/C;170,G
YITCMG235   128,C/G
YITCMG236   94,A/G;109,A/T
YITCMG237   24,A/T;39,A/G;71,C/G;76,T/C
YITCMG238   49,C;68,C
YITCMG239   46,T/C;59,T/C;72,A/G
YITCMG241   23,G;32,C;42,T;46,G;54,A;75,C
YITCMG242   61,A/C;70,T/A;85,T/C;94,A/G
YITCMG243   73,T/C;147,T/C
YITCMG244   71,T/C;109,T/G;113,T/C
YITCMG246   51,T/C;70,T/C;75,A/G
YITCMG247   19,A;30,A;40,A;46,G;105,C;113,T;123,T;184,G
YITCMG248   31,A/G;60,T/G
YITCMG249   22,C;83,C;167,C
YITCMG250   98,T;99,G
YITCMG252   26,A/G;69,T/C;82,T/A

YITCMG253	32,T/C;53,A/G;70,A/C;71,A/G;182,A/G;188,T/G
YITCMG254	48,C/G;64,T/C;82,T/C;106,T/G
YITCMG258	2,C;101,T;172,C
YITCMG259	180,A/T;182,A/G
YITCMG260	63,A/G;154,A/T;159,A/C
YITCMG261	17,T/C;20,A/G;29,A/G;38,G;106,A;109,T
YITCMG262	28,T/C;47,T/G;89,T/C
YITCMG264	14,T;65,T
YITCMG265	138,T;142,G
YITCMG266	5,G;24,T/G;31,G;62,T/C;91,A/G
YITCMG267	39,G;108,A;134,T
YITCMG268	23,T/G;30,T/G;150,A/G
YITCMG269	43,T/A;91,T/C
YITCMG270	10,A/G;52,A/G;69,A/C;122,T/C;130,T/C;134,T/C;143,T/C;162,T/C;168,A/G;191,A/G
YITCMG271	100,C/G;119,A/T
YITCMG272	43,T/G;74,T/C;87,T/C;110,T/C
YITCMG273	41,C;67,G
YITCMG274	90,A/G;141,G;150,T
YITCMG275	106,C/G;131,A/C;154,A/G
YITCMG279	94,G;113,G;115,T
YITCMG280	104,T/A;113,C/G;121,A/G;159,C
YITCMG281	18,A/G;22,A/G;92,T/C;96,A;107,A/C
YITCMG282	46,A/G;64,T/C
YITCMG283	67,T;112,A;177,G
YITCMG284	55,T/A;94,T/C
YITCMG285	85,A;122,C
YITCMG286	119,A/G;141,A/C
YITCMG287	2,C;38,T
YITCMG289	12,T/G;15,C/G;50,T
YITCMG290	13,A/G;21,T/G;66,C/G;128,T/A;133,A/C
YITCMG291	28,A/C;38,A/G;55,T/G;86,A/G
YITCMG292	85,T/C;99,T/A;114,T/C;126,A/C
YITCMG293	11,A/G;170,T/A;207,A/G
YITCMG295	15,G;19,G;71,A;130,A
YITCMG296	90,A;93,T;105,A
YITCMG297	128,T/C;147,A/C
YITCMG299	22,C/G;29,A;145,A/G
YITCMG300	191,A
YITCMG301	98,A/T;108,C;128,T/G
YITCMG302	11,T;16,A/T;39,C/G;40,A/G;96,T
YITCMG303	10,T/A;21,A/G;54,T/G
YITCMG304	6,A/G;35,A;42,G;45,A/C;116,G;121,A/C
YITCMG305	50,C;67,G;68,C

YITCMG306　16,T/C;69,A/C;85,T/G;92,C/G
YITCMG307　11,T/C;23,T/C;25,A/C;37,G
YITCMG309　23,A/T;77,A/G;85,G;102,T/A
YITCMG310　98,G
YITCMG311　83,C;101,C;155,A
YITCMG314　31,G;42,G
YITCMG315　58,A/G;80,A/G;89,T/C
YITCMG316　102,C
YITCMG317　38,G;151,C
YITCMG318　61,T/C;73,A/C
YITCMG319　33,A/G
YITCMG320　4,A/G;87,T/C
YITCMG321　16,T/G
YITCMG325　22,T/C;57,A/C;130,T/C;139,C/G
YITCMG326　11,T/C;41,A/T;161,T/C;169,T/G;177,G;179,A/G
YITCMG327　181,T/C
YITCMG328　15,C
YITCMG329　48,T/C;78,C/G;92,C/G;109,A/T
YITCMG330　28,C/G
YITCMG331　51,G
YITCMG332　14,T/C;63,A/G
YITCMG333　132,T/C;176,A/C
YITCMG334　12,T/G;43,G;56,T/C;104,A
YITCMG335　114,G
YITCMG336　19,T/C;28,T/C;56,A/T;140,T
YITCMG338　71,T/C;126,A/G;127,A/G;159,C;165,T;172,T/A;179,G
YITCMG340　51,T/C;68,A/G;75,A/G;107,A/C
YITCMG341　59,A/T;83,A/T;108,T/C;124,T/G;146,A/G;210,T/G
YITCMG342　145,T/G;156,A/G;162,T/A;169,T/C;177,T/C
YITCMG343　3,A;127,G;138,T;171,T;187,T
YITCMG344　14,T/C;29,T/G;47,A/G;85,A/G
YITCMG346　67,T/C;82,A/G
YITCMG347　19,T/A;21,A/G;29,A/G;108,A/C
YITCMG348　65,T;69,T/C;73,A;124,A
YITCMG350　17,A;23,T/C;37,T/A;101,A/T;104,T/C
YITCMG351　11,T/G;109,T/C;139,C/G
YITCMG352　108,T/C;109,A/G;138,T/A;159,A/G
YITCMG353　75,T;85,C
YITCMG354　62,C;134,C
YITCMG355　34,A;64,A/C;96,A/G;125,A/C;148,A/G
YITCMG356　45,A;47,A;72,A
YITCMG357　29,A/C;51,T/G;76,A/T;142,A/T
YITCMG360　64,A/G;87,A/G;92,T/C
YITCMG363　57,T/C;96,T/C

YITCMG364   7,G;28,T/C;29,A/G;96,T/C
YITCMG366   83,T/A;121,A/T
YITCMG367   21,T/C;145,C/G;174,C/G
YITCMG368   23,C/G;117,A/C
YITCMG369   76,A/C;82,T/C;83,T/C;84,T/G;85,C/G;86,A/C;87,T/A;99,C/G;104,A/G;141,A/G
YITCMG370   18,A/G;117,T/C;134,T/A
YITCMG371   27,A/G;60,T/C
YITCMG373   74,A;78,C
YITCMG374   102,A;135,C;137,A;138,G
YITCMG375   17,A/C;28,T/C
YITCMG376   74,G;75,C
YITCMG377   198,T/C
YITCMG378   49,T/C
YITCMG385   24,A/G;61,T/C;79,T/C
YITCMG388   17,T/C
YITCMG389   3,T/G;9,T/A;69,A/G;101,A/G;159,A/C;171,C/G;177,T/C
YITCMG390   9,T/C
YITCMG391   23,A/G;117,A/C
YITCMG392   78,A/G;109,C;114,C;133,C/G
YITCMG393   66,A/G;99,A/C
YITCMG394   38,G;62,A
YITCMG395   40,T/A;45,T/C;49,T/C
YITCMG396   110,T/C;141,A/T
YITCMG397   92,T/G;97,G;136,T/C
YITCMG398   131,T/C;132,A/C;133,T/A;159,T/C;160,A/G;181,T/G
YITCMG399   7,A/T;41,A/C
YITCMG400   34,T/C;41,T/C;44,T/C;53,T/C;62,T/C;71,C/G;72,T/A;90,A/C
YITCMG401   43,T/C;123,A/G
YITCMG402   137,T;155,G
YITCMG404   8,A/G;32,T/C;165,A/G
YITCMG405   155,T/C;157,T/C
YITCMG406   73,A/G;115,T/C
YITCMG407   13,C;26,G;65,A/C;97,G;99,A/G
YITCMG408   88,T;137,A/G
YITCMG409   82,C/G;116,T/C
YITCMG410   2,T;4,A;20,C;40,G
YITCMG411   81,A;84,A
YITCMG412   4,A/T;61,T/C;79,A/G;154,A/G
YITCMG416   80,A/G;84,A;112,A;117,A/T
YITCMG417   86,T/C;131,A/G
YITCMG418   15,T/C;34,A/G;150,A/C
YITCMG419   73,A/T;81,A;168,A/G
YITCMG420   6,A;35,C;36,A
YITCMG423   41,T;117,G

YITCMG424　69,T/G

YITCMG425　57,A/G;66,T/C

YITCMG426　59,T/C;91,C/G

YITCMG427　50,T/C;103,T/C;113,A/C

YITCMG428　18,A/G;24,T/C;73,A/G;135,A/G

YITCMG429　61,A/T;194,G;195,T

YITCMG430　31,T;53,T;69,C;75,A

YITCMG432　69,T;85,C

YITCMG434　27,G;37,T;40,A

YITCMG435　106,A/G

YITCMG436　2,A/G;25,A/G;49,A/G;56,T/A

YITCMG437　36,T/C;44,A/G;92,C/G;98,T/C;151,T/C

YITCMG438　155,T

YITCMG440　64,A;68,G;70,T;78,C

YITCMG441　12,A;74,G;81,C

YITCMG442　2,T/A;68,T/C;127,A/G;132,A/T;162,A/G;170,T/C;171,T/G

YITCMG443　28,T;104,T/A;106,T/G;107,A/T;166,A/G;180,A/G

YITCMG444　118,A/T;141,A/G

YITCMG445　72,A/G

YITCMG446　13,T/C;51,T/C;88,T/C

YITCMG447　202,A/G

YITCMG448　22,A/C;37,T/C;91,G;95,A/C;112,G;126,T/C;145,G

YITCMG451　26,A/G;33,A/C;69,T/C;74,A/G;115,C/G

YITCMG452　96,C

YITCMG453　87,A;156,C

YITCMG454　90,A;92,T;121,C

YITCMG457　77,A/T;89,T/C;98,T/C;101,A/G;119,A/G;124,G;156,C/G

YITCMG458　35,T/C;37,C/G;43,T/C

YITCMG459　120,A;141,A

YITCMG460　41,T/C;45,T;68,T/A;69,A/G;74,A/G

YITCMG461　131,A/G;158,A/G

YITCMG462　24,C;26,A;36,C;49,C

YITCMG463　190,C

YITCMG464　52,A/G;78,A/G;101,T/A

YITCMG465　117,T/G;147,A/G

YITCMG466　75,T/A;99,C/G;110,T/C

YITCMG467　9,A/G;11,A/G;86,A/T

YITCMG473　65,A/T;91,T/C

YITCMG474　87,A/T;94,A/G;104,T/C;119,A/G

YITCMG475　82,A/G;84,A/G;102,T/C

YITCMG476　22,A;54,T

YITCMG477　3,G;7,T;91,C;150,T

YITCMG479　38,T/C;103,T/A

YITCMG481　21,A;160,A/G

YITCMG482   65,T;114,T/C;142,G
YITCMG483   113,A/G;143,T/C;147,A/G
YITCMG485   86,A/G;116,C;125,T
YITCMG487   140,C
YITCMG488   51,C/G;76,A/G;127,T/C
YITCMG490   57,T/C;135,A/T;165,A/T
YITCMG491   156,G
YITCMG492   55,A;83,T/C;113,C/G
YITCMG493   5,T/C;6,T/G;30,T;48,A/G;82,A/G
YITCMG494   43,T/C;52,A/G;98,A/G
YITCMG495   13,T/C;65,T/G;73,A/G
YITCMG496   7,A/G;26,A/G;59,A/G;134,T/C
YITCMG499   82,A/T;94,T/C
YITCMG501   15,A/T;93,A/G;144,A/G;173,T/C
YITCMG502   12,T/C;127,T/C
YITCMG503   70,A/G;85,A/C;99,T/C
YITCMG504   11,A;17,G
YITCMG505   54,A
YITCMG507   24,A/G
YITCMG508   96,T/C;115,T/G;140,A/G
YITCMG510   1,A;95,A/G;98,A/G;110,A/G
YITCMG511   39,T/C;67,A/G
YITCMG512   25,A/G;63,A/G
YITCMG513   75,T/G;86,T/A;104,A/T;123,T/C
YITCMG514   45,A/C;51,T/C;57,T/C;58,T/G
YITCMG515   41,T/C;44,T/G
YITCMG516   29,T/G;53,A/C;120,T/G
YITCMG517   163,T
YITCMG519   129,T;131,T
YITCMG521   8,T;21,G;30,G
YITCMG522   127,T
YITCMG523   111,T/G;116,A/G;133,A/C;175,T/C;186,T/A
YITCMG524   19,G;100,G
YITCMG525   33,T/G;61,T/C
YITCMG526   51,A/G;78,T/C
YITCMG528   1,C;79,G;107,G
YITCMG529   15,A/C;165,C/G;174,T/C
YITCMG530   55,A/T;62,A/G;76,C;81,A;113,T/C
YITCMG531   11,T;49,T
YITCMG532   17,A/C;85,T/C;111,A/G;131,A/C
YITCMG533   85,A;183,C;188,G
YITCMG534   40,A/T;122,C/G;123,T/C
YITCMG535   36,A/G;72,A/G
YITCMG537   118,A;123,A/C;135,T

YITCMG538 168,A
YITCMG539 27,T/G;54,T/C
YITCMG540 17,T;70,A/G;73,T;142,A/G
YITCMG541 70,A/C;176,T/C
YITCMG542 3,A;69,T;79,C

马切苏变种

YITCMG001 53,G;78,G;85,A
YITCMG003 29,T/C;67,T/G;119,A/T
YITCMG004 27,T
YITCMG006 13,T;27,T;91,C;95,G
YITCMG007 62,T;65,T;96,G;105,A
YITCMG008 50,C;53,C;79,A
YITCMG010 40,T/C;49,A/C;79,A/G
YITCMG011 36,A/C;114,A/C
YITCMG013 16,C;56,A;69,T
YITCMG014 126,A;130,T;203,A/G
YITCMG015 127,A;129,C;174,A
YITCMG017 17,T/G;39,A/G;98,C/G
YITCMG018 10,A;30,A;95,A;97,T;104,T/A
YITCMG019 36,A/G;47,T/C
YITCMG021 129,C
YITCMG022 41,C;99,C;129,A/G;131,C;140,A/G
YITCMG023 142,T/A;143,T/C;152,A/C
YITCMG024 68,A;109,C
YITCMG026 16,A/G;81,T/C
YITCMG027 19,T/C;30,A/C;31,A/G;62,T/G;119,A/G;121,A/G;131,A/G;138,A/G;153,T/G;163,A/T
YITCMG028 45,A/G;110,T/G;133,T/G;147,A/G;167,A/G
YITCMG030 55,A
YITCMG031 178,T/C
YITCMG032 91,A/G;93,A/G;94,A/T;117,C/G;160,A/G
YITCMG033 73,G;85,G;145,G
YITCMG034 122,A/G
YITCMG035 102,T/C;126,T/G
YITCMG037 12,C;39,T
YITCMG038 155,A/G;168,C/G
YITCMG039 1,A/G;19,A/G;93,T/C;105,A/G
YITCMG040 40,T/C;50,T/C
YITCMG041 24,A/T;25,A/G;68,T/C
YITCMG042 5,A/G;92,T/A
YITCMG043 56,T;61,A;67,C
YITCMG044 7,T/C;22,T/C;42,T/G;103,T/C;189,T/A
YITCMG045 92,T;107,T
YITCMG046 38,A/C;55,A/C;130,A/G;137,A/C;141,A/G
YITCMG047 60,T/G;65,T/G
YITCMG048 142,C/G;163,A/G;186,A/C
YITCMG049 11,A/G;16,T/C;76,A/C;115,C;172,A/G

YITCMG050   44,A/G

YITCMG052   63,T;70,C

YITCMG053   85,A;167,A

YITCMG054   36,T;84,A/C;87,T/C;168,T/C;170,T/C

YITCMG056   104,T/C;117,T/C

YITCMG057   98,T/C;99,A/G;134,T/C

YITCMG058   67,T/G;78,A/G

YITCMG059   84,A;95,T;100,T;137,A;152,T;203,T/G

YITCMG060   156,T

YITCMG061   107,A/C;128,A/G

YITCMG062   79,T/C;122,T/C

YITCMG063   86,A/G;107,A/C

YITCMG065   136,T

YITCMG067   1,C;51,C;76,G;130,C

YITCMG068   49,T;91,A;157,G;178,A/C

YITCMG069   37,A/G;47,T/A;100,A/G

YITCMG071   40,A/G;107,T/A;142,C;143,C

YITCMG072   105,A/G;134,T/C

YITCMG073   15,A/G;19,A/G;28,A/C;49,A/G;106,T/C

YITCMG075   125,T/C;169,A/G;185,T/C

YITCMG078   15,T/A;93,A/C;95,T

YITCMG079   3,G;8,T;10,A;110,C;122,A;125,A;167,A/G

YITCMG081   91,G;115,A

YITCMG082   43,A/C;58,T/C;97,A/G

YITCMG083   123,T/G;169,G

YITCMG084   118,G;136,T;153,A

YITCMG085   6,A/C;21,T/C;24,A/C;33,T;106,T/C;157,T/C;206,T/C;212,T/C

YITCMG086   111,A;182,T;186,T

YITCMG088   33,A/G;98,T/C

YITCMG089   92,C;103,C;151,C;161,C

YITCMG090   17,T/C;46,A/G;48,C/G;75,T/C;113,T/C

YITCMG093   10,A/G;35,A/G

YITCMG094   124,A;144,T

YITCMG095   51,C;78,C;184,A

YITCMG096   24,T/C;57,A;63,T/C;66,T/C

YITCMG097   105,T/A;117,T/C

YITCMG098   48,A/G;51,T/C;180,T/C

YITCMG099   72,A/G;122,T/C

YITCMG100   124,T/C;141,C/G;155,T

YITCMG102   20,A/G;116,A/G;135,T/C

YITCMG103   167,A/G

YITCMG105   31,C;62,T/C;69,A

YITCMG106   29,A;32,C;65,G;130,A;137,C

YITCMG107   143,C/G;160,G;164,C

YITCMG108   34,A/G;64,C/G
YITCMG109   17,C;29,C;136,A
YITCMG110   30,T/C;32,A/G;57,T/C;67,C/G;96,T/C
YITCMG111   39,T;62,G;67,A
YITCMG113   3,A/G;5,C/G;71,A/G;85,G;104,A/G
YITCMG114   75,A/C
YITCMG115   32,T/C;33,T/A;66,T/A;67,T/G;87,C;129,A/T
YITCMG117   115,T;120,A
YITCMG118   19,A/G
YITCMG119   73,C;150,T;162,G
YITCMG120   121,G;130,C;133,C
YITCMG121   32,T;72,G;149,T
YITCMG122   40,A/G;45,G;185,G;195,A
YITCMG123   88,T/C;94,T/C
YITCMG124   75,C;119,T
YITCMG125   159,A/C
YITCMG126   82,A/T;142,A/G
YITCMG127   146,A/G;155,T/A;156,A
YITCMG128   40,A/G;106,T/C;107,C/G;131,T/C;160,T/C
YITCMG129   90,T;104,C;105,C;108,G
YITCMG130   31,C/G;70,A/C;108,A/G
YITCMG131   27,T/C;107,C/G;126,T/A
YITCMG132   43,C;91,T;100,T;169,T
YITCMG133   31,T/G;76,T;83,A/G;86,T;122,A/T;209,T
YITCMG134   23,C;116,T/A;128,A/G;139,T;146,C/G
YITCMG135   34,T/C;63,T/C;173,T
YITCMG136   169,A/G;198,T/C
YITCMG137   1,T/C;24,A/G;48,A/G;52,T;62,T/A
YITCMG138   6,A/T;16,T/G
YITCMG139   7,G;33,A/G;35,A/G;152,T/C;165,A/C;167,A/G
YITCMG141   71,T;184,C
YITCMG142   67,T/C;70,A/G
YITCMG143   73,A/G
YITCMG144   4,A/G
YITCMG147   62,T;66,T;111,T/C
YITCMG149   25,A/C;30,A/G;174,T/C
YITCMG150   99,T/C;101,A/G;116,T/G
YITCMG152   83,A
YITCMG153   97,C;101,G;119,A
YITCMG155   31,T/G;51,T/C;123,T/C;155,A/G
YITCMG156   28,A/T;36,T/G;44,C/G
YITCMG157   83,T/C
YITCMG158   67,C;96,A;117,G
YITCMG159   137,T/C

YITCMG160	55,A/G;75,T/C;92,G;107,T;158,C
YITCMG161	71,A;74,C
YITCMG162	26,T
YITCMG163	96,T;114,T;115,G;118,T
YITCMG165	121,T/C;174,T/C
YITCMG166	87,G
YITCMG167	103,A/G;120,A/G;150,A/C
YITCMG168	171,C/G
YITCMG170	139,C/G;142,A/G;145,C/G;150,A/G;151,T/C;157,A/G;164,A/G
YITCMG171	11,A
YITCMG172	164,A;168,G;186,G;187,G
YITCMG173	11,G;17,A;20,C;144,C;161,A;162,T
YITCMG174	5,T/G;84,A/G
YITCMG175	42,T/C;55,T/C;62,C;98,T/C
YITCMG176	44,A/G;107,A/G
YITCMG178	44,A/G;86,A/C;99,T/C;107,T/G
YITCMG180	23,C;72,C
YITCMG182	3,A/G;59,T/C;66,A/T;77,T/C
YITCMG183	24,A/T;28,A/G;75,T/C
YITCMG184	43,A/G;45,A;60,C;97,C
YITCMG185	62,A/G;68,A;80,A/G;130,A/T;139,A/G
YITCMG188	16,T/C;66,A/G;101,A/T
YITCMG189	23,C;51,G;138,T;168,C
YITCMG190	117,T;162,G
YITCMG191	44,A/G;66,T/C;108,A/G
YITCMG192	89,T/C;119,T/G
YITCMG193	3,A/G;9,A/T;30,T/C;39,A/G;99,T/C;120,T/G;121,T/G;129,A/C;153,T
YITCMG196	197,A
YITCMG197	18,C;35,G;103,T/C;120,A/C;134,T/C;178,A/C;195,T/C
YITCMG198	70,A/G;71,A/G;100,A/C
YITCMG199	3,T/C;56,A/T;62,C/G;80,A/T;173,T/C;175,C/G
YITCMG200	38,C;53,G
YITCMG201	113,A/C;120,T/G;179,T/A;185,T/G;194,T/C
YITCMG202	16,T/C;112,A/C;121,T/G
YITCMG203	28,A/G;42,T/A;130,C/G
YITCMG204	76,C/G;85,A/G;133,C/G
YITCMG206	66,G;83,G;132,G;155,G
YITCMG207	156,T
YITCMG208	86,A;101,T
YITCMG209	24,T;27,C;72,C
YITCMG210	6,T/C;21,A/G;96,T/C;179,A/T
YITCMG211	11,A/C;133,A/C;139,A/G
YITCMG212	17,G;111,G;129,C
YITCMG213	55,A;102,T;109,C

YITCMG214   5,A/T

YITCMG215   52,A/G;58,T/A

YITCMG216   69,A/G;135,T/C;177,A/G

YITCMG217   164,T;181,T;185,T;196,A;197,G

YITCMG218   31,C;59,T;72,C;108,T

YITCMG219   89,C;125,C

YITCMG220   64,A;67,G

YITCMG221   8,C;110,G;131,A;134,A

YITCMG222   1,T/A;15,T/C;70,C/G

YITCMG223   23,T;29,T

YITCMG225   61,A/G;67,T/C

YITCMG226   51,T/C;72,A;117,T

YITCMG227   6,G;26,T;99,A/G

YITCMG228   72,C;81,C;82,T

YITCMG229   56,T/C;58,T/C;65,T/C;66,T/C

YITCMG230   65,C;103,A

YITCMG232   1,C;76,G;80,G;152,C;169,T;170,G

YITCMG233   130,A;132,G;159,T;162,A

YITCMG234   54,T;59,A/T;103,A;183,A;188,G

YITCMG235   128,C/G

YITCMG236   94,A;109,A

YITCMG237   39,G;105,A

YITCMG238   49,C;68,C

YITCMG239   46,T/C;59,T/C;72,A

YITCMG240   21,A/G;96,A/G

YITCMG242   61,A/C;70,T;85,T/C;94,A/G

YITCMG243   139,T/C

YITCMG244   71,T/C;109,T/G;113,T/C

YITCMG246   51,T/C;124,A/G

YITCMG247   19,A/C;30,A/C;40,A/G;46,T/G;105,A/C;113,T/G;123,T/C;184,C/G

YITCMG248   31,A;35,A/G;60,G

YITCMG249   22,C;130,A/G;142,T/C;162,T/C;167,T/C

YITCMG250   92,T/C;98,T;99,G

YITCMG252   26,A/G;69,T/C;82,T/A

YITCMG253   70,C;198,T

YITCMG254   48,C/G;64,T/C;82,T/C;106,T/G

YITCMG255   6,A/G;8,A/G;13,T/G;18,A/T;67,T/G;155,C/G;163,A/G;166,T/C

YITCMG256   19,G;47,C;66,G

YITCMG257   58,T/C;77,T/C;89,T/C

YITCMG258   108,C;170,A;172,C

YITCMG259   23,C/G;180,A/T;182,A/G

YITCMG260   54,A/G;63,A;154,A;159,A;172,T/C

YITCMG261   17,T/C;20,A/G;29,A/G;38,G;106,A;109,T

YITCMG262   45,C/G;47,T

YITCMG264   14,T/G;65,T/C

YITCMG266   5,G;24,T;31,G;62,C;91,G

YITCMG267   39,A/G;108,A/T;134,T/G

YITCMG268   23,T/G;30,T/G;68,T/C;152,T/G

YITCMG269   43,A/T;91,T/C

YITCMG270   10,A;48,T/C;52,A/G;69,A/C;122,T/C;130,T;134,T/C;143,T/C;162,T/C;168,A/G;191,A/G

YITCMG272   43,G;74,T;87,C;110,T

YITCMG274   75,A/G;90,A/G;141,A/G;150,T/C

YITCMG275   106,C;131,A

YITCMG276   41,T;59,A

YITCMG278   1,A/G;10,A/G;12,A/C

YITCMG280   62,T/C;85,C/G;121,A/G;144,T/G;159,C

YITCMG281   18,A/G;22,A/G;92,C;96,A

YITCMG282   34,T/C;46,A;64,C;70,T/G;98,T/C;116,A/G;119,C/G

YITCMG283   67,T;112,A;177,G

YITCMG284   55,T;94,T

YITCMG285   85,A/G;122,C/G

YITCMG286   119,A/G;141,A/C

YITCMG287   2,C;38,T;170,A/C

YITCMG288   79,T/C

YITCMG289   50,T;60,A/T;75,A/G

YITCMG290   21,T/G;66,C/G

YITCMG291   28,A/C;38,A/G;55,T/G;86,A/G

YITCMG292   85,T/C;99,T/A;114,T/C;124,T/C;126,A/C

YITCMG293   170,T

YITCMG294   32,C/G;99,T/G;108,T/A

YITCMG295   15,A/G;19,A/G;71,T/A;130,A/G

YITCMG296   90,A;93,T;105,A

YITCMG297   147,A/C

YITCMG298   44,A/G;82,A/G

YITCMG299   29,A/G;38,T/C;48,A/G;53,C/G;134,T/G

YITCMG300   191,A/G;199,C/G

YITCMG301   98,A/G;108,C;128,T/G

YITCMG302   11,T;40,A;96,T

YITCMG303   10,A/T;21,A/G;54,T/G

YITCMG304   35,A;42,G;47,C/G;116,G

YITCMG305   68,C/G;178,A/G

YITCMG306   16,T/C;69,A/C;85,T/G;92,C/G

YITCMG307   11,T/C;23,T/C;25,A/C;37,A/G

YITCMG309   23,T/A;77,A/G;85,C/G

YITCMG310   98,G

YITCMG311   83,C;101,C;155,A

YITCMG312   42,T;104,A

YITCMG313   125,T

YITCMG314   53,C

YITCMG316   102,C

YITCMG317   38,T/G;98,A/G;151,T/C

YITCMG318   61,T/C;73,A/C;139,T/C

YITCMG319   147,T/C

YITCMG321   16,G

YITCMG322   2,T/G;69,T/C;72,T/C;77,T/C;91,T/A;102,T/C

YITCMG323   49,A/C;73,T/C;108,C/G

YITCMG324   55,T/C;56,C/G;74,A/G;140,T/C;195,A/G

YITCMG325   22,C;38,A/C;130,C;139,C

YITCMG326   169,T;177,G

YITCMG327   181,T/C

YITCMG328   15,C;47,T/C;86,T/C

YITCMG329   48,T;78,C/G;109,A/T

YITCMG330   52,A/G;129,T/G;130,A/G

YITCMG331   24,A/G;51,G;154,A/G

YITCMG332   62,C/G;63,G;93,A/C

YITCMG333   132,T;176,A

YITCMG334   12,T/G;43,C/G;56,T/C;104,A/C

YITCMG335   114,T/G

YITCMG336   28,T/C;56,T/A;140,T/C

YITCMG337   1,A/G;88,T/C

YITCMG338   127,A/G;159,T/C;165,T/C;172,T/A;179,C/G

YITCMG339   48,C;81,C

YITCMG340   68,A/G;75,A/G;107,A/C

YITCMG341   2,T/C;59,A/T;83,A/T;124,T/G;146,A/G;210,T/G

YITCMG342   145,G;156,G;177,C

YITCMG343   3,A/G;39,T/C

YITCMG344   14,T/C;47,A/G;108,T/C

YITCMG345   34,A;39,T

YITCMG346   7,T

YITCMG347   19,A/T;21,A/G;29,A/G;108,A/C

YITCMG348   65,T/C;73,A/G;131,A;141,T/A

YITCMG350   17,A

YITCMG351   11,G;79,T/G;109,C;139,C

YITCMG352   108,C;138,T;145,T/A

YITCMG353   75,T/A;85,T/C

YITCMG355   34,A;64,C;96,A

YITCMG356   45,A;47,A;72,A

YITCMG357   51,G;76,A/T;88,A/G

YITCMG359   131,A/T

YITCMG360   64,A/G;87,A/G;92,T/C

YITCMG361   3,T/A;102,T/C

YITCMG362	137,A/T
YITCMG363	56,A/G
YITCMG364	7,G;28,T/C;29,A/G;96,T/C
YITCMG366	83,T/A;121,A/T
YITCMG367	21,T/C;145,C/G;174,C/G
YITCMG368	23,C/G;117,A/C
YITCMG369	76,A/C;82,T/C;83,T/C;84,T/G;85,C/G;86,A/C;87,T/A;99,C/G;104,A/G;141,A/G
YITCMG370	18,G;117,T;134,A
YITCMG371	27,A;60,T
YITCMG372	61,C
YITCMG374	135,T/C
YITCMG375	17,A/C;28,T/C
YITCMG377	3,A/G;42,A/C
YITCMG378	49,T/C
YITCMG379	61,T;71,T;80,C
YITCMG380	40,A/G
YITCMG381	64,T/G;113,T/C;124,T/C
YITCMG382	62,A/G;72,A/C;73,C/G
YITCMG383	55,A/G;110,C/G
YITCMG385	61,C;79,C
YITCMG386	13,T/C;65,G;67,T/C
YITCMG387	24,A/G;111,C;114,G
YITCMG388	17,T/C;121,A/G;147,T/C
YITCMG389	9,A;69,A;159,C
YITCMG390	9,C;82,T/G;95,T/A
YITCMG392	78,A/G;109,T/C;114,A/C
YITCMG393	66,G;99,C
YITCMG394	38,G;62,A
YITCMG395	45,T
YITCMG396	110,T/C;141,T/A
YITCMG397	92,T/G;97,G
YITCMG398	131,C;132,A;133,A;159,C;160,G;181,T
YITCMG399	7,T/A;41,A/C
YITCMG400	34,T/C;41,T/C;44,T/C;53,T/C;62,T/C;71,C/G;72,A/T;90,A/C
YITCMG401	43,T
YITCMG402	137,T/C;155,A/G
YITCMG403	49,T/A;58,C/G;156,T/A;173,C/G
YITCMG404	8,A/G;32,T/C;165,A/G
YITCMG405	155,T/C;157,T/C
YITCMG406	73,A/G;115,T/C
YITCMG408	88,T/C;137,A/G
YITCMG409	82,G;116,T
YITCMG410	2,T;4,A;20,C;40,G;155,A/C
YITCMG411	2,T;81,A;84,A

YITCMG412 4,T/A;61,T/C;79,A/G;154,A/G
YITCMG413 55,G;56,C;82,T
YITCMG414 11,T;37,G;51,T;62,G
YITCMG415 7,A;84,A;87,A;109,T;113,A;114,G
YITCMG416 80,A/G;84,A/G;112,A/G;117,A/T
YITCMG417 86,T/C;131,A/G
YITCMG418 150,A/C
YITCMG419 81,A/T
YITCMG420 35,C;36,A
YITCMG421 9,A/C;67,T/C;97,A/G
YITCMG422 97,A
YITCMG423 39,G;45,C/G;117,G;130,C/G
YITCMG424 69,T/G;73,A/G;76,C/G;89,A/T
YITCMG425 57,A
YITCMG427 103,T/C;113,A/C
YITCMG428 18,A;24,C;135,A/G
YITCMG429 194,G;195,T
YITCMG432 69,T;85,C
YITCMG434 27,A/G;37,T/A;40,A/G;86,T/C
YITCMG435 106,A
YITCMG436 2,G;25,A;49,A;56,A
YITCMG437 44,G;92,G;98,T;151,T
YITCMG438 2,T/A;6,T/A;155,T
YITCMG439 87,C;113,A
YITCMG440 64,A;68,G;70,T;78,C
YITCMG441 12,A/G;74,C/G;81,C/G;96,A/G
YITCMG443 28,A/T
YITCMG447 94,A/G;97,A/G;139,A/G;202,G
YITCMG448 22,A/C;37,T/C;91,T/G;95,A/C;112,C/G;126,T/C;145,T/G
YITCMG451 26,G;33,A;69,C;74,G;115,C
YITCMG452 96,C/G;151,T/C
YITCMG453 87,A/G;156,T/C
YITCMG454 90,A/G;92,T/G;121,T/C
YITCMG455 120,A/G
YITCMG456 32,A;48,G
YITCMG457 77,A;89,C;98,T;101,A;119,A;124,G;156,G
YITCMG459 95,T;157,C;203,A
YITCMG460 45,T
YITCMG461 131,A
YITCMG462 1,A/G;22,C/G;24,C;26,A;36,T/C;49,A/C
YITCMG463 190,C/G
YITCMG465 117,G;147,G
YITCMG466 75,T/A;99,C/G
YITCMG467 9,A/G;11,A;14,A/G;86,T/A;161,A/G;179,T/A

YITCMG469　12,T;71,A

YITCMG470　72,T;75,A

YITCMG471　8,A;65,A;88,C;159,C

YITCMG472　51,G

YITCMG474　94,A;104,T;119,A

YITCMG475　2,T/C;82,A;84,A;102,C

YITCMG476　22,A;54,T

YITCMG477　3,T/G;7,T/C;91,T/C;150,T/C

YITCMG478　112,G;117,C

YITCMG479　38,T/C;103,A/T

YITCMG481　21,A;108,A/G;160,A/G;192,T/G

YITCMG484　23,G;78,G;79,G

YITCMG485　86,A/G;116,C;125,T

YITCMG486　40,A/G;109,T;148,T

YITCMG487　140,C/G

YITCMG488　59,T/C;122,T/G

YITCMG490　57,T/C;135,A/T;165,A/T

YITCMG491　156,A/G;163,A/G

YITCMG492　55,A/G;112,T/C

YITCMG493　4,T/C;6,G;30,T

YITCMG494　43,T/C;52,A/G;83,T/C;98,A/G;152,A/G;154,T/C;188,T/C;192,T/C

YITCMG495　65,T/G;73,A/G

YITCMG496　26,A/G;134,T/C

YITCMG497　22,A/G;33,C/G;62,T/C;77,T/G

YITCMG499　45,A/C

YITCMG500　30,A/G;86,T/A;87,T/C;108,T/A

YITCMG501　15,A;93,G;144,A;173,C

YITCMG502　4,A;130,A;135,A;140,T

YITCMG503　70,G;85,C;99,C

YITCMG504　11,A;17,G

YITCMG505　54,A/G;99,T/C;158,T/C;198,A/C

YITCMG506　47,A/G;54,A/C

YITCMG507　24,G

YITCMG508　96,T;115,G

YITCMG509　65,T/C;126,A/G

YITCMG510　1,A;95,A/G;98,A/G;110,A/G

YITCMG511　39,T/C;67,A/G;168,A/G;186,A/G

YITCMG512　25,A;63,G

YITCMG513　86,T/A;104,A/T;123,T/C

YITCMG514　35,T/C;45,A/C

YITCMG515　41,C;44,T

YITCMG516　29,T/G;53,A/C;120,T/G

YITCMG517　84,A/T;86,A/G;163,T

YITCMG518　10,A/G

YITCMG519　129,T/C;131,T/G
YITCMG520　65,A/G;83,A/G;136,T/C;157,A/C
YITCMG521　8,T/G;21,G;30,A/G
YITCMG522　72,T/A;127,T/A;137,A/G;138,A/C
YITCMG524　10,A/G;19,A/G;100,A/G
YITCMG526　35,T/G;84,A/C
YITCMG527　108,T;118,A
YITCMG528　1,C;79,G;107,G
YITCMG529　129,T/C;144,A;174,T
YITCMG530　55,T/A;62,A/G;76,C;81,A;113,T/C
YITCMG532　17,A/C;85,T/C;111,A/G;123,A/C;131,A/C
YITCMG533　85,A/C;183,C;188,A/G
YITCMG534　40,T;122,C;123,C
YITCMG537　34,C/G;118,A/G;135,T/C;143,A/G
YITCMG538　3,T;4,C
YITCMG539　54,C
YITCMG540　17,T;70,A/G;73,T;142,A/G
YITCMG541　18,A/C;66,C/G;70,A/C;176,T/C
YITCMG542　18,T/G;69,T;79,C

缅甸 3 号

YITCMG001　72,T/C;85,A;94,A/C

YITCMG002　28,A/G;55,T/C;102,T/G;103,C/G;147,T/G

YITCMG003　67,T/G;82,A/G;88,A/G;104,A/G;119,T/A

YITCMG004　27,T;73,A/G

YITCMG005　56,A/G;100,A/G;105,T/A;170,T/C

YITCMG006　13,T/G;48,A/G;91,T/C

YITCMG007　62,T/C;65,T;96,G;105,A/G

YITCMG008　50,T/C;53,T/C;79,A/G

YITCMG010　40,T/C;49,A/C;79,A/G

YITCMG011　36,A/C;114,A/C;166,A/G

YITCMG013　16,C;56,A;69,T

YITCMG014　126,A;130,T

YITCMG015　44,A;127,A;129,C;174,A

YITCMG017　17,T/G;98,C/G

YITCMG018　30,A

YITCMG019　115,A/G

YITCMG020　70,A/C;100,C/G;139,A/G

YITCMG022　3,A;11,A;92,G;94,T;99,C;118,G;131,C;140,G

YITCMG023　142,T;143,C;152,A/T

YITCMG024　68,A;109,C

YITCMG025　72,A/C;108,T/C

YITCMG026　16,A/G;81,T/C

YITCMG027　19,T/C;31,A/G;62,T/G;119,A/G;121,A/G;131,A/G;138,A/G;153,T/G;163,A/T

YITCMG028　45,A/G;113,A/T;147,A/G;167,A/G;174,T/C;191,A/G

YITCMG029　72,T/C

YITCMG030　55,A;73,T/G;82,A/T

YITCMG031　48,C;84,G;96,A

YITCMG032　14,A/T;160,A/G

YITCMG033　73,G;85,A/G;145,A/G

YITCMG034　122,A/G

YITCMG035　102,T/C;126,T/G

YITCMG038　155,A/G;168,C/G

YITCMG039　1,G;19,A/G;61,A/G;71,T/C;104,T/C;105,G;151,T/G

YITCMG040　40,T/C;50,T/C

YITCMG041　24,T/A;25,A/G;68,T/C

YITCMG042　5,A/G;48,T/A;92,T/A

YITCMG044　7,T/C;22,T/C;167,A/G;189,T/A

YITCMG045　92,T;107,T

YITCMG046　38,A/C;55,A/C;130,A/G;137,A/C;141,A/G

YITCMG047　60,T/G;65,T/G

YITCMG048　142,C/G;163,A/G;186,A/C

YITCMG049   115,C

YITCMG051   15,C;16,A

YITCMG052   63,T;70,C;139,T/C

YITCMG053   86,A/G;167,A/G;184,T/A

YITCMG054   34,A/G;36,T;70,A/G;72,A/C;73,A/G;84,A/C;170,T/C

YITCMG056   34,T;74,T/A

YITCMG057   98,T/C;99,A/G;134,T/C

YITCMG058   67,T;78,A

YITCMG059   84,A;95,T;100,T;137,A;152,T;203,T

YITCMG060   10,A/C;54,T/C;125,T/C;129,A/G

YITCMG061   107,A/C;128,A/G

YITCMG063   86,A/G;107,A/C

YITCMG064   2,A/G;27,T/G;74,C/G;106,A/G;109,T/A

YITCMG065   37,T/G;56,T/C

YITCMG066   10,A/C;64,A/G;141,T/G

YITCMG067   1,C;51,C;76,G;130,C

YITCMG071   142,C;143,C

YITCMG072   75,A/G;105,A/G

YITCMG073   15,A/G;19,A/G;28,A/C;49,A/G;106,T/C

YITCMG075   125,T/C;168,A/C;169,A/G;185,T/C

YITCMG076   129,T/C;162,A/C;163,A/G;171,T/C

YITCMG077   10,C/G;27,T/C;97,T/C;114,A/C;128,T/A;140,T/C

YITCMG078   15,A/T;33,A/G;93,A/C;95,T;147,T/C;165,A/G

YITCMG079   3,A/G;8,T/C;10,A/G;110,T/C;122,A/T;125,A/C

YITCMG080   43,A/C;55,T/C

YITCMG081   91,C/G;115,A/T

YITCMG082   43,A;58,C;97,G

YITCMG083   169,C/G

YITCMG084   118,G;136,T

YITCMG085   6,A/C;21,T/C;24,C;33,T;206,T/C;212,T/C

YITCMG086   180,A/C

YITCMG087   19,T/C;78,A/G

YITCMG088   33,A

YITCMG089   92,C;103,C;151,C;161,C

YITCMG090   17,T/C;46,G;75,T

YITCMG092   22,A/G;110,T/C;145,A/G

YITCMG094   124,A;144,T

YITCMG095   51,T/C;78,T/C;184,A/T

YITCMG096   24,T/C;57,A;63,T/C;66,T/C

YITCMG098   48,A/G;51,T/C;180,T/C

YITCMG099   67,T/G;83,A/G;119,A/G;122,A/C

YITCMG100   124,T/C;141,C/G;155,T

YITCMG101   93,T/C

YITCMG102   20,A;135,T/C

YITCMG104   79,G;87,G

YITCMG105   31,A/C;69,A/G

YITCMG106   29,A;32,C;65,G;130,A;137,C

YITCMG107   143,A/C;160,A/G;164,C/G

YITCMG108   34,A;61,A/C;64,C

YITCMG109   17,T/C;29,A/C;136,T/A

YITCMG110   30,T/C;32,A/G;57,T/C;67,C/G;96,T/C

YITCMG111   39,T/G;62,A/G;67,A/G

YITCMG112   101,C/G;110,A/G

YITCMG113   71,A;85,G;104,G;108,C;131,A/G

YITCMG114   42,T/A;46,A/G;66,T/A

YITCMG115   32,T/C;33,A/T;87,C;129,T/A

YITCMG117   115,T/C;120,A/G

YITCMG119   72,C;73,C;150,T;162,G

YITCMG120   121,G;130,C;133,C

YITCMG121   32,T;72,G;149,T/G

YITCMG122   45,G;185,G;195,A

YITCMG123   87,G;130,T

YITCMG124   75,C;119,T

YITCMG125   123,C/G

YITCMG126   82,A/T;142,A/G

YITCMG127   146,A/G;155,A/T;156,A

YITCMG128   163,A/G

YITCMG129   90,T/C;104,T/C;105,C/G

YITCMG130   31,C/G;83,T/C;108,A/G

YITCMG131   27,T/C;107,C/G

YITCMG132   43,C;91,T;100,T;169,T

YITCMG133   65,A/C;76,T;86,T/G;191,A/G;200,A/G;209,T

YITCMG134   23,C;99,T/C;116,A/T;128,A/G;139,T;146,C/G

YITCMG135   173,T/C

YITCMG137   24,A;52,T

YITCMG139   7,G

YITCMG140   6,T

YITCMG141   71,T/G;184,C

YITCMG144   4,A/G;61,T/C;81,T/C;143,A/G;164,A/G

YITCMG145   7,A/G;26,A/G;78,T/G

YITCMG146   27,T/C;69,A/G;111,A/T

YITCMG147   36,A/G;62,T;66,T

YITCMG148   75,T/C;101,T/G

YITCMG149   25,A/C;30,A/G;174,T/C

YITCMG150   8,T/G;99,T/C;100,A/T;101,G;116,G;123,C/G;128,T/A

YITCMG152   83,T/A

YITCMG153   97,A/C;101,A/G;119,A

YITCMG154   5,T;26,T/G;47,A/C;60,A/G;77,C;130,A/C;141,C

YITCMG155	31,T;51,C;155,A/G
YITCMG156	36,T/G
YITCMG157	83,T/C
YITCMG158	67,C;96,A;117,G
YITCMG159	137,T/C
YITCMG160	55,A/G;75,T/C;92,A/G;107,T/G;158,T/C
YITCMG161	71,A;74,C
YITCMG163	96,A/T;114,T/C;115,A/G;118,T/G
YITCMG164	57,T/C;114,A/G
YITCMG165	174,C
YITCMG166	13,T;87,G
YITCMG167	120,A/G;150,A/G;163,C/G
YITCMG168	79,T/C;89,C/G;96,A/G;171,C/G
YITCMG169	36,A/G;51,C;78,A/C;99,T/C;153,A/T
YITCMG170	139,C;142,G;145,C;150,A;151,T;157,A;164,A
YITCMG171	9,T/G;11,A/G;61,T/C;76,T/C;98,A/G
YITCMG172	164,A/C;168,A/G;186,A/G;187,A/G
YITCMG173	11,C/G;17,A/C;20,T/C;144,C;161,A;162,T
YITCMG174	9,T/C;10,A/C;84,A/G
YITCMG175	32,T/G;42,T/C;55,T/C;62,A/C;98,T/C
YITCMG176	44,A/G;107,A/G;127,A/C
YITCMG177	20,T/C
YITCMG178	99,T/C;107,T/G;111,A/C
YITCMG180	23,C;72,C;75,C/G
YITCMG181	134,A/G
YITCMG182	3,A/G;77,T/C
YITCMG183	24,T;28,A/G;75,T/C;76,A/G;93,T/C
YITCMG184	45,A;60,C;64,C/G;97,C;127,T/G
YITCMG185	62,A/G;68,T/A;80,A/G;130,A/C;139,A/G
YITCMG188	16,T/C;66,A/G;101,A/T
YITCMG189	23,T/C;51,A/G;138,T/A;168,T/C
YITCMG190	117,T;162,G
YITCMG192	89,T/C;95,C/G;119,T/G
YITCMG193	3,A/G;9,A/T;30,C;39,A/G;121,G;129,C;153,T
YITCMG194	1,A/T;32,T/A;55,A/G;165,T/C
YITCMG195	45,T/A;71,A/T;87,T/C;128,A/G;133,A/G
YITCMG196	19,A/G;91,T/C;190,A/G;191,T/C;197,T/A
YITCMG197	18,C;35,G;144,C/G;178,A;195,T
YITCMG198	70,A/G;71,A/G;100,A/C
YITCMG199	3,T/C;56,T/A;62,C/G;131,A/C;155,A/C;173,T/C;175,C/G
YITCMG200	38,T/C;53,A/G
YITCMG202	16,C;121,T
YITCMG203	90,T/A
YITCMG204	85,A/G

YITCMG207   156,T/C

YITCMG208   86,A/T;101,T/A

YITCMG209   24,T/C;27,C;72,T/C

YITCMG212   118,A/G

YITCMG216   69,A/G;135,T/C;177,A/G

YITCMG217   11,A;19,A;154,G;164,C

YITCMG218   5,A/C;31,C;59,T;72,C

YITCMG219   89,T/C;121,C/G;125,T/C

YITCMG221   8,C;110,A/G;131,A;134,A

YITCMG222   1,T/G;15,T/C;31,A/G;46,A/G;70,C/G

YITCMG223   23,T;29,T;41,T/C;47,A/G;48,T/C;77,A/G

YITCMG225   61,A/G;67,T/C

YITCMG226   72,A;117,T

YITCMG227   6,A/G;26,T/C

YITCMG228   72,C;81,C;82,T

YITCMG229   56,T/C;58,T/C;65,T/C;66,T/C

YITCMG230   17,A/C;65,C;87,A/T;103,A;155,G

YITCMG231   12,T/C;87,T/C;108,T/C

YITCMG232   1,T/C;76,C/G;80,G;152,C;169,T/C;170,G

YITCMG233   130,A/C;132,A/G;159,T/C;162,A/G

YITCMG234   54,A/T;103,A/G;183,T/A;188,A/G

YITCMG235   128,C/G

YITCMG236   94,A;109,A

YITCMG237   24,A/T;39,G;71,C/G;76,T/C;105,A/G

YITCMG238   49,C;68,C

YITCMG239   46,T/C;59,T/C;72,A

YITCMG240   21,A/G;96,A/G

YITCMG242   61,A/C;70,T;85,T/C;94,A/G

YITCMG244   71,T/C;109,T/G;113,T/C

YITCMG247   123,T/C

YITCMG248   31,A/G;35,A/G;60,T/G

YITCMG249   22,T/C;142,T/C;167,T/C;195,A/G;199,A/G

YITCMG250   92,T/C;98,T;99,G

YITCMG253   70,A/C;198,T/G

YITCMG254   48,C/G;82,T/C;106,T/G

YITCMG255   67,T/G;155,C/G;163,A/G;166,T/C

YITCMG256   19,A/G;47,A/C;66,A/G

YITCMG258   170,A;172,C

YITCMG259   20,A/G;24,T;180,T;182,A

YITCMG260   63,A/G;154,T/A;159,A/C

YITCMG261   17,T/C;38,T/G;106,T/A;109,T/C

YITCMG262   47,T/G

YITCMG266   5,G;24,T/G;31,G;62,T/C;91,A/G

YITCMG267   39,G;92,T/G;108,A;134,T

YITCMG270	10,A;48,T/C;52,A/G;69,A/C;122,T/C;130,T;134,T/C;143,T/C;162,T/C;168,A/G;191,A/G
YITCMG271	100,C/G;119,A/T
YITCMG272	43,G;74,T;87,C;110,T
YITCMG274	141,A/G;150,T/C
YITCMG275	106,C;131,A
YITCMG276	41,T/G;59,A/G
YITCMG278	1,A/G;10,A/G;12,A/C
YITCMG280	62,T/C;85,C/G;104,T/A;113,C/G;121,A/G;144,T/G;159,C
YITCMG281	18,A/G;22,A/G;92,T/C;96,A
YITCMG282	46,A;64,C
YITCMG283	67,T/G;112,A/G;177,A/G
YITCMG284	18,A/G;55,T/A;94,T/C
YITCMG285	85,A/G;122,C/G
YITCMG286	119,A/G;141,A/C
YITCMG287	2,C;38,T;170,A/C;171,A/T
YITCMG288	79,T/C
YITCMG289	50,T;60,T/A;75,A/G
YITCMG290	21,T;66,C/G;170,T/A
YITCMG291	96,T
YITCMG292	85,T/C;99,A/T;114,T/C;126,A/C
YITCMG293	39,T/G;170,A/T;174,T/C;184,T/G;207,A/G
YITCMG295	15,A/G;71,A/T
YITCMG296	90,A;93,T;105,A
YITCMG297	128,T/C;147,A/C
YITCMG298	44,A/G;82,A/G;113,A/G
YITCMG299	29,A;34,A/G;103,A/G;117,C/G
YITCMG300	15,T/C;32,C;68,T;118,T/C
YITCMG301	76,C/G;98,A/G;108,C;111,T/C;128,T/G
YITCMG302	11,T/G;40,A/G;96,T
YITCMG303	10,T/A;21,A/G;54,T/G
YITCMG304	6,A/G;35,A;42,G;45,A/C;116,G;121,A/C
YITCMG305	15,A/G;50,A/C;67,T/G;68,C
YITCMG306	16,C;69,A/C;71,T/A;85,T/G;92,C/G
YITCMG307	11,T/C;23,T/C;25,A/C;37,A/G
YITCMG308	34,A/G;35,C/G;45,T/A
YITCMG309	5,A/C;23,T/A;77,A/G;85,C/G;162,A/G
YITCMG310	98,G
YITCMG311	83,T/C;101,T/C;155,A
YITCMG312	42,T/A;104,A/T
YITCMG314	27,C/G;31,A/G;42,A/G;53,A/C
YITCMG316	98,T/C;102,T/C
YITCMG317	38,G;151,C
YITCMG318	61,T/C;73,A/C;139,T/C

YITCMG319　147,T/C

YITCMG320　4,A/G;87,T/C

YITCMG321　16,G;83,T/C

YITCMG322　72,T/C

YITCMG323　6,A;49,C;73,T;75,A/G

YITCMG324　55,T/C;56,C/G;74,A/G;195,A/G

YITCMG325　57,C

YITCMG326　11,T/C;41,A/T;161,T/C;177,A/G;179,A/G

YITCMG327　115,T/C;121,A/G

YITCMG328　15,C;47,C;86,C

YITCMG329　48,T/C;78,C/G;109,T/A;195,A/C

YITCMG330　52,A;129,G;130,A

YITCMG331　24,A;51,A/G;154,A/G

YITCMG332　62,C/G;63,A/G;93,A/C

YITCMG333　132,T;176,A

YITCMG334　43,C/G;104,A/C

YITCMG335　48,A/G;50,T/C;114,G

YITCMG336　28,T/C;56,A/T;140,T/C

YITCMG337　55,T/C;61,T/C

YITCMG338　159,T/C;165,T/C;172,T/A;179,C/G

YITCMG340　51,T/C

YITCMG341　83,T;124,G

YITCMG342　156,A/G;162,T/A;169,T/C;177,T/C

YITCMG343　3,A;39,T

YITCMG344　8,T/C;14,T;35,T/G;47,G;85,A/G;108,T/C

YITCMG345　31,T/A;39,T/G

YITCMG347　19,A/T;21,A/G;29,A/G;108,A/C;149,T/C

YITCMG348　28,T/C;65,T/C;73,A/G;124,A/C;131,A/G;141,A/T

YITCMG349　62,A/G;136,C/G

YITCMG350　17,A;23,T/C;37,A/T;101,T/A;104,T/C

YITCMG351　11,T/G;109,T/C;139,C/G

YITCMG353　75,T;85,C

YITCMG355　34,A;64,C;96,A

YITCMG356　45,T/A;47,A/C;72,T/A

YITCMG357　29,A/C;51,T/G;76,T/A

YITCMG358　155,T/C

YITCMG359　60,T/G;128,T/C

YITCMG360　54,T/G;64,A/G;82,T/C;87,A/G;92,T/C

YITCMG361　3,A/T;102,T/C

YITCMG362　12,T/C;62,A/T;77,A/G

YITCMG363　57,T;96,T

YITCMG364　7,G;29,A;96,T

YITCMG365　23,T/C;79,T/C;152,C/G

YITCMG366　36,T/C;83,T/A;110,T/C;121,A/T

YITCMG367   21,T/C;145,C/G;165,A/G;174,C/G
YITCMG368   116,T/C;117,C/G
YITCMG369   99,T/C
YITCMG370   18,A/G;105,T/A;117,T/C;134,A/T
YITCMG371   27,A;36,T/C;60,T/C
YITCMG372   85,C
YITCMG373   72,A/G;74,A/G;78,A/C
YITCMG374   108,A/G;135,T/C;137,T/A;138,A/G;198,T/C
YITCMG375   17,A/C;107,T/A
YITCMG376   5,A/C;74,A/G;75,A/C;103,C/G;112,A/G
YITCMG377   3,A/G;77,T/G
YITCMG378   49,T/C
YITCMG379   61,T;71,T/C;80,T/C
YITCMG380   40,A
YITCMG381   64,T/G;113,T/C;124,T/C
YITCMG382   62,A;72,C;73,C
YITCMG383   53,T/C;55,A;110,C/G
YITCMG384   106,A/G;128,T/C;195,T/C
YITCMG385   57,A/T;61,T/C;79,T/C
YITCMG386   65,G
YITCMG387   111,C/G;114,A/G
YITCMG388   17,T;121,A;147,T
YITCMG389   3,T/G;9,A/T;69,A/G;101,A/G;159,A/C;171,C/G;177,T/C
YITCMG390   9,C
YITCMG391   23,A/G;116,C/G;117,A/C
YITCMG392   109,T/C;114,A/C
YITCMG393   66,A/G;99,A/C
YITCMG394   9,T/C;38,G;62,A
YITCMG395   40,T/A;45,T/C;49,T/C
YITCMG396   110,T/C;141,T/A
YITCMG397   92,T/G;97,G
YITCMG398   100,A/C;131,C;132,A;133,A;159,T/C;160,G;181,T
YITCMG399   7,A;41,A
YITCMG400   34,T/C;41,T/C;44,T/C;53,T/C;62,T/C;71,C/G;72,T/A;90,A/C
YITCMG401   43,T/C;123,A/G
YITCMG402   71,T/A;137,T;155,G
YITCMG405   155,C;157,C
YITCMG406   73,G;115,T
YITCMG407   13,T/C;26,T/G;97,T/G
YITCMG408   88,T/C;137,A/G
YITCMG410   2,T/C;4,T/A;20,T/C;40,C/G
YITCMG411   2,T/C;81,A/C;84,A/G
YITCMG412   79,A;154,G
YITCMG413   55,A/G;56,C/G;82,T/C

YITCMG414   11,T/A;37,A/G;51,T/C;62,C/G
YITCMG415   7,A/G;84,A/G;87,A/G;109,T/G;113,A/G;114,A/G
YITCMG416   80,A/G;84,A/G;112,A/G;117,T/A
YITCMG417   35,C/G;55,A/G;86,C;131,G
YITCMG418   15,T/C;34,A/G
YITCMG419   73,A/T;81,T/A;168,A/G
YITCMG421   9,A/C;67,T/C;97,A/G
YITCMG422   97,A
YITCMG423   41,T;117,G
YITCMG424   69,T/G;73,A/G;76,C/G;89,A/T
YITCMG425   57,A/G;66,T/C
YITCMG426   59,T/C;91,C/G
YITCMG428   18,A;24,C;135,A/G
YITCMG429   194,G;195,T
YITCMG432   69,T;85,C
YITCMG434   27,G;37,T/G;40,A/G;43,C/G
YITCMG435   28,T;43,C;103,G;106,A;115,A
YITCMG436   25,A;56,A
YITCMG437   36,T/C
YITCMG438   155,T
YITCMG440   64,A;68,G;70,T;78,C
YITCMG441   96,A/G
YITCMG442   2,T/A;68,T/C;127,A/G;162,A/G;170,T/C;171,T/G
YITCMG443   28,T;104,A/T;106,T/G;107,T/A;166,A/G
YITCMG444   118,T/A;141,A/G
YITCMG446   13,T/C;51,T/C
YITCMG447   94,G;97,A/G;139,G;202,G
YITCMG448   22,A/C;37,T/C;91,G;95,A/C;112,C/G;126,T/C;145,G
YITCMG449   114,G
YITCMG450   100,A/G;146,T/A
YITCMG451   26,G;33,A;69,C;74,G;115,C
YITCMG452   89,A/G;96,C/G;151,T/C
YITCMG453   87,A/G;156,T/C
YITCMG454   90,A;92,T;95,T/A;121,T/C
YITCMG455   120,A/G
YITCMG457   77,A/T;89,T/C;98,T/C;101,A/G;119,A/G;124,G;156,C/G
YITCMG458   37,C/G;43,T/C
YITCMG459   120,A;146,A;192,T
YITCMG460   45,T/C
YITCMG461   89,T/C;131,A/G;140,A/G
YITCMG462   1,A/G;22,C/G;24,C;26,A;36,T/C;49,A/C
YITCMG463   190,C
YITCMG465   156,A/T
YITCMG466   75,T/A;83,A/G;99,C/G

YITCMG467　9,A/G;11,A/G;161,A/G;162,C/G;179,T/A
YITCMG468　132,C
YITCMG470　78,C/G
YITCMG471　8,A;65,A/G;88,T/C;159,C
YITCMG472　51,G
YITCMG474　87,T/A;94,A/G;104,T/C;119,A/G
YITCMG475　82,A/G;84,A/G;102,T/C;115,A/C
YITCMG476　22,A/G;54,A/T
YITCMG477　3,T/G;7,T;91,C;140,A/T;150,T;153,A/G
YITCMG478　42,T/C
YITCMG479　103,A
YITCMG480　5,A/G;45,A/G;61,C/G;64,A/G
YITCMG481　21,A;108,A/G;160,A/G;192,T/G
YITCMG482　65,T;87,A/G;114,T/C;139,C/G;142,T/G
YITCMG483　113,A/G;147,A/G
YITCMG484　23,A/G;78,A/G;79,A/G
YITCMG487　140,C/G
YITCMG488　51,G;76,G;127,C
YITCMG490　57,T/C;93,T/C;135,A/T;165,A/T
YITCMG491　156,G
YITCMG492　55,A/G;83,T/C;113,C/G
YITCMG493　4,T/C;5,T/C;6,G;30,T;48,A/G;82,A/G
YITCMG494　43,T/C;52,A/G;98,A/G
YITCMG495　13,T/C;65,T/G;73,A/G
YITCMG496　7,A/G;26,A/G;59,A/G;134,T/C
YITCMG497　22,G;31,T/C;33,G;62,T;77,T;78,T/C;94,T/C;120,A/G
YITCMG501　15,A;93,G;144,A;173,C
YITCMG502　4,A;130,A;135,A;140,T
YITCMG503　70,A/G;85,A/C;99,T/C
YITCMG504　11,A/C;17,A/G
YITCMG505　14,T/C;54,A/G;99,T/C
YITCMG507　3,T/C;24,G;63,A/G
YITCMG508　140,A/G
YITCMG509　40,T/C
YITCMG510　1,A/G;95,A/G;98,A/G
YITCMG512　25,A/G;63,A/G
YITCMG514　45,A/C;51,T/C;57,T/C;58,T/G
YITCMG515　41,T/C;44,T/G;112,T/A
YITCMG516　29,T/G;53,A/C
YITCMG517　72,T/G;84,A/T;86,A/G;163,T
YITCMG520　65,A/G;83,A/G;136,T/C;157,A/C
YITCMG521　8,T/G;21,G;30,A/G
YITCMG522　72,T/A;127,T/A;137,A/G;138,A/C
YITCMG524　19,G;100,G

YITCMG525　　33,T/G;61,T/C
YITCMG527　　35,A/G;108,T/G;118,A/C
YITCMG528　　1,C;79,G;107,G
YITCMG529　　129,T;144,A;174,T
YITCMG530　　55,T/A;62,A/G;76,C;81,A;113,T/C
YITCMG532　　123,A/C
YITCMG533　　85,A/C;183,C;188,A/G
YITCMG534　　40,T/A;122,C/G;123,T/C
YITCMG535　　36,A;72,G
YITCMG537　　34,C/G;118,A/G;135,T/C;143,A/G
YITCMG539　　27,G;75,T
YITCMG540　　17,A/T;70,A/G;73,T/C;142,A/G
YITCMG541　　70,A/C;130,T/G;176,T/C
YITCMG542　　18,T;69,T;79,C

缅甸 4 号

YITCMG001   78,A/G;85,A

YITCMG003   29,T/C

YITCMG004   27,T/C

YITCMG005   56,A/G;74,T/C;100,A/G

YITCMG007   62,T/C;65,T/C;96,A/G;105,A/G

YITCMG008   50,C;53,C;79,A

YITCMG011   166,A/G

YITCMG012   75,T;78,A

YITCMG013   16,C;56,A;69,T

YITCMG014   126,A;130,T

YITCMG015   44,A;127,A;129,C;174,A

YITCMG017   15,T;39,A;87,G;98,C

YITCMG018   30,A

YITCMG019   36,A;47,C;66,G

YITCMG020   70,A/C;100,C/G;139,A/G

YITCMG021   104,A;110,T

YITCMG022   3,A/T;11,A/T;99,T/C;131,C/G

YITCMG024   68,A/G;109,T/C

YITCMG027   138,G

YITCMG028   45,A/G;110,T/G;133,T/G;147,A/G;167,A/G

YITCMG030   55,A/G

YITCMG031   48,T/C;84,A/G;96,A/G

YITCMG032   18,A/C;91,A/G;93,A/G;94,T/A;160,A/G

YITCMG033   73,A/G;85,A/G;145,A/G

YITCMG037   12,C;13,A;39,T

YITCMG039   1,G;19,G;105,G

YITCMG040   14,T/C

YITCMG042   5,A/G;92,T/A

YITCMG043   56,T;61,A;67,C

YITCMG044   7,T/C;22,T/C;103,T/C;167,A/G;189,A/T

YITCMG045   92,T;107,T

YITCMG047   60,T/G;65,T/G

YITCMG049   115,A/C;172,A/G;190,T/A

YITCMG050   44,C/G

YITCMG051   15,C;16,A

YITCMG053   86,A;167,A;184,T

YITCMG054   34,A/G;36,T;70,A/G;151,A/G

YITCMG056   34,T/C;178,T/G;204,A/C

YITCMG057   134,T/C

YITCMG058   67,T;78,A

YITCMG059   84,A/G;95,T/A;100,T/G;137,A/G;152,T/A;167,T/G;203,T/A

YITCMG060　10,A/C;54,T/C;125,T/C;129,A/G;156,T/G

YITCMG062　79,T/C;122,T/C

YITCMG063　86,A;107,C

YITCMG064　2,A/G;27,T/G

YITCMG065　136,T/C

YITCMG066　10,A/C;64,A/G;141,T/G

YITCMG067　1,C;51,C;76,G;130,C

YITCMG070　6,C/G

YITCMG071　142,C;143,C

YITCMG073　15,A/G;49,A/G

YITCMG078　15,A;93,C;95,T

YITCMG079　3,G;8,T;10,A;110,C;122,A;125,A

YITCMG080　43,A/C;55,T/C

YITCMG081　91,G;98,T

YITCMG084　118,G;136,T;153,A/C

YITCMG085　24,C;212,C

YITCMG087　66,A/C;76,A/G

YITCMG088　33,A

YITCMG089　92,C;103,C;151,C;161,C

YITCMG090　46,A/G;75,T/C

YITCMG092　22,A/G;110,T/C;145,A/G

YITCMG094　124,A/T;144,T/A

YITCMG096　24,T/C;57,A/G;66,T/C

YITCMG100　124,T/C;141,C/G;155,T

YITCMG101　53,T/G;92,T/G

YITCMG102　20,A/G

YITCMG104　79,A/G;87,A/G

YITCMG105　31,A/C;69,A/G

YITCMG106　29,A/G;32,T/C;59,T/C;65,A/G;137,T/C

YITCMG107　143,C;160,G;164,C

YITCMG108　34,A;64,C

YITCMG109　17,T/C;29,A/C;136,A/T

YITCMG110　30,T/C;32,A/G;57,T/C;67,C/G;96,T/C

YITCMG112　101,C;110,A/G

YITCMG113　5,C/G;71,A/G;85,G;104,A/G

YITCMG114　51,A/G;75,A;81,A

YITCMG115　32,C;33,A;87,C;129,T

YITCMG117　115,T;120,A

YITCMG118　19,A

YITCMG120　38,A

YITCMG121　32,T;72,G;149,G

YITCMG122　45,A/G;185,A/G;195,A/G

YITCMG124　75,C;119,T

YITCMG125　102,T/G;171,A/C

YITCMG127   146,A/G;155,T/A;156,A/G
YITCMG128   176,A/T
YITCMG129   90,T/C
YITCMG130   99,T/C
YITCMG131   27,T/C;107,C/G;126,T/A
YITCMG132   43,C/G;91,T/C;100,T/C;120,A/T;169,T
YITCMG133   76,T/G;86,T/G;200,A/G;209,A/T
YITCMG134   23,C;98,T/C;116,T/A;128,A;139,T;146,C/G
YITCMG137   24,A;52,T
YITCMG139   7,G
YITCMG141   184,C
YITCMG143   73,A/G
YITCMG147   62,T/C;66,T/C
YITCMG148   32,A/G
YITCMG151   155,A;156,C
YITCMG152   83,A
YITCMG153   97,A/C;101,A/G;119,A
YITCMG154   5,T/C;47,A/C;77,T/C;141,T/C
YITCMG157   18,G;83,C;143,T/G
YITCMG158   67,C;96,A;117,G
YITCMG159   137,T
YITCMG160   92,A/G;107,T/G;158,T/C
YITCMG161   71,A;74,C
YITCMG165   121,T/C;174,T/C
YITCMG166   87,G
YITCMG169   51,T/C;78,A/C;99,T/C;107,T/C
YITCMG170   145,C;150,T;157,A
YITCMG171   9,T;61,C;76,C;98,A
YITCMG173   11,C/G;17,A/C;20,T/C;144,T/C;161,A/G;162,T/C
YITCMG174   9,T/C;10,A/C;31,A/G;84,A/G
YITCMG175   42,T/C;55,T/C;62,A/C;98,T/C
YITCMG176   44,A/G;53,A/G;107,A/G
YITCMG177   104,A/G
YITCMG178   99,T/C;107,T/G;111,A/C
YITCMG180   23,T/C;72,T/C
YITCMG182   3,A/G;77,T/C
YITCMG183   24,T;28,A;60,A;75,C
YITCMG185   68,A/T;130,T/C
YITCMG187   23,T/C;33,T/C;39,A/G;42,A/C;105,T;106,G
YITCMG188   16,T/C;66,A/G;101,A/T
YITCMG190   48,G;54,C;117,T;162,G
YITCMG191   80,G
YITCMG192   89,T/C;119,T/G
YITCMG193   30,T/C;121,T/G;129,A/C;145,T/C;153,T

YITCMG196   19,A/G;55,T/C;85,A/C;91,T/C;114,T/G;190,A/G

YITCMG197   18,A/C;35,T/G;103,T/C;120,A/C;134,T/C

YITCMG199   80,T/A;131,A/C;137,C/G

YITCMG202   16,T/C;121,T/G

YITCMG203   130,C/G

YITCMG204   76,C/G;85,A/G;133,C/G

YITCMG206   177,A/G

YITCMG209   27,C

YITCMG211   133,A/C;139,A/G

YITCMG212   118,G

YITCMG213   55,A/G;102,T/C;109,T/C

YITCMG217   164,T;185,T

YITCMG218   31,T/C;59,T/C;72,T/C

YITCMG220   64,A/C;67,C/G;151,T/C

YITCMG221   8,C;76,G;110,A/G;131,A;134,A

YITCMG222   1,T/A;15,T/C;70,C/G

YITCMG223   23,T/C;29,T/G;41,T/C;47,A/G;48,T/C

YITCMG225   151,C

YITCMG226   72,A/G;117,T/C

YITCMG227   6,G;26,T

YITCMG228   72,C;81,T/C;82,T/C;103,A/G

YITCMG229   56,T/C;58,T/C;65,T/C;66,T/C

YITCMG231   87,T/C;108,T/C

YITCMG232   1,T/C;12,C/G;76,C/G;80,G;152,C;169,T/C;170,G

YITCMG236   94,A;109,A

YITCMG238   49,C;68,C

YITCMG239   46,T/C;59,T/C;72,A/G

YITCMG240   21,A/G;96,A/G

YITCMG241   23,A/G;32,T/C;42,T/G;46,A/G;54,T/A;75,T/C

YITCMG242   70,A/T

YITCMG247   19,A/C;30,A/C;40,A/G;46,T/G;105,A/C;113,T/G;123,T/C;184,C/G

YITCMG248   31,A/G;60,T/G

YITCMG249   22,C;83,C;167,C

YITCMG253   32,T/C;53,A/G;70,A/C;182,A/G;188,T/G;198,T/G

YITCMG254   64,T/C

YITCMG258   2,T/C;101,T/A;170,A/G;172,C

YITCMG259   24,A/T;180,T;182,A

YITCMG260   63,A;154,A;159,A

YITCMG261   17,T/C;20,A/G;29,A/G;38,T/G;106,T/A;109,T/C

YITCMG264   14,T/G;65,T/C

YITCMG266   5,G;24,T/G;31,G;62,T/C;91,A/G

YITCMG267   39,A/G;108,T/A;134,T/G

YITCMG268   23,T;30,T;68,T/C;152,T/G

YITCMG270   10,A/G;48,T/C;130,T/C

YITCMG271　79,T/C;100,C/G;119,A/T
YITCMG272　43,T/G;74,T/C;87,T/C;110,T/C
YITCMG273　41,C/G;67,A/G
YITCMG274　141,A/G;150,T/C
YITCMG275　102,C/G;106,C;131,A
YITCMG279　94,G;113,A/G;115,T
YITCMG280　62,T/C;85,C/G;121,A;144,T/G;159,C
YITCMG281　18,A/G;22,A/G;92,T/C;96,A;107,A/C
YITCMG282　46,A/G;64,T/C
YITCMG283　67,T;112,A;177,G
YITCMG284　55,T;94,T
YITCMG285　85,A;122,C
YITCMG286　28,T/C
YITCMG287　2,T/C;38,T/C
YITCMG288　37,A;38,A
YITCMG289　12,T/G;15,C/G;50,T/C
YITCMG290　13,A/G;21,T;66,C;128,T/A;133,A/C
YITCMG292　85,T/C;99,A/T;114,T/C;126,A/C
YITCMG293　11,A/G;170,T/A;207,A/G
YITCMG295　15,A/G;19,A/G;71,A/T;130,A/G
YITCMG296　90,A/C;93,T/C;105,T/A
YITCMG297　128,T/C;147,A/C
YITCMG299　22,C/G;29,A;145,A/G
YITCMG300　191,A
YITCMG301　108,C
YITCMG302　11,T/G;40,A/G;96,T
YITCMG303　10,A/T;21,A/G;54,T/G
YITCMG304　35,A;42,G;116,G
YITCMG305　50,A/C;67,T/G;68,C
YITCMG307　37,A/G
YITCMG309　85,C/G;102,A/T
YITCMG311　83,C;101,C;155,A
YITCMG314　31,A/G;42,A/G;53,A/C
YITCMG316　102,C
YITCMG317　38,T/G;151,T/C
YITCMG319　33,G
YITCMG320　4,G;87,T;115,A/T
YITCMG321　16,T/G
YITCMG323　6,A/T;49,A/C;73,T/C
YITCMG325　22,T/C;57,A/C;130,T/C;139,C/G
YITCMG326　11,T/C;41,T/A;161,T/C;177,A/G;179,A/G
YITCMG327　181,T
YITCMG328　15,C
YITCMG329　48,T/C;78,C/G;109,A/T

YITCMG331 51,A/G

YITCMG332 63,G

YITCMG334 12,T/G;43,C/G;56,T/C;104,A/C

YITCMG335 114,G

YITCMG336 140,T/C

YITCMG338 127,G;159,C;165,T;172,T;179,G

YITCMG340 68,A;75,A;107,C

YITCMG341 59,T;83,T;108,T;124,G;146,G;210,T

YITCMG342 162,A;169,T

YITCMG343 3,A;39,T/C;102,T/C;127,A/G;138,T/A;171,T/C;187,T/C

YITCMG344 14,T;29,G;47,G;85,G

YITCMG345 34,A/T;39,T/G

YITCMG347 19,T;29,G;108,A

YITCMG348 65,T;69,C;73,A;124,A

YITCMG350 17,A

YITCMG351 11,T/G;109,T/C;139,C/G

YITCMG353 75,T/A;85,T/C

YITCMG354 62,A/C;66,A/G;81,A/C;134,A/C

YITCMG355 34,A;64,A/C;96,A/G;125,A/C;148,A/G

YITCMG356 45,A;47,A;72,A

YITCMG357 51,G;76,T

YITCMG359 143,A/G

YITCMG360 64,A/G;87,A/G;92,T/C

YITCMG363 57,T/C;96,T/C

YITCMG364 7,A/G;29,A/G;96,T/C

YITCMG366 121,A/T

YITCMG368 117,A/C;156,T/A

YITCMG372 199,A/T

YITCMG373 74,A;78,C

YITCMG374 102,A;135,C;137,A;138,G

YITCMG375 17,C;28,T/C

YITCMG376 74,G;75,C;121,T/A

YITCMG379 61,T/C

YITCMG385 24,A/G;61,T/C;79,T/C

YITCMG387 99,T/C

YITCMG388 17,T

YITCMG389 3,T/G;9,A/T;69,A;101,A/G;159,A/C;171,C/G

YITCMG390 9,C

YITCMG391 23,A/G;117,A/C

YITCMG392 14,A/G;109,C;114,C;133,C/G

YITCMG393 66,G;99,C

YITCMG394 38,A/G;62,A/G

YITCMG395 40,A/T;45,T/C;49,T/C

YITCMG396 110,T/C;141,A

YITCMG397   97,G
YITCMG398   131,T/C;132,A/C;133,A/T;159,T/C;160,A/G;181,T/G
YITCMG401   123,G
YITCMG402   137,T/C;155,A/G
YITCMG404   8,A/G;32,T/C
YITCMG405   155,C;157,C
YITCMG406   73,A/G;115,T/C
YITCMG407   13,C;26,G;97,G;99,A/G
YITCMG408   88,T/C;137,G
YITCMG410   2,T;4,A;20,C;40,G
YITCMG411   2,T/C;81,A;84,A
YITCMG412   79,A;154,G
YITCMG416   84,A/G;112,A/G
YITCMG418   15,T/C;34,A/G
YITCMG419   81,A/T
YITCMG420   6,A/G;35,T/C;36,A/G
YITCMG423   41,T;117,G
YITCMG424   69,T
YITCMG425   57,A
YITCMG426   59,C;91,C
YITCMG427   103,T/C;113,A/C
YITCMG428   18,A;24,C
YITCMG429   61,T;194,G;195,T
YITCMG430   31,T;53,T;69,C;75,A
YITCMG431   69,A/G;97,C/G
YITCMG432   69,T;85,C
YITCMG434   27,G;37,T;40,A
YITCMG437   36,C
YITCMG438   155,T
YITCMG439   87,T/C;113,A/G
YITCMG440   64,A;68,G;70,T;78,C
YITCMG441   12,A/G;74,C/G;81,C/G
YITCMG443   28,A/T;180,A/G
YITCMG445   72,A/G
YITCMG447   202,G
YITCMG448   22,A/C;37,T/C;91,T/G;95,A/C;112,C/G;126,T/C;145,T/G
YITCMG451   26,A/G;33,A/C;69,T/C;74,A/G;115,C/G
YITCMG452   96,C/G;151,T/C
YITCMG453   87,A/G;156,T/C
YITCMG454   90,A;92,T;121,C
YITCMG455   2,T/C;5,A/G;20,T/C;22,A/G;98,T/C;128,T/C;129,A/G;143,A/T
YITCMG457   77,A;89,C;98,T;101,A;119,A;124,G;156,G
YITCMG458   35,T;37,C;43,C
YITCMG459   120,A;141,A

YITCMG460　41,T/C;45,T;68,T/A;69,A/G;74,A/G

YITCMG461　158,G

YITCMG462　24,C;26,A;36,C;49,A/C

YITCMG463　190,C/G

YITCMG464　52,A/G

YITCMG466　75,A/T;99,C/G;110,T/C

YITCMG469　12,T;70,G;71,A

YITCMG471　8,A/C;65,A/G;88,T/C;159,A/C

YITCMG472　51,A/G

YITCMG473　65,T;91,T

YITCMG474　87,T/A;94,A/G;104,T/C;119,A/G

YITCMG475　82,A/G;84,A;102,C;105,C/G

YITCMG476　22,A/G;54,A/T

YITCMG477　3,T/G;7,T;14,T/G;91,C;150,T

YITCMG479　38,T/C;103,A

YITCMG481　21,A/G;160,A/G

YITCMG482　65,T/C;142,T/G

YITCMG483　113,G;143,C;147,A

YITCMG485　86,A/G;116,C/G;125,T/C

YITCMG487　140,C/G

YITCMG490　57,T/C;135,T/A;165,T/A

YITCMG491　18,A/G;156,A/G;163,A/G

YITCMG492　55,A

YITCMG493　6,T/G;30,T

YITCMG494　43,T/C;52,A/G;83,T/C;98,A/G;152,A/G;154,T/C;188,T/C;192,T/C

YITCMG495　65,T/G

YITCMG499　82,A/T;94,T/C

YITCMG500　86,T;87,C

YITCMG501　15,T/A;93,A/G;144,A/G;173,T/C

YITCMG502　12,T

YITCMG504　11,A;17,G

YITCMG505　54,A

YITCMG508　96,T/C;109,A/G;115,T/G;140,A/G

YITCMG509　65,T/C;126,A/G

YITCMG510　1,A;95,G;98,A

YITCMG513　75,T/G;86,T/A;104,A/T;123,T/C;133,A/G

YITCMG514　45,A/C

YITCMG516　53,C;120,T

YITCMG517　163,T

YITCMG519　129,T/C;131,T/G

YITCMG520　65,A/G;71,A/G;83,A/G;136,T/C;157,A/C

YITCMG521　8,T/G;21,G;30,A/G

YITCMG522　127,A/T;137,A/G;138,A/C

YITCMG524　19,G;100,G

YITCMG525   33,T/G;61,T/C

YITCMG527   108,T/G;118,A/C

YITCMG528   1,C;79,G;107,G

YITCMG529   144,A/C;174,T/C

YITCMG530   55,T/A;62,A/G;76,C;81,A;113,T/C

YITCMG531   11,T;49,T

YITCMG532   17,A/C;85,T/C;111,A/G;123,A/C;131,A/C

YITCMG533   85,A;183,C;188,G

YITCMG534   40,A/T;122,C/G;123,T/C

YITCMG537   118,A/G;135,T/C

YITCMG538   168,A

YITCMG539   27,G;75,T/A

YITCMG540   17,A/T;70,A/G;73,T/C;142,A/G

YITCMG541   18,A/C;145,A/G

YITCMG542   3,A/C;69,T/C;79,T/C

缅甸 5 号

YITCMG001   72,T/C;85,A
YITCMG002   28,A/G;55,T;102,G;103,C
YITCMG003   29,T/C;82,A/G;88,A/G;104,A/G
YITCMG004   27,T;73,A
YITCMG005   56,A;100,A;105,A;170,C
YITCMG006   13,T;48,G;78,T/G;91,C
YITCMG007   65,T;96,G
YITCMG010   40,T/C;49,A/C;79,A/G;112,T/G
YITCMG011   36,A/C;114,A/C;166,A/G;179,A/G
YITCMG012   75,T/A;78,A/G
YITCMG013   16,T/C;56,A/C;69,T
YITCMG014   126,A;130,T;162,C/G;200,A/G
YITCMG015   127,A/G;129,A/C;174,A/C
YITCMG017   39,A/G;87,T/G;98,C/G
YITCMG018   30,A
YITCMG019   115,A/G
YITCMG020   49,T/C
YITCMG022   3,A;11,A;99,C;131,C
YITCMG023   142,T;143,C
YITCMG024   68,A/G;109,T/C
YITCMG025   108,T/C
YITCMG027   138,G
YITCMG028   45,A;110,G;133,T;147,A;167,G
YITCMG029   114,A/C
YITCMG030   55,A;73,T/G;82,T/A
YITCMG031   48,T/C;84,A/G;96,A/G
YITCMG032   14,T/A;117,C/G;160,A/G
YITCMG033   73,G;98,T/C
YITCMG034   122,A/G
YITCMG035   102,T/C;126,T/G
YITCMG037   118,T/G
YITCMG038   155,A/G;168,C/G;171,A/G
YITCMG039   1,A/G;19,A/G;105,A/G
YITCMG041   24,A/C;25,A/G;68,T/C
YITCMG043   56,T;61,A;67,C
YITCMG044   167,G
YITCMG046   55,C;130,A;137,A;141,A
YITCMG048   142,C/G;163,A/G;186,A/C;209,A/C
YITCMG049   115,A/C;172,A/G
YITCMG050   44,A
YITCMG051   15,C;16,A

YITCMG052   63,T/C;70,T/C

YITCMG053   86,A;167,A;184,T

YITCMG054   34,A/G;36,T;70,A/G;168,T/C

YITCMG056   34,T/C;72,T/C

YITCMG057   47,A/G;134,T/C

YITCMG058   67,T;78,A

YITCMG059   84,A/G;95,T/A;100,T/G;137,A/G;152,T/A;203,T/A

YITCMG060   156,T/G

YITCMG061   107,A/C;128,A/G

YITCMG064   2,A;27,G

YITCMG066   10,A/C;64,A/G;141,T/G

YITCMG067   1,C;51,C;76,G;130,C

YITCMG072   54,A/C;75,A/G;105,A/G

YITCMG073   15,A;49,G

YITCMG075   168,A/C

YITCMG076   129,T/C;162,A/C;163,A/G;171,T/C

YITCMG078   15,T/A;93,A/C;95,T/C;177,A/G

YITCMG079   3,A/G;8,T/C;10,A/G;110,T/C;122,A/T;125,A/C

YITCMG081   91,C/G

YITCMG084   118,A/G;136,A/T

YITCMG085   6,A/C;21,T/C;24,C;33,T;106,T/C;206,T/C;212,T/C

YITCMG086   142,C/G

YITCMG088   17,A/G;33,A;143,A/G;189,T/G

YITCMG090   17,C;46,G;75,T

YITCMG091   33,C/G;59,A;84,T/G;121,A/G;187,A/C

YITCMG092   22,A/G;24,T/C;110,T/C;145,A/G

YITCMG096   24,T/C;57,A/G;66,T/C

YITCMG098   48,A;51,C;180,T

YITCMG099   67,T/G;83,A/G;119,A/G;122,A/C

YITCMG100   124,T/C;141,C/G;155,T

YITCMG101   53,T;92,T

YITCMG102   6,C;129,A

YITCMG103   42,T/C;61,T/C

YITCMG106   29,A/G;32,T/C;59,T/C;65,A/G;137,T/C;183,T/C

YITCMG108   34,A/G;64,C/G

YITCMG109   17,C;29,C;136,A

YITCMG110   30,T;32,A/G;57,C;67,C/G;96,T/C

YITCMG111   39,T/G;62,A/G;67,A/G

YITCMG112   101,C;110,G

YITCMG113   85,T/G

YITCMG114   51,A/G;75,A/C;81,A/C

YITCMG115   32,C;33,A;87,C;129,T

YITCMG117   115,T;120,A

YITCMG118   2,T/C;19,A

YITCMG120　106,T/C;121,A/G;130,C/G;133,C
YITCMG121　32,T;72,G;149,G
YITCMG122　77,T/G
YITCMG123　87,A/G;130,T/G
YITCMG124　57,A/C;75,T/C;99,T/C;119,T/A
YITCMG125　123,C/G
YITCMG126　159,T/C
YITCMG127　146,A/G;155,A/T;156,A/G
YITCMG130　31,G;70,A/C;108,G
YITCMG131　27,T/C;107,C/G;126,T/A
YITCMG132　43,C/G;91,T/C;100,T/C;169,T
YITCMG133　65,A/C;76,T;83,A/G;86,T/G;191,A/G;209,T
YITCMG134　23,C;98,T/C;99,T/C;128,A/G;139,T
YITCMG135　34,T/C;63,T/C;173,T/C
YITCMG136　169,A/G;198,T/C
YITCMG137　24,A/G;52,T/A
YITCMG138　16,T/G;44,C/G
YITCMG140　6,T
YITCMG141　71,T/G;184,C
YITCMG142　67,T/C;70,A/G
YITCMG144　61,T/C;81,T/C;143,A/G;164,A/G
YITCMG145　7,A/G;26,A/G;78,T/G
YITCMG146　116,A/G
YITCMG147　62,T/C;66,T/C
YITCMG148　75,C;101,G
YITCMG152　83,T/A;103,A/G
YITCMG153　97,C;101,G;119,A
YITCMG154　5,T;47,C;77,C;141,C
YITCMG155　1,A;31,T;51,C;155,G
YITCMG156　28,A/T;44,C/G
YITCMG158　67,T/C;96,A;117,G
YITCMG159　84,T/C;89,A/C;92,A/C;137,T
YITCMG160　92,A/G;158,T/C
YITCMG161　71,A;74,C
YITCMG162　26,A/C
YITCMG164　57,T/C;114,A/G;150,A/G
YITCMG165　174,C
YITCMG166　13,T/C;87,G
YITCMG167　120,A/G;150,A/G
YITCMG168　171,C/G
YITCMG169　51,C;78,C;99,T
YITCMG170　139,C/G;142,A/G;145,C;150,A/T;151,T/C;157,A;164,A/G
YITCMG171　9,T/G;11,A/G;61,T/C;76,T/C;98,A/G
YITCMG172　164,A/C;168,A/G;186,A/G;187,A/G

YITCMG175   42,T/C;55,T/C;62,A/C;98,T/C
YITCMG176   44,A/G;107,A/G
YITCMG178   111,A/C;119,T/C
YITCMG180   23,T/C;72,T/C
YITCMG181   134,G
YITCMG183   24,A/T;28,A/G;75,T/C
YITCMG184   45,A/T;60,A/C;97,C/G
YITCMG185   62,A/G;68,A;80,A/G;130,A/T;139,A/G
YITCMG187   8,T
YITCMG189   125,A/G;170,T/C
YITCMG190   10,T/C;48,A/G;54,T/C;117,T;162,G
YITCMG191   34,A/G;36,A/G;108,A/G
YITCMG192   89,T/C;119,T/G
YITCMG193   75,A/G;145,T/C;153,T
YITCMG194   1,A;32,T;55,A/G;130,T/G;165,T/C
YITCMG195   71,A/T
YITCMG196   197,T/A
YITCMG197   18,C;35,G;103,T/C;120,A/C;134,T/C;144,C/G;178,A/C;195,T/C
YITCMG198   100,C
YITCMG199   80,A/T;131,A/C;155,A/C
YITCMG202   16,C;37,A/C;121,T
YITCMG203   90,T/A
YITCMG204   76,C/G;85,A;133,C/G
YITCMG206   177,G
YITCMG207   82,A/G;156,T/C
YITCMG209   27,C
YITCMG212   17,A/G;111,A/G
YITCMG213   55,A/G;109,T/C
YITCMG216   69,A/G;135,T/C;177,A/G
YITCMG217   164,T;181,T/C;185,T;196,A/G;197,A/G
YITCMG218   5,A;31,C;59,T;72,C
YITCMG219   121,C/G
YITCMG220   151,T/C
YITCMG221   8,C;76,G;110,A/G;131,A;134,A
YITCMG222   1,G;15,C;31,G;46,A;70,G
YITCMG223   23,T;29,T;41,T;47,G;48,C
YITCMG224   83,T;120,G
YITCMG226   72,A/G;117,T/C
YITCMG227   6,A/G;26,T/C
YITCMG228   72,C
YITCMG230   65,A/C;103,A/C;155,A/G
YITCMG231   87,T;108,T
YITCMG232   1,C;12,C/G;64,T/C;76,A/G;80,G;152,C;169,T;170,G
YITCMG236   94,A;109,A

YITCMG237   24,A/T;39,G;71,C/G;76,T/C

YITCMG238   49,C;68,C

YITCMG239   46,T/C;59,T/C;72,A

YITCMG241   23,A/G;32,T/C;42,T/G

YITCMG242   61,A/C;70,T;85,T/C;94,A/G

YITCMG244   71,C

YITCMG249   22,C;83,C/G;130,A/G;142,T/C;167,C

YITCMG250   92,T/C;98,T/A;99,T/G

YITCMG252   26,A/G;78,C/G;82,A/T

YITCMG253   32,C;53,A;182,A;188,T

YITCMG254   48,C;106,G

YITCMG255   6,A/G;13,T/G;18,A/T;56,A/C;67,T/G;155,C/G;163,A/G;166,T/C

YITCMG256   19,T/G;32,T/C;47,C;52,C/G;66,G;81,A/G

YITCMG257   58,T/C;89,T/C

YITCMG258   2,C;101,T;172,C

YITCMG259   24,T/A;180,T;182,A

YITCMG260   63,A/G;154,T/A;159,A/C

YITCMG261   17,T/C;20,A/G;38,G;106,A;109,T

YITCMG263   42,T/C;60,T/C;77,T/G;91,A/G

YITCMG264   14,T;65,T

YITCMG266   5,G;31,G;62,T

YITCMG275   154,A

YITCMG278   1,A/G;10,A/G;12,A/C

YITCMG280   104,A/T;113,C/G;159,T/C

YITCMG281   96,A;107,A/C

YITCMG284   18,A/G

YITCMG285   85,A/G;122,C/G

YITCMG287   2,C;38,T;171,A

YITCMG289   50,T

YITCMG290   21,T/G;170,A/T

YITCMG291   96,T/G

YITCMG292   2,A/G

YITCMG293   11,A/G;46,T/C;61,T/C;170,A/T;207,A/G

YITCMG296   90,A/C;93,T/C;105,T/A

YITCMG297   128,T/C;147,A/C

YITCMG299   29,A;34,A/G;38,T/C;48,A/G;53,C/G;103,A/G;134,T/G

YITCMG300   15,T/C;32,A/C;68,T/C;191,A/G

YITCMG301   76,C/G;98,A/G;108,C;111,T/C;128,T/G

YITCMG302   96,T

YITCMG304   35,A;42,G;116,G

YITCMG305   15,A/G;68,C

YITCMG306   16,T/C

YITCMG307   37,G

YITCMG310   98,G;107,T;108,T

YITCMG311   29,A/G;155,A
YITCMG312   42,T/A;104,A/T
YITCMG314   31,G;42,A/G
YITCMG315   58,A;80,G;89,C
YITCMG316   102,C
YITCMG317   38,T/G;151,T/C
YITCMG318   61,T/C;73,A/C;139,T/C
YITCMG319   147,T/C
YITCMG321   16,G
YITCMG322   72,T/C;100,T/C
YITCMG323   49,A/C;73,T/C;108,C/G
YITCMG324   55,T;56,G;74,G;137,T;195,A
YITCMG325   22,T/C;57,A/C;130,T/C;139,C/G
YITCMG326   169,T/G;177,G
YITCMG327   181,T/C
YITCMG328   15,C
YITCMG329   48,T;109,T
YITCMG330   52,A/G;129,T/G;130,A/G
YITCMG332   63,G
YITCMG335   48,A/G;50,T/C;114,T/G
YITCMG336   28,C;56,A;140,T
YITCMG337   55,T/C;61,T/C
YITCMG338   165,T/C;179,C/G
YITCMG339   48,T/C;81,T/C
YITCMG340   51,T/C;110,T/C;111,A/G
YITCMG341   83,A/T;124,T/G
YITCMG342   21,T/G;145,T/G;156,G;177,C
YITCMG343   3,A;39,T/C;127,A/G;138,A/T;171,T/C;187,T/C
YITCMG344   14,T;29,G;47,G;85,G
YITCMG345   31,T/A;34,A;39,T
YITCMG346   67,T/C;82,A/G
YITCMG347   21,A
YITCMG348   65,T;69,C;73,A;124,A
YITCMG349   62,A;136,G
YITCMG350   17,A
YITCMG351   11,T/G;109,T/C;139,C/G
YITCMG352   108,T/C;109,A/G;138,A/T
YITCMG353   75,A/T;85,T/C
YITCMG354   62,A/C;66,G;81,A;134,A/C
YITCMG355   34,A;64,C;96,A
YITCMG357   29,A;142,A/T
YITCMG359   143,G
YITCMG360   64,A;87,G;92,C
YITCMG363   39,A/G;56,A/G

YITCMG364   7,G;29,A;96,T

YITCMG370   18,A/G;117,T/C;134,T/A

YITCMG372   199,T

YITCMG373   74,A/G;78,A/C

YITCMG374   135,T/C

YITCMG375   17,C;107,A

YITCMG376   5,A/C;74,G;75,C;103,C/G;112,A/G

YITCMG377   3,A/G;77,T/G;198,T/C

YITCMG378   77,T/C;142,A/C

YITCMG379   61,T;71,T/C;80,T/C

YITCMG383   53,C;55,A

YITCMG384   106,G;128,C;195,C

YITCMG385   57,A

YITCMG386   65,G

YITCMG388   17,T;153,A/G

YITCMG389   69,A/G;171,G;177,T/C

YITCMG390   9,T/C

YITCMG393   66,A/G;99,A/C

YITCMG394   48,T/G

YITCMG395   45,T/C

YITCMG396   110,C;141,A

YITCMG397   89,C/G;92,T/G;97,G;136,A/C

YITCMG398   100,A/C;131,T/C;132,A/C;133,T/A;160,A/G;181,T/G

YITCMG401   43,T/C;72,T/G;123,A/G

YITCMG402   71,T/A;137,T;155,G

YITCMG403   49,A/T;58,C/G;173,C/G

YITCMG404   8,G;32,T

YITCMG405   41,T;62,C;161,G

YITCMG406   73,G;115,T

YITCMG407   13,C;26,T/G;97,G;108,A/G;113,C/G

YITCMG408   137,G

YITCMG411   81,A/C;84,A/G

YITCMG412   4,T/A;61,T/C;79,A/G;154,A/G

YITCMG413   55,A/G;57,T/C;82,T/C

YITCMG414   11,A/T

YITCMG416   84,A/G;112,A/G

YITCMG423   39,T/G;117,G;130,C/G

YITCMG424   69,T;73,G;76,C;89,T

YITCMG425   57,A

YITCMG426   59,C;91,C

YITCMG427   103,T/C;113,A/C

YITCMG428   18,A/G;24,T/C;73,A/G;135,A/G

YITCMG429   61,T;152,A;194,A/G

YITCMG430   31,T;53,T;69,C;75,A

YITCMG432   44,A/G;69,T;85,C

YITCMG434   27,G;37,T/G;40,A/G

YITCMG435   28,T/C;43,T/C;103,A/G;106,A;115,T/A

YITCMG437   36,T/C;39,T/A;44,A/G;92,C/G;98,T/C

YITCMG438   2,T/A;3,T/C;6,T/A;155,T

YITCMG439   75,A/C;87,T/C;113,A/G

YITCMG440   13,A/C;64,A;68,G;70,T;78,T/C;103,A/G;113,T/C

YITCMG441   12,A;74,G;81,C;90,T/C

YITCMG443   28,T;104,A/T;106,T/G;107,T/A;166,A/G

YITCMG444   118,T/A;141,A/G

YITCMG446   13,T;51,T;88,T/C

YITCMG447   94,A/G;97,A/G;139,A/G;202,A/G

YITCMG448   22,A/C;37,T/C;91,T/G;95,A/C;112,C/G;126,T/C;145,T/G

YITCMG450   156,T/G

YITCMG452   151,T/C

YITCMG454   90,A;92,T;121,C

YITCMG455   2,T/C;5,A/G;20,T/C;22,A/G;98,T/C;128,T/C;129,A/G;143,T/A

YITCMG456   32,A;48,G

YITCMG457   77,A/T;124,G;156,C/G

YITCMG458   37,C/G;43,T/C

YITCMG459   120,A;141,A

YITCMG460   45,T/C

YITCMG461   89,T;140,G

YITCMG462   24,C;26,A;36,C;49,C

YITCMG463   190,C/G

YITCMG464   77,A/C

YITCMG467   9,A/G;11,A/G;86,T/A

YITCMG471   8,A/C;65,A/G;88,T/C;159,A/C

YITCMG473   65,T;70,A/G;91,T

YITCMG475   106,A/C

YITCMG477   2,T/C;3,T/G;7,T/C;91,C;150,T

YITCMG478   42,T/C

YITCMG479   103,T/A

YITCMG480   5,A/G;45,A/G;61,C/G;64,A/G

YITCMG481   21,A/G;160,A/G

YITCMG483   113,G;143,T/C;147,A

YITCMG485   19,T/C;86,A/G;116,C/G;125,T/C

YITCMG488   51,G;76,G;127,C

YITCMG489   51,C

YITCMG490   57,T/C;135,A/T;165,A/T

YITCMG491   156,G

YITCMG492   55,A/G;83,T/C;113,C/G

YITCMG493   5,T/C;6,T/G;30,T/C;48,A/G;82,A/G

YITCMG494   43,T/C;52,A/G;98,A/G

YITCMG495 13,T/C;65,T/G;73,A/G
YITCMG496 7,A/G;26,A/G;59,A/G;134,T/C
YITCMG497 22,A/G;31,T/C;33,C/G;62,T/C;77,T/G;78,T/C;94,T/C;120,A/G
YITCMG499 121,A/G
YITCMG502 12,T
YITCMG505 54,A/G;99,T/C
YITCMG506 47,A/G;54,A/C
YITCMG507 3,T/C;24,G;63,A/G;87,C/G
YITCMG508 140,A
YITCMG509 65,T/C;126,A/G
YITCMG510 1,A;95,G;98,A
YITCMG514 45,A/C
YITCMG516 53,C;120,T
YITCMG517 84,A/T;86,A/G;163,T
YITCMG518 60,A/G;77,T/G
YITCMG519 97,T/C;129,T;131,T
YITCMG521 8,T;21,G;30,G
YITCMG522 72,A/T;127,A/T;137,A/G;138,A/C
YITCMG524 10,A/G;19,A/G;100,A/G
YITCMG526 51,A/G;78,T/C
YITCMG527 108,T/G;115,A/G;118,A/C
YITCMG529 129,T/C;144,A/C;174,T/C
YITCMG530 76,A/C;81,A/G;113,T/C
YITCMG531 11,T/C;49,T/G
YITCMG532 17,A/C
YITCMG533 85,A/C;183,A/C;188,A/G
YITCMG534 40,A/T;122,C/G;123,T/C
YITCMG535 36,A/G;72,A/G
YITCMG537 118,A;135,T
YITCMG538 168,A/G
YITCMG539 27,G;75,A/T
YITCMG540 17,T/A;73,T/C;142,A/G
YITCMG541 70,A/C;130,T/G;176,T/C
YITCMG542 3,A/C

奶油香芒

YITCMG001 53,G;78,G;85,A
YITCMG003 29,C
YITCMG006 13,T;27,T;91,C;95,G
YITCMG007 62,T;65,T;96,G;105,A
YITCMG008 50,C;53,C;79,A
YITCMG009 75,C;76,T
YITCMG010 40,T;49,A;79,A
YITCMG011 36,C;114,A
YITCMG013 16,C;52,T/C;56,A;69,T
YITCMG014 126,A;130,T;162,C/G;200,A/G;203,A/G
YITCMG015 44,A/G;127,A;129,C;174,A
YITCMG017 17,G;39,A;98,C
YITCMG018 30,A
YITCMG019 36,A/G;47,T/C
YITCMG022 3,A;11,A;92,T/G;94,T/G;99,C;118,C/G;131,C;140,A/G
YITCMG023 142,T/A;143,T/C;152,T/A
YITCMG024 68,A/G;109,T/C
YITCMG025 108,T/C
YITCMG026 16,A/G;81,T/C
YITCMG027 19,T/C;31,A/G;62,T/G;119,A/G;121,A/G;131,A/G;138,A/G;153,T/G;163,A/T
YITCMG028 174,T/C
YITCMG030 55,A/G
YITCMG031 48,T/C;84,A/G;96,A/G
YITCMG032 117,C/G
YITCMG033 73,G;85,G;145,G
YITCMG034 6,C/G;97,T
YITCMG037 12,T/C;13,A/G;39,T/G
YITCMG039 93,C
YITCMG040 14,T/C
YITCMG041 24,T/A;25,A/G;68,T/C
YITCMG044 7,T/C;22,T/C;167,A/G;189,T/A
YITCMG045 92,T;107,T
YITCMG046 38,A/C;55,C;130,A;137,A;141,A
YITCMG047 60,A/T;65,G
YITCMG048 142,C;163,G;186,A
YITCMG049 11,A/G;115,A/C;172,G;190,T/A
YITCMG050 44,A/C
YITCMG051 15,C;16,A
YITCMG053 85,A/C;86,A/G;167,A;184,T/A
YITCMG054 34,C/G;36,T;70,A/G;73,A/G;84,A/C;170,T/C
YITCMG056 34,T/C;117,T/C

YITCMG057　98,T;99,G;134,T
YITCMG058　67,T/G;78,A/G
YITCMG059　84,A;95,T;100,T;137,A;152,T;203,T/G
YITCMG060　10,A;54,T;125,T;129,A
YITCMG061　107,A/C;128,A/G
YITCMG063　86,A;107,C
YITCMG065　37,T/G;56,T/C;136,T/C
YITCMG066　10,C;64,G;141,G
YITCMG067　1,C;51,C;76,G;130,C
YITCMG068　49,T/G;91,A/G
YITCMG069　37,G;47,A;100,G
YITCMG071　102,A/T;142,C;143,C
YITCMG072　75,A/G;104,T/C;105,A/G
YITCMG073　15,A/G;19,A/G;28,A/C;49,A/G;106,T/C
YITCMG075　125,C;169,A/G;185,T
YITCMG076　162,C;171,T
YITCMG077　10,C/G;105,A/G;114,A/C;128,T/A
YITCMG078　95,T;177,A/G
YITCMG079　3,A/G;5,T/C;8,T/C;10,A/G;26,T/C;110,T/C;122,T/A;125,A;155,T/C
YITCMG080　43,A/C;55,T/C
YITCMG081　91,G;98,T/G;115,T/A
YITCMG082　43,A/C;58,T/C;97,A/G
YITCMG083　96,A/G;123,T;131,T/C;169,G
YITCMG084　93,C;165,A
YITCMG085　6,A;21,C;24,A/C;33,T;157,T/C;206,C
YITCMG086　111,A/G;182,T/A
YITCMG087　66,A/C;76,A/G
YITCMG088　33,A/G
YITCMG089　92,C;103,C;151,C;161,C
YITCMG090　17,T/C;46,A/G;75,T/C
YITCMG093　72,A
YITCMG094　124,A;144,T
YITCMG095　51,T/C;78,T/C;184,T/A
YITCMG096　24,C;57,A;66,T
YITCMG099　53,A;83,A;119,A;122,A
YITCMG100　124,T/C;141,C/G;155,T
YITCMG102　6,T/C;129,A/G
YITCMG103　42,T;61,C
YITCMG104　79,G;87,G
YITCMG105　31,A/C;69,A/G
YITCMG106　29,A;32,C;59,C;137,C;198,A
YITCMG107　23,A/G;143,A/C;160,G;164,C;165,T/A
YITCMG108　34,A;64,C
YITCMG110　30,T/C;32,A/G;57,T/C;67,C/G;96,T/C

YITCMG111　　39,T;62,G;67,A
YITCMG112　　101,C;110,G
YITCMG113　　85,G
YITCMG114　　42,T/A;46,A/G;66,T/A
YITCMG117　　115,T;120,A
YITCMG118　　13,A/G;19,A;81,T/C
YITCMG119　　73,A/C;150,T/C;162,A/G
YITCMG120　　121,A/G;130,C/G;133,C
YITCMG121　　32,T;72,G;149,T/G
YITCMG122　　40,A/G;45,A/G;185,A/G;195,A/G
YITCMG123　　88,T/C;94,T/C
YITCMG124　　75,C;119,T
YITCMG125　　102,T;124,C;171,C
YITCMG126　　166,C
YITCMG127　　156,A
YITCMG128　　40,G;106,T;107,G;131,T;160,C
YITCMG129　　90,T/C;104,T/C;105,C/G;108,A/G
YITCMG130　　31,C/G;70,A/C;108,A/G
YITCMG131　　27,T/C;107,C/G;126,T/A
YITCMG132　　43,C;91,T;100,T;169,T
YITCMG133　　31,T/G;76,T;83,A/G;86,T;122,A/T;209,T
YITCMG134　　23,C;116,T;128,A;139,T;146,G
YITCMG135　　34,T;63,C;173,T
YITCMG136　　169,A/G;198,T/C
YITCMG137　　1,T/C;24,A/G;48,A/G;52,T;62,T/A
YITCMG138　　6,T/A;16,T/G
YITCMG139　　7,G;33,A/G;35,A/G;152,T/C;165,A/C;167,A/G
YITCMG141　　71,T;184,C
YITCMG142　　67,T/C;70,A/G
YITCMG143　　73,A/G
YITCMG149　　25,A;30,A;138,A/G;174,T/C
YITCMG151　　155,A;156,C
YITCMG152　　25,A/G;83,A
YITCMG153　　97,C;101,G;119,A
YITCMG156　　36,T
YITCMG158　　49,T/C;67,T/C;96,A;97,A/T;117,G
YITCMG159　　84,T;89,A;92,C;137,T
YITCMG160　　92,A/G;107,T/G;158,T/C
YITCMG161　　71,A;74,C
YITCMG162　　26,T
YITCMG163　　96,T;114,T;115,G;118,T
YITCMG164　　57,T;87,A;114,G
YITCMG165　　174,C
YITCMG166　　13,T;56,T/G;87,G

YITCMG167   103,A/G;120,A/G;150,A/C

YITCMG168   43,A/G;79,T/C;89,C/G;96,A/G

YITCMG169   51,T/C;78,A/C;99,T/C;107,T/C

YITCMG170   145,C;150,T;157,A

YITCMG171   11,A/G;61,T/C;76,T/C

YITCMG172   164,A/C;168,A/G;186,G;187,G

YITCMG173   11,G;17,A;20,C;144,C;161,A;162,T

YITCMG174   9,T;10,A;84,A

YITCMG175   32,G

YITCMG176   44,A/G;107,A/G;127,A/C

YITCMG177   7,A;44,A;124,C

YITCMG178   86,A/C;99,T/C;107,T/G

YITCMG180   23,C;72,C

YITCMG182   59,C;66,A

YITCMG183   24,T;28,A/G;75,T/C

YITCMG184   43,A/G;45,A;60,C;64,C/G;97,C;127,T/G

YITCMG185   68,T/A;130,T/C

YITCMG187   23,T/C;39,A/G;42,A/C;105,T/A;106,C/G

YITCMG188   16,T/C;66,A/G;101,T/A

YITCMG189   125,A/G;170,T/C

YITCMG190   117,T;162,G

YITCMG191   44,A;66,T;108,A

YITCMG192   89,T;119,G

YITCMG193   153,T

YITCMG195   45,T/A;87,T/C;128,A/G;133,A/G

YITCMG196   19,A/G;85,C;114,T

YITCMG197   185,A/G

YITCMG198   70,A/G;71,A/G;100,A/C

YITCMG199   3,T;56,A;62,C/G;173,C;175,G

YITCMG200   38,C;53,G

YITCMG202   16,T/C;112,A/C;121,T/G

YITCMG203   28,A/G;42,A/T;130,C/G

YITCMG207   82,A/G;156,T/C

YITCMG209   27,C

YITCMG210   6,T/C;21,A/G;96,T/C;179,A/T

YITCMG211   133,A/C;139,A/G;188,T/C

YITCMG212   118,A/G

YITCMG213   55,A/G;102,T/C;109,T/C

YITCMG214   5,A

YITCMG215   52,G;58,T

YITCMG216   69,G;135,C;177,A

YITCMG217   164,T;185,T

YITCMG220   126,G

YITCMG221   8,C;76,A/G;110,A/G;131,A;134,A

YITCMG222　1,A/G;15,C;70,G

YITCMG223　23,T;29,T;77,A/G

YITCMG225　61,A/G;67,T/C

YITCMG226　51,T/C;72,A;117,T

YITCMG227　6,G;26,T;99,A/G

YITCMG228　72,C

YITCMG229　56,T;58,C;65,T;66,T

YITCMG231　87,T/C;108,T/C

YITCMG232　1,T/C;76,C/G;80,G;152,C;169,T/C;170,G

YITCMG233　127,G;130,A;132,G;159,T;162,A

YITCMG234　188,G

YITCMG235　128,C/G

YITCMG236　94,A/G;109,A/T

YITCMG237　24,T/A;39,G;71,C/G;76,T/C;105,A/G

YITCMG238　49,C;68,C

YITCMG239　37,T/G;46,T/C;59,T/C;72,A

YITCMG240　21,A/G;96,A/G

YITCMG241　23,G;32,C;42,T;46,G;54,A;75,C

YITCMG242　61,A/C;70,T;85,T/C;94,A/G

YITCMG243　73,T/C;139,T/C;147,T/C

YITCMG244　24,T/G;71,C;109,T/G;113,T/C

YITCMG246　6,A/G;51,T/C;124,A/G

YITCMG247　19,A/C;30,A/C;40,A/G;46,T/G;105,A/C;113,T/G;123,T/C;184,C/G

YITCMG248　31,A;60,G

YITCMG249　22,C;130,A/G;142,T/C;162,T/C;167,C

YITCMG250　98,T;99,G

YITCMG251　128,T/C;170,T/C;171,T/C

YITCMG252　26,A/G;69,T/C;82,T/A

YITCMG253　13,T/C;38,A/G;70,A/C;78,T/C;147,T/C;150,T/C;182,A/G;198,T/G

YITCMG254　48,C/G;82,T/C;106,T/G

YITCMG255　6,A/G;13,T/G;18,A/T;56,A/C;67,T/G;155,C/G;163,A/G;166,T/C

YITCMG256　19,T;47,C;66,G

YITCMG257　58,C;77,C;89,T

YITCMG259　23,C/G;180,T;182,A

YITCMG260　8,T/C;154,T/A

YITCMG261　38,G;77,T/A;106,A;109,T

YITCMG262　45,C/G;47,T/G

YITCMG264　14,T;65,T

YITCMG266　5,A/G;24,T/G;31,A/G;62,C/G;91,A/G

YITCMG268　23,T/G;30,T/G;68,T/C;152,T/G

YITCMG269　43,T/A;91,T/C

YITCMG270　10,A;48,T/C;52,A/G;69,A/C;122,T/C;130,T;134,T/C;143,T/C;162,T/C;168,A/G;191,A/G

YITCMG271　100,G;119,T

YITCMG272   43,G;74,T;87,C;110,T

YITCMG273   41,C;67,G

YITCMG274   141,A/G;150,T/C

YITCMG275   106,C/G;131,A/C;154,A/G

YITCMG279   94,A/G;113,A/G;115,T/C

YITCMG280   62,T/C;85,C/G;121,A/G;144,T/G;159,C

YITCMG281   96,A;127,A/G

YITCMG282   46,A;64,C

YITCMG283   67,T/G;112,A/G;177,A/G

YITCMG284   55,T;94,T

YITCMG285   85,A/G;122,C/G

YITCMG286   119,A;141,C

YITCMG287   2,C;38,T

YITCMG288   37,A;38,A

YITCMG289   50,T;60,T;75,A

YITCMG290   13,A;21,T;66,C;128,A;133,A

YITCMG291   28,A;38,A;55,G;86,A

YITCMG292   85,C;99,A;114,T;124,T/C;126,C

YITCMG293   170,T

YITCMG294   32,C/G

YITCMG295   15,A/G;71,A/T;179,T/C

YITCMG296   90,A;93,T;105,A

YITCMG297   128,C;147,A

YITCMG298   44,A;82,A;113,G

YITCMG299   22,C/G;29,A;117,C/G;145,A/G

YITCMG300   32,C;68,T;118,T/C;198,A/G

YITCMG301   98,T;108,C;128,G

YITCMG302   11,T;16,A;39,G;96,T

YITCMG303   10,T;21,A;54,T

YITCMG304   6,A/G;35,A;42,G;45,A/C;116,G;121,A/C

YITCMG305   68,C;93,A/G;178,A/G

YITCMG306   16,C;69,A;85,T;92,C

YITCMG307   11,C;23,T/C;25,A;37,G

YITCMG308   34,A/G;35,C/G;36,A/G;139,T/G

YITCMG309   5,A/C;23,T;77,G;85,G;162,A/G

YITCMG310   98,G

YITCMG311   83,C;101,C;155,A

YITCMG312   42,A/T;104,T/A

YITCMG314   53,A/C

YITCMG316   102,C

YITCMG317   98,A/G

YITCMG319   33,A/G;147,T/C

YITCMG320   4,G;87,T

YITCMG321   2,T/C;16,G;83,T/C;167,A/G

YITCMG322　2,T/G;69,T/C;72,T/C;77,T/C;91,A/T;102,T/C
YITCMG323　49,C;73,T;108,C
YITCMG325　22,C;130,C;139,C
YITCMG326　11,T/C;41,T/A;91,T/C;177,A/G
YITCMG327　115,T;121,A
YITCMG328　15,C;47,C;86,C
YITCMG329　48,T;109,T
YITCMG331　24,A/G;51,G;154,A/G
YITCMG332　62,G;63,G;93,A
YITCMG333　132,T;176,A
YITCMG334　12,T/G;43,G;56,T/C;104,A
YITCMG335　48,A/G;50,T/C;114,G
YITCMG336　28,T/C;56,T/A;140,T/C
YITCMG337　1,A/G;88,T/C
YITCMG338　165,T/C;179,C/G
YITCMG339　48,T/C;81,T/C
YITCMG340　68,A/G;75,A/G;107,A/C;110,T/C;111,A/G
YITCMG341　59,T;83,T;124,G;146,G;210,T
YITCMG342　156,G;177,C
YITCMG344　14,T/C;47,A/G;85,A/G
YITCMG345　34,A/T;39,T/G
YITCMG346　7,T
YITCMG347　21,A;157,A/G
YITCMG348　131,A;141,T
YITCMG350　17,A;101,T/A;104,T/C
YITCMG351　11,G;109,C;139,C
YITCMG352　108,C;138,T
YITCMG353　75,T/A;85,T/C
YITCMG355　34,T/A;64,A/C;96,A/G;107,A/C;148,A/G
YITCMG357　29,A;142,A/T
YITCMG358　155,T/C
YITCMG359　60,T/G;128,T/C
YITCMG360　64,A;87,G;92,C
YITCMG361　3,T/A;10,T/C;102,T/C
YITCMG362　137,T/A
YITCMG363　56,A/G
YITCMG364　7,G;28,T/C;29,A/G;96,T/C;101,T/C
YITCMG366　83,A/T;121,T/A
YITCMG367　21,T/C;145,C/G;174,C/G
YITCMG368　23,C/G;99,A/C;117,A;118,A/G
YITCMG369　76,A/C;82,T/C;83,T/C;84,T/G;85,C/G;86,A/C;87,T/A;104,A/G
YITCMG370　18,A/G;117,T/C;134,A/T
YITCMG371　27,A;60,T
YITCMG374　102,A/C;135,C;137,T/A;138,A/G

YITCMG375　17,C;28,T/C

YITCMG377　3,A;42,C

YITCMG379　61,T/C

YITCMG381　30,C/G;64,T/G;124,T/C

YITCMG382　62,A/G;72,A/C;73,C/G

YITCMG385　24,A;61,C;79,C

YITCMG386　13,T/C;65,C/G;67,T/C

YITCMG387　111,C/G;114,A/G

YITCMG388　15,A/C;17,T;121,A/G;147,T/C

YITCMG389　9,A/T;69,A;159,A/C;171,C/G

YITCMG390　9,C;82,T/G;95,A/T

YITCMG392　78,A/G;109,T/C;114,A/C

YITCMG395　40,A/T;45,T/C;49,T/C

YITCMG396　110,T/C;141,T/A

YITCMG397　88,T/A;92,T/G;97,G;136,T/C;151,T/A

YITCMG399　7,T/A;41,A/C

YITCMG400　34,T/C;41,T/C;44,T/C;53,T/C;62,T/C;71,C/G;72,A/T;90,A/C

YITCMG401　43,T/C;123,A/G

YITCMG402　137,T;155,G

YITCMG403　49,A;58,C;156,A;173,C

YITCMG404　8,A/G;32,T/C;165,A/G

YITCMG405　155,C;157,C

YITCMG406　3,A/T;73,A/G;115,T/C

YITCMG407　13,C;26,G;65,A/C;97,G

YITCMG408　88,T/C;144,C/G;172,A/G

YITCMG409　82,C/G;116,T/C

YITCMG410　2,T;4,A;20,C;40,G;155,A/C

YITCMG411　2,T;81,A;84,A

YITCMG412　4,T/A;61,T/C;154,A/G;167,T/G

YITCMG413　55,G;56,C;82,T

YITCMG414　11,T;37,G;51,T/C;58,A/G;62,G

YITCMG415　84,A;114,G

YITCMG416　80,A;84,A;94,C/G;112,A;117,A/T

YITCMG417　35,C;55,A;86,C;131,G

YITCMG419　73,T;81,A;195,A/G

YITCMG420　35,C;36,A

YITCMG421　9,C;67,T;87,A/G;97,A

YITCMG422　97,A

YITCMG423　39,G;45,C/G;117,G;130,C/G

YITCMG424　69,T/G;73,A/G;76,C/G;89,T/A

YITCMG425　26,C/G;57,A

YITCMG426　59,T/C;91,C/G

YITCMG428　18,A/G;24,T/C;73,A/G;135,A

YITCMG429　61,T/A;152,A/G;194,G;195,A/T

YITCMG432 69,T/G;85,T/C
YITCMG434 27,A/G;37,T/A;40,A/G;43,C/G
YITCMG435 16,A/G;106,A/G
YITCMG436 2,A/G;25,A/G;49,A/G;56,A/T
YITCMG437 44,G;92,G;98,T;151,T
YITCMG438 155,T/G
YITCMG440 64,A;68,G;70,T;78,C
YITCMG441 12,A/G;74,C/G;81,C/G
YITCMG443 28,T/A;180,A/G
YITCMG447 94,A/G;97,A/G;139,A/G;202,A/G
YITCMG448 22,A/C;37,T/C;91,T/G;95,A/C;112,C/G;126,T/C;145,T/G
YITCMG450 100,A/G;146,T/A;156,T/G
YITCMG452 151,T/C
YITCMG453 87,A/G;88,T/C;156,T/C
YITCMG454 90,A;92,T;121,T/C
YITCMG455 2,T/C;5,A/G;20,T/C;22,A/G;98,T/C;120,A/G;128,T/C;129,A/G;143,A/T
YITCMG456 19,A/G;32,A/G;48,A/G
YITCMG457 77,A/T;124,A/G;156,C/G
YITCMG459 120,A;141,A
YITCMG460 45,T/C;132,A/G
YITCMG461 131,A
YITCMG462 24,C;26,A;36,C;49,C
YITCMG463 78,T;134,G;190,C
YITCMG465 117,G;147,G
YITCMG466 75,T;83,A/G;99,G
YITCMG467 9,A/G;11,A/G;86,T/A
YITCMG470 72,T/C;75,A/G
YITCMG471 8,A;65,A;88,C;159,C
YITCMG472 51,A/G
YITCMG473 65,T/A;70,A/G;91,T/C
YITCMG474 87,T;94,A;104,T;119,A
YITCMG475 82,A;84,A;102,C
YITCMG476 22,A;54,T
YITCMG478 112,G;117,C
YITCMG479 38,T/C;103,A/T
YITCMG481 21,A;108,A/G;160,A/G;192,T/G
YITCMG482 65,T/C;87,A/G;114,T/C;142,T/G
YITCMG483 113,G;143,C;147,A
YITCMG484 23,A/G;47,A/T;78,A/G;79,A/G
YITCMG485 34,A/G;116,C;125,T
YITCMG486 109,T/G;148,T/G
YITCMG487 140,C
YITCMG488 51,C/G;76,A/G;127,T/C
YITCMG490 57,T/C;135,T/A

YITCMG491   163,A

YITCMG492   55,A/G;70,T/C

YITCMG493   6,T/G;23,A/C;30,T/C;48,A/G;82,A/G

YITCMG494   43,C;52,A;83,T/C;84,A/G;98,G;152,A/G;154,C;188,T;192,T/C

YITCMG495   65,T;73,G

YITCMG496   5,T/C;26,G;60,A/G;134,T/C

YITCMG497   22,G;33,G;62,T;77,T

YITCMG500   14,T/C;30,G;86,T;87,C;108,T

YITCMG501   144,A/G;173,T/C;176,C/G

YITCMG502   12,T/C;127,T/C

YITCMG503   10,A/T

YITCMG504   11,A/C;17,A/G

YITCMG505   54,A

YITCMG506   47,A/G;54,A/C

YITCMG508   140,A/G

YITCMG510   1,A/G;95,A/G;98,A/G

YITCMG512   25,A;63,G

YITCMG514   45,C;51,T/C;57,T/C;58,T/G

YITCMG515   41,C;44,T

YITCMG516   29,T

YITCMG517   72,T/C;163,T

YITCMG518   60,A/G;77,T/G

YITCMG519   129,T/C;131,T/G

YITCMG520   65,A/G;83,A/G;136,T/C;157,A/C

YITCMG521   21,C/G

YITCMG522   72,A/T;137,G;138,C

YITCMG523   37,A/C

YITCMG524   10,A/G;19,A/G;100,A/G

YITCMG526   51,A/G

YITCMG527   115,A

YITCMG529   144,A;174,T

YITCMG530   55,A/T;62,A/G;76,C;81,A;113,T/C

YITCMG531   11,T;49,T

YITCMG533   85,A;183,C;188,G

YITCMG534   40,T;122,C;123,C

YITCMG537   118,A/G;123,A/C;135,T/C

YITCMG538   3,T/C;4,C/G;168,A/G

YITCMG539   54,C;152,T/C

YITCMG540   17,T;73,T;142,A/G

YITCMG541   18,A/C;70,A/C;176,T/C

YITCMG542   69,T/C;79,T/C

秋 芒

YITCMG001   72,C;85,A
YITCMG002   28,A/G;55,T/C;102,T/G;103,C/G;147,T/G
YITCMG003   82,G;88,G;104,G
YITCMG004   27,T;73,A
YITCMG005   56,A;100,A;105,A;170,C
YITCMG006   13,T/G;48,A/G;91,T/C
YITCMG007   65,T;96,G
YITCMG011   166,G
YITCMG012   75,A/T;78,A/G
YITCMG013   16,T/C;56,A/C;69,T
YITCMG014   126,A;130,T
YITCMG015   44,A/G;127,A;129,C;174,A
YITCMG018   30,A
YITCMG020   70,C;100,C;139,G
YITCMG022   3,A;11,A;99,C;131,C
YITCMG023   142,T;143,C
YITCMG024   68,A/G;109,T/C
YITCMG025   72,A/C;108,T/C
YITCMG027   19,T/C;30,A/C;31,A/G;62,T/G;119,A/G;121,A/G;131,A/G;138,A/G;153,T/G;
             163,A/T
YITCMG028   45,A;110,T/G;113,A/T;133,T/G;147,A;167,G;191,A/G
YITCMG029   72,T/C
YITCMG030   55,A/G;73,T/G;82,T/A
YITCMG031   48,T/C;84,A/G;96,A/G
YITCMG032   14,A/T;160,A/G
YITCMG033   73,A/G
YITCMG036   23,C/G;32,T/G;99,C/G;110,T/C;132,A/C
YITCMG037   12,C;39,T
YITCMG039   1,G;61,A;71,T;104,T;105,G;151,T
YITCMG041   24,A/C;25,A/G;68,T/C
YITCMG043   56,T/C;67,T/C
YITCMG044   167,G
YITCMG045   92,T/C;107,T/C
YITCMG046   55,A/C;130,A/G;137,A/C;141,A/G
YITCMG047   60,T/G;65,T/G;113,T/G
YITCMG049   115,A/C;172,A/G;190,T/A
YITCMG050   44,A/G
YITCMG051   15,C;16,A
YITCMG052   63,T;70,C
YITCMG053   86,A;167,A;184,T
YITCMG054   34,G;36,T;70,G

YITCMG056	34,T/C;74,T/A
YITCMG058	67,T;78,A
YITCMG059	12,T/A;84,A;95,A/T;100,T;137,A/G;152,A/T;203,A/T
YITCMG061	107,A/C;128,A/G
YITCMG064	2,A;27,G;74,C/G;106,A/G;109,T/A
YITCMG067	1,T/C;51,C;76,A/G;130,A/C
YITCMG069	37,A/G;47,A/T;100,A/G
YITCMG070	5,T/C;6,C/G;13,A/G;73,A/C
YITCMG071	142,C;143,C
YITCMG072	75,A;105,A
YITCMG073	15,A/G;28,A/C;49,A/G;99,A/G;106,T/C
YITCMG075	168,A
YITCMG076	129,T;162,C;163,A;171,T
YITCMG077	10,C;27,T;97,T;114,A;128,A;140,T
YITCMG078	33,A/G;95,T/C;147,T/C;165,A/G
YITCMG079	3,G;8,T;10,A;110,C;122,A;125,A
YITCMG082	43,A/C;58,T/C;97,G
YITCMG083	169,C/G
YITCMG084	118,G;136,T
YITCMG085	6,A/C;21,T/C;24,C;33,T/C;206,T/C;212,T/C
YITCMG088	33,A
YITCMG089	92,C;103,C;151,C;161,C
YITCMG090	17,C;46,G;75,T
YITCMG092	22,A/G;24,T/C;110,T/C;145,A/G
YITCMG093	51,A/G
YITCMG094	124,T/A;144,A/T
YITCMG096	24,C;57,A;66,T
YITCMG098	48,A/G;51,T/C;180,T/C
YITCMG099	67,T/G;83,A/G;119,A/G;122,A/C
YITCMG100	155,T/G
YITCMG101	53,T/G;92,T/G;93,T/C
YITCMG102	6,T/C;20,A/G;129,A/G
YITCMG104	79,G;87,G
YITCMG106	29,A;32,C;59,T/C;65,G;130,A/G;137,C;183,T/C
YITCMG107	160,A/G;164,C/G;169,A/T
YITCMG108	34,A;61,A/C;64,C
YITCMG109	17,T/C;29,A/C;136,A/T
YITCMG110	30,T;32,A;57,C;67,C;96,C
YITCMG111	39,T/G;62,A/G;67,A/G
YITCMG112	101,C/G;110,A/G
YITCMG113	71,A;85,G;104,G;108,C
YITCMG115	32,C;33,A;87,C;129,T
YITCMG116	91,T/C
YITCMG117	115,T/C;120,A/G

YITCMG118 19,A/G
YITCMG119 73,A/C;150,T/C;162,A/G
YITCMG120 133,C
YITCMG121 32,T/A;72,T/G;149,A/G
YITCMG122 45,A/G;185,A/G;195,A/G
YITCMG123 87,G;130,T
YITCMG124 75,T/C;119,A/T
YITCMG125 123,C/G
YITCMG126 82,T;142,A
YITCMG127 146,G;155,T;156,A
YITCMG129 90,T/C;104,T/C
YITCMG130 31,C/G;108,A/G
YITCMG131 27,T/C;107,C/G
YITCMG132 43,C;91,T;100,T;169,T
YITCMG133 65,A/C;76,T;83,A/G;86,T/G;191,A/G;209,T
YITCMG134 23,C;98,T/C;99,T/C;128,A/G;139,T
YITCMG136 169,A/G;198,T/C
YITCMG137 24,A;52,T
YITCMG139 7,G
YITCMG140 6,T
YITCMG141 184,T/C
YITCMG144 61,C;81,C;143,A;164,G
YITCMG145 7,A;26,G;78,G
YITCMG146 27,C;69,G;111,A
YITCMG147 36,G;62,T;66,T
YITCMG148 75,C;101,G
YITCMG149 25,A/C;30,A/G;143,T/C;175,A/G
YITCMG150 8,T/G;100,A/T;101,G;116,G;123,C/G;128,T/A
YITCMG153 97,C;101,G;119,A
YITCMG154 5,T;47,A/C;77,C;141,C
YITCMG155 1,A/C;31,T;51,C;155,G
YITCMG156 28,T/A;44,C/G
YITCMG157 18,A/G;83,T/C
YITCMG158 67,C;96,A;117,G
YITCMG159 137,T/C
YITCMG161 71,A;74,C
YITCMG162 26,A/T
YITCMG164 57,T/C;114,A/G
YITCMG165 32,A/G;154,A/G;174,C;176,C/G;177,A/G
YITCMG166 13,T;87,G
YITCMG167 120,A;150,A;163,C/G
YITCMG169 36,G;51,C;153,T
YITCMG170 31,T/G;139,C/G;142,A/G;145,C;150,A/T;151,T/C;157,A;164,A/G
YITCMG171 11,A/G;61,T/C;76,T/C

YITCMG173   20,T/C;80,T/C;144,C;161,A/G;162,T/C;163,T/G;165,A/G
YITCMG174   9,T/C;10,A/C;84,A/G
YITCMG175   42,T;55,T;62,C;98,C
YITCMG176   44,A/G;107,A/G
YITCMG178   111,A/C;119,T/C
YITCMG180   23,C;72,C
YITCMG181   134,G
YITCMG182   3,A/G;77,T/C
YITCMG183   24,T;28,A;75,C;76,A;93,C
YITCMG184   45,A;60,C;64,C/G;97,C;127,T/G
YITCMG185   62,A/G;68,T/A;80,A/G;130,A/C;139,A/G
YITCMG187   33,T/C;105,T;106,G
YITCMG188   16,T/C;66,A/G;101,A/T
YITCMG189   23,T/C;51,A/G;138,A/T;168,T/C
YITCMG190   117,T;162,G
YITCMG191   34,A/G;36,A/G;108,A/G
YITCMG192   89,T/C;95,C/G;119,T/G
YITCMG193   30,T/C;75,A/G;121,T/G;129,A/C;153,T
YITCMG194   1,A;32,T;55,A;165,C
YITCMG195   71,A
YITCMG196   19,A;91,T;190,G;191,C
YITCMG197   18,C;35,G;144,C;178,A;195,T
YITCMG198   100,C
YITCMG199   131,A/C;155,A/C
YITCMG202   16,C;121,T
YITCMG203   90,A
YITCMG204   76,C/G;85,A;133,C/G
YITCMG209   27,C
YITCMG212   17,A/G;111,A/G
YITCMG213   55,A/G;68,T/C;109,T/C
YITCMG214   5,T/A
YITCMG216   69,A/G;135,C;177,A/G
YITCMG217   11,A;19,A;154,A/G;164,C
YITCMG218   5,A;31,C;59,T;72,C
YITCMG219   89,T/C;121,C/G;125,T/C
YITCMG220   126,A/G
YITCMG221   8,C;76,A/G;110,A/G;131,A;134,A
YITCMG222   1,G;15,C;31,G;46,A;70,G
YITCMG223   23,T;29,T;41,T;47,G;48,C
YITCMG226   72,A;117,T
YITCMG228   72,C;81,C;82,T
YITCMG230   65,C;87,T;103,A;155,G
YITCMG231   87,T;108,T
YITCMG232   1,T/C;64,T/C;76,A/C;80,G;152,C;169,T/C;170,G

YITCMG234	54,T/A;55,T/C;103,A/G;122,T/G;183,A/T
YITCMG236	94,A;109,A
YITCMG237	24,A;39,G;71,G;76,C
YITCMG238	49,C;68,C
YITCMG239	46,C;59,C;72,A
YITCMG242	61,A/C;70,T;85,T/C;94,A/G
YITCMG243	64,A/T;120,T/C
YITCMG244	71,C;109,T/G;113,T/C
YITCMG246	51,T/C;75,C/G;124,A/G
YITCMG247	19,A/C;40,A/G;46,T/G;123,T
YITCMG250	92,T/C;98,T;99,G
YITCMG253	70,C;198,T
YITCMG254	48,C/G;106,T/G
YITCMG255	163,A/G
YITCMG256	19,T/A;32,T/C;47,A/C;52,C/G;66,A/G;81,A/G
YITCMG258	2,T/C;101,A/T;170,A/G;172,C
YITCMG259	20,A/G;24,T;180,T;182,A
YITCMG260	54,A/G;63,A;154,A;159,A
YITCMG261	17,T/C;38,G;106,A;109,T
YITCMG266	5,G;31,G;62,T
YITCMG267	39,G;92,T;108,A;134,T
YITCMG268	23,T/G;30,T/G;68,T/C
YITCMG270	10,A;48,T/C;52,A/G;69,A/C;122,T/C;130,T;134,T/C;143,T/C;162,T/C;168,A/G;191,A/G
YITCMG271	100,G;119,T
YITCMG272	43,T/G;74,T/C;87,T/C;110,T/C
YITCMG274	90,A/G;141,G;150,T;175,T/G
YITCMG275	106,C/G;131,A/C;154,A/G
YITCMG278	1,A/G;10,A/G;12,A/C
YITCMG280	104,A;113,C;159,C
YITCMG281	18,A/G;22,A/G;92,T/C;96,A/C
YITCMG282	46,A/G;64,T/C
YITCMG284	18,A
YITCMG287	2,C;38,T;171,A
YITCMG289	50,T
YITCMG290	21,T;170,T
YITCMG291	96,T
YITCMG293	39,T/G;170,T;174,C;184,T
YITCMG294	99,T/G;108,T/A
YITCMG295	15,A/G;71,A/T
YITCMG296	90,A/C;93,T/C;105,T/A
YITCMG297	128,C;147,A
YITCMG299	29,A;34,G;103,A
YITCMG300	15,T/C;32,A/C;68,T/C;191,A/G

YITCMG301   76,C/G;98,G;108,C;111,T/C;128,G;140,A/G

YITCMG302   96,T

YITCMG304   35,A;42,G;116,G

YITCMG305   15,G;68,C

YITCMG306   16,C;71,T/A

YITCMG307   37,A/G

YITCMG308   34,G;35,A/C;45,A/T

YITCMG309   23,A/T;77,A/G;85,C/G

YITCMG310   98,G

YITCMG311   83,T/C;101,T/C;155,A

YITCMG312   42,T/A;104,A/T

YITCMG314   31,G;42,A/G

YITCMG316   98,T/C;102,T/C

YITCMG317   38,G;151,C

YITCMG319   147,C

YITCMG321   16,G

YITCMG322   2,T/G;69,T/C;72,T/C;77,T/C;91,T/A;102,T/C

YITCMG323   6,T/A;49,A/C;73,T/C;75,A/G

YITCMG324   55,T/C;56,C/G;74,A/G;195,A/G

YITCMG325   57,C

YITCMG326   11,T/C;41,T/A;161,T/C;177,G;179,A/G

YITCMG328   15,C;47,C;86,C

YITCMG329   48,T/C;78,C/G;109,A/T;195,A/C

YITCMG330   52,A;129,G;130,A

YITCMG331   24,A

YITCMG332   63,A/G

YITCMG333   132,T;176,A/C

YITCMG334   43,G;104,A

YITCMG335   48,A;50,T;114,G

YITCMG337   55,C;61,C

YITCMG338   71,T/C;126,A/G;159,C;165,T;172,T/A;179,G

YITCMG339   48,T/C;81,T/C

YITCMG340   51,T/C;110,T/C;111,A/G

YITCMG341   59,T/A;83,T;124,G;146,A/G;210,T/G

YITCMG342   162,A;169,T

YITCMG343   3,A;39,T

YITCMG344   8,T/C;14,T;29,T/G;47,G;85,A/G;108,T/C

YITCMG347   19,T/A;21,A/G;29,A/G;108,A/C

YITCMG348   28,T/C;65,T;73,A;124,A

YITCMG349   62,A;136,G

YITCMG350   17,A/G;23,T/C;37,T/A;101,A/T;104,T/C

YITCMG351   11,T/G;109,T/C;139,C/G

YITCMG353   75,T;85,C

YITCMG354   62,C;66,A/G;81,A/C;134,C

YITCMG355   34,A;64,C;94,G;96,A
YITCMG356   45,A;47,A;72,A
YITCMG357   51,G;76,T
YITCMG359   60,T;128,T
YITCMG360   54,G;64,A;82,T;87,G;92,C
YITCMG361   3,T;102,C
YITCMG363   39,A/G;56,A/G;57,T/C;96,T/C
YITCMG365   23,T;79,T;152,C
YITCMG366   36,T;83,T;110,C;121,A
YITCMG367   21,T;145,C;165,A;174,C
YITCMG368   116,T;117,G
YITCMG369   99,T
YITCMG370   105,A
YITCMG371   27,A;36,C
YITCMG372   85,C
YITCMG373   72,A/G;74,A;78,C
YITCMG374   108,A/G;135,C;137,A;138,G;198,T/C
YITCMG375   17,C;107,A
YITCMG376   5,A;74,G;75,C;103,C;112,A
YITCMG377   3,A;77,T
YITCMG379   61,T
YITCMG380   40,A
YITCMG382   62,A;72,C;73,C
YITCMG383   53,C;55,A
YITCMG384   106,G;128,C;195,C
YITCMG385   57,A
YITCMG386   65,G
YITCMG388   17,T;121,A/G;147,T/C
YITCMG389   171,G;177,C
YITCMG390   9,C
YITCMG391   23,A/G;117,A/C
YITCMG394   9,C;38,G;62,A
YITCMG395   40,A/T;49,T/C
YITCMG396   110,C;141,A
YITCMG397   97,G
YITCMG398   100,A/C;131,C;132,A;133,A;159,T/C;160,G;181,T
YITCMG399   7,A/T;41,A/C
YITCMG401   72,T/G;123,G
YITCMG402   6,T/A;71,T/A;137,T;155,G
YITCMG405   155,C;157,C
YITCMG406   73,G;115,T
YITCMG407   13,C;26,G;97,G
YITCMG408   88,T/C;137,A/G
YITCMG412   79,A;154,G

YITCMG417   86,T/C;131,A/G

YITCMG423   41,T/C;117,G

YITCMG424   69,T;73,G;76,C;89,T

YITCMG425   57,A

YITCMG426   59,C;91,C

YITCMG427   103,T/C;113,A/C

YITCMG428   18,A;24,C

YITCMG429   61,T/A;152,A/G;194,G;195,A/T

YITCMG431   69,A/G;97,C/G

YITCMG432   69,T;85,C

YITCMG434   27,A/G;37,A/G

YITCMG435   28,T/C;43,T/C;103,A/G;106,A/G;115,A/T

YITCMG436   25,A/G;56,A

YITCMG437   36,C

YITCMG438   2,T/A;3,T/C;6,T/A;155,T

YITCMG440   64,A;68,G;70,T;78,C

YITCMG441   96,A/G

YITCMG442   2,T/A;68,T/C;127,A/G;162,A/G;170,T/C;171,T/G

YITCMG443   28,A/T;104,A/T;106,T/G;107,T/A;166,A/G

YITCMG444   118,A/T;141,A/G

YITCMG446   13,T/C;51,T/C

YITCMG447   94,A/G;97,A/G;139,A/G;202,A/G

YITCMG448   91,G;145,G

YITCMG449   114,G

YITCMG450   156,T/G

YITCMG451   26,G;33,A;69,C;74,G;115,C

YITCMG452   96,C

YITCMG453   87,A;156,C

YITCMG454   90,A;92,T;95,A

YITCMG456   32,A/G;48,A/G

YITCMG457   77,A/T;89,T/C;98,T/C;101,A/G;119,A/G;124,G;156,C/G

YITCMG458   35,T/C;37,C;43,C

YITCMG459   120,A;141,A/G;146,A/G;192,T/C

YITCMG460   45,T/C

YITCMG461   89,T/C;140,A/G;158,A/G

YITCMG462   1,A/G;22,C/G;24,C;26,A;36,T/C;49,A/C

YITCMG463   190,C

YITCMG464   78,A/G;101,T/A

YITCMG468   132,C

YITCMG469   12,T/G

YITCMG470   78,C/G

YITCMG471   8,A/C;159,A/C

YITCMG472   51,A/G

YITCMG473   65,T/A;91,T/C

YITCMG475　115,C
YITCMG477　2,T/C;3,T/G;7,T/C;91,C;150,T
YITCMG478　42,T
YITCMG479　103,A
YITCMG480　5,A;45,G;61,G;64,A
YITCMG481　21,A/G;160,A/G
YITCMG482　65,T/C;139,C/G
YITCMG483　113,G;147,A
YITCMG486　109,T;140,G;148,T
YITCMG488　51,G;76,G;127,C
YITCMG490　57,C;93,T/C;135,A;165,A
YITCMG492　55,A;83,C;113,C
YITCMG493　5,T;6,G;30,T;48,G;82,G
YITCMG494　43,C;52,A;98,G
YITCMG495　13,C;65,T;73,G
YITCMG496　7,A;26,G;59,A;134,C
YITCMG497　22,A/G;31,T/C;33,C/G;62,T/C;77,T/G;78,T/C;94,T/C;120,A/G
YITCMG500　30,A/G;86,T;87,C;108,A/T
YITCMG501　15,A;93,G;144,A;173,C
YITCMG502　4,A;130,A;135,A;140,T
YITCMG504　11,A/C;17,A/G
YITCMG505　14,C;99,T
YITCMG507　3,C;24,G;63,A;87,C/G
YITCMG508　140,A
YITCMG509　40,T/C
YITCMG510　1,A;95,A/G;98,A/G
YITCMG513　75,T/G;86,A/T;104,T/A;123,T/C
YITCMG515　41,T/C;44,T/G
YITCMG516　29,T
YITCMG517　69,A/T;72,G;84,A;86,A;163,T
YITCMG521　8,T;21,G;30,G
YITCMG522　127,A/T;137,A/G;138,A/C
YITCMG523　111,T/G;116,A/G;133,A/C;175,T/C;186,A/T
YITCMG524　19,G;100,G
YITCMG525　33,T/G;61,T/C
YITCMG527　35,A/G
YITCMG528　1,C;79,G;107,G
YITCMG529　129,T/C;144,A/C;174,T/C
YITCMG530　76,C;81,A;113,T
YITCMG532　17,A/C
YITCMG533　183,C
YITCMG534　40,A/T;120,A/G;122,C/G;123,T/C
YITCMG535　36,A;72,G
YITCMG537　118,A/G;135,T/C

YITCMG539   27,G;75,T
YITCMG540   17,T;70,A/G;73,T;142,A
YITCMG541   70,A/C;130,T/G;176,T/C
YITCMG542   18,T/G;69,T;79,C

球 芒

YITCMG001　78,G;85,A

YITCMG003　43,A/G

YITCMG004　27,T/C

YITCMG005　56,A/G;100,A/G

YITCMG006　13,T/G;27,T/C;91,T/C;95,C/G

YITCMG007　62,T/C;65,T;96,G;105,A/G

YITCMG008　94,T

YITCMG011　166,A/G

YITCMG012　75,T;78,A

YITCMG013　16,C;21,C;56,A;69,T

YITCMG015　44,A/G;127,A/G;129,A/C;174,A/C

YITCMG017　17,G;24,T/C;39,A/G;98,C

YITCMG018　30,A/G

YITCMG019　36,A/G;47,T/C;66,C/G

YITCMG021　104,A;110,T

YITCMG022　3,T/A;11,T/A;99,T/C;131,C/G

YITCMG024　68,A/G;109,T/C

YITCMG025　183,T/C

YITCMG027　138,G

YITCMG028　45,A;110,G;133,T;147,A;167,G

YITCMG029　72,T/C

YITCMG031　48,T/C;84,A/G;96,A/G;172,T/C

YITCMG032　117,C/G

YITCMG037　12,C;13,A;39,T

YITCMG039　1,G;19,A/G;105,G

YITCMG040　14,T/C

YITCMG041　24,T;25,A;68,T

YITCMG042　5,A/G;92,A/T

YITCMG044　7,T;22,C;103,T;189,T

YITCMG045　92,T;107,T

YITCMG047　60,T;65,G

YITCMG048　142,C/G;163,A/G;186,A/C

YITCMG049　172,G;190,A/T

YITCMG050　44,A/G

YITCMG053　86,A/G;167,A;184,T/A

YITCMG054　36,T/C;72,A/C;73,A/G;84,A/C;151,A/G;170,T/C

YITCMG056　117,T/C

YITCMG057　98,T/C;99,A/G;134,T/C

YITCMG058　67,T;78,A

YITCMG059　84,A;95,T;100,T;137,A;152,T;203,T

YITCMG060　172,T/G

YITCMG062   79,C;122,C

YITCMG063   86,A;107,C

YITCMG064   2,A/G;27,T/G

YITCMG065   37,T/G;56,T/C

YITCMG067   1,T/C;51,C;76,A/G;130,A/C

YITCMG068   49,T;91,A;157,G

YITCMG069   37,A/G;47,T/A;100,A/G

YITCMG070   6,C/G

YITCMG071   40,A/G;107,A/T;142,C;143,C

YITCMG074   46,T;58,C;180,A/T

YITCMG078   15,A/T;93,A/C;95,T/C

YITCMG079   5,T/C;26,T;125,A;155,C

YITCMG081   91,G;98,T

YITCMG082   43,A;58,C;97,G

YITCMG083   169,G

YITCMG084   118,A/G;136,T/A

YITCMG085   6,A/C;21,T/C;24,A/C;33,T;106,T/C;157,T/C;206,T/C;212,T/C

YITCMG086   142,C/G;180,A/C

YITCMG088   33,A

YITCMG089   92,C;103,C;151,C;161,C

YITCMG090   46,A/G;75,T/C

YITCMG091   24,C;84,G;121,A;187,C

YITCMG092   22,G;110,C;145,A

YITCMG094   124,A/T;144,T/A

YITCMG099   83,A/G;119,A/G;122,A/C

YITCMG100   124,C;141,C;155,T

YITCMG103   42,T;61,C

YITCMG104   79,A/G

YITCMG105   31,A/C;69,A/G

YITCMG106   29,A;32,C;59,C;65,G;137,C

YITCMG107   23,A/G;160,A/G;164,C/G;165,A/T

YITCMG108   34,A;64,C

YITCMG109   17,T/C;29,A/C;136,T/A

YITCMG110   30,T;32,A;57,C;67,C;96,T/C

YITCMG111   39,T;62,G;67,A

YITCMG112   89,A/C

YITCMG113   5,C/G;71,A/G;85,G;104,A/G

YITCMG114   75,A/C;81,A/C

YITCMG115   32,T/C;33,T/A;87,C;129,A/T

YITCMG116   54,A/G

YITCMG117   35,T/C;68,T/C;115,T;120,A;175,T/C

YITCMG118   19,A

YITCMG120   106,C;133,C

YITCMG121   32,A/T;72,T/G;149,A/T

YITCMG122 45,A/G;185,A/G;195,A/G
YITCMG124 75,C;119,T
YITCMG126 4,T/G
YITCMG127 146,G;155,T;156,A
YITCMG128 40,A/G;106,T/C;107,C/G;131,T/C;160,T/C
YITCMG129 3,T/A;13,A/G;19,T/C;27,A/G;90,T;104,C;105,C;108,A/G;126,T/C
YITCMG130 31,C/G;108,A/G
YITCMG132 169,T/C
YITCMG133 76,T;86,T;200,G;209,T
YITCMG134 23,C;98,T;128,A;139,T
YITCMG137 1,T/C;24,A/G;48,A/G;52,T
YITCMG138 16,T;43,T/A
YITCMG140 6,T;103,C;104,A
YITCMG141 71,T/G;184,C
YITCMG143 73,A
YITCMG147 62,T/C;66,T/C
YITCMG148 75,T/C;101,T/G
YITCMG151 155,A;156,C
YITCMG152 83,T/A
YITCMG153 119,A/G
YITCMG154 77,C
YITCMG157 5,G;83,C;89,T;140,A
YITCMG158 67,C;96,A;117,G;119,A/G
YITCMG159 84,T;89,A;92,C;137,T
YITCMG160 158,T/C
YITCMG161 71,A/G;74,T/C
YITCMG162 26,A/T
YITCMG164 150,A/G
YITCMG165 174,C
YITCMG166 87,A/G
YITCMG167 120,A/G;150,A/G
YITCMG168 39,T/C;60,A/G;171,C/G
YITCMG169 107,T/C
YITCMG170 145,C;150,T;157,A
YITCMG171 9,T;61,C;76,C;98,A
YITCMG173 32,T/A;144,C;161,A;162,T
YITCMG175 32,T/G
YITCMG177 7,A/G;44,A/C;124,C/G
YITCMG178 99,T/C;107,T/G;111,A/C
YITCMG179 86,C;125,A/G;131,G
YITCMG180 23,C;72,C;75,C/G
YITCMG183 24,T
YITCMG184 45,A;60,C;64,C/G;97,C;127,T/G
YITCMG185 68,T/A;130,T/C

YITCMG190   48,A/G;54,T/C;117,T;162,G

YITCMG191   80,A/G

YITCMG192   89,T;119,G

YITCMG193   3,A/G;9,A/T;30,T/C;39,A/G;99,T/C;120,T/G;121,T/G;129,A/C;153,T/C

YITCMG194   1,A/T;32,T/A;130,T/G

YITCMG196   19,A/G;85,A/C;114,T/G

YITCMG197   18,C;35,G;103,T/C;120,A/C;134,T/C;178,A/C;195,T/C

YITCMG198   70,A;71,G

YITCMG199   3,T/C

YITCMG200   38,C;53,G

YITCMG204   76,C;85,A;133,G

YITCMG206   177,A/G

YITCMG209   27,C

YITCMG211   133,A/C;139,A/G

YITCMG213   55,A/G;102,T/C;109,T/C

YITCMG215   52,A/G;58,A/T

YITCMG216   69,A/G;135,T/C;177,A/G

YITCMG217   164,T;185,T

YITCMG218   16,A/G;31,C;59,T;72,C;108,T

YITCMG219   89,T/C;93,T/C

YITCMG220   126,G

YITCMG221   8,C;76,G;110,G;131,A;134,A

YITCMG222   1,G;15,C;70,G

YITCMG223   23,T/C;29,T/G

YITCMG227   6,A/G;26,T/C;99,A/G

YITCMG228   72,C;81,C;82,T

YITCMG229   56,T/C;58,T/C;65,T/C;66,T/C

YITCMG230   65,A/C;103,A/C

YITCMG231   87,T/C;108,T/C

YITCMG232   1,C;64,T/C;76,A/G;80,G;152,C;169,T;170,G

YITCMG233   130,A/C;132,A/G;159,T/C;162,A/G

YITCMG234   188,G

YITCMG236   94,A;109,A

YITCMG237   24,A/T;28,A/G;39,A/G

YITCMG238   49,C;68,C

YITCMG239   46,C;59,C;72,A

YITCMG241   23,A/G;32,T/C;42,T/G;46,A/G;54,T/A;75,T/C

YITCMG242   61,A/C;70,T;85,T/C;94,A/G

YITCMG244   71,T/C

YITCMG247   19,A/C;40,A/G;46,T/G;123,T/C

YITCMG248   31,A/G;60,T/G

YITCMG249   22,C;83,C/G;130,A/G;142,T/C;167,C

YITCMG250   92,T/C;98,T;99,G

YITCMG251   89,T/C;170,T/C;171,T/C

YITCMG252　7,T/G;26,A/G;69,T/C;82,A/T
YITCMG253　13,T/C;32,T/C;38,A/G;53,A/G;78,T/C;147,T/C;150,T/C;182,A;188,T/G
YITCMG254　48,C/G;64,T/C;106,T/G
YITCMG255　6,A/G;13,T/G;18,A/T;67,T/G;163,A/G;166,T/C
YITCMG256　19,G;47,C;66,G;83,A/T
YITCMG257　58,C;89,T
YITCMG258　108,C;170,A;172,C
YITCMG260　63,A/G;154,T/A;159,A/C
YITCMG261　17,T/C;20,A/G;29,A/G;38,T/G;106,A/T;109,T/C
YITCMG263　42,T/C;77,T/G
YITCMG265　138,T/C;142,C/G
YITCMG266　5,G;24,T/G;31,G;62,T/C;91,A/G
YITCMG268　150,A/G
YITCMG269　43,A;91,T
YITCMG270　10,A/G;48,T/C;130,T/C
YITCMG271　79,T/C;100,C/G;119,A/T
YITCMG274　141,A/G;150,T/C
YITCMG275　66,A/G
YITCMG279　94,A/G;113,A/G;115,T/C
YITCMG280　62,T/C;85,C/G;104,T/A;113,C/G;121,A/G;144,T/G;159,C
YITCMG281　18,A/G;22,A/G;92,T/C;96,A
YITCMG282　34,T/C;46,A;64,C;70,T/G;98,C;116,A/G;119,C/G
YITCMG283　67,T/G;112,A/G;177,A/G
YITCMG284　55,A/T;94,T/C
YITCMG285　85,A/G;122,C/G
YITCMG286　28,T/C;119,A/G;141,A/C
YITCMG289　12,T/G;15,C/G;27,A/C;50,T
YITCMG290　13,A;21,T;66,C;128,A;133,A
YITCMG291　28,A/C;38,A/G;55,T/G;86,A/G
YITCMG292　85,T/C;99,T/A;114,T/C;126,A/C
YITCMG293　207,A
YITCMG296　90,A;93,T;105,A
YITCMG297　128,T/C;147,A/C
YITCMG298　44,A/G;82,A/G;113,A/G
YITCMG299　23,A/G;29,A/G
YITCMG300　191,A/G;199,C/G
YITCMG301　98,A/G;108,C/G;128,T/G;140,A/G
YITCMG302　96,T/C
YITCMG303　10,T;21,A;54,T
YITCMG305　50,A/C;67,T/G;68,C
YITCMG307　37,G
YITCMG311　83,C;86,T/C;101,C;155,A
YITCMG314　53,C
YITCMG316　98,C

YITCMG317   38,G;151,C

YITCMG318   61,T;73,A

YITCMG319   33,A/G

YITCMG320   4,A/G;87,T/C

YITCMG321   16,G

YITCMG324   140,T/C

YITCMG325   22,T/C;57,A/C;130,T/C;139,C/G

YITCMG326   11,T/C;41,T/A;48,C/G;161,T/C;169,T/G;177,G;179,A/G

YITCMG328   15,C

YITCMG329   78,C

YITCMG331   51,G

YITCMG332   62,C/G;63,A/G;93,A/C

YITCMG333   132,T/C;176,A/C

YITCMG334   12,G;43,G;56,T;104,A

YITCMG337   1,A/G;88,T/C

YITCMG338   71,T/C;159,C;165,T;172,T;179,G

YITCMG339   48,T/C;81,T/C

YITCMG340   68,A/G;75,A/G;107,A/C

YITCMG341   83,T/A;124,T/G

YITCMG342   21,T/G;145,G;156,G;177,C

YITCMG343   3,A;39,T;60,A/C;156,A/G

YITCMG345   34,A/T;39,T/G

YITCMG347   19,A/T;29,A/G;108,A/C

YITCMG348   65,T;69,T/C;73,A;124,A/C;131,A/G

YITCMG350   17,A/G

YITCMG352   108,T/C;138,T/A

YITCMG354   66,G;81,A

YITCMG355   34,A/T;64,A/C;96,A/G;107,A/C;148,A/G

YITCMG356   45,A;47,A;72,A

YITCMG357   20,T;51,G;76,T

YITCMG360   64,A/G;87,A/G;92,T/C

YITCMG362   12,T;62,T;77,A

YITCMG364   7,G;29,A;96,T

YITCMG369   76,A/C;82,T/C;83,T/C;84,T/G;85,C/G;86,A/C;87,A/T;99,C/G;104,A/G;141, A/G

YITCMG370   18,A/G;117,T/C;134,A/T

YITCMG372   199,T

YITCMG374   102,A;135,C;137,A;138,G

YITCMG375   17,C;28,T/C

YITCMG376   74,G;75,C

YITCMG377   3,A/G;30,T/C;42,A/C

YITCMG378   49,T/C;77,T/C;142,A/C

YITCMG379   61,T/C;71,T/C;80,T/C

YITCMG380   40,A/G

YITCMG385　61,T/C;79,T/C
YITCMG387　111,C/G;114,A/G
YITCMG388　17,T
YITCMG389　9,A/T;69,A;159,A/C;171,C/G
YITCMG390　9,C
YITCMG391　116,C/G
YITCMG393　66,A/G;99,A/C
YITCMG394　38,A/G;62,A/G
YITCMG395　40,A/T;45,T/C;49,T/C
YITCMG396　110,C;141,A
YITCMG397　92,T/G;97,G
YITCMG398　131,T/C;132,A/C;133,A/T;159,T/C;160,A/G;181,T/G
YITCMG399　7,A;41,A
YITCMG400　34,T/C;41,T/C;44,T/C;53,T/C;62,T/C;71,C/G;72,T/A;90,A/C
YITCMG401　123,G
YITCMG402　137,T;155,G
YITCMG405　76,A/G;155,C;157,C
YITCMG406　73,A/G;115,T/C
YITCMG407　13,C;26,G;97,G;99,A/G
YITCMG408　88,T;137,A/G
YITCMG409　82,C/G;116,T/C
YITCMG410　2,T;4,A;20,C;40,G
YITCMG411　81,A;84,A
YITCMG412　79,A;154,G
YITCMG413　55,A/G;56,C/G;82,T/C
YITCMG414　11,T;37,G;51,T/C;58,A/G;62,G
YITCMG415　7,A/G;84,A;87,A/G;109,T/G;113,A/G;114,G
YITCMG418　15,C;34,A
YITCMG419　81,A/T
YITCMG420　6,A/G;35,T/C;36,A/G
YITCMG423　41,T;117,G
YITCMG424　69,T;73,G;76,C;89,T
YITCMG425　57,A/G;66,T/C
YITCMG427　103,T/C;113,A/C
YITCMG428　18,A/G;24,T/C;73,A/G;135,A/G
YITCMG429　61,T;152,A/G;194,G
YITCMG430　53,T;69,C;80,A/C
YITCMG432　69,T/G;85,T/C
YITCMG435　28,T;43,C;103,G;106,A;115,A
YITCMG437　36,T/C;44,A/G;92,C/G;98,T/C;151,T/C
YITCMG438　2,T/A;3,T/C;6,T/A;131,C/G;155,T
YITCMG439　87,T/C;113,A/G
YITCMG440　64,A;68,G;70,T;78,C;135,A/G
YITCMG441　96,A/G

YITCMG443   28,A/T;180,A/G

YITCMG445   72,A/G

YITCMG447   94,G;97,A;139,G;202,G

YITCMG448   91,T/G;145,T/G

YITCMG449   23,T/C;105,A/G;114,C/G

YITCMG451   26,A/G;33,A/C;69,T/C;74,A/G;115,C/G

YITCMG452   89,A/G;96,C/G;151,T/C

YITCMG453   87,A/G;156,T/C

YITCMG454   90,A;92,T;121,C

YITCMG455   2,T;5,A;20,T;22,G;98,C;128,T;129,A;143,A

YITCMG457   77,A;89,T/C;98,T/C;101,A/G;119,A/G;124,G;156,G

YITCMG459   95,T/C;120,A/C;141,A/G;146,A/G;157,T/C;192,T/C;203,A/G

YITCMG460   45,T

YITCMG461   131,A/G;158,A/G

YITCMG464   78,A/G;101,A/T

YITCMG465   117,T/G;147,A/G

YITCMG466   75,A/T;83,A/G;99,C/G

YITCMG469   12,T;13,C;71,A

YITCMG471   8,A/C;65,A/G;88,T/C;159,A/C

YITCMG472   51,A/G

YITCMG475   82,A/G;84,A/G;102,T/C

YITCMG477   3,G;7,T;91,C;150,T

YITCMG479   38,T/C;103,T/A

YITCMG481   21,A;160,G

YITCMG483   113,A/G;147,A/G

YITCMG485   86,A/G;116,C;125,T

YITCMG487   140,C

YITCMG488   51,C/G;76,A/G;127,T/C

YITCMG489   51,C/G;119,T/C

YITCMG490   57,T/C;135,A/T;165,A/T

YITCMG491   156,G

YITCMG492   55,A/G

YITCMG493   4,T/C;6,T/G;30,T

YITCMG494   43,T/C;129,A/C

YITCMG495   65,T/G;73,A/G

YITCMG496   26,A/G;134,T/C

YITCMG497   22,A/G;33,C/G;62,T/C;77,T/G

YITCMG499   82,A/T;94,T/C;95,T/C

YITCMG500   86,T;87,C

YITCMG502   12,T/C;127,T/C

YITCMG504   11,A/C;13,C/G;14,C/G;17,A/G

YITCMG505   54,A

YITCMG507   3,C;24,G;63,A;87,C/G

YITCMG508   140,A

YITCMG509   65,T/C;126,A/G
YITCMG510   1,A;95,G;98,A
YITCMG512   63,A/G
YITCMG514   45,C;51,T/C;57,T/C;58,T/G
YITCMG515   41,T/C;44,T/G
YITCMG516   29,T/G;53,A/C;120,T/G
YITCMG517   163,T
YITCMG519   129,T/C;131,T/G
YITCMG521   21,G
YITCMG522   127,T/A;137,A/G;138,A/C
YITCMG523   36,A/G;92,A/G;111,T/G;116,A/G;133,A/G
YITCMG524   10,A/G;81,A/G
YITCMG525   33,T/G;61,T/C
YITCMG527   108,T/G;118,A/C
YITCMG529   144,A/C;174,T/C
YITCMG530   55,A/T;62,A/G;76,A/C;81,A/G
YITCMG531   11,T/C;49,T/G
YITCMG532   17,A/C;85,T/C;111,A/G;131,A/C
YITCMG533   85,A;183,C;188,G
YITCMG535   36,A/G;72,A/G
YITCMG537   118,A/G;135,T/C
YITCMG539   27,G;75,A/T
YITCMG541   70,A/C
YITCMG542   69,T/C;79,T/C

三年芒

YITCMG001 　53,G;78,G;85,A
YITCMG003 　29,T/C
YITCMG004 　27,T;83,T/C
YITCMG006 　13,T;27,T;91,C;95,G
YITCMG007 　62,T;65,T;96,G;105,A
YITCMG008 　50,C;53,C;79,A
YITCMG010 　40,T/C;49,A/C;79,A/G
YITCMG011 　36,A/C;114,A/C
YITCMG012 　75,T/A;78,A/G
YITCMG013 　16,C;56,A;69,T
YITCMG014 　126,A;130,T;203,A/G
YITCMG015 　44,A/G;127,A;129,C;174,A
YITCMG017 　17,G;24,T/C;39,A/G;98,C;121,T/G
YITCMG018 　10,A/G;30,A;95,A/G;97,A/T;104,T/A
YITCMG019 　36,A;47,C;98,A/T
YITCMG020 　70,A/C;100,C/G;139,A/G
YITCMG021 　129,C
YITCMG022 　3,A/T;41,T/C;99,T/C;129,A/G;131,C/G
YITCMG023 　142,T;143,C;152,T/C
YITCMG024 　68,A;109,C
YITCMG025 　108,T/C
YITCMG026 　16,A;81,T
YITCMG027 　19,C;31,G;62,G;119,G;121,A;131,G;153,G;163,T
YITCMG028 　174,T/C
YITCMG029 　37,T/C;44,A/G
YITCMG030 　55,A;73,T/G;82,A/T
YITCMG032 　117,C/G
YITCMG033 　73,G;85,A/G;145,A/G
YITCMG034 　97,T/C;122,A/G
YITCMG035 　102,T/C;126,T/G
YITCMG036 　99,C/G;110,T/C;132,A/C
YITCMG038 　155,A/G;168,C/G
YITCMG039 　1,G;19,G;105,G
YITCMG040 　40,T/C;50,T/C
YITCMG041 　24,T;25,A;68,T
YITCMG042 　5,A/G;48,A/T;92,A/T
YITCMG043 　56,T;61,A;67,C
YITCMG044 　7,T/C;22,T/C;42,T/G;189,T/A
YITCMG045 　92,T;107,T
YITCMG049 　115,C
YITCMG051 　15,C;16,A

YITCMG052　63,T;70,C;139,T/C

YITCMG053　85,A/C;167,A/G

YITCMG054　36,T;72,A/C;73,A/G;84,A/C;87,T/C;168,T/C;170,T/C

YITCMG056　34,T/C

YITCMG057　98,T;99,G;134,T

YITCMG058　67,T/G;78,A/G

YITCMG059　84,A;95,T;100,T;137,A;152,T;203,G

YITCMG060　10,A/C;54,T/C;125,T/C;129,A/G;156,T/G

YITCMG061　107,A/C;128,A/G

YITCMG062　79,T/C;122,T/C

YITCMG063　86,A/G;107,A/C

YITCMG064　2,A/G;27,T/G

YITCMG065　136,T/C

YITCMG067　1,C;51,C;76,G;130,C

YITCMG068　49,T/G;91,A/G;157,A/G

YITCMG069　37,A/G;47,A/T;100,A/G

YITCMG071　142,C;143,C

YITCMG072　54,A/C

YITCMG073　19,A;28,C;106,C

YITCMG075　2,T/G;27,T/C;125,C;169,A/G;185,T

YITCMG076　162,A/C;171,T/C

YITCMG078　15,A;93,C;95,T

YITCMG079　3,A/G;8,T/C;10,A/G;110,T/C;122,A/T;125,A/C

YITCMG081　91,G;115,A

YITCMG082　43,A/C;58,T/C;97,A/G

YITCMG083　169,G

YITCMG084　118,G;136,T;153,A/C

YITCMG085　6,A/C;21,T/C;24,A/C;33,T;157,T/C;206,T/C;212,T/C

YITCMG086　111,A/G;180,A/C;182,T/A;186,T/A

YITCMG087　19,T/C;78,A/G

YITCMG088　33,A;98,T/C

YITCMG089　92,C;103,C;151,C;161,C

YITCMG090　46,A/G;48,C/G;75,T/C;113,T/C

YITCMG091　33,G;59,A

YITCMG092　22,G;110,C;145,A

YITCMG094　124,T/A;144,A/T

YITCMG095　51,T/C;78,T/C;184,A/T

YITCMG096　24,T/C;57,A;63,T/C;66,T/C

YITCMG098　48,A/G;51,T/C;180,T/C

YITCMG100　124,T/C;141,C/G;155,T

YITCMG102　20,A/G;135,T/C

YITCMG105　31,C;69,A

YITCMG106　29,A;32,C;59,T/C;65,G;130,A/G;137,C

YITCMG107　143,C;160,G;164,C

YITCMG108   34,A;64,C

YITCMG109   17,T/C;29,A/C;136,A/T

YITCMG110   30,T/C;32,A/G;57,T/C;67,C/G;96,T/C

YITCMG111   39,T/G;62,A/G;67,A/G

YITCMG113   71,A/G;85,G;104,A/G;108,T/C;131,A/G

YITCMG114   42,T/A;46,A/G;66,T/A;75,A/C

YITCMG115   87,C

YITCMG116   54,A

YITCMG117   115,T/C;120,A/G

YITCMG119   72,C/G;73,A/C;150,T/C;162,A/G

YITCMG120   106,T/C;121,A/G;130,C/G;133,C

YITCMG121   32,T;72,G;149,T

YITCMG122   45,A/G;185,A/G;195,A/G

YITCMG123   88,T/C;94,T/C

YITCMG124   75,C;119,T

YITCMG127   146,A/G;155,A/T;156,A

YITCMG128   163,A/G

YITCMG129   90,T;104,C;105,C;108,A/G

YITCMG130   31,G;70,A/C;83,T/C;108,G

YITCMG131   27,T/C;107,C/G

YITCMG132   43,C;91,T;100,T;169,T

YITCMG133   76,T;83,A/G;86,T;200,A/G;209,T

YITCMG134   23,C;116,T/A;128,A/G;139,T;146,C/G

YITCMG135   173,T

YITCMG136   169,A/G

YITCMG137   1,T/C;24,A/G;48,A/G;52,T;62,A/T

YITCMG138   6,A/T;16,T/G;36,A/C

YITCMG139   7,G;33,A/G;35,A/G;152,T/C;165,A/C;167,A/G

YITCMG141   71,T/G;184,T/C

YITCMG143   73,A/G

YITCMG144   4,A/G

YITCMG147   62,T;66,T

YITCMG149   25,A;30,A;174,T

YITCMG150   99,T/C;101,G;116,G

YITCMG152   25,A/G;83,A

YITCMG153   97,A/C;101,A/G;119,A

YITCMG154   5,T;26,T;47,C;60,G;77,C;130,C;141,C

YITCMG155   31,T;51,C;123,T/C;155,A/G

YITCMG156   28,A/T;44,C/G

YITCMG157   83,C

YITCMG158   67,C;96,A;117,G

YITCMG159   6,T/C;92,A/C;137,T

YITCMG160   55,A/G;75,T/C;92,G;107,T;158,C

YITCMG161   71,A;74,C

YITCMG162　26,T
YITCMG163　43,T/C;96,T;114,T;115,G;118,T
YITCMG165　121,T/C;174,T/C
YITCMG166　13,T/C;87,G
YITCMG167　103,A/G;120,A/G;150,A/G
YITCMG168　171,G
YITCMG169　51,T/C;78,A/C;99,T/C
YITCMG171　11,A/G;61,T/C;76,T/C
YITCMG172　164,A;168,G;186,G;187,G
YITCMG173　11,G;17,A;20,C;144,C;161,A;162,T
YITCMG174　5,T/G;9,T/C;10,A/C;31,A/G;84,A
YITCMG175　42,T/C;55,T/C;62,C;98,T/C
YITCMG176　44,A/G;107,A/G
YITCMG178　44,A/G;99,T/C;107,T/G;111,A/C
YITCMG179　54,T/C;86,C;125,A/G;131,G
YITCMG180　23,C;72,C
YITCMG182　3,A/G;59,T/C;66,T/A;77,T/C
YITCMG183　24,T;28,A/G;75,T/C
YITCMG184　43,A/G;45,A;60,C;97,C/G
YITCMG185　68,A;130,T
YITCMG187　105,T;106,G
YITCMG188　16,T/C;66,A/G;101,A/T
YITCMG189　23,T/C;51,A/G;125,A/G;138,T/A;168,T/C;170,T/C
YITCMG190　48,A/G;54,T/C;117,T;162,G
YITCMG193　3,A/G;9,T/A;30,T/C;39,A/G;99,T/C;120,T/G;121,G;129,A/C;153,T
YITCMG194　1,T/A;32,A/T
YITCMG195　87,T/C;128,A/G;133,A/G
YITCMG196　91,C/G;197,A
YITCMG197　18,C;35,G;178,A;195,T
YITCMG198　70,A;71,G
YITCMG199　3,T;56,A;62,C/G;173,C;175,G
YITCMG200　38,C;53,G
YITCMG201　113,A/C;120,T/G;179,T/A;185,T/G;194,T/C
YITCMG202　16,C;112,A;121,T
YITCMG203　28,G;42,T;130,C
YITCMG206　66,G;83,G;132,G;155,G
YITCMG207　82,A/G;156,T
YITCMG208　86,A;101,T
YITCMG209　24,T;27,C;72,C
YITCMG210　6,C;21,A;96,T;179,T
YITCMG211　11,A/C;133,A;139,A
YITCMG212　17,G;111,G;129,C
YITCMG213　55,A;102,T;109,C
YITCMG214　5,T/A

YITCMG217　164,T;181,T/C;185,T;196,A/G;197,A/G

YITCMG218　31,C;59,T;72,C;108,T

YITCMG219　89,C;125,T/C

YITCMG220　64,A/C;67,C/G;126,A/G

YITCMG221　8,C;110,G;131,A;134,A

YITCMG222　1,T/G;15,T/C;70,C/G

YITCMG223　23,T;29,T;77,A/G

YITCMG225　61,A/G;67,T/C

YITCMG226　51,T/C;72,A;117,T

YITCMG227　6,G;26,T;99,A/G

YITCMG228　72,C

YITCMG229　56,T/C;58,T/C;65,T/C;66,T/C

YITCMG230　17,A/C;65,C;103,A;155,A/G

YITCMG231　12,T/C

YITCMG232　1,C;76,G;80,G;152,C;169,T;170,G

YITCMG233　130,A;132,G;159,T;162,A

YITCMG234　54,T;103,A;183,A;188,G

YITCMG235　128,C/G

YITCMG236　94,A;109,A

YITCMG237　24,T/A;39,G;105,A/G

YITCMG238　49,T/C;61,A/C;68,C

YITCMG239　46,T/C;59,T/C;72,A

YITCMG240　21,A/G;96,A/G

YITCMG241　23,A/G;32,T/C;42,T/G;46,A/G;54,A/T;75,T/C

YITCMG242　70,T

YITCMG244　71,T/C;109,T/G;113,T/C

YITCMG246　51,T/C;70,T/C;75,A/G

YITCMG247　19,A/C;30,A/C;40,A/G;46,T/G;113,T/G;123,T/C;184,C/G

YITCMG248　31,A;35,G;60,G

YITCMG249　22,C;142,T/C;167,T/C;195,A/G;199,A/G

YITCMG250　92,T/C;98,T;99,G

YITCMG252　26,A/G;69,T/C;82,T/A

YITCMG253　70,A/C;198,T/G

YITCMG254　48,C;82,T;106,G

YITCMG255　6,A/G;8,A/G;13,T/G;18,A/T;67,T;155,C;163,G;166,T

YITCMG256　19,G;47,C;66,G

YITCMG257　58,T/C;77,T/C;89,T/C

YITCMG258　170,A;172,C

YITCMG259　23,C/G;24,A/T;180,T;182,A

YITCMG260　63,A/G;154,A/T;159,A/C;172,T/C

YITCMG261　38,T/G;106,T/A;109,T/C

YITCMG262　47,T/G

YITCMG263　91,A

YITCMG264　14,T/G;47,A/G;59,T/C;65,T/C

YITCMG266   5,A/G;24,T/G;31,A/G;62,C/G;91,A/G

YITCMG267   39,G;108,A;134,T

YITCMG269   43,T/A;91,T/C

YITCMG270   10,A;48,T/C;52,A/G;69,A/C;122,T/C;130,T;134,T/C;143,T/C;162,T/C;168,A/G;
191,A/G

YITCMG271   100,C/G;119,T/A

YITCMG272   43,G;74,T;87,C;110,T

YITCMG274   90,A/G;141,A/G;150,T/C

YITCMG275   106,C;131,A

YITCMG276   41,T;59,A

YITCMG277   24,T

YITCMG279   94,A/G;113,A/G;115,T/C

YITCMG280   62,C;85,C;121,A;144,T;159,C

YITCMG281   18,G;22,G;92,C;96,A

YITCMG282   34,T/C;46,A/G;64,T/C;70,T/G;98,T/C;116,A/G;119,C/G

YITCMG283   67,T;112,A;177,G

YITCMG284   55,T/A;94,T/C

YITCMG285   85,A/G;122,C/G

YITCMG286   119,A/G;141,A/C

YITCMG287   2,C;38,T

YITCMG289   50,T

YITCMG290   21,T/G;66,C/G

YITCMG293   69,A/T;170,T;207,A/G

YITCMG294   7,A/G;32,C/G;82,A/T;99,T/G;108,A/T

YITCMG295   15,A/G;71,A/T

YITCMG296   90,A/C;93,T/C;105,A/T

YITCMG297   147,A/C

YITCMG298   44,A;82,A;113,A/G

YITCMG299   22,C/G;29,A;38,T/C;48,A/G;53,C/G;134,T/G

YITCMG300   199,G

YITCMG301   98,A/G;108,C;128,T/G

YITCMG302   11,T/G;40,A/G;96,T/C

YITCMG304   30,T/G;35,A;42,G;116,G

YITCMG305   68,C/G

YITCMG306   16,T/C;69,A/C

YITCMG307   37,A/G

YITCMG309   5,A/C;23,T/A;77,A/G;85,C/G;162,A/G

YITCMG310   98,G

YITCMG311   83,C;101,C;155,A

YITCMG312   42,T/A;104,A/T

YITCMG313   125,A/T

YITCMG314   27,C/G;53,C

YITCMG316   98,T/C;102,T/C;191,T/C

YITCMG317   38,T/G;98,A/G;151,T/C

YITCMG318　61,T;73,A;139,T/C

YITCMG319　147,T/C

YITCMG320　4,A/G;87,T/C

YITCMG321　16,G;83,T/C

YITCMG322　72,T/C;77,T/C;91,A/T;102,T/C

YITCMG323　6,T/A;49,C;73,T;108,C/G

YITCMG324　55,T;56,G;74,G;195,A

YITCMG325　22,C;38,A;130,C;139,C

YITCMG326　11,T/C;34,A/G;41,T/A;72,T/C;161,T/C;169,T/G;177,G;179,A/G

YITCMG328　15,C;47,T/C;86,T/C

YITCMG329　48,T;109,T

YITCMG330　52,A;129,G;130,A

YITCMG331　24,A/G;51,A/G;154,A/G

YITCMG332　62,G;63,G;93,A

YITCMG333　132,T/C;176,A/C

YITCMG336　28,C;56,A;140,T

YITCMG339　48,C;81,C

YITCMG340　68,A/G;75,A/G;107,A/C

YITCMG341　2,T/C;59,A/T;83,T;124,G;146,A/G;210,T/G

YITCMG342　162,A;169,T

YITCMG343　3,A;39,T

YITCMG344　14,T/C;35,T/G;47,A/G;85,A/G

YITCMG345　31,T/A;34,T/A;39,T

YITCMG346　7,A/T

YITCMG347　19,A/T;21,A/G;29,A/G;108,A/C;149,T/C

YITCMG348　65,T/C;73,A/G;131,A;141,T/A

YITCMG350　17,A

YITCMG351　11,G;79,T/G;109,C;139,C

YITCMG352　108,C;138,T;145,A/T

YITCMG353　75,A/T;85,T/C

YITCMG354　62,A/C;66,A/G;81,A/C;134,A/C

YITCMG355　34,A;64,A/C;96,A/G;125,A/C;148,A/G

YITCMG356　45,A/T;47,A/C;72,A/T;168,A/G

YITCMG357　29,A/C;51,T/G;81,T/C

YITCMG359　131,T/A;143,A/G

YITCMG360　64,A;87,G;92,C

YITCMG361　3,A/T;102,T/C

YITCMG362　137,A/T

YITCMG363　56,A/G;57,T/C;96,T/C

YITCMG364　7,G;28,T/C;29,A/G;96,T/C

YITCMG366　83,A/T;121,T/A

YITCMG367　21,T/C;145,C/G;174,C/G

YITCMG368　23,C/G;117,A/C

YITCMG369　76,A/C;82,T/C;83,T/C;84,T/G;85,C/G;86,A/C;87,T/A;99,C/G;104,A/G;141,A/G

YITCMG370　18,G;117,T;134,A

YITCMG371　27,A/G;60,T/C

YITCMG372　61,C

YITCMG374　3,A/G;135,T/C;138,A/G;206,A/G

YITCMG375　17,A/C

YITCMG376　74,A/G;75,A/C;98,A/T

YITCMG377　3,A/G;42,A/C

YITCMG378　49,T/C

YITCMG379　61,T;71,T;80,C

YITCMG380　40,A/G

YITCMG381　64,T/G;113,T/C;124,T/C;125,A/G

YITCMG382　62,A;72,C;73,C

YITCMG383　55,A;110,C

YITCMG384　106,A/G;195,T/C

YITCMG385　61,C;79,C;123,A/G

YITCMG386　33,T/C;65,G

YITCMG387　111,C;114,G

YITCMG388　17,T;121,A/G;147,T/C

YITCMG389　3,T/G;9,A;69,A;101,A/G;159,C

YITCMG390　9,C

YITCMG391　116,C/G

YITCMG392　109,T/C;114,A/C

YITCMG393　66,G;99,C

YITCMG394　38,G;62,A

YITCMG395　45,T

YITCMG397　92,G;97,T/G

YITCMG398　131,C;132,A;133,A;159,C;160,G;181,T

YITCMG399　7,A;41,A

YITCMG400　34,T/C;41,T/C;44,T/C;53,T/C;62,T/C;71,C/G;72,A/T;90,A/C

YITCMG401　43,T

YITCMG402　137,T;155,G

YITCMG403　36,T/C;49,T/A;173,C/G

YITCMG404　8,A/G;32,T/C;165,A/G

YITCMG405　155,C;157,C

YITCMG406　3,A/T;73,G;115,T

YITCMG407　13,T/C;26,T/G;65,A/C;97,T/G

YITCMG408　137,G

YITCMG409　82,G;116,T

YITCMG410　2,T;4,A;20,C;40,G;155,C

YITCMG411　2,T;81,A;84,A

YITCMG412　79,A;154,G

YITCMG413　55,A/G;56,C/G;82,T/C

YITCMG414　11,T/A;37,A/G;51,T/C;62,C/G

YITCMG415　7,A/G;84,A/G;87,A/G;109,T/G;113,A/G;114,A/G

YITCMG416　80,A/G;84,A/G;112,A/G;117,T/A

YITCMG419　73,A/T;81,T/A

YITCMG420　35,C;36,A

YITCMG421　9,C;67,T;97,A

YITCMG422　97,A

YITCMG423　39,T/G;41,T/C;117,G;130,C/G

YITCMG424　69,T/G;73,A/G;76,C/G;89,T/A

YITCMG425　57,A/G;66,T/C

YITCMG427　103,T/C;113,A/C

YITCMG428　18,A;24,C;135,A/G

YITCMG432　69,T;85,C

YITCMG434　27,A/G;37,A/T;40,A/G;43,C/G;86,T/C

YITCMG435　28,T/C;43,T/C;103,A/G;106,A;115,T/A

YITCMG436　2,A/G;25,A;49,A/G;56,A

YITCMG437　44,A/G;92,C/G;98,T/C;151,T/C

YITCMG438　155,T

YITCMG439　87,T/C;113,A/G

YITCMG440　64,A;68,G;70,T;78,T/C

YITCMG441　96,A/G

YITCMG442　2,A/T;67,A/C;68,T/C;127,A/G;139,T/A;162,A/G;170,T/C;171,T/G

YITCMG443　28,A/T

YITCMG447　94,A/G;97,A/G;139,A/G;202,A/G

YITCMG448　22,A/C;37,T/C;91,T/G;95,A/C;112,C/G;126,T/C;145,T/G

YITCMG450　100,A/G;146,T/A

YITCMG451　26,A/G;33,A/C;69,T/C;74,A/G;115,C/G

YITCMG452　96,C/G;151,T/C

YITCMG453　87,A/G;156,T/C

YITCMG454　90,A;92,T;121,C

YITCMG456　32,A/G;48,A/G

YITCMG457　77,T/A;89,T/C;98,T/C;101,A/G;119,A/G;124,G;156,C/G

YITCMG459　120,A;141,A

YITCMG460　45,T

YITCMG461　131,A/G

YITCMG462　1,A/G;22,C/G;24,C;26,A;36,T/C;49,A/C

YITCMG463　78,T/C;134,A/G;190,C

YITCMG464　52,A/G;57,T/G

YITCMG465　117,G;147,G

YITCMG466　75,T/A;99,C/G

YITCMG467　9,A/G;11,A;14,A/G;86,A/T;161,A/G;179,A/T

YITCMG469　12,T;71,A

YITCMG470　72,T;75,A

YITCMG471　8,A;65,A;88,C;159,C

YITCMG472　51,G

YITCMG474　94,A;104,T;119,A

YITCMG475　2,T/C;82,A/G;84,A;102,C;105,C/G

YITCMG476　22,A/G;54,T/A

YITCMG477　3,T/G;7,T;14,T/G;91,C;150,T

YITCMG478　112,A/G;117,T/C

YITCMG480　29,C/G;64,A/G

YITCMG481　21,A/G;108,A/G;192,T/G

YITCMG482　65,T/C;87,A/G;114,T/C;142,T/G

YITCMG483　113,A/G;143,T/C;147,A/G

YITCMG484　23,A/G;47,T/A;78,A/G;79,A/G

YITCMG485　86,A/G;116,C;125,T

YITCMG486　40,A/G;109,T/G;148,T/G

YITCMG487　140,C

YITCMG488　51,C/G;76,A/G;127,T/C

YITCMG490　57,T/C;135,A/T

YITCMG491　156,A/G;163,A/G

YITCMG492　55,A/G;70,T/C

YITCMG493　4,T/C;6,G;23,A/C;30,T;48,A/G;82,A/G

YITCMG494　43,T/C;52,A/G;84,A/G;98,A/G;154,T/C;188,T/C

YITCMG495　65,T/G;73,A/G;82,A/G;86,A/G;89,A/G

YITCMG496　26,A/G;134,T/C;179,T/C

YITCMG497　22,A/G;33,C/G;62,T/C;77,T/G

YITCMG501　15,T/A;93,A/G;144,A;173,C

YITCMG502　4,A/G;127,T/C;130,A/T;135,A/G;140,T/C

YITCMG503　70,G;85,C;99,C

YITCMG504　11,A;17,G

YITCMG505　54,A/G;99,T/C;158,T/C;198,A/C

YITCMG506　47,A/G;54,A/C

YITCMG507　24,G

YITCMG508　96,T;115,G

YITCMG509　65,T/C;126,A/G

YITCMG510　1,A;110,A

YITCMG511　39,T;67,A;168,G;186,A

YITCMG512　25,A;63,G

YITCMG514　35,T/C;45,C

YITCMG515　41,C;44,T;112,T/A

YITCMG516　29,T

YITCMG517　74,T/A;84,T/A;86,A/G;163,T

YITCMG518　18,T/C;60,A/G;77,T/G

YITCMG519　129,T;131,T

YITCMG520　65,A/G;83,A/G;136,T/C;157,A/C

YITCMG521　8,T/G;21,G;30,A/G

YITCMG522　72,A/T;137,G;138,C

YITCMG524　19,A/G;100,A/G

YITCMG526　51,A/G;78,T/C

YITCMG527   108,T/G;118,A/C
YITCMG528   1,C;79,G;107,G
YITCMG529   15,A/C;129,T/C;144,A/C;165,C/G;174,T
YITCMG530   55,T/A;62,A/G;76,C;81,A
YITCMG531   11,T;49,T
YITCMG532   17,A/C;85,T/C;111,A/G;123,A/C;131,A/C
YITCMG533   85,A/C;183,C;188,A/G
YITCMG534   40,T/A;122,C/G;123,T/C
YITCMG535   36,A;72,G
YITCMG537   34,C/G;118,A/G;135,T/C;143,A/G
YITCMG538   3,T;4,C
YITCMG539   27,T/G;54,T/C;75,T/A
YITCMG540   17,T/A;73,T/C
YITCMG541   18,A/C;66,C/G;70,A/C;176,T/C
YITCMG542   18,T;69,T;79,C

热农 1 号

YITCMG001 53,A/G;72,T/C;78,A/G;85,A

YITCMG002 28,A/G;55,T/C;102,T/G;103,C/G

YITCMG003 29,T/C;82,A/G;88,A/G;104,A/G

YITCMG004 27,T;73,A/G

YITCMG005 56,A;100,A;105,A/T;170,T/C

YITCMG006 13,T;48,G;91,C

YITCMG007 65,T/C;96,A/G

YITCMG009 181,A/G

YITCMG010 100,T/C

YITCMG011 166,A/G

YITCMG013 69,T/C

YITCMG014 39,T/C;126,A;130,T;178,C/G;210,T/A

YITCMG015 44,A/G;127,A;129,C;174,A

YITCMG018 30,A

YITCMG019 36,A/G;47,T/C;66,C/G

YITCMG020 70,A/C;100,C/G;139,A/G

YITCMG022 3,A;11,A;92,G;94,T;99,C;118,G;131,C;140,G

YITCMG027 138,A/G

YITCMG028 45,A;110,G;133,T;147,A;167,G

YITCMG030 55,A

YITCMG031 48,T/C;84,A/G;96,A/G

YITCMG032 117,C/G

YITCMG033 73,A/G;85,A/G;145,A/G

YITCMG035 102,T/C;126,T/G

YITCMG036 23,C/G;99,C/G;110,T/C;132,A/C;139,T/C

YITCMG039 1,A/G;61,A/G;71,T/C;93,T/C;104,T/C;105,A/G;151,T/G

YITCMG042 5,A/G;92,A/T

YITCMG043 56,T;61,A;67,C

YITCMG044 167,G

YITCMG046 55,A/C;130,A/G;137,A/C;141,A/G

YITCMG047 37,T/A;60,T/G;65,T/G

YITCMG049 115,A/C;172,A/G;190,A/T

YITCMG050 44,C

YITCMG051 15,C;16,A

YITCMG053 86,A;167,A;184,T

YITCMG054 34,G;36,T;59,A/G;70,G

YITCMG056 117,C

YITCMG057 98,T/C;99,A/G;134,T/C

YITCMG058 67,T/G;78,A/G

YITCMG059 84,A;95,T;100,T;137,A;152,T;203,T

YITCMG060 10,A;54,T;125,T;129,A

YITCMG062　79,T/C;122,T/C

YITCMG063　86,A;107,C

YITCMG064　2,A/G;27,T/G;74,C/G;109,T/A

YITCMG067　1,C;51,C;76,G;130,C

YITCMG070　6,C/G

YITCMG072　54,A/C

YITCMG073　15,A/G;49,A/G;103,T/A

YITCMG075　168,A/C

YITCMG076　129,T/C;162,C;163,A/G;171,T

YITCMG077　10,C;27,T;97,T;114,A;128,A;140,T

YITCMG078　33,A;95,T;147,T;165,A

YITCMG079　3,G;7,A/G;8,T;10,A;110,C;120,A/G;122,A;125,A

YITCMG080　43,A/C;55,T/C

YITCMG081　91,C/G

YITCMG082　97,A/G

YITCMG083　123,A/G;161,A/C;169,C/G

YITCMG084　80,T/C;118,G;136,T;153,A/C

YITCMG085　6,A/C;21,T/C;24,A/C;33,T/C;157,T/C;206,T/C;212,T/C

YITCMG086　142,C/G

YITCMG088　33,A

YITCMG089　92,A/C;103,T/C;151,C/G;161,T/C

YITCMG090　17,C;46,G;75,T

YITCMG091　33,C/G;59,A;84,T/G;121,A/G;187,A/C

YITCMG094　124,T/A;144,A/T

YITCMG096　24,C;57,A;66,T

YITCMG098　48,A;51,C;180,T

YITCMG100　74,A/G;118,C/G;124,T/C;141,C/G;155,T

YITCMG101　53,T;92,T

YITCMG102　6,C;129,A

YITCMG104　79,G

YITCMG105　31,A/C;69,T/G

YITCMG106　29,A;32,C;59,C;65,A/G;137,C;183,T/C;198,A/G

YITCMG107　23,A/G;143,A/C;160,G;164,C;165,T/A

YITCMG108　34,A/G;64,C/G

YITCMG109　17,T/C;29,A/C;136,A/T

YITCMG110　30,T;57,T/C

YITCMG111　39,T;62,G;67,A

YITCMG112　101,C/G;110,A/G

YITCMG113　5,G;71,A;85,G;104,G

YITCMG114　75,A;81,A/C

YITCMG117　115,T/C;120,A/G

YITCMG118　2,A/C;13,A/G;19,A/G;81,T/C

YITCMG119　72,C/G;73,A/C;150,T/C;162,A/G

YITCMG120　38,T/A;133,T/C

YITCMG121   32,T/A;72,T/G;149,A/G

YITCMG122   45,A/G;185,A/G;195,A/G

YITCMG124   75,T/C;119,A/T

YITCMG125   123,C/G

YITCMG127   146,A/G;155,T/A;156,A/G

YITCMG131   27,T/C;107,C/G;126,A/T

YITCMG132   169,T

YITCMG133   31,T/G;76,T/G;86,T/G;122,A/T;209,T/A

YITCMG134   23,C;98,T;128,A;139,T

YITCMG135   63,T/C;69,C/G;173,T/C

YITCMG137   1,T/C;24,A/G;48,A/G;52,T;172,A/G

YITCMG138   16,T/G

YITCMG139   7,G

YITCMG140   6,T

YITCMG141   184,C

YITCMG144   61,C;81,C;143,A;164,G

YITCMG145   7,A;26,G;78,G

YITCMG146   27,C;69,G;88,G;111,A

YITCMG148   35,A/G;75,T/C;87,T/C;101,T/G

YITCMG149   25,A/C;30,A/G;138,A/G

YITCMG150   101,A/G;116,T/G

YITCMG151   155,A;156,C

YITCMG153   97,A/C;101,A/G;119,A/G

YITCMG154   5,T/C;47,A/C;77,T/C;141,T/C

YITCMG157   18,A/G;83,T/C

YITCMG158   67,T/C;96,A/G;117,A/G

YITCMG159   137,T/C

YITCMG165   121,T/C;174,T/C

YITCMG166   87,G

YITCMG168   171,C/G

YITCMG169   51,C;78,C;99,T

YITCMG170   31,G;145,C;150,T;157,A

YITCMG171   9,T;61,C;76,C;98,A

YITCMG173   11,C/G;17,A/C;20,C;144,C;161,A/G;162,T/C;163,T/G

YITCMG174   9,T;10,A;84,A

YITCMG175   42,T;55,T;62,C;98,C

YITCMG176   44,A;101,T/C;107,A

YITCMG178   119,T/C

YITCMG180   23,C;72,C

YITCMG181   134,G

YITCMG182   3,A/G;77,T/C;120,A/T

YITCMG184   45,A;60,C;97,C

YITCMG185   62,A/G;68,A;80,A/G;130,A/T;139,A/G

YITCMG187   105,T;106,G

YITCMG188   16,T/C;66,A/G;101,T/A
YITCMG189   23,T/C;51,A/G;138,T/A;168,T/C
YITCMG190   48,G;54,C;117,T;162,G
YITCMG193   30,T/C;121,T/G;129,A/C;153,T
YITCMG194   1,A/T;32,T/A;55,A/G;165,T/C
YITCMG195   71,A/T
YITCMG196   19,A/G;91,T/C;190,A/G;191,T/C
YITCMG197   18,A/C;35,T/G;178,A/C;195,T/C
YITCMG198   70,A/G;71,A/G;100,A/C
YITCMG199   131,A/C
YITCMG204   76,C;85,A;133,G
YITCMG206   177,A/G
YITCMG209   27,C
YITCMG212   17,A/G;111,A/G
YITCMG216   69,A/G;135,C;177,A/G
YITCMG217   11,A;19,A;154,G;164,C
YITCMG218   31,C;59,T;72,C;108,T
YITCMG219   89,T/C;125,T/C
YITCMG220   126,A/G
YITCMG221   8,C;76,G;110,A/G;131,A;134,A
YITCMG222   1,A;15,C;70,G
YITCMG228   72,A/C;81,T/C;82,T/C
YITCMG230   65,A/C;103,A/C
YITCMG231   87,T/C;108,T/C
YITCMG232   80,C/G;152,C/G;170,A/G
YITCMG233   130,A/C;132,A/G;159,T/C;162,A/G
YITCMG237   24,A;39,G;71,G;76,C
YITCMG238   49,C;68,C
YITCMG239   46,T/C;59,T/C;72,A/G
YITCMG240   21,A/G;96,A/G
YITCMG241   23,G;32,C;42,T;46,G;54,T/A;75,T/C;77,A/C
YITCMG242   70,T
YITCMG243   73,T/C;147,T/C
YITCMG244   71,C;76,A/G;109,T/G;113,T/C
YITCMG247   123,T/C
YITCMG249   22,T/C;167,T/C;195,A/G;199,A/G
YITCMG251   151,T/C
YITCMG253   32,T/C;53,A/G;182,A/G;188,T/G
YITCMG255   30,A/G;31,A/C;163,A/G
YITCMG256   19,A/G;47,A/C;66,A/G;83,A/T
YITCMG257   58,T/C;89,T/C
YITCMG258   2,T/C;101,T/A;172,T/C
YITCMG259   127,A/G;180,T/A;182,A/G
YITCMG260   63,A/G;154,T/A;159,A/C

YITCMG261   17,T;20,A/G;29,A/G;38,G;106,A;109,T

YITCMG262   47,T/G;89,T/C

YITCMG263   42,T/C;77,T/G

YITCMG266   5,G;31,G;62,T

YITCMG267   39,A/G;108,A/T;134,T/G

YITCMG272   43,T/G;74,T/C;87,T/C;110,T/C

YITCMG273   41,C/G;67,A/G

YITCMG274   141,A/G;150,T/C

YITCMG275   154,A/G

YITCMG276   41,T/G;59,A/G

YITCMG278   1,A/G;10,A/G;12,A/C

YITCMG279   94,A/G;113,A/G;115,T/C

YITCMG280   120,T/C;159,C

YITCMG281   18,A/G;22,A/G;92,C;96,A

YITCMG282   46,A/G;64,T/C

YITCMG283   67,T;112,A;177,G

YITCMG284   18,A/G;55,A/T;94,T/C

YITCMG285   85,A;122,C

YITCMG286   119,A/G;141,A/C

YITCMG287   2,T/C;38,T/C;170,A/C

YITCMG289   50,T

YITCMG290   13,A;21,T;66,C;128,A;133,A

YITCMG291   96,T/G

YITCMG292   2,A/G

YITCMG293   11,A/G;170,T

YITCMG295   15,A/G;19,A/G;71,T/A;130,A/G

YITCMG296   90,A;93,T;105,A

YITCMG297   128,T/C;147,A/C

YITCMG299   29,A/G;34,A/G;103,A/G

YITCMG300   191,A

YITCMG301   76,C/G;98,A/G;108,C;111,T/C;128,T/G

YITCMG304   35,A;42,G;116,G

YITCMG305   68,C

YITCMG314   31,A/G;42,A/G;53,A/C

YITCMG315   58,A/G;80,A/G;89,T/C

YITCMG316   102,C

YITCMG318   61,T/C;73,A/C

YITCMG320   4,A/G;87,T/C

YITCMG321   16,G

YITCMG322   72,T/C

YITCMG323   6,T/A;49,C;73,T

YITCMG324   55,T/C;56,T/C;74,A/G;142,A/G;195,A/G

YITCMG325   22,C;45,A/G;130,C;139,C

YITCMG326   11,A/C;41,T/A;161,T/C;169,T/G;177,G;179,A/G

YITCMG328	15,C;47,T/C;86,T/C
YITCMG329	48,T;109,T
YITCMG330	52,A/G;129,T/G;130,A/G
YITCMG331	24,A/G;51,G;154,A/G
YITCMG332	62,C/G;63,A/G;93,A/C
YITCMG333	132,T/C;176,A/C
YITCMG334	43,C/G;104,A/C
YITCMG335	48,A;50,T;114,G
YITCMG338	71,T/C;126,A/G;159,C;165,T;179,G
YITCMG341	83,A/T;124,T/G
YITCMG342	162,T/A;169,T/C
YITCMG343	3,A/G;39,T/C
YITCMG345	25,C/G;31,T/A;34,T/A;39,T
YITCMG346	7,T/A
YITCMG347	19,T/A;29,A/G;108,A/C
YITCMG348	65,T/C;69,T/C;73,A/G;124,A/C;131,A/G;141,T/A
YITCMG351	11,T/G;109,T/C;139,C/G
YITCMG352	108,T/C;109,A/G;138,A/T
YITCMG353	75,T;85,C
YITCMG354	62,C;66,A/G;81,A/C;134,C
YITCMG355	34,A;64,C;94,G;96,A
YITCMG356	45,A;47,A;72,A
YITCMG357	5,C/G;51,G;76,T/A;88,A/G
YITCMG359	143,A/G
YITCMG360	64,A/G;87,A/G;92,T/C
YITCMG361	3,T/A;102,T/C
YITCMG362	12,T/C;62,T/A;77,A/G
YITCMG363	39,A;56,G
YITCMG365	23,T;79,T;152,C
YITCMG366	36,T;83,T;110,C;121,A
YITCMG367	21,T;145,C;165,A;174,C
YITCMG368	116,T;117,G
YITCMG369	99,T
YITCMG370	18,A/G;105,T/A;117,T/C;134,A/T
YITCMG371	27,A;36,C
YITCMG373	74,A;78,C
YITCMG374	135,C
YITCMG375	17,C;107,A/T
YITCMG376	5,A/C;74,G;75,C;103,C/G;112,A/G
YITCMG377	198,C
YITCMG378	49,T/C
YITCMG379	61,T
YITCMG383	53,T/C;55,A/G
YITCMG384	52,T/G;106,A/G;128,T/C;195,T/C

YITCMG385　57,T/A
YITCMG386　65,G
YITCMG389　171,G;177,C
YITCMG391　23,G;117,C
YITCMG392　109,C;114,C;133,C
YITCMG393　66,A/G;99,A/C
YITCMG394　9,T/C;38,G;62,A
YITCMG396　110,C;141,A
YITCMG397　89,C;92,G;97,G;136,A
YITCMG398　131,C;132,A;133,A;159,C;160,G;181,T
YITCMG399　7,T/A;41,A/C
YITCMG400　71,C;72,A
YITCMG401　72,T/G;123,G
YITCMG402　6,A/T;137,T/C;155,A/G
YITCMG403　49,T/A;173,C/G
YITCMG405　155,T/C;157,T/C
YITCMG406　73,A/G;115,T/C
YITCMG408　88,T/C;137,A/G
YITCMG409　82,G;116,T
YITCMG410　2,T;4,A;20,C;40,G
YITCMG411　76,A/T;83,C/G;84,A;87,T/G
YITCMG412　4,A;61,T;156,T/C
YITCMG413　55,G;56,C;82,T
YITCMG414　11,T;37,G;58,G;62,G
YITCMG415　84,A;114,G
YITCMG416　24,T/C;80,A;84,A;94,C/G;112,A
YITCMG417　35,C/G;55,A/G;86,C;131,G
YITCMG418　26,C/G;93,T/C
YITCMG419　73,T;81,A;195,A
YITCMG420　35,C;36,A
YITCMG422　19,A/G
YITCMG423　39,T/G;117,G;130,C/G
YITCMG424　69,T/G;73,A/G;76,C/G;89,T/A
YITCMG425　57,A
YITCMG426　59,T/C;91,C/G
YITCMG427　103,T/C;113,A/C
YITCMG428　18,A/G;24,T/C
YITCMG429　61,T;152,A/G;194,A/G
YITCMG431　69,A/G;97,C/G
YITCMG432　69,T/G;85,T/C
YITCMG434　27,A/G;37,T/A;40,A/G
YITCMG435　28,T;43,C;103,G;106,A;115,A
YITCMG436　56,A/T
YITCMG437　36,T/C;39,A/T;44,A/G;92,C/G;98,T/C

YITCMG438 2,T/A;3,T/C;6,T/A;155,T

YITCMG439 75,A/C;87,C;113,A

YITCMG440 64,A/C;68,A/G;70,T/C;78,T/C

YITCMG442 2,T/A;68,T/C;127,A/G;132,A/T;162,A/G;170,T/C;171,T/G

YITCMG443 28,T;104,T;106,T;107,A;166,G

YITCMG444 118,T/A;141,A/G

YITCMG445 72,G

YITCMG446 13,T/C;51,T/C;88,T/C

YITCMG447 202,G

YITCMG448 91,T/G;112,C/G;145,T/G

YITCMG449 12,T/C

YITCMG450 156,T/G

YITCMG452 96,C/G

YITCMG453 87,A/G;156,T/C

YITCMG454 90,A/G;92,T/G;121,T/C

YITCMG457 77,A/T;89,T/C;98,T/C;113,T/C;124,G;156,C/G

YITCMG459 95,T/C;120,A/C;141,A/G;146,A/G;157,T/C;192,T/C;203,A/G

YITCMG460 45,T

YITCMG461 89,T/C;140,A/G

YITCMG462 24,C;26,A;36,C;49,A/C

YITCMG465 117,G;147,G

YITCMG467 9,A/G;11,A;14,A/G;86,A/T;161,A/G;179,A/T

YITCMG469 12,T;70,G;71,A

YITCMG470 3,T/C;72,T/C;75,A/G;78,C/G

YITCMG472 51,A/G

YITCMG473 65,T;91,T

YITCMG475 82,A/G;84,A/G;102,T/C;106,A/C

YITCMG477 3,T/G;7,T;91,C;150,T

YITCMG478 42,T/C

YITCMG481 21,A;108,A/G;192,T/G

YITCMG482 65,T/C;139,C/G

YITCMG483 113,A/G;143,T/C;147,A/G

YITCMG484 23,A/G;32,A/G;78,A/G;79,A/G

YITCMG485 116,C/G;125,T/C

YITCMG486 109,T/G;148,T/G

YITCMG487 140,C/G

YITCMG488 51,C/G;59,T/C;76,A/G;122,T/G;127,T/C

YITCMG490 57,T/C;135,T/A

YITCMG491 156,A/G;163,A/G

YITCMG492 55,A;70,T/C

YITCMG493 6,T/G;23,A/C;30,T/C;48,A/G;82,A/G

YITCMG494 43,T/C;52,A/G;84,A/G;98,A/G;154,T/C;188,T/C

YITCMG495 65,T/G;73,A/G

YITCMG496 5,T/C;26,A/G;60,A/G

YITCMG497　22,G;33,G;62,T;77,T
YITCMG499　82,A/T;94,T/C
YITCMG500　14,T/C;30,A/G;86,A/T;87,T/C;108,A/T
YITCMG501　144,A/G;173,T/C;176,C/G
YITCMG502　12,T/C;127,T/C
YITCMG504　11,A/C;17,A/G
YITCMG505　54,A/G;99,T/C
YITCMG506　47,A/G;54,A/C
YITCMG507　3,T/C;24,A/G;63,A/G
YITCMG508　140,A
YITCMG509　65,T/C;126,A/G
YITCMG510　1,A;110,A/G
YITCMG511　39,T/C;67,A/G;186,A/G
YITCMG513　104,T/A;123,T/C
YITCMG514　45,C
YITCMG516　29,T/G;53,A/C;120,T/G
YITCMG517　163,T/C
YITCMG519　129,T;131,T
YITCMG521　8,T/G;21,C/G;30,A/G
YITCMG522　127,T/A;136,A/T;137,A/G;138,A/C;139,A/G
YITCMG523　111,T/G;116,A/G;133,A/C;175,T/C;186,A/T
YITCMG524　19,G;100,G
YITCMG526　51,A/G;78,T/C
YITCMG527　35,A/G;115,A/G
YITCMG530　76,C;81,A;113,T
YITCMG532　123,A/C
YITCMG533　85,A;183,C;188,G
YITCMG534　40,A/T;122,C/G;123,T/C
YITCMG537　118,A/G;135,T/C
YITCMG539　27,T/G;54,T/C;152,T/C
YITCMG540　17,T/A;73,T/C;142,A/G
YITCMG541　70,A/C;130,T/G;176,T/C
YITCMG542　69,T/C;79,T/C

四季芒

YITCMG001　53,G;78,G;85,A

YITCMG003　29,C

YITCMG006　13,T/G;27,T/C;91,T/C;95,C/G

YITCMG007　62,T;65,T;96,G;105,A

YITCMG008　50,C;53,C;79,A

YITCMG009　75,C;76,T

YITCMG010　40,T;49,A;79,A

YITCMG011　36,C;63,C/G;114,A

YITCMG012　75,T;78,A

YITCMG013　16,C;21,T/C;41,T/C;56,A;69,T

YITCMG014　126,A/G;130,T/C;162,C/G;200,A/G

YITCMG015　127,A/G;129,A/C;174,A/C

YITCMG017　17,T/G;98,C/G

YITCMG018　30,A

YITCMG019　36,A/G;47,T/C;115,A/G

YITCMG021　104,A;110,T

YITCMG022　3,A;11,A;92,G;94,T;99,C;118,G;131,C;140,G

YITCMG023　142,T;143,C;152,T

YITCMG024　68,A;109,C

YITCMG025　108,T

YITCMG026　16,A/G;81,T/C

YITCMG027　19,T/C;31,A/G;62,T/G;119,A/G;121,A/G;131,A/G;138,A/G;153,T/G;163,T/A

YITCMG028　174,T/C

YITCMG030　55,A;73,T/G;82,A/T

YITCMG031　178,T/C

YITCMG032　91,A/G;93,A/G;94,T/A;117,C/G;160,A/G

YITCMG033　73,G;85,G;145,G

YITCMG035　85,A/C;102,T/C;126,T/G

YITCMG036　23,C/G;99,C/G;110,T/C;132,A/C

YITCMG037　12,T/C;39,T/G

YITCMG038　155,A/G;168,C/G

YITCMG039　1,G;61,A;71,T;104,T;105,G;151,T

YITCMG041　24,A/T;25,A/G;68,T/C

YITCMG042　5,G;92,A

YITCMG044　167,G

YITCMG045　92,T;107,T

YITCMG046　38,A;55,C;130,A;137,A;141,A

YITCMG047　60,T;65,G

YITCMG048　142,C;163,G;186,A

YITCMG049　172,G;190,T

YITCMG050　30,C;44,A

YITCMG052 63,T;70,C
YITCMG053 85,A/C;86,A/G;167,A;184,A/T
YITCMG054 34,A/G;36,T/C;70,A/G;151,A/G
YITCMG056 34,T/C;117,T/C
YITCMG057 98,T/C;99,A/G;134,T/C
YITCMG059 84,A;95,T;100,T;137,A;152,T;203,T
YITCMG060 10,A/C;54,T/C;125,T/C;129,A/G;156,T/G
YITCMG061 107,A;128,G
YITCMG062 79,T/C;122,T/C
YITCMG063 86,A/G;107,A/C
YITCMG065 37,T;56,T
YITCMG066 10,C;64,G;141,G
YITCMG067 1,C;51,C;76,G;130,C
YITCMG071 40,A/G;102,T/A;107,A/T;142,C;143,C
YITCMG072 75,A/G;104,T/C;105,A/G
YITCMG073 19,A;28,C;106,C
YITCMG074 46,T/C;58,C/G;77,A/G;180,T/A
YITCMG075 125,T/C;168,A/C;185,T/C
YITCMG076 162,C;171,T
YITCMG079 5,T/C;26,T/C;125,A/C;155,T/C
YITCMG080 43,C;55,C
YITCMG081 91,G;115,A
YITCMG082 43,A/C;58,T/C;97,A/G
YITCMG083 67,A/G;123,T/G;169,C/G
YITCMG084 118,G;136,T;153,A/C
YITCMG085 6,A;21,C;24,A/C;33,T;157,T/C;206,C
YITCMG086 111,A/G;182,T/A;186,T/A
YITCMG087 19,T/C;60,T/C;129,A/T
YITCMG088 17,A/G;31,T/G;33,A/G;98,T/C
YITCMG089 92,C;103,C;151,C;161,C
YITCMG090 48,C/G;113,T/C
YITCMG091 24,T/C;33,C/G;59,A/C;84,T/G;121,A/G;187,A/C
YITCMG092 22,G;110,C;145,A
YITCMG093 10,G;35,G
YITCMG094 124,A;144,T
YITCMG096 24,C;57,A;66,T
YITCMG099 53,T/A;83,A/G;119,A/G;122,A/C
YITCMG100 155,T
YITCMG101 53,T/G;92,T/G
YITCMG102 116,A/G
YITCMG103 167,A
YITCMG104 79,G;87,G
YITCMG105 31,C;69,A
YITCMG108 34,A/G;64,C/G

YITCMG109   17,T/C;29,A/C;136,A/T

YITCMG111   39,T/G;62,A/G;67,A/G

YITCMG113   85,G

YITCMG114   42,T;46,A;66,T

YITCMG115   32,C;33,A;87,C;129,T

YITCMG116   54,A

YITCMG117   115,T;120,A

YITCMG118   19,A/G

YITCMG119   164,T/C

YITCMG120   106,C;133,C

YITCMG121   32,T;39,A/G;72,G;138,A/G;149,T/G

YITCMG122   45,G;185,G;195,A

YITCMG123   88,T/C;94,T/C

YITCMG124   75,C;119,T

YITCMG125   159,A/C

YITCMG126   82,A/T;142,A/G

YITCMG127   17,T/A;156,A;160,A/T

YITCMG128   40,A/G;106,T/C;107,C/G;131,T/C;160,T/C

YITCMG129   90,T/C

YITCMG130   31,G;70,A/C;83,T/C;108,G

YITCMG131   27,T/C;107,C/G

YITCMG132   43,C/G;91,T/C;100,T/C;169,T

YITCMG133   76,T;83,A/G;86,T;200,A/G;209,T

YITCMG134   23,C;116,A/T;128,A/G;139,T;146,C/G

YITCMG135   34,T;63,C;173,T

YITCMG137   16,G;25,A

YITCMG139   7,G

YITCMG141   71,T;184,C

YITCMG143   73,A

YITCMG147   62,T/C;66,T/C

YITCMG151   155,A;156,C

YITCMG152   83,T/A

YITCMG153   97,C;101,G;119,A

YITCMG156   36,T

YITCMG157   5,A/G;83,T/C;89,T/C;140,A/G

YITCMG158   67,C;96,A;117,G

YITCMG159   84,T;89,A;92,C;137,T

YITCMG161   71,A;74,C

YITCMG163   96,T/A;114,T/C;115,A/G;118,T/G

YITCMG164   57,T;87,A;114,G

YITCMG165   174,C

YITCMG166   13,T;56,T/G;87,G

YITCMG167   150,C

YITCMG169   107,T/C

YITCMG170   145,C/G;150,T/G;157,A/G
YITCMG171   11,A
YITCMG172   186,G;187,G
YITCMG173   11,G;17,A;20,C;144,C;161,A;162,T
YITCMG174   5,T/G;84,A/G
YITCMG175   42,T;55,T;62,C;98,C
YITCMG176   44,A/G;107,A/G;127,A/C
YITCMG178   44,A/G;86,A/C;99,T/C;107,T/G
YITCMG180   23,C;72,C;75,C/G;117,A/G
YITCMG182   3,A/G;59,T/C;66,A/T;77,T/C
YITCMG183   24,T
YITCMG184   45,T/A;60,A/C;64,C/G;97,C/G;127,T/G
YITCMG187   23,T/C;39,A/G;42,A/C;105,T;106,G
YITCMG188   3,A;4,T;16,T;66,G;101,T
YITCMG189   23,T/C;51,A/G;125,A/G;138,A/T;168,T/C;170,T/C
YITCMG190   48,A/G;54,T/C;117,T;162,G
YITCMG193   3,A/G;9,T/A;30,C;39,A/G;121,G;129,C;153,T
YITCMG195   45,A;87,T;128,G;133,A
YITCMG196   197,T/A
YITCMG197   18,A/C;35,T/G;178,A/C;195,T/C
YITCMG198   70,A/G;71,A/G;100,A/C
YITCMG199   3,T;56,A;62,G;173,C;175,G
YITCMG200   38,C;53,G
YITCMG201   113,A/C;120,T/G;179,T/A;185,T/G;194,T/C
YITCMG203   90,T/A
YITCMG204   76,C;85,A;133,G
YITCMG207   73,T
YITCMG209   27,C
YITCMG212   118,G
YITCMG215   52,G;58,T
YITCMG216   69,G;135,C;177,A
YITCMG217   164,T;185,T
YITCMG218   31,C;59,T;72,C;108,T
YITCMG219   89,T/C;125,T/C
YITCMG220   64,A/C;67,C/G;126,A/G
YITCMG221   8,C;76,A/G;110,A/G;131,A;134,A
YITCMG222   1,A;15,C;70,G
YITCMG223   23,T/C;29,T/G
YITCMG224   120,A/G
YITCMG225   61,A/G;67,T/C
YITCMG226   72,A;117,T
YITCMG227   6,A/G;26,T/C
YITCMG228   72,C
YITCMG229   27,A/C;56,T/C;58,T/C;65,T/C;66,T/C

YITCMG230　65,C;103,A

YITCMG232　1,T/C;64,T/C;76,A/C;80,G;152,C;169,T/C;170,G

YITCMG233　127,A/G;130,A;132,G;159,T;162,A

YITCMG235　128,G

YITCMG236　94,A;109,A

YITCMG237　24,T/A;39,G;71,C/G;76,T/C;105,A/G

YITCMG238　49,T/C;68,T/C

YITCMG239　46,C;59,C;72,A

YITCMG240　21,A;96,A

YITCMG242　70,T

YITCMG243　73,C;147,C

YITCMG244　71,C;109,T;113,C

YITCMG246　51,T;70,T;75,A

YITCMG247　19,A;40,A;46,G;123,T

YITCMG248　31,A;35,G;60,G

YITCMG249　22,C;130,G;142,T;162,T;167,C

YITCMG250　98,T;99,G

YITCMG252　26,G;69,T;82,T

YITCMG253　13,T/C;32,T/C;53,A/G;182,A;188,T/G

YITCMG254　48,C/G;64,T/C;106,T/G

YITCMG256　19,A/G;47,A/C;66,A/G

YITCMG259　180,T;182,A

YITCMG260　63,A/G;154,A/T;159,A/C

YITCMG261　17,T/C;20,A/G;29,A/G;38,T/G;106,A/T;109,T/C

YITCMG262　28,T/C;47,T;89,T/C

YITCMG263　42,T;77,G

YITCMG265　138,T;142,G

YITCMG266　5,G;24,T;31,G;62,C;91,G

YITCMG267　39,G;108,A;134,T

YITCMG268　150,A/G

YITCMG269　43,T/A;91,T/C

YITCMG270　10,A;52,G;69,C;122,C;130,T;134,T;143,C;162,C;168,A;191,A

YITCMG272　43,G;74,T;87,C;110,T

YITCMG273　41,C;67,G

YITCMG274　90,A/G;141,A/G;150,T/C

YITCMG275　106,C/G;131,A/C;154,A/G

YITCMG276　41,T/G;59,A/G

YITCMG278　1,A;10,G;12,C

YITCMG279　94,A/G;115,T/C

YITCMG280　62,T/C;85,C/G;121,A/G;144,T/G;159,C

YITCMG281　18,G;22,G;92,C;96,A

YITCMG283　67,T;112,A;177,G

YITCMG284　55,A/T;94,T/C

YITCMG285　85,A;122,C

YITCMG286   119,A;141,C

YITCMG287   2,C;38,T;170,A/C

YITCMG288   79,T/C

YITCMG289   50,T;60,A/T;75,A/G

YITCMG290   13,A/G;21,T;66,C;128,T/A;133,A/C

YITCMG292   85,C;99,A;114,T;126,C

YITCMG293   207,A

YITCMG294   32,C/G

YITCMG295   15,A/G;19,A/G;71,A/T;130,A/G

YITCMG296   90,A;93,T;105,A

YITCMG297   128,T/C;147,A/C

YITCMG298   44,A/G;82,A/G;113,A/G

YITCMG299   22,C/G;29,A;117,C/G;145,A/G

YITCMG300   32,C;68,T;118,T/C;198,A/G

YITCMG301   98,A/T;108,C;128,T/G

YITCMG302   11,T;16,A/T;39,C/G;40,A/G;96,T

YITCMG303   10,T;21,A;54,T

YITCMG304   6,A;35,A;42,G;45,A;116,G;121,C

YITCMG305   50,A/C;67,T/G;68,C

YITCMG306   16,C;69,A;85,T;92,C

YITCMG307   11,C;23,T/C;25,A;37,G

YITCMG308   34,G;35,C;36,G

YITCMG309   5,A/C;23,T;77,G;85,G;162,A/G

YITCMG310   98,G

YITCMG311   83,C;86,T/C;101,C;155,A

YITCMG312   42,T;104,A

YITCMG314   53,C

YITCMG315   16,T/C

YITCMG316   98,T/C;102,T/C

YITCMG317   38,T/G;151,T/C

YITCMG319   33,A/G

YITCMG320   4,G;87,T

YITCMG321   2,T/C;16,G;83,T/C;167,A/G

YITCMG322   2,T/G;69,T/C;72,T/C;77,T/C;91,A/T;102,T/C

YITCMG323   49,C;73,T;108,C

YITCMG325   22,C;130,C;139,C

YITCMG326   177,A/G

YITCMG327   115,T;121,A

YITCMG328   15,C;47,C;86,C

YITCMG329   48,T;92,C/G;109,T

YITCMG330   52,A;129,G;130,A

YITCMG332   62,G;63,G;93,A

YITCMG334   12,T/G;43,C/G;56,T/C;104,A/C

YITCMG335   48,A;50,T;114,G

YITCMG336   28,T/C;56,T/A;140,T/C

YITCMG337   1,G;88,C

YITCMG338   127,G;159,C;165,T;172,T;179,G

YITCMG339   48,C;81,C

YITCMG342   156,A/G;162,A/T;169,T/C;177,T/C

YITCMG343   3,A;39,T/C;127,A/G;138,A/T;171,T/C;187,T/C

YITCMG344   14,T/C;47,A/G;108,T/C

YITCMG345   34,T/A;39,T/G

YITCMG346   7,A/T;20,A/G;67,T/C;82,A/G

YITCMG347   21,A;157,A/G

YITCMG348   65,T/C;69,T/C;73,A/G;124,A/C;131,A/G;141,T/A

YITCMG350   17,A

YITCMG351   11,G;109,C;139,C

YITCMG352   108,T/C;138,T/A;145,T/A

YITCMG353   75,A/T;85,T/C

YITCMG354   66,G;81,A

YITCMG355   34,T/A;64,A/C;96,A/G;107,A/C;148,A/G

YITCMG357   5,C/G;29,A/C;51,T/G

YITCMG358   155,T/C

YITCMG360   64,A/G;87,A/G;92,T/C

YITCMG362   12,T;62,T;77,A

YITCMG363   57,T/C;96,T/C

YITCMG364   7,G;29,A;96,T

YITCMG370   18,G;117,T;134,A

YITCMG371   27,A/G;60,T/C

YITCMG374   3,A/G;102,A/C;135,C;137,A/T;138,G;206,A/G

YITCMG375   17,C

YITCMG376   74,G;75,C;98,T/A

YITCMG377   3,A;30,T/C;42,C

YITCMG378   49,T

YITCMG379   61,T;71,T;80,C

YITCMG380   40,A

YITCMG381   30,G;64,T;124,T

YITCMG382   62,A;72,C;73,C

YITCMG385   24,A/G;61,C;79,C

YITCMG386   13,C;65,G;67,T

YITCMG387   24,A/G;111,C;114,G

YITCMG388   15,A/C;17,T/C;121,A;147,T

YITCMG389   9,A;69,A;159,C

YITCMG390   9,C;82,T/G;95,T/A

YITCMG391   116,C/G

YITCMG392   78,A;109,C;114,C

YITCMG393   41,A/T;66,A/G;99,A/C;153,A/C

YITCMG394   38,A/G;62,A/G

YITCMG395　40,A;49,T

YITCMG397　92,T/G;97,G;136,T/C

YITCMG398　131,T/C;132,A/C;133,T/A;159,T/C;160,A/G;181,T/G

YITCMG399　7,A/T;41,A/C

YITCMG400　34,T/C;41,T/C;44,T/C;53,T/C;62,T/C;71,C/G;72,A/T;90,A/C

YITCMG401　43,T

YITCMG402　137,T/C;155,A/G

YITCMG405　155,C;157,C

YITCMG406　73,A/G;115,T/C

YITCMG407　13,T/C;26,T/G;97,T/G

YITCMG408　88,T/C;137,A/G

YITCMG409　82,C/G;116,T/C

YITCMG410　2,T;4,A;20,T/C;40,G;155,A/C

YITCMG411　2,T;81,A;84,A

YITCMG412　4,A/T;61,T/C;79,A/G;154,A/G

YITCMG413　55,G;56,C;82,T

YITCMG414　11,T;37,G;51,T/C;58,A/G;62,G

YITCMG415　7,A/G;84,A;87,A/G;109,T/G;113,A/G;114,G

YITCMG416　80,A;84,A;94,C/G;112,A;117,T/A

YITCMG417　35,C;55,A;86,C;131,G

YITCMG418　15,T/C;34,A/G

YITCMG419　73,T/A;81,A/T;168,A/G

YITCMG421　9,C;67,T;87,A;97,A

YITCMG422　97,A

YITCMG423　39,G;117,G;130,C

YITCMG424　69,T;73,G;76,C;89,T

YITCMG425　66,C

YITCMG426　59,T/C;91,C/G

YITCMG427　103,T/C;113,A/C

YITCMG428　18,A/G;24,T/C;73,A/G;135,A/G

YITCMG429　61,T/A;152,A/G;194,A/G;195,A/T

YITCMG430　31,T;53,T;69,C;75,A

YITCMG432　69,T;85,C

YITCMG435　28,T;43,C;103,G;106,A;115,A

YITCMG436　56,A/T

YITCMG437　36,T/C;44,A/G;92,C/G;98,T/C;151,T/C

YITCMG438　155,T/G

YITCMG439　87,T/C;113,A/G

YITCMG440　64,A;68,G;70,T;78,T/C

YITCMG442　2,T/A;67,A/C;68,T/C;127,A/G;139,A/T;162,A/G;170,T/C;171,T/G

YITCMG443　28,T/A;180,A/G

YITCMG447　94,G;97,A;99,A/G;139,G;202,G

YITCMG448　22,A/C;37,T/C;91,G;95,C;112,G;126,T;145,G;161,C/G

YITCMG449　23,C;105,G;114,G

YITCMG450   100,A;146,T

YITCMG451   26,A/G;33,A/C;69,T/C;74,A/G;115,C/G

YITCMG452   89,A/G;121,A/G;145,A/G;151,T/C

YITCMG454   90,A/G;92,T/G;121,T/C

YITCMG455   2,T;5,A;20,T;22,G;98,C;128,T;129,A;143,A/T

YITCMG456   32,A/G;48,A/G

YITCMG457   77,A/T;124,G;156,C/G

YITCMG459   120,A;141,A

YITCMG460   41,T/C;45,T/C;68,A/T;69,A/G;74,A/G;132,A/G

YITCMG461   131,A

YITCMG462   24,C;26,A;36,C;49,C

YITCMG463   190,C

YITCMG465   156,A

YITCMG466   75,T;83,G;99,G

YITCMG467   9,A/G;11,A/G;161,A/G;162,C/G;179,T/A

YITCMG469   12,T;70,G;71,A

YITCMG470   3,C;72,T;75,A

YITCMG471   8,A/C;65,A/G;88,T/C;159,A/C

YITCMG472   51,G

YITCMG473   65,T/A;70,A/G;91,T/C

YITCMG475   82,A/G;84,A/G;102,T/C

YITCMG476   22,A;54,T

YITCMG478   112,G;117,C

YITCMG479   38,T/C;103,A

YITCMG481   21,A;108,G;192,G

YITCMG482   65,T;87,A;114,T;142,G

YITCMG484   23,G;78,G;79,G

YITCMG485   34,A/G;116,C;125,T

YITCMG486   109,T;148,T

YITCMG487   140,C/G

YITCMG490   57,C;135,A;165,A/T

YITCMG491   163,A

YITCMG492   55,A;70,T/C

YITCMG493   6,G;23,A/C;30,T;48,A/G;82,A/G

YITCMG494   43,C;52,A;83,T/C;84,A/G;98,G;152,A/G;154,C;188,T;192,T/C

YITCMG495   65,T;73,G

YITCMG496   5,T/C;26,G;60,A/G;134,T/C

YITCMG499   82,A/T;94,T/C

YITCMG500   30,A/G;86,T;87,C;108,A/T

YITCMG501   15,T/A;93,A/G;144,A/G;173,T/C

YITCMG502   4,A/G;12,T/C;130,A/T;135,A/G;140,T/C

YITCMG503   10,A/T;70,A/G;85,A/C;99,T/C

YITCMG504   11,A;13,C;14,G;17,G

YITCMG505   54,A

YITCMG506   31,A/T;47,G;54,A
YITCMG507   3,T/C;24,A/G;63,A/G
YITCMG508   96,T;115,G
YITCMG509   65,T/C;126,A/G
YITCMG510   1,A/G;95,A/G;98,A/G
YITCMG511   39,T/C;67,A/G;168,A/G;186,A/G
YITCMG513   86,A/T;104,T/A;123,T/C
YITCMG514   45,A/C;51,T/C;57,T/C;58,T/G
YITCMG515   41,C;44,T
YITCMG516   29,T
YITCMG517   84,A;86,A;163,T
YITCMG518   60,G;77,T;84,G;89,C
YITCMG519   91,T/C;129,T/C;131,T/G
YITCMG520   65,G;83,A;136,C;157,C
YITCMG521   21,G
YITCMG522   72,A/T;127,A/T;137,A/G;138,A/C
YITCMG524   81,G
YITCMG527   108,T;118,A
YITCMG528   79,G;107,G
YITCMG529   144,A/C;174,T/C
YITCMG530   76,A/C;81,A/G;113,T/C
YITCMG532   17,C;85,C;111,G;131,A
YITCMG533   85,A/C;183,C;188,A/G
YITCMG534   40,T/A;122,C/G;123,T/C
YITCMG535   36,A/G;72,A/G;76,A/C
YITCMG538   3,T/C;4,C/G;168,A/G
YITCMG539   54,C;82,T/C;152,A/T
YITCMG540   17,T/A;73,T/C
YITCMG541   18,A/C;70,A/C;145,A/G;176,T/C
YITCMG542   3,A;69,T;79,C

四季蜜芒

YITCMG001　53,G;78,G;85,A

YITCMG003　29,C

YITCMG004　27,T/C

YITCMG006　13,T;27,T;91,C;95,G

YITCMG007　62,T;65,T;96,G;105,A

YITCMG008　50,C;53,C;79,A

YITCMG010　40,T/C;49,A/C;79,A/G

YITCMG011　36,A/C;114,A/C

YITCMG012　75,T;78,A

YITCMG013　16,C;56,A;69,T

YITCMG014　126,A;130,T

YITCMG015　44,A;127,A;129,C;174,A

YITCMG017　17,G;24,T/C;98,C;121,T/G

YITCMG018　30,A

YITCMG019　36,A;47,C

YITCMG021　129,C

YITCMG022　3,A/T;11,A/T;41,T/C;92,T/G;94,T/G;99,C;118,C/G;129,A/G;131,C;140,A/G

YITCMG023　142,T;143,C;152,T/C

YITCMG024　68,A;109,C

YITCMG025　108,T/C

YITCMG026　16,A;81,T

YITCMG027　19,C;31,G;62,G;119,G;121,A;131,G;153,G;163,T

YITCMG028　174,C

YITCMG029　37,C;44,G

YITCMG030　55,A;73,T;82,A

YITCMG032　117,C

YITCMG033　73,G;85,G;145,G

YITCMG034　122,G

YITCMG035　102,C;126,G

YITCMG037　12,T/C;39,T/G

YITCMG039　1,G;19,G;105,G

YITCMG040　40,T/C;50,T/C

YITCMG041　24,T;25,A;68,T

YITCMG044　7,T;22,C;189,T

YITCMG045　92,T;107,T

YITCMG046　38,A/C;55,A/C;130,A/G;137,A/C;141,A/G

YITCMG047　60,T/G;65,T/G

YITCMG048　142,C;163,G;186,A

YITCMG049　11,A/G;16,T/C;76,A/C;115,C;172,A/G

YITCMG051　15,C;16,A

YITCMG052　63,T;70,C;139,T/C

YITCMG053　86,A/G;167,A/G;184,A/T

YITCMG054　34,A/G;36,T;70,A/G;72,A/C;73,A/G;84,A/C;170,T/C

YITCMG056　34,T/C;117,T/C

YITCMG057　98,T;99,G;134,T

YITCMG059　84,A;95,T;100,T;137,A;152,T;203,T/G

YITCMG060　10,A;54,T;125,T;129,A

YITCMG061　107,A;128,G

YITCMG062　79,T/C;122,T/C

YITCMG064　2,A/G;27,T/G

YITCMG065　37,T/G;56,T/C;136,T/C

YITCMG066　10,A/C;64,A/G;141,T/G

YITCMG067　1,C;51,C;76,G;130,C

YITCMG068　49,T;91,A;157,A/G

YITCMG069　37,G;47,A;100,G

YITCMG071　40,A/G;107,T/A;142,C;143,C

YITCMG072　54,A/C

YITCMG073　19,A;28,C;106,C

YITCMG075　2,T/G;27,T/C;125,C;185,T

YITCMG076　162,C;171,T

YITCMG078　15,T/A;93,A/C;95,T/C

YITCMG079　3,A/G;5,T/C;8,T/C;10,A/G;26,T/C;110,T/C;122,T/A;125,A;155,T/C

YITCMG080　43,C;55,C

YITCMG081　91,G;115,A

YITCMG082　43,A;58,C;97,G

YITCMG083　96,A/G;123,T/G;131,T/C;169,G

YITCMG084　118,G;136,T

YITCMG085　6,A/C;21,T/C;24,C;33,T;206,T/C;212,T/C

YITCMG086　111,A/G;180,A/C;182,T/A;186,T/A

YITCMG087　19,T/C;78,A/G

YITCMG088　33,A/G

YITCMG089　92,C;103,C;151,C;161,C

YITCMG090　46,A/G;48,C/G;75,T/C;113,T/C

YITCMG093　10,A/G;35,A/G

YITCMG094　124,A;144,T

YITCMG095　51,C;78,C;184,A

YITCMG096　24,T/C;57,A;63,T/C;66,T/C

YITCMG098　48,A/G;51,T/C;159,T/C;180,T/C

YITCMG099　53,A/T;83,A/G;119,A/G;122,A/C

YITCMG100　124,T/C;141,C/G;155,T

YITCMG102　20,A/G;135,T/C

YITCMG104　79,G;87,G

YITCMG105　31,A/C;69,A/G

YITCMG106　29,A;32,C;59,T/C;65,G;130,A/G;137,C

YITCMG107　143,C;160,G;164,C

YITCMG108   34,A;64,C

YITCMG109   17,T/C;29,A/C;136,T/A

YITCMG112   20,A/C

YITCMG113   71,A;85,G;104,G;108,C;131,A

YITCMG114   42,T;46,A;66,T

YITCMG115   87,C

YITCMG118   13,A/G;19,A/G;81,T/C

YITCMG119   72,C/G;73,A/C;150,T/C;162,A/G;164,T/C

YITCMG120   121,G;130,C;133,C

YITCMG121   32,A/T;72,G;91,C/G;138,A/G;149,T/G

YITCMG122   45,G;185,G;195,A

YITCMG123   87,A/G;88,T/C;94,T/C;130,T/G

YITCMG124   75,C;99,T/C;119,T

YITCMG127   17,A/T;156,A

YITCMG128   40,A/G;106,T/C;107,C/G;131,T/C;160,T/C;163,A/G

YITCMG129   90,T;104,C;105,C;108,A/G

YITCMG130   31,C/G;83,T/C;108,A/G

YITCMG131   27,C;107,C;126,T/A

YITCMG132   43,C;91,T;100,T;169,T

YITCMG133   31,T/G;76,T;86,T;122,T/A;200,A/G;209,T

YITCMG134   23,C;116,T;128,A;139,T;146,G

YITCMG135   34,T/C;63,T/C;173,T

YITCMG137   1,T/C;24,A/G;48,A/G;52,T;62,A/T

YITCMG138   6,T/A;16,T/G

YITCMG139   7,G;33,A/G;35,A/G;152,T/C;165,A/C;167,A/G

YITCMG141   71,T;184,C

YITCMG143   73,A

YITCMG147   62,T;66,T

YITCMG149   25,A/C;30,A/G;174,T/C

YITCMG150   101,A/G;116,T/G

YITCMG151   155,A;156,C

YITCMG152   83,A/T

YITCMG153   97,C;101,G;119,A

YITCMG155   31,T/G;51,T/C;123,T/C;155,A/G

YITCMG156   28,T;44,C

YITCMG157   83,T/C

YITCMG158   67,C;96,A;117,G

YITCMG159   84,T/C;89,A/C;92,A/C;137,T

YITCMG160   55,A/G;75,T/C;92,A/G;107,T/G;158,T/C

YITCMG161   71,A/G;74,T/C

YITCMG163   96,T;114,T;115,G;118,T

YITCMG165   121,T/C;174,T/C

YITCMG166   13,T/C;87,G

YITCMG167   103,A/G;120,A/G;150,A/G

YITCMG168 171,C/G

YITCMG169 107,T/C

YITCMG170 139,C/G;142,A/G;145,C/G;150,A/G;151,T/C;157,A/G;164,A/G

YITCMG171 9,T/G;11,A/G;61,T/C;76,T/C;98,A/G

YITCMG172 164,A/C;168,A/G;186,G;187,G

YITCMG173 11,G;17,A;20,C;144,C;161,A;162,T

YITCMG174 5,T/G;9,T/C;10,A/C;31,A/G;84,A

YITCMG175 42,T;55,T;62,C;98,C

YITCMG176 44,A/G;107,A/G

YITCMG178 44,A/G;99,T/C;107,T/G;111,A/C

YITCMG180 23,C;72,C;75,C/G

YITCMG182 3,G;77,T

YITCMG183 24,T

YITCMG184 45,A;60,C;64,C/G;97,C/G;127,T/G

YITCMG185 62,A/G;68,A;80,A/G;130,T/A;139,A/G

YITCMG189 125,A/G;170,T/C

YITCMG190 48,A/G;54,T/C;117,T;162,G

YITCMG193 30,T/C;121,T/G;129,A/C;145,T/C;153,T

YITCMG194 1,T/A;32,A/T

YITCMG195 45,T/A;87,T;128,G;133,A

YITCMG196 91,C/G;197,A

YITCMG197 18,C;35,G;178,A;195,T

YITCMG198 70,A;71,G

YITCMG199 3,T;56,A;62,C/G;173,C;175,G

YITCMG200 38,C;53,G

YITCMG201 120,T/G

YITCMG202 16,C;112,A/C;121,T

YITCMG203 28,A/G;42,T/A;130,C/G

YITCMG206 66,G;83,G;132,G;155,G

YITCMG207 82,A/G;156,T

YITCMG208 86,A;101,T

YITCMG209 24,T;27,C;72,C

YITCMG210 6,T/C;21,A/G;96,T/C;179,T/A

YITCMG211 133,A/C;139,A/G

YITCMG212 17,A/G;111,A/G;118,A/G;129,T/C

YITCMG213 55,A/G;102,T/C;109,T/C

YITCMG214 5,A/T

YITCMG215 52,A/G;58,A/T

YITCMG216 69,A/G;135,T/C;177,A/G

YITCMG217 164,T/C;181,T/C;185,T/C;196,A/G;197,A/G

YITCMG218 31,C;59,T;72,C;108,T

YITCMG219 89,C;125,C

YITCMG220 64,A;67,G

YITCMG221 8,C;106,A/T;110,G;131,A;134,A

YITCMG222   1,T/G;15,T/C;70,C/G

YITCMG223   23,T;29,T;77,A/G

YITCMG225   61,G;67,T

YITCMG226   72,A;117,T

YITCMG227   6,G;26,T

YITCMG228   72,C

YITCMG229   56,T;58,C;65,T;66,T

YITCMG230   17,A/C;65,C;103,A;155,A/G

YITCMG231   12,T/C

YITCMG232   1,C;76,G;80,G;152,C;169,T;170,G

YITCMG233   130,A;132,G;159,T;162,A

YITCMG234   54,T/A;103,A/G;183,A/T;188,A/G

YITCMG235   128,G

YITCMG236   94,A;109,A

YITCMG237   24,A;39,G;71,C/G;76,T/C

YITCMG238   49,T/C;61,A/C;68,C

YITCMG239   46,C;59,C;72,A

YITCMG240   21,A/G;96,A/G

YITCMG241   23,A/G;32,T/C;42,T/G;46,A/G;54,A/T;75,T/C

YITCMG242   70,T

YITCMG243   139,T/C

YITCMG244   71,C;109,T;113,C

YITCMG246   51,T;70,T;75,A

YITCMG247   19,A;30,A/C;40,A;46,G;113,T/G;123,T;184,C/G

YITCMG248   31,A;35,A/G;60,G

YITCMG249   22,C;130,A/G;142,T;162,T/C;167,C;195,A/G;199,A/G

YITCMG250   92,T/C;98,T;99,G

YITCMG252   26,G;69,T;82,T

YITCMG253   32,T/C;53,A/G;70,A/C;182,A/G;188,T/G;198,T/G

YITCMG254   48,C;82,T/C;106,G

YITCMG255   6,A/G;8,A/G;13,T/G;18,T/A;67,T/G;155,C/G;163,A/G;166,T/C

YITCMG256   19,G;47,C;66,G

YITCMG257   58,C;77,C;89,T

YITCMG259   23,C/G;24,A/T;180,T;182,A

YITCMG260   63,A;154,A;159,A;172,T/C

YITCMG261   38,G;106,A;109,T

YITCMG262   28,T/C;47,T;89,T/C

YITCMG265   138,T/C;142,C/G

YITCMG266   5,G;24,T;31,G;62,C;91,G

YITCMG267   39,G;108,A;134,T

YITCMG268   150,A/G

YITCMG270   10,A/G;52,A/G;69,A/C;122,T/C;130,T/C;134,T/C;143,T/C;162,T/C;168,A/G;191,A/G

YITCMG272   43,G;74,T;87,C;110,T

YITCMG273   41,C/G;67,A/G
YITCMG275   106,C;131,A
YITCMG276   41,T;59,A
YITCMG279   94,A/G;113,A/G;115,T/C
YITCMG280   62,C;85,C;121,A;144,T;159,C
YITCMG281   18,A/G;22,A/G;92,T/C;96,A
YITCMG282   46,A/G;64,T/C
YITCMG283   67,T;112,A;177,G
YITCMG284   55,T/A;94,T/C
YITCMG285   85,A;122,C
YITCMG286   119,A;141,C
YITCMG287   2,C;38,T;170,A/C
YITCMG289   50,T
YITCMG290   13,A/G;21,T;66,C;128,T/A;133,A/C
YITCMG291   28,A/C;38,A/G;55,T/G;86,A/G
YITCMG293   46,T/C;61,T/C;69,A/T;170,T/A;207,A
YITCMG294   7,A/G;32,C/G;82,T/A;99,T/G;108,T/A
YITCMG295   15,A/G;71,A/T
YITCMG296   90,A/C;93,T/C;105,A/T
YITCMG298   44,A;82,A;113,G
YITCMG299   22,C/G;29,A;38,T/C;48,A/G;53,C/G;134,T/G;145,A/G
YITCMG300   191,A/G;199,C/G
YITCMG301   98,A/G;108,C;128,T/G
YITCMG302   11,T;40,A/G;96,T
YITCMG304   35,A;42,G;116,G
YITCMG305   50,A/C;67,T/G;68,C/G
YITCMG306   16,T/C;69,A/C;85,T/G;92,C/G
YITCMG307   11,T/C;23,T/C;25,A/C;37,A/G
YITCMG309   5,A/C;23,T/A;77,A/G;85,C/G;162,A/G
YITCMG310   98,G
YITCMG311   83,C;86,T/C;101,C;155,A
YITCMG312   42,T;104,A
YITCMG313   125,T
YITCMG314   27,C/G;53,C
YITCMG316   98,C;191,T/C
YITCMG317   98,A/G
YITCMG318   61,T/C;73,A/C
YITCMG320   4,A/G;87,T/C
YITCMG321   16,G;83,T/C
YITCMG322   72,T/C;77,T/C;91,A/T;102,T/C
YITCMG323   49,A/C;73,T/C;108,C/G
YITCMG324   55,T/C;56,C/G;74,A/G;140,T/C;195,A/G
YITCMG325   22,C;38,A/C;130,C;139,C
YITCMG326   169,T;177,G

YITCMG327　181,T/C
YITCMG328　15,C;47,C;86,C
YITCMG329　48,T;109,T
YITCMG330　52,A/G;129,T/G;130,A/G
YITCMG332　62,C/G;63,G;93,A/C
YITCMG333　132,T/C;176,A/C
YITCMG334　43,C/G;104,A/C
YITCMG335　114,T/G
YITCMG336　28,C;56,A;140,T
YITCMG339　48,T/C;81,T/C
YITCMG340　68,A/G;75,A/G;107,A/C
YITCMG341　2,T/C;59,A/T;83,T;124,G;146,A/G;210,T/G
YITCMG342　156,G;177,C
YITCMG343　3,A;39,T
YITCMG345　34,T/A;39,T/G
YITCMG346　20,A/G;67,T/C;82,A/G
YITCMG347　21,A;149,T/C
YITCMG348　65,T/C;69,T/C;73,A/G;124,A/C;131,A/G;141,T/A
YITCMG350　17,A
YITCMG351　11,G;79,T/G;109,C;139,C
YITCMG352　108,T/C;138,T/A;145,T/A
YITCMG354　66,G;81,A
YITCMG355　34,A;125,A;148,A
YITCMG356　168,G
YITCMG357　5,C/G;29,A/C;51,T/G;81,T/C
YITCMG359　143,A/G
YITCMG360　64,A;87,G;92,C
YITCMG362　12,T/C;62,A/T;77,A/G
YITCMG363　57,T;96,T
YITCMG364　7,G;29,A;96,T
YITCMG370　18,G;117,T;134,A
YITCMG371　27,A/G;60,T/C
YITCMG374　135,T/C
YITCMG375　17,C
YITCMG376　74,G;75,C;98,A/T
YITCMG377　3,A;30,T/C;42,C
YITCMG378　49,T/C
YITCMG379　61,T;71,T;80,C
YITCMG380　40,A/G
YITCMG381　30,C/G;64,T/G;124,T/C;125,A/G
YITCMG382　62,A;72,C;73,C
YITCMG384　106,A/G;195,T/C
YITCMG385　61,C;79,C;123,A/G
YITCMG386　13,T/C;33,T/C;65,G;67,T/C

YITCMG387   24,A/G;111,C;114,G
YITCMG388   17,T/C;121,A;147,T
YITCMG389   3,T/G;9,A;69,A;101,A/G;159,C
YITCMG390   9,C;82,T/G;95,A/T
YITCMG391   23,A/G;117,A/C
YITCMG393   66,G;99,C
YITCMG394   38,G;62,A
YITCMG395   45,T
YITCMG397   92,G;97,G;136,T/C
YITCMG398   131,T/C;132,A/C;133,T/A;159,T/C;160,A/G;181,T/G
YITCMG399   7,A/T;41,A/C
YITCMG400   34,T;41,T;44,T;53,C;62,T;71,C;72,A;90,A
YITCMG401   43,T
YITCMG402   137,T/C;155,A/G
YITCMG404   8,A/G;32,T/C
YITCMG405   155,C;157,C
YITCMG406   3,T/A;73,G;115,T
YITCMG408   137,G
YITCMG409   82,G;116,T
YITCMG410   2,T;4,A;20,C;40,G;155,A/C
YITCMG411   2,T;81,A;84,A
YITCMG412   4,A/T;61,T/C;79,A/G;154,A/G
YITCMG413   55,G;56,C;82,T
YITCMG414   11,T;37,G;51,T;62,G
YITCMG415   7,A;84,A;87,A;109,T;113,A;114,G
YITCMG416   80,A/G;84,A/G;112,A/G;117,A/T
YITCMG417   86,T/C;131,A/G
YITCMG419   73,T;81,A;168,A/G
YITCMG421   9,C;67,T;87,A/G;97,A
YITCMG422   97,A
YITCMG423   39,T/G;41,T/C;117,G;130,C/G
YITCMG424   69,T/G;73,A/G;76,C/G;89,A/T
YITCMG425   66,C
YITCMG426   59,T/C;91,C/G
YITCMG427   103,T/C;113,A/C
YITCMG428   18,A/G;24,T/C;73,A/G;135,A
YITCMG429   194,G;195,T
YITCMG430   31,T/C;53,T/C;69,T/C;75,A/C
YITCMG432   69,T;85,C
YITCMG433   14,C;151,T
YITCMG434   27,A/G;37,T/A;40,A/G;43,C/G
YITCMG435   28,T;43,C;103,G;106,A;115,A
YITCMG436   2,A/G;25,A;49,A/G;56,A
YITCMG437   44,A/G;92,C/G;98,T/C;151,T/C

YITCMG438   2,A/T;6,A/T;155,T

YITCMG440   64,A;68,G;70,T;78,C

YITCMG441   12,A/G;74,C/G;81,C/G;96,A/G

YITCMG443   28,T;180,A/G

YITCMG447   94,G;97,A;139,G;202,G

YITCMG448   22,A/C;37,T/C;91,T/G;95,A/C;112,C/G;126,T/C;145,T/G

YITCMG449   23,C;105,G;114,G

YITCMG450   100,A/G;146,T/A

YITCMG451   26,G;33,A;69,C;74,G;115,C

YITCMG452   89,A/G;151,C

YITCMG454   90,A;92,T;121,C

YITCMG455   120,A/G

YITCMG457   124,A/G

YITCMG459   95,T/C;120,A/C;141,A/G;157,T/C;203,A/G

YITCMG460   45,T;136,A/C;144,T/C

YITCMG462   1,A;22,C;24,C;26,A

YITCMG463   78,T;120,A/G;134,G;190,C

YITCMG464   52,A;57,G

YITCMG465   117,G;147,G

YITCMG466   75,T;83,A/G;99,G

YITCMG467   11,A/G;14,A/G;161,A/G;179,T/A

YITCMG469   12,T;70,G;71,A

YITCMG470   3,T/C;72,T;75,A

YITCMG471   8,A;65,A;88,C;159,C

YITCMG472   51,G

YITCMG473   65,A/T;70,A/G;91,T/C

YITCMG474   87,A/T;94,A;104,T;119,A

YITCMG475   2,T/C;82,A;84,A;102,C

YITCMG476   22,A;54,T

YITCMG477   3,G;7,T;91,C;150,T/C

YITCMG478   112,A/G;117,T/C

YITCMG479   103,T/A

YITCMG481   21,A;108,G;192,G

YITCMG482   65,T/C;87,A/G;114,T/C;142,T/G

YITCMG484   23,G;78,G;79,G

YITCMG485   34,A/G;116,C;125,T

YITCMG487   140,C/G

YITCMG488   51,C/G;76,A/G;127,T/C

YITCMG490   57,T/C;135,T/A

YITCMG491   156,A/G;163,A/G

YITCMG492   55,A/G;70,T/C

YITCMG493   4,T/C;6,G;23,A/C;30,T;48,A/G;82,A/G

YITCMG494   43,T/C;52,A/G;84,A/G;98,A/G;154,T/C;188,T/C

YITCMG495   65,T/G;73,A/G

YITCMG496   5,T/C;26,A/G;60,A/G

YITCMG497   22,A/G;33,C/G;62,T/C;77,T/G

YITCMG499   45,A/C

YITCMG500   30,A/G;86,A/T;87,T/C;108,A/T

YITCMG501   15,A;93,G;144,A;173,C

YITCMG502   4,A;130,A;135,A;140,T

YITCMG503   70,G;85,C;99,C

YITCMG504   11,A;17,G

YITCMG505   54,A/G;99,T/C;158,T/C;198,A/C

YITCMG506   47,A/G;54,A/C

YITCMG507   24,G

YITCMG508   96,T;115,G

YITCMG510   1,A;110,A

YITCMG511   39,T;67,A;168,G;186,A

YITCMG512   25,A;63,G

YITCMG514   35,T/C;45,C;51,T/C;57,T/C;58,T/G

YITCMG515   41,C;44,T

YITCMG516   29,T

YITCMG517   84,A;86,A;163,T

YITCMG518   60,A/G;77,T/G;84,T/G;89,T/C

YITCMG519   129,T/C;131,T/G

YITCMG520   65,G;83,A;136,C;157,C

YITCMG521   8,T/G;21,G;30,A/G

YITCMG522   72,T/A;127,T/A;137,A/G;138,A/C

YITCMG523   36,A/G;92,A/G;111,T/G;116,A/G;133,A/G

YITCMG524   19,A/G;81,A/G;100,A/G

YITCMG525   33,T/G;61,T/C

YITCMG527   108,T;118,A

YITCMG529   129,T/C;144,A;174,T

YITCMG530   76,A/C;81,A/G

YITCMG531   11,T;49,T

YITCMG532   17,C;85,C;111,G;131,A

YITCMG533   183,C

YITCMG534   40,T/A;122,C/G;123,T/C

YITCMG535   36,A/G;72,A/G

YITCMG537   34,C/G;118,A;123,A/C;135,T;143,A/G

YITCMG538   3,T;4,C

YITCMG539   27,G;75,T

YITCMG540   17,A/T;73,T/C;142,A/G

YITCMG541   18,A/C;70,A/C;145,A/G

YITCMG542   3,A;69,T;79,C

生吃芒

YITCMG001 85,A;94,A
YITCMG003 67,T;119,A
YITCMG004 27,T
YITCMG006 13,T/G;27,T/C;91,T/C;95,C/G
YITCMG007 62,T;65,T;96,G;105,A
YITCMG008 50,C;53,C;79,A
YITCMG009 75,C;76,T
YITCMG010 40,T;49,A;79,A
YITCMG011 166,A/G
YITCMG012 75,T;78,A
YITCMG013 16,T/C;41,T/C;56,A/C;69,T
YITCMG014 126,A/G;130,T/C;162,C/G;200,A/G
YITCMG015 44,A/G;127,A/G;129,A/C;174,A/C
YITCMG017 17,G;39,A/G;98,C
YITCMG018 10,A/G;30,A;95,A/G;97,T/A
YITCMG019 36,A;47,C
YITCMG021 104,A;110,T
YITCMG022 3,A/T;11,A/T;41,T/C;92,T/G;94,T/G;99,C;118,C/G;131,C;140,G
YITCMG023 142,T/A;143,T/C;152,T/A
YITCMG024 68,A/G;109,T/C
YITCMG025 108,T/C
YITCMG026 16,A/G;81,T/C
YITCMG027 19,T/C;31,A/G;62,T/G;119,A/G;121,A/G;131,A/G;138,A/G;153,T/G;163,A/T
YITCMG028 45,A/G;113,A/T;147,A/G;167,A/G
YITCMG030 55,A;73,T/G;82,A/T
YITCMG031 178,T/C
YITCMG032 91,A;93,G;94,A;160,G
YITCMG033 73,G;85,G;145,G
YITCMG034 6,C;97,T
YITCMG038 155,G;168,G
YITCMG039 93,C
YITCMG040 40,C;50,C
YITCMG042 5,G;92,A
YITCMG043 56,T;61,A;67,C
YITCMG044 167,G
YITCMG045 92,T;107,T
YITCMG046 38,A;55,C;130,A;137,A;141,A
YITCMG047 60,T;65,G
YITCMG048 142,C;163,G;186,A
YITCMG049 11,G;16,T;76,C;115,C;172,G
YITCMG050 44,A/C

YITCMG051 15,C;16,A
YITCMG052 63,T/C;70,T/C
YITCMG053 85,A/C;86,A/G;167,A;184,T/A
YITCMG054 34,C/G;36,T;70,A/G;73,A/G;84,A/C;170,T/C
YITCMG056 117,C
YITCMG057 98,T;99,G;134,T
YITCMG058 67,T/G;78,A/G
YITCMG059 84,A;95,T;100,T;137,A;152,T;203,T
YITCMG060 10,A/C;54,T/C;125,T/C;129,A/G;156,T/G
YITCMG061 107,A;128,G
YITCMG062 79,T/C;122,T/C
YITCMG063 86,A/G;107,A/C
YITCMG064 2,A/G;27,T/G
YITCMG065 37,T;56,T
YITCMG067 1,C;51,C;76,G;130,C
YITCMG068 49,T/G;91,A/G;157,A/G
YITCMG069 37,G;47,A;100,G
YITCMG071 40,A/G;107,T/A;142,C;143,C
YITCMG072 105,A/G;134,T/C
YITCMG073 15,A/G;19,A/G;28,A/C;49,A/G;106,T/C
YITCMG074 46,T/C;58,C/G;77,A/G;180,A/T
YITCMG075 125,T/C;168,A/C;169,A/G;185,T/C
YITCMG077 105,A/G
YITCMG078 95,T/C;177,A/G
YITCMG080 43,C;55,C
YITCMG081 91,G;115,T/A
YITCMG082 43,A/C;58,T/C;97,A/G
YITCMG083 123,T;169,G
YITCMG084 118,A/G;136,T/A
YITCMG085 6,A/C;21,T/C;24,A/C;33,T/C;157,T/C;206,T/C;212,T/C
YITCMG086 180,C
YITCMG088 17,A/G;31,T/G;33,A/G;98,T/C
YITCMG089 92,C;103,C;151,C;161,C
YITCMG090 48,C/G;113,T/C
YITCMG091 33,G;59,A
YITCMG092 22,G;110,C;145,A
YITCMG093 10,G;35,G
YITCMG094 124,A;144,T
YITCMG095 51,T/C;78,T/C;184,A/T
YITCMG096 24,T/C;57,A;63,T/C;66,T/C
YITCMG097 105,T/A;117,T/C
YITCMG098 159,T/C
YITCMG099 53,A/T;83,A/G;119,A/G;122,A/C
YITCMG100 124,T/C;141,C/G;155,T/G

YITCMG101   53,T;92,T

YITCMG102   20,A/G

YITCMG103   42,T;61,C

YITCMG104   79,G;87,A/G

YITCMG105   31,A/C;69,A/G

YITCMG106   29,A/G;32,T/C;59,T/C;137,T/C;198,A/G

YITCMG107   23,A/G;143,T/A;160,G;164,C;165,T/A

YITCMG108   34,A/G;64,C/G

YITCMG113   85,G

YITCMG114   42,T;46,A;66,T

YITCMG115   32,C;33,A;87,C;129,T

YITCMG116   54,A

YITCMG117   115,T;120,A

YITCMG118   13,G;19,A;81,C

YITCMG119   73,C;89,A;150,T;162,G

YITCMG120   18,C;53,G

YITCMG121   32,T;72,G;149,T

YITCMG122   45,G;185,G;195,A

YITCMG124   75,C;119,T

YITCMG125   159,A/C

YITCMG126   82,T/A;142,A/G

YITCMG127   156,A/G

YITCMG128   40,A/G;106,T/C;107,C/G;131,T/C;160,T/C

YITCMG129   90,T;104,C;105,C;108,G

YITCMG130   31,G;70,A/C;83,T/C;108,G

YITCMG132   169,T/C

YITCMG134   23,C;98,T/C;116,A/T;128,A;139,T;146,C/G

YITCMG135   173,T/C

YITCMG137   16,G;25,A

YITCMG139   7,G

YITCMG141   71,T;184,C

YITCMG142   67,T;70,A

YITCMG143   73,A/G

YITCMG147   62,T;66,T

YITCMG148   160,T/A;165,A/G;173,T/C

YITCMG149   25,A;30,A;138,A/G;174,T/C

YITCMG150   101,G;116,G

YITCMG152   83,A/T

YITCMG153   97,C;101,G;119,A

YITCMG156   36,T

YITCMG158   49,T/C;67,T/C;96,A;97,T/A;117,G

YITCMG159   84,T;89,A;92,C;137,T

YITCMG160   92,A/G;107,T/G;158,T/C

YITCMG161   71,A;74,C

YITCMG163   96,A/T;114,T/C;115,A/G;118,T/G
YITCMG164   150,A/G
YITCMG165   121,T
YITCMG166   13,T;87,G
YITCMG168   171,C/G
YITCMG169   51,T/C;78,A/C;99,T/C;107,T/C
YITCMG170   139,C;142,G;145,C;150,A;151,T;157,A;164,A
YITCMG171   9,T;61,C;76,C;98,A
YITCMG172   164,A/C;168,A/G;186,G;187,G
YITCMG173   11,G;17,A;20,C;144,C;161,A;162,T
YITCMG174   5,G;84,A
YITCMG175   42,T;55,T;62,C;98,C
YITCMG176   44,A;107,A
YITCMG178   86,C
YITCMG179   86,C;131,G
YITCMG180   23,C;72,C
YITCMG182   59,C;66,A
YITCMG183   24,T;28,A;75,C
YITCMG184   43,G;45,A;60,C;97,C
YITCMG185   62,A/G;68,A/T;80,A/G;130,A/C;139,A/G
YITCMG187   23,C;39,A;42,C;105,T;106,G
YITCMG188   16,T;66,G;101,T
YITCMG189   125,G;170,T
YITCMG190   48,A/G;54,T/C;117,T;162,G
YITCMG191   44,A/G;66,T/C;108,A/G
YITCMG192   89,T/C;119,T/G
YITCMG193   3,A/G;9,A/T;30,T/C;39,A/G;121,T/G;129,A/C;145,T/C;153,T
YITCMG194   1,A/T;32,T/A
YITCMG195   45,T/A;87,T/C;128,A/G;133,A/G
YITCMG196   197,A
YITCMG197   18,C;35,G;178,A;195,T
YITCMG198   70,A;71,G
YITCMG199   3,T;56,A;62,G;173,C;175,G
YITCMG200   38,C;53,G
YITCMG201   120,T/G
YITCMG204   76,C;85,A;133,G
YITCMG206   66,A/G;83,A/G;132,A/G;155,A/G
YITCMG207   73,T/C;156,T/C
YITCMG208   86,A/T;101,T/A
YITCMG209   24,T/C;27,C;72,T/C
YITCMG212   118,A/G
YITCMG213   55,A/G;102,T/C;109,T/C
YITCMG214   5,A/T
YITCMG215   52,G;58,T

YITCMG216　69,G;135,C;177,A

YITCMG217　11,A/G;19,T/A;154,A/G;164,T/C;185,T/C

YITCMG218　31,C;59,T;72,C;108,T

YITCMG219　89,T/C;125,T/C

YITCMG220　64,A;67,G

YITCMG221　8,C;76,A/G;106,T/A;110,A/G;131,A;134,A

YITCMG222　1,A/G;15,C;70,G

YITCMG223　23,T/C;29,T/G;77,A/G

YITCMG225　61,G;67,T

YITCMG226　72,A;117,T

YITCMG227　6,A/G;26,T/C

YITCMG228　72,C;103,A/G

YITCMG229　56,T/C;58,T/C;65,T/C;66,T/C

YITCMG232　80,G;152,C;170,G

YITCMG233　130,A;132,G;159,T;162,A

YITCMG235　128,G

YITCMG236　94,A/G;109,A/T

YITCMG237　24,T/A;39,G;71,C/G;76,T/C;105,A/G

YITCMG239　46,C;59,C;72,A

YITCMG240　21,A;96,A

YITCMG242　70,T

YITCMG243　73,C;147,C

YITCMG244　71,C;109,T;113,C

YITCMG246　51,T;70,T;75,A

YITCMG247　19,A;40,A;46,G;123,T

YITCMG248　31,A;35,A/G;60,G

YITCMG249　22,C;130,G;142,T;162,T;167,C

YITCMG250　98,T;99,G

YITCMG252　26,A/G;69,T/C;82,A/T

YITCMG253　32,C;53,A;182,A;188,T

YITCMG254　48,C;106,G

YITCMG258　2,C;101,T;172,C

YITCMG259　24,T;180,T;182,A

YITCMG260　63,A/G;154,A/T;159,A/C

YITCMG261　38,G;106,A;109,T

YITCMG262　47,T

YITCMG263　91,A

YITCMG264　14,T/G;65,T/C

YITCMG265　138,T;142,G

YITCMG266　5,G;24,T;31,G;62,C;91,G

YITCMG267　39,G;108,A;134,T

YITCMG268　150,A/G

YITCMG269　43,A/T;91,T/C

YITCMG270　10,A;52,G;69,C;122,C;130,T;134,T;143,C;162,C;168,A;191,A

YITCMG271　100,C/G;119,T/A

YITCMG272　43,G;74,T;87,C;110,T

YITCMG273　41,C;67,G

YITCMG275　106,C;131,A

YITCMG276　41,T/G;59,A/G

YITCMG279　94,G;113,G;115,T

YITCMG280　62,C;85,C;121,A;144,T;159,C

YITCMG281　18,G;22,G;92,C;96,A

YITCMG283　67,T;112,A;177,G

YITCMG284　55,A/T;94,T/C

YITCMG285　85,A;122,C

YITCMG286　119,A;141,C

YITCMG287　2,C;38,T;170,A/C

YITCMG289　50,T

YITCMG290　13,A/G;21,T/G;66,C/G;128,A/T;133,A/C

YITCMG291　28,A;38,A;55,G;86,A

YITCMG292　85,T/C;99,T/A;114,T/C;126,A/C

YITCMG293　207,A

YITCMG294　32,C/G

YITCMG295　15,G;19,G;71,A;130,A

YITCMG296　90,A;93,T;105,A

YITCMG297　128,T/C;147,A/C

YITCMG299　22,C/G;29,A;145,A/G

YITCMG300　32,A/C;68,T/C;191,A/G;198,A/G

YITCMG301　98,T;108,C;128,G

YITCMG302　11,T;16,A;39,G;96,T

YITCMG303　10,T;21,A;54,T

YITCMG304　6,A;35,A;42,G;45,A;116,G;121,C

YITCMG305　50,A/C;67,T/G;68,C

YITCMG306　16,C;69,A;85,T;92,C

YITCMG307　11,C;23,T;25,A;37,G

YITCMG309　23,T;77,G;85,G

YITCMG310　98,G

YITCMG311　83,C;101,C;155,A

YITCMG313　125,T/A

YITCMG314　53,C

YITCMG315　58,A/G;80,A/G;89,T/C

YITCMG316　102,C

YITCMG317　38,G;151,T/C

YITCMG318　61,T/C;73,A/C;139,T/C

YITCMG319　33,G

YITCMG320　4,G;87,T

YITCMG321　2,T/C;16,G;83,T;167,A/G

YITCMG322　2,G;69,C;72,C;77,C;91,A;102,C

YITCMG323　6,T/A;49,C;73,T;108,C/G

YITCMG324　55,T/C;56,C/G;74,A/G;195,A/G

YITCMG325　22,C;130,C;139,C

YITCMG326　169,T;177,G

YITCMG327　115,T/C;121,A/G;181,T/C

YITCMG328　15,C

YITCMG329　48,T;78,C/G;109,A/T

YITCMG331　51,G

YITCMG332　62,C/G;63,G;93,A/C

YITCMG333　132,T/C;176,A/C

YITCMG335　48,A/G;50,T/C;114,G

YITCMG336　140,T/C

YITCMG337　1,A/G;88,T/C

YITCMG338　127,A/G;159,C;165,T;172,T;179,G

YITCMG339　48,T/C;81,T/C

YITCMG340　68,A/G;75,A/G;107,A/C;110,T/C;111,A/G

YITCMG341　59,T;83,T;124,G;146,G;210,T

YITCMG342　156,A/G;162,T/A;169,T/C;177,T/C

YITCMG343　3,A;39,T;109,A/G

YITCMG344　14,T/C;47,A/G

YITCMG345　34,T/A;39,T/G

YITCMG346　20,A/G;67,C;82,G

YITCMG347　21,A

YITCMG348　65,T/C;69,T/C;73,A/G;124,A/C;131,A/G;141,A/T

YITCMG350　17,A

YITCMG351　11,G;109,C;139,C

YITCMG352　108,C;138,T;145,T/A

YITCMG353　75,T/A;85,T/C

YITCMG354　62,A/C;66,A/G;81,A/C;134,A/C

YITCMG355　34,A/T;64,A/C;96,A/G;107,A/C;148,A/G

YITCMG357　29,A/C;51,T/G

YITCMG358　155,T

YITCMG359　60,T/G;128,T/C

YITCMG360　64,A/G;87,A/G;92,T/C

YITCMG362　12,T;62,T;77,A

YITCMG363　57,T;96,T

YITCMG364　7,G;29,A;96,T

YITCMG370　18,G;117,T;134,A

YITCMG371　27,A;60,T

YITCMG374　3,A/G;102,A/C;135,C;137,A/T;138,G;206,A/G

YITCMG375　17,A/C

YITCMG376　74,G;75,C;98,T/A

YITCMG377　3,A;30,T/C;42,C

YITCMG378　49,T/C;77,T/C;142,A/C

YITCMG379   61,T;71,T;80,C

YITCMG380   40,A

YITCMG381   30,G;64,T;124,T

YITCMG382   62,A;72,C;73,C

YITCMG385   24,A/G;61,C;79,C

YITCMG386   13,C;65,G;67,T

YITCMG387   24,A/G;111,C;114,G

YITCMG388   15,A/C;17,T/C;121,A;147,T

YITCMG389   9,A;69,A;159,C

YITCMG390   9,C;82,T;95,A

YITCMG391   23,A/G;116,C/G;117,A/C

YITCMG392   78,A/G;109,T/C;114,A/C

YITCMG393   41,T/A;66,A/G;99,A/C;153,A/C

YITCMG394   38,A/G;62,A/G

YITCMG395   40,A;49,T

YITCMG396   51,A/G

YITCMG397   92,T/G;97,G;136,T/C;151,T/A

YITCMG398   131,T/C;132,A/C;133,T/A;159,T/C;160,A/G;181,T/G

YITCMG399   7,A;41,A

YITCMG400   34,T;41,T;44,T;53,T/C;62,T;71,C;72,A;90,A

YITCMG401   43,T/C;123,A/G

YITCMG402   137,T/C;155,A/G

YITCMG403   49,A;58,C;156,A;173,C

YITCMG405   155,C;157,C

YITCMG407   13,C;26,G;65,A;97,G

YITCMG408   88,T

YITCMG409   82,G;116,T

YITCMG410   2,T;4,A;20,C;40,G;155,A/C

YITCMG411   2,T;81,A;84,A

YITCMG412   4,A;61,T

YITCMG413   55,A/G;56,C/G;82,T/C

YITCMG414   11,T/A;37,A/G;51,T/C;62,C/G

YITCMG415   7,A/G;84,A/G;87,A/G;109,T/G;113,A/G;114,A/G

YITCMG416   80,A/G;84,A/G;112,A/G;117,A/T

YITCMG417   86,T/C;131,A/G

YITCMG418   15,C;34,A

YITCMG419   73,T;81,A;168,G

YITCMG420   35,C;36,A

YITCMG421   9,A/C;67,T/C;87,A/G;97,A/G

YITCMG422   97,A

YITCMG423   39,G;117,G;130,C

YITCMG424   69,T;73,G;76,C;89,T

YITCMG425   66,C

YITCMG426   59,C;91,C

YITCMG427   50,T/C;103,C;113,C

YITCMG428   73,A;135,A

YITCMG429   194,G;195,T

YITCMG430   31,T;53,T;69,C;75,A

YITCMG432   69,T;85,C

YITCMG433   14,C;151,T

YITCMG435   28,T;43,C;103,G;106,A;115,A

YITCMG436   56,T/A

YITCMG437   44,G;92,G;98,T;151,T/C

YITCMG438   155,T

YITCMG440   64,A;68,G;70,T;78,T/C

YITCMG443   28,T;180,A/G

YITCMG447   94,G;97,A;139,G;202,G

YITCMG448   91,T/G;95,A/C;112,C/G;126,T/C;145,T/G;161,C/G

YITCMG449   23,C;105,G;114,G

YITCMG450   100,A/G;146,A/T;156,T/G

YITCMG452   89,A/G;121,A/G;145,A/G;151,T/C

YITCMG454   90,A/G;92,T/G;121,T/C

YITCMG455   120,A/G

YITCMG456   32,A/G;48,A/G

YITCMG457   77,T/A;124,G;156,C/G

YITCMG459   95,T;157,C;203,A

YITCMG460   41,T;45,T;68,A;69,G;74,G

YITCMG461   131,A

YITCMG462   1,A/G;22,C/G;24,C;26,A;36,T/C;49,A/C

YITCMG463   190,C/G

YITCMG464   78,A/G;101,T/A

YITCMG465   117,G;147,G

YITCMG466   75,T;83,A/G;99,G

YITCMG467   9,A/G;11,A/G;86,T/A

YITCMG470   72,T/C;75,A/G

YITCMG471   8,A/C;65,A/G;88,T/C;159,A/C

YITCMG472   51,A/G

YITCMG473   65,A/T;70,A/G;91,T/C

YITCMG474   87,A/T;94,A/G;104,T/C;119,A/G

YITCMG475   82,A/G;84,A/G;102,T/C

YITCMG476   22,A;54,T

YITCMG478   112,G;117,C

YITCMG479   103,A/T

YITCMG481   21,A;108,G;192,G

YITCMG482   65,T;87,A;114,T;142,G

YITCMG484   23,G;78,G;79,G

YITCMG486   109,T;148,T

YITCMG487   140,C

YITCMG489　51,C;113,A;119,C
YITCMG490　57,C;135,A;165,A
YITCMG491　156,G
YITCMG492　55,A
YITCMG497　22,G;33,G;62,T;77,T
YITCMG499　45,A/C;82,T/A;94,T/C
YITCMG500　30,A/G;86,T;87,C;108,A/T
YITCMG501　15,T/A;93,A/G;144,A/G;173,T/C
YITCMG502　4,A/G;10,T/G;12,T/C;130,A/T;135,A/G;140,T/C
YITCMG503　10,T/A;70,A/G;85,A/C;99,T/C
YITCMG504　11,A;17,G
YITCMG505　54,A
YITCMG506　47,A/G;54,A/C
YITCMG507　3,T/C;24,A/G;63,A/G
YITCMG508　140,A/G
YITCMG510　1,A;95,A/G;98,A/G;110,A/G
YITCMG511　5,A/T;39,T;67,A;168,A/G;186,A
YITCMG512　25,A/G;63,G
YITCMG514　45,C;51,C;57,T;58,T
YITCMG515　41,T/C;44,T/G
YITCMG516　29,T/G;53,A/C
YITCMG517　84,A/T;86,A/G;163,T
YITCMG518　60,G;77,T;84,G;89,C
YITCMG520　65,G;83,A;136,C;157,C
YITCMG521　21,G
YITCMG522　127,T
YITCMG524　81,G
YITCMG525　33,T/G;61,T/C
YITCMG527　108,T;118,A
YITCMG529　144,A;174,T
YITCMG532　17,C;85,C;111,G;131,A
YITCMG533　183,C
YITCMG534　40,T;122,C;123,C
YITCMG535　36,A;72,G
YITCMG537　118,A/G;123,A/C;135,T/C
YITCMG538　3,T/C;4,C/G;168,A/G
YITCMG539　27,T/G;54,T/C;75,A/T;82,T/C;152,A/T
YITCMG540　17,T;70,A/G;73,T;142,A
YITCMG541　18,A;145,A
YITCMG542　3,A;69,T;79,C

圣心芒

YITCMG001 72,C;85,A

YITCMG002 28,G;55,T;102,G;103,C

YITCMG003 82,G;88,G;104,G

YITCMG004 27,T;73,A/G

YITCMG005 56,A;100,A;105,A/T;170,T/C

YITCMG006 13,T;27,T/C;48,A/G;91,C;95,C/G

YITCMG007 65,T;96,G

YITCMG011 166,A/G

YITCMG012 75,A/T;78,A/G

YITCMG014 39,T/C;126,A;130,T;178,C/G;210,A/T

YITCMG015 44,A/G;127,A/G;129,A/C;174,A/C

YITCMG018 30,A

YITCMG019 36,A/G;47,T/C;66,C/G

YITCMG020 70,C;100,C;139,G

YITCMG021 104,A/C;110,T/C

YITCMG022 3,A;11,A;92,T/G;94,T/G;99,C;118,C/G;131,C;140,A/G

YITCMG027 138,G

YITCMG028 45,A;110,G;133,T;147,A;167,G

YITCMG030 55,A;73,T/G;82,A/T

YITCMG031 48,T/C;84,A/G;96,A/G

YITCMG032 117,C/G

YITCMG033 73,G;85,A/G;145,A/G

YITCMG034 122,A/G

YITCMG035 102,C;126,G

YITCMG036 23,C/G;99,G;110,T;132,C;139,T/C

YITCMG039 1,G;61,A;71,T;104,T;105,G;151,T

YITCMG043 56,T;61,A;67,C

YITCMG044 167,G

YITCMG046 55,A/C;130,A/G;137,A/C;141,A/G

YITCMG047 37,T/A;60,T;65,G

YITCMG048 199,A/C

YITCMG049 115,A/C;172,A/G

YITCMG050 44,C/G

YITCMG051 15,C;16,A

YITCMG053 86,A;167,A;184,T

YITCMG054 34,G;36,T;59,A/G;70,G

YITCMG058 67,T;78,A

YITCMG059 84,A;95,T;100,T;137,A;152,T;203,T

YITCMG060 10,A/C;54,T/C;125,T/C;129,A/G;156,T/G

YITCMG063 86,A;107,C

YITCMG064 2,A;27,G;74,C/G;109,T/A

YITCMG065   136,T/C

YITCMG066   10,A/C;64,A/G;141,T/G

YITCMG067   1,C;51,C;76,G;130,C

YITCMG071   142,C;143,C

YITCMG073   15,A;49,G

YITCMG075   125,T/C;168,A/C;185,T/C

YITCMG076   129,T/C;162,C;163,A/G;171,T

YITCMG077   10,C;27,T;97,T;114,A;128,A;140,T

YITCMG078   33,A;95,T;147,T;165,A

YITCMG079   3,G;8,T;10,A;110,C;122,A;125,A

YITCMG082   97,A/G

YITCMG083   123,A/G;161,A/C;169,C/G

YITCMG084   118,G;136,T;153,A

YITCMG085   6,A/C;21,T/C;24,A/C;33,T/C;157,T/C;206,T/C;212,T/C

YITCMG086   142,C/G

YITCMG088   33,A

YITCMG089   92,A/C;103,T/C;151,C/G;161,T/C

YITCMG090   17,C;46,G;75,T

YITCMG093   72,A/G

YITCMG094   124,A;144,T

YITCMG096   24,C;57,A;66,T

YITCMG098   48,A;51,C;180,T

YITCMG100   124,C;141,C;155,T

YITCMG101   53,T;92,T

YITCMG102   6,C;129,A

YITCMG106   29,A;32,C;59,C;137,C;198,A

YITCMG107   23,A/G;160,A/G;164,C/G;165,A/T

YITCMG108   34,A/G;61,A/C;64,C/G

YITCMG110   30,T;32,A/G;57,C;67,C/G;96,T/C

YITCMG111   39,T/G;62,A/G;67,A/G

YITCMG112   101,C/G;110,A/G

YITCMG113   5,G;71,A;85,G;104,G

YITCMG114   75,A

YITCMG116   91,T/C

YITCMG117   115,T/C;120,A/G

YITCMG118   2,A;13,G;19,A;81,C

YITCMG120   38,A/T;133,T/C

YITCMG121   32,T/A;72,T/G;149,A/G

YITCMG122   45,A/G;185,A/G;195,A/G

YITCMG123   111,T/C

YITCMG124   75,T/C;119,T/A

YITCMG125   123,C/G

YITCMG126   82,A/T;142,A/G

YITCMG127   146,G;155,T;156,A

YITCMG132　169,T

YITCMG134　23,C;98,T/C;116,A/T;128,A;139,T;146,C/G

YITCMG135　63,T/C;69,C/G;173,T/C

YITCMG137　24,A/G;52,T/A

YITCMG138　44,C/G

YITCMG139　7,G

YITCMG140　6,T

YITCMG141　71,T/G;184,C

YITCMG144　61,C;81,C;143,A;164,G

YITCMG145　7,A;26,G;78,G

YITCMG146　27,C;69,G;88,G;111,A

YITCMG148　35,G;87,C

YITCMG149　25,A;30,A;138,G

YITCMG150　8,T/G;100,A/T;101,G;116,G;123,C/G;128,T/A

YITCMG152　132,A/G

YITCMG153　97,A/C;101,A/G;119,A

YITCMG154　5,T/C;47,A/C;77,T/C;141,T/C

YITCMG157　18,A/G;83,T/C

YITCMG158　67,T/C;96,A/G;117,A/G

YITCMG159　137,T/C

YITCMG162　26,A/T

YITCMG165　32,A/G;154,A/G;174,C;176,C/G;177,A/G

YITCMG166　13,T/C;87,G

YITCMG167　120,A/G;150,A/G;163,C/G

YITCMG168　79,T/C;89,C/G;96,A/G

YITCMG169　36,A/G;51,C;78,A/C;99,T;153,A/T

YITCMG170　31,G;145,C;150,T;157,A

YITCMG171　9,T;61,C;76,C;98,A

YITCMG173　20,C;144,C;163,T

YITCMG174　9,T/C;10,A/C;84,A/G

YITCMG175　42,T;55,T;62,C;98,C

YITCMG176　44,A/G;107,A/G

YITCMG177　104,A/G

YITCMG178　111,A/C;119,T/C

YITCMG180　23,T/C;72,T/C

YITCMG181　134,G

YITCMG182　3,G;77,T

YITCMG183　24,T/A;28,A/G;75,T/C;76,A/G;93,T/C

YITCMG184　45,A;60,C;64,C/G;97,C;127,T/G

YITCMG185　62,A/G;68,A;80,A/G;130,T/A;139,A/G

YITCMG188　16,T;66,G;101,T

YITCMG189　23,T/C;51,A/G;138,A/T;168,T/C

YITCMG190　48,G;54,C;117,T;162,G

YITCMG191　34,A/G;36,A/G;108,A/G

YITCMG193   30,C;121,G;129,C;153,T
YITCMG194   1,A;32,T;55,A;165,C
YITCMG195   71,A/T;87,T/C;122,T/C;128,A/G;133,A/G
YITCMG196   19,A/G;91,T/C;190,A/G;191,T/C
YITCMG197   18,C;35,G;144,C/G;178,A;195,T
YITCMG198   70,A/G;71,A/G;100,A/C
YITCMG199   3,A/C
YITCMG202   16,T/C;121,T/G
YITCMG204   76,C;85,A;133,G
YITCMG207   73,T/C
YITCMG209   27,C
YITCMG216   135,C
YITCMG217   11,A/G;19,T/A;154,A/G;164,T/C;185,T/C;191,T/C
YITCMG218   5,A;31,C;59,T;72,C
YITCMG219   121,C/G
YITCMG221   8,C;76,G;131,A;134,A
YITCMG222   1,A;15,C;70,G
YITCMG228   72,C;81,C;82,T
YITCMG230   65,C;103,A
YITCMG231   87,T/C;108,T/C
YITCMG232   80,G;152,C;170,G
YITCMG234   54,A/T;55,T/C;103,A/G;122,T/G;183,T/A
YITCMG235   128,C/G
YITCMG237   24,A;39,G;71,G;76,C
YITCMG238   49,C;68,C
YITCMG239   72,A/G
YITCMG241   23,A/G;32,T/C;42,T/G;46,A/G;77,A/C
YITCMG242   70,T
YITCMG243   64,T/A;120,T/C
YITCMG244   71,C;76,A/G
YITCMG247   123,T/C
YITCMG248   31,A/G;60,T/G
YITCMG249   22,T/C;167,T/C;195,A/G;199,A/G
YITCMG251   151,T/C
YITCMG253   32,T/C;53,A/G;70,A/C;182,A/G;188,T/G;198,T/G
YITCMG254   64,T/C
YITCMG255   6,A/G;13,T/G;18,A/T;67,T/G;87,T/C;163,A/G;166,T/C
YITCMG258   2,C;101,T;172,C
YITCMG259   24,A/T;180,A/T;182,A/G
YITCMG260   63,A/G;154,T/A;159,A/C
YITCMG261   17,T;20,A;29,G;38,G;106,A;109,T
YITCMG262   45,C/G;47,T/G
YITCMG263   42,T/C;77,T/G
YITCMG266   5,G;31,G;62,T

YITCMG267   39,G;108,A;134,T
YITCMG268   23,T/G;30,T/G;68,T/C;152,T/G
YITCMG270   10,A/G;48,T/C;130,T/C
YITCMG271   100,C/G;119,A/T
YITCMG272   43,T/G;74,T/C;87,T/C;110,T/C
YITCMG273   41,C;67,G
YITCMG274   90,A/G;141,G;150,T;175,T/G
YITCMG275   154,A
YITCMG276   41,T/G;59,A/G
YITCMG278   1,A;10,G;12,C
YITCMG280   120,T/C;159,T/C
YITCMG281   92,C;96,A
YITCMG282   46,A/G;64,T/C
YITCMG283   67,T/G;112,A/G;177,A/G
YITCMG284   18,A
YITCMG285   85,A;122,C
YITCMG286   119,A/G;141,A/C
YITCMG289   50,T;60,A/T;75,A/G
YITCMG290   13,A;21,T;66,C;128,A;133,A
YITCMG291   96,T/G
YITCMG292   2,A/G
YITCMG293   11,A/G;170,T;174,T/C;184,T/G
YITCMG294   82,A/C;99,T/G;108,A/T;111,T/C
YITCMG295   15,A/G;71,A/T
YITCMG296   90,A/C;93,T/C;105,T/A
YITCMG297   128,T/C;147,A/C
YITCMG298   44,A/G;82,A/G;113,A/G
YITCMG299   29,A;34,A/G;103,A/G
YITCMG300   191,A
YITCMG301   76,C/G;98,A/G;108,C;111,T/C;128,T/G
YITCMG303   10,T/A;21,A/G;54,T/G
YITCMG304   35,A;42,G;116,G
YITCMG305   68,C/G
YITCMG308   34,A/G;35,C/G;45,T/A
YITCMG309   23,A/T;77,A/G;85,C/G
YITCMG311   155,A/G
YITCMG314   31,A/G;42,A/G;53,A/C
YITCMG315   58,A/G;80,A/G;89,T/C
YITCMG316   102,C
YITCMG317   38,T/G;151,T/C
YITCMG318   61,T;73,A
YITCMG319   147,T/C
YITCMG320   4,A/G;87,T/C
YITCMG321   16,G

YITCMG323 6,A;49,C;73,T;75,A/G
YITCMG325 22,T/C;57,A/C;130,T/C;139,C/G
YITCMG326 11,T/A;41,T;91,T/C;161,T/C;177,G;179,A/G
YITCMG328 15,C;47,C;86,C
YITCMG329 48,T;109,T
YITCMG330 52,A;129,G;130,A
YITCMG331 51,A/G
YITCMG332 42,A/G;51,C/G;63,A/G
YITCMG333 132,T/C;176,A/C
YITCMG334 43,C/G;104,A/C
YITCMG335 48,A;50,T;114,G
YITCMG336 28,C;56,A;140,T
YITCMG337 55,T/C;61,T/C
YITCMG338 71,T/C;126,A/G;159,T/C;165,T/C;179,C/G
YITCMG341 83,A/T;124,T/G
YITCMG342 40,T/G;156,A/G;162,T/A;169,T/C;177,T/C
YITCMG343 3,A;39,T
YITCMG344 14,T/C;47,A/G;108,T/C
YITCMG345 25,C/G;31,A/T;34,A/T;39,T
YITCMG346 7,A/T
YITCMG347 21,A
YITCMG348 65,T;69,C;73,A;124,A
YITCMG350 17,A/G
YITCMG351 11,T/G;109,T/C;139,C/G
YITCMG353 75,A/T;85,T/C
YITCMG354 62,C;66,A/G;81,A/C;134,C
YITCMG355 34,A;64,C;96,A
YITCMG356 45,A;47,A;72,A
YITCMG357 51,G;76,T;88,A/G
YITCMG359 60,T/G;128,T/C;143,A/G
YITCMG360 54,T/G;64,A;82,T/C;87,G;92,C
YITCMG361 3,T;102,C
YITCMG362 12,T/C;62,A/T;77,A/G
YITCMG363 39,A;56,G
YITCMG365 23,T;79,T;152,C
YITCMG366 36,T;83,T;110,C;121,A
YITCMG367 21,T;145,C;164,T/C;165,A/G;174,C
YITCMG368 116,T;117,G
YITCMG369 99,T
YITCMG370 105,A/T
YITCMG371 27,A/G;36,T/C
YITCMG372 199,T/A
YITCMG373 74,A;78,C
YITCMG374 135,C;137,A;138,G

YITCMG375 17,A/C

YITCMG376 5,A/C;74,A/G;75,A/C;103,C/G;112,A/G

YITCMG377 3,A/G;42,A/C;198,T/C

YITCMG378 49,T/C

YITCMG379 61,T/C

YITCMG383 53,C;55,A

YITCMG384 52,T/G;106,G;128,C;195,C

YITCMG385 57,A

YITCMG386 65,G

YITCMG388 17,T/C

YITCMG389 171,G;177,C

YITCMG390 9,T/C

YITCMG391 23,G;117,C

YITCMG392 78,A/G;109,C;114,C;133,C/G

YITCMG393 66,A/G;99,A/C

YITCMG394 38,A/G;48,T/G;62,A/G

YITCMG395 45,T/C

YITCMG396 110,C;141,A

YITCMG397 89,C;92,G;97,G;136,A

YITCMG398 131,C;132,A;133,A;159,C;160,G;181,T

YITCMG401 123,G

YITCMG405 155,C;157,C

YITCMG406 73,G;115,T

YITCMG408 137,G

YITCMG409 82,C/G;116,T/C

YITCMG410 2,T/C;4,A/T;20,T/C;40,C/G

YITCMG411 84,A

YITCMG412 4,T/A;61,T/C;154,A/G

YITCMG413 55,A/G;56,C/G;82,T/C

YITCMG414 11,T/A;37,A/G;58,A/G;62,C/G

YITCMG415 84,A/G;114,A/G

YITCMG416 80,A/G;84,A/G;94,C/G;112,A/G

YITCMG417 35,C/G;55,A/G;86,T/C;131,A/G

YITCMG419 73,A/T;81,T/A;195,A/G

YITCMG423 41,T/C;117,G

YITCMG424 69,T;73,G;76,C;89,T

YITCMG425 57,A

YITCMG427 103,T/C;113,A/C

YITCMG428 18,A/G;24,T/C

YITCMG429 49,A/T;61,T;152,A;194,A/G

YITCMG430 31,T/C;53,T/C;69,T/C;75,A/C

YITCMG431 69,A;97,G

YITCMG432 69,T;85,C

YITCMG434 27,A/G;37,A/T;40,A/G

YITCMG435   28,T/C;43,T/C;103,A/G;106,A/G;115,A/T
YITCMG436   56,T/A
YITCMG437   39,A;44,G;92,G;98,T
YITCMG438   2,A/T;3,T/C;6,A/T;155,T
YITCMG439   75,A/C;87,C;113,A
YITCMG440   64,A;68,G;70,T;78,C
YITCMG441   12,A;74,G;81,C
YITCMG442   2,T;68,C;127,G;132,A;162,A;170,C;171,T
YITCMG443   28,T;104,T;106,T;107,A;166,G
YITCMG444   118,A;141,G
YITCMG445   72,G
YITCMG446   13,T;51,T;88,T/C
YITCMG447   202,G
YITCMG448   91,G;112,G;145,G
YITCMG449   12,T/C;23,T/C;105,A/G;114,C/G
YITCMG452   96,C/G;121,A/G;145,A/G
YITCMG453   87,A;156,C
YITCMG454   90,A;92,T;121,C
YITCMG457   77,A;89,T/C;98,T/C;113,T/C;124,G;156,G
YITCMG459   120,A;141,A/G;146,A/G;192,T/C
YITCMG460   45,T
YITCMG461   89,T;140,G
YITCMG462   24,C;26,A;36,C;49,C
YITCMG465   117,T/G;147,A/G
YITCMG467   9,A/G;11,A;14,A/G;86,T/A;161,A/G;179,T/A
YITCMG469   12,T
YITCMG470   78,C/G
YITCMG473   65,T;91,T
YITCMG475   82,A/G;84,A/G;102,T/C
YITCMG477   2,T/C;3,T/G;7,T/C;91,C;150,T
YITCMG478   42,T/C
YITCMG479   103,T/A
YITCMG480   5,A/G;45,A/G;61,C/G;64,A/G
YITCMG481   21,A;108,G;192,G
YITCMG482   65,T/C;139,C/G
YITCMG485   34,A/G;116,C/G;125,T/C
YITCMG487   140,C
YITCMG488   51,G;76,G;127,C
YITCMG491   156,G
YITCMG492   55,A
YITCMG497   22,G;33,G;62,T;77,T
YITCMG499   82,A/T;94,T/C
YITCMG502   12,T/C;127,T/C
YITCMG503   70,A/G;85,A/C;99,T/C

YITCMG504　11,A/C;17,A/G

YITCMG505　54,A/G;99,T/C

YITCMG507　3,T/C;24,A/G;63,A/G

YITCMG508　140,A

YITCMG510　1,A

YITCMG511　39,T/C;67,A/G;186,A/G

YITCMG512　25,A;63,G

YITCMG514　45,C;51,T/C;57,T/C;58,T/G

YITCMG515　41,T/C;44,T/G

YITCMG516　29,T

YITCMG517　163,T

YITCMG519　129,T;131,T

YITCMG524　19,G;100,G

YITCMG526　51,G;78,T

YITCMG527　115,A

YITCMG530　76,C;81,A;113,T

YITCMG532　17,A/C;131,A/C

YITCMG533　85,A/C;183,A/C;188,A/G

YITCMG535　36,A/G;72,A/G

YITCMG537　118,A/G;135,T/C

YITCMG539　27,T/G;54,T/C;152,T/C

YITCMG540　17,A/T;73,T/C

YITCMG541　70,A/C;130,T/G;176,C

YITCMG542　69,T;79,C

硕帅芒

YITCMG001   53,G;78,G;85,A
YITCMG003   67,T/G;119,T/A
YITCMG004   27,T/C;83,T/C
YITCMG005   56,A/G;74,T/C;100,A/G
YITCMG006   13,T;27,T;91,C;95,G
YITCMG007   62,T;65,T;96,G;105,A
YITCMG008   50,C;53,C;79,A
YITCMG010   40,T;49,A;79,A
YITCMG011   36,A/C;114,A/C
YITCMG012   75,T/A;78,A/G
YITCMG013   16,C;56,A;69,T
YITCMG014   126,A/G;130,T/C;203,A/G
YITCMG015   127,A/G;129,A/C;174,A/C
YITCMG017   17,G;39,A/G;98,C
YITCMG018   10,A/G;30,A;95,A/G;97,A/T;104,T/A
YITCMG019   36,A;47,C
YITCMG021   104,A/C;110,T/C;129,C/G
YITCMG022   3,A/T;11,A/T;41,T/C;92,T/G;94,T/G;99,C;118,C/G;129,A/G;131,C;140,A/G
YITCMG023   142,A/T;143,T/C;152,A/C
YITCMG024   68,A/G;109,T/C
YITCMG025   108,T/C
YITCMG026   16,A;81,T
YITCMG027   19,T/C;31,A/G;62,T/G;119,A/G;121,A/G;131,A/G;153,T/G;163,A/T
YITCMG028   45,A/G;110,T/G;133,T/G;147,A/G;167,A/G;174,T/C
YITCMG029   37,T/C;44,A/G
YITCMG030   55,A;73,T/G;82,T/A
YITCMG032   117,C
YITCMG033   73,A/G;85,A/G;145,A/G
YITCMG034   122,A/G
YITCMG035   102,T/C;126,T/G
YITCMG036   23,C/G;99,C/G;110,T/C;132,A/C
YITCMG038   155,A/G;168,C/G
YITCMG039   1,A/G;19,A/G;93,T/C;105,A/G
YITCMG040   40,T/C;50,T/C
YITCMG041   24,T/A;25,A/G;68,T/C
YITCMG042   5,G;48,A;92,A
YITCMG044   7,T/C;22,T/C;42,T/G;189,T/A
YITCMG045   92,T;107,T;162,A/G
YITCMG046   55,A/C;130,A/G;137,A/C;141,A/G
YITCMG047   60,A/G;65,T/G
YITCMG048   142,C/G;163,A/G;186,A/C

YITCMG049 11,A/G;16,T/C;76,A/C;115,C;172,A/G

YITCMG050 44,A/G

YITCMG051 15,C;16,A

YITCMG052 63,T;70,C;139,T

YITCMG053 85,A/C;167,A/G

YITCMG054 34,A/C;36,T;72,A/C;73,G;84,C;170,C

YITCMG056 34,T/C;117,T/C

YITCMG057 98,T;99,G;134,T

YITCMG058 67,T/G;78,A/G

YITCMG059 84,A;95,T;100,T;137,A;152,T;203,T/G

YITCMG060 10,A/C;54,T/C;125,T/C;129,A/G;156,T/G

YITCMG061 107,A/C;128,A/G

YITCMG062 79,T/C;122,T/C

YITCMG063 86,A/G;107,A/C

YITCMG065 37,T/G;56,T/C;136,T/C

YITCMG066 10,A/C;64,A/G;141,T/G

YITCMG067 1,C;51,C;76,G;130,C

YITCMG071 102,A/T;142,C;143,C

YITCMG072 75,A/G;104,T/C;105,A/G

YITCMG073 19,A;28,C;106,C

YITCMG075 125,C;169,A/G;185,T

YITCMG076 162,A/C;171,T/C

YITCMG078 15,T/A;93,A/C;95,T

YITCMG079 26,T/C;125,A/C;155,T/C

YITCMG081 91,G;115,A/T

YITCMG082 43,A;58,C;97,G

YITCMG083 169,C/G

YITCMG084 118,G;136,T;153,A/C

YITCMG085 6,A/C;21,T/C;24,A/C;33,T;157,T/C;206,T/C;212,T/C

YITCMG086 111,A/G;180,A/C;182,A/T;186,A/T

YITCMG087 19,T/C;78,A/G

YITCMG088 17,A/G;31,T/G;33,A;98,T/C

YITCMG089 92,C;103,C;151,C;161,C

YITCMG090 46,A/G;48,C/G;75,T/C;113,T/C

YITCMG091 33,G;59,A

YITCMG093 10,A/G;35,A/G

YITCMG094 124,A;144,T

YITCMG095 51,T/C;78,T/C;184,T/A

YITCMG096 24,T/C;57,A;63,T/C;66,T/C

YITCMG098 48,A/G;51,T/C;180,T/C

YITCMG100 124,T/C;141,C/G;155,T

YITCMG102 20,A/G;135,T/C

YITCMG104 79,G

YITCMG105 31,C;69,A

YITCMG106 29,A/G;32,T/C;65,A/G;130,A/G;137,T/C

YITCMG107 143,A/C;160,A/G;164,C/G

YITCMG108 34,A;64,C

YITCMG109 17,T/C;29,A/C;136,T/A

YITCMG112 101,C/G;110,A/G

YITCMG113 71,A/G;85,G;104,A/G;108,T/C;131,A/G

YITCMG114 42,T;46,A;66,T

YITCMG115 32,T/C;33,A/T;87,C;129,T/A

YITCMG116 54,A

YITCMG118 19,A/G

YITCMG120 38,T/A;106,T/C;133,T/C

YITCMG121 32,T;72,G;149,T/G

YITCMG124 75,C;119,T

YITCMG127 146,A/G;155,T/A;156,A/G

YITCMG128 163,A/G

YITCMG129 90,T;104,C;105,C

YITCMG130 31,C/G;83,T/C;108,G

YITCMG131 27,T/C;107,C/G

YITCMG132 43,C/G;91,T/C;100,T/C;169,T

YITCMG133 76,T/G;86,T/G;200,A/G;209,A/T

YITCMG134 23,C;98,T/C;116,T/A;128,A;139,T;146,C/G

YITCMG135 173,T

YITCMG136 169,A/G

YITCMG137 1,T/C;16,A/G;25,A/T;48,A/G;52,A/T;62,A/T

YITCMG138 6,A/T;16,T/G;36,A/C

YITCMG139 7,G;33,A/G;35,A/G;152,T/C;165,A/C;167,A/G

YITCMG141 71,T/G;184,T/C

YITCMG142 67,T/C;70,A/G

YITCMG143 73,A

YITCMG147 62,T/C;66,T/C

YITCMG149 25,A/C;30,A/G;174,T/C

YITCMG150 101,A/G;116,T/G

YITCMG152 83,A

YITCMG153 97,C;101,G;119,A

YITCMG155 31,T/G;51,T/C;123,T/C;155,A/G

YITCMG156 28,A/T;36,T/G;44,C/G

YITCMG157 83,T/C

YITCMG158 67,C;96,A;117,G

YITCMG159 84,T/C;89,A/C;92,A/C;137,T

YITCMG160 55,A/G;75,T/C;92,A/G;107,T/G;158,T/C

YITCMG161 71,A;74,C

YITCMG163 43,T/C;96,T/A;114,T/C;115,A/G;118,T/G

YITCMG165 121,T

YITCMG166 13,T/C;87,G

YITCMG167   103,A/G;120,A/G;150,A/C

YITCMG168   171,C/G

YITCMG169   107,T/C

YITCMG170   145,C/G;150,T/G;157,A/G

YITCMG171   11,A

YITCMG172   164,A;168,G;186,G;187,G

YITCMG173   11,G;17,A;20,C;144,C;161,A;162,T

YITCMG174   9,T;10,A;31,A/G;84,A

YITCMG175   42,T/C;55,T/C;62,C;98,T/C

YITCMG176   44,A/G;107,A/G

YITCMG178   86,A/C;111,A/C

YITCMG180   23,C;72,C;75,C/G;117,A/G

YITCMG182   59,C;66,A

YITCMG183   24,T;28,A/G;75,T/C

YITCMG184   43,A/G;45,A;60,C;64,C/G;97,C;127,T/G

YITCMG185   68,A/T;130,T/C

YITCMG187   23,T/C;39,A/G;42,A/C;105,T;106,G

YITCMG188   16,T/C;66,A/G;101,A/T

YITCMG189   23,T/C;51,A/G;125,A/G;138,A/T;168,T/C;170,T/C

YITCMG190   117,T;162,G

YITCMG191   44,A/G;66,T/C;108,A/G

YITCMG192   89,T/C;119,T/G

YITCMG193   3,A/G;9,T/A;30,T/C;39,A/G;99,T/C;120,T/G;121,T/G;129,A/C;145,T/C;153,T

YITCMG196   197,A/T

YITCMG197   18,A/C;35,T/G;178,A/C;195,T/C

YITCMG198   100,A/C

YITCMG199   3,T;56,A;62,C/G;173,C;175,G

YITCMG200   38,C;53,G

YITCMG201   113,A/C;120,T/G;179,T/A;185,T/G;194,T/C

YITCMG202   16,T/C;112,A/C;121,T/G

YITCMG203   28,A/G;42,A/T;90,A/T;130,C/G

YITCMG204   76,C/G;85,A/G;133,C/G

YITCMG206   66,A/G;83,A/G;132,A/G;155,A/G

YITCMG207   73,T/C;82,A/G;156,T/C

YITCMG208   86,T/A;101,A/T

YITCMG209   24,T/C;27,C;72,T/C

YITCMG210   6,T/C;21,A/G;96,T/C;179,A/T

YITCMG211   133,A/C;139,A/G

YITCMG212   17,A/G;111,A/G;118,A/G;129,T/C

YITCMG213   55,A/G;102,T/C;109,T/C

YITCMG214   5,T/A

YITCMG217   11,A/G;19,A/T;154,A/G;164,T/C;181,T/C;185,T/C;196,A/G;197,A/G

YITCMG218   31,C;59,T;72,C;108,T/G

YITCMG219   89,C;125,C

YITCMG220   64,A/C;67,C/G

YITCMG221   8,C;110,G;131,A;134,A

YITCMG223   23,T;29,T;77,A/G

YITCMG225   61,G;67,T

YITCMG226   72,A;117,T

YITCMG227   6,G;26,T

YITCMG228   72,C

YITCMG229   56,T;58,C;65,T;66,T

YITCMG230   17,A/C;65,C;103,A;155,A/G

YITCMG231   12,T/C

YITCMG232   1,C;64,T/C;76,A/G;80,G;152,C;169,T;170,G

YITCMG233   127,A/G;130,A;132,G;159,T;162,A

YITCMG234   54,T/A;103,A/G;183,A/T;188,A/G

YITCMG235   128,G

YITCMG236   94,A/G;109,T/A

YITCMG237   24,T/A;39,G;105,A/G

YITCMG238   49,T/C;61,A/C;68,C

YITCMG239   46,C;59,C;72,A

YITCMG240   21,A/G;96,A/G

YITCMG241   23,G;32,C;42,T;46,G;54,A;75,C

YITCMG242   70,T

YITCMG243   73,T/C;147,T/C

YITCMG244   71,C;109,T;113,C

YITCMG246   51,T;70,T;75,A

YITCMG247   19,A;30,A/C;40,A;46,G;113,T/G;123,T;184,C/G

YITCMG248   31,A;35,G;60,G

YITCMG249   22,C;130,A/G;142,T;162,T/C;167,C;195,A/G;199,A/G

YITCMG250   92,T/C;98,T;99,G

YITCMG252   26,A/G;69,T/C;82,T/A

YITCMG253   13,T/C;182,A/G

YITCMG254   48,C;82,T/C;106,G

YITCMG255   6,A/G;8,A/G;13,T/G;18,T/A;67,T/G;155,C/G;163,A/G;166,T/C

YITCMG256   19,A/G;47,A/C;66,A/G

YITCMG257   58,T/C;77,T/C;89,T/C

YITCMG258   2,C;101,T;172,C

YITCMG259   23,C/G;24,T/A;180,T;182,A

YITCMG260   63,A/G;154,A/T;159,A/C;172,T/C

YITCMG261   38,T/G;106,T/A;109,T/C

YITCMG262   47,T/G

YITCMG263   42,T;77,G

YITCMG264   14,T/G;65,T/C

YITCMG265   138,T/C;142,C/G

YITCMG266   5,G;24,T;31,G;62,C;91,G

YITCMG267   39,A/G;108,A/T;134,T/G

YITCMG269	43,T/A;91,T/C
YITCMG270	10,A;48,T/C;52,A/G;69,A/C;122,T/C;130,T;134,T/C;143,T/C;162,T/C;168,A/G; 191,A/G
YITCMG271	100,G;119,T
YITCMG272	43,G;74,T;87,C;110,T
YITCMG273	41,C/G;67,A/G
YITCMG274	90,A/G;141,G;150,T
YITCMG275	106,C;131,A
YITCMG276	41,T;59,A
YITCMG279	94,A/G;113,A/G;115,T/C
YITCMG280	62,T/C;85,C/G;104,A/T;113,C/G;121,A/G;144,T/G;159,C
YITCMG281	18,G;22,G;92,C;96,A
YITCMG282	46,A/G;64,T/C
YITCMG283	67,T;112,A;177,G
YITCMG285	85,A/G;122,C/G
YITCMG286	119,A/G;141,A/C
YITCMG287	2,T/C;38,T/C
YITCMG289	50,T
YITCMG290	21,T;66,C
YITCMG291	28,A/C;38,A/G;55,T/G;86,A/G
YITCMG293	69,T/A;170,T;207,A/G
YITCMG294	7,A/G;32,C/G;82,A/T;99,T/G;108,A/T
YITCMG295	15,G;19,A/G;71,A;130,A/G
YITCMG296	90,A/C;93,T/C;105,T/A
YITCMG297	128,T/C;147,A/C
YITCMG298	44,A/G;82,A/G;113,A/G
YITCMG299	22,G;29,A;145,A/G
YITCMG300	32,A/C;68,T/C;198,A/G;199,C/G
YITCMG301	98,A/T;108,C;128,T/G
YITCMG302	11,T/G;16,T/A;39,C/G;96,T/C
YITCMG303	10,T/A;21,A/G;54,T/G
YITCMG304	6,A/G;30,T/G;35,A;42,G;45,A/C;116,G;121,A/C
YITCMG305	50,A/C;67,T/G;68,C
YITCMG306	16,C;69,A;85,T/G;92,C/G
YITCMG307	11,T/C;23,T/C;25,A/C;37,G
YITCMG309	5,A/C;23,T;77,G;85,G;162,A/G
YITCMG310	98,G
YITCMG311	83,C;101,C;155,A
YITCMG313	125,T/A
YITCMG314	27,C/G;53,C
YITCMG315	16,T/C
YITCMG316	98,C;191,T/C
YITCMG317	38,T/G;98,A/G;151,T/C
YITCMG318	61,T/C;73,A/C

YITCMG320   4,G;87,T

YITCMG321   16,G;83,T

YITCMG322   72,C;77,C;91,A;102,C

YITCMG323   6,A/T;49,A/C;73,T/C

YITCMG324   55,T/C;56,C/G;74,A/G;140,T/C;195,A/G

YITCMG325   22,C;130,C;139,C

YITCMG326   11,T/C;34,A/G;41,T/A;72,T/C;161,T/C;169,T/G;177,G;179,A/G

YITCMG327   181,T/C

YITCMG328   15,C;47,T/C;86,T/C

YITCMG329   48,T/C;78,C/G;109,T/A

YITCMG330   52,A/G;129,T/G;130,A/G

YITCMG331   51,A/G

YITCMG332   62,C/G;63,G;93,A/C

YITCMG333   132,T/C;176,A/C

YITCMG335   114,T/G

YITCMG336   28,T/C;56,A/T;140,T

YITCMG338   159,T/C;165,T/C;172,A/T;179,C/G

YITCMG339   48,T/C;81,T/C;153,C/G

YITCMG340   68,A/G;75,A/G;107,A/C

YITCMG341   83,T;124,G;129,A/C

YITCMG342   162,T/A;169,T/C

YITCMG343   3,A;39,T;109,A/G

YITCMG344   14,T;35,T/G;47,G;85,A/G

YITCMG345   31,T/A;34,T/A;39,T

YITCMG346   7,A/T;67,T/C;82,A/G

YITCMG347   19,T/A;21,A/G;29,A/G;108,A/C

YITCMG348   65,T/C;73,A/G;131,A;141,A/T

YITCMG350   17,A

YITCMG351   11,G;109,C;139,C

YITCMG352   108,C;138,T

YITCMG353   75,T;85,C

YITCMG354   62,C;134,C

YITCMG355   34,A;64,C;96,A

YITCMG356   45,A;47,A;72,A

YITCMG357   29,A/C;51,T/G;142,T/A

YITCMG359   131,A/T

YITCMG360   64,A;87,G;92,C

YITCMG361   3,T/A;102,T/C

YITCMG362   137,A/T

YITCMG363   56,A/G

YITCMG364   7,G;28,T/C;29,A/G;96,T/C

YITCMG366   83,A/T;121,T/A

YITCMG367   21,T/C;145,C/G;174,C/G

YITCMG368   23,C/G;117,A/C

YITCMG369　76,A/C;82,T/C;83,T/C;84,T/G;85,C/G;86,A/C;87,A/T;99,C/G;104,A/G;141,A/G

YITCMG370　18,G;117,T;134,A

YITCMG371　27,A;60,T

YITCMG374　3,A/G;102,A/C;135,C;137,T/A;138,G;206,A/G

YITCMG375　17,A/C

YITCMG376　74,G;75,C;98,A/T

YITCMG377　3,A;30,T/C;42,C

YITCMG378　49,T

YITCMG379　61,T;71,T;80,C

YITCMG380　40,A/G

YITCMG381　64,T/G;113,T/C;124,T/C

YITCMG382　62,A/G;72,A/C;73,C/G

YITCMG383　55,A/G;110,C/G

YITCMG385　24,A/G;61,C;79,C

YITCMG386　13,T/C;65,G;67,T/C

YITCMG387　24,A/G;111,C;114,G

YITCMG388　15,A/C;17,T;121,A/G;147,T/C

YITCMG389　9,A;69,A;159,C

YITCMG390　9,C

YITCMG391　23,A/G;117,A/C

YITCMG393　66,A/G;99,A/C

YITCMG394　38,A/G;62,A/G

YITCMG395　40,T/A;45,T/C;49,T/C

YITCMG397　92,T/G;97,T/G

YITCMG398　131,C;132,A;133,A;159,C;160,G;181,T

YITCMG399　7,A;41,A

YITCMG400　34,T/C;41,T/C;44,T/C;53,T/C;62,T/C;71,C/G;72,A/T;90,A/C

YITCMG401　43,T

YITCMG402　137,T/C;155,A/G

YITCMG403　36,T/C;49,A;58,C/G;156,T/A;173,C

YITCMG404　8,A/G;32,T/C;165,A/G

YITCMG405　155,C;157,C

YITCMG406　3,A/T;73,A/G;115,T/C

YITCMG407　13,C;26,G;65,A;97,G

YITCMG408　88,T/C;137,A/G

YITCMG409　82,G;116,T

YITCMG410　2,T;4,A;20,C;40,G;155,C

YITCMG412　4,T/A;61,T/C;79,A/G;154,A/G

YITCMG416　80,A/G;84,A/G;112,A/G;117,A/T

YITCMG418　15,T/C;34,A/G

YITCMG419　73,T;81,A;168,A/G

YITCMG420　35,C;36,A

YITCMG421　9,C;67,T;87,A/G;97,A

YITCMG422　97,A

YITCMG423   41,T/C;117,T/G

YITCMG424   69,T/G

YITCMG425   66,C

YITCMG427   103,T/C;113,A/C

YITCMG428   18,A;24,C;135,A/G

YITCMG429   60,C/G;61,T;152,A/G;194,G;195,T/A

YITCMG432   69,T;85,C

YITCMG434   27,A/G;37,T/A;40,A/G;43,C/G

YITCMG435   28,T/C;43,T/C;103,A/G;106,A;115,T/A

YITCMG436   2,A/G;25,A;49,A/G;56,A

YITCMG437   44,A/G;92,C/G;98,T/C;151,T/C

YITCMG438   155,T

YITCMG440   64,A;68,G;70,T;78,C

YITCMG441   96,A/G

YITCMG443   28,T

YITCMG447   65,A/G;94,G;97,A;139,G;202,G

YITCMG448   95,A/C;112,C/G;126,T/C;145,T/G;161,C/G

YITCMG451   26,G;33,A;69,C;74,G;115,C

YITCMG452   121,A/G;145,A/G;151,T/C

YITCMG454   90,A/G;92,T/G;121,T/C

YITCMG455   120,A/G

YITCMG456   32,A/G;48,A/G

YITCMG457   77,T/A;124,G;156,C/G

YITCMG459   120,A;141,A

YITCMG460   41,T/C;45,T;68,A/T;69,A/G;74,A/G

YITCMG461   131,A/G

YITCMG462   1,A;22,C;24,C;26,A

YITCMG463   78,T/C;134,A/G;190,C/G

YITCMG464   52,A/G;57,T/G;78,A/G;101,A/T

YITCMG465   117,T/G;147,A/G;156,T/A

YITCMG466   75,A/T;83,A/G;99,C/G

YITCMG467   9,A/G;11,A/G;86,A/T

YITCMG469   12,T;70,G;71,A

YITCMG470   3,T/C;72,T;75,A

YITCMG471   8,A;65,A;88,C;159,C

YITCMG472   51,G

YITCMG474   94,A/G;104,T/C;119,A/G

YITCMG475   2,T/C;82,A/G;84,A/G;102,T/C

YITCMG476   22,A;54,T

YITCMG477   3,G;7,T;91,C;150,T

YITCMG478   112,A/G;117,T/C

YITCMG479   103,T/A

YITCMG480   29,C/G;64,A/G

YITCMG481   21,A;83,T/C;98,T/C;108,A/G;192,T/G

YITCMG482 65,T/C;106,A/G;142,T/G

YITCMG483 113,A/G;147,A/G

YITCMG484 23,G;78,G;79,G

YITCMG485 116,C/G;125,T/C

YITCMG486 109,T/G;148,T/G

YITCMG487 140,C

YITCMG488 51,C/G;76,A/G;127,T/C

YITCMG489 51,C/G;113,A/G;119,T/C

YITCMG490 57,T/C;135,T/A;165,T/A

YITCMG491 156,G

YITCMG492 55,A/G

YITCMG493 4,T/C;6,T/G;30,T/C

YITCMG497 22,A/G;33,C/G;62,T/C;77,T/G

YITCMG499 45,A/C

YITCMG500 30,A/G;86,T;87,C;108,A/T

YITCMG501 15,A/T;93,A/G;144,A;173,C

YITCMG502 4,A/G;127,T/C;130,A/T;135,A/G;140,T/C

YITCMG503 70,G;85,C;99,C

YITCMG504 11,A;17,G

YITCMG505 54,A

YITCMG506 47,G;54,A

YITCMG507 24,G

YITCMG508 96,T;115,G

YITCMG510 1,A;95,A/G;98,A/G;110,A/G

YITCMG511 39,T/C;67,A/G;168,A/G;186,A/G

YITCMG512 25,A;63,G;91,A;99,C

YITCMG514 45,C

YITCMG515 41,T/C;44,T/G;112,A/T

YITCMG516 29,T/G;53,A/C;120,T/G

YITCMG517 74,A/T;163,T

YITCMG518 18,T/C;60,G;77,T;84,T/G;89,T/C

YITCMG519 129,T/C;131,T/G

YITCMG520 65,G;83,A;136,C;157,C

YITCMG521 21,C/G

YITCMG522 72,A;137,G;138,C

YITCMG524 10,A/G;19,A/G;100,A/G

YITCMG527 108,T;118,A

YITCMG528 1,T/C;79,G;107,G

YITCMG529 129,T/C;144,A;174,T

YITCMG530 55,A/T;62,A/G;76,A/C;81,A/G

YITCMG532 17,A/C;85,T/C;111,A/G;123,A/C;131,A/C

YITCMG533 85,A/C;183,C;188,A/G

YITCMG534 40,T;122,C;123,C

YITCMG535 36,A;72,G

YITCMG537   34,C/G;118,A/G;135,T/C;143,A/G
YITCMG539   27,T/G;54,T/C;75,T/A;82,T/C;152,T/A
YITCMG540   17,A/T;70,A/G;73,T/C;142,A/G
YITCMG541   70,C;176,T/C
YITCMG542   3,A;69,T;79,C

乳 芒

YITCMG001　53,A/G;78,A/G;85,A;94,A/C
YITCMG003　67,T;119,A
YITCMG004　27,T
YITCMG005　56,A/G;100,A/G
YITCMG006　13,T;27,T;91,C;95,G
YITCMG007　62,T;65,T;96,G;105,A
YITCMG008　50,C;53,C;79,A
YITCMG009　75,C;76,T
YITCMG010　40,T;49,A;79,A
YITCMG011　36,A/C;114,A/C
YITCMG012　75,A/T;78,A/G
YITCMG013　16,C;56,A;69,T
YITCMG014　126,A;130,T;203,A/G
YITCMG015　44,A/G;127,A;129,C;174,A
YITCMG017　17,G;24,C;98,C;121,T/G
YITCMG018　30,A
YITCMG019　36,A;47,C;66,C/G;98,A/T
YITCMG020　70,A/C;100,C/G;139,A/G
YITCMG021　104,A;110,T
YITCMG022　3,T/A
YITCMG023　142,A/T;143,T/C;152,A/T
YITCMG025　108,T
YITCMG026　16,A/G;81,T/C
YITCMG027　19,T/C;31,A/G;62,T/G;119,A/G;121,A/G;131,A/G;138,A/G;153,T/G;163,T/A
YITCMG028　45,A/G;110,T/G;133,T/G;147,A/G;167,A/G;174,T/C
YITCMG029　114,A/C
YITCMG030　55,A
YITCMG031　48,C;84,G;96,A
YITCMG032　14,A/T;160,A/G
YITCMG033　73,G;85,A/G;145,A/G
YITCMG035　85,A/C;102,T/C;126,T/G
YITCMG036　23,C;32,T/G;99,G;110,T;132,C
YITCMG037　12,T/C;13,A/G;39,T/G
YITCMG038　155,G;168,G;171,A
YITCMG039　1,A/G;105,A/G;120,A/G
YITCMG040　40,T/C;50,T/C
YITCMG042　5,G;92,A
YITCMG044　7,T;22,C;189,T
YITCMG045　92,T;107,T
YITCMG046　38,A/C;55,C;130,A;137,A;141,A
YITCMG047　60,T/G;65,T/G

YITCMG048   142,C/G;163,A/G;186,A/C
YITCMG049   115,C
YITCMG051   15,C;16,A
YITCMG052   63,T/C;70,T/C
YITCMG053   85,A/C;86,A/G;167,A;184,A/T
YITCMG054   34,A/G;36,T/C;70,A/G;151,A/G
YITCMG056   34,T/C;117,T/C;178,T/G;204,A/C
YITCMG057   98,T;99,G;134,T
YITCMG058   67,T/G;78,A/G
YITCMG059   84,A;95,T;100,T;137,A;152,T;203,T
YITCMG060   10,A/C;54,T/C;125,T/C;129,A/G;156,T/G
YITCMG062   79,T/C;122,T/C
YITCMG063   86,A/G;107,A/C
YITCMG065   136,T
YITCMG067   1,C;51,C;76,G;130,C
YITCMG071   40,A/G;107,A/T;142,T/C;143,A/C
YITCMG072   54,A/C
YITCMG073   15,A/G;19,A/G;28,A/C;106,T/C
YITCMG074   46,T;58,C;77,A/G;180,A/T
YITCMG075   168,A/C
YITCMG076   162,A/C;171,T/C
YITCMG077   105,A/G
YITCMG078   15,A/T;93,A/C;95,T/C;177,A/G
YITCMG079   3,G;8,T;10,A;110,C;122,A;125,A
YITCMG080   43,A/C;55,T/C
YITCMG081   91,G;115,T/A
YITCMG082   43,A;58,C;97,G
YITCMG083   123,T;169,G
YITCMG084   118,G;136,T
YITCMG085   6,A/C;21,T/C;24,C;33,T/C;206,T/C;212,T/C
YITCMG086   111,A;182,T;186,T/A
YITCMG088   17,A/G;31,T/G;33,A/G;98,T/C
YITCMG089   92,C;103,C;151,C;161,C
YITCMG090   48,G;113,C
YITCMG092   22,A/G;110,T/C;145,A/G
YITCMG094   124,A;144,T
YITCMG095   51,T/C;78,T/C;184,A/T
YITCMG096   24,T/C;57,A;63,T/C;66,T/C
YITCMG099   53,T/A;83,A;119,A;122,A
YITCMG100   124,T/C;141,C/G;155,T
YITCMG103   42,T;61,C
YITCMG104   79,G;87,G
YITCMG105   31,C;69,A/T
YITCMG106   29,A;32,C;59,C;65,G;137,C

YITCMG107　143,A/C;160,G;164,C

YITCMG108　34,A/G;64,C/G

YITCMG109　17,T/C;29,A/C;136,A/T

YITCMG110　30,T/C;32,A/G;57,T/C;67,C/G;96,T/C

YITCMG111　23,T/A

YITCMG112　101,C;110,G

YITCMG113　5,C/G;71,A/G;85,G;104,A/G

YITCMG114　42,A/T;46,A/G;66,A/T;75,A/C;81,A/C

YITCMG115　32,T/C;33,T/A;87,C;129,A/T

YITCMG116　54,A/G

YITCMG117　115,T/C;120,A/G

YITCMG120　38,T/A;106,T/C;133,T/C

YITCMG121　32,T/A;72,G;91,C/G;138,A/G;149,G

YITCMG122　45,A/G;185,A/G;195,A/G

YITCMG123　87,A/G;130,T/G

YITCMG124　75,C;119,T

YITCMG125　159,A/C

YITCMG126　82,T/A;142,A/G

YITCMG127　156,A

YITCMG128　40,G;106,T;107,G;131,T;160,C

YITCMG129　3,A/T;13,A/G;19,T/C;27,A/G;90,T;104,C;105,C;108,A/G;126,T/C

YITCMG132　43,C/G;91,T/C;100,T/C;169,T/C

YITCMG133　76,T/G;86,T/G;200,A/G;209,A/T

YITCMG134　23,C;98,T/C;116,A/T;128,A;139,T;146,C/G

YITCMG135　34,T;63,C;173,T

YITCMG137　1,C;48,G;52,T;62,A/T

YITCMG138　6,T/A;16,T/G

YITCMG139　7,G;33,A/G;35,A/G;152,T/C;165,A/C;167,A/G

YITCMG141　71,T;184,C

YITCMG142　67,T/C;70,A/G

YITCMG144　4,G

YITCMG147　62,T;66,T

YITCMG149　25,A/C;30,A/G;174,T/C

YITCMG150　99,T/C;101,G;116,G

YITCMG151　155,A;156,C

YITCMG152　83,T/A

YITCMG153　119,A

YITCMG154　5,T/C;26,T/G;47,A/C;60,A/G;77,T/C;130,A/C;141,T/C

YITCMG155　31,T/G;51,T/C

YITCMG156　36,T/G

YITCMG157　5,A/G;83,T/C;89,T/C;140,A/G

YITCMG158　67,C;96,A;117,G

YITCMG159　84,T/C;89,A/C;92,C;137,T

YITCMG160　92,A/G;158,T/C

YITCMG161　71,A/G;74,T/C

YITCMG162　26,T

YITCMG163　96,T/A;114,T/C;115,A/G;118,T/G

YITCMG165　121,T/C;174,T/C

YITCMG166　13,T;87,G

YITCMG168　40,A/G

YITCMG169　51,T/C;78,A/C;99,T/C;107,T/C

YITCMG170　31,T/G;139,C/G;142,A/G;145,C;150,T/A;151,T/C;157,A;164,A/G

YITCMG171　9,T;61,C;76,C;98,A

YITCMG172　17,T/C;164,A;168,G;186,G;187,G

YITCMG173　11,C/G;17,A/C;20,C;80,T/C;144,C;161,A/G;162,T/C;163,T/G;165,A/G

YITCMG174　9,T/C;10,A/C;84,A/G

YITCMG175　42,T/C;55,T/C;62,A/C;98,T/C

YITCMG176　44,A;107,A;127,A/C

YITCMG177　7,A/G;44,A/C;124,C/G

YITCMG178　44,A/G;99,T/C;107,T/G

YITCMG180　23,C;72,C

YITCMG182　59,T/C;66,A/T

YITCMG183　24,T;28,A/G;75,T/C

YITCMG184　43,A/G;45,A/T;60,A/C;97,C/G

YITCMG185　68,A/T;130,T/C

YITCMG187　105,T;106,G

YITCMG188　16,T/C;66,A/G;101,A/T

YITCMG189　23,T/C;51,A/G;138,T/A;168,T/C

YITCMG190　117,T;162,G

YITCMG191　44,A/G;66,T/C;108,A/G

YITCMG192　89,T/C;119,T/G

YITCMG193　3,A/G;9,A/T;30,T/C;39,A/G;121,T/G;129,A/C;145,T/C;153,T

YITCMG195　45,T/A;87,T/C;128,A/G;133,A/G

YITCMG196　19,A/G;85,A/C;114,T/G;197,A/T

YITCMG197　18,C;35,G;178,A;195,T

YITCMG198　70,A;71,G

YITCMG199　3,T;56,A;62,G;173,C;175,G

YITCMG200　38,T/C;53,A/G

YITCMG201　113,A/C;179,A/T;185,T/G;194,T/C

YITCMG202　16,C;112,A/C;121,T

YITCMG203　28,A/G;42,A/T;130,C/G

YITCMG204　76,C/G;85,A/G;133,C/G

YITCMG206　66,A/G;83,A/G;132,A/G;155,A/G

YITCMG207　73,T/C;156,T/C

YITCMG208　86,T/A;101,A/T

YITCMG209　24,T/C;27,C;72,T/C

YITCMG210　6,T/C;21,A/G;96,T/C;179,A/T

YITCMG211　11,A/C;133,A/C;139,A/G

YITCMG212   17,A/G;111,A/G;129,T/C

YITCMG213   55,A/G;102,T/C;109,T/C

YITCMG215   52,A/G;58,T/A

YITCMG216   69,A/G;135,T/C;177,A/G

YITCMG217   58,A/G;164,T;181,T/C;185,T;196,A/G;197,A/G

YITCMG218   5,A/C;31,C;59,T;72,C;108,T/G

YITCMG219   89,T/C;121,C/G;125,T/C

YITCMG220   64,A;67,G

YITCMG221   8,C;110,G;131,A;134,A

YITCMG222   1,A/T;15,T/C;70,C/G

YITCMG223   23,T;29,T;41,T/C;47,A/G;48,T/C

YITCMG225   61,G;67,T

YITCMG226   72,A/G;117,T/C

YITCMG227   6,A/G;26,T/C

YITCMG228   72,A/C;103,A/G

YITCMG229   56,T/C;58,T/C;65,T/C;66,T/C

YITCMG230   65,A/C;103,A/C

YITCMG232   80,G;152,C;170,G

YITCMG236   94,A/G;109,A/T

YITCMG237   24,A;39,G;71,G;76,C

YITCMG238   68,T/C

YITCMG239   46,C;59,C;72,A

YITCMG240   21,A/G;96,A/G

YITCMG242   70,T

YITCMG243   73,T/C;147,T/C

YITCMG244   71,C;109,T/G;113,T/C

YITCMG246   51,T/C;70,T/C;75,A/G

YITCMG247   19,A/C;40,A/G;46,T/G;123,T/C

YITCMG248   31,A/G;60,T/G

YITCMG249   22,C;83,C/G;130,A/G;142,T/C;162,T/C;167,C

YITCMG251   151,T/C

YITCMG252   26,A/G;78,C/G;82,A/T

YITCMG253   13,T/C;38,A/G;78,T/C;147,T/C;150,T/C;182,A/G

YITCMG254   48,C/G;64,T/C;82,T/C;106,T/G

YITCMG255   6,A/G;13,T/G;18,T/A;56,A/C;67,T;155,C;163,G;166,T

YITCMG256   19,T/G;47,C;66,G

YITCMG257   58,T/C;77,T/C;89,T/C

YITCMG258   170,A;172,C

YITCMG259   23,C/G;24,T/A;180,T;182,A

YITCMG260   154,A/T;159,A/C

YITCMG261   38,T/G;106,A/T;109,T/C

YITCMG262   47,T/G

YITCMG264   14,T/G;65,T/C

YITCMG266   5,G;24,T;31,G;62,C;91,G

YITCMG267　39,A/G;108,T/A;134,T/G

YITCMG268　23,T/G;30,T/G;68,T/C;152,T/G

YITCMG269　43,T/A;91,T/C

YITCMG270　10,A;48,T/C;52,A/G;69,A/C;122,T/C;130,T;134,T/C;143,T/C;162,T/C;168,A/G;
191,A/G

YITCMG271　100,C/G;119,A/T

YITCMG272　43,G;74,T;87,C;110,T

YITCMG273　41,C/G;67,A/G

YITCMG274　90,A/G;141,A/G;150,T/C

YITCMG275　106,C;131,A;154,A/G

YITCMG276　36,A/C;41,T;59,A

YITCMG279　94,A/G;113,A/G;115,T/C

YITCMG280　62,C;85,C;121,A;144,T;159,C

YITCMG281　96,A

YITCMG282　34,T/C;46,A;64,C;70,T/G;98,T/C;116,A/G;119,C/G

YITCMG283　67,T;112,A;177,G

YITCMG284　55,T;94,T

YITCMG285　85,A;122,C

YITCMG286　119,A/G;141,A/C

YITCMG287　2,C;38,T;170,A/C

YITCMG288　79,T/C

YITCMG289　50,T;60,A/T;75,A/G

YITCMG290　13,A/G;21,T;66,C;128,A/T;133,A/C

YITCMG292　85,T/C;99,T/A;114,T/C;126,A/C

YITCMG293　46,T/C;61,T/C;207,A

YITCMG294　32,C/G

YITCMG296　90,A/C;93,T/C;105,T/A

YITCMG297　128,T/C;147,A/C

YITCMG298　44,A/G;82,A/G;113,A/G

YITCMG299　29,A;34,A/G;103,A/G;117,C/G

YITCMG300　32,C;68,T;118,C

YITCMG301　98,A/G;108,C;128,T/G;140,A/G

YITCMG304　30,T/G;35,A;42,G;116,G

YITCMG305　68,C

YITCMG306　16,T/C;69,A/C

YITCMG307　11,T/C;23,T/C;25,A/C;37,A/G

YITCMG309　23,T/A;77,A/G;85,C/G

YITCMG310　98,A/G

YITCMG311　83,C;101,C;155,A

YITCMG312　42,A/T;104,T/A

YITCMG314　53,C

YITCMG316　98,T/C;102,T/C;191,T/C

YITCMG317　38,T/G;98,A/G;151,T/C

YITCMG318　61,T/C;73,A/C

YITCMG320　　4,A/G;87,T/C

YITCMG321　　16,G;83,T/C

YITCMG322　　72,C;77,T/C;91,A/T;102,T/C

YITCMG323　　6,T/A;49,C;73,T

YITCMG324　　55,T;56,G;74,G;195,A

YITCMG325　　22,C;130,C;139,C

YITCMG326　　11,T/C;34,A/G;41,T/A;72,T/C;161,T/C;169,T/G;177,G;179,A/G

YITCMG328　　15,C;47,T/C;86,T/C

YITCMG329　　48,T/C;78,C/G;109,T/A

YITCMG330　　52,A;129,G;130,A

YITCMG331　　24,A/G;51,A/G;154,A/G

YITCMG332　　62,G;63,G;93,A

YITCMG333　　132,T/C;176,A/C

YITCMG335　　48,A/G;50,T/C;114,T/G

YITCMG336　　28,C;56,A;140,T

YITCMG339　　48,C;81,C

YITCMG340　　68,A/G;75,A/G;107,A/C

YITCMG341　　59,T/A;83,T;124,G;146,A/G;210,T/G

YITCMG342　　156,A/G;162,T/A;169,T/C;177,T/C

YITCMG343　　3,A/G;39,T/C

YITCMG344　　14,T/C;35,T/G;47,A/G;85,A/G

YITCMG345　　31,T/A;34,T/A;39,T

YITCMG346　　7,A/T

YITCMG347　　21,A;149,T/C;157,A/G

YITCMG348　　131,A;141,T

YITCMG349　　62,A/G;136,C/G

YITCMG350　　17,A

YITCMG351　　11,T/G;79,T/G;109,T/C;139,C/G

YITCMG352　　108,T/C;138,A/T

YITCMG353　　75,T;85,C

YITCMG354　　66,G;81,A

YITCMG355　　34,A;64,C;96,A

YITCMG356　　168,A/G

YITCMG357　　29,A

YITCMG358　　155,T

YITCMG359　　60,T/G;128,T/C

YITCMG360　　64,A/G;87,A/G;92,T/C

YITCMG361　　3,T/A;10,T/C;102,T/C

YITCMG362　　12,T/C;62,T/A;77,A/G;137,A/T

YITCMG363　　56,A/G;57,T/C;96,T/C

YITCMG364　　7,G;29,A;96,T

YITCMG370　　18,G;117,T;134,A

YITCMG371　　27,A;60,T

YITCMG374　　102,A/C;135,T/C;137,T/A;138,A/G

YITCMG375 17,A/C
YITCMG377 3,A/G;42,A/C
YITCMG378 49,T/C
YITCMG379 61,T;71,T/C;80,T/C
YITCMG380 40,A
YITCMG381 64,T/G;113,T/C;124,T/C
YITCMG383 53,T/C;55,A;110,C/G
YITCMG384 106,A/G;128,T/C;195,T/C
YITCMG385 57,A/T;61,T/C;79,T/C
YITCMG386 65,G
YITCMG387 111,C/G;114,A/G
YITCMG388 17,T;121,A/G;147,T/C
YITCMG389 3,T/G;9,T/A;69,A/G;101,A/G;159,A/C;171,C/G;177,T/C
YITCMG390 9,T/C
YITCMG391 23,A/G;116,C/G;117,A/C
YITCMG392 78,A/G;109,C;114,C
YITCMG393 66,A/G;99,A/C
YITCMG395 40,A;49,T
YITCMG396 110,T/C;141,T/A
YITCMG397 97,G
YITCMG398 131,C;132,A;133,A;159,C;160,G;181,T
YITCMG399 7,A;41,A
YITCMG400 34,T;41,T;44,T;53,C;62,T;71,C;72,A;90,A
YITCMG401 43,T
YITCMG402 137,T;155,G
YITCMG405 155,C;157,C
YITCMG406 73,A/G;115,T/C
YITCMG407 13,T/C;26,T/G;97,T/G
YITCMG408 88,T/C;137,A/G
YITCMG409 82,C/G;116,T/C
YITCMG410 2,T;4,A;20,C;40,G;155,C
YITCMG411 2,T;81,A;84,A
YITCMG412 4,A;61,T
YITCMG413 55,G;56,C;82,T
YITCMG414 11,T;37,G;51,T/C;58,A/G;62,G
YITCMG415 84,A;114,G
YITCMG416 80,A;84,A;94,C/G;112,A;117,A/T
YITCMG417 35,C;55,A;86,C;131,G
YITCMG418 15,T/C;34,A/G
YITCMG419 73,T;81,A;168,A/G;195,A/G
YITCMG420 35,C;36,A
YITCMG421 9,C;67,T;87,A;97,A
YITCMG422 97,A
YITCMG423 39,T/G;41,T/C;117,G;130,C/G

YITCMG424   69,T;73,G;76,C;89,T

YITCMG425   57,A/G;66,T/C

YITCMG426   59,C;91,C

YITCMG427   103,T/C;113,A/C

YITCMG428   73,A;135,A

YITCMG429   61,T/A;152,A/G;194,G;195,A/T

YITCMG432   69,T/G;85,T/C

YITCMG435   106,A

YITCMG436   2,A/G;25,A/G;49,A/G;56,A

YITCMG437   44,G;92,G;98,T;151,T

YITCMG438   2,A/T;6,A/T;155,T

YITCMG440   64,A;68,G;70,T;78,C;135,A/G

YITCMG442   131,C/G;170,T/C

YITCMG443   28,T/A

YITCMG447   65,A/G;94,G;97,A/G;139,G;202,G

YITCMG448   22,A;37,C;91,G;95,C;112,G;126,T;145,G

YITCMG450   100,A/G;146,A/T

YITCMG451   26,G;33,A;69,C;74,G;115,C

YITCMG452   89,A/G;121,A/G;145,A/G;151,T/C

YITCMG453   87,A/G;156,T/C

YITCMG454   90,A;92,T;121,C

YITCMG455   120,A/G

YITCMG456   32,A/G;48,A/G

YITCMG457   77,A;124,G;156,G

YITCMG459   120,A;141,A

YITCMG460   41,T/C;45,T/C;68,T/A;69,A/G;74,A/G;132,A/G

YITCMG461   21,T/G;89,T/C;131,A/G;140,A/G

YITCMG462   1,A/G;22,C/G;24,C;26,A;36,T/C;49,A/C

YITCMG463   78,T/C;134,A/G;190,C

YITCMG465   117,T/G;147,A/G;156,A/T

YITCMG466   75,T;83,A/G;99,G

YITCMG467   9,G;11,A;86,A/T;161,A/G;162,C/G;179,A/T

YITCMG470   72,T/C;75,A/G

YITCMG471   8,A;65,A;88,C;159,C

YITCMG472   51,G

YITCMG474   87,T;94,A;104,T;119,A

YITCMG475   82,A;84,A;102,C

YITCMG476   22,A;54,T

YITCMG477   7,T/C;91,T/C;140,T/A;150,T/C;153,A/G

YITCMG478   112,A/G;117,T/C

YITCMG479   38,T/C;103,A

YITCMG481   21,A;108,A/G;160,A/G;192,T/G

YITCMG482   65,T/C;87,A/G;114,T/C;142,T/G

YITCMG483   113,A/G;143,T/C;147,A/G

YITCMG484   23,A/G;78,A/G;79,A/G

YITCMG485   116,C/G;125,T/C

YITCMG487   140,C

YITCMG488   51,G;76,G;127,C

YITCMG491   156,G

YITCMG492   55,A/G

YITCMG493   4,T/C;5,T/C;6,G;30,T;48,A/G;82,A/G

YITCMG494   43,T/C;52,A/G;98,A/G

YITCMG497   22,A/G;33,C/G;62,T/C;77,T/G

YITCMG501   15,T/A;93,A/G;144,A/G;173,T/C

YITCMG502   4,A/G;12,T/C;130,T/A;135,A/G;140,T/C

YITCMG503   70,A/G;85,A/C;99,T/C

YITCMG504   11,A/C;17,A/G

YITCMG505   54,A/G;99,T/C;158,T/C;198,A/C

YITCMG507   24,A/G

YITCMG508   96,T;109,A/G;115,G

YITCMG509   65,T/C;126,A/G

YITCMG510   1,A;110,A

YITCMG511   39,T/C;67,A/G;168,A/G;186,A/G

YITCMG512   25,A;63,G

YITCMG514   45,C;51,T/C;57,T/C;58,T/G

YITCMG515   41,C;44,T;112,T/A

YITCMG516   29,T

YITCMG517   74,T/A;163,T

YITCMG518   18,T/C;60,A/G;77,T/G

YITCMG519   129,T;131,T

YITCMG520   65,G;83,A;136,C;157,C

YITCMG521   8,T/G;21,G;30,A/G

YITCMG522   72,A/T;127,A/T;137,A/G;138,A/C

YITCMG523   37,A/C

YITCMG524   10,A/G;19,A/G;100,A/G

YITCMG527   108,T/G;118,A/C

YITCMG528   1,C;79,G;107,G

YITCMG529   129,T;144,A;174,T

YITCMG530   55,A/T;62,A/G;76,C;81,A;113,T/C

YITCMG531   11,T;49,T

YITCMG532   17,A/C;85,T/C;111,A/G;123,A/C;131,A/C

YITCMG533   81,A/G;85,A/C;183,A/C;188,A/G

YITCMG534   40,T;122,C;123,C

YITCMG535   36,A/G;72,A/G

YITCMG537   34,C/G;118,A/G;135,T/C;143,A/G

YITCMG538   168,A

YITCMG539　27,G;75,T

YITCMG540　17,T/A;73,T/C

YITCMG541　70,C

YITCMG542　69,T;79,C

台农 1 号

YITCMG001   53,A/G;72,T/C;78,A/G;85,A

YITCMG002   28,A/G;55,T/C;102,T/G;103,C/G;147,T/G

YITCMG003   29,T/C;82,A/G;88,A/G;104,A/G

YITCMG004   27,T/C;73,A/G

YITCMG005   56,A/G;100,A/G;105,A/T;170,T/C

YITCMG006   13,T;27,T/C;48,A/G;91,C;95,C/G

YITCMG007   62,T/C;65,T;96,G;105,A/G

YITCMG008   50,T/C;53,T/C;79,A/G;94,T/C

YITCMG009   75,C;76,T

YITCMG010   40,T/C;49,A/C;79,A/G

YITCMG011   36,A/C;114,A/C;166,A/G

YITCMG012   75,T;78,A

YITCMG013   16,T/C;41,T/C;56,A/C;69,T/C

YITCMG015   127,A/G

YITCMG017   15,T/A;39,A/G;87,T/G;98,C/G

YITCMG018   30,A

YITCMG019   115,A/G

YITCMG020   49,T/C;70,A/C;100,C/G;139,A/G

YITCMG021   104,A;110,T

YITCMG022   3,A;11,A;99,C;131,C

YITCMG023   142,A/T;143,T/C;152,A/T

YITCMG024   68,A/G;109,T/C

YITCMG026   16,A/G;81,T/C

YITCMG027   138,G

YITCMG028   45,A/G;110,T/G;133,T/G;147,A/G;167,A/G

YITCMG030   55,A;73,T/G;82,T/A

YITCMG031   48,T/C;84,A/G;96,A/G

YITCMG032   117,C/G

YITCMG033   73,A/G;85,A/G;145,A/G

YITCMG034   122,A/G

YITCMG035   102,T/C;126,T/G

YITCMG039   1,A/G;19,A/G;105,A/G

YITCMG040   40,T/C;50,T/C

YITCMG041   24,A/T;25,A/G;68,T/C

YITCMG043   34,T/G;48,T/C;103,T/C;106,T/C

YITCMG044   7,T/C;22,T/C;99,T/C;167,A/G;189,A/T

YITCMG045   92,T/C;107,T/C

YITCMG046   55,A/C;130,A/G;137,A/C;141,A/G

YITCMG047   37,T/A;60,T;65,G

YITCMG048   142,C/G;163,A/G;186,A/C

YITCMG049   11,A/G;16,T/C;76,A/C;115,A/C;172,G

YITCMG050　44,A

YITCMG051　15,C;16,A

YITCMG052　63,T/C;70,T/C

YITCMG053　86,A/G;167,A/G;184,A/T

YITCMG054　34,A/G;36,T/C;70,A/G;151,A/G

YITCMG056　34,T/C;117,T/C;178,T/G;204,A/C

YITCMG057　98,T/C;99,A/G;134,T/C

YITCMG058　67,T/G;78,A/G

YITCMG059　84,A;95,T;100,T;137,A;152,T;203,T

YITCMG060　10,A/C;54,T/C;125,T/C;129,A/G;156,T/G

YITCMG061　107,A/C;128,A/G

YITCMG063　86,A;107,C

YITCMG064　2,A/G;27,T/G;74,C/G;109,A/T

YITCMG065　37,T/G;56,T/C

YITCMG067　1,C;51,C;76,G;130,C

YITCMG068　49,T/G;91,A/G

YITCMG069　37,A/G;47,T/A;100,A/G

YITCMG070　5,T;6,C;13,G;73,C

YITCMG072　54,A/C;75,A/G;105,A/G

YITCMG073　19,A/G;28,A/C;103,T/A;106,T/C

YITCMG074　46,T/C;58,C/G;77,A/G;180,A/T

YITCMG076　162,A/C;171,T/C

YITCMG079　5,T/C;26,T/C;125,A/C;155,T/C

YITCMG080　43,A/C;55,T/C

YITCMG081　91,G;115,A/T

YITCMG082　43,A/C;58,T/C;97,A/G

YITCMG083　67,A/G

YITCMG084　118,G;136,T;153,A/C

YITCMG085　6,A/C;21,T/C;24,A/C;33,T/C;157,T/C;206,T/C;212,T/C

YITCMG086　142,C/G;180,A/C

YITCMG088　17,A/G;31,T/G;33,A;98,T/C

YITCMG089　92,A/C;103,T/C;151,C/G;161,T/C

YITCMG090　48,C/G;113,T/C

YITCMG092　22,A/G;110,T/C;145,A/G

YITCMG093　10,A/G;35,A/G;72,A/G

YITCMG094　124,T/A;144,A/T

YITCMG095　189,T/C

YITCMG096　24,T/C;57,A/G;66,T/C

YITCMG098　48,A/G;51,T/C;180,T/C

YITCMG099　72,A/G;122,T/C

YITCMG100　124,T/C;141,C/G;155,T/G

YITCMG101　53,T/G;92,T/G

YITCMG102　6,T/C;129,A

YITCMG104　79,A/G

YITCMG105 31,A/C;69,A/G

YITCMG108 34,A;64,C

YITCMG109 17,T/C;29,A/C;136,T/A

YITCMG110 30,T/C;32,A/G;57,T/C;67,C/G;96,T/C

YITCMG111 23,T/A

YITCMG113 5,C/G;71,A;85,G;104,G;108,T/C;131,A/G

YITCMG114 42,A/T;46,A/G;66,A/T;75,A/C

YITCMG115 87,T/C

YITCMG116 54,A/G;91,T/C

YITCMG117 115,T/C;120,A/G

YITCMG118 2,A/C;13,G;19,A;81,C

YITCMG119 73,A/C;89,A/G;150,T/C;162,A/G

YITCMG120 18,C/G;53,A/G;133,T/C

YITCMG121 32,T/A;72,T/G;149,T/A

YITCMG122 45,A/G;185,A/G;195,A/G

YITCMG123 111,T/C

YITCMG124 75,T/C;99,T/C;119,A/T

YITCMG126 82,T/A;142,A/G

YITCMG127 156,A/G;160,T/A

YITCMG130 31,G;70,A/C;108,G

YITCMG132 43,C/G;91,T/C;100,T/C;169,T/C

YITCMG133 76,T/G;86,T/G;200,A/G;209,T/A

YITCMG134 23,C;98,T/C;128,A/G;139,T

YITCMG135 34,T/C;63,T/C;173,T/C

YITCMG136 169,A/G;198,T/C

YITCMG137 1,T/C;24,A/G;48,A/G;52,T;62,T/A

YITCMG138 6,T/A;16,T/G

YITCMG139 7,G;33,A/G;35,A/G;152,T/C;165,A/C;167,A/G

YITCMG141 71,T;184,C

YITCMG142 67,T/C;70,A/G

YITCMG143 73,A

YITCMG147 62,T;66,T

YITCMG148 32,A/G

YITCMG149 25,A/C;30,A/G;138,A/G

YITCMG150 101,A/G;116,T/G

YITCMG151 155,A;156,C

YITCMG152 83,A/T

YITCMG153 97,A/C;101,A/G;119,A

YITCMG154 5,T/C;26,T/G;47,A/C;60,A/G;77,C;130,A/C;141,T/C

YITCMG155 31,T/G;51,T/C

YITCMG156 36,T/G

YITCMG157 5,A/G;83,T/C;89,T/C;140,A/G

YITCMG158 67,T/C;96,A/G;117,A/G

YITCMG159 84,T/C;89,A/C;92,A/C;137,T/C

YITCMG161   71,A/G;74,T/C

YITCMG165   121,T

YITCMG166   13,T/C;87,G

YITCMG167   150,C/G

YITCMG169   107,C

YITCMG170   31,T/G;145,C;150,T;157,A

YITCMG171   9,T/G;11,A/G;61,T/C;76,T/C;98,A/G

YITCMG172   186,G;187,G

YITCMG173   11,C/G;17,A/C;20,C;144,C;163,T/G

YITCMG174   5,G;84,A

YITCMG175   62,A/C

YITCMG176   44,A;107,A;127,A/C

YITCMG177   104,A/G

YITCMG178   86,A/C;111,A/C

YITCMG180   23,T/C;72,T/C;75,C/G;117,A/G

YITCMG182   59,T/C;66,A/T;105,T/C

YITCMG183   24,A/T

YITCMG184   45,A/T;60,A/C;64,C/G;97,C/G;127,T/G

YITCMG185   68,T/A;130,T/C

YITCMG187   105,T;106,G

YITCMG188   3,A/G;4,T/C;16,T/C;66,A/G;101,T/A

YITCMG189   23,C;51,G;138,T;168,C

YITCMG190   48,G;54,C;117,T;162,G

YITCMG191   34,A/G;36,A/G;44,A/G;66,T/C;108,A

YITCMG193   30,T/C;121,T/G;129,A/C;145,T/C;153,T

YITCMG194   1,A;32,T;55,A;165,C

YITCMG195   45,A;87,T;128,G;133,A

YITCMG196   55,C;91,T;190,G

YITCMG198   100,C

YITCMG199   131,A

YITCMG200   38,T/C;53,A/G

YITCMG202   16,T/C;112,A/C;121,T/G

YITCMG203   28,A/G;42,T/A;130,C/G

YITCMG204   76,C/G;85,A/G;133,C/G

YITCMG206   66,A/G;83,A/G;132,A/G

YITCMG207   82,A/G;156,T/C

YITCMG210   6,T/C;21,A/G;96,T/C;179,A/T

YITCMG211   133,A/C;139,A/G

YITCMG212   17,A/G;111,A/G;129,T/C

YITCMG213   55,A/G;102,T/C;109,T/C

YITCMG214   5,T/A

YITCMG217   11,A/G;19,T/A;154,A/G;164,T/C;185,T/C

YITCMG220   64,A/C;67,C/G

YITCMG221   8,T/C;106,T/A;110,A/G;131,A/G;134,A/G

YITCMG222   1,T/G;15,T/C;70,C/G

YITCMG223   23,T/C;29,T/G;77,A/G

YITCMG226   51,T/C;72,A;117,T

YITCMG228   72,C;81,C;82,T

YITCMG229   56,T;58,C;65,T;66,T

YITCMG230   65,C;103,A

YITCMG231   87,T/C;108,T/C

YITCMG232   1,T/C;64,T/C;76,A/C;80,G;152,C;169,T/C;170,G

YITCMG233   130,A;132,G;159,T;162,A

YITCMG234   54,T/A;55,T/C;103,A/G;122,T/G;183,A/T

YITCMG235   128,C/G

YITCMG237   24,T/A;39,G;71,C/G;76,T/C;105,A/G

YITCMG238   49,C;68,C

YITCMG239   46,C;59,C;72,A

YITCMG241   23,A/G;32,T/C;42,T/G;46,A/G;54,T/A;75,T/C

YITCMG242   61,A/C;70,T;85,T/C;94,A/G

YITCMG243   73,T/C;147,T/C

YITCMG244   71,T/C;109,T/G;113,T/C

YITCMG246   51,T/C;70,T/C;75,A/G

YITCMG247   19,A/C;30,A/C;40,A/G;46,T/G;105,A/C;113,T/G;123,T/C;184,C/G

YITCMG249   22,T/C;83,C/G;167,T/C

YITCMG251   170,T;171,T

YITCMG252   26,G;69,T/C;78,C/G;82,T

YITCMG254   48,C;82,T/C;106,G

YITCMG255   6,A/G;13,T/G;18,A/T;67,T/G;163,A/G;166,T/C

YITCMG256   19,A/G;47,A/C;66,A/G;83,T/A

YITCMG257   58,T/C;89,T/C

YITCMG258   2,C;101,T;172,C

YITCMG261   17,T/C;20,A/G;29,A/G;38,G;106,A;109,T

YITCMG262   28,T/C;47,T/G;89,T/C

YITCMG264   14,T/G;65,T/C

YITCMG265   138,T/C;142,C/G

YITCMG266   5,G;24,T/G;31,G;62,T/C;91,A/G

YITCMG267   39,A/G;108,T/A;134,T/G

YITCMG268   150,A/G

YITCMG269   43,T/A;91,T/C

YITCMG270   10,A/G;52,A/G;69,A/C;122,T/C;130,T/C;134,T/C;143,T/C;162,T/C;168,A/G;191,A/G

YITCMG272   43,T/G;74,T/C;87,T/C;110,T/C

YITCMG273   41,C;67,G

YITCMG274   90,A/G;141,G;150,T

YITCMG275   154,A

YITCMG278   1,A/G;10,A/G;12,A/C

YITCMG279   94,A/G;113,A/G;115,T/C

YITCMG280 104,A/T;113,C/G;159,T/C
YITCMG281 18,A/G;22,A/G;92,C;96,A
YITCMG282 46,A;64,C
YITCMG283 67,T/G;112,A/G;177,A/G
YITCMG285 85,A;122,C
YITCMG286 119,A;141,C
YITCMG287 2,C;38,T
YITCMG289 50,T
YITCMG290 21,T/G;66,C/G
YITCMG291 28,A/C;38,A/G;55,T/G;86,A/G
YITCMG293 170,A/T;207,A/G
YITCMG295 15,G;19,G;71,A;130,A
YITCMG296 90,A;93,T;105,A
YITCMG299 29,A
YITCMG300 191,A/G
YITCMG301 98,T/A;108,C;128,T/G
YITCMG302 11,T/G;16,T/A;39,C/G;96,T/C
YITCMG303 10,T/A;21,A/G;54,T/G
YITCMG305 50,A/C;67,T/G;68,C
YITCMG306 16,T/C;69,A/C;85,T/G;92,C/G
YITCMG307 11,T/C;23,T/C;25,A/C;37,A/G
YITCMG309 23,A/T;77,A/G;85,C/G
YITCMG310 98,A/G
YITCMG311 83,T/C;101,T/C;155,A/G
YITCMG312 42,T/A;104,A/T
YITCMG314 31,A/G;42,A/G;53,A/C
YITCMG315 16,T/C;58,A/G;80,A/G;89,T/C
YITCMG316 98,T/C;102,T/C
YITCMG317 38,G;151,C
YITCMG318 61,T/C;73,A/C
YITCMG320 4,A/G;87,T/C
YITCMG321 16,G;83,T/C
YITCMG323 49,A/C;73,T/C;108,C/G
YITCMG325 22,T/C;57,A/C;130,T/C;139,C/G
YITCMG326 169,T;177,G
YITCMG327 115,T/C;121,A/G
YITCMG328 15,C
YITCMG329 48,T/C;78,C/G;92,C/G;109,A/T
YITCMG330 28,C/G
YITCMG331 51,A/G
YITCMG332 14,T/C
YITCMG333 132,T/C;176,A/C
YITCMG334 43,C/G;104,A/C
YITCMG335 48,A/G;50,T/C;114,G

YITCMG336   19,T/C;28,C;56,A;140,T

YITCMG337   55,T/C;61,T/C

YITCMG338   71,T/C;126,A/G;159,T/C;165,T;179,G

YITCMG340   51,T/C;110,T/C;111,A/G

YITCMG341   83,T/A;124,T/G

YITCMG342   145,T/G;156,A/G;162,A/T;169,T/C;177,T/C

YITCMG343   3,A/G;127,A/G;138,A/T;171,T/C;187,T/C

YITCMG345   34,A/T;39,T/G

YITCMG346   7,A/T;67,T/C;82,A/G

YITCMG347   21,A

YITCMG348   65,T;73,A;124,A/C;131,A/G

YITCMG350   17,A;23,T/C;37,A/T;101,T/A;104,T/C

YITCMG351   11,T/G;109,T/C;139,C/G

YITCMG352   108,C;109,A/G;138,T;159,A/G

YITCMG353   75,T;85,C

YITCMG354   62,C;134,C

YITCMG355   34,A;64,C;96,A

YITCMG356   45,A;47,A;72,A

YITCMG357   29,A/C;51,T/G;76,A/T;88,A/G;142,A/T

YITCMG359   143,A/G

YITCMG360   64,A;87,G;92,C

YITCMG361   3,T/A;102,T/C

YITCMG363   39,A/G;56,A/G

YITCMG364   7,G;28,T

YITCMG365   23,T;79,T;152,C

YITCMG366   36,T/C;83,T;110,T/C;121,A

YITCMG367   21,T;145,C;164,T/C;174,C

YITCMG368   23,C/G;116,T/C;117,A/G

YITCMG369   76,A/C;82,T/C;83,T/C;84,T/G;85,C/G;86,A/C;87,T/A;99,T/G;104,A/G;141,A/G

YITCMG370   18,A/G;117,T/C;134,T/A

YITCMG371   27,A/G;60,T/C

YITCMG372   199,T

YITCMG373   74,A/G;78,A/C

YITCMG374   102,A;135,C;137,A;138,G

YITCMG375   17,A/C;28,T/C

YITCMG376   74,G;75,C

YITCMG377   198,T/C

YITCMG378   49,T

YITCMG385   61,T/C;79,T/C

YITCMG386   65,C/G

YITCMG387   111,C/G;114,A/G

YITCMG388   121,A/G;147,T/C

YITCMG389   9,T/A;69,A/G;159,A/C;171,C/G;177,T/C

YITCMG390   9,T/C

YITCMG391   23,A/G;117,A/C

YITCMG392   78,A/G;109,T/C;114,A/C

YITCMG393   66,A/G;99,A/C

YITCMG394   38,A/G;62,A/G

YITCMG395   40,T/A;45,T/C;49,T/C

YITCMG396   110,T/C;141,A/T

YITCMG397   92,G;97,G;136,T

YITCMG398   131,T/C;132,A/C;133,A/T;159,T/C;160,A/G;181,T/G

YITCMG399   7,T/A;41,A/C

YITCMG400   34,T/C;41,T/C;44,T/C;53,T/C;62,T/C;71,C/G;72,A/T;90,A/C

YITCMG401   43,T/C;123,A/G

YITCMG402   137,T/C;155,A/G

YITCMG404   8,A/G;32,T/C;165,A/G

YITCMG405   155,T/C;157,T/C

YITCMG406   73,A/G;115,T/C

YITCMG407   13,T/C;26,T/G;65,A/C;97,T/G

YITCMG408   88,T/C;137,A/G

YITCMG409   82,G;116,T

YITCMG410   2,T;4,A;20,C;40,G

YITCMG411   81,A;84,A

YITCMG412   4,A/T;61,T/C;79,A/G;154,A/G

YITCMG413   55,A/G;56,C/G;82,T/C

YITCMG414   11,A/T;37,A/G;51,T/C;62,C/G

YITCMG415   7,A/G;84,A/G;87,A/G;109,T/G;113,A/G;114,A/G

YITCMG416   80,A/G;84,A/G;112,A/G;117,A/T

YITCMG417   86,T/C;131,A/G

YITCMG418   15,T/C;34,A/G;150,A/C

YITCMG419   73,T;81,A;168,G

YITCMG420   6,A/G;35,C;36,A

YITCMG423   39,T/G;41,T/C;117,G;130,C/G

YITCMG424   69,T/G;73,A/G;76,C/G;89,T/A

YITCMG425   66,C

YITCMG427   50,T/C;103,T/C;113,A/C

YITCMG428   73,A/G;135,A/G

YITCMG429   61,T/A;152,A/G;194,A/G;195,A/T

YITCMG430   31,T/C;53,T/C;69,T/C;75,A/C

YITCMG432   69,T/G;85,T/C

YITCMG434   27,A/G;37,A/T;40,A/G

YITCMG435   28,T/C;43,T/C;103,A/G;106,A;115,T/A

YITCMG436   2,A/G;25,A/G;49,A/G;56,A/T

YITCMG437   44,G;92,G;98,T;151,T

YITCMG438   155,T

YITCMG440   64,A;68,G;70,T;78,C

YITCMG441   12,A;74,G;81,C

YITCMG442   2,A/T;68,T/C;127,A/G;132,T/A;162,A/G;170,T/C;171,T/G

YITCMG443   28,T;104,T/A;106,T/G;107,A/T;166,A/G

YITCMG444   118,T/A;141,A/G

YITCMG445   72,A/G

YITCMG446   13,T/C;51,T/C;88,T/C

YITCMG447   65,A/G;94,A/G;97,A/G;139,A/G;202,A/G

YITCMG448   91,T/G;95,A/C;112,G;126,T/C;145,G;161,C/G

YITCMG450   100,A/G;146,T/A

YITCMG451   26,G;33,A;69,C;74,G;115,C

YITCMG452   89,A/G;96,C/G;151,T/C

YITCMG453   87,A/G;156,T/C

YITCMG454   90,A;92,T;121,C

YITCMG457   77,A/T;89,T/C;98,T/C;113,T/C;124,G;156,C/G

YITCMG459   120,A;146,A;192,T

YITCMG460   41,T/C;45,T;68,A/T;69,A/G;74,A/G

YITCMG461   89,T/C;131,A/G;140,A/G

YITCMG462   24,C;26,A;36,C;49,C

YITCMG463   190,C/G

YITCMG464   78,A/G;101,T/A

YITCMG465   117,G;147,G

YITCMG466   75,T/A;83,A/G;99,C/G

YITCMG467   9,A/G;11,A/G;86,T/A

YITCMG469   12,T/G;70,C/G;71,A/T

YITCMG470   3,T/C;72,T/C;75,A/G

YITCMG471   8,A/C;65,A/G;88,T/C;159,A/C

YITCMG472   51,A/G

YITCMG474   87,A/T;94,A/G;104,T/C;119,A/G

YITCMG476   22,A;54,T

YITCMG477   3,T/G;7,T/C;91,T/C;150,T/C

YITCMG478   112,A/G;117,T/C

YITCMG479   38,T/C;103,T/A

YITCMG481   21,A;108,A/G;192,T/G

YITCMG482   65,T;87,A/G;114,T;142,G

YITCMG483   113,A/G;147,A/G

YITCMG484   23,A/G;78,A/G;79,A/G

YITCMG485   116,C;125,T

YITCMG487   140,C

YITCMG488   51,C/G;76,A/G;127,T/C

YITCMG491   163,A

YITCMG492   55,A;70,T/C;83,T/C;113,C/G

YITCMG493   5,T/C;6,G;23,A/C;30,T;48,G;82,G

YITCMG494   43,C;52,A;84,A/G;98,G;154,T/C;188,T/C

YITCMG495   13,T/C;65,T;73,G;82,A/G;86,A/G;89,A/G

YITCMG496   7,A/G;26,G;59,A/G;134,C;179,T/C

YITCMG497   22,A/G;33,C/G;62,T/C;77,T/G

YITCMG499   82,A;94,T

YITCMG501   144,A/G;173,T/C;176,C/G

YITCMG502   12,T/C;127,T/C

YITCMG503   70,G;85,C;99,C

YITCMG504   11,A/C;17,A/G

YITCMG505   54,A

YITCMG507   24,A/G

YITCMG508   96,T/C;115,T/G;140,A/G

YITCMG510   1,A;95,A/G;98,A/G;110,A/G

YITCMG511   39,T;67,A;168,A/G;186,A/G

YITCMG512   25,A;63,G;91,A/G;99,T/C

YITCMG514   45,C;51,T/C;57,T/C;58,T/G

YITCMG515   41,T/C;44,T/G

YITCMG516   29,T/G;53,A/C;120,T/G

YITCMG517   163,T

YITCMG518   60,A/G;77,T/G

YITCMG519   129,T;131,T

YITCMG520   65,A/G;83,A/G;136,T/C;157,A/C

YITCMG521   8,T/G;21,G;30,A/G

YITCMG522   72,T/A;127,T/A;137,A/G;138,A/C

YITCMG523   37,A/C;111,T/G;116,A/G;133,A/C;175,T/C;186,A/T

YITCMG524   10,A/G;19,A/G;100,A/G

YITCMG525   33,T/G;61,T/C

YITCMG526   51,A/G;78,T/C

YITCMG527   115,A/G

YITCMG529   15,A/C;129,T/C;144,A/C;165,C/G;174,T

YITCMG530   76,C;81,A;113,T

YITCMG531   11,T/C;49,T/G

YITCMG533   85,A;183,C;188,G

YITCMG534   40,T;122,C;123,C

YITCMG535   36,A/G;72,A/G

YITCMG537   118,A/G;123,A/C;135,T/C

YITCMG538   168,A/G

YITCMG539   27,T/G;54,T/C

YITCMG540   17,T;73,T

YITCMG541   70,C;176,C

YITCMG542   3,A/C;69,T;79,C

台农 2 号

YITCMG001   53,A/G;78,A/G;85,A;94,A/C

YITCMG002   28,A/G;55,T/C;102,T/G;103,C/G;147,T/G

YITCMG003   67,T/G;82,A/G;88,A/G;104,A/G;119,T/A

YITCMG004   27,T/C

YITCMG005   56,A/G;100,A/G

YITCMG006   13,T/G;27,T/C;91,T/C;95,C/G

YITCMG007   62,T/C;65,T;96,G;105,A/G

YITCMG008   50,T/C;53,T/C;79,A/G

YITCMG010   40,T/C;49,A/C;79,A/G

YITCMG011   36,A/C;114,A/C;166,A/G

YITCMG012   75,T/A;78,A/G

YITCMG013   16,T/C;21,T/C;56,A/C;69,T

YITCMG014   126,A/G;130,T/C

YITCMG015   127,A/G;129,A/C;142,T/C;174,A/C

YITCMG018   30,A/G

YITCMG019   36,A/G;47,T/C;66,C/G;115,A/G

YITCMG020   70,A/C;100,C/G;139,A/G

YITCMG021   104,A;110,T

YITCMG022   3,T/A;11,T/A;92,T/G;94,T/G;99,T/C;118,C/G;131,C/G;140,A/G

YITCMG023   142,T;143,C;152,T

YITCMG024   68,A/G;109,T/C

YITCMG025   108,T/C

YITCMG026   16,A/G;81,T/C

YITCMG027   19,T/C;31,A/G;62,T/G;119,A/G;121,A/G;131,A/G;153,T/G;163,A/T

YITCMG028   174,T/C

YITCMG030   55,A

YITCMG031   48,T/C;84,A/G;96,A/G;178,T/C

YITCMG032   91,A/G;93,A/G;94,T/A;160,A/G

YITCMG033   73,A/G;85,A/G;145,A/G

YITCMG034   122,A/G

YITCMG037   12,C;13,A;39,T

YITCMG038   155,A/G;168,C/G

YITCMG039   1,G;61,A/G;71,T/C;104,T/C;105,G;151,T/G

YITCMG040   40,T/C;50,T/C

YITCMG041   24,A/T;25,A/G;68,T/C

YITCMG042   5,A/G;92,T/A

YITCMG044   167,G

YITCMG045   92,T/C;107,T/C

YITCMG046   38,A/C;55,C;130,A;137,A;141,A

YITCMG047   37,T/A;60,T;65,G

YITCMG048   142,C/G;163,A/G;186,A/C

YITCMG049 11,G;13,T/C;16,T;76,C;115,C;172,G

YITCMG050 44,C/G

YITCMG051 15,C;16,A

YITCMG052 63,T/C;70,T/C

YITCMG053 86,A;167,A;184,T

YITCMG054 34,A/G;36,T/C;70,A/G;151,A/G

YITCMG056 34,T/C;117,T/C;178,T/G;204,A/C

YITCMG057 98,T/C;99,A/G;134,T/C

YITCMG058 67,T/G;78,A/G

YITCMG059 84,A;95,T;100,T;137,A;152,T;203,T

YITCMG060 10,A/C;54,T/C;125,T/C;129,A/G;156,T/G

YITCMG061 107,A;128,G

YITCMG063 86,A/G;107,A/C

YITCMG064 2,A/G;27,T/G

YITCMG065 37,T/G;56,T/C

YITCMG066 10,C;64,G;141,G

YITCMG067 1,C;51,C;76,G;130,C

YITCMG070 5,T;6,C;13,G;73,C

YITCMG071 142,C;143,C

YITCMG072 75,A/G;105,A/G

YITCMG073 19,A/G;28,A/C;106,T/C

YITCMG074 46,T;58,C;77,A/G;180,T

YITCMG075 168,A/C

YITCMG076 129,T/C;162,C;163,A/G;171,T

YITCMG077 10,C;30,T/C;114,A;128,A

YITCMG078 15,A;93,C;95,T;177,A/G

YITCMG079 3,A/G;8,T/C;10,A/G;110,T/C;122,T/A;125,A/C

YITCMG080 43,A/C;55,T/C

YITCMG081 91,C/G;115,T/A

YITCMG083 123,T/G;169,C/G

YITCMG084 118,G;136,T;153,A/C

YITCMG085 6,A;21,C;24,A/C;33,T;157,T/C;206,C

YITCMG086 111,A/G;142,C/G;182,T/A;186,T/A

YITCMG088 17,A/G;31,T/G;33,A/G;98,T/C

YITCMG089 92,A/C;103,T/C;151,C/G;161,T/C

YITCMG090 46,A/G;48,C/G;75,T/C;113,T/C

YITCMG092 22,A/G;110,T/C;145,A/G

YITCMG093 10,A/G;35,A/G;72,A/G

YITCMG094 124,A;144,T

YITCMG095 51,T/C;78,T/C;184,A/T

YITCMG096 24,C;57,A;66,T

YITCMG097 185,T/G;202,T/C

YITCMG099 53,A;83,A;119,A;122,A

YITCMG100 124,T/C;141,C/G;155,T

YITCMG102　6,T/C;129,A/G

YITCMG103　42,T;61,C

YITCMG104　79,G;87,G

YITCMG105　31,A/C;69,A/G

YITCMG106　29,A/G;32,T/C;59,T/C;65,A/G;137,T/C

YITCMG108　34,A/G;64,C/G

YITCMG109　17,C;29,C;136,A

YITCMG110　30,T/C;32,A/G;57,T/C;67,C/G;96,T/C

YITCMG111　23,A/T

YITCMG112　101,C/G;110,A/G

YITCMG113　5,C/G;71,A/G;85,G;104,A/G

YITCMG114　42,T/A;46,A/G;66,T/A;75,A/C

YITCMG115　32,T/C;33,A/T;87,T/C;129,T/A

YITCMG116　54,A/G;91,T/C

YITCMG117　115,T/C;120,A/G

YITCMG118　2,A/C;13,G;19,A;81,C

YITCMG119　16,A/G;73,A/C;150,T/C;162,A/G

YITCMG120　106,T/C;133,C

YITCMG121　32,T;72,G;149,G

YITCMG122　40,A/G;45,A/G;185,A/G;195,A/G

YITCMG123　88,T/C;94,T/C

YITCMG124　75,T/C;119,T/A

YITCMG125　159,A/C

YITCMG126　82,T;142,A

YITCMG127　146,A/G;155,T/A;156,A

YITCMG128　40,A/G;106,T/C;107,C/G;131,T/C;160,T/C

YITCMG129　90,T/C;104,T/C;105,C/G;108,A/G

YITCMG132　43,C/G;91,T/C;100,T/C;169,T

YITCMG133　31,T/G;76,T/G;86,T/G;122,A/T;209,T/A

YITCMG134　23,C;116,T;128,A;139,T;146,G

YITCMG135　34,T/C;63,T/C;173,T/C

YITCMG137　1,T/C;24,A/G;48,A/G;52,T;62,A/T

YITCMG139　7,G

YITCMG141　71,T;184,C

YITCMG142　67,T/C;70,A/G

YITCMG143　73,A/G

YITCMG144　61,T/C;81,T/C;143,A/G;164,A/G

YITCMG145　7,A/G;26,A/G;78,T/G

YITCMG146　27,T/C;69,A/G;88,T/G;111,A/T

YITCMG147　62,T/C;66,T/C

YITCMG148　35,A/G;87,T/C

YITCMG149　25,A/C;30,A/G;138,A/G

YITCMG150　8,T/G;100,A/T;101,A/G;116,T/G;123,C/G;128,T/A

YITCMG151　155,A;156,C

YITCMG153   97,A/C;101,A/G;119,A

YITCMG158   67,T/C;96,A/G;117,A/G

YITCMG159   84,T/C;89,A/C;92,A/C;137,T/C

YITCMG163   96,T/A;114,T/C;115,A/G;118,T/G

YITCMG164   57,T/C;114,A/G

YITCMG165   174,C

YITCMG166   13,T/C;87,G

YITCMG169   51,C;78,C;99,T

YITCMG170   31,T/G;139,C/G;142,A/G;145,C;150,A/T;151,T/C;157,A;164,A/G

YITCMG171   9,T;61,C;76,C;98,A

YITCMG172   164,A/C;168,A/G;186,A/G;187,A/G

YITCMG173   11,C/G;17,A/C;20,C;144,C;161,A/G;162,T/C;163,T/G

YITCMG174   9,T;10,A;84,A

YITCMG175   42,T/C;55,T/C;62,C;98,T/C

YITCMG176   44,A;107,A;127,A/C

YITCMG177   20,T/C;104,A/G

YITCMG178   99,T;107,G

YITCMG180   23,C;72,C;75,C/G

YITCMG181   134,A/G

YITCMG182   3,A/G;77,T/C

YITCMG183   24,T;28,A/G;75,T/C;76,A/G;93,T/C

YITCMG184   45,A;60,C;64,C/G;97,C;127,T/G

YITCMG185   62,A/G;68,A/T;80,A/G;130,A/C;139,A/G

YITCMG189   23,T/C;51,A/G;138,T/A;168,T/C

YITCMG190   48,A/G;54,T/C;117,T;162,G

YITCMG192   89,T/C;95,C/G;119,T/G

YITCMG193   3,A/G;9,A/T;30,C;39,A/G;121,G;129,C;153,T

YITCMG194   1,A/T;32,T/A;130,T/G

YITCMG195   45,A;87,T;128,G;133,A

YITCMG196   55,T/C;91,T/C;190,A/G;197,T/A

YITCMG197   18,A/C;35,T/G;178,A/C;195,T/C

YITCMG198   70,A/G;71,A/G;100,A/C

YITCMG199   3,T/C;56,A/T;62,C/G;131,A/C;173,T/C;175,C/G

YITCMG200   38,T/C;53,A/G

YITCMG201   120,T/G

YITCMG202   16,C;121,T

YITCMG204   76,C/G;85,A/G;133,C/G

YITCMG206   66,A/G;83,A/G;132,A/G;155,A/G

YITCMG207   73,T/C;156,T/C

YITCMG208   86,T/A;101,A/T

YITCMG209   24,T/C;27,C;72,T/C

YITCMG212   118,A/G

YITCMG216   135,T/C

YITCMG217   11,A;19,A;154,G;164,C

YITCMG218 31,C;59,T;72,C

YITCMG219 89,T/C;125,T/C

YITCMG221 8,C;76,A/G;110,A/G;131,A;134,A

YITCMG222 1,A/T;15,T/C;70,C/G

YITCMG223 23,T/C;29,T/G;77,A/G

YITCMG225 61,A/G;67,T/C

YITCMG226 72,A/G;117,T/C

YITCMG227 6,A/G;26,T/C

YITCMG228 72,C;81,C;82,T

YITCMG229 56,T;58,C;65,T;66,T

YITCMG230 65,C;103,A

YITCMG232 1,T/C;64,T/C;76,A/C;80,G;152,C;169,T/C;170,G

YITCMG233 130,A;132,G;159,T;162,A

YITCMG234 54,A/T;55,T/C;103,A/G;122,T/G;183,T/A

YITCMG236 94,A/G;109,T/A

YITCMG237 24,A;28,A/G;39,G;71,C/G;76,T/C

YITCMG238 68,T/C

YITCMG239 46,T/C;59,T/C;72,A

YITCMG240 21,A/G;96,A/G

YITCMG241 23,G;32,C;42,T;46,G;77,A

YITCMG242 70,T;128,T/C

YITCMG243 73,T/C;147,T/C

YITCMG244 71,C;109,T/G;113,T/C

YITCMG246 51,T/C;70,T/C;75,A/G

YITCMG247 19,A/C;40,A/G;46,T/G;123,T/C

YITCMG248 31,A;60,G

YITCMG249 22,C;130,A/G;142,T/C;162,T/C;167,C;195,A/G;199,A/G

YITCMG250 98,T;99,G

YITCMG251 151,T/C

YITCMG252 26,G;69,T/C;78,C/G;82,T

YITCMG253 32,T/C;53,A/G;70,A/C;182,A/G;188,T/G;198,T/G

YITCMG254 48,C;106,G

YITCMG255 6,A/G;13,T/G;18,T/A;67,T/G;163,A/G;166,T/C

YITCMG256 19,A/G;47,A/C;66,A/G

YITCMG258 2,C;101,T;172,C

YITCMG261 17,T/C;20,A/G;29,A/G;38,G;77,T/A;106,A;109,T

YITCMG262 28,T/C;47,T/G;89,T/C

YITCMG263 42,T;77,G

YITCMG265 138,T/C;142,C/G

YITCMG266 5,G;24,T/G;31,G;62,T/C;91,A/G

YITCMG267 39,A/G;108,T/A;134,T/G

YITCMG268 150,A/G

YITCMG269 43,T/A;91,T/C

YITCMG270 10,A/G;52,A/G;69,A/C;122,T/C;130,T/C;134,T/C;143,T/C;162,T/C;168,A/G;

191,A/G

YITCMG271	100,C/G;119,T/A
YITCMG272	43,G;74,T;87,C;110,T
YITCMG273	41,C;67,G
YITCMG274	90,A/G;141,A/G;150,T/C;175,T/G
YITCMG275	106,C/G;131,A/C;154,A/G
YITCMG276	41,T/G;59,A/G
YITCMG278	1,A/G;10,A/G;12,A/C
YITCMG280	62,T/C;85,C/G;121,A/G;144,T/G;159,T/C
YITCMG281	92,T/C;96,A
YITCMG282	46,A;64,C
YITCMG283	67,T/G;112,A/G;177,A/G
YITCMG284	18,A/G;55,T/A;94,T/C
YITCMG285	85,A;122,C
YITCMG286	119,A;141,C
YITCMG287	2,T/C;38,T/C;117,A/G
YITCMG289	50,T;60,T;75,A
YITCMG290	13,A;21,T;66,C;128,A;133,A
YITCMG291	28,A/C;38,A/G;55,T/G;86,A/G
YITCMG292	85,T/C;99,A/T;114,T/C;124,T/C;126,A/C
YITCMG293	170,T/A;174,T/C;184,T/G;207,A/G
YITCMG294	32,C/G;82,A/C;99,T/G;108,A/T;111,T/C
YITCMG295	15,A/G;71,T/A
YITCMG296	90,A/C;93,T/C;105,A/T
YITCMG297	128,C;147,A
YITCMG298	44,A/G;82,A/G;113,A/G
YITCMG299	22,C/G;29,A;34,A/G;103,A/G;145,A/G
YITCMG300	32,A/C;68,T/C;198,A/G
YITCMG301	98,A/T;108,C;128,T/G
YITCMG305	50,A/C;67,T/G;68,C/G
YITCMG306	16,T/C;69,A/C;85,T/G;92,C/G
YITCMG307	11,T/C;23,T/C;25,A/C;37,A/G
YITCMG309	23,T/A;77,A/G;85,C/G
YITCMG310	98,A/G
YITCMG311	83,T/C;101,T/C;155,A/G
YITCMG314	53,C
YITCMG315	16,T/C;58,A/G;80,A/G;89,T/C
YITCMG316	98,T/C;102,T/C;191,T/C
YITCMG317	98,A/G
YITCMG318	61,T/C;73,A/C
YITCMG320	4,A/G;87,T/C
YITCMG321	16,G;83,T/C
YITCMG322	72,T/C;77,T/C;91,A/T;102,T/C
YITCMG323	6,A;49,C;73,T

YITCMG324	55,T/C;56,C/G;74,A/G;195,A/G
YITCMG325	22,C;130,C;139,C
YITCMG326	11,T/C;41,A/T;91,T/C;169,T/G;177,G
YITCMG327	181,T/C
YITCMG328	15,C;47,C;86,C
YITCMG329	48,T;109,T;111,T/C
YITCMG330	52,A/G;129,T/G;130,A/G
YITCMG331	51,A/G
YITCMG332	42,A/G;51,C/G;62,C/G;63,G;93,A/C
YITCMG333	132,T/C;176,A/C
YITCMG334	43,C/G;104,A/C
YITCMG335	48,A/G;50,T/C;114,G
YITCMG336	28,C;56,A;140,T
YITCMG337	55,T/C;61,T/C
YITCMG342	145,G;156,G;177,C
YITCMG343	3,A/G;39,T/C
YITCMG344	14,T/C;47,A/G;108,T/C
YITCMG346	67,T/C;82,A/G
YITCMG347	21,A;157,A/G
YITCMG348	65,T/C;69,T/C;73,A/G;124,A/C;131,A/G;141,A/T
YITCMG350	17,A;23,T/C;37,T/A;101,A/T;104,T/C
YITCMG351	11,T/G;109,T/C;139,C/G
YITCMG352	108,C;109,A/G;138,T;145,T/A;159,A/G
YITCMG353	75,T/A;85,T/C
YITCMG354	62,A/C;66,A/G;81,A/C;134,A/C
YITCMG355	34,A;64,C;96,A
YITCMG356	45,A/T;47,A/C;72,A/T
YITCMG357	29,A/C;51,T/G;76,T/A;88,A/G
YITCMG358	155,T/C
YITCMG359	143,A/G
YITCMG360	64,A/G;87,A/G;92,T/C
YITCMG361	3,T/A;102,T/C
YITCMG362	12,T/C;62,T/A;77,A/G
YITCMG363	39,A/G;56,A/G;57,T/C;96,T/C
YITCMG364	7,G;29,A;96,T
YITCMG365	23,T/C;79,T/C;152,C/G
YITCMG366	36,T/C;83,T/A;110,T/C;121,A/T
YITCMG367	21,T/C;145,C/G;164,T/C;174,C/G
YITCMG368	116,T/C;117,C/G
YITCMG369	99,T/C
YITCMG370	18,A/G;117,T/C;134,A/T
YITCMG371	27,A/G;60,T/C
YITCMG372	199,T
YITCMG374	102,A/C;135,T/C;137,A/T;138,A/G

YITCMG375   17,C;107,T/A

YITCMG376   5,A/C;74,A/G;75,A/C;103,C/G;112,A/G

YITCMG377   198,T/C

YITCMG378   49,T/C

YITCMG379   61,T;71,T/C;80,T/C

YITCMG383   53,T/C;55,A/G

YITCMG384   106,A/G;128,T/C;195,T/C

YITCMG385   61,T/C;79,T/C

YITCMG386   13,T/C;65,C/G;67,T/C

YITCMG387   24,A/G;99,T/C;111,C/G;114,A/G

YITCMG388   17,T/C;121,A/G;147,T/C

YITCMG389   3,T/G;9,A;69,A;101,A/G;159,C

YITCMG390   9,C;82,T/G;95,T/A

YITCMG391   23,A/G;117,A/C

YITCMG395   40,A;49,T

YITCMG396   110,T/C;141,A/T

YITCMG397   97,G

YITCMG398   100,A/C;131,C;132,A;133,A;159,T/C;160,G;181,T

YITCMG399   7,A/T;41,A/C

YITCMG400   34,T/C;41,T/C;44,T/C;53,T/C;62,T/C;71,C/G;72,A/T;90,A/C

YITCMG401   43,T/C;123,A/G

YITCMG402   137,T/C;155,A/G

YITCMG405   155,T/C;157,T/C

YITCMG406   73,A/G;115,T/C

YITCMG407   13,T/C;26,T/G;97,T/G

YITCMG408   88,T/C;137,A/G

YITCMG409   82,G;116,T

YITCMG410   2,T;4,A;20,C;40,G;155,A/C

YITCMG411   84,A

YITCMG412   4,A/T;61,T/C;154,A/G

YITCMG413   55,A/G;56,C/G;82,T/C

YITCMG414   11,T/A;37,A/G;58,A/G;62,C/G

YITCMG415   84,A/G;114,A/G

YITCMG416   80,A/G;84,A/G;94,C/G;112,A/G

YITCMG417   35,C/G;55,A/G;86,T/C;131,A/G

YITCMG418   15,T/C;34,A/G

YITCMG419   73,T/A;81,A/T;168,A/G

YITCMG421   9,A/C;67,T/C;87,A/G;97,A/G

YITCMG423   41,T/C;117,T/G

YITCMG424   69,T;73,G;76,C;89,T

YITCMG425   26,C/G;57,A

YITCMG426   59,T/C;91,C/G

YITCMG428   18,A/G;24,T/C;73,A/G;135,A/G

YITCMG429   61,T;152,A;194,A/G

YITCMG431　69,A/G;97,C/G

YITCMG432　69,T;85,C

YITCMG435　28,T/C;43,T/C;103,A/G;106,A;115,T/A

YITCMG436　56,T/A

YITCMG437　36,T/C;44,A/G;92,C/G;98,T/C;151,T/C

YITCMG438　2,A/T;6,A/T;155,T/G

YITCMG440　64,A;68,G;70,T;78,C

YITCMG441　12,A/G;74,C/G;81,C/G;82,A/G

YITCMG442　2,T/A;68,T/C;127,A/G;132,A/T;162,A/G;170,T/C;171,T/G

YITCMG443　28,T;104,A/T;106,T/G;107,T/A;166,A/G

YITCMG444　118,A/T;141,A/G

YITCMG445　72,G

YITCMG446　13,T/C;51,T/C;88,T/C

YITCMG447　94,A/G;139,A/G;202,A/G

YITCMG448　22,A/C;37,T/C;91,G;95,A/C;112,G;126,T/C;145,G

YITCMG450　100,A/G;146,A/T

YITCMG451　26,A/G;33,A/C;69,T/C;74,A/G;115,C/G

YITCMG452　89,A/G;96,C/G;151,T/C

YITCMG453　87,A/G;156,T/C

YITCMG454　90,A/G;92,T/G;121,T/C

YITCMG455　120,A/G

YITCMG457　77,T/A;124,G;156,C/G

YITCMG459　120,A;141,A

YITCMG460　41,T;45,T;68,A;69,G;74,G

YITCMG461　131,A

YITCMG462　1,A;22,C;24,C;26,A

YITCMG464　78,A;101,T

YITCMG465　117,T/G;147,A/G

YITCMG466　75,A/T;99,C/G

YITCMG467　9,A/G;11,A;14,A/G;86,A/T;161,A/G;179,A/T

YITCMG471　8,A/C;65,A/G;88,T/C;159,A/C

YITCMG472　51,G

YITCMG473　65,A/T;91,T/C

YITCMG474　87,A/T;94,A/G;104,T/C;119,A/G

YITCMG475　82,A/G;84,A/G;102,T/C;106,A/C

YITCMG476　22,A/G;54,T/A

YITCMG477　7,T;91,C;140,T/A;150,T;153,A/G

YITCMG478　42,T/C

YITCMG479　103,T/A

YITCMG480　5,A/G;29,C/G;45,A/G;61,C/G;64,A

YITCMG481　21,A;108,A/G;160,A/G;192,T/G

YITCMG482　65,T;87,A/G;114,T/C;139,C/G;142,T/G

YITCMG484　23,A/G;78,A/G;79,A/G

YITCMG485　116,C/G;125,T/C

YITCMG487   140,C
YITCMG488   51,C/G;76,A/G;127,T/C
YITCMG489   51,C;113,A;119,C
YITCMG490   57,C;93,T/C;135,A;165,T/A
YITCMG491   163,A
YITCMG492   55,A;70,T/C
YITCMG493   6,T/G;23,A/C;30,T/C;48,A/G;82,A/G
YITCMG494   43,T/C;52,A/G;84,A/G;98,A/G;154,T/C;188,T/C
YITCMG495   65,T;73,G
YITCMG496   5,T;26,G;60,A
YITCMG497   22,A/G;33,C/G;62,T/C;77,T/G
YITCMG500   30,A/G;86,A/T;87,T/C;108,A/T
YITCMG501   15,T/A;93,A/G;144,A/G;173,T/C
YITCMG502   4,A/G;127,T/C;130,A/T;135,A/G;140,T/C
YITCMG503   70,A/G;85,A/C;99,T/C
YITCMG504   11,A/C;17,A/G
YITCMG505   54,A
YITCMG507   3,T/C;24,A/G;63,A/G
YITCMG508   140,A/G
YITCMG510   1,A/G
YITCMG511   39,T/C;67,A/G;168,A/G;186,A/G
YITCMG512   25,A;63,G
YITCMG513   75,T;86,T;104,A;123,T
YITCMG514   35,T/C;45,C
YITCMG515   41,T/C;44,T/G;112,T/A
YITCMG516   29,T/G;53,A/C
YITCMG517   163,T
YITCMG519   129,T/C;131,T/G
YITCMG520   65,A/G;83,A/G;136,T/C;157,A/C
YITCMG521   21,C/G
YITCMG522   72,T/A;127,T/A;137,A/G;138,A/C
YITCMG523   36,A/G;92,A/G;111,T/G;116,A/G;133,A/G
YITCMG524   19,A/G;81,A/G;100,A/G
YITCMG525   33,T;61,C
YITCMG526   51,A/G;78,T/C
YITCMG527   108,T/G;115,A/G;118,A/C
YITCMG529   144,A/C;174,T/C
YITCMG530   76,A/C;81,A/G;113,T/C
YITCMG531   11,T/C;49,T/G
YITCMG532   17,C;85,T/C;111,A/G;131,A
YITCMG533   183,A/C
YITCMG535   36,A;72,G
YITCMG537   118,A/G;123,A/C;135,T/C
YITCMG538   168,A/G

YITCMG539　27,T/G;54,T/C;152,T/C
YITCMG540　17,T;70,A/G;73,T;142,A/G
YITCMG541　18,A/C;70,A/C;145,A/G;176,T/C
YITCMG542　3,A/C;69,T;79,C

泰国 B

YITCMG001　53,G;78,G;85,A
YITCMG003　29,T/C
YITCMG004　27,T;83,T/C
YITCMG006　13,T;27,T;91,C;95,G
YITCMG007　62,T;65,T;96,G;105,A
YITCMG008　50,C;53,C;79,A
YITCMG010　40,T/C;49,A/C;79,A/G
YITCMG011　36,A/C;114,A/C
YITCMG012　75,T/A;78,A/G
YITCMG013　16,C;56,A;69,T
YITCMG014　126,A;130,T;203,A/G
YITCMG015　44,A/G;127,A;129,C;174,A
YITCMG017　17,G;24,T/C;39,A/G;98,C;121,T/G
YITCMG018　10,A/G;30,A;95,A/G;97,T/A;104,A/T
YITCMG019　36,A;47,C;98,T/A
YITCMG020　70,A/C;100,C/G;139,A/G
YITCMG021　129,C
YITCMG022　3,A/T;41,T/C;99,T/C;129,A/G;131,C/G
YITCMG023　142,T;143,C;152,T/C
YITCMG024　68,A;109,C
YITCMG025　108,T/C
YITCMG026　16,A;81,T
YITCMG028　174,T/C
YITCMG029　37,T/C;44,A/G
YITCMG030　55,A;73,T/G;82,T/A
YITCMG032　117,C/G
YITCMG033　73,G;85,A/G;145,A/G
YITCMG034　97,T/C;122,A/G
YITCMG035　102,T/C;126,T/G
YITCMG036　99,C/G;110,T/C;132,A/C
YITCMG037　12,C;39,T
YITCMG038　155,A/G;168,C/G
YITCMG039　1,G;19,G;105,G
YITCMG040　40,T/C;50,T/C
YITCMG041　24,T;25,A;68,T
YITCMG042　5,A/G;48,T/A;92,T/A
YITCMG043　56,T;61,A;67,C
YITCMG044　7,T/C;22,T/C;42,T/G;189,A/T
YITCMG045　92,T;107,T
YITCMG049　115,C
YITCMG051　15,C;16,A

YITCMG052　63,T;70,C;139,T/C
YITCMG053　85,A/C;167,A/G
YITCMG054　36,T;72,A/C;73,A/G;84,A/C;87,T/C;168,T/C;170,T/C
YITCMG056　34,T/C
YITCMG057　98,T;99,G;134,T
YITCMG058　67,T/G;78,A/G
YITCMG059　84,A;95,T;100,T;137,A;152,T;203,G
YITCMG060　10,A/C;54,T/C;125,T/C;129,A/G;156,T/G
YITCMG061　107,A/C;128,A/G
YITCMG062　79,T/C;122,T/C
YITCMG063　86,A/G;107,A/C
YITCMG064　2,A/G;27,T/G
YITCMG065　136,T/C
YITCMG067　1,C;51,C;76,G;130,C
YITCMG068　49,T/G;91,A/G;157,A/G
YITCMG069　37,A/G;47,T/A;100,A/G
YITCMG071　142,C;143,C
YITCMG072　54,A/C
YITCMG073　19,A;28,C;106,C
YITCMG075　2,T/G;27,T/C;125,C;169,A/G;185,T
YITCMG076　162,A/C;171,T/C
YITCMG078　15,A;93,C;95,T
YITCMG079　3,A/G;8,T/C;10,A/G;110,T/C;122,T/A;125,A/C
YITCMG080　43,A/C;55,T/C
YITCMG081　91,G;115,A
YITCMG082　43,A/C;58,T/C;97,A/G
YITCMG083　169,G
YITCMG084　118,G;136,T;153,A/C
YITCMG085　6,A/C;21,T/C;24,A/C;33,T;157,T/C;206,T/C;212,T/C
YITCMG086　111,A/G;180,A/C;182,A/T;186,A/T
YITCMG087　19,T/C;78,A/G
YITCMG088　33,A;98,T/C
YITCMG089　92,C;103,C;151,C;161,C
YITCMG090　46,A/G;48,C/G;75,T/C;113,T/C
YITCMG091　33,G;59,A
YITCMG094　124,T/A;144,A/T
YITCMG095　51,T/C;78,T/C;184,T/A
YITCMG096　24,T/C;57,A;63,T/C;66,T/C
YITCMG098　48,A/G;51,T/C;180,T/C
YITCMG102　20,A/G;135,T/C
YITCMG105　31,C;69,A
YITCMG106　29,A;32,C;59,T/C;65,G;130,A/G;137,C
YITCMG107　143,C;160,G;164,C
YITCMG108　34,A;64,C

YITCMG109　17,T/C;29,A/C;136,T/A

YITCMG110　30,T/C;32,A/G;57,T/C;67,C/G;96,T/C

YITCMG111　39,T/G;62,A/G;67,A/G

YITCMG113　71,A/G;85,G;104,A/G;108,T/C;131,A/G

YITCMG114　42,A/T;46,A/G;66,A/T;75,A/C

YITCMG115　87,C

YITCMG117　115,T/C;120,A/G

YITCMG119　72,C/G;73,A/C;150,T/C;162,A/G

YITCMG120　106,T/C;121,A/G;130,C/G;133,C

YITCMG121　32,T;72,G;149,T

YITCMG122　45,A/G;185,A/G;195,A/G

YITCMG123　88,T/C;94,T/C

YITCMG124　75,C;119,T

YITCMG127　146,A/G;155,A/T;156,A

YITCMG128　163,A/G

YITCMG129　90,T;104,C;105,C;108,A/G

YITCMG130　31,G;70,A/C;83,T/C;108,G

YITCMG131　27,T/C;107,C/G

YITCMG132　43,C;91,T;100,T;169,T

YITCMG133　76,T;83,A/G;86,T;200,A/G;209,T

YITCMG134　23,C;116,T/A;128,A/G;139,T;146,C/G

YITCMG135　173,T

YITCMG136　169,A/G

YITCMG137　1,T/C;24,A/G;48,A/G;52,T;62,A/T

YITCMG138　6,T/A;16,T/G;36,A/C

YITCMG139　7,G;33,A/G;35,A/G;152,T/C;165,A/C;167,A/G

YITCMG141　71,T/G;184,T/C

YITCMG143　73,A/G

YITCMG144　4,A/G

YITCMG147　62,T;66,T

YITCMG149　25,A;30,A;174,T

YITCMG150　99,T/C;101,G;116,G

YITCMG152　25,A/G;83,A

YITCMG153　97,A/C;101,A/G;119,A

YITCMG154　5,T;26,T;47,C;60,G;77,C;130,C;141,C

YITCMG155　31,T;51,C;123,T/C;155,A/G

YITCMG156　28,T/A;44,C/G

YITCMG157　83,C

YITCMG158　67,C;96,A;117,G

YITCMG159　6,T/C;92,A/C;137,T

YITCMG160　55,A/G;75,T/C;92,G;107,T;158,C

YITCMG161　71,A;74,C

YITCMG162　26,T

YITCMG163　43,T/C;96,T;114,T;115,G;118,T

YITCMG165   121,T/C;174,T/C
YITCMG166   13,T/C;87,G
YITCMG167   103,A/G;120,A/G;150,A/G
YITCMG168   171,G
YITCMG169   51,T/C;78,A/C;99,T/C
YITCMG171   11,A/G;61,T/C;76,T/C
YITCMG172   164,A;168,G;186,G;187,G
YITCMG173   11,G;17,A;20,C;144,C;161,A;162,T
YITCMG174   5,T/G;9,T/C;10,A/C;31,A/G;84,A
YITCMG175   42,T/C;55,T/C;62,C;98,T/C
YITCMG176   44,A/G;107,A/G
YITCMG178   44,A/G;99,T/C;107,T/G;111,A/C
YITCMG180   23,C;72,C
YITCMG182   3,A/G;59,T/C;66,T/A;77,T/C
YITCMG183   24,T;28,A/G;75,T/C
YITCMG184   43,A/G;45,A;60,C;97,C/G
YITCMG185   68,A;130,T
YITCMG187   105,T;106,G
YITCMG188   16,T/C;66,A/G;101,T/A
YITCMG189   23,T/C;51,A/G;125,A/G;138,T/A;168,T/C;170,T/C
YITCMG190   48,A/G;54,T/C;117,T;162,G
YITCMG193   3,A/G;9,A/T;30,T/C;39,A/G;99,T/C;120,T/G;121,G;129,A/C;153,T
YITCMG194   1,T/A;32,A/T
YITCMG195   87,T/C;128,A/G;133,A/G
YITCMG196   91,C/G;197,A
YITCMG197   18,C;35,G;178,A;195,T
YITCMG198   70,A;71,G
YITCMG199   3,T;56,A;62,C/G;173,C;175,G
YITCMG200   38,C;53,G
YITCMG201   113,A/C;120,T/G;179,T/A;185,T/G;194,T/C
YITCMG202   16,C;112,A;121,T
YITCMG203   28,G;42,T;130,C
YITCMG206   66,G;83,G;132,G;155,G
YITCMG207   82,A/G;156,T
YITCMG208   86,A;101,T
YITCMG209   24,T;27,C;72,C
YITCMG210   6,C;21,A;96,T;179,T
YITCMG211   11,A/C;133,A;139,A
YITCMG212   17,G;111,G;129,C
YITCMG213   55,A;102,T;109,C
YITCMG214   5,A/T
YITCMG217   164,T;181,T/C;185,T;196,A/G;197,A/G
YITCMG218   31,C;59,T;72,C;108,T
YITCMG219   89,C;125,T/C

YITCMG220   64,A/C;67,C/G;126,A/G

YITCMG221   8,C;110,G;131,A;134,A

YITCMG222   1,T/G;15,T/C;70,C/G

YITCMG223   23,T;29,T;77,A/G

YITCMG225   61,A/G;67,T/C

YITCMG226   51,T/C;72,A;117,T

YITCMG227   6,G;26,T;99,A/G

YITCMG228   72,C;81,C;82,T

YITCMG229   56,T/C;58,T/C;65,T/C;66,T/C

YITCMG230   17,A/C;65,C;103,A;155,A/G

YITCMG231   12,T/C

YITCMG232   1,C;76,G;80,G;152,C;169,T;170,G

YITCMG233   130,A;132,G;159,T;162,A

YITCMG234   54,T;103,A;183,A;188,G

YITCMG235   128,C/G

YITCMG236   94,A;109,A

YITCMG237   24,A/T;39,G;105,A/G

YITCMG238   49,T/C;61,A/C;68,C

YITCMG239   46,T/C;59,T/C;72,A

YITCMG240   21,A/G;96,A/G

YITCMG241   23,A/G;32,T/C;42,T/G;46,A/G;54,T/A;75,T/C

YITCMG242   70,T

YITCMG244   71,T/C;109,T/G;113,T/C

YITCMG246   51,T/C;70,T/C;75,A/G

YITCMG247   19,A/C;30,A/C;40,A/G;46,T/G;113,T/G;123,T/C;184,C/G

YITCMG248   31,A;35,G;60,G

YITCMG249   22,C;142,T/C;167,T/C;195,A/G;199,A/G

YITCMG250   92,T/C;98,T;99,G

YITCMG251   170,T;171,T

YITCMG252   26,A/G;69,T/C;82,A/T

YITCMG253   70,A/C;198,T/G

YITCMG254   48,C;82,T;106,G

YITCMG255   6,A/G;8,A/G;13,T/G;18,T/A;67,T;155,C;163,G;166,T

YITCMG256   19,G;47,C;66,G

YITCMG257   58,T/C;77,T/C;89,T/C

YITCMG258   170,A;172,C

YITCMG259   23,C/G;24,A/T;180,T;182,A

YITCMG260   63,A/G;154,A/T;159,A/C;172,T/C

YITCMG261   38,T/G;106,A/T;109,T/C

YITCMG262   47,T/G

YITCMG263   91,A

YITCMG264   14,T/G;47,A/G;59,T/C;65,T/C

YITCMG266   5,A/G;24,T/G;31,A/G;62,C/G;91,A/G

YITCMG267   39,G;108,A;134,T

YITCMG269   43,A/T;91,T/C

YITCMG270   10,A;48,T/C;52,A/G;69,A/C;122,T/C;130,T;134,T/C;143,T/C;162,T/C;168,A/G;
191,A/G

YITCMG271   100,C/G;119,A/T

YITCMG272   43,G;74,T;87,C;110,T

YITCMG274   90,A/G;141,A/G;150,T/C

YITCMG275   106,C;131,A

YITCMG276   41,T;59,A

YITCMG277   24,T

YITCMG279   94,A/G;113,A/G;115,T/C

YITCMG280   62,C;85,C;121,A;144,T;159,C

YITCMG281   18,G;22,G;92,C;96,A

YITCMG282   34,T/C;46,A/G;64,T/C;70,T/G;98,T/C;116,A/G;119,C/G

YITCMG283   67,T;112,A;177,G

YITCMG284   55,T/A;94,T/C

YITCMG285   85,A/G;122,C/G

YITCMG286   119,A/G;141,A/C

YITCMG287   2,C;38,T

YITCMG289   50,T

YITCMG290   21,T/G;66,C/G

YITCMG293   69,T/A;170,T;207,A/G

YITCMG294   7,A/G;32,C/G;82,A/T;99,T/G;108,A/T

YITCMG295   15,A/G;71,T/A

YITCMG296   90,A/C;93,T/C;105,A/T

YITCMG297   147,A/C

YITCMG298   44,A;82,A;113,A/G

YITCMG299   22,C/G;29,A;38,T/C;48,A/G;53,C/G;134,T/G

YITCMG300   199,G

YITCMG301   98,A/G;108,C;128,T/G

YITCMG302   11,T/G;40,A/G;96,T/C

YITCMG304   30,T/G;35,A;42,G;116,G

YITCMG305   68,C/G

YITCMG306   16,T/C;69,A/C

YITCMG307   37,A/G

YITCMG309   5,A/C;23,A/T;77,A/G;85,C/G;162,A/G

YITCMG310   98,G

YITCMG311   83,C;101,C;155,A

YITCMG312   42,A/T;104,T/A

YITCMG313   125,T/A

YITCMG314   27,C/G;53,C

YITCMG316   98,T/C;102,T/C;191,T/C

YITCMG317   38,T/G;98,A/G;151,T/C

YITCMG318   61,T;73,A;139,T/C

YITCMG319   147,T/C

YITCMG320   4,A/G;87,T/C

YITCMG321   16,G;83,T/C

YITCMG322   72,T/C;77,T/C;91,A/T;102,T/C

YITCMG323   6,A/T;49,C;73,T;108,C/G

YITCMG324   55,T;56,G;74,G;195,A

YITCMG325   22,C;38,A;130,C;139,C

YITCMG326   11,T/C;34,A/G;41,A/T;72,T/C;161,T/C;169,T/G;177,G;179,A/G

YITCMG328   15,C;47,T/C;86,T/C

YITCMG329   48,T;109,T

YITCMG330   52,A;129,G;130,A

YITCMG331   24,A/G;51,A/G;154,A/G

YITCMG332   62,G;63,G;93,A

YITCMG333   132,T/C;176,A/C

YITCMG336   28,C;56,A;140,T

YITCMG339   48,C;81,C

YITCMG340   68,A/G;75,A/G;107,A/C

YITCMG341   2,T/C;59,T/A;83,T;124,G;146,A/G;210,T/G

YITCMG342   162,A;169,T

YITCMG343   3,A;39,T

YITCMG344   14,T/C;35,T/G;47,A/G;85,A/G

YITCMG345   31,A/T;34,A/T;39,T

YITCMG346   7,T/A

YITCMG347   19,T/A;21,A/G;29,A/G;108,A/C;149,T/C

YITCMG348   65,T/C;73,A/G;131,A;141,A/T

YITCMG350   17,A

YITCMG351   11,G;79,T/G;109,C;139,C

YITCMG352   108,C;138,T;145,A/T

YITCMG353   75,A/T;85,T/C

YITCMG355   34,A;64,A/C;96,A/G;125,A/C;148,A/G

YITCMG356   45,A/T;47,A/C;72,A/T;168,A/G

YITCMG357   29,A/C;51,T/G;81,T/C

YITCMG359   131,T/A;143,A/G

YITCMG360   64,A;87,G;92,C

YITCMG361   3,A/T;102,T/C

YITCMG362   137,A/T

YITCMG363   56,A/G;57,T/C;96,T/C

YITCMG364   7,G;28,T/C;29,A/G;96,T/C

YITCMG366   83,A/T;121,T/A

YITCMG367   21,T/C;145,C/G;174,C/G

YITCMG368   23,C/G;117,A/C

YITCMG369   76,A/C;82,T/C;83,T/C;84,T/G;85,C/G;86,A/C;87,A/T;99,C/G;104,A/G;141,A/G

YITCMG370   18,G;117,T;134,A

YITCMG371   27,A/G;60,T/C

YITCMG372   61,C

YITCMG374 3,A/G;135,T/C;138,A/G;206,A/G
YITCMG375 17,A/C
YITCMG376 74,A/G;75,A/C;98,T/A
YITCMG377 3,A/G;42,A/C
YITCMG378 49,T/C
YITCMG379 61,T;71,T;80,C
YITCMG380 40,A/G
YITCMG381 64,T/G;113,T/C;124,T/C;125,A/G
YITCMG382 62,A;72,C;73,C
YITCMG383 55,A;110,C
YITCMG384 106,A/G;195,T/C
YITCMG385 61,C;79,C;123,A/G
YITCMG386 33,T/C;65,G
YITCMG387 111,C;114,G
YITCMG388 17,T;121,A/G;147,T/C
YITCMG389 3,T/G;9,A;69,A;101,A/G;159,C
YITCMG390 9,C
YITCMG391 116,C/G
YITCMG392 109,T/C;114,A/C
YITCMG393 66,G;99,C
YITCMG394 38,G;62,A
YITCMG395 45,T
YITCMG397 92,G;97,T/G
YITCMG398 131,C;132,A;133,A;159,C;160,G;181,T
YITCMG399 7,A;41,A
YITCMG400 34,T/C;41,T/C;44,T/C;53,T/C;62,T/C;71,C/G;72,A/T;90,A/C
YITCMG401 43,T
YITCMG402 137,T;155,G
YITCMG403 36,T/C;49,T/A;173,C/G
YITCMG404 8,A/G;32,T/C;165,A/G
YITCMG405 155,C;157,C
YITCMG406 3,A/T;73,G;115,T
YITCMG407 13,T/C;26,T/G;65,A/C;97,T/G
YITCMG408 137,G
YITCMG409 82,G;116,T
YITCMG410 2,T;4,A;20,C;40,G;155,C
YITCMG411 2,T;81,A;84,A
YITCMG412 79,A;154,G
YITCMG413 55,A/G;56,C/G;82,T/C
YITCMG414 11,T/A;37,A/G;51,T/C;62,C/G
YITCMG415 7,A/G;84,A/G;87,A/G;109,T/G;113,A/G;114,A/G
YITCMG416 80,A/G;84,A/G;112,A/G;117,A/T
YITCMG419 73,A/T;81,T/A
YITCMG420 35,C;36,A

YITCMG421   9,C;67,T;97,A

YITCMG422   97,A

YITCMG423   39,T/G;41,T/C;117,G;130,C/G

YITCMG424   69,T/G;73,A/G;76,C/G;89,A/T

YITCMG425   57,A/G;66,T/C

YITCMG427   103,T/C;113,A/C

YITCMG428   18,A;24,C;135,A/G

YITCMG429   194,G;195,T

YITCMG432   69,T;85,C

YITCMG434   27,A/G;37,A/T;40,A/G;43,C/G;86,T/C

YITCMG435   28,T/C;43,T/C;103,A/G;106,A;115,A/T

YITCMG436   2,A/G;25,A;49,A/G;56,A

YITCMG437   44,A/G;92,C/G;98,T/C;151,T/C

YITCMG438   155,T

YITCMG439   87,T/C;113,A/G

YITCMG440   64,A;68,G;70,T;78,T/C

YITCMG441   96,A/G

YITCMG442   2,T/A;67,A/C;68,T/C;127,A/G;139,A/T;162,A/G;170,T/C;171,T/G

YITCMG443   28,A/T

YITCMG447   94,A/G;97,A/G;139,A/G;202,A/G

YITCMG448   22,A/C;37,T/C;91,T/G;95,A/C;112,C/G;126,T/C;145,T/G

YITCMG450   100,A/G;146,T/A

YITCMG451   26,A/G;33,A/C;69,T/C;74,A/G;115,C/G

YITCMG452   96,C/G;151,T/C

YITCMG453   87,A/G;156,T/C

YITCMG454   90,A;92,T;121,C

YITCMG456   32,A/G;48,A/G

YITCMG457   77,T/A;89,T/C;98,T/C;101,A/G;119,A/G;124,G;156,C/G

YITCMG459   120,A;141,A

YITCMG460   45,T

YITCMG461   131,A/G

YITCMG462   1,A/G;22,C/G;24,C;26,A;36,T/C;49,A/C

YITCMG463   78,T/C;134,A/G;190,C

YITCMG464   52,A/G;57,T/G

YITCMG465   117,G;147,G

YITCMG466   75,A/T;99,C/G

YITCMG467   9,A/G;11,A;14,A/G;86,A/T;161,A/G;179,A/T

YITCMG469   12,T;71,A

YITCMG470   72,T;75,A

YITCMG471   8,A;65,A;88,C;159,C

YITCMG472   51,G

YITCMG474   94,A;104,T;119,A

YITCMG475   2,T/C;82,A/G;84,A;102,C;105,C/G

YITCMG476   22,A/G;54,A/T

YITCMG477   3,T/G;7,T;14,T/G;91,C;150,T
YITCMG478   112,A/G;117,T/C
YITCMG480   29,C/G;64,A/G
YITCMG481   21,A/G;108,A/G;192,T/G
YITCMG482   65,T/C;87,A/G;114,T/C;142,T/G
YITCMG483   113,A/G;143,T/C;147,A/G
YITCMG484   23,A/G;47,A/T;78,A/G;79,A/G
YITCMG485   86,A/G;116,C;125,T
YITCMG486   40,A/G;109,T/G;148,T/G
YITCMG487   140,C
YITCMG488   51,C/G;76,A/G;127,T/C
YITCMG490   57,T/C;135,A/T
YITCMG491   156,A/G;163,A/G
YITCMG492   55,A/G;70,T/C
YITCMG493   4,T/C;6,G;23,A/C;30,T;48,A/G;82,A/G
YITCMG494   43,T/C;52,A/G;84,A/G;98,A/G;154,T/C;188,T/C
YITCMG495   65,T/G;73,A/G;82,A/G;86,A/G;89,A/G
YITCMG496   26,A/G;134,T/C;179,T/C
YITCMG497   22,A/G;33,C/G;62,T/C;77,T/G
YITCMG501   15,T/A;93,A/G;144,A;173,C
YITCMG502   4,A/G;127,T/C;130,A/T;135,A/G;140,T/C
YITCMG503   70,G;85,C;99,C
YITCMG504   11,A;17,G
YITCMG505   54,A/G;99,T/C;158,T/C;198,A/C
YITCMG506   47,A/G;54,A/C
YITCMG507   24,G
YITCMG508   96,T;115,G
YITCMG509   65,T/C;126,A/G
YITCMG510   1,A;110,A
YITCMG511   39,T;67,A;168,G;186,A
YITCMG512   25,A;63,G
YITCMG514   35,T/C;45,C
YITCMG515   41,C;44,T;112,A/T
YITCMG516   29,T
YITCMG517   74,T/A;84,T/A;86,A/G;163,T
YITCMG518   18,T/C;60,A/G;77,T/G
YITCMG519   129,T;131,T
YITCMG520   65,A/G;83,A/G;136,T/C;157,A/C
YITCMG521   8,T/G;21,G;30,A/G
YITCMG522   72,T/A;137,G;138,C
YITCMG524   19,A/G;100,A/G
YITCMG526   51,A/G;78,T/C
YITCMG527   108,T/G;118,A/C
YITCMG528   1,C;79,G;107,G

YITCMG529 15,A/C;129,T/C;144,A/C;165,C/G;174,T

YITCMG530 55,A/T;62,A/G;76,C;81,A

YITCMG531 11,T;49,T

YITCMG532 17,A/C;85,T/C;111,A/G;123,A/C;131,A/C

YITCMG533 85,A/C;183,C;188,A/G

YITCMG534 40,T/A;122,C/G;123,T/C

YITCMG535 36,A;72,G

YITCMG537 34,C/G;118,A/G;135,T/C;143,A/G

YITCMG538 3,T;4,C

YITCMG539 27,T/G;54,T/C;75,A/T

YITCMG540 17,A/T;73,T/C

YITCMG541 18,A/C;66,C/G;70,A/C;176,T/C

YITCMG542 18,T;69,T;79,C

泰国芒

YITCMG001   53,A/G;78,G;85,A

YITCMG003   67,T;119,A

YITCMG004   27,T/C

YITCMG007   62,T;65,T;96,G;105,A

YITCMG008   50,C;53,C;79,A

YITCMG009   75,C;76,T

YITCMG010   40,T;49,A;79,A

YITCMG011   36,A/C;114,A/C

YITCMG012   75,T;78,A

YITCMG013   16,T/C;56,A/C;69,T

YITCMG014   126,A/G;130,T/C;203,A/G

YITCMG015   44,A/G;127,A/G;129,A/C;174,A/C

YITCMG017   17,T/G;98,C/G

YITCMG018   10,A/G;30,A;95,A/G;97,A/T

YITCMG019   36,A/G;47,T/C

YITCMG021   104,A;110,T

YITCMG022   3,A;11,A;92,T/G;94,T/G;99,C;118,C/G;131,C;140,A/G

YITCMG023   142,T;143,C;152,T

YITCMG024   68,A;109,C

YITCMG025   108,T/C

YITCMG026   16,A/G;81,T/C

YITCMG027   19,T/C;31,A/G;62,T/G;119,A/G;121,A/G;131,A/G;138,A/G;153,T/G;163,A/T

YITCMG030   55,A;73,T;82,A

YITCMG031   48,T/C;84,A/G;96,A/G

YITCMG032   117,C/G

YITCMG033   73,G;85,G;145,G

YITCMG034   122,A/G

YITCMG035   102,C;126,G

YITCMG037   12,T/C;13,A/G;39,T/G

YITCMG038   155,A/G;168,C/G;171,A/G

YITCMG039   1,G;61,A/G;71,T/C;104,T/C;105,G;120,A/G;151,T/G

YITCMG040   40,T/C;50,T/C

YITCMG041   24,T/A;25,A/G;68,T/C

YITCMG042   9,A

YITCMG043   34,T/G;48,T/C;103,T/C;106,T/C

YITCMG044   7,T;22,C;99,T/C;189,T

YITCMG045   92,T;107,T

YITCMG046   55,A/C;130,A/G;137,A/C;141,A/G

YITCMG047   60,A/T;65,G

YITCMG048   142,C;163,G;186,A

YITCMG049   11,A/G;16,T/C;76,A/C;115,A/C;172,G;190,T/A

YITCMG050　30,T/C;44,A

YITCMG052　63,T/C;70,T/C

YITCMG053　86,A;167,A;184,T

YITCMG054　34,A/G;36,T/C;70,A/G;151,A/G

YITCMG056　34,T/C;117,T/C

YITCMG057　98,T;99,G;134,T

YITCMG059　84,A;95,T;100,T;137,A;152,T;203,T/G

YITCMG060　10,A;54,T;125,T;129,A

YITCMG061　107,A;128,G

YITCMG062　79,T/C;122,T/C

YITCMG063　86,A;107,C

YITCMG064　2,A/G;27,T/G

YITCMG065　136,T

YITCMG066　10,A/C;64,A/G;141,T/G

YITCMG067　1,C;51,C;76,G;130,C

YITCMG068　49,T/G;91,A/G;157,A/G

YITCMG069　37,A/G;47,T/A;100,A/G

YITCMG071　142,C;143,C

YITCMG072　75,A/G;104,T/C;105,A/G

YITCMG073　15,A;49,G

YITCMG076　162,C;171,T

YITCMG077　10,C;114,A;128,A

YITCMG078　15,T/A;93,A/C;95,T

YITCMG079　26,T/C;125,A/C;155,T/C

YITCMG080　43,C;55,C

YITCMG081　91,G;115,A

YITCMG082　43,A/C;58,T/C;97,A/G

YITCMG083　96,A/G;123,T;131,T/C;169,G

YITCMG084　118,G;136,T

YITCMG085　6,A;21,C;24,A/C;33,T;157,T/C;206,C

YITCMG086　111,A;182,T;186,A/T

YITCMG088　33,A/G

YITCMG089　92,C;103,C;151,C;161,C

YITCMG092　22,G;110,C;145,A

YITCMG093　10,G;35,G

YITCMG094　124,A;144,T

YITCMG096　24,C;57,A;66,T

YITCMG100　155,T

YITCMG104　79,G

YITCMG105　31,C;69,A

YITCMG106　29,A;32,C;59,C;65,G;137,C;183,T/C

YITCMG107　143,C;160,G;164,C

YITCMG108　34,A;64,C

YITCMG112　20,A/C

YITCMG113   71,A/G;85,G;104,A/G;108,T/C;131,A/G
YITCMG114   42,T;46,A;66,T
YITCMG115   32,T/C;33,A/T;87,C;129,T/A
YITCMG116   54,A
YITCMG117   115,T;120,A
YITCMG119   72,C/G;73,A/C;150,T/C;162,A/G
YITCMG120   106,T/C;121,A/G;130,C/G;133,C
YITCMG121   32,T;72,G;149,T
YITCMG122   45,G;185,G;195,A
YITCMG123   88,C;94,C
YITCMG124   75,C;99,C;119,T
YITCMG126   82,A/T;142,A/G
YITCMG127   17,T/A;156,A;160,A/T
YITCMG130   31,G;39,A/C;70,A/C;83,T/C;108,G
YITCMG131   27,T/C;107,C/G;126,A/T
YITCMG132   43,C/G;91,T/C;100,T/C;169,T
YITCMG133   31,T/G;76,T;86,T;122,A/T;200,A/G;209,T
YITCMG134   23,C;116,A/T;128,A/G;139,T;146,C/G
YITCMG136   169,A/G;198,T/C
YITCMG137   1,T/C;16,A/G;25,T/A;48,A/G;52,T/A;62,T/A
YITCMG138   6,A/T;16,T/G
YITCMG139   7,G;33,A/G;35,A/G;152,T/C;165,A/C;167,A/G
YITCMG141   71,T;184,C
YITCMG142   67,T/C;70,A/G
YITCMG143   73,A
YITCMG147   62,T/C;66,T/C
YITCMG151   155,A;156,C
YITCMG152   83,T/A
YITCMG153   97,C;101,G;119,A
YITCMG154   77,T/C
YITCMG157   5,G;83,C;89,T;140,A
YITCMG158   67,T/C;96,A;117,G
YITCMG159   84,T;89,A;92,C;137,T
YITCMG160   92,A/G;107,T/G;158,T/C
YITCMG161   71,A;74,C
YITCMG162   26,T
YITCMG163   96,A/T;114,T/C;115,A/G;118,T/G
YITCMG164   57,T/C;87,A/G;114,A/G;150,A/G
YITCMG165   121,T
YITCMG166   13,T;87,G
YITCMG167   150,C/G
YITCMG169   107,C
YITCMG170   145,C;150,T;157,A
YITCMG171   9,T/G;11,A/G;61,T/C;76,T/C;98,A/G

YITCMG172　164,A/C;168,A/G;186,G;187,G

YITCMG174　5,G;84,A

YITCMG175　42,T;55,T;62,C;98,C

YITCMG176　44,A/G;107,A/G

YITCMG178　44,A/G;86,A/C;99,T/C;107,T/G

YITCMG180　23,C;72,C

YITCMG182　54,T/C;59,T/C;66,A/T

YITCMG183　24,T;28,A/G;75,T/C

YITCMG184　43,A/G;45,T/A;60,A/C;97,C/G

YITCMG185　62,A/G;68,T/A;80,A/G;130,A/C;139,A/G

YITCMG187　23,T/C;39,A/G;42,A/C;105,A/T;106,C/G

YITCMG188　16,T/C;66,A/G;101,A/T

YITCMG190　48,A/G;54,T/C;117,T;162,G

YITCMG191　44,A;66,T;108,A

YITCMG192　89,T/C;119,T/G

YITCMG193　145,T;153,T

YITCMG194　1,A/T;32,T/A;55,A/G;165,T/C

YITCMG195　45,A;87,T;128,G;133,A

YITCMG196　55,T/C;91,T/C;190,A/G;197,A/T

YITCMG197　18,A/C;35,T/G;178,A/C;195,T/C

YITCMG198　70,A/G;71,A/G;100,A/C

YITCMG199　3,T/C;56,A/T;62,C/G;173,T/C;175,C/G

YITCMG200　38,C;53,G

YITCMG202　16,C;37,A/C;121,T

YITCMG204　76,C/G;85,A/G;133,C/G

YITCMG206　66,A/G;83,A/G;132,A/G;155,A/G;177,A/G

YITCMG207　73,T/C;156,T/C

YITCMG209　24,T/C;27,A/C;72,T/C

YITCMG213　55,A/G;102,T/C;109,T/C

YITCMG214　5,A

YITCMG215　52,A/G;58,T/A

YITCMG216　69,A/G;135,T/C;177,A/G

YITCMG217　11,A;19,A;154,G;164,C

YITCMG220　64,A;67,G

YITCMG221　8,C;106,A;110,G;131,A;134,A

YITCMG222　1,G;15,C;70,G

YITCMG223　23,T;29,T;77,A

YITCMG225　61,G;67,T

YITCMG226　72,A/G;117,T/C

YITCMG227　6,A/G;26,T/C

YITCMG228　72,C

YITCMG229　27,A/C;56,T/C;58,T/C;65,T/C;66,T/C

YITCMG230　65,C;103,A

YITCMG231　87,T/C;108,T/C

YITCMG232　1,T/C;64,T/C;76,A/C;80,G;152,C;169,T/C;170,G

YITCMG233　127,A/G;130,A;132,G;159,T;162,A

YITCMG235　128,G

YITCMG236　94,A;109,A

YITCMG237　24,A;39,G;71,C/G;76,T/C

YITCMG238　49,T/C;68,T/C

YITCMG239　46,C;59,C;72,A

YITCMG240　21,A;96,A

YITCMG241　23,A/G;32,T/C;42,T/G;46,A/G;54,A/T;75,T/C

YITCMG242　61,A/C;70,T;85,T/C;94,A/G

YITCMG243　73,C;147,C

YITCMG244　71,C;109,T;113,C

YITCMG246　51,T;70,T;75,A

YITCMG247　19,A;30,A/C;40,A;46,G;105,A/C;113,T/G;123,T;184,C/G

YITCMG248　31,A/G;35,A/G;60,T/G

YITCMG249　22,C;83,C/G;130,A/G;142,T/C;162,T/C;167,C

YITCMG250　98,T;99,G

YITCMG252　26,A/G;69,T/C;82,T/A

YITCMG253　13,T/C;32,T/C;53,A/G;182,A;188,T/G

YITCMG254　48,C/G;64,T/C;106,T/G

YITCMG256　19,G;47,C;66,G

YITCMG259　180,T;182,A

YITCMG262　28,T/C;47,T/G;89,T/C

YITCMG263　42,T/C;77,T/G

YITCMG264　14,T;65,T

YITCMG265　138,T/C;142,C/G

YITCMG266　5,G;24,T;31,G;62,C;91,A/G

YITCMG267　39,A/G;108,A/T;134,T/G

YITCMG268　150,A/G

YITCMG269　43,A;91,T;115,A/T

YITCMG270　10,A;52,G;69,C;122,C;130,T;134,T;143,C;162,C;168,A;187,A/G;191,A

YITCMG271　100,C/G;119,A/T

YITCMG272　43,G;74,T;87,C;110,T

YITCMG273　41,C/G;67,A/G

YITCMG274　90,G;141,G;150,T

YITCMG275　106,C/G;131,A/C;154,A/G

YITCMG276　41,T/G;59,A/G

YITCMG278　1,A;10,G;12,C

YITCMG280　62,T/C;85,C/G;121,A/G;144,T/G;159,T/C

YITCMG281　18,A/G;22,A/G;92,T/C;96,A

YITCMG282　46,A;64,C

YITCMG283　67,T/G;112,A/G;177,A/G

YITCMG284　55,A/T;94,T/C

YITCMG286　119,A;141,C

YITCMG287   2,C;38,T;170,A/C
YITCMG289   50,T
YITCMG290   13,A/G;21,T/G;66,C/G;128,T/A;133,A/C
YITCMG291   28,A;38,A;55,G;86,A
YITCMG292   85,T/C;99,A/T;114,T/C;126,A/C
YITCMG293   46,T/C;61,T/C;207,A
YITCMG294   32,C/G
YITCMG296   90,A;93,T;105,A/T
YITCMG297   128,T/C;147,A/C
YITCMG298   44,A;82,A;113,A/G
YITCMG299   22,C/G;29,A;38,T/C;48,A/G;53,C/G;134,T/G;145,A/G
YITCMG300   32,A/C;68,T/C;118,T/C;191,A/G
YITCMG301   98,T/A;108,C;128,T/G
YITCMG302   11,T;16,A;39,G;96,T
YITCMG303   10,A/T;21,A/G;54,T/G
YITCMG304   6,A/G;30,T/G;35,A;42,G;45,A/C;116,G;121,A/C
YITCMG305   50,C;67,G;68,C
YITCMG306   16,C;69,A;85,T;92,C
YITCMG307   11,C;23,T/C;25,A;37,G
YITCMG309   5,A/C;23,T;77,G;85,G;162,A/G
YITCMG311   83,C;86,T/C;101,C;155,A
YITCMG314   53,C
YITCMG316   102,C
YITCMG317   38,T/G;151,T/C
YITCMG319   33,A/G
YITCMG320   4,G;87,T
YITCMG321   2,T/C;16,G;83,T/C;167,A/G
YITCMG322   2,T/G;69,T/C;72,T/C;77,T/C;91,T/A;102,T/C
YITCMG323   49,A/C;73,T/C;108,C/G
YITCMG324   140,T/C
YITCMG325   22,C;130,C;139,C
YITCMG326   169,T/G;177,A/G
YITCMG327   115,T/C;121,A/G;181,T/C
YITCMG328   15,C;47,C;86,C
YITCMG329   48,T;78,C/G;102,A/G;109,A/T
YITCMG330   28,C/G;52,A/G;129,T/G;130,A/G
YITCMG331   24,A/G;51,A/G;154,A/G
YITCMG332   62,G;63,G;93,A
YITCMG333   132,T/C;176,A/C
YITCMG335   48,A/G;50,T/C;114,G
YITCMG336   28,T/C;56,T/A;140,T/C
YITCMG337   1,A/G;88,T/C
YITCMG338   127,A/G;159,C;165,T;172,T/A;179,G
YITCMG339   48,C;81,C

YITCMG341 59,A/T;83,T;124,G;146,A/G;210,T/G

YITCMG342 156,G;177,C

YITCMG343 3,A;39,T/C;127,A/G;138,T/A;171,T/C;187,T/C

YITCMG346 7,T/A;20,A/G;67,T/C;82,A/G

YITCMG347 21,A;157,A/G

YITCMG348 65,T/C;73,A/G;131,A;141,A/T

YITCMG350 17,A

YITCMG351 11,G;109,C;139,C

YITCMG352 108,C;138,T;145,A/T

YITCMG353 75,A/T;85,T/C

YITCMG354 62,A/C;66,A/G;81,A/C;134,A/C

YITCMG355 34,A/T;64,A/C;96,A/G;107,A/C;148,A/G

YITCMG356 45,T/A;47,A/C;72,T/A

YITCMG357 5,C/G;29,A/C;51,T/G;142,A/T

YITCMG360 64,A;87,G;92,C

YITCMG362 12,T/C;62,T/A;77,A/G

YITCMG363 57,T/C;96,T/C

YITCMG364 2,T/C;7,G;28,T/C

YITCMG366 59,T/A;83,T;121,A

YITCMG367 21,T;145,C/G;174,C/G

YITCMG368 23,C/G;117,A/C

YITCMG369 76,A/C;82,T/C;83,T/C;84,T/G;85,C/G;86,A/C;87,A/T;99,C/G;104,A/G;141,A/G

YITCMG370 18,A/G;117,T/C;134,T/A

YITCMG371 27,A;60,T

YITCMG374 102,A;135,C;137,A;138,G

YITCMG375 17,A/C

YITCMG376 74,G;75,C

YITCMG377 3,A;30,T/C;42,C

YITCMG378 49,T

YITCMG379 61,T/C;71,T/C;80,T/C

YITCMG380 40,A/G

YITCMG381 30,C/G;64,T/G;124,T/C

YITCMG382 62,A/G;72,A/C;73,C/G

YITCMG385 61,C;79,C

YITCMG386 13,C;65,G;67,T

YITCMG387 24,A/G;111,C;114,G

YITCMG388 121,A;147,T

YITCMG389 9,A;69,A;159,C

YITCMG390 9,C;82,T/G;95,A/T

YITCMG393 66,A/G;99,A/C

YITCMG394 38,A/G;62,A/G

YITCMG395 40,T/A;45,T/C;49,T/C

YITCMG397 88,A/T;92,G;97,G;136,T;151,A/T

YITCMG400　34,T/C;41,T/C;44,T/C;53,T/C;62,T/C;71,C/G;72,T/A;90,A/C

YITCMG401　43,T/C;123,A/G

YITCMG402　137,T/C;155,A/G

YITCMG403　49,A;58,C;156,A/T;173,C

YITCMG404　8,G;32,T;165,G

YITCMG405　155,C;157,C

YITCMG406　3,A/T;73,A/G;115,T/C

YITCMG407　13,T/C;26,T/G;65,A/C;97,T/G

YITCMG408　88,T

YITCMG409　82,G;116,T

YITCMG410　2,T;4,A;20,C;40,G;155,A/C

YITCMG412　79,A/G;154,G;167,T/G

YITCMG413　55,G;56,C;82,T

YITCMG414　11,T;37,G;51,T/C;58,A/G;62,G

YITCMG415　7,A/G;84,A;87,A/G;109,T/G;113,A/G;114,G

YITCMG416　80,A;84,A;94,G;112,A

YITCMG417　35,C;55,A;86,C;131,G

YITCMG418　15,T/C;34,A/G

YITCMG419　73,T;81,A;168,A/G

YITCMG420　35,C;36,A

YITCMG421　9,A/C;67,T/C;97,A/G

YITCMG422　97,A

YITCMG423　39,G;117,G;130,C

YITCMG424　69,T;73,G;76,C;89,T

YITCMG425　66,C

YITCMG426　59,C;91,C

YITCMG427　103,C;113,C

YITCMG428　73,A;135,A

YITCMG429　194,G;195,T

YITCMG430　31,T;53,T;69,C;75,A

YITCMG432　69,T;85,C

YITCMG435　28,T;43,C;103,G;106,A;115,A

YITCMG436　56,T/A

YITCMG437　44,G;92,G;98,T;151,T

YITCMG438　2,T/A;6,T/A;155,T

YITCMG439　87,T/C;113,A/G

YITCMG440　64,A;68,G;70,T;78,C

YITCMG441　12,A/G;74,C/G;81,C/G

YITCMG442　2,T/A;67,A/C;68,T/C;127,A/G;139,A/T;162,A/G;170,T/C;171,T/G

YITCMG447　94,G;97,A;99,A;139,G;202,G

YITCMG448　91,G;95,C;112,G;126,T;145,G;161,G

YITCMG452　121,A/G;145,A/G

YITCMG453　87,A;88,T;156,C

YITCMG454　90,A/G;92,T/G

YITCMG455　2,T/C;5,A/G;20,T/C;22,A/G;98,T/C;120,A/G;128,T/C;129,A/G;143,A/T

YITCMG456　32,A/G;48,A/G

YITCMG457　77,A/T;124,A/G;156,C/G

YITCMG459　120,A;141,A

YITCMG460　45,T/C;132,A/G

YITCMG461　158,A/G

YITCMG462　1,A/G;22,C/G;24,C/G;26,A/T

YITCMG465　117,G;147,G

YITCMG466　75,T/A;99,C/G

YITCMG467　9,A/G;11,A;14,A/G;86,T/A;161,A/G;179,T/A

YITCMG469　12,T;71,A

YITCMG470　72,T;75,A

YITCMG471　8,A;65,A;88,C;159,C

YITCMG472　51,G

YITCMG474　87,T/A;94,A/G;104,T/C;119,A/G

YITCMG475　82,A/G;84,A/G;102,T/C

YITCMG476　22,A;54,T

YITCMG477　7,T/C;91,T/C;140,T/A;150,T/C;153,A/G

YITCMG478　112,A/G;117,T/C

YITCMG479　38,T/C;103,A/T

YITCMG481　21,A;108,G;192,G

YITCMG482　65,T;87,A;114,T;142,G

YITCMG484　23,G;78,G;79,G

YITCMG485　34,A/G;116,C;125,T

YITCMG486　109,T;148,T

YITCMG487　140,C

YITCMG489　51,C/G;113,A/G;119,T/C

YITCMG490　57,T/C;135,T/A

YITCMG491　163,A

YITCMG492　55,A;70,T/C

YITCMG493　6,G;23,C;30,T;48,G;82,G

YITCMG494　43,C;52,A;84,A;98,G;154,C;188,T

YITCMG495　65,T;73,G

YITCMG496　5,T;26,G;60,A

YITCMG497　22,G;33,G;62,T;77,T

YITCMG499　45,C

YITCMG500　86,T;87,C

YITCMG501　144,A;173,C;176,C/G

YITCMG502　4,A/G;12,T/C;130,T/A;135,A/G;140,T/C

YITCMG503　70,G;85,C;99,C

YITCMG504　11,A;13,C;14,G;17,G

YITCMG505　54,A

YITCMG506　47,G;54,A

YITCMG507　24,A/G

YITCMG508　96,T;115,G
YITCMG509　65,T/C;126,A/G
YITCMG510　1,A/G;110,A/G
YITCMG511　39,T;67,A;168,G;186,A
YITCMG512　25,A;63,G
YITCMG513　86,T/A;104,A/T;123,T/C
YITCMG514　35,T/C;45,A/C
YITCMG515　41,C;44,T;112,T/A
YITCMG516　29,T
YITCMG517　84,A;86,A;163,T
YITCMG518　60,A/G;77,T/G;84,T/G;89,T/C
YITCMG520　65,G;83,A;136,C;157,C
YITCMG521　8,T/G;21,G;30,A/G
YITCMG522　127,T
YITCMG523　36,A/G;92,A/G;111,T/G;116,A/G;133,A/G
YITCMG524　81,G
YITCMG525　33,T/G;61,T/C
YITCMG527　108,T;118,A
YITCMG529　144,A;174,T
YITCMG531　11,T/C;49,T/G
YITCMG532　17,C;85,C;111,G;131,A
YITCMG533　85,A/C;183,C;188,A/G
YITCMG538　168,A/G
YITCMG539　54,C;82,T/C;152,A/T
YITCMG540　17,T;70,A/G;73,T;142,A/G
YITCMG541　70,C;176,T/C
YITCMG542　3,A/C;18,T/G;69,T;79,C

汤 姆

YITCMG001 72,C;85,A
YITCMG002 28,G;55,T;102,G;103,C;147,G
YITCMG003 82,G;88,G;104,G
YITCMG004 27,T;73,A/G
YITCMG005 56,A;100,A;105,A/T;170,T/C
YITCMG006 13,T;27,T/C;48,A/G;91,C;95,C/G
YITCMG007 65,T;96,G
YITCMG011 166,A/G
YITCMG013 16,C;56,A;69,T
YITCMG014 126,A/G;130,T/C;162,C/G;200,A/G
YITCMG015 127,A;129,A/C;174,A/C
YITCMG017 15,A/T;39,A/G;87,T/G;98,C/G
YITCMG018 30,A/G
YITCMG019 36,A/G;47,T/C
YITCMG020 49,T/C
YITCMG021 104,A;110,T
YITCMG025 72,A/C
YITCMG026 15,T/C;69,A/G
YITCMG027 138,G
YITCMG028 45,A;113,T;147,A;167,G;191,G
YITCMG029 114,A/C
YITCMG030 55,A;82,A;108,C
YITCMG031 48,C;84,G;96,A
YITCMG032 14,A;160,G
YITCMG033 73,G;85,G;145,G
YITCMG034 97,T/C
YITCMG035 102,C;126,G
YITCMG036 23,C;32,T/G;99,G;110,T;132,C;139,T/C
YITCMG037 12,T/C;39,T/G
YITCMG038 155,A/G;168,C/G;171,A/G
YITCMG039 1,G;61,A;71,T;104,T;105,G;151,T
YITCMG041 24,A/C;25,A/G;68,T/C
YITCMG043 56,T/C;67,T/C
YITCMG044 167,G
YITCMG046 55,A/C;130,A/G;137,A/C;141,A/G
YITCMG047 37,T/A;60,T/G;65,T/G
YITCMG049 11,A/G;13,T/C;16,T/C;76,A/C;115,C;172,A/G
YITCMG050 44,C
YITCMG051 15,C;16,A
YITCMG052 63,T;70,C
YITCMG053 86,A;167,A;184,T

YITCMG054 34,A/G;36,T/C;70,A/G;151,A/G

YITCMG056 34,T/C;178,T/G;204,A/C

YITCMG057 98,T/C;99,A/G;134,T/C

YITCMG058 67,T/G;78,A/G

YITCMG059 12,T/A;84,A;95,A/T;100,T;137,A/G;152,A/T;203,A/T

YITCMG060 156,T/G

YITCMG061 107,A;128,G

YITCMG063 86,A/G;107,A/C

YITCMG064 2,A;27,G

YITCMG066 10,A/C;64,A/G;141,T/G

YITCMG067 1,C;51,C;76,G;130,C

YITCMG068 49,T/G;91,A/G

YITCMG069 37,A/G;47,A/T;100,A/G

YITCMG071 142,C;143,C

YITCMG072 75,A/G;105,A/G

YITCMG073 15,A;49,G

YITCMG075 125,T/C;168,A/C;185,T/C

YITCMG076 129,T/C;162,A/C;163,A/G;171,T/C

YITCMG077 10,C;27,T;97,T;114,A;128,A;140,T

YITCMG078 33,A;95,T;147,T;165,A

YITCMG079 3,G;8,T;10,A;110,C;122,A;125,A

YITCMG084 118,A/G;136,T/A;153,A/C

YITCMG085 6,A;21,C;24,A/C;33,T;157,T/C;206,C

YITCMG086 142,C/G

YITCMG088 17,A/G;33,A;143,A/G;189,T/G

YITCMG089 92,A/C;103,T/C;151,C/G;161,T/C

YITCMG090 17,C;46,G;75,T

YITCMG094 124,A;144,T

YITCMG096 24,T/C;57,A;63,T/C;66,T/C;84,A/G

YITCMG098 48,A;51,C;180,T

YITCMG099 67,T/G;83,A/G;119,A/G;122,A/C

YITCMG100 124,T/C;141,C/G;155,T

YITCMG101 53,T;92,T

YITCMG102 6,C;129,A

YITCMG103 41,A/G;43,A/G

YITCMG104 79,A/G;87,A/G

YITCMG107 160,A/G;164,C/G;169,T/A

YITCMG108 34,A;61,A/C;64,C

YITCMG110 30,T;32,A/G;57,C;67,C/G;96,T/C

YITCMG111 39,T/G;62,A/G;67,A/G

YITCMG113 5,C/G;71,A/G;85,T/G;104,A/G

YITCMG114 75,A/C

YITCMG117 115,T/C;120,A/G

YITCMG118 2,A/C;13,A/G;19,A;81,T/C;150,A/T

YITCMG119   73,A/C;150,T/C;162,A/G
YITCMG120   133,C
YITCMG121   72,T/G;91,C/G;138,A/G
YITCMG122   40,A/G;45,A/G;185,A/G;195,A/G
YITCMG123   111,T/C
YITCMG126   82,T;142,A
YITCMG127   146,G;155,T;156,A
YITCMG129   3,T/A;90,T/C;104,T/C;105,C/G
YITCMG131   27,T/C;107,C/G
YITCMG132   43,C/G;91,T/C;100,T/C;169,T
YITCMG133   76,T/G;86,T/G;200,A/G;209,T/A
YITCMG134   23,C;116,T;128,A;139,T;146,G
YITCMG137   24,A;52,T
YITCMG139   7,G
YITCMG140   6,T
YITCMG141   71,T/G;184,C
YITCMG144   61,C;81,C;143,A;164,G
YITCMG145   7,A;26,G;78,G
YITCMG146   27,C;69,G;88,G;111,A
YITCMG148   35,A/G;87,T/C
YITCMG150   8,T/G;100,T/A;101,G;116,G;123,C/G;128,A/T
YITCMG153   97,A/C;101,A/G;119,A/G
YITCMG154   5,T;47,C;77,C;141,C
YITCMG155   35,A/G
YITCMG157   18,G;83,C
YITCMG158   67,C;96,A;117,G
YITCMG159   137,T
YITCMG160   55,A/G;75,T/C;92,A/G;158,T/C
YITCMG161   71,A/G;74,T/C
YITCMG165   32,A/G;154,A/G;174,C;176,C/G;177,A/G
YITCMG166   13,T/C;87,G
YITCMG167   120,A;150,A;163,C/G
YITCMG168   79,T/C;89,C/G;96,A/G
YITCMG169   36,A/G;51,T/C;99,T/C;107,T/C;153,T/A
YITCMG170   31,T/G;145,C;150,T;157,A
YITCMG171   9,T;61,C;76,C;98,A
YITCMG172   164,A/C;168,A/G;186,A/G;187,A/G
YITCMG173   20,T/C;144,T/C;163,T/G
YITCMG175   42,T/C;55,T/C;62,C;98,T/C
YITCMG176   44,A;107,A
YITCMG177   7,A/G;44,A/C;124,C/G
YITCMG178   99,T/C;107,T/G;119,T/C
YITCMG180   23,C;72,C
YITCMG181   134,G

YITCMG182　3,A/G;77,T/C

YITCMG183　24,T;28,A;75,C;76,A;93,C

YITCMG184　45,A;60,C;97,C

YITCMG185　62,A;68,A;80,G;130,A;139,G

YITCMG187　105,T;106,G

YITCMG188　16,T/C;66,A/G;101,T/A

YITCMG189　23,T/C;51,A/G;138,T/A;168,T/C

YITCMG190　40,T/G;48,A/G;54,T/C;66,T/C;117,T;162,G

YITCMG191　108,A/G

YITCMG192　89,T/C;95,C/G;119,T/G

YITCMG193　3,A/G;9,A/T;30,C;39,A/G;121,G;129,C;153,T

YITCMG194　1,A;32,T;55,A/G;130,T/G;165,T/C

YITCMG195　45,A/T;71,T/A;87,T/C;128,A/G;133,A/G

YITCMG196　19,A/G;55,T/C;91,T;190,G;191,T/C

YITCMG197　18,A/C;35,T/G;144,C/G;178,A/C;195,T/C

YITCMG198　100,C

YITCMG199　3,A/C;131,A/C

YITCMG204　76,C;85,A;133,G

YITCMG206　177,A/G

YITCMG209　27,A/C

YITCMG212　17,A/G;111,A/G

YITCMG213　55,A/G;109,T/C

YITCMG216　135,C

YITCMG217　11,A;19,A;154,G;164,C

YITCMG218　5,A;31,C;59,T;72,C

YITCMG219　121,C/G

YITCMG221　8,C;76,G;131,A;134,A

YITCMG222　1,A/G;15,C;31,A/G;46,A/G;70,G

YITCMG223　23,T/C;29,T/G;41,T/C;47,A/G;48,T/C

YITCMG226　72,A/G;117,T/C

YITCMG228　72,C;81,C;82,T

YITCMG230　65,C;103,A

YITCMG231　87,T/C;108,T/C

YITCMG232　1,T/C;12,C/G;76,C/G;80,G;152,C;169,T/C;170,G

YITCMG233　127,A/G;130,A;132,G;159,T;162,A

YITCMG235　128,C/G

YITCMG236　94,A/G;109,A/T

YITCMG237　24,A;28,A/G;39,G;71,C/G;76,T/C

YITCMG238　49,T/C;68,C

YITCMG239　46,T/C;59,T/C;72,A

YITCMG241　23,G;32,C;42,T;46,A/G;54,T/A;75,T/C

YITCMG242　70,T;128,T/C

YITCMG244　71,T/C

YITCMG247　123,T/C

YITCMG249   22,T/C;83,C/G;167,T/C

YITCMG252   26,A/G;78,C/G;82,T/A

YITCMG253   70,C;198,T

YITCMG254   48,C/G;64,T/C;106,T/G

YITCMG255   6,A/G;13,T/G;18,T/A;67,T/G;87,T/C;163,A/G;166,T/C

YITCMG258   2,T/C;101,A/T;172,C

YITCMG259   127,A/G;180,T/A;182,A/G

YITCMG261   17,T;20,A;29,G;38,G;106,A;109,T

YITCMG262   45,C/G;47,T/G

YITCMG263   91,A/G

YITCMG266   5,G;31,G;62,T

YITCMG267   39,A/G;108,A/T;134,T/G

YITCMG270   10,A/G;48,T/C;130,T/C

YITCMG271   100,G;119,T

YITCMG272   43,T/G;74,T/C;87,T/C;110,T/C

YITCMG273   41,C/G;67,A/G

YITCMG274   141,G;150,T

YITCMG275   106,C/G;131,A/C;154,A/G

YITCMG276   41,T;59,A

YITCMG278   1,A;10,G;12,C

YITCMG280   120,T/C;159,T/C

YITCMG281   92,C;96,A

YITCMG282   46,A/G;64,T/C

YITCMG283   67,T/G;112,A/G;177,A/G

YITCMG284   18,A/G

YITCMG285   85,A;122,C

YITCMG286   119,A/G;141,A/C

YITCMG289   50,T;60,A/T;75,A/G

YITCMG290   13,A;21,T;66,C;128,A;133,A

YITCMG291   96,T/G

YITCMG292   2,A/G

YITCMG293   11,A/G;170,T;174,T/C;184,T/G

YITCMG294   82,A/C;99,T/G;108,T/A;111,T/C

YITCMG295   15,A/G;71,T/A

YITCMG296   90,A/C;93,T/C;105,T/A

YITCMG297   128,T/C;147,A/C

YITCMG298   44,A/G;82,A/G;113,A/G

YITCMG299   29,A;34,G;103,A

YITCMG300   32,A/C;68,T/C;191,A/G

YITCMG301   76,C;98,G;108,C;111,C;128,G

YITCMG302   96,T

YITCMG305   15,G;68,C

YITCMG306   16,T/C;71,A/T

YITCMG308   34,A/G;35,C/G;45,A/T

YITCMG309	23,T/A;77,A/G;85,C/G
YITCMG310	98,G
YITCMG311	155,A
YITCMG314	31,A/G;42,A/G;53,A/C
YITCMG315	16,T/C
YITCMG316	98,T/C;102,T/C
YITCMG317	38,T/G;151,T/C
YITCMG318	61,T/C;73,A/C
YITCMG319	147,T/C
YITCMG320	4,A/G;87,T/C
YITCMG321	16,G
YITCMG323	6,A/T;49,A/C;73,T/C;75,A/G
YITCMG325	57,C
YITCMG326	11,T/A;41,T;91,T/C;161,T/C;177,G;179,A/G
YITCMG328	15,C;47,C;86,C
YITCMG329	78,C;175,A/G;195,A/C
YITCMG332	63,G
YITCMG334	43,C/G;104,A/C
YITCMG335	48,A/G;50,T/C;114,G
YITCMG336	28,C;56,A;140,T
YITCMG337	55,T/C;61,T/C
YITCMG338	165,T;179,G
YITCMG339	48,T/C;81,T/C
YITCMG340	110,C;111,A
YITCMG341	83,T;124,G
YITCMG342	162,A;169,T
YITCMG343	3,A/G;39,T/C
YITCMG344	14,T/C;29,T/G;47,A/G;85,A/G
YITCMG345	31,A/T;34,A;39,T
YITCMG346	7,T/A
YITCMG347	19,T;29,G;108,A
YITCMG348	65,T;73,A;124,A
YITCMG349	62,A/G;136,C/G
YITCMG350	17,A;23,C;37,A;101,T;104,T
YITCMG351	11,T/G
YITCMG352	108,C;109,A;138,T;159,G
YITCMG353	75,T;85,C
YITCMG354	62,C;134,C
YITCMG355	34,A;64,C;96,A
YITCMG356	45,A;47,A;72,A
YITCMG357	51,G;76,T;88,A/G
YITCMG359	60,T/G;128,T/C;143,A/G
YITCMG360	54,T/G;64,A;82,T/C;87,G;92,C
YITCMG361	3,T;102,C

YITCMG362　12,T/C;62,A/T;77,A/G
YITCMG363　39,A;56,G
YITCMG365　23,T;79,T;152,C
YITCMG366　36,T;83,T;110,C;121,A
YITCMG367　21,T;145,C;164,T/C;165,A/G;174,C
YITCMG368　116,T;117,G
YITCMG369　99,T
YITCMG370　105,A/T
YITCMG371　27,A/G;36,T/C
YITCMG372　199,A/T
YITCMG373　74,A/G;78,A/C
YITCMG375　17,C
YITCMG376　5,A/C;74,A/G;75,A/C;103,C/G;112,A/G
YITCMG377　3,A;42,A/C;77,T/G
YITCMG379　61,T/C
YITCMG380　40,A/G
YITCMG382　62,A/G;72,A/C;73,C/G
YITCMG383　53,T/C;55,A/G
YITCMG384　52,T/G;106,G;128,C;195,C
YITCMG385　57,A
YITCMG386　65,G
YITCMG387　99,T/C
YITCMG388　17,T;121,A/G;147,T/C
YITCMG389　3,T;9,A;69,A;101,A;159,C
YITCMG390　9,C;82,T/G;95,A/T
YITCMG391　23,A/G;117,A/C
YITCMG392　14,A/G;109,T/C;114,A/C
YITCMG394　48,T/G
YITCMG395　45,T
YITCMG396　110,C;141,A
YITCMG397　89,C/G;92,T/G;97,G;136,A/C
YITCMG398　100,A/C;131,C;132,A;133,A;159,T/C;160,G;181,T
YITCMG399　7,T/A;41,A/C
YITCMG401　72,T/G;123,G
YITCMG402　137,T/C;155,A/G
YITCMG403　49,T/A;58,C/G;156,T/A;173,C/G
YITCMG404　8,A/G;32,T/C;165,A/G
YITCMG405　155,T/C;157,T/C
YITCMG406　73,G;115,T
YITCMG407　13,C;26,G;97,G;99,A/G
YITCMG408　137,G
YITCMG411　84,A
YITCMG412　4,T/A;61,T/C;154,A/G
YITCMG413　55,A/G;56,C/G;82,T/C

YITCMG414   11,A/T;37,A/G;58,A/G;62,C/G

YITCMG415   84,A/G;114,A/G

YITCMG416   80,A/G;84,A/G;94,C/G;112,A/G

YITCMG417   35,C/G;55,A/G;86,T/C;131,A/G

YITCMG419   73,T/A;81,A/T;195,A/G

YITCMG423   39,T/G;41,T/C;117,G;130,C/G

YITCMG424   69,T;73,G;76,C;89,T

YITCMG425   57,A

YITCMG428   18,A;24,C

YITCMG429   61,T;152,A/G;194,A/G;195,A/T

YITCMG430   31,T/C;53,T/C;69,T/C;75,A/C

YITCMG431   69,A/G;97,C/G

YITCMG432   69,T/G;85,T/C;97,T/A

YITCMG434   27,G;37,T;40,A

YITCMG435   28,T;43,C;103,G;106,A;115,A

YITCMG436   56,T/A

YITCMG437   36,T/C;39,A/T;44,A/G;92,C/G;98,T/C

YITCMG438   2,A/T;3,T/C;6,A/T;155,T

YITCMG439   75,A/C;87,C;113,A

YITCMG440   13,A/C;64,A;68,G;70,T;78,T/C;103,A/G;113,T/C

YITCMG441   12,A;74,G;81,C;90,T/C

YITCMG442   2,A/T;68,T/C;127,A/G;132,T/A;162,A/G;170,T/C;171,T/G

YITCMG443   28,T;104,T;106,T;107,A;166,G

YITCMG444   118,A;141,G

YITCMG445   72,G

YITCMG446   13,T;51,T;88,T/C

YITCMG447   202,A/G

YITCMG448   91,G;112,G;145,G

YITCMG449   12,T/C;13,A/G;114,C/G

YITCMG450   156,G

YITCMG452   96,C/G

YITCMG453   87,A;130,A/C;156,C

YITCMG456   32,A;48,G

YITCMG457   77,A;89,C;98,T;101,A/G;113,T/C;119,A/G;124,G;156,G

YITCMG458   37,C/G;43,T/C

YITCMG459   120,A;141,A/G;146,A/G;192,T/C

YITCMG460   45,T/C

YITCMG461   89,T;140,G

YITCMG462   24,C;26,A;36,C;49,C

YITCMG464   161,T/C

YITCMG465   117,T/G;147,A/G

YITCMG467   9,A/G;11,A;14,A/G;86,A/T;161,A/G;179,A/T

YITCMG469   12,T;69,G

YITCMG471   8,A/C;65,A/G;88,T/C;159,A/C

YITCMG472　51,G

YITCMG473　65,T;91,T

YITCMG475　82,A;84,A;102,C

YITCMG476　22,A/G;54,A/T

YITCMG477　3,T/G;7,T;91,C;150,T

YITCMG481　21,A;108,G;192,G

YITCMG482　65,T/C;139,C/G

YITCMG485　34,A/G;116,C/G;125,T/C

YITCMG488　51,G;76,G;127,C

YITCMG489　51,C;119,C

YITCMG491　156,G

YITCMG492　55,A;83,T/C;113,C/G

YITCMG493　30,T/C

YITCMG494　43,T/C

YITCMG497　22,A/G;33,G;62,T/C;77,T/C

YITCMG499　82,T/A;94,T/C

YITCMG500　86,T;87,C

YITCMG502　4,A/G;127,T/C;130,T/A;135,A/G;140,T/C

YITCMG505　99,T

YITCMG507　3,C;24,G;63,A

YITCMG508　13,A/G;115,T/G;140,A/G

YITCMG510　1,A;95,G;98,A

YITCMG511　39,T/C;67,A/G

YITCMG513　75,T;86,T;104,A;123,T

YITCMG514　45,A/C

YITCMG516　29,T/G;53,A/C;120,T/G

YITCMG517　72,T/G;84,A/T;86,A/G;163,T

YITCMG519　129,T;131,T

YITCMG520　35,A/G

YITCMG521　8,T/G;21,G;30,A/G

YITCMG522　127,T/A;136,A/T;137,A/G;138,A/C

YITCMG524　10,A/G;19,A/G;100,A/G

YITCMG525　33,T/G;61,T/C

YITCMG526　51,A/G;78,T/C

YITCMG527　108,T/G;118,A/C

YITCMG529　15,A/C;129,T/C;144,A/C;165,C/G;174,T

YITCMG530　76,C;81,A;113,T

YITCMG531　11,T;49,T

YITCMG532　17,A/C

YITCMG533　85,A/C;183,C;188,A/G

YITCMG534　40,T/A;122,C/G;123,T/C

YITCMG537　118,A/G;135,T/C

YITCMG539   27,G;75,T
YITCMG540   17,T;70,G;73,T;142,A
YITCMG541   130,G;176,C
YITCMG542   3,A/C;69,T/C;79,T/C

桃红芒

YITCMG001　72,T/C;85,A

YITCMG002　28,G;55,T;102,G;103,C;147,G

YITCMG003　29,T/C;82,A/G;88,A/G;104,A/G

YITCMG004　27,T/C

YITCMG005　56,A;100,A

YITCMG006　13,T;27,T/C;48,A/G;91,C;95,C/G

YITCMG007　65,T;96,G

YITCMG011　166,A/G

YITCMG013　69,T/C

YITCMG014　39,T/C;126,A/G;130,T/C;178,C/G;210,T/A

YITCMG015　44,A/G;127,A;129,A/C;174,A/C

YITCMG018　30,A

YITCMG020　49,T/C;70,A/C;100,C/G;139,A/G

YITCMG022　3,A;11,A;92,G;94,T;99,C;118,G;131,C;140,G

YITCMG023　142,A/T;143,T/C;152,A/T

YITCMG024　68,A/G;109,T/C

YITCMG025　108,T/C

YITCMG027　138,G

YITCMG028　45,A/G;113,T/A;147,A/G;167,A/G;191,A/G

YITCMG029　114,A/C

YITCMG030　55,A;73,T;82,A

YITCMG032　117,C

YITCMG033　73,G;85,A/G;145,A/G

YITCMG034　6,C/G;97,T

YITCMG035　102,T/C;126,T/G

YITCMG036　23,C/G;32,T/G;99,C/G;110,T/C;132,A/C

YITCMG037　12,T/C;39,T/G

YITCMG038　155,A/G;168,C/G;171,A/G

YITCMG039　1,A/G;61,A/G;71,T/C;93,T/C;104,T/C;105,A/G;151,T/G

YITCMG040　14,T/C

YITCMG041　24,C;25,A;68,T

YITCMG042　5,A/G;92,A/T

YITCMG044　7,T/C;22,T/C;167,A/G;189,A/T

YITCMG045　92,T;107,T

YITCMG046　55,C;130,A;137,A;141,A

YITCMG047　60,T/A;65,G;113,T/G

YITCMG048　142,C;163,G;186,A

YITCMG049　79,A/C;115,A/C;172,G;190,T/A

YITCMG050　30,T/C;44,A

YITCMG051　15,C;16,A

YITCMG053　86,A/G;167,A;184,A/T

YITCMG054　34,G;36,T;70,G

YITCMG057　98,T/C;99,A/G;134,T/C

YITCMG058　67,T;78,A

YITCMG059　12,A/T;84,A;95,T/A;100,T;137,A/G;152,T/A;203,T/A

YITCMG061　107,A;128,G

YITCMG063　86,A/G;107,A/C

YITCMG064　2,A;27,G;74,C/G;106,A/G;109,A/T

YITCMG065　37,T/G;56,T/C

YITCMG067　1,C;51,C;76,G;130,C

YITCMG068　49,T/G;91,A/G

YITCMG069　37,A/G;47,A/T;100,A/G

YITCMG071　102,T/A;142,C;143,C

YITCMG072　75,A/G;105,A/G

YITCMG073　15,A/G;28,A/C;49,A/G;99,A/G;106,T/C

YITCMG074　46,T/C;58,C/G;180,A/T

YITCMG075　168,A/C

YITCMG076　129,T/C;162,A/C;163,A/G;171,T/C

YITCMG078　33,A;95,T;147,T;165,A

YITCMG079　3,G;8,T;10,A;110,C;122,A;125,A

YITCMG082　43,A/C;58,T/C;97,A/G

YITCMG083　123,T/G;169,C/G

YITCMG085　6,A;21,C;24,A/C;33,T;157,T/C;206,C

YITCMG086　142,C/G

YITCMG088　17,A/G;33,A/G;143,A/G;189,T/G

YITCMG090　17,T/C;46,G;75,T

YITCMG092　22,A/G;110,T/C;145,A/G

YITCMG094　124,A/T;144,T/A;146,T/G

YITCMG096　24,C;57,A;66,T

YITCMG098　48,A/G;51,T/C;180,T/C

YITCMG099　67,G;83,A;119,A;122,A

YITCMG100　124,T/C;141,C/G;155,T

YITCMG101　93,T/C

YITCMG102　20,A

YITCMG104　79,G;87,G

YITCMG106　29,A;32,C;59,C;65,G;137,C

YITCMG107　23,A/G;160,G;164,C;165,A/T;169,T/A

YITCMG108　34,A;64,C

YITCMG110　30,T;57,T/C

YITCMG111　39,T;62,G;67,A

YITCMG113　5,C/G;71,A/G;85,G;104,A/G

YITCMG114　75,A/C;81,A/C

YITCMG115　32,T/C;33,A/T;87,T/C;129,T/A

YITCMG117　115,T;120,A

YITCMG118　2,T/C;19,A;150,T/A

YITCMG119   16,A/G;73,C;150,T;162,G
YITCMG120   106,T/C;133,C
YITCMG121   32,T/A;72,G;91,C/G;138,A/G;149,A/G
YITCMG122   40,G;45,G;185,G;195,A
YITCMG123   87,A/G;130,T/G
YITCMG124   75,T/C;119,T/A
YITCMG125   123,C/G
YITCMG126   82,T;142,A
YITCMG127   146,G;155,T;156,A
YITCMG129   3,A/T;90,T;104,C;105,C/G
YITCMG130   31,G;108,G
YITCMG132   43,C/G;91,T/C;100,T/C;169,T
YITCMG133   65,A/C;76,T/G;191,A/G;209,T/A
YITCMG134   23,C;99,T/C;139,T
YITCMG137   24,A;52,T
YITCMG139   7,G
YITCMG140   6,T
YITCMG141   71,T/G;184,C
YITCMG144   61,C;81,C;143,A;164,G
YITCMG145   7,A;26,G;78,G
YITCMG146   27,T/C;69,A/G;88,T/G;111,T/A;116,A/G
YITCMG147   36,G;62,T;66,T
YITCMG148   35,A/G;75,T/C;87,T/C;101,T/G
YITCMG149   25,A/C;30,A/G;138,A/G
YITCMG150   101,A/G;116,T/G
YITCMG151   155,A;156,C
YITCMG153   97,A/C;101,A/G;119,A/G
YITCMG154   5,T;26,T/G;47,C;60,A/G;77,C;130,A/C;141,C
YITCMG155   31,T/G;35,A/G;51,T/C
YITCMG156   36,T
YITCMG157   5,A/G;18,A/G;83,C;89,T/C;140,A/G
YITCMG158   49,T/C;67,T/C;96,A;97,T/A;117,G
YITCMG160   92,A/G;107,T/G;158,T/C
YITCMG161   71,A/G;74,T/C
YITCMG162   26,A/T
YITCMG163   115,A/G
YITCMG164   57,T/C;114,A/G
YITCMG165   32,A;45,T/C;154,G;174,C;176,C;177,A
YITCMG166   13,T/C;87,G
YITCMG167   120,A;150,A;163,G
YITCMG168   79,C;89,C;96,A
YITCMG169   36,A/G;51,T/C;99,T/C;153,A/T
YITCMG170   31,G;145,C;150,T;157,A
YITCMG171   9,T;61,C;76,C;98,A

YITCMG172　17,T/C;164,A/C;168,A/G;186,A/G;187,A/G

YITCMG173　11,C/G;17,A/C;20,C;80,T/C;144,C;161,A/G;162,T/C;163,T/G;165,A/G

YITCMG175　32,T/G;62,A/C

YITCMG176　44,A/G;107,A/G

YITCMG177　7,A/G;44,A/C;124,C/G

YITCMG178　99,T/C;107,T/G;111,A/C

YITCMG180　23,C;72,C

YITCMG181　134,A/G

YITCMG183　24,A/T;28,A/G;75,T/C;76,A/G;93,T/C

YITCMG184　45,A;60,C;97,C

YITCMG185　62,A;68,A;80,G;130,A;139,G

YITCMG187　23,T/C;39,A/G;42,A/C;105,T;106,G

YITCMG188　16,T/C;66,A/G;101,A/T

YITCMG190　40,T/G;48,A/G;54,T/C;66,T/C;117,T;162,G

YITCMG191　34,A/G;36,A/G;108,A/G

YITCMG192　89,T/C;119,T/G

YITCMG193　75,G;153,T

YITCMG194　1,T/A;32,A/T;55,A/G;165,T/C

YITCMG195　45,A/T;87,T/C;128,A/G;133,A/G

YITCMG196　19,A/G;85,C;114,T

YITCMG197　185,A/G

YITCMG198　100,A/C

YITCMG199　3,T/C;56,T/A;62,C/G;173,T/C;175,C/G

YITCMG200　38,T/C;53,A/G

YITCMG202　16,C;121,T

YITCMG203　90,A/T

YITCMG204　85,A/G

YITCMG206　66,G;83,G;132,G;155,G

YITCMG207　82,A/G;156,T

YITCMG208　86,A;101,T

YITCMG209　24,T;27,C;72,C

YITCMG210　3,T/A;6,T/C;21,A/G;96,T/C;135,A/G;138,A/G;179,A/T

YITCMG212　118,A/G

YITCMG213　55,A/G;109,T/C

YITCMG216　135,T/C

YITCMG217　11,A/G;19,T/A;154,A/G;164,T/C;181,T/C;185,T/C;196,A/G;197,A/G

YITCMG218　5,A;31,C;59,T;72,C

YITCMG219　121,G

YITCMG221　8,C;76,A/G;131,A;134,A

YITCMG222　1,A/G;15,C;31,A/G;46,A/G;70,G

YITCMG223　23,T;29,T;41,T;47,G;48,C

YITCMG224　62,A/G;120,A/G

YITCMG226　72,A/G;117,T/C

YITCMG228　72,C;81,C;82,T

YITCMG230 65,C;103,A

YITCMG231 87,T/C;108,T/C

YITCMG232 80,G;152,C;170,G

YITCMG233 130,A;132,G;159,T;162,A

YITCMG234 54,A/T;55,T/C;103,A/G;122,T/G;183,T/A

YITCMG235 128,G

YITCMG236 94,A/G;109,T/A

YITCMG237 24,T/A;39,G;71,C/G;76,T/C;105,A/G

YITCMG238 49,C;68,C

YITCMG239 37,T/G;46,T/C;59,T/C;72,A

YITCMG240 21,A/G;96,A/G

YITCMG241 23,G;32,C;42,T;46,G;54,A;75,C

YITCMG242 70,T

YITCMG243 64,A/T;73,T/C;120,T/C;147,T/C

YITCMG244 71,C;109,T/G;113,T/C

YITCMG248 31,A/G;60,T/G

YITCMG249 22,C;83,C/G;130,A/G;142,T/C;162,T/C;167,C

YITCMG250 98,T;99,G

YITCMG251 128,T/C;151,T/C

YITCMG252 26,A/G;78,C/G;82,A/T

YITCMG253 13,C;38,G;78,T;147,C;150,C;182,A

YITCMG254 64,C

YITCMG255 6,A/G;13,T/G;18,A/T;67,T/G;163,A/G;166,T/C

YITCMG256 19,T/G;32,T/C;47,C;52,C/G;66,G;81,A/G

YITCMG257 58,T/C;89,T/C

YITCMG258 2,C;101,T;172,C

YITCMG259 20,A/G;24,A/T;127,A/G;180,T;182,A

YITCMG260 11,C/G;63,A/G;154,A;159,A

YITCMG261 17,T/C;38,G;106,A;109,T

YITCMG262 45,C/G;47,T/G

YITCMG264 14,T/G;65,T/C

YITCMG266 5,G;24,T/G;31,G;62,T/C;91,A/G

YITCMG268 23,T;30,T;68,T/C

YITCMG269 43,T/A;91,T/C;115,A/T

YITCMG271 100,G;119,T

YITCMG272 43,G;74,T;87,C;110,T

YITCMG273 41,C;67,G

YITCMG274 141,A/G;150,T/C

YITCMG275 106,C/G;131,A/C;154,A/G

YITCMG276 41,T/G;59,A/G

YITCMG278 1,A/G;10,A/G;12,A/C

YITCMG279 94,A/G;113,A/G;115,T/C

YITCMG280 104,T/A;113,C/G;120,T/C;159,C

YITCMG281 18,A/G;22,A/G;92,C;96,A

YITCMG282 46,A/G;64,T/C

YITCMG283 67,T;112,A;177,G

YITCMG284 18,A/G

YITCMG285 85,A/G;122,C/G

YITCMG286 119,A/G;141,A/C

YITCMG287 2,T/C;38,T/C;170,A/C

YITCMG289 50,T

YITCMG290 13,A;21,T;66,C;128,A;133,A

YITCMG291 96,T

YITCMG292 2,A/G;85,T/C;99,A/T;114,T/C;126,A/C

YITCMG293 11,A/G;170,T

YITCMG294 82,A/C;99,T/G;108,A/T

YITCMG295 15,A/G;71,A/T

YITCMG296 90,A/C;93,T/C;105,A/T

YITCMG297 128,T/C;147,A/C

YITCMG298 44,A/G;82,A/G;113,A/G

YITCMG299 29,A;34,G;103,A

YITCMG300 32,A/C;68,T/C;191,A/G

YITCMG301 76,C/G;98,G;108,C;111,T/C;128,G;140,A/G

YITCMG304 35,A;42,G;116,G

YITCMG305 68,C

YITCMG306 16,T/C

YITCMG310 98,G

YITCMG311 83,T/C;101,T/C;155,A

YITCMG314 31,A/G;53,A/C

YITCMG315 58,A/G;80,A/G;89,T/C

YITCMG316 98,T/C;102,T/C;191,T/C

YITCMG317 38,T/G;151,T/C

YITCMG318 61,T;73,A

YITCMG321 16,G

YITCMG322 72,T/C

YITCMG323 6,T/A;49,C;73,T

YITCMG325 22,C;45,A/G;130,C;139,C

YITCMG326 11,T/C;41,A/T;91,T/C;177,G

YITCMG328 15,C;47,C;86,C

YITCMG329 78,C;175,A/G;195,A

YITCMG330 52,A;129,G;130,A

YITCMG332 42,A/G;51,C/G;63,G

YITCMG334 43,C/G;104,A/C

YITCMG335 48,A/G;50,T/C;114,G

YITCMG336 28,T/C;56,A/T;75,A/G;140,T/C

YITCMG337 1,A/G;88,T/C

YITCMG338 71,T/C;126,A/G;159,C;165,T;172,A/T;179,G

YITCMG340 68,A/G;75,A/G;107,A/C;110,T/C;111,A/G

YITCMG341   59,A/T;83,T;124,G;146,A/G;210,T/G

YITCMG342   21,T/G;145,T/G;156,G;177,C

YITCMG343   3,A;39,T/C;127,A/G;138,T/A;171,T/C;187,T/C

YITCMG344   8,T/C;14,T/C;47,A/G;108,T/C

YITCMG345   31,T/A;34,A/T;39,T/G

YITCMG346   20,A/G;67,C;82,G

YITCMG347   19,A/T;21,A/G;29,A/G;108,A/C

YITCMG348   65,T;69,T/C;73,A;124,A

YITCMG349   62,A/G;136,C/G

YITCMG350   17,A;37,A;101,T;104,T;170,A/T

YITCMG351   11,G;109,T/C;139,C/G

YITCMG352   108,C;109,A;138,T

YITCMG353   75,T;85,C

YITCMG354   62,C;134,C

YITCMG355   34,A;64,C;96,A

YITCMG356   45,A/T;47,A/C;72,A/T

YITCMG357   51,G;76,T;88,A/G

YITCMG359   60,T/G;128,T/C;143,A/G

YITCMG360   54,T/G;64,A;82,T/C;87,G;92,C

YITCMG361   3,A/T;102,T/C

YITCMG362   12,T/C;62,T/A;77,A/G

YITCMG363   39,A/G;56,A/G

YITCMG364   7,G;29,A;96,T

YITCMG365   23,T/C;79,T/C;152,C/G

YITCMG366   36,T/C;83,A/T;110,T/C;121,T/A

YITCMG367   21,T/C;145,C/G;164,T/C;174,C/G

YITCMG368   116,T;117,G

YITCMG369   99,T/C

YITCMG370   18,A/G;117,T/C;134,A/T

YITCMG371   27,A/G;36,T/C

YITCMG372   199,T

YITCMG373   74,A;78,C

YITCMG375   17,A/C

YITCMG376   74,G;75,C

YITCMG377   3,A;42,C

YITCMG378   49,T

YITCMG379   61,T;71,T;80,C

YITCMG380   40,A

YITCMG381   30,G;64,T;124,T

YITCMG382   62,A;72,C;73,C

YITCMG385   24,A/G;61,T/C;79,T/C

YITCMG386   65,C/G

YITCMG387   111,C/G;114,A/G

YITCMG388   17,T/C

YITCMG389   9,T/A;69,A/G;159,A/C;171,C/G;177,T/C

YITCMG390   9,T/C

YITCMG391   23,A/G;117,A/C

YITCMG392   78,A/G;109,C;114,C;133,C/G

YITCMG393   66,A/G;99,A/C

YITCMG394   9,T/C;38,G;62,A

YITCMG395   40,T/A;45,T/C;49,T/C

YITCMG396   110,C;141,A

YITCMG397   89,C/G;92,T/G;97,G;136,A/C

YITCMG398   131,T/C;132,A/C;133,T/A;159,T/C;160,A/G;181,T/G

YITCMG399   7,T/A;41,A/C

YITCMG401   72,T/G;123,G

YITCMG402   137,T/C;155,A/G

YITCMG403   49,T/A;58,C/G;156,T/A;173,C/G

YITCMG404   8,A/G;32,T/C;165,A/G

YITCMG405   155,T/C;157,T/C

YITCMG406   73,G;115,T

YITCMG407   13,C;26,G;97,G;99,A/G

YITCMG408   137,G

YITCMG410   2,T/C;4,T/A;20,T/C;40,C/G;155,A/C

YITCMG411   84,A

YITCMG412   79,A/G;154,G

YITCMG423   117,G

YITCMG424   69,T;73,G;76,C;89,T

YITCMG425   57,A

YITCMG428   18,A;24,C

YITCMG429   61,T;152,A/G;194,A/G;195,A/T

YITCMG430   31,T/C;53,T/C;69,T/C;75,A/C

YITCMG431   69,A/G;97,C/G

YITCMG432   69,T/G;85,T/C

YITCMG434   27,G;37,T;40,A

YITCMG435   28,T;43,C;103,G;106,A;115,A

YITCMG436   25,A;56,A

YITCMG437   36,T/C;39,A/T;44,A/G;92,C/G;98,T/C

YITCMG438   2,A/T;3,T/C;6,A/T;155,T

YITCMG439   75,C;87,C;113,A

YITCMG440   13,C;64,A;68,G;70,T;103,A;113,T

YITCMG441   12,A;74,G;81,C;90,T

YITCMG443   28,T;178,A;205,G

YITCMG444   118,T/A;141,A/G

YITCMG445   72,G

YITCMG446   13,T/C;51,T/C

YITCMG447   94,A/G;139,A/G;202,A/G

YITCMG448   22,A/C;37,T/C;91,G;95,A/C;112,G;126,T/C;145,G

YITCMG450　100,A/G;146,A/T
YITCMG451　26,G;33,A;69,C;74,G;115,C
YITCMG452　89,A/G;96,C/G;151,T/C
YITCMG453　87,A/G;156,T/C
YITCMG454　90,A/G;92,T/G;121,T/C
YITCMG456　32,A;48,G
YITCMG457　77,A/T;89,T/C;98,T/C;113,T/C;124,A/G;156,C/G
YITCMG458　54,A/G
YITCMG459　95,T/C;120,A/C;146,A/G;157,T/C;192,T/C;203,A/G
YITCMG460　41,T/C;45,T;68,T/A;69,A/G;74,A/G
YITCMG461　131,A/G
YITCMG462　1,A/G;22,C/G;24,C;26,A;36,T/C;49,A/C
YITCMG464　52,A/G
YITCMG465　117,T/G;147,A/G
YITCMG467　11,A/G;14,A/G;161,A/G;179,T/A
YITCMG468　43,G
YITCMG469　12,T
YITCMG470　78,C/G
YITCMG471　8,A/C;159,A/C
YITCMG472　51,A/G
YITCMG473　65,T/A;70,A/G;91,T/C
YITCMG475　115,A/C
YITCMG477　3,T/G;7,T;14,T/G;91,C;150,T
YITCMG478　122,T/C
YITCMG479　103,A/T
YITCMG480　5,A/G;45,A/G;61,C/G;64,A/G
YITCMG481　21,A;108,A/G;160,A/G;192,T/G
YITCMG482　65,T;87,A/G;114,T/C;142,T/G
YITCMG483　113,A/G;147,A/G
YITCMG484　23,A/G;78,A/G;79,A/G
YITCMG485　116,C/G;125,T/C
YITCMG486　40,A/G;109,T/G;148,T/G
YITCMG487　140,C
YITCMG488　2,A/G;51,C/G;76,A/G;127,T/C
YITCMG490　57,C;135,A;165,A
YITCMG492　55,A;83,C;113,C
YITCMG493　5,T;6,G;30,T;48,G;82,G
YITCMG494　43,C;52,A;98,G
YITCMG495　13,C;65,T;73,G
YITCMG496　7,A;26,G;59,A;134,C
YITCMG497　22,G;31,C;33,G;62,T;77,T;78,T;94,C;120,A
YITCMG500　30,G;86,T;87,C;108,T
YITCMG501　15,T/A;93,A/G;117,A/G;144,A;173,T/C
YITCMG502　4,A/G;130,T/A;135,A/G;140,T/C

YITCMG503　70,A/G;85,A/C;99,T/C
YITCMG505　99,T;196,G
YITCMG507　3,C;24,G;63,A;87,C/G
YITCMG508　13,A/G;115,T/G;140,A/G
YITCMG510　1,A;95,G;98,A
YITCMG512　25,A/G;63,A/G
YITCMG514　45,A/C;51,T/C;57,T/C;58,T/G
YITCMG515　41,T/C;44,T/G
YITCMG516　29,T
YITCMG517　72,G;84,A;86,A;163,T
YITCMG518　60,A/G;77,T/G
YITCMG519　129,T;131,T
YITCMG520　35,A/G
YITCMG521　21,C/G
YITCMG522　127,T
YITCMG523　111,T/G;116,A/G;133,A/C;175,T/C;186,A/T
YITCMG524　10,A/G;19,A/G;100,A/G
YITCMG527　35,A
YITCMG528　1,C;79,G;107,G;135,G
YITCMG530　76,C;81,A;113,T
YITCMG531　11,T/C;49,T/G
YITCMG532　123,A/C
YITCMG533　85,A;183,C;188,G
YITCMG534　40,T;122,C;123,C
YITCMG537　118,A/G;121,T/G;135,T/C
YITCMG539　27,T/G;54,T/C;75,T/A
YITCMG540　17,T;73,T;142,A/G
YITCMG541　18,A/C;130,T/G;176,C
YITCMG542　18,T/G;69,T;79,C

夏茅芒

YITCMG001　53,A/G;78,A/G;85,A;94,A/C

YITCMG003　29,C

YITCMG006　13,T;27,T;91,C;95,G

YITCMG007　62,T;65,T;96,G;105,A

YITCMG008　50,C;53,C;79,A

YITCMG009　75,C;76,T

YITCMG010　40,T;49,A;79,A

YITCMG011　36,C;114,A

YITCMG012　75,T/A;78,A/G

YITCMG013　16,C;56,A;69,T

YITCMG014　126,A;130,T;203,A/G

YITCMG015　44,A;127,A;129,C;174,A

YITCMG017　17,G;24,T/C;39,A/G;98,C;121,T/G

YITCMG018　30,A

YITCMG019　36,A/G;47,T/C

YITCMG020　73,T/G

YITCMG021　104,A;110,T

YITCMG022　3,A;11,A;99,C;131,C

YITCMG023　142,A/T;143,T/C;152,A/T

YITCMG024　68,A/G;109,T/C

YITCMG025　108,T/C

YITCMG027　138,G;163,A/T

YITCMG028　174,T/C

YITCMG031　48,T/C;84,A/G;96,A/G

YITCMG032　117,C/G

YITCMG033　73,G;85,G;145,G

YITCMG034　6,C/G;97,T/C

YITCMG035　85,A/C

YITCMG038　155,A/G;168,C/G;171,A/G

YITCMG039　1,A/G;93,T/C;105,A/G;120,A/G

YITCMG040　40,T/C;50,T/C

YITCMG041　24,A/T;25,A/G;68,T/C

YITCMG042　9,A/G

YITCMG043　34,T/G;48,T/C;103,T/C;106,T/C

YITCMG044　7,T/C;22,T/C;99,T/C;167,A/G;189,A/T

YITCMG045　92,T;107,T

YITCMG046　38,A/C;55,A/C;130,A/G;137,A/C;141,A/G

YITCMG047　60,A/T;65,G

YITCMG048　142,C;163,G;186,A

YITCMG049　11,A/G;16,T/C;76,A/C;115,A/C;172,G;190,T/A

YITCMG050　44,A/C

YITCMG051   15,C;16,A

YITCMG052   63,T/C;70,T/C

YITCMG053   85,A;167,A

YITCMG054   34,A/C;36,T;73,A/G;84,A/C;87,T/C;168,T/C;170,T/C

YITCMG056   34,T/C

YITCMG057   98,T;99,G;134,T

YITCMG058   67,T/G;78,A/G

YITCMG059   84,A;95,T;100,T;137,A;152,T;203,G

YITCMG060   10,A/C;54,T/C;125,T/C;129,A/G

YITCMG062   79,T/C;122,T/C

YITCMG063   86,A/G;107,A/C

YITCMG065   37,T/G;56,T/C;136,T/C

YITCMG066   10,A/C;64,A/G;141,T/G

YITCMG067   1,C;51,C;76,G;130,C

YITCMG068   49,T/G;61,T/C;91,A/G;143,A/G

YITCMG069   37,G;47,A;100,G

YITCMG071   142,C;143,C

YITCMG072   75,A/G;105,A/G

YITCMG073   15,A/G;19,A/G;28,A/C;49,A/G;106,T/C

YITCMG074   46,T/C;58,C/G;77,A/G;180,T/A

YITCMG075   125,T/C;185,T/C

YITCMG078   95,T/C

YITCMG079   5,T;26,T;125,A;155,C

YITCMG080   43,C;55,C

YITCMG081   91,G;98,T/G;115,A/T

YITCMG082   43,A/C;58,T/C;97,A/G

YITCMG083   96,A/G;123,T;131,T/C;169,G

YITCMG084   93,C;165,A

YITCMG085   6,A/C;21,T/C;24,C;33,T;106,T/C;206,T/C;212,T/C

YITCMG086   111,A/G;182,T/A;186,T/A

YITCMG088   33,A/G

YITCMG089   92,C;103,C;151,C;161,C

YITCMG090   17,C;46,G;75,T

YITCMG091   33,G;59,A

YITCMG092   22,A/G;110,T/C;145,A/G

YITCMG093   72,A

YITCMG094   124,A;144,T

YITCMG096   24,C;57,A;66,T

YITCMG098   159,T/C

YITCMG099   53,A/T;83,A/G;119,A/G;122,A/C

YITCMG100   124,T/C;141,C/G;155,T

YITCMG101   53,T/G;92,T/G

YITCMG102   6,T/C;129,A/G

YITCMG103   42,T;61,C

YITCMG104 79,G;87,A/G
YITCMG105 31,A/C;69,T/G
YITCMG106 29,A;32,C;59,C;65,A/G;137,C;198,A/G
YITCMG107 23,G;160,G;164,C;165,A
YITCMG108 34,A;64,C
YITCMG109 17,T/C;29,A/C;136,T/A
YITCMG111 39,T/G;62,A/G;67,A/G
YITCMG112 101,C/G;110,A/G
YITCMG113 85,G
YITCMG114 42,T;46,A;66,T
YITCMG115 32,T/C;33,T/A;87,C;129,A/T
YITCMG117 115,T/C;120,A/G
YITCMG118 19,A
YITCMG119 73,A/C;150,T/C;162,A/G
YITCMG120 106,T/C;121,A/G;130,C/G;133,C
YITCMG121 32,T;72,G;149,T/G
YITCMG122 40,A/G;45,A/G;185,A/G;195,A/G
YITCMG123 88,T/C;94,T/C
YITCMG124 75,C;119,T
YITCMG125 102,T;124,C;171,C
YITCMG126 166,T/C
YITCMG127 156,A
YITCMG128 40,A/G;106,T/C;107,C/G;131,T/C;160,T/C
YITCMG130 31,G;70,C;108,G
YITCMG132 43,C/G;91,T/C;100,T/C;169,T/C
YITCMG133 31,T/G;76,T/G;86,T/G;122,T/A;198,A/G;209,A/T
YITCMG134 23,C;98,T/C;116,A/T;128,A;139,T;146,C/G
YITCMG135 34,T;63,C;173,T
YITCMG136 169,A/G;198,T/C
YITCMG137 1,C;48,G;52,T;62,T/A;172,A/G
YITCMG138 6,T/A;16,T/G
YITCMG139 7,G;33,A/G;35,A/G;152,T/C;165,A/C;167,A/G
YITCMG141 71,T;184,C
YITCMG142 67,T;70,A
YITCMG143 73,A/G
YITCMG147 62,T/C;66,T/C
YITCMG149 25,A/C;30,A/G;138,A/G
YITCMG151 155,A;156,C
YITCMG152 83,T/A
YITCMG153 97,C;101,G;119,A
YITCMG154 77,T/C
YITCMG156 36,T/G
YITCMG158 49,T/C;67,T/C;96,A;97,T/A;117,G
YITCMG159 84,T;89,A;92,C;137,T

YITCMG160　92,A/G;107,T/G;158,T/C

YITCMG161　71,A;74,C

YITCMG162　26,T

YITCMG163　96,T;114,T;115,G;118,T

YITCMG164　57,T;87,A;114,G

YITCMG165　174,C

YITCMG166　13,T;56,T/G;87,G

YITCMG167　103,A/G;120,A/G;150,A/G

YITCMG168　43,A/G;79,T/C;89,C/G;96,A/G

YITCMG169　51,T/C;78,A/C;99,T/C

YITCMG170　139,C/G;142,A/G;145,C;150,T/A;151,T/C;157,A;164,A/G

YITCMG171　9,T/G;61,C;76,C;98,A/G

YITCMG172　186,G;187,G

YITCMG173　11,G;17,A;20,C;144,C;161,A;162,T

YITCMG174　9,T/C;10,A/C;84,A/G

YITCMG175　32,T/G

YITCMG176　44,A;107,A;127,A/C

YITCMG177　7,A/G;20,T/C;44,A/C;124,C/G

YITCMG178　99,T/C;107,T/G;111,A/C

YITCMG180　23,C;72,C

YITCMG182　59,C;66,A

YITCMG183　24,T;28,A/G;60,A/T;75,T/C

YITCMG184　45,T/A;60,A/C;64,C/G;97,C/G;127,T/G

YITCMG187　23,T/C;39,A/G;42,A/C;105,T/A;106,C/G

YITCMG190　117,T;162,G

YITCMG191　44,A;66,T;108,A

YITCMG192　89,T;119,G

YITCMG193　145,T/C;153,T

YITCMG195　45,A;87,T;128,G;133,A

YITCMG196　85,A/C;114,T/G

YITCMG197　18,A/C;35,T/G;178,A/C;185,A/G;195,T/C

YITCMG198　70,A;71,G

YITCMG199　3,T;56,A;173,C;175,G

YITCMG200　38,C;53,G

YITCMG201　113,C;179,A;185,G;194,T

YITCMG202　16,T/C;121,T/G

YITCMG207　73,T/C

YITCMG209　27,C

YITCMG212　118,G

YITCMG213　55,A/G;102,T/C;109,T/C

YITCMG214　5,A

YITCMG215　52,G;58,T

YITCMG216　69,G;135,C;177,A

YITCMG217　164,T/C;185,T/C

YITCMG218   31,C;59,T;72,C;108,T
YITCMG219   89,T/C;125,T/C
YITCMG220   64,A/C;67,C/G;126,A/G
YITCMG221   8,C;76,A/G;106,A/T;110,A/G;131,A;134,A
YITCMG222   1,G;15,C;70,G
YITCMG223   23,T;29,T;77,A
YITCMG225   61,G;67,T
YITCMG226   51,T/C;72,A;117,T
YITCMG227   6,A/G;26,T/C
YITCMG228   72,C;81,C;82,T
YITCMG229   27,A/C;56,T/C;58,T/C;65,T/C;66,T/C
YITCMG230   65,A/C;103,A/C
YITCMG231   87,T/C;108,T/C
YITCMG232   1,C;76,G;80,G;152,C;169,T;170,G
YITCMG235   128,C/G
YITCMG236   94,A/G;109,A/T
YITCMG237   24,T/A;39,G;71,C/G;76,T/C;105,A/G
YITCMG238   49,C;68,C
YITCMG239   46,T/C;59,T/C;72,A
YITCMG240   21,A/G;96,A/G
YITCMG241   23,G;32,C;42,T;46,G;54,A;75,C
YITCMG242   70,T
YITCMG243   73,T/C;147,T/C
YITCMG244   71,C;109,T;113,C
YITCMG247   40,A/G;123,T/C
YITCMG248   31,A/G;60,T/G
YITCMG249   22,C;130,G;142,T;162,T;167,C
YITCMG250   98,T;99,G
YITCMG251   128,T/C
YITCMG253   70,C;198,T
YITCMG254   64,T/C
YITCMG256   19,T/G;47,C;66,G;83,T/A
YITCMG257   58,T/C;77,T/C;89,T/C
YITCMG258   2,C;101,T;172,C
YITCMG259   23,C/G;24,A/T;180,T;182,A
YITCMG260   8,T/C;63,A/G;154,A;159,A/C
YITCMG261   38,T/G;77,A/T;106,T/A;109,T/C
YITCMG262   28,T/C;45,C/G;47,T;89,T/C
YITCMG264   14,T;65,T
YITCMG268   150,A/G
YITCMG270   10,A;52,G;69,C;122,C;130,T;134,T;143,C;162,C;168,A;191,A
YITCMG271   100,C/G;119,T/A
YITCMG272   43,G;74,T;87,C;110,T
YITCMG273   41,C;67,G

YITCMG274   90,A/G;141,A/G;150,T/C

YITCMG275   106,C;131,A;154,A/G

YITCMG276   41,T/G;59,A/G

YITCMG277   24,T

YITCMG279   94,G;113,G;115,T

YITCMG280   62,T/C;85,C/G;121,A/G;144,T/G;159,C

YITCMG281   18,A/G;22,A/G;92,T/C;96,A;127,A/G

YITCMG282   46,A;64,C

YITCMG283   67,T;112,A;177,G

YITCMG284   55,T/A;94,T/C

YITCMG285   85,A/G;122,C/G

YITCMG286   119,A;141,C

YITCMG287   2,C;38,T

YITCMG289   50,T;60,T/A;75,A/G

YITCMG290   13,A;21,T;66,C;128,A;133,A

YITCMG292   85,T/C;99,A/T;114,T/C;126,A/C

YITCMG293   170,T

YITCMG294   7,A/G;82,T/A;99,T/G;108,T/A

YITCMG295   15,G;71,A;148,A/C;179,T/C

YITCMG296   90,A;93,T;105,A/T

YITCMG297   128,C;147,A

YITCMG298   44,A;82,A;113,C/G

YITCMG299   29,A;117,G

YITCMG300   32,C;68,T;118,T/C;198,A/G

YITCMG301   98,T;108,C;128,G

YITCMG302   11,T/G;16,T/A;39,C/G;96,T/C

YITCMG303   10,T/A;21,A/G;54,T/G

YITCMG305   50,A/C;67,T/G;68,C;178,A/G

YITCMG306   16,C;69,A;85,T;92,C

YITCMG307   11,T/C;23,T/C;25,A/C;37,G

YITCMG308   158,A/G

YITCMG309   23,T;77,G;85,G

YITCMG310   98,G

YITCMG311   83,C;101,C;155,A

YITCMG312   42,T;104,A

YITCMG314   53,C

YITCMG316   102,C

YITCMG317   98,A/G

YITCMG319   147,T/C

YITCMG320   4,G;87,T

YITCMG321   16,G;83,T/C

YITCMG322   44,T/C;72,T/C;77,T/C;91,T/A;105,T/C

YITCMG323   6,T/A;49,C;73,T;75,A/G;108,C/G

YITCMG324   55,T/C;56,C/G;74,A/G;195,A/G

YITCMG325   22,C;130,C;139,C
YITCMG326   169,T/G;177,A/G
YITCMG327   115,T/C;121,A/G;181,T/C
YITCMG328   15,C;47,C;86,C
YITCMG329   48,T;109,T
YITCMG331   24,A/G;51,G;154,A/G
YITCMG332   62,C/G;63,G;93,A/C
YITCMG333   132,T;176,A
YITCMG334   43,C/G;104,A/C
YITCMG335   114,G
YITCMG337   1,G;88,C
YITCMG338   127,A/G;159,T/C;165,T;172,A/T;179,G
YITCMG339   48,C;81,C
YITCMG340   68,A/G;75,A/G;107,A/C
YITCMG341   59,T/A;83,T/A;124,T/G;146,A/G;210,T/G
YITCMG342   145,T/G;156,G;177,C
YITCMG343   3,A/G;127,A/G;138,T/A;171,T/C;187,T/C
YITCMG345   34,T/A;39,T/G
YITCMG346   7,T
YITCMG347   21,A;157,A/G
YITCMG348   131,A;141,T
YITCMG350   17,A;101,T/A;104,T/C
YITCMG351   11,G;79,T/G;109,C;139,C
YITCMG352   108,C;138,T;145,T/A
YITCMG353   75,A/T;85,T/C
YITCMG354   62,C;134,C
YITCMG355   34,A;64,C;96,A
YITCMG357   29,A
YITCMG358   155,T
YITCMG359   60,T;128,T
YITCMG360   64,A;87,G;92,C
YITCMG361   3,T;10,T;102,C
YITCMG362   137,T
YITCMG363   56,G
YITCMG364   7,G;28,T/C;29,A/G;96,T/C
YITCMG366   83,A/T;121,T/A
YITCMG367   21,T/C;145,C/G;174,C/G
YITCMG368   23,C/G;99,A/C;117,A
YITCMG369   76,A/C;82,T/C;83,T/C;84,T/G;85,C/G;86,A/C;87,T/A;99,C/G;104,A/G;141,A/G
YITCMG370   18,A/G;117,T/C;134,A/T
YITCMG371   27,A/G;60,T/C
YITCMG373   74,A/G;78,A/C
YITCMG374   102,A/C;135,C;137,T/A;138,A/G
YITCMG375   17,A/C;28,T/C

YITCMG377   3,A;42,C

YITCMG378   77,T/C;142,A/C

YITCMG379   61,T/C;71,T/C;80,T/C

YITCMG380   40,A/G

YITCMG381   30,C/G;64,T/G;124,T/C

YITCMG382   62,A/G;72,A/C;73,C/G

YITCMG383   55,A/G;110,C/G

YITCMG385   36,C;57,A

YITCMG386   13,T/C;65,G;67,T/C

YITCMG387   111,C/G;114,A/G

YITCMG388   15,C;17,T;121,A;147,T

YITCMG389   69,A;171,G

YITCMG390   9,C;82,T/G;95,T/A

YITCMG391   23,A/G;117,A/C

YITCMG392   14,A/G;109,T/C;114,A/C

YITCMG394   38,A/G;62,A/G

YITCMG395   40,A/T;45,T/C;49,T/C

YITCMG396   110,T/C;141,A/T

YITCMG397   88,T/A;92,T/G;97,G;136,T/C;151,T/A

YITCMG399   7,T/A;41,A/C

YITCMG400   34,T/C;71,C/G;72,A/T

YITCMG401   123,G

YITCMG402   137,T;155,G

YITCMG403   49,A;58,C;156,T/A;173,C

YITCMG404   8,G;32,T;165,G

YITCMG405   155,T/C;157,T/C

YITCMG406   3,T;73,G;115,T

YITCMG407   13,T/C;26,T/G;97,T/G

YITCMG408   144,C;172,G

YITCMG409   82,G;116,T

YITCMG410   2,T/C;4,T/A;20,T/C;40,C/G;155,A/C

YITCMG411   2,T;81,A;84,A

YITCMG412   4,A/T;61,T/C;154,A/G;167,T/G

YITCMG414   11,T;37,G;51,T/C;58,A/G;62,G

YITCMG415   84,A;114,G

YITCMG416   80,A;84,A;94,C/G;112,A;117,T/A

YITCMG417   35,C;55,A;86,C;131,G

YITCMG419   73,T;81,A;195,A

YITCMG420   35,C;36,A

YITCMG421   9,A/C;67,T/C;87,A/G;97,A/G

YITCMG423   39,G;45,C/G;117,G;130,C/G

YITCMG424   69,T/G;73,A/G;76,C/G;89,T/A

YITCMG425   57,A/G;66,T/C

YITCMG426   59,T/C;91,C/G

YITCMG427 103,T/C;113,A/C
YITCMG428 18,A/G;24,T/C;73,A/G;135,A
YITCMG429 194,G;195,T
YITCMG430 31,T/C;53,T/C;69,T/C;75,A/C
YITCMG432 69,T;85,C
YITCMG434 27,A/G;37,T/A;40,A/G;43,C/G
YITCMG435 106,A
YITCMG436 2,G;25,A;49,A;56,A
YITCMG437 44,G;92,G;98,T;151,T
YITCMG438 2,A/T;6,A/T;155,T
YITCMG439 87,T/C;113,A/G
YITCMG440 64,A/C;68,A/G;70,T/C;78,T/C
YITCMG441 12,A/G;74,C/G;81,C/G
YITCMG443 28,T;180,A/G
YITCMG446 13,T/C;51,T/C
YITCMG447 65,A/G;94,A/G;97,A/G;139,A/G;202,A/G
YITCMG448 22,A;37,C;91,G;95,C;112,G;126,T;145,G
YITCMG450 100,A;146,T
YITCMG451 26,G;33,A;69,C;74,G;115,C
YITCMG452 89,A/G;151,T/C
YITCMG453 87,A/G;88,T/C;156,T/C
YITCMG454 90,A;92,T;121,T/C
YITCMG455 120,A/G
YITCMG456 19,A/G;32,A/G;48,A/G
YITCMG457 77,A/T;124,A/G;156,C/G
YITCMG459 95,T;157,C;203,A
YITCMG460 45,T/C;132,A/G
YITCMG461 131,A/G
YITCMG462 1,A/G;22,C/G;24,C;26,A;36,T/C;49,A/C
YITCMG463 78,T/C;134,A/G;190,C/G
YITCMG464 78,A/G;101,A/T
YITCMG465 117,G;147,G
YITCMG466 75,T;99,G
YITCMG467 9,G;11,A;86,T/A;161,A/G;179,T/A
YITCMG469 12,T;70,G;71,A
YITCMG470 72,T/C;75,A/G
YITCMG471 8,A/G;65,A;88,C;159,C
YITCMG472 51,G
YITCMG474 87,A/T;94,A;104,T;119,A
YITCMG475 82,A;84,A;102,C
YITCMG476 22,A;54,T
YITCMG477 7,T/C
YITCMG478 112,A/G;117,T/C
YITCMG479 103,A/T

YITCMG480   29,C/G;64,A/G

YITCMG481   21,A/G;160,A/G

YITCMG483   113,A/G;143,T/C;147,A/G

YITCMG484   23,G;78,G;79,G

YITCMG485   116,C;125,T

YITCMG486   109,T;148,T

YITCMG487   140,C

YITCMG489   51,C/G;113,A/G;119,T/C

YITCMG491   163,A

YITCMG493   30,T/C

YITCMG494   43,T/C;52,A/G;83,T/C;98,A/G;152,A/G;154,T/C;188,T/C;192,T/C

YITCMG495   65,T/G;73,A/G

YITCMG496   26,A/G;134,T/C

YITCMG497   22,G;33,G;62,T;77,T

YITCMG499   122,T/C

YITCMG500   30,A/G;86,T;87,C;108,A/T

YITCMG501   15,A/T;93,A/G;144,A/G;173,T/C

YITCMG502   4,A/G;12,T/C;130,A/T;135,A/G;140,T/C

YITCMG503   10,A/T;70,A/G;85,A/C;99,T/C

YITCMG504   11,A;13,C;14,G;17,G

YITCMG505   54,A

YITCMG507   24,A/G

YITCMG510   1,A;95,A/G;98,A/G;110,A/G

YITCMG511   39,T/C;67,A/G;168,A/G;186,A/G

YITCMG512   25,A/G;63,G

YITCMG514   45,C;51,T/C;57,T/C;58,T/G

YITCMG515   41,C;44,T;112,A/T

YITCMG516   29,T

YITCMG517   72,T/C;163,T

YITCMG518   10,A/G;60,A/G;77,T/G

YITCMG520   35,A/G

YITCMG522   72,T/A;137,G;138,C

YITCMG523   37,A/C

YITCMG524   10,A/G;19,A/G;100,A/G

YITCMG527   115,A

YITCMG529   129,T/C;144,A;174,T

YITCMG530   55,A/T;62,A/G;76,C;81,A;113,T/C

YITCMG531   11,T;49,T

YITCMG532   17,A/C;85,T/C;111,A/G;131,A/C

YITCMG533   85,A;183,C;188,G

YITCMG534   40,T/A;122,C/G;123,T/C

YITCMG535   36,A/G;72,A/G

YITCMG538   3,T;4,C

YITCMG539 54,C;82,T/C;152,A/T
YITCMG540 17,T;73,T
YITCMG541 18,A;176,C
YITCMG542 69,T;79,C

暹罗芒

YITCMG001 53,G;78,G;85,A

YITCMG003 29,C

YITCMG006 13,T;27,T;91,C;95,G

YITCMG007 62,T;65,T;96,G;105,A

YITCMG008 50,C;53,C;79,A

YITCMG009 75,C;76,T

YITCMG010 40,T;49,A;79,A

YITCMG011 36,C;114,A

YITCMG013 16,C;52,T/C;56,A;69,T

YITCMG014 126,A;130,T;162,C/G;200,A/G;203,A/G

YITCMG015 44,A/G;127,A;129,C;174,A

YITCMG018 30,A

YITCMG019 36,A/G;47,T/C

YITCMG022 3,A;11,A;92,T/G;94,T/G;99,C;118,C/G;131,C;140,A/G

YITCMG023 142,T/A;143,T/C;152,T/A

YITCMG024 68,A/G;109,T/C

YITCMG025 108,T/C

YITCMG026 16,A/G;81,T/C

YITCMG027 19,T/C;31,A/G;62,T/G;119,A/G;121,A/G;131,A/G;138,A/G;153,T/G;163,T/A

YITCMG028 174,T/C

YITCMG030 55,A/G

YITCMG031 48,T/C;84,A/G;96,A/G

YITCMG032 117,C/G

YITCMG033 73,G;85,G;145,G

YITCMG034 6,C/G;97,T

YITCMG037 12,T/C;13,A/G;39,T/G

YITCMG039 93,C

YITCMG040 14,T/C

YITCMG041 24,T/A;25,A/G;68,T/C

YITCMG044 7,T/C;22,T/C;167,A/G;189,T/A

YITCMG045 92,T;107,T

YITCMG046 38,A/C;55,C;130,A;137,A;141,A

YITCMG047 60,T/A;65,G

YITCMG048 142,C;163,G;186,A

YITCMG049 11,A/G;115,A/C;172,G;190,T/A

YITCMG050 44,A/C

YITCMG051 15,C;16,A

YITCMG053 85,A/C;86,A/G;167,A;184,A/T

YITCMG054 34,C/G;36,T;70,A/G;73,A/G;84,A/C;170,T/C

YITCMG056 34,T/C;117,T/C

YITCMG057 98,T;99,G;134,T

YITCMG058 67,T/G;78,A/G
YITCMG059 84,A;95,T;100,T;137,A;152,T;203,T/G
YITCMG060 10,A;54,T;125,T;129,A
YITCMG061 107,A/C;128,A/G
YITCMG063 86,A;107,C
YITCMG065 37,T/G;56,T/C;136,T/C
YITCMG066 10,C;64,G;141,G
YITCMG067 1,C;51,C;76,G;130,C
YITCMG068 49,T/G;91,A/G
YITCMG069 37,G;47,A;100,G
YITCMG071 102,T/A;142,C;143,C
YITCMG072 75,A/G;104,T/C;105,A/G
YITCMG073 15,A/G;19,A/G;28,A/C;49,A/G;106,T/C
YITCMG075 125,C;169,A/G;185,T
YITCMG076 162,C;171,T
YITCMG077 105,A
YITCMG078 95,T;177,A/G
YITCMG079 3,A/G;5,T/C;8,T/C;10,A/G;26,T/C;110,T/C;122,A/T;125,A;155,T/C
YITCMG080 43,A/C;55,T/C
YITCMG081 91,G;98,T/G;115,T/A
YITCMG082 43,A/C;58,T/C;97,A/G
YITCMG083 96,A/G;123,T;131,T/C;169,G
YITCMG084 93,C;165,A
YITCMG085 6,A;21,C;24,A/C;33,T;157,T/C;206,C
YITCMG086 111,A/G;182,A/T
YITCMG087 66,A/C;76,A/G
YITCMG088 33,A/G
YITCMG089 92,C;103,C;151,C;161,C
YITCMG090 17,T/C;46,A/G;75,T/C
YITCMG091 24,T/C;33,C/G;59,A/C;84,T/G;121,A/G;187,A/C
YITCMG093 72,A
YITCMG094 124,A;144,T
YITCMG095 51,T/C;78,T/C;184,T/A
YITCMG096 24,C;57,A;66,T
YITCMG099 53,A;83,A;119,A;122,A
YITCMG100 124,T/C;141,C/G;155,T
YITCMG102 6,T/C;129,A/G
YITCMG103 42,T;61,C
YITCMG104 79,G;87,G
YITCMG105 31,A/C;69,A/G
YITCMG106 29,A;32,C;59,C;137,C;198,A
YITCMG107 23,A/G;143,A/C;160,G;164,C;165,T/A
YITCMG108 34,A;64,C
YITCMG110 30,T/C;32,A/G;57,T/C;67,C/G;96,T/C

YITCMG111   39,T;62,G;67,A

YITCMG112   101,C;110,G

YITCMG113   85,G

YITCMG114   42,A/T;46,A/G;66,A/T

YITCMG116   54,A

YITCMG117   115,T;120,A

YITCMG118   13,A/G;19,A;81,T/C

YITCMG119   73,A/C;150,T/C;162,A/G

YITCMG120   121,A/G;130,C/G;133,C

YITCMG121   32,T;72,G;149,T/G

YITCMG122   40,A/G;45,A/G;185,A/G;195,A/G

YITCMG123   88,T/C;94,T/C

YITCMG124   75,C;119,T

YITCMG125   102,T;124,C;171,C

YITCMG126   166,C

YITCMG127   156,A

YITCMG128   40,G;106,T;107,G;131,T;160,C

YITCMG129   90,T/C;104,T/C;105,C/G;108,A/G

YITCMG130   31,C/G;70,A/C;108,A/G

YITCMG131   27,T/C;107,C/G;126,T/A

YITCMG132   43,C;91,T;100,T;169,T

YITCMG133   31,T/G;76,T;83,A/G;86,T;122,A/T;209,T

YITCMG134   23,C;116,T;128,A;139,T;146,G

YITCMG135   34,T;63,C;173,T

YITCMG136   169,A/G;198,T/C

YITCMG137   1,T/C;24,A/G;48,A/G;52,T;62,A/T

YITCMG138   6,A/T;16,T/G

YITCMG139   7,G;33,A/G;35,A/G;152,T/C;165,A/C;167,A/G

YITCMG141   71,T;184,C

YITCMG142   67,T/C;70,A/G

YITCMG143   73,A/G

YITCMG149   25,A;30,A;138,A/G;174,T/C

YITCMG151   155,A;156,C

YITCMG152   83,A

YITCMG153   97,C;101,G;119,A

YITCMG156   36,T

YITCMG158   49,T/C;67,T/C;96,A;97,T/A;117,G

YITCMG159   84,T;89,A;92,C;137,T

YITCMG160   92,A/G;107,T/G;158,T/C

YITCMG161   71,A;74,C

YITCMG162   26,T

YITCMG163   96,T;114,T;115,G;118,T

YITCMG164   57,T;87,A;114,G

YITCMG165   174,C

YITCMG166   13,T;56,T/G;87,G
YITCMG167   103,A/G;120,A/G;150,A/C
YITCMG168   43,A/G;79,T/C;89,C/G;96,A/G
YITCMG169   51,T/C;78,A/C;99,T/C;107,T/C
YITCMG170   145,C;150,T;157,A
YITCMG171   11,A/G;61,T/C;76,T/C
YITCMG172   164,A/C;168,A/G;186,G;187,G
YITCMG173   11,G;17,A;20,C;144,C;161,A;162,T
YITCMG174   9,T;10,A;84,A
YITCMG175   32,G
YITCMG176   44,A/G;107,A/G;127,A/C
YITCMG177   7,A;44,A;124,C
YITCMG178   86,A/C;99,T/C;107,T/G
YITCMG180   23,C;72,C
YITCMG182   59,C;66,A
YITCMG183   24,T;28,A/G;75,T/C
YITCMG184   43,A/G;45,A;60,C;64,C/G;97,C;127,T/G
YITCMG185   68,T/A;130,T/C
YITCMG187   23,T/C;39,A/G;42,A/C;105,A/T;106,C/G
YITCMG188   16,T/C;66,A/G;101,T/A
YITCMG189   125,A/G;170,T/C
YITCMG190   117,T;162,G
YITCMG191   44,A;66,T;108,A
YITCMG192   89,T;119,G
YITCMG193   153,T
YITCMG195   45,A/T;87,T/C;128,A/G;133,A/G
YITCMG196   19,A/G;85,C;114,T
YITCMG197   185,A/G
YITCMG198   70,A/G;71,A/G;100,A/C
YITCMG199   3,T;56,A;62,C/G;173,C;175,G
YITCMG200   38,C;53,G
YITCMG202   16,T/C;112,A/C;121,T/G
YITCMG203   28,A/G;42,T/A;130,C/G
YITCMG206   66,A/G;83,A/G;132,A/G;155,A/G
YITCMG207   82,A/G;156,T/C
YITCMG209   27,C
YITCMG210   6,T/C;21,A/G;96,T/C;179,A/T
YITCMG211   133,A/C;139,A/G;188,T/C
YITCMG212   118,A/G
YITCMG213   55,A/G;102,T/C;109,T/C
YITCMG214   5,A
YITCMG215   52,G;58,T
YITCMG216   69,G;135,C;177,A
YITCMG217   164,T;185,T

YITCMG220 126,G

YITCMG221 8,C;76,A/G;110,A/G;131,A;134,A

YITCMG222 1,A/G;15,C;70,G

YITCMG223 23,T;29,T;77,A/G

YITCMG225 61,A/G;67,T/C

YITCMG226 51,T/C;72,A;117,T

YITCMG227 6,G;26,T;99,A/G

YITCMG228 72,C

YITCMG229 56,T;58,C;65,T;66,T

YITCMG231 87,T/C;108,T/C

YITCMG232 1,T/C;76,C/G;80,G;152,C;169,T/C;170,G

YITCMG233 127,G;130,A;132,G;159,T;162,A

YITCMG234 188,G

YITCMG235 128,C/G

YITCMG236 94,A/G;109,A/T

YITCMG237 24,A/T;39,G;71,C/G;76,T/C;105,A/G

YITCMG238 49,C;68,C

YITCMG239 37,T/G;46,T/C;59,T/C;72,A

YITCMG240 21,A/G;96,A/G

YITCMG241 23,G;32,C;42,T;46,G;54,A/T;75,T/C

YITCMG242 61,A/C;70,T;85,T/C;94,A/G

YITCMG243 73,T/C;139,T/C;147,T/C

YITCMG244 24,T/G;71,C;109,T/G;113,T/C

YITCMG246 6,A/G;51,T/C;124,A/G

YITCMG247 19,A/C;30,A/C;40,A/G;46,T/G;105,A/C;113,T/G;123,T/C;184,C/G

YITCMG248 31,A;60,G

YITCMG249 22,C;130,A/G;142,T/C;162,T/C;167,C

YITCMG250 98,T;99,G

YITCMG251 128,T/C;170,T/C;171,T/C

YITCMG252 26,A/G;69,T/C;82,A/T

YITCMG253 13,T/C;38,A/G;70,A/C;78,T/C;147,T/C;150,T/C;182,A/G;198,T/G

YITCMG254 48,C/G;82,T/C;106,T/G

YITCMG255 6,A/G;13,T/G;18,T/A;56,A/C;67,T/G;155,C/G;163,A/G;166,T/C

YITCMG256 19,T;47,C;66,G

YITCMG257 58,C;77,C;89,T

YITCMG259 23,C/G;180,T;182,A

YITCMG260 8,T/C;154,T/A

YITCMG261 38,G;77,T/A;106,A;109,T

YITCMG262 45,C/G;47,T/G

YITCMG264 14,T;65,T

YITCMG266 5,A/G;24,T/G;31,A/G;62,C/G;91,A/G

YITCMG268 23,T/G;30,T/G;68,T/C;152,T/G

YITCMG269 43,A/T;91,T/C

YITCMG270 10,A;48,T/C;52,A/G;69,A/C;122,T/C;130,T;134,T/C;143,T/C;162,T/C;168,A/G;

	191,A/G
YITCMG271	100,G;119,T
YITCMG272	43,G;74,T;87,C;110,T
YITCMG273	41,C;67,G
YITCMG274	141,A/G;150,T/C
YITCMG275	106,C/G;131,A/C;154,A/G
YITCMG279	94,A/G;113,A/G;115,T/C
YITCMG280	62,T/C;85,C/G;121,A/G;144,T/G;159,C
YITCMG281	96,A;127,A/G
YITCMG282	46,A;64,C
YITCMG283	67,T/G;112,A/G;177,A/G
YITCMG284	55,T;94,T
YITCMG285	85,A/G;122,C/G
YITCMG286	119,A;141,C
YITCMG287	2,C;38,T
YITCMG288	37,A;38,A
YITCMG289	50,T;60,T;75,A
YITCMG290	13,A;21,T;66,C;128,A;133,A
YITCMG291	28,A;38,A;55,G;86,A
YITCMG292	85,C;99,A;114,T;124,T/C;126,C
YITCMG293	170,T
YITCMG294	32,C/G
YITCMG295	15,A/G;71,T/A;179,T/C
YITCMG296	90,A;93,T;105,A
YITCMG297	128,C;147,A
YITCMG298	44,A;82,A;113,G
YITCMG299	22,C/G;29,A;117,C/G;145,A/G
YITCMG300	32,C;68,T;118,T/C;198,A/G
YITCMG301	98,T;108,C;128,G
YITCMG302	11,T;16,A;39,G;96,T
YITCMG303	10,T;21,A;54,T
YITCMG305	68,C;93,A/G;178,A/G
YITCMG306	16,C;69,A;85,T;92,C
YITCMG307	11,C;23,T/C;25,A;37,G
YITCMG308	34,A/G;35,C/G;36,A/G;139,T/G
YITCMG309	5,A/C;23,T;77,G;85,G;162,A/G
YITCMG310	98,G
YITCMG311	83,C;101,C;155,A
YITCMG312	42,A/T;104,T/A
YITCMG314	53,A/C
YITCMG316	102,C
YITCMG317	98,A/G
YITCMG319	33,A/G;147,T/C
YITCMG320	4,G;87,T

YITCMG321　2,T/C;16,G;83,T/C;167,A/G

YITCMG322　2,T/G;69,T/C;72,T/C;77,T/C;91,A/T;102,T/C

YITCMG323　49,C;73,T;108,C

YITCMG325　22,C;130,C;139,C

YITCMG326　11,T/C;41,T/A;91,T/C;177,A/G

YITCMG327　115,T;121,A

YITCMG328　15,C;47,C;86,C

YITCMG329　48,T;109,T

YITCMG331　24,A/G;51,G;154,A/G

YITCMG332　62,G;63,G;93,A

YITCMG333　132,T;176,A

YITCMG334　12,T/G;43,G;56,T/C;104,A

YITCMG335　48,A/G;50,T/C;114,G

YITCMG336　28,T/C;56,T/A;140,T/C

YITCMG337　1,A/G;88,T/C

YITCMG338　165,T/C;179,C/G

YITCMG339　48,T/C;81,T/C

YITCMG340　68,A/G;75,A/G;107,A/C;110,T/C;111,A/G

YITCMG341　59,T;83,T;124,G;146,G;210,T

YITCMG342　156,G;177,C

YITCMG344　14,T/C;47,A/G;85,A/G

YITCMG345　34,A/T;39,T/G

YITCMG346　7,T

YITCMG347　21,A;157,A/G

YITCMG348　131,A;141,T

YITCMG350　17,A;101,T/A;104,T/C

YITCMG351　11,G;109,C;139,C

YITCMG352　108,C;138,T

YITCMG353　75,T/A;85,T/C

YITCMG354　62,A/C;66,A/G;81,A/C;134,A/C

YITCMG355　34,T/A;64,A/C;96,A/G;107,A/C;148,A/G

YITCMG357　29,A;142,A/T

YITCMG358　155,T/C

YITCMG359　60,T/G;128,T/C

YITCMG360　64,A;87,G;92,C

YITCMG361　3,A/T;10,T/C;102,T/C

YITCMG362　137,A/T

YITCMG363　56,A/G

YITCMG364　7,G;28,T/C;29,A/G;96,T/C;101,T/C

YITCMG366　83,A/T;121,T/A

YITCMG367　21,T/C;145,C/G;174,C/G

YITCMG368　23,C/G;99,A/C;117,A;118,A/G

YITCMG369　76,A/C;82,T/C;83,T/C;84,T/G;85,C/G;86,A/C;87,A/T;104,A/G

YITCMG370　18,A/G;117,T/C;134,T/A

YITCMG371 27,A;60,T
YITCMG374 102,A/C;135,C;137,A/T;138,A/G
YITCMG375 17,C;28,T/C
YITCMG377 3,A;42,C
YITCMG379 61,T/C
YITCMG381 30,C/G;64,T/G;124,T/C
YITCMG382 62,A/G;72,A/C;73,C/G
YITCMG385 24,A;61,C;79,C
YITCMG386 13,T/C;65,C/G;67,T/C
YITCMG387 111,C/G;114,A/G
YITCMG388 15,A/C;17,T;121,A/G;147,T/C
YITCMG389 9,T/A;69,A;159,A/C;171,C/G
YITCMG390 9,C;82,T/G;95,T/A
YITCMG392 78,A/G;109,T/C;114,A/C
YITCMG395 40,A/T;45,T/C;49,T/C
YITCMG396 110,T/C;141,T/A
YITCMG397 88,A/T;92,T/G;97,G;136,T/C;151,A/T
YITCMG399 7,T/A;41,A/C
YITCMG400 34,T/C;41,T/C;44,T/C;53,T/C;62,T/C;71,C/G;72,T/A;90,A/C
YITCMG401 43,T/C;123,A/G
YITCMG402 137,T;155,G
YITCMG403 49,A;58,C;156,A;173,C
YITCMG404 8,A/G;32,T/C;165,A/G
YITCMG405 155,C;157,C
YITCMG406 3,A/T;73,A/G;115,T/C
YITCMG407 13,C;26,G;65,A/C;97,G
YITCMG408 88,T/C;144,C/G;172,A/G
YITCMG409 82,C/G;116,T/C
YITCMG410 2,T;4,A;20,C;40,G;155,A/C
YITCMG411 2,T;81,A;84,A
YITCMG412 4,A/T;61,T/C;154,A/G;167,T/G
YITCMG413 55,G;56,C;82,T
YITCMG414 11,T;37,G;51,T/C;58,A/G;62,G
YITCMG415 7,A/G;84,A;87,A/G;109,T/G;113,A/G;114,G
YITCMG416 80,A;84,A;94,C/G;112,A;117,A/T
YITCMG417 35,C;55,A;86,C;131,G
YITCMG419 73,T;81,A;195,A/G
YITCMG420 35,C;36,A
YITCMG421 9,C;67,T;87,A/G;97,A
YITCMG422 97,A
YITCMG423 39,G;45,C/G;117,G;130,C/G
YITCMG424 69,T/G;73,A/G;76,C/G;89,T/A
YITCMG425 26,C/G;57,A
YITCMG426 59,T/C;91,C/G

YITCMG428   18,A/G;24,T/C;73,A/G;135,A

YITCMG429   61,T/A;152,A/G;194,G;195,A/T

YITCMG432   69,T/G;85,T/C

YITCMG434   27,A/G;37,A/T;40,A/G;43,C/G

YITCMG435   16,A/G;106,A/G

YITCMG436   2,A/G;25,A/G;49,A/G;56,A/T

YITCMG437   44,G;92,G;98,T;151,T

YITCMG438   155,T/G

YITCMG440   64,A;68,G;70,T;78,C

YITCMG441   12,A/G;74,C/G;81,C/G

YITCMG443   28,A/T;180,A/G

YITCMG447   94,A/G;97,A/G;139,A/G;202,A/G

YITCMG448   22,A/C;37,T/C;91,T/G;95,A/C;112,C/G;126,T/C;145,T/G

YITCMG450   100,A/G;146,A/T;156,T/G

YITCMG452   151,T/C

YITCMG453   87,A/G;88,T/C;156,T/C

YITCMG454   90,A;92,T;121,T/C

YITCMG455   2,T/C;5,A/G;20,T/C;22,A/G;98,T/C;120,A/G;128,T/C;129,A/G;143,T/A

YITCMG456   19,A/G;32,A/G;48,A/G

YITCMG457   77,T/A;124,A/G;156,C/G

YITCMG459   120,A;141,A

YITCMG460   45,T/C;132,A/G

YITCMG461   131,A

YITCMG462   24,C;26,A;36,C;49,C

YITCMG463   78,T;134,G;190,C

YITCMG465   117,G;147,G

YITCMG466   75,T;83,A/G;99,G

YITCMG467   9,A/G;11,A/G;86,T/A

YITCMG470   72,T/C;75,A/G

YITCMG471   8,A;65,A;88,C;159,C

YITCMG472   51,A/G

YITCMG473   65,A/T;70,A/G;91,T/C

YITCMG474   87,T;94,A;104,T;119,A

YITCMG475   82,A;84,A;102,C

YITCMG476   22,A;54,T

YITCMG478   112,G;117,C

YITCMG479   38,T/C;103,A/T

YITCMG481   21,A;108,A/G;160,A/G;192,T/G

YITCMG482   65,T/C;87,A/G;114,T/C;142,T/G

YITCMG483   113,G;143,C;147,A

YITCMG484   23,A/G;47,T/A;78,A/G;79,A/G

YITCMG485   34,A/G;116,C;125,T

YITCMG486   109,T/G;148,T/G

YITCMG487   140,C

YITCMG488　　51,C/G;76,A/G;127,T/C

YITCMG490　　57,T/C;135,A/T

YITCMG491　　163,A

YITCMG492　　55,A/G;70,T/C

YITCMG493　　6,T/G;23,A/C;30,T/C;48,A/G;82,A/G

YITCMG494　　43,C;52,A;83,T/C;84,A/G;98,G;152,A/G;154,C;188,T;192,T/C

YITCMG495　　65,T;73,G

YITCMG496　　5,T/C;26,G;60,A/G;134,T/C

YITCMG497　　22,G;33,G;62,T;77,T

YITCMG500　　14,T/C;30,G;86,T;87,C;108,T

YITCMG501　　144,A/G;173,T/C;176,C/G

YITCMG502　　12,T/C;127,T/C

YITCMG503　　10,A/T

YITCMG504　　11,A/C;17,A/G

YITCMG505　　54,A

YITCMG506　　47,A/G;54,A/C

YITCMG508　　140,A/G

YITCMG510　　1,A/G;95,A/G;98,A/G

YITCMG512　　25,A;63,G

YITCMG514　　45,C;51,T/C;57,T/C;58,T/G

YITCMG515　　41,C;44,T

YITCMG516　　29,T

YITCMG517　　72,T/C;163,T

YITCMG518　　60,A/G;77,T/G

YITCMG519　　129,T/C;131,T/G

YITCMG520　　65,A/G;83,A/G;136,T/C;157,A/C

YITCMG521　　21,C/G

YITCMG522　　72,A/T;137,G;138,C

YITCMG523　　37,A/C

YITCMG524　　10,A/G;19,A/G;100,A/G

YITCMG526　　51,A/G

YITCMG527　　115,A

YITCMG529　　144,A;174,T

YITCMG530　　55,T/A;62,A/G;76,C;81,A;113,T/C

YITCMG531　　11,T;49,T

YITCMG533　　85,A;183,C;188,G

YITCMG534　　40,T;122,C;123,C

YITCMG536　　133,A/C

YITCMG537　　118,A/G;123,A/C;135,T/C

YITCMG538　　3,T/C;4,C/G;168,A/G

YITCMG539　　54,C;152,T/C

YITCMG540　　17,T;73,T;142,A/G

YITCMG541　　18,A/C;70,A/C;176,T/C

YITCMG542　　69,T/C;79,T/C

香蕉芒

YITCMG001   53,A/G;78,A/G;85,A/G

YITCMG002   55,T/C;102,T/G;103,C/G

YITCMG004   27,T/C

YITCMG005   56,A/G;100,A/G

YITCMG006   13,T;27,T;91,C;95,G

YITCMG007   62,T/C;65,T/C;96,A/G;105,A/G

YITCMG008   50,C;53,C;79,A

YITCMG009   75,C;76,T

YITCMG011   36,A/C;114,A/C

YITCMG012   75,T/A;78,A/G

YITCMG013   16,C;56,A;69,T

YITCMG014   126,A;130,T;162,C/G;200,A/G;203,A/G

YITCMG015   127,A;129,C;174,A

YITCMG017   17,G;39,A/G;98,C

YITCMG018   10,A;30,A;95,A;97,T;104,A/T

YITCMG019   36,A/G;47,T/C;115,A/G

YITCMG020   73,T/G

YITCMG021   104,A/C;110,T/C;129,C/G

YITCMG022   41,C;99,C;129,G;131,C

YITCMG023   142,T;143,C;152,T/C

YITCMG024   68,A;109,C

YITCMG026   16,A;81,T

YITCMG027   19,C;31,G;62,G;119,G;121,A;131,G;153,G;163,T

YITCMG028   174,C

YITCMG029   37,T/C;44,A/G

YITCMG030   55,A;73,T;82,A

YITCMG032   34,T/C;160,A/G

YITCMG033   73,A/G;85,A/G;145,A/G

YITCMG034   6,C/G;97,T/C

YITCMG036   23,C/G;99,C/G;110,T/C;132,A/C

YITCMG037   12,C;39,T

YITCMG038   155,G;168,G;171,A/G

YITCMG039   1,G;19,A/G;105,G

YITCMG040   40,T/C;50,T/C

YITCMG041   24,T;25,A;68,T

YITCMG043   34,T/G;48,T/C;56,T/C;67,T/C;99,T/C;103,T/C;106,T/C

YITCMG044   7,T;22,C;169,A/C;189,T

YITCMG045   92,T;107,T;162,A/G

YITCMG047   60,T/A;65,G

YITCMG048   142,C;163,G;186,A

YITCMG049   115,C

YITCMG051 15,C;16,A
YITCMG052 63,T;70,C;139,T/C
YITCMG053 85,A;167,A
YITCMG054 36,T;72,A/C;73,A/G;84,A/C;87,T/C;168,T/C;170,T/C
YITCMG057 98,T;99,G;134,T
YITCMG058 67,T/G;78,A/G
YITCMG059 84,A/G;95,A/T;100,T/G;137,A/G;152,A/T;203,A/G
YITCMG060 156,T/G
YITCMG061 107,A/C;128,A/G
YITCMG062 79,T/C;122,T/C
YITCMG065 136,T/C
YITCMG066 10,A/C;64,A/G;141,T/G
YITCMG067 1,C;51,C;76,G;130,C
YITCMG068 49,T;91,A;157,A/G
YITCMG069 37,G;47,A;100,G
YITCMG071 142,C;143,C
YITCMG072 54,A/C;75,A/G;104,T/C;105,A/G
YITCMG073 15,A/G;19,A/G;28,A/C;106,T/C
YITCMG074 46,T/C;58,C/G;77,A/G;180,T/A
YITCMG075 125,C;185,T
YITCMG078 95,T/C;177,A/G
YITCMG081 91,G;115,T/A
YITCMG082 43,A;58,C;97,G
YITCMG083 169,G
YITCMG084 118,G;136,T
YITCMG085 24,C;33,T;212,C
YITCMG086 180,A/C
YITCMG087 19,T/C;78,A/G
YITCMG088 17,A/G;31,T/G;33,A;98,T/C
YITCMG089 92,C;103,C;151,C;161,C
YITCMG090 46,A/G;48,C/G;75,T/C;113,T/C
YITCMG091 33,G;59,A
YITCMG095 51,C;78,C;184,A
YITCMG096 24,T/C;57,A/G;66,T/C
YITCMG098 48,A/G;51,T/C;180,T/C
YITCMG100 155,T
YITCMG102 116,A/G
YITCMG105 31,C;69,A
YITCMG106 29,A;32,C;65,G;130,A;137,C
YITCMG107 23,G;160,G;164,C;165,A
YITCMG108 34,A;64,C
YITCMG109 17,T/C;29,A/C;136,A/T
YITCMG110 30,T;32,A/G;57,C;67,C/G;96,T/C
YITCMG111 39,T/G;62,A/G;67,A/G

YITCMG112　101,C/G

YITCMG113　68,A/G;71,A/G;85,G;104,A/G;108,T/C;131,A/G

YITCMG114　75,A;81,A/C

YITCMG115　87,C

YITCMG116　54,A

YITCMG117　115,T;120,A

YITCMG120　106,C;133,C

YITCMG121　32,T;72,G;149,T

YITCMG122　45,G;185,G;195,A

YITCMG123　88,C;94,C

YITCMG124　75,C;119,T

YITCMG125　102,T/G;124,A/C;171,A/C

YITCMG126　166,T/C

YITCMG127　156,A

YITCMG129　90,T;104,C;105,C;108,A/G

YITCMG130　31,G;70,A/C;83,T/C;108,G

YITCMG131　27,C;107,C

YITCMG132　43,C;91,T;100,T;169,T

YITCMG133　76,T/G;86,T/G;200,A/G;209,T/A

YITCMG134　23,C;139,T

YITCMG135　34,T/C;63,T/C;173,T

YITCMG137　24,A;52,T

YITCMG139　7,G

YITCMG141　71,T/G;184,T/C

YITCMG144　4,A/G

YITCMG147　62,T;66,T

YITCMG148　160,A/T;165,A/G;173,T/C

YITCMG149　25,A;30,A;174,T

YITCMG150　99,T/C;101,G;116,G

YITCMG152　83,A

YITCMG153　97,A/C;101,A/G;119,A

YITCMG155　31,T;51,C;123,T;155,G

YITCMG156　28,A/T;44,C/G

YITCMG157　83,C

YITCMG158　67,C;96,A;117,G

YITCMG159　137,T

YITCMG160　55,A/G;75,T/C;92,G;107,T;158,C

YITCMG161　71,A;74,C

YITCMG163　96,A/T;114,T/C;115,A/G;118,T/G

YITCMG165　121,T/C;174,T/C

YITCMG166　87,G

YITCMG167　103,A;120,A;150,A

YITCMG168　79,T/C;89,C/G;96,A/G;146,T/C;171,C/G

YITCMG169　51,T/C;78,A/C;99,T/C

YITCMG170　139,C/G;142,A/G;145,C/G;150,A/G;151,T/C;157,A/G;164,A/G

YITCMG171　9,T/G;11,A/G;61,T/C;76,T/C;98,A/G

YITCMG172　164,A/C;168,A/G;186,A/G;187,A/G

YITCMG173　11,C/G;17,A/C;20,T/C;144,T/C;161,A/G;162,T/C

YITCMG174　9,T;10,A;31,A/G;84,A

YITCMG175　42,T;55,T;62,C;98,C

YITCMG176　44,A;107,A

YITCMG177　20,T/C

YITCMG178　44,A/G;99,T;107,G

YITCMG179　149,G

YITCMG180　23,C;72,C;81,T/C;144,T/C;174,T/C

YITCMG181　28,T/C;109,C/G;134,G

YITCMG182　57,A/C;77,T/C

YITCMG183　24,T;28,A/C;75,T/C

YITCMG184　43,G;45,A;60,C;97,C

YITCMG185　68,A;130,T

YITCMG187　105,T;106,G

YITCMG188　3,A/G;4,T/C;16,T/C;66,A/G;101,T/A

YITCMG190　48,G;54,C;117,T;162,G

YITCMG192　89,T/C;119,T/G

YITCMG193　3,A/G;9,A/T;30,T/C;39,A/G;99,T/C;120,T/G;121,T/G;129,A/C;145,T/C;153,T

YITCMG194　1,T/A;32,A/T;130,T/G

YITCMG195　87,T/C;128,A/G;133,A/G

YITCMG196　91,C/G;197,A

YITCMG197　18,C;35,G;178,A;195,T

YITCMG198　70,A;71,G;112,A/C

YITCMG199　3,T;56,A;62,C/G;173,C;175,G

YITCMG200　38,C;53,G

YITCMG201　113,C;179,A;185,G;194,T

YITCMG202　16,T/C;112,A/C;121,T/G

YITCMG203　28,A/G;42,T/A;130,C/G

YITCMG204　76,C/G;85,A/G;133,C/G

YITCMG206　66,A/G;83,A/G;132,A/G;155,A/G;177,A/G

YITCMG207　82,A/G;156,T/C

YITCMG209　27,C

YITCMG210　6,T/C;21,A/G;96,T/C;179,T/A

YITCMG212　118,A/G

YITCMG213　55,A;102,T;109,C

YITCMG214　5,A

YITCMG216　69,A/G;135,T/C

YITCMG217　164,T;181,T/C;185,T;196,A/G;197,A/G

YITCMG218　31,T/C;33,T/G;59,T/C;72,T/C;78,A/G;108,T/G

YITCMG219　89,T/C;125,T/C

YITCMG220　64,A/C;67,C/G

YITCMG221   8,C;76,A/G;110,A/G;131,A;134,A

YITCMG223   23,T;29,T;77,A/G

YITCMG225   61,A/G;67,T/C

YITCMG226   51,T/C;72,A;117,T

YITCMG227   6,G;26,T;99,A/G

YITCMG228   72,C;81,C;82,T

YITCMG229   56,T/C;58,T/C;65,T/C;66,T/C

YITCMG230   65,C;103,A

YITCMG232   1,C;76,G;80,G;152,C;169,T;170,G

YITCMG233   130,A;132,G;159,T;162,A

YITCMG234   54,T;103,A;183,A;188,G

YITCMG236   94,A;109,A

YITCMG237   24,A;39,G;71,G;76,C

YITCMG238   68,T/C

YITCMG239   46,T/C;59,T/C;72,A

YITCMG241   23,G;32,C;42,T;46,G;54,A/T;75,T/C

YITCMG242   70,T

YITCMG243   147,T/C

YITCMG244   71,T/C;109,T/G;113,T/C

YITCMG246   51,T/C;70,T/C;75,A/G

YITCMG247   19,A/C;40,A/G;46,T/G;123,T/C

YITCMG248   31,A;35,A/G;60,G

YITCMG249   22,C;130,A/G;142,T/C;162,T/C;167,T/C

YITCMG250   98,T;99,G

YITCMG252   26,A/G;69,T/C;82,A/T

YITCMG253   70,C;71,A/G;198,T/G

YITCMG254   48,C/G;82,T/C;106,T/G

YITCMG256   19,A/G;47,A/C;66,A/G

YITCMG257   58,C;77,C;89,T

YITCMG258   108,C;170,A;172,C

YITCMG259   20,A/G;24,T/A;180,T/A;182,A/G

YITCMG260   63,A;154,A;159,A;206,A/G

YITCMG261   38,T/G;106,T/A;109,T/C

YITCMG262   47,T/G

YITCMG264   14,T/G;65,T/C

YITCMG265   138,T/C;142,C/G

YITCMG266   5,A/G;24,T/G;31,A/G;62,C/G;91,A/G

YITCMG267   39,G;108,A;134,T

YITCMG268   23,T/G;30,T/G

YITCMG269   43,A/T;91,T/C;115,T/A

YITCMG270   10,A;48,T/C;52,A/G;69,A/C;122,T/C;130,T;134,T/C;143,T/C;162,T/C;168,A/G;
191,A/G

YITCMG271   100,G;119,T

YITCMG272   43,G;74,T;87,C;110,T

YITCMG273 41,C/G;67,A/G

YITCMG274 90,G;141,G;150,T

YITCMG275 106,C/G;131,A/C

YITCMG276 41,T;59,A

YITCMG277 24,T

YITCMG278 1,A/G;10,A/G;12,A/C

YITCMG279 94,A/G;113,A/G;115,T/C;136,A/C

YITCMG280 62,T/C;85,C/G;121,A/G;144,T/G;159,T/C

YITCMG281 18,A/G;22,A/G;92,T/C;96,A

YITCMG282 34,T/C;46,A/G;64,T/C;70,T/G;98,T/C;116,A/G;119,C/G

YITCMG283 67,T/G;112,A/G;177,A/G

YITCMG284 55,T/A;94,T/C

YITCMG285 85,A;122,C

YITCMG286 119,A/G;141,A/C

YITCMG287 2,C;38,T

YITCMG289 50,T;60,A/T;75,A/G

YITCMG290 21,T/G;66,C/G

YITCMG291 28,A/C;38,A/G;55,T/G;86,A/G

YITCMG292 99,T/A;114,T/C;126,A/C;176,A/C;178,A/C

YITCMG293 46,T/C;61,T/C;170,A/T;207,A/G

YITCMG294 32,C/G;99,T/G;108,T/A

YITCMG295 15,A/G;71,A/T;180,T/C

YITCMG296 90,A;93,T;105,A

YITCMG297 8,A/G;147,A/C

YITCMG298 44,A;56,C/G;82,A;113,G

YITCMG299 22,C/G;29,A;117,C/G

YITCMG300 191,A/G;199,C/G

YITCMG301 108,C

YITCMG304 30,T/G;35,A;42,G;116,G

YITCMG305 68,C

YITCMG306 16,C;69,A;85,T/G;92,C/G

YITCMG307 37,G

YITCMG309 5,A/C;23,T/A;77,A/G;85,C/G;162,A/G

YITCMG310 98,G

YITCMG311 83,C;101,C;155,A

YITCMG312 42,T;104,A

YITCMG313 82,C/G;125,T

YITCMG314 53,C

YITCMG315 146,A/G;150,A/G

YITCMG316 98,C;191,C

YITCMG317 98,A/G

YITCMG318 61,T/C;73,A/C

YITCMG319 33,A/G

YITCMG320 4,A/G;87,T/C

YITCMG321 2,T/C;16,G;83,T;167,A/G

YITCMG322 2,T/G;69,T/C;72,T/C;77,T/C;91,T/A;102,T/C

YITCMG323 6,A;49,C;73,T;75,A/G

YITCMG324 55,T/C;56,C/G;74,A/G;195,A/G

YITCMG325 22,C;130,C;139,C

YITCMG326 11,T/C;41,T/A;161,T/C;169,T/G;177,G;179,A/G

YITCMG327 181,T/C

YITCMG328 15,C

YITCMG329 48,T;109,T

YITCMG330 52,A;129,G;130,A

YITCMG331 51,G

YITCMG332 62,C/G;63,G;93,A/C

YITCMG333 132,T;176,A

YITCMG334 12,T/G;43,C/G;56,T/C;104,A/C

YITCMG335 48,A;50,T;114,G

YITCMG337 1,A/G;88,T/C

YITCMG338 165,T;179,G

YITCMG339 113,A/G

YITCMG340 68,A;75,A;107,C

YITCMG341 2,T/C;59,T/A;83,T;124,G;146,A/G;204,A/G;210,T/G

YITCMG342 162,A;169,T

YITCMG343 3,A/G;39,T/C;127,A/G;171,T/C;187,T/C

YITCMG344 14,T/C;47,A/G;108,T/C

YITCMG345 20,T/A;25,C/G;31,A/T;34,A/T;39,T

YITCMG346 7,A/T;67,T/C;82,A/G

YITCMG347 21,A;149,T/C

YITCMG348 65,T;69,T/C;73,A;124,A/C;131,A/G

YITCMG349 52,C/G;62,A;74,T/A;136,G

YITCMG350 17,A;101,T;104,T

YITCMG351 11,G;109,C;139,C

YITCMG352 108,C;138,T

YITCMG353 75,T;85,C

YITCMG354 62,C;134,C

YITCMG355 34,A;64,C;96,A

YITCMG356 45,T/A;47,A/C;72,T/A

YITCMG357 29,A/C;51,T/G

YITCMG359 131,T

YITCMG360 64,A;87,G;92,C

YITCMG361 3,T;102,C

YITCMG362 137,T

YITCMG363 56,G

YITCMG364 7,G;28,T

YITCMG366 83,T;121,A

YITCMG367 21,T;145,C;174,C

YITCMG368　23,C/G;117,A/C
YITCMG369　76,A/C;82,T/C;83,T/C;84,T/G;85,C/G;86,A/C;87,T/A;99,C/G;104,A/G;141,A/G
YITCMG370　18,G;117,T;134,A
YITCMG371　27,A;60,T
YITCMG372　61,C
YITCMG374　135,T/C
YITCMG375　17,C
YITCMG376　74,A/G;75,A/C;98,A/T
YITCMG377　3,A;42,C
YITCMG378　49,T/C;77,T/C;142,A/C
YITCMG379　61,T;70,A/G;71,T/C;80,T/C
YITCMG380　40,A
YITCMG381　64,T/G;113,T/C;124,T/C
YITCMG382　62,A;72,C;73,C
YITCMG383　55,A;110,C
YITCMG384　7,A/C
YITCMG385　61,C;79,C
YITCMG386　13,T/C;65,G;67,T/C
YITCMG387　99,T/C;111,C/G;114,A/G
YITCMG388　15,C;17,T;121,A;147,T
YITCMG389　9,A/T;69,A;159,A/C;171,C/G;177,T/C
YITCMG390　9,C;82,T/G;95,A/T
YITCMG391　116,C/G
YITCMG392　78,A/G;109,T/C;114,A/C
YITCMG393　66,G;99,C
YITCMG395　40,A/T;45,T/C;49,T/C
YITCMG396　110,T/C;141,A/T
YITCMG397　92,T/G;97,G;136,T/C
YITCMG398　131,T/C;132,A/C;133,T/A;159,T/C;160,A/G;181,T/G
YITCMG400　34,T/C;41,T/C;44,T/C;53,T/C;62,T/C;71,C/G;72,A/T;90,A/C
YITCMG401　43,T/C;123,A/G
YITCMG402　137,T/C;155,A/G
YITCMG404　8,A/G;32,T/C;165,A/G
YITCMG405　155,C;157,C
YITCMG406　3,A/T;73,G;115,T
YITCMG407　13,T/C;26,T/G;97,T/G
YITCMG408　88,T/C;137,A/G;144,C/G;172,A/G
YITCMG410　2,T/C;4,T/A;20,T/C;40,C/G
YITCMG411　81,A;84,A
YITCMG412　4,T/A;61,T/C;79,T/G;154,A/G
YITCMG416　80,A;84,A;112,A;117,T
YITCMG417　35,C/G;55,A/G;86,T/C;131,A/G
YITCMG418　26,C/G;93,T/C
YITCMG419　73,T/A;81,A/T

YITCMG420   35,C;36,A

YITCMG421   9,C;67,T;87,A/G;97,A

YITCMG422   97,A

YITCMG423   39,T/G;41,T/C;45,C/G;117,G

YITCMG424   69,T/G

YITCMG425   66,C

YITCMG426   59,T/C;91,C/G

YITCMG427   103,T/C;113,A/C

YITCMG428   18,A;24,C;135,A/G

YITCMG429   194,G;195,T

YITCMG430   53,T/C;69,T/C;80,A/C

YITCMG432   69,T;85,C

YITCMG434   27,G;37,T;40,A;43,C/G

YITCMG435   28,T/C;43,T/C;103,A/G;106,A/G;115,A/T

YITCMG437   36,T/C;44,A/G;92,C/G;98,T/C

YITCMG438   2,A/T;6,A/T;155,T

YITCMG440   13,A/C;64,A;68,G;70,T;103,A/G;107,T/C;113,T/C

YITCMG441   12,A/G;74,C/G;81,C/G;96,A/G

YITCMG442   2,T;67,A/C;68,C;127,G;139,A/T;162,A;170,C;171,T

YITCMG443   28,A/T

YITCMG446   13,T/C;51,T/C

YITCMG447   202,A/G

YITCMG448   22,A/C;37,T/C;91,T/G;95,A/C;112,C/G;126,T/C;145,T/G

YITCMG450   100,A/G;146,A/T

YITCMG452   96,C/G

YITCMG454   90,A/G;92,T/G;121,T/C

YITCMG455   2,T/C;5,A/G;20,T/C;22,A/G;98,T/C;128,T/C;129,A/G

YITCMG456   32,A/G;48,A/G

YITCMG457   77,A/T;89,T/C;98,T/C;101,A/G;119,A/G;124,G;156,C/G

YITCMG459   120,A;141,A

YITCMG460   45,T

YITCMG461   131,A/G;158,A/G

YITCMG462   1,A/G;22,C/G;24,C;26,A;36,T/C;49,A/C

YITCMG463   190,C/G

YITCMG464   78,A/G;101,A/T

YITCMG465   117,T/G;147,A/G

YITCMG466   75,A/T;99,C/G

YITCMG467   9,G;11,A;86,A

YITCMG470   72,T/C;75,A/G

YITCMG471   8,A;65,A;88,C;159,C

YITCMG472   51,G

YITCMG474   94,A;104,T;119,A

YITCMG475   84,A/G;102,T/C;105,C/G;115,A/C

YITCMG476   22,A;54,T

YITCMG477　3,T/G;7,T;91,T/C;150,T/C

YITCMG479　103,T/A

YITCMG481　21,A;83,T/C;98,T/C

YITCMG482　65,T;87,A;114,T;142,G

YITCMG484　23,A/G;71,T/C;78,A/G;79,A/G

YITCMG485　116,C;125,T

YITCMG486　40,A/G;108,C/G;109,T;148,T

YITCMG487　140,C

YITCMG490　57,C;135,A;165,A/T

YITCMG491　163,A;200,T/A

YITCMG492　55,A;70,T/C

YITCMG493　6,G;23,C;30,T;48,G;82,G

YITCMG494　43,C;52,A;84,A;98,G;154,C;188,T

YITCMG495　65,T;73,G;82,G;86,A;89,A

YITCMG496　26,G;134,C;179,T

YITCMG497　22,G;33,G;62,T;77,T

YITCMG499　45,A/C;95,T/C

YITCMG501　15,A/T;93,A/G;144,A;173,C

YITCMG502　4,A/G;10,T/G;12,T/C;130,A/T;135,A/G;140,T/C

YITCMG503　70,G;85,C;99,C

YITCMG504　11,A/C;17,A/G

YITCMG505　42,T/G;54,A/G;99,T/C

YITCMG506　47,A/G;54,A/C

YITCMG507　3,T/C;24,G;63,A/G

YITCMG508　96,T;115,G

YITCMG510　1,A;95,G;98,A

YITCMG511　39,T/C;47,A/T;67,A/G;186,A/G

YITCMG512　25,A;63,G

YITCMG514　35,T/C;45,C;83,T/G

YITCMG515　41,T/C;44,T/G;112,A/T

YITCMG516　29,T

YITCMG517　76,T/A;84,A/T;86,A/G;163,T

YITCMG518　60,A/G;77,T/G;84,T/G;89,T/C

YITCMG519　97,T/C;129,T;131,T

YITCMG520　65,A/G;83,A/G;136,T/C;157,A/C

YITCMG521　21,C/G

YITCMG522　72,A;137,G;138,C

YITCMG524　19,A/G;81,A/G;100,A/G

YITCMG527　108,T/G;118,A/C

YITCMG529　129,T/C;144,A/C;174,T/C

YITCMG530　55,A/T;62,A/G;76,C;81,A/G

YITCMG531　11,T/C;49,T/G

YITCMG532　17,C;85,C;111,G;131,A

YITCMG533　183,C

YITCMG535　36,A;72,G

YITCMG538　3,T/C;4,C/G;168,A/G

YITCMG539　27,T/G;54,T/C;75,A/T

YITCMG540　17,A/T;73,T/C

YITCMG541　18,A;66,C;176,C

YITCMG542　18,T;69,T;79,C

小冬芒

YITCMG001 85,A;94,A

YITCMG002 55,T;84,A/G;102,G;103,C

YITCMG005 56,A;100,A

YITCMG007 62,T/C;65,T;70,T/C;96,G;105,A/G;134,T/C

YITCMG009 75,C;76,T

YITCMG010 40,T/C;79,A/G

YITCMG011 166,A/G

YITCMG013 16,C;56,A;69,T

YITCMG014 126,A;130,T

YITCMG015 127,A;129,C;174,A

YITCMG017 17,G;24,T/C;98,C

YITCMG018 10,A;30,A;95,A;97,T

YITCMG019 36,A;47,C;98,T;111,T/G

YITCMG020 22,A/G;70,C;100,C;139,G

YITCMG022 3,A;99,C;131,C;176,C/G

YITCMG023 142,T;143,C

YITCMG024 68,A;109,C

YITCMG027 19,T/C;30,C/G;31,A/G;62,T/G;119,A/G;121,A/G;131,A/G;138,A/G;145,A/G;
153,T/G;163,T/A

YITCMG028 15,T/C;45,A;47,A/G;113,T/A;147,A/G;167,A/G

YITCMG029 10,A/C;29,A/G;37,C;44,G

YITCMG030 55,A;73,T/G;82,T/A

YITCMG031 2,A/G

YITCMG032 93,G;94,A;104,A/G;160,G

YITCMG033 73,G

YITCMG034 22,T/C

YITCMG035 109,G

YITCMG036 23,C;99,G;110,T;132,C

YITCMG037 12,C;13,A/G;39,T;130,T/C

YITCMG038 155,G;168,G

YITCMG039 1,A/G;61,A;105,G

YITCMG040 40,C;50,T/C

YITCMG041 24,T;25,A;28,A/C;68,T

YITCMG042 51,C/G;63,T/C;79,T/C

YITCMG043 56,T;67,C

YITCMG044 7,T;22,C;101,T/C;189,T

YITCMG045 92,T;107,T

YITCMG046 55,A/C;130,A/G;137,A/C;141,A/G

YITCMG047 60,T;65,G

YITCMG048 142,C/G;163,A/G;186,A

YITCMG049 11,A/G;16,T/C;76,A/C;115,C;172,G;190,A/C

YITCMG050　44,A/G

YITCMG051　15,C;16,A;158,C

YITCMG052　63,T;70,C;128,T

YITCMG053　5,T/C;167,A

YITCMG054　36,T;168,C

YITCMG056　34,T;183,T/G

YITCMG057　134,T

YITCMG058　30,A/G;67,T;71,T/C;78,A

YITCMG059　84,A;95,A/T;100,T;137,A/G;203,A/G

YITCMG060　10,A;31,T/G;54,T;125,T/C;129,A

YITCMG062　10,G;29,A/G;79,C;122,C

YITCMG063　33,A/C

YITCMG064　2,A;27,G

YITCMG065　136,T

YITCMG066　49,A/G;121,C/G

YITCMG068　49,T;61,C;91,A

YITCMG069　37,G;47,A;100,G

YITCMG070　6,C;13,G;87,T

YITCMG071　67,A/C;142,C;143,C

YITCMG072　105,A

YITCMG073　19,A;28,C;106,C

YITCMG074　46,T;58,C/G;62,T/A;77,A/G;180,T/A

YITCMG075　125,T/C;145,C/G;185,T/C

YITCMG076　171,T

YITCMG079　8,T/C;122,T/A;125,A

YITCMG080　55,C

YITCMG081　91,G

YITCMG082　97,G

YITCMG083　123,A;169,G

YITCMG085　6,A;21,C;24,C;33,T;206,C

YITCMG086　112,T

YITCMG087　87,T/C

YITCMG088　17,A;31,T;33,A;98,C

YITCMG089　161,C

YITCMG090　46,G;75,T;81,T/C;114,T/C

YITCMG091　33,C/G;59,A;79,T/C;84,T/G;121,A/G;187,A/C

YITCMG092　45,T/A;110,C

YITCMG094　144,T;189,T/C

YITCMG096　57,A;63,T/C

YITCMG097　105,T;117,T

YITCMG098　48,A

YITCMG100　155,T

YITCMG102　20,A/G;136,C/G

YITCMG104　79,A/G;80,A/G;87,G

YITCMG105   31,C;54,A/G;55,T/C;69,A
YITCMG106   32,C;59,C;137,C
YITCMG107   143,G;160,G;164,C
YITCMG108   72,T/A
YITCMG109   17,C;29,C;136,A
YITCMG110   30,T;57,C
YITCMG111   20,T/A;39,T;62,G;67,A/G
YITCMG112   101,C/G;110,G
YITCMG113   85,G
YITCMG114   51,A/G
YITCMG115   32,C;33,A;87,C;129,T
YITCMG116   54,A
YITCMG117   115,T;120,A
YITCMG118   19,A
YITCMG119   13,A/T;73,C;150,T;162,G
YITCMG120   133,C
YITCMG121   32,T;72,G;149,G
YITCMG122   40,A/G;45,G;78,T/C;185,G;195,A
YITCMG123   87,A/G;111,T/C;130,T/G
YITCMG124   75,C;119,T
YITCMG125   53,C;102,T;124,T;171,C
YITCMG126   72,A;76,A
YITCMG127   156,A
YITCMG128   144,T/C
YITCMG129   3,A;90,T;104,C;105,C
YITCMG130   31,G;83,T;108,G
YITCMG131   27,C;107,C
YITCMG132   91,T;100,T;167,G;169,T
YITCMG133   76,T/G;83,A/G;86,T/G;209,T/A
YITCMG134   23,C;116,T;128,A;139,T;146,G
YITCMG135   34,T/C;63,T/C;69,C/G;173,T
YITCMG136   169,A/G;198,T/C
YITCMG137   1,C;25,T/C;48,G;52,T;61,T/C
YITCMG138   13,A;16,T;45,T
YITCMG140   6,T
YITCMG141   71,T;184,C
YITCMG145   26,G;78,G
YITCMG146   27,T/C;69,A/G
YITCMG147   62,T;66,T;154,A/T
YITCMG149   25,A;30,A;174,T/C;175,A/G
YITCMG150   101,G;116,G
YITCMG152   83,A;103,A/G
YITCMG154   5,T;62,C;77,C;141,C
YITCMG155   31,T;51,C;155,A/G

YITCMG156　36,T

YITCMG157　18,G;70,A/C;83,C

YITCMG158　67,T/C;96,A/G;117,G

YITCMG159　92,C;137,T

YITCMG160　55,A/G;67,T/G;75,T/C;92,G;107,T/G;158,C

YITCMG161　71,A;74,C

YITCMG162　26,T

YITCMG165　174,C;193,T/C

YITCMG166　87,G

YITCMG167　120,A;124,T/G;150,A

YITCMG168　79,C;89,C;96,A

YITCMG169　40,C/G;51,C;78,C;99,T

YITCMG170　50,T/C;145,C;150,T;157,A

YITCMG171　58,T/C;61,C;76,C

YITCMG172　186,G;187,G

YITCMG173　20,C;144,C

YITCMG174　9,T;10,A;84,A

YITCMG175　42,T;55,T;62,C;98,C

YITCMG176　44,A;86,T/C;101,T/C;107,A

YITCMG177　7,A;36,A/G;44,A;124,C

YITCMG179　54,T/C;86,C;131,G

YITCMG180　22,C/G;23,C;28,A/G;72,C;75,T/G

YITCMG181　134,G

YITCMG183　17,C/G;24,T

YITCMG184　45,A;60,C;97,C

YITCMG185　68,A;130,T

YITCMG187　42,A/C;105,T;106,G

YITCMG188　16,T;47,C/G;66,G;101,T

YITCMG190　40,T/G;66,T/C;117,T;162,G

YITCMG191　44,A;66,T;108,A

YITCMG192　89,T;119,G

YITCMG193　30,T/C;39,A/G;121,G;129,A/C;153,T

YITCMG194　1,A;32,T

YITCMG196　19,A;70,A/C;85,C;114,T

YITCMG197　18,C;35,G;92,G;176,C

YITCMG199　16,A/G;46,T/A

YITCMG200　23,C/G;38,C;115,A/C

YITCMG201　28,T;78,A;84,C/G;167,A/T;194,T

YITCMG202　16,C;55,G;121,T

YITCMG203　48,A;85,A/C;130,C

YITCMG204　85,A

YITCMG206　66,G;83,G;132,G;155,G

YITCMG207　82,A;156,T

YITCMG210　6,C;21,A/G

YITCMG211 133,A;139,A;164,A/C;188,T

YITCMG212 15,A;17,G;63,T;111,G;129,C

YITCMG213 5,A/G;55,A;109,C

YITCMG214 5,A

YITCMG215 19,A/G;52,G;58,T

YITCMG216 69,G;135,C

YITCMG217 31,A/G;164,T;181,T;185,T;196,A;197,G

YITCMG218 31,C;59,T;72,C;78,A

YITCMG221 8,T/C;76,A/G;110,A/G;131,A;134,A

YITCMG222 1,G;15,C;31,A/G;46,A/G;70,G

YITCMG223 23,T;29,T;41,T/C;47,A/G;48,T/C

YITCMG226 72,A;117,T

YITCMG227 6,G;26,T

YITCMG228 72,C

YITCMG229 56,T/C;58,T/C;65,T/C;66,T/C

YITCMG230 65,C;103,A

YITCMG231 42,A/G

YITCMG232 80,G;152,C;170,A/G

YITCMG233 159,T;170,T/C

YITCMG234 54,T;95,T/C;103,A

YITCMG235 128,G

YITCMG236 71,A/T;94,A;109,A

YITCMG237 39,G

YITCMG238 49,C;68,C

YITCMG239 72,A

YITCMG240 102,C/G

YITCMG241 23,G;32,C;42,T/G;46,A/G

YITCMG242 70,T;94,A/G

YITCMG243 184,T/A

YITCMG244 71,C;109,T;113,C

YITCMG246 51,T;70,T/C;75,A/G

YITCMG247 19,A;40,A;46,G;123,T;184,C/G

YITCMG248 31,A/G;60,T/G

YITCMG249 22,C

YITCMG250 98,T;99,G

YITCMG251 170,T;171,T

YITCMG252 26,G;75,A/T;82,T

YITCMG254 47,A

YITCMG255 6,A;13,T;18,A;67,T;155,C;163,G;166,T

YITCMG256 19,A/G;47,C;54,A/G;66,G

YITCMG257 58,C;77,C;89,T

YITCMG258 30,T/C;33,T;46,A;172,C

YITCMG259 23,C;38,C/G;144,T/G;180,T;182,A

YITCMG260 154,A;159,A

YITCMG261　38,G;106,A;109,T

YITCMG262　47,T

YITCMG263　35,T;42,T;77,G

YITCMG264　14,T;65,T

YITCMG265　16,A

YITCMG266　5,G;24,T/G;31,G;62,T/C

YITCMG267　39,G;134,T

YITCMG268　23,T;30,T;68,T

YITCMG269　43,A;91,T;115,T/A

YITCMG270　10,A;52,G;122,C;130,T;143,C;162,C;192,G

YITCMG271　100,G;119,T;122,A

YITCMG272　43,T/G;74,T/C;110,T/C

YITCMG273　18,A/G;41,C/G;67,A/G

YITCMG274　90,G;141,G;150,T

YITCMG275　75,A/T;106,C;131,A

YITCMG276　41,T;57,A/G;59,A

YITCMG278　105,A/G

YITCMG280　159,C

YITCMG281　18,A/G;22,A/G;92,T/C;96,A

YITCMG282　46,A;50,A/G;64,C;98,C;99,T/G

YITCMG283　112,A;172,T

YITCMG284　55,T;94,T

YITCMG285　65,A/G;76,T/C;85,A;122,C

YITCMG287　2,C;19,C/G;38,T;47,T/C

YITCMG288　15,T/C;32,T;37,T;67,T

YITCMG289　50,T;60,T;75,A

YITCMG291　28,A/C;38,A/G;55,T/G;86,A/G

YITCMG293　170,T/A;174,T/C;207,A/G

YITCMG294　82,T/C;99,T;108,T;111,T/C

YITCMG295　15,G;71,A

YITCMG296　90,A;93,T;105,T/A

YITCMG297　111,A/G;118,T/C;123,A/G

YITCMG298　44,A;55,A/C;80,T/A;82,A;85,T/C;113,A/G

YITCMG299　29,A

YITCMG300　95,A/G

YITCMG301　108,C

YITCMG302　11,T;96,T

YITCMG303　77,T/C;184,A/G

YITCMG305　68,C

YITCMG306　16,C;69,A;85,T/G;92,C/G

YITCMG307　11,T/C;37,G

YITCMG308　34,G;35,C

YITCMG309　23,T;77,G;85,G

YITCMG311　53,A/G;83,C;101,C;155,A

YITCMG312　42,T;73,A/G;104,A
YITCMG313　55,T/C;125,T
YITCMG314　31,G;42,A/G
YITCMG316　42,A/G;98,T/C;102,C
YITCMG318　56,A/G;61,T;73,A
YITCMG320　4,G;87,T
YITCMG321　16,G;83,T
YITCMG322　72,C;77,T/C;91,T/A;102,T/C
YITCMG323　6,A;49,C;73,T
YITCMG324　55,T;56,G;74,G;195,A
YITCMG325　22,C;130,C;139,C
YITCMG326　29,T/C;140,A/C;169,T/G;177,G
YITCMG327　115,T;121,A
YITCMG328　15,C;47,T/C;79,A/G
YITCMG329　48,T;78,C;110,A/G
YITCMG330　52,A;129,G;130,A
YITCMG331　24,A;40,A/C;51,G
YITCMG332　57,T/C;63,G
YITCMG333　132,T/C
YITCMG334　12,G;43,G;56,T;104,A
YITCMG335　35,T/G;48,A;50,T;114,G
YITCMG336　140,T
YITCMG337　77,C/G;88,C
YITCMG338　165,T;179,G
YITCMG341　83,T;124,G
YITCMG342　20,A/G
YITCMG343　127,G;171,T;187,T
YITCMG344　14,T;47,G;108,C
YITCMG345　31,A/T;39,T/G
YITCMG348　65,T;73,A;131,A
YITCMG349　4,T/C;52,C/G;62,A;74,A/T;136,G
YITCMG350　17,A;101,T;104,T
YITCMG351　11,G;16,G;109,C;139,C
YITCMG352　108,C;138,T
YITCMG354　62,C;66,G;134,C
YITCMG355　34,A;64,A/C;96,A
YITCMG356　45,A;47,A;72,A
YITCMG357　51,G;76,T;144,G
YITCMG359　60,T
YITCMG360　64,A;87,G;92,C
YITCMG361　3,T;61,A/G;102,C
YITCMG363　56,G;100,A
YITCMG366　83,T;121,A
YITCMG367　21,T;165,A;174,C

YITCMG368　117,A

YITCMG369　76,C;104,G;135,C/G

YITCMG370　18,G;117,T;134,A

YITCMG371　66,G

YITCMG372　80,T

YITCMG373　39,T/C;74,A;78,C

YITCMG374　3,G;135,C;138,G;206,G

YITCMG375　17,C;29,T;55,T

YITCMG376　5,A;74,G;75,C;103,C;112,A

YITCMG377　99,A/G

YITCMG378　49,T

YITCMG379　35,A/C;61,T;71,T;80,C

YITCMG380　40,A

YITCMG381　30,G;64,T;124,T;126,A/C

YITCMG382　62,A;72,C;73,C

YITCMG385　57,A

YITCMG386　65,G;67,T;120,T

YITCMG387　36,T/C;81,A/C

YITCMG388　17,T

YITCMG389　69,A;171,G

YITCMG390　9,C;82,T;95,A;118,T/C

YITCMG391　15,C;17,G;23,G;116,T

YITCMG392　109,C;114,C

YITCMG393　66,G;99,C

YITCMG394　38,G;62,A

YITCMG395　40,A;49,T

YITCMG396　141,A

YITCMG397　92,G;97,G;136,T

YITCMG398　26,G;38,T;132,A;133,A;160,G;181,T

YITCMG399　7,A;41,A

YITCMG400　34,T;41,T;44,T/C;62,T;71,C;72,A;90,A

YITCMG401　123,G

YITCMG402　155,G

YITCMG403　3,G;49,A;173,C

YITCMG404　8,G;32,T;159,T/C

YITCMG405　161,G

YITCMG406　73,G;115,T;142,A

YITCMG407　13,C;97,G;108,A/G;113,C

YITCMG408　137,G

YITCMG409　82,G;116,T

YITCMG410　65,A/C

YITCMG411　73,A;76,T;84,A

YITCMG412　4,A/T;61,T/C;154,A/G;167,T/G

YITCMG414　11,A/T;37,A/G;62,C/G;132,C/G

YITCMG415   4,T;7,A;84,A;114,G
YITCMG416   80,A;84,A;112,T
YITCMG417   86,C;131,G
YITCMG418   93,T
YITCMG419   57,A/G;73,T;81,A;122,T/C
YITCMG420   35,C;36,A;53,A/G;117,C/G
YITCMG421   9,C;67,T;97,A
YITCMG422   97,A
YITCMG423   39,G;45,G;117,G
YITCMG425   57,A
YITCMG426   8,A/G
YITCMG427   103,C;113,C
YITCMG428   24,C;130,T/G;135,A/G
YITCMG429   61,T;194,G;195,T
YITCMG433   12,C;14,C;25,A;86,C;131,C;151,T
YITCMG434   27,G;37,T/G;40,A/G;50,T/C
YITCMG435   106,A
YITCMG436   25,A;50,T/C;56,A
YITCMG438   2,T/A;6,T/A;114,T/C;155,T
YITCMG439   87,C;113,A
YITCMG440   64,A;68,G;70,T;113,T
YITCMG441   12,A;74,G;81,C
YITCMG442   2,T;68,C;127,G;139,A/T;162,A;170,C;171,T
YITCMG443   28,T;166,A/G;184,T/C
YITCMG444   159,T/G
YITCMG446   122,A/C
YITCMG447   94,G;139,G;202,G
YITCMG448   91,G;95,C;112,G;126,T;145,G
YITCMG450   124,T/C
YITCMG451   26,G;33,A;69,C;74,A/G;115,C/G
YITCMG453   90,A;110,A;156,C
YITCMG454   17,T/C;90,A/G;92,T/G;101,T/C;118,A/T
YITCMG455   2,T/C;5,A/G;6,T/C;20,T/C;22,A/G;98,T/C;128,T/C;129,A/G;143,T/A
YITCMG456   32,A;48,G
YITCMG457   77,A;89,T/C;98,T/C;101,A;124,G;156,C/G
YITCMG458   48,T;72,G
YITCMG460   29,A/G;45,T;158,T/C
YITCMG462   24,C/G;26,A/T;117,T/G
YITCMG463   134,A/G;190,C
YITCMG464   52,A/G;89,A/G
YITCMG465   34,A/G;159,T/C
YITCMG466   69,G;75,T;99,G
YITCMG467   11,A;14,G;161,A;179,T
YITCMG469   12,T;71,A

YITCMG471   8,A;65,A;88,C;159,C

YITCMG473   65,T;75,C;91,T

YITCMG474   73,T

YITCMG475   107,A;115,C

YITCMG476   22,A;54,T

YITCMG477   7,T

YITCMG479   103,A

YITCMG481   19,T/C;21,A/G;83,T/C

YITCMG482   65,T;82,A/G;114,T/C;142,G

YITCMG483   110,A/G;113,G;147,A

YITCMG484   23,G;78,G;79,G;89,T/C

YITCMG485   116,C;125,T

YITCMG487   140,C

YITCMG488   51,C/G;76,A/G;127,T/C

YITCMG489   51,C

YITCMG490   57,C;123,T/C;135,A;168,T/G

YITCMG491   162,T;163,A

YITCMG492   55,A;112,T/A

YITCMG493   6,G;30,T

YITCMG494   43,C;52,A;98,G;159,C

YITCMG495   65,T;73,G;86,A/G

YITCMG496   26,G;134,C

YITCMG497   22,G;33,G;62,T;77,T

YITCMG499   45,A/C

YITCMG500   46,T/C;64,A/G

YITCMG501   144,A/G

YITCMG502   4,A/G;113,T/A;130,T/A;135,A/G;140,T/C

YITCMG503   70,A/G;85,A/C;99,T/C

YITCMG504   11,A/C;17,A/G;66,T/C

YITCMG505   46,T/C;99,T

YITCMG506   47,G;54,A/C

YITCMG507   24,G;27,A/G;63,A/G

YITCMG508   96,T;108,A/T;115,G

YITCMG510   1,A;40,A/T;98,T;99,G

YITCMG511   39,T;67,A;186,A

YITCMG512   25,A;63,G

YITCMG513   33,A/G;69,C/G;86,A/C;111,T/A;126,A/G;141,A/T;159,A/C

YITCMG514   45,C;58,A/G

YITCMG515   41,C;44,T;61,T/C

YITCMG516   53,C;137,T/G

YITCMG517   163,T

YITCMG521   21,G

YITCMG522   127,T;137,G;138,C

YITCMG523   111,T/G;116,A/G;128,T/C;133,A/G;175,T/C

YITCMG526   35,T/G;42,T;126,T/G
YITCMG527   102,C/G
YITCMG528   1,T/C;79,A/G;107,A/G;166,A/G
YITCMG529   27,C/G;146,T/C
YITCMG530   55,T;62,A;76,C;81,A;148,T/C
YITCMG531   68,C;92,T
YITCMG532   17,C;85,T/C;111,A/G;131,A
YITCMG533   85,A/C;183,C
YITCMG534   40,T;122,C;123,C
YITCMG535   36,A;72,G
YITCMG537   46,A/G
YITCMG538   3,T;4,C
YITCMG540   17,T;73,T;142,A
YITCMG541   18,A/C;56,T/C;176,C
YITCMG542   85,A/G

小象牙

YITCMG001　78,A/G;85,A;94,A/C

YITCMG003　67,T;119,A

YITCMG004　27,T/C

YITCMG007　62,T;65,T;96,G;105,A

YITCMG008　50,C;53,C;79,A

YITCMG009　75,C;76,T

YITCMG010　40,T;49,A;79,A

YITCMG011　36,C;114,A

YITCMG012　75,T;78,A

YITCMG013　16,C;21,T/C;56,A;69,T

YITCMG014　126,A;130,T;203,A/G

YITCMG015　44,A/G;127,A/G;129,A/C;174,A/C

YITCMG017　17,G;98,C

YITCMG018　30,A

YITCMG019　36,A/G;47,T/C;115,A/G

YITCMG021　104,A;110,T

YITCMG022　3,A;11,A;92,T/G;94,T/G;99,C;118,C/G;131,C;140,A/G

YITCMG023　142,T;143,C;152,T

YITCMG024　68,A;109,C

YITCMG025　108,T

YITCMG026　16,A/G;81,T/C

YITCMG027　19,T/C;31,A/G;62,T/G;119,A/G;121,A/G;131,A/G;138,A/G;153,T/G;163,A/T

YITCMG028　174,T/C

YITCMG030　55,A;73,T;82,A

YITCMG031　48,C;84,G;96,A

YITCMG033　73,G;85,G;145,G

YITCMG035　85,A/C;102,T/C;126,T/G

YITCMG036　23,C/G;99,C/G;110,T/C;132,A/C

YITCMG037　12,T/C;13,A/G;39,T/G

YITCMG038　155,A/G;168,C/G;171,A/G

YITCMG039　1,G;61,A/G;71,T/C;104,T/C;105,G;120,A/G;151,T/G

YITCMG040　40,T/C;50,T/C

YITCMG041　24,A/T;25,A/G;68,T/C

YITCMG042　5,G;92,A

YITCMG044　7,T;22,C;189,T

YITCMG045　92,T;107,T

YITCMG046　38,A/C;55,C;130,A;137,A;141,A

YITCMG047　60,T/A;65,G

YITCMG048　142,C;163,G;186,A

YITCMG049　11,A/G;16,T/C;76,A/C;115,C;172,A/G

YITCMG050　44,A/G

YITCMG051   15,C;16,A

YITCMG053   86,A;167,A;184,T

YITCMG054   34,A/G;36,T/C;70,A/G;151,A/G

YITCMG056   34,T/C;117,T/C

YITCMG057   98,T;99,G;134,T

YITCMG059   84,A;95,T;100,T;137,A;152,T;203,T/G

YITCMG060   10,A;54,T;125,T;129,A

YITCMG061   107,A;128,G

YITCMG063   86,A/G;107,A/C

YITCMG065   37,T/G;56,T/C;136,T/C

YITCMG066   10,C;64,G;141,G

YITCMG067   1,C;51,C;76,G;130,C

YITCMG068   49,T/G;91,A/G;157,A/G

YITCMG069   37,A/G;47,A/T;100,A/G

YITCMG071   142,C;143,C

YITCMG073   15,A/G;19,A/G;28,A/C;49,A/G;106,T/C

YITCMG074   46,T/C;58,C/G;77,A/G;180,T/A

YITCMG076   162,C;171,T

YITCMG077   10,C;114,A;128,A

YITCMG078   15,T/A;93,A/C;95,T

YITCMG079   26,T/C;125,A/C;155,T/C

YITCMG080   43,C;55,C

YITCMG081   91,G;115,A

YITCMG082   43,A;58,C;97,G

YITCMG083   123,T/G;169,C/G

YITCMG084   118,A/G;136,A/T

YITCMG085   6,A;21,C;24,A/C;33,T;157,T/C;206,C

YITCMG086   111,A;182,T;186,A/T

YITCMG088   17,A/G;31,T/G;33,A/G;98,T/C

YITCMG089   92,C;103,C;151,C;161,C

YITCMG090   48,C/G;113,T/C

YITCMG091   24,C;84,G;121,A;187,C

YITCMG092   22,G;110,C;145,A

YITCMG093   10,G;35,G

YITCMG094   124,A;144,T

YITCMG096   24,C;57,A;66,T

YITCMG097   185,T/G;202,T/C

YITCMG099   53,A/T;83,A/G;119,A/G;122,A/C

YITCMG100   155,T

YITCMG102   116,A/G

YITCMG103   167,A/G

YITCMG105   31,C;69,A

YITCMG106   29,A/G;32,T/C;59,T/C;65,A/G;137,T/C

YITCMG107   143,A/C;160,A/G;164,C/G

YITCMG108   34,A/G;64,C/G

YITCMG109   17,T/C;29,A/C;136,A/T

YITCMG113   85,G

YITCMG114   42,T;46,A;66,T

YITCMG115   32,C;33,A;87,C;129,T

YITCMG116   54,A

YITCMG117   115,T;120,A

YITCMG118   13,A/G;19,A/G;81,T/C

YITCMG119   72,C/G;73,A/C;150,T/C;162,A/G

YITCMG120   121,A/G;130,C/G;133,C

YITCMG121   32,T;72,G;149,T/G

YITCMG122   40,A/G;45,G;185,G;195,A

YITCMG123   88,C;94,C

YITCMG124   75,C;99,T/C;119,T

YITCMG125   102,T/G;124,A/C;171,A/C

YITCMG126   82,A/T;142,A/G;166,T/C

YITCMG127   156,A;160,T/A

YITCMG129   90,T/C;104,T/C;105,C/G;108,A/G

YITCMG130   31,C/G;70,A/C;108,A/G

YITCMG131   27,T/C;107,C/G;126,A/T

YITCMG132   43,C/G;91,T/C;100,T/C;169,T

YITCMG133   31,T/G;76,T;86,T;122,T/A;200,A/G;209,T

YITCMG134   23,C;116,T/A;128,A/G;139,T;146,C/G

YITCMG136   169,A/G;198,T/C

YITCMG137   1,C;48,G;52,T;62,T/A;172,A/G

YITCMG138   6,A/T;16,T/G

YITCMG139   7,G;33,A/G;35,A/G;152,T/C;165,A/C;167,A/G

YITCMG141   71,T;184,C

YITCMG142   67,T/C;70,A/G

YITCMG143   73,A

YITCMG151   155,A;156,C

YITCMG152   83,T/A

YITCMG153   97,A/C;101,A/G;119,A

YITCMG154   5,T/C;26,T/G;47,A/C;60,A/G;77,T/C;130,A/C;141,T/C

YITCMG155   31,T/G;51,T/C

YITCMG156   36,T

YITCMG157   5,G;83,C;89,T;140,A

YITCMG158   67,C;96,A;117,G

YITCMG159   84,T;89,A;92,C;137,T

YITCMG161   71,A/G;74,T/C

YITCMG163   96,A/T;114,T/C;115,A/G;118,T/G

YITCMG164   57,T/C;87,A/G;114,A/G

YITCMG165   121,T/C;174,T/C

YITCMG166   13,T;87,G

YITCMG167　150,C/G

YITCMG169　51,T/C;78,A/C;99,T/C;107,T/C

YITCMG170　139,C/G;142,A/G;145,C;150,T/A;151,T/C;157,A;164,A/G

YITCMG171　9,T/G;11,A/G;61,T/C;76,T/C;98,A/G

YITCMG172　164,A/C;168,A/G;186,G;187,G

YITCMG173　11,G;17,A;20,C;144,C;161,A;162,T

YITCMG175　42,T;55,T;62,C;98,C

YITCMG178　44,A/G;99,T/C;107,T/G;111,A/C

YITCMG180　23,C;72,C;75,C/G

YITCMG182　3,A/G;54,T/C;77,T/C

YITCMG183　24,T

YITCMG184　45,A/T;60,A/C;64,C/G;97,C/G;127,T/G

YITCMG187　23,T/C;39,A/G;42,A/C;105,T/A;106,C/G

YITCMG188　16,T/C;66,A/G;101,T/A

YITCMG190　117,T;162,G

YITCMG191　44,A/G;66,T/C;108,A/G

YITCMG192　89,T/C;119,T/G

YITCMG193　3,A/G;9,A/T;30,T/C;39,A/G;121,T/G;129,A/C;145,T/C;153,T

YITCMG195　45,A;87,T;128,G;133,A

YITCMG196　197,A

YITCMG197　18,C;35,G;178,A;195,T

YITCMG198　70,A;71,G

YITCMG199　3,T;56,A;62,G;173,C;175,G

YITCMG200　38,C;53,G

YITCMG202　16,T/C;121,T/G

YITCMG204　76,C;85,A;133,G

YITCMG206　177,A/G

YITCMG207　73,T

YITCMG209　27,A/C

YITCMG212　118,A/G

YITCMG213　55,A/G;102,T/C;109,T/C

YITCMG214　5,A/T

YITCMG217　11,A;19,A;154,G;164,C

YITCMG218　31,C;59,T;72,C;108,T

YITCMG219　89,T/C;125,T/C

YITCMG220　64,A;67,G

YITCMG221　8,C;76,A/G;106,T/A;110,A/G;131,A;134,A

YITCMG222　1,A/G;15,C;70,G

YITCMG223　23,T/C;29,T/G;77,A/G

YITCMG225　61,A/G;67,T/C

YITCMG226　72,A/G;117,T/C

YITCMG227　6,A/G;26,T/C

YITCMG228　72,C;81,C;82,T

YITCMG229　56,T;58,C;65,T;66,T

YITCMG230   65,C;103,A

YITCMG231   87,T/C;108,T/C

YITCMG232   1,T/C;76,C/G;80,G;152,C;169,T/C;170,G

YITCMG235   128,G

YITCMG236   94,A;109,A

YITCMG237   24,A;39,G;71,G;76,C

YITCMG239   46,C;59,C;72,A

YITCMG240   21,A;96,A

YITCMG241   23,A/G;32,T/C;42,T/G;46,A/G;54,A/T;75,T/C

YITCMG242   61,A/C;70,T;85,T/C;94,A/G

YITCMG243   73,C;147,C

YITCMG244   71,C;109,T;113,C

YITCMG246   51,T;70,T;75,A

YITCMG247   19,A;30,A;40,A;46,G;105,C;113,T;123,T;184,G

YITCMG249   22,C;83,C;167,C

YITCMG250   98,T;99,G

YITCMG252   26,A/G;69,T/C;82,T/A

YITCMG253   32,T/C;53,A/G;70,A/C;71,A/G;182,A/G;188,T/G

YITCMG254   48,C/G;64,T/C;106,T/G

YITCMG256   19,G;47,C;66,G;83,T/A

YITCMG259   180,T/A;182,A/G

YITCMG261   38,T/G;77,T/A;106,A/T;109,T/C

YITCMG262   28,T/C;47,T;89,T/C

YITCMG263   42,T;77,G

YITCMG264   14,T/G;65,T/C

YITCMG265   138,T;142,G

YITCMG266   5,A/G;24,T/G;31,A/G;62,C/G;91,A/G

YITCMG267   39,A/G;108,T/A;134,T/G

YITCMG268   150,A

YITCMG269   43,A/T;91,T/C

YITCMG270   10,A/G;52,A/G;69,A/C;122,T/C;130,T/C;134,T/C;143,T/C;162,T/C;168,A/G;191,A/G

YITCMG272   43,G;74,T;87,C;110,T

YITCMG273   41,C/G;67,A/G

YITCMG274   90,A/G;141,A/G;150,T/C

YITCMG275   106,C;131,A

YITCMG276   41,T;59,A

YITCMG278   1,A;10,G;12,C

YITCMG280   62,C;85,C;121,A;144,T;159,C

YITCMG281   18,A/G;22,A/G;92,T/C;96,A

YITCMG282   46,A/G;64,T/C

YITCMG283   67,T/G;112,A/G;177,A/G

YITCMG284   55,T;94,T

YITCMG285   85,A/G;122,C/G

YITCMG286   119,A;141,C

YITCMG287   2,C;38,T;170,A/C

YITCMG288   79,T/C

YITCMG289   50,T;60,A/T;75,A/G

YITCMG290   21,T/G;66,C/G

YITCMG291   28,A;38,A;55,G;86,A

YITCMG292   85,T/C;99,T/A;114,T/C;126,A/C

YITCMG293   46,T/C;61,T/C;207,A

YITCMG296   90,A;93,T;105,A

YITCMG297   128,T/C;147,A/C

YITCMG298   44,A;82,A;113,A/G

YITCMG299   29,A;38,T/C;48,A/G;53,C/G;117,C/G;134,T/G

YITCMG300   32,C;68,T;118,C

YITCMG301   98,T/A;108,C;128,T/G

YITCMG302   11,T;16,T/A;39,C/G;40,A/G;96,T

YITCMG303   10,A/T;21,A/G;54,T/G

YITCMG305   50,C;67,G;68,C

YITCMG306   16,C;69,A;85,T;92,C

YITCMG307   11,C;23,T/C;25,A;37,G

YITCMG308   34,G;35,C;36,G

YITCMG309   23,T;77,G;85,G

YITCMG310   98,G

YITCMG311   83,C;101,C;155,A

YITCMG312   42,A/T;104,T/A

YITCMG313   125,T

YITCMG314   53,C

YITCMG315   16,T/C

YITCMG316   98,T/C;102,T/C;191,T/C

YITCMG317   38,T/G;98,A/G;151,T/C

YITCMG318   61,T/C;73,A/C

YITCMG319   33,A/G

YITCMG320   4,G;87,T

YITCMG321   2,T/C;16,G;83,T;167,A/G

YITCMG322   2,T/G;69,T/C;72,C;77,T/C;91,A/T;102,T/C

YITCMG323   6,T/A;49,A/C;73,T/C

YITCMG324   55,T/C;56,C/G;74,A/G;140,T/C;195,A/G

YITCMG325   22,C;130,C;139,C

YITCMG326   169,T/G;177,A/G

YITCMG327   115,T/C;121,A/G;181,T/C

YITCMG328   15,C;47,C;86,C

YITCMG329   48,T;92,C/G;109,T

YITCMG330   52,A;129,G;130,A

YITCMG332   62,G;63,G;93,A

YITCMG334   12,T/G;43,C/G;56,T/C;104,A/C

YITCMG335   48,A/G;50,T/C;114,G

YITCMG336   28,T/C;56,A/T;140,T/C

YITCMG337   1,G;88,C

YITCMG338   127,G;159,C;165,T;172,T;179,G

YITCMG339   48,T/C;81,T/C

YITCMG341   59,A/T;83,T;124,G;146,A/G;210,T/G

YITCMG342   156,G;177,C

YITCMG343   3,A;39,T/C;127,A/G;138,T/A;171,T/C;187,T/C

YITCMG346   7,A/T;20,A/G;67,T/C;82,A/G

YITCMG347   21,A;157,A/G

YITCMG348   65,T/C;69,T/C;73,A/G;124,A/C;131,A/G;141,T/A

YITCMG350   17,A

YITCMG351   11,G;109,C;139,C

YITCMG352   108,T/C;138,T/A

YITCMG353   75,T;85,C

YITCMG354   62,A/C;66,A/G;81,A/C;134,A/C

YITCMG355   34,A;64,C;96,A

YITCMG357   5,C/G;29,A/C;51,T/G

YITCMG358   155,T/C

YITCMG360   64,A/G;87,A/G;92,T/C

YITCMG362   12,T;62,T;77,A

YITCMG363   57,T/C;96,T/C

YITCMG364   7,G;28,T/C;29,A/G;96,T/C

YITCMG366   83,A/T;121,T/A

YITCMG367   21,T/C;145,C/G;174,C/G

YITCMG368   23,C/G;117,A/C

YITCMG369   76,A/C;82,T/C;83,T/C;84,T/G;85,C/G;86,A/C;87,A/T;99,C/G;104,A/G;141,A/G

YITCMG370   18,G;117,T;134,A

YITCMG371   27,A/G;60,T/C

YITCMG374   3,A/G;102,A/C;135,C;137,T/A;138,G;206,A/G

YITCMG375   17,C

YITCMG377   3,A;30,T/C;42,C

YITCMG378   49,T/C

YITCMG379   61,T;71,T;80,C

YITCMG380   40,A/G

YITCMG381   30,C/G;64,T/G;124,T/C

YITCMG382   62,A/G;72,A/C;73,C/G

YITCMG385   57,A/T;61,T/C;79,T/C

YITCMG386   13,T/C;65,G;67,T/C

YITCMG387   24,A/G;111,C;114,G

YITCMG388   121,A;147,T

YITCMG389   9,A;69,A;159,C

YITCMG390   9,C;82,T/G;95,A/T

YITCMG392   78,A/G;109,T/C;114,A/C

YITCMG395　40,A;49,T

YITCMG397　88,T/A;92,T/G;97,G;136,T/C;151,T/A

YITCMG398　131,T/C;132,A/C;133,T/A;159,T/C;160,A/G;181,T/G

YITCMG399　7,T/A;41,A/C

YITCMG400　34,T/C;41,T/C;44,T/C;53,T/C;62,T/C;71,C/G;72,A/T;90,A/C

YITCMG401　43,T/C;123,A/G

YITCMG402　137,T/C;155,A/G

YITCMG403　49,A;58,C;156,A;173,C

YITCMG404　8,A/G;32,T/C;165,A/G

YITCMG405　155,C;157,C

YITCMG407　13,T/C;26,T/G;65,A/C;97,T/G

YITCMG408　88,T

YITCMG409　82,G;116,T

YITCMG410　2,T;4,A;20,C;40,G

YITCMG412　154,G;167,T/G

YITCMG413　55,A/G;56,C/G;82,T/C

YITCMG414　11,A/T;37,A/G;58,A/G;62,C/G

YITCMG415　84,A/G;114,A/G

YITCMG416　80,A/G;84,A/G;94,C/G;112,A/G

YITCMG417　35,C/G;55,A/G;86,T/C;131,A/G

YITCMG418　15,T/C;34,A/G

YITCMG419　73,T;81,A;168,A/G

YITCMG420　35,C;36,A

YITCMG421　9,C;67,T;87,A/G;97,A

YITCMG422　97,A

YITCMG423　39,G;117,G;130,C

YITCMG424　69,T;73,G;76,C;89,T

YITCMG425　66,C

YITCMG426　59,C;91,C

YITCMG427　103,C;113,C

YITCMG428　73,A;135,A

YITCMG429　194,G;195,T

YITCMG430　31,T;53,T;69,C;75,A

YITCMG432　69,T;85,C

YITCMG433　14,C;151,T

YITCMG435　28,T;43,C;103,G;106,A;115,A

YITCMG436　2,A/G;25,A/G;49,A/G;56,A

YITCMG437　44,G;92,G;98,T;151,T

YITCMG438　2,T;6,T;155,T

YITCMG439　87,T/C;113,A/G

YITCMG440　64,A;68,G;70,T;78,T/C

YITCMG442　2,A/T;67,A/C;68,T/C;127,A/G;139,T/A;162,A/G;170,T/C;171,T/G

YITCMG443　28,T/A

YITCMG447　94,G;97,A/G;99,A/G;139,G;202,G

YITCMG448   22,A;37,C;91,G;95,C;112,G;126,T;145,G

YITCMG450   100,A/G;146,T/A

YITCMG451   26,G;33,A;69,C;74,G;115,C

YITCMG452   89,A/G;151,T/C

YITCMG453   87,A/G;88,T/C;156,T/C

YITCMG454   90,A/G;92,T/G;121,T/C

YITCMG455   120,G

YITCMG457   77,T/A;124,A/G;156,C/G

YITCMG459   120,A;141,A

YITCMG460   41,T/C;45,T;68,T/A;69,A/G;74,A/G

YITCMG461   131,A/G

YITCMG462   1,A/G;22,C/G;24,C;26,A;36,T/C;49,A/C

YITCMG463   190,C/G

YITCMG465   117,G;147,G

YITCMG466   75,A/T;99,C/G

YITCMG467   9,A/G;11,A;14,A/G;86,T/A;161,A/G;179,T/A

YITCMG470   72,T/C;75,A/G

YITCMG471   8,A;65,A;88,C;159,C

YITCMG472   51,G

YITCMG474   87,A/T;94,A/G;104,T/C;119,A/G

YITCMG475   82,A/G;84,A/G;102,T/C

YITCMG476   22,A;54,T

YITCMG477   7,T/C

YITCMG478   112,A/G;117,T/C

YITCMG479   38,T/C;103,T/A

YITCMG480   29,C/G;64,A/G

YITCMG481   21,A;108,G;192,G

YITCMG482   65,T;87,A;114,T;142,G

YITCMG484   23,G;78,G;79,G

YITCMG485   116,C/G;125,T/C

YITCMG486   109,T;148,T

YITCMG487   140,C

YITCMG489   51,C;113,A;119,C

YITCMG490   57,T/C;135,A/T;165,A/T

YITCMG491   156,A/G;163,A/G

YITCMG492   55,A

YITCMG493   6,T/G;23,A/C;30,T/C;48,A/G;82,A/G

YITCMG494   43,T/C;52,A/G;84,A/G;98,A/G;154,T/C;188,T/C

YITCMG495   65,T/G;73,A/G

YITCMG496   5,T/C;26,A/G;60,A/G

YITCMG497   22,A/G;33,C/G;62,T/C;77,T/G

YITCMG499   45,A/C

YITCMG500   30,A/G;86,T/A;87,T/C;108,T/A

YITCMG501   144,A;173,C;176,C/G

YITCMG502   4,A;9,A/G;130,A;135,A;140,T
YITCMG503   70,A/G;85,A/C;99,T/C
YITCMG504   11,A;13,C;14,G;17,G
YITCMG505   54,A
YITCMG506   47,A/G;54,A/C
YITCMG507   3,T/C;24,A/G;63,A/G
YITCMG508   96,T;115,G
YITCMG509   65,T/C;126,A/G
YITCMG510   1,A;110,A
YITCMG511   39,T;67,A;168,G;186,A
YITCMG512   25,A;63,G
YITCMG514   35,T/C;45,C;51,T/C;57,T/C;58,T/G
YITCMG515   41,C;44,T;112,T/A
YITCMG516   29,T
YITCMG517   84,A;86,A;163,T
YITCMG518   60,A/G;77,T/G;84,T/G;89,T/C
YITCMG520   65,G;83,A;136,C;157,C
YITCMG521   8,T;21,G;30,G
YITCMG522   127,T
YITCMG523   36,A;92,A;111,T;116,G;133,G
YITCMG524   81,G
YITCMG525   33,T;61,C
YITCMG527   108,T;118,A
YITCMG529   144,A;174,T
YITCMG531   11,T;49,T
YITCMG532   17,C;85,C;111,G;131,A
YITCMG533   183,C
YITCMG537   118,A/G;123,A/C;135,T/C
YITCMG538   3,T;4,C
YITCMG539   27,T/G;54,T/C;75,A/T;82,T/C;152,A/T
YITCMG540   17,T;70,A/G;73,T;142,A
YITCMG541   18,A/C;70,A/C;145,A/G
YITCMG542   18,T/G;69,T;79,C

椰　香

YITCMG001　85,A

YITCMG003　29,C

YITCMG005　56,A;74,T/C;100,A

YITCMG006　13,T/G;27,T/C;91,T/C;95,C/G

YITCMG007　65,T;96,G;145,T/C

YITCMG008　50,T/C;53,T/C;79,A/G;94,T/C

YITCMG011　36,A/C;114,A/C

YITCMG012　75,T;78,A

YITCMG013　16,T/C;56,A/C;69,T/C

YITCMG014　126,A;130,T;162,G;200,A

YITCMG017　17,T/G;24,T/C;98,C

YITCMG018　30,A

YITCMG019　36,A/G;47,T/C;66,C/G

YITCMG020　70,A/C;100,C/G;139,A/G

YITCMG022　3,A;11,A;99,C;131,C

YITCMG025　69,C/G

YITCMG027　138,G

YITCMG028　174,T/C

YITCMG031　48,T/C;84,A/G;96,A/G

YITCMG033　73,A/G

YITCMG034　97,T/C

YITCMG037　12,T/C;13,A/G;39,T/G;118,T/G

YITCMG039　1,G;19,G;105,G

YITCMG041　24,T;25,A;68,T

YITCMG044　167,G

YITCMG045　92,T;107,T

YITCMG047　60,T;65,G

YITCMG049　172,G;190,A/T

YITCMG050　44,A

YITCMG051　15,C;16,A

YITCMG052　63,T/C;70,T/C

YITCMG053　167,A/G

YITCMG054　36,T/C;87,T/C;151,A/G;168,T/C

YITCMG056　34,T/C;117,T/C;178,T/G;204,A/C

YITCMG058　67,T/G;78,A/G

YITCMG059　84,A;95,T;100,T;137,A;152,T;203,T

YITCMG060　10,A/C;54,T/C;125,T/C;129,A/G;156,T/G

YITCMG062　79,T/C;122,T/C

YITCMG063　86,A;107,C

YITCMG064　27,T/G

YITCMG065　136,T/C

YITCMG067　1,T/C;51,C;76,A/G;130,A/C

YITCMG070　6,C/G

YITCMG071　142,C;143,C

YITCMG072　54,A/C

YITCMG073　15,A;49,G

YITCMG074　46,T/C;58,C/G

YITCMG078　15,A;93,C;95,T;177,A/G

YITCMG079　3,A/G;8,T/C;10,A/G;26,T/C;110,T/C;122,T/A;125,A;155,T/C

YITCMG081　91,G;98,T

YITCMG082　43,A/C;58,T/C;97,A/G

YITCMG083　169,C/G

YITCMG084　118,A/G;136,A/T;153,A/C

YITCMG085　24,C;212,C

YITCMG086　142,C/G

YITCMG089　92,C;103,C;151,C;161,C

YITCMG090　17,C;46,G;75,T

YITCMG091　24,T/C;33,C/G;59,A/C;84,T/G;121,A/G;187,A/C

YITCMG092　22,G;110,C;145,A

YITCMG094　124,A/T;144,T/A

YITCMG096　24,T/C;57,A/G;66,T/C

YITCMG097　57,T/C

YITCMG098　48,A/G;51,T/C;180,T/C

YITCMG099　83,A/G;119,A/G;122,A/C

YITCMG100　124,T/C;141,C/G;155,T

YITCMG101　53,T/G;92,T/G

YITCMG102　6,C;129,A

YITCMG103　42,T/C;61,T/C

YITCMG108　34,A/G;64,C/G

YITCMG110　30,T;32,A;57,C;67,C;96,C

YITCMG112　101,C;110,G

YITCMG113　5,G;71,A;85,G;104,G

YITCMG114　75,A;81,A

YITCMG115　32,C;33,A;87,C;129,T

YITCMG117　115,T;120,A

YITCMG118　19,A/G

YITCMG119　73,A/C;150,T/C;162,A/G

YITCMG120　106,T/C;133,C

YITCMG121　32,T/A;72,T/G;149,T/A

YITCMG122　45,A/G;185,A/G;195,A/G

YITCMG123　111,T/C

YITCMG124　75,C;99,T/C;119,T

YITCMG126　82,A/T;142,A/G

YITCMG127　146,A/G;155,T/A;156,A/G

YITCMG129　90,T;104,T/C;105,C/G;108,A/G

YITCMG130 31,C/G;70,A/C;108,A/G

YITCMG132 169,T/C

YITCMG133 31,T/G;76,T;83,A/G;86,T;122,T/A;209,T

YITCMG134 23,C;98,T;128,A;139,T

YITCMG135 173,T/C

YITCMG136 169,A/G

YITCMG137 1,T/C;24,A/G;48,A/G;52,T

YITCMG138 16,T/G

YITCMG139 7,G

YITCMG140 6,T;103,C;104,A

YITCMG141 71,T/G;184,C

YITCMG142 67,T/C;70,A/G

YITCMG143 73,A/G

YITCMG147 62,T/C;66,T/C

YITCMG149 25,A/C;30,A/G;174,T/C

YITCMG152 83,A/T

YITCMG153 97,A/C;101,A/G;119,A

YITCMG154 5,T;47,C;77,C;141,C

YITCMG156 36,T

YITCMG157 18,G;83,C

YITCMG159 84,T/C;89,A/C;92,A/C;137,T/C

YITCMG162 26,T/A

YITCMG163 96,T/A;114,T/C;115,A/G;118,T/G

YITCMG164 57,T/C;114,A/G

YITCMG165 121,T/C;174,T/C

YITCMG166 13,T/C;87,G

YITCMG167 120,A/G;150,A/G

YITCMG169 107,C

YITCMG170 139,C;142,G;145,C;150,A;151,T;157,A;164,A

YITCMG171 9,T;61,C;76,C;98,A

YITCMG172 164,A/C;168,A/G;186,A/G;187,A/G

YITCMG173 11,C/G;17,A/C;20,T/C;144,T/C;161,A/G;162,T/C

YITCMG175 32,T/G

YITCMG177 104,A/G

YITCMG178 99,T/C;107,T/G;111,A/C

YITCMG180 23,C;72,C

YITCMG181 134,G

YITCMG182 3,G;77,T

YITCMG183 24,T;28,A/G;60,T/A;75,T/C

YITCMG184 45,A/T;60,A/C;97,C/G;127,T/G

YITCMG190 48,A/G;54,T/C;117,T;162,G

YITCMG192 89,T;95,C/G;119,G

YITCMG193 3,A/G;9,T/A;30,T/C;39,A/G;121,T/G;129,A/C;145,T/C;153,T

YITCMG194 1,A;32,T;130,T

YITCMG195 45,T/A;87,T/C;128,A/G;133,A/G

YITCMG196 19,A/G;55,T/C;85,A/C;91,T/C;114,T/G;190,A/G

YITCMG197 18,A/C;35,T/G;103,T/C;120,A/C;134,T/C

YITCMG198 70,A/G;71,A/G;100,A/C

YITCMG199 3,T/C;56,A/T;62,C/G;131,A/C;173,T/C;175,C/G

YITCMG200 38,T/C;53,A/G

YITCMG202 16,T/C;37,A/C;121,T/G

YITCMG206 66,A/G;83,A/G;132,A/G;155,A/G

YITCMG207 73,T/C;156,T/C

YITCMG208 86,A/T;101,T/A;199,A/C

YITCMG209 27,A/C;72,T/C

YITCMG212 118,A/G

YITCMG215 52,A/G;58,T/A

YITCMG216 69,A/G;135,C;177,A/G

YITCMG217 11,A/G;19,A/T;154,A/G;164,T/C;181,T/C;185,T/C;196,A/G;197,A/G

YITCMG218 5,A/C;15,T/C;31,T/C;59,T/C;72,T/C

YITCMG220 126,A/G;151,T/C

YITCMG221 8,C;76,G;110,A/G;131,A;134,A

YITCMG222 1,A/T;15,T/C;70,C/G

YITCMG226 72,A;117,T

YITCMG227 6,G;26,T

YITCMG228 72,C

YITCMG229 38,T/C;56,T/C;58,T/C;65,T/C;66,T/C

YITCMG231 87,T;108,T

YITCMG232 1,C;64,C;76,A;80,G;152,C;169,T;170,G

YITCMG234 188,A/G

YITCMG235 128,C/G

YITCMG237 24,A;28,A/G;39,G;71,C/G;76,T/C

YITCMG238 49,T/C;68,T/C

YITCMG239 46,C;59,C;72,A

YITCMG241 23,A/G;32,T/C;42,T/G;46,A/G

YITCMG242 70,A/T;94,T/G

YITCMG243 147,T/C

YITCMG244 71,C;76,A/G

YITCMG249 22,C;83,C/G;167,C;195,A/G;199,A/G

YITCMG250 92,T/C;98,A/T;99,T/G

YITCMG253 70,C;198,T/G

YITCMG254 48,C/G;64,T/C;106,T/G

YITCMG258 2,T/C;101,A/T;172,T/C

YITCMG259 20,A/G;24,T/A;180,T;182,A

YITCMG260 63,A;154,A;159,A;186,A/G

YITCMG261 38,T/G;106,A/T;109,T/C

YITCMG264 14,T/G;65,T/C

YITCMG265 2,A/G;138,T;142,G

YITCMG266   5,A/G;24,T/G;31,A/G;62,C/G;91,A/G

YITCMG267   39,A/G;108,T/A;134,T/G

YITCMG268   23,T/G;30,T/G;68,T/C;152,T/G

YITCMG269   43,T/A;91,T/C

YITCMG271   100,C/G;119,A/T

YITCMG272   43,T/G;74,T/C;87,T/C;110,T/C

YITCMG273   41,C;67,G

YITCMG274   90,G;141,G;150,T

YITCMG275   154,A/G

YITCMG279   94,A/G;113,A/G;115,T/C

YITCMG280   104,A/T;113,C/G;159,T/C

YITCMG281   18,A/G;22,A/G;92,T/C;96,A;107,A/C

YITCMG282   34,T/C;46,A;64,C;70,T/G;98,T/C;116,A/G;119,C/G

YITCMG284   55,T/A;94,T/C

YITCMG285   85,A;122,C

YITCMG289   50,T/C

YITCMG290   136,A/G

YITCMG293   170,A/T;207,A/G

YITCMG295   15,G;71,A;179,T/C

YITCMG296   90,A/C;93,T/C;105,T/A

YITCMG297   128,T/C;147,A/C

YITCMG298   44,A/G;82,A/G;113,A/G

YITCMG300   191,A

YITCMG301   108,C

YITCMG302   27,T/C;96,T

YITCMG304   35,A;42,G;116,G

YITCMG305   50,A/C;67,T/G;68,C

YITCMG306   16,T/C

YITCMG308   34,A/G;35,C/G;45,A/T

YITCMG311   83,C;101,C;155,A

YITCMG312   42,T/A;104,A/T

YITCMG314   53,C

YITCMG316   102,C

YITCMG317   38,T/G;151,T/C

YITCMG320   4,A/G;87,T/C

YITCMG321   16,G

YITCMG323   49,A/C;73,T/C;108,C/G

YITCMG325   22,C;130,C;139,C

YITCMG326   11,T/C;41,T/A;161,T/C;177,A/G;179,A/G

YITCMG327   115,T/C;121,A/G

YITCMG328   15,T/C;105,C/G

YITCMG329   48,T/C;78,C/G;109,A/T

YITCMG330   52,A/G;129,T/G;130,A/G

YITCMG331   51,G

YITCMG332   62,C/G;63,G;93,A/C

YITCMG333   132,T/C;176,A/C

YITCMG335   48,A/G;50,T/C;114,T/G

YITCMG336   28,C;56,A;140,T

YITCMG339   48,C;81,C

YITCMG340   68,A;75,A;107,C

YITCMG341   59,T/A;83,T;108,T/C;124,G;146,A/G;210,T/G

YITCMG342   156,G;177,C

YITCMG343   3,A/G;127,A/G;138,A/T;171,T/C;187,T/C

YITCMG345   34,A;39,T

YITCMG346   7,T

YITCMG347   19,T;29,G;108,A

YITCMG348   65,T;69,C;73,A;124,A

YITCMG349   62,A/G;136,C/G

YITCMG350   17,A

YITCMG351   11,T/G;109,T/C;139,C/G

YITCMG353   138,T/C

YITCMG354   62,A/C;66,A/G;81,A/C;134,A/C

YITCMG355   34,A;64,C;96,A

YITCMG356   76,T/C

YITCMG357   5,C/G;29,A/C;51,T/G

YITCMG359   60,T/G;128,T/C

YITCMG360   64,A/G;87,G;92,T/C

YITCMG361   3,A/T;102,T/C;178,A/C

YITCMG362   12,T/C;62,A/T;77,A/G

YITCMG364   7,G;29,A;96,T

YITCMG370   18,A/G;117,T/C;134,A/T

YITCMG372   199,T

YITCMG373   74,A;78,C

YITCMG374   102,A;135,C;137,A;138,G

YITCMG375   17,C

YITCMG376   74,G;75,C

YITCMG377   3,A;42,C

YITCMG378   77,T/C;142,A/C

YITCMG379   61,T;71,T/C;80,T/C

YITCMG381   30,C/G;64,T/G;124,T/C

YITCMG382   72,C;73,C

YITCMG388   17,T/C;121,A/G;147,T/C

YITCMG389   3,T/G;9,A;69,A;101,A/G;159,C

YITCMG390   9,C

YITCMG393   66,G;99,C

YITCMG395   40,T/A;45,T/C;49,T/C

YITCMG396   110,C;141,A

YITCMG397   92,T/G;97,G;136,T/C

YITCMG398 131,T/C;132,A/C;133,A/T;159,T/C;160,A/G;181,T/G

YITCMG399 7,A/T;41,A/C

YITCMG400 34,T/C;41,T/C;44,T/C;53,T/C;62,T/C;71,C/G;72,A/T;90,A/C

YITCMG401 43,T/C;123,A/G

YITCMG402 137,T;155,G

YITCMG405 155,C;157,C

YITCMG406 73,A/G;115,T/C

YITCMG407 13,T/C;26,T/G;97,T/G

YITCMG408 137,G

YITCMG410 2,T;4,A;20,C;40,G

YITCMG411 81,A;84,A

YITCMG412 4,A;19,T/C;61,T/C;117,T/C;139,T/C;182,A/C

YITCMG413 55,A/G;56,C/G;82,T/C

YITCMG414 11,A/T;37,A/G;51,T/C;62,C/G

YITCMG415 7,A/G;84,A/G;87,A/G;109,T/G;113,A/G;114,A/G

YITCMG416 80,A/G;84,A/G;112,A/G;117,T/A

YITCMG417 35,C/G;55,A/G;86,T/C;131,A/G

YITCMG418 15,T/C;26,C/G;34,A/G;93,T/C

YITCMG420 6,A/G;35,C;36,A

YITCMG421 9,C;67,T;97,A

YITCMG423 41,T;117,G

YITCMG424 69,T;73,G;76,C;89,T

YITCMG425 57,A/G;66,T/C

YITCMG426 59,T/C;91,C/G

YITCMG428 18,A;24,C

YITCMG429 61,T/A;152,A/G;194,A/G;195,A/T

YITCMG430 31,T/C;53,T/C;69,T/C;75,A/C

YITCMG431 69,A/G;97,C/G

YITCMG432 69,T;85,C

YITCMG434 27,A/G;37,T/A;40,A/G

YITCMG436 56,T/A

YITCMG437 44,G;92,G;98,T;151,T

YITCMG438 2,A/T;3,T/C;6,A/T;131,C/G;155,T

YITCMG439 87,T/C;113,A/G

YITCMG440 13,A/C;64,A;68,G;70,T;78,T/C;103,A/G;113,T/C

YITCMG441 12,A;74,G;81,C

YITCMG442 2,A/T;48,A/T;68,T/C;127,A/G;162,A/G;170,T/C;171,T/G

YITCMG443 28,A/T

YITCMG446 13,T/C;51,T/C

YITCMG447 94,G;97,A;139,G;202,G

YITCMG448 22,A/C;37,T/C;91,T/G;95,A/C;112,C/G;126,T/C;145,T/G

YITCMG449 114,C/G

YITCMG450 156,T/G

YITCMG451 26,G;33,A;69,C;74,G;115,C

YITCMG452　151,C

YITCMG454　90,A;92,T;121,C

YITCMG456　32,A/G;48,A/G

YITCMG457　77,T/A;89,T/C;98,T/C;101,A/G;119,A/G;124,A/G;156,C/G

YITCMG459　120,A;141,A

YITCMG460　45,T/C;132,A/G

YITCMG461　131,A/G;158,A/G

YITCMG462　24,C;26,A;36,C;49,C

YITCMG463　190,C/G

YITCMG464　78,A/G;101,T/A

YITCMG465　117,T/G;147,A/G

YITCMG466　75,T;83,A/G;99,G

YITCMG467　9,A/G;11,A;14,A/G;86,A/T;161,A/G;179,A/T

YITCMG471　8,A/C;65,A/G;88,T/C;159,A/C

YITCMG472　51,G

YITCMG474　87,A/T;94,A/G;104,T/C;119,A/G

YITCMG475　82,A/G;84,A/G;102,T/C

YITCMG477　3,G;7,T;91,C;150,T

YITCMG479　103,A

YITCMG480　29,C/G;64,A/G

YITCMG483　113,G;143,T/C;147,A

YITCMG484　23,A/G;78,A/G;79,A/G

YITCMG485　116,C/G;125,T/C

YITCMG486　40,A/G;109,T;148,T

YITCMG487　140,C/G

YITCMG489　51,C;119,C

YITCMG491　156,A/G;163,A/G

YITCMG492　55,A

YITCMG493　30,T

YITCMG499　95,T/C

YITCMG500　30,A/G;65,T/G;86,A/T;87,T/C;108,A/T

YITCMG501　15,A/T;93,A/G;144,A/G;173,T/C

YITCMG502　12,T

YITCMG503　70,A/G;85,A/C;99,T/C

YITCMG504　11,A/C;13,C/G;14,C/G;17,A/G

YITCMG505　54,A

YITCMG506　47,A/G;54,A/C

YITCMG508　96,T/C;109,A/G;115,T/G;140,A/G

YITCMG510　1,A/G;95,A/G;98,A/G

YITCMG512　19,T/A;25,A/G;63,A/G

YITCMG513　133,G

YITCMG514　45,C;51,T/C;57,T/C;58,T/G

YITCMG515　41,T/C;44,T/G

YITCMG516　53,C;120,T

YITCMG517　84,T/A;86,A/G;163,T

YITCMG519　129,T;131,T

YITCMG521　8,T/G;21,G;30,A/G

YITCMG522　127,T;139,G

YITCMG523　36,A/G;92,A/G;103,T/A;111,T/G;116,A/G;133,A/G

YITCMG524　10,A/G;19,A/G;100,A/G

YITCMG525　33,T/G;61,T/C

YITCMG526　51,A/G;78,T/C

YITCMG527　108,T;118,A

YITCMG529　129,T/C;144,A/C;174,T/C

YITCMG530　76,A/C;81,A/G;113,T/C

YITCMG531　11,T/C;49,T/G

YITCMG533　85,A;183,C;188,G

YITCMG534　40,A/T;122,C/G;123,T/C

YITCMG539　27,T/G;54,T/C;75,T/A;152,T/C

YITCMG540　17,A/T;73,T/C;142,A/G

YITCMG541　18,A/C;70,A/C;145,A/G

粤西 1 号

YITCMG001   53,A/G;78,A/G;85,A

YITCMG002   55,T/C;102,T/G;103,C/G

YITCMG003   29,C

YITCMG005   56,A/G;100,A/G

YITCMG006   13,T;27,T;91,C;95,G

YITCMG007   62,T/C;65,T;96,G;105,A/G

YITCMG008   50,T/C;53,T/C;79,A/G

YITCMG009   75,C;76,T

YITCMG010   40,T/C;49,A/C;79,A/G

YITCMG011   36,A/C;114,A/C;166,A/G

YITCMG012   75,T;78,A

YITCMG013   16,C;41,T/C;56,A;69,T

YITCMG015   127,A/G

YITCMG017   15,T/A;39,A/G;87,T/G;98,C/G

YITCMG018   30,A/G

YITCMG019   115,A/G

YITCMG020   49,T/C

YITCMG021   104,A;110,T

YITCMG022   3,A;11,A;92,T/G;94,T/G;99,C;118,C/G;131,C;140,A/G

YITCMG023   142,T;143,C;152,A/T

YITCMG024   68,A;109,C

YITCMG025   108,T/C

YITCMG027   19,T/C;30,A/C;31,A/G;62,T/G;119,A/G;121,A/G;131,A/G;138,A/G;153,T/G;
163,A/T

YITCMG028   45,A/G;110,T/G;133,T/G;147,A/G;167,A/G

YITCMG030   55,A;73,T/G;82,A;108,T/C

YITCMG031   48,T/C;84,A/G;96,A/G

YITCMG032   14,T/A;117,C/G;160,A/G

YITCMG033   73,G;85,G;145,G

YITCMG034   6,C/G;97,T/C

YITCMG035   102,T/C;126,T/G

YITCMG036   99,C/G;110,T/C;132,A/C

YITCMG037   12,C;39,T

YITCMG039   1,A/G;61,A/G;71,T/C;93,T/C;104,T/C;105,A/G;151,T/G

YITCMG040   14,T/C;40,T/C;50,T/C

YITCMG041   24,T;25,A;68,T

YITCMG043   56,T;67,C;99,C

YITCMG044   7,T/C;22,T/C;167,A/G;189,T/A

YITCMG045   92,T;107,T

YITCMG046   38,A/C;55,A/C;130,A/G;137,A/C;141,A/G

YITCMG047   37,A/T;60,T;65,G

YITCMG048　142,C/G;163,A/G;186,A/C

YITCMG049　11,A/G;16,T/C;76,A/C;115,A/C;172,G;190,A/T

YITCMG050　44,A

YITCMG051　15,C;16,A

YITCMG053　85,A/C;86,A/G;167,A;184,A/T

YITCMG054　36,T;73,G;84,C;170,C

YITCMG056　34,T/C;117,T/C;178,T/G;204,A/C

YITCMG057　98,T;99,G;134,T

YITCMG058　67,T/G;78,A/G

YITCMG059　84,A/G;95,A/T;100,T/G;137,A/G;152,A/T;203,A/T

YITCMG060　10,A/C;54,T/C;125,T/C;129,A/G;156,T/G

YITCMG061　107,A/C;128,A/G

YITCMG063　86,A/G;107,A/C

YITCMG064　2,A;27,G;74,C/G;109,A/T

YITCMG065　37,T/G;56,T/C

YITCMG066　10,A/C;64,A/G;141,T/G

YITCMG067　1,C;51,C;76,G;130,C

YITCMG068　49,T/G;91,A/G

YITCMG069　1,T/G;37,A/G;47,T/A;100,A/G

YITCMG071　142,C;143,C

YITCMG072　75,A;105,A

YITCMG073　15,A/G;19,A/G;28,A/C;49,A/G;106,T/C

YITCMG074　46,T/C;58,C/G;77,A/G;180,T/A

YITCMG075　168,A/C

YITCMG076　162,C;171,T

YITCMG077　10,C;27,T/C;97,T/C;114,A;128,A;140,T/C

YITCMG078　15,A/T;93,A/C;95,T/C

YITCMG079　3,A/G;8,T/C;10,A/G;110,T/C;122,T/A;125,A/C

YITCMG080　43,C;55,C

YITCMG081　91,G;115,T/A

YITCMG082　97,A/G

YITCMG083　123,T;131,T/C;169,G

YITCMG084　118,A/G;136,A/T

YITCMG085　6,A;21,C;33,T;157,C;206,C

YITCMG086　111,A/G;180,A/C;182,T/A

YITCMG087　66,A/C;76,A/G

YITCMG088　17,A/G;31,T/G;33,A;98,T/C

YITCMG089　92,C;103,C;151,C;161,C

YITCMG090　17,T/C;46,A/G;48,C/G;75,T/C;113,T/C

YITCMG091　33,G;59,A

YITCMG092　22,A/G;110,T/C;145,A/G

YITCMG093　10,A/G;35,A/G;72,A/G

YITCMG094　124,A;144,T

YITCMG096　24,C;57,A;66,T

YITCMG098 48,A/G;51,T/C;180,T/C

YITCMG099 72,A/G;122,T/C

YITCMG100 74,A/G;118,C/G;155,T/G

YITCMG101 53,T/G;92,T/G

YITCMG102 6,T/C;129,A

YITCMG104 79,G

YITCMG105 31,C;69,A/T

YITCMG106 29,A/G;32,T/C;59,T/C;137,T/C;198,A/G

YITCMG107 23,A/G;160,A/G;164,C/G;165,A/T

YITCMG108 34,A;64,C

YITCMG111 39,T/G;62,A/G;67,A/G

YITCMG112 101,C/G;110,A/G

YITCMG113 71,A/G;85,G;104,A/G;108,T/C;131,A/G

YITCMG114 42,T;46,A;66,T

YITCMG115 32,T/C;33,T/A;87,C;129,A/T

YITCMG117 115,T;120,A

YITCMG118 13,A/G;19,A;81,T/C

YITCMG119 73,A/C;89,A/G;150,T/C;162,A/G

YITCMG120 18,C/G;38,A/T;53,A/G

YITCMG121 32,T;72,G;149,T/G

YITCMG122 45,A/G;185,A/G;195,A/G

YITCMG123 46,A/G

YITCMG124 75,C;99,T/C;119,T

YITCMG125 123,C/G

YITCMG126 82,T;142,A

YITCMG127 156,A/G;160,T/A

YITCMG129 3,T/A;13,A/G;19,T/C;27,A/G;90,T/C;104,T/C;105,C/G;126,T/C

YITCMG130 31,C/G;70,A/C;108,A/G

YITCMG131 27,T/C;107,C/G;126,T/A

YITCMG132 43,C/G;91,T/C;100,T/C;169,T

YITCMG133 31,T;76,T;86,T;122,A;209,T

YITCMG134 23,C;98,T/C;116,A/T;128,A;139,T;146,C/G

YITCMG135 34,T/C;63,T/C;173,T/C

YITCMG137 1,C;48,G;52,T;62,A/T;172,A/G

YITCMG138 6,T/A;16,T

YITCMG139 7,G;33,G;35,A;152,T;165,A;167,G

YITCMG141 71,T;184,C

YITCMG142 67,T/C;70,A/G

YITCMG143 73,A/G

YITCMG144 61,C;81,C;143,A;164,G

YITCMG145 7,A/G;26,A/G;78,T/G

YITCMG147 62,T/C;66,T/C

YITCMG148 35,A/G;87,T/C

YITCMG150 101,G;116,G

YITCMG151	155,A;156,C
YITCMG152	83,T/A
YITCMG153	97,C;101,G;119,A
YITCMG154	5,T/C;47,A/C;77,T/C;141,T/C
YITCMG155	1,A/C;31,T/G;51,T/C;155,A/G
YITCMG156	36,T/G
YITCMG157	5,A/G;83,T/C;89,T/C;140,A/G
YITCMG158	49,T/C;67,T/C;96,A;97,A/T;117,G
YITCMG159	84,T/C;89,A/C;92,A/C;137,T/C
YITCMG161	71,A;74,C
YITCMG162	26,T
YITCMG163	96,T/A;114,T/C;115,A/G;118,T/G
YITCMG164	57,T;87,A/G;114,G
YITCMG165	174,C
YITCMG166	13,T;56,T/G;87,G
YITCMG167	103,A/G;120,A/G;150,A/G
YITCMG168	39,T/C;43,A/G;60,A/G;79,T/C;89,C/G;96,A/G
YITCMG169	51,C;78,C;99,T
YITCMG170	145,C;150,T;157,A
YITCMG171	9,T;61,C;76,C;98,A
YITCMG172	164,A/C;168,A/G;186,A/G;187,A/G
YITCMG173	11,G;17,A;20,C;144,C;161,A;162,T
YITCMG174	9,T/C;10,A/C;84,A/G
YITCMG176	44,A;107,A
YITCMG178	111,A/C;119,T/C
YITCMG180	23,C;72,C
YITCMG181	134,A/G
YITCMG182	59,T/C;66,T/A
YITCMG183	24,T;28,A/G;75,T/C
YITCMG184	43,A/G;45,A;60,C;64,C/G;97,C;127,T/G
YITCMG185	62,A/G;68,T/A;80,A/G;130,A/C;139,A/G
YITCMG187	105,T;106,G
YITCMG188	3,A/G;4,T/C;16,T/C;66,A/G;101,A/T
YITCMG189	23,C;51,G;138,T;168,C
YITCMG190	48,G;54,C;117,T;162,G
YITCMG191	34,A/G;36,A/G;44,A/G;66,T/C;108,A
YITCMG193	145,T/C;153,T
YITCMG194	1,A/T;32,T/A;55,A/G;165,T/C
YITCMG195	45,A/T;87,T/C;128,A/G;133,A/G
YITCMG196	19,A/G;55,T/C;85,A/C;91,T/C;114,T/G;190,A/G
YITCMG198	100,C
YITCMG199	3,T/C;56,A/T;62,C/G;131,A/C;173,T/C;175,C/G
YITCMG200	38,C;53,G
YITCMG202	16,C;112,A/C;121,T

YITCMG203　28,A/G;42,A/T;130,C/G
YITCMG206　66,G;83,G;132,G;155,G
YITCMG207　82,A/G;156,T
YITCMG208　86,A;101,T
YITCMG209　24,T;27,C;72,C
YITCMG210　6,T/C;21,A/G;96,T/C;179,T/A
YITCMG211　133,A/C;139,A/G;188,T/C
YITCMG212　118,A/G
YITCMG213　55,A/G;102,T/C;109,T/C
YITCMG215　52,A/G;58,A/T
YITCMG216　69,A/G;135,T/C;177,A/G
YITCMG217　11,A/G;19,A/T;154,A/G;164,T/C;185,T/C
YITCMG218　15,T/C;31,C;59,T;72,C;108,T/G
YITCMG219　36,A/G;89,T/C;125,T/C
YITCMG220　76,T/G;126,A/G
YITCMG221　8,C;76,A/G;110,A/G;131,A;134,A
YITCMG222　1,T/G;15,T/C;31,A/G;46,A/G;70,C/G
YITCMG223　23,T/C;29,T/G;41,T/C;47,A/G;48,T/C
YITCMG224　1,T/C;83,T/A;120,G
YITCMG226　51,T/C;72,A;117,T
YITCMG228　72,C;81,C;82,T
YITCMG229　56,T;58,C;65,T;66,T
YITCMG230　65,A/C;103,A/C
YITCMG231　87,T;108,T
YITCMG232　80,G;152,C;170,G
YITCMG233　127,A/G;130,A;132,G;159,T;162,A
YITCMG235　128,C/G
YITCMG236　94,A/G;109,A/T
YITCMG237　24,A;28,A/G;39,G;71,C/G;76,T/C
YITCMG238　49,C;68,C
YITCMG239　46,C;59,C;72,A
YITCMG240　21,A;96,A
YITCMG241　23,G;32,C;42,T;46,G;54,A;75,C
YITCMG242　70,T
YITCMG243　139,T/C
YITCMG244　71,C;109,T;113,C
YITCMG246　51,T/C;70,T/C;75,A/G
YITCMG247　19,A/C;40,A/G;46,T/G;123,T/C
YITCMG248　31,A;60,G
YITCMG249　22,C;130,G;142,T;162,T;167,C
YITCMG250　98,T;99,G
YITCMG251　128,T/C
YITCMG252　26,A/G;69,T/C;82,A/T
YITCMG253　32,T/C;53,A/G;70,A/C;182,A/G;188,T/G;198,T/G

YITCMG254   48,C/G;106,T/G

YITCMG255   30,A/G;31,A/C;163,A/G

YITCMG256   19,T/G;32,T/C;47,C;52,C/G;66,G;81,A/G

YITCMG257   58,C;77,T/C;89,T

YITCMG258   2,C;101,T;172,C

YITCMG259   127,A/G;180,T;182,A

YITCMG260   11,C/G;154,T/A;159,A/C

YITCMG261   38,T/G;106,A/T;109,T/C

YITCMG262   47,T/G

YITCMG264   14,T/G;65,T/C

YITCMG265   138,T;142,G

YITCMG266   5,A/G;31,A/G;62,T/G

YITCMG267   39,A/G

YITCMG268   23,T;30,T;68,T;101,T/G

YITCMG269   43,A;91,T

YITCMG270   10,A;48,T/C;52,A/G;69,A/C;122,T/C;130,T;134,T/C;143,T/C;162,T/C;168,A/G;191,A/G

YITCMG271   100,G;119,T

YITCMG272   43,T/G;74,T/C;87,T/C;110,T/C

YITCMG273   41,C;67,G

YITCMG274   90,A/G;141,G;150,T

YITCMG275   154,A

YITCMG276   41,T/G;59,A/G

YITCMG279   94,A/G;113,A/G;115,T/C

YITCMG280   62,T/C;85,C/G;104,T/A;113,C/G;121,A/G;144,T/G;159,C

YITCMG281   18,A/G;22,A/G;92,T/C;96,T/A

YITCMG282   46,A;64,C

YITCMG283   67,T/G;112,A/G;177,A/G

YITCMG284   94,T/C;124,T/A

YITCMG285   85,A/G;122,C/G

YITCMG286   119,A;141,C

YITCMG287   2,T/C;38,T/C;170,A/C

YITCMG289   50,T

YITCMG290   13,A/G;21,T;66,C/G;128,T/A;133,A/C;170,T/A

YITCMG292   85,T/C;99,A/T;114,T/C;126,A/C

YITCMG293   170,T/A;207,A/G

YITCMG294   32,C/G;82,A/C;99,T/G;108,A/T

YITCMG295   15,G;71,A;149,A/C

YITCMG296   90,A;93,T

YITCMG299   29,A/G;34,A/G;103,A/G

YITCMG300   191,A/G;199,C/G

YITCMG301   108,C

YITCMG302   11,T/G;40,A/G;96,T/C

YITCMG304   30,T/G;35,A;42,G;116,G

YITCMG305   15,A/G;50,A/C;67,T/G;68,C
YITCMG306   16,C;69,A/C;85,T/G;92,C/G
YITCMG307   11,T/C;25,A/C;37,G
YITCMG308   34,G;35,A/C;36,A/G;154,C/G
YITCMG309   5,A/C;23,A/T;77,A/G;85,C/G;162,A/G
YITCMG310   98,G
YITCMG311   83,T/C;101,T/C;155,A
YITCMG312   42,T/A;104,A/T
YITCMG313   125,T/A
YITCMG314   53,C
YITCMG315   16,T/C;27,C/G
YITCMG316   98,C
YITCMG317   38,G;151,C
YITCMG318   61,T/C;73,A/C
YITCMG320   4,G;87,T
YITCMG321   2,T/C;16,G;83,T/C;167,A/G
YITCMG322   72,T/C
YITCMG323   49,C;73,T;108,C/G
YITCMG325   22,C;45,A/G;130,C;139,C
YITCMG326   169,T;177,G
YITCMG327   115,T/C;121,A/G
YITCMG328   15,C;47,T/C;86,T/C
YITCMG329   48,T/C;78,C/G;109,A/T;195,A/C
YITCMG330   52,A/G;129,T/G;130,A/G
YITCMG331   24,A/G
YITCMG332   62,C/G;63,G;93,A/C
YITCMG335   48,A;50,T;114,G
YITCMG336   28,T/C;56,A/T;140,T/C
YITCMG338   159,C;165,T;179,G
YITCMG339   48,T/C;81,T/C
YITCMG340   110,C;111,A
YITCMG341   83,T;124,G
YITCMG342   156,A/G;162,T/A;169,T/C;177,T/C
YITCMG343   3,A;39,T
YITCMG344   8,T/C;14,T/C;47,A/G;108,T/C
YITCMG345   31,A/T;34,T/A;39,T/G
YITCMG346   20,A/G;67,C;82,G
YITCMG347   19,A/T;21,A/G;29,A/G;108,A/C
YITCMG348   65,T;69,C;73,A;124,A
YITCMG350   17,A
YITCMG351   11,T/G;20,A/G;85,T/C;109,T/C;139,C/G
YITCMG352   108,C;109,A/G;138,T;159,A/G
YITCMG353   75,T;85,C
YITCMG354   62,C;66,A/G;81,A/C;134,C

YITCMG355	34,A;64,A/C;96,A
YITCMG356	45,A;47,A;72,A
YITCMG357	29,A/C;51,T/G;76,T/A;142,T/A
YITCMG359	60,T/G;128,T/C
YITCMG360	54,T/G;64,A;82,T/C;87,G;92,C
YITCMG361	3,T/A;102,T/C;113,A/C
YITCMG362	12,T/C;62,T/A;77,A/G
YITCMG363	39,A/G;56,A/G;57,T/C;96,T/C
YITCMG364	7,G;29,A;96,T
YITCMG369	99,T/C
YITCMG371	27,A/G;60,T/C
YITCMG372	199,T
YITCMG373	74,A/G;78,A/C
YITCMG374	135,T/C
YITCMG375	17,C;28,T/C
YITCMG377	3,A/G;42,A/C
YITCMG378	49,T/C
YITCMG379	61,T;71,T/C;80,T/C
YITCMG380	40,A
YITCMG381	30,C/G;64,T/G;124,T/C
YITCMG382	62,A/G;72,A/C;73,C/G
YITCMG383	53,T/C;55,A/G
YITCMG384	52,G;106,G;128,C;195,C
YITCMG385	57,A/T;61,T/C;79,T/C
YITCMG386	13,T/C;65,G;67,T/C
YITCMG387	99,T/C;111,C/G;114,A/G
YITCMG388	17,T/C;121,A/G;147,T/C
YITCMG389	9,T/A;69,A/G;159,A/C;171,C/G;177,T/C
YITCMG390	9,T/C
YITCMG391	23,A/G;117,A/C
YITCMG393	66,A/G;99,A/C;189,A/G
YITCMG395	40,A/T;45,T/C;49,T/C
YITCMG397	92,T/G;97,T/G
YITCMG398	131,C;132,A;133,A;159,C;160,G;181,T
YITCMG399	7,A;41,A
YITCMG400	71,C;72,A
YITCMG401	43,T
YITCMG402	137,T/C;155,A/G
YITCMG403	49,T/A;173,C/G
YITCMG404	8,A/G;32,T/C;165,A/G
YITCMG408	88,T/C;137,A/G
YITCMG409	82,G;116,T
YITCMG410	2,T;4,A;20,C;40,G;155,A/C
YITCMG411	84,A

YITCMG412　4,T/A;61,T/C;79,A/G;154,A/G

YITCMG413　55,A/G;56,C/G;82,T/C

YITCMG414　11,A/T;37,A/G;51,T/C;62,C/G

YITCMG415　7,A/G;84,A/G;87,A/G;109,T/G;113,A/G;114,A/G

YITCMG416　84,A/G;112,A/G

YITCMG417　86,T/C;131,A/G

YITCMG418　15,T/C;34,A/G

YITCMG419　73,A/T;81,T/A;168,A/G

YITCMG421　9,A/C;67,T/C;87,A/G;97,A/G

YITCMG422　97,A

YITCMG423　39,G;117,G;130,C

YITCMG424　69,T;73,G;76,C;89,T

YITCMG425　26,C/G;57,A/G;66,T/C

YITCMG426　59,T/C;91,C/G

YITCMG427　50,T/C;103,C;113,C

YITCMG428　18,A/G;24,T/C;73,A/G;135,A/G

YITCMG429　61,T/A;152,A/G;194,G;195,A/T

YITCMG430　31,T/C;53,T/C;69,T/C;75,A/C

YITCMG431　69,A/G;97,C/G

YITCMG432　69,T;85,C

YITCMG434　27,A/G;37,T/A;40,A/G

YITCMG435　28,T/C;43,T/C;103,A/G;106,A;115,T/A

YITCMG436　2,A/G;25,A;49,A/G;56,A

YITCMG437　39,T/A;44,G;92,G;98,T;151,T/C

YITCMG438　2,T;6,T;155,T

YITCMG439　75,A/C;87,C;113,A

YITCMG440　13,A/C;64,A;68,G;70,T;103,A/G;113,T/C

YITCMG441　12,A/G;74,C/G;81,C/G;90,T/C

YITCMG443　28,T

YITCMG446　13,T/C;51,T/C

YITCMG447　65,A;94,G;97,A;139,G;202,G

YITCMG448　22,A/C;37,T/C;91,T/G;95,C;112,G;126,T;145,G;161,C/G

YITCMG451　26,A/G;33,A/C;69,T/C;74,A/G;115,C/G

YITCMG452　121,A/G;145,A/G

YITCMG453　87,A;130,C;156,C

YITCMG456　32,A/G;48,A/G

YITCMG457　77,A/T;89,T/C;98,T/C;113,T/C;124,G;156,C/G

YITCMG458　54,A/G

YITCMG459　95,T/C;120,A/C;146,A/G;157,T/C;192,T/C;203,A/G

YITCMG460　45,T

YITCMG461　158,A/G

YITCMG462　24,C/G;26,T/A;36,T/C;49,A/C

YITCMG465　117,G;147,G

YITCMG466　60,A/G;75,T;83,A/G;99,G

YITCMG469   12,T/G;70,C/G;71,T/A

YITCMG470   3,T/C;72,T/C;75,A/G;78,C/G

YITCMG471   8,A;65,A/G;88,T/C;159,C

YITCMG472   51,G

YITCMG473   65,T/A;91,T/C

YITCMG475   115,A/C

YITCMG476   22,A/G;54,A/T

YITCMG477   3,T/G;7,T/C;91,T/C;150,T/C

YITCMG478   112,A/G;117,T/C

YITCMG479   38,T/C;103,A

YITCMG480   5,A/G;45,A/G;61,C/G;64,A/G

YITCMG481   21,A;108,G;192,G

YITCMG482   65,T;87,A/G;114,T/C;142,T/G

YITCMG483   113,A/G;147,A/G

YITCMG484   23,A/G;78,A/G;79,A/G

YITCMG485   116,C/G;125,T/C

YITCMG486   109,T;148,T

YITCMG488   59,T/C;122,T/G

YITCMG490   57,C;135,A;165,T/A

YITCMG491   163,A

YITCMG492   55,A;70,T

YITCMG493   6,G;23,C;30,T;48,G;82,G

YITCMG494   43,C;52,A;84,A;98,G;154,C;188,T

YITCMG495   65,T;73,G;82,A/G;86,A/G;89,A/G

YITCMG496   5,T/C;26,G;60,A/G;134,T/C;179,T/C

YITCMG497   22,G;33,G;62,T;77,T

YITCMG499   45,A/C

YITCMG500   30,A/G;86,T;87,C;108,T/A

YITCMG501   15,T/A;93,A/G;144,A/G;173,T/C

YITCMG502   4,A;130,A;135,A;140,T

YITCMG503   70,A/G;85,A/C;99,T/C

YITCMG504   11,A/C;17,A/G

YITCMG505   54,A/G;99,T/C

YITCMG507   24,A/G

YITCMG508   85,T/C;96,T;115,G

YITCMG509   40,T/C

YITCMG510   1,A;95,A/G;98,A/G;110,A/G

YITCMG511   39,T/C;67,A/G;168,A/G;186,A/G

YITCMG512   63,A/G

YITCMG514   45,A/C;51,T/C;57,T/C;58,T/G

YITCMG515   41,T/C;44,T/G

YITCMG516   29,T/G;53,A/C

YITCMG517   6,T/G;33,T/C;84,T/A;86,A/G;163,T

YITCMG518   60,A/G;77,T/G

YITCMG519　129,T/C;131,T/G
YITCMG520　65,G;83,A;136,C;157,C
YITCMG521　21,C/G
YITCMG522　72,A/T;127,A/T;137,A/G;138,A/C
YITCMG523　36,A/G;92,A/G;111,T/G;116,A/G;133,A/G
YITCMG524　19,A/G;81,A/G;100,A/G
YITCMG525　33,T/G;61,T/C
YITCMG527　108,T;118,A
YITCMG529　15,A/C;144,A/C;165,C/G;174,T
YITCMG530　76,A/C;81,A/G;113,T/C
YITCMG531　6,T/C;11,T;49,T
YITCMG532　17,C;85,T/C;111,A/G;131,A/C
YITCMG533　183,C
YITCMG534　40,T/A;122,C/G;123,T/C
YITCMG538　3,T;4,C
YITCMG539　54,C;82,T/C;152,T/A
YITCMG540　17,T;70,A/G;73,T;142,A/G
YITCMG541　18,A/C;70,A/C;176,T/C
YITCMG542　3,A/C;18,T/G;69,T;79,C

紫花芒

YITCMG001 53,A/G;72,T/C;78,A/G;85,A

YITCMG003 67,T/G;82,A/G;88,A/G;104,A/G;119,T/A

YITCMG004 27,T;73,A/G

YITCMG005 56,A/G;100,A/G;105,T/A;170,T/C

YITCMG006 13,T/G;27,T/C;91,T/C;95,C/G

YITCMG007 62,T/C;65,T;96,G;105,A/G

YITCMG008 94,T/C

YITCMG010 40,T/C;49,A/C;79,A/G

YITCMG011 166,A/G

YITCMG012 75,A/T;78,A/G

YITCMG013 16,C;56,A;69,T

YITCMG014 126,A/G;130,T/C

YITCMG015 44,A/G;127,A;129,A/C;174,A/C

YITCMG017 15,T/A;39,A/G;87,T/G;98,C/G

YITCMG018 30,A

YITCMG019 115,A/G

YITCMG020 70,A/C;100,C/G;139,A/G

YITCMG022 3,A/T;11,A/T;41,T/C;99,C;131,C;140,A/G

YITCMG023 142,A/T;143,T/C;152,A/T

YITCMG024 68,A/G;109,T/C

YITCMG025 108,T

YITCMG026 16,A/G;81,T/C

YITCMG027 19,C;31,G;62,G;119,G;121,A;131,G;153,G;163,T

YITCMG028 45,A/G;110,T/G;133,T/G;147,A/G;167,A/G;174,T/C

YITCMG030 55,A/G

YITCMG031 48,T/C;84,A/G;96,A/G;178,T/C

YITCMG032 14,T/A;91,A/G;93,A/G;94,A/T;160,G

YITCMG033 73,G;85,A/G;145,A/G

YITCMG034 122,A/G

YITCMG037 12,T/C;39,T/G

YITCMG039 1,A/G;61,A/G;71,T/C;93,T/C;104,T/C;105,A/G;151,T/G

YITCMG040 40,T/C;50,T/C

YITCMG041 24,T/A;25,A/G;68,T/C

YITCMG044 167,G

YITCMG045 92,T;107,T

YITCMG046 38,A/C;55,A/C;130,A/G;137,A/C;141,A/G

YITCMG047 60,T/G;65,T/G

YITCMG048 142,C/G;163,A/G;186,A/C

YITCMG049 11,A/G;16,T/C;76,A/C;115,A/C;172,G;190,T/A

YITCMG050 44,A/G

YITCMG051 15,C;16,A

YITCMG052　63,T/C;70,T/C

YITCMG053　86,A;167,A;184,T

YITCMG054　34,G;36,T;70,G

YITCMG056　117,T/C

YITCMG057　98,T/C;99,A/G;134,T/C

YITCMG058　67,T/G;78,A/G

YITCMG059　12,A/T;84,A;95,T/A;100,T;137,A/G;152,T/A;203,T/A

YITCMG060　10,A/C;54,T/C;125,T/C;129,A/G

YITCMG062　79,T/C;122,T/C

YITCMG064　2,A/G;27,T/G

YITCMG065　37,T/G;56,T/C

YITCMG067　1,T/C;51,C;76,A/G;130,A/C

YITCMG069　37,A/G;47,T/A;100,A/G

YITCMG070　5,T;6,C;13,G;73,C

YITCMG071　142,C;143,C

YITCMG072　75,A;105,A

YITCMG073　19,A/G;28,C;99,A/G;106,C

YITCMG074　46,T/C;58,C/G;77,A/G;180,T/A

YITCMG075　168,A/C

YITCMG076　129,T/C;162,C;163,A/G;171,T

YITCMG077　10,C;27,T/C;97,T/C;114,A;128,A;140,T/C

YITCMG078　15,T/A;33,A/G;93,A/C;95,T;147,T/C;165,A/G

YITCMG079　3,A/G;8,T/C;10,A/G;110,T/C;122,T/A;125,A/C

YITCMG080　43,A/C;55,T/C

YITCMG081　91,C/G;115,T/A

YITCMG082　97,A/G

YITCMG083　123,T/G;169,G

YITCMG084　118,G;136,T

YITCMG085　6,A/C;21,T/C;24,C;33,T/C;206,T/C;212,T/C

YITCMG086　111,A/G;182,A/T;186,A/T

YITCMG088　33,A

YITCMG089　92,C;103,C;151,C;161,C

YITCMG090　17,T/C;46,G;75,T

YITCMG092　22,A/G;24,T/C;110,T/C;145,A/G

YITCMG093　51,A/G

YITCMG094　124,A/T;144,T/A

YITCMG096　24,C;57,A;66,T

YITCMG099　53,T/A;83,A/G;119,A/G;122,A/C

YITCMG100　155,T/G

YITCMG101　53,T/G;92,T/G

YITCMG102　6,T/C;116,A/G;129,A/G

YITCMG103　167,A/G

YITCMG104　79,G;87,G

YITCMG105　31,A/C;69,A/G

YITCMG106 29,A/G;32,T/C;65,A/G;130,A/G;137,T/C

YITCMG108 34,A/G;61,A/C;64,C/G

YITCMG109 17,T/C;29,A/C;136,T/A

YITCMG110 30,T/C;32,A/G;57,T/C;67,C/G;96,T/C

YITCMG111 39,T/G;62,A/G;67,A/G

YITCMG112 101,C/G;110,A/G

YITCMG113 71,A/G;85,G;104,A/G;108,T/C

YITCMG114 42,T/A;46,A/G;66,T/A

YITCMG115 32,C;33,A;87,C;129,T

YITCMG117 115,T;120,A

YITCMG119 73,A/C;150,T/C;162,A/G

YITCMG120 106,C;133,C

YITCMG121 32,T/A;72,G;91,C/G;138,A/G;149,G

YITCMG122 45,A/G;185,A/G;195,A/G

YITCMG123 87,G;130,T

YITCMG124 75,T/C;119,A/T

YITCMG126 82,T/A;142,A/G

YITCMG127 146,A/G;155,A/T;156,A/G

YITCMG129 90,T;104,C

YITCMG130 31,G;70,A/C;108,G

YITCMG131 27,C;107,C;126,A/T

YITCMG132 43,C/G;91,T/C;100,T/C;169,T

YITCMG133 65,A/C;76,T;86,T/G;191,A/G;200,A/G;209,T

YITCMG134 23,C;98,T/C;116,T/A;128,A;139,T;146,C/G

YITCMG135 34,T/C;63,T/C;173,T/C

YITCMG136 169,A/G;198,T/C

YITCMG137 1,T/C;24,A/G;48,A/G;52,T;172,A/G

YITCMG139 7,G

YITCMG141 71,T/G;184,T/C

YITCMG142 67,T/C;70,A/G

YITCMG143 73,A/G

YITCMG144 61,T/C;81,T/C;143,A/G;164,A/G

YITCMG145 7,A/G;26,A/G;78,T/G

YITCMG146 27,T/C;69,A/G;111,T/A

YITCMG147 36,A/G;62,T;66,T

YITCMG148 75,T/C;101,T/G

YITCMG149 25,A/C;30,A/G;143,T/C;175,A/G

YITCMG150 101,A/G;116,T/G

YITCMG154 5,T;47,C;77,C;141,C

YITCMG155 1,A/C;31,T/G;35,A/G;51,T/C;155,A/G

YITCMG156 28,T/A;44,C/G

YITCMG157 18,A/G;83,T/C

YITCMG158 67,C;96,A;117,G

YITCMG159 92,A/C;121,T/G;137,T/C

YITCMG160   92,A/G;158,T/C
YITCMG161   71,A;74,C
YITCMG162   26,T/A
YITCMG164   57,T/C;114,A/G;150,A/G
YITCMG165   174,C
YITCMG166   13,T/C;87,G
YITCMG167   120,A/G;150,A/G;163,C/G
YITCMG168   40,A/G;79,T/C;89,C/G;96,A/G
YITCMG169   36,A/G;51,T/C;107,T/C;153,T/A
YITCMG170   139,C/G;142,A/G;145,C;150,T/A;151,T/C;157,A;164,A/G
YITCMG171   9,T/G;11,A/G;61,T/C;76,T/C;98,A/G
YITCMG173   11,C/G;17,A/C;20,T/C;144,C;161,A;162,T
YITCMG175   32,T/G;42,T/C;55,T/C;62,A/C;98,T/C
YITCMG176   44,A/G;107,A/G;127,A/C
YITCMG177   20,T/C
YITCMG178   99,T/C;107,T/G;111,A/C
YITCMG180   23,C;72,C;75,C/G
YITCMG181   134,A/G
YITCMG182   3,A/G;77,T/C
YITCMG183   24,T;28,A/G;75,T/C;76,A/G;93,T/C
YITCMG184   45,T/A;60,A/C;97,C/G
YITCMG185   62,A/G;68,A/T;80,A/G;130,A/C;139,A/G
YITCMG187   23,T/C;39,A/G;42,A/C;105,T;106,G
YITCMG188   16,T;66,G;101,T
YITCMG189   23,T/C;51,A/G;125,A/G;138,A/T;168,T/C;170,T/C
YITCMG190   117,T;162,G
YITCMG191   44,A/G;66,T/C;108,A/G
YITCMG192   89,T;95,C/G;119,G
YITCMG193   30,T/C;121,T/G;129,A/C;153,T
YITCMG194   1,A/T;32,T/A;55,A/G;165,T/C
YITCMG195   71,T/A
YITCMG196   19,A;85,A/C;91,T/C;114,T/G;190,A/G;191,T/C
YITCMG197   18,A/C;35,T/G;144,C/G;178,A/C;195,T/C
YITCMG198   100,A/C
YITCMG199   3,T/C;56,T/A;62,C/G;173,T/C;175,C/G
YITCMG202   16,C;121,T
YITCMG203   90,T/A
YITCMG204   76,C;85,A;133,G
YITCMG207   73,T/C
YITCMG209   27,C
YITCMG212   17,A/G;111,A/G
YITCMG213   55,A/G;68,T/C;109,T/C
YITCMG216   69,A/G;135,C;177,A/G
YITCMG217   11,A/G;19,A/T;58,A/G;164,T/C;185,T/C

YITCMG218   5,A;31,C;59,T;72,C

YITCMG219   89,T/C;121,C/G;125,T/C

YITCMG220   126,A/G

YITCMG221   8,C;76,G;110,A/G;131,A;134,A

YITCMG222   1,G;15,C;31,G;46,A;70,G

YITCMG223   23,T;29,T;41,T;47,G;48,C

YITCMG224   83,T;120,G

YITCMG226   72,A;117,T

YITCMG227   6,A/G;26,T/C

YITCMG228   72,C;81,T/C;82,T/C;103,A/G

YITCMG229   56,T/C;58,T/C;65,T/C;66,T/C

YITCMG230   65,A/C;87,A/T;103,A/C;155,A/G

YITCMG231   87,T;108,T

YITCMG232   1,T/C;64,T/C;76,A/C;80,G;152,C;169,T/C;170,G

YITCMG233   127,A/G;130,A;132,G;159,T;162,A

YITCMG234   54,A/T;55,T/C;103,A/G;122,T/G;183,T/A

YITCMG236   94,A;109,A

YITCMG237   24,A;39,G;71,G;76,C

YITCMG238   49,C;68,C

YITCMG239   46,C;59,C;72,A

YITCMG241   23,G;32,C;42,T;46,G;54,A;75,C

YITCMG242   61,A/C;70,T;85,T/C;94,A/G

YITCMG244   71,C;109,T;113,C

YITCMG247   19,A/C;40,A;46,T/G;123,T

YITCMG248   31,A/G;60,T/G

YITCMG249   22,T/C;130,A/G;142,T/C;167,T/C

YITCMG250   92,T/C;98,A/T;99,T/G

YITCMG253   70,A/C;198,T/G

YITCMG254   48,C/G;106,T/G

YITCMG255   6,A/G;13,T/G;18,T/A;56,A/C;67,T/G;155,C/G;163,G;166,T/C

YITCMG256   19,A/T;32,T/C;47,A/C;52,C/G;66,A/G;81,A/G

YITCMG258   2,C;101,T;172,C

YITCMG259   24,T/A;180,T;182,A

YITCMG260   54,A/G;63,A;154,A;159,A;186,A/G

YITCMG261   17,T/C;20,A/G;29,A/G;38,G;106,A;109,T

YITCMG265   138,T;142,G

YITCMG266   5,G;31,G;62,T

YITCMG267   39,A/G;92,T/G;108,A/T;134,T/G

YITCMG268   23,T;30,T;68,T/C

YITCMG270   10,A/G;48,T/C;130,T/C

YITCMG271   100,G;119,T

YITCMG272   43,T/G;74,T/C;87,T/C;110,T/C

YITCMG274   141,G;150,T

YITCMG275   106,C;131,A

YITCMG279　94,A/G;113,A/G;115,T/C
YITCMG280　104,A;113,C;159,C
YITCMG281　96,A/C
YITCMG282　46,A/G;64,T/C
YITCMG284　18,A/G;55,A/T;94,T/C
YITCMG286　119,A/G;141,A/C
YITCMG287　2,C;38,T;171,A/T
YITCMG289　50,T;60,T/A;75,A/G
YITCMG290　13,A/G;21,T;66,C/G;128,A/T;133,A/C;170,A/T
YITCMG291　96,T
YITCMG292　85,T/C;99,A/T;114,T/C;126,A/C
YITCMG293　39,T/G;170,T;174,T/C;184,T/G
YITCMG295　15,G;71,A;179,T/C
YITCMG296　90,A;93,T;105,A
YITCMG297　128,C;147,A
YITCMG298　44,A/G;82,A/G;113,A/G
YITCMG299　29,A;34,A/G;38,T/C;48,A/G;53,C/G;103,A/G;134,T/G
YITCMG300　191,A
YITCMG301　98,A/G;108,C;128,T/G;140,A/G
YITCMG302　96,T/C
YITCMG304　35,A;42,G;116,G
YITCMG305　15,A/G;68,C
YITCMG306　16,T/C;71,T/A
YITCMG307　11,T/C;20,T/G;26,A/G;37,A/G
YITCMG308　34,G;35,C;45,T/A
YITCMG310　98,G;107,T;108,T
YITCMG311　155,A
YITCMG312　42,T;104,T/A
YITCMG314　31,A/G;42,A/G;53,A/C
YITCMG316　98,C
YITCMG317　38,G;151,C
YITCMG318　61,T/C;73,A/C
YITCMG319　33,A/G;147,T/C
YITCMG321　16,G
YITCMG322　2,T/G;69,T/C;72,T/C;77,T/C;91,T/A;102,T/C
YITCMG323　6,A;49,C;73,T;75,A/G
YITCMG325　22,T/C;57,A/C;130,T/C;139,C/G
YITCMG326　11,T/C;41,T/A;91,T/C;177,G
YITCMG328　15,C;47,T/C;86,T/C
YITCMG329　48,T;109,T;111,T/C
YITCMG330　52,A/G;129,T/G;130,A/G
YITCMG331　24,A/G;51,A/G
YITCMG332　62,C/G;63,G;93,A/C
YITCMG333　132,T;176,A/C

YITCMG334 43,G;104,A

YITCMG335 48,A/G;50,T/C;114,G

YITCMG336 28,T/C;56,A/T;140,T/C

YITCMG337 55,T/C;61,T/C

YITCMG338 71,T/C;126,A/G;159,T/C;165,T/C;179,C/G

YITCMG339 48,T/C;81,T/C

YITCMG340 110,C;111,A

YITCMG341 59,T/A;83,T;124,G;146,A/G;210,T/G

YITCMG342 21,T/G;145,T/G;156,A/G;162,A/T;169,T/C;177,T/C

YITCMG343 3,A;39,T

YITCMG344 14,T;29,T/G;47,G;85,G

YITCMG347 19,T/A;21,A/G;29,A/G;108,A/C

YITCMG348 65,T;69,T/C;73,A;124,A

YITCMG349 62,A;136,G

YITCMG351 11,G;109,C;139,C

YITCMG352 108,T/C;109,A/G;138,T/A

YITCMG353 75,T/A;85,T/C;145,A/G

YITCMG354 62,C;134,C

YITCMG355 34,A;64,C;96,A

YITCMG356 45,A/T;47,A/C;72,A/T

YITCMG357 51,G;76,T

YITCMG359 60,T/G;128,T/C

YITCMG360 54,G;64,A;82,T;87,G;92,C

YITCMG361 3,T;102,C

YITCMG362 12,T/C;62,T/A;77,A/G

YITCMG363 57,T;96,T

YITCMG364 7,G;29,A;96,T

YITCMG365 23,T/C;79,T/C;152,C/G

YITCMG366 36,T/C;83,T/A;110,T/C;121,A/T

YITCMG367 21,T/C;145,C/G;165,A/G;174,C/G

YITCMG368 116,T/C;117,C/G

YITCMG369 99,T/C

YITCMG370 18,A/G;105,A/T;117,T/C;134,T/A

YITCMG371 27,A/G;36,T/C

YITCMG372 85,C

YITCMG373 74,A/G;78,A/C

YITCMG374 3,A/G;135,C;137,T/A;138,G;206,A/G

YITCMG375 17,C;107,T/A

YITCMG376 5,A/C;74,A/G;75,A/C;103,C/G;112,A/G

YITCMG377 3,A;42,A/C;77,T/G

YITCMG378 77,T/C;142,A/C

YITCMG379 61,T;71,T/C;80,T/C

YITCMG380 40,A/G

YITCMG382 62,A/G;72,A/C;73,C/G

YITCMG383 53,T/C;55,A/G

YITCMG384 106,A/G;128,T/C;195,T/C

YITCMG385 57,A

YITCMG386 65,G

YITCMG387 111,C/G;114,A/G

YITCMG388 17,T/C;121,A/G;147,T/C

YITCMG389 9,A/T;69,A/G;159,A/C;171,C/G;177,T/C

YITCMG390 9,C;82,T/G;95,A/T

YITCMG391 23,A/G;117,A/C

YITCMG394 9,T/C;38,A/G;62,A/G

YITCMG395 40,T/A;49,T/C

YITCMG396 110,T/C;141,A/T

YITCMG397 97,G

YITCMG398 131,C;132,A;133,A;159,C;160,G;181,T

YITCMG399 7,T/A;41,A/C

YITCMG400 34,T/C;41,T/C;44,T/C;53,T/C;62,T/C;71,C;72,A;90,A/C

YITCMG401 43,T/C;72,T/G;123,A/G

YITCMG402 6,T/A;137,T;155,G

YITCMG405 155,C;157,C

YITCMG406 73,A/G;115,T/C

YITCMG407 13,C;26,G;65,A/C;97,G

YITCMG408 88,T/C;137,A/G

YITCMG409 82,C/G;116,T/C

YITCMG410 2,T/C;4,T/A;20,T/C;40,C/G;155,A/C

YITCMG412 79,A;154,G

YITCMG413 55,A/G;56,C/G;82,T/C

YITCMG414 11,T/A;37,A/G;58,A/G;62,C/G

YITCMG415 84,A/G;114,A/G

YITCMG417 86,C;131,G

YITCMG418 15,T/C;34,A/G

YITCMG419 81,T/A

YITCMG421 9,A/C;67,T/C;87,A/G;97,A/G

YITCMG423 39,T/G;117,G;130,C/G

YITCMG424 69,T;73,G;76,C;89,T

YITCMG425 26,C/G;57,A

YITCMG426 59,C;91,C

YITCMG427 103,T/C;113,A/C

YITCMG428 18,A/G;24,T/C;73,A/G;135,A/G

YITCMG429 61,T;152,A;194,G

YITCMG430 31,T/C;53,T/C;69,T/C;75,A/C

YITCMG431 69,A/G;97,C/G

YITCMG432 69,T;85,C

YITCMG433 14,C;151,T

YITCMG435 28,T;43,C;103,G;106,A;115,A

YITCMG436　2,A/G;25,A;49,A/G;56,A

YITCMG437　36,T/C;44,A/G;92,C/G;98,T/C;151,T/C

YITCMG438　2,A/T;6,A/T;155,T

YITCMG440　64,A;68,G;70,T;78,C

YITCMG441　96,A/G

YITCMG443　28,T/A

YITCMG447　94,A/G;139,A/G;202,A/G

YITCMG448　22,A/C;37,T/C;91,G;95,A/C;112,C/G;126,T/C;145,G

YITCMG450　100,A/G;146,A/T;156,T/G

YITCMG451　26,G;33,A;69,C;74,G;115,C

YITCMG452　89,A/G;96,C/G;151,T/C

YITCMG453　87,A/G;156,T/C

YITCMG454　90,A;92,T;95,T/A;121,T/C

YITCMG455　2,T/C;5,A/G;20,T/C;22,A/G;98,T/C;128,T/C;129,A/G;143,T/A

YITCMG457　124,G

YITCMG458　37,C/G;43,T/C

YITCMG459　120,A;146,A;192,T

YITCMG460　41,T/C;45,T/C;68,A/T;69,A/G;74,A/G

YITCMG461　89,T/C;131,A/G;140,A/G

YITCMG462　1,A;22,C;24,C;26,A

YITCMG463　190,C/G

YITCMG464　78,A/G;101,A/T

YITCMG465　156,A/T

YITCMG466　75,T/A;83,A/G;99,C/G

YITCMG467　9,A/G;11,A/G;161,A/G;162,C/G;179,A/T

YITCMG469　12,T/G;70,C/G;71,A/T

YITCMG470　3,T/C;72,T/C;75,A/G;78,C/G

YITCMG471　8,A;65,A/G;88,T/C;159,C

YITCMG472　51,A/G

YITCMG473　65,A/T;91,T/C

YITCMG474　87,A/T;94,A/G;104,T/C;119,A/G

YITCMG475　82,A/G;84,A/G;102,T/C;115,A/C

YITCMG476　22,A/G;54,T/A

YITCMG477　2,T/C;7,T/C;91,C;140,A/T;150,T;153,A/G

YITCMG478　42,T/C

YITCMG479　103,A

YITCMG480　5,A/G;45,A/G;61,C/G;64,A/G

YITCMG481　21,A/G;108,A/G;192,T/G

YITCMG482　65,T/C;87,A/G;114,T/C;142,T/G

YITCMG483　113,A/G;147,A/G

YITCMG484　23,A/G;78,A/G;79,A/G

YITCMG486　40,A/G;109,T;140,A/G;148,T

YITCMG488　51,C/G;76,A/G;127,T/C

YITCMG490　57,C;93,T/C;135,A;165,A

YITCMG492   55,A;83,C;113,C

YITCMG493   5,T;6,G;30,T;48,G;82,G

YITCMG494   43,C;52,A;98,G

YITCMG495   13,C;65,T;73,G

YITCMG496   7,A;26,G;59,A;134,C

YITCMG497   22,G;31,C;33,G;62,T;77,T;78,T;94,C;120,A

YITCMG499   82,A/T;94,T/C

YITCMG500   86,T;87,C

YITCMG501   15,T/A;93,A/G;144,A/G;173,T/C

YITCMG502   4,A/G;127,T/C;130,T/A;135,A/G;140,T/C

YITCMG503   70,A/G;85,A/C;99,T/C

YITCMG504   11,A/C;17,A/G

YITCMG505   14,T/C;54,A/G;99,T/C

YITCMG506   47,A/G;54,A/C

YITCMG507   3,C;24,G;63,A

YITCMG508   96,T/C;115,T/G;140,A/G

YITCMG509   40,T/C;65,T/C;126,A/G

YITCMG510   1,A;95,G;98,A

YITCMG513   86,T/A;104,A/T;123,T/C

YITCMG515   41,T/C;44,T/G

YITCMG516   29,T

YITCMG517   69,A/T;72,T/G;84,A;86,A;163,T

YITCMG518   60,A/G;77,T/G;84,T/G;89,T/C

YITCMG520   65,A/G;83,A/G;136,T/C;157,A/C

YITCMG521   8,T/G;21,G;30,A/G

YITCMG522   72,A/T;137,G;138,C

YITCMG523   36,A/G;92,A/G;111,T;116,G;133,C/G;175,T/C;186,A/T

YITCMG524   19,A/G;81,A/G;100,A/G

YITCMG525   33,T/G;61,T/C

YITCMG527   35,A/G;108,T/G;118,A/C

YITCMG529   129,T/C;144,A;174,T

YITCMG530   76,A/C;81,A/G;113,T/C

YITCMG531   11,T/C;49,T/G

YITCMG532   17,A/C;85,T/C;111,A/G;131,A/C

YITCMG533   183,C

YITCMG535   36,A/G;72,A/G

YITCMG537   118,A/G;123,A/C;135,T/C

YITCMG539   27,T/G;54,T/C;75,T/A;152,T/C

YITCMG540   17,T/A;70,A/G;73,T/C;142,A/G

YITCMG541   70,A/C;130,T/G;176,T/C

YITCMG542   3,A/C;18,T/G;69,T/C;79,T/C

附表 1　MNP 引物基本信息 *

扩增位点名称	基因组位置	扩增起点	扩增终点	正向引物	反向引物
YITCM G001	chr1	8567	8688	TGTAGGAAACCTTGTGGAGTTCAAT	AAAAACTTGTACGACTGGAATAGGC
YITCM G002	chr1	254423	254588	ATTTTGTGCCAAGGCCATTTAAAAC	GTTACGTTCCATGAAGCATGATCTC
YITCM G003	chr1	483291	483416	TCACCTTATGCTGCTTTAACAATCG	CAATATGCTGGAAAGAAGCCCTTAG
YITCM G004	chr1	775245	775362	CCAACGCAATACAGCAATTGAATC	TGCTTGATTGATTTGTAGACATGGG
YITCM G005	chr1	993943	994115	TACTAGAGTTGGCATGAGGAAACAA	TTTCTATGAATACGTCCCAGCATCT
YITCM G006	chr1	1414322	1414422	GACTAATCAATGTGGAAGACATGCT	AAAGTCAATTGGAAAACGTTTCAGT
YITCM G007	chr1	1730110	1730260	GCTGTAACCTTCCTTGAGTTTAGTA	TCAACAAATTACTTGCTCTTGGACC
YITCM G008	chr1	2108752	2108868	TTGTGCAATTTGTGTTCCTTGTTTC	ACTGAATTTGCAAACTTCTCAGGAA
YITCM G009	chr1	2605903	2606095	CCTGCTTAGAAGAAATCCCCTTTTT	GATATGAATGCTGTGAAGGAGCTTC
YITCM G010	chr1	2830141	2830337	GTGACATATGATCTTCCTGGCTTTG	GATGCTGACCTTGTTAAATAGCCAA
YITCM G011	chr1	3211668	3211854	TAAAACCAAACAAGAGTGGCAAAGA	AAGCTAGAACAATATATGGCGTTGC
YITCM G012	chr1	4118061	4118141	ATTCTATATTGCTCCAGTCTGCCTT	TGCCACCAAATATTACAACTTTCCC
YITCM G013	chr1	4847006	4847135	TGAATGCCCTGAAAATTCTGACAAA	CATCCATCCCCACAATACTTTCCTA
YITCM G014	chr1	5494054	5494264	GAGCATTTACCATCCAGAAACAACT	GGAAAGTGCAAGAGGTTAGTGAAGA
YITCM G015	chr1	6458221	6458424	TGATGAGGAAGATGATGAGGATGAC	CCAGATTCAATTTCGTCATACTCGT

---

　* 本表格中"基因组位置""正向引物""反向引物"3 列,引自中华人民共和国农业农村部 2022 年 11 月 11 日发布的中华人民共和国农业行业标准:芒果品种鉴定 MNP 标记法(NY/T 4234—2022)。

（续表）

扩增位点名称	基因组位置	扩增起点	扩增终点	正向引物	反向引物
YITCMG016	chr1	6703125	6703294	AAAATTGTTTCCTTGAATGCCTTGC	TCAGCACAGAGAATTACCATGAAAA
YITCMG017	chr1	7011699	7011822	GGAGGATCCTGAAAGTTTTAGACCA	TCCCACTTAAAGCAATGAAGCAAAT
YITCMG018	chr1	7655980	7656090	AAATGATGCAAAGCCTTCTCTCAAA	AGCTGCAAACTAAGTAGACATACCT
YITCMG019	chr1	8162887	8163076	CCTGGCCCAAGATTAGTAGTGATTA	GTGATTTTTCTGCGTTTGCTTATGG
YITCMG020	chr1	8426956	8427115	TCAAGTTCAATCCAGTGGGTTCATA	AAAGAGCCAATTCCCCCATTTTAAG
YITCMG021	chr1	15580187	15580383	AGTTGGAAGGAAGTTTTATGTCTACA	GGTCATCTGGTGGAAAATCTTCATC
YITCMG022	chr1	18719276	18719452	GGGAAAGACAACACTCTCTACTGAT	GTATGCTCATCAAACACCACATTCT
YITCMG023	chr1	20877462	20877671	ATTTTGTGCCCTTGAATCATGAGTT	GCCTCAAATGTACAAGAAACTGGAA
YITCMG024	chr1	21241331	21241465	GAAGGAAATCCATTGACCATTGACA	ACAATGTGTTACTCCATCCGAAGAT
YITCMG025	chr1	21872990	21873187	GAATGTGTTTGTCCAGGAAGAGAAG	ACAGCTTCCCAGGAAAACAGTAATA
YITCMG026	chr1	22446893	22447049	CAATCTCTTTGGTCTAGACTCTTTACA	AAATGGTTGAGTGTCTCCTATGGTT
YITCMG027	chr1	22764781	22764952	CAGTGCTTATTTTAGAGCTTGGGAG	ACACAGATAACATTGTTGTGCACAT
YITCMG028	chr1	23048258	23048460	AATCAGAGATTAGATGGGTCGCTC	TGGGCGGATAATAAGTTCAAAAAGG
YITCMG029	chr1	23400828	23401020	GTTTCATTCTCCGCAAAGAAAGGTA	GGTTTTCAATTTTGCAGAAGGTTCC
YITCMG030	chr1	23682307	23682459	TGATGAAAATGCCAGAGAATCAAAA	AGTTATGTCACCTTTTGCTCAACTG
YITCMG031	chr1	24333017	24333208	TTTTGAACCATAATTTGAGCAGCCT	GAAATTCTTCTGAAGTCAACCCCAG
YITCMG032	chr1	24535527	24535693	TTCTCCCAGCTTATAGGATCTTTCG	GCAATGACACTAAAGGTTCAAGGTT
YITCMG033	chr1	25158447	25158608	GGAGACAAAATCATCTGCCAAGAAA	ATTAGTGAGGATCAGCTGATGTCAA
YITCMG034	chr1	25517724	25517900	TGTTCTCTTTGCTAATCCAGACAGA	TTGTATCATAAATAGTATGCTCAAGGAG

扩增位点名称	基因组位置	扩增起点	扩增终点	正向引物	反向引物
YITCM G035	chr1	25836001	25836143	GCCCATATGGAGAAGCTGTCTATTA	TTTCTGTGCCTTGGAATAGGAAATG
YITCM G036	chr1	26146805	26146957	GCCATTGGCTTTCACATGATAGTTA	TACCTTGTAGTGCCACAATATTCCA
YITCM G037	chr1	26430005	26430156	GGACAATCTCACTGAACTTTCCTTG	AAATTGTTTGCCTTGACATTTGACG
YITCM G038	chr1	26943752	26943938	ATCCTTAATCTAGGGCATGGAGTTC	AACAGTATCAAGTGGTCATCAGGAA
YITCM G039	chr1	27477439	27477610	CCCTTCTGGTAAGTAATCCTGGAAA	ACGATCAACCTACAGAATCAGTGAT
YITCM G040	chr1	27761548	27761666	TTTTAGCTCGATTGGTATTTCCTGC	AGCCTACAACATTACCTATGGTCTC
YITCM G041	chr1	28091915	28092032	TGCACAAATAATTTTGGCAAGCAAA	CGTTTGTTGTGTTGCTATCTAGACC
YITCM G042	chr1	28758322	28758479	AATAATCGAAGAAGACAACCTGCTG	AAAGTACCAACAGCCTCTGAAACTT
YITCM G043	chr1	29529684	29529812	TGAAATGGCATTGTTTGGTGTTACT	CACCATTAAAGCTAAGCATGAACCA
YITCM G044	chr1	30174365	30174567	ATTCTGAGCTTAAGTTGCGTGATTC	CCTGGGCAATTGCTAGACATAAATT
YITCM G045	chr1	30595010	30595184	TCACACAGCAAACACTGAATCTTAC	GGATAACCAGACCATCTGTGCATTT
YITCM G046	chr1	31113214	31113363	CATTATTTCTTTGGCGAATTCAGGC	TGCGTTTCTTCTCAATCCTAATCAC
YITCM G047	chr1	31584418	31584623	TGCAAAGGAGAATTTCTGAAAGCTT	GTTCAACTACTACATTTTCAGGAGGT
YITCM G048	chr1	31789192	31789401	GCTTTTGTAGCTTCACAAGTTTTCC	CAACAACTTAACCGGTGCAATTC23
YITCM G049	chr10	892555	892749	TGGGGATGGTTTTGTTATGAGTTTT	ACATCATAATTGAGCATAAGGAAGCA
YITCM G050	chr10	1171432	1171523	AGAAGTTTGTGATGCAATTGTAGCA	CAATCCCCACATCAAACCTGATTAC
YITCM G051	chr10	2377145	2377344	TGTGGTCTCCCATTATAGGTACAAC	AAAATGAGTCCAAATGCTGTAACCC
YITCM G052	chr10	2777644	2777836	GCGCTTAATCTCAGTCACATAGATG	GCAACATCTCATAGGCCTCACTATA
YITCM G053	chr10	7745454	7745657	GGTGCTATGCTATTTACTTGTGCAA	CTCTATATGAACTTCCTTGGTGGCT

（续表）

扩增位点名称	基因组位置	扩增起点	扩增终点	正向引物	反向引物
YITCM G054	chr10	8438753	8438929	TTCTTTTGAATGCGACAG AAACGTT	TAGCTTTCCCTGCAATTT GAAATGT
YITCM G055	chr10	8550738	8550945	AAATTTGGGACTGTCGCA TAAAGTT	TTCCACACCTCAACAACC AATAAAG
YITCM G056	chr10	10135166	10135374	CATTTTGTGACTGATCAG CACTTCT	GAGCTTGTTAAAATTG GTCTGTGC
YITCM G057	chr10	11072176	11072350	ATGGATACTGGCTGTAGG TTAATCC	TGGTTAGTTGGAATAAAA TACGGGG
YITCM G058	chr10	11900811	11900913	ATTCAACAGTTGATGGAT TCCGTTT	AGATCAATGATTTTGCTG CAATGGA
YITCM G059	chr10	12447050	12447259	CAGCAGTAAGTATCACCC AAAAAGT	GTGCTTGTAGGAAGATG AGCTTTT
YITCM G060	chr10	13662123	13662299	TTGTGGTGAAAGTGTTGG GATAATG	TGGAACAGGAAAAGTTCT CAGTTTC
YITCM G061	chr10	14176179	14176384	ATCTCTGATTCTCTGCTA TGCTCAC	TGGGGTTTTTCCACTAAA GATTCTC
YITCM G062	chr10	14443335	14443542	AAGCTTTGAAGTGTTGCT TGAGTTA	AGGCAATGAAGATAAGG CTTTGATG
YITCM G063	chr10	14712404	14712573	TCTGTTTGTGTAAGCCTT TTCAAGT	TTTATCGAGGAGCCTGA TGAAAGAA
YITCM G064	chr10	15297231	15297369	CAAATGTCCATGCAAGAA GATACGA	GTTGACCTTGTAGAGATG CAATCAA
YITCM G065	chr10	15537031	15537169	ACTTGTTTGGAAGACTTT TTGTGTT	TGTTTCCACTCTGTTGTTG ACAATC
YITCM G066	chr10	16077447	16077621	AACTTGATCTCCTCCATT TTCTCCA	TTGACTGGGATGTGATTT TAGTGGA
YITCM G067	chr10	16347267	16347401	CGCCATAAGTGTCCTTCC TAAATGA	TGGGGAACTTTTTGGTGT GATTATG
YITCM G068	chr10	16622939	16623128	CCAAGAAGTGCTTTGAAG AGTTGAA	TTATGAATTTCCACCATC CAGCATG
YITCM G069	chr10	16834797	16834965	ACTTGTGATGTCCATAAT CTTGGTG	CCTATGGAAGACTGAGG GATTCTG
YITCM G070	chr10	17551177	17551274	CACCACTCACTCCAAATT TTGAAGA	CAGCTCTGCAATGAATAT CAACCAT
YITCM G071	chr11	535494	535684	ACACAGAAGCTAACTTTG CATCAAA	ATGCAGCAACACAAGCA ATTTTAAG
YITCM G072	chr11	1002212	1002390	ACTCAGATTCATGCACAA TGTCATC	GGTTAGACAATTACTCAC TGTCCCT

扩增位点名称	基因组位置	扩增起点	扩增终点	正向引物	反向引物
YITCM G073	chr11	1306192	1306301	GTTCTGTTCGGCAAACAT TAGTAGT	TTCATATGAGAATGCTGT CTGTTGC
YITCM G074	chr11	1561578	1561786	ACCACAAAAAGCTCCAAA GAAAAGA	TGATGTTGTCTACTCTCA TCTGTGT
YITCM G075	chr11	1996817	1997017	TATGCAGCCTCTGTTACT TCTGTTA	GTGAGCACAACTATCACT TTTTCCT
YITCM G076	chr11	2464409	2464590	ACCACTACTACTTCCAAA TGCAGAT	GAGATGAACAATGTCCA AGATGGC
YITCM G077	chr11	2878103	2878251	GCTTTCTTTTCCTTTAAC AGGCTGA	TGAGCCACATGTTTAACA TCAGTTG
YITCM G078	chr11	3220189	3220397	CAAGTTTTACGTGGAAGA TGGTTCA	TTGCACGTGCTTAGAATA TTGAGAG
YITCM G079	chr11	3790367	3790574	GCTCTTCAACTTATGCCT TCTTTGG	AATTTCCAGCCTTTAAGA CTAGCAC
YITCM G080	chr11	4173691	4173759	TGCAAAACTTTCCTTATG AAGCCAA	ATTGACTCTGTTGTATGC ACATGTG
YITCM G081	chr11	4523906	4524087	CCCCTGTAAGGAAGACAA GATTTTC	CCTTTCATGCTGAACA AAATGGAGT
YITCM G082	chr11	4994523	4994635	TTCTGTAGTTCAAGTCAT GGGGTAG	ATGTAATCAATTCCCA GAACGCATG
YITCM G083	chr11	5207684	5207860	TTCAAGACCATCCTTGTC TCTTCAG	GCTCTCTCTTCAGGATTG CTGT
YITCM G084	chr11	5553959	5554133	GCAAGAAGCAGAGAAGAA CAAATTG	TAATAATAAGCTCGGAC TGGAACCA
YITCM G085	chr11	5947463	5947675	ATCAACATTTCTGTGTGA GATGCAG	GTTGTGGGTTAAGGTTTG ATGGAAA
YITCM G086	chr11	6236998	6237195	AGAATTGGGCAAATGAAT ACTGGTG	GTTGCTTATGGCTCCAAG AATGAAA
YITCM G087	chr11	6782131	6782295	AAGTTACTGTTTGGGAAT GTAGCAC	TACAAGTGATGGAGGAA AACAGCTA
YITCM G088	chr11	7177806	7178016	TATACCCTTGAGACCACTA TGTTAGG	TAAAGTTTGAACTGGTTT GTCAGGG
YITCM G089	chr11	7409159	7409344	AGACAAAATGGAAAAGTTG TTAAAATTTATAA	TCCTCTTGAACCTACCA CATACATC
YITCM G090	chr11	7714117	7714250	AGAAATGAACAAGACAATC ATCAGCA	TACACTAGCAGAGATTGA GCACTTT
YITCM G091	chr11	8749045	8749232	CAGGATTTGTGACATGCAT ATCCAA	CTGACCATGCTTCAAATT AGCCTAG

（续表）

扩增位点名称	基因组位置	扩增起点	扩增终点	正向引物	反向引物
YITCM G092	chr11	9316764	9316956	TATCCATGCACCAGATTAGGGAAAT	TGACATTTCTAGACATTCCCAGCTG
YITCM G093	chr11	9571252	9571363	CCTGTTTGGAGTTGATTTCTGTAGT	GCACTATATTTGCTGGACCTCAAAA
YITCM G094	chr11	10252577	10252766	TGCATTGTTTGGTTGATGTATGAA	GGAGTTCTTACTTTCCACCCACATA
YITCM G095	chr11	10651631	10651840	AAGTTTCACACAAAAGGGTAAGCAA	TGACAAGTTGAGTACTCTCTTCAACA
YITCM G096	chr11	11232968	11233111	CTCTTCACAGGATAGATCTCATGCA	TCATATCCCTAAATTGAGCATCAAGC
YITCM G097	chr11	12427771	12427977	GTTGCCGTGGACTTTAAAGATCAAG	TCTGACAAGGAAACCATCATCCATA
YITCM G098	chr12	635215	635409	ATCATGAACCTAAGCGACGACATAT	TGGACATCTGAGATATAAATATGTTGACG
YITCM G099	chr12	2570155	2570328	TGTAGGTGCATTTAGAGAAGGGAAA	AAGTTCAAGTCCTGCATCATTCATC
YITCM G100	chr12	4776860	4777044	TGGCTAAGAAAGAGAGAGATATGGC	TGTCATTGCATTGTTTCATGAAAGA
YITCM G101	chr12	5483122	5483281	AGCAATGGACAAAAGGGACTACATA	AAATCCAACGAACTCACAGGTTTTT
YITCM G102	chr12	5855881	5856082	ACTTGAAGATTGTATAAGTCGTGCC	GTGCTAACTTGTTAGGCATCAAGC
YITCM G103	chr12	6560947	6561115	GCCATGAACAGGGTAAGACTTCATT	GCACATGAAAAGAAGACCAAAAAGC
YITCM G104	chr12	6987178	6987315	GGATTGATGTCTCATATTTCTTGATCGT	CCATAATGCTTTGCTTTGAGCTCTT
YITCM G105	chr12	7807510	7807659	TATCATTTGGCTCCTCTTAACGGAA	ACCATGAATATTAACCCGATGTGGA
YITCM G106	chr12	9726190	9726389	GATATGCCTTTCAGCCTTTGTTTCT	CCCCTTTGCTGTTTTTACAGGTTAA
YITCM G107	chr12	9948864	9949048	TTATGGTGGTGCTAATAGTCCACAT	TTGTTGCATCTCTCTTTCTTAGGGA
YITCM G108	chr12	10220648	10220765	ACTGGCAGGTTTTTCTTTGTTTCTT	ACTGCCAAAACAATACAATAGCACT
YITCM G109	chr12	10531133	10531329	ACAGGTATGTCCTTAACTTGAGAAT	TCTTATCCAGATCTGAGACAAGACG
YITCM G110	chr12	11128058	11128156	GTCTTCAGTTTGGGCATTTTTGAAG	CTATTTGTGGAGCAACGACCAAAA

扩增位点名称	基因组位置	扩增起点	扩增终点	正向引物	反向引物
YITCMG111	chr12	11521991	11522112	CAAAAACCAAACCAATCGAACGTAC	ATGTCCAAGATTATATGACTGGCGA
YITCMG112	chr12	11975591	11975706	AGCACTCATGAACTCTTGTAGAAGT	TCTATATTGGGCTCAGACAAAGGAG
YITCMG113	chr12	12292648	12292781	GCAAGAACTTTGAAGGAAGTGAAGA	ATATGCCAATATCAAGCCTACCTGT
YITCMG114	chr12	12576415	12576522	CCCCCTCCCTTTCCTTTTATTTTTG	CACACAAAGCCAGCTCTAACTATTT
YITCMG115	chr12	12870091	12870266	CATGTAAGCCACAGAGAAAACCTTT	TATTTTGAACCATACATGTAGCCGC
YITCMG116	chr12	13204549	13204701	AACTCAATTACCCCATCAACCAGTA	AGAGCGGACATTTCAACAATAAAGG
YITCMG117	chr12	13649024	13649219	TGGAAGAGAAGTAGAGGAAGGAGAT	AAGATCAACCTAGCGAGTCAATGTA
YITCMG118	chr12	13975150	13975303	TCAGTAGTTTTGTGGTCTTCCATCT	AGACATTGCATGGTTGTTTATTCTCA
YITCMG119	chr12	14300173	14300362	TCAATTCCATTATTTCCTAATCCTATCAT	TTGGAGGTCCCTTGATGCATATAAT
YITCMG120	chr12	14547769	14547918	GAGAATGAATATCAGTTTGCTCGCA	GAGCTTTGAATTGTGGTACAGGAAA
YITCMG121	chr12	14791349	14791505	GTTGAGCTGTGTGATGATGATGATT	AACTACAGAACTAAGGGGAAAGCTT
YITCMG122	chr12	14991677	14991881	GCTAGCTTCATGCATTATAGTATCCA	GCATTGGCTATATCTTTCTCAAGAACA
YITCMG123	chr12	16045623	16045759	CTAAAATCCCCAACATGCCCTTAGT	TCAAATTCAAATGTTTCCACCAAGT
YITCMG124	chr13	5972	6097	TTTGATTCATTAGCATCACCGATGG	CCACAAACAACAGAAGAAAGGACAT
YITCMG125	chr13	206729	206917	AATTTGTGATGTGAGATGGATGAGC	CAAATCAATCCAAGTTCAACCAGCT
YITCMG126	chr13	498716	498909	TGTCCTCTGTAATATGGCAGAAAGT	TTGCATTGCAAGATCATTAGGATTT
YITCMG127	chr13	792523	792684	GTATGAGCATCCACAGCACTAAATG	AAGAGACAACATTTTGTTTGGGTCT
YITCMG128	chr13	1006640	1006832	GCAATGTCCTTCCAATAGTTAAGCA	AGTTGGTATTATCTGATGGGATAGTGA
YITCMG129	chr13	1414330	1414500	ATGATCGTAAAGCAACTGAATCGAC	TCAAGTTGTTCGAGACAGACTGTAA

（续表）

扩增位点名称	基因组位置	扩增起点	扩增终点	正向引物	反向引物
YITCMG130	chr13	1961700	1961879	AACGTGAGATTTTGGGTTGTACTTC	ATCCAAGATGAAAGTCCAATGCAAG
YITCMG131	chr13	2369388	2369558	ACTGTTGGTGAAAAGTGAGAGGTAA	GTGACCTGGTACAATGCTTTACTTC
YITCMG132	chr13	2734403	2734574	GGCAACACCAATTAGCTTATCAAGT	GAAGAATAGGTTCGCTGAAACGATT
YITCMG133	chr13	3860363	3860572	GTAGCTTTCTCATCCGTTCACTGAT	CAGAGATAGCTGCCATGGAAAAATT
YITCMG134	chr13	4409902	4410076	CCTCTTGCCTCTAACTCCATAATCA	ATTTCTGGTTCTTATGTACCTGCCT
YITCMG135	chr13	4795006	4795185	AAGTCCATTTTCAATGAGAGTCTGC	ATGTACTCCACTCTTGAGGAAGAAC
YITCMG136	chr13	5763155	5763360	TCCAATTCGGTTTTCAAAACATTGC	TTGTGCCAAAGAGCAAACTATTTCT
YITCMG137	chr13	7685493	7685686	TTCACATGGCTTGAGATTGAATGAG	ACATGTTTACTTGTGCATGGTTTGA
YITCMG138	chr13	8019293	8019429	TTTTGTTTTATTTTTGGCCAACGCG	CAGCATGTCAAGGTTGAGAGATATG
YITCMG139	chr13	8327773	8327970	TTCTTAGAAGTAAGTGGTGCAGTGA	AGCACAGGAAACAAAAAGTAAACCA
YITCMG140	chr13	9725225	9725371	CCTATTTTGTGGCTTCACCTTTCAT	CCCAAACTCCACTCAAGACATAGTA
YITCMG141	chr13	10929649	10929838	TTACATACACATGCATGATGAGCAT	TATTGCTGCTTCTTTCTTTGCTTGA
YITCMG142	chr13	11296012	11296130	TTATCCTGATGATGCCTCTGAATAA	AGAAGGCATATTTGAACTCACGTTG
YITCMG143	chr13	11645002	11645177	ACTGTGAGAGTGATACCCAAAATCA	AGAAAATGCAGTTGAAAGACTCTGG
YITCMG144	chr13	12024683	12024856	ATGACTAGGACTGGACAATTCACAA	TCTGGTCTTCGTGTTATGTATCCAG
YITCMG145	chr13	12332182	12332341	GCATGCAGTTAAAGCACACATATTG	GCCAGTTAGAGTCATCCTTGAAGTA
YITCMG146	chr13	12856455	12856583	ATGCTGGTTAGGAACACATATCCTT	CAACCCAATACCAAAGCCAAGAT23
YITCMG147	chr13	13068069	13068232	ACAGTGACTTTGTTTTGTTTGTTATGG	GCTCCTCAATTTTGCAGGAATAACT
YITCMG148	chr13	13703456	13703641	TGTTTTCTGGTATGCTGGTGTTTTT	GAAAAAGATTGACCCAAACTCCTGC

扩增位点名称	基因组位置	扩增起点	扩增终点	正向引物	反向引物
YITCMG149	chr13	14182455	14182630	AAAGACCAAAACAACACAAGTGTCT	GTATGCTCGTTGGAGAAAACTTGAA
YITCMG150	chr13	14541938	14542070	TCCACTGGCAAAGGGTTATTTAGTA	ACCGAATTCGAACCAAACACTTTT
YITCMG151	chr14	485213	485423	TCAAAGTATACGGAAAATGTATAATTGATCA	GCCCTAATTTTATACATCCAAGGACA
YITCMG152	chr14	936955	937093	GCATATCCTTCAATTAGGTTGTCCA	TAATGAAGCGCAACTACCCAAATTT
YITCMG153	chr14	2454739	2454911	ATCCAATAGCAAACCTGTCCACTAT	TGGCGAAGAGATAATTAGTGTCACA
YITCMG154	chr14	3126351	3126512	AGCATTCCATGAATTCCCTTTTTCA	AATAGTGAGCTTGAAGTCGATGTCT
YITCMG155	chr14	3355986	3356196	GGTACAAGCTTCTTGACATTCCAAA	TTCTTATCATGGCTTTGTGTTGGAC
YITCMG156	chr14	4013230	4013330	AGGTTCTCTTTTGTAGCACAGAGAT	CTGATGGGCGAAATGTAAAGTTGAT
YITCMG157	chr14	6270021	6270182	GAAATGCCATTTGATCTTTCACTGC	TCCATGAATTTGCAGGTGAATACAC
YITCMG158	chr14	6862630	6862776	ACTTCAAAACTTATGTGCGAATGGT	GTTCCCATATCAAAATCACGGAACA
YITCMG159	chr14	7841988	7842171	GTCCTCAAACTTCTGAACCTCAATG	ATAGATTTGCAGAGGAATTTTGAGAA
YITCMG160	chr14	8151606	8151793	GCCATTGAAATCAACCCAAAAACTG	TATGAGCAAAAGGAGAACATGGGTA
YITCMG161	chr14	8408737	8408891	AGATGAAATTTTACCTGATTTGTGCT	ACTGCAGAGGAATTATCGATTTTTCT
YITCMG162	chr14	8662108	8662292	GTTTGAGGAAGTGATTGACTGTCAG	TCTCATCAGTGGATAGAAAAGCCAA
YITCMG163	chr14	9067914	9068039	GCAAGGAGAGGCATTACATACCATA	ACAAGAAAGTGCATCCATGTAGTTG
YITCMG164	chr14	10297847	10298030	AGAGTCCATCTTTCTCAAGTCAACA	CTGCAAGCAAGGATGATATTTCCAT
YITCMG165	chr14	10686450	10686650	TGAGATTCTTTTGTTCACCGAGATT	CATCTTGATCAATCCAATGGCTGTA
YITCMG166	chr14	11021012	11021112	CAAGCTTCGTTTTCAACTCATTCAC	GGAACTGTAATGCTGGTTTTTGGTA
YITCMG167	chr14	11353372	11353551	CTGTCATTTTGTATCTCTCAGGCAT	GGCTTGGTTTCTATTAAATTGCAACA

（续表）

扩增位点名称	基因组位置	扩增起点	扩增终点	正向引物	反向引物
YITCMG168	chr14	11658425	11658617	TTTAATCTCAACGATGCTGTGACTG	AAAGGTTACCAGAATGCCTATCAGT
YITCMG169	chr14	11895020	11895224	TCTGCAACATTTGTCTGCTGTTAAT	TCAATGCCCTTCAGACATACTTGTA
YITCMG170	chr14	12543148	12543327	TAAATAAACCCTACTGTCACAGCCT	GGAAGAGCGATTGAGAAAGGATTT
YITCMG171	chr14	13027291	13027423	ATCCCATTTTGATTCTGGCACATTT	TCAAGTAATCTCTGATCACCTTCCC
YITCMG172	chr14	13240339	13240540	GCTGTGCTTGATGGTATCAGGTAT	AGGGTAAACTCTGGTGTACAAATGA
YITCMG173	chr14	13511327	13511514	ATTTACTTCATACGTACGTGTCTGT	AAACAAGGGCACAATTTATCGACTT
YITCMG174	chr14	13734081	13734209	TTGTTGTGTTCTGATTCCGTACTTG	AAGGCATACCAGCTTTGATTTTCAA
YITCMG175	chr15	5346727	5346934	TCCATCATTGTACTCACCATAACCT	GTCTTGGAGGAACTAGCTCCTTTAA
YITCMG176	chr15	6389614	6389812	TATTTTATCCCAGTTTTGCTCCAGC	GATTGGATGTGTTTTGTTTTACGCA
YITCMG177	chr15	7549301	7549490	CTCTAACGGAGGAGATCAAAAGCC	AAAGATTGCAAGAACTTACACTCGG
YITCMG178	chr15	8543025	8543210	TGTTTTTGGGTCTTATACTGGTTGC	GAGCTGTGCGAAGGATATTAACAAA
YITCMG179	chr15	8849427	8849607	GGTTTGCCATAGAGTTTGTGTACTT	GTTAAATAGTTTACCTGCAGCCCAA
YITCMG180	chr15	9711233	9711428	TTTAGTGTCATCGCTACTTGGAAGA	AGATCCTGAAAACCAAATCAAGCAG
YITCMG181	chr15	10101013	10101147	CTCGTAGGAATCTTCATGTAATGGC	TGTGGTACTTTTTAACTGAACTTCA
YITCMG182	chr15	10318068	10318198	ACTGGAATACTAGACTGAAGAAAAGC	CATGGTCATCATCTCCAGAGAATCT
YITCMG183	chr15	10660115	10660214	CTGCTGAGACAGAGAACAAGAAAAC	AGTGCTTGTTGTTGTTGAGATGTTT
YITCMG184	chr15	11055550	11055716	CACTCATTTTATTCATCAGTCCCCC	GTCACCGTCTGTCATTTCATTTGAA
YITCMG185	chr15	11384416	11384623	GTCGTTTTATGCATGACAAATTTGC	CATGAACCAGAGGCTTCATTAACAA
YITCMG186	chr15	11628727	11628926	TGTTGTTCTTGTGATTCTGGTAATGG	AGCCACGATTTTGAAAATCCATACC

扩增位点名称	基因组位置	扩增起点	扩增终点	正向引物	反向引物
YITCM G187	chr15	11966674	11966878	GAAACTGAACCCATCTTGTTCTCTG	TCATTTTGACTGTTGCATAAGCGAT
YITCM G188	chr15	12271388	12271509	GAAAAATGGGCAAAAGGGTTTGAAT	CTGACTGAAATTTCCGCAGAATCTT
YITCM G189	chr15	13521157	13521362	AGGCCTATTCGACTAAATCAAGACA	TGATGCTGTTGTTCTGGCTTAATTT
YITCM G190	chr15	13850687	13850849	AATTTTTGGAAGCCAGACCTTTGAG	AAGCCAATTAGAAGCAACAGTTGAA
YITCM G191	chr16	61821	61943	GCATCAAATTATTTTCCAATTGCAGC	CTCCACTGTCTTATCAAACCTGAGA
YITCM G192	chr16	370808	370958	CTCAGATTGTGGGATATTAGGAGGG	GCAGGATGACCCCTAAATGAAGATA
YITCM G193	chr16	645633	645805	GCACTTCTCTTCACTCTTTCATTGA	GAGAATGTTATTTGTGTTGAGGGGG
YITCM G194	chr16	1947984	1948164	GATAAGAACCTAATAGCCACCTAAAG	GCAAGCTTTTGATAATACCCTCTTCA
YITCM G195	chr16	2160862	2161062	AAGAAAAAGAATACTCACAGGCTGC	ATCAACTCAGACTGGACTTACTCTG
YITCM G196	chr16	2477173	2477379	CTCAGGTGGATTGGTGTGAATTTTT	AAACAACAACAGAAACTTGTCCTGA
YITCM G197	chr16	2830473	2830681	GGTAGCATTCCACAAAGTATGTCAA	ATTACCATGATCAACAACTCCTCCA
YITCM G198	chr16	3063632	3063773	GCTGGAGAAAACTTGAAGGAAAGAA	GCACACTCAAATGACTTTAAGCAGA
YITCM G199	chr16	3430682	3430869	AGCCCTGATGCATTTCTTATTCTTG	GCTCTCCCTTGTAGTTCTTTAAAGC
YITCM G200	chr16	3729655	3729799	CAACTTCTAAACCCTACAAAGCCAT	ACCCTAAGCCCTTTGAGGATAATTT
YITCM G201	chr16	4514116	4514323	ACAAGGTTCAAGTAATACTTCACGC	TGCTCTGGTAAACACTGAATTTAGC
YITCM G202	chr16	6263284	6263428	GGGATGTAAATGTTGCATGTGCTAT	AAATTACACCCATGATCATACCTAATG
YITCM G203	chr16	6610650	6610801	TCTTCCTCAAGTAGTTGGATCTTCC	TGCATCACAAGTATAAGGAGTGTGA
YITCM G204	chr16	6985091	6985244	TGTTTTTGCATTGTTTCATGAAAGA	TGTGATTGTGAATGTCTCTCCTCTT
YITCM G205	chr16	7460092	7460204	GGTGTTCCAACCAAATGATTAGGTT	TGCCACTATTGTTCCTTCTCTTTTG

扩增位点名称	基因组位置	扩增起点	扩增终点	正向引物	反向引物
YITCMG206	chr16	7778692	7778889	AGTGTGTGTAATTGGGTTTCTTGAG	GGTGGCTGATATAGTGGGAAAAATG
YITCMG207	chr16	8237933	8238131	CTGCTACCTTTTCTCCTGGTCTTAG	AGTGAAAAATACCACAACTCTGCAG
YITCMG208	chr16	8450560	8450765	AAGAAAGCTTAAAGGTTAGGCCTCA	CCGAATGAGACTGATTTTGTGTGAA
YITCMG209	chr16	8858815	8858998	GTTCTTGCATTGTTCACATTTGACA	AGTATGCTTCCGGAGAGATATTGTC
YITCMG210	chr16	9325354	9325535	GAGGTCTGTCGAGAGAGAATCATC	AAAAACCTGTTTTGCATTGGTAACA
YITCMG211	chr16	10084324	10084523	TCTTGAGTCTCAGATGGGAAAAGAG	GAAATGGCATACAGGAGAAGACATG
YITCMG212	chr16	10601876	10602009	TGTAAATTGGCTGCATTCATGAAAA	TGATACACAAGCACAATCATTTCCT
YITCMG213	chr16	10978544	10978700	ACTAACAAGCCCTAGTCCAAAGAA	GATGACAGAATTGCAAGTAGACGAG
YITCMG214	chr16	11547816	11547965	ATGGTTAAAAGGAGAAAAGTGCAGG	GATGTGGAGCCTTCTAGTCAGATTA
YITCMG215	chr17	1553801	1553881	GACTTGTGATGAGATCCTATTTGCG	TCTTCAAAGGATCATGTAACTTGCA
YITCMG216	chr17	1802563	1802768	GTCTTAACACTTTCATGATGGTGCT	AGCAGTCTTCCTGTTGATTCACTAA
YITCMG217	chr17	3913550	3913748	CCCACAAAAGACTACAAAAAGAAACG	GGCTTTTCTTTGCAATTCTTGGATC
YITCMG218	chr17	4882889	4882997	CTTTCAGCATTTGCACCAATGAATG	AATCAACCCCAGAATCACAATTGAC
YITCMG219	chr17	5501304	5501448	CCAACTAGTGGCCTTTATTTTCCAC	AAGCATTCAACATATCAATCGGCAT
YITCMG220	chr17	5928627	5928822	TGCAAAGCAGTTATTTCAGTTGTCT	TCTTCCTCTTTCACGACCTATAAAA
YITCMG221	chr17	6824009	6824208	TTATGGGAAGATGTCCTAAAACGCT	GACACTGAAGAACAATTCGGAGTTT
YITCMG222	chr17	7268087	7268209	AGTTCTTCTTCAGATCCATCAGTGA	AAAAAGCCAACATCAACCATCTCTT
YITCMG223	chr17	7577133	7577265	GGTCCATCTCTTCGTTTCTCAATTC	GGACACAACATGAATTCAACGAGAA
YITCMG224	chr17	7855204	7855405	AGTATGCATGCAATAGGGTTAGGAT	GAAATTGTATCTACTGCTCCTTGGC

扩增位点名称	基因组位置	扩增起点	扩增终点	正向引物	反向引物
YITCM G225	chr17	8577081	8577245	GCAAGAGGTTTTACTCAC AATTCCA	CACTTTAGATCATCGCCA ACTTGAA
YITCM G226	chr17	9532786	9532960	TGTTTATGCAGAAAACAT GGAGATC	CTTGCTACCTTCTCAAAC GTTTCAT
YITCM G227	chr17	9757539	9757661	GCCTACTGATGGAGATAA AAATGCC	TTGGCTTCCCATCAAACT CAAAAAT
YITCM G228	chr17	10188882	10189014	ACCAGTATCTTAATCAG GGGTTTGA	ATATTTCCTTCTCAATGA ACCGGTC
YITCM G229	chr17	10556805	10556891	CCATCATCTTTGTGGGT TTGTTGTA	CAGCTTGCCTATGACTT TTTGAGAA
YITCM G230	chr17	10800855	10801020	AGGATGGAGAAGAGATG GACGATAA	TCAAGTGCTTTAGCTTGT TTAGTCT
YITCM G231	chr17	11195509	11195646	TGCAGCTATAAGAACAA GTAGTGGT	TCCGTTCGTCAAATTTTG ATCTGTT
YITCM G232	chr17	11513657	11513850	CCCTGTTGACTGTAAAA CATTCACA	CTGGGATTAAAGGCCCT GAAATTTT
YITCM G233	chr17	11796417	11796605	AAATGTTGGCCTTGTAC ATAACCTC	ATGATATAAGAGGTTGCA GATGCCT
YITCM G234	chr17	12158991	12159200	CCTTTAATCACAGCCAA TTCCCAAT	ACTCTGAATCTACAATGC AGTGGAA
YITCM G235	chr17	12435106	12435245	ACATACGTAGATCATTC TGAGTGCA	TCTCTAGCAAACTTGTT ACCGAGAA
YITCM G236	chr18	70827	70977	CATGCTTATCAGAGGAAAT CCCAAC	GAAGAGATCCTCATAGCA TTGCTGA
YITCM G237	chr18	685851	685971	CAACTTCTCCTTTCTCCC AAAATCC	TGACCTTTCAATATGTCT CACTCCA
YITCM G238	chr18	911088	911275	TTCAGTAAGGATACCAT TGCTCCAT	TGCAATATTCAGTAACTT GTAAGAGTGA
YITCM G239	chr18	1168691	1168782	TATGACTAGTAAGGGAA GGAGGAGG	CATTGAGCAGAGTGTCT CATTAGAG
YITCM G240	chr18	5814324	5814521	CTCCTGTTGTTGTTGAT TCAGACAT	TGCATGCTTGTCCATTAT TACAACC
YITCM G241	chr18	6124618	6124699	GCCACAATTGCAACATT AAACTCTG	AATGAGTTGGTCTCTCTC TTGTCAG
YITCM G242	chr18	6650040	6650213	GGTCTTAACCATGGAAC TACCAGAA	CCAATGGGAGGTTTAGA AGGACTAT
YITCM G243	chr18	6941694	6941878	CCCATCATTGTTGCCCT AATCTCTA	CCAGGGTTCAACAAAAG CTAATTGT

（续表）

扩增位点名称	基因组位置	扩增起点	扩增终点	正向引物	反向引物
YITCMG244	chr18	7187160	7187302	TTCAAATTTGGCACCTTCTTGTTCT	GCTAGAGCCACTATGAACAGATACA
YITCMG245	chr18	7387658	7387816	ATTTTGTCATTGCTCATGATGGGTT	AATGAAGAAGGCATGCCAAAACATA
YITCMG246	chr18	7696878	7697010	ATGCTCAAGCCATTGTCATAACATT	ACAAAGTAACTTGTCCACAGTTGAC
YITCMG247	chr18	7921043	7921227	TCTGTTTAGCTATTGCACTGATGTG	AGCAGTCACTGAAACAAATTCCATT
YITCMG248	chr18	8308368	8308555	GGTGAGCTTGCAAATGGGTATTATT	TTCCTGTAACGTATCCCTCAAGAAG
YITCMG249	chr18	8567839	8568039	GGAAGATGGCCGTAATGAATCATTT	ACCACTTTCCACAGCATAAAATTGT
YITCMG250	chr18	8867144	8867327	CAAATGTCCATAACCATCACCCAAA	TGAGCAACTATCAAAGAAAAGCAGG
YITCMG251	chr18	9125675	9125863	TACAGGGAACAGCTTGATTCACTTA	ATTTGCTCTGTATCAATGGTAGGCA
YITCMG252	chr18	9370635	9370760	ATCATCCCAGGTTTCTCCTTTATCC	ACTTACTAGGTTCAGGTAGTTGCTG
YITCMG253	chr18	9858939	9859146	CCCCATTTGGCATGTTGAATCTTTA	TCTCATCCGAATTAGTCCACTCTTT
YITCMG254	chr18	10100208	10100359	TGTATGGATTACACAAGGCCAAGTA	CATGAAAACCGACTTAAAGGGGAAC
YITCMG255	chr18	10460025	10460217	AACCTTCATCAGTCCGTAATCAGAT	TACTGTATCTTGTGTGCCAATGGAT
YITCMG256	chr18	10759433	10759530	CCACCAAATTTTGCGATTGGTATGT	ATCATAACATACCACAGTAGCTGCT
YITCMG257	chr18	11105464	11105574	TGATGTCAAACAACTCTCAAACAGG	AACTTATGGAATCCGTACTCAAGCT
YITCMG258	chr18	11426770	11426947	TAGTCTGGTCTTGAAACCTGATGTT	TTCATCAATAAGAGCAATGCCCTTC
YITCMG259	chr18	11626682	11626889	CAAATTGACAGTTGAGTCTGTTCCA	GAAAGCTTCATTGTTCTTTTGGTCA
YITCMG260	chr18	11829996	11830203	TGCAATCCCTGAAATCACCATTAAG	GCCAAACAAATGAAAATGAGTTGGG
YITCMG261	chr18	12190644	12190763	AGATAGCAAAACAACAGAATTCTAGCA	GTCTTAATACTGCCATCTTCAGCAC
YITCMG262	chr19	127482	127605	GTTAGATGATCTTGATGCCCCATTG	ATACCCAGTCTCTTGTTTGATGGAA

（续表）

扩增位点名称	基因组位置	扩增起点	扩增终点	正向引物	反向引物
YITCM G263	chr19	703209	703306	AGCTGACTCCTACTTTAAGCCTATG	TGTCCATTTGTTTCCAGGTTTCAAA
YITCM G264	chr19	1992286	1992411	GGAGATCCCAACCAAAAGATAGACT	TAACTCATCTGACCATAATCGTGCA
YITCM G265	chr19	2606445	2606622	TCTAACAGTGCCACTAAAGTAACAA	ACTTGAGTTTTTCTTCAAATCTTCAAGA
YITCM G266	chr19	2938912	2939033	TCACGTACACTAATCAAATCCAAGA	TGTGCATTCTTTGATGTTCTTCACA
YITCM G267	chr19	3778232	3778399	TGAGATTTGGACTGAGGGATAATCC	ACTAATTTGCTTGCTTACCAATGCT
YITCM G268	chr19	6251100	6251298	TTGATGAGAATTCCCAGCTTAGACA	AGCATGATATGTGGGTCCATCTTTA
YITCM G269	chr19	7349771	7349966	AAGTGAGAGAGAAAGAAACTCGGAA	GCGGTTACTTACTTCGCCTTAATTT
YITCM G270	chr19	7573320	7573521	GGTTTCAACTTTTGAGGCCTTTAGA	CTCCCGCAATTCCTTCAAGTAATTG
YITCM G271	chr19	8027631	8027808	AATGATACAACAGCATGGCATATCG	TAAACCTAACAACATCTTGCTGCTG
YITCM G272	chr19	8234202	8234345	AAAACCACTCACTCTATCTGGAACA	GTTGGCATTCATGAGTGTCCATTAT
YITCM G273	chr19	9555042	9555194	CAGTACTCAAAAACACCTGTACCAA	GGTCCCCTGATCATATTCATGGATT
YITCM G274	chr19	10392082	10392279	TTCCCAAATACTCCTACTGCAAGTT	TCAACTTGTCTATTAGGCTAGGCTC
YITCM G275	chr19	10777322	10777511	CGCATTTCCTCAACAAGATCATACA	GGGAACATATCTCCTCTGGCTTTTA
YITCM G276	chr19	11016308	11016414	CGCAAATAGGATTCTATCATGGCAA	AAGGCATGAGTGAACTTTCATTAGC
YITCM G277	chr19	11439133	11439271	GCAGCCTAGAGACAAATTCTGAATC	TCTCTCATCAACATTACTGCCAGAA
YITCM G278	chr2	149286	149429	AAAAAGTCAAATGCCACCTGTGTAT	ACGTCTTATCTTGAAAACATGTTGGT
YITCM G279	chr2	435562	435757	AGAGTCCCCTTAAGAACAACAACAA	ACCTTGTCAAAGCAGATGATTTCTC
YITCM G280	chr2	815996	816183	TCAACATCTTCTTCCATTGAAAGCC	ATTTATGGCCTTTGAATCTCGTGAC
YITCM G281	chr2	1336618	1336826	TTTCCCTCTTACCTAGAACCAACTG	AACAGTTATTTGCAGTCACAGCTAG

（续表）

扩增位点名称	基因组位置	扩增起点	扩增终点	正向引物	反向引物
YITCMG282	chr2	1748587	1748773	ACACTTCATTCAATCTGGTTTCTTCA	ATGACAAACTACTGCTGAGTGTACT
YITCMG283	chr2	2063072	2063269	TCATGCTATTTTAAAACAAGGTGCA	AAGAGTAAAACTGAGTGATGGGAGG
YITCMG284	chr2	2353159	2353299	GAAGGATAAAGGGCATGATTCTGTG	GGCAACCCAGATCACTATTAGACTA
YITCMG285	chr2	2786784	2786941	ACAGTTCCCACATCTCCCTATTTTA	TGTGTTCAGTGTGCCATATTGATTT
YITCMG286	chr2	3491184	3491337	ATTCGAGGAGTAAATGAGTGAGGAG	TGGATAGCAGCCAATACATTTGAAG
YITCMG287	chr2	4025287	4025464	AATTTTAGCATTCAGGAACAGCACA	ATTTGGTTTTTGGTGACTTCTGGTT
YITCMG288	chr2	4257004	4257121	TTGGGATGGTTGTAGGTTCAACATA	CGCTCTCTTTTCACTCCTTTTGATT
YITCMG289	chr2	4574414	4574574	GGAACAAATTCGTCTAGGATTGCAA	TAAAATTGGCACCACTAGAGGAAGT
YITCMG290	chr2	4898312	4898493	GCTAGGGCATTTAGTTTTCATTGGT	TTAATCTCTTCTGTTTGGCTTCACC
YITCMG291	chr2	5107072	5107193	ACTCTGTGTCTCTGTCAAAGTGTTA	TTGAAGGAGAGTCAAGATTGGAGAG
YITCMG292	chr2	5422561	5422744	AACTCTCCAGCAACTCATAAGTGAT	TTCACCACTGGTTCGAATTAACAAG
YITCMG293	chr2	5681499	5681708	ATGCAAGAAAGTCTGAAAGAAAGCA	AGGACATTCTTTTGGAGCAAAAACT
YITCMG294	chr2	6482259	6482448	TGTAGCCACAATAAAAACCAAACGA	AGCCTTACATCAGCTATCCTAACAT
YITCMG295	chr2	6686893	6687075	TATGGGTTTGGGAAGTGATGTTTTG	TTGCTATCACCTCTCCTAGCATAAC
YITCMG296	chr2	6972635	6972814	GTGGTAGCCCGTTCAAATATGAAAT	ACATGTACACTTCTTTTGTAGCTTCA
YITCMG297	chr2	7236949	7237126	CTGTCATAACAGCTTCTTCATGGTG	ACATCATCTTCCTGTAGCAGTTACTT
YITCMG298	chr2	7593569	7593691	ACAGCTATGTTGAACCCAATGAAAT	TCAATCAAAAAGGAGCAAGAAAGGG
YITCMG299	chr2	8287722	8287888	ATGACTGATATTCCTTCTCAGGTCG	GCCTAAAGCAATCTATGTCCACGAT
YITCMG300	chr2	9112735	9112935	TCTGGACAATGCAGTTATGAGTAGG	GTCCTTGTTTCAACTCTTCAAGTGT

（续表）

扩增位点名称	基因组位置	扩增起点	扩增终点	正向引物	反向引物
YITCMG301	chr2	9504667	9504818	GAGAGTGAACCGTTTTGGAAATCAT	GACTCTTGCAGAAAAGATTGGTCAA
YITCMG302	chr2	10199369	10199499	AAGCTAAGGACTTCTGGTCTTGAAT	TTCCTAAATCCTTACCTAGTGCGAG
YITCMG303	chr2	10399494	10399680	GAGAACCCAAAACTTGACCAACTAG	TTAATCCTCCAATTGGGTTGTTTCC
YITCMG304	chr2	10600497	10600624	ACGATCCACCCTAGAAAATGCATTA	GAGCAATCAGTGACTTCTTCTGAAC
YITCMG305	chr2	10844540	10844738	TACTAGATAAGCCATGTTTGGGACC	TGTTCAGAGTTAAACATTCAGAGGC
YITCMG306	chr2	11433740	11433850	GAACTACACAGTACACATACCACCT	TCATCACTCATCACTTTTGCATCAC
YITCMG307	chr2	11870546	11870699	GCAAGAAATTCATTTCCAGAAAGGC	GTGGCTTCATTATCAAGCATCGTAA
YITCMG308	chr2	12936018	12936177	CATAGCTCAAACTTCTCACTGTTGC	ATTTGCTGTGTCGATAGTAACATCG
YITCMG309	chr2	14467050	14467218	TCTCAAATCTCCAACTTCCTATTCTGT	TCATTCTCCATTTGTTTGTTGGTCT
YITCMG310	chr2	15682421	15682605	CACTTGATGTACTTCTAGGTTGGC	TACCTACAATATCTGTGCTGGAGAC
YITCMG311	chr2	16995130	16995300	CTCCGCATCTATGATTCATTTCGAG	TTTCACATTCAGATATTGCTGGCTC
YITCMG312	chr2	19555912	19556033	ATGACTTCTACCATGACACTGTTCA	GCTGTATGTCATCCAGTTTGTTTCT
YITCMG313	chr2	19952813	19952988	ATTGACCAACACTTGAAGGACATTC	TCCCCAAATGGCAAGATTATATCCT
YITCMG314	chr2	20798094	20798153	CCATCAGGTGAAAGGATTGCAATTT	GACCATCTTTTGAGTGGTTGCAATA
YITCMG315	chr20	14177	14353	TGAATCACTCATACAGAAAAACTAGGA	GGATACCTCCTCTGATTATGGAACC
YITCMG316	chr20	546323	546527	CATCTCAACATATTCATGGCCCATC	TTAAGGAATGACCCCTATCGAGTTG
YITCMG317	chr20	1029047	1029217	CCTAGTAAAGTATTCAGTTGCTTGACA	CATTTTGTCTGCCATCATTTGCAAA
YITCMG318	chr20	1469765	1469936	TCTTTCAGAAGACCTGGATCCTTTT	TAAACAAATCTTTGGGTGCGCTATT
YITCMG319	chr20	1836898	1837063	CCATTCTTGGAAATCCCATACAGAT	AGGCAATAACTCCAACAGTAGATAA

（续表）

扩增位点名称	基因组位置	扩增起点	扩增终点	正向引物	反向引物
YITCM G320	chr20	2194758	2194880	TGCATTCTTGTTTTGATGACATCCA	CCTGTGAACAAAAAGAAGACCTCTG
YITCM G321	chr20	2649988	2650164	ACTCTTCAACAAGTAATGATCACCA	GAAGAGACAAATCGAATCTAGCGG
YITCM G322	chr20	3084816	3084943	GTATGAAACCAATAGCTCTAGCAACC	TGTACTATCTGTGCCATTGAACAGA
YITCM G323	chr20	3839336	3839517	AAACAACAAAGGTGACTGAGAAAAG	CCAAATGGAAAGAGAATTGAAGGCT
YITCM G324	chr20	5792712	5792922	GAAGCATCTTATTCCATGCAAAAGC	TTTGCTGAGATTTTATGTTGCTGGT
YITCM G325	chr20	7103238	7103393	ACAACATCAGGCTTGAGTTTCAAAT	CTACAAAGCATTTCCAGCAGATCA
YITCM G326	chr20	9550338	9550526	TCCTCTTCTTCTCGTTCATCATTCA	CCAATTGAATCCGCTCTCTTGTAAA
YITCM G327	chr20	9769171	9769392	ATATTGTTCAACTCAAAGGCACTCG	AGGCATAAAATAACTAGCTCCCACA
YITCM G328	chr20	10431123	10431319	TGATTCAGGAATCCTCCAG-DCAAATA	TCCTGGAAGAAGCTACTGAAAGATC
YITCM G329	chr3	478382	478580	AGGAAAGGGATTCTGGTAGGATTTC	AAACAAAATCCAGAAGTCCACTGTG
YITCM G330	chr3	856906	857057	ATATGCTCGTTTCTGTGGAAGAGTA	AACTGCAAGCATTCAGTGACATTAT
YITCM G331	chr3	1109550	1109722	TGTATTTGAAAACTTCTGAGGTGCT	TAATTTTTGTGCCATGTGGTCCAAT
YITCM G332	chr3	1504959	1505109	TTGACCATTTCTTCCTTTGACAAGC	CGTGAACAGTTACCAGTTGATGAA
YITCM G333	chr3	1893445	1893652	TGATGTGTTTGAGTGAGAGTTGTTG	TCCATAATGCTGCCTGTAATGGATA
YITCM G334	chr3	2152239	2152408	GATAGAGGCACAAATTCCCAACATT	AGTTTAGTCCTTGATACTACTGGCT
YITCM G335	chr3	2617264	2617401	TTTACGGTGTGAAGATTTTGTCCTG	TATTGTTGTGGCTGTGAAAAGCATA
YITCM G336	chr3	2847519	2847666	CTTGAAAACACAGAGAAGTCTTGCT	ATGGTCTCACGATAAACACTACCAA
YITCM G337	chr3	3403311	3403466	GGCCAACTTTAGGGATGTCATAATG	AAGCACAGAAGTATCAACTGATCCT
YITCM G338	chr3	4157103	4157302	TAGTCAGTTGGGGATTTGGAATCAT	GTGAAAGATTTTGTGTTCGGTTGTG

扩增位点名称	基因组位置	扩增起点	扩增终点	正向引物	反向引物
YITCM G339	chr3	4606844	4607052	TATCAAGCTTTTGTGTCA GAATGGG	CACAAAAATTGGTCGA AGAAAACCC
YITCM G340	chr3	4928980	4929116	TGATAATTCCAGTTCGTT GCTTCAC	GTCTGCCTGTAGAAGATC AAGGTAT
YITCM G341	chr3	5195930	5196140	GTTCCAGGATCGAAAGAC CTCTATT	AGAACATTGTCCCGAAT ATCAAAGC
YITCM G342	chr3	5861344	5861525	ACATGCTAAAAGTCTCAAG TGATGT	ATGAACACTACATTGGTG CTCCTAT
YITCM G343	chr3	6208483	6208672	GAATGCAGAGAAAGAGTGA ATCTGC	ATTCTGATAGCTCTGCAG ATGCTTA
YITCM G344	chr3	6645378	6645555	GCAGATTCAAGATCAGCA GAATGAA	TTACTGGCCATCTGGATC ATTAACT
YITCM G345	chr3	6876962	6877042	GCAGCCAAACATAGTCTT GATGAAT	GGATGCTTCTTTATGTTG GGAGGTA
YITCM G346	chr3	7330695	7330797	TCTACACCAATGTTCTAAC CTCTGG	TGAGCAAGATCCAAATTA ACCAAAA
YITCM G347	chr3	7597939	7598098	ATCACCCTAAAATCTAAGC CATGGT	CCCAACCTCATCCATAA ATCCATTG
YITCM G348	chr3	8136505	8136711	GACATCTTTCAGAGCACA AGGTATG	AGGATGATAACCTCAAA GAGTTTAATGG
YITCM G349	chr3	8872778	8872925	TTTGATGCTGTGATTGCTT TAGAGG	TGGAAAGCCATTGATCAA ATAGC23
YITCM G350	chr3	9159340	9159516	ACAGTTAACTTCATGGCAA TCACAA	TGTGGAATTCACTAAGCT GCAAAAA
YITCM G351	chr3	9697679	9697889	GGGCAAAGCAATCTCTGAT CAATAT	GATATGATGCTGTGATC CACTTTGG
YITCM G352	chr3	10281394	10281598	AATGCCATAATCATCCAA GACACTG	TCAACAAAATGGCTAC TAAACCACC
YITCM G353	chr3	10759103	10759271	CTAGTCTCGCTGCTATTG ATTTTCG	GAAACTGAATCAGATCAC GCTCAAT
YITCM G354	chr3	11253465	11253674	CCTTCCATTTTCCTTTCCA TTCCTC	AAGGTTGTTTTGCTGTTC AACAATG
YITCM G355	chr3	11464467	11464635	TTTCAATCTGACTTCTCCA CATCCC	ATACCTACAAAGTACAG CATGTGGT
YITCM G356	chr3	11794045	11794251	ACAAACTTCTCCTCTACTT AGGTGT	ATGAAAGAGAGGAGTAT GCCAAAGT
YITCM G357	chr3	12276437	12276645	ACTTATGCATGGCAAGTG ATAATGG	GTGCATAAACCCAACCA CTAATGTA

（续表）

扩增位点名称	基因组位置	扩增起点	扩增终点	正向引物	反向引物
YITCMG358	chr3	12619580	12619741	TCAGAGTCTAATGAATCAGCTCCTG	CAATGGAAATCCGATATGGTGAAGG
YITCMG359	chr3	12855968	12856134	GGTGCAAGCAATAAAACTTTTTGCT	ACTTCTTGAACAAAGAGTCTTGCAA
YITCMG360	chr3	13130746	13130838	GCTACAACTATAAGAAGGCAAACACA	GATATTATTTCTCTCATTTGAAGATTTCTTTC32
YITCMG361	chr3	13425475	13425654	TCAGTGCTGTCTTACATAACTAGCA	GACCAATCCTTGATGCAACTGTTTA
YITCMG362	chr3	14024197	14024350	TCCACATGAAACTCATTAGAGGTGA	TGACTTGGATGTTTTCAACAACTGT
YITCMG363	chr3	14292074	14292259	GTCACTCCCAAAAATAAAGGATAGCA	GATTAATGTGTGAACCAGCTAAGCA
YITCMG364	chr3	16889751	16889872	CATAAACATTACGGTCCTTGTTGGA	ATTCCAACTTCTCTAAAAGGTACGC
YITCMG365	chr3	17264802	17264992	CTGTCCCAGATTCTTGTGGTTTTAC	CACTGTCTGCTAATAAAACCTGCAA
YITCMG366	chr3	17561128	17561300	TTCCCTTCATGTTCACCAAGTTCTA	AACAAATCAACCTCTGGAACAAAGG
YITCMG367	chr3	18278221	18278429	GTGATCTCTCAAGGAATCAATGCAG	AGCTTCGCAGATTTTATCGACTTTT
YITCMG368	chr3	18509169	18509329	CTTAGCAATGGTCTTTTCTGAACCA	TACATCAAATGTGAAGCAATGGTGG
YITCMG369	chr3	18765616	18765787	ATGACAAAACCATTCACATGCTCAT	AAGGGTGGAAAACAATTCTAAGCTG
YITCMG370	chr3	19817339	19817479	CAGCAGTATCCTTAGGTTCAGTCAT	ATCACCTTCCAGCAATGAACATTTT
YITCMG371	chr3	21101851	21101943	TATCGTAAAGTCCTCACCTGATTGG	TGCCATCATGGAGAAAATATTGCAA
YITCMG372	chr3	22144956	22145166	CGATACAATTGCTTGATTCCTCCTC	GAGGAATGTTTGCCTTCCATACTTT
YITCMG373	chr4	490213	490312	ATATCTCCTGGTAGATGAACCCAAG	AGACAACAAAGAAGATGGCGATTAC
YITCMG374	chr4	1106811	1107017	GGTATGTACTCTGTGAACTCTCCTC	ACAGAAGGTGTAATGATGACTGGAA
YITCMG375	chr4	1592045	1592152	TGTACATACTCAGTAATGGCAGCAG	CGTTTGAGTCATCCGGTTTTCATAT
YITCMG376	chr4	2383023	2383163	AAAACACTCTCCACCATTAGATCCA	TGGGTTTGTCACTTTTGATGAGAAA

扩增位点名称	基因组位置	扩增起点	扩增终点	正向引物	反向引物
YITCMG377	chr4	2789438	2789639	TGAACAAAAGAATAGATAAACCCACA	ACAAATGCTCTCTAAGTAACAATACCT
YITCMG378	chr4	3751514	3751666	CTGAATTGCATCCTTCCAAGAAAGT	CTTCAACACGATTATAGGAAGTGGC
YITCMG379	chr4	4076348	4076432	AACCTGCTGAGACTTACTGTGTTAT	TCTGAACTTAAAGCAGCTTCTTACA
YITCMG380	chr4	4838803	4838888	GGAACCTTATGAGCCAAACAAGTC	TGGCCTTAACAATCTTTTCCACAAA
YITCMG381	chr4	5218831	5218979	CCAATGACCAAAACCTCATCAATCA	GATCCGTTGTCTTTTAGAAACTGCA
YITCMG382	chr4	6146534	6146687	CTCTGTATCAAAACGCGATTCTCAT	GACTGGGAGAGTAAAAAGGGAAGAA
YITCMG383	chr4	9525978	9526145	CGGATCCAGGATCAGTGATTCTTAT	TTATTGAGAATTTCCGATCCACAGC
YITCMG384	chr4	10256328	10256525	AGCAGATGATGATTTGCCTAGTGTA	TCATGATAAATCAAAAGATCCCTGCC
YITCMG385	chr4	10656049	10656191	GTATGAAAAGTACCCAAAAGGCCAA	CCACAAAATTAACCTCTTTCCCCAA
YITCMG386	chr4	11099263	11099395	TGGAAAGAGGAGAAAAGCTACTTGA	TTCAAGTTTAACAACATTATGCGCG
YITCMG387	chr4	11604565	11604709	TCAGATTCATCAGAGCCCTGTAATT	GACACTTGGCAATCTGAATTTGGTA
YITCMG388	chr4	12362535	12362708	CTTCATGGTCTTTGTGTTGATTCCA	ACCCTTCAAACATTTCATGTCACAA
YITCMG389	chr4	12898170	12898355	TCATCCTCGTGCTTCTCATTCTTAT	TACCAAGTCAAGCATTCCCATGATA
YITCMG390	chr4	13254398	13254563	ATTAAGGCCAAGATTCTTAGCTGGA	AACTGATTGATGCCTTTATGCACAA
YITCMG391	chr4	13470339	13470463	TGGTTCTGAAGTTTCCTTATGCCTT	GCTCAAAGAAAGGGTAGTCCAAGTA
YITCMG392	chr4	13697528	13697694	GTTATGCGATTGCCTTGATCGTTTG	ACTTATATTCGTCCGTTGAGTTCGA
YITCMG393	chr4	13943887	13944096	CCATTGGTGATGCTTGTTCTTCTTA	CACCAGAAAATGAAACTAAGGGACC
YITCMG394	chr4	14791379	14791444	TCATTGAATCATATAATATTCATTTAACAATCCA	GAAGACTTTCCAACGTAACAAAGGT
YITCMG395	chr4	15178954	15179042	GTTCGTTTGTCTCTTGATGATCCTG	AATCCAGCAAGCCAAATTCATGTTA

（续表）

扩增位点名称	基因组位置	扩增起点	扩增终点	正向引物	反向引物
YITCMG396	chr4	15515723	15515886	TTGGTTTTGAGATCCATGAAGTTGG	TTTTGATGTCAAGATCCCAAAGCTC
YITCMG397	chr4	15778380	15778536	CTGCATACTAACATGATCTTGTGCA	GCAGTTGGGGTCATATCTTCTATCT
YITCMG398	chr4	16114708	16114904	AAACAGCTGTTTGATGTGTTTTTGG	TCATATCCATAATGTGACATGGCCT
YITCMG399	chr4	16382288	16382395	TGACACTGGAATTTATCACCAGACT	AGATTTCCATTGCTTCTGTCACAAG
YITCMG400	chr4	16817014	16817108	CCTGTGCTTCTGAAACTACTGTAAG	ATACAAACACAACCTACAAGCATGA
YITCMG401	chr4	17022809	17023005	TTTATAGCAGAGATCGGGTTAGCAA	TATGCTTGGTCAACTCACTCTAACA
YITCMG402	chr4	17429442	17429614	ACAGCTTGGTCATTTATTTCCATCC	TGGCATTGATGGATTGTACTTGTTT
YITCMG403	chr4	17764698	17764901	GGTGGTGCAAGTCTTTCAGAATTTA	TATCCTCCACTATTATGATGCCTGG
YITCMG404	chr4	18268643	18268848	AGTGAGATGATAACATAGACGCCTG	TGTTTTATTCTGAAGACTGTACGCG
YITCMG405	chr4	18609318	18609484	CGGAATTTTGAGAGGAGGTTCAATT	ATTGCCAATGAGCTGAGAAATTTGA
YITCMG406	chr4	18900920	18901062	TGTATACTCCTGGCTATTATGGTGC	GCAAGGCAAACAAACTTTTCATCTT
YITCMG407	chr4	19193364	19193512	CACCGCACTTCAATTATCACCAATA	ACTTGTTTGGTTTTAGTGCATAGTCT
YITCMG408	chr4	19528370	19528547	AGTTTGGCATGGATTCACTTATGTT	GATATCTCCAGCAACTTGTCATTGG
YITCMG409	chr4	19841231	19841392	TCATCATCTTAGCCTGATCACTGTT	GGAATGCGACATATTGAAAGGTCAT
YITCMG410	chr4	20672783	20672977	CGTTTCACAGCCCTTGAGAAAATAT	AAAAGTGGCTAGTAGATGTACGAGG
YITCMG411	chr5	461948	462051	CCAACATCTCTTTGACGGAATTTCA	TAGGACACACATACACGTTGTTACT
YITCMG412	chr5	956515	956701	GACAAAACAAAGCCCATCCTTGATC	GATGCTATACGTTGGGAAGAACAAC
YITCMG413	chr5	5227702	5227859	ATTCACAAGAGAAGGAGAAGGGTTT	TCTATGACTGCCCTTAAAATTGGTG
YITCMG414	chr5	5465265	5465423	TGAGAAGAACCTATGGCCTAAACAA	TTTTTCTCCTTTCTCTCTCAGACCC

扩增位点名称	基因组位置	扩增起点	扩增终点	正向引物	反向引物
YITCM G415	chr5	5854672	5854798	TCAGTTAAGCGTTGAGTTGTTTACA	GCTGAAGAAGTATGTTGTGCATTCT
YITCM G416	chr5	8325216	8325406	AAGATAGGTGTTTGTGTGATCTCCA	GGAAGTGACTTAGTTTGCAACTCTC
YITCM G417	chr5	8642740	8642936	ACTTTGCTGCCATAAATTGATGACA	AAGGCTTGTGTTGAAGTTCATATGG
YITCM G418	chr5	9279778	9279956	GCTCACAAAGGAAAAATCAGATAACG	CAAAGGACAAAGAAGGTGATGGAAA
YITCM G419	chr5	10139287	10139492	CTGGACAGCAAAACAATGTAAAGC	CCTGTAAAAGTTGGCCACCTTAAAT
YITCM G420	chr5	10609701	10609890	CTGGTTCTTCTCTGTTGCTCAAAAA	AAGTCTTTAGGGAGGCGTTTAAGAA
YITCM G421	chr5	11095941	11096151	CAAGCTGCTTTTCAAGTGATTCAAG	CAGCAGGAATATCTGAAGCTGAAAG
YITCM G422	chr5	11385071	11385173	CTTACCATCTCTGAATTGGTGATGC	TTATGGGACTCAAAAACAAGTGCTC
YITCM G423	chr5	12268603	12268762	TCCTGTGTGCCTATATTAACCACTG	TTGAAGTTGCTAAAGATGGTGTTCT
YITCM G424	chr5	12583287	12583396	CTGCATAAGATTTGCAGATATGGGG	CGTCTCCTTTCTTCAGTCTGTCATA
YITCM G425	chr5	12847368	12847525	CACCATTAAAAGCACTAGAACCCTG	ATGATTCAAACACTGGTTCTGTTCC
YITCM G426	chr5	13220334	13220477	ACTTGTTATTCTAGCCTTGGCTTTG	TTTTGTGCCACATTGGGAAAAGATA
YITCM G427	chr5	13791964	13792140	TAATTTGGAACTTCTTTGCCCCAAG	GCGAAGTTGGTCAATAAAAATGCAA
YITCM G428	chr5	14018647	14018838	AAGGTTGTTATCCCATCTTGGATCA	ACTTATCCCCATATTCCACATGAGG
YITCM G429	chr5	14594596	14594800	GATAGACAGGTTGCCCTTGAAAATT	GCCTATACTTCAACTCAATTTAGGCC
YITCM G430	chr5	14867007	14867149	CACAAGAGGGGCCATTCAAATATAC	AACTTGGTGAGAAAGTCGAAACATC
YITCM G431	chr5	15530998	15531186	ATGTGAACTCCATGAAAAAGCACAT	GCCGACAAAGAATGATATTCCGAAT
YITCM G432	chr5	15772603	15772709	TTCATTTCAATAGCTTTTTCCAGCA	CTAAAACTGATACTGTTTCCGGAGC
YITCM G433	chr5	16022619	16022792	CAGGGGAGACTTTTCTGTATTGGTA	TGTGTCTGACCCAATCTAATCCATT

（续表）

扩增位点名称	基因组位置	扩增起点	扩增终点	正向引物	反向引物
YITCM G434	chr5	16408158	16408358	TGGACATTAATAAAGACATACCAAACA	TGGGGAAGGTGACTAAATGATTCAA
YITCM G435	chr5	16900432	16900547	GCTTCTGCAGCCATATTTGATGTTA	ACAACAGGCACAACCATTGATTTAA
YITCM G436	chr5	17464559	17464763	GCAAACTCATAATCCACAGCAAAAC	CTGTTAAGGTGGTGGAATTTGAACT
YITCM G437	chr5	18538547	18538747	GTTGATGCTACTTGAAATCCACCAC	CAAGAATGTGATGCCATTCTCCTTT
YITCM G438	chr5	18926007	18926175	CAAACCGTCAAGTTACAGACATGAT	GCAGAAAATGGATTGCAATATGTGTT
YITCM G439	chr5	19263117	19263236	ATAATACCTGGCTAAGTCTTCGGAG	GGAGGTTCTTGAGGGGAAGATATTC
YITCM G440	chr6	160766	160935	GACACTGAGGCTAGTACTTATGTCA	TGACTTCATTGAAGGACATTGCTAC
YITCM G441	chr6	367111	367257	AAATATGCTTTCAAGAGTACCTGGC	AATTATGTCCAGGTTTCAGAGAGGG
YITCM G442	chr6	1019610	1019799	TTGAAGATCTGATTGCCTAGAATGG	AGGTTAAGGTTGAAGAGAAGGAGAC
YITCM G443	chr6	2171661	2171868	GAGCCAAAAACATCTACTTCAACCA	GCTCAATTAGATTGCTAGCTCCATC
YITCM G444	chr6	2598864	2599029	TCTAAAGGTCAGAATGAAGCTTCGA	AGCAAGGGAGAAGGAATAAAATGGA
YITCM G445	chr6	3516626	3516773	TCTATAACTTCTCTAGAGTGTGTGC	GGGACAAATCATTACCTTACCGTTC
YITCM G446	chr6	4002005	4002138	CAAGTTGGTCACCTTGGTTCATATA	AAGGCACTCAAATAGTTTCTTGACC
YITCM G447	chr6	4873327	4873535	TCACTTATCTTGCCACTTACGTACA	GCAAGGATGAAGAATGACCATGTAT
YITCM G448	chr6	6027232	6027400	CGACAAGGGCATATGTAAACAACTT	TAGCACTATCTGGGGCTCTATTTTC
YITCM G449	chr6	7392489	7392607	GGACAAGGACAGATATGATAAGGCT	TCTTACATTGAATAGAGTTGCAGCG
YITCM G450	chr6	10178020	10178185	CCCAAGGACAAGTTTCCTAAGTTTC	AACATTTCAGATCTCGAGTCAGAGT
YITCM G451	chr6	10451647	10451782	GGCATAGTAATTGATTCCTTGAGGT	GATATCATGCATTTCACCAAGCTCA
YITCM G452	chr6	10877924	10878075	TGTATTGTGGAATGTCAAACCCATG	TTTATTGCACGAGTAATGGAAGCTC

（续表）

扩增位点名称	基因组位置	扩增起点	扩增终点	正向引物	反向引物
YITCMG453	chr6	11105271	11105472	CCCTACAGAGACTAAGGGTTATAAGG	TACTTTGACTCTGACTCTGTGATGG
YITCMG454	chr6	11483970	11484106	AGTTCCATAGGCATGAGTTAGTTGT	GTCAACCAAGAATTTCCATTCACCA
YITCMG455	chr6	11994705	11994870	TACAGAAAATGTGATGGTACCTGGT	AAACATTTGCAGTGACATAGCTGAA
YITCMG456	chr6	12691888	12691965	TAAACTAAAACAAACAGACCGACAA	TTACTTTGATCTGATTTCTGCCGTG
YITCMG457	chr6	13574239	13574411	ACCAGTTAGCTAGAGACTTAAAGGC	ACAACGTTATGGTTCACACTGAAAT
YITCMG458	chr6	13829500	13829580	TGCTTACTCTTTTGTTTTTGATTGCT	GACCACAAGTCTGAGTGAACAATTC
YITCMG459	chr6	14881485	14881698	CCGCACAAATGAAAATGGAAAACTT	TATTTAGAACAGGAAGCTCAAGGGG
YITCMG460	chr6	15325904	15326067	TTCACCAAGTCCATTTTGAGCATAC	ATTGGCTAATGACCCGAAGCATATA
YITCMG461	chr6	15712740	15712935	GCAACAAATTGTTTCAACTTCAGCA	GTTGACTCAGTGGTGAATGCAATTA
YITCMG462	chr6	16306214	16306352	TTTTCGTGATATCGATGACCGTACA	TAATATATAGCATCTGCAAGGGGCT
YITCMG463	chr6	16683105	16683313	CAGTGAAGGACGTTGGGAAAATTAA	ATGCAGAATTTCTAGACAAAGTGGG
YITCMG464	chr6	17149805	17149979	GACTCACCATTTTCTCACATTCCAT	AAAGAATGGGTTTGAGAAAGAGCAG
YITCMG465	chr7	110108	110292	ATCTTCAGAGTTCCAACCGAAAGTA	AATTTCCTCCATGTTCTAAGGGACA
YITCMG466	chr7	708724	708848	TCTATGAATTTTAATGCTGCCAGGC	TCAACTAAAGATTAAAGGGGCCTGA
YITCMG467	chr7	968549	968753	TCAATTGGTAAGTGAATGTTGGGAT	GATAAATTCACCCTTCGCAAGTTGA
YITCMG468	chr7	1539550	1539727	TTGCTACAAGTTGTTCTAAGGGTCT	TCAGCAAGAAAATCAAGGCAAATCT
YITCMG469	chr7	1962326	1962406	TCTCTACTTCCACAAAAAGCTCAGA	ATCTCCTAATCTCAATACCCTTGCC
YITCMG470	chr7	2195375	2195490	AGCATTTTCAGAGCTGTTACTCCTA	CTATTGAAGGCGTAAGAAGCATGAG
YITCMG471	chr7	2421676	2421846	AGAGTTGGACAATTTGGTAGTCGTA	ACATTAATTCATACAAGGCACCCTC

（续表）

扩增位点名称	基因组位置	扩增起点	扩增终点	正向引物	反向引物
YITCM G472	chr7	2676752	2676856	TCCTTTCTGAGAGTAGCATATGAGC	TTGGGACCTATTAAGCAACCTTCAT
YITCM G473	chr7	3023287	3023453	ACGGAGAACTAGTAAAACTTGAGGT	GGGTGGGAAGCTTGAGAAATAAAAA
YITCM G474	chr7	3254983	3255138	ATCATCAGGTCAAAGGCAATTGTTT	TAGTCCACCTCTTACTATATCCCCC
YITCM G475	chr7	4072173	4072297	TCACAGCAAACGAGCTTTTAATCTT	GACTTTCTCTGCAGCAAACAAGTAA
YITCM G476	chr7	4308575	4308699	AGCACTTTATCTAGCCAACTTAGGG	CCTTTTGGGATTGTTCTGTTGACAC
YITCM G477	chr7	4620426	4620602	ATGGGAATTTCTAAACATGGAAGCC	CTCTCCAGTTCTTCCCATGTTTTTC
YITCM G478	chr7	5013940	5014068	CTCCCCTGTTACAATTTGCATTGAT	TACGGCGTTGATCCTATAGATGAAA
YITCM G479	chr7	5746176	5746374	AAAAACAACTGGACTAACGAGAAGG	ACCACAAAACATCTTAATGACTGACA
YITCM G480	chr7	6729208	6729315	CTCGTTTGGCCATTTGCAATTTC23	TCCAAATCCACAGACATTGAATTCC
YITCM G481	chr7	7747259	7747455	AGTAGATATAGGGGGCTCAGATTCA	GTAATGAGGCTGTGACGAATGTTTC
YITCM G482	chr7	7980775	7980933	ATAGAGTGCCAACCTCTTTGTATCA	AGGTCCGTAGTTGTAATTCCATGAA
YITCM G483	chr7	9486156	9486317	GATATGCAGAGAACTTCGCAATGAG	ACTAGTTTTGTATGTGCAATCTGCT
YITCM G484	chr7	10403079	10403225	ACCATGGGAAACGAGGTTATGATAT	TCCATTGGCTTTCTGACACTGTATA
YITCM G485	chr7	13415025	13415220	CAATGGAAAAGCAACAGAGTTTTCG	CCTGGCGAATCTTTATTCTTCTTCC
YITCM G486	chr8	28121	28274	ATGATTGTACACAAACCGCTAACAG	GTAAATGTTTGGCTAGAACCTCTGG
YITCM G487	chr8	765247	765454	AGCTTCCTAAAAATCCATCCATCCT	AAACATTTGCGAGAAATTGTTTGCA
YITCM G488	chr8	1113694	1113824	ATATCACTCACTTTGCCTCTTTCCT	ATCACCCTTAAGATCACAAGACCAA
YITCM G489	chr8	1371144	1371317	TGCAAAGGATTACTTCAATCAGTCT	TACTAGACTTTGGGAATCAAGGCAT
YITCM G490	chr8	5950485	5950653	CCAAGTCACAAAATCCTACATGTGT	GCAGTAACAGCATCCACATTCATTA

扩增位点名称	基因组位置	扩增起点	扩增终点	正向引物	反向引物
YITCM G491	chr8	6307168	6307376	CTGGAATCTGTTTGGATCTCAGGTA	ACTAGCACTGCAGTTATGTCCTTAA
YITCM G492	chr8	7313467	7313581	GATGGCTCTGCAGTATTTAACAGAA	ACCTGTTAAAAATGACCTAAAAGCAGA
YITCM G493	chr8	7662550	7662745	TGTAAATTCATCCAGGTCCCTGAAT	ATGCAAAAAGACATTAGCACAGACA
YITCM G494	chr8	8081758	8081951	TCTTCTTCAAGCTCTACACGATCAA	GATTCTCATCTACTGGGCTCACTAG
YITCM G495	chr8	8366213	8366357	TAAAGGCTCCCAGTTGAAGTCTAAA	CATTGATTTCTCCCCAAAGAGTCAC
YITCM G496	chr8	8630377	8630560	GCTTCTCATTTCATCTTTTGGGAGT	TGCTATCATATGGAAGTTACATCATCA
YITCM G497	chr8	10024980	10025125	TGTGCATTTACCAAGGAAACAAAGG	CAGCTGCATTCTCTTTGTTTCTAGG
YITCM G498	chr8	11932083	11932229	CATATACAACATCCATCGCAGTCAC	GTAAGGTCCTCCGAGATAACATTCA
YITCM G499	chr8	12277639	12277837	CAACACCGGATTGATATCTCCAAAG	GTGGACTATCGTGGAAAGAACAAAG
YITCM G500	chr8	12501307	12501443	GGTGTAATATGGTAGCTTTCGAACA	TGGGGTCCATAGGATAGCATAGTTA
YITCM G501	chr8	12781506	12781696	TCTACCACCTTTGATCCATTCATGT	ACCCCTAAGGAACATGAAACACTTA
YITCM G502	chr8	12983530	12983716	AGTGATAACAAACAATGCAGAAACT	GGATTTCAATGCGACAAAATTCAGG
YITCM G503	chr8	13598915	13599045	AACTGGATATTCTGGCGGATCATTA	AGATCGATAAAGTTGCTTTGATGCC
YITCM G504	chr8	13971447	13971548	GAAGACACTCCTTCCACTCTTACTT	GGCGAGTGTAATGTTGTTTTATGGA
YITCM G505	chr8	14291583	14291783	GAATTGAGAGGCTATGACCTTGAGA	ACATTTCTTCCAAAATCTTTTCCACA
YITCM G506	chr8	14609359	14609520	TGGTTCCTCGAATGCTTTTGAATTG	CATGCAGATTACAAGTTCTGGATCA
YITCM G507	chr8	14930147	14930287	CAGGAAAGACACCAGGATTAAACAT	TGGGATTTGTTTGAACACCGTTTTA
YITCM G508	chr8	15322281	15322445	TATAACACAATTTCAGCATCTCCGG	TTACCCTGAGTTTAGCCTACAGTTG
YITCM G509	chr8	15832990	15833142	ACAAGCTGGTTAAAAGAAATGGTCA	TATTTGCAATCTTGTCACAAAGCCT

（续表）

扩增位点名称	基因组位置	扩增起点	扩增终点	正向引物	反向引物
YITCM G510	chr8	16273097	16273215	CGTTTGTGTTTTGTGAATTGAAGGG	CTTTTGGGGCTCTTCCTTTGTAAAA
YITCM G511	chr8	16620333	16620531	TGATGGTCAGTCGCAATAATAATTAT	ACTTGAGAGCATTTTTGAAGTGGG
YITCM G512	chr9	35847	35970	TCATGCTTCTGCTTTGCATTAATGA	ATCATCTTTGCAGAATCGTAATGCC
YITCM G513	chr9	635489	635687	ACCTTGTTCCCAATTTCAGTTTCTG	GGGCCATCCAGGTAATTAAATGTTT
YITCM G514	chr9	860222	860337	TCCTTGATTTTGGGCCAATCAATAG	AAGACTTGTTTCAAGATAAGCCTCA
YITCM G515	chr9	1158910	1159025	TTGCTTCAACTTAAATGGAAGCAGT	TAAAGAGGGCACTTGTATATGCCAT
YITCM G516	chr9	1436969	1437109	TTAACATGAAGGGTCAGTTAGGAGG	TTCTTGTAGGTGCACTTGTTTTCTC
YITCM G517	chr9	1684474	1684643	GGGAGAGGAAAAAGCAAAACTCTTT	TTTTTACTAAACTCACGGGATTGCC
YITCM G518	chr9	1989311	1989435	TGCCAGGATATCAGAAACACATACA	AAGATGCCATGGAAGATTCTATCGA
YITCM G519	chr9	2256875	2257064	GCTGACTGGAACATTTTGAACCATA	GCATCTTTACCATCACCTTCCAAAT
YITCM G520	chr9	2700292	2700464	AGGCATCGAACTGGTAACTAGTATC	GTCTTCTCACATTTCAGGGGAAAG
YITCM G521	chr9	3007760	3007935	GCCTCATTGAGACAAACTAATCCAC	TGCTTGGAGATATTGATAGGCTTGA
YITCM G522	chr9	3374644	3374796	TGAGCCGGAATACATGTAGAGAAAA	CCGTTTTCTAGATTTTGTTCTGCCT
YITCM G523	chr9	3896061	3896265	CATCCTTCATCTCAGTGAGTGTACA	CAGACTCCAATGCATAACCAAACAA
YITCM G524	chr9	4429667	4429791	TTCTGGCCATCATCTGATTCAATTG	GATTTCAGGTTTGGGATGTCTTGAG
YITCM G525	chr9	4899202	4899338	CTTTCAGATGAGCTTTGTACCAGTG	AAGGTTTTCTCTATCACTCAGCAGA
YITCM G526	chr9	5227218	5227419	TTTCAGTTCTGATTCAACTTGCAGG	CTGGTCATTTCTTTTGAGACGAACA
YITCM G527	chr9	5632690	5632861	TCTCAACTTCAGTGAATGGGAAGAT	GCTTGTAGAAATTGGTTCCTGAGAC
YITCM G528	chr9	5882931	5883115	CCCTGTCTTTGCCTTACATCAAATT	TGCATACATACTAGCTGAGGGAGTA

扩增位点名称	基因组位置	扩增起点	扩增终点	正向引物	反向引物
YITCM G529	chr9	6279452	6279627	TCAAGCCTCAAAATTCCAC TTTTGT	CAAATCATCTCCACCTA AACGATGG
YITCM G530	chr9	6804486	6804657	GTTTCTTTTTGTGTCCTTA GGGTCC	AAGACCAAGCTTGTCAG TTATCTCT
YITCM G531	chr9	7304213	7304379	CCTTGTCACATCCAGAAT CTCAAAC	CAAATACATCAACAACTG CAGAGGA
YITCM G532	chr9	7583323	7583460	CCTCATCAGAAAACATGC ATGTCTT	AGATTGTTCCGTGTATAT GCTCACA
YITCM G533	chr9	7784254	7784461	TGATGCCAGAGAGAGAAA AAGAGAA	CGTTAAGCTTCCATCGTT ATTTCGA
YITCM G534	chr9	8084642	8084778	GTGACCTAATGACTTGAA AGCTTGA	AGCACTGCAAGGTTCAA GAAAATAT
YITCM G535	chr9	8758640	8758750	CTGTATTGTGACAGCAAA TCAGGTT	ATCAACCACTTTAATTGC AGCAAGA
YITCM G536	chr9	9066608	9066811	TCTGTTTACAAGAGTCAG AAGGTGT	TGTCATTACTGAAGCAG CATGTTTT
YITCM G537	chr9	9434189	9434370	GCATACCTAAACCAAAAAT GGTGCT	TCTGGTTTTATCAATAAG CAAGTGCA
YITCM G538	chr9	10104257	10104447	TTCAAATTTCACATGAAA ATCACCTT	GTCTTAGTCTTGTTTTCC TTCCTCA
YITCM G539	chr9	10463354	10463516	GGAGTTCAGTGCTCTTTC TTTTTCA	GAAACTGACGCTGCTGA GAAAAATA
YITCM G540	chr9	11131639	11131821	TTGAGGTCTTATGCACCT TAGACAA	CAACCATGCACATATTCT TGAACCT
YITCM G541	chr9	11652022	11652218	CGAGAAATTCAAATACCT TTGTGCC	CCTCAAGTTTGTGAACAC CTTTTCT
YITCM G542	chr9	12136055	12136204	GGTCCAGTGTAAACGTAAG GTCTAT	AAGAGCATAACCTTGAA GAGCAGTA

附表 2　参考序列信息

扩增位点 名称	参考序列
YITCMG001	CTGTGGTTAATGTTGGAGATCTGTCAGTTGAGGCCAGTGAGAAGTTGGGATTATTGCTTGA TCAGCTTAGGTTCCCTACAGTAAGGGCTCTCACTAGCTCAGTCATTGTTGTTCTTATCAA
YITCMG002	TTGTCATCTTCAGCAATAGGATATCCAATAAGGGCGAGCTCACCAACGATACTTCTCAAAT GTTGCAAGTATTCAACATTTGAGTTGTTGCTTTTGATAGTTGACACCAATTGCTCCTAGTCT TTAAGATACATAACTCTGCATCGTGATTTATTTACATAAACA
YITCMG003	TTTCTGTAATAGCTCGCCTGCACAAGGATTATGTCAAATACAATTCCAGAAACTGAGAAAC CAAGAGCAACATTCACATGTATACAGAAGAAGATGGTTGCAGACAGACCTTTGACCATGA AATG
YITCMG004	CAAAAGCAACATATATATCATCATAACATGGTGTCAATTAAAAACCTTAGAAATGATGTCC TCAGCGACACCGAGATGGACATGGCAGTGCTTACAGCTATAAATTCTTCCTTCAAG
YITCMG005	ATCTGTAGACGAGGTCCTTTCTCCCAAGCATATGAATCAATTGATAGTTGATAAAGGTCCA AGTGGAGAGAAATAGTCATATATGCTTCAAAAATGCTTGAGTATGGAGGGAAATAAGAG AAACTAGGACTTTTCAGCCGGTATCCAATTCTCAGAGGTGCTGCACAGGTAC
YITCMG006	TCTCCAAATATTGGTATAGTGAACTTCTATACTACCAGTGGGCGACTAGGTCTCCATCAGG TCTGTAGCTACATATCTCTTGTTGGCCATTGTGCAACTT
YITCMG007	CCAAATAATTTGGCACAACAAAAATTTGCCTTCCTGAAAGTCTGGATTTAATATGAAACTT CAGCGCATCGCCAGTTCTGTTGTATTGTTGTAGTAGAGATTGCGTTGACATGTCTTCCCAA CTGCAAATTCCTCTTCTGCAGGTGTAAA
YITCMG008	ACCACAAGGATCATGATTATTCAATTATCTACACTGGTGGTGGATGTTGTGATTGTGGGGA TGCGACGGCATGGAAGCGTGATGGCTTTTGCTCAAAGCATAAAGGTGCAGAGCAG
YITCMG009	CGATTTATTCTCATAAGAGAAACAGCTTATAATGCTTACCGTATATTATCTTATGTCCTCG CTCACACTCTCCTGACCATTCCTGCTTGCATCACCCTTGCTCTTGCTTTATCTTTAACAACC TTCTGGTCAGTTGGTCTTTCAGGAGGCTGCTCAGGCTTCTTCTTCTACTTCCTCGTAATCTTA TTCTCA
YITCMG010	TCCTCATCCTAGCCGGAATCTTAACTCATCAGCATCAGACATGCAGGACCTAGCAGATGCT GTTGGTATCAGTGACAAGTTTTGGGTGCTGGGCTTCTCTAGTGGAAGCATGCATGCTTGGG CTGCACTGAAATATATTCCTAACAGAATTGCAGGTAGATCAATTTTTTTCTTTTGATATGAA CGCATAATTTCC
YITCMG011	AGTAACCAGTGATAAAAATAATTACAACAAATATGAGAAGACGAAATCAAGGACCATAGT CACATTATGCAGTATGCAAGACTGACCAAAAAGGGTTGAAAATTAATAGACAACAAGACA GAATGGATAGCTAAGAAGTTAATATTTACAAGTTGTTTGACAGACATTAAGCTATTCCACT TGGAG
YITCMG012	GGTGTTCAGACACGTGTGCAAAGTGCTTTTCCAGTGCAGGAGATTACTGAACCTTACAATA GGCAACGAGCTATACGGCA

扩增位点 名称	参考序列
YITCMG013	CTTTGATGGGAGCCTTATACTGCAGAACTCCTCCGTCGGTTTTCATCACTTTAATCATCTTT TCTTGCCGAACCAGGCAATTCCCCATTGCTTGAATGGATTTGGAATAAGAGAAGAATGGTT ATGGTT
YITCMG014	GATCTGACCATAGATTTGGCAAAACTAGGGTATGCAGGCTCCAGATTTGACCGAACTTCTT CTGCCCTAATCATGGCAGCTGACTTAACTTCAGCATGAGGACATGGCCCATCAACTGGAT CCTTGTTTCTCTTAAAGCTTCAAAATGAACACAGAGGCAACCTTTATCATCAAACACAAA GCTAACCAATTGAAAAGTGAGGACATAGT
YITCMG015	GAGAAGTAGATGGTGAGGATAGGCTGTTTAGGAGGGATAATGGGCACAGTGAGAATATT GAAGGAGTTGTGGATGCTGAAGAGGATGAAGAGAGTGATGCCGATGAAGAAGAGACTGA GACTGCACGAAAGGGCACTGAGACAAGCCATCACACCAATGGATTTCGAGTTGAACATGT GAATGGGGAATATGTAGATTATGAA
YITCMG016	TGCAAGATAAATTAGTTCAATTAACATAAGCTAGTCAGAAGAATGGCTTTTGACGTGGCTT GCTAATAAATGGAAATTCCTCAATTTCTCTAGTTTCTCACCATAGAAAGAATGGTATCTGA TTATGAAAAGACCAGCTGATGGTAGAGTAGTCTTATTCTCCTTAGCT
YITCMG017	CTATCCTATTAATTAATGGCAAATTGGTATGAAATTGAGGCATTGCTTTTCCAGTAAATTA TTGACTCTTGATTTGGACTTACTTTTGCAGTTTTCCGCTCTGGATTTATGCTGTGTTTTGCA
YITCMG018	TGAAAGAAGGCATGCCTGATTTTAAAGGAGGTAACTTTGAGTTTATACCATTCGGGTCGG GTCGGAGATCATGTCCGGGTATGCAACTTGGGTTGTATGCACTTGATTTA
YITCMG019	ATGAACCAGGTATAAAATTCTACTGTTTCTTGAAAGAGATGTGGTTTAGATTGATGGATCT TGTTCTCTAACATAATGAAGTTTCAGATTCTTGGGCATAATCCCCAGATTCGTAGCATAC TTGATTCCAATTCTCAACTCAGAGAAATGATGCAAAATCCTGAATTTCTTCGACAGTTGAC TTCTCCT
YITCMG020	GTCTTCACCAAAAGCAAAGTAACCTAAGGCACCAAATGCTCCATATAACAACGAAATGAA AGCCATGCAAATGGCCACTATCTCCCCAAATTTATCTTTGTTTCTAGTCTCAATTTCTAGTG GCAATATCATGCCAACACCTTCAAAGGCATAAACTGC
YITCMG021	TAGTTGTATCTCCATCACTTCACTATTCACTCAAGTCTTTTTCTTCTTTATACACAAAGTAAC CATCACATACTATTACTCTTGTGATCCACTGAAAGTGACTCATCCTCTCCTCTTTATAAAA CAAAGTTCTTTAATCCAATAAAAACAATAATTATATGTAATATTTACATATTAATGACATA CTTAAATTTAT
YITCMG022	CATAAATTACTTATGATATTTATACAATTACCTCAGCTCATGGTTTATATTTATTTTATTTGG TGAAAATATAAAGGTCCTACAGATTGCCTAGATTGTAGAATCAGGCATGAAATTCTGAAT TTGAAACGATCAAAACATAACCTTCATAGTGAAAGGATTGAGTGGCGTCTACC
YITCMG023	ATCTAATTGGAGATGATGAACACTGTTGGAGTGAGAATGGTGTATCAAATATTGAAGGTGG TTGCTATGCCAAGTGCATTGATCTCTCAAGGGAGAAGGAGCCTGATATCTGGAATGCTATT AAATTTGGCACTGGTATTTATTAAATTCCATTCAGTCTTTAATTTTTTATGATATTGGTTTT GGTATGTGATGAGTATAGAGAAATG
YITCMG024	CTTCCATGGAGTTGGAGCTCAAATGATGTTCATTTGATTGTGTCTCTGTTGTAGAATTAGAT CCATTGTTTGTTTCTGACTGATTGCCTTCATGAACACCCTTGTCACTGGATAACTTATTTGT AGAATCATTC

扩增位点 名称	参考序列
YITCMG025	GCGTTTATGCTGGTCCAACTTTTCTCCTCGTATATCATCCGAGGCCACCCGTGAACGACGAC GTTGTGGTTCTTGTATCTGTGTAAGGGAAGCTTGAACTCCATGTCCGTGAATAACGCGTCCG AGTCCACCCACCAGATCCACTCGGCCTCCGGGTGAGCCAGCATCGCTGCTTTGACTATCGG AATCTTGGCCCA
YITCMG026	TGCTGATAACAGATCGGTTGTTATCAATTTTCAACAGGAGCTTGCTCAACAAATTGGCTCTC TTTGCAGCATGGTGGACTCATCAATGTCACAGCAAAATGAACACCTTAGGCATGTTGAGGA TCTCTGCCATTCCTTTTTAGACATACATGATAA
YITCMG027	AAATATATCTCAAGCATCTTTAACATTCTCATTGTTAGCTATTATTTTCATTTGGTTAATATA GATTAGGGACAACAATATTAAAAATGGTATGAATAGCTTAAGAATTCTAGTTAGCATGTTC AAGATTAGTACCAATCCACAGTTCAATATGTTTGGGTTAAGTAAAAT
YITCMG028	TGAGGTCTATCTTTCCTAGATTTTTTAAGAGGCCAGAGGAATTTGTAGTGGATTTTGTTGAC ACAACAGTGGATCTTGGTATTTCTTTTTCTTGAATCAGAAGTTGGTATTTAACAAAACAAA TTGGATGAGGTAATGAATCAGCAGTTTTGTATAAGATAGATTCATAGAACTTTGATCTGAA TAACAAATTTAGTAATTA
YITCMG029	TTATAATTTAATGCGGATAAATCTTCAAGCTTGTCCTTGTCGGATGAATTTAGTTGATTGGA CACGTGGCATCCTGTAATAGCATATGACAAACTGTCCGCTCTACCCACGGTCACCTTTTCA CTGACACGTGGGCTTGTCCTCTCAGTCTCTTTCCTTAATTTTCTCCGTTGACGCTTTTACCCT CCCTTT
YITCMG030	CGGTAGCCAAAAACCATTGCCACCAGGGCACAAACTTCTGTTAGGCCATTGTCTGTTCTCA TGCCATTCACAGTTGGTGTATTCTGTTCGTACTGCACCTTGAGAAGTAGCTTAAAAGTATGA TAGTTGAAGGACAAGTAGCGTATCCAAGA
YITCMG031	CAAGTGGAAAAAGCCGGCACTCTGATGATTCCAAACCAGGTGAGAAGTGGGGCTTCTTCD AGCTTTGCCAAGAAAATTATGTAAATCTGCTTCAACGACAGATTGACAAAAATGTGAACAT ATTAAGCAAGAGCAAAGGAGATTGCAAAAAAAAATTAATTGCAGAAAATTTCTTTCTTA CTTGGCCAATAA
YITCMG032	AATATTATCTTTCTCAAAGGCACGTACAATTGCTTCCCAGGAACCCTGCCAGAAAATTCAA ATACAGTAAACAATAACTATACAAGTGCAGCATGGGCAGAGAGTGAGAAATCAAAGAGC AAGAGAGAACTGTCTTACAGCAGCACCTGATAGCCGGCCAAATATA
YITCMG033	TCGTCGAGTCAGAGTTTTAATTTTGATATCATTTACAAGGTGTCTTCGTTTAGCAATCTGCT TTCACTGGCTAATGAGGAGATGATGTGCAAATACACTTTTGTTCCCATTGAGGCACTTCCT GGTCGCCTTTGTGTGTCTGTGACTTACCTTCCTACGCT
YITCMG034	ACCCTGACATCTATGCAAAGTTAGAAGGTACCTCCCAGTAAAGTTGGTGGCAATCTATGCA TTGCCAGAACTCTAAATTCTTGTCAAACAAGCAGTCAGGTATTCTCTGAAAACCCTTTGCA GCCTCAACAGCCTCTTCCATTGATAACGGTTTTTGAATAAACCTTCCATTGCAT
YITCMG035	AACACATTTGCTGAAGTTATTCTTTCTACTGTTTTTGGAATTTCTGTTGATTTTTGTTATAGA AAACTGGAAAGAAAAATGACTAATTGTGTACAATCCATTGAAAATAAGGATCTAATACCA ATTTAAATGGTATTATTGA
YITCMG036	CAAGTGAGTACATGAACAATCAGTTGCCTTTTATCACAAAAACCAAACCTATGCCAAGCA ATTACAAAATACAAATAGGAAAGCTTTGAAAAGTGCCTCATATAAAGATCTGATGGCCCC ACCACTGAATAAATTTGTCACATCTAAGCAAG

扩增位点 名称	参考序列
YITCMG037	TTATTTAATTTTGTGAAATTTGCTACTACAGATTTCTGGCTCATGATAACATTTTTATTGAA CAACTATACCTTATATTCAAGTTTTTAATTTATATGGGAACCATCTAACTCAAACTTCTGTT TCAAATTACAGTGTTGCTTTACTGAAG
YITCMG038	GAACTTTTAACATATCTAATGCTTCCTCGAATCTTCTGAATCACGTCTCGGAGTGCCTCCAA GGCATCCTGAACAATCAGATCCATAACGTGTGCAACAGAACGGACATCAAACAATTGACC ATTACTTGAATGAGGCCTATTTTGGGATATGCATTCTTTGATTTTCACGACAATATCGTCAT CA
YITCMG039	ACCTGAAGAAGCTGTTGCACATTTCTTTGAGGTTGTGAAAAGCTTGAAGTATGATTCTTCG TCTCAAAGTCGTATGCTGGAGGAATCTAAATTGGTAGTCTGACAATATACCTATCTTCAAG CATAAGCCAGCAGTTTTGTTTACATGATGGCTGTTCATTATGAAGTTAC
YITCMG040	CTGAAGCATCACTCTCTGATGGGGGACGTATCACCCAAATAAATCTTTGTTGGCTCAGCTC CAAACCCCATGCCAGCTCTATAGTTTGTTTTGCGGATAATGTTCCTCCGCTTCCAAA
YITCMG041	TTTGACACCCTCGTGCTGTCATAAGTTAAATGTGAGCTTTCTCTAATCAAATTTCTGAAACA AACCGCGGAATGAAACCAGAGAACTCATATGCAGTTGTTCTAAGTTCAAACCTTG
YITCMG042	AAGCAGATGTTGCAGAGGATAATAACATAAAATTGATCCGTACCAATTTGCAAATGAGAA AGCATATTCAAATGAGAACTTTAAGAGACTCTAGTTCAATTAGGTAACACAATTCAGACTT ACTAAAGCATAGCCATTTTGGACCTAGTGGAAGAGT
YITCMG043	TAAATACCATTGCTGAAACTGAATCCTGGCATCGCTCAGCTTCATTCTAGTCTCTCTTTATA CCATTGAAAACGATGGAGACCTTCAGAATCAGCTTCTTAGTAATTGTTGCGATGGTTTTGGT TTCA
YITCMG044	TGCACACGAAGTCTTGAAATTTTAGCATACAACTTAGAAAATTTAGAAGAGAGAGTTATGG AGTTTGACAATACAGAGTTTCTAAATGGAAAATGACTTTCTCTCTTTCTCTAAGAAGTGGG GTTTGGCCTTTGGTTGTTGGAGTGAAAACACAGGAACATCTACTATCATTTTAATAACAAA TAAACAAATCACTTGGGAG
YITCMG045	TTTCACATCTAGAAAGTAATCTCAAGATTAAATTAGCAAAAAATAATTCATGATCTGATCC CAAAAAAGAAATATAAAATAAGTACTCCCTCTGTGCCTTGATTTACATTTAGTGTATTAGA TCTTAAATATCATAGTTCAAGGAACTTATGATAATCAATAAGAATTTTACCA
YITCMG046	AAGCATATATCAACAGTACATCATGAGTCTGATGAGACGTTTCAACAGAAACACAAATTA CAGCAACCACTGCAAACAGAGTCTGCTTATTCAGGCAACCGCCTCACTCCATGAAACACA AACTCATATGGTAGACCCTAGCATGAATG
YITCMG047	CGACAGTGGAAATTTCCCCGAGCTGAAGATGCATCAATGGTCCGTATTTCTTGGCCAAGGC TCTTAGTCTGTGATGTGGAAGAGAGCCTCCCAGCAGCTGGTGCAAGTTTCCGATGAGAGGT AATTTCCACGGCCCTGGAGGTAGATGAAAAGGTGTGTTACTGGTTTTGGTTCTCTTCAGTAT CTTCTTCACCATGTAGAGAAA
YITCMG048	TTAAGAAATGTCAATGCACAGGGCATCCGTGAACTTCAATTCCAGGAGCAATGGGGCACT TAGCCAGAGGGCAATGGTCAGAGTTGTCCAAACTCCAGCGTTCTGGGTCAAAAATGTCAT AAGATTGAAGAGTGATATAGAGCAACACACCCATGATGGCAAACCTAACATCCAGAGCA GCCGATCAAATGTAATTGTATCTAGCCCAC

扩增位点 名称	参考序列
YITCMG049	CAAATCGAATACCCTCTCGCTTTCTCTCCTCATCTCCGCAAAACCGCCACTGAACGACATC CCCACGGTGGCCAAAGCCGTGGCGGCGACCTCCATGATGAGCTGCATTTCCACAACCATT GAGTAGCAGTAAACTTTCTTGTAGATGATCTCCATGACGGGGAGGTACAAAGCGAAGAG CAAACCGGCACCCA
YITCMG050	ACATGCTGGTTTCTTATATTGAATGAGTTTGAAGGCAAATTACGTTTGGCTTTGTTTCATTT GAAAAATCAGTCATGTTCATTTTGTTTGA
YITCMG051	CGGGAAGGCCCAAAACAGTTGAAAAAGCTCAAGCAGCTTTTATGCTTTGGGTTGAATTGG AGGCTGTGGACGTATTTTTTGTATGCTTCTTCTTCTTTTTAACTAGTTGTTGTTGCATTGCAT GTGTTTTTTATTCACTAGTTGATCAGTAGTTGAAGTACGAGAACAAGATATGTCTTTTAAGG GTAATTTCAAGTTT
YITCMG052	TGAATTCCAACAAATAGCATCTTTTCCAAACATTCTAAAAAAATTTTACGAGCAAGATTCA GCCTTCCATACTTTGCATACATTTTAACCATTGAACTTCCTACACATTTCCTATCAAGCCTG TTCTCTAGGATGTTGCCATATAATTCCTTCCCCAATTCCAGAGCAGCCAAACCAGCAATTG CTGGTAAT
YITCMG053	CTAATGATAGGCCTAGCCCGCCAGCTCCTAGCATGTAAAACAAGTCAAGATTTTGCTTGAT CATTTCACTCAACAATGAGTCAGCGGGTAAGAAGGCAGCTGACGCTGCAACCACAAATGA TGCAGCACCAGTTACGAGTCCTGACCGATACAAAATCACCTGCTCGACAAGAAAAATATA ATAAAACTCCCAACACAACAAA
YITCMG054	TTCCCTACAAAGATGTAAAAAGAAATCTTAGTTACCATAATATTTAATGAAGAGTAACGTG GCAAGTGGATCAAGGGAATATAACATGGACAAGTTCAAATTCCAACATTAACCCATAAAA AACAAAGAAATAAGATCATACAAGGTATGACATGAAGCTGAAAGCATATATTTAC
YITCMG055	TGCTGGTTTTAAGAATGAGTGATTGCTCCTTCTCCGACCGCCGGTTTTAAGAATGAGTAATT GCCCTTCTCCGACCCTTAACTGCCCAACCTGAGAGTGGACAGCTAATGCAGTCCACTTATT GAGCAGGGTTCTATGGTCGGTCCGCGACCCCTGGATACCGAAGGCGTCCTTGGGGTGATCT CGTAGTTCCTACGGGGTGGAGAC
YITCMG056	GACTTGTAAGATTTTTCATCATCTCTGCCATATCGGTAACAGCATATACTAAAGTATTCTGT AACAGCTTTTAAGTTACAATGTTTCCCATATGATTATTATGTCTAAACTCCCTATGCTCGTG AGTGAACTGAGGCGTGAAAATTCACACTCTTCCATTGTCAAAAGCATTAAACATAATCTAG CATAGCCTTGATCAGCACCTGTA
YITCMG057	TCAATTCCTAAGTACATCTTGTTTTCCATGTCTCTCAACTAAAGACGATGATAGAAACCAAT ATCCATCTACAACCTCTCACATCTTGCTTAACTGACAACCTCGAATTGCAATTACAACCTGA GCAATTGATCAGCACCAGATTTTCCTCAACAGTCCTCTCTAAGGTTGATT
YITCMG058	TTCTCAAGTTCAATAAGCTCATGTCTTAGAAGTTCAAAGCGGCGAATTTCATTGGACTCTGA GTTTGCAACGCCTACGTTTGAAGTTGTCAGCCCAATATAT
YITCMG059	AGAATGCTTGGAGGTGGTGGTGCAGATGGAGGTAAACTCCCTTTTGAGTTTTATTTTTATCT TCTGCCATGAGTGCTATTTAAGCAAAGTTGTTATAACGTTAGATATGTATATTTTTAGCCAT ACATAAGGCTGCGGGACCAGAACTTGTAGAAGCTTGCTATAAGGTCCCAGAAGTTCAACC TGGAGTACGCTGTCCCACAGGAGAA

扩增位点 名称	参考序列
YITCMG060	CTAAAGAGCCTGGTGTAATACTGCAAATCTTGCTCATCAAATGCCCAAACCCATCTCCTGAT TGATTTCCTCCAATGCCTTCCTGCCCTTCTCCATCACAGGCACATATCTGACTTCCTCTGGA ACCACGCTGATCTCGAATGATGTCAACTTCTGGACATATATGCACTCAGTCAT
YITCMG061	GCTAGTGATGTAAAGCAGACAAAAACAAATAAGAGAATATCTCATAATGTTCATCCTGTCA AGTTATATAACTATGACAATATGATCAAAGTACATACTTGACCTGCTTATCCTTAATTTCTG CATAAGAGCATTGGAGAACCCAAGTATCTTCCAAAAAATTAATCCATGTATTGAGTACGTC TGCTTCTACCCTACATGCAGC
YITCMG062	CTGCAAATCAACTTCCTGAAGCTGATTCGTTGCCAGATGGGTTTGTTGATAGCTCCACAGA AGCATTAGCTCCTTCAATGCCAGCTTTGGAACAAGAAAAGTCACATGGTGATTACAAGGA TGAGGGTTTTGTGGAATTGGATAATTCTAATGAATCAACACATGATTTGGCATCAGAAGAG TTTCAAACAAGCAAGGGTAGGACTG
YITCMG063	ATCAAAACGCAGCACAGACGTAGTCTCATCAAATCGGCGCAACTCCCGCTCTTCCAGATCC TCCTTTAAGTCCAAATCTTCTTCAGTGACTGTCCCTTCTTCTGGCAACTTAACCAGCAATGA TTTCTTCTCAAAATCATCCGCTGATAGTGTTGCTTCAACATCCCTC
YITCMG064	CGTGGTTCACCAGCAAAGGTCTTTTGTTTGATGTAATGCTTCTGGGAGGGAAAAACATGTT GGTGAAATATCAGTTGATTTGGTTCATTCTATGTTGTTGCTGCTATTATTGAGATCTATTTDC GGCATTATTTACTGA
YITCMG065	AGATGGCTAGAGGAAATTGAACGAAAGCAGGCTGAGGTGGTAGCAGCACAAGTTGCTTTG GAAAAACTTCGTCATCGAGATCAGACACTTAAAATGGAAAATGATATGTTGAAGGTTCAC ATTGCTAGATTTTGGCCT
YITCMG066	AAACCCCTCAGATATAAACAAGGTGTTGGCAGATCAGTCTTTTGTCTCATCTATCCTTACAT CAGTGAGTATAATTTCACCAGTATTATTGAACTTCGTACTAGATTGCAGCATTTAAACCTAT ATCCTTACATATTGCTTCCAGCTTCCAGGAGTTGATCCGAATGATCCTTC
YITCMG067	TCTCACAGCAATACTTGTTATTATTCTTTTCTTGTGCCTAGAAATTAGAATCGAGGCTGGTG CCAATTTTCTCACAAGAGGAAGCTGAAGAGCCTGAACCTCCATTAAAAAGGTGTAAAATA AATCAGAATGAG
YITCMG068	CCCCAACAAATCCACACTCTCCACCAAGTTCTCTGTACACAGAAACTCGTCACTGTAAACT CTCTCAACTTCCCTATCGAAATCGTGTACGAATACATGCGTCTTCTTCTCCTTCCCCCTCTT GCTTCTCCCCATTACAGCAGCCGAAAATATCGGAGCCATCCTCCCTGGAGCGGCCGAGTT GTAGCC
YITCMG069	TTGAAAGGAAACAGAACTCAGAGAACTTGATATACGAAATACATGATAGATATCGAACAA AACACATTGGAAACAAAATACAAACTTTTGAAGCCTATCAAGGATGAACAGTAAAAGCTT TTTATCAGGTAAAGGCGTTGAGGGTCCAGATTCTAACAAAGCCCCTGC
YITCMG070	AAACCGAAATTGACATATCAATTGGTTCCAATTATCAAACTCTCCAAGCTTGCTCCAATCA CAACATGGTTGAATGGATTGTGACTCCTCCCAAATT
YITCMG071	CCACGCAGGTTTTCCCAGAGCCAAAAGCTTGTTGAGATTAGGCTGCCACCAAAACATTGC ATATAGCACAGCAATTAATACAGCTTTTTATTAATTATCTTATAACACCAACAATTCAACC TAACATTTAATCCAAAACAATAAAACTAAAAATTATGCTTCAGTTTATCGGTAACCAAACA GCACGATA

扩增位点 名称	参考序列
YITCMG072	GCTACCAGGCTCTAGGGGGCCATCTTAAGACACATAGTTCTGAGATTAGGTCTAGGTGGAG GAGGCAACCACCCGGTCGTTCTGGCATTATTGTTGCTCTTCCTGGCACCAACACTAATCTCC TTTCCAACAACCAGTCGAAAAATTCTTCTGGAGGTGCTGGGGACAATCATTCCCG
YITCMG073	TCTTGAAGCAAATGGAGCGGTTTTAACATGATCACAGTGACTGATAAGAGTAACAGGCGG AAGAATCCTCTTAGTCTTCTTTGTTAGATTTGGTATCTGCATTAATTTA
YITCMG074	TAATCATTTAAGGAAATCATTTAACTATGCAAGGAAAGCATAAACCTTTCTAAAGAAGGAA ATATCCATCCAACATGGTTATAACAATGCCGTGAAACTGTTCCATATCATGACAGCACTTA AGTAAGAGTAATTTGAAGGTAAAAAATCTGCCCAACCCAACGGCAGGAAAATGCTACAC TGCAAAATTGAAATTAAAAAGAACTGT
YITCMG075	ATCACGCAAGGAAATATACAAAACTGTAAATAATTTTTCATAGACACCACTAAATTAACTT TACTTCAATGCCTTAGTTTATTAAAATCTGGACATATGTTAGAATCAAAGAATCCTAAAGTT ATGGTAAAATTTCCATACCTTGAGGCAGAGCCCTTCTTCCACATCACAGATAGGATAATCA CTGGGGCAGCAGTACT
YITCMG076	TTAACCTTGTTTGATTTGATCTCATGTCGCTCATACATTTTGCCATCATAAGAATGCCCAGA CTGCTTCTGCCGATCAGCACTAGCTGCTTAACATGCAGTACAGGAAATTAGCAGGAAAAG CATTTGCATAGTCAATACAATGAGAAAAACAGAGTGCAGAGACATAAACCATTGGAAAT
YITCMG077	GGCATGCAGGACAGAAGAGGATGTAGCGACAGGATATTATTAGTTGTAGTAGTACAGGAT ATCTAAATCCACATCTTTTTTTTCTTTTGTTTGGTGCACAACATGATTGGAAACTGAGGCAA ATATCTAAATAAATTGGCTGTTGTGA
YITCMG078	AGCCAACATAATACTGCTCCCTAGAGCACAGGGATGAATGGACCAAAAACTCTGCTTCAC AGCTTCCCAGGGTCAGTGATCACAACATCTGTACCCTTCTGCATACTGCAGGGATCAGGGA TTTTGGTTGAGACAGGAGGCGGGTGCAGCTCAAAGAAGGCTCTGCTCCCTTCAC TATAGCTTCCTATGCATATTGTATCACCCCGCC
YITCMG079	CAATCGGCCGCTGCACGTTTCATAGCTGTTTCCTTCTATCTTTACCATGGGAACCAAAATGA AAGGCATATATAAAAGTTTCAAATTCATTTCCCAAATTTTTGGTAAGTCTCTTCTTTACTTA CATTAATCTTTGTTGCTTAATTTGTCCTGGTTGAAGCTAATGGATGTGCTGCTGTTGTAGTT GTGAAGGAGCGAGAAATGGAA
YITCMG080	TGGCCGGCGCCGGCGCAACTTATCTCTTCGGCGTTTATTCCAAAGAGATTAAAGTAACTCT GGGCTAC
YITCMG081	AAAATAATTATTAATACAAAAACGTAAAATTTAAGTTCAAATGATCAAATATAACAAAAAT GCTAACTTGAGAGATGGATTATCTTCGACCAATGATGCAGGGACCGCCGGTGTTTGGAGAA TCTCAGCTCTCAATGAAGCTGGAGGATGGAAGGACCGTACAACCGTGGAGGATATGGAC
YITCMG082	TCCTACTTGCCTTGTGAAAGTCTTCCGCTTCAAAATTTGCTCCAGTTCATTAAGCCCTTTAT CAGGACTGTTAGTAGGACCATCATGACAATTAATAGCTTCTTGAACACCA
YITCMG083	ATTTCAAAATTAAAATTTGAAGCTAATGAAAGCTATCTTACTTGGATTGTTTTTCCATTTCC AAGAACAATAGTAGATTCAAAATTCCTGTCAATAGTAGAAGCTGCAACCGTGAGCACCCA GGGAGCTGTGTTGACAACTGTTGAAGGGTCAGGTCCATCATTTCCACCTGAACA

扩增位点名称	参考序列
YITCMG084	GTAATGGCAGCGGGCACCTCTTGTAACAGTCCAGTTCCCACAACCAAAGAAGACACTGCCTTGTTTCGGTCCAGGCTTCCGAACAATCCCCTTGCTGCTCTTCACCCCACAGAAACAATAAGGATGATACTGGAAATGGGGAACATGTGGGTCCTTTGGTTTGTGTAGATGGTG
YITCMG085	CATGGCAAGTTCTTGATTCTTAGATCTTCATGCTCCTGAGAAGTGAAACAAAAGATTAAATGCATTTATTTGTTTTGTAACAGGGGATGATTTTATTGGTCTTAGCAGTCTCAGTAATTCATGGCCATAAATCTGTATTTTTCGTAGCGCTATACATACTAGCAATTGCCGAAGGTGGGCACAAGCCTTGCGTGCAAACCTTCGCTGCTGAT
YITCMG086	AAGGTTGTCCTTATAATTTTGATCTCGAGGACTTGTTGAGGGCTTCAGCTGAAGTTCTTGGTAAGGGAAGTTATGGATCAACTTATAAGGCTATTTTGGAGGATGGGACAGCAGTGGTAGTTAAAAGGTTGAAGGAAGTGGCAGCCAGTAAGAAGGAGTTTGAGCAGCAAATGGAACTTATAGGCAGGATTGGACAG
YITCMG087	AGGGAATCCACCTCTGCCTTGAAGCGATAAATGTATGCTGAAGGATAGCTGACGCTCTTCTTCCCCGGCGGCACAACAGATTGAACCATACAAACCATAGACTGCCATTGGTTATAATGCAAAGAGTCTCCAACAAACATAAGCTTCTTTCCTCGAAGTTTATC
YITCMG088	GATTATTTATCTAATAGCAAACTGAACTTTGTGATTCCCAGTCTTGGAACAACTAGAATATTTCTGCACTATCATGCAAACTTCTATGTTGACAGCATAGTTTATTTTTCCAAACAAAGAAAATGAAACTCATGAAAGCAACACTTTACTTAAGCAGCTGCTCCAACTGGAACCACCTTGAGCCTTGAGGATCCATACAGAGTTTCTTCA
YITCMG089	GTTACTGAATTTTTATATGCTTGAGAGCTTAAATGTTCATTTTACTATTTTGAAAGGTTAGTGGTCACTGGATGAACTGTTGTTTCTTTGTATTCTTTCACATGGAATTCATGTTTTGGGTTTTAGACTCAAGGCTACTATGAACTGGATGAATGAATTGTTTGCCTAACTTCTGGATTTAAACT
YITCMG090	TGTAGGCCTTGAAATGTGATAACTCTTCATTTGATTATTACTCTTAACACCCTTGACACCAATAAGTTAGGCATCATAAACGGTAGGTCTTCATCAAAAGTGGGACTTTGGCTTGTTTTAACTTAACTTCAAA
YITCMG091	TTGCAATTAGAAGGAATAATTGTTAAATTGGACATGTACATTATTTTAACCAGAGCAACATGAGGTTACATTGACAAGTGGTTTTGTGAGAGTTGGATGTGATGAATGGACTGCCATTTGGAAATGTTTGGACACAAATTAAAAAAATTCCCTTCTAGAAGAAACAATTAGTGACTTAGAAAATGTGA
YITCMG092	GGCTTGAGAAAAGAGACAAGAAATGTCAAAGGCCTGAGGAATGATCAAATTAAATACAATTTAAGCAAACCTTTGAAACAGCTTCACCGAGGCAAATTATCTTTGCAGATTGGCCTGACATTTGTTCTTCCCTTGGAAACATCAGGAATTCCAAGTTTGCAACTTCTGGATATTTAGGGTGAGATTTGTCCT
YITCMG093	CACACTTGTAATTCAATAAATAGAACAGCTTAACAATCAAGTACAAGATTACTGGGTAAATATGCTCTTATGACATGTTAGAACACCTCACTCCTTAAGACTAAACCATTG
YITCMG094	TTCTTAAAGACAGGTTTGAGACCAAACTACCTTATTTACATTAAGAAGGTGGGAAAAAGAAAGCATTATATTCCTTAATTTCTAGTTCAAGCTAATGTGTAAGTTTGACATGATTTTAGCTCATDAATTCAAAGAGGATATATTAGTAGTGCATGGAAATTATTTTCAACCACCCCCAGCATCCTTGATT

扩增位点 名称	参考序列
YITCMG095	ATTTTATGTTCATAATGTTCCAGTTGTTTTGAAAATCATGTATCATTTGTTGTGGACCACTAC ACCTTTGTAAGAAATTATGTTTCTTATTAAAAAGAAATAAGGAATAAAGAAATGGAAAGG AAAGGAAAAGGTAAAAGAACAAACTGAAAATGGAACTTTAATAAAGTAACAATACTAAG CTACTTTGTGAAAGACATGTTCAGATG
YITCMG096	TATGTCACTTCTTTTTTTATAGGTTTGTAGAGATCCAAGATGGGGTCGGTGTTATGAGAGCTA TAGCGAGGATCATAAAGTTGTGGAAGCAATGACAGAGATTATACTTGGATTACAAGGAGA TATTCCTTCTGATTATCGAAA
YITCMG097	ACAGCATATCAATGACACATCCAAAGTCCAAACTAATGTTGAACACCATCTGATGGCTTAT GTTCAGGTTTTAAGGTAAAACTTGGCACAATTTCCAGACATTTATTAACAAAGTCCTAAGA TATTTGGCTTTACTTTCATTCAAAACAAGAACTATTAATAAAAAATGACAACCAGTTDAAT TCTCCTCTCTTATCCCAATTCCCT
YITCMG098	CTCAAGTTTTTAGCTTTTATGTGGAACCCTCTGTCATGGGTTATGGAGGCTGCTGCTATCAT GGCCATTGTTTTAGCAAATGGAGGTGGCAGACTGCCCGACTGGCCTGACTTTGTTGGTATT GTTGTTCTACTGATTATCAACTCTACTATTAGTTTTATTGAAGAAACAATGCTGGCAATGC TGCAGCTGC
YITCMG099	GCCATCCTGCCAACAAAATTTTAAACATATAATCACCCTATAATGCAAAGACTGAAAATTT AAGAATGAACGTTAGCACTTAGCACTGAAATGCATAAATTGAAAAGTCACTTGACCTGAA CGCTTGAACTATTAAATGAGGGTCTAATATTAAAATTTATGTCAAATATGAA
YITCMG100	GTTTCACATTTTTTTTTTTGAATTTTCTAGTGATCTAACTTCTGTAAATCATTTAGAAATATA TATAAAATAGGTAGATCTGTAATTAGGAAACCAAATTGGTTTTATAATACAAATGAAGGAT AATGCACTATCATTTAGTATATTCTTGTAAGTTGTTTATAAATTGAAACAATCTATATAA
YITCMG101	ATTTTGTAGATAAAAATCATTTTGAGTATGAACTTGAGTTGGGAACTGCATTGATCGACTT CTATGCAAAGTGTGGGTGCATTGAGAATGCGTGTGAAATTTTCAATAAGATGGTGTATAG AGATGTAATGACTTGGAGTGTGATGATATTAGGGCTGG
YITCMG102	GGTCATTAGATTGAAGAGCGACCATAGCAGGGACAAAAATGCCAAGTTGTATACTGATTG GTGCTTTTTTTTGTTTTTTGTATAGAACTGAATTAATAGATAGGTCTGCTCTTACAAATGCA AAGTTAGGTGAATGTGATTGTGAATATATCTCCTCTTCAATTTTATCAACTTTTCTTAAGAA TGGAAAAAAATATGCAG
YITCMG103	GAGAGGATTTTATAGAGTATGCCTGCATTTGTTTAACAAAACGCTAGATATGTAATATGTT CTAGCAATTTGCTCTGATTTTGTTTGCAGCAGTAGAACTCTTGGACTTCATTATAAATTTAA AGCACTAGAAATAAATTTGAACAAGATAAGGACAGAGTAAAATGC
YITCMG104	GAATAAAGTTTACAGTTAATCCAATATAATCTATGAAAAATATAAAAAAATATTTAAAATA AAAAATTATAATATGATAGGCTAGCATGTAAAACATACATGTCATCCTATTAAAAGACAAC AAAAGTATAACTTAA
YITCMG105	GAGATTTGGATAACATTCTTTCTCTGATTTATTTGGAAGAATTATGATTTGAGACGTGTAGT TTTAATGGTAATTAAATCCATTGTTTTAATGTCTGAAAGAACCTCTTATAGAAAAGCTAAA AGTTTAGTGAATCAGGAAATTTAGAA

（续表）

扩增位点 名称	参考序列
YITCMG106	TATCAATTAGATCTTGACAAGTGTCACTGAATGACCATTAAAAACATTCTCATCTACCTAA GAAAGACTAAAGATATGTGCTTAATTTATGGAAGAGAACAAGATTTTATTATGAAATAATA CAATGATGCTAGTTTTCAAATAGATTAAGATATTATAAATCACAGTCAAGATTTGTAATTTG TTTAAATGGTGATGT
YITCMG107	CGAAAGTGCTCGTCTTCTTCTCATCACAACTTGTGGTAGCTGCGTTTATGTTTGGGAACAC TTGCAAGACTATATTTGAAGCTCTCATATTTGTATTTGTGATGCATCCTTTTGATGTTGGTG ACCGTTGTGTTGTTGATGGAGTCCAGGTATCTTCTTAAAAGTATCTTAATTTATTATGATG
YITCMG108	GTCTTTCAATTTCTGCAGTCTGGAAACACTTGTGAAAATTAAATTGATGACTAAATGTTAC ATGAAGAATGAGAGATAAAACAGAGGGGATAATTAAAGGACAATTACTTGTTGAAT
YITCMG109	AGTTTAAATATTATTGTGAGACACTTATAAGGTCAAGTGGTGATTCCACACACATATGCAT GAAGCTTCTTTGTGTATATGGAAGTTGAAAACATTTCACAAAGAGAAGAGATGCAAAATTT TGATGATCAACATTACAGTAATGGAGCTAGAAATCTACAATGAAGCCAAAATAAGGGATT TTATTCAGTTATAC
YITCMG110	TATAATTCATGTATTCCACTACCTTTGATCGGCAATAATGTAAGGAAATGTTTTGATGGAGA CAAAGGGACAGAGGCTGATGTACTATAAGATATTGT
YITCMG111	ATCACTACTTGTTCTTCGCAGTACTTGTTGAGCACAGCGGTTATCTCCTCCATCAACATCTA AGCGGTGCCTGTATTGAACATCAAAATCATCAAAAAACCGGAACCGATCTTCTCCGGTT
YITCMG112	CTATAAGATAAACCCATATCAGTACTACGACTGCCACAATCAGAATTACATTGGCTTTCCT CCATTCTTTTCTCAGGTTCCCCAGCAGACCGGCTTTGCAGGAGTTGCAATTGTA
YITCMG113	TGGCCTCATAGTAAGGCAAGTTGGAGAGCAAGGTCTCATCGATATCGAAAACCCAAGCGT CTTTTCCGTCGCCCCGCACACTGATATTCTTAGCATAGTTGAGAGCGTAAGCAGAAACG ACCTCAGAGTCGGA
YITCMG114	CCTGAACAATAGTCAAAACTGCCTCAGTACTAAAGTTAAATATCCGGTTCGTCAATTCCAA AGTAAGAACCTGACTTAAGCAAGGTACAAAAGTATAATGAAACCTT
YITCMG115	CTCTTTCATGGAGATCATGCCAACAACATGGTTTACATTCAGCAGGCAGCAAATGCTGCCA TAACTGGGGCTATCGGTTCATCTGGTTATGCATCTCCGCCTGTACCCAAGAAGAGAAAAGG CCAAGAACTCTTCTTTGGGTCGACAGCCAAGGATCCATCAATACAGAGGCTTG
YITCMG116	ATATATATATATATATATTTGACTTTACCTTTTGGGGTAAAAAACTTAAATGCAATTTTC TGTGAGAGAATTTTGAAAGGGAAGAAATCATTCATTTTCCAATGTAAAGAGTCAGTTGGA TCATTTGTAAATTTTTTTTCAGTTTGTTGC
YITCMG117	TAGCTGGATAGAGACAACCAAAGTAATCAACTGCTGTTATAAAAACATTCCACGGAAGCA AATTCCCTGCACCAAGAAGGAAATGGATAATATAAGCAATTCTGTAGGTGTCTCCTGGCG CAGGTCCATCTGTAACACCCTTCACGGCTCCCATTTTTTGCATTCTTGCATAATCAGTCATG GTTGAAATTTAAG
YITCMG118	ACATTTATACTTATACCCGTTCCCAATATACTTTGAACTCGGTTTGTCCCTATATGGATGTA TTTGTTTTTCTGTGTTTCTTTGTGCTTATATTTAGATGCTTTATGTTAATTGCTTATGCTTAAC TCAGACAATATTTGCTCTACTACATTG

扩增位点名称	参考序列
YITCMG119	CGTTATTTGTCGTTCAAGGTGGAGGGATAGGAGAGATCAAGAGAAATATCTGAATTTGGCACCTTATTTCAGAGAGGAAGTTGAAAATGCGGCGGAGGCAAGCGGCAGCCTCTGCGGCGGTTAGCTAGGCATGCAAAAATTATATGGATCTAATGTAGAAGACTAAGTTGAATCAGGTTCTTTCATTAA
YITCMG120	CAACTCATTGTACTGCTGATTTTGGTGCCACAGGTAATCCAGAATTCTTTTAAGAGCATTTAGTGAAAACAATCAGATAATTAATAATAACATTGCTTTATGTGTTGATAAAACTTTGATATGATGGCTGAATTTGCCTCTCATTATTT
YITCMG121	TATGATTTCAATTGCATTATTTCCTAATCCCATCACAAAGTTTAGGACACTAAATCATTTTTGATTGGTCATTTATACCTATCTGGTCAAGAATTTAGGCTTTGCTCTAGGTGGCCAACAAGAGAGACAAAGAAGTCGCTTCCTGTCCATGCATTC
YITCMG122	ATGCGAGCAAATGTTTCTTGCTTTTTCGGGTACCCAGATATTGTAATTCTACCAGAGATATACCCACCTGTTTTCCTTCCAGAAAGCACATCCATGAGAGTGGTCTTGCCAGCCCCACTAACACCCATGAGAGCTGTGAGCACACCTGGCCTAAAAGCCCCACTCACCCCCTTCAAAAGCTCTAACCGATCCTCGGGAATACCT
YITCMG123	GGCATGTGATGGAATCTGGTAAGCGTCTTACATTTTTCCAATTTAGGTTAAAAGTAGAGGATATTTGAGTGTTTTCATATTTTCTCATTTCTATGAGAGAGACAAAGAGTCGAAACATTGTAACTGTAAGCTGCCC
YITCMG124	GAGAACGAATTGGCTCTGATAGGTTCTTTGACACAATCTATACATAGAACATAGCACAAAGACATGAATCAAACTACTACTACTTCTACTAAAGATGATTGATGGGTGGTAATATGAAAACAAAT
YITCMG125	GAGACAGTCAGTCTAGACCTCACAAATGGTAGGAAGTTGAGAATCAAAGATGTGGTAATTGGTTGCAGTGACTCTTTCCATGGCCAGAGCTTTGTGAAAGCGGATGGTGTTCTGGGGTTAGCCAATGGCAAGTACACTTTTGCTAAAAGAGCCTCTGAACATTTTGATGGAAAGTTCTCTTATTGCCT
YITCMG126	TGCTAGATATTGATAACATATACTTTCTTTGCAGAGAAAGAGGGGAAGAATATATTGTCAGGGCATATAACGGTGGTACGAAAAGGGCTACTCACAAATCTACATTGCCATACTGGAAAAGATATATTTCAGTTAGAGACAGTCTTCCATCAAGGTGATTGTTTCTGCTAATACTCAAGAATTTCACAATTGA
YITCMG127	GTTTTCAAGATAAATAAGGATCATATCATGCATCCAGGGAATTTGTGTCAGGCCCTTTGACGATAAAGAGATACCAAACCATCATTTTTTTTTTTCTTTTAAAGGGACTTTAAGATTTAGATGGTTTTGGTTAAATCTAAACAAAATTGTTTTGAGTTGAG
YITCMG128	ATACACACCTAATTGAAGATATGATCTCTATCTGCCGGGAAACATTCAAGGGTTCTGTCCATTATGCCTGGGCAAGTGTTCCAACTTACCCAAGGTAGTGGTTGGCCAAATTCTTCTGATTGCACCTGTTCCTTTCAATCTAGTAATCATTTTCTTTGATGAGTATGAGTTCTTTAGAAGCCTCTTTCTACA
YITCMG129	CATATATATATCAGCATCCTGATAGAGAGCGCGAGCAAGTTGAATTCTCTGCTTCTGCCCACCACTCAAATGAACTCCTTTTTCGCCTACTACAGTCTGATCATGATAAGGAAGCAACTCGAGATCCTTCACCAATGAACACCTTTCAAGTGTTTCTTGGTACCGATGGT

（续表）

扩增位点 名称	参考序列
YITCMG130	CCATAGAAAACATCTCCGTCACCGGCGGTGCGTTCTCCACAGGATTAACTCGCGATTTCAA TGCTGAGCACATGTACTCCATCAGTCTCTGCTCCGAATTGCCTTTCAAATTGGAAGCCTG ACTCAAGCGAGTTAAGATCTCCACAGCGACGTCGTTTTTCCCATCTGAAATCGCTGAT
YITCMG131	AATCAACAAGTCAGTCTGACCACAAATTACCTTGGGTTTTGTAATGTGGGGAGGGCAATAT GGATACATAATGGTTTCAAAGTTTGGCCTCCACCAGATTGCTACAGATTCACCAATCTGCA ACAAGAAGCCAACAAAAGGATGAGGATTAATGAAATCAGATTCCATAC
YITCMG132	AATACAATCTACTGTATACTTGTAACATAAGAGGCTGCATGGGTGATGGATAAGAAAAAC TTAGCTCTTCGTAAAGCTGAAAAGTGTTGTCATCTGGACCTGGTTCCTGCAACAGAATTTG GGAGAAATTGAAAAATATTATGACTAAAATGCAAGATTTTCGAACCACAA
YITCMG133	CTGCAGGTAGAAACCGCCACATGGTCAAAAGGTCAAGTGCATCATGCTCTATGAACTTGA AGTACCCACAAAGGAGGACACCGGCGGCACTTGTGAAGTACTGTAAAGCAGTTAGTGCCC CTGGATAAGGAAATTTCATGACAGCCCATTTGTTGATAATGGAGAGCAAAGAAGCTG AGAGGCAATAACCGGATGCTACACCATAGACA
YITCMG134	ATTCAAAAGGATGATTCCACTCAACCGTTTGGACAGTCTTGTCTATTGCTTGTCGAGCAAG TTTCCGTTGTTTCTGCCTTTGCTCTTTCAACTTCTTCTGTGCTTCTCTAATTCCAGCTTCTACC TCGGCCTTGTTCCCTTCCCGCATTTCCTTACTCTGAATCATCTTGTCTT
YITCMG135	CTCACCTGAAAATATTTATATTCATAGTCATCACATATGATCGGTCACTCCTATCATACTCT TAAGTGCTTAGAATATTGATTGGTTTATGATAGAGATAAATATACCCTTTCGGCAATGCTTC GAGGATGGGTGGCACAACCACGTTTAGCTCTAATTTTACAGGGGACAGCATCCTG
YITCMG136	GTGACTCTCGTCACCAGTGACAATGTGACTCCTTTGCAAAACCAGCCCTATGATTGGTGCA TCAGGCCCCTTAAGCTTCTCACTAGCATCCCTTCTAGTACCATACCAATTCAAATACTCTTT CACATCATCATACATACAAGGAGCCAAAGGATGCCAAATACCACTGTCCAAGAACAGAAC TGGGTCTGAATACTTAATCCTT
YITCMG137	TGTTAACCAATAGCTACTAGAGTGTATCAAAATCAGAAGAAATAGTGATGAAACAATTTGT AGGAATAACCACCTGGTGCGTTTCTGTAAGTCCAAGTTCCCAAGGACCACCAGCATGTTTT ATAGAACTTATAGGGCTGGCTCCAGTTCCACCATCATGTCCTGATATCTGCAAAATTAGAT ATATTGTTCA
YITCMG138	TGCCTTTTCTAGGACGTTCAAGCTAACAAAAGTTGCACCCTGAGGGTAAGTCTTGTGTAGG TACAAATTTTCAAGAGAATTTGTGGCCTTAAAATACAACAAAATACTAGGATGTAATGGAA AATAGATATAACTT
YITCMG139	CGAGAGTTGATGCCTTGGTATCCATACGGAGCACGAACACCTAAGAAGAAATCCAAGTAA AAGCTTGTAAGGCTTCGAGAAAAACAAAAAAACCTGTGACTAGGATTTTTTCTATGTAAGTG TTATATTTTTTGTTGTAACTCTAACAAATGCTTTTATATGTATCGATGCCTACGTTCAGTAAG GATTTTATCCAAA
YITCMG140	TGCTTCCACGGCCACGAGCACACTCCGCAGCCTGCCGCAATCGACGGCAAGCTATTGTAGC AACAGCCGCTCTTTGAAGCCACCTGTAAAAAACCCAAGATATTTAACTCATCTGATAACCCA CCAAATTCAATTCCCTTTCTGTCA

扩增位点 名称	参考序列
YITCMG141	ATCATATCAACAGGTAGGTTGAATGTTGCCACTTTTGCTTTGTAAGCATTTCATGATTTTTTC ATACGTAGTTGTTCAATTTGTTTACTTTTTAACCCTATCTCCAGAAGTTGCTCACTCAAAAA TTTAGTATTAATTTTTATCAAAATTGGGTAAAACTTCTCTATTTGGATTATACTAACATGGT TT
YITCMG142	GTCTTCATGTCCCAACATATTTTGATGTTCATTGGGTTCTCAATGTCTTTACTTGTCACTCTA TCACTGGCGGTTGTATTTTTCTTAGTCATAACTTTGCTTCTTAGATCACAAAGAA
YITCMG143	ACAAGCATAGTGGCAAATGGGGGCAAGCATACTGGGCTTTGAGATCTGGCAGCCTACACC ATACAACTCCCTGAAACAAGCATTTCAAATCCAAATCTCAAAGCAATTGAGAAAGTTGATA ATGTGGTCTGATCACAATAACAGTATCATAGCAACCACTTGATATGCAGTAATA
YITCMG144	TATATGGTTCTTTTTCATTTAAAAAAACTTCTGATTACACTTATTGGCTCTATTCATCCTTTA TTCTTTTCATTTGAGAGTTTGTTTAGTTGAACCACTTGTTTGTGTAGGCCCAACCAACTACA ACACCCACTGTATCAACGCAACCACCCACAACATCTCAAATTCCTGCA
YITCMG145	AACGCGGAGGGTAACTTGACACTGGATCACAGCCAGGAGGGCCATCATCTCTGTAATCTC TTGACCACCTTTGATCATAATGATGTCCTCTGCTAAATGATTCTGTATGATGGCCCACTCTG TGGTGAGTTCGTTCTCTAGGTGGATCAGAATTTGAAG
YITCMG146	GTCAACATTCTGCAGCATAAACAATATGATAACTAAAATGAGTTATTTCCAGATAATCAAA AGACCTCAAAGTTCTGAAAGAGTGCATCATACAGAGGAAAAACACCTTATAAATATCAAA CCAGTAG
YITCMG147	ATTCAAATCAATAGTATGCAAATTCAAGTTTTGCTATGTTTTACACTGTAAACAATATTTCC TTGCGTGCATTTTTATGCCATTCTAAAAATTATGAACATGAATGTTCATGAATAATAGAGCA AAACAAGGTTTGTTTTTATAAGTATCCACATACCTTAGT
YITCMG148	GATATGGTGAAGTCCTTTTGTACATTTTGTTACAAGTGCTACAAGCCAACCAAGCCTTCAT TTTAAATGAGTTATAATGGTTCACTTTATAATTCTTTAGTCAGCTCTATTAAAATTAGTTTC TCTTTGGAGATTTCTAATATAAACAAATCATACCCCTATTCATCTAGATCGGTGTTAGTGGT
YITCMG149	AACTCCTTTTATACCAAAAGGTGACGGCTGCTGCACAAGGGTTCTATTTCCGACTCTTCTDA CAAATTGGTATGTAGTAAGTTTTAAAAAGTTGATCTTGAAAAACAAACAACAAAGTTTCCT TGTAATTTAAATTGTAATGTCGAAAATATTTTTTTGCTGTCAAGAATTTGACG
YITCMG150	GACAGACGGATGGAGGGAAGGCATTCACAGCAATTTTCTCTGCCATTGTTGGTGGCATGT AAGATTTCTGAGTGAGGAATTTCTCATTTTTGTCATTGCTAATGTTTAGGCTTATTCTAATT CATGAAATAA
YITCMG151	ATCGAACAGAGGATTTTGAAGAGGCTTTGCATATGATTAAAGCTGAAAACCCCACTGCAG CTGCTTATTTTGAAGAGGCTTTGCAATATGGCAGGTACAAACCTCCTAAATTTGTTACTCT TTGCAGTATGATAGCTAAAAACCCTAAATATCTGTATTTTCTAATTTTTTATATGTTATAATA TCTTTCAGATACTTGTACTCATCCTC
YITCMG152	ACAAGAATGAAGTCAACTTTATCTGTGTTGGAAAACTGGTTCAACACCATCTCAAAGTAAG CCGGATATTGACCTGCAACATTGATGAAAGACGGCATATCCGACGGCTCGAGCGGGGGCA GTCCAGGGATGGACACT

（续表）

扩增位点 名称	参考序列
YITCMG153	TTAAATACTCAACTTCCTTAAGCAGACCACTATCATGAACCTCAGCTAGCAAAGGTTGAAC ATCTTCAGCCATGGCTTGAATCTGAGACATCACTAAATCAAAGCCAACAGTTTATGCGTGA TAATAGATCAAATGTTCAGTGCAGTTAAAGATAGAGCTCAACTGTGCATG
YITCMG154	TGCACCCTTTTGTAGAAGCAGCACAGAAAGAACTGTTCATCCCCGAATCTCAATATATAAC TAGACAAACACAAAATTTATTTTAAAAATAGAGCTAATGCAAAGAAGATATTTTGATGAGT GATGTCTATATCTATAACTAGAGAGCCATTAAACTTTGA
YITCMG155	CAATCAACACCTTTATTCACGGCATACACTGCCCAATTAAAATTAAATAATACAAAAGTAA AACTTTCCAATTAAAAACAGAACTAAACAAAGACAAAAAATCCGCTGCTTATATCTTCATG CGCTTATTTATCTTTTATTCCAATTTGACGTCATTCTGCTTTTAATGGTTCAATTCATAACAA ATTCCCTCCCTTCGACTTCCTTGTC
YITCMG156	AAACTGCACCTCACTCGGTAGATTTCAATGATGGAGCGACAGTGAGAGCCATCCTTCTTAG GGGAAGCTTTGGTCCAAGATATGCCTGCGGTTTCTACTG
YITCMG157	TCCCATAGAATATGTTTACTATTGCCAATATTATTGTAACCCTCCCCACATTGTGATGGTAC CAATTCCAGTATTTTCTCACTTTCGACATCTTGCCTGGTCGCGCCAAAAATGCCATCACCTG GAGGCTGCCGAGGACGAGGATGATGAGGCCAAGAGCT
YITCMG158	AAAAGGCATGAATTCAATGAATCGAACATTAATTGGTTTATTGCGTGTTAGCTCTACAAAA TCACATATCTCATCATCATTAAACCCACGCATCAGTACACAATTCACCTGGAGAGAAGGCA GAACACAAAAAAATGAAGGTTAGT
YITCMG159	TCCTTCGTTCGGCAACTGGAGCCAGATTGGCATATTGACACAAATCTTGAAATCATTTCTCA ATTAGCTGTATACTTTCAATACTCAGCTAAATTTTCTAGTTTTTGTTCTGCTTTCATATTCAT ATCAGTCCACACAATGCTTTTCATCTGAGTTCAAATATTTTGTTTTTTGTTACAGAGA
YITCMG160	GGCTCTCTAACATAACATTCAGATTCAGATTGAACGAACAAAGAAATGCCCTTTGAACGTT GCTGTGTTTAATGCAAATGCAGGTGTATCCAAAATCATGGAGTGCGGTTTACATGCCTTTG GATAACGTGGGAATGTGGAATGTAAGGTCTGAAAATTGGGCTCGCCAGTACCTAGGCCAA CAATT
YITCMG161	GTGATGATTTGATAAGAGTACTAAGAGAATTAACTGCTGTACAGAGGAAAATAGCAGATC TGCAAGTCGAGCTTCAAGGTCGAAAGGTGAAGTAGTTGTTCTATCGAAAAATAATAATAAT AATAACTGGAAAAATGATGCTTATTATGTTTCT
YITCMG162	TAAAACTGTCGAGAGCAAACCAGGCATTCATTGCAGCATAATTTATTTCATCAGTTACAAG ATGAAAGACAACCATATCTGGATTCTTTGAGTTGAAAGCAGTTGAATTGACCACAACTGAA GTTGCCAGAATGTTGTCAGAAAAAACACAGAAATGATAGAGACTGTTATCTAAAAGTTTC AC
YITCMG163	CACTGATGCATACAAGGCAGGCCACCCAGAAGAAGCAGAAGACGGTTCAACTTGAAGTTT GTACCAAGAGAGTATGGATTTAAGAAAATTCCATGAAGAAGATAAAAGGATTGCATAGAC TAGAA
YITCMG164	AAATGAAAGGCAGTAAGGCCACCGACAAACCACATAGATATGAAAGTGTAAACTATCAG AACGATTGATGCAGGAGTTTTGATCATGGCTCTCCAAATTGTTGTCTCCTCTGAATCCATT ATCCTCCTAATGTAGACCCAGCAAAATGCGAAAACATATATACAAAGAAGGGTAGTCGAG AAG

扩增位点 名称	参考序列
YITCMG165	TTTGCTTCCAACTTGAACAGAGGACTCAATCGCAGCCTCCCTAGCACGTAAAATCCAAGG TCTCTTTTCCTCTTTTACTTTTAGTGATACACTGAAAATTGACATAAGATAGGTTAACAACT TGCAAAGTATTGATTACAGAAATTCTCAAGGAGAAACTGAACAGATTTGTCTGGGTCCAG AAAATGGTCCTACCTTTC
YITCMG166	AATTCACTACCACGAATTGGTTTGTAACATTTTTGTGTGTGTTTGTGTGATTAATTAAGAAG AGCACACAAGGGCGCCTTGTACATATGATAAGCTCCAA
YITCMG167	CAGAATCATTAAGATGTAGAGCTTGCCATATTCATATCTTCAACAACATGGTAGAAAATAT AAAATATAAGAATTAATACCTCAGCAACCCTGACACAAGAAGCAACCTCAACTCTTCCGGT GGACCGATCTTTTTCCTGAATGCAAGCGAGATTGTTACTCCCAGCTGTTATTATTCT
YITCMG168	TGATTGATTTGCTATCTATAACATTCCCAATTTACCTTTGATAGTTGACTCAGAAGTTCGAT TCTAGATTCACTATAATTTCTCGTCCGATAGTAGGAATGGTTGTAATTAATGGTGTTTTCT ACTGTTTATAGTAATTTTGATATGGTGTTTATGACGATGAATGATGTCCATCCTTAAATTTA AAAGATT
YITCMG169	TAACCATTTAGGCCGCTCCTGGAAATTCAGACATGATAAGAGTGAATAAGTCATTGCTACC ACTAAAAAGGCTTTATAGAGTATAAGAATGTATAAATCGACAAACTGACCTTGAGAGTGA ACAAGCCAAAAAGATTTGATCTGTGATGGACATTTTCTTCTGAGAGTGACTTTGCAATGTC AAGATTGCTTACAAAGAGCTCA
YITCMG170	TCAATGATACTTTGATTGCAATTCTTATGTTCTGTTTGGCTGCTGAAGCCTAATGGAAGAAT GAAAAATTTGAAACCTTTTTGTGTCAGATGTAGTTGAACAAAATGGAAGTTTCTTTTGATT GTTCTTCAAGTCCATGTGAATGTTACGCATGATGTTTTAAGAGGAGGCTTAACTAA
YITCMG171	TTGGAAGAGGGAGAAGGTTAGCAAGATTGCATCTCTGCAGCAGTTCATGCCTCATGACTT TGATGCTGGTGACTATGGAACCTCAAGCTTTCCAGTCGCTGCAATACATAGAATTGGGAT ATTGGATGTCAG
YITCMG172	TGCAGGCATTGCCAGACGATTTAAAAACAAAGCTCAGCATAGATGATGAAATGGTTTCAA GCCCTAAAGAAGCCCTTTCCCGGGCCTCTGCAGACCGGAGAATTAAGTATCTCAGCCGGT ATTATCAGTTCCTCACAAAAATTTGATATATCTGCTATATTGACTACATAATCTCCCATAT TTTGAAGGAAAACATTTTCA
YITCMG173	ACCAACACAACAATGGCTGTAACTACCACCTTCTTTCTCTTCACTCTCCTCTTCTCTTTCCCC CTCACTTTCTCCCTTACCCTTCCCACCACTACTTCACCTCTAGATGTCTCCTCCGCAATTAA ACGCACACTTGACATCCTTAATGTTAATTATTCACGCGTACAGCTTCAGCCATTTGGTCAAG
YITCMG174	ATATTTCGCCCCTGATACAGGCAAATTGATGTTTCTGGGAACCGGAAGGCTATTGTCGTAC ATATCCCATACAGGTTGAGGAAGGCTTATCGCAAGATTCATGTTAGGCTTGTGAGGGAAC TTGAGAA
YITCMG175	TGAGCTTATTTTCATCACCTCAAATCCATGATTCTCCATCCCTGATTTCCATGTCTCCATCA TCTCATACGTTGGATAATTAGAATTTTTCATGTGATCACAATTGAGCATGCTTTTGATGTCT TTTCCAAGATTGTTCTTCTCAATTCTTAGTCTCTCTAAGCTCTCCTGTGGAAGACAATCGTC TAACGAATCGAACATCGCTGC

(续表)

扩增位点 名称	参考序列
YITCMG176	TATTATCCGGATTCCTCACCGAACAATTAGCCCGAATCTCTCCGTGTTTCCCAGTCAACACA CTGAGTTGCCCCATCTTCAACATCGACTTCACAAACTCTTCAAAGAACAAACTCTGGTCCT CCGCAAAGGCTTTCACGATATCCCTCGTCCTCTTGTCCGTGTACAAATCTTGGTCCGACGTG AACAGGCCTTGGC
YITCMG177	ATTCACGACATTGCTTGTATAGTTTGTATTTATTCAAGAAGAACCACTCCTACAAACCTGT GGATATTCCACAGCTAAGCACACAAACTTTGTCAAGAGGAGCAGCAGGGTTGATCTTGGC AAGACAGCCAACATGGACAACAGTGTATTCACTGAATGTGGAAGTCCCAACAAAATGGTA TATGGGCT
YITCMG178	TGCTCTGATATCAAATTTGTTAGAAACCTACAAAATCAACTCCAAGCACTCTGATTTTCAC ACACAAAAACATACCAATTTCTGGAAACGAACAAAGCCGACATTATTTACTAGCAACCAG CCAATACAATGGTGCATTCTAGGCGTCACACCCAGAATTGCACAACCAAACATAATGAAA AGAT
YITCMG179	TTTCAGCAACAGCCCCTTCAACCACCCTAATGGAAGAGGAATCCATATACTCCCGTACTA ATTTTGCAAGCAATGAAGATGAAGCTGGAGCAATTTCAGATGGCTTTAGAACCACGGCAT TACCAGCAGCAATGGCTCCAACCATTGGATCAAGAGACAACACTGTTAAAAATTTGAAGA
YITCMG180	ACCAACGGAGTTTCAGCTCCTCTAGCCGCGATGGCTCAGGAATCAGAAGCTTCGAGAAAA CGGAAGGCGAGTATGCTACCTCTGGAGGTTGGTACTCGTGTCATGTGCCGTTGGAGGGAC GGAAAGTACCACCCTGTTAAGGTCATTGAGCGCCGTAAGACAAACTACGGTGGCCCCAAC GATTACGAGTACTAT
YITCMG181	ATTTGTGTATGATTGATTATTGGGTTTCAGAACTTTTGTTGCGCCACTTGAGAGACTAAAGC TGGAATATATAGTTCGTGGTGAACAGAGACATCTTTTTGAGCTCATCAAGTCAATTGCAGT TACTCAAGGAA
YITCMG182	CTAACTGGGCTAACAAAGGTCAAAACCTGAGTTGCAAGGCTTGATTTTGGTCGTGTACTTT TGATTATGATTGTGGCCTCTTGCCAATTTAAGTTTTGGTGTAGTTATACATTTTAGTGTGAG GATTTGG
YITCMG183	AACTTTATGGCTTTGTGCAAAACAGTTGGCCATTTTATTAGCAGAGCTGGAAATTGAAATT TCCAGTGATATACTGTGCATATCTCAGGAAATAGATTG
YITCMG184	ATCATTGAGGAAGGACACTGCCTGACTCATGCTTATATATCCATTAGTCTTGAAGCATAAA TTCGCTATTGGTCTGCCTGGATAGATGATACCCATGAGGTACTCTGTGATGATGTTTAATCC TGGGGTCTGGCAAAGAAAGTAATTAATAAAAGAAATATTTTAG
YITCMG185	GCACTGCAAAGAACAGCAGGCTCGTAGAGGTTGCAGCTTTAAGCAAGAGGTGAAGAGAG GGGATGGATATCCCATTTCCATGGCTCCTAATAACAATAATAACGAGAGCCCTTACTGGCC AGAGCTACCCGTGCTTTCACCAATACCTTTCTCAAACGAAGAAAACCGCTTTAACGACCA TGCAGCTATCAGAAAGTTTCTTATCAA
YITCMG186	AAGAATAGATAGTGGCCCAACATACAAAATTAGTATGTGAAGAAGCATTGTCAAAATAAT TDGAAGCAACAAGCCATAAATTACTCCAAGGAGGGATGACCCTGAAATACATACATGGTT AAAAAGGGGGGTTGGTTTGATGTAGTTTCTCTTATTGAAGATGGATACTTACAACAGAGA TTGATTTTCACTGAGGTTAT

扩增位点 名称	参考序列
YITCMG187	GCTGCAGCGCATCGTCCCTCACTGTCCACAACCACGCAGCCAACTGTTTCCGGTGCGTATA CGCTTATTGGGAGCCCGTTCATTTGCAAGGGGCTGTCCATGGCACCTGCACCCACACTG CAGCTTTCCAGTCCGACTTTTGGGATTCTATAATCAAACTAGTTAAATGACAAAAATTT AATGCTAGTGAGTGGAGCCCATTTG
YITCMG188	CTGCCTGAGGCCCCTCTGGTAATTGCCACGCACATGAAAGTCAGCTCCTTCAGCATATCCA GCAGACCCTGATATTTGTTACCTTGTCCTCTGTTTTCTAATATACTCTATTAGCTTTCTA
YITCMG189	ATCTGATTAACAGAGGATGATATGCTATCTTCTGCAGGAGCTGTCATCGTATTTCTTTCAAG AACATAAAAACCTCAAACTTTCAAGTCTTCATATAATTTCTGTGCTCATACAAAACCTAGTT ACTGTTATCCATCAGTTAAGCTCTCAAGCTACTCACCAAAATCTACTGAAACCTTCACAGC ACTCAACAACAAAGACAAAA
YITCMG190	GCTAGTGTGTTAGAGAAAGTGTGTAACTGAAGTGAACGATGGAGTGAAGGGAATCGAAAG TGAGACTTGTGAAGCGGGGCAAGTGGAGATTTTTCTATTACAGAATATAATTAATTCCTAA CCAAAAAGAGACTGTAAACTTTAAGGAGTTAGCCCAGTCGA
YITCMG191	GTCCTCATCAATTTATAATTTTACGTAAGTTAGACGGTCCCATGTTCTTTGAATTTAGGTGG TGGCATCACTAGTTGTCACCACTCACCACAAATTTCTTCTTTGAGGCCTTCAATGCTTTA
YITCMG192	TGAAATTGTTGCTTACACATTGAAGGTGCCGGAGACCGATTCATTGGCGGACCTAACAGCG GCCTCGAGATCGAACCCGAAAGCTGAGCCGGAGCTCTCATCAGCATCTCTTGAGGCCTCGT AGGAGTTCCAATCTGCCAGTAAAGACGG
YITCMG193	CTATCAGAAATGCTGAAAAATCCCAGAGTTCTGGAGAAAGCACAGGCAGAGGTGAGGAGC GTCTTCCAAACAAAAGGAACAGTCGATGAAGGAGGCCTTCATGAACTGAAATATCTAAAG TCAGCCATAAAAGAATCCATGAGACTCCATCCCGCAGCTCCACTGTTACTTC
YITCMG194	TCCTGATTACATTCAAAACCAGCTGCATGTAAATATCTGCACTCGTACGAGTAGGAGCAGC DTGTGTGCACTGAGATCTGAGAAGATGGCAAACAAAAGAATCAGTTAAATGGAATTTCATT TTGCCTAGGTGAAAATATGATAGCTCTTGTTGAACATTTCACTTACGTCATTTCAGGTC
YITCMG195	ACATGAATACATTTTAGGTCTGGGTCCAATTCTTGATGTTGAATTTACAGTCAATGGGAGGT AATTTATCTCTTCCATTGATGTATCAGGAGTAAATATGAGTGAGAATTCTGTTATTGTTTGG GATATCTCGCAAGAGGTTCCATTGTCTAATCAGGTAATAGACTATTTCAAATATATTTACA ATTCCAAGTTAATTA
YITCMG196	CCTGAAATGCTGCGTTACGTATTTTACATCCTCAGCTTCCAGGCCGAATGCCTCTGTCGTTT CCAGGGTCACCAGAGTCGATGAAGATGGCGGAAGCCGTTCAATGAAAGGCCGTTTCAGGC ACCATGACAAAAGCTCATCGCCACTGAAGTTTCCAGGGCCTAACATGCAGCAACTCTTGA TATTATTATGCAAATTTTGGCTAC
YITCMG197	AGTAGTACAACAAGATAAATACACTTAAGAAAGGTGAAGAAAGCACATATATGAAAAAA GGTATTGAAATGGAAATAATAAGAGACCTATCTGATATATGAATGCAAGAAAACGAACCC AATTGAGACGACATTAAACATACCGTCAAAAGCAAAGGAAAAAAAAAATCTAACTTTACC AAAACAAAAGGCAACCCATATGGAGAATT
YITCMG198	TCCAACCTTGCAGCCATTACCACCGCGGACTCGCCTGCAAATTAAGATGACCCAGTTGAGG AAACATATGAAAACGCAAAAAGAAACTGAAACGATAGAAAATGGAGAAGGAATAGAGAG AAGTACGGTCGAGGACGAATA

扩增位点 名称	参考序列
YITCMG199	GACTGTGAAGTAAGAGAACAAATCTTCTAATATCTTGGATTGCTTTATCTACAGTTGTATAC ATTGTGAATACATATATATATAGAATGAATGTGTAATTTTTTATTGCCTACAAAACTCATGC CTGTAACTTATTGAATGTTGTGCATGACATCTAGCCGATAATGGAAAATGCTGAATCTCCA CA
YITCMG200	ATTTGAACCTATCAAATAATAACTTGACTGGAAAGATTCCTTTGAGCACTCAATTGCAAAG CTTAGATGCATCTTCTTTCATTGGAAATGAACTTTGTGGATCTCCACTTCCAACTAATTGT ACTACAATTTTTCCAAAACCAG
YITCMG201	AAGAAAATTATATGCGTTTTAAATTTTATTCCTGATTCAGATTCTGAAATTGAGGTTTTTGT AGTTCCAATTAATAGGAAATTGAAATGACTTCTGTTTCTTCTATTAGCGTAGAGATTGCAAG TAAAATTCTGATTGTGTCTATATTTTTAAGATTTCAAGTAAAATTCTGATTGTGTCTATATTT TAAGTTCAAGTTTAAATTTC
YITCMG202	AACGCTTACTGATTCTCTTGTGGCTGCTGCTGGTATCATTGCACAAGAAGTTGCTGGAGAT GTCCGTATGACTGATACTCGTGCTGATGAAGCTGAGCGTGGCATTACGATCAAGTCTAC GGGCATCTCTCTCTACTATGAGAT
YITCMG203	TAAAATTTACAAACTTCTACCAGGAAAAACCTAAAACCTCCAAATTAACAAACAATTAAAAT TCCAAATCTGCACCCAAAAGATGAATCCTTGAGTAATAGGGTTATAAACCCTAATCCTACC CTAGGCTGTTGTTACTTTGTCGTCCATCT
YITCMG204	GTTAATATTGCGATGAGTTGGTGTCAGCTCATAAGGGCTAAGAAATAGTCTGATTGGAATT GATTCACCTGTAAAGCAAGAATGGATTTATAGCAAATGCATCCATTGGCAATTGAAATCA ATGATGTGTCACATTTGGAATGCAGGCAATTA
YITCMG205	GGTCATGCACTGGAACATGACTTCCTTGCAAGATTTACATGCTCTACGTCTGGTTCATCACA AACCGAATGGGAATGCCTCTCAAAGCACTTAATTGCATGCTTCTCCTTCT
YITCMG206	TGGACTAAAATAAGGTAAATGTTGCCTAAAATAAATATTAGGAATATTTGCATCATATACA TTATATCATTTGGGTTTAAGCATTTGAATCATTGTATTTTTATTATATTTGTACTTGATTTGA TCAACTAAGTGATTAATATTTATTTTAGTTATGAATGGGTTCATAAATTATAATGAATATTA ATTTAGTTGAT
YITCMG207	GCTGTTAGCCTTTTTTATCACGGAGAGCTCATTTTTAAGCTCTGTATACTGTACACTTAATTC CACCCTTTCCATCAAGTCGTCCTCAATCTGCTGAAGCTTTTCTTTCGAGGCAACAGAATGAC GTTCGCAGTCCTCTAGTTTAGACACATCCTCCTGCAAAGTAGATATCTTCTCCAAATATGA ATCCTTTTGCAC
YITCMG208	CTACATATTTTATCCATTCTTGTAAAAAGTTGTTGAAATTCATAAGAATCATACCATGTATT AGAGTTATAAACTGGAACATCCTTTACTTAACCTTCTTAGCGGGAAGGATAACATAAATTA GCTACGAACTACCTAGGCCTGCACAACCAATACATTTGAAACTTATTATCATCTCTTGAAG TCTTATCAATGTTACTACAAA
YITCMG209	TGAGGAAGGAAAGGTTTCCTTCCCAAAAGAAATCTAAGTTACACCCAAAGGGCGATGGTC CTTTTCAAGTCTTTTAGCGTATCAATGGTAATGCTTACAAAGTGGATCTCCCAGGTAAGTA TAACATTAGCTCTACATTTAATGTTTCTAACCTATCTTTTTTTTGATGATGTTGATTTGATGG
YITCMG210	GCTAATAATATTTGATTCCAGGTGTCAGGGACTCCTGGCAAACACCAATGTATGCAATCTG CATAGTGAAGAGGGTCAGCTTTTTGGTCTTCAGTCAAAAGCTTGCCCCCTGTTTCTGTGDT AAACTGAAGCATGACCATCGATTCTGTATTCAGAAATTTGTGTTACGTTGATAAATGAAA

扩增位点 名称	参考序列
YITCMG211	TTGGATGTCAAAGGATAATAAGGTTGTTCACTAATAATGTGATTATTTGCATTTAGAAATCA TTTGAAGAGGCCATGGAGTCAATTGAAAAAGCTAAAGCTCATAAAGATAAGATTTGAAAT TGCTGGAAATCTAATTGATTGCTTGCATATTGCTACCGGAGCTGAAGAATTTTCTCCGAAA ATAACTGGAGCACCAC
YITCMG212	TCATACTCAAGGAAGCATGTGCATTTGATTAGGGTTTCACACCGCTAAAAACATAAAGAAC ACTTCTTATATAAACTGAAAAGTATTACATACACACAAGCATGTGCTCAAGGCACATGA GCATATGTCACT
YITCMG213	TATCATAGAAGCATAAATTCTTCAATCTCATTGACTGGGTAAGTGAGTCCAGCTGTTAATGT ACAACTAAGGCATATGACAACTCACCAATGCTGAGATGCCGCAATCTGATGATGAAGGAA TGGAATTGACAAGTTGCTCTTTGTCCAGGTCCCA
YITCMG214	TCGCTAAATGGATCTATAACGGCGCCGCAGTTGACCATCGATGAAAGTCTACTTGTTGACC CTAAATTTTTGTTTATCGGCTCCAAAATCGGTGAAGGAGCTCACGGAAAAGTTTATGAAG GAAGGTTAGTGTCAGCTTCTTTATGTTA
YITCMG215	CTCAACCTCAATATTGCCGTTTCCATCAACAGGATCAGTAAAGTCCAATTTAGACTCAGCA GGAGATTCATCCCAAACTC
YITCMG216	TCGAGAAACTTGAGCTTTCCTCCCTTGTAGCCATACCACGCTGGACTATGACGACTGAAGA AAATCTCAACAGAACCAAGAGCCCATCGAAGGACTTGATTCAGCCTATCTGACAAGTTGA TGGGAGCTGAACCTTTGAATGCAGGCAGCTTTGGCATACAGTATATGGACCTCCAGCCAC GACAATGCATCTTGAAACCAGTAA
YITCMG217	CAAAAGTTACGGATCCTCTATAAACATTACACCTAGTAGCAGCACCATGCATAAAGCGAG GATGCACAAATAACTGAGCTGTACCCCACAATGGATGAATCTTGGTTCCCTGCAGAATAA AATAATTGAAAGTTAAAGGAGATAAAGGACTTCATTAAGCTAGAAGTTATGTCACACAAG CATACACTGGTTTCTGAT
YITCMG218	TTCTCTTCTTCTTTCGTAAATATTATAATCTAGTAAAGAAATGTTAGAGTTGATACCCCAGA ATCAATCTCTATAACGATACAAGTTCAGTAATAAAGGTCATATTTG
YITCMG219	AGATTGGCTCTGGATAACAGTTCAGGAGTCCCAACATACTCCTGGATTGACTTTCCATAAA TCCTGTTTGATTAGCCATGACCTTTTGTTAGCTGGCTCACCTACCTACTTTCTAGGGAGC ACCTAGATTCCAGATATCTAAAG
YITCMG220	TTGCTCTAGGCACTTTTATCAAGTTAAAGGGTGCCACTAATTTTTGCACATCCTAATCTTTCT CTGCAAGAAAAGGTATCAATAGAAAATTATTTTTTAATTGGATGCTTCTTGAGGATTACTTT ACAGTTCCTGCACCTTAATTTATCATCAAGATTTCTTGTTTTATTTTAGGGAATAAACATGA ATACTGCT
YITCMG221	ATATTGCTACATTAAACAGGATAAAGAGTCCATTTTTCATATAGAGGAGGAAGAAGAAAT AGTACAAGTTGGATTATATGAAGATCTGTACAAGAGTAGCAGAGGTATGAGGCTACACAG AGGGTATGTTGGCGAAAGAAAATCCTTTGTATCCCTTGTAAGCATAATATGCAATTCTCGT GTAATAAAATCCCGGAAT
YITCMG222	TGACTCACATGATTTAAACTCCCAAAACCAACCATTTGATACCCGGAGATACTTCCCACAG ACTGAAAGCGACTGACAGAAGGACTTCCAATATTATGTTTAGGATCTTTTCAACCAGGGGA

扩增位点 名称	参考序列
YITCMG223	ATGTGCAATGTTGTAATGTAATCGTGATGTATGTCACCTTCACTTAATCAAGTGACTACATG DATTAATTTAACTTTGAGTACTATTATTAATGTGCTGTGTTGCTGTTTGCTAATGGATGGTTA CATTCTGT
YITCMG224	CACACATGAAGTAAAGTATTCCAACAACTCTTCCCTACTCTATTTCATTTTCATCATCGCTA TTGTATGGATTCCAAAACTTACCCTCATTTTCATACCTATTGGTGAATTTTAGTTGTAAAGA TTATAGGATTTTTTAAAACCAGGTTAGGTAAATTATCTTTCTAATTCTGACATTGTAAATG TAGTTTGAAATATAAT
YITCMG225	GTATGGTATGGCTCCGAGGTCGTGGACAGATTATCTGGGTTTAACGGTGGGGGGAACTCTA TCTAACGCTGGCGTTAGTGGACAGACCTTCCGTTACGGCCCACAAACGGCGAACATTGCCG AGCTAGAGGTGGTAACTGGAAGGGGCGAAGTTGTAATTTGCT
YITCMG226	ACTGAGAACAATGCTATACTTGATGTTATTGGTATTGTGATTTCTGTGAACCCTTCAGTACC TATCTTGAGGAAGAATGGCATGGAAACTCAGAGAAGAATTTTGAATCTGAAGGACAGATC TGGTAGGAGTATCGAGTTAACTCTTTGGGGAGATTTCTGCAGTAAGGAAGGT
YITCMG227	TGCAAAACACAGCAGGCTCCAAGAACCACGGGCAAGTCTTGTAGTTTCACTTCGGTCCTCT TTTGTAAACAAGCCCATCTGCCTTTCATTCTTGCGAAAGAATCCTTAGCTATTCTCTGAAC
YITCMG228	CAATGGGCAGTAGACAGACCATAATGCAGACACTTGGGATACCGGGTACAAAGTATACTT GAAGAAGCTTGAATTTCACATCTGTAATACTACAAGAGAACTATATCTAAAAAATCCCACA TACCAGACTGA
YITCMG229	TTCACCTCATGGATGAAGGAGAAGCCATAGAACTTGGCAAGGGTGACTTCACTCTCATCA AAATCCTGGATGAAAACGTTTCTCTG
YITCMG230	AGAAACAGAATAAGAAAATTGCCAGTCAAAGCAGAAAGGGCGGCGCCAGGACGATGCCC TTTATAATAGGTGAGCTTTGGTGAATGATATTAACAGTAAGTTCATAAGGGAATATAATGA TTTATGAGATGACAGATTTTAATTTATCTGTGTTAAAACATTAAT
YITCMG231	AAAAGATTCAACCAGGGTTTGCTTAAACATGCTTTGAGTGGAGCTGGAACCCCAGCAAGA AAAGGCACCATTGATATTTATCTCTTCGGCCTGATTGATGAGAATGCCAAGAGCATTGCCC CCGGAAACTTTGAGCG
YITCMG232	TATAGGCAGATCATGTTTTGGAATTTCAGAAAATATAGGAGTTGTTGTATGTACCTTAGCC AATGTTGAAGTTTCCAAACTATGTGACCTGTTTCTCTCCTCACTCTATATAGAACTTGTTGC TGAATGGTGGAAGAATATTGCCAGAAGAGTGTCTAATGTCACAACCAAGATCAATCTCCA TCAATCGATG
YITCMG233	GGTTCAGAGTTAGCCATTGTTACACAGATTGAGATTTTTGTATTACAATAAAAGTTGATTTT AATTTTTTTGACATTTTGGCTTGTGATTTTATTTTCTAATTAAACATTTTCAACCCATATCAC CATACCAGCAGTTTCTATCATTCACAGAGATTTCGGGGCAAATTTCAAAGTTAAAATTAGA AA
YITCMG234	AGACAACAATAAAAGGAAAGAAACCAGATGAATTAAAGGAGTAGGAAAGATAAACAGTA GGGTGAGAATCAAAAGTTTATTCCATAACAATAAACCAAGCCTGAAAACAATTATGAAAG AATCCTTTATATATAGGCTTTAAAAACTAAATACAAATCCTAAAAAGACATTGATAAAGGA AATCCCAATTAAAATTAAACTATAAGACC

扩增位点 名称	参考序列
YITCMG235	GATACATCCCATGAGTGATAACATAATGGTAGCCAAGTTTTACATATTTCAATTTCACAGA TTGTTTGAAATCAGGTAGATTGCGAGAAGAAGAAGGTTGGATCAAGGGGGTGTTCGGATT TGATTTCGACATTTCTGT
YITCMG236	TCTTAGTTATAAAATAATTTATACTAAGATACCATTTACAGATTTCTGATCATCTTCAGCAG CTCACCTAAGTACAGCAAGAAATAATTAATTGGAAGAAGAAGAAGCTTGAAAATGAATAT ATATATATTTATGCAGTGGAGTAATGAA
YITCMG237	AGATCTCCACCCACCAGAGTTTGTTCTGTAAACTGGACATCCTTTGTAGTCAACGCAACCA TCTACAGTGCCTTGTAGGAGAGGAGTTTCTGTACAGTGAGAACGATGGGAGATGGTCAT
YITCMG238	AAACTCTTTTTATTGAATCAATGAGATAAAAACACATCTTTAACTAGGTAAGGTTTAGAAA TTGAACTTGTGTGTGATAGGAAAGCATTCACCACTCCCCACTTGAAGTTGTTGTTCACTGCT GTAGAAAAATTTGAATGGCTATAGAATCAAGATACCAACTAGGATTATTGACTACTTTTGG TGT
YITCMG239	TGGTTAGCTGTTGTTAACATTCAGGTATGACGAGTGGTACAGTTGTATTGAGTACATGTAA TTGGAAGGTCGGTTGTAGTTGAGTTTATGT
YITCMG240	AATTAAAGTCACTATTAAACGCACGAATTGCACAGAATTATAATTAAAGACATCTGACTAA TAGCAAGACACTAAATTTAATCCACCTCTTGGTCGTAGGTCAGGAGAGGGATCTCTTCAGC AACAGAAGCAGAATCCATCTCAGATGGTGTCGTGACTCTAGCTTGGTAACCACGGCCAGT ATTAAGGCGTGCAGA
YITCMG241	ATACTATACTCTTTGGAGATTCAGGCTTCGTTGCTGCCCCAGATGAAGATTACTGGAAATT CATGAAGAAACTTTGCGTTA
YITCMG242	CGCAACAGTACAAATATTCACCAACCTTGATTTTGAAATGTTAATGGAGTTCATATTCATA ACATCATAAGCTACACAGCTGTCTGGCTTCAAGTCTGGTTTTTGTTTAGAGGTATTAATAA GGCGGTTTTGGAAATAAAATTGTCCAAAGTTATTTTAAGTAGTTAATTGAA
YITCMG243	GAACAACCTCGCATCCAACGCCTATTTGGTAAGCAATCCAGAGAAGACGCAAAACCCCAC TGGTGAATTGGGTTGAAACCAAAAGGATATACAAAAGAATCACTCAAGTGAACAATTCAT ACTGGCAATTATTGTTTCCAGTAATGTGGTTAGTCAAAGCTTGATGAACGACTCCACCTTCC TT
YITCMG244	GTATGGAACATTTTTTCTATGGATAGGGTCTATATTCATATTCATTTCCTGGGTGCTAAATC TACCACTTTTCTCATCTGTGTTTCATGTGCTGAGAAACATCTATCTGTGTTTCAAAGGTTGC AACTAGGCGGATTATCAT
YITCMG245	TTAAATGCATAACAATGAACCATTAAAATCAGCACAACTGAACAATACTTGTGGTGTTCAA GCACCACCCGGGAAATGAGAAGAAAGCAATATACTTTTCAAAATGATGGCAACTTAGAAA CACCTTTAAAAAATGAGCATATAGGGGAAAGTATATC
YITCMG246	TCCACGGGCATATTGGTTCTTCCATCCTTAAAAGCCTGAATTGCTGCTTCCTTAACAAAATC TGAACCACCAAAGTTGGGGAAGCCCTGGCCAAGATTTATATAGCTCCACGTTTGATGGAAA GCATATGTT

（续表）

扩增位点名称	参考序列
YITCMG247	TTTAAGGCAAATCCTTCACCCAACTTTTACGTACTGAAGGCAGAATCAATATACAAACAAG TCAAAGTGTCTAACTTTCAGAATTTAAAAACTGAAGCAGTATTAAACTATAGTTCAGCGCT CACTCAGAAATCCCTTCGTACACCGATCCAAACGTCCCACGTCCTAGAAGCTCACCCTTCT C
YITCMG248	CACTATAAACCTTTAATTATTGGTGGAAAAGGGGATCACTTCCCCATAACAACCAACTATA CTACTAACCTCACTAAGTGACCACACTACTTAATATTATTAATTAATAAAGTAAACAGCTT TTATTCGCTAATCAAATCTTCATCAAATATTAACCTTGTTAGATCTTCTATAAAGTAGGTTC TCT
YITCMG249	GATTGGGGCGATGACCATATTTATTGCACTTTTCTTGCCTGAGACCAAGGGAATTCCACTG GATTCAATGTATAGTGTGTGGGAGAGGCACTGGTTTTGGCGCCGATTTGTCAAAGACTAG ACCCCAACACCAATTTTACACCATCAACATATGTTACATACTTCTTATTTCAATAAGTCAT GGAGTCAGATATATGTGT
YITCMG250	GATCTTGTCTCCTATAATAACAAGGTACTACAAAATTTCTGGCCATCAATTTACTTTTGATA TTATCCTATGGGATATGGCTGCAGTTCCATGAAATATTTGGTTTTATAGCACAATGAAGCTA ATGGAGAAAACGGAAACGATGGAAGCAATGATAATTTTAGCTGGAATTGTGGTTTTGAA
YITCMG251	TATGATAATATCTTTGGGGTAAGTTGTAACAACTTGTTTGTTTAATTCTTATATGGGTGACA CATACAAGTTTGGGCTGTAAGACTGTCTTTTCTTCATCAGCATGTTGAATTTATCTTTGTTTT ACTATAACATCATCATGATTACATATTGGAACTCCTTTGATGTTCCTAGTCTTCTATATTTCT
YITCMG252	ATGTAAGGACCTGTGAATCACTTGTAAGCAATGTGGCATTGTTATATTGATGTGTTTATTTC ATGTTGCTGAATTTCCTTTAAGTAATTATCTGTTTCCTTGTGGAAGTTATGTTCTTAATGCTT
YITCMG253	TATGGAAAGTGGTTCCTGAGTCGGTGAAAGATTTTCCATGGAAGAAGGCCGAGACTGTAG TTTTAAAGAAAATGGTTCTTCTTGGACACAAGGCATTGAAGTGGTCACTTGTTGCATTGTT CATTTTTAACCTTTTACCAGATGCTTTATTTTCCATTTCCCAAAACCAAGAATTGGTGAT GCCATTGGGTCTGGCTGTTGGCTGTT
YITCMG254	GTGCTTATATTTGCCAATTTATCTCAGAAGCAATGCTTGTTTCTCTGGTGAATTATGGATAA TTCAAGGTATTGTGGACAACATCTTGCCTCAAATTAGCTTCTGTAAAATGTTTGTGAAGGA GATTAATTGGTGCTTCTGCAAGCTCTGT
YITCMG255	GTACCGGAATTCGGCTTTGGTTAGGAAATGCAGAGATGGTAAGCAATTTAGGTTGCAGATA ATAAAGAAGAACAGTAAGATTATCACAGAGACTATAAAGTTCATAAGAAAGATAGATGAC TAATAGAGGAGCTAGCTAGCGAGGAATGGTGAGGAAATCTGAAGCGGCGTGGTTTAGACT CTGCAAGAGCT
YITCMG256	ATGGCCTACTTTGAATTTAGAAAGTGCACCATGGGCTTTGCATACCACACTGTGCATTTTGC ATGATTGGTCAACTGTAGAGTCTGTTTCCAATTTG
YITCMG257	AAATGACAGTTAAAAAGTGCTGCAGCAGATCACCTGAAGCAGCAAGGTACCACAATATGT CATTTATCTTGTTTGTTGAGATGACTAACAGCTAAGACCAGAAAGCAGAA
YITCMG258	ATAGAATAAAATTTGTTAGTCGCATGGCATCGCTAGATTCATGTAGCGAAGAAATAAGAAT TTATTCACGCGTCTTAATTTTAACAATATGTTTTGCAGAATCAAAGAATATAAGATTCTTGT TTTATCTGTCACTGGTTGATACTAAACTTGTGGTTTTATTTGCTCAGATTGATT

扩增位点 名称	参考序列
YITCMG259	GTGTTAGCTTTGAATTTTCGTCGAATTGACCACCATCGTAATTGACGTGCCAAATAAAAAA ATCACTTTCATCGCGAACCTTCCTCGAAATCATAGCCGTCCAGACCTTGTCCATTACAGCA CGCTACTGACAACCAGATAACTACTAATATCACCCAAAAATCCAACCGTCCACCTCAAAG CTGGTCAAATCATCAAAGCCGTTGG
YITCMG260	AAGACAATAAGATTGAGATGGACTAAAAATCTTGCAGTAAAGCATCTATCTATACTTTTAT GGAACTAATAGTAGAAACAACTTTTCAACAAGAAAGAACAACTTCATCTTAGCTAAAGAA GTCAGAAAGATCAGTGATATCCGTACAACAATTATAACTATTGAATGTTTCTATAGGATCA CAGGATGGCAATTAATCAATTAAGA
YITCMG261	AATAAGTAGCAATTCTCCTGCTTGCATAAGCTCTTATTTGACCCTTTTTATTCTGCAACATG TTGGATTTTTGCAGACAATTGAAAGTTCTGCTCGTGAATACATTGGCGCTGACAAAT
YITCMG262	GTGAATATGTAAATACCAACCAGACCCCGGGCAATTAGAGGAGCCAGTGACCTCCCAGAT GCCTTCAAAAATCCTCCCGCAGACGTCCCGTGATCTCTTCCATTTATTCAGTTGTCATAGA AT
YITCMG263	GGCGCTGTTGTTGCTTCAGGATTCACAAAACAGACGTTAAACTTGTTTCTTCTGTGTGTTTT GATCATTATTTCCTTCATACATATTCCTGTTTCCG
YITCMG264	ATGCAGCTACAAGGGTGCGCCACAATGTAGGGAACTGTTGTAAGGCGGGCCGCAAGTTCT CCAACGAGCACTGGGCTGCAGAAGTACTGTGCCTGTTTACACCACCACTACTTAAACAGTT TTGA
YITCMG265	AATGCTCATGTTTGCCAAACATTGAAACCAATAAGTATTTAGGCATTCATACAAAATATTT ACACACTAAGACCAATTAACATCATATTACTTTGTAGTTTAACTCATCACAAAGCCTAATCT AAGCATAATACACACAAACTCTTTGAATTCTCATTCATGTCAATAATCAAACTA
YITCMG266	AGATATGGAATCCATGGTTGCATGTCGGCAAGAGGCGCACACGCTCTCCAGGAACAAATT CGGACAGGCATATAACACATTCTGAGTCCAATCCTGGAAGATTCACCTCCGCTGAGTACTT
YITCMG267	CTGAAGGTGAGATATCTGAAATCATCCACACTGATAATACTGAGCAATCATCTGTTACCAT AAATCCTGGGTTAAGTCAGTGTCCTTCCATGCTGCCATAGCAGTGCTGGATTGAGGACCTA TTGGATACTTTGCTGAAAATTTCTTGATTCTCAGAACAGATATTA
YITCMG268	GGTAATCGTATCAAGTATGCAAGTTTCCTGGCTGCAACAACGGGAAATTCAAACCTAAGA TATAATGCCAAAGCTGAGGTAATTCTCCAAGGTGAGACATGTATAACATTACCAGTATGAC CAATAGGACCTTCTAAAGTTAGGCCATCGATGAAACTTGGAGAAAGAGCAGCATCATTTCT TCCCAGAGTCATCATC
YITCMG269	AGTTGTATTAATCGGTGACTCTTCCGTTGGCAAGTCTCAGATTCTTTCAAGGTTTGCAAGAA ATGAATTCACTTTGGATTCCAAGGCCACCATTGGAGTTGAGTTTCAAACTCGAACTTTAGT TATTGAACATAAGAGCGTTAAGGCTCAGATCTGGGACACTGCTGGCCAAGAACGGTACTT TTTTCCAACCGA
YITCMG270	ATTGGTGTCGATCCGGATTAGTTTAGGTTACTTTCATATCTATTGACCCAAAGAGTCATTAT GCTCTTATTTTGATGATAACAAACTAATATGTCTCTTAACATATTAACTAATGATTTTATTT GAGTGCGAGCTTAGATTGTAAGCATTTATCTAATGCATTTGAAGGAGTTTCAAGATGGAAA AGAAAGAGAAGATTCA

（续表）

扩增位点名称	参考序列
YITCMG271	GAGAATTGAGACAAATATGTTTTATATACAAATATGTGCACCTTTCTTCTTTTATGATCAACAGACTCAAGTGCGGATCGCAGCTTTGCCACTTGTGATCCATCTTCAGCTTCTTCTGAAGCCAAGGTCCCGGCAATATCCTGACAAAAGACTGAATATTAGCAAATAGTCCAATTA
YITCMG272	TATTTGTTTATTGTCTTTATGGTGTCTTTTTGTATATGAGATTTCGTTAGTATTTGTTAGTTCTAGTTGGTTCCGTGGCGAAATTGTTAATTTAGTGTGGAGCATAAGCCTAGATGTTATAGTTTATATAGTACGGAGTGTTG
YITCMG273	TATGAAAACTGCTATAGATCCAATGAAGGACAATGGGAATGATAGCTTCTATTACTATCCGGGAAGAATTTGGTTGGATACTGAGGGAGCTCCTATTCAAGCTCACGGAGGGGGTATGCTATATGACCAGAGATCAAGGACATATTATTGGT
YITCMG274	ATTCTTGATTAATTTAGCAAAGAAATTAATTGCATTGTCTAATCAGTTGAGATTAGGATGAACGAAAACGATACAGCAACTGAAGAGAGAAGAAGCTCGAGTTTTAACAGAGAGAGATAAAAGGAAGAGAAAGTGGTGGTAGTTGCTGGCCGTTTGGTAACTGAGAAAGTGGAAGCTGAAGCCAAGCGCGGATTAGG
YITCMG275	AATCCAAGAAATTCTTCCACTGTTTAGTGGTATGTTTAATTTTGCCTCTGATCTACTTTTCTGAAAGCTATCTTATTGAACATTGTGATCTTTGTTTGCTTGTATGTACTATGAAAAATTAGGDATGGGACCTGGGGAACTATTAAAGGAAGCTGTACTATAGTCACAGATTTTGCTGATATATGTTATC
YITCMG276	CTATACCCATGGGATCACAGCAGCAACATCAAAATCATCAGCAGCAGCAGATGCTTGAGGCTCAGCAAATGGTGGCTGAGAGAGAGCAACAGATTTTGAGTTGTTC
YITCMG277	TATTGTCCTAATATGTTTGTTTTCGGTACTTCTCACTAAAGGGTATTGTGGCTAATGCTAATCCTTGGAATCAATGCAGCCGCGGGATGCAAGATATATATCACTTGATGATGGTCGAAAGCTGTGTTTGGAGTGTCT
YITCMG278	GGGATAATGATACATCAGCCTCTTGGTGGAGCACAAGGAGGGCAAAGTGATGATGACATACAGGTATCTTTTGTCCTATTTTGCATCTTGTCCATCCGAGTTTCATGCATTTGGTTTTCTTTGTGGTGTATTTGTAGCTAATT
YITCMG279	ATCGGAGTTTATTGTTGCAGGTGCGGTGTTGTTAGATGAGATTTTTGAGTTGCTTGGGATCAAAGAAATGGAGGTTTCTGGCTATGGATTGGCAGAGGGTGTTATTGCTGATAGCTTGTCTAAGATCTTTGATGGATATGATTTGAATGCAAATGCTAGGTGGCATTCAGTGATTCAACTTGCAATGAGGTTTAG
YITCMG280	TGGATGGCTATAATGTCTGCATATTTGCATATGGACAAACTGGAACTGGGAAGACATTTACTATGGAGGGTACACCTGAAAATAGAGGAGTAAACTACAGGACTTTAGAGGAGTTGTTTCGTATTTCCAATGACCGATCTGGTGTCATGAGATATGAGTTATTTGTTAGCATGTTGGAGGTTTACAA
YITCMG281	CTGTAAGCCTTGGCTACATCAACTTCAAATGCAGCTGCATCCATTTGTAGTTTTGGTGGAGGACCTCGAACTGTAGGGTAAACAAAGACACTGCTCTCCTGATGGAATATAATTCAGATGAGACACACCCCATTCTGTTCTTGCAGCAAGTTGTACATGCTTTGTTTACAACAGATCTTAAGTTAAAATTGAAATGGTCTTCACAAAG

扩增位点名称	参考序列
YITCMG282	ACCAATGTACAAAACACGGCTTCAAGAGCTCTGTCATCAGCGATCGTGGAACTTGCCGAAATATTCCACGACGAAACATGGCCTCGATCACAACCCGTGCTTTCAAGCTACGGTTGCTCTCCACGATGTCGCCTTCACCACTCTTAATCTCTTCCGATCCTCCAAGGAGGCCCAAAACGADCGCCGC
YITCMG283	CCTTTATATTGGAAGTGATTTAATTTATATGCCTTGTCTTTTACCTTAAAAAGCTTTTTCTGTCTTGTTTCAGGTTTGCACTGGTGCAAAGAGTGAACAGCAGTCAAAACTGGCAGCAAGAAAGGTTTGAGTTGGCCTGTGAAATGCTTGTAACTCTTAACTATATCCATCATCATAGTTGCAGATGTAATTGATAT
YITCMG284	ACGAGGGTGAGTGTGAGGTGGGACCTGGCCATAAGGTGCGATGTCAATACGGGCAGCTGCAATACCAAGAGTGTTGAGTCCAGGAATTTGTCGCACATTTATAGCAGTGACATTTGAGCCAACTGGGTTGTTTGTGTTTC
YITCMG285	TCTATGTGCAAAGCGATCCCATTCTGTCAATGTAGGATTCTCACGCTCCTGTAACATCGGGCACATCACCATTACCGACCAGGTGGTACAAAACAAAGCAGTATCCTCAATTATATCAGTAGAACAACTAAAAAAGTTAGGTCATGTACCTGACGAA
YITCMG286	TATGGCACTTCATGATCAGATTGTAACTGGATTGAAGAACTACAGTCAGACTCATTTTCAGCTTGCTTTTTAAGACCCCCTGCCTTCTCAAAAACCAGGCAACGTCTTCTTATCTTAAGCTGCTGCAGGAAATCAGGTAAAACATGGTGAAAT
YITCMG287	ATTATCCACAGCTTGGCTGAACAACTCTTGAACCTGTCTCAGTTCCTTCTCTGTTACCAAAAAAGTTACTGAGACTGTTGCCAAAAGCAAAGTATAAATAACACAGATCATCTAGTATAGTCAGCCGGAGAATGGTTAACAAAAAAATATCAAAAGAAAAATATGGCATATGTATCA
YITCMG288	AAGCATCATCTTTTCATACTTGAGGGACGGGCAAACCGATATCTTTGGAGCTGTCAAAGCCATGAACGATGATGATTTTGTATTTAGCCTCCTCTTTGGCAACCCCTGCTTCCCGAT
YITCMG289	TGAAATTTGGCGACCAGAAGCTTGTTCTTGGAACTCTTATTACTGATACCATCCCACAAATATCTTTTGATCTAGTATTTGAGAAAGAGTTTGAGCTTTCTCACAACTGGAAGAATGGTAGTGTCTACTTTTGTGGTTACCAAACCCCCTTGCCCACAGGA
YITCMG290	TGACAGAACAATGTTAGATAGGCTGTTAGTCCCTGTTGATGATTCTTCAAACTGTTGGTAATTTGGGAGAGCTGCTTGTGTTGTTTGTGTGGTTCAAACATATTAGAATCTGCAAATTAGACCCAGATAATGCTCATGGATATGGGATATATCACCTAATCTGATATGTAGTCAGTCTTGA
YITCMG291	GATCTACAAAAGAGAGAGCATTAAAGACGGTCATTTTGAGACTGAGAAGAATGATAGCAGTAGTATTGTATAAGGAAGGAAGTCTGAACTCTAAAGGATATATATACATAGATGGCTGGTA
YITCMG292	CAGTGAGTTCAAACATTCAAAATAACTTCAGGGAATCAAATGAATCTTTTCAAAACATTAAGAACAACTTCAAGTTAAGATCAATAACCCTTTTCGCCTACGATTCTCAGAGCCCACCAGATACAACACCTTAAATATTACAAATTTACTAAAATCCCAAAGAGAATATTACTTTATACAACC
YITCMG293	CTGGGTACATAGTCTTATTTTTGGTAATTGAGATTCTTGATTAACCGTGTCTACTTCTGTCTTATTACTTCTCTCAAGTCTTTCATTTGGATCCTTTCATCTATTTTTGTTTGTGTAATTACTTTATTTTTACTCTGAACTTATCTTTTGTATTATTATCAGTCTTCACAAATTAATGTTTCTGCTGCTTTCAGCTTGGAGACATGGTG

扩增位点 名称	参考序列
YITCMG294	GGAAATATGCACCATTTCTCAAATCAACTGCCTTATAAATAAGGTGAAGGTCTTGCTTAAG AACTCGTCCCACACTGAACTAGCATTCCAGTTTAGTCGTTTCAATCAATTAAACAAAATGT CTTGCTGTGGTGGAAACTGTGGCTGTGGCTCTGGCTGCAAATGCGGGGGTAGCTGCAACGG GTATAT
YITCMG295	GCGAATATGGGACTATATAGAGGTCCAAGTTCAAAATGATCTTATAACTCGTGTTTTCTTT ATTTGTGTCTGCATGTTTCCGCATATGCTAATTTTTTTTTCCCTGTTCCACCTGCATATGTAG TTTCCCGTTGGATTAGAAGCAATGAATTCTCCACAAAGTGCAGAGGCAGTTCCCATCGC
YITCMG296	TCATTGACAAGATTCTTGGATGAAGGAAACACTTTGCATTCAGATCTATTTCTACTCAACA TTCTTTTCAAAGAACACCCCAATGAAGACGACGATGATGATGATGAAGAAGAAGAAGAAG AAGTATCATTCATTCCTATAGCATCCTGATCACTGATCTCACAGTTTGATTCTGATAC
YITCMG297	CCACAAAAGAGAATTCAAACTTCCAATTCATTGTGGCAGTAAGCTACAGTGGGAAATACG ACATTATCCAAGCATGCAAAGGGATTGCTCAGAAAGTGAAGGACGGCATTGTTGAACTAG ACAATATTGATGAAACTCTAGTCGAGCAAGAGCTGGAAACGAACTGTACCAAGCATC
YITCMG298	GGTTGGATTCAGGTTTAATCAATTTGCAATGAGAGAGCCATTCGACAACGACAGCGAGAA CAAAAACAAAGATCAAGGCTAGCGCATACATCCCAGAGCTTGTTCCAGGCCAACCCGAG AAG
YITCMG299	TTGTTGACTGGTAAGTAAATTCGATATTGCTATATAACATCTAAGGAATTGTCGTATTGGA TGGATAAAAACTACTATCCTGGTAGTTTCACCTTTAAGGAAGCATGTTTTCAAGTCTTTCA AAAGTTACATTTTGTTGAAAGAGAAACCATCTTGGACATTTTCA
YITCMG300	GATTGGTGGATATGTATAATAAATGTGGAGAAGTGTGTTGTGGGCGTAGAATTTTTGATAG GATTGTCTGTAAGGATGTTGTTTCTTGGACTTCAATGATTTGTGGGTATTGTAATGTTGGAA AGATTGAGCAAGCTGTTGTTTTGTTTGAAAGAATGAAGTTGGAAGGGTTAGAACCAAATGA GTTCACGTGGAACGCG
YITCMG301	TTAAAGTTGAAAAAGAGAAAGATGCATGACATTAAAGTCCAATAAAGAAAAAGAGAAAC CCTAATAAGGGAGAGAGTAGGGACCCATCATCCCATTGATGATTTGTTGCTTCTCTCTTATC AATATCTTCAGTTGAATAAATTAAAAGTGA
YITCMG302	ATTACCTACAGGACATTTTACCACATTAGAATGAGTGTCGGTAATGAACTTTACTTCTGCAT GAATTTGCATAATTGAAGATTACAGAAAAGCTTCATAGGACAGTATTTGCCAACCATGAT ACTCTCAC
YITCMG303	ATCCTAAGTATCAAGTAAAAGATAAAGGAAAACTCATTACCATCAGAAGTAAAGGTTTAA CAGAAGATAGATCAGCTGCCTTTAAAGCATTTTTACGCCAAAGTTTGGTATAATGAGGATT CAGCCAGGGACCTACTAAAAGCCCACGCAGCCGATCTTCAATAGAGAGAATATGACTTAT GAGAT
YITCMG304	TGAAAGATAGGCTGGAAAAGAATAGACCATGTATGATCAGTATACAGAATAGAAAAATAC AGATATTCCAAAGAGAATTCATTGCAATATAGCAAATCCAAGGTATTAATTTAGAAATTAA GTTGTC
YITCMG305	TCAAGGCAATGAACAAGTTCAAGAAAGTTGCCCTCAGGGTACTTAACTAACATTTCACCTA ATTAATGACCAGAAATTGAATAGTTGAGATTGATTAAATTTGTCTAAATTTTATTGGTAGA TCATTGCTGGATGTCTATCTGAAGAAGAAATCAGGGGGCTGAAGGAGATGTTCAAGAGCA TAGACACTGATAACAG

扩增位点名称	参考序列
YITCMG306	AATCCATTCCTCCGCTGTGGCCTGAGGCTTCGGCACACTTCCTCCACCACTCAGTACACTG CCAATGGCATAATCCCTCATGATGTCACGAGTGGCACTTGTGCGGTCTA
YITCMG307	CACATCGAAATCAAACTTTGCTCGCGCTATTTCTCCAAGATCTGGGTATCATTGACAATCAT CAAAACCAGAGTTTCAAATCCAAAACAGATTTTATGCTTGGTCATAAGACGATAAAATAAA AAACCAGAACAAAGAGAGAGTTTTCCAGAA
YITCMG308	TGAGATGAGCTGCTCTGTTGATTGTAGCTGCCAAGAGCTACAGGAGTGGAGCTTATCACC TTATGAATTCCAGATGGATCCATAGAAACAGGCATTTCACTAGAAATAGGTACCCCAATT TTCCAATCAGATTCTTTTGCTCCATAATGTTCAGAAAGA
YITCMG309	TCAACGGTCAAATATCTACTTTACTTATTCACCAACTTAAAGTACACATCCATTTTAATTAT ATGATGCATTTTCTAAGTTCATCAAACCTAATTCAATTTACCCAGCTTGTTCAATGCATTTT DACACTGCGATTGCTTTCAAATTTCTTTACTACGTACAACACTTT
YITCMG310	TGGATACAAACTTATGCATTAATGTAGTCTTTTTTACTACTTTTGAAGTAGCAATATACTTA GCTTTTATAATGGAGTCAACTAAGGTTGACTATTTAAAACTCTTCCAGCTAATTATGCCCTC ATTACAAATAAAAATAAACTCAGACAAGACTTTCTATCATCAATATCTGACTAGAAATTA
YITCMG311	ACCAACCTATGGATCCATCAATCTCACAGAAGGTTGAGGAACAATATGTTTCGAATTCACT ATTTACGGGAGGTTTCAATAGTGTTACTCGAGCACATCTTATGGATAAGGTGATTGAATCT GAAGCAAACCATCCCCAGATGGCTGGTGCAAAGGGGTCTTCATGTGCA
YITCMG312	ATATGTAAGGGGGGAAACCCAAAAACCCCACTTCAACCACAATGGCATAGAGGCTGTAAC CAAAAACACAGCATAGGTTAGTTCTTCCAGGCAAAAATTCTGCTATCAGAATTGAGAAAAT
YITCMG313	CACACATAAGAACCATCTGGAAACCTTGGACACTGGCATTCTGATCCACAGTTCCTAGTAT CACAGTAAAAACTGACAGCGGTCATTGCATTCATTGCATACTGGAATGGATTTGTCCAGTA CAACCATTTGTAGAACTTTATGTCAGATAGGACAACCACCACTCCCGAAGCAG
YITCMG314	TTACATTTTCTCAAACTTTCCCAGTAGCCAAACAATTGTGAACATATAACTCAAGCAAA
YITCMG315	ATGAACGAGAAGATGTTGAGGTAGACGGAGGACTTCCTGAAGAACGTGAAGATGTTGGGG TAGAAGAAGGAATTCCGGCAGGATTCTCTGGCGAATTGCGACACAAAGGGCAGGTAGCGT TCATTTTGAGCCATTCGTCAACGCAATCAGCATGGAAGTAATGTTGGCACTCGGGT
YITCMG316	GAGACAACCCAAGAGCCACAAGTTACATGGTGGGCTATGGAAACAACTACCCGCGACAAG TTCACCACCGGGCTTCCTCCATTGTTTCCATTAAGGTTGATTCCTCATTCGTCAGCTGCCGA GGAGGCTATGCCACTTGGTTTAGCAAGAAAGCCAGTGATCCCAATCTCCTTGTTGGAGCCA TTGTTGGTGGACCTGATGCCT
YITCMG317	ATTCACTTGAAATATTTTTGTGATTGATAAACTAGAATTTTCTGACGTGGCATTTTTGTTAG GTATTGAGTGCTGGTGATGATGCAGTTGGTTTAGAACAACTAGAAGAAGATGCAGATGAC ATAGCCCTTCACAAAGCCCGTCGCTCCATGGGATCCATGAGTGCTATG
YITCMG318	GAGGGGCAAATCAAGGATTGCAAGGAAAAAATCATCTGTGAAAGTTGGAGTTCGGGCGAA CCTTAAGCCGGCCATGAAGCAACCGGTTGGTAAGAAGTTTAGAGGTGTACGACAGAGACC CTGGGGAAAATGGGCGGCTGAGATTAGGGATCCTCTGCGACGTGTACGGCT
YITCMG319	ATCTTATTATTATTGCAATTTCTTTATGATCTAAGAATGGTGCACAATCTAAAAATTGAGGC AGTGTATGCATGTTTGAATTTTTAATAGCGTCAAGCTCTTAAAATTAATTTTTACAGCCTCA ATAAATGCATACTGAGGTTATGTCAAATGAAATATTCCTAT

扩增位点名称	参考序列
YITCMG320	ACGAAAGATAAATAGCAGAAAATAGAATCAACGTCTGACCTCCACCGTAGTGGCTTCTACTGAATGTTCTTCCACATCAGAAGTCACATGACTATTGGAAAAGCTCTCAACAGGTACAACAC
YITCMG321	ATTTAAGTGCCCTCTTAAAATATACAACTGATTTCTCATGCTGCCCCTTTAAACTGTAGTAATTCCCAATTATGCAACAAGACTCAGGTCTGTATTTGTCAGTCATGAATACTCTGTGGGCAAGGTAACTTAAAGCAGAGAAGCACTCCTTTGCATATAGCACATTAGAATACATA
YITCMG322	CTTTCCCAGATTACTTATTTCAGAAAATCAACTCATCGATCCTCTTATGATTCAGTTTGTAACATTAGTGATAACTTCCCTTCACACTCCTATCAAGACTCTCATGTCGGGCGTCTTAGTGGTTCAT
YITCMG323	ACCTCTAAGTTCTTTTGCCTGAACAAGACCAAACTGCAGCATTCTGCTACTTAAAGTAGGAAGATAATAATACCACTCCTAAAGTTCAGATAATTCCTCACTCTGTAGTTGTGACAGTGGGTGGGAAAAACCGCATCAAGAAGCTTGAGAGTGACCAAATGCAGATGACCCCAAGGAGCTG
YITCMG324	CTTGATTAATAGATGAGAAGTTTAATTTAAAAGATAATGATCTGGGTACAAAATCCTCAGAGTTTTCAGTTTCATAATTCCCTAATTTGTATGTTTTGATTTAAAATTGATATTTTTACTAATTTATACATGAAATGACCGACTTAGATTTTTTTATTAAGTATTCTTCAAATAATCTTTTTTTAATGGCAGTCGGTTTTCTTTATTTGG
YITCMG325	AGATATGCAGCTAAACCTGCATAATGTAATCGATGAACAAGCGGAAGGCAACACTTATAATGAATTCAGAAGAAACAATTTTGAAGGACAGAATATAGGATTTAGCCGAAGAAAGACACATACCACCAGTTAATCCTCGTAATACAAGTCCTTCA
YITCMG326	CACAAGGCTTCGGAGGCGATCCAGTGACTAATAAAATCCTAGGCTTTCCATTAACATAACTAGGAAACTCACCATTTTGAGCAAGCCACGCTTTACGATCTTCATCCCAAGTGGAAATCTTCGGACCCAAAGTGTAGGTAACATTCGGGTTAAAATCAGACTCAGTCAGGTCTTCCAGGTCATTATCC
YITCMG327	TTGGAGTTGTCTTTCATCAGAGCTGATATGACCAAGAATCATAGCAACAGTCCACAAAAAACCATCCAGTATTTCAGATACAGATTCAAAATTTTCAACTGATACTTTGCTGGACAGTAAGTTGGTGTTGCCAGGGACATTTAAAGATGCAGCAATCTTTATATAGTTCTCAAGTGCTGCCGACAGCATAGGGATGATTGGGGGCAAGAGATTTTGGGCAA
YITCMG328	TGCTTGGTTTAGGTTCCAAGAGGGGCGACAAAGCCACCACTGCTACTGCTGACCTTGAGCTGAAAGGGCAGAATGGACGGTGATGTGCTTCATGGGGTTCTGCACATCCTTGCCACCAGCGTGCTTAACAAACTCTGCCGGTGAGAGAAAGCTGCCATGGCATATACACACTATACATACTTGATCTTTTGTGTAT
YITCMG329	TAAATGATATTAGATGAAGAAAATGAATGATGTAATATTTACTTGAGCTGCTCTTGATGCAATAATGAAGAGACATTGTTGTTTCTTCTGACAGTATTTGTAGTCACCAACGCAATTTATGGCCTGGAAATCACAATTTTGTACTGCTAGCTGAGTTCAATGTGTTGCTGCATTAATTGTCTTGACATTCATTGCCAA
YITCMG330	TACCTGTAATTTTTCCAGTTTGTTTATGAAGATTGAAGAGCAGTTGTAATCGATTAAATATACAAATGCTCGATAGCTTTTGGCAAATGCTGTGGTGGTAACCCTAACATGTGCAAGGAATTCATATTTGTTAGACCATGATCATTTCAAG
YITCMG331	GAAACCCCACATCCGATCCTCAAGGCATACATTTCTTGCATATCTATCACAGAAATACTGGGAAAAACAAGAAATGGAATCTACCAAACTCCTTTCAGTTCTCCTTTGTCTCCTTCTGATCTTCTCCACCTCTTCGGCTAAAAAGAAACACAAGCCTTGTAAAACCTTCGTG

扩增位点 名称	参考序列
YITCMG332	CCATCAAACCATTCTGCACCTATAATTTACAAAATCTTCACAGCTGTTAACTAAAACGGTA CAACAGGTTCAATGACATTTTTCATTGTACACCAAATTTGGGATAAATAAAGACAGTAAAA TATAATGTACAAATAAAGAAAGATATGA
YITCMG333	TGAGAAGGGAAGTTGGGATGATTCACTGAATCTGGGAACCCTTGAGTCTCCAAGCAAATT CCTGCATAATTTGAGTAAACAAATCCACCTTTCCCCTTTACATGTCCCAACATATTACTTGT ATAAAACTGCACCCCAGGCTGATTAGTCCAGAGCTCCATTTTTCTCCCTGATGCATTTTCCT CCACCACAGCTACCCTCTTCAAG
YITCMG334	TTTTGTGAAGGTGATGAAATATCAGCTGCACCTCATCAGATGCATGCAAGGAAAACGCTT GCAAGAGAAGATCCTTCTGGTTATCACTGTTTGCCTAGCAGCTCTGGTGAAGAGATGGAT ACCAATGATAAAAGAACTTCACAAAGGAGAGAAAACTTAAATCTGTTGC
YITCMG335	CAATTCTATCTCTGATGCTTTATCCATTTCTCTGGGCCTGGACTATAGTCGGTACCTTGTGG TTCACACATGCAAGAAATTGTGTTAGTGTTCTATTTTCCAATTTTTGGAAGTTGGCTTGATC TGCAAACACTCTT
YITCMG336	ATTATGGAATTTACCAAACCACCCCTCTACATGATTAGTGAGTGTTATGATGTAATTTGATT GATACTGTTGCTATATTAATTGTTTGTGGAGTTGTTTTCTTTTTTCGAGATTCTCTTGATAAT TTTTCCTCCCCTCACGAATGCA
YITCMG337	ATCGATTCCATTGCCATTGATATTGTCAATGAGAATGGCAATATTTTCATTCCTTGCCGCTG AGGTTACCCACATCCACAATGGCTTTCCCAGCCCAAAATCTGTTTCATACCATGGAAGTCT GCACCATGAAGTTATCACAAAGGACTTCATTT
YITCMG338	AATTTCATTTTGCAATATGTTTTATTATATATTTCATTTGTTGAAATAAAAAATCTTGCAAGA TAGTGCTTAGTTATACTAACAGCCCTTGTTGCACTAAAACTAGCATGTTTACATGTTCATCA AAAGCAAAAGGTTGAGGTCAGCTGTTTGTTATGTATGAACTGTTTTATATTTACGAAATTT GGGAAGTTTTATT
YITCMG339	AGAACTTGATGAGGAATCAAGCACTCAGACCAACAATTGTACAATTGTAATTATCCTTACC ATGAATAAAGTCTACAGCTTGAGATATGTCACTCAAAGATGGTGCAAAGCAGTAGTCTCTT GTTGGAATCACCAAATGGTCAATACCGTGCGCCTATCAAAAATGCAATGAACAATCAAAT ATTATTTAGAGATAAGATGAAGGGAA
YITCMG340	TTAAATGCCCTGCACTGAAATTAGGTTATCTATGAGAAAAACTTCAAGATCACAACAGATT AATTTAGTTATTAGAAGTACACCAACTAACGTTTCTTTAACACTAACTTGGTACCCATTCCA AAATTTTATGAAC
YITCMG341	TTGGTCAAAATGTGATATTTAGCACAGCTCTCTCTGCAGCTATGGTGCTGTGTTCACAAGG GATTATGAATGGAGAGATGACAGTTGGTGATTTGGTAAAATCTCTTCTTAATATACTTGGT TTGAGAATGACTAATGGTTTCATACACTAAGTGAAAATCTGAAACACAGGTTATGGTGAA TGGACTTCTATTCCAGCTGTCGCTTCCG
YITCMG342	TTTGCCAAATACTGGTTGAAGTCTTGGATTCTATCACGATGAGATTTATTAGCTTCCTTTGC CAACCTATTAATGTCAAGTTTCTCTCTCTGCTCAATGTATCGTCTCTCTGCAGGTGTGAGAT GGTCATCATAAGTAGCAGCTTTCTCTTCTCCAGTCAGTCTGTTACGATTGTCTATCT

扩增位点 名称	参考序列
YITCMG343	GAGAACGGAGTTGAGTTCCTGTAAACCGAGTAATTTCTCCCAAGAATTAGTGATCCTGAA GCTCCAGCTTCCGTTGAAGGTAAACAATAGGAGAAAAGTCCTCCGAAAATTGATGAAGTT TGAGACACCAATGAGATATCACTCCTTCCAAAGCCGAGCAGGCCTGAAGCCCCTCCAAAC AAACCACGA
YITCMG344	AAGCATATGAGTTCCTTGGTAAAATGCCTAAGAAGGGTTGTTTGCCAGATGTGTTACTTA TCATTGCCTTTTTCGATGTCTTGAGAAGCCGAGGGAGATTCTGAGATTGTTTGATAGAATG ATTGAAAGTGGGATTCAGCCAAAGATGGATACTTATGTGATGCTTTTGAGAAAGT
YITCMG345	GTAAATTTCAATATCTCTTTGTTTGTTTGTATGTTAGTGTCTTTGTTTTGATTAATCTGTTTTT TAGGTTATCGGAAACA
YITCMG346	ATACTCACAATCATTCTTCATCCAATGCCTAGCTTGTGTATGGAAGCAGCGTATCTCGTATT GGCGTAATCCATCATACACAGCAGTCAGATTTCTGTTCAC
YITCMG347	TCAACTAAGGGGGATTTCACGGCACGATATAATATTTTAATGCAATTCCTATAAATTTCTTG AAAAAAATCTATTATAGTTTCTTTGAGACGTGGATTTTAGTTAAGCAAAACCAACATATAT ATAAAACATTGATGAAATTTGATTCTTTTAGATACG
YITCMG348	TCAAGACGCGGAGATCTGCATTCAAATTCCATGAAATAGACAATTTTAAAACTTGAGAGGA ACTCAGTTTTAGACCCAATTCAGAATTAGCACATTATAGAACTAAAAAGAAGAATTGACAA GCAAAAGAGCAGGGTATCAATAAGCATAACTTACAGAGACGTGAGTGCATCCCTTTTCCA GGGCCTCCTGCTGAAAATGAACCA
YITCMG349	AATTACTAAACATGATGCACAAAAATCAAATGCATATCTCACCTTGAATGTGATTTATGCC GGAACACTCGTATTAAAAGTGTTTACAAGATCTAATACATGCATGTCATTAATAAATTATC ATAGCAGTAAAATCATCATAATGTC
YITCMG350	GATGGATATGGATGTCGTGAAATGGAGCTTTGAGCTTACCGTCTTCACAAGTGAGAATCC CCTTGATTAAAATTGGCAAGTTTGTAATAGATCTTAACCAACCCATATCCTGCAACCGCAG AAAAATAAATTAGTAAGATGTTCTAGATACATTTTAAAAAGGAAAAGGAATAGCG
YITCMG351	GTAGGAATATTTATTACATACAGTTTATCATGATGATATCATATCATTCATGACAACTCAAC ATAAAAGGTCATATTAGATTTGTGTTGATATAGAAATTTTCAGAGGTAATAGCTGGATCCA TGTGACTGGCATTCTGTCAAGTTGGCCCTAAATTCTTAATACATTAAATCGTGTTAGATTGT TTTGTTTTTTGATTTTATCACATTA
YITCMG352	ACAGCCTGCCTTGAACAAACACAAAGAACATTTAAATAATAATACTGAAATAAATATAAA TTATTTCCAAAAATCCAAACTCTGATGACAAGTAAAAGCAAAGTCCCTGTTACCACACAAT AGCACTCTGACACCAAAGCGACAAGCAGACAAGCCCCACCCTCAAGAAGAAAGAAAAAT GACACATTAACCAAAAAGGTTAGG
YITCMG353	AGAAATATTTCTGATACATACTTTCTGTTAAAAAAAGTAGTTTGGTATGGGTTATATAATTT TATCACTTCTATAAGAATCTGATATGGACAGATCATTGAAATTTTCTAGAATATTGCCAGAT GTGCAAGATTTAGTCCAGATGGGAGGTTTGTTGCAACTGGAAGT
YITCMG354	CTTCTTATTTTTTTGCTGGAATTTGCACACATACACTGTGAATCACTGACAGTCGTTCTTAA TTAACCCTTCCATGCATTCACATACTAATTTTATACATTAATATCACAATAAAATATTGTGA CATAATTGAAATTATTACTTCTCAAATGTATAAAAGGTTGTTTATTCAAATATATAAATATT ATTATAGCACTAAAAGAAAGATT

扩增位点名称	参考序列
YITCMG355	CACCAAATTCATCCTTTTTCAAGCATTATATAGTTCAATTTATCATGGAGATCAAGATACAACAAATGATAGCAAAAGTTCCTGAAACAATTTATGGATGATTAGTCCAGACTAGGATTTACTACTCTCACCAAAAAGCTTTCAAATGTTATTAAGGTTGGGATAGGT
YITCMG356	TTATGTCAGTGAAAGCAATTGATATTGGCTAAGTAATTTCAAGATGCGAAATTATGATATGTATAAATTGCTAAATCAATAAGAGATGGGAAAATAGACCAAACCTTCTTAACCTTGTGCTTGGCCATAACCTGATATAGGTTAATGGTTCCAATCAAATTATTGTCAAAGTATCGGAAAGGATGTTGCATACTCTCCCCAACAGC
YITCMG357	CAAGGATATCGTTATACCCGGTCCATGCCTTCTCGGCAGCCTCAACAACCTTGTCAACACCACTCGCTACTTTCAATTCGCCTCCCAAAGATGCATTAACAATTGGCGGTTGCAGAGTAGATGTTGGTGACTCAAGATCAGTGATAGTATTAGTATTAATGCTGCTTTCAAACATCTTGAAGCAAACGTTTTGCCAGGCTTTGAGGAT
YITCMG358	TAGCTCTATGACCACCAAGAGCTTGGTATGAATGGAAGATCTTGTTGCAAGTAGTACACTCAAATTTGCTTCTCTTTTGAGAATGCTTGTGGAGTTCAGTTTCCAAAACATCAGTTGTTGATGAATCAGGAAGCTTTTTCTTGTTCGAATTGAACTTATTA
YITCMG359	TGACAATAATGATTATTTTTCATTTACAACACCTTGTTTGGGGGAAGAAAACTCATGACGAGATAGGCACCTAAAATTCAGAAGAGGTTTTTGTTTACTTCAGAAGGTCAGAAGCTCTTCTTCCCTGCGAACCATCAAATCCAAAGTCTGATCCTGTGGTGAAAAC
YITCMG360	TGCTGCAGCTGAATTGCCTTGCACTGTGAAGCTAAGAATCTGGCCACATGATATAAAAGATCCGTGTGCTCATCTTGAAGGCGAACACTGTT
YITCMG361	TTAGATTATCACTTGAAACTCATTTTGGTACTAGAAGAAGATGAGTACAGTAGTGAGGAGGCTGAGAAGCTTGTGTTAATGTTTTTCAAATGCAAGCTTTGTTGTTTCGATGAAGATGGTGCTGGAATTCCGCTCGAGATCTTCTTTTTCTTGAAAATCAGTTGCTGGTGATCCCTTGAC
YITCMG362	TGTGGTGCTGGCAATCAGCAGTGTTTCACAAAAATTGGGTACTCTAAATACAAAAACTTTCATATGCTAAATTTCTGTATAAATAGAAATAATATGTTATTTAGAACACATTGGGGACATGGGAGAGGGGATGTTAAGTAGTTAATGTGGAAG
YITCMG363	AAATACTTCTGCTGCAGAGGATGTTCAAATGACAGATGGAACTTCTGCTTCTAATACGAATGTGCGGGAAACGGATCCATCAGAAGTAATTTATGCAGAGAGACTGAACAAAATCAGGGGAATTTTGTCTGGAGAGACATCAATACAGTTGACTCTGCAATTCTTATACAGTCATAACAAGTGAG
YITCMG364	GTAGAAACAGTATCTCTTGGTAACCTTCGGCTTACATATATTGTTTTATATGATCTTTAACAGTTCAGTCACCTTTTTACTAGCTCTAATAGGCACAATTCGCATTCATTATATGATTGAA
YITCMG365	AAGCAACAAAATTGCCAGCATGCAATGACAACAAGGCTTTATCACTATGATTGTCAATCCTCTTCAAGTACACATTAGCTCCAAATTTCAGATATATCAATTTGGAAGATATTAGAAGAATATGAAAACTAATAGTAAATAAATACTTATAGATACCTAGTTTTATACATGTAAAACTTGTGTGACACTA
YITCMG366	AAAATAAACATTGCAAAGACCATCCTTCCAGCTTTCGAGAGACTGTAGCTCTCCCTCTACCTCACTTTTTCACAATTCTTCCATGCTCTAATTTCTCCACCCAAGCCTTTGATAAACTAATGACAGTCATGACCACAATGCCCGTTTTAGCCATGTCATACTTTAAAATGCT

扩增位点 名称	参考序列
YITCMG367	ACTAACACAGACTTTACTATCTTTGTTACTTCACTGAGAAATGAAGTATAAATGCTCTCATG AACATAAAATCTCTCTGCCCCAGCACAATTCTGCCCACTAGATTGAAGAGCTGCCCTGACA GCAATTTGAGCAACCTATATCGATTAAAGCAGTAAAGATTCGAGGAATTAGAAACAGAAC TTAAAATTGCCAATCAAAAGTATGT
YITCMG368	GTGTATGCATGAAAGACACACACAGTCACAAATACAATGATGAAAGAAAGACAACTAGAT ACATCATATTTCTAGTGTAAGGATATAAGAGATATCGTATATGCAATTTAGGATACCGCAT CCTTTGCAACCCTTTCAATTTTTAGAAACTATAATCATC
YITCMG369	ATCAGTTGTAAACTCTTTTTTATGCATTTTTCATTCTGTCATCTTGTTTTTGTGTTATAAAT TGGTTGTGAACTACTTTTCTGCATTTTAGGTACCTCGCCGATCAGGGATGTATAAAACCAC TCTGTGATCTCTTTGCATGCCCTGATCCACGGATTGTCACTGTCTGT
YITCMG370	CTGAGCCAATCTCGCACATTGTGCTTCTTCAGATACTTCTTTGTCAAGTACTTCAGGTACCT ACAAAAGGGCAAAGCCGAAAAACTTGTTTCAATCAAGCAAAATTACTAAGTAAACTAACA AATACATAACTTTTAGTT
YITCMG371	GGGCTTGTTCTTCGGTTTCAACTACGGCCATCCATTGCAATAGCCATCTCTGAATCTGGCGA ATCTTCAGAGCATCCACAATCCAATTCTCT
YITCMG372	TACTTTTGGTATCCATTGCCAGTCAGGACACTGGTGCCGCAACTGCGGTTAGTGATTCAAT TGCCAAATCCGGAGATTCCGTAGTCAATGGCAGGATCTCTGGCATGACCCAGTCCAAAGG TGAAGGGAACCTTGTTATTGAAATGAATGGTTTTTATCACTGAACCCTTCCCCATGGAGTT TATGCAGTTAACTAGCATAGGTAATTTA
YITCMG373	CCTTTGTCTTTTTTGAATACCTTGAATCATGCCACCTCTCAAAACTCTAGTTTTCCTGAAGAT CTTCAAGTAGGTATACAGATTTTGGGTGCGAATATG
YITCMG374	TTATCCTTACTTCCAGTTACAATAAGAATTTTTCCAGAACTTGCTATACAAGTATCAAGGCA TAAAACAATTTCACTATGGCCTGCCAGTACATAGGAGCACGACATGGTCGCAAGATCATAC ACTTGAACCTGTATATGTACAAATTCATACATATTAGGAACCAAAATCTTTGAAATTGACA TCACATTTCCTTATGCACACAA
YITCMG375	GAGAGGTTAATCTTAGAATTAAATGAACGATAATCATCTACAATCATAACATTCCAGTATA AAAGTAAACTGTATCTGATAAATAAAAGTAACTACAAGAGCATGT
YITCMG376	CATACTGTACCAAAAAGGTCTATGATGTGTACATGAATTTAGCTTATTTGTATAATTTGATT GCTGTGCAGGTAAAACAGATAAACAGAAAAAGGACAAACTGCATTTTCTGAAATTATATA TCTCCCTGCAGCCCCATA
YITCMG377	TTGCAACCCTTTCCACTATCCGATTTTCGTTGTGCCCTAATAGGCAACTGATTGGCCACAA TTATGATTCTTTCTCGTTGATTTGACGATGATGATGGGTCAGAGCATACAGTCTCAGAAAG ATCATCATCGATGTCGGACAAGATTCCGGCTACCGTCATAACTCGCGGAATTCGCCGGCT CATTCTGCCAAAAGATGGA
YITCMG378	AAATCACAATGCCCAAGCAATTACACATTCAAGCTTTGAGATTAATTTCACTTCAACATTG TTGCAACCTGTTTGACCAAGATTTTTATCAAATCCTAAAAACAAATCATTTTGTATCAAAAT TACAACTATGTGTTTGTGCCACAGAGCCC
YITCMG379	AATTAGACCTAGAGTATGAAACTGCCTCGCTCATCTCGCTTGTTGAAGATCCATTACTTCCC TGTGATGGCAATGACAGTGACA

扩增位点 名称	参考序列
YITCMG380	TGTCTGTGCATGCTGGTAGAACCAGGGCTTAAACCACCAGCCAACACTGTTAATGACATT CCCCCTCGTTTTGGCCTCCTCTTTT
YITCMG381	CAGTAAATAACATGTGTGAAAGAATGATGCTGTAATCATTGAGCCACTATGAGATGCTTAA AGGGTTCTGAAAGAAAATCGAGTATTGTGCTTGCAGTTTCTGATAATCACATACAGACTGG ACGCTTCTTCGTTAAAGACAGTTTTG
YITCMG382	TATAGTCACGGTTATGGTCACGATCACGCCCACGGTCACGACTATGGTAATGATCACCATC GTGATCCTTTAGTGAACCTTGTGGTTGAGCTTTATCCACAGTTATAGTTCTCCCATCCAAAT CAATTCCATTCATTGCTTCAATAGCATCTT
YITCMG383	ATACTTAAAAGGCTGAAATTAAAAGAAAGACTATCTAATGAACTTAATTTTGTTGAAGGG GCACATTTGTGTTTAGATATGAATACTTAGGGTTCCAAATCTTAAATCCGCCAGTTCAGTAT GCTGACTTGGATAAGAAAAGTGAATAGGACAAGTATATTTCCTTC
YITCMG384	TACAGCCAAATGCAACATCTCTGCAAACAACAAAGGACTTGTGTTCATAGCTTTCTAAATA AGCAGCCCTTGAGATGGCAATTCAATAATTGAAACACCATCTCGAGTATGTAACAACCCC AAGTCATTGTCAAATCCTCCTACTCATGATTGATTTTGACTCCATTCTGCAGGTTCTGTTTG GTCCATTGCAATTA
YITCMG385	TTTGGCAATGAAAATAGTTGGTAGAATGACTGCTTGTTTTGGTCCCTGAAGGCAGCTTTGT TTACATTTTGTACAGAGTCCAGTGGACTGTTTGATCATATGTTGTGAATCCCTCTTGTTTTA CCCCAATATATTTTATTCT
YITCMG386	TGCTCAGAGGTATATTTTACTTCCTTTTAACACTATGTGGAAATCTCTTGATATGTTTGTCT CACTCTTGATGGTAATCTGCTGCTTAAAACAGACACCACTGTTGCTTGAGATTAATACTCA TCGCTCAAA
YITCMG387	GCGATGCAGAATGTCCAAAACGCACTCAACTCGGCCTCACTCGGTGGCAAAATCAAAGTA TCAACCGTGCATGCAATGTCCGTGTTGAGTCAGTCTGACCCGCCGTCTTCGGGATTGTTCTA CCCGAGTCTCCAAGGCCCGATG
YITCMG388	TTCACGAAGCTCTAAGCGGTCAGTTAGATTTGCTCTGCAACACATCAAGCAATGGGAACCT GTGCATCGAGGCCTCCCAAACCAAATCCATACGCGCCTCGTGACGCTGATGACTATGCTGC CCCTCCGACGCCTCTGAAGGACGACGTTTCGTCGGAGAAAGAAAGCAATTC
YITCMG389	GTGCTGACTAGAATTTCTGGAAAACATGCTTTGTTCCAAATGGATTCCTGGCATGTAGCCC AGTCTATGCGCATCCCTGCAGCACTTTTTGAGGATATACGTCAGCCTAGGCACCCACAGGC CCCAGTTCCATCTCCTTCTGCAATGTATTCAGATAAACAAGAGAGTAACAATGTTGCTAGC AT
YITCMG390	CCAATTACTTGAAGCTTCCCCCGTATTCTAGCAAGGTACAGCATTTGGTGAATGAATAAAA TAGTTACATCATATCAGACGGCAACCTTGTCCATCTACTAATTGAACTTCTTTAATTGCTTT CCTCTGGAACAGGAAATTATGTACAACAAACTGCTTTATGCA
YITCMG391	GGCACTGGAAACATGTTAAGCAAATTCTTCAAGCTGAGAATTACCAGAATTATCCTCCTG ATGAACCCACCTGTAAGCAAAGAGAAAAACCCTTTTCCTGATGATGTTGTTGTTTCATTGG TAT

（续表）

扩增位点 名称	参考序列
YITCMG392	AAAGCTTGTAAGAATGAAAAGAATCCTGTTCTTGCTGGCAAAGATGCCTTTCTTTTGTATG ACACATATGGATTTCCGGTGGAGATAACAATTGAAGTGGCTGAGGAATATGGAATTAGTGT AGACATGAAAGGTTTTAATGATGAAATGGAAAACCAAAAGCGTC
YITCMG393	TGAATGGATTTAATGGCACTCATGAGTTTAATCTCCCAGCTCAGAAGGGGAAATTAATCAG GGCAACCAGGTCCGGTGAACCCACCTTGCAGCCATCTAAGATGCTTGATAGTGTCTCTAG AACTAAAACTAACTTTATCCATTCGGCGACTCCAAATAAATTGAACTCAGAAGATCCCAA GTTGGCAGATAATTCAAATGCTAATTAT
YITCMG394	AGATGTGTTATCAACATGTCAAATCAAGAGCCTCATCATATAGACTTGAGACATGAAATCA GGAG
YITCMG395	CAATTTAGGGAGGTCCTTCCTCCCCAGTTTCAGGATCTCTTCATCACTCTGTGATTTAACAG AGGCTTTTGAGTCTTTTTCGACAAAT
YITCMG396	TTGTTTGAGCCAATTGCTTCAATCTCTGAGGCAGAAGGCTCCCCAGATCCGACAAGACTGA AGCCTGAAGTATGACTGGTGGAGCAATTGTGGAGCCCTCTGTGTTTGTTACTTGAACATAC ACACTCTGCATCATATAGTGCGGGATGGCAAGAAGAACAGA
YITCMG397	CTTCCTATTTCATTACTATTTAATTTAACTTCTGTTCTTGTAGATTATTCATGTTAATCTTTCT CAAGAGAACCCAAAGCCTCTAGAAGTGTGGAATAATTTAGACATGACATACTCTGTCAAA TGGATGCCAACCAATGTCACTTTTGCACGGAG
YITCMG398	AATGTCATCGTTTTTGTACATGCCCACACACGAGTATGTCGTCCCCAAGTCAATACCAATT ACAGTCCCCAGTTTCCAAGAAGGATATGAAGAAGCATCCCCTAAACTTAACGAGAATACT GCAAATAAATCTATCAATCAATCAATAAAACCATGCATATATGTTACTGTAGGAGTATAGA AATTCAATAAAGTA
YITCMG399	GCCGATTGTTTCAACATGGGTGTCTATGACCAAATTGTCACGATGAAGGGGTTGCCTTATC TGGAAGCGCATGCTGAACCATACATGAAGAACTTGGTTGCAAGCGA
YITCMG400	AATAACTAATTATAAGATGTGAATAACATGCACCATGTCACAACTGATTGATTGTATGTAC CATCAAAGCGTTCTTCAAATTGTCAAATCCGAA
YITCMG401	TTGAGTACATGTTTTTGTCTTGATTAGTAGAGTTAAGAGTTGCTTGTAGGGGATTCTGTGGA GCGTGCACATGATTGCCTGTGGTTTTGTTTATTCTGTGTTTGAGGAATTTCGGTTGTTTGAT CGGTTGAGTATAGATTTTTCAATTAGTTACTTCTCAAAGTCTTTCTTTGTGTACTGTGATAC TATAATTATG
YITCMG402	TGAACATTATCATATTCTTTTTTATTACAGTGTTAATGTTGTGCTTAAATGCCACCAAAATG CAGGAGGCTGTGAATGTATCATTAGGCAACCTGTTGACATATCCATTTGTGAGAGACAGA GTGGTGAAGAAGACCCTGGCTTTGAAGGGTGCACATTACGATTTTGTCCA
YITCMG403	CCAACAGCATAAATTGTCAAGGTGAACAGTCAAAGCAAGAACACTCCCTAATGAAAAGTA ATTCAACATTAACAATCAATGTATCATGTATCATGATACATTGATTGACCTAACATTACGTC ATCTTCAGAATTATAAGTTCCAAGGCTAACAGATACAATTTTCAAACCTAGTCTAACTTGTC AGTATGATAGAAAGCCAAT

（续表）

扩增位点 名称	参考序列
YITCMG404	GTAGGAGAAACTAACTTCCGCGTTTCTACTGCAGTTATTCGGGCAAGTGTTCCAAAGCTG GACCTGGATTCAACCTTTGAACAGAAAAATGAAATAGCAAAAGCTGTGGAAAATGAACTA GAGAAGGTACCTTTTGTTGTTGATATAGTTTTAGGATTCACCAAATCACACTAACTTAAA CAATGAAAATGTATTTTAATTCTGT
YITCMG405	ATCCATTTATTATCAAATTGGGATTTGATGCAGATGTCTTCGTTGCTAGTGCTGTTATAGAT GCTTATGCAAAGTGTGGGGACATTAAAGGCGCTAAAATGGCTTTTGATCAGTCATTTAAAT CCACTGATGTGATTGTATATAATAGTTTAATTATGGCTTATGC
YITCMG406	TTAATTAGATGATCTCAGCTTCATCCATTATAATTTCACTTTATTTTAATGTTAGATTTCGTA TATAAACTCAAATCCTCGTACAACATGTTCTGTTATAATCATTTCTTGAGACATTGCATTG ACTAAATATTATGATATT
YITCMG407	GGACTAACACTGTGAGCCAACTTTATCATGAATTCAGGAACAAGGCGTCTTCTTGGAGGA GCCACAGCATCTTTGGCAAGAGATTCTCCATCTCCATCATGAATAATGGCAAGTAAGTCT TCAAACATGTCATCTCTGCCACCTCTCA
YITCMG408	TGGTTTATCAACCTAAGAAAGAATGGAAAAGAAAAACAAAGGAATTCAAATTTTCATGTA AAACTCAGCAACATTCTCAAGATAGAACGAGAAATGACACTGATAAAAACAGATAAGAGA TACAGATTGATTTGCCACATCCAGTTTTCACTCAATAACATGAAGTAGATCATAGTC
YITCMG409	AACCTTGTGGAGTTTATATAAAGATTATGACTATGCATTGGCAAAACTTACAGCATTTGAT CATTCGTATCTCTTGTTCGACTAGAAGAAAAGCAGGGATGGAAAGGTTTATGACCTTTCAG AATATCCCAGGACCACGGGGACATTTTAGCTTGCACTGT
YITCMG410	TCATTACTAAAATGTCAGATTCCCTTTCCATGAGCTTTGCATAGTCTTCAAAGTGAATAAC TTGCAAGTTGCAGACTAGATGAAACAATAAGCTGGCTGATAGAGATATCATACTCAAGTA AGTCCAGGATACAATCAAAGCTAAACAAATTGCAGTAGACAGCCACCATGATTCATGATG AACATATAAAATT
YITCMG411	CCGCCTTCTCTGCATCACTACGTCAAATTTTCCCATAAAAGTAACACATTCATAGCCTTAG CGATCATCCTTGGGAGGATCTCGTTTGAATTAACAGGATGAT
YITCMG412	TATTGGAAATCCAGGACTCTGTGGAACGCCATTGAAGAACCCATGTTCTGACACTTCAAG CGCAAATTCACCATCCTCGTATCCCTTTTTGCCTGACAATTATCCACCGGAGAATTTGGGT GATGATGGTGGAAAGATTGAGAAAGGAAGAGGACTAAGTAAGGGTGCTGTAGTTGCCAT AATAGT
YITCMG413	AGTACAACAAGCAGATTGCCAACCACCACAGCCCCAGCGATAACATTGCTGGGGAGCTC CAGTACATGAGCAGACTGGAATCGGAATACCCGAGATGTCCATATCAATCCCATTTATTA CAACATCTATACTCTTCTTAGCTGGTTTCACACGTTGA
YITCMG414	TCTTGAAGACACTTCTAATGTCCAATGTCTCATGTTAGCATCGATAACACCTGAGCTACAA CAGTAGCATATGAACAAATGGATATTCTATTCATTCTTATTCATCAAGGAGTTGTTTTCAA ATCATACAAGAAAAGAAAGATATTTATTCATCTCTA
YITCMG415	TTAAACGATAGGAGGTATCAAGTGCATTGTTTGATTACAAACTTTTTGAAAGAGAACAATT TGGCTCTTATATGTTCAAAATTGTTGGCTATATTGAGGGGTTGGTGAGCCTGAACCTTATC GTGG

扩增位点 名称	参考序列
YITCMG416	GATTGAAAGGCTCCTTTATCCAACTATAAATTATTGCAGCGGAGAAAATTTTAATTTTGAT TTTTGACATAACGAACAAGCATGTCCTTTCTTCTTTGAAAACTTGTTTCCGGGGTACTTTGT TTCTGTGCTTTCGCATTGAGAATTCTTCCCAAGACAAAGAGGTGTCAAAGGGCTGCATGCA ATTTGG
YITCMG417	TTGTTCTATTTAACACCATGGCTCGTGGTTATTCGCGCTCCGAAACTCCATCTCGAGCAAT TTGCCTCTTTGTTCAAGTTTTGAATTCTGGCCTTTTTCCTGATGATTATACATTTCCATCTT TGCTTAAAGCATGTGCGAGCATGGGTGATACAGCATTGCAAGAAGGTAAACAATTGCAC TGTTTTGCTATCAA
YITCMG418	AAGCTAAGCATTGTTACTATCTCCTGCATTATAGGATCATTTTCCACACTCTTTCCATGTTG CATTTTGGAGTGCCACATACTCTCCAACCGCACCCAGAAGAACCACACCAGTTCCCAGTC TTGCAGTGTGTTGCTAAGATTCTGCTCATTAATGGTTTTGATGTTTCTCTTTATTT
YITCMG419	AGCTTAAAATTTGCTGAAAATTGCAGAACAGAAAGAGGAAGAGGATTCAACTCAGCAACT GCAATTTCTGACAAATAAAATTATTCTACCTGCAGCCTCTACTTAACTAGATTTATAAGTGT TTGTAATAAGTTAATTATGCTGTTAAGTGCTACTTGTAAAATTCAATGGATTCCCTTCAATT CCAGCACCCAGTTAAGAGAAT
YITCMG420	TTAAAGTCTCCGATTCTTCACACTCTGTATATGTTGGTCTTCCTTCTGGTCAAGACGATTTT GTTCTCAGCAACAAGATACAACTTGGGCAATTCATATACGTTGATAGATTGGAGCCCGGA TCTCCGGTTCCAGTTGTTAAAGGTGCAAAGCCGCTCCCTGGCAGGCATCCATTAGTGGGCA CACCAG
YITCMG421	CTTCAAAGAATACTTTTGTTCTTTAAACCCATAAATCCTTTCCTTTCTTATGTCTTCACCAAG ATCCTTACAGGGGGAATATAAACGGACCACACAGCCTTGATTGTCAAGAAACTTGTGAAA TGTACTAGGCCAAGTAGGTGACCATAAATTCAAGTCCTAAACCTCTTGATTCAAGGCAAA GATCTCAACAGCTCATTAAAGTAATTA
YITCMG422	AGACTAATGCGCTGTGTTGGCTTAAACTTCTCTCCTTTAAAAACCTCTCATTTTTATCTTTG CAGTACCATACAACTTGATGAGTCTTGAAAGAGAGAGAGA
YITCMG423	GATTAAGAAGTATAATCATCTGCTTCTGGGATATCCATTGCTTGCTCTCTAGAGTGGCCTT CAGCTCTTCCCATGCATCTTTTCTTGGCCAAAAGAAATATGGACTTAAAGGTATGTTGCCA TGACCGGGTATCGATTGATCAAGAGCAAGACCAATGT
YITCMG424	CTTTCTTCAACAAAATCAAATTCAACATAGAGTGATATATAATAGCATTATCAACCTTGAC ACCAATCGTATATAGTCCAGCATCCTGATCAACTTCAAAATCATCTTC
YITCMG425	CAGGACATTCTCACCTGATTTGCTAGTGTTGTCTGTGGCTCCACACTTCTATCATCGTACCT CTGTTTATTCATAGACAAGCTCATTAACTTGGACAGAGCCTTGTCCCTTTGTGTTGAATAA GACTGTGACATGCCACTGCAAAATGTGGGCACAG
YITCMG426	CGCTCACATCTCGCTGGCCGCGCAAAGCTCCGACGAAATCGGAACTCTACTCCACCGTTGT AATCCATGACGACGATGAAGACGACGAAAGCAACGCAATAAACTATTCTCAAAACGACGC CGCTATGGAAGACGACGAATCC
YITCMG427	CTTAAAGGGCCAAGTTCTTCTCCAAGGAGGTTCCTATAAACATAATAGTCCTGTTTAATTA AAGTCGATAATACACTTTGAACGCTCAGATATCTACACAACTTGCGTGTCTATTATTGTTTT TGCTTGTATGAAGCATTAAGTATCTGGCTCACCTTTGGGATCTTTGCAAGGCT

扩增位点 名称	参考序列
YITCMG428	CTACATCCTCTGTGGCAGCCTTGTTTTATCGTAGGACAAATGAGCATGATTTTGCCGTCAAA ACATAAACAAGCCTTTACCCTAACCCACTTCTGGTAAAATTATAATACATAATAAAGATTG ATTCAATAGACGCTCAAGTTGGAAAAGGAACAGTCAGGTCATACTTGGTAGCTCCGGGTG AGACTAGA
YITCMG429	AGCTTTTGCAGAATTAAGGCCAAGCGTATGGTTTTCGTTCCTCTCCCATGGATTGAGGACA TGTTTTGTGTTAATAGCTCGTTCATCTATGGTCCCAGGAACTGCTACATTGATAAGCTTAC TGCAAGCAAAAGATACAACCCATCAGCAAGTGCTGAATCATTTACTTGTGAACAAAAATA TAGTCAGGTTAAAATGGTGCAT
YITCMG430	GCCCTAACGCATTTTTGCCCACTTGGGAAACTATCGAGGCCCTTCACAAAACCTGTCACAG CTTGAACTGCAAGCCGCCCCTGTTGCACGTCTTTCTAAATGATCTTCCTGGAAATGATTTCA ACACAATTTTTAAAGCACT
YITCMG431	GACTGCCAAGCCACATTTGCATACCCTGAATTTCCATTGGTATCACTATAGTTATCATCTCC TCCAGCGCCACTTCCAGCATGCCCACCAGCAGCCCCATAACCACTAGAATAAGGACCACT GCTTCCACCATAATTACTGTAACCACCATAGCCTTGGTTCCCATACCCAGGAGCCCCACTT GGAGA
YITCMG432	TGGCACAAGGGAGTCTACCAACAGGGGCCTGGATATGTGCATGGTTTTACCTCCCTTTGAC CCGAAAGGTTAAGTTGATTGGTCTTGGTGGCCCCATATATATTAG
YITCMG433	CACAGTACATATGGTCCCTCTTTCGTTCAGTTCTGAGCATATGACAGTTGGGTCACACTAA AATAATTTGTTTTCAAAAGCATGAAGAGAGAATGTAAACTCAGTTGGGATCTGGGATAAA CATTCATCATTAATTAAGGGATTATTATCAGCATAAAGGATAAGTTTCCATA
YITCMG434	TTTGCTTCTGGAAGTGAAAGCAACCAACTTTCAGTTATCGTGCCTGCAACACAAGAAGGA ACTCAAGTTGAGAAACCAGATCCAATAGCATTTGACGATGATGCAATGCACATCAGTTTTG GAACTCAAGCAGAATTAGGTTGTGGTGATGCATTATTAGCTGACGATTTAGAGGTTGTTG CACAACATAATGCTCAAGA
YITCMG435	CCAGGAAGAAGCCAAGACTGGAAGGCTCGGGATTTGGCAGTATGGAGATATCCAGTCAG ATGATGAGGACTCAGCACCTCCAGCTAGAAAGGCTGGTGCTCGACGGTGATTATAT
YITCMG436	GAGATGTCTGGGCACTGTACAGGAGCTGGTCCACTAATTGGAATGAGCGTACTCCTGATG AAGTCATACACAAATATGACATGGTGGAAGTTCTAGAAGATTACAATGAGAAGATGGGT ATCACAGTTATGCCCCTTGTTAAAGTTCCTGGTTTCAAGACAGTGTTTCGCCAACCTCTGG AGCAAAGCAAAACTAGAAGAATTC
YITCMG437	AACATAGCATGCAAATGTTGAGACAAAAATTGAAATGATAAAGAATTACTATGTACTCAA ATTGTCATTTTATAAACCCTTTATTTCCTCTCTGTTTCGTTTCCTTCTTCACATTGCAATGATA TGAGCTTCAACTGGAACAAAAGAAGGCAAGGGTACACAATAGCGCACCTGGAATTCAAA ACACCTAGGACCACCAC
YITCMG438	GATACAAGAAGGATCTTGAGGTTTAAACCATGGTGTCTCTTCTTGAAAAGCATCTTCTGTC TGTGCATAGTCAATATGCCACTTGCCTCTCTAAATCTTTGAGTGTGCATCTGTGTCCTGCTT GTTGAGTGAGTACATATGTATCTTTACATTGGGGAAACTCTGATC
YITCMG439	CCAAGGCTTTGCATTTCAGACCCCAATCTGGCCAAACATATACTATCAGACAAGCTGGGT TTCTATGACAAACCAAAAGCAAGGCCTTCTGTAGAAAAACTAGCCGGCCGGAGAGGACT

（续表）

扩增位点 名称	参考序列
YITCMG440	TAAATTCAATGAAGAAGCTAGTGAAGAAGAAATGACAGTTCAAGGAGAAACGGAAAATTG CAACAATAGCGGACTGATGGGCGGAAAAACAGTGGCCCAAAAGATATTGATACCAAAACA AGAATTCTTGGTACATTTAGAAAATATTTACTTTAGGATGTCACTTGTT
YITCMG441	ACCCCGTTCACGATGCCATTGATTGATTTTAGAAGAATGAATGCATCCCCTAGGAAGAAAC TGCTAGAAATATCAAGCTGGACAGGGTCCTCAGCAACAATGCCAGTGTAATCCATGTAGC AATTAATTATTCTGGTTTGTGTCAA
YITCMG442	CACTCCTTGTCACTTGCTCCTTTTTATGTTTTTCATTCCTTTTTCTTATCTATAGCAACTCAA TCACTTAAAACTTTAGAGTTATATTTGTCTCATGTTATTCATCAGTTTCAGTTCTTTGTAAT TATTAGTGGTAGATTCATTCATTAATACTTATTTGGGGTTTGATTGCTTCATCCAATTTTGT AG
YITCMG443	GCTTAAGTGTAACAAGAATCAAAATGCAAAGTCATGTGCCATGTCACCATAGTTAGCCCAA TTGCCACTTTAATTTTTCTCTTTTTTTTTTCATAGAATAACTATGTATACAAAATTAAAAACA ATTGGTTTACTTGTCATCGTGTAAGATATACATCACTCCACAAGAGCTTACTCGCGGCTCAA CCTGGCTTGATTATTGTCCCA
YITCMG444	AAAGCCATCAAACATCTTTTTTGTTTCTTCACAAAGAAGAAAAGAAACTTCTCTCAAAACA TGGCAAAATATTTAACTTTAGGGAAAAATAAACTCACCCCTAATGCAAAAGTAGAGTGAG GAGAGTTTCTGAAAATAGGAAGACCATCTAATCGTTGGTCAGAA
YITCMG445	AAGAATCTCTGAAGTTAATCATTGAACTATGACTTTCATTTGCCTTATGTTGTGATTGGACT CGACTAGTTAATTGGTTAGCTTCTAAATACCGAATTTTCTTACAGCTAATATGTTTGCTTTG TGTTTTTCATTGAACTTAAGGGT
YITCMG446	TTATTTTCTGTGCATTGTGCTCACATGGTGATCACAAATTTATTCTTTAGCTTCTTACTGCAG ATGAAGTGATTGCTGCAATTGATTCGAAGAAGGTTGAAATCCTACAAAGGTATGTACAAT GAAGTTTTAT
YITCMG447	CACAAGTATGCAGTCAGAGTCAATTATGGTATTTAGTCTGTGAGCAATAATCAGCATTGTA CATGATCTGAATTCTTCACGGATGGTTCTCTGAATGAGAGCATCAGTTCTGACATCAACA GCAGCTGTTGCTTCATCAAGAACCAGAATCTTGGACCTCCGGAGCAAAGCTCGTGCAAGA CTTAATAATTGTCTCTGTCCAACACTG
YITCMG448	CTTCTCCTTGAGCTCATTCAACGCCTTCCTCTCAAATTCCTTGAGATCAGACAAAAAATTAC TCTCCTCCTTATAAGAAGCAGACTTTTCTATGATTTTAGGAGCTTCTTTCTCAGATTCATCTC CCACCTCAACCTCGACTCCTCCATTATCATTAGAACCACCCAT
YITCMG449	TAGCGATGGAACGCTAAGATTTTAGTTTTATGCTTTGTTCAATGTACCAAGGTGTTAGCTTA CTGATTGTTTTCACTCTACACATTCCTTTTTGTGGTTTCACAAGTAAAAGACAGTA
YITCMG450	TGAGACAGGACCTTATGTTTTTTCAGTATCCTTGTCTTTTCTTATATTCAGATGTTCTTGTTA TTGCTTTTAAATTGTTCATCGACATGCATGTTCATTTGATGCAAATTCTGATTGTTGATCAT GTAGTGCTAATTGTGCTTCTTAGATAGTGTTTTCAGCTGTG
YITCMG451	TGAAATCCAATGTTGTGTCAATATCATTCCTACGAAAATTGGCAATCCATCATCTTGGTCT AAGTTCTTACCTAATACAATTAACTAGTTGATGCTAGTTGCAAATTGTTTTGAGTTCAAAT CTATGTGAATAGA

扩增位点名称	参考序列
YITCMG452	TTGTTCTTTGTTTTGTTATTAGTATCTTGATGGGTTTTCCATGTTTTATTCTCTTTGAAAATC TTCTATTTTACTATTCCCTGTTTTAGTTAAATGTGGTTGTTTCCAATTTTGTCTACTATAGGA TTGAATGTTTGGTTCTTGAGAAAAT
YITCMG453	TTAATTAGGTGTACAACAATTTTCTTGATTTTTCCTATATTTAACCCAGATTTGACTTAGTC AAGATTTGTGTCATCTTTCACATAGCTGAACACCTTTACTATGGTTGGCTAGCTTAAGTTG CCTGCTAAAGCAATTCTGTTTCTCTTTCTTTCTTCTTCTCCTCCTTACACATAGTCTAGGGA TAAAATAATCTTCCAT
YITCMG454	ACCACAGCTTGAGCCTCGATTGATTCCACTAATTACCTGAACATCATAAAATATAAAAACT CCAAGAAAACTACTTAAAATTGAAATCCGTGTATACAAACAAGGATGACAGTACATAAGT GCTTACCAGCACAGG
YITCMG455	GCGCGTTGGATAAAGACATCAATAGTTTTGACCATGGTGATCTCACAGAAATAGGTCAGAG AGGGCTTAACATGAGTGGAGGACAAAAACAGAGAATTCAACTTGCTCGAGCTGTCTATAA TGATGCCGATATCTATCTCCTTGATGATCCTTTCAGTGCAGTTG
YITCMG456	AGTTGTTGCTTTTGGAACGAGCTGACTTATCGACCGATGTATCATCAAGGATTTCTGAGTC GGTATAGGATGTTTGG
YITCMG457	AGACAGGATATCCTTTTTAGGATTGTTCCCTTTTGAAAGACTCTTCACCCTGGAATTAAGTT TTTATCAATATATGTGGGTTGAAGAATGCATTGAACTCGTACAAGAATTGTTTCATGATCA AATAATCACATTCACCTGTCAGCATATCTTAACGTGTTGAGGGTGTGTT
YITCMG458	TTTTGCCAAAAAGGAAGAGCAAGGGATTCAATTGCCGAAAGGTGATACGTACCAGAAGGG TTTAACCCCTTATCCATCTG
YITCMG459	TGATGAATTAAAATGTGTGGTTAGCAGGGATGTTGTGTTTAATGAATTTGCTTTTTATAAA GATCTGTTTATCTCTAACCAATTTCAGTCTAAACAGGTTCATATTGAGGTGGAGAATTCTG ACTTGAGAAATTCAGCTAGTGTTGAGTCAAGTGATGGACCTGGTTTAGGCTCAGATCCAA TTCATGCTTCAAAGTATGAAGATAGGGGTTT
YITCMG460	GAAGATTCAAAGCCTGCAAATGGTCAGGGCCTAAACAAAGCAGCCGAAGTGACTTTGATG CTACAAATAAGAAATTTAAGTTCAAAAGATGGGCATTTAAATGATGTTGTGAAGAAATTG AAGGAGAGTACACAGAGACAAGGCGCTCAGTTCATTTCGTTTG
YITCMG461	CAATGGAACCACATAACGTATTAGCTGTAGAGTTTCCCATGTTCTCAAACATTGCAGCATT TCCTACACCAGCTGTCATAACCAGCCTCGCAATTCCGAAATCAGAAACCAGAGCTGTCAG TTCATCGTTGAGAAGAACATTGCTGGGCTTTAAATCACAATGTATGACTCTAACAGGAGA ATGATGATGTAAAT
YITCMG462	GGCACCTAATCAATCATGTTTGAGCTGATACACTATACAATCACTCATACTATCAAATAAT ATGTCAAAAGAAATTTTAACAAGCTGAAAATGACTCAAAATTAAAAAGATTTAAATGAAA CCATTGGAAAACTCTAA
YITCMG463	AATATGTTTTCGTTTGTTTGTTTATTTCAGGAGCAAGTACATGATTTCAAGAACAGCTTCAA TAGTTGCATTAATGGCGCCAATGGCAGGAGCTTTCATTCTACTTCTCAACACAACCAACTT TGCTCTCTGTATGAGCACCGCCATTATAGGCATCTGCACAGGAGCCATTACTACCTTATCT GTAGCGACAACTACCGAGCTGTTT

（续表）

扩增位点名称	参考序列
YITCMG464	TTTATTTTCATAAAGTTAAATATGCTTAAGTTAGGTCCTAGTTCTTCCTCTGAGTATAACTTATAGTTCTTTATGCCGATTATAAACTGATGACACCTGTACTAATTACATTAATTCTTGCAGATATTTTTATATGGTGGATATTCCAAAGAAGTTTTATCTGACAAGAATGAT
YITCMG465	GTTGAGATGGGCGTTCTGGTTATCCCCAATGACATATGCGGAAATAGGCATGACACTGAATGAATTCCTTGCCTCCTCCTGGCAAAAGGTGCTCTCATGTTGAAACAAATTGTTTATCTTTTGTTCATTGACATGAATATGTTAATAGCGAGAGTTCATTCCCTTTGCAGGCTTTCGTGGGAAA
YITCMG466	TCATTGCTCTAGGCAATATGGTTTTGCAAAAGTTAGAAAATTAACTCTATATTTAAATAAACATACACAATATTACACTCACATGTAAAGATAAATCACTTTTGCTCCTCAAATACTTAATAAC
YITCMG467	GCAGCACGACGATATTTTGTTTTTTCAATATACAACTGGAGAAGAGAAAATGGTATATTTTCTCAAAAACTGGGCTTTCGCACGCTCTATTATTGCAAATTGCAAACTTGCTCATTCAGATTGCCATAATATTGAAGCAGTAATTTGATAAATAAACCTAGCAATCCTAAAAACATATAGGAAAATGTATGGAAATAAGAACAC
YITCMG468	TCTATGTGGTCGTAACATAGAAATTAGGCCTTGTAGTCCACCACTGATCTCGTATGGGAAGCGAGAGCTTTGCCCCCACAATACAAACCACGAGACTCTATGAATATATAAGGTGAGAGTGTGGCTAAACAGAGAGCAAAAAACAAATATCTTCTTCATTTACAATTTCTTGTTAAT
YITCMG469	ACCTTTGTGGCGATACAGCATTGTTTTTGTTGACTAATTTACTCTGACGAGAGCTGTCTTTATAGCCTTCTGTATTTTAA
YITCMG470	AGTTTCTTAAAATTGTTAGGGAGATTAGCCTTCTGTTTCTCTTCGATGAACTTCGCAATCGCGATCTGGCTCGAGCCGGTTCTCTCTTTCAAAGCAGTAATCGCCTCGTTGATCA
YITCMG471	GGCGTGCCGAGTTGTGCTTATCAGCAGCAGCCAGCTGATTTTTATAGTAACATCACTATTATAGGCGCCATCACAAAACTTTGCTGATGCCACTTCCTTCAATTTCTTTTTAGTAGAAAAACTTGCAACGGTTCCATGGCTCATAACATATAGCTCTTACATCCGGAAAC
YITCMG472	CATAGAAGAGAAAGTAACAAATGAAAAAGGGCTCCTCAGTTGTATGTTTTATATGCTAGAAACCGCCAATCCTGAGGCCCCCTAGATAAGTTTGTCTCAAATTC
YITCMG473	CTGCAACAAGTTTACAATAAAAGTTTAATTTTGAAATTATGTTAGAGGGGATTTAAAGTCCCTCATCTTGTATTTGGAACCTCTTTTCTTCAATACTCAAATTACTCTTTAAAGGCACCTTGGGCCACAGGGTACAGCTTCAAGTTTCAATGGAGATTCTGCCAGG
YITCMG474	TGTAGTATTACTCTTTATTTTTATTTATTTTTTATTCATATCATATTCTTTCATATTAAATATTTTAACACTGTAATACATCTTCAACTGGATGCATATCAAACTTAGTGCATTTATTGATTGAGCTGACTAATATCCACTTTTCTTCTCAGCTA
YITCMG475	ACCTTCCTCTGACTCTAGGCCGGCTATCGGCCAATGTTTTCCGGCAGGCATACTGTAATAATTTGCATGTGTTAATTTATGGTGCGAATTTGTGAGTATAATTTGCGTCAAAATAGGGTTAATG
YITCMG476	CCCTGCATACTACACTCCAGTGCAACTTTAACATCTTTAATACAACAGTAATCAGACCTTACTGGTCTACCGAGAGTATGTTCTTAAAGTGAAAAACGAAGGAAGAGGAGATTTAATAAACGAA
YITCMG477	TCTGCACGAACGTTTTCATGCCGACCATCATTGTTGAAGCTCAAGAAAACATCAGCTGGTGCGTTGCCAGAAGTGATGCAAGCAACCAGGTTTTGCAAACTGCTCTGGACTATGCATGTGGGGCTGGTGCCGACTGTACTCCCATTCTGCCCAATGGCCTCTGCTATCTCCCAAAC

（续表）

扩增位点名称	参考序列
YITCMG478	AAAGCTCCCATGGTGCTACAACAAATTAAATGAGTAATCTTCGATTTGGGTTGACCCCATT CCTCAATAGCCTTGATTGCAGCTTCTTTGCCTAGCTCCGGTATCAGTGTTAACGCTATATCT TGTCT
YITCMG479	ATAATTGGTGGACATGTAAGATAAAAATATTTCAATTTAATGTCTTGACCTTTGCAGGTGTT TCAACTTTTAAAAGCTAATTTTTAATGATTAGGGTTCTTTTGATTTGTTCATTTCTGATGTGC CAGTAGTATTTAAATTAAAAATTTCAACCATGAAGTGCTATCTTGATGTAATGCTTCTTTTT GTGTGGTTATA
YITCMG480	CTAGGGAAGACATAATAGCAAAACCTTACTCAGAAGTTCTCCAAAACTGCAGGAGAACCC CGAGTAAGAGCTCTTATTCAAAGCCTCAAATCTCTAATTCAAAATAT
YITCMG481	TATAGAATACTTCTGCCGTCGGTATCTTCTATTATAGTACTTGAGTTGAGATGAGGACAGCT CCAATGTGTTTTTCAATCTTTCGAGTTCCTAGATGCAGAATTCATACCTTGACTAATTTTTG GGAAAGTTTCCACAGTTTAGGTAGGGATTATGGAAATACTTTGCAATTTAGGATGCTTTCT TCCAAATCCTC
YITCMG482	TGCAGCTTTTTGTTGAATATGGCACTGTGATTGTAGAAATAGTATTTATCAACTTTAATGGA GTCTTTAGTTTTCACCTTTGGCAGGGTACTTGAAGACACATGCATCTACTTCACTGCACATG TTTAATTTTTGGCAGTATCTAAGGCCATTTTCAT
YITCMG483	GAAATGCATGTATCAGTAATAACAAGAAATGTGGCAATATTTATGCAAATTTAACACATAA ACAAACACAATTGTGCACAATATGCAACATTCAATTCAACAATTTTAAGTCATTCATTGTA ATACATCTCTTTGATCTATGTATCGTAAGAATCATGTTC
YITCMG484	AATCTGAGAACTCACAAGAGTCAGATCAAGGGTATGAGCCTTCAGATGTGCAGTCTGACTC TGGATCAGACGATGAGAATGATGACAGCGAGTCATTGGTGGAGTCAGAGGATGATGAGGA AGAGGATTCTGAAGAAGACTCAGAG
YITCMG485	CTTTTGGGAGAAATTAGGCGAAAATGTTGAACCATTGGAGCTCGAAGAAGCTGCCTTGAG AAGTAGCCTTATTCAGCAGATTGTTATCATTGGCCAGGTTTTTCTGCACTTCTTCGATCTCA TTCTTTTGCAGCTTCTGTATATCGTTCCTTAAACATCTGTGTTTTACGCTTATGAGTTGTTTT TACCTTTATC
YITCMG486	CCATGTATATATAATGAAAAAGCTACTTCACATGCAAGTAGAGGAAGTAGAATAAAACTG TAAAGATATACGCTTTCTTTTGGTGATAGCAAAAGCTCGATACTCTACGTACACCGACATT ACAGATTTATATGTGTACACTTATCAGATAGA
YITCMG487	CTAAACCATTACAATGTTAGGAATAGGAAGGTAGGAGGAAATGAAGGGAAGAGAGAGGT AGTGTTAAGGAAAGGAGAAAGTAGACAAACACACATGTGCTCTTTTTCTTGATGCACTAA GCTGCCATTGGAGATATTGCGTTGACATGGGCCTGCTGATCCATTTACATTCAAGTCAAAC AAAAGCTTTCCAAAGCATGACAAACTA
YITCMG488	TGGTGTCCACCAGCGATGGCCTAGGGTTAGAAGCGTTGGTGACTTTGTGTCAAGAAGACAT GGCTTTGTTTGAACATGATCCAGAGCTGCTTGCATTTGCAGATTACAATCCAAGTGCCTTGT CAGTACC
YITCMG489	TTATATAGTTAGAGGCTAAAGAAGCATCACATTTTGTTGATTGTCCTTTCGTGGATGGAGTC ATAAAATAAGATTGATTTTTGCATTTTCACTTATGGTTGTAGTTTATACCGTACTCTTTCATA GAGAAAGAAGCAAGCCATGTAGAGGGATTCAGTCCAGAATTGGCTCTT

（续表）

扩增位点 名称	参考序列
YITCMG490	CAAACTTTCTATGTTTATCTAGGTATCAATTGGATTGTTGTCTCATAAATGTTCACTAGTCAAGATAAACTCATATCATGGAACTTTTCTGGTGTGTTTAAGCATGTGGTAGTCATGGTGCATTGTAAAACTTCTTATGACGACATCTTTTAATGTATGATCTTTTGG
YITCMG491	TAATAGCCCTTCTGTATGAGAGACAGAGAGAATGTTCTATGTATGTTTCTGAACAGATTTTGTAGTCTTCTAAAGGCCTCATGAATGGTCTATGTATGTGCTGAACGTTAGTGCTTTGTTTGATTAATAGTGGCTTTGCGGACACCATGAGAGCCATAAATAGGACTAGTTCCATTAATTAGTGAAATTGACAAGTTTGTTTCTTTGT
YITCMG492	TGATAACAAGAACCAAAAATCAGTATTTGTCTTTGCCATGATTTTTTATGGATCGAATGGAAGTATACACGGACTGTATCTCTTAACGTTGTTTTATACATTGATGTGTTGTGT
YITCMG493	ATCCCTAACACATTCTCTTTTAAATATTGCAATTCCATTCACTAATTAATATCCTTGTTTTTGGTTTCAACAGAAGCAACTAGCAAGCATGGTAGAGAAAGCTTCAATTGAAGATGTAATGAAAGTACTAATAGCTTCAAGAAAGCAAGACATGCATCAACTTTGGACAACTTGCTCCCACCTTGTCGCCAAATC
YITCMG494	GACCAGGAGCCACTGCACACAAATGACATTGCACAATGAATATGACAGATCGATAATTTAAACCATAGATCAGGCCCAGACCCGAATGAGGCTAAGTATCAGATGTAGAGTGATAATATACCTGTTGCCAAATAATAACTATACTATTTCCACTTTTCATGATTTACTAAAAATAGAGGGATTAGTACGGGCT
YITCMG495	GCAAACCAATTATGGCCACTTCAAATAGCTCTTCCTGTTGAGCCTATATGCTGTCTGGATGTTTGTCAACTTACTGCTCTAAACCGGGGCATCTATTCCCACAAATATAGTTGTTGCCGTTTCCAGTATGGTGCTTGTCAAGTT
YITCMG496	TTTTCAGGAAAATAGTATAATTCATAAGTCATCATGTGTCAATACACCACAACAAAATGGAGTTGTTAAAAGGAAAAATGAACATTTTTTAGCTATTACAAGAGCACTTTTATTTCAGTATAATGTTCCAAAATATGATTAGGGGGTAATAGTTTTGAGAACCACCCCATTCTATAAACAGAT
YITCMG497	TTTTGGCTTTACAAGTTTTCCAGGAGATGGTTCGTTCAGGAGTTGAGCTAGATGACGTGGTCATGGTGAGCTTGCTGCTGGCGTGTACTCAATTGGGATGGTTGAAGCACGGGAAAAGTGTTCATTCTTGGTGTTTGAGGAGGTA
YITCMG498	CCTTTTCTCTTTCTATTTTAATTTGCTCTATATCTAAATTTTCTTGTTTGTGCTAGAACTTTTTAATGCTGTGCTTCTGAATGTGTGGAGCTGACGAAACGCCTTCCAATTAAGCGCTTCAGAGGCTAACGGTAAAAAAATTCAAT
YITCMG499	GATCAAGGTTACCATGCTGAGCTAAGAAGTTGTAGTAACAATGCAGTCTATTTAACATGACTCTGTCTAGTATTTTGTACCTAGTGTGTTGCTCTGTGGAACTTGTGTGTGTGGAAGTACGCGGATGTGTCTCTTTTGGCAGTATTTTTCTTTTTGTCAGGCTTTTGTTCTTTGTTATATCAGGTGGGGCTCTGGATT
YITCMG500	CTCTCTCTCATACTATTCAGAGCAATCAAAGATTTTATTGGAGTTCTTTAGAAGAAACAATATAGTATACAGAAATGGCCTTGCAATCTGCAAGGGCCATAACTTCTAGTTAGAGCTCCGAGTTCTCTAGTTGTCC
YITCMG501	CATATTCTGTCACATAAAGATTCCAAAACATAATAAATAATACTGATTAACAACAACGTTAAACTAATTAGCAGGTTCATGTAAAACAAATCAAGCTAACAAAAGAAGCCACTGATGCAATAAATAATAAATGGCCTGATCTCGTGATTAAATCTCATTTGGTTCCATTCTATCAGAACTAATTTGGTAG

扩增位点 名称	参考序列
YITCMG502	TGCGTTTAGTTCGCCTTTGAACAAAGTTGCAAGGGTAAAAACTCAATTTGGATGGCACTTG TTGCAAGTTTTATCTGAGAGGTATGCCTTAGAATCTTGGTTGAATATTGTTATTGATGTTT GATATCTTAAGCGTTTGCATCAAGAGATAACTTATTAGTGCTTAATGAAATGATGCAGAT GCTA
YITCMG503	AGCTGAATCTGTTGGGAATGGATTCAAATGTTCACCTGGAAAAGGCTTAAATCTTTCATCT GGAAACTCAAGGCCTGAGGTGCCAATCATTCTCATTGTATTAGACTGTAAACCAAAAGGT TGCCCAAAA
YITCMG504	ATCAGAATTTCCGCAAAAGGTTGACGTTATAGTAATTTTGAACTTCCCATGGCAGGTTCAA TGGGTCTGAATTTTTGCTGAAGATGAAAGACAAAACAGTG
YITCMG505	TATGATGGGTATGTTATGCTTTCATAGCTATTCCATAACATGTTATCCCCAAGGTAATTACT CCTGTTTATCATGTTGCTTCAGGTCAATGTCATGTCCTCTTCCTTGTCCCCTTTTATTAGTAT GATTGATCCAAGATAATCTTGGTGGCCATATTTAGAAAACTCTTAAAGATTATTTTCTTTG ATGTTCTTGTTCAT
YITCMG506	AGGGCTGGAGTTGTTCCTACCCTAATGCATTTGCTGACAGAACCTGAAGGTGGCATGGTG GATGAAGCACTGGCCATCCTAGCTATAATTGCTAGCCATCCTGAAGGGAAAGCAGCTAT TGGGGCTGCTGAAGCAGTGCCAGTTCTGGTGGAGGTTATTGG
YITCMG507	CTTGCATGCTCAGTGTATGTCACAGCATCACGGATCACATTTTCCAAGAATATCTTCAGAAC GCCACGTGTCTCCTCATAGATCAACCCACTGATACGCTTCACTCCACCTCTGCGAGCCAAA CGCCTAATCGCAGGCTT
YITCMG508	GATAAAAGGACAAGAATATAAGCATTAATAAGGATTTAATTAATTTTATAATTAAAGATGC ATACTGTGGATTTACTACGTAAACTGCGACTAAACGGACGATGACATAAGAATTCTATTGG CCTTTAGGTTCATTAAGGCCTTTGATTTTGCATGAACTTGTA
YITCMG509	CCCGGGGAACCATGATGAAATTGATATCGAGTTCCTTGGCACAATACCTGGAAAGCCCTAT ACTCTGCAGACTAACGTATACATAAGAGGAAGTGGCGATGGAAATATTGTTGGAAGAGA AATGAAGTTTCATCTCTGGTTTGATCCTACTC
YITCMG510	GCCTCTACCATCAACAACAATGCGGGCAATGACTTTAACAGTTGTGAGTACTGATGGAAA TGCTAAGCCATCTCCATATACCATTACTGTCCCCAAGGATGGAAAGTTTGAAGATCTT
YITCMG511	ATTGTTAGCTAGATCACTTCAAAGGACAACCAAAGCAACTAATTTTATTCATTATGTGTCCA ACAAGAACAAGGTTAACTAATCAATAAAAGTGAACCAAAATTGGACATTTGAACCTTTAG GCCATGGCTCCCCTGAGGGAGATAACTATCACGCTTGACCCATGCATAACAGTCTAAATG ACAGGCAAATTTTGCA
YITCMG512	TACACTTGAGACTTAGACTCTAGAGGATAAAGCCAAGTAAACCTAGAGAAGTCATCCAAG AAATGTATGTAGTACTTATACCCTTCTTGAGATTACATTGGGGCAAGCCTCCCAAACATCA AT
YITCMG513	AACTCTGAGATTACAAGTTTATCAGCAGCTTGAATTTTATCAGGGTCATAGGGAGTATGAG CAGATTGGAGCTGGATATAAGCTGACTTTAGGGAGGAGATGTTTGCAAATATCTTGGACAC CAAGGCTTCAACAGCTTCAGGATTCTGATTCATGGCATCTTCCATAGGTTGAGGATGGACT TTTTGGCTGTTGTTC

（续表）

扩增位点名称	参考序列
YITCMG514	CCGGAAGCCTAGTCCTAGTCTTTTTCATCTTGCTCGTTGTAACCATTCTCTGTTACCGGAAACTCTCGCGAAACCGTACGGCTCCATCAGACCTGAAATCTCCGAACCACCATCA
YITCMG515	GCCATGAAATCCGCCGAGCTCGAGGTCTCTTAATTCTTTCTTTGTCATATTTACTTTTGCTTCTTCGTAGTTGTCGAGGAACTGTACGATATTCGTGGAAAATTGAGATTTTAAA
YITCMG516	TAAAGGTAGAGACTATGCCACTGTGAGAGGTTAATGCCTCCTTCTCTTCCAAAGCTGCTGGACACTGCATTAAGGAGTTCTATAAGTTCAAGAAGGATGGACTAGTAAAATACCAAGAAGCAAGTTGTTCACAATAGTAA
YITCMG517	CACAAGCTATGCAACTAACAATAGATTTTATGTAAGCACATAATTGGATGTTTTTAAGTGATTTCTACAACTGAGTAAACCCATCGCCAAATGAATGGGGATTTAGTTCACCAAAATAATAAAGATTCTAAACATGCAAACCTGTCAACAAGAAAATCTGAACCCACTG
YITCMG518	TCTCATATGATATGGCTTTGTGTTCAAAGTGTTAATTTGTTCTCAGTTCCTGAAGTTTTATTCAAATAATTTTGCAGTTCGACTTGACTTGACAATATATATATATCTCTAGCTTAAAATAAAG
YITCMG519	AGTATATCTTACATACTTTGTATTATCACAAAAAACTACTACTTTTCAAGCCAAAAATAAAGGGACAGGCTTGTGGCATTTATACACTCCCACCTGCAACTAATATCCAGCAAAATTTCAGAAAGCAACAGAGGAATTACTAACTTACTTAAAGCTTGAACAGCAGTCATTCGTTTCCGGTAGTCCTTG
YITCMG520	AACTGAACTGGCATAAAATAAGTCTCAATAGTGTATCTTTATTATTGCCCGGACAATAATAGCCAAAGAAGCAAGGGAATTTGGCAACAAAGAGAGGCCAGGTTACTTGTTATCTTCGTCGGTCCGACACACAGATTGAGTAGGGTCAATTTGAGCACAAGGCTGAGTTTCT
YITCMG521	AGGCATTGTGATTGGACACTCGTTGCTCTATGATCTATTATTCTAATACCATAACCAGCACTTCGCTGCTTAAGGAAATATCATTTTGTTGTTGAATTTTCCTTTCAAGCTTTATTTTTTAAGTTTAGGTTGGCTTCTCATGTAATTTTAGATTAAATTTATTGATAAAGAATCC
YITCMG522	AGGCAATTCTCCCAGGCAGAAACATCCTTTCATAGCCAAACTACTAATGAGGAGCAAAATCTCTTCGAAACTTGCCAAAGTCGTCACAGGCAGTCCCTGCAGGGAAGTAACTACCTCATTTATTCAACCTCAGCTAAAAGAATTTGAGGTTA
YITCMG523	TCATGAAGCTATTGAGTAAATTATCATGTGCCTTCGAAATGAAATTGAGTTCAATTCCTAGAAACAAACCAGTAGAGTAAATGATGACATGGGCATGTGGCATACAATTCGTAACAGACAGAGTTATTGGTCATGAGAAATGACTTCAACTGGTAACTTTTTGTTATCATTTAGTAAGAAATAACTGGTGGAAGATACACACAC
YITCMG524	AGGTGAAACAGTTGCAAAACATAAACTTCTTCTCATTATTTGGATGACCTTATCTTTTACTCTTAGGTGGTTGCCTCAATATTAAGGTGATATAAATCAATTTCTCTCAGGTGGAAGGAATCCA
YITCMG525	AATGAATACATTAAACTACTGTTAATTGAAAGGTTGGTATCCTAATTCTCAATCATTCTTTTGGTTCACACAATAAAATTATTGGCAGAAACGCACTACTTAAACTCCCAGACTGAGCACGGTTTCTATGAATTTC
YITCMG526	GACGTTCTGTCTAACCATGACAGCTATTTGAAAAGAATTTTGCTTTATTTAGCAAAGCAATCAGAGAATCAGAATGGCCTTGCAATACAGGAGTAAGCAATCATAGTGAACTTGCAGCATAAAGAGAGTAAGCTATTATGGAACAAAAAGCAAAAATATTGAAAGAGCTTATAATAGCACAGCTGGAGTTCGTTGAAGAAA

扩增位点 名称	参考序列
YITCMG527	TGAATGGATCATACTGAGATAACACAATTGTCAAGCAGTGCTCAGCTTCACTTGAAACCTG CATATGGATGAAAAACATTGAGATACCAACTACATGTCAAGGATATGGTCAAAGGGCAA ACTGAATATAATTACTTTGGGAACATCTTTTGTAACATGAAGCAGCTTCTC
YITCMG528	TGGGGTGGGAGATGGCTTGAAAAACTACTGTGAAAGCTGGAGGATCAATGTTGAACTTAA CAACATAAGGGAGTTTGAAGTTGTGCCCCAAGAATGCATAGATCATATAAAGAAATACAT GACTTCATCTCAGTACAAGGCTGACTCTGAGAGGGCCATTGAAGAGGTGATTCTCTATTTG AGC
YITCMG529	TCCATTTGTTTGATCAAAATGATAACGTTTAAATTCTAAATTACAACAAAACTTACTCGACT GGCTTCAGGATCAAGACAGGTCTGAGAGTTTCTTGAATCCGACACCGCTTTGGGAGACAC GACAATCGGACATCTCTCAATCGCGGCGCTCTGCCGATCACCGACAAGCGCCT
YITCMG530	CACAATGGAGAAATAATTGGTTATGCTTTGACCAGGAACTTCTAGCCTTGCAAAATCTTCA GAAGTTTCAGAATTACGCAGAGAGTAAATCTCTTCATGGTCCCTGTATCTCCCCACGCAGA TCATCGAATTTCCGGATTTCACTGTTAAGTAATTATTCCCTTTATTCTG
YITCMG531	TTTACTGCTTCTACTGTCATAAACATCCAAAGAACTGTTCCAATGACGGAGAACTGAAAAC GTTTGAAGCACTTCTTTCAGGTCTGGTGGGCGAAACATAGAGTTGATATTTGATAAATCTC TGTAACGAAAATCAGATGACAAACATCAAGTAGACTGAATATAT
YITCMG532	ACTACATGAAGACACTATTTTGTTTTTCTTGCTTTTTCTCGTCTGTATTATTTTGGCTTTCTG AGAGGAGATTCTGCTACATTGTGGGCTTTGTCAATGTTACTAATTCTACTTTTGTCTTACT TTTAGACTTTAGA
YITCMG533	GTGATTGCTTTGAAGGGTTGCAGCTGAAATGCCTTGTTCCTCGTAATCCGATTCTGAGTCCA TTTTCCCATCCAAATATAAACACACCACTGCACAGTCATCCATCTTTGATGTTGGATATTT GAGTTTCCATTCCCGTGCAGCTGCATCCACCAGAATTCTCGCTGCTGATGCTCGGGTTGAT GCCAAGGATACAATCTCAACAAC
YITCMG534	GTTACATCAAAAACAGGGACAAGCATATGGGCAGTGTCCATTAGCAGACCTTTGTGATAA ATTTTGAGACCTAATGGCTGCAACAAAATTAAAAAGAAATGACCATTGACATTGTGTACAT GTGATGTTGGTTCTA
YITCMG535	TCTATAATGCATTATTGCTCTTGATTGCACAACAAGTTCAACATGTAACTACTCAAATTGCA GTCCTAACAATATCCCTTGATGATAAAAAAAATTATAGTCCAAAACAT
YITCMG536	CTAGCTGGAATTCCTTCTGAGGGACCAATCTTATTTGTTGGCTATCACATGTTACTAGGACT TGAGTTGTTTCCCTTAGTCTCACAATTTATGATCGAAAGAAATATTGTTCTGCGAGGAATA GCACATCCCATGATGTTTAAGAAATTGAAAGATGGAAAGTTACCAGAGTTGTCCCAATATG ACACGTATAGAATAATGGG
YITCMG537	TCAAAAGTATTTCAACAATAACTGTTTGCTACACAGGGATAATATATAAGCTAACAAAAAC AGCTAAAAACTTCTAAACTATTGCAAAAACTGATAGGTCATTCCAGGATGGAGATCGTATT CATTCTCCTTTCCATTCCTCAGTCTCTAAAAGTCTATGCATACAGAAAGCACATGATCA
YITCMG538	CCCGCTAGGGTTTCTTCTGATTCGGATTCTGATAATAAACATGAGACGGAGAAGAAATTTG CTTCGATGGGGATTGCCAAAGGGAAAGACTTGATTCCTGATAAGGCTACAATAGAAGCA ATTAGAGCAAAGAGGGAGAGAATGAGGCAATCACGAGGCGGGAAGCGCCGGATTATA TATCCTTGGAAG

（续表）

扩增位点名称	参考序列
YITCMG539	GCTTCTCACTGATTTTTGAGCATGATTAAAAGGATAAACTTCAGAAATTCTTTTGCTGAAATTTCTGTTAACACAATATACTATTCTTTACATGGTTTCAGGATGAATTAAGAGATGCTGTATTGCTAGTATTTGCCAATAAACAAGATCTTCCAAATGCAA
YITCMG540	TTCTTTTCTTGCTCTTACAACTTCTTTCACCTGAATGTTTCTCAATTTCCAGTCGTTATTGCCTTCCGAATACTCTATCTCTTTTTCGCCGTAGGGGCTCGTCCTGTTGCAGTTTCCTCCAGTGTTCCAAGTTCCATTCTCGAAATGGGCTGGGGCAAATGTCCTCAACAATGTGACTAAAT
YITCMG541	TTAACTTCATAACTGAACAGGGGAAAAAATGCTGTGATTGCAACTTATACCTAAACAGATATAAAGAATAGGCACATAATCTGGTCTACCATAAGGTTGGGATGAATTGTAACTTACACAGGTAAATAGTATGAAGTGCTTGAAGCATGTGTTCAGATGAGCTTCTTCCTTAAGGTTCACAATTTTTTGGAAGTGA
YITCMG542	TTCCAAACCCAGAATTTGTTCTCCTTCGTTTTTCAATGTTTTTGATAGGAGATTTGTGGCCTTTATTTCTCATCATCATATAGAGTTAGTTGTTAATATGAGCAACAAGCTAGATGATGATCAAATCGCGCAGCTTCGAGAGATATTTC

（续表）

参考文献

冯焕德，党志国，倪斌，等，2019. 羊粪发酵肥替代化肥对芒果园土壤性状、叶片营养及果实品质的影响［J］. 中国土壤与肥料（6）：190－195. DOI：10.11838/sfsc.1673－6257.19208.

郭娟，2014. 美洲黑杨5个优良品种EST-SSR和SRAP指纹图谱构建［D］. 杨凌：西北农林科技大学.

李志强，2016. 芒果杂交F_1代的遗传多样分析及分子遗传图谱构建［D］. 海口：海南大学.

吕志文，杨环，魏传正，等，2024. 金针菇MNP分子标记菌株鉴别技术建立［J/OL］. 菌物学报，43（1）：22-38. DOI：10.13346/j.mycosystema.230156.

潘丽娜，陆将，2023. 田东县芒果高产优质栽培技术探析［J］. 南方农业，17（12）：7-9，13. DOI：10.19415/j.cnki.1673-890x.2023.12.003.

沈仁飞，2023. 分子标记技术在农作物品种鉴定中的应用［J］. 耕作与栽培，43（6）：142-144. DOI：10.13605/j.cnki.52-1065/s.2023.06.023.

石金，赵兴东，杨丽华，等，2019. 芒果栽培管理技术［J］. 中国果菜，39（11）：96-99. DOI：10.19590/j.cnki.1008-1038.2019.11.023.

万人静，李琼，周新成，等，2023. 木薯MNP标记在品种鉴定中的应用［J］. 热带作物学报，44（12）：2417-2423. DOI：10.3969/j.issn.1000-2561.2023.12.007.

姚全胜，詹儒林，黄丽芳，等，2009. 11个芒果品种SSR指纹图谱的构建与品种鉴别［J］. 热带作物学报，30（11）：1572-1576. DOI：10.3969/j.issn.1000-2561.2009.11.005.

赵英，2013. 分子标记在芒果上的应用研究［J］. 农业研究与应用，（5）：19-23. DOI：10.3969/j.issn.2095-0764.2013.05.007.

中华人民共和国农业农村部，2023. 芒果品种鉴定MNP标记法：NY/T 4234—2022［S］. 北京：中国农业出版社.